要加快转变经济增长方式，将循环经济的发展理念贯穿到区域经济发展、城乡建设和产品生产中，使资源得到最有效利用。最大限度地减少废弃物排放，逐步使生态步入良性循环，努力建设环境保护模范城市、生态示范区、生态省。

——摘自胡锦涛总书记在“2003 年中央人口资源环境工作座谈会”上的讲话

继续开展生态省（市）、生态示范区、生态文明村、绿色社区等创建活动，推广循环经济典型。

——摘自国务院 2004 年工作要点

SHENGTAISHENG JIANSHE

LILUN YU SHIJIAN

生态省建设与理论与实践

环境保护部自然生态保护司　编

中国环境科学出版社·北京

图书在版编目（CIP）数据

生态省建设理论与实践/环境保护部自然生态保护司编. —北京：中国环境科学出版社，2008.10

ISBN 978-7-80209-823-7

Ⅰ.生… Ⅱ.环… Ⅲ.①省—生态环境—环境保护—中国②省—生态经济—经济发展—中国 Ⅳ.X321.2 F127

中国版本图书馆CIP数据核字（2008）第150518号

责任编辑 靳永新　徐于红　贾卫列
责任校对 刘凤霞
封面设计 龙文视觉

出版发行 中国环境科学出版社
（100062　北京崇文区广渠门内大街16号）
网　　址：http://www.cesp.cn
联系电话：010-67112765（总编室）
发行热线：010-67125803
印　　刷 北京市联华印刷厂
经　　销 各地新华书店
版　　次 2008年10月第1版
印　　次 2008年10月第1次印刷
开　　本 889×1194　1/16
印　　张 46.75
字　　数 1130千字
定　　价 122.00元

《生态省建设理论与实践》
编 委 会

序

人类社会的进步过程实际上是创造文明、建设文明的过程。毋庸讳言，工业革命把人类的物质文明推到了空前的高度，但对环境的污染和生态的破坏也达到了空前的程度。人类要发展，社会需和谐。没有和谐生态，就不可能有和谐社会，更不会有生态文明。

党的十七大明确提出：建设生态文明，基本形成节约能源资源和保护生态环境的产业结构、增长方式、消费模式。循环经济形成较大规模，可再生能源比重显著上升。主要污染物排放得到有效控制，生态环境质量明显改善。生态文明观念在全社会牢固树立。

建设生态文明，必须强化我国人口多、人均资源少、环境形势严峻的国情意识；必须强化经济效益、社会效益、环境效益相统一的效益意识；必须强化经济指标、人文指标、资源指标和环境指标全面发展的政绩意识；必须强化节约资源、循环利用的可持续生产和消费意识；必须强化环境就是资源，环境就是资本，破坏环境就是破坏生产力，保护环境就是保护生产力，改善环境就是发展生产力的环保意识。生态省（市、县）建设，就是以生态学和生态经济学原理为指导，把辖区内经济发展、社会进步、环境保护三者有机结合起来，将环境保护融入经济社会发展的大格局中，总体规划、合理布局、统一推动、分步实施，在区域内实现可持续发展，并逐步走上生产发展、生活富裕和生态良好的文明发展道路。

建设生态文明，必须从理论到实践，从政策到措施，从规划到目标，从城市

到农村，付诸以具体行动。自 2000 年国务院印发《全国生态环境保护纲要》以来，特别是党中央提出科学发展观、全面建设小康社会以来，全国已有海南、吉林、黑龙江、福建、浙江、山东、安徽、江苏、河北、广西、四川、辽宁、天津、山西 14 个省（自治区、直辖市）开展了生态省（区、市）建设，近 500 个县（市）开展了生态县（市）创建工作。尽管各地创建时间有先后，做法也不尽相同，但实践证明，生态省（市、县）建设是推进区域可持续发展的有效组织形式，是协同合作、齐抓共管、整体推进环境与发展“共赢”的重要抓手，是大力推进生态文明建设的有效载体。

生态省（市、县）建设是区域全面发展、协调发展和可持续发展的一种探索，没有现成的经验和模式，需要在实践中不断总结，提高完善。编辑出版《生态省建设理论与实践》的目的，就是总结各地的做法和经验，探讨生态省（市、县）建设的理论和方法，为各地提供借鉴和交流的平台。希望通过本书能引发更广泛的思考与探讨，不断完善和发展生态省（市、县）建设的理论与方法，为生态文明建设探索新经验、新模式。

希望有更多的省（市、县）加入到生态省（市、县）建设队伍中来！

周生贤

2008 年 9 月

目 录

指导篇

理论篇

实践篇

重要文件

指导篇

生态兴则文明兴

——推进生态建设　打造“绿色浙江”

习近平

上世纪末期，随着全球性的人口增长、资源短缺、环境污染和生态恶化，人类经过对传统发展模式的深刻反思，开始探求经济社会发展与人口、资源、环境相协调的可持续发展道路。我国亦将可持续发展作为基本国策。为了把这一基本国策更好地落实到浙江新世纪经济社会发展之中，2002 年 6 月省第十一次党代会提出了建设“绿色浙江”的目标任务。党的十六大以后，省委十一届二次全会进一步明确，要以建设“绿色浙江”为目标，以生态省建设为载体和突破口，走生产发展、生活富裕、生态良好的文明发展道路。推进生态建设，打造“绿色浙江”，已成为我省加快全面建设小康社会、提前基本实现现代化的重要内容。

打造“绿色浙江”具有十分重大而深远的意义

十六大报告明确指出：“必须把可持续发展放在十分突出的地位，坚持计划生育、保护环境和保护资源的基本国策。”胡锦涛总书记在中央人口资源环境工作座谈会上强调：“要加快转变经济增长方式，将循环经济的发展理念贯穿到区域经济发展、城乡建设和产品生产中，使资源得到最有效的利用。最大限度地减少废弃物排放，逐步使生态步入良性循环，努力建设环境保护模范城市、生态示范区、生态省。”这些都为我们推进生态建设、打造“绿色浙江”指明了方向。

实践“三个代表”重要思想的具体体现　“生态兴则文明兴，生态衰则文明衰”。推进生态建设，打造“绿色浙江”，是保护和发展生产力的客观需要，有利于加快调整经济结构和优化产业布局，减少环境污染和生态破坏，更好地为生产力的发展增添后劲；推进生态建设，打造“绿色浙江”，是社会文明进步的重要标志，有利于促进人们生产方式、生活方式、消费观念的转变，增强生态保护意识，大力发展生态文化，推进生态文明建设，也有利于建设优美舒适的人居环境，生产安全可靠的绿色产品，实现自然资源的永续利用，从而有效改善人

本文原载《求是》2003 年第 13 期。习近平同志时任中共浙江省委书记。

民群众的生活质量。所以，这是功在当代的民心工程、利在千秋的德政工程。

实施可持续发展战略的具体行动 生态环境是经济社会发展的基础。发展，应当是经济社会整体上的全面发展，空间上的协调发展，时间上的持续发展。我省提出到2020年经济总量争取比2000年翻两番。如果不根本转变经济增长方式，高增长必然带来资源消耗和污染物排放总量的剧增，造成严重的环境问题，制约经济社会的持续发展。推进生态建设，打造“绿色浙江”，走科技先导型、资源节约型、清洁生产型、生态保护型、循环经济型的经济发展之路，不仅有利于促进资源的永续利用，实现物质能量的多层次分级循环利用，改变我省资源保证程度低、环境容量小对经济发展的制约，更重要的是从根本上整合和重新配置有限的环境资源，优化产业布局，更加合理地调整产业结构，不断提升产业层次和经济质量，从而为可持续发展铺平道路。

增强综合实力和国际竞争力的必由之路 当今世界，生态环境已成为一个国家和地区综合竞争力的重要组成部分。出口贸易正越来越多地面临主要来自发达国家“绿色壁垒”的挑战，许多国家和地区都高度关注生态安全，把它作为国家安全的基本战略之一。要保持浙江经济大省、出口大省的地位，吸引更多的外商来投资落户，就必须更加注重生态保护和环境建设，努力在更高层次和水平上谋求有力的环境支撑。同时，我省要实现与长江三角洲地区的优势互补、互惠互利，必须强化山海并利、山水兼优的生态优势，加强区域生态建设和环境保护，集约利用有限资源，加快建立可持续发展的资源环境支撑体系，以区域可持续发展的有利条件，全面参与长江三角洲地区的一体化进程。

加快全面建设小康社会、提前基本实现现代化的有效途径 全面建设小康社会的一个重要目标，就是“可持续发展能力不断增强，生态环境得到改善，资源利用效率显著提高，促进人与自然的和谐，推动整个社会走上生产发展、生活富裕、生态良好的文明发展道路”。推进生态建设，打造“绿色浙江”，正是遵循生态学原理、系统工程学方法和循环经济发展理念，充分运用现代科技，转变经济增长方式，大力发展生态效益型经济，不断改善和优化生态环境，促进国民经济和社会持续健康协调发展，并为今后的发展提供良好的基础和可以永续利用的资源与环境，真正把美好家园奉献给人民群众，把青山绿水留给子孙后代，以建“绿色浙江”、造秀美山川的丰硕成果，全面推进浙江的小康建设和现代化建设。

浙江具备建设生态省的良好基础和有利条件

浙江区位优势明显，气候条件优越，经济社会持续发展，建设生态省具有有利的自然和经济社会条件。经过多年不懈努力，浙江环境保护和生态建设取得了重大进展，为建设生态省打下了坚实基础。

自然生态环境优势明显 我省具有相对独立的地理单元和区位优势，生态系统具有丰富的多样性。地势自西南山区向东北平原倾斜，呈梯级下降，地貌和水系自成体系；全省八大水系基本发源于本省，水环境系统相对独立；平原地区河网密布、水系发达，山区森林茂密、植被良好。全省森林覆盖率达 59.4%，居全国前列，浙西南地区森林覆盖率更高一些。目前，全省已建成自然保护区 29 个，省级以上森林公园 67 个，其中国家级森林公园 17 个，是全国拥有森林公园数量最多的省份之一。全省城市建成区绿化覆盖率 27.4%，绿地率 24%，人均

公共绿地 9.4 平方米。全省生态环境质量总体上处于全国领先地位。

经济社会发展势头强劲 改革开放以来，我省经济持续快速发展，经济结构发生了重大变化。2002 年，全省国内生产总值 7 670 亿元，人均国内生产总值 16 570 元，财政总收入 1 167 亿元，三项指标均居全国各省区市第 4 位。服务业在国内生产总值中的比重已达到 40%。与经济发展相适应，文化、体育、卫生、环境、社会保障和社会福利等社会各项事业全面进步。浙江已具备建设生态省所必需的经济社会基础。

环境保护和生态建设基础较好 “九五”以来，在经济每年保持两位数增长的同时，全省环境污染和生态恶化的趋势基本得到控制，环境质量基本保持稳定。全省 2.2 万家工业企业建成治污设施；12 项主要污染物排放总量均控制在国家规定的指标之内。各地大力开展城市和农村环境综合整治，改善了城乡人居环境。各地还积极引导和鼓励高山、深山的农民搬迁下山，既实现异地脱贫，又保护了生态环境。

发展生态经济成效显著 全省发展生态农业、生态工业、生态旅游起步较早，态势良好。目前已建成省级农业高新技术示范园区 11 个，现代农业示范园区 2 200 多个，无公害农产品基地 1 000 多个，茶叶、罐头、鲜果、粮油等绿色食品和有机食品产业长足发展。生态工业特别是环保产业快速发展，还重点发展了一批产学研基地和特色产业基地。据国家环保总局 2001 年调查，我省环保相关产业总产值 297 亿元，居全国首位。立足于浙江丰富的风景旅游资源和人文景观资源，我省生态旅游方兴未艾，已成为旅游大省。

领导重视和公众参与的“两个积极性”有效发挥 省委、省政府坚持把环境保护和生态建设作为提前基本实现现代化的重要内容，把实施可持续发展战略作为经济建设的重要任务长抓不懈，并纳入国民经济和社会发展计划。省人大常委会、省政协都设立环境保护方面的专门委员会，加强对环境保护和生态建设的检查指导。各地党委、政府都把环境保护和生态建设有关指标列入目标管理，作为工作业绩考核的重要内容。尤为可喜的是，全省上下已形成了“不重视环境保护和生态建设的政府是不清醒的政府，不重视环境保护和生态建设的部门是不称职的部门，不重视环境保护和生态建设的企业是没有希望的企业，不重视环境保护和生态建设的公民是没有社会公德的公民”的共识。

生态省建设的总体目标和主要任务

打造“绿色浙江”，是一项长期的战略举措。今年 3 月，国家环保总局组织的论证会通过的《浙江生态省建设总体规划纲要》，为我省全面启动生态省建设提供了依据，也标志着浙江省已成为全国第五个生态省建设试点省份。

浙江生态省建设的指导思想是：以邓小平理论和“三个代表”重要思想为指导，以人与自然和谐为主线，以提高人民群众生活质量为根本出发点，以体制创新、科技创新和管理创新为动力，在全面建设小康社会、提前基本实现现代化的进程中，坚定不移地实施可持续发展战略，加快新型工业化步伐，大力发展生态经济、营造生态环境、培育生态文化，全面推进“绿色浙江”建设，走生产发展、生活富裕、生态良好的文明发展道路。从这一指导思想出发，在具体工作中必须把握好持续发展、重视协调，科教支撑、不断创新，统筹规划、法制保障，政府调控、市场调节，公众参与、开放合作的原则。

浙江生态省建设的总体目标是：充分发挥浙江的区域经济特色和生态环境优势，转变经济增长方式，加强生态环境建设，经过 20 年左右的努力，基本实现人口规模、素质与生产力发展要求相适应，经济社会发展与资源、环境承载力相适应，把浙江率先建设成为具有比较发达的生态经济、优美的生态环境、繁荣的生态文化，人与自然和谐相处的可持续发展省份。具体工作分三个阶段推进，即 2003—2005 年为启动阶段，2006—2010 年为推进阶段，2010—2020 年为提高阶段。

浙江生态省建设的主要任务，是实施生态工业与清洁生产、生态农业与新农村环境建设、生态公益林建设、万里清水河道建设、生态环境治理、生态城镇建设、下山脱贫与帮扶致富、碧海建设、生态文化建设、科教支持与管理决策等“十大重点工程”，努力完成构建生态省建设的“五大体系”。一是建设以循环经济为核心的生态经济体系，包括调整优化产业结构，培育发展循环经济，积极发展生态农业，大力发展生态工业，加快发展现代服务业，努力倡导绿色消费。二是建设可持续利用的自然资源保障体系。包括加强法规建设，完善资源管理体制；合理开发利用资源，满足可持续发展需要；保护自然资源，提高生态环境质量；扩大对外开放，充分利用国内国际资源。三是建设山川秀美的生态环境体系，包括污染综合防治，生态环境保护与建设，辐射环境和危险化学品管理，自然灾害防御。四是建设人与自然和谐的人口生态体系。包括稳定低生育水平，优化人口结构；促进充分就业，提高社会保障能力；以创建生态城镇为抓手，改善城镇人居环境；创建绿色社区，打造生态家园；建设生态型村庄，优化农村居住空间。五是建设科学高效的能力支持保障体系。包括树立先进的生态文化理念，加强科技教育支撑，发挥生态示范区和可持续发展实验区的示范作用，完善生态环境安全的预测预警系统，建立科学决策和评估机制。

围绕上述目标任务，我们必须着眼长远，立足当前，以更大的决心，采取更有力的措施，扎实工作，稳步推进，坚持不懈地把生态省建设各项工作落到实处。一是落实领导责任制，将生态省建设任务纳入各级政府行政首长目标责任制，将目标任务的完成情况列为评价各级政府和干部政绩的重要内容；实行环境与发展综合决策制度，建立健全重大决策监督机制；贯彻生态优先原则，在企业评优、资格认证和有关创建活动中，实行生态环境保护一票否决制。二是建立完善分工协作机制，省、市、县分级管理，部门相互配合，上下联动、良性互动，做到责任到位、措施到位、投入到位，并每年集中解决一些突出问题。三是完善资金投入和管理体制，各级政府应将生态省建设资金列入本级预算，并保持每年按一定比例增长。鼓励和支持社会资金投向生态省建设。四是加快重大生态项目建设，将重大环境生态建设项目纳入国民经济与社会发展计划和财政预算。五是进一步加强法制建设，保证生态省建设的权威性、严肃性和连续性。六是切实加大宣传教育力度，使生态省建设家喻户晓、深入人心。

推进生态省建设，打造“绿色浙江”，是一项事关全局的宏大的系统工程，也是我们对国家、对浙江人民、对子孙后代的庄严承诺。我们决心一年接着一年抓，一任接着一任干，努力打造经济繁荣、山川秀美、社会文明的“绿色浙江”。

保护生态环境　维护生态安全
巩固中华民族发展的根基

——在“中国生态安全高层论坛”上的讲话

曾培炎

今天是“6·5 世界环境日”。在全球各个国家和地区，关心环保的人们正围绕“莫使旱地变荒漠”这一主题，以不同的方式举行活动，充分显示了人类保护共同家园的坚定信心。中国是世界上荒漠化最严重的国家之一，荒漠化已经成为危及国家生态安全的突出问题。今天，我们在这里举办生态安全高层论坛，既是对世界环境日主题的积极响应，也是根据中国实际情况开展的具体行动，有着十分重要的现实意义。

近年来，在各级政府和有关方面的共同努力下，在广大人民群众的大力支持下，我国生态环境保护和建设工作取得了积极进展。“十五”期间，在经济快速增长的同时，全国环境质量基本稳定，部分城市和地区有所改善。通过退耕还林、退牧还草，一些沙化退化的土地，已经能够看到绿色；通过污染控制、综合治理，一些水体恶化的河湖，已经恢复了原有的风光；通过生态移民、自然修复，一些环境脆弱的地区，已经得到有效保护；通过生态建设，一些往日污染矛盾突出的地方，开始走上经济与环境协调发展的道路。

刚才表彰的生态市、生态县和环境优美乡镇就是全国可持续发展的先进典型。江苏省张家港、常熟、昆山和江阴市加大环境综合整治力度，在环保模范城市的基础上又上了新台阶；浙江省安吉县通过发展生态经济，探索出环境与经济“双赢”的路子；上海市闵行区严格保护环境，把“脏乱差”的城乡结合部建成了人居环境良好的花园小区。事实证明，只要我们全面落实科学发展观，认真贯彻环境保护基本国策，无论是发达地区，还是欠发达地区，都能实现可持续发展。

同时必须清醒地看到，我国生态环境形势依然十分严峻。水土流失和土地沙化威胁着国家生态安全，全国已有 1/3 的国土面积受到水土流失的侵蚀，90%的天然草原不同程度地退

本文是曾培炎同志 2006 年 6 月 5 日在中国生态安全高层论坛上的讲话，原载《人民日报》2006 年 6 月 6 日。

化，有限的耕地资源受到环境污染和地力下降的双重威胁，宝贵的生物资源正在锐减。沱江、松花江等接连发生的重大环境污染事故，直接威胁到人民的生产生活。频繁袭击北方的沙尘暴，再次敲响了生态安全的警钟。

历史经验告诉我们，生态兴则文明兴。环境适宜的长江、黄河流域孕育了辉煌的中华文明，生态较好的“两河”流域塑造了古巴比伦文明。反之，生态衰则文明衰。丝绸之路上的楼兰古国，随着生态环境的变迁，早已湮没在万顷流沙之中。当代现实也告诉我们，生态环境一旦遭到严重污染，将导致难以恢复的灾难。前苏联切尔诺贝利核电站的核辐射泄漏、印度博帕尔农药厂的毒气爆逸事故，造成的危害至今不能彻底消除，其教训十分深刻。我们维护生态安全就是捍卫我们赖以生存的家园，就是巩固中华民族发展的根基。

党中央、国务院高度重视生态安全问题。党的十六届五中全会提出，全面贯彻落实科学发展观，加快建设资源节约型、环境友好型社会。“十一五”规划对建设资源节约型、环境友好型社会提出了具体目标和措施。不久前，国务院作出了加强环境保护的决定，召开了第六次全国环境保护大会，对保护生态环境、维护生态安全提出了明确要求。我们要在促进经济发展能力的同时，明显改善生态环境，推动整个社会走上生产发展、生活富裕、生态良好的文明发展道路。

维护生态安全，必须努力扭转自然生态恶化的趋势　要按照优化开发、重点开发、限制开发和禁止开发的要求，区别不同区域的生态功能定位，把经济活动控制在自然生态的承载力之内。加强生态功能保护区和自然保护区建设，发挥自然修复作用，保护生物多样性和生态系统的整体功能。要继续实施天然林保护、天然草原植被恢复、退耕还林、退牧还草和防沙治沙等生态治理工程。要因地制宜发展适应抗灾要求的避灾经济。积极推进生态省、生态市、生态县和环境优美乡镇等生态示范创建工作，树立一批科学发展的典型。

维护生态安全，必须加大环境污染防治力度　要将水、空气、土壤污染防治作为环保工作的重中之重，把确保群众饮水安全作为首要任务，不断加大整治力度。要坚决淘汰落后工艺、设备和生产能力，关闭浪费资源、污染严重的企业。严格执行建设项目环评制度，依法开展规划环评，积极探索重大决策环评，做到增产不增污、增产要减污。要按照建设社会主义新农村的要求，强化农村环境保护工作，实施农村小康环保行动计划，确保农产品安全。加快实施危险废物处置、污水处理、垃圾无害化处理、燃煤电厂脱硫、核与辐射环境安全等国家环保重点工程，着力解决当前突出的环境问题。

维护生态安全，必须有效防范突发性环境事件　当前我国正处于一个环境事故的高发期，近年来发生的重大突发性环境污染事件警示我们，事故出于麻痹，责任重于泰山！我们必须建立健全防控体系，完善事故应急预案，健全决策响应系统。要将重点流域、重点地区、重点行业、重点部位作为防控的主要对象，长抓不懈，把环境安全隐患消灭在萌芽中。一旦发生环境事故，各级政府和有关部门要采取断然措施，科学处置，通力合作，沉着应对，把危害和损失控制在最小限度。

维护生态安全，需要动员全社会的力量广泛参与　保护环境是全民族的共同事业，要加强生态安全的警示教育，提高全社会的生态安全意识。健全环境法律法规体系，加强监督检查，强化环境执法。各级政府要及时发布环境信息，让社会公众了解环境状况。要群策群力、群防群治，充分调动广大人民群众爱护环境的积极性主动性，将保护环境的热情转化为自觉

行动。要倡导健康文明的生产、生活方式，努力营造建设环境友好型社会的良好氛围。

维护生态安全，需要加强国际环境交流与合作　要积极引进国外先进技术和经验，提高我国生态治理与环境保护的装备水平和管理水平。要采取有效措施，防范危险废物非法进口、有害外来物种入侵和生物遗传资源流失。中国将以更加积极主动的姿态参与国际环境与发展事务，认真履行国际环境公约，广泛开展双边和多边环境合作，共同研究解决危及生态安全的世界难题，为维护全球生态安全作出积极贡献。

今天，国内外专家和学者、有关部门的同志将围绕生态安全展开讨论，希望大家各抒己见，畅所欲言，为保障国家生态安全献计献策。我相信，这将有利于提高全社会生态安全的忧患意识，对改进政府生态环境保护和建设工作发挥积极的作用。

维护生态安全，贵在实践、重在落实。让我们共同努力，以对国家、对民族、对子孙后代高度负责的精神，把环境保护和生态建设的各项措施落到实处，为全面建设小康社会、构建社会主义和谐社会作出新的贡献。

积极建设生态文明

周生贤

党的十七大报告将“建设生态文明”作为全面建设小康社会的新要求，明确提出要使主要污染物排放得到有效控制，生态环境质量明显改善，生态文明观念在全社会牢固树立。建设生态文明，是深入贯彻落实科学发展观、全面建设小康社会的必然要求和重大任务，为保护生态环境、实现可持续发展进一步指明了方向。

深入贯彻落实科学发展观的重要内容

生态文明是人类文明的一种形态，它以尊重和维护自然为前提，以人与人、人与自然、人与社会和谐共生为宗旨，以建立可持续的生产方式和消费方式为内涵，以引导人们走上持续、和谐的发展道路为着眼点。生态文明强调人的自觉与自律，强调人与自然环境的相互依存、相互促进、共处共融，既追求人与生态的和谐，也追求人与人的和谐，而且人与人的和谐是人与自然和谐的前提。可以说，生态文明是人类对传统文明形态特别是工业文明进行深刻反思的成果，是人类文明形态和文明发展理念、道路和模式的重大进步。

人类的生存与发展依赖于自然，同时人类文明的进步也影响着自然的结构、功能与演化。在人类发展史上，人与自然的关系经历着由和谐到失衡、再到和谐的螺旋式上升过程。在原始社会，由于人类社会的生产力水平十分低下，人与自然“和谐共处”，但这种和谐更多地表现为人对自然的敬畏和被动服从，和谐关系的主导因素是自然。到了农业文明时期，人与自然关系在整体上保持和谐的同时，也出现了阶段性的、区域性的不和谐。随着人口的增加和生产力水平的逐步提高，人类开始不安于自然的庇护和统治，在利用自然的同时试图改造和改变自然，而这种改造和改变往往伴随着很大的盲目性、随意性和破坏性。工业文明的出现，使社会生产力有了质的飞跃，人类利用自然的能力极大提高。这时，人类对自然的态度也发生了根本改变，由“利用”变为“征服”，“人是自然的主宰”的思想占据了统治地位。在这种思想支配下，对自然的征服和统治变成了对自然的掠夺和破坏，对自然资源无节制的大规模消耗带来污染物的大量排放，最终造成自然资源迅速枯竭和生态环境日趋恶化，能源危机、

本文原载《人民日报》2007年12月24日。

环境污染、水资源短缺、气候变暖、荒漠化、动植物物种大量灭绝等灾难性恶果直接威胁到人类的生存与发展，人与自然的和谐也面临着有史以来最严峻的挑战。从 20 世纪 60 年代开始，人类对自身与自然关系的反思迅速升温。1972 年，联合国发表《人类环境宣言》；90 年代以后，《里约环境与发展宣言》、《二十一世纪议程》、《关于森林问题的原则声明》、《联合国气候变化框架公约》和《生物多样性公约》等一系列有关环境问题的国际公约和国际文件相继问世，标志着实现人与自然和谐发展成为全球共识。

党的十七大报告提出建设生态文明并作出具体部署，体现了我们党和政府对新世纪新阶段我国发展呈现的一系列阶段性特征的科学判断和对人类社会发展规律的深刻把握。一方面，我国人均资源不足，人均耕地、淡水、森林仅占世界平均水平的 32%、27.4%和 12.8%，石油、天然气、铁矿石等资源的人均拥有储量也明显低于世界平均水平；另一方面，由于长期实行主要依赖增加投资和物质投入的粗放型经济增长方式，能源和其他资源的消耗增长很快，生态环境恶化的问题也日益突出。人类社会的发展实践证明，如果生态系统不能持续提供资源能源、清洁的空气和水等要素，物质文明的持续发展就会失去载体和基础，进而整个人类文明都会受到威胁。因此，建设生态文明是实现全面建设小康社会奋斗目标的内在需要，是深入贯彻落实科学发展观的重要内容。

大力推进生态文明建设

建设生态文明，不同于传统意义上的污染控制和生态恢复，而是克服工业文明弊端，探索资源节约型、环境友好型发展道路的过程。由于我国巨大的人口基数和经济规模，即使采用各种末端治理措施，也难以避免严重的环境影响。要真正实现人与自然和谐相处，需要大规模开发和使用清洁的可再生能源，实现对自然资源的高效、循环利用。这对于尚处于工业化时期的我国来说，挑战是巨大的。但作为后发国家，我们又具有积极借鉴和吸收其他国家经验的优势。我们必须抓住历史机遇，采取有力措施，大力推进生态文明建设。

在思想上，应正确认识环境保护与经济发展的关系　主要是：从重经济发展轻环境保护转变为保护环境与发展经济并重，从环境保护滞后于经济发展转变为环境保护与经济发展同步，从主要用行政办法保护环境转变为综合运用法律、经济、技术和必要的行政办法解决环境问题。要牢固树立保护环境、优化经济结构的意识，将环境保护作为新阶段推进发展的重要任务。

在政策上，应从国家发展战略层面解决环境问题　只有将环境保护上升到国家意志的战略高度，融入经济社会发展全局，才能从源头上减少环境问题。在发展政策上，抓紧拟订有利于环境保护的价格、财政、税收、金融、土地等方面的经济政策体系，采取总体制度一次性设计、分步实施到位的办法，使鼓励发展的政策与鼓励环保的政策有机融合；在发展布局上，遵循自然规律，开展全国生态功能区划工作，根据不同地区的环境功能与资源环境承载能力，按照优化开发、重点开发、限制开发和禁止开发的要求确定不同地区的发展模式，引导各地合理选择发展方向，形成各具特色的发展格局；在发展规划上，进一步优化重化工业的布局，调整产业结构，转变发展方式。

在措施上，应实行最严格的环境保护制度　包括建设完善的法律制度，制定严格的环境

标准，培养专业的执法队伍，采取行之有效的执法手段等。建立健全与现阶段经济社会发展特点和环境保护管理决策相一致的环境法规、政策、标准和技术体系，凡是污染严重的落后工艺、技术、装备、生产能力和产品一律淘汰，凡是不符合环保要求的建设项目一律不允许新建，凡是超标或超总量控制指标排污的工业企业一律停产治理，凡是未完成主要污染物排放总量控制任务的地区一律实行“区域限批”，凡是破坏环境的违法犯罪行为一律严惩。核心要求是杜绝一切环境违法行为，任何对环境造成危害的个人和单位都要补偿环境损失。

在行动上，应动员全社会力量共同参与保护环境　环境保护是全民族的事业。必须紧紧依靠人民群众，充分调动一切积极因素，齐心协力保护环境。一是广泛开展环境宣传教育。多形式、多方位、多层面宣传环境保护知识、政策和法律法规，弘扬环境文化，倡导生态文明，营造全社会关心、支持、参与环境保护的文化氛围。加强对领导干部、重点企业负责人的环保培训，提高其依法行政和守法经营意识。将环境保护列入素质教育的重要内容，强化青少年环境基础教育，开展全民环保科普宣传，提高全民保护环境的自觉性。二是加强部门协作。环境保护部门是推动环境保护事业发展的“总体设计部”，其他有关部门是环境保护事业的共同建设者。要加强环境保护部门的机构、队伍和能力建设，进一步完善环境保护统一监督管理体制。三是强化社会监督。公开环境质量、环境管理、企业环境行为等信息，维护公众的环境知情权、参与权和监督权。对涉及公众环境权益的发展规划和建设项目，要通过听证会、论证会或社会公示等形式，听取公众意见，接受舆论监督。四是形成科技创新与科学决策机制。针对现阶段的环境污染形势和广大人民群众改善环境的迫切愿望，不断加大对全球性、区域性、流域性以及前瞻性重大环境问题的成因与演化趋势的研究，组织开展科技攻关，形成国家、地方政府对水环境、大气环境等的监控、预警技术体系，带动环境保护体制机制创新。进一步加强国际合作与交流，理性借鉴国际环境保护的成功经验，积极参与全球性、区域性环境保护活动。五是健全公众参与机制。发挥社会团体的作用，为各种社会力量参与环境保护搭建平台，鼓励公众检举揭发各种环境违法行为，推动环境公益诉讼。六是加强基层社会单元的环保工作。把环境保护作为社区、村镇建设的一项重要内容，引导和动员广大群众参与环保工作，使每个公民在享受环境权益的同时，自觉履行保护环境的法定义务。

走和谐发展的生态文明之路

周生贤

高举中国特色社会主义伟大旗帜，坚持以人为本，全面、协调、可持续发展，统筹人与人、人与自然关系，走具有中国特色生态文明的现代化道路，是实现全面建设小康社会宏伟目标的必然选择。以科学发展观为指导，服从和服务于中国特色社会主义建设大局，促进人与自然和谐，是国民经济和社会发展全局赋予环境保护最重要、最根本的时代重任，是推进环境保护历史性转变的出发点和根本目标。以人为本、推进生态文明建设和发展，是指导新时期环境保护工作的灵魂。

一

生态文明，是人类文明的一种形态。它包括自然生态问题、人的精神生态问题，它以尊重和维护自然为前提，以人与人、人与自然、人与社会和谐共生为宗旨，以建立可持续的生产方式和消费方式为内涵，引导人们走上持续和谐的发展道路为着眼点。生态文明强调人的自觉与自律，强调人与自然环境的相互依存、相互促进、共处共融。生态文明既追求人与生态的和谐，也追求人与人的和谐，而且人与人的和谐是人与自然的和谐的前提。

人与自然的关系反映着人类文明与自然演化的相互作用及其结果。人类的生存与发展依赖于自然，同时，文明的进步也影响着自然的结构、功能与演化。人与自然的关系经历了由和谐到失衡、再到新和谐的螺旋式上升过程。在原始社会，人与自然和谐共处，由于人类社会的生产力水平十分低下，这种和谐更多地表现为人对自然的敬畏和被动服从，和谐关系的主导因素是自然。到了农业文明时期，人与自然关系在整体上保持和谐的同时，出现了阶段性的、区域性的不和谐。随着人口的增加和生产力的逐步提高，人类开始不安于自然的庇护和统治，在利用自然的同时试图改造和改变自然，而这种改造和改变往往伴随着很大的盲目性、随意性和破坏性。工业文明的出现，使社会生产力有了质的飞跃，人类利用自然的能力得到极大地提高。这时，人类对自然的理念也发生了根本的改变，由“利用”变为了“征服”，“人是自然的主宰”的思想占据了统治地位。笛卡儿就认为，借助科学“我们就可以使自己成

本文原载《中国环境报》2008年1月1日。

为自然的主人和统治者”。但是，令人叹惜的是，由于盲目自大，人类成了破坏与自然和谐相处的主体，对自然的征服和统治变成了对自然的掠夺和破坏，对自然资源无节制的大规模消耗，带来污染物的大量排放，最终造成自然资源迅速枯竭和生态环境日趋恶化，能源危机、环境污染、水资源短缺、气候变暖、荒漠化、动植物物种大量灭绝……灾难性恶果直接威胁到人类的生存与发展，人与自然和谐也面临着有史以来最严峻的挑战。

征服自然在给人类带来巨额财富的同时也造成了巨大的灾难，这与当初人类征服自然的初衷显然是背道而驰的。这一巨大的反差使人类开始反思自己的行为与观念。革命导师站在了这一思考的前列，从哲学和实践的层面深入探讨人与自然的关系。马克思在《1884 年经济学哲学手稿》中批判黑格尔时指出，他只看到了劳动的积极的方面，而没有看到它的消极的方面。恩格斯更是一针见血地指出：“不要过分陶醉于我们对自然界的胜利，对于每一次这样的胜利，自然都报复了我们。”马克思和恩格斯都认为人与自然必须和谐相处，马克思说过：“人同自然界的完成了的本质的统一，是自然界的真正复活。”恩格斯认为，“我们连同我们的肉、血和头脑都是属于自然界，存在于自然界的；我们对自然界的整个统治，是在于我们比其他一切动物强，能够认识和正确运用自然规律。”从 20 世纪 60 年代开始，人类对自身与自然关系的反思和认识迅速升温，1972 年，联合国发表了《人类环境宣言》，郑重声明只有一个地球，人类在开发利用环境的同时，也承担着维护自然的义务；90 年代以后，以《里约热内卢环境与发展宣言》、《二十一世纪议程》、《关于森林问题的原则声明》、《气候变化国际公约》和《生物多样性公约》为代表的一系列具有里程碑意义的纲领性文件和国际公约的问世，标志着实现人与自然和谐发展已成为全球共识。

追求和谐，是中华民族传统文化的精髓，大道中生，和而不同。学者们普遍认为，与西方文明的“争”字特质相反，中华传统文化的特质在于一个“和”字。这种“和”的哲理，充分体现在道家的“天人合一”思想、儒家的“仁义”思想和佛家的“慈悲”精神之中。而最形象、最生动的表述，则要数“太极图”。在太极图中，阴阳鱼合抱共含，两条鱼的内边结合得天衣无缝，外边则共同构成一个正圆。这个太极图告诉我们：第一，任何一个事物都包含着两个对立面；第二，两个对立面相互包含，并在一定的条件下相互转化；第三，两个对立面协调吻合，共同构成一个和谐的整体。这三点内涵中，第三点最为重要，因为从中可以引申出这样一个道理：在一个统一体中，凡是有利于对方的，便有利于整体的和谐统一，最终有利于自己；反之，凡是有损于对方的，便有损于整体的和谐统一，最终有损于自己。学者把它称为“太极和谐原理”。这个原理，对于认识和把握人与自然的关系极为深刻、极为重要。人类本来就是大自然中的一员，人类起源于自然、生存于自然、发展于自然，人与自然本是一个不可须臾分离的有机整体，与自然和谐相处、和谐发展是人类发展的题中之意。整体是基，共处是形，和谐是本。破坏自然就是损害人类自己，保护自然就是呵护人类自己，改善自然就是发展人类自己。

二

本质上看，追求人与自然和谐的过程就是发展人与自然关系的过程。和谐的重要性是在它受到破坏之后才更加深刻地被人类所认识，更为重要的是要采取行动去扭转和改变造成不

和谐的因素，寻求和建立新的更高层次的和谐。

人与自然的关系是一个运动着的矛盾统一体，由和谐到不和谐，再到更高层次的和谐，是人与自然关系矛盾运动的必然规律。今天我们所讲的追求人与自然的和谐，绝不是要回到原始社会式的和谐，而是要在社会生产力有了飞速发展、社会财富快速增长、人们生活水平显著提高的基础上，寻求和建立与之相适应、相匹配的新的更高水平的和谐。和谐会伴随社会进步而不断升华，因此，人与自然和谐的本质是动态的、演变的，追求和谐的过程就是人类不断认识自然、适应自然的过程，是人类不断修正自己的错误、调整与自然关系的过程，也就是人类在不断发展自己、提高自己的同时不断改善自然、完善自然的过程，是一个由必然王国走向自由王国的过程。在当今世界中，人与自然和谐相处、和谐发展的关键，是端正人的思维，校正人的认识，调整人的发展行为。

人与自然和谐发展的最终目的是为了人类的发展。人，既是自然中的普通一员，同时也是自然中的特殊一员，人类与自然关系的最终归宿，还是为了人类自身的发展。认识和尊重自然规律的目的在于合理和科学地运用自然规律为人类服务，调整和改善人与自然关系是为了更好地认识自然，进而更好地利用自然。人与自然关系发展演变到今天，自然已经受到了人类太多的伤害，如果只是一味地坐等大自然的自行修复而不是给自然恢复的机会，就难以从根本上重新建立人与自然之间新的平衡与和谐。幸运的是，人类认识到不和谐的危险，并开始调整与自然的关系。人类不仅要严格地保护自然，尽快地恢复自然，更重要、更急迫的是要在尊重自然规律的前提下，充分发挥人的主观能动性，运用自然规律去科学地修复自然，在更高的层次上实现人与自然的和谐。从这个意义上讲，在统筹人与自然和谐共处、促进人与自然和谐发展的进程中，保护自然是基础，恢复自然是目标，改善自然是关键。那种一切以人类为中心去盲目地“征服”自然的认识和实践是错误的，是主观唯心论的认识论；而那种人类只能服从自然、在自然面前无所事事同样是错误的，是机械唯物论的认识论；只有人与自然和谐相处，在尊重自然的基础上，推动人类文明向更高形态的认识和实践迈进，才是唯一正确的。

三

生态文明是世界新潮流。按照一般推理，生态文明应在发达国家首先兴起，因为生态危机的发生和危害首先在那里体现。但是，建设生态文明的构想却没在那里诞生。原因在于：一是经典的发达国家在发展过程中，积累了强大物质基础，技术和资金优势，使本国的生态危机得到缓解；二是西方工业文明本身也具有一定的修正发展错误的能力，但难以自发地转向生态文明，工业文明巨大的利益诱使着前进的方向；三是因为西方资本主义不断向不发达地区转移生态成本，西方失去了发展生态文明的机会。

工业文明从出现时候起，就因其弊端而成为许多思想家反思和批评的对象。卢梭曾对使工业文明过分膨胀的工具理性侵蚀人的道德理性、破坏人与自然和谐的可能性和危险性发出警告。马克思、恩格斯更是对资本主义工业文明所导致的人与人、人与自然的异化作出过深刻的反思。20 世纪 60 年代以来，随着全球环境污染的进一步恶化，人们开始了有意识地寻求新的发展模式的过程。人类对生态文明的选择，就是当代人类在探索环境保护和可持续发

展战略的过程中逐渐明确下来的。

1972 年，在罗马俱乐部发表的研究报告《增长的极限》中，就提出了均衡发展的概念。所谓均衡发展，一是要把人类的发展控制在地球承载能力的限度之内，二是要缩小发达国家与发展中国家之间的差距，实现人类的共同发展。这实际上就是可持续发展观的雏形。联合国环境与发展委员会 1987 年发布的研究报告《我们共同的未来》，是人类建构生态文明的纲领性文件。该报告的独特价值在于：第一，用“可持续发展”这一包容性极强的概念，总结并统一了人们在环境与发展问题上所取得的认识成果，使它们构成了一个具有内在逻辑联系的有机整体，从而把人们对这一问题的认识提升到了一个新的高度；第二，第一次深刻而全面地论述了 20 世纪人类面临的三大主题（和平、发展、环境）之间的内在联系，并把它们当作一个更大课题（可持续发展）的内在目标来追求，从而为人类指出了一条摆脱目前困境的有效途径。这是一次巨大的飞跃。1992 年在巴西里约热内卢召开的联合国环境与发展大会，是人类建构生态文明的一座重要里程碑。它不仅使可持续发展思想在全球范围内得到了最广泛和最高级别的承诺，而且还使可持续发展思想由理论变成了各国人民的行动纲领和行动计划，为生态文明社会的建设提供了重要的制度保障。

人是自然的产物，是自然之子。自然孕育、哺育了人类，使人类得以产生和发展。发展使人类变得不断强大，强大又使人类自我意识膨胀，使自然之子自以为是自然的主人，向自然索取没有限制，破坏生态平衡没有限制，因而引发生态恶化。人类需要重新审视自己，人类不仅要利用自然、开发自然，更要爱护自然、尊重自然，既要考虑自身生存、发展的需要，更要考虑其他物种生存、发展的需要，人类和自然要协调发展。正是这种清醒，推动着人类文明进行着一场深刻的变革。人们把追求与自然和谐相处的研究和实践活动推上当今社会发展主旋律的位置，进而成为全球性的时代潮流。过去我们不由自主地以物质繁荣为追逐目标，很少考虑将来人均到底消耗多少资源，才算建设成一个中国特色的发达社会，这就涉及我们的心中究竟何谓发展。接下来的路如何走，不提到文明发展的高度上，已经解决不了。

生态文明不仅仅关乎环境污染，还涉及生产方式、消费方式，甚至精神层面的价值观，如何处理人与自然的关系，怎么对待自己的家园。如果说环境整治是在应对自己造成的麻烦，那么生态问题，是站在人类发展的历史高度，反思自己的历史足迹，研判自己的未来走向。严峻的生态环境情况表明，不追求生态文明的更高境界，单纯追求经济增长的结果很可能是大多数人还没有享受到工业文明的成果，而工业文明的代价却已把我们引向绝路。所以，我们必须强调科学发展观，突出发展的全面性、可持续性，协调性。这已经超越了工业文明，是生态文明的要求。提出构建和谐社会，人与自然和谐、人与人和谐、人与自己的内在需求和谐，也已经属于生态文明的内涵。换言之，中国已经走到了这一步：必须在生态文明视野下，来看待发展问题。不仅包含工业文明的内涵，也体现出生态文明的进步理念，这正是中国特色社会主义发展道路的“特色”之所在。西方失去机会，就为中华民族的跨越式发展提供了机会。

四

一部人类文明史，也是一部人与自然的关系史。伴随经济的发展，特别是改革开放以来

的快速发展，我们改造自然的能力空前提高，通过对资源的获取创造了巨大的物质财富，极大地推动了物质文明的发展，迅速地提高了人们的生活水平。但与此同时，也加速了对自然资源耗竭和环境的急剧恶化，长此以往，难以为继。我们正面临着新的抉择：是延续过去的思路继续走下去，抑或是寻求一条新的道路，重新定位人与自然的关系，促进人与自然和谐，从而实现可持续发展？生态文明的提出，是走向现代化中国的回答。

作为一种新的文明形态，生态文明尚无范例可循，从理论到实践都需要作艰难探索。生态文明与工业文明，首先分野在对人与自然关系的认识。工业文明立足于对自然的征服和改造，而生态文明则要求人类寻求与生态环境的和谐，因为生态环境是人类生存和发展的基础。

建设生态文明，不同于传统意义上的污染控制和生态恢复，而是修正工业文明弊端，探索资源节约型、环境友好型的发展道路的过程。因此，我们必须清醒地认识到，由于中国巨大的人口基数和经济规模，即使我们采用各种末端治理措施，仍然不能避免严重的环境影响。要真正实现与自然和谐的生产生活，需要大规模开发和使用清洁的可再生能源，实现对自然资源的高效、循环利用。这样的根本转变不是一个国家可以完成的，需要中国和其他致力于维护全球生态安全的国家协同努力。

对于尚处于工业化时期的中国，挑战是巨大的，但作为后发国家，积极借鉴和吸收他国经验，更是一次超越现实的重大机遇。因此，我们必须抓住历史机遇，采取积极措施，推进生态文明的进程：

在思想上，要正确认识环境保护与经济发展的关系 要加快实现“三个转变”：一是从重经济增长轻环境保护转变为保护环境与经济增长并重；二是从环境保护滞后于经济发展转变为环境保护和经济发展同步；三是从主要用行政办法保护环境转变为综合运用法律、经济、技术和必要的行政办法解决环境问题。各级党委和政府要牢固树立保护环境优化经济结构的意识，将环境保护作为新时期推进发展的主要任务。“科学发展看环保，和谐社会看民生”要成为各级领导干部的共识。

在政策上，要从国家发展战略层面切入解决环境问题 只有将环境保护上升到国家意志的战略高度，融入经济社会发展全局，才能从源头上减少环境问题。在发展政策上，要抓紧拟订有利于环境保护的价格、财政、税收、金融、土地等方面的经济政策体系，应当采取总体制度一次性设计、分步实施到位的办法，使鼓励发展的政策与鼓励环保的政策充分融合。在发展布局上，要遵循自然规律，开展全国生态功能区划工作，根据不同地区的环境功能与资源环境承载能力，按照优化开发、重点开发、限制开发和禁止开发的要求确定不同地区的发展模式，引导各地合理选择发展方向，形成各具特色的发展格局。在发展规划上，要进一步优化重化工工业的布局、调整产业结构、转变经济发展方式。

在措施上，要实行最严厉的环境保护制度 要像控制人口、保护耕地一样，实行最严厉的环境保护制度，建立健全与现阶段社会经济发展特点和环境保护管理决策相一致的环境法规、政策、标准和技术体系。凡是污染严重的落后工艺、技术、装备、生产能力和产品一律淘汰；凡是不符合环保要求的建设项目一律不允许新建；凡是超标或超总量控制指标排污的工业企业一律停产治理；凡是未完成主要污染物排放总量控制任务的地区一律实行“区域限批”；凡是破坏环境的违法犯罪行为一律受到严惩。最严厉的制度，包括严格的法律制度、环境标准、训练有素的执法队伍、行之有效的执法手段等。核心要求是杜绝一切环境违法行为，

要让任何对环境造成危害的个人和单位补偿环境损失。绝不允许少数人发财，人民群众受害，全社会埋单的情况一再出现。

在行动上，要动员全社会力量保护环境　环境保护是全民族的事业，必须紧紧依靠人民群众，充分调动一切积极因素，形成千军万马齐心协力保护环境的局面。一是广泛开展环境宣传教育。多形式、多方位、多层面宣传环境保护知识、政策和法律法规，弘扬环境文化，倡导生态文明，营造全社会关心、支持、参与环境保护的文化氛围。加强对领导干部、重点企业负责人的环保培训，提高依法行政和守法经营意识。将环境保护列入素质教育的重要内容，强化青少年环境基础教育，开展全民环保科普宣传，提高全民保护环境的自觉性。二是加强部门协作。环保部门是推动环境保护事业发展的“总体设计部”，其他有关部门是环境保护事业的共同建设者；要加强环保部门的机构、队伍和能力建设，进一步完善环境保护统一监督管理体制。三是强化社会监督。公开环境质量、环境管理、企业环境行为等信息，维护公众的环境知情权、参与权和监督权。对涉及公众环境权益的发展规划和建设项目，要通过听证会、论证会或者社会公示等形式，听取公众意见，接受舆论监督。四是形成科技创新与科学决策机制。针对现阶段的环境污染形势和广大人民群众改善环境的迫切愿望，要不断加大全球性、区域性、流域性等前瞻性重大环境问题的成因与演化趋势的研究，组织开展科技攻关，形成国家、地方政府对水环境、大气环境等的监控、预警技术体系，带动环境保护体制机制创新。进一步加强国际合作与交流，理性地借鉴国际环境保护的成功经验，积极参与全球性、区域性环境保护活动。五是健全公众参与机制。发挥社会团体的作用，为各种社会力量参与环境保护搭建平台，鼓励公众检举揭发各种环境违法行为，推动环境公益诉讼。六是加强基层社会单元的环保工作。把环境保护作为社区、村镇建设的一项重要内容，引导和动员广大群众参与环保工作，使每个公民在享受环境权益的同时自觉履行保护环境的法定义务。

和谐是生态文明的灵魂，是指导当今社会发展实践，引领未来社会发展，贯穿人类社会发展进程的真谛。人类曾经在追逐自身利益的过程中有意无意地破坏了发展的和谐，修正自身错误的智慧往往又因为眼前利益的诱导而失去方向，在错误的道路上走得更远，以至于将自己带入了空前的危机中。然而，当我们冲破了利益障碍，认识到和谐中蕴含的无限生机时，经过洗练的智慧将会更加坚定，并转变为指导社会发展的行为。建设生态文明，从不和谐向和谐转变，是建设中国特色社会主义的客观要求和必然选择，生态文明必将推进中国社会走上健康、和谐、稳定、快速发展的可持续发展轨道，必将对我国经济社会全面、协调、可持续发展产生深刻的影响。

生态文明建设：环境保护工作的基础和灵魂

周生贤

促进人与自然的和谐，是国民经济和社会发展全局赋予环境保护工作最重要、最根本的时代重任，是推进环境保护历史性转变的出发点和根本目标。坚持以人为本、全面协调可持续发展，积极推进生态文明建设，是新时期环境保护工作的基础和灵魂。

一、生态文明的实质是要摆正人与自然的关系

十七大报告明确提出，要“建设生态文明，基本形成节约能源资源和保护生态环境的产业结构、增长方式、消费模式”，使“生态文明观念在全社会牢固树立”。生态文明作为全面建设小康社会的奋斗目标首次写入党的政治报告，这是我们党对社会主义现代化建设规律认识的新发展。

生态文明是人类文明的一种新形态。它以尊重和维护自然为前提，以人与人、人与自然、人与社会和谐共生为宗旨，以建立可持续的生产方式和消费方式为内涵，引导人们走上持续和谐的发展道路。生态文明强调人的自觉与自律，强调人与自然环境的相互依存、相互促进。建设生态文明、追求人与自然和谐的过程是人类不断认识自然、适应自然的过程，也是人类不断修正自己的错误、改善与自然的关系和完善自然的过程。

人与自然的关系反映着人类文明与自然演化的相互作用及其结果。人类的生存与发展依赖于自然，同时，文明的进步也影响着自然的结构、功能与演化。在原始社会，由于社会生产力水平十分低下，人与自然的关系更多地表现为人对自然的敬畏和被动服从。到了农业文明时期，随着人口的增加和生产力水平的逐步提高，人类开始不安于自然的庇护和统治，在利用自然的同时试图改造和改变自然，而这种改造和改变往往伴随着很大的盲目性、随意性和破坏性。工业文明的出现，使社会生产力有了质的飞跃，人类利用自然的能力极大地提高。

本文原载《求是》2008 年第 4 期。

这时，人类对自然的理念也发生了根本的改变，由“利用”变为了“征服”，“人是自然的主宰”的思想占据了统治地位。笛卡儿就认为，借助科学“我们就可以使自己成为自然的主人和统治者”。但是，令人叹惜的是，由于盲目自大，人类对自然的征服和统治变成了对自然的掠夺和破坏，对自然资源无节制地大规模消耗，带来了污染物的大量排放，最终造成自然资源迅速枯竭和生态环境日趋恶化，能源危机、环境污染、水资源短缺、气候变暖、荒漠化、动植物物种大量灭绝……灾难性恶果直接威胁到人类的生存与发展，人与自然和谐也面临着有史以来最严峻的挑战。

从 20 世纪 60 年代开始，人类对自身与自然关系的反思和认识迅速升温。1972 年，联合国发表了《人类环境宣言》，郑重声明只有一个地球，人类在开发利用环境的同时，也承担着维护自然的义务。90 年代以后，以《里约热内卢环境与发展宣言》、《21 世纪议程》为代表的一系列具有里程碑意义的纲领性文件的问世，标志着实现人与自然和谐发展已成为全球共识。

人类是大自然中的一员，人类起源于自然、生存于自然、发展于自然，人与自然本是一个须臾不可分离的有机整体，与自然和谐相处、和谐发展是人类发展的题中应有之意。整体是基，共处是形，和谐是本。破坏自然就是损害人类自己，保护自然就是呵护人类自己，改善自然就是发展人类自己。当今世界，人与自然和谐相处、和谐发展的关键，是要端正人的思维、校正人的认识、调整人的发展行为。人与自然关系发展演变到今天，自然界已经受到了人类活动的太多伤害。如果只是一味地坐等自然界的自行修复而不是给自然界恢复的机会，就难以从根本上重新建立人与自然之间新的平衡与和谐。因此，人类不仅要严格地保护自然，尽快地恢复自然，更重要、更急迫的是要在尊重自然规律的前提下，充分发挥人的主观能动性，运用自然规律科学地修复自然，在更高的层次上实现人与自然的和谐。从这个意义上讲，在建设生态文明、促进人与自然和谐发展的进程中，保护自然是基础，恢复自然是目标，改善自然是关键。

二、建设生态文明是发展中国特色社会主义的必然选择

在工业化的进程中，我国明确提出建设生态文明，是由我国的基本国情决定的。近年来，我国环境保护工作取得了积极进展，但是环境形势依然严峻，长期积累的环境问题尚未解决，新的环境问题又不断产生，一些地区环境污染和生态破坏已经到了相当严重的程度。发达国家上百年工业化过程中分阶段出现的环境问题，在我国已经集中出现，不仅造成了巨大的经济损失，还给人民生活和健康带来严重威胁，直接危及全面建设小康社会的进程。未来十几年，工业化、城市化还将加剧，如果一般性地在政策上做些小的调整，或在原有的政策框架内“加大力度”，很难彻底解决日益严重的环境问题。我们必须通过发展方式、消费方式的根本性调整，大力提高资源利用效率，大幅度降低污染排放强度，努力实现废物减量化、资源化、无害化，力争以最小的资源和环境代价，支撑和实现我国国民经济又好又快发展。

在工业化的进程中，我国明确提出建设生态文明，是提高我国经济国际竞争力的重要措施。随着全球环境问题的日益突出，自然资源和生态环境的稀缺性成为人类社会面临的共同问题。无论出于全球环境保护的需要，还是一些发达国家出于贸易保护的需要，生态化设计、循环利用资源、保护环境等已成为产品竞争力的重要标志。可以预见，谁在有利于环境保护

的产品设计、技术创新方面占据优势，谁就在新的国际竞争中占据了制高点。我国明确提出建设生态文明，必将深刻影响人们的思想观念，推进工农业生产、生活消费等向着有利于环境保护的方向发展。通过将保护环境的任务渗透到生产、流通、分配、消费的全过程，将保护环境的要求体现在价格、财税、金融、贸易政策中，推动技术创新沿着节约资源、保护环境、循环经济的方向迈进，使我国的工业化真正走上新型工业化道路，加快从工业大国向工业强国转变的历史进程。

在工业化的进程中，我国明确提出建设生态文明，将为全球环境保护作出积极贡献。发达国家在工业化的进程中，走过了一条先污染后治理的道路。20 世纪的 100 年中，美国累计消费了大约 350 亿吨的石油、73 亿吨的钢、2 亿吨铝、100 亿吨的水泥，付出了沉重的环境代价。不足世界人口 15% 的发达国家，目前仍然消费了全球 50%以上的矿产资源和 60%以上的能源，排放了大量的污染物，对全球环境安全造成了巨大的威胁。我们建设生态文明，就是把建设资源节约型、环境友好型社会放在工业化、现代化发展战略的突出位置，从根本上摒弃发达国家大量消费、大量废弃的传统模式，为全球环境保护作出积极贡献。

三、积极推进生态文明建设

建设生态文明，不同于传统意义上的污染控制和生态恢复，而是修正工业文明弊端，探索资源节约型、环境友好型的发展道路。要真正实现与自然和谐的生产生活，需要大规模开发和使用清洁的可再生能源，实现对自然资源的高效、循环利用。这种根本性的转变不是一个国家可以完成的，需要与其他国家协同努力。对于尚处于工业化时期的中国，挑战固然是巨大的，但作为后发国家，积极借鉴和吸收他国经验，更是一次重大的机遇。因此，我们必须抓住历史机遇，采取积极措施，推进生态文明建设的进程。

在思想上，要正确认识环境保护与经济发展的关系。加快实现“三个转变”：一是从重经济增长轻环境保护转变为保护环境与经济增长并重；二是从环境保护滞后于经济发展转变为环境保护和经济发展同步；三是从主要用行政办法保护环境转变为综合运用法律、经济、技术和必要的行政办法解决环境问题。各级政府要牢固树立保护环境、优化经济结构的意识，将环境保护作为新时期推进发展的主要任务。“科学发展看环保，和谐社会看民生”要成为各级领导干部的共识。

在政策上，要从国家发展战略层面切实解决环境问题。只有将环境保护上升到国家意志的战略高度，融入经济社会发展全局，才能从源头上减少环境问题。在发展政策上，要抓紧拟订有利于环境保护的价格、财政、税收、金融、土地等方面的经济政策体系，促使鼓励发展的政策与鼓励环保的政策充分融合。在发展布局上，要遵循自然规律，开展全国生态功能区划工作，根据不同地区的环境功能与资源环境承载能力，按照优化开发、重点开发、限制开发和禁止开发的要求确定不同地区的发展模式，引导各地合理选择发展方向，形成各具特色的发展格局。在发展规划上，要进一步优化重化工工业的布局，调整产业结构，转变经济发展方式。

在措施上，要实行最严厉的环境保护制度。要像控制人口、保护耕地一样，实行最严厉的环境保护制度，建立健全与现阶段经济社会发展特点和环境保护管理决策相一致的环境法

规、政策、标准和技术体系。凡是污染严重的落后工艺、技术、装备和产品一律淘汰；凡是不符合环保要求的建设项目一律不允许兴建；凡是超标或超总量控制指标排污的工业企业一律停产治理；凡是未完成主要污染物排放总量控制任务的地区一律实行“区域限批”；凡是破坏环境的违法犯罪行为一律受到严惩。最严厉的制度包括严格的法律制度、环境标准、训练有素的执法队伍、行之有效的执法手段等，核心要求是杜绝一切环境违法行为，要让任何对环境造成危害的个人和单位补偿环境损失，绝不允许“少数人发财，人民群众受害，全社会埋单”的情况一再出现。

在行动上，要动员全社会力量保护环境。环境保护是全民族的事业，必须紧紧依靠人民群众，充分调动一切积极因素，形成千军万马齐心协力保护环境的局面。一是广泛开展环境宣传教育。多形式、多方位、多层面宣传环境保护知识、政策和法律法规，弘扬环境文化，倡导生态文明，营造全社会关心、支持、参与环境保护的文化氛围，提高全民保护环境的自觉性。二是加强部门协作。环保部门推动环境保护事业发展责无旁贷，其他有关部门是环境保护事业的共同建设者。要加强环保部门的机构、队伍和能力建设，进一步完善环境保护统一监督管理体制。三是强化社会监督。公开环境质量、环境管理、企业环境行为等信息，维护公众的环境知情权、参与权和监督权。对涉及公众环境权益的发展规划和建设项目，要通过听证会、论证会或者社会公示等形式，听取公众意见，接受舆论监督。四是形成科技创新与科学决策机制。要不断加大全球性、区域性、流域性等重大环境问题的成因与演化趋势的研究，组织开展科技攻关，带动环境保护体制机制创新。进一步加强国际合作与交流，理性地借鉴国际环境保护的成功经验，积极参与全球性、区域性环境保护活动。五是健全公众参与机制。发挥社会团体的作用，为各种社会力量参与环境保护搭建平台，鼓励公众检举揭发各种环境违法行为，推动环境公益诉讼。

认真落实科学发展观
扎实推进生态市（县）建设

——在2004年全国生态市（县）建设现场会上的讲话

祝光耀

全国生态市（县）建设现场会就要结束了。这次会议是在党的十六届四中全会刚刚结束，全党上下深入贯彻《关于加强党的执政能力建设的决定》精神，全面落实科学发展观的重要时刻召开的，是深入贯彻落实国务院加强生态省、生态市建设部署的一次非常重要的工作会议、现场会议。两天来，代表们参观了苏州市及张家港、常熟和昆山三市生态市建设的现场，听取了有关创建工作的经验介绍，深圳、杭州、上海闵行区、安吉等地也介绍了创建生态市（区、县）的经验。这次会议时间安排很紧，大家交流了看法，学到了经验，开拓了思路，会议开得很成功。在此，我谨代表国家环保总局对江苏省环保厅和苏州市委、市政府对会议的精心组织和周到安排表示衷心感谢！对为本次会议顺利召开付出辛勤劳动的全体工作人员致以诚挚的谢意！

通过两天的会议，大家一定清楚这次现场会为什么选在苏州市召开。近年来，苏州市在经济快速发展的同时，市委、市政府十分重视环境保护，大力推进城市环境综合整治，2003年底，全市及其所辖县级市全部获得了国家环境保护模范城市的荣誉称号，张家港、常熟、昆山等市还获得了国家园林城市、卫生城市、绿化模范城市、人居环境奖等称号。为落实科学发展观，实现人与自然和谐，促进经济社会与环境协调发展，苏州市委、市政府不失时机地提出了建设生态市的目标，制定了建设规划，所辖的常熟、张家港、昆山、太仓、吴江等市在全面创建国家级生态示范区的基础上，加快启动了生态市创建工作。苏州市的做法和经验值得各地学习、借鉴。

随着我国全面建设小康社会战略的实施，特别是党中央提出科学发展观和“五个统筹”以来，走生产发展、生活富裕、生态良好的文明发展道路已成为全社会共识，创建生态省、生态市工作在全国稳步推进。迄今为止，全国已有海南、吉林、黑龙江、福建、浙江、山东、安徽、江苏 8 个省开展了生态省创建工作。陕西、河北、湖北等省也正在开始生态省建设的

前期工作。一大批生态市、县的创建工作已经取得明显成效，显示了强大的生命力，受到社会的广泛关注，产生了积极的影响。在这样的形势下，如何扎实推进生态市、县创建工作，促进生态省建设和区域经济社会的协调、可持续发展，这是摆在我们面前的一个重大课题。下面，结合本次现场会的情况，我就进一步加快生态市、县建设讲几点意见。

一、抓认识、抓规划，夯实创建工作基础

生态省、生态市（县）建设是一个复杂的系统工程，涉及区域发展的方方面面，要扎实推进，顺利实施，必须从抓认识、抓规划入手，为创建工作打下坚实的思想基础和工作基础。

首先，要深化认识，形成共识，提高开展创建工作的自觉性。党的十六届三中全会明确提出，要以人为本，树立全面、协调、可持续的发展观，坚持统筹城乡发展、区域发展、经济和社会发展、人与自然和谐发展、国内发展和对外开放，全面推进小康社会的建设。在刚刚结束的十六届四中全会上，胡锦涛总书记又深刻指出，当前环境治理的任务还相当艰巨。环境恶化严重影响经济社会发展，危害人民群众身体健康，损害我国产品在国际上的声誉。如果不从根本上转变经济增长方式，能源、资源将难以为继，生态环境将不堪重负。那样，我们不仅无法向人民交代，也无法向历史、向子孙后代交代。推进区域全面、协调、可持续发展，对各级党政领导而言，究竟怎样切入，又怎样组织推动，实践表明，开展生态省、市、县建设是一种有效的组织形式和工作载体。

创建生态市县能加速经济增长方式的转变，促进产业结构的调整和优化，培育新的经济增长点，提高经济竞争能力。同时，创建工作和创建过程也是转变人们消费方式，建设生态文明，实现生产发展、生活富裕、生态良好的文明发展的一场深刻变革。因此，生态市（县）建设，是贯彻落实科学发展观的一项重大举措，是推进区域可持续发展的一种有效组织形式，是全面建设小康社会的一个重要载体，也是各地政府切实抓好环保工作，促进经济、社会、环境协调发展的重要抓手。我们必须从战略高度深刻认识创建工作的深远意义。

其次，要按科学规律办事，搞好区划，理清工作思路。生态省、市、县创建工作涉及面广，关系到区域的全面和长远发展，因此，创建工作必须总揽全局，统筹规划，科学布局，规范管理。

要搞好生态功能区划。在全面进行生态环境现状调查的基础上，根据辖区内不同地域的生态环境敏感度和生态系统的服务功能，要科学划定生态功能区。生态功能区划既是区域资源开发、利用、保护的重要指南，编制区域经济社会发展规划的科学依据，也是编制生态省、市、县建设规划的基础。已基本完成生态功能区划的地方，应该抓紧扫尾，进一步搞好完善提高工作。尚未完成生态功能区划的地方，应进一步加强领导，坚持标准，加大力度，保质保量地完成生态功能区划工作。

要做好生态保护规划。在生态功能区划的基础上，应当进一步制定生态保护规划，把区域经济社会发展规划和生态功能区划融合起来，根据区域生态环境特点、敏感度和环境承载力，提出环境保护和生态建设的具体要求，根据资源优势、产业优势和区位优势，明确辖区主导产业发展方向，对生态系统和生态环境可能带来破坏的产业，该限制的要限制，该禁止的要坚决禁止，正确引导，积极推动。

第三，要制定生态市、县建设规划，明确建设的内涵和任务。已经启动生态省建设的地区，生态市、县建设规划的基本内容，就是分解、细化生态省规划确定的任务、目标，做到上下对接，相互促进。没有开展生态省建设的，生态市、县建设规划应该从当地实际出发，按照总局提出的指导思想、总体目标、指标体系，根据本地的特点和优势，认真搞好建设规划。总体要求是：要以循环经济理论为指导，推进生态经济、生态产业体系建设。通过调整优化产业结构，大力培育循环经济（产业），发展生态工业、生态农业、生态服务业；要以资源保护和可再生资源的恢复、发展为重点，推进可持续利用的自然资源保障体系建设，切实搞好自然资源的保护、建设和开发利用；要以环境保护和生态建设为重点，推进山川秀美的生态环境体系建设。围绕本地区的主要生态环境问题，加大生态环境保护和建设的力度，综合整治环境污染，全面提升生态环境质量；要以人口控制、城镇综合整治和建设为重点，推进人与自然和谐的生态人居体系建设。加强城镇建设，推进环保模范城市、环境优美乡镇、绿色社区建设，改善人居生态环境；要以科技和基础能力建设为重点，推进高效、稳定、配套的能力保障体系建设。加强科教兴市、兴县能力和科技支撑能力建设，完善生态环境安全预测、预警、预报系统，健全、完善可持续发展的科学、民主决策机制，提高创建工作的支撑能力；要培育生态文明，倡导绿色生产和绿色消费，推进生态文化体系建设。弘扬环境伦理，普及生态知识，努力提高全社会可持续发展的素质。

上述这六大体系建设既是生态市、县建设的基本任务，也是规划编制的主要内容。总局正在制定“生态省（市、县）建设规划编制大纲”，将把生态省、市、县建设总体规划的构架统一起来，明确基本任务和要求。但是，各地情况千差万别，不可能按一种模式、一个格调强求一致。生态市、县规划的编制应特别强调几点：一是要坚持因地制宜，从本地实际出发，发挥本地资源、环境、区位优势，充分整合各种资源，实施分类指导；二是要突出各地特点、特色，扬长避短，开拓工作思路，走出具有本地特色的可持续发展的新路子；三是要求真务实，不贪大求全，不盲目攀比。通过规划，要对本地小康社会建设的内涵进行一次全面深化，对科学发展观内涵在认识上实现一次升华；四是要保证各种规划之间的相互衔接，把创建工作融入社会经济发展的全过程。生态市、县建设规划要与当地国民经济与社会发展规划（计划）相衔接，与相关部门的行业规划相衔接，互为补充，相互促进；五是要保证规划质量，提高可操作性。生态市、县建设规划应把小康社会建设目标具体化、明晰化，与各地可持续发展规划结合起来。创建目标确定后，实现目标的措施应尽可能做到工程化、项目化、时限化，任务分解到县区、乡镇，责任落实到班子。各地要切实加强对规划编制的指导和管理，明确资质要求，严格经费标准。规划编制中，既要邀请高层次专家参与，也应该有当地政府有关部门的管理人员和实际工作者参加，确保规划的科学性、前瞻性和可操作性。

二、抓重点、抓关键，扎实推进创建工作

生态市、县建设不是一种时尚，也不是一种新闻炒作，而是区域协调、可持续发展模式的一种具体实践和探索，贵在创新、重在实干。创建过程的组织、管理、指导和协调比结果更重要。因此，必须力戒浮躁，真抓实干，在创建上狠下工夫。

第一，要抓住重点，明确创建工作的主攻方向。通过几年探索，在调查研究的基础上，

总局围绕经济发展、环境保护、社会进步三大领域，制定了生态市、县建设的指标体系、工作要求。各地在创建工作中，应从本地实际出发，抓住重点，扬长避短，不断把创建工作引向深入。

一是要大力发展生态产业，努力建立高效、低耗、低污染的生产体系。要结合产业结构调整，大力推进清洁生产，努力发展生态经济和生态产业，坚持走科技含量高、经济效益好、资源消耗低、环境污染少、人力资源得到充分利用的新型工业化发展道路。有条件的地区、行业、企业、园区，要着力发展循环经济，通过物质流、能量流、信息流等循环传递、多级利用，在生产过程的企业之间、园区之中、区域之内，形成共生互动的循环产业，推动一些有条件的社区、单位建设循环型社会。二是要大力改善生态环境，努力建立稳定、和谐、高质的生态环境体系。围绕创建工作，通过强化环境影响评价和“三同时”制度，强化环境监管，防止新的重大人为生态环境破坏，在发展过程中，在环境上做到尽可能少欠或不欠新账；要加大生态环境整治力度，加快偿还环境污染和生态破坏的老账；要大力推动生态环境建设，努力实现辖区内天蓝、海碧、山清、水秀，生态系统稳定、和谐。三是要大力推进生态人居建设，努力建设优美舒适、协调和谐的人居体系。要以人为本，科学规划，在城市社区建设、小城镇建设中，努力做到现代理念与传统文化相融合，人居建设与经济基础相适应，人居环境与自然环境相协调，努力实现人居环境优美和谐、功能齐全、生活方便舒适。四是要大力倡导生态文化，努力建设现代、文明、各具特色的环境文化体系。要大力传播生态知识，普及现代文明发展理念，弘扬民族优秀文化传统，完善环保法律法规制度，提升环境伦理道德水准，通过人们总体素质、综合素质的提高，为区域可持续发展提供思想保证，夯实社会基础。

第二，要坚持办实事、求实效，始终把解决群众生产生活实际问题作为重点任务来抓。按照以人为本、量力而行、先急后缓的原则，要努力做到“三抓”：一是抓住重点区域包括重点地区、行业、企业、园区的重大环境问题，抓突破，把关系群众生产、生活的一些热点、难点问题与创建工作紧密结合起来，组织好重点工程、重大项目的攻关，取得社会的认可，群众的支持。二是抓住重点领域包括社会、经济、环境领域及其相互间协调发展、可持续发展的重大问题，在政府统一领导下，通过统一规划，统筹安排，充分发挥各部门、各系统、各层面的作用，调动各方面力量，集中人力、物力、财力办大事，办实事。三是抓好年度、届度计划的落实，以每个年度或每一届政府为重点，把创建任务具体化、时限化、责任化，并逐一落实到部门、落实到县（市）区和乡镇，确保创建工作远期有目标，近期有行动，年终或届终有成效，保证规划目标的实现。

第三，要把握关键环节，突破“瓶颈”制约。一是要解决好城区、城镇环境问题。创建环境保护模范城市是生态市建设的基础和前提。所有开展生态市建设的地方，无论是地级市还是县级市，都应当把创建环保模范城市作为一项基础工作来抓。江苏省和苏州市前些年集中全力抓“创模”，在推动城市环境综合整治上取得了重大进展。近年来又把创建生态示范区作为开展生态市、县建设的阶段性工作来抓，取得了良好效果。对此，各地应根据各自的实际情况，创造性地开展工作，抓基础，破难点，扎实推进创建工作。二是要坚持自下而上抓创建。多年实践证明，各类试点、示范活动中，一个县、一个区总体上达到建设标准并不难，难的是各个县区都能实现建设目标，全面、均衡地推进创建工作。生态市、县建设绝不能满

足于总体规划的编制，只说不干，也不是少数点上轰轰烈烈，面上按兵不动。如果没有绝大多数生态县和环境优美乡镇作支撑，生态市（县）建设就不可能名副其实，徒有虚名就失去了创建工作的实际意义。因此，在生态市、生态县建设的标准中，有两个 80%的基本要求，即生态县必须有 80%的乡镇达到环境优美乡镇的标准，生态市必须有 80%的县达到生态县的标准，强调创建工作必须自下而上，扎实推进。创建生态市，环境优美乡镇和生态县建设是基础，一定要下力气抓紧、抓实。三是要坚持以点带面，切实抓好农村环保工作。生态市、县创建工作，重点在农村，难点也在农村。一般来说，城区和城关镇经济、技术条件较好，有一定的区位优势，并且有多年工作基础，环境问题解决起来相对比较容易。广大农村特别是城乡结合部，面源污染等环境问题突出，污染主体分散，新问题层出不穷，一些环境问题解决起来难度较大。因此，生态市、县创建中，要把工作重点放在农村，要高度重视面源污染的防治和产业结构的调整，结合生态经济、生态环境、生态人居的建设，大力推进生态工业、生态农业、生态服务业的发展，把生态工业园区建设和小城镇建设结合起来，把种植业、养殖业的污染防治和农村环境综合整治结合起来，把人居条件的改善与环境优美乡镇建设结合起来，点上抓示范，面上抓整治，点面结合，使生态市县建设和环境优美乡镇建设常抓常新，努力推进农村经济社会与环境的协调发展。

三、抓组织、抓领导，创新工作机制和体制

生态市、县创建工作涉及面广，政策性强，工作难度大，为确保其顺利实施，必须切实加强领导。

第一，要强化组织领导，为创建工作提供组织保障。为强化对生态市、县建设的领导和组织，要建立党政领导负总责、发展改革部门和环保部门组织协调、相关部门分工协作、全社会共同参与的创建机制。一是要建立党政领导牵头的部门协调机构，设立专门创建工作办公室，加强创建工作的协调。二是要建立健全工作目标责任制，并使创建工作与政绩考核有机结合起来。浙江省已全面建立了《生态省建设工作考核评价指标体系》，宁波市出台了《生态市建设工作目标考核和奖励办法》；山东、黑龙江等省把生态省建设实绩与干部考核挂钩。这些办法都很好。三是要完善创建工作的有关例会制度、会商制度、情况报告制度、联络员制度等，加强相关部门的沟通，统一指挥，协调行动，落实责任，形成领导机关和各有关部门齐抓共管、各行各业齐抓共建的局面。

第二，要创新工作机制，健全法规标准，为创建工作提供法规制度保证。为确保生态市、县建设“统一规划，统筹安排，统一推动”，创建工作应该创新机制。一是创建工作中要尽量集中各部门、各渠道的资金、项目，人力、物力，按照投入渠道不变，建设内容不变，隶属关系不变，管理责任不变的原则，围绕群众生产、生活中的难事、急事，领导机关、部门中该办未办、需办无力办的难事、大事，在统一规划基础上，根据轻重缓急统筹布局，综合整治，总体推动，形成规模效益。二是要建立专家咨询机构，完善公众参与制度，开展公示评议活动，努力提高科学决策、民主决策水平。三是针对重点产业发展、环境整治、人居建设等问题，要抓紧修订、完善规章制度、标准办法，规范创建工作管理；要加大执法力度，严格监督管理，完善奖惩制度，推动创建工作走上法制化、规范化轨道。

第三，要建立和完善扶持机制，为创建工作提供政策保障。要加大对生态市、县建设的政策扶持，在产业结构调整、环境综合整治、重点工程布局、土地征用流转、资源有偿使用、生态补偿等方面，加强调查研究，制定政策措施，为创建工作提供支持和保障。最近一些省、市、县在这方面进行了积极探索，安徽省制定了《生态省建设省级引导资金管理办法》和《生态省建设示范基地管理办法》，浙江省正在筹建生态补偿机制，浙江省海宁市出台了生态市建设资金补助政策，这些做法值得各地学习、借鉴。同时，创建活动各所在地政府要通过制定优惠扶持政策，如财政贴息、财政补贴等办法，加快生态产业的发展；如对有机食品、绿色食品生产的扶持，加快环境综合整治；如对污水治理、危险废物处置的扶持，推动生态人居建设等。

对于各地在机制和体制创新方面所取得的进展，特别是一些成功的经验和典型做法，总局生态示范创建办公室将会同各地生态省、生态市创建办公室一起，及时总结，相互交流，积极推广。

四、抓典型、抓突破，着力推出一批排头兵

总局召开这次生态市、生态县建设现场会，一个重要目的是要引导和推动一部分社会基础好，生态环境优，经济实力强的地区率先走上生态良好、生活富裕、生产发展的发展道路，率先实现小康社会目标。今后一个时期，要分类指导，抓住重点，分层突破，争取在不同地区能推出一批不同类型的生态市、生态县建设的先进典型和排头兵，为全国创建工作搞好示范。

要重点突破，搞好典型引路。这次现场会议，大家反映效果不错。会上的交流、现场参观，就是对各地的一种借鉴。需要说明的是，苏州的经验和做法是在苏州特定的经济社会条件下进行的，我们宣传、推广的是苏州的理念、思路和精神，而不是具体的工程和方法。各地有各地的优势和劣势，我们要因地制宜，扬长避短，创造性地开展工作，抓出自己的典型和样板。根据以往经验，我们原先预计一些条件较好的地区要真正建成生态市、生态县，大体需要 10～15 年、甚至更长的时间。通过近几年的实践，发现一些地区只要加强领导，真抓实干，创建速度可以加快。只要加强分类指导，在不同类型地区，能够率先建成一批生态市、生态县。苏州市规划 3～5 年建成生态市，有的市县规划在 7～8 年达到生态市县标准。参加这次会议的市县大部分是创建工作的“第一方队”，我希望“第一方队”加大工作力度，求真务实，真抓实干，在 5 年左右的时间内，能有一批市县率先建成生态市、生态县，为全国当好先行者。

要加强分类指导，中、东、西部兼顾。生态市县建设，目前大部分都集中在东部发达地区，这固然与生态市、县建设标准较高有关。但是，生态示范区建设和生态市县建设，如果没有中、西部的跟进，科学发展观的落实是不全面的，对创建工作来说也是一大缺陷。要加强分类指导，东、中、西部兼顾，在加快东部创建工作的同时，应努力推动中部和西部地区的生态示范工作和生态市县创建工作，探索不同社会、经济发展水平和自然生态条件下，落实科学发展观，推进区域全面、协调发展，建设小康社会的路子。希望各地区加强学习、交流，取长补短，为共同推进全国生态省、生态市和生态县建设作出积极努力。

同志们，党的十六届四中全会就我们党科学执政、民主执政、依法执政提出了明确要求，对坚持科学发展观，推进经济社会全面、协调、可持续发展作出了总体部署。让我们在以胡锦涛同志为总书记的党中央领导下，以科学发展观为指导，求真务实，开拓进取，坚持不懈，扎实工作，为开创生态市县建设新局面作出新的贡献。

大力发展循环经济
扎实推进生态省建设

——在2005年生态省建设论坛上的讲话

张力军

自1999年海南省提出建设生态省以来，这项工作得到了各省（市、区）党委、政府的高度重视和积极响应。短短的六年时间里，生态省建设从小到大，由点到面，呈现出了勃勃生机，得到了党中央、国务院的高度重视。胡锦涛总书记在中央人口资源环境工作座谈会上对建设生态省给予了充分肯定，国务院将生态省创建列入工作要点。实践证明，生态省建设已成为树立和落实科学发展观的具体行动，成为推动省域经济、社会与环境协调发展的有效载体，成为构建社会主义和谐社会的重要途径。下面，我就生态省建设工作讲几点意见。

一、生态省建设工作扎实推进，取得了可喜的成就

近年来，各省加大了生态省建设工作力度，在组织领导、政策法规、体制机制、资金项目等方面采取了一系列卓有成效的措施，生态省建设工作不断深化，全面推进。

（一）生态省建设呈现出蓬勃发展的生机

通过生态省建设，探索出一条适合我国国情的可持续发展之路，推动各地走上生产发展、生活富裕、生态良好的文明发展道路，已经成为共识。目前，在海南省、吉林省、黑龙江省、福建省、浙江省、山东省、安徽省、江苏省8个省开展生态省建设的基础上，河北省《生态省建设规划纲要》已通过了国家论证，陕西成立了生态省建设领导小组，正在修编生态省建设规划纲要，四川省、天津市、广西壮族自治区也开展了相关调研工作，启动了生态省（市）建设规划纲要编制工作，辽宁省在全省开展了循环经济试点建设。总体看来，全国31个省（自治区、直辖市）中，有14个已开展或将要开展生态省建设。全国生态省建设呈现蓬勃发展的势头。

为了推动生态省建设，浙江省、山东省、安徽省先后在全省召开了生态省建设动员大会，部署生态省建设工作。山东省委、省政府制定了《关于加快生态省建设的意见》，提出了近期山东生态省建设的主要目标、指导原则、工作重点；江苏省委、省政府召开了可持续发展工作会议，印发了《关于落实科学发展观，促进可持续发展的意见》；黑龙江省政府发布了《关于开展全民环境教育的决定》，将生态省建设作为全民环境教育的重要内容；吉林、浙江、山东分别印发了《生态省建设公民读本》、《生态省建设基本知识》、《生态省建设党政干部知识读本》；福建省委、省政府成立了省环境保护委员会，印发了《关于加强环境保护，促进人与自然和谐发展的若干意见》；海南省举办各种生态理论报告会，组织讲师团下基层，普及生态省建设知识；安徽省选派 6 000 名年轻党员干部携带《安徽省百佳生态村建设实用技术 100 例》奔赴农村，进行技术指导。各地通过多种形式，提高了全社会的创建意识，生态省建设深入人心，各项工作扎实推进。

（二）循环经济和生态产业发展初见成效

各省在生态省建设中大力发展循环经济和生态产业，在规划实施中，多渠道地筹集资金，启动了一批重点工程和项目。辽宁省政府制定了"发展循环经济试点方案"，所辖的地级市都编制了循环经济发展规划，启动了 5 大类 133 个项目。江苏省在编制《生态省建设规划纲要》的同时，还编制了《循环经济建设规划》，确定 108 家循环经济建设试点单位、10 个示范单位，并计划到 2010 年投入 2 000 亿元，实施八大重点生态工程。浙江省 2004 年生态省重大项目完成投资额 85 亿元，2005 年计划投资 161 亿元，特别是实施了"工业园区生态化建设"示范项目，完成 78 家企业的清洁生产审核，组织开展了 7 个绿色农业示范县和 17 个省级健康肥沃标准农田示范县建设。黑龙江省发挥生态良好的优势，绿色、有机食品种植面积达 3 490 万亩，有 549 个产品，占全国绿色食品总数的 15%，实现产值 195 亿元。吉林省重点扶持绿色产品基地建设，加强有机、绿色食品认证和生产基地环境监测与评价工作。福建省积极推行清洁生产审核和 ISO 14000 环境管理体系认证，建立了一批生态农业试点（示范）县和有机食品基地。浙江省、吉林省、安徽省还设立了生态省建设专项资金，引导和补助生态产业重点项目，推动了生态省建设工作的开展。

（三）生态环境保护和建设力度不断加大

各省在生态省建设过程中，围绕突出的环境问题，严格执法、强化管理，加大了环境保护和生态建设工作力度。山东省委、省政府印发了《关于加快水污染防治的决定》，在淮河、海河流域组织进行 215 个污染治理项目建设。浙江省政府召开全省环境污染整治工作会议，开展了以"千村示范，万村整治"、"万里清水河道"为重点的城乡环境综合整治工作。2004 年完成了 100 个示范村的建设、1 000 个村的环境整治，对 2 003 千米河道进行了综合整治。吉林省加强生态脆弱区的修复和治理，省内西部地区退化草地恢复和盐碱地治理取得了初步成效。黑龙江省加强生态保护与建设，森林覆盖率达到 43.6%，全省治理水土流失面积 96 万公顷，为黑土地生态保护与恢复打下良好基础。海南省、河北省大力推进农村文明生态村建设，目前，海南省已建成文明生态村 4 133 个，占全省自然村总数的 18.3%；河北的文明生态村建设也初见成效，有 4 800 个试点，计划到 2020 年，全省所有行政村都建成文明生态村。

福建省深入开展流域性、区域性和行业性污染综合治理，加大面源污染治理力度。2004 年全省 12 条主要水系达到和优于三类水质标准的占 83.6%。江苏省 6 个部门联合印发了《关于开展农村人居环境建设和环境综合整治试点工作的通知》，制定了“农村小康环保五年行动方案”，大力推进生态村、绿色社区、环境优美乡镇、生态示范区建设，各项创建活动自下而上，由点到面，形成体系，为生态省建设奠定了坚实的基础。

（四）生态省建设步入规范化、法制化轨道

为加强领导，统一协调，开展生态省建设的省份都成立了由省委、省政府主要领导任组长，发展改革、环保、财政、建设、国土资源、农业、水利、林业、宣传、教育等有关部门参加的生态省建设领导小组，下设专门的办公室，形成了环保和发展改革部门牵头、有关部门分工负责的工作机制。各省通过建立生态省建设目标责任制，分解和落实生态省建设目标任务，开展定期考核，推动生态省建设深入开展。山东省委、省政府在《关于加快生态省建设的意见》中，将生态省建设目标纳入各级党委政府领导干部政绩考核；浙江省制订了《生态省建设目标责任考核及奖励办法》和《生态省建设工作考核评价指标体系》，按年度对省直各部门及各地市生态省建设工作任务书完成情况进行考核；黑龙江省制定《黑龙江省生态省建设标准》，每年由省长与各地市、各部门签订责任状，连续三年开展了生态省建设年度目标责任制考核工作。

为将《生态省建设总体规划纲要》落到实处，形成体系，浙江省、山东省、黑龙江省、江苏省、安徽省要求所辖市、县分级编制生态市、生态县建设规划。目前，浙江省、山东省、黑龙江省、安徽省所辖的地级市全部编制完成了生态市建设规划，并经同级人大常委会审议、颁布实施。2004 年，海南省结合经济社会发展的新形势，又对 1999 年颁布的《生态省建设规划纲要》进行了修编，并制定了一系列地方性环境保护法规。福建省修订了《福建省环境保护条例》，出台了《福建省农业生态环境保护条例》、《福建省海洋环境保护条例》。黑龙江省、江苏省、山东省、安徽省人大常委会颁布了《关于建设生态省的决议》，山东省、黑龙江省、浙江省、海南省人大常委会还在全省组织开展了生态省建设执法检查工作。

二、以科学发展观为指导，不断丰富生态省建设内涵

2003 年，国家环保总局在生态省建设指标中明确提出，生态省是社会经济和生态环境协调发展，各个领域基本符合可持续发展要求的省级行政区域。生态省建设的具体内涵是运用可持续发展理论和生态学与生态经济学原理，以促进经济增长方式的转变和改善环境质量为前提，抓住产业结构调整这一重要环节，充分发挥区域生态与资源优势，统筹规划和实施环境保护、社会发展与经济建设，基本实现区域社会经济的可持续发展。党的十六届三中全会以来，中央提出树立和落实科学发展观、构建社会主义和谐社会，以及近期国务院提出加快发展循环经济的要求，为我们建设生态省指明了方向，丰富了生态省建设的内涵。

（一）生态省建设要以科学发展观为指导

经济增长、社会发展、环境保护是可持续发展的三大支柱，科学发展观要求我们正确处

理三者之间的关系，强调人与自然和谐发展。生态省建设就是要促进经济、社会、环境的协调发展，这与科学发展观的要求相一致，因此，以科学发展观指导生态省建设，在生态省建设中落实科学发展观，可以促进经济结构调整和增长方式的转变，提高经济增长的质量；可以优化投资环境，实现更快更好地发展；可以促进环保产业和相关产业发展，培育新的经济增长点；可以预防和化解环境问题引发的矛盾和纠纷，促进社会稳定与和谐；可以提高全社会的环境意识和道德素质，促进社会主义精神文明建设；可以维护国家的长远利益，为子孙后代留下良好的生存和发展空间。

（二）生态省建设要以循环经济为核心

循环经济以协调人与自然关系为准则，模拟自然生态系统运行方式和规律，实现资源的可持续利用，使社会生产从数量型的物质增长转变为质量型的服务增长。循环经济又是一项涉及自然、经济、社会各个领域，生产、流动、消费各个环节以及地区、产业、企业各个方面的系统工程。在微观层面上，要求企业节能降耗，提高资源利用效率，全过程实现减量化、减少废弃物和污染物的排放；在中观层面上，要求延长和拓宽生产链条，促进产业间的共生耦合；在宏观层面上，要求对产业结构和地区布局进行调整，协调好企业之间、产业之间、地区之间、城乡之间的资源循环利用。循环经济要求按照生态规律组织整个生产、消费和废物处理过程，其本质是一种生态经济，这正是生态省建设必须大力倡导的新的发展模式。

（三）生态省建设要以改善环境质量为出发点

生态省建设要大力改善环境质量。围绕创建工作，加大生态环境整治力度，下决心不欠新账，并努力还清环境污染和生态破坏的旧账；要不断完善环保法律、法规、制度、标准，强化环境监管；大力推动环境建设，努力实现辖区内天蓝、海碧、山清、水秀，生态系统稳定、和谐。

要大力推进生态人居建设，努力建设优美舒适、协调和谐的人居环境体系。要以人为本，科学规划，在城市社区建设、小城镇建设和村屯建设中，努力做到现代理念与传统文化相融合，人居建设与经济基础相适应，人居环境与自然环境相协调，努力实现人居环境优美和谐、功能齐全、生活方便舒适。

（四）生态省建设要以构建和谐社会为目标

对于我国经济社会可持续发展来说，人与自然和谐是基础，以区域、城乡、经济与社会统筹发展为内涵的社会和谐是目标，内外统筹是手段。建设生态省就是要实现人与自然的和谐，将人口、资源和环境三者有机地统一起来，为不发达地区和后代留下更多的资源和发展空间，防止“环境贫困”，从而在更高的层次上推进社会公平，缩小生活质量差距。

三、求真务实，不断深化生态省建设工作

目前，各地的生态省建设虽然取得了一定进展，但总体上还处在启动阶段，建设生态省是一项长期、复杂和艰巨的任务，不可能一蹴而就，在生态省建设的理论与实践、组织与管

理、政策与法制等方面，还需要不断的研究、探索。

（一）生态省建设要大力发展循环经济

发展循环经济是解决环境与发展矛盾的治本之策。要把发展循环经济作为编制和实施生态省建设规划的重要指导原则，制定和实施循环经济推进计划，加快循环经济政策体系、评价体系和相关标准、技术开发和创新体系建设。要按照“减量化、再利用、资源化”的原则，推行产品和工业园区的生态化设计与改造，促进产业生态化的发展。在生产环节，要严格排放强度准入，鼓励节能降耗，实行清洁生产并依法强制审核；在废物产生环节，要强化污染预防和全过程控制，实行生产者责任延伸，合理延长产业链，强化对各类废物的循环利用；在消费环节，要大力倡导环境友好的消费方式，实行环境标识、环境认证和政府绿色采购制度，完善再生资源回收利用体系。大力推行建筑节能，发展绿色建筑。推进污水再生利用和垃圾处理与资源化回收。积极推动有利于促进循环经济发展的系列创建活动。

（二）生态省建设要因地制宜，突出本地特点

生态省建设是落实科学发展观、实施区域可持续发展战略的具体方式，东部省份可以建设生态省，中部、西部省份也可以建设生态省。由于我国东中西部自然条件不同，社会、经济发展进程也不尽相同，因此，各地的生态省建设模式也不同。海南建设生态省的优势在于良好的生态环境，吉林、黑龙江则是积极发展绿色食品、有机食品等生态经济，浙江、江苏在规划生态省建设时，充分考虑了资源禀赋的不足，积极发展高新技术产业，辽宁、山东结合老工业基地改造，积极推行不同层面的循环经济模式。同样，福建、安徽、陕西、河北、四川、天津、广西生态省建设的特点也不一样，各地要坚持因地制宜，发挥优势，扬长避短，按照生态省建设规划纲要的战略目标，在循环经济（包括生态产业）、生态环境、生态人居、环境文化等方面，充分体现出各省区的特色。

（三）生态省建设要从基层抓起，夯实工作基础

生态市、生态县、环境优美乡镇和文明生态村建设是生态省建设的基础工作和细胞工程，是确保生态省建设全面推进的重要保证。在生态省建设标准中，有三个 80%的基本要求，即省内要有 80%的市达到生态市的标准，生态市要有 80%的县达到生态县的标准，生态县要有 80%的乡镇达到环境优美乡镇的标准。因此，生态省建设必须扎扎实实抓好生态市、生态县、环境优美乡镇的建设。在今年的中央人口资源环境工作座谈会上，胡锦涛总书记专门对农村环境保护工作提出了具体要求。针对目前广大农村环境面貌“脏乱差”的现实，要结合城市化进程，以城带乡，大力推进郊区、农村环境综合整治和文明生态村建设。通过发展有机农业、生态农业或循环农业，推动种植、养殖业面源污染的治理，促进农村经济社会与环境的协调发展。实现自下而上，由点到面，全面推进生态省建设工作。

（四）生态省建设要抓好重点项目和工程的建设

建设重点项目和工程是生态省建设的重要内容。要根据生态省建设规划纲要确定的任务与目标，在循环经济、生态产业、环境保护和生态建设、生态人居、环境文化等领域，确定

一批重点项目和工程，集中人力、物力和财力，抓紧建设，尽快实施，确保成效。

（五）生态省建设要创新体制和机制

目前，开展生态省建设的省份都成立了由各有关职能部门参加的生态省建设领导小组，初步建立了各部门分工协作的工作机制。已开展生态省建设的省份，要不断完善这种推进机制，在党委领导、人大监督、政府管理、部门分工负责等方面不断探索机制的完善和制度的创新，为生态省建设工作提供制度保证。准备开展生态省建设的省份，要建立领导机构、编好规划纲要，报人大批准、实施。要结合创建工作，尽量集中各部门、各渠道的资金、项目，按照投入渠道不变、建设内容不变、管理责任不变的原则，在统一规划的基础上，科学布局，综合整治，形成规模效益。要建立专家咨询机构，完善公众参与制度，开展公示评议活动，努力提高生态省建设的科学决策、民主决策水平。

（六）生态省建设要广泛动员全社会参与

要全社会发动，广泛宣传生态省（市、县）建设的意义和成效。要在广大群众中广泛开展科学的资源观、消费观和发展观、生态伦理道德观教育，提高全社会的环境意识。严肃查处环境违法案件，鼓励公众参与，营造全社会共同参与推进生态省（市、县）建设的良好氛围。要抓好市县党政干部的培训，针对部分基层领导干部对生态省（市、县）建设的意义认识不深，对建设内涵、方法把握不准，推进力度不大等问题，组织生态省建设和循环经济等专题培训，提高他们开展创建工作的自觉性。积极开展多种形式的国内外合作交流，跟踪动态，沟通信息，吸收一切有利于可持续发展的先进理念、管理经验、科技成果，共同推动生态省（市、县）创建工作。

同志们，发展循环经济，建设生态省，需要各级党委、政府的高度重视，需要各部门的携手行动，需要全社会的积极参与。我相信，只要全社会不断提高认识，坚持不懈地推进生态省建设，就一定能探索出一条符合我国国情的可持续发展之路，为实现全面建设小康社会的宏伟目标，为中华民族的伟大复兴作出贡献。

推进社会主义新农村建设 夯实生态省建设基础

——在2006年生态省建设论坛上的讲话

吴晓青

自2003年首届生态省建设论坛举办以来，一年一度的生态省建设论坛已成为大家进行理论研讨、经验交流、区域协作的平台。海南是第一个提出生态省建设的省份，在推进生态省建设过程中，创造了不少成功的经验，尤其是文明生态村的建设经验。因此，在海南省举办生态省建设论坛具有特殊意义。本次论坛将围绕建设社会主义新农村这个主题，结合海南省文明生态村建设的实践经验，进行研讨和交流，这对于进一步深化生态省建设的内涵，丰富生态省建设的理论与实践，具有重要意义。下面我谈几点意见。

一、全面推进生态省建设，成就可喜

建设生态省，从根本上讲，就是要把自然界生态良性循环的规律，引入整个经济社会的大系统。自1999年海南省率先提出建设生态省以来，目前，全国已有海南、吉林、黑龙江、福建、浙江、山东、安徽、江苏、河北、四川、广西、辽宁12个省区开展生态省建设，天津、陕西、湖南、云南也将要开展生态省建设。全国有150多个市（县、区）开展了生态市（县、区）创建工作。可以说，生态省（市、县）建设已经由海南的星星之火，正在全国形成燎原之势，成为落实科学发展观、推动区域经济、社会与环境协调发展的重要载体，成为建设资源节约型和环境友好型社会的有效途径。

（一）生态省建设的工作机制不断完善，规划体系基本形成

在推进生态省建设过程中，各省区都成立了生态省建设工作领导小组及办公室，形成了党委、政府统一领导，人大、政协积极支持，省市县分级管理，各部门整体联动，社会各界广泛参与的工作机制。各省区把规划的编制和实施放在重要位置，以科学发展观为指导，以

环境保护优化经济增长，结合本省区实际，高起点、高标准地编制了生态省区建设规划纲要。在此基础上，推动市、县编制并实施生态市、生态县建设规划，形成了生态省（市、县）建设规划体系，为系统地推进生态省建设打下了良好基础。通过建立生态省建设目标责任制，分解和落实生态省建设目标任务，开展定期目标责任考核，有效地推进了生态省建设的全面实施。

（二）生态省建设促进了经济增长方式的转变，循环经济和生态产业发展初见成效

各省区在生态省建设中大力发展循环经济和生态产业，多渠道地筹集资金，启动了一批重点工程和项目。辽宁、江苏实施了《循环经济建设规划》，在全省开展了循环经济试点。浙江确定了 125 个循环经济项目，重点抓好 4 个市、10 个县（市、区）、20 个工业园区和 100 家企业循环经济试点。安徽省制定了“十一五”循环经济发展规划，首批确定了 18 个区域、企业、园区循环经济试点。山东开展了 113 个企业、23 个园区、8 个市（县）的循环经济示范、试点建设。黑龙江发挥生态良好的优势，大力发展生态农业，绿色、有机食品种植面积达 4 150 万亩，实现产值 400 亿元。吉林重点扶持绿色产品基地建设，加强有机、绿色食品认证和生产基地环境监测与评价工作，认证绿色农产品 1 301 个，认证面积达 2 520 万亩。福建积极推行循环经济试点、清洁生产审核和 ISO 14000 环境管理体系认证，建立了一批生态工业园区、生态农业试点和有机食品基地。浙江、吉林、安徽还建立了生态省建设专项资金，引导和补助生态产业重点项目，推动了生态省建设工作的开展。

（三）环境保护和生态建设力度不断加大，全社会环境意识明显提高

各省区在生态省建设过程中，围绕突出的环境问题，严格执法、强化管理，加大了环境保护和生态建设工作力度。山东以淮河、海河流域为重点实施了《“两湖一河”碧水行动计划》和农业“两减三保（减少化肥、农药，保产量、保质量、保环境）”计划。浙江开展了以“千村示范，万村整治”、“农村环境‘五整治一提高’工程”、“万里清水河道”为重点的城乡环境综合整治工作。江苏 6 个部门联合印发了《关于开展农村人居环境建设和环境综合整治试点工作的通知》，开展了“六清六建”工程。吉林加强生态脆弱区的修复和治理，投资 4 亿元，完成盐碱地治理面积 763 万亩，仅草业收入就达 4.5 亿元。黑龙江不断加强生态保护与建设力度，几年来，完成退耕还林 1 143 万亩，治理水土流失面积 1 452 万亩。福建深入开展流域性、区域性和行业性污染综合治理，推行污水、垃圾处理产业化，实施农村家园清洁行动，2006 年全省 12 条主要水系达到和优于三类水质标准的占 92.5%。安徽连续两年开展了对巢湖和淮河流域的农业面源污染状况的监测和综合治理试点工作。辽宁在全省启动了农村小康环保行动计划。围绕生态省建设，各地充分利用电视、报刊、网络等媒体，广泛开展资源节约型、环境友好型社会宣传、教育、培训等活动，公众的环境意识明显提高，形成了生态省（市、县）建设的浓厚氛围。

（四）生态省建设的基础不断夯实，一些细胞工程已结出丰硕成果

生态省建设必须从基层抓起，夯实基础。“十五”以来，在全国已初步形成了生态省—

生态市—生态县—环境优美乡镇—生态村的生态示范系列创建体系。江苏省张家港市、常熟市、昆山市、江阴市，上海市闵行区，浙江省安吉县在创建国家级生态示范区和国家环保模范城市的基础上，不断深化创建工作，通过几年的不懈努力，百尺竿头，更进一步，被命名为首批国家生态市（区、县），走上了生产发展、生活富裕、生态良好的文明发展道路。各地还开展了创建环境优美乡镇和生态示范区活动，全国已有五批 225 个镇（乡）获得了“全国环境优美乡镇”称号，233 个县市（单位）被命名为国家级生态示范区。海南、河北、浙江、山东等省大力推进文明生态村建设。目前，海南已建成文明生态村 6 323 个，占全省自然村总数的 27.5%。河北省已有 7 374 个行政村完成创建工作任务，占全省行政村总数的 15%。浙江开展文明生态村建设近 3 000 个，山东建成文明生态村 1 200 多个。安徽启动了“百镇千村万户”生态创建示范工程。

二、深化认识，不断丰富生态省建设内涵

生态省（市、县）建设，就是以科学发展观为指导，以发展循环经济为核心，以改善环境质量为出发点，统筹城乡发展，促进人与自然和谐，推动整个区域走上生产发展、生活富裕、生态良好的文明发展道路。今年以来，党的十六届六中全会提出构建社会主义和谐社会的目标，第六次全国环境保护工作会议要求加快推进环境保护工作的历史性转变，这为我们进一步深化生态省建设指明了方向。

（一）生态省建设要以构建社会主义和谐社会为目标

社会主义和谐社会，不仅是人与人的和谐，而且是人与自然的和谐。没有人与自然的和谐共处，人与人之间不可能实现真正的、持久的和谐；没有人与自然的和谐共处，我们将失去家园，中华民族将失去发展的根基。因此，实现人与自然的和谐共处，增强可持续发展的能力，是构建社会主义和谐社会的前提和基础，是关系中华民族生存与长远发展的根本大计。生态省建设以环境资源承载力为基础，遵循自然规律和经济规律，促进人与自然、人与人的和谐，努力实现经济社会与资源环境的协调发展，其内涵体现了社会主义和谐社会的本质要求，是构建社会主义和谐社会的重要实践。

（二）生态省建设要以社会主义新农村建设为基础

国家“十一五”规划纲要将社会主义新农村建设作为“十一五”经济和社会发展的重要内容；最近召开的中央经济工作会议，将推进社会主义新农村建设作为 2007 年经济工作的主要任务；《国务院关于落实科学发展观加强环境保护的决定》也明确提出，要结合社会主义新农村建设，实施农村小康环保行动计划。这些要求都为生态省建设指明了方向，明确了生态省建设的具体任务和目标。国家环保总局在 2003 年研究制订生态省建设指标时，参考全面建设小康社会的目标，为改变广大农村的环境面貌，促进农民增收，也明确提出了生态省建设的三个 80%的基本条件。即：生态省要求其所辖 80%的市要达到生态市标准，生态市要求 80%的县达到生态县标准，生态县要求 80%的乡镇达到环境优美乡镇的要求，而创建环境优美乡镇的基础工作是建设文明生态村。因此，生态省建设必须以建设社会主义新农村为基础，抓

好农村经济社会与环境的协调发展，切实解决“三农”问题和农村突出的环境污染问题。

（三）生态省建设要加快推进环境保护工作的历史性转变

在第六次全国环境保护工作会议上，温家宝总理强调：做好新形势下的环保工作，关键是要加快实现三个转变：一是从重经济增长轻环境保护转变为保护环境与经济增长并重，把加强环境保护作为调整经济结构、转变经济增长方式的重要手段，在保护环境中求发展。二是从环境保护滞后于经济发展转变为环境保护和经济发展同步，做到不欠新账，多还旧账，改变先污染后治理、边治理边破坏的状况。三是从主要用行政办法保护环境转变为综合运用法律、经济、技术和必要的行政办法解决环境问题，自觉遵循经济规律和自然规律，提高环境保护工作水平。生态省建设要加快推进环境保护工作的历史性转变，也能够加快推进这个历史性转变。多年创建工作的实践证明，生态省（市、县）创建有利于促进经济结构的调整和增长方式的转变，推动循环经济和生态产业发展，从而实现环境保护与经济增长的并重；生态省（市、县）创建有利于推动解决影响经济社会发展的突出的环境问题，特别是解决广大农村的环境问题，做到不欠新账，多还旧账，从而实现环境保护和经济发展同步；生态省（市、县）创建有利于环境保护参与综合决策，加强部门协作，提高全社会的环境意识，从而实现运用综合性措施解决环境问题，提高环境保护工作水平。因此，生态省（市、县）建设是加快推进历史性转变的重要手段。

三、扎实工作，夯实生态省建设基础

近年来，各省区的生态省建设虽然取得了一定成绩，但是一些深层次问题依然存在。一是全国生态省建设工作不平衡。东部省份多，西部省份少；一些省的工作力度大，一些省的工作力度小。二是生态省建设还没有取得明显成效。三是生态省建设的监督机制还没有有效地建立起来，生态省建设的实绩考核制度还有待于建立和完善。因此，生态省建设要进一步落实科学发展观，求真务实，扎实推进，不断取得新进展，不断取得新成效。

第一，生态省建设要以保护环境优化经济增长。国家“十一五”规划纲要要求到 2010 年，单位 GDP 能耗降低 20%，主要污染物排放总量减少 10%，并作为约束性指标。通过对经济发展实施降低能耗和污染物减排的“硬约束”，可以促进产业结构的优化升级，推进经济增长方式的转变，努力缓解经济结构不合理、增长方式粗放、资源环境对经济发展的“瓶颈”制约。开展生态省建设的省份，要做出表率，尽快将这两项约束性指标分解落实到市（地）、县，落实到排污单位，做到目标到位、任务到位、责任到位、奖惩到位。

要将发展循环经济作为带动经济增长方式转变的重要措施，积极开展清洁生产，推进循环型企业和工业园区建设。要大力倡导环境友好的消费方式，实行环境标识、环境认证和政府绿色采购制度，完善再生资源回收利用体系。大力推行建筑节能，发展绿色建筑。推进污水再生利用和垃圾处理与资源化回收。加快推进资源节约型、环境友好型社会建设。

第二，生态省建设要与社会主义新农村建设相结合。生态省建设的重点在农村，难点也在农村。按照生态省建设的三个 80%的要求，要扎扎实实抓好生态市、生态县、环境优美乡镇、文明生态村建设，这是做好生态省建设的细胞工程和基础工程，也是社会主义新农村建

设的重要内容。要在继续抓好工业污染和生活污染防治的同时，切实加强农村污染防治工作。要实施农村小康环保行动计划，开展土壤污染状况调查和土壤污染防治，积极发展生态农业和有机食品产业，加大规模化养殖业污染治理力度，推进农村改水、改厕，积极发展农村沼气，妥善处理生活垃圾和污水等，切实解决农村环境“脏、乱、差”的问题。

第三，生态省建设要加大投入，落实重点项目和工程。要制订有利于环境保护的经济政策，完善环保投入机制，研究建立生态补偿机制，加大区域生态补偿的财政转移支付力度。鼓励企业和民间资本投资环保领域，不断提高环境保护和生态建设投入。要将环保基础设施建设工程作为生态省建设工程的重中之重，逐步提高城市污水处理收费标准，推进城市污水、垃圾处理产业化。要建立健全激励机制，充分调动和发挥专业技术人员的积极性，不断壮大生态省建设的专家队伍；加强科技信息、科技成果转化和产业化等科技基础条件建设；把资源节约利用、环境保护和公共安全保障列为科技发展的重点领域，研究解决制约经济社会发展的重大“瓶颈”问题。要把《生态省建设规划纲要》中确定的重点项目和工程进行分解，按部门、按市县、按年度、按任务指标、按责任人抓好落实。做到年初有任务，年内有督促，年终有检查、监督和评比，鼓励先进，鞭策落后。确保“十一五”环保目标和生态省建设目标的实现。

第四，生态省建设要不断创新体制和机制。要不断完善生态省建设的推进机制，在党委领导、人大监督、政府组织实施、部门分工协作等方面不断探索机制的完善和制度的创新，为生态省建设提供制度保证。要研究建立领导干部环保政绩考核制度、离任生态审计制度、绿色国民经济核算制度、战略环境影响评价制度、专家咨询制度和公众参与制度。建立健全环境与发展综合决策机制和重大决策监督机制，避免因决策失误而导致重大环境污染和生态破坏。

第五，生态省建设要广泛宣传，营造良好的社会氛围。要全社会发动，广泛宣传生态省（市、县）建设的意义和成效，强化科学发展观、生态伦理道德观、环境保护知识的普及教育，提高全社会的环境意识。树立破坏环境就是破坏生产力，保护环境就是保护生产力，改善环境就是发展生产力的观念。严肃查处环境违法案件，鼓励公众参与，营造全社会共同参与推进生态省建设的良好氛围。组织开展生态省建设培训和研讨，提高干部群众开展创建工作的自觉性。积极开展多种形式的国内外合作交流，不断深化生态省建设的内涵，培育和弘扬环境文化，在人与自然和谐相处的氛围中，探索出生态文明的新的发展道路。

同志们，建设生态省，需要各级党委、政府的高度重视，需要各部门的携手行动，需要全社会的积极参与。我相信，只要我们以科学发展观为指导，坚持不懈地推进生态省建设，就一定能够探索出一条符合我国国情的可持续发展之路，为建设社会主义新农村、构建社会主义和谐社会作出更大贡献。

以规划为蓝图 扎实推进生态省建设

—— 在《辽宁生态省建设规划纲要》论证会上的讲话

吴晓青

在党的十六届六中全会刚结束之际，辽宁省委、省政府就组织召开《辽宁生态省建设规划纲要》论证会，这是辽宁省委、省政府落实科学发展观，构建和谐社会的重大决策，也是建设资源节约型和环境友好型社会的具体行动。今天，各位院士和专家对《辽宁生态省建设规划纲要》提出了很好的建议和意见，讨论通过了规划纲要的论证。在此，我代表国家环保总局对各位院士、专家长期以来对环保工作的关心、对生态省建设的支持表示感谢！同时，也感谢辽宁省委、省政府对环境保护工作的重视、关注和推动。

建设生态省，就是以科学发展观为指导，以发展循环经济为核心，以改善环境质量为出发点，统筹城乡发展，促进人与自然和谐，推动整个区域走上生产发展、生活富裕、生态良好的文明发展道路。目前，全国已有海南、吉林、黑龙江、福建、浙江、山东、安徽、江苏、河北、四川、广西 11 个省区开展了生态省建设，今天，辽宁的生态省规划纲要也通过了专家的论证，天津正在编制生态市建设规划纲要，陕西成立了生态省建设领导小组，正在修编生态省建设规划纲要。也就是说，全国 31 个省（市、区）中，有 14 个已开展或将要开展生态省建设。全国有 150 多个市（县）开展了生态市、生态县创建工作，有些已经取得明显成效。在今年 6 月 5 日纪念世界环境日的生态安全高层论坛上，由曾培炎副总理授牌，国家环保总局对首批 6 个国家生态市、生态区、生态县进行命名和表彰。可以说，生态省（市、县）建设已成为落实科学发展观、推动区域经济、社会与环境协调发展的重要载体，成为建设资源节约型和环境友好型社会的重要途径。下面，我对辽宁的生态省建设提几点建议：

第一，要按照专家们的意见，进一步修改、完善规划纲要。编制一个好的规划，就为生态省建设奠定了良好的基础。总体来看，专家们对辽宁的规划纲要给予了充分肯定，认为纲要的指导思想和目标明确，内容全面，围绕生态省建设的总体目标和主要任务，提出了一批重点工程和项目，保障措施也很全面，这些都有利于将规划纲要落到实处。根据各位专家的

意见，我建议在以下方面进一步修改完善规划纲要：一是要对生态省建设的个别指标进一步测算，既要合理分析同一指标在近期、中期、远期的递增或递减关系，也要考虑指标之间的关联度。如第三产业占GDP的比重，2005年为40.5%，规划到2010年为40%，不但没有提高，反而有所下降；又如农民人均纯收入和城镇居民人均可支配收入之间的比例关系，规划的差距在加大。二是生态省建设的重点工程和项目要量力而行，要整合各部门的项目和资金，进一步突出重点。“十一五”期间规划重点工程和项目1 526亿元，远期达到2 470亿元，需要考虑辽宁财力的可能。生态省建设可发挥各部门的力量，整合各部门现有项目和资金，集中到生态省建设的重点工程和项目中。建议辽宁参考其他已开展生态省建设的省份，每年拿出一定的财政引导资金，用以开展建设项目的试点、示范。

第二，要认真组织、实施规划纲要。一是规划纲要修改、完善后，要经过省人大常委会审议、颁布，以立法的形式固定下来。一届接着一届抓，一任接着一任干，不能因为领导人的换届和变化而影响建设目标和任务。二是要加强组织领导和协调，明确各部门生态省建设的责任和任务。生态省建设涉及经济建设、社会进步和环境保护三大领域，是一项跨领域、跨行业、跨部门的系统工程，而不单纯是环境保护工作，更不是环保部门一家的任务。今天，辽宁省各有关部门的领导都参加了论证会，这是一个很好的协作机制。要在省委、省政府的统一领导下，加强规划纲要的组织实施，细化各部门的工作任务，建立统一监督管理、各部门分工负责的工作机制，建立分期、分年度、分部门目标责任考核制度。三是要制订生态省区建设的年度实施方案或行动计划，将生态省建设指标工程化、项目化、时限化，把建设工作和任务落实到基层，在市、县、乡镇和村（户）的层面上，分层规划、分级实施。

在生态功能区划的基础上，规划纲要将全省划分为集约开发、限制开发和禁止开发三大区域，建议辽宁省政府尽快批准、实施《辽宁生态功能区划》，用以指导各市、县主体功能区的划分工作。

第三，要严格环境准入，大力发展循环经济。环境容量是经济社会发展的重要基础。要将环境准入作为经济调节的重要手段，淘汰落后的生产能力，促进产业升级，杜绝城市污染企业向小城镇和农村转移。当前，辽宁粗放型的经济增长方式尚未根本转变，资源依赖型产业比重大，资源能源利用效率不高，每万元GDP能耗、水耗超过国内先进水平，二氧化硫、化学需氧量等主要污染物排放总量位居全国前列。要将发展循环经济作为经济增长方式转变的重要措施，坚持走新型工业化道路，从严控制高耗能、高耗水、重污染产业的发展；促进具有循环特征、特别是原材料使用具有上下游关系的产业进行集聚，形成生态产业群；逐步完善清洁生产组织管理体制和实施体制，推进循环型企业和工业园区建设。在这些方面，辽宁有很好的经验和模式，辽宁已在全省开展循环经济试点，在工业、农业领域探索建立了一批循环经济、生态产业和清洁生产发展模式，有些项目已取得阶段成果，建议将这些成果和经验吸收到生态省建设规划纲要之中，在纲要实施过程中不断丰富和推广循环经济和生态产业发展模式。

第四，生态省建设要城乡统筹，夯实工作基础。要做好生态市、生态县、环境优美乡镇、生态村等生态省建设的细胞工程，实现自下而上，由点到面，形成创建工作体系，全面推进生态省建设工作。要结合社会主义新农村建设的要求，在发展农村经济，提高农民收入的同时，通过启动农村小康环保行动计划，重点解决农村生产和生活中的环境污染问题，切实改

变农村脏乱差的状况。

第五，要广泛宣传，营造良好的生态省建设氛围。要全社会发动，广泛宣传生态省建设的意义和成效，加强科学发展观、生态伦理道德观、环境保护知识的普及教育，提高全社会的环境意识。树立破坏环境就是破坏生产力，保护环境就是保护生产力，改善环境就是发展生产力的观念。严肃查处环境违法案件，鼓励公众参与，营造全社会共同参与推进生态省建设的良好氛围。要不断深化生态省建设的内涵，培育和弘扬环境文化，在人与自然和谐相处的氛围中，探索出生态文明的新的发展道路。

建设生态省是一项开创性的工作。辽宁省委、政府从落实科学发展观，建设资源节约型和环境友好型社会的客观要求，立足于省情和长远发展需要，提出了生态省建设的目标和任务。希望辽宁以规划纲要为蓝图，开拓创新，扎实工作，探索出老工业基地可持续发展的新路子。也希望在座的各位院士、专家不断关注辽宁的生态省建设，从不同的学科、从可持续发展和环境保护与社会经济协调发展的角度，继续为辽宁出谋划策，提出好的建议。

有益的探索　可喜的进展

———关于海南省开展生态省建设的调查

祝光耀

今年是《全国生态环境保护纲要》颁布实施的第三年，也是海南省全面创建生态省的第三个年头。在一个省域范围内能不能全面实施可持续发展？如何具体推进可持续发展？带着这个问题，前不久，我到海南进行了实地调研。

一、可喜的进展

1998 年，海南省委、省政府按照党的十五大确立的可持续发展战略，结合省情，做出了建设生态省的决定。1999 年，省人大颁布了《关于建设生态省的决定》，通过了《海南生态省建设规划纲要》。同年，国家环境保护总局批准海南省为全国生态省建设试点。三年来，海南省坚持以生态学和生态经济学原理为指导，围绕经济发展这一中心，抓住产业结构调整和经济增长方式转变这一主线，寓环境保护与生态建设于经济、社会发展之中，大力发展生态产业、改善生态环境、培育生态文化、推进生态人居，一个经济发展、社会进步、环境优美的海南正在变为现实。

1. 生态产业发展迈出可喜步伐

近几年，海南坚持“不破坏资源，不污染环境，不搞重复建设”的三原则，大力推进生态工业发展，努力实现经济发展与环境保护“双赢”。加强对传统工业的改造，推动马村酒精厂、华盛天涯水泥有限公司等一批污染企业向清洁生产的转型；淘汰落后工艺和设备，关闭了一批技术落后、规模小、浪费资源的重污染企业；不以牺牲环境为代价，拒绝铬冶炼厂、拆船厂等一批重污染企业在海南落户；积极发展生物制药、IT 产业、光纤光缆等高附加值、高新技术产业的发展；对新建工业企业实行清洁生产，推进资源循环利用，大力发展循环经济。

发挥热带农业资源和生态环境优势，大力发展生态农业。建立了 317 处无公害瓜果生产

本文原载《中国环境报》2002 年 10 月 22 日。

基地，面积达4.6万公顷，无公害瓜菜基地面积占全省冬季瓜菜种植面积的25%，在2001年冬交会上，其成交额占总成交额的67%，成为海南农业的王牌。到现在为止，全省累计开发绿色产品37个，有效使用绿色食品标志的企业9个、产品16个，涵盖了热带水果、畜禽、茶叶、矿泉水四大类。绿色食品年产量达3万吨，产值达1亿元。

大力发展生态型林业经济。利用海南光、热、水、土资源优势，先后启动了印尼金光集团浆纸造林项目等一批重点林业工程建设，在多年工作基础上，全省工业原料林基地已达30多万公顷，成为全国最重要的速生丰产林基地之一；热带经济林独具特色，全省经济林面积达51万多公顷，占全省林业用地面积的28%，已成为橡胶、椰子、荔枝、龙眼、槟榔、芒果全国最大的商品生产基地；大力发展林下产业，热带立体复合型林业蓬勃兴起，林+果、林+藤、林+花、林+牧、林+渔等间作、套作、轮作模式和种养模式，展示了很大发展前景。文昌市实行林瓜套作，2000年仅市财政税收一项就达1 000多万元。

打造品牌，生态旅游方兴未艾。大力开发旅游资源，建成了三亚南山、兴隆热带花园、亚龙湾、博鳌等一批主题生态旅游区，开辟了五指山等生态探险旅游线路，海南旅游业连续多年以两位数的速度增长。2002年1—4月，三亚市旅游收入同比增长17.4%，以旅游业为龙头的第三产业税收占全市地方税收的76.78%。三亚南山文化旅游区5年投资5亿元，旅游设施不断完善，2001年，南山旅游人数达162万人次，总收入1.1亿元，利润达3 143万元。生态旅游正在成为海南的主导产品、支柱产业和特色经济。

海洋生态养殖科技水平不断提高，远洋捕捞迅速发展。提倡“绿色养殖”新理念，大力推行生态化养殖模式，建设了万宁英豪半岛养虾等一批集约型生态养殖项目。在规范沿海养殖业的同时，把“造大船”、“闯大洋”、“赚大钱”作为海南省海洋捕捞业发展的方向，积极开辟外海渔场。海南加华海产（生物）集团投巨资引进千吨级渔船到太平洋西部公海作业，一条船一次出海的直接经济产值达600多万元。2001年，全省海洋渔业产值达80.86亿元，海洋捕捞产值达56.35亿元。

在创建生态省的几年中，海南经济得到较快发展。与1998年相比，2001年全省GDP、农业、工业、旅游业和财政收入分别增长了29.1%、97.8%、332.6%、31.2%和28.3%。在调整产业结构、促进经济增长方式转变的同时，保持了全省经济的快速发展。

2. 生态保护和环境建设成绩显著

各级政府认真推进“一控双达标”工作，按国家要求提前完成污染治理任务。全省12种主要污染物排放总量均控制在国家限额之内，167家纳入省以上重点考核工业污染企业和全省列入统计的所有1 988家工业企业也全部达标，环境污染状况得到有效遏制。大力推进全省“白色污染”治理，建设无氟省，环境综合整治力度不断加大。

狠抓重点城市的生活污染治理。海口市投资3.4亿多元建设的30万吨/日污水处理厂已经运行，投资4亿多元的城市建成区污水干管配套工程不断完善，城市污水处理率达77.51%；投资近1亿元的垃圾处理场第一填埋区已建成使用，第二填埋区正在建设，城市垃圾日产日清，全部无害化卫生填埋。三亚市先后投资32.3亿元用于交通干道、8万吨/日污水处理排海工程、无害化垃圾生态处理工程、城市给排水等重点工程建设，从根本上改善了该市的生态环境状况。

狠抓生态建设和保护，在全国率先实施天然林保护工程，全面保护热带天然雨林；大力

推进封山育林，在林区全面禁止烧山、炼山；狠抓沿海防护林的保护和修复，努力推进沿海防护林带的合拢；转换经营机制，努力加快荒山造林绿化、水土流失治理和土地荒漠化治理步伐。

到目前为止，全省大气环境质量指数保持在一级标准以内，处于全国领先水平；71.6%的河流水质达到或优于国家地表水Ⅲ类标准，85.7%的湖库水质达到或优于Ⅲ类标准，主要河流干流水质达到或优于Ⅱ类地表水标准，绝大部分近岸海域海水水质优于Ⅱ类海水标准；全省森林覆盖率达 52.3%，近两年年均增长 1 个百分点；建立自然保护区 65 个，面积达 269.8 万公顷。海口、三亚市环境质量达到全国一流水平，进入国际先进行列。

3．生态人居建设扎实推进

一是加强城镇环境建设。2000 年开始，针对城镇“脏、乱、差”的状况，实施“百镇建设计划”，以人为本，组织开展城镇环境综合整治达标活动，创建“最适合人居”的城镇环境。近几年，三亚市拆迁改造违章和影响景观的建筑 33 万平方米，新建一大批绿地，新辟四大公园，人均绿地 16.3 平方米。海口、三亚等市已先后荣获国家园林城市、国家卫生城市。二是强化生态理念，合理布局，鼓励发展矮楼层、低密度的生态住宅小区，提高居民居住环境质量。三是加强农村环境建设，以沼气建设为切入点，结合农村改水改厕、民房改造、卫生整治、扶贫开发，大力开展生态文明村建设。到目前为止，全省已投入 1.53 亿元，建成文明生态村 997 个，年底还将有 1 336 个达到验收标准。三年累计推广农村沼气池 4.6 万户。

4．生态文化建设稳步发展

为传播生态文化，为生态省建设提供理论、舆论支持，成立了“海南生态环境教育中心”和“海南生态文化研究会”，组织“建设生态省学术研讨会”、“WTO 与海南生态产业学术研讨会”、“海南生态与文化国际研讨会”等，加强生态省建设理论和生态文化的探索与研究；举办各种生态理论报告会，组织讲师团下基层，大力普及生态省建设的知识；组织开展“建设千里生态走廊，让宝岛更加文明志愿者行动”和“关爱我们的家园——海南青少年创建生态省行动”，大力营造生态文化和全民参与氛围。在推进农村生态文明村建设中，改变农村群众生活方式，陶冶情操，崇尚生态文明。

加强生态省建设的法律、法规、制度建设，规范生态省建设的管理，努力使生态省建设成为全省人民的共识。

二、主要做法

1．综合决策，统一规划

生态省建设的核心是推进可持续发展。经济发展、社会进步、保护环境是实施可持续发展战略的三大支柱。为探索一条既不为发展而牺牲生态环境，也不为单纯保护环境而放弃发展的可持续发展道路，海南由省计划厅、环境资源厅牵头，会同政府有关部门，运用生态学原理和系统工程方法，遵循自然生态规律和经济发展规律，以可持续发展为前提，以省“十五”发展规划和 2015 年远景目标为依据，以生态产业、生态环境、生态人居、生态文化为主要内容，编制颁发了《海南生态省建设规划纲要》，对全省实施可持续发展战略的目标、任务、措施进行细化、深化。省委常委会专门听取汇报，对“规划纲要”进行研究；省人大常委会

专门做出建设生态省的决定，对“规划纲要”进行审定，并做出批准决定，不定期进行监督检查，确保了这一战略的实施不因领导注意力的转移而转移，也不因领导班子的改变而改变。

2．高层推动，统一协调

可持续发展涉及全省方方面面、各行各业。为加强管理，避免政出多门，海南省建立了生态省建设联席会议制度，省委书记、省长为第一召集人，宣传部长、主管副省长为副召集人，办公室设在省计划厅和国土环境资源厅，各部门领导为组成人员。各市县也成立相应机构，党政“一把手”亲自抓。创建工作项目化管理，每年初由联席会议审定，分项下达，年终逐项考核检查；建立健全生态省建设目标考核责任制，分年考核，序列公布，把部门工作和生态省建设有机结合起来，集中有限的财力、物力办大事；建立督办制度，使环保部门“一票否决”制度得到较好发挥。

3．完善法规政策，加大推动力度

为确保生态省建设规范有序、健康发展，在切实加强国家和地方现有法律法规执行力度的同时，先后制定了《海南生态省建设联席会议工作规则》、《海南省城乡环境综合整治标准》、海南《关于消除白色污染的决定》、《关于建立无氟省级区域的决定》、《关于禁止销售、使用高剧毒、高残留农药的规定》和启动了《海南省生态公益林管理和补偿办法》等一批法规的起草工作。同时，针对不同行业、产业的特点，在资金投入、政策优惠上分别实行倾斜，重点推动，保证创建工作的顺利进行。

4．加强宣传教育，提升全民环境素质

可持续发展既是一种发展模式，又是一种发展理念。为此，由省委宣传、教育部门牵头，启动生态文化宣传教育专项计划，制作生态建设系列电视片，开展环保知识电视比赛。由教育、环保部门牵头，启动生态省建设培训、教育计划，编写有关知识读本，在全省普及有关知识；启动市、县、镇培训计划，分级培训生态省建设管理骨干；由宣传部牵头，结合“三个代表”理论的学习，部门包村包点，领导带头办点，在广大农村深入开展生态文明村建设活动。通过形式多样、生动活泼的宣传、教育、培训活动，使可持续发展理念真正变成广大干部群众的自觉行动。

三、几点启示

海南生态省建设时间不长，尽管个别地方、单位在认识、定位等方面也还存在一些不一致、不准确的问题，有的工作还需要继续完善、加强，但总体上看，生态省建设成效显著，影响面大，意义深远，在省内外引起了强烈反响，上上下下的看法是肯定的。不少同志说，过去海南在社会经济发展方面曾提出过不少口号、目标，而真正符合海南实际、得到社会认可的要算生态省建设了。江泽民总书记视察海南时，对生态省建设给予了充分肯定，明确指出：你们提出“建设生态省”是对的，海南是祖国的宝岛，良好的生态和独特的资源，是海南发展的最大资本，不能有任何破坏，必须精心保护和合理利用。

在海南生态省建设的示范带动下，经国家环保总局批准，现在吉林省、黑龙江省、福建省已先后开始了生态省创建工作，江苏、山东等省也由下而上，以市县为单位，积极推进生态省建设。生态省建设展示了无限的生机和活力，给我们的启示是多方面的，有几点值得充

分肯定。

1．生态省建设为可持续发展提供了一种最佳实现形式

可持续发展的基本内涵是既满足当代人的需求又不危及后代人满足其需求的发展。其主要内容包括经济发展、社会进步和环境保护 3 个方面。发展经济是可持续发展的基本前提，环境保护是必然要求，社会进步是最终目标。生态省建设将三者有机结合起来，总体规划，统筹布局，统一推动，为现阶段、现有条件下实施可持续发展找到了一种最佳实现形式，在省域或更大范围内避免“先污染，后治理，先破坏，后恢复”的传统发展模式提供了一种崭新的发展理念。特别是现阶段政府部门职能交叉、互相掣肘的情况下，其作用和意义不可小视。其基本做法值得充分肯定。

2．经济发展与环境保护能够互相促进，实现“双赢”

过去一些同志曾片面认为，可持续发展是一种先进的发展模式，必须有坚实的经济基础，发达国家大都经历了“先污染，后治理”的过程，发展中国家不宜过早强调可持续发展。海南的实践雄辩地说明，发展经济与保护环境并不是一对不可回避的矛盾，只要力戒急功近利、短期行为，真正按照“三个代表”的要求，树立正确的资源观、消费观、发展观，无论是发达地区还是欠发达地区，无论是县、市还是省区，都能走出一条具有自己特色的可持续发展道路。“先污染，后治理”的传统发展模式完全可以跨越，关键在领导的认识、决心，重点在教育、引导人民群众。

3．生态省建设必须从各地实际出发，脚踏实地，创造性地开展工作

海南以生态立省，打生态牌，走生态路，吃生态饭，发生态财，创出了一片新天地。其经验之一是，这一战略的形成和实施不是简单的领导决策，更不是强制性的行政命令，而是全面总结本省几起几落的发展历程，认真分析本地发展的优势、潜力和“瓶颈”，借鉴国内外的成功经验，认真进行民主决策、科学决策的结果。经验之二是，生态省的创建过程必须观念创新、体制创新、机制创新，形成符合海南实际、具有海南特色的可持续发展模式。经验之三是，实施可持续发展战略，不能赶时髦、搞花架子、劳民伤财，而是要认真实践“三个代表”，服从、服务于“三个代表”，全心全意既为现在的发展谋大计，办实事，也要为子孙后代的发展、生存留下空间。

大力推进农村生态文明建设的有效载体和组织形式

——关于浙江、江苏两省开展生态省建设的调查

祝光耀

党的十七大明确提出，要大力推进生态文明建设。作为一种新的社会文化形态和发展理念，如何落实、推进，特别在广大农村中如何加快生态文明建设，带着这一问题，前不久，我与生态司的同志一起，就江苏、浙江两省生态省建设情况进行了调研，感受颇深。

一、两省生态省（市、县）建设的基本做法

自 2000 年国务院印发《全国生态环境保护纲要》以来，特别是党中央提出科学发展观、全面建设小康社会以来，全国已有海南、浙江、江苏、辽宁等 14 个省（自治区、直辖市）开展了生态省（区、市）建设，近 500 个县（市）开展了生态县（市）创建工作。生态省（市、县）建设，就是以生态学和生态经济学原理为指导，把辖区内经济发展、社会进步、环境保护三者有机结合起来，将环境保护融入经济社会发展的大格局中，总体规划，合理布局，统一推动，努力消除辖区内部门条块分割、资源分散、相互掣肘的体制弊端，将可持续发展的阶段性目标工程化、时限化、责任化，把省、市、县小康社会和生态文明建设目标转化为实实在在的社会行动。浙江、江苏两省在省委、省政府高度重视下，加强组织领导，统一协调推动，坚持常抓常新，生态省（市、县）建设不断深化。

（一）科学编制规划

按照原国家环保总局印发的《生态省建设规划编制大纲》的总体要求，两省根据本省社会、经济发展状况及环境现状，分别于 2003 年组织编制了《生态省建设规划纲要》，经省人

本文原载《中国环境报》2008 年 8 月 5 日。

大常委会审议通过后，由省人民政府印发、实施，充分体现了《规划》的地位和效力。两省《规划》围绕生态产业、生态环境、生态人居、生态文化四大领域，分别提出了六大建设任务：一是以生态经济理论为指导，推进循环经济、生态产业体系建设；二是以资源保护和恢复为重点，推进自然资源可持续利用的保障体系建设；三是以环境保护和生态建设为重点，推进山川秀美的生态环境体系建设；四是以人口控制、城镇建设为重点，推进人与自然和谐的生态人居体系建设；五是以科技创新和基础能力建设为重点，推进高效、稳定的能力保障体系建设；六是以可持续发展、生态文明建设为重点，倡导绿色生产观、消费观，推进生态文化体系建设。生态省建设的基本任务涵盖了农村生态文明建设的主要内容。按照《规划》要求，两省所辖市、县（区）都分级编制了生态市、生态县（区）和环境优美乡镇建设规划、年度行动计划，自下而上抓落实。

（二）深入宣传发动

浙江生态省建设启动以来，省和市、县分别召开生态省（市、县）建设动员大会和宣传推动大会，主要领导亲自出席、动员，地方电视台滚动宣传，形成强大宣传阵势。省创建办编制、印发《生态省建设基本知识》，广泛宣讲、培训。同时，全省还创办各类绿色学校、绿色社区，举办各种宣讲会、座谈会，采取多种形式，让生态省建设不断深入人心。江苏省将生态省建设列为全社会的共同责任，制定生态省宣传教育计划，列为主流媒体重要宣传内容，纳入各类学校教育培训计划，深入开展生态环境保护“进社区、进村镇、进学校、进家庭”和“小手牵大手”等活动，形成各级各界人人关心环保、参与创建工作的良好舆论氛围。

（三）加强组织领导

浙江省成立了由省委、省政府主要领导任组长，发改委、环保、财政、建设、国土资源、农业、水利、林业、宣传、教育等有关部门参加的生态省建设领导小组，下设专门办公室，形成环保和发改委牵头、其他有关部门分工协作的工作机制。两省省委、政府、人大、政协共同关注、推进，形成了“党委政府具体领导、人大政协大力推动、相关部门齐抓共管、上下联手推进，社会广泛参与”的工作局面。时任省委书记的习近平、李源潮同志，亲自组织发动，亲自检查督促；启动生态市（县）建设的市、县党政领导既挂帅又出征，形成齐抓共建的浓厚工作氛围。习近平、李源潮同志卸任后，新任省委书记的赵洪祝、梁宝华同志亦高度重视，不断开拓创新，形成了“一任接着一任干，一个规划干到底”的良好工作态势。

（四）严格目标考核

浙江省制订了《生态省建设目标责任考核办法》和《生态省建设工作考核评价指标体系》，将生态省建设目标纳入各级党委政府领导干部政绩考核之中，分市县、分部门落实目标、任务，每年进行考核、评比。江苏省各市、县也建立了生态市（县）创建的目标责任制，将生态市（县）建设的目标工程化、时限化、责任化，将创建任务分解到各部门、单位，分别签订任务责任书，按行业、按乡镇、按年度落实，做到年初部署安排，年中督促检查、年末考核评比。

二、新形势下两省生态省（市、县）建设不断深化、拓展

随着生态省（市、县）建设的深入开展，特别是党中央科学发展观和建设生态文明的提出与实施，两省的生态省（市、县）建设在推进中不断拓展、深化。

（一）理念、思路不断创新，创建工作的自觉性、主动性进一步增强

2006 年，江苏省委、省政府印发了《关于坚持环保优先促进科学发展的意见》，明确提出“以建设生态省为载体，以创新环保体制机制为主要动力，以‘不欠新账、多还旧账’为重要原则，通过积极的环境建设优化产业结构、优化建设布局、优化人居环境，实现由‘环境换取增长’向‘环境优化增长’的转变”，创建工作由浅入深，理念、思路不断深化。浙江省委、省政府作出建设生态省决定后，创建工作的主动性、自觉性不断增强。2003 年全省开始实施“千村示范，万村整治”工程，2004 年开展了为期三年的“811”环境污染整治行动，2005 年在全国率先制订了《统筹城乡发展推进城乡一体化纲要》，2006 年又启动了农村环境“五整治一提高”工程，生态省建设不断向纵深发展。

两省各级领导的发展理念也在不断深化，正在从过去的“环保制约经济发展”和“先发展后环保”的思维定式中解脱出来，特别是一批生态显优势、环境促发展的先进典型使大家深刻认识到，生态环境就是生产力，破坏环境是破坏生产力，保护环境是保护生产力，改善环境就是发展生产力，从而普遍经历了由过去发展中拼资源、拼环境的“只要金山银山，不顾青山绿水”，到后来保护与发展并重的“既要金山银山，又要绿水青山”，到现在环保优先的“绿水青山就是金山银山”的认识过程，进一步树立了正确的执政观、决策观、政绩观，科学发展观在两省开始深入人心，生态省（市、县）创建已成为各级领导，特别是省委、省政府主要领导的自觉行动。“一把手抓创建、负总责”、“壮士断臂减排治污”、“科学发展看生态”等理念，正在成为广大干部群众的共识。

（二）体制、机制不断创新，创建工作基础进一步夯实

随着创建工作的不断深入，两省在原有“党委、政府主推，党政“一把手”主抓，有关部门主办”的创建体制、机制基础上，普遍坚持“一年一总结，一年一推动”，年初部署，年中检查，年末考核；一些市县把创建环保模范城市、卫生城市、园林城市、森林城市与生态市（县）结合起来，成立创建指挥部，“五城”、“四城”同创，统一指挥推动；为落实责任，严格考核，两省还分别制定了《党政领导干部环境保护实绩考核办法》和《市、县和党政工作部门的领导班子和领导干部综合考核评价实施办法》，每年将生态省（市、县）建设指标逐项分解，具体落实到有关部门和市县，纳入部门重点工作和市县环保目标责任书一并考核；一些市县还将年度创建任务、进度、责任图表化，“倒排时间，挂图作战，按战役推进”，专项专责抓落实；为确保创建工作规范化、制度化，江苏省制定了《生态省建设统计监测报表制度》，把生态省建设监测指标纳入例行统计制度，每年向社会公布，积极引导各市县的创建工作。目前该省又在修改完善监测指标体系，以充分发挥其导向、激励作用。

（三）政策、制度不断创新，创建力度进一步加大

建立生态补偿机制。浙江省在全国率先出台了《进一步完善生态补偿机制的若干意见》，2006 年出台了《钱塘江源头地区生态环保省级财政专项补助暂行办法》，省财政每年安排 2 亿元，对钱塘江源头地区的 10 个县（市、区）进行专项补助，2008 年又出台了《浙江省生态环保财力转移支付试行办法》，安排 6 亿元，将省生态环保财力转移支付扩大到省内八大流域源头地区的 45 个县（市、区）。同时，省级财政生态补偿转移支付力度持续加大，2005 年为 65 亿元，2006 年为 75 亿元，2007 年达到 85 亿元。江苏省出台了《环境资源区域补偿办法（试行）》，把环境有价理念引入流域治理，建立上下游污染赔付补偿机制。同时对省级以上生态公益林建设，省财政每年每亩给予 10 元的补偿。创新环保政策。江苏省积极探索运用市场机制，按照“污染者付费，治污者得益”的原则，实施 COD 和 SO_2 排污指标初始价格与收费办法，开展了太湖流域和电力行业的排污指标有偿分配和交易试点。将废气排污费从每当量 0.6 元提高到 1.2 元，污水排污费从每当量 0.7 元提高到 0.9 元，实行生活污水处理费分区定价，有效调动企业治污的积极性和社会资本投资污水处理厂的建设。浙江省积极开展排污权交易，一些地方出台相关政策，推进了试点工作。完善奖励办法。两省分别设立专项资金，引导和补助循环经济、清洁生产等生态产业重点项目。浙江省设立了以奖代补专项资金，支持污水和垃圾集中处理。江苏省实施《农村环境综合整治以奖代补专项资金管理办法》，每年向全省 150 个行政村下拨补助资金 3 000 万元，对农村环境综合整治进行激励。建立环境准入制度。浙江开展了市县生态环境功能区规划，划定禁止准入、限制准入、重点准入和优化准入四类生态环境功能区，实行差别化的区域开发和环境管理政策，严把建设项目环境准入关。江苏组织开展重要生态功能保护区区划，绘制“生态地图”，依此提出分类保护与管理的政策措施，加大环保投入。浙江省各级政府把生态省（市、县）建设资金列入本级财政预算，“十五”期间累计投入 998.9 亿元，相当于同期 GDP 的 2.06%。2006 年和 2007 年省财政分别安排生态环保建设专项资金 23 亿元和 29 亿元，比上年分别增长 25.3% 和 26.2%。“十一五”时期，江苏省污染防治资金和环保专项奖励基金将分别比“十五”提高 10 倍和 5 倍，全社会环保投入将达到 GDP 的 3%。

（四）不断总结提高，创建工作方兴未艾

江苏、浙江两省的生态省建设已历经五年，新形势下如何不断深化、推进，这是两省目前面临的共同课题。为进一步加快生态省建设，今年年初，江苏省罗志军省长亲自部署，由省委调研室、省政府研究室牵头，组织 12 个专题调研组，由各相关部门负责同志带队，对全省生态省建设开展全面调研，事后由分管省长召开专门会议，逐一听取汇报。在此基础上，拟定今年 9 月份召开全省生态省建设大会，对生态省建设进行再动员、再部署，省委、省政府将出台《关于加快推进生态省建设的意见》，在体制、机制、政策、投入、能力建设等方面将采取更加具体有力的措施。今年年初，浙江省对五年来的生态省建设工作进行了全面总结，形成了 14 个专题报告，在肯定成绩、找出薄弱环节的基础上，进一步明确了下一步生态省建设的工作重点和对策措施，并启动了“811”环境保护新的三年行动计划。

三、两省生态省（市、县）建设成效明显

江苏、浙江两省以占全国2%的国土面积，承载了占全国近10%的人口，产出了占全国18%的GDP，人口多、资源匮乏、环境容量小、开发强度大是两省的共同特点。建设生态省，走可持续发展之路，是两省落实科学发展观、全面建设小康社会的现实需要，也是全面推进生态文明建设的必然选择。五年来，两省以科学发展观为指导，以生态省建设为目标，统筹城乡发展，已开始取得明显成效。

（一）促进了生态产业发展

两省将转变经济增长方式作为重点，在生态省建设中大力发展生态产业，分别编制了循环经济发展规划（纲要），出台了推进清洁生产的政策、措施，加快了产业结构调整步伐。一是大力发展循环经济。浙江省累计投资80多亿元，围绕九大重点领域、组织九批示范工程和100个重点项目，实施了循环经济“991”行动计划，在4个市、10个县（市、区）、20个工业园区和100家企业开展了循环经济试点（即“4121”工程）。江苏省设立了3亿元循环经济和节能专项资金，在15个城市、15个园区、1 000家企业开展了循环经济试点工作。两省已涌现出苏州高新区、宁波化工园区等一批循环经济的典型。二是全面推进清洁生产。2005年以来，江苏省围绕淮河、太湖、长江、南水北调东线等重点区域和化工、印染、酿造等重点行业，对3 600多家企业开展了清洁生产审核，投资50多亿元，对6 000多个项目实施改造，节约标准煤900多万吨，增收节支达60多亿元。浙江省对1 527家企业开展了清洁生产试点，999家企业完成清洁生产审核，取得较好的经济、环境效益。三是加快淘汰落后生产能力。2006年，江苏省环保厅制定了《农村工业污染源整治方案》，彻底清理“十五小”、“新五小”，严厉打击违法排污行为。2007年结合污染减排工作，优化农村工业产业结构，清理、搬迁散落在村庄附近严重污染环境的化工、印染企业，共整治农村工业污染源4 746处。“十一五”以来，全省共出动监察人员50多万人次，检查农村工业企业22万余厂次，挂牌督办农村污染企业1 243家。浙江省制定了污染企业搬迁转产关闭改造的扶持政策，推进和引导重点行业、重点企业的产业升级。全省完成限期治理项目3 610个，关停并转企业2 419家。四是积极发展生态农业和农村特色经济。江苏省全面推进生态农业建设，建成4个国家级和28个省级生态农业县，推进农产品质量安全建设。全省现有无公害农产品品种3 529个，绿色食品品种1 913个，有机食品品种542个，有机食品基地50 518个。浙江省建设高效生态农业示范县30个，启动了100个高效生态农业示范区建设。同时，大力发展生态旅游，一些生态良好农区、林区、海岛渔村把村庄环境整治、古村落保护等与发展特色农业、特色旅游结合起来，全省已开发农家乐特色村（点）2 398个，从业农民7.8万人，取得良好的社会、经济和环境效益。

（二）推动了农村生态环境的保护和建设

改善生态环境质量是生态省建设的基本出发点和落脚点。两省加大力度，努力做到不欠新账，多还旧账。一是开展污染整治专项行动。浙江省2004年开始开展了为期三年的“811”

环境污染整治行动，全省坚持“治旧控新，监建并举”，以八大水系和 11 个重点监管区为重点，加强环境基础设施和环境自动监控系统建设，强化农村环境治理，成为生态省建设的基础性、标志性工程。经过三年努力，全省环境污染和生态破坏恶化趋势得到基本控制，突出的环境问题开始得到解决。江苏省扎实开展重点流域、区域污染治理，全面开展化工行业专项整治，已累计关闭小化工生产企业 2 772 家。二是实施农村环境综合整治。2005 年，江苏省环保、建设等六部门联合开展了农村环境综合整治试点工作，2007 年，省政府又召开了全省第一次农村环境综合整治现场会，大力开展以“六清六建”（清理垃圾，建立垃圾管理制度；清理粪便，建立人畜粪便管理制度；清理秸秆，建立秸秆综合利用制度；清理河道，建立水面管护制度；清理工业污染源，建立稳定达标排放制度；清理乱搭乱建，建立村容村貌管理制度）和“三清一绿”（清洁家园、清洁水源、清洁田园、绿化造林）为主要内容的农村环境综合整治活动。浙江省启动了以整治畜禽粪便污染、生活污水污染、垃圾固废污染、化肥农药污染、河沟池塘污染和提高农村绿化水平为主要内容的农村环境“五整治一提高”工程。三是提高县、乡污水处理能力。浙江省在全国率先实现县以上城市集中污水处理厂全覆盖，县以上城市污水处理率达 59%。2006 年以来，以钱塘江、太湖流域为重点，加快推进中心镇、生态敏感区乡镇、临江临湖乡镇污水处理厂建设，镇以上集中式污水日处理能力达到 705 万吨。江苏省加快城镇生活污水处理厂与配套管网建设，到 2007 年淮河、太湖、长江流域共有 293 座城镇污水处理厂投入运行，污水日处理能力达到 800 万吨。环太湖周边乡镇已全面开工建设污水处理厂，预计今年底将全部投入运转。四是控制农村面源污染。江苏省实施清洁田园工程，推广测土配方施肥面积达 3 320 万亩，占全省耕地面积的 50%。大力推广高效低毒低残留农药和生物农药，病虫害综合防治率达到 90% 以上。加快秸秆综合利用，畜禽粪便综合利用率达到 70% 以上。浙江省推广测土配方施肥面积 2 302 万亩，建成化肥农药减量增效控害示范区 30 个、省级无公害农产品基地 726 万亩。大力实施生态家园富民计划，推广农村废弃物和清洁能源利用。推广“猪—沼—作物”模式农户 11.2 万户，优化畜禽养殖布局，完成规模化畜禽养殖场的污染治理 1 960 家。五是加强自然生态恢复。浙江省实施“万里清水河道”工程，完成清水河道建设 13 800 千米。完成废弃矿山生态环境治理项目 1 165 个，全省废弃矿山治理率达 65%以上。推进生态移民，五年来完成农民下山搬迁 12.5 万户、人口 43.8 万。开展“百乡千村兴林富民示范工程”，建成“绿化示范村”2 664 个，全省森林覆盖率达 61%。2007 年，江苏省完成河道清淤疏浚土方 2.3 亿立方米，完成村庄河塘清淤土方 2.33 亿立方米，分别超过年度计划的 15%和 50%。全省划定开山采石禁采区 88 个、禁采带 62 条，禁采面积占全省国土面积的 11.8%，治理恢复废弃矿山面积 3 000 多公顷。苏锡常地区全面禁采地下水。全省平原地区森林覆盖率每年提高 1 个百分点，2007 年全省森林覆盖率已提高到 16.9%。

（三）加快了农村生态人居建设

改善农村居住环境，提高农民生活环境质量是生态省建设的重点和难点。两省以生态村（庄）、绿色社区等创建活动为抓手，结合社会主义新农村建设，大力推进农村生态人居环境建设。一是开展村庄环境整治。2003 年以来，浙江省深入实施“千村示范，万村整治”工程，全省已有 1/3 的村庄环境得到整治，建成全面小康建设示范村 1 181 个、环境整治村 10 303

个。江苏省共有 6 018 个行政村不同程度地开展了环境综合整治，占全省行政村的 33%。二是加强村、户生活污水处理。江苏省积极推进“一池三改”（建沼气池、改厕、改厨、改圈），普及卫生户厕，取缔露天粪缸，2007 年全省新建“一池三改”户用沼气池 81 630 个，建设农村生活污水处理工程 273 处，改厕 63 万户，全面完成年度实施计划。浙江省因地制宜，采取沼气净化、无动力厌氧处理、微动力或有动力有氧处理、湿地处理等多种形式处理农村生活污水，得到治理的村占全省行政村总数的 15%，累计建成净化沼气池 132 万立方米，受益农户 100 多万户，年处理农村生活污水 4 266 万吨。加强农村改水改厕，全省农村卫生改厕普及率达 79.4%。三是推进村、户生活垃圾处理。江苏省启动清洁家园工程，对农民居住点进行统一规划，建立了“组保洁、村收集、镇运转、县处理”机制，对垃圾进行减量化、资源化、无害化处理。全省 61 个县（市、区）已初步建立农村生活垃圾四级转运处理机制，占全省涉农县（市、区）的 77%。浙江省积极推行平原村庄“户集、村收、镇中转、县处理”和山区海岛村庄“统一收集、就地分拣、综合利用、无害化处理”的垃圾处理模式，生活垃圾统一收集处理的村占全省行政村总数的 66%，80%以上乡镇建成垃圾中转设施。四是推进城乡一体化建设。江苏结合城乡建设规划和土地规划，制订鼓励政策，积极引导农村“三集中”，即农民居住向社区集中、农村人口向城镇集中、农村企业向园区集中，有效节约了土地资源，促进了新农村建设。浙江开展村庄布局规划，按照改善环境、方便生活、有利生产、彰显文化底蕴的要求，采取项目实施带动、城镇建设带动、强村发展带动、旧村改造带动和下山移民带动等形式，积极稳妥地开展村庄撤并，加快推进中心村建设。

（四）提升了农村生态文化水平

生态省（市、县）的建设过程就是提升生态文明意识，转变生产方式和消费观念的过程。为此，两省在创建过程中，十分重视生态文化的普及、提高。一是广泛开展宣传、教育、培训。两省将生态省（市、县）建设作为干部教育培训的重要内容，列入各级党校、行政学院和干部学院的教学内容之中，一些地方还在中小学校开设环保教育课程，在幼儿园开展环保实践活动，从小培养学生们的生态环保意识。浙江省每年组织有关生态省建设的报道超过 5 000 篇，江苏出版了 50 多种有关环境教育的图书和电子出版物。两省市、县采取广播、电视、报刊、宣讲、演出等多种形式，广泛普及生态省（市、县）建设知识。浙江省安吉县将每年的 3 月 25 日定为生态日，每年开展主题实践活动，努力提升全民生态文化意识。二是积极开展形式多样的绿色创建活动。两省将改善村容村貌与环境优美乡镇、生态村庄、绿色社区、绿色学校、绿色企业等创建活动相结合，将绿色消费与绿色家庭、绿色宾馆、绿色饭店等创建活动相结合，把绿色系列创建活动列为细胞工程，面向社会，突出特色，各项创建活动自下而上，由点到面，形成体系。两省已有 4 643 个行政村初步建成省级生态村，占两省行政村总数的 10%，建成各级绿色学校近 5 000 所、绿色社区 651 个、环境教育基地 182 个，为生态省（市、县）建设打下了坚实基础。浙江移风易俗，全面实施以“绿色殡葬”为主题的葬法改革，全省“三沿五区”坟墓治理率达到 98.6%，生态葬法覆盖 80%的行政村，有效节约了土地，改善了自然生态景观。三是加快环保立法进程。生态省建设五年来，浙江省人大常委会先后颁布了建设生态省的决定和大气污染防治、海洋环境保护、固体废物污染防治等地方性法规，省政府先后出台了建设项目环境保护管理办法、排污费征收使用管理办法、自

然保护区管理办法、环境污染监督管理办法、跨行政区域交接断面水质监测和保护办法等政府规章。省人大常委会连续四年开展生态省建设和环保执法大检查。江苏省也制订了一批水污染防治、固体废物污染防治、地质环境保护等地方性规章，并正在抓紧研究制定促进循环经济发展、自然保护区管理、生态功能区划管理、生态补偿等政府规章或规范性文件，努力健全生态省建设的法规政策体系。

通过五年的生态省（市、县）建设，江、浙两省农村生态经济、生态环境、生态人居和生态文化建设有了长足发展，生态省（市、县）建设呈现勃勃生机。实践证明，生态省（市、县）建设是深入推进农村生态文明建设，实现生产发展、生活富裕、生态良好的有效工作载体和组织形式，意义深远，作用重大。农村生态文明建设是一篇大文章，任重道远，需要不断探索、拓展、提升。生态省（市、县）建设对此进行了有益探索，应该继续推进，常抓常新，不断发展。

理论篇

区域可持续发展的探索与实践

——浅谈我国生态省（市、县）建设的必要性及基本做法

祝光耀

上世纪七八十年代以来，特别是 1992 年世界环发大会后，可持续发展成为世界各国政要和广大有识之士关注的热点。下面就为什么要坚持可持续发展，在一定的区域（省、市、县）内能不能实施可持续发展，结合当前我国生态省（市、县）建设情况，谈点认识和体会。

一、可持续发展是民族兴旺发达的必由之路

可持续发展是现代社会进程中一种科学的发展理念，也是历史发展长河中被先民们反复证明的一种自然法则，包括了科学的资源观、消费观、发展观。巴比伦文明是盛极一时的古代文明。在幼发拉底河和底格里斯河之间的美索不达米亚平原上，公元前，那里林木葱郁，沃野千里，富饶的自然环境孕育了辉煌的巴比伦文明，楔形文字、《汉穆拉比法典》、60 进制计时法、灌溉农业就诞生在那里。然而，在灿烂文化、先进农耕发展的同时，由于肆意砍伐森林，过度农垦，人们在征服自然的同时，最终遭到大自然的惩罚。2 000 多年前，辉煌一时的巴比伦文明在漫漫黄沙中消亡。公元前，我国新疆孔雀河三角洲水源充沛，森林密布，草原丰美，楼兰王国依托水网交织、农牧业发达的有利条件，成为古丝绸之路上的一颗明珠，有过挟制丝路、左右西域、积粟百万、威震域外的辉煌。然而，人口剧增，战乱破坏，绿洲的消失，公元 4 世纪前后，昌盛一时的楼兰古城在茫茫沙海中毁灭。建国后，我们有过改天换地的无数壮举，涌现了一大批改造自然、重塑山河的先进典型。黄河故道的综合治理，东山、平潭岛的防护林建设，赤峰、榆林的荒漠化治理，都先后创造过人间奇迹。但其间也留下不少的警示。2 800 多年前，甘肃省民勤县就创造过举世闻名的“沙井文化”。建国后，民勤人民与风沙抗争，靠“愚公移山”精神，经几代人努力，营造并保存下 85 万多公顷防风固沙林，沙区群众开始安居乐业，成为当时全国治沙先进典型。20 世纪 70 年代开始，上下游水生态失衡，石羊河来水锐减，加上人口增加，开垦强度加大，年超采地下水达 3 亿立方米。

本文原载《中国环境报》2003 年 12 月 19 日。

风大、水少，全县荒漠化土地开始扩张，占到全县总面积的 94%，现全县已有 13 万公顷人工沙枣林枯萎死亡，35 万公顷白刺、红柳等天然植被处于死亡和半死亡状态，60 万公顷天然沙生灌草朝不保夕，50 万公顷耕地已经沙化，腾格里和巴丹吉林两大沙漠在这里开始“握手”、融合。民勤的未来令人担忧。青海省玛多县地处黄河之源，属高原大陆性半湿润气候，曾有大小湖泊 4 077 处。过去这里水草丰美，畜牧业发达，上世纪 80 年代是全国有名的畜牧先进单位和牧区富裕县。90 年代开始，由于干旱加剧，草场过牧超载，加上鼠害蔓延，草原大面积沙化，现退化草场面积已占草原总面积的 70%，成为全国十大贫困县之一。玛多在创造、享受文明发展带来的丰硕成果后，又不得不重新吞下贫困的“苦果”。恩格斯曾深刻指出：我们不要过分陶醉于我们人类对自然界的胜利。对于每一次这样的胜利，自然界都对我们进行报复。

我国人口多，资源不足，特别是主要自然资源紧缺，耕地、水、矿产、森林等自然资源不足，分别占世界总量的 15%、12%、17%和 5%，比美国、印度、日本、印尼和俄罗斯等世界人口大国占有量低 1～20 个百分点。由于受技术、资金的限制，长期以来，我国经济的发展主要依赖资源型产业。我国耕地面积已占可耕地面积的 105%。单位 GDP 能耗、水耗是发达国家的几倍甚至几十倍。同时，随着社会经济的发展，我国环境污染加剧，环境容量减少，局部地区已经超出极限。当前，我国水环境堪忧。污染物排放量已超过水环境容量，不合理的水资源开发，区域生态环境的破坏，水源涵养功能的降低，又进一步加剧了水环境的恶化。我国主要大气污染物排放量大，SO_2 排放量已超过国家二级标准环境容量的 66.3%。生态环境恶化的状况亦未得到有效遏制，水土流失、土地荒漠化、盐渍化在一些地方仍在加剧。人口多，资源匮乏，生态环境脆弱，环境容量有限，这就是我国的国情。在全面加快小康社会建设的同时，我们必须高度重视人口、资源、环境对经济社会发展的反作用，树立科学的发展观、资源观和消费观，统筹地区发展、城乡发展、经济社会发展、人与自然和谐发展。只有这样，才能确保区域的可持续发展。这是中华民族兴旺发达的必由之路。

二、生态省（市、县）建设是区域可持续发展的一种有益探索

1992 年，世界环发大会《宣言》指出，人类处于普受关注的可持续发展问题的中心。2002 年，世界可持续发展首脑会议上，把经济发展、社会进步和环境保护列为可持续发展的三大支柱。可持续发展是当今世界各国着力追求的一种先进发展理念，是既满足当代人的需求又不危及后代人满足其需求的一种科学发展模式。

2000 年，国务院颁发的《全国生态环境保护纲要》明确提出，要大力推进生态省、生态市、生态县和环境优美乡镇的建设。生态省（市、县）建设，就是以生态学和生态经济学原理为指导，以区域可持续发展为目标，以创建工作为手段，把区域（省、市、县）经济发展、社会进步、环境保护三者有机结合起来，总体规划，合理布局，统一推进，努力消除现阶段条块分割，部门职能交叉，相互掣肘的管理体制弊端，将区域（省、市、县）可持续发展的阶段性目标时限化、具体化、责任化，把区域小康社会建设的宏伟目标转化为实实在在的社会行动。

从海南省第一个提出创建生态省以来，现有海南、吉林、黑龙江、福建、浙江、山东、

安徽省开始了生态省创建工作，江苏省也自下而上启动了生态省建设。杭州、广州、长沙等一批省会城市和绍兴、扬州、常熟、海宁、龙岗等一批市、县（区）也分别开展或提出了生态市、生态县（区）创建工作。几年来，生态省（市、县）建设在前进中探索，在发展中提高，已展示了强大的生命力。尽管各地创建时间有先后，做法上也不尽相同，但实践正在证明，它是现阶段推进区域可持续发展的一种理想组织形式。其基本做法是：

（一）确定工作目标和任务

生态省建设一般以 20～30 年为期，生态市、生态县（区）的建设期应短一些。基本目标是：按照全面建设小康社会的总体布局和要求，区别东部和中西部不同基础条件，统筹城乡、经济社会和人与自然的发展，坚持生产发展、生活富裕和生态良好的文明发展道路，努力实现省（市、县）域的可持续发展。

其主要任务是：按照区域的全面发展、协调发展和可持续发展，生态省（市、县）建设主要是围绕生态产业、生态环境、生态人居和生态文化建设，将小康社会建设的目标工程化、项目化、时限化。

一是大力发展生态产业，建立高效、低耗、低污染的生产体系。要结合产业结构调整，大力推进清洁生产，努力发展生态经济和生态产业，坚持走科技含量高，经济效益好，资源消耗少，环境污染少，人力、资源得到充分利用的生态经济型发展道路。条件允许的地区、行业、企业、园区，应着力发展循环经济，通过物质流、能量流、信息流等循环传递、多级利用，在生产过程的企业之间、园区之中、区域之内，形成共生互动的循环产业，推动一些有条件的社区、单位建设循环型社会。

二是大力改善生态环境，建立稳定、和谐、高质的生态环境体系。围绕创建工作，要加大生态环境整治力度，下决心还清环境污染和生态破坏的旧账；通过环评和“三同时”制度，强化环境监管，防止新的重大人为生态环境破坏；大力推动生态环境建设，努力实现辖区内天蓝、海碧、山清、水秀，生态系统稳定、和谐。

三是大力推进生态人居建设，努力建设优美舒适、协调和谐的人居体系。要以人为本，科学规划，在城市社区建设、小城镇建设和村屯建设中，努力做到现代理念与传统文化相融合，人居建设与经济基础相适应，人居环境与自然环境相协调，努力实现人居环境优美和谐、功能齐全、生活方便舒适。

四是大力倡导生态文化，建设现代、文明、各具特色的环境文化体系。可持续发展是一种理念，是一种科学的发展模式，需要全社会的广泛参与，依赖广大人民群众的总体素质和综合素质的提高。要大力传播生态知识，普及现代文明发展理念，弘扬民族优秀文化传统，完善环保法律法规制度，提升环境伦理道德水准，通过人们总体素质、综合素质的提高，为区域可持续发展提供思想保证，夯实社会基础。

根据可持续发展三大支柱的内涵，国家环保总局分别制定了生态省、生态市和生态县建设指标体系，提出了创建工作的阶段性目标。生态省（市、县）建设是一个复杂的系统工程和渐进的过程，具有很大的挑战性。其工作任务和建设内涵需要在今后创建和发展的过程中不断充实、完善。

（二）科学区划与规划

基于创建工作的系统性、长期性和艰巨性，生态省（市、县）建设必须总体规划，科学布局，规范管理。

一是明确指导思想。生态省（市、县）建设必须有正确的思想指导，树立科学的资源观、消费观、发展观。为此，创建工作必须以生态学、生态经济学原理为指针，以创新理念、体制、机制为动力，以区域可持续发展为目标，坚持总体规划，科学布局，统一推进；坚持资源低耗，循环再生，经济高效；坚持生态平衡，防治并重，整体优化；坚持教育为重，科技为基，法制为本；坚持政府主导，市场推动，公众参与。

二是搞好生态功能区划。在全面进行生态环境现状调查的基础上，根据省、市、县区域内不同地域的生态环境敏感度和生态系统的服务功能，要按照空间分异规律划定生态功能区。生态功能区划是区域资源开发、利用、保护的重要指南，是区域经济社会发展规划、计划编制的科学依据，也是生态省（市、县）建设规划的基础。在生态功能区划基础上，要制定生态保护规划，把区域经济社会发展规划和生态功能区划融合起来，根据区域生态环境特点、敏感度和环境容量，明确区域主导产业发展方向，限制和禁止相关产业的发展，提出环境保护和生态建设的具体要求，为区域可持续发展制定蓝图。

三是编制建设总体规划。根据区域现有经济社会发展基础，结合气候、地理、资源优势，在科学生态功能区划的基础上，生态省（市、县）的创建必须首先研究和编制好建设规划，明确工作目标，确定基本工作思路，提出具体建设任务。其创建内容主要包括：一是以循环经济理论为指导，推进生态经济、生态产业体系建设。要调整优化产业结构，大力培育循环经济（产业），积极发展生态工业、生态农业、生态服务业，特别是生态旅游业等；二是以资源保护和可再生资源的恢复、发展为重点，推进可持续利用的自然资源保障体系建设。完善法制，加强监督，优先保护，合理开发利用，切实搞好水、土地、森林、草原、矿业、海洋、旅游等自然资源的保护、建设和开发利用，防止新的重大资源开发性破坏；三是以环境保护和生态建设为重点，推进山川秀美的生态环境体系建设。要围绕本地区的主要生态环境问题，下力气抓好现有生态环境保护，综合整治环境污染和生态破坏，加大生态建设力度，全面提升生态环境质量；四是以人口控制、城镇综合整治和建设为重点，推进人与自然和谐的生态人居体系建设。优化人口结构，稳定低生育水平，加大以小城镇为重点的城镇建设，推进环保模范城市、环境优美乡镇、绿色社区家园建设，努力改善和提高人居生态环境；五是以科技和基础能力建设为重点，推进高效、稳定、配套的能力保障体系建设。加强法制，加强科教兴省（市、县）能力和科技支撑能力建设，完善生态环境安全预测、预警、预报系统，健全、完善可持续发展的科学、民主决策机制和水平，提高创建工作的支撑能力；六是坚持可持续发展观，培育生态文明观，倡导绿色生产观，弘扬绿色消费观，推进生态文化体系建设。发展生态文化，倡导生态文明，弘扬环境伦理道德传统，普及生态科普知识，提高全社会可持续发展的总体素质和综合素质。

创建规划应与近期和中期经济社会发展规划相衔接，抓住经济、社会、环境建设中的重点行业、产业，重点区域、流域及重大环境问题，把分散在部门、条块间的财力、物力、人力资源组合起来，组织好重点工程、重大项目的攻关。

（三）组织与实施

生态省（市、县）建设涉及面广，协调难度大，在某种意义上讲是对现有发展理念、管理体制和投入机制的一种变革、优化，必须切实加强领导，综合协调，严格监管，坚持不懈地予以推进。建设规划应广泛征求各领域专家的意见，科学决策，民主决策。建设规划经政府审定通过后，应提请同级人大常委审议，颁布实施，成为法定文件，确保创建工作不因领导注意力的改变而改变，也不因领导人的变动而变动，一任一任地抓下去。要建立政府负总责，有关部门分工负责，计委（发改委）和环保部门组织协调，统一监管的工作机制，努力形成党政部门推动，各部门齐抓共管，全社会共同参与的创建氛围。要以重点地区、重点产业行业和重大环境问题为切入点，以各届政府任期和各年度为重点，集中力量重点突破，一个行业一个行业推动，一个社区一个社区综合整治，届初、年初下计划，年底、届终检查考核，确保抓一项成一项，治理一方成效一方，分年分阶段抓出一批信心工程、民心工程，把宏伟目标转化为全社会的现实行动。

为此，必须加大创建力度，确保各项创建措施落到实处：

一是加强组织领导，为创建工作提供组织保障。要建立党政领导牵头的部门协调机构，设立专门工作办公室，建立健全工作目标责任制，完善创建工作的有关例会制、会商制、情况报告制、联络员制等，统一指挥，协调行动，落实责任，形成领导机关和有关部门齐抓共管、各行各业齐抓共建的局面，充分发挥社会主义的政治优势。

二是创新工作机制，为创建工作提供制度保证。针对当前部门职能交叉、条块分割、政出多门的管理体制、制约因素等，结合创建工作和政府机构改革，要转变职能，强化管理，明确职责，优化条块协作机制。结合创建工作，各地要尽量集中各部门、各渠道的资金、项目，按照投入渠道不变，建设内容不变，管理责任不变的原则，在统一规划基础上，根据区域（省、市、县）经济社会发展的轻重缓急统筹布局，综合整治，规模开发建设，集中有限的物力、财力办大事，办难事，形成规模效益。应建立专家咨询机构，完善公众参与制度，开展公示评议活动，努力提高科学决策、民主决策水平。

三是财政倾斜，市场化运作，为创建工作提供投入保障。调整财政投入结构和方式，建立政府引导资金，通过政府投入、股权收益适当让利、财政贴息、前期活动补助等，引导社会资本对生态、公益事业的投入。改公益性收费为经营性收费，推动污水、垃圾集中处置的市场化运作；探索水权转让、排污权交易、矿业权招标、海（水）域有偿开发等，建立和完善多元化投融资渠道。要面向区内外、省内外、国内外，利用两个市场、两种资源，多方筹措建设、开发资金。

四是完善政策法规、标准制度，严格依法、依规监管，为创建工作提供政策法制保障。加大对生态省（市、县）建设的政策扶持，在产业结构调整、重点工程布局、工程立项，土地征用流转、异地移民、资源有偿使用、生态补偿等方面提供政策扶持。针对重点环境污染、生态破坏问题，要完善原有法律法规和标准制度，制定新的法规、标准、办法，清理过时的有关制度、政策，规范创建工作管理。要加大执法力度，严格监督管理，推动创建工作走上法制化、规范化轨道。

五是加强舆论，重视科技，为创建工作提供思想、技术保障。要充分利用各种宣传形式、

舆论阵地，多层次、多形式、全方位地开展宣传、舆论推动，表扬先进，鞭策后进，努力提高广大干部群众创建生态省（市、县）的责任感、使命感，营造强大的舆论氛围。要鼓励工会、共青团、妇联等社团和公众广泛参与，加强社会公众监督，形成全社会齐抓共建的局面。要重视生态省（市、县）建设的基础教育、专业教育、科普教育，特别注意从中小学抓起。要扎实抓紧创建工作的技术培训、骨干培训、理论研究，为创造工作提供坚实的科学技术支撑。

六是扩大国际国内合作交流，为创建工作不断开拓思路，丰富内涵。积极开展多形式的国内外合作交流，吸收一切有利于可持续发展的先进理念、管理经验、科技成果，加强信息、技术、人员、项目的交流合作，不断深化创建工作，确保生态省（市、县）建设常抓常新，永葆生机活力。要高度重视国际之间以及国内省级之间、地市之间的交流合作，跟踪动态，沟通信息，互相切磋，取长补短，共同推动生态省（市、县）创建工作。

三、生态省（市、县）建设重在实干，贵在创新

生态省（市、县）建设作为区域全面发展、协调发展和可持续发展的一种探索，没有现成的经验和模式，必须在实践中摸索总结，提高完善。4 年来，各地创建工作启动时间不一，创建内容也不尽相同，但给我们的启示是有益的。

1．生态省（市、县）建设是现阶段推进区域可持续发展的一种理想组织形式

海南省通过近 4 年的探索，生态省建设在经济、社会和环境建设上均取得可喜成果，得到全省上下认可，被公认为是建省后提出的多种发展模式中的一种最佳选择（详见《中国环境报》2002 年 10 月 22 日关于海南生态省建设的调查）。吉林省通过生态省建设的规划和实施，“十五”期间将集中 380 多亿元资金用于生态产业和生态环境建设，2002 年就落实项目资金 160 多亿元，有力地推动了全省经济社会的协调发展。浙江、山东、安徽省通过生态省建设的规划，已将小康社会建设目标具体细化，大大提升了省域可持续发展规划的可视度和可操作性。在现行管理体制下，部门职能分割，条块资源（财力、物力）分散，在区域经济、社会、环境建设中往往欲速则不达。生态省（市、县）建设以全面建设小康社会为目标，以可持续发展为主线，以创建工作为切入点：党政领导机关主导，总体规划，统一推动；部门联手，齐抓共管，协同合作；集中财力、物力、人力办大事、办难事，重点突破。实践证明，生态省（市、县）建设是推进区域可持续发展的一种理想工作载体和重要组织形式，是对现行管理体制弊端的一种变革和优化，其优越性正在被各级党政领导和广大干部群众所认识。

2．生态省（市、县）必须从当地实际出发，分类指导，创造性地开展工作

各地地理气候、生态环境、资源条件、经济基础各不相同，差别很大，生态省（市、县）建设不可能一种模式、一个格局。要实现区域协调发展、全面发展和可持续发展，必须从本地实际出发，发挥自身资源、地缘、区位等方面的优势，在生态产业上开发、推进；在生态环境上优化、提高；在生态人居上探索、突破；在生态文化上扬弃、创新；不能因循守旧，故步自封，也不能简单模仿，盲目攀比。要创造性地开展工作，发挥优势，扬长避短，探索具有本地区特色的可持续发展的新路子。

发达地区经济基础雄厚，文化积淀厚实，群众基础较好，创建生态省（市、县）有利条

件较多，一般创建积极性较高，但这并不排斥欠发达地区开展生态省（市、县）创建工作。海南、吉林、黑龙江、安徽等地的实践证明，欠发达地区可以、而且也能够在省域范围内推进可持续发展，关键是因地制宜，分类指导。生态省（市、县）建设是科学发展观、资源观、消费观在一定区域的普及与实践，只要领导重视，分类指导，成效是肯定的。

3．生态省（市、县）建设必须真抓实干，在创建上狠下工夫

生态省（市、县）建设任务重，涉及面广，时间跨度大，创建工作不能停留在传统的规划和口号上。过去，不少地区、领域也曾推出过一些很好的发展思路、工作方式，但由于重形式、轻目标，重宣传、轻实干，甚至热衷于炒作，好事未能办好。生态省（市、县）建设不是一种时尚，更不是一块“金字招牌”，是全面建设小康社会的一种工作载体，为此，必须力戒浮躁，真抓实干，在创建上狠下工夫。生态省、生态市、生态县建设要以环境优美乡镇建设为基础，由下而上推动，努力夯实工作基础，推动创建工作均衡发展；要抓住重点地区、行业、企业、园区和重大环境问题，围绕重点抓突破，把关系区域可持续发展和群众生产、生活的重大问题与创建工作紧密结合起来，取得社会的认可、群众的支持；要以每届政府、每个年度为重点，把创建任务具体化、时限化、责任化，确保创建工作远期有目标，近期有行动，届终、年终有成效，确保规划目标的实现。

浅谈生态文明的内涵与建设特征

万本太

一、生态文明建设的内涵与特征

1. 生态文明的提出

胡锦涛总书记在党的十七大报告中明确提出："建设生态文明，基本形成节约能源资源和保护生态环境的产业结构、增长方式、消费模式。循环经济形成较大规模，可再生能源比重显著上升。主要污染物排放得到有效控制，生态环境质量明显改善。生态文明观念在全社会牢固树立。"这是我们党首次将生态文明写入党代会的报告，是我们党对社会发展规律认识的深化，是构建社会主义和谐社会的理论创新，是科学发展观的最新的理论成果。

纵观人类社会的发展史，曾经历了两次重大文化革命：即一万年前的农业革命，以农业文明代替了渔猎文明。这是人类史上的第一次文化革命。大约 250 年前，又曾发生过工业革命，以工业文明代替农业文明。这是人类史上的第二次文化革命。当历史的航船驶进 20 世纪中叶，出现了由环境污染、生态破坏和资源短缺构成的生态危机，标志着工业文明开始走下坡路，也孕育着催生一种新的人类文明——生态文明。以生态文明代替工业文明，是人从统治自然的文明向人与自然和谐相处的文明发展。这是人类发展史上又一次根本性变革，也是人类发展史上的第三次文化革命，它昭示着全球经济时代的没落，文化时代的兴起。

什么是文明呢？唐代孔颖达注疏《尚书》时将文明解释为"经天纬地曰文，照临四方曰明"，经天纬地意为改造自然，是创造物质财富，照临四方意为驱走愚昧，是创造精神财富。所以文明的概念就是人类认识和改造世界所创造的物质和精神成果的总和。

文明与文化既有联系又有区别。文化是人类生存的方式，动物是以本能方式生存，人类是以文化方式生存。有了人类，就有文化，但有了文化不一定就产生文明。我们人类文化史有了几百万年，但人类文明史也就几千年。在西方的文化体系中，文明一词来源于古希腊的城邦，有城邦就意味着存在文明。现在世界考古学上，对文明的起源研究主要有三条标志：有城市出现、有文字、有集体祭祀场所。所以文明是文化的精华，是时代进步的标志，反映了人类社会发展的程度。

人类文明的演化，由史前文明，到农业文明，再到工业文明，以及至今兴起的生态文明，

各个文明阶段都有不同的特点：

文明形态	史前文明	农业文明	工业文明	生态文明
文化形态	自然文化	人文文化	科学文化	生态文化
社会形态	原始社会	奴隶封建社会	资本主义社会	生态社会
中心产业	渔猎	农业	工业	生态产业
生产方式	人工	畜力	机械自动化	信息化智能化
技术工具	石器	青铜和铁器	机器、计算机	智能机
社会主要财产	动植物	土地	资本	知识
人与自然关系	崇拜自然力	盲目开发自然	野蛮掠夺自然	合理利用自然

2. 生态文明的内涵

生态文明的内涵应怎样理解呢？生态文明是人类遵循人、自然与社会和谐发展的客观规律，在改造客观世界和主观世界的过程中取得的物质和精神文化成果的精华，它以尊重和维护自然为前提，以人与自然、人与人、人与社会和谐发展共生为宗旨，以建设可持续的生产方式和消费方式为内容，引导人们走上可持续发展的道路。生态文明强调人的自觉与自律，强调人与自然环境的相互依存，协同发展。

生态文明的内涵可以从以下几个方面理解：

① 从自然观上看，生态文明自然观认为自然界是客观自然与历史自然的统一，人是自然人与社会人的统一，人的价值只是自然价值的延伸和升华。作为自然的一部分，人的内在价值也只是自然的内在价值的一部分。

生态文明自然观认为，人类不应把自然放在自身利益的对立面，而应在与自然和谐相处的基础上利用与改造自然，从而达到人与自然的可持续发展。科学技术不是控制自然的工具，而是实现人与自然可持续发展的有力手段。人类不应只关心自身的发展，还应关心自然界的命运与发展，把人与自然协调发展作为一项基本的道德准则。因此，人类在对自然利用和改造时，必须以保证整体生态系统的动态平衡为前提，必须以不破坏自然界的物质循环、能量流动和信息传递为限度。人类不应只开发自然、利用自然、索取自然，还要爱护自然、保护自然、补偿自然。

② 从价值观上看，生态文明价值观要求，应摒弃极端的人类中心主义和生物中心主义，强调人类发展离不开自然，人类要实现可持续发展必须与自然和谐相处。生态文明价值观强调人地公平，人类与其他生物之间、与生态系统之间，存在的权利是平等的，并且是相互依存、协调共生的。因此，人类必须尽可能地保持地球上的生物多样性。生态文明价值观强调种际公平，认为地球上每个物种都有其存在的价值，对人类自身来说，就是强调国与国之间、地区与地区之间、民族与民族之间要相互协调、整体统筹、共同发展。生态文明价值观强调代际公平，认为当代人和后来人都有享用自然界赐给人类的良好的资源环境的权益。既要重视当代人的发展需求，又要重视保护后代人的利益。既要重视个人的合理需求，又要重视全社会的整体需求。

③ 从发展观上看，生态文明发展观要求发展的强度必须以资源环境承载力为基础。资源环境承载力决定了发展的模式、规模及速度。只有把发展强度控制在资源环境承载力之内

才能实现可持续发展。

生态文明的发展观要求产业布局必须以区域生态功能为依据，科学划分重点开发、优化开发、限制开发和禁止开发区域。生态文明发展观要求开发、改造、利用自然，必须以自然规律为准则，向自然界排放污染物必须以环境自净力为限度，建设资源节约型、环境友好型社会，必须以可持续的经济、社会、政治、文化的政策为手段。

④ 从消费观上看，生态文明消费观以实用节约为原则，在不影响人自身生存的前提下，强调生活方式的实用性。生态文明消费观以适度消费为特征，把人与自然放在同等的地位来思考，追求基本的生活需要，崇尚健康的生活方式。通过改变人类自身的生活方式和思维定式，减少对自然不合理的需求，以此实现人与自然、人与人、人与社会的和谐相处。

3. 生态文明的特征

对生态文明内涵的认识，是一个不断深化、不断升华、不断拓展的过程。从生态文明的内涵出发，生态文明的主要特征可以归纳为以下几个方面：

① 从文明形态上看，生态文明是人类文明的更高级形态。生态文明不是与物质文明、精神文明、政治文明相并列的社会某个重要领域的文明，而是与农业文明、工业文明前后相继的社会整体状态的文明。从政治形态方面看，生态环境问题进入政治结构，成为社会的中心问题之一。社会政治从处理人与人之间的社会关系，发展到处理人与自然的关系。从物质形态方面来看，人类创造了新的物质形式，改变了传统的物质生产领域，形成了新的有利于生态环境、可持续发展的产业体系，从而提高了全人类的生态环境意识。生产力发展的同时推动着文明的转型和社会政治经济制度的变革。农业文明的出现伴随着封建主义的产生，工业文明的发展推动了资本主义的兴起，生态文明形态也必将在社会主义国家率先出现。

② 从文明内涵上看，生态文明包括生态意识文明、生态法制文明、生态行为文明。生态意识文明，指人们正确对待生态问题的进步观念形态，包括意识形态、观念、理念、心理、道德以及一切体现人与自然平等、和谐的价值取向。生态法制文明，指一种进步的制度形态，包括生态法律、制度和规范。生态行为文明，指在生态文明观指导下，人们在生产生活实践中各种推动人与自然和谐发展的活动。从外延上看，生态文明建设是具有多维性指向的有机整体。它的指向覆盖了政治领域、经济领域、文化领域、社会领域，在经济社会的各个领域发挥引领和约束作用。

③ 从实现途径上看，可持续发展是建设生态文明的唯一选择。人类对生态文明的选择，就是当代人类在探索环境保护和可持续发展战略的过程中逐渐明确下来的。可持续发展既是经济社会的持续发展，也是自然生态的持续发展，是人类经济社会的发展和自然生态的动态稳定和协调平衡。总体要求是：调控的机制能促进经济的发展；发展不能超越资源和环境的承载能力；发展的目的是提高人的生活质量，创造一个多样化的、稳定的、充满生机的、可持续的自然生态环境。

为了能够将一个可持续的社会环境留给子孙后代，必须调整经济增长方式，使生产方式符合自然规律；营造一个更加公正而平等的社会环境；建设一个能够使人们的基本权利在更大的范围内得到实现的社会制度；适度控制人口规模，提高人口质量和人们受教育的水平；倡导绿色生活方式和绿色消费，使众多人口的消费不致造成巨大的生态压力；尤其要在科技和价值观上来一次根本转向，发展环境友好，符合自然规律的生态技术。

④ 从产业特征上看，生态文明是以生态产业为主要特征的文明形态。生态产业按照生态学原理和生态经济规律，利用传统产业精华和现代科技成果，通过因地制宜地设计生态工程，在自然生态系统进行物流和能量的转化过程中，形成自然生态系统、人工生态系统、产业生态系统之间共生的网络，协调发展与环境之间、资源利用与保护之间的矛盾，形成在生态上与经济上两个良性循环，经济、生态、社会三大效益的统一。

二、生态文明建设的内容

生态文明建设主要包括物质生态文明、精神生态文明、政治生态文明。

物质生态文明建设的核心就是以科学发展观为指导，立足于满足人的全面发展的需要，以人力资本为主要驱动力，实现人口、资源、环境、经济和社会的可持续发展。

物质生态文明建设的首要任务是发展生态产业。生态产业是资源节约型、环境友好型产业，是资源消耗低、经济效益好、科技含量高、环境污染少的产业。

发展生态产业就是以清洁生产为标志，大力发展清洁能源和可再生能源，改善能源结构、倡导绿色 GDP 理念，以发展循环、共生、再生、自生为特征的生态经济、网络经济、知识经济和循环经济。

精神生态文明建设以生态教育为核心，坚持把生态教育作为全民教育、全程教育和终身教育，把生态意识上升为全民意识和全球意识，倡导生态伦理和生态行为，提倡生态美观、生态良心、生态正义和生态义务。建设生态社会，培育生态社会风气。在精神生态文明建设中，要充分发挥生态文化对人们思想的引导和启发作用，要摒弃过度消费和用后就扔的不良习惯，培养节能环保的生态意识和生态行为，从小事做起，从自我做起，只有人人具备了生态道德和生态行为，只有全民和全社会的共同参与，充满活力和谐民主的生态社会才能实现。

政治生态文明建设是以科学发展观为指导，形成科学的生态政治空气，制定出适合自己国情的保护环境政策、法律、法规，保证社会生态系统生态功能健全，生态系统健康和社会中人群的健康，保证人人享有生态福利和生态公正。

环境政策是环保的大政方针，直接关系到国家的环境方法和环境管理，也直接关系到整体的环境状况。应特别强调在政治生态文明建设中领导干部的决定因素。一定要强调领导干部生态意识和绿色 GDP 意识。强调人人拥有生态环境的知情权、监督权和参与权，享有清洁空气、清洁水和所有绿色福利的权利。并把生态补偿机制引入人权概念之中。

另外，还要强调一点，建设生态文明，要注重弘扬中华传统的生态文化。中国的传统文化主张“天人合一”，人法地，地法天，天法道，道法自然等，这些都是主张人与自然和谐统一的，是我国生态文明建设的宝贵财富。

三、为什么要建设生态文明

在工业化进程中，中国明确提出建设生态文明，是由我国的基本国情决定的。近年来，我国的环保工作取得了较大进展，但是环境形势依然严峻，长期积累的环境问题尚未解决，新的环境问题又不断产生。一些地区环境污染和生态破坏已经到了相当严重的程度。发达国

家上百年工业化过程中分阶段出现的环境问题，在我国已集中出现，不仅造成了巨大的经济损失，还给人民生活和健康带来了严重威胁，直接危及全面建设小康社会的进程。在未来的十几年，乃至几十年，工业化城市化进程明显加快。我们必须通过改变思维方式、增长方式、消费方式，大力提高能源资源利用效率，大幅度降低污染排放强度，努力实现废物减量化、资源化和无害化，力争以最小的资源和环境代价，支撑和实现我国国民经济又好又快发展。

在工业化的进程中，我们明确提出建设生态文明，是提高我国经济国际竞争力的重要措施。随着全球环境问题的日益突出，自然资源和生态环境的稀缺性成为人类社会面临的共同问题。无论出于全球环境保护的需要，还是出于贸易保护的需要，生态化设计、循环利用资源、保护生态环境，已成为产品竞争的重要标志。谁在环境友好技术创新方面占据优势，谁就在新的国际竞争中占据了制高点。我国明确提出建设生态文明，必将深刻影响人们的思想观念，推动工农业生产、生活消费等方面向着有利于环境保护方面发展，推动技术创新沿着节约能源资源、保护生态环境、发展循环经济方向迈进。使我国工业化真正走上新型工业化道路，从工业大国逐渐变成工业强国。

在工业化进程中，我国明确提出建设生态文明，将为全球环境保护作出积极贡献。发达国家在工业化的进程中，消耗了大量的能源资源，引发了严重的全球性环境问题。在 20 世纪的 100 年中，美国累计消耗了大约 350 亿吨石油、73 亿吨钢、2 亿吨铝、100 亿吨水源。目前不足世界人口 15%的发达国家，仍然消耗全球 50%以上的矿产资源，60%以上的能源，排放 70%以上的 CO_2，排放了大量污染物对全球环境安全造成了巨大的威胁。我们建设生态文明就是把节约能源资源和保护生态环境放在工业化发展战略的突出位置，从根本上摒弃发达国家大量消耗和大量废弃的传统模式，为全球环保作出更大贡献。

四、怎样建设生态文明

1. 建设生态文明

建设生态文明，不同于传统意义上的污染控制和生态恢复，而是要修正工业文明出现的弊端，探索新型的工业化发展道路。

首先，在心态上要正确认识环境保护与经济发展的关系，加快实现三个转变，一是从重经济增长轻环境保护转变为保护环境与经济增长并重。二是从环境保护滞后于经济发展转变为环境保护与经济发展同步。三是从主要用行政办法保护环境转变为综合运用法律、经济、技术和必要的行政办法解决环境问题。

其次，在政策上要从国家发展战略层面切入解决环境问题。只有将环境保护上升到国家意志的战略高度，融入经济社会发展全局，才能从源头上减少环境问题。在发展政策上，抓紧制定有利于环境保护的价格、财政、税收、金融、土地等方面的经济政策。促使鼓励发展的政策和鼓励环保的政策融合。在发展规划上，要进一步优化工业布局，提升产业结构，转变经济增长方式。

再次，在措施上要实行像控制人口数量、保护耕地一样实行最严厉的环境保护制度。凡是污染严重的落后工艺、技术、装备和产品一律淘汰；凡是不符合环保要求的建设项目一律不许兴建，凡是超标排放污染物的工业企业一律停产治理，凡是未完成主要污染物排放总量

控制任务的地区一律实行区域限批。凡是破坏环境的违法犯罪行为一律受到严惩。要让任何对环境造成危害的个人或单位补偿环境损失，绝不允许“少数人发财、人民群众受害，政府和全社会埋单”的情况一再出现。

最后，在行动上，要动员全社会力量保护环境。环境保护是全民族的事业，必须紧紧依靠人民群众。一要广泛开展宣传教育，多形式、多方位、多层面宣传环保知识、政策和法规，弘扬环境文化，倡导生态文明，营造全社会关心、支持、参与环保的文化氛围。二要加强各部门间的协作，加强环保机构、队伍和能力建设，完善环保部门统一监督管理、各部门分工负责的管理体制。三要形成科技创新和科学决策机制，加强对重大问题的成因与发展趋势的研究，带动环保体制机制创新，积极开展国际合作与交流，参与全球区域性的环保活动。四要强化社会监督，公开环境质量、环境管理、企业环境行为等信息，维护公众的环境知情权、参与权和监督权。对涉及公众环境权益的建设项目，要通过听证会、论证会和社会公示等形式，听取公众意见，接受舆论监督。同时要发挥社会团体作用，鼓励公众检举揭发各种违法行为，推动环境公益诉讼等。

2. 生态文明建设的特征

生态文明建设是一项涉及面广、内涵丰富的系统工程。要建设好生态文明，就必须理性地思考，遵循客观规律，全面认识生态文明建设的特征：

首先是内容上具有全面性。生态文明是继工业文明之后呈现的又一文明形态，是社会主义社会发展到一定阶段的必然结果。生态文明寓于经济建设、政治建设、文化建设和生态环境建设之中，涉及全社会的方方面面，是人类创造的物质财富和精神成果的总和。同时，在不同地域、不同的民族间，都会产生出不同的、各具特色的民俗文化、宗教文化等文明之果。

其次是时间上具有长期性。严格来讲，生态文明作为一种独立的文化伦理形态，是人类社会发展到高级阶段的产物。在社会主义初级阶段，只能出现生态文明的理念和部分因素。随着生产力的高度发展和整个社会的全面进步，生态文明的因素会不断积累和丰富。直到发展到社会主义的高级阶段，生态文明作为一种独立的文明形态才能出现。因此，生态文明建设是一个长期的过程。

再次是过程上具有渐进性和阶段性。由于生态文明建设内容广泛，时间长久，在建设过程中必然表现出渐进性特征，因此，要把握好规律，循序渐进，稳步推进，才能取得实效。

事物发展的客观规律是渐进的螺旋式，是连续的阶段式。生态文明建设也不例外，只要结合各地、各行业、各部门的工作实际，制定生态文明建设的阶段性目标，扎扎实实地实践，并注意不断地在理论上总结和升华，就必然会在不同的历史时期呈现出阶段性的生态文明成果。

最后是成果上具有多样性。由于生态文明建设内容的丰富性、过程上的阶段性和地域上的差异性，决定了生态文明成果的多样性。尤其是在地域文化、民族宗教方面，将会开出更加艳丽的奇葩。

践行科学发展观
促进生态文明建设

万本太

以胡锦涛为总书记的党中央领导集体提出的科学发展观，是与邓小平理论和“三个代表”重要思想一脉相承而又与时俱进的科学理论，是中国特色社会主义理论体系的重要组成部分，是发展中国特色社会主义必须坚持和贯彻的重大战略思想，是新时期我国经济社会发展的重要指导方针。

一、科学发展是实现经济与环境相协调的必由之路

传统的经济发展是从自然中开发资源，然后作为原材料对其加工，生产出产品或商品，同时向环境排放了大量的废水、废气、废渣等环境污染物，造成了环境污染和生态破坏。这是一个由“资源—产品—废物”构成的线性发展模式。这个模式给人们一个概念，就是发展经济必然会造成生态破坏和环境污染，这是在一定的社会发展阶段难以协调的矛盾。世界发达国家在实现工业化和现代化的过程申，由于发展的观念和目的等原因，也确实破坏了本国乃至全球的生态环境，使人类自身的生存环境质量恶化。比如，20 世纪中叶出现的伦敦烟雾事件、洛杉矶的光化学污染事件、日本的水俣病、痛痛病、哮喘病等世界八大公害事件以及北欧、北美出现的酸雨和全球生物多样性减少等都充分地证明了这一点。新中国成立 50 多年的发展实践也基本如此。尽管我们借鉴了发达国家的经验教训，在指导思想上确定了“预防为主、防治结合”的原则，但由于传统观念、经济实力、技术和管理水平、生产结构和消费方式等因素的影响，对环境的污染和生态破坏也是严重的，尤其是 1958 年的大炼钢铁运动、20 世纪 80 年代的山林实行个人承包经营和异军突起的乡镇企业的发展，对我国天然植被的破坏和对地表水环境、大气环境的污染是灾难性的，至今仍让人民深受其害。人民一方面在享受发展结出的物质成果，另一方面又遭受发展带来的环境灾难，这就迫使人类不得不寻找解脱的出路。从罗马俱乐部的“增长的极限”到 1992 年世界环发大会提出的可持续发展的理念，都是人们寻找发展与环境相协调之路进行的积极探索。客观地说，这些探索都是对传统

发展模式的继承与创新，但也都存在着历史的局限性。只有当代中国共产党中央领导集体提出的科学发展观，才是指引我们实现经济发展和环境保护相协调的灯塔。

科学发展观的第一要义是发展，核心是以人为本，基本要求是全面协调可持续，根本方法是统筹兼顾。科学发展观所追求的是着力把握发展规律、创新发展理念、转变发展模式，破解发展难题、提高发展质量和效益，实现又好又快的发展。科学发展观是把解决民生问题放在首位，坚持走生产发展、生活富裕、生态良好的文明发展道路。

科学发展观追求的发展模式是由“资源—产品—再利用—产品”构成的循环发展模式，要求在生产的初端投入的资源尽可能地减少，最大限度地节约资源能源，生产的产品尽可能地耐用和再利用，而在生产的终端产出的废物则尽可能地减量化、资源化和无害化，提倡清洁生产。科学发展观旨在建设资源节约型、环境友好型社会，促进人与自然和谐，使人民在优良的环境中生产生活。归根到底，科学发展就是坚持以人为本的全面协调可持续地发展，是经济、政治、文化、社会各方面的发展与人的全面发展的辩证统一，是发展速度和结构质量效益相统一，是发展强度与资源环境承载力相适应，是经济发展与人口资源环境相协调。

二、生态文明是化解生态危机的济世良方

250 多年前发生的工业革命，给人类带来了前所未有的巨大物质财富，创造了无与伦比的灿烂文化，结出了辉煌的工业文明之果。但是，工业革命也是一把“双刃剑”。当历史的航船驶进 20 世纪中叶的时候，由于工业文明对自然进行野蛮式地掠夺和开发，加剧了人与自然的矛盾，引发了由环境污染、生态破坏和资源短缺构成的生态危机。全球变暖、臭氧层破坏、生物多样性锐减、土地荒漠化和水土流失、酸雨的长距离输送、有毒有害物质越境转移、大气污染、热带雨林和湿地面积减少、海洋污染、淡水资源和能源短缺等。引发这些生态危机的原因，从表面上看是生产方式和发展不当造成的，但深层次的原因是极端的人类中心主义的价值观、伦理观造成的。因此，要想化解这场全球性的生态危机，人类必须进行一场深刻的文化观念革命。而生态文明正是生态危机催生的人类文明发展史上最进步、最高级的文化伦理形态。只有以生态文明的伦理观代替工业文明的伦理观，才是化解人与自然关系危机的济世良方。生态文明强调人类遵循人、自然与社会和谐发展的客观规律，在改造客观世界和主观世界的过程中取得的物质和精神文化成果的结晶。它以尊重和维护自然为前提，人与人、人与社会和谐共存为宗旨，以建设可持续的生产方式和生活方式为内容，引导人们走上可持续的发展道路。生态文明观念要求人类必须摒弃极端的人类中心主义，强调人与自然公平，尽可能地保护地球上的生物多样性；强调物种间的公平，承认地球上每个物种都有其存在的价值。在人类社会发展中要兼顾国际间、地区间、民族间相互协调、共同发展；强调当代人与后代人的公平，在发展经济时既要重视当代人的需求，又要考虑后代人的利益。生态文明观念认为科学技术不是控制自然的工具，而是实现人与自然可持续发展的手段。人类对自然的利用和改造时，必须保证整体生态系统的动态平衡，必须保证不破坏自然界的物质循环、能量流动和信息传递。强调发展的强度必须以资源环境承载力为基础，产业布局必须以区域生态功能为依据，向自然界排放污染物必须以环境自净力为限度。要通过可持续的经济、政治、文化、社会政策为手段，建设资源节约型和环境友好型社会。

建设生态文明，化解生态危机，就是以科学发展观为指导，大力发展生态产业，推行清洁生产，开发清洁能源和可再生能源，倡导绿色 GDP 理念，基本形成节约资源能源和保护生态环境的产业结构、增长方式、消费模式。循环经济形成较大规模，生态环境质量明显改善。

建设生态文明，化解生态危机，就是坚持把生态教育作为全民教育和终身教育，把生态意识上升为全民意识和全球意识，倡导生态伦理，培养节能环保的生态行为，从小事做起，从自我做起，动员全民和全社会共同参与，才能建成充满活力的和谐的生态型社会。

建设生态文明，化解生态危机，还要制定保护环境的政策、法律、法规和标准，保证社会生态系统的功能健全，保证人们的身体健康，保证人人享有生态福利和生态公正。

三、努力在环保工作中践行科学发展观，促进生态文明建设

环境保护事业是社会发展的重要领域，环境质量的好坏是衡量社会发达程度的重要尺度；改善生态环境质量是提高人民群众生活质量的重要方面。保护环境，利在当代，功在千秋，是行善积德的伟大工程。在建设中国特色社会主义的今天，每一个环保工作者都面临着艰巨而光荣的使命。我们一定要弘扬当年的延安精神，牢记为人民服务的宗旨，情为民所系、权为民所用、利为民所谋，在自己的岗位上勤奋工作，切实贯彻科学发展观，牢固树立生态文明的观念，在建设资源节约型、环境友好型社会中贡献自己最大的力量。

在环保工作中践行科学发展观，促进生态文明建设，首先要正确认识环境保护与经济发展的关系，使经济发展与环境保护并重；认识环境保护与构建社会主义和谐社会的关系，使人与自然的和谐共生作为构建社会主义和谐社会的重要前提；要正确认识环境保护与实现全面建设小康社会的关系，使改善生态环境质量作为全面建设小康社会的重要内容；要正确认识环境保护与建设资源节约型、环境友好型社会的关系，增加责任感、使命感，使环境保护融入社会发展的主干线和大舞台，在加快推动转变产业结构、增长方式和消费模式方面发挥主力军作用。

在环保工作中践行科学发展观，促进生态文明建设，就是要在环境保护的政策上入手，抓紧制定有利于环境保护的价格、财政、税收、金融、贸易、土地以及生态补偿等方面的政策，抓紧制定促进资源节约和环境友好的法律法规，并且优先考虑保障人民群众的切身利益。

在环保工作中践行科学发展观，促进生态文明建设，就是要本着对人民群众健康高度负责的精神，健全严格的环境保护制度。凡是不符合区域生态功能要求的建设项目一律不准兴建；凡是超过资源环境承载力的地区一律实行区域限批；凡是污染严重的落后工艺、技术、产品一律强制淘汰；凡是超过标准排放污染物的工业企业一律停产治理；凡是破坏生态、污染环境的违法犯罪行为一律受到法律的严惩。

在环保工作中践行科学发展观，促进生态文明建设，就是要鼓励环保科技创新，加强对重大环境事件的成因、危害及其发展趋势的研究，积极开展国际环保合作与交流，在国际舞台上树立中国政府对环境负责的良好形象。就是要广泛开展宣传教育，弘扬环境文化，倡导生态文明，营造生态氛围。就是要强化社会环境监督，公开环境质量，维护公众的环境知情权、参与权和监督权。

加强科学研究　推进生态省建设

李文华

近年来，以生态省、生态市建设为载体的区域可持续发展建设已经汇聚成一股不可逆转的洪流，在华夏大地迅速扩展。特别是中共中央提出“科学发展观”、“五个统筹”和“建设和谐社会”的指导思想后，更为这一计划的扩展指明了方向，提供了理论基础。截至2005年5月，先后有海南、吉林、黑龙江、浙江、山东、安徽、江苏和福建8个省被国家环保总局列为生态省试点，陕西成立了生态省建设领导小组，河北省最近编制的生态建设纲要，刚刚通过专家评审，四川省正在组织编制生态省建设规划纲要。越来越多的城市投入到生态市的建设活动中来。中国的生态省、生态市建设确确实实是中国的伟大创举，虽然这种创举还存在这样或那样的问题，但不能否认的是在新世纪初中国大地上涌动的这股生态浪潮的伟大意义，也不能否认的是这股浪潮带来的实质效果。其实生态省、生态市建设热潮本身就是可持续发展战略在中国深入人心的标志。

尽管我国的生态学、环境科学、社会学以及城市规划方面的专家和学者在这方面进行了多方面的努力，各级领导机关给予极大的支持，但是，生态省建设毕竟是一个新生事物，没有适合中国的现成模式可以效仿和遵循。在参加工作中我深感我们的理论和方法研究落后于实际的需求。要想建立适合我国的理论和相应的方法与手段问题，我们还需要在很多方面不断探索和不断完善。

一、关于生态省建设的指标体系问题

国家环保总局颁发了生态省建设的指标体系，考虑了我国社会经济与自然条件的区域差异性，生态市和生态县的经济指标分为发达区域和欠发达区域，生态省的经济指标则以中东部地区和西部地区分别给出。环境保护类指标中森林覆盖率分别按山区、丘陵区和平原地区给出不同的要求，城市空气质量分别针对南方地区和北方地区提出要求。为评价我国的生态省、生态市和生态县建设提出了奋斗目标和考核依据，这对推进生态省、生态市建设发展起到了重要作用。

李文华：中国工程院院士。

在对这些方法的作用肯定的同时，我们认为在这方面还有许多要探索和改进的地方。

1. 单要素式的指标模式不能充分反映可持续发展的内在本质

现行的指标体系的指标值多由现状预测得来，为单要素式的指标体系，系统性较为欠缺。众所周知，在一个复杂系统中，每一个子系统的最优化并不能保障整个系统的最优化，系统中单要素的简单加和并不能保证系统协调。生态省、生态市与生态县的建设也是这样。指标体系虽然力图体现可持续发展的思想，从经济发展、环境保护和社会进步三个方面构建指标体系的框架，并分别提出了单要素指标。但是该指标体系没有进一步考虑各要素之间的耦合联系，没有反映出人类复合生态系统中社会系统、经济系统和自然系统之间相互影响、相互制约的错综复杂的关系。从系统的、发展的角度来考虑，各要素间的关系往往是牵一发而动全身，如随人均 GDP 的增长，生活水平的提高，生活垃圾量的产生也将增加，人均耗水量亦将增加，而生活垃圾、用水量的上升，又将导致环保产业的、工业产业结构的调整，随之而来的将是一系列变化。

2.“一刀切”模式的刚性指标要求不能体现我国自然社会经济条件的巨大差异

生态省、生态市和生态县是一种发展目标，更是一种发展模式。正如无论是贫穷地区还是发达区都要发展社会经济，都可以采取可持续发展的模式一样，无论是发达地区还是贫穷地区都可以建设生态省，差别只是生态省建设的阶段不同。指标体系所设定的指标值无论是对基础好的区域还是基础相对较弱的区域而言都应是“切实可行，适度提高”的，与当地目前的社会、经济、环境发展的状况相适应，能为当地的环境、财力所接受，在现有科技水平、人力、物力等条件下，通过努力能够实现，使原本基础较好的地区更上一层楼，基础较弱的地区能够促进进一步发展。否则，对生态省、生态市和生态县的实践不利，原本基础厚、条件好的区域可以不通过努力或只是简单的努力就可以实现，则不能真正推动这些区域向可持续发展的更高层次迈进，而原本基础较弱、条件较差的区域无论怎么努力在一定时间内也不可能实现指标的要求，那么这些区域就有可能放弃生态省、生态市和生态县的实践。

但是对于我国这样一个不同区域间社会经济与自然环境差异均十分巨大的国家来说，指标体系仅从以上几个方面来考虑仍是十分不够的，指标体系的要求仍然过于刚性。

以人均国内生产总值和农民年人均纯收入这两个经济指标为例，我国不仅是中东部地区与西部地区的差异巨大，就是中东部地区各省市之间的差异也十分巨大。经济指标“一刀切”式的刚性要求有可能影响到一些经济欠发达区域生态省、生态市和生态县建设的积极性，并可能会带来一些负面影响，各地政府为了达到生态省、生态市或生态县的要求，可能以追求单纯的 GDP 增长为核心，或以资源过度开发，或以高投入取得现实的经济增长，尤其是经济相对落后但生态环境质量较好或生态环境较为脆弱的区域，达到相应的环境指标较为容易，可能以降低生态环境质量水平为代价换取经济增长，这样就背离了生态省、生态市或生态县建设的初衷。而最大的可能就是只有东部沿海地区经济相对发达的区域才开展生态省、生态市或生态县的建设，那些经济相对落后的区域由于距离生态省、生态市或生态县的差距较大，而放弃了这样一种可持续发展的实践，使这些区域的发展又继续着我国中东部一些发达区域已经走过的“先污染、后治理”的老路。

再从环境保护方面的指标来看，无论是生态县、生态市还是生态省的指标体系，均主要以森林覆盖率来作为反映区域生态质量优劣的指标。虽然也考虑到了不同区域生态环境的差

异性，分别从山区、丘陵区和平原三个方面设定森林覆盖率指标值，但我国自然条件的差异不是仅仅从森林覆盖率、从山区、丘陵区和平原就能充分涵盖的。植被的分布有明显的地带性规律。就生态系统分布规律来看，在外在环境如气候等条件相对稳定的状态下，不同区域的自然生态环境可以对应于不同的植被生长。一般说来，年降雨在 400 毫米以上的地区，森林植被可以较好地生长；年降雨在 400 毫米以下的地区，其地带性植被以草原、干旱草原以及荒漠等类型的生态系统为主，如果没有地表水或者地下水的供应，并不适合于森林生长。指标体系中以森林覆盖率这个指标作为生态省、生态市或生态县建设的必要指标，并不符合生态规律，特别是西部地区很多完全处于干旱区和半干旱区的县市来说，其自然条件根本不允许、也不可能实现生态市或生态县所要求的森林覆盖率的要求。因此以森林覆盖率作为实现生态县、生态市或生态省建设的刚性约束条件，对于干旱、半干旱区域不适宜种树的一些地区来说，要么放弃开展生态省、生态市或生态县的实践活动，要么在不适宜森林生长的区域开展人工造林提高森林覆盖率，但其后果只能是造成更大的生态灾难，这已经是我国几十年生态建设实践所证实的、不争的事实。

社会发展是一个永不停顿的动态过程，判断生态省发展的指标应根据其发展的高效性、和谐性和可持续性。其发展的过程和趋势似乎比某几个单项指标的绝对值更为重要。建议今后不同地区应参照国家的标准，根据自身的特点，制订符合本地区的具体指标。国家在这方面应给予地方以更大的灵活性。同时对现有的指标体系应在实践中不断完善，为我国甚至世界的可持续发展的理论和实践作出贡献。

二、关于经济发展与资源环境关系中“自然资源损耗”问题研究的误区

目前，生态省建设过程中资源短缺已成为社会发展的“瓶颈”，特别是水资源、能源和土地资源更是受到关注。当前我们对区域经济发展中自然资源损耗的估算，通常只考虑本区域自然资本的损耗，忽略了对其他区域的影响。事实上部分地区经济的高速增长建立在对另外一些地区资源占用的基础上。城市占用乡村资源、经济发达地区占用经济不发达地区资源，资源消耗型地区的本地资源不够消耗，从别的地方购入，如水、矿产等资源。这样的做法既没有摆脱高增长、高消耗的经济发展模式，而且还将消耗资源环境的代价转嫁给资源被占用地区，和可持续发展的思想是相悖离的。因此，在进行区域可持续发展的研究中，务必要理清研究区与周边区域的能流、物流交换关系，以系统的、动态发展的眼光来看待区域经济发展与资源环境间的关系、自然资源消耗的全面核算和生态补偿问题。不然很难实现东西差异和城乡差异的减少。

我国现有发展模式多是在牺牲环境和资源的基础上获取经济收益，要想可持续发展就必须扭转发展的模式，提高资源利用效率。现在在生态省规划中，不少地方已经应用了生态足迹等方法来反映这方面的问题。但是，缺乏对解决问题的针对性。事实证明，要可持续发展，就必须扭转经济增长的方式，走资源环境与经济发展的协调之路。可持续发展应该是区域与其周边区域整体的协调发展，以牺牲周边区域的资源环境为代价换取某个区域经济的高速增长是不可取的，带来的后果只会是恶性循环。对区域经济发展与资源环境关系的研究应该从系统的角度出发，从系统物流、能流的输入、输出研究开始，理清不同区域间的相互吐纳关

系。从而为正确评价区域经济发展的特点和协调区域内、区域间的经济发展与资源环境关系提供科学依据。

三、关于生态省建设中的循环经济科技支撑作用

大力发展循环经济，建立资源节约型和环境友好型社会，是我国社会经济可持续发展的重要实现形式。循环经济在我国分为三个层面开展了试点示范工作，分别为企业层面、工业园区层面和生态省市建设层面，是生态省市建设的主要任务之一。各地在试点过程中，统一部署，做好规划，一些地方已经形成特色。

尽管我们已经在循环经济方面做了一些理论和实践探索，但与发达国家相比，我国还存在较大欠缺，包括缺乏与循环经济相配套的政策法规体系，缺乏有效的激励体制，缺乏支撑循环经济发展的理论研究和关键技术支撑，尚未形成政府推动、市场驱动、公众行动的运行机制等。这里主要谈一下科学研究对生态省建设中循环经济建设的科技支撑作用。

循环经济建设一方面要建立起一个科学、完善的评价指标体系，确立支持循环经济发展的基础理论体系和研究分析方法。通过科学的理论研究，建立和完善统计、评价指标体系，建立绿色 GDP 核算和生态补偿机制，综合反映经济发展、资源利用、环境保护的指标体系，满足对发展循环经济、建设节约型社会评价的需要，包括重点行业的能耗指标、资源生产率指标、废旧物资回收和循环利用率指标、单位产值的废弃物排放指标等，并纳入对干部的考核，以扭转一些地方和行业不惜以牺牲资源和环境为代价换取 GDP 增长的错误做法，使经济发展走上健康的良性循环的轨道。

另一方面，要争取建设、设计适合我国国情的、实用性强的工业化城市路径，降低生产和消费过程的资源、能源消耗及污染物的产生和排放。综观现在已有的规划，对循环经济的讲述，还多处于理念的层次上，没有真正起到指导实际工作的作用，科技支撑作用较虚。因此，考虑还要细化研究到链条级的环节。这就要求通过对经济系统的物流和能流分析，建设高新技术园区，确立支持循环经济发展的科技原则及工具、方法，包括产品生态设计原则与方法、物质流分析方法和供应链管理的原理和技术，提高生态效率的经济、技术效益分析原理与方法等；研究不同企业、不同产品之间的链接技术以及生态产业园区的优化设计技术，建立企业共生网络和生态工业集成系统的技术，链接工业、农业和社区的物流和能流，确保获得最合适的资源、能源利用率的技术等。积极推进清洁生产，并且把着眼点从单个企业扩大到生态工业园，通过试验示范，建立一批生态工业示范园，形成新的发展模式，实现可持续发展。

生态省市建设对于我国这样一个处于工业化和城市化加速阶段、人均资源占有不足、环境恶化趋势未得到根本性扭转的发展中国家来说，是一项带有全局性、紧迫性、长期性的战略任务；也是实现全面小康社会目标，保证国民经济全面协调持续发展，统筹人与自然的和谐关系，实现我国社会经济可持续发展的必然选择。我国生态省市建设的起步较晚，理论研究和科技支撑还存在很多缺陷，如在西部欠发达地区选择一个生态省建设试点；加强环境容量和生态承载力的研究；加强生态省内组分和部门之间发展的协调；在指标体系方面，处理好刚性与柔性、近期与长远之间的关系；正确估价在发展中的环境效应和环境资产的代价；思想、观念和体制的适应；全面理解结构调整的重要性；把循环经济的理念，落实到实际行

动中；观念转变、机制改革、科技支撑、加强生态省建设中科技支撑的力度等。如何及时弥补研究上的空白，为决策、建设提供相关的依据和技术支撑应该是当前我们工作研究的重点。

探讨生态建设与生态保护的新模式和新举措

金鉴明　田兴敏

人类经历了从农业文明、工业文明到生态文明的三大阶段，目前正由工业文明时代的中后期向着生态文明迈进。与此同时，全球环境保护的历程从 1972 年斯德哥尔摩人类环境会议到 1992 年里约联合国环境与发展大会，再到 2002 年约翰内斯堡可持续发展的首脑会议的 30 年，这是人类历史不平凡的 30 年，是世界环境保护事业进程中的划时代的三个里程碑，从 1972 年新的综合发展观、协调发展观到 1987 年提出的崭新理念——可持续发展战略思想以及 1992 年可持续发展观的确立和 2002 年首脑会议再确认和实践，说明了人类对社会、经济、环境又一次认识上的飞跃和理性的又一次觉醒和深化。

中国环境保护 30 多年的历史也是在全球环境 30 年的历史进程中产生和发展起来的。

农业文明时代人们过度放牧、无休止的开垦受到了大自然的警告，人们摧毁了自己所创造的农业文明，工业文明时代的到来生产力的发展史无前例，人们在大幅度地创造物质财富和享受富裕物质生活的同时带来了资源破坏、环境污染和生态灾难的隐患，大自然同样报复了人类贪欲的行为，人们已经或正在反省以牺牲环境为代价破坏生态所获的物质文明是不可取的，这样的生产模式的工业文明同样应该抛弃，需要用先进的理念、持续发展的观点研究和探索一条走发展与保护相协调的可持续发展的生产模式和消费方式。

一、城市环境方面——构建生态城市的环保新举措

城市是社会生产力发展到一定历史阶段的产物，是人类文明的结晶，国内外城市的发展表明，城市化具有正负两个方面的效应，城市化可以促进经济繁荣和社会进步，城市化能集约利用土地、提高能源利用效率，促进教育、就业、文化、健康和社会服务行业，城市化还能使财富涌流和积累，推进区域经济的增长和发展，但城市化也带来负面的影响，从环境角

金鉴明：中国工程院院士　田兴敏：世界自然资源保护联盟委员。

度称之为“城市病”。例如：人口增加居民拥挤、城市污染不断加剧、水资源日趋紧张、城市交通拥挤噪声增加，城市空间缩小致使各种野生动植物减锐或濒临灭绝，城市气候发生局部变化等。

中国城市化率目前只有39%，离世界城市化率平均50%相差较远，预计用50年时间提高到75%，建设具有容纳11亿～12亿人口的城市容量又要使其防备“城市病”的发生，其解决的主要途径是构建生态城市的城市发展新模式，这种城市发展的新模式可以避免由于经济高速发展带来的种种城市弊病，同时也是城市自身发展的需要，适应现代化的需要和城市可持续发展的需要，探讨和寻找可持续发展城市建设模式中生态城市的构建是可持续发展城市的载体，编制生态城市战略规划是生态城市建设的前提，明确构建生态城市的目标、框架、内容、措施是实施生态城市的重要保障。

首先，建立正确的生态观，引用城市生态学原理构建城市规划与建设实现由传统观念和模式向新的生态城市理念和模式转变。城市生态建设并不仅是城市绿化和景观设计而必须兼顾社会、经济、生态三方面的协调发展，社会、经济、自然复合生态系统整体协调达到一种稳定有序状态。

其次，改变传统模式，以综合的规划方法来协调城市的各方面发展关系。

再次，充分适用市场机制，在城市生态环境基础设施的投资和经营上，由政府包管向市场化、专业化、产业化转变。

最后，大力建设生态文化，按生态环境和生态文化要求，建立生态住宅小区和生态文明绿色社区，积极发展生态科技，提倡公众参与生态城市的建设，努力提高全民的生态环境意识。

二、区域环境方面——区域生态环境领域生态系统的组建新模式

1. 恢复以人为本的城市景观模式

运用恢复生态学的原理对区域环境被人为干扰和破坏后使之恢复原来城市面貌，并使城市结构更趋合理和完善。例如：江苏若干中小城市的河流为房地产建设均被填没，目前在编制构建生态城市中提出恢复原有的河网体系，北京城市边缘有大片湿地被破坏，规划修编中要求恢复湿地景观。

2. 构建人工生态系统的生态经济新模式

运用自然生态系统与人工生态景观相结合的原理构建人工景观生态和生态经济建设的新模式。

① 通过废弃地的整治把自然引入城市，构建生态公园景观为城市住宅小区服务。

② 企业实施源头控制物料及污染物过程的控制，由过去末端排污治理向着从源头控制到全生产过程的控制，从而实现清洁生产的目的，使之排污减量化，废物资源化、资源再生化。我国已在20多个省市、20多个行业、400多家企业开展清洁生产审计，建立20多个行业或地方清洁生产中心，1万多人参加了培训，许多企业获ISO 14000环境认证。

③ 运用工业生态学理论和循环经济理念建设生态工业园区。生态工业园区的构建是运用工业生态学和循环经济理念，模拟自然生态系统使园区内物流、能源达到正确设计形成企

业间共生网络，一个企业的废物成为另一企业的原材料、企业间能量及水资源多次梯级利用，使之资源再生化、物质循环化、能耗最小化、效益最大化，许多国家如加拿大、德国、英国、奥地利、瑞典及日本等国都建成了一批生态工业园区，我国运用循环经济理念并结合本国实际建立以企业为中心的小循环，以企业间为主的中循环和以企业及各行业和社会间的大循环三个层面的模式构建生态工业园区。据近年来统计已有若干通过国家级生态工业园区的规划并正在实施中，如广西贵港糖业为主的生态工业园区，新疆石河子纸业为中心的生态工业园区、包头铝业为主的生态工业园区、广东南海生态科技工业园区以及天津泰达生态工业园区、大连开发区生态工业园区、烟台经济技术开发区生态工业园区、苏州生态工业园区、各行业（钢铁、铝业、盐化工、磷化工业等）的循环经济发展模式等。

总之末端治理向全过程控制污染战略转变；耗能、排污、单向生产模式向减量、再生、循环的生态模式转变；传统的管理模式向着先进的（EMS）ISO 14000 管理体系转变，这是区域生态环境建设和污染控制的新模式，也是建设区域生态环境和构建生态市、生态省的主要支柱之一。

三、污染治理产业化方面——由政府的计划经济体制向着社会化、企业化、专业化管理模式转变

中国城市环保基础设施严重滞后，城市生活污水占废水排放量的 51%，经处理的生活污水和生活垃圾仅占 49%，生活污水二级处理和垃圾无害化处理各占 10%，原因其一是仅靠政府投入远远不够，多渠道投资机制尚未建立，其二是没有摆脱计划经济影响，运行管理没有引入市场经济机制，设施运行费完全靠政府补给，治理成本过高。近年来江苏、浙江、山东、广东、辽宁、上海等地在环保污染治理中引入新的市场机制，建立了环保产业的社会化、企业化、专业化的管理模式。

1．传统的污水处理双损模式向着走可持续发展生态化处理双赢模式转变

城市污水处理模式不能再走传统工业城市处理模式“大量开采、大量制造、大量消费、大量污染、大量处理”之路。而应走可持续发展的生态化之路即适量开采、适量制造、合理消费、无污染、适当分散处理之路由双损局面变为双赢。

国家做出决定，人口超过 10 万居民的 667 个城市都要修建废水处理站，使废水处理能力（达 45%）在 2010 年能达 60%，处于一方面污水增加，政府资金短缺建不了那么多污水处理厂，另一方面污水处理运营费用高，建了也用不起的二难局面必须改变，传统城市处理模式转变为企业投资政府入股，或是企业全部投资企业运营的 BOT 模式，大连博家庄污水处理厂就是一例，目前江苏、浙江等省的许多民营企业已采用 BOT 模式处理城市生活污水和城市固体废物并取得成效。

2．构建节约型社会——合同能源管理模式的产业化

合同能源管理是构建节约型社会新的管理模式之一，它通过与愿意进行节能技术改造的企业签订服务合同，为用户的节能项目进行投资或融资，向用户提供能源效率审计、项目设计、采购、施工、管理、节能监测等一条龙服务。以与用户分享项目运行后产生的节能效益方式收回投资和取得合理的利润，根据合同规定，在合同结束后，设备的所有权和节能效益

全部为企业所有。上海新亚药业有限公司使用合同能源管理模式，采用改造水泵使之增加流量降低扬程，使用自控系统对大量冷水机组实行有效流量控制，循环水管道不断水处理以减少结垢等措施并在政策上给予优惠。计算项目总投资为 218 万元，经半年运行，节能效果明显，经测算可每年节电 114 万度，节水 6 万吨，年节约费用 78.74 万元，算上运行成本不到 4 年就可回收全部投资。

四、农村环境方面——农村在生态环境建设的若干新模式

1．建设不同类型的生态农业模式

生态农业系统就其实质来讲，是把生态学原理应用于农业系统，使人们利用生物措施和工程措施不断提高太阳能的固定率，农业资源的利用率，生物能的转化率以获取社会必需的生活与生产资料，构成优质、低耗、合理、稳定的人工生态系统，是结构与功能协调的高效生态农业模式。自 20 世纪 80 年代至 2000 年间的 20 多年中国生态农业的不同类型在全国试点近 2 000 个，20 世纪末至 21 世纪初实验生态农业在市场经济形势下产生了实施产业化发展、企业化经营的生态农业新模式（农户＋基地＋企业＋产业化＋市场化），例如广西养殖—沼气—种植三位一体生态农业体系的恭城模式。和以恭城模式为基础发展成农业企业和农村生态家园型的现代化文明新城镇、经济效益、生态效益和社会效益十分显著。这样的例子各省均有。

2．农村区域生态环保先进模式——生态示范区

自 80 年代中期国际上提出可持续发展重要思想，瑞典推进了生态循环城的举措，美国搞了一个“生物圈 2 号”这是一个特殊形式的生态示范区。

中国的生态示范区以可持续发展和生态经济学原理为指导，以协调经济、社会、环境建设为主要对象，在以县域为区域界定内生态良性循环的基础上，实现经济社会全面健康的持续发展。生态示范区是一个相对独立的，又对外开放的社会、经济、自然的复合生态系统。

生态示范区类型有生态农业型、农工商一体化型、生态旅游型、乡镇工业型、城市化生态型、生态破坏恢复型等生态示范区类型，全国县城范围已有 314 个试点，82 个通过国家验收合格。生态农业型的类型例子举不胜举，但值得提出的是实施稻鸭共育技术，以鸭除虫、除草和鸭粪肥田、稻鸭共育、种养结合，以鸭养稻，以稻田养鸭相互促进的新型稻田生态系统。对比实验养鸭处理单株生产有效穗为 3.99 个，无养鸭施化肥处理则为 2.97 个，前者比后者高 34.3%每穗总粒数和实粒数分别提高 5.9%和 7.5%，该新型农业生态模式（生态示范区内的一种类型）已被列为联合国遗产保护地。

3．发展有机农副产品的有机农业生产基地模式

有机食品来自有机农业生产体系，根据国际有机农业生产的要求和相应的标准生产加工并通过独立的有机食品认证机构认证的所有农副产品。

有机食品的特点是再生产过程中禁止使用农药和化肥，也不经过基因工程改造的产品，因而它具有安全、健康、富有营养的食品。

有机食品的生产加工依赖于有机农业基地的建立，而有机农业基地的建立又是在生态农业发展的基础上建立起来的。

目前我国经过认证（IFOAM）的有机食品（AA级）有茶叶、蜂蜜、奶粉、大豆、芝麻、荞麦、核桃、松子、向日葵籽、南瓜籽、八角、家禽（有机猪）、有机蔬菜、中药材等。黑龙江、辽宁、山东、浙江、江苏、福建、广西等地都建有几十万亩的有机农业生产基地，值得一提的是上海松江区华阳桥镇农业公司2000年长娄、长岸等村建设1 000多亩有机水稻生产基地，有机水稻由原来亩产250千克提高到500千克。实践证明它具有改良土地、抑制杂草、高产稳定、高抗性等特性。

五、自然保护方面——自然保护区的自养模式和社区发展模式

中国的自然保护区建设始于50年代，但80年代后自然保护区的发展甚快，至今（据2004年底计）已建有不同类型的2 194个，其总面积14 822.6万公顷，陆地自然保护区面积占国土面积的14.8%，其中国家级自然保护区226个，面积8 871.3万公顷分别占全国自然保护区总数和总面积的10.3%、59.9%。国家提倡以自养的方式发展，以减轻国家对自然保护区资金投入的压力，但自行开发经营如不按保护区条例进行，往往又会带来生态破坏和环境污染，因而多年来一直探讨和研究如何贯彻可持续发展理念于自然保护区，使之处理好保护与发展的矛盾，才能达到既发展保护区经济增加自养能力又维护好自然保护区及区内生物多样性保护“双赢”的目的，走自养的道路，在保护优先的前提下，把生物资源变成资源优势和产业经济。

1．辽宁蛇岛国家级自然保护区自养模式

辽宁蛇岛老铁山国家级自然保护区构建了蛇岛、蛇保护地蛇园、蛇博物馆、蛇制药厂、蛇医院五个生态产业链的相互联系和保护、宣教、科研、生产、应用五结合的自然保护区生态功能，使该自然保护区不仅走自养道路，而且是保护与发展结合的典范，并取得显著的生态效益、经济效益和社会效益。

四川九寨沟国家级自然保护区等在实验区以开展生态旅游为主的自养发展模式。

浙江大盘山国家级自然保护区在实验区以药用植物为基地的自养发展模式，福建武夷山国家级自然保护区在实验区内开展以竹、茶为基地的自养发展模式等，都取得显著的成效。

2．贵州草海、四川王朗自然保护区社区发展模式

近几年来在国家级自然保护区实验区逐步开展了社区共管的发展模式，例如：

（1）贵州草海国家级自然保护区的实验区采取群众共建社区的方式，其内容包括建立水禽繁殖区、公共放牧场基地、山林绿化、水土流失治理、修整道路和信用基金的管理、培训人才等，既保护了草海湿地自然环境和生物资源又推动周边的经济发展，使当地经济由贫困转向富裕。

（2）四川王朗大熊猫国家级自然保护区，推进社区发展模式。

保护区除研究大熊猫栖息地重建及恢复外，还建立社区经济林木发展基地，野生菌类开发及羊肚菌人工种植研究与社区自然资源共管等方面，取得了科研、宣教、生态旅游、保护管理、社区发展的显著成效。

总之，生态学原理和循环经济等先进理念与实施是生态市、生态省建设的指导原则和实施生态市、生态省的重要支持和保障，它将会导致产业结构的重大变革和科技发展方向的转

变，改变人们思维方式和生活方式，树立新的生态价值观念，并将有助于提高整个地区经济竞争力，也是国家、地区实现可持续发展的重要途径。

此次 2005 年中国·山东·生态省建设论坛的召开，无疑它将为进一步推动全国生态省、生态市建设的实施，作出历史性的应有的贡献。

生态与生态文明

王如松

环境问题的生态学实质是资源代谢在时间、空间尺度上的滞留和耗竭；系统耦合在结构、功能关系上的破碎和板结；社会行为在局部和整体关系上的短见和调控机制上的缺损。其根源就是人与自然以及人与人之间生态关联的失衡、生态认知的愚昧、生态管理的滞后以及生产和生活方式的自私和野蛮。面对全球生态安全和区域生态健康的挑战，生态文明的振兴和生态知识的普及已刻不容缓。

为此，党的十七大报告提出建设生态文明的新要求。这是建设中国特色社会主义，提高国民生态素质，落实科学发展观的重要战略部署。本文试图从生态文明的科学内涵出发，探讨如何在调节人文生态和自然生态关系中系统推进认知、体制、物态和心态范畴的生态文明建设。

1．生态的内涵

据统计，“生态”一词是近年来国内外报刊媒体、政府文件乃至街谈巷议中出现频率最高的一个名词之一。可是对于什么是生态，人们却理解不一，说法各异。有人认为生态是一个生物学术语，有人认为生态是一个哲学名词，有人认为生态是一种政治口号，有人认为生态是一种环境伦理，大多数人认为生态是绿、是美、是景观建设或绿化效果的体现、是环境状态好坏的表征。这些说法都对又都不完全对。汉语里的生态是一个多义词，有关系、学问与和谐状态三种内涵。

首先，生态是包括人在内的生物与环境、生命个体与整体间的一种相互作用关系，在生物世界和人类社会中无处不在，无时不有，每个人都要处理这些关系。民间泛谈的生态是生命生存、发展、繁衍、进化所依存的各种必要条件和主客体间相互作用的关系。

其次，生态是一种学问，是人们认识自然、改造环境的世界观和方法论或自然哲学；是包括人在内的生物与环境之间关系的系统科学；是人类塑造环境、模拟自然、巧夺天工的一门工程技术；还是人类怡神悦目、修身养性、品味自然、感悟天工的一门自然美学。

再次，生态还是描述人类生存、发展环境的和谐或理想状态的形容词，表示生命和环境关系间的一种整体、协同、循环、自生的良好文脉、肌理、组织和秩序。比如生态城市、生

王如松：中科院生态环境研究中心研究员、中国生态学会理事长。

态旅游、生态卫生等，实际上是偏正词组“生态合理的城市”、“生态和谐的旅游”、“生态良性循环的卫生”的简称，是约定俗成后被社会所公认的用语。

可见，生态既是名词又是形容词，作为一种中性词，有时又可当褒义词，必须通过上下文的分析才能区别。

近年来，随着人类开发自然资源的规模和生态影响强度的不断加大，生态概念在迅速社会化、普及化和大众化。人人注重生态关系，处处宣传生态文明，这是社会在一定程度上的生态觉醒，也是生态学渗透到相关学科的可喜表现。但社会上也存在一些对生态不正确、不全面的理解，甚至赶时髦、跟潮流，借生态名义牟取私利或破坏生态的现象，急需从认知、体制、技术和行为诸方面去普及生态知识、宣传生态科学、强化生态意识和诱导生态文明。

2．生态文明

“文明”一词，最早见于《易·乾·文言》中的“见龙再田，天下文明”。《尚书·舜典》称“经纬天地曰文，照临四方曰明”。文，通纹，为纹理、纹脉，是一种时间、空间的生态联系。明，喻日月，《易·系辞下》有“日月相推而明生焉”，指从暗向亮，愚昧向睿智的开化过程。《周易·彖传》指出：“刚柔交错，天文也，文明以上，人文也。观乎天文以察时变，观乎人文以化成天下”。英文中的 Civilization 一词是工业革命的产物，汉语译作“文明”，英文辞海中诠释为“人类社会的智力、文化和物质生活的发展和进步状态，以先进的人文和自然科学、广泛的文字记载、精巧的政治管理能力和社会组织形态为特征”。文明和文化在 18 世纪欧洲各国通常作为同义语使用，都是知识、信念、艺术、伦理、法律、习俗、风尚等的综合体。

生态文明，则是物质文明、精神文明与政治文明在自然与社会生态关系上的具体表现，是天人关系的文明，涉及体制文明、认知文明、物态文明和心态文明，在不同社会发展阶段有不同的表现形式。具体表现在人与环境关系的管理体制、政策法规、价值观念、道德规范、生产方式及消费行为等方面的体制合理性、决策科学性、资源节约性、环境友好性、生活俭朴性、行为自觉性、公众参与性和系统和谐性，展现一种竞生、共生、再生、自生的生态风尚。

狭义的生态文明是人们改造自然、顺应自然的明智行为、观念和意识，是和蒙昧、野蛮相对应的人类开化和进步的一种天人合一的生存和发展状态；广义的生态文明则指人类在改造自然、适应自然、保育自然、品味自然的实践中所创造的人与自然和谐共生的物质生产和消费方式、社会组织和管理体制、价值观念和伦理道德，以及资源开发和环境影响方式的总和，包括对天人关系的认知（哲学、科学、教育、医疗、卫生）、对生产方式的组织（产品的纵向、横向和区域组织方式）、对人类行为的规范（道德、伦理、信仰、消费行为、价值观）、对社会关系的调控（制度、法规、机构、组织）以及有关天人关系的物态和心态产品（建筑、景观、产品、文学、艺术、声像）等。

尽管近代对生态文明研究较多的是西方人，生态文明主要是由四大文明古国，特别是中国创造、弘扬和延续下来的。我们的祖先早在 3 000 多年前就已形成了一套鲜为人知的人类生态理论体系，包括道理（即自然规律，如天文、地理、物候、气象等）、事理（即对人类活动的合理规划管理，如政事、农事、军事、医事等）、义理（即社会关系的规范，如道德、伦理、法制、纲常等）和情理（即个体行为的准则，如信仰、心理、习俗、风尚等）。中国封建

社会正是靠着对这些天时、地利、人和之间关系的正确认识，靠着物质循环再生、社会协调共生和修身养性自我调节的生态观，维持着其 3 000 年超稳定的社会整合结构，以世界 7%的耕地和水资源养活了世界 21%的人口，形成了独特的华夏农业生态文明。

历史上东西方的生态文明观在处理人与自然关系上的立场是截然不同的。《圣经》在描述人与自然关系时主张人主宰一切，上帝造人是让人来管理动物、植物、森林、山河的，自然隶属于人。西方绘画以人和神为中心（上帝其实是神化了的人），教堂高耸云天、威慑远近，城堡雄踞山巅，俯视山川河流、草木鸟兽，显示神和人的权威和力量。而中国画一般以山水自然为主，人融合于自然之中且在画面中不居主要地位；中国的庙宇更是“躲”在山谷、树丛中，从不张扬，与自然山水很好地融合。仁者乐山、智者乐水，对待人与自然主从关系的不同认知分别形成了中国 7 000 年封闭循环、低效稳定、自力更生的传统农业文明和西方近 200 年来以巧取豪夺自然、高效高速高环境影响为特征的工业文明。

自工业革命以来，闭关自守的中国不仅科学上落后，传统生态文明也在衰败。过去 100 年，中国经历了翻天覆地的变化，各种传统的、现代的、西方的、东方的文化交相作用，华夏自然生态及人文生态正在经历着剧烈的改变。我们在引进市场经济的竞争机制和工业革命的科学基础的同时也引进了人类中心主义的生态观，在扬弃封建文化糟粕的同时也在扬弃传统生态文明中天人合一的自生、共生和再生机制。

生态文明在国外属于人类生态学范畴。上世纪 20 年代美国芝加哥学派将生态学原理引入人类社会管理，形成了人类生态学。他们提出把自然生态的一些原理应用到城市中，管理好城市社会，这是城市的生态文明。美国著名动物学家利奥波德 1948 年出版的《沙乡年鉴》中创造了一种新的伦理学——土地伦理学，把土地、水、植物和动物看作是一个完整的生态系统，反对“人类沙文主义”和以人为中心的伦理准则，即人只是大自然家庭中的普通一员，不应该使人作为自然的主宰。他把人类伦理演进的过程划分为三个阶段：第一阶段是处理有关个人与个人之间的关系，第二阶段是处理个人和社会之间的关系，第三阶段则是处理人与自然的关系。至今我们还没有处理关于人对土地、对动物以及对生长在土地上的植物的关系方面的伦理。人与自然的关系不仅有权利，更有义务，而且只有尽了义务奉献，才有资格索取。土地伦理学提出在农、牧、渔等农业活动中应善待自然、善待土地、善待牧场、善待海洋，使其能够持续利用。

美国著名海洋生态学家卡逊 1960 年出版的《寂静的春天》一书是近代生态文明发展的一个重要里程碑。卡逊呼吁人类不要残酷地对待自然，要恢复理性，倡导一种生态的、合理的文明。这本书宛如一石激起千层浪，在国际社会引起从政府到民众对环境问题的关注。1972 年在瑞典斯德哥尔摩召开的联合国人类环境会议是生态文明的又一个里程碑。当时国际社会关注的问题是要环境还是要发展？结论是：人类只有一个地球，人类要善待地球、善待环境，保护环境应该是第一位的，回答了一个“或（or）”字。1992 年在巴西里约热内卢举行的联合国环境与发展大会上，国际社会关注的问题是环境和发展要平衡，强调了一个“和（and）”字。但实际上，环境和经济发展不可能绝对平衡。在 2002 年南非约翰内斯堡召开的里约十年环境高峰会又提出寓环境保护于经济建设之中、在发展中保护环境的理念，突出了一个“合（in）”字，这种环境与经济的融合观才是新时期更高层次的生态文明观。

3．生态学与认知文明

人与自然关系的认知文明是人类在认识、感悟和品味自然，保护、改造和管理环境过程中从感性认识到理性认识、从必然王国到自由王国所积累的知识、技术、经验和系统方法在社会上的普及、宣传效果、观念意识的升华和风尚习俗的进步，包括生态哲学、生态科学、生态工学和生态美学。

生态是辩证的：和谐而不均衡，开拓而不耗竭，适应而不保守，循环而不回归。生态学是个体和整体、有和无、形和神、生和灭、分和整之间关系的学问。生态学的核心是处理生态系统中的复杂关系。这些关系无处不在，无时不有，但却是无形、无界、无量、无为的。我们常说的无为而治所包含的就是一种生态哲理。“无为而治”实际上不是无所作为，而是为所不为，做那些人家没有做的，看不到的东西，实际上是反过来的“为无而治”。生态文明的核心是建立在天人合一理念基础上的生态整合观，是有关人与自然、人与社会和人体内部关系的系统观。人“与天地合其德，与日月合其期，与四时合其序，与鬼神合其吉凶，先天而天弗违，后天而奉天时”。“栽成天地之道，辅相天地之宜”和“范围天地之化而不过，曲成万物而不遗”，就是将天、地、人作为一个统一整体，人只要顺应自然，尊重规律，就可以物茂财丰、平安祥和。

2007 年 5 月 26 日于北京召开的第三届世界生态高峰会通过的北京生态宣言指出，生态是人们日常关注问题的核心，是解决人与自然系统关系问题、确保世上所有人拥有健康的生命，让子孙后代拥有良好生存环境的关键，是认识世界、改善环境、美化生活和科学管理的强力工具。

生态科学是研究包括人在内的生物与其自然和社会环境间相互关系的系统科学。19 世纪的博物学、19 世纪的进化论以及 20 世纪的人类生态学与生物控制论奠定了生态科学发展的理论基础。在此基础上发展起来的生态科学，包括自然生态学和人类生态学，前者有动物、植物、微生物生态学，个体、种群、群落、生态系统和景观生态学，还有不同类型生态系统，如草原、湿地、森林、农田、海洋、流域生态系统的生态学等。后者包括心理生态学、伦理生态学、经济生态学、产业生态学、城市生态学与文化生态学等人和环境之间关系的学问。总的来说，自然生态研究的学科比较齐全，而人类生态研究则比较薄弱。

生态学还是一门工程学，是一种设计工艺，一种生存艺术。研究怎样把自然生态的原理应用到人工生态系统的建设中。生态工程学是近年来异军突起的一门着眼于生态系统持续发展能力的整合工程技术。台湾地区叫生态工法，日本则叫生态工学。生态工程是模拟自然生态的整体、协同、循环、自生原理，并运用系统工程方法去分析、设计、规划和调控人工生态系统的结构要素、工艺流程、信息反馈关系及控制机构，疏通物质、能量、信息流通渠道，开拓未被有效利用的生态位，使人与自然双双受益的系统工程技术。不同于传统末端治理的环境工程技术和单一部门内污染物最小化的清洁生产技术，生态工程强调资源的综合利用、技术的系统组合、学科的边缘交叉和产业的横向结合，是中国传统文化与西方现代技术有机结合的产物。

美学研究人与现实（自然、社会、艺术）的审美关系。生态学和美学的结合点在于人与自然关系的和谐，是对人类理性的必然性和功利性的挑战和超越。生态美学研究生物、环境与人类社会间相互关系的审美状态与自然潜在的审美性，其美的内涵包括了整体和谐美、协

同进化美、循环反馈美、自生自然美。竞生、共生、再生、自生，对称、均衡、对比、秩序、节奏韵律，多样统一，是生态审美的共同规律。用生态美学去格物、处世、待人，你会发现，大自然既是美的，也是理性的。自然以她特有的色彩、线条、形状、位置和声音，以她特有的有序、和谐与统一，在人们心中唤起了美的形象、美的愉悦、美的追求和美的感悟，使人怡神、悦目、清心、节欲，陶冶情操。生态美学在揭示自然美的实质和规律的同时，还向人们介绍如何创造一个适合于人类身心健康的环境，包括自然环境的保护，城市环境的布局，人居环境的美化，园林庭院的绿化与美化，人的衣着、服饰，环境中色彩的搭配、形与神的融合等。

联合国秘书长安南 2002—2005 年在世界范围内组织了一个全球千年生态系统研究。该研究报告指出，传统生态学家只研究自然生态系统，而社会学家只研究人类福祉问题。这两者之间的关系表现为自然生态系统给人类提供生态服务，人类建设生态系统、胁迫生态系统，同时生态系统超过它的承载能力以后，往往以灾难的形式，对人类行为做出反馈和响应。协调自然生态系统与人类福祉之间的服务、胁迫、响应、建设关系已成为当今生态学研究的一个核心议题。人类福祉不仅需要物质文明的进步，更需要自然生态的服务，包括产品供给（为人类生产和生活提供水、能、气、土、矿产、生物质等代谢物质和能量）、生境涵养（活化土壤、稳定大气、保持水土、调节水文、孕育生境）、环境调节（局地气候调节、净化环境、减缓灾害、有害生物防治、生物多样性维持）、循环流通（养分循环、废弃物再生、传授花粉、基因遗传、污染物扩散）、载体服务（为经济建设、社会发展、科研教育、文化生活等提供承载、容纳、欣赏、休闲的物理空间、生态景观和美学环境）等功能。“发展是硬道理”包括经济、环境和人的发展，如何在快速发展经济的同时，强化自然生态服务，改善国民的生态认知，是建设中国特色社会主义、落实科学发展观的关键。

4．生态管理与体制文明

基于生态管理的体制文明是对协调人口、资源、环境关系的管理制度、政策、法规、机构、组织的开拓、适应、反馈、整合能力与和谐程度的测度。

传统工业文明的一个重要顽疾是社会的生产、生活与生态管理职能条块分割、环境经济脱节、生产消费分离、城市乡村分治、厂矿和周边环境脱节，废物制造和循环利用脱节，企业间横向耦合关系松散，部门之间缺乏沟通机制，内部组织的自调节机制薄弱，决策就事论事，管理基本上是救火，哪里有问题就扑向哪里，结果往往是按下葫芦浮起瓢。一些地区各职能部门、各分管领导之间都缺乏沟通协调机制。如水污染问题，水利、环保、规划、城建、城管、环卫、农业、工业、卫生，九龙治水，各显神通。体制的条块分割是我国太湖、淮河等流域水污染治理多年来投入不少，效果不大的一个重要原因。

工业革命以来，科学对于社会的物质文明确实起到了极大的推进作用，但是认知的支离破碎、科学的还原论主导，人与自然的分离和学科的封建割据却阻碍了生态文明的进步。汉语中，科学这个词的英文“science”翻译得非常确切，就是分科别类的学问。学科越分越细以后，彼此缺乏交叉融合，虽然在某些点上可能取得重大突破，但对于系统性、全局性、特别是人与自然交叉的复合生态问题却是力不从心。

人工生态系统的一个重要弊端是信息反馈渠道不通，反馈速度缓慢，正负反馈不匹配。如上世纪五六十年代的大炼钢铁、歼灭麻雀、围湖造田、陡坡开荒运动，就是因为生态破坏

的正反馈信息，没有生态文明的负反馈信息所制约，反馈路径又不畅，等到出现灾难性的后果再挽救已为时过晚。

人与自然关系的体制文明建设目标就是要从根本上转变“先污染后治理、先规模后效益、先建设后规划、先经济后生态”的发展阶段论思想，推进从基于资源承载力无限、环境容纳能力无限的链式生产到从摇篮到坟墓再到摇篮、生产－消费－还原一条龙、信息反馈灵敏的循环经济转型，完善生态规划、建设和管理的政策法规，建立基于科学发展观的绩效考核制度，逐步实现从体制条块分割的纵向管理走向合纵连横的生态系统管理，保障生态资产（水、土、气、生、矿）、生态服务、生态网络和生态安全的科学管理。

生态管理是运用生态系统方法对人的资源、环境开发、利用、破坏和保育活动的系统管制、诱导、协调和监理，营建人与环境（包括自然环境、经济环境和社会环境）的共生关系，孕育生态系统的整合、适应、循环、进化能力，维系天人生态关系的持续发展。

整合，即扭转传统发展中条块分割、学科分离、技术单干、行为割据的还原论趋势，重视景观整合性、代谢闭合性、反馈灵敏性、技术交叉性、体制综合性和时空连续性；空间格局和过程的整合而非破碎，融通而非板结，平衡而非滞竭；过去、现在、未来的时间连贯性、代际公平性和过程平稳性；适应，即具有很强的开拓、竞争、共生、适应能力和顺应环境变化的生存发展机制和变异能力，既能不失时机地抓住一切发展机会，高效利用一切可以利用的资源，又能根据环境变化通过多样化和灵活的结构调整和功能转型调整自己的生态位，创造有利其发展的生存环境；反馈，即一种螺旋式的有机进化和系统发育过程，包括物质的循环利用和再生（将时空错置的废弃物资源重新纳入代谢循环中），能源的清洁利用和永续更新，信息的灵敏反馈和知识创新，人力的培育、繁衍和继往开来，以及资金的高效融通和增值；进化，即自组织、自适应、自调节的协同进化功能，营建一种朴实无华、多样性高、适应性强、生命力活、能自我调节的生态关系，强调水的流动性、风的畅通性、生物的活力、能源的自然性以及人对自然的适应性和低的风险。

体制文明建设的根本任务就是要为贯彻落实党的十七大报告提出的“统筹城乡发展、区域发展、经济社会发展、人与自然和谐发展、国内发展和对外开放，统筹中央和地方关系、个人利益和集体利益、局部利益和整体利益、当前利益和长远利益”等九个统筹提供科学方法。以城乡统筹为例，解决“三农”问题的关键就是要完善生态文明体制。农民有两种贡献，一是提供食物、纤维及工业原料等生物质产品，二是为区域和城市提供水源涵养、土壤熟化、保持水土、接纳污染、净化环境、调节气候、减缓灾害、保护生物多样性等多种生态服务功能，为城市、工业和野生生物提供适宜的生产和栖息环境。但社会只以很低的价格来交换农产品，而对其环境容纳和生态服务的能力被认为是无需补偿的。结果导致城乡“剪刀差”的扩大和农业、农民、农村的贫困，贫困的结果又导致农业生态资源的耗竭。生态补偿机制的不健全和城乡二元化管理体制的不合理是城乡统筹问题的症结。

又如区域统筹问题，我国城市规划法已实施 18 年，新的城乡规划法也已于今年初开始实施。但城乡规划法管辖的只是各级行政区域的城镇体系规划和城市总体规划，控制的是建设用地和农用耕地，而对跨行政区域的生态服务用地、自然保护地、流域生态缓冲地却缺乏区域层面的上位法规管控。各省市县行政负责人完全可以在自己管辖的政域范围内规划社会经济活动而无上位的区域规划法所约束，完善区域规划法势在必行。

1987 年起，我们先后在江苏大丰、扬州和海南等县、市、省开展了以生态安全、生态经济和生态社区为骨架的生态行政区建设、规划和管理的试点研究，生态文明建设是其重要的抓手。通过 20 年来的跟踪研究，我们发现体制性的障碍、能力性的"瓶颈"和知识性的贫乏，使生态文明建设遭遇了很多矛盾：一是面向循环经济与和谐社会的生态整合要求与现实条块分割的传统管理体制间的矛盾；二是生态规划缺乏法律基础支撑；三是政绩考核缺乏可持续性，生态激励机制不健全；四是政府主要官员调动频繁，政策缺乏连续性；五是生态资源缺乏统筹管理；六是生态基础设施投入过低，建设不足；七是信息反馈和生态补偿机制匮乏；八是生态建设人才奇缺，培训机制不健全；九是科技投入、科普教育，技术孵化、催化和集成化的能力不足。体制文明已成为中国生态文明建设的关键。

5．循环经济与物态文明

物态文明是人类改造自然、适应环境的物质生产、生活方式及消费行为，以及有关自然和人文生态关系的物质产品的发展态势，包括生产文明和消费文明。

我国传统的农业文明是环境友好、生态持续的，其认识论基础是顺天承运，生态学基础是循环再生和自力更生，但这种持续是在低技术、低效益、低规模、低影响基础上的持续；以大规模的化石能源消耗、化工产品生产以及自然生态系统退化为特征的工业文明推行的是一类掠夺式、耗竭型、高经济效益、高环境影响的生产方式，其认识论基础是还原论，追求的是局部的、眼前的经济效益，生产力虽高、可持续能力却很低。

产业生态文明必须在吸取传统农业生态文明再生和自生机制以及工业文明高效活力的基础上推进资源耗竭、环境破坏型工业文明向资源节约、环境友好型的生态产业转型，发展以竞生、共生、再生和自生机制为特征的生态经济，推进传统生产方式从产品导向向功能导向、资源掠夺型向循环共生型、厂区经济向园区经济、部门经济向网络经济、自然经济向知识经济、刚性生产向柔性生产、从减员增效走向增员增效、职业谋生走向生态乐生的循环经济转型。主要手段有：

纵向闭合：从链式经济走向循环经济，第一、二、三产业在企业内部形成完备的功能组合，产品和废弃物在其从摇篮到坟墓的生命周期全过程实施系统管理。

横向联合：从竞争经济走向共生经济，不同工艺流程、生产环节和生产部门间的横向耦合废弃物交易及资源共享，变污染负效益为资源正效益。

区域耦合：从厂区经济走向园区经济，厂内生产区与厂外相关的自然及人工环境构成空间一体化的产业生态复合体，逐步实现有害污染物向区域外的零排放，保障区域生态资产的正向积累、国土生产功能和生态服务功效的正常发挥。

社会复合：从部门经济走向网络经济，企业将社会的生产、流通、消费、生态服务和能力建设的功能融为一体，为辖地和周边居民提供就业机会和宜居环境，培育一种新型的企业和社区文化。

功能导向：从产品经济走向服务经济。未来的生态产业有三个目标：生产优质低耗廉价的产品、提供社会和自然生态服务，以及改造教育人、培育先进的企业和社会文化。

结构灵活：从刚性生产走向柔性生产，灵活多样的柔性产品和产业结构、管理体制、进化策略和完善的风险防范对策，可随时根据资源、市场和外部环境的随机波动调整产品、产业结构及工艺流程。

软硬结合：从自然经济走向知识经济，配套的硬件、软件能力建设，决策管理、工程技术、研究开发和服务培训能力相匹配，学科的边缘交叉和技术的横向组合。企业信息及技术网络的畅通性、灵敏性、前沿性和开放性。

结构柔化：从刚性生产走向柔性生产，灵活多样的柔性产品和产业结构、管理体制、进化策略和完善的风险防范对策，可随时根据资源、市场和外部环境的随机波动调整产品、产业结构及工艺流程。

增加就业：从减员增效走向增员增效，一线生产的两头，即研究与开发，服务与培训环节的劳力和智力需求将大大增加。企业内第三产业的智力和劳力从业人员将急剧增加。提高劳动生产率的结果是增加而不是减少就业机会。

人性化生产：从务工谋生走向生态乐生，劳动不只是一种成本，也是劳动者实现自身价值的一种享受，员工一专多能，是产业过程自觉的设计者、调控者和所有者，而不是机器的奴隶。

消费文明旨在弘扬一种勤俭节约、低环境影响、有益健康的适度消费模式，倡导从以金钱为中心的富裕生活向以健康为中心的和谐生活、从以数量多多的占有型消费到以功效优化为特征的适宜型消费、从以外显为中心的摩登消费到以内需为中心的科学消费过渡，涉及每个人的居息、代谢、行游、交往活动以及水、气、土、生物、废弃物等环境影响方式。美国式高物耗、高能耗、高环境影响的消费和生活方式与中国的资源环境承载能力和人文生态传统是格格不入的。

经过近 200 年工业化的正反教训，文明的生态消费方式已经在许多发达国家特别是人口密集、资源压力大的欧洲和日韩等各国政府、企业和民众中蔚然成风。主要表现在生活方式的转型和价值观的更新；体制法规的健全和生态管理方法和技术的创新；以及全社会生态知识的普及和生态意识的提高。1994 年 9 月德国政府颁布了面向物流闭路循环经济的废弃物管理法，目的是彻底改造废弃物管理体系，建立产品责任（延伸）制度，将废弃物的最终安全处置向生产部门的资源循环利用延伸。日本国土面积狭小、自然资源紧缺，而社会消费又十分庞大，如何有效利用各种有限资源，是该国经济可持续发展面临的严重挑战。为此，日本政府于 2000 年颁布了面向废弃物管理的《循环型社会形成推进基本法》，旨在改变社会消费模式，倡导废弃物的减量化和资源化。

苏黎世交通政策的核心是运送更多的人，而不是移动更多的车。其目的在于促进交通方式从小轿车向与环境为友的公共交通转变；合理疏导机动交通，创造宁静的居住环境；限制停车泊位；减少机动交通流量，降低汽车尾气污染。荷兰号称欧洲的自行车王国，城市中绝大多数职工上下班不用私人汽车，而是骑自行车或公共交通。德国基于一项 2002—2012 年的全国计划，每年拨出 1 亿欧元用于自行车道的兴建和维修。目前，伦敦共有 350 条自行车专用道，一条总长度达 8 000 千米的自行车道网络贯穿全国，英国还计划在各主要城市内修建专供自行车使用的封闭式“高速公路”。日本每天骑车上班的“自行车族”有一个颇受欢迎的网站，那就是 NPO 自行车活用推进研究会的“环保自行车积分网”。免费进行会员登录之后，输入体重以及当天的骑车距离，便可以计算出与自己所消耗热量相同的汽车行驶距离及所排出的二氧化碳的容量。德国等国很多商店拒绝白色污染，购物都自带包装袋，迫不得已没带时需另外花钱买纸袋。

目前，越来越多私家车的不合理使用加剧了城市的交通拥堵和环境污染。如今，在欧洲兴起一种共用汽车合作社（car sharing），人们将各自买的汽车放在一个合作社里共用，相当于每个人在合作社拥有一定的股份。合作社对成员的所有汽车统一维护与保养，成员按照需要提前预约，并可在异地使用不同品质的汽车或多人拼车。这样从某种程度上减缓了由于私家车占用土地和道路过多而使用率又较低、造成社会交通负荷沉重和资源相对闲置的问题。

相比之下，尽管我们接触的很多美国朋友生态意识并不低，但美国人廉价消耗化石能源的生活方式等使其生态文明的水平大打折扣。我们乘直升飞机考察美国亚利桑那州沙漠城市凤凰城的城市生态，发现尽管该市水资源极度缺乏，但相当一部分住宅的庭院里都有游泳池，该市人均水资源消耗为北京的 3 倍。现在一些人简单模仿美国人高物耗、高能耗、高环境影响的消费方式。其实，如果全世界的人都模仿美国人生活，至少要 5.5 个地球才能养得起。

6. 和谐社会与心态文明

和谐社会的生态内涵有四层：一是人和自然环境的和谐，包括水、土、气、生、矿等自然生态因子、生态过程和生态服务功能的自然生态和谐；二是人与其社会生产、流通、消费、还原和调控等物质生产环境的经济生态和谐；三是人与人之间竞争、合作、集群、分异关系的社会生态和谐；四是人类社会的技术、体制、文化在时、空、量、构、序管理层面的系统生态和谐。

和谐社会的核心是人，要处理人和天、地、事、物之间的关系。天是指气候、可更新能源等外部环境，地是指土地、土壤和景观，事是指人类的生产、生活、流通、服务及决策管理活动的运筹，物指水、土、气、生、矿等物质的开发、利用和循环。要协调、整合好自然和社会、有形和无形、物态和生态间的系统关系。

心态文明是人对待和处理其自然生态和人文生态关系的精神境界，包括五类：一是温饱境界，这是人的动物本性和生存本能；二是功利境界，是市场竞争和社会发展的经济动力；三是道德境界，能妥善处理人与自然、人与人间的伦理关系，惩恶行善、扶弱育生，是人的社会性；四是信仰境界，有明确的超越物质需求的人生奋斗目标和精神追求；五是天地境界，有能超越自我、超越环境，融时间与空间、有限与无限于一体的生态整合观，五类境界相辅相成，才是一个物态、事态、心态和谐的文明人。

心态文明是当前我国社会可持续发展的一个“软肋”。改革开放以来，我们引进了市场经济的竞争机制，但是传统农业文明的自生和共生机制有所削弱。西方有宗教在平衡市场机制条件下的社会心态，中国人本质上是不信宗教的。但我们却有 3 000 年儒释道诸子百家文化荟萃的中华文化，维持社会的稳定持续，人的家庭观念，社会共生能力很强。新形势下如何恢复弘扬中华民族天人合一心态文化的精华是中国现代化面临的严峻挑战。

当前我国社会的主导文化，一方面是马克思列宁主义、毛泽东思想、邓小平理论传承的社会主义文化，一方面是儒、释、道合一的中华传统文化，另外市场经济、民主政治、生态社会及宗教信仰混合的西方现代文化对我国社会也有一定的影响。但是也不能忽视还有半封建半殖民地的腐朽残余文化和资本积累早期的血腥掠夺自然、掠夺人的掠夺文化在一些地方死灰复燃；另外，一些地方的口号主义、形式主义文化也不乏其例。这几类文化虽然只是支流，但却有一定的市场和影响，严重制约着科学发展观的落实。八荣八耻和共产党员先进性教育就是要解决这后几类境界问题。

生态文明建设是一项长期、艰巨的历史任务和走向可持续发展的渐进过程，是一场技术、体制、文化领域的社会变革，需要全社会自上而下和自下而上的通力协作、潜心学习、锐意奉献和持续推进。我们坚信，有 3 000 多年生态文明优良传统的中华民族，既能创造连续 30 年年均 9.67%经济增长的奇迹，也一定能在今后 30 年重振生态文明雄风，实现中国社会主义生态经济的持续、协调发展。

循环经济：实现可持续发展的理想模式

牛文元

循环经济是国际社会推进可持续发展战略和节约型社会的一种优选模式，它强调以循环生产模式替代线性增长模式，表现为“资源—产品—再生资源”和最有效利用资源和保护环境，做到生产和消费“污染排放最小化、废物资源化和环境无害化”，以最小成本获取最大的经济效益、社会效益和环境效益。

发展循环经济是人类实现可持续发展的一种全新的经济运行模式。基于对环境问题的理解和认识，人类在经济发展过程中经历了三种模式。第一种是传统模式。它不考虑环境因素，主要强调对自然的征服，缺乏保护环境的意识，这是一种“资源—产品—污染排放”单向线性开放式的经济过程。第二种是“过程末端治理”模式，它开始注意环境问题，但其具体做法是“先污染，后治理”，强调在生产过程的末端采取措施治理污染。结果，治理的技术难度很大，不但治理成本高，而且生态恶化的程度日益严重，经济效益、社会效益和环境效益都无法达到预期目的。第三种是循环经济模式。它倡导的是一种与自然和谐的经济发展模式，以实现资源使用的减量化、原料或产品的多次使用和实现废弃物资源化为目的，强调全过程的“清洁生产”，是一个“资源—产品—再生资源”的闭环反馈式循环过程，最终实现“最优生产，最适消费，最少废弃”的节约型社会。

一、循环经济的生态学原理

地理区域是一个由“自然、社会、经济”组成的复杂巨系统，也是协调“人口、资源、环境、发展”四位一体的综合管理体系。所谓循环经济的概念，来源于自然生态系统几亿年长期进化的形成过程。一个成熟的、健康的生态系统，既取决于“投入—产出”的外部环境，更取决于系统内部各个要素之间所具有的稳定关系，以及这些关系的互相作用、互相制约与

牛文元：国务院参事，中国科学院可持续发展战略组组长、首席科学家。

互相影响，最终表现出生态系统的整体效益最大化，尤其是系统的物质流、能量流实现平稳运行与流畅互补。存在于自然界的各类生态系统，既是自然历史长期选择的结果，又是参与进一步选择的起点，其所表现出的结构与功能以及相应的运程、反馈、抗逆、组织、互补共生、等级共享等，形成了一个行为有序的、具有自组织功效的、有较强抗干扰能力的和取得物质、能量损耗最小而系统内部达到优化的整体运行模式。

在分析自然生态系统的宏观构成中，一般均可划分为“生产者”、“消费者”、“分解者”三个有机的成分。对于生产者而言，主要指地球上一切高级生命形式赖以生存的基础，即绿色植物利用 CO_2 与水，在太阳能的作用下，将辐射能转变为化学能的过程，亦即通常所谓的“地球第一生产力”。这种合成的碳水化合物是地球上一切高级生命形式获得生存的基础。所谓“消费者”，是利用第一生产力的各种群体，例如食草性动物、食肉性动物、杂食性动物等，它们的规模和等级一切取决于生产者所能提供的承载力。所谓“分解者”是指生产者在其生命过程中会产生出枯枝落叶或死亡体，而消费者在其生命过程中也会产生出废弃物和死亡体，这些废弃物通过分解者（主要由微生物）的作用，重新变成矿物质，再去参与生产者和消费者的活动。一个成熟的、健康的生态系统会将这三者的互相作用纳入到一个整体的循环之中，即生产者会满足消费者的需求，二者所产生的废弃物又会通过分解者（即通常所称的“环境自净能力”）完整地形成一个良性循环的有效系统。

借鉴于自然界这种长期进化的模式，在人类的发展中，也存在构成“生产者”、“消费者”和“分解者”三者之间的有机匹配，由此形成一种效率较高、物料较省、需求得到理性满足，自然环境维系比较良好的区域发展模式，即通常所谓的“循环经济”模式。自 18 世纪以来的人类生产中，基本的发展模式都是一种单链式或支链式的非循环、整体效益欠佳的线性方式，即人类利用从自然中所萃取的资源，经过运转和加工，形成产品，投放市场，被消费者消耗，其间各个环节所产生的废弃物，一律抛入自然环境之中。这种以成本外部化为特征的自发过程所呈现的单向性、不经济性和环境非友好性，已经对于自然界形成了巨大的压力，资源的过度消耗、人类的过度生产和过度消费所遗弃的废弃物和污染物，只靠大自然本身的自净能力已完全无法消纳，使得严重的环境污染和生态退化在全球尺度上蔓延，到上世纪五十年代已经达到了威胁人类自身生存的程度。于是人们从自然生态系统中开始学习健康循环的机制，并作为经济社会发展模式的参照物，于是引发了一场经济运行方式的伟大变革。

区域发展与社会经济运行同样具有生产者、消费者和分解者的三大功能。所谓生产者是指区域利用生产力要素的组合，产出满足社会需求的各类产品，其中必然产生相应的废弃物和污染物。所谓消费者是指利用中间产品和最终产品的广大用户，他们在消费过程中也会产生不同的废弃物和污染物。所谓分解者是指对于上述各类废弃物和污染物的解除、自净和消纳。一个健康的区域应当能对上述三大功能实施综合协调并达到流畅的循环。目前，由于单靠自然的自净能力（大气、江河湖海、土壤）已不能有效地担负起分解者的作用，因此必须通过人为地加大环保力度进行污染治理，去帮助区域缓冲能力的提高和自净能力的恢复，从而实现“人类向自然的索取必须与人类对自然的回馈”相平衡的核心目标，这就是推行循环经济的基本理念。

长期以来，我国一直都在探索如何能将区域的环境与发展，有机链接起来并形成有效的互动体系，使其既能克服二者之间所产生的矛盾，又能利用二者之间所存在的互补关系，达

到既要高速发展经济，又要大力改善环境，形成一种健康的、和谐的与平衡的发展道路。在全国开展争创循环经济的行动，就是这种长期探索的结果，也是政府实现区域可持续发展的有效手柄。

循环经济的实施，有一套独立的、严谨的和合理的指标体系，从而把环境质量、环境建设、环境管理同区域的经济发展、社会进步、文化建设，完整地结合在一起，既保证了环境促进经济，又保证了经济改善环境，达到符合可持续发展要求的良性循环，一改过去环保只是环境保护部门的事，将循环经济变成了政府整体管理和综合决策中一个有机的支撑点，真正把环境与发展有机地联系在一起，形成了促进区域可持续发展的新合力。

二、循环经济的概念内涵和评价原则

传统经济运行方式遵循一种由“资源消耗—产品生产—污染排放”所构成的物质和能量单向流动的线性经济。在这种经济运行方式中，人类通过对资源的粗放型经营和一次性利用，虽然也实现了经济的数量型增长，但这种高投入、高消耗、高排放和低效率的生产方式直接造成了对资源的过度消耗和对环境的恶性破坏。按照自然资源的承载能力和生态环境的容量，重新调整经济运行方式，实现经济活动的生态型转化，是人类发展历史的一次认识深化，也是实施可持续发展战略的重要途径和有效方式。

经济发展过程中，环境支持能力的变化也可以分为三个阶段，第一阶段是传统增长阶段：环境支持系统的压力持续加大；第二阶段是大力补救阶段：环境负荷开始减速增长，一直达到与区域环境的承载力相平衡；第三阶段是朝着环境质量逐渐变好的方向发展。三个阶段构成了一个倒“U”形曲线，即世界公认的“环境库茨涅兹曲线”(EKC)。循环经济在遵循自然生态系统物质循环和能量流动相协调的原则下，重构循环经济系统，这就是以产品清洁生产、资源循环利用和废物高效利用为特征的生态经济发展形态。它要求按照自然生态系统的循环模式，将经济活动高效有序地组织成一个接近封闭型物质能量循环的多重反馈式流程，保持经济生产的低投入、低消耗、低排放和高效率，从而达到人与自然和谐发展和构建节约型社会的目标。

循环经济是系统性的产业变革，是从单一追求产品利润最大化向遵循生态可持续发展能力建设的根本转变。由循环经济的概念内涵可以归纳出三点评价标准，简称“3R”原则：

循环经济遵循“减量化”原则（Reduce)，以资源投入最小化为目标。针对产业链的输入端——资源，通过产品清洁生产而非末端技术治理，最大限度地减少对不可再生资源的耗竭性开采与利用，以替代性的可再生资源为经济活动的投入主体，以期尽可能地减少进入生产、消费过程的物质流和能源流，对废弃物的产生排放实行总量控制。制造商（生产者）通过减少产品原料投入和优化制造工艺来节约资源和减少排放；消费群体（消费者）通过优先选购包装简易、循环耐用的产品，以减少废弃物的产生。从而提高资源物质循环的高效利用率和环境同化能力。

循环经济遵循“资源化”原则（Reuse)，以废物利用最大化为目标。针对产业链的中间环节，对消费群体（消费者）采取过程延续方法最大可能地增加产品使用方式和次数，有效延长产品和服务的时间强度；对制造商（生产者）采取产业群体间的精密分工和高效协作，

使产品—废弃物的转化周期加大，以经济系统物质能量流的高效运转，实现资源产品的使用效率最大化。

循环经济遵循“无害化”原则（Recycle），以污染排放最小化为目标。通过对废弃物的多次回收再造，实现废物多级资源化和资源的闭合式良性循环，实现污染物的最少排放。

在实施循环经济的区域规划中，必须认识到：

① 区域的发展基础与承载力评估（资源开发、能源利用、社会经济发展、科技贡献等的地域基础；生态服务能力的价值估算、生态足迹分析、生态环境容量的确定等）。

② 认识循环经济在区域、产业与行业中系统层次（物质、能量、信息、资源、废弃物流动的国际循环、国内循环、区域循环及其工业园区内企业的大、中、小循环层次），由此制定科学的顶层设计。

③ 循环经济的产业链（体系）构建。

④ 循环经济建设的时空布局（以循环经济为核心的生态经济体系、可持续利用的自然资源保障体系、山川秀美的生态环境体系、人与自然和谐的支持体系等；循环经济产业示范区建设、三次产业时空发展部署等）。

⑤ 循环经济发展的绿色保障制度体系建设。

三、构建循环经济体系的三大要点

区域的地理区位（自然基础）、发展沿革（经济动力）、文化底蕴（社会内涵）这一三维组合，共同决定了该区域未来循环经济发展的战略取向、战略布局和战略要点。

随着我国面对人口压力、能源挑战、资源短缺、生态退化和环境污染等“瓶颈”约束的增大，如何寻找一条符合中国特色的“新型工业化”之路；如何积极转换增长方式；如何进一步提高自主创新能力；如何提升1980年以来“温州模式”、“苏南模式”的发展走向；如何构建社会主义和谐社会、达到人与自然和谐发展的目标，针对区域循环经济发展的现实要求，制定符合规律的循环经济规划。

循环经济在宏观层面上要求“全社会生产、全社会消费、全社会消纳废弃物”三者之间处于一种良性传递和共生互补的状态，以达到人类向自然的索取被人类对自然的回馈相平衡的基本要求。循环经济在微观层面上要求改变传统的线性经济模式，从源头起经过若干个中间过程直到最终消费的各个环节，形成多个闭合式的环形产业链，将每个环节中的废弃物和污染物，经过改造和分解，一部分回复到生产环节的起点，重新加入生产流程，一部分可能形成新的产业链，创造出新的财富。以上无论从宏观上或从微观上去认识，循环经济都是新时期中国发展的重大选择。

构建循环经济的国家体系，必须强调三大要点，并由此演绎出政策上、规划上、资金上、技术上的多元支撑，以便获取推行循环经济的全面成果。

① 循环经济的制度保障：循环经济虽然从经济增长方式入手，但是其影响是社会的、文化的整体，因此制度保障是其第一位的选择。所谓推行循环经济的制度保障，主要体现出有完整的法律法规，以及这些法律法规在经济社会层面上对行为规范的具体要求，如税收制度、市场准入制度、政策扶持制度等。从而使得企业在构建循环经济时，受到鼓励和保护。

② 循环经济的产业形态：要实施成功的循环经济模式，从国家到企业均有把产业结构调适到符合实施循环经济的必要形态，这个适宜的形态就是“集群经济”。将分散的、无序的企业，组合成产业链并形成集中、分工明确和衔接有序的区域生产模式，因此必须有科学性的顶层设计。

③ 循环经济的技术支撑：循环经济的完善，取决于技术实现的程度和水平。每个循环圈的闭合连接，均有相应的技术手段，实施方法、工艺链接、技术经济比较等，如果缺失相应的技术组合、技术发明和技术进步，实施循环经济也将是不可能的。

循环经济与中国发展的C模式

诸大建　黄晓芬

目前我国经济的快速增长在很大程度上是依赖资源的高消耗实现的，并没有从根本上改变“高投入、高消耗、高排放”的粗放型增长方式。这种粗放型增长方式给我国带来了自然资源消耗的迅猛增长，严重的环境污染问题。发展循环经济是在战略上寻求中国可持续能力“瓶颈”突破的最佳选择。中国正在大力发展循环经济，因此选择什么样的循环经济发展模式是目前的当务之急。

一、传统经济发展模式

传统经济发展模式是一种由“资源—产品—废弃物排放”单向流动的线性经济发展模式。它注重于把经济圈做大，人们高强度地把地球上的物质和能源提取出来，然后又把污染和废物大量地排向空气、水系、土壤、植被这类被当作地球“阴沟洞”或“垃圾箱”的地方。

在传统的经济系统模型中，有两个基本的行为主体：家庭和厂商。这两个行为主体由产品市场和要素市场连接起来。厂商生产产品和劳务，通过产品市场出售给家庭，家庭向厂商支付货币。另一方面，家庭在要素市场上将土地、劳动和资本等生产要素出售给厂商，厂商向家庭支付货币。这样，整个经济就成为一个由产品和货币作相反流动而联系起来的系统。在狭义的经济活动结构中，无需考虑经济系统以外的因素。

这种传统的经济发展模式，经济发展与资源环境脱离，并且不考虑生态约束而以经济发展优先。由于现实社会中的资源短缺和环境恶化而给这种无限扩张的经济增长模式带来了挑战。因此，经济发展应该是资源环境的子系统并受到生态系统约束的，以生态优先的发展模式已经成为必然。未来的经济发展应该是把经济圈放入生态圈中去考虑，把经济圈作为生态圈的一个子系统来考虑发展。

诸大建、黄晓芬：同济大学教授。

二、循环经济：资源约束条件下的发展模式

循环经济是对200多年来传统发展模式的变革，它的理论前提是自然资本正在成为制约人类发展的主要因素。人类正面临着一个历史性的关头：限制人类继续繁荣的不是人造资本的缺乏，而是自然资本的缺乏，这是从古到今第一次。从亚当·斯密奠定经济原理开始，经济学就有两个基本观点：一是人类发展的资源存在着某种稀缺性；二是人类发展需要最有效地配置稀缺资源。经过18世纪以来200多年的工业化运动，尽管人类仍然需要去最有效地配置稀缺资源，但是当前人类面临的稀缺资源的类型已发生了重大的变化。

18世纪工业化运动开始的时候世界上的稀缺资源主要是人，不稀缺的则是自然资源。因此工业化的兴起就是要以机器替代人，从而提高劳动生产率。如何充分地利用自然资源，有效地节省人的资源，成为当时的主要矛盾。但是工业化运动200年后的今天，稀缺的资源变了。人已不再是稀缺资源。因为1800年世界上还只有10亿人口，目前这个数字已上升为60亿。

现在，稀缺的是自然资源，更确切地说是包括自然资源和生态能力在内的自然资本。经济子系统相对于外部的生态系统越来越庞大，某种程度上，剩下的自然资本相对于人造资本变得越来越稀缺，这就颠倒了以前的稀缺性模式。所以，经济学的原理仍是正确的，但是配置稀缺资源的主要矛盾变了。今天，一方面，过剩劳动力的就业问题已成为全球主要矛盾；另一方面日趋衰减的自然资本则成为经济发展的限制性要素。在工业革命发生的时候，地球的经济系统很小，生态系统很大，因此传统经济学可以不考虑自然资源的稀缺性，不将生态系统看作内生变量。经过200多年的发展后，地球上的经济系统已经很大而自然系统趋于减小。当自然环境成为经济发展的内生变量时，持续的经济增长就开始受到自然资本的约束：例如捕鱼受到水产资源的约束。原来只要机器水平提高，捕鱼行业的产量就会提高，GDP也随着提高。现在情况是渔业资源日趋耗竭，机器水平再高也无济于事。

而循环经济则是基于生态经济原理和系统集成战略的减物质化经济模式。它是一种以资源的高效利用和循环利用为核心，以低消耗、低排放、高效率为基本特征，以可持续发展为目标的经济增长模式，是对“大量生产、大量消费、大量废弃”的传统增长模式的根本变革，是人类社会在资源约束条件下所选择的发展模式。

三、中国经济发展的资源约束

（一）中国的承载力

根据2000年中国科学院对中国的承载力研究，无论是在资源供给方面还是在环境负荷方面，中国目前的情况已经远远超过其承载力。在资源供给方面，根据能源负荷计算，在中国所在国土面积上不应超过11.5亿人；根据土地负荷来计算，不应超过10亿人；从淡水负荷计算来看，不应超过4.5亿人。众所周知，中国的人口数量已达到13亿。在环境负荷方面，目前的人口已经远远超过了大气自净能力所能承受的范围，中国的氮氧化物、二氧化硫等污染物的排放已经远远超过了中国环境容量的指标。2003年全国烟尘排放总量近1 000万吨；

二氧化硫排放量为 2 159 万吨，居世界第一位，大大超过环境容量。

就中国的城市发展而言，我们以上海的土地承载力为例来说明。根据对香港、大伦敦、温哥华等地区的研究资料，一般认为可持续发展的城市，其城市建设用地以占整个城市土地的 1/3 为宜，其余部分作为城市的农业用地和自然用地。上海市面积 6 340.5 平方千米，其中市辖区 2 648.6 平方千米。如果上海市土地面积的 1/3 作为建设用地，1/3 的土地作为全生态用地（即自然用地），1/3 的土地作为农林用地，那么上海市建设用地面积就是 2 113 平方千米。按照城市人均建设用地为 100 平方米计算，那么与土地使用有关的人口容量就是 2 100 万人。而现在上海市的常住人口为 1 700 万，流动人口为 300 多万。因此，上海的土地资源是十分紧张的。

（二）中国经济发展的阶段

中国目前的经济发展阶段正处于重化工业阶段。由于重化工业行业及其前向产业和后向产业大都是能源和原材料消费大户，因此重化工业阶段将导致能源、重要原材料和交通运输的紧张。同时，中国的消费结构也正在升级，对重化工业产品产生了巨大需求。

在中国汽车工业 50 年的发展历程中，从 1953 年到 1992 年达到 100 万辆产量时经过了 39 年；从 1992 年到 2000 年用了 8 年时间完成了从 100 万辆到 200 万辆增长；到 2002 年底，中国汽车行业用了 2 年时间就实现了从 200 万辆到 300 万辆的增长；2003 年汽车产量 444.37 万辆，用了 1 年时间完成从 300 万辆到 400 万辆的增长。

从中国房地产的发展历程来看，城镇房屋新建面积从 1953 年到 1984 年达到 2.5 亿平方米经过了 34 年，其中在此期间的中国房地产发展的起幅较大；从 1984 年到 1993 年用了 9 年时间完成了从 2.5 亿平方米到 5 亿平方米的增长；到 1999 年，房地产行业用了 6 年时间实现了 5 亿平方米到 7.5 亿平方米的增长；2002 年城镇房屋新建面积达到 11 亿平方米，仅仅用了 2 年时间完成从 7.5 亿平方米到 11 亿平方米的增长。

从中国钢铁工业发展历程来看，钢产量从 1949 年到 1986 年达到 5 000 万吨经过了 37 年；从 1986 年到 1996 年用了 10 年时间完成了从 5 000 万吨到 1 亿吨的增长；到 2001 年，中国钢铁行业用了 5 年时间实现了 1 亿吨到 1.5 亿吨钢的增长；2003 年钢铁产量 2.223 4 亿吨，仅仅用了 2 年时间完成从 1.5 亿吨钢到 2 亿吨的增长。

因此，由中国汽车、房地产以及钢铁工业发展历程可以看出，随着中国的经济快速增长和人口不断增加，水、土地、能源、矿产等资源不足的矛盾会越来越突出。同时，生态建设和环境保护的形势也会日益严峻。一方面，许多重化工业（如化工等）的生产排放的“三废”较多，对环境的破坏较大；另一方面，一些重化工业产品（如汽车）的使用也对环境造成了极大的压力。从世界范围来看，氮氧化物的 60%、一氧化碳的 78%、碳化氢的 50% 是由汽车交通引起，中国城市大气中由汽车交通所造成的污染占 50% 以上。

四、中国循环经济发展模式的选择

（一）A 模式——增物质化模式

增物质化发展模式表现为经济和环境压力同步增长，通常可以认为 GDP 做大了而环境

变得更恶化了，这即是传统的经济增长模式。把增物质化发展模式定义为 A 模式，也是当前绝大多数发展中国家的经济发展模式，即 GDP 的增长依赖资源投入总量的增加；GDP 的增长伴随污染排放总量的增加。以往中国经济发展与 A 模式存在类似的规律，如果中国继续保持现有的经济发展模式，所需的资源投入与污染排放将随之同步增加。

如果我国继续按照现有资源利用方式和污染产生水平，未来经济社会发展对环境的影响将是现在的 4～5 倍。显然，这种模式意味着可能带来社会的不稳定和环境退化。同时以资源的大量消耗来实现我国的工业化和现代化也是难以为继的。

（二）B 模式——减物质化模式

减物质化在有关的文献中定义为单位工业产品所产生的废弃物。或者减少原材料（能源和材料）在经济活动中的使用强度，可以把材料（或能源）消耗量与 GDP 的比值来衡量。因此，减物质化发展模式，表现为经济仍在继续增长，而环境压力呈零增长趋势，甚至物质使用强度和污染物的排放量大幅度地减少，经济发展与环境压力二者之间开始出现绝对脱钩，达到强可持续发展。

相应地，把减物质化发展模式定义为 B 模式，也就是当前发达国家所沿用的发展模式，经济仍在继续增长，而环境压力呈零增长趋势，经济发展与环境压力二者之间开始出现绝对脱钩。欧洲国家提出了在 21 世纪要实现总生态经济效率为“倍数 4”的发展目标。“倍数 4”就是经济增长增加一倍，而物质消耗和污染排放量比现在要减少一半。

B 模式属于绿色的发展道路，这种发展对环境所带来的影响将通过一系列技术创新和制度创新来得到解决。例如德国的经济发展道路就采用了 B 模式。如下图中揭示了 1991— 2002 年德国的经济发展和污染物排放的情况。从图中可以看出，德国自 1991 年到 2002 年经济总量是稳步增长的，而在同期其主要的污染排放物（如二氧化碳、二氧化硫、氮氧化合物）却在大幅度地减少。在德国经济发展模式中，实现了经济发展与环境压力之间的脱钩。

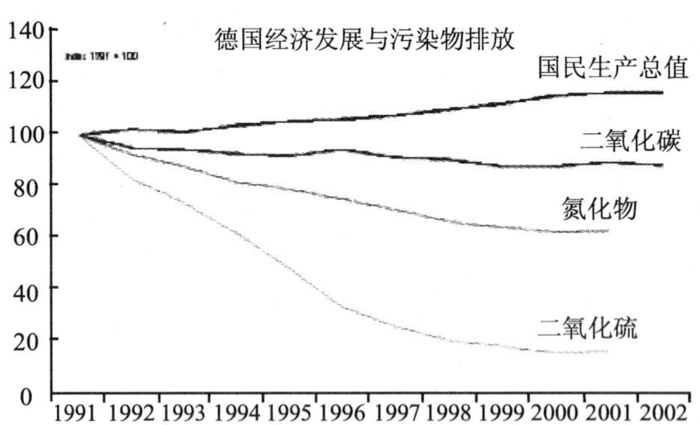

数据来源：德国联邦统计局。

就中国而言，如果到 2020 年在经济增长翻两番的同时，希望环境压力有明显的减轻（例如比现在减少一半），那么生态效率就必须提高 8～10 倍。然而从我国当前的技术能力和管理水平来看，要推行这个高方案的模式难度很大。

（三）C 模式——中国适宜的循环经济发展模式

资源的短缺和环境压力的增大迫使我国不能继续遵循传统的发展 A 模式，同时我国的科技水平与国际发达国家有一定的差距，因此我国的循环经济道路也不能立即沿用西方发达国家的 B 模式。由于我国加快全面建设小康社会进程，保持经济持续快速增长，资源消费的增加是难以避免的，笔者提出适合我国国情的循环经济发展模式，简称 C（China）模式。在 C 模式中，中国的经济仍保持大幅度地增长，同时对环境的污染物排放量先减速增长，然后再使污染物排放量保持稳定，最后在我国的科技水平提高了较高的水平的基础上大幅度地减少污染物排放，使污染物排放量下降。

C 模式也称 1.5～2 倍数发展战略，就是中国到 2020 年经济总量翻两番，同时允许资源的消耗和环境污染物排放增加一倍左右。因为只有保证我国 GDP 的持续快速增长，才能解决我国社会经济发展中的一系列矛盾。所以该模式将给予我国的 GDP 增长一个 20 年左右缓冲的阶段，并希望经过 20 年的经济增长方式调整，最终达到一种相对的减物质化阶段。

在下表中数据的计算是以对 2000 年的中国经济、社会和环境的研究为依据，计算了中国采用 C 模式（即采用 1.5～2 倍数发展战略）后，到 2020 年和 2050 年中国的社会、经济和环境发展情况。到 2020 年，GDP 总量将从 2000 年的 1 万亿美元增加到 4 万亿美元，人口保持小幅增长，人均 GDP 呈现大幅度的增长。同时能源消费总量、用水总量、污染排放物（包括二氧化碳、二氧化硫和氮氧化物等）有一个惯性的增长，总量控制在 2000 年的 1.5～2 倍。这样，通过发展减物质化的经济，并把建设循环经济型社会的目标纳入我国的经济社会发展的总框架之中，到 21 世纪的前期（例如 2020 年左右）实现以较小的资源消耗和废物排放（特别是各类固体废弃物）以达到较好的经济社会发展是有可能的。在 2020 年以后，中国在前面 20 年的发展基础上，可以实现倍数 4 发展战略，即经济总量继续翻一番，同时资源消耗减半。这样中国的经济发展与环境压力可以实现绝对脱钩，如发达经济所追求的减物质化发展模式（B 模式）情景。

中国循环经济发展的 C 模式

资源环境管理指标		2000 年	2020 年	2050 年
经济	GDP 总量（万亿美元）	1	4（相当于 2000 年的 4 倍）	16（相当于 2000 年的 16 倍）
	人口（亿人）	12.76	15（相当于 2000 年的 1.2 倍）	14
	人均 GDP（美元/人）	800	3 000（相当于 2000 年的 4 倍）	12 000（相当于 2000 年的 16 倍）
社会	城市化率（%）	36	55	80
	人类发展指数	0.721	0.8	0.9
能源	能源消费总量（亿吨）	14	29（相当于 2000 年的 2 倍）	30（相当于 2000 年的 2 倍）
	矿物燃料（%）	90	70（平均每年减少 1%）	50
	可再生能源（%）	9	30（平均每年增加 1%～1.5%	50
水	用水总量（亿立方米）	5 531	6 800	+0%（相当于 2000 年的水平）
	人均用水（立方米）	430	464	+0%（相当于 2000 年的水平）
	水生产率（美元/吨）	1.95	37	93.3（英国 1991 年的水平）
污染物排放	二氧化碳（亿吨）	8.81	12（相当于 2000 年的 1.5 倍）	+0%（相当于 2000 年的水平）
	二氧化硫（万吨）	1 620	4 000（相当于 2000 年的 2.5 倍）	
	氮氧化合物（万吨）	1 880	3 500（相当于 2000 年的 1.8 倍）	

发展循环经济应成为生态省建设的核心任务

齐建国

2003 年以来，中国经济增长速度超过 9%，进入了一个新的高速增长周期。到 2005 年，中国的人均 GDP 达到 1 400 美元左右。这意味着中国经济和社会发展已经进入了以结构迅速变动为特征的新的高速增长周期。但是，这一轮高速增长将面临与前 25 年高速增长截然不同的资源与生态环境条件。本文在对未来中国经济发展的新特征、经济增长的资源与环境成本进行分析的基础上，探讨一种新的技术经济范式——循环经济，并提出了相应的对策思路。

一、未来中国经济发展特征

1．经济高速增长的表现

持续高速增长具有内在的推动力，主要表现为以下三个方面：

（1）大众消费时代来临，多层次的消费结构将拉动经济快速增长。从人均收入水平和产业产出结构特征来看，中国经济发展已经迈入大众消费时代。这一时期的标志是人均收入水平已经满足基本食物、住房和穿着的消费，汽车进入大规模生产和家庭，家用电器快速普及，消费结构开始升级，国内需求呈现出多层次稳定快速增长的趋势，对经济增长形成强劲的拉动力。

（2）城市化将持续快速发展，生产率快速提高，为内需持续快速增长提供动力。中国已经进入加速城市化的阶段，产生了两个转移：一是农村人口向城市转移，即由低生产率区域向高生产率区域转移；二是农业劳动力向非农产业转移，即由低生产率部门向高生产率部门转移。显然，这两个转移都将会促进生产率提高。这将使国内需求不断上升，为经济增长提供持久的动力。

（3）劳动力供给的“无限性”与来自全世界的新技术持续供给，将使中国经济继续保持

齐建国：中国社会科学院数量经济与技术经济研究所研究员。

低成本优势和更强的国际竞争力。中国劳动力供给的“无限性”与国际化先进的科学技术供给在一种“压缩型”工业化过程中激烈碰撞，使得中国的生产高速增长与失业率上升并存。解决这一尖锐矛盾需要经济持续快速增长，以便提供尽可能多的就业机会。

2．经济增长将由重化工产业与高新技术产业双重主导

未来一个时期内，国内投资和消费都将对重化工产业形成强大的需求拉力。

（1）投资需求继续高速增长将会拉动重化工产业快速发展

第一，城市化和国家基础设施建设将拉动投资快速增长。据建设部《2003 年城市建设统计公报》的数据，中国城市基础设施投资占 GDP 的比重呈上升趋势，1999 年为 2.0%，2000 年为 2.1%，2001 年为 2.6%，2002 年为 3.1%，2003 年为 3.5%。在城市建设投资迅速增长的同时，跨地区、跨流域大型、特大型基础设施建设投资也不断增加。第二，农村基础设施投资将会逐步加快步伐。按照统筹城乡发展和支持“三农”发展的要求，国家将大幅度增加对农村基础设施建设的投入。城乡建设和基础设施投资将促进重工业的快速发展。

（2）消费需求增量将以重化工产业为基本支撑

这主要表现在：第一，中国将成为世界汽车生产和消费大国，2003 年我国的小汽车生产量已经达到 202 万辆，2004 年 257 万辆，2005 年 300 万辆，轿车进入家庭将会成为未来相当长时期内的消费需求热点。第二，据建设部《2003 年城镇房屋概况统计报告》的数据，中国城镇人均住房面积已从 1978 年的 7 平方米提高到 23.67 平方米，到 2010 年中国平均每年需新增住宅建筑面积 5 亿平方米。第三，中国以电冰箱、空调、彩电为代表的家用电器业取得了突飞猛进的发展。第四，由于廉价的劳动力、广阔的消费市场、优惠的投资政策，中国已经逐步成为“世界工厂”。所有这些产业的生产和消费的特征是既消耗重化工材料，又以能源持续消费为支撑，从而会极大地拉动重化工产业的增长。

3．城乡差距将会继续扩大，环境因素将成为影响城乡差距的重要因素

中国的城乡收入差距呈现出持续扩大的态势。1978 年，城镇居民人均可支配收入是农村居民人均纯收入的 2.57 倍，到 2004 年扩大到 3.3 倍。由于农民增加收入在很大程度是靠资源开采和初加工，农村的资源消耗和生态环境污染正在扩大，这使得农民与城镇居民在生活质量上的差距加大。生态环境的破坏实际上放大了二元结构导致的社会不公平。

4．区域差距将继续扩大且缩小差距的难度加大

中国中西部地区虽然获得了较快的发展，但其经济增长和财富积累远比不上东部发达地区，长期累加的结果必然使得东中西部地区的差距继续拉大。西部地区的城市密度小、城市化水平低，农村人口比例大，东西部的差距在很大程度上是城乡差距在地域上的反映。目前西部地区的生态功能已经非常脆弱，开发程度已经超过了自然承载能力。在中国生态环境压力日益上升的情况下，缩小东西部地区差距的难度将会加大。

5．中国已进入由经济大国向经济强国的转变过程

主要表现在：①物产产品大国的地位已经确立，世界工厂是必然的选择。经过 20 多年的快速增长，中国的物品生产供给能力已经在世界上占据重要地位。到 2003 年，中国已经成为世界钢铁第一大国、水泥第一大国、家用电器第一大国、电话第一大国、服装第一大国。从这个意义上说，中国已经成为名副其实的世界工厂。②对国外资源的依赖性急剧上升。由于中国人均资源拥有量远小于世界平均水平，在产品产量猛增的同时，资源和能源对进口的

依赖程度必然上升。同时，由于加工能力超长而研发能力欠缺，使得中国的现代制造业和高新技术产业呈现核心技术空心化的特征，这将会抑制国内产业结构升级，制约民族经济的国际竞争力。

因此，中国必须提高创新能力，强化具有自主知识产权的技术的研究与开发，从而加快中国由经济大国向经济强国的转变进程。

二、中国经济增长的资源与环境成本分析

1．持续的高速经济增长带来的资源与环境压力持续上升

（1）资源供求矛盾的激化

能源　根据国家发改委能源所的预测，2020 年中国一次能源需求量为 25 亿～33 亿吨标准煤，在 2020 年前的高速增长阶段，中国能源供应缺口进一步扩大，供需矛盾十分尖锐。到 2020 年我国石油的对外依存度将达到 60%，天然气的进口依存度为 40%，石油和天然气的供应安全问题凸显。中国能源的利用效率约为 33%，比发达国家低约 10 个百分点，单位产品能耗水平高，有 8 个高耗能行业的单位产品能耗比世界先进水平高出 20%～50%。

矿产资源　根据对未来矿产资源需求量的预测，到 2020 年中国 45 种主要矿产可利用的储量能保证消费需求的仅有 9 种，其余 36 种矿产则难以保证需求。在中国 415 个大中型矿山中，有 50%面临保有储量危机和即将关闭，中国有 47 个矿业城市探明储量枯竭。中国金属矿山采选回收率平均比国际水平低 10～20 个百分点，矿山资源综合利用率仅为 20%，尾矿利用仅为 10%。

水资源　中国水资源总量为 2.8 万亿立方米，但人均水资源占有量仅为世界平均值的 1/4。根据未来中国人口增长、城市化、工业化和社会经济发展需要，预测 2010 年全国水资源需求量为 6 000 亿～6 500 亿立方米，2020 年为 6 500 亿～7 000 亿立方米。中国正常年份缺水量为 400 多亿立方米（刘昌明，2001）。

上述资源情况说明，面对经济高速增长的压力，未来中国的资源将进入全面紧张的时期，现有的资源条件已经成为持续经济增长的严重制约。

（2）环境承载能力矛盾的激化

中国的环境保护措施使得环境污染加剧的状况得到初步控制，部分地区和城市的环境质量得到改善。但是，中国的环境污染依然不容乐观。主要表现为污染物排放总量远远超过自然环境的自净能力，江河湖海污染、大气环境污染、酸雨污染、固体废弃物污染、重金属污染、农业与农村面源污染等有日益加重的趋势。长期对生态环境保护投入不足导致生态系统严重退化，国家环境安全面临严重的威胁。

2．经济增长的生态环境成本与损失评价

（1）生态环境要素与经济增长

在生态环境能够净化和容纳人类生产和生活排放的污染时，人们总是认为生态环境是没有价值的非人类劳动产物，在经济学中是外部条件，而不是经济要素。但生态环境的净化能力或环境容量对污染的承载能力是有限度的。随着生产力的发展和人口的增加，人类对环境资源的索取越来越多，环境资源的有限性显现出来。有限性使得生态环境已经变为稀缺资源，

对它们的使用就成为经济增长必须付出的成本。

（2）对环境成本的典型研究成果比较

环境成本通常表现为环境污染、生态破坏造成的经济损失。许多学者研究并计算了中国环境污染经济损失相当于GDP的比重。过孝民、张慧勤（1990）计算的1983年的数据为6.75%，郑易生计算（1995，1997）的1993年的数据为3.16%、1995年的数据为3.29%，夏光（1998）计算的1992年的数据为4.04%，孙炳彦（1996）计算的1994年的数据为5.8%，美国东西方研究中心Vaclva Smil（1996）计算的1990年的数据为2.17%，世界银行（1996）估计的1997年的数据为3.4%（低估）、7.7%（中估）。

还有一些学者对中国生态破坏经济损失相当于GDP的比重进行了研究和计算。过孝民、张慧勤（1990）计算的1983年的结果为8.9%，金鉴明（1994）计算的1986年的结果为8.74%，徐嵩龄（1998）计算的1993年的结果为7.52%，国家环保总局（2001）用90年代末的数据计算的结果为西部地区13%、东中部地区5%～12%。

以上计算结果表明，中国环境污染经济损失为当年GDP的2.1%～7.7%，生态破坏经济损失相当于当年GDP的5%～13%，两者之和为GDP的7%～20%。也就是说，每实现1万元GDP，需要造成700～2 000元的生态和环境损失。而这种成本损失在GDP统计中没有得到反映。

3．绿色GDP的困境

GDP作为最重要的宏观经济指标及相应的国民生产核算账户体系是对经济学的重大贡献，但是生态环境问题却使GDP受到前所未有的挑战。经济学家们研究指出，GDP有两个重要缺陷，一是GDP没有反映资源的枯竭和生态环境退化的代价；二是淡化了那些与大多数人的福利及与可持续发展相关的一些内容。有鉴于此，建立“绿色国民经济核算制度”的呼声渐强。绿色GDP核算的核心是要计算国内生产总值在扣除生态资源耗费成本与环境成本之后的有效财富。但是，生态破坏、环境污染和资源损耗的价值度量在方法和技术上的难度很大，涉及人类的主观价值判断因素较多，尽管许多国家和国际机构多次尝试估算不同模式下的资源成本和生态环境成本，但目前还没有哪个国家以政府名义公布绿色GDP。因此，建立绿色GDP制度仍需要进行艰苦的探索，要进一步从概念内涵界定、逻辑一致性、资源存量计算参数、物理危害的货币化计量、数据信息系统等方面完善、资源成本和环境成本计量方法等各方面进行统一规范并制定准则。

4．环境投资是GDP损失还是创造GDP

近20多年来，中国环境保护投资平稳上升。“六五”环境保护投资总量为166.23亿元，占同期GDP的比例为0.50%；“七五”期间环境保护投资总量为476.42亿元，占同期GDP的比例为0.69%；“八五”期间环境保护投资总量为1 306.57亿元，占同期GDP的比例为0.73%；“九五”期间环境保护投资总量为3 600亿元，占同期GDP的比例为0.93%；“十五”期间规划的环境保护投资总量为7 200亿元，占同期GDP的比例为1.3%（国家统计局，2003）。这些投资有效减缓了污染状况恶化的趋势。但是，中国环境污染总量仍然巨大并继续上升，环境保护投资的需求压力将持续加大。环保投资表面上成为经济增长的重要领域，但实际上是在弥补生态环境资源的损失。即使是环保投资占GDP的比例不断增加，这种损失也仍然远没有得到真正的补偿。

三、环境污染的源头治理与循环经济

1. 经济发展的阶段性与环境污染

环境经济学家根据库兹涅茨曲线原理提出了环境库兹涅茨曲线的学说，即在经济发展的不同阶段，环境也存在先恶化后改善的情况。大量的实证研究表明，大多数污染物与人均GDP之间存在倒“U”形关系。中国目前正处于经济起飞时期，污染物的排放量也急剧增加，比照倒“U”形环境库兹涅茨曲线分析，中国的环境污染状况正处于环境库兹涅茨曲线倒“U”形的左侧，环境污染属于上升阶段。

2. 范式创新与循环经济

作为实现可持续发展的具体途径，环境经济学界提出了循环经济的理念。循环经济是以“减量化、再利用、资源化”为原则，以技术、法律规制、经济政策、市场机制为手段，将“资源—产品—废物排放”的传统线性物质消耗范式变革为“资源—产品—再生资源”的物质循环范式，以最小的资源能源消耗和最少的污染排放，取得最大的经济产出，实现经济效益、社会效益、环境效益的统一（齐建国，2004）。中国要在实现 2020 年经济翻两番的目标的同时使环境状况好转，单位 GDP 产生的污染总量必须降低到 2000 年的 1/8，显然，必须创新经济增长模式。

（1）“谁污染，谁治理”的局限性

中国在 20 世纪 70 年代末的环境立法中实行的是“谁污染，谁治理”的原则，虽经几次扩展但其内容与“谁污染，谁治理”的办法没有根本的差异。“谁污染，谁治理”的局限性就在于将污染治理处于一种被动的地位，其最大的缺陷就在于虽有排放标准却无总量控制，忽视了环境容量的极限。而且，这种治理模式对于大量乡镇小企业和生活污染没有可行性，因为小企业和居民没有能力，其结果是“只污染不治理”。2000 年以来，中国才真正开始推行污染总量控制战略。

（2）源头治理与循环经济

从人类的生产活动与索取环境资源的关系角度，人类社会经历了三种不同的技术经济范式：

第一种是传统的线性范式。其方式是人类从自然界中获取资源，进行加工生产产品，将废弃物直接向环境排放，即“资源—产品—污染排放”单向线性开放式过程。

第二种是生产过程末端治理范式。强调在生产过程的末端采取措施治理污染。

第三种是循环经济范式，其技术特征是源头治理。循环经济范式的基本思想是要求减少资源的消耗，节约使用资源；通过清洁生产，减少污染排放甚至“零”排放；通过废弃物综合回收利用，实现物质资源的循环使用；通过垃圾无害化处理，实现环境友好生产。由此可见，发展循环经济是解决中国经济高速增长与生态环境日益恶化这一矛盾的根本出路。

四、结论

中国经济长期发展中的五大趋势特征表明，中国将在经济快速增长的同时进入急剧的转

型期。在这个时期，我们必须解决过去几十年积累起来的一系列经济社会矛盾，包括经济与社会发展不平衡、城乡之间和地区之间收入差距扩大、经济增长与自然生态环境之间的新结构危机，解决这些问题本身都需要经济快速增长。

中国经济的高速增长是以生态环境的巨大损失为代价的，是以自然资源要素的大量消耗来支撑和推动的，中国所面临的自然资源短缺和生态环境压力，使得依靠透支生态环境为基础的经济增长方式难以为继，必须走出一条新型的经济增长道路。

为了解决中国持续高速经济增长与资源过度消耗、生态环境污染恶化的多重矛盾，发展循环经济模式是必然的选择，可以实现在经济高速增长的同时使资源消耗和环境污染总量下降的目标，进而实现经济的可持续发展。

生态省建设是政府推动的，是以生态规律指导经济建设的一种尝试。但是，在市场经济条件下，经济规律并不服从生态规律，这是生态省建设的困难所在。但是，循环经济作为一种经济发展模式，可以通过政府干预，借助市场机制来推进，实现经济增长和环境保护的“双赢”。只有经济发展了，进行生态省建设才有物质投入保障，例如，为增加林草植被提供资金支持，为园林建设提供财力投入等。因此，进行生态省建设应该把发展循环经济放在中心位置。

实践篇

海南

海南省人民代表大会
关于建设生态省的决定

（1999 年 2 月 6 日海南省第二届人民代表大会第二次会议通过）

海南建省办经济特区以来，坚持把保护和改善生态环境作为开发建设中的一项基本方针，经过不懈的努力，取得了明显的成效，为创建一流环境质量，发展新兴生态产业，奠定了良好基础。为了充分发挥海南的环境、资源优势，全面实施可持续发展战略，促进海南跨世纪发展远景目标的实现，省人民代表大会认为有必要提出加快生态省建设的任务。通过生态省建设，进一步增强全省干部群众的生态环境意识和可持续发展意识，坚持按自然规律和经济规律办事，正确处理经济发展同人口、资源、环境的关系，促进经济、社会和生态环境协调发展。为此，特作决定：

一、建设生态省是关系全省各族人民利益、造福子孙后代的大事，必须在中共海南省委的领导下，调动广大群众的积极性，组织全社会的力量去完成。全省城乡居民、各行各业都应当积极投入生态省建设，大抓封山育林、植树种花，保护自然资源和海洋资源，治理水土流失，防治环境污染，因地制宜建设生态农业、生态旅游业和高科技新兴工业。

二、省人民政府要把生态省建设纳入国民经济和社会发展计划，按照科学规划、目标明确、重点突出、措施可行的原则，尽快编制生态省建设大纲，提请省人大常委会审议批准。各市、县、自治县要在生态省建设大纲的指导下，结合实际制定本市县的生态环境建设实施方案。各级人民政府要切实加强领导，采取有效措施，保证大纲贯彻实施。

三、省人大常委会要根据国家法律和实际需要，不断完善生态环境保护和建设方面的地方立法，引导、规范、保障和促进生态环境建设事业健康发展。各级人大常委会要加强生态环境执法监督，督促各有关行政主管部门依法严格管理，坚持有法必依、执法必严、违法必究，为加快生态省建设创造良好的法制环境。

海南生态省建设规划纲要

（2005 年修编）

（2005 年 5 月 27 日海南省第三届人民代表大会常务委员会第十七次会议通过）

序　言

1999 年 2 月，海南省第二届人民代表大会从实施可持续发展战略、发挥海南环境优势、打造海南特色、加快和实现全省经济社会协调发展的大局出发，做出了建设生态省的决定。经过 6 年的不懈努力，生态省建设取得了明显成效，积累了宝贵经验，为下阶段的工作奠定了良好基础。为了全面贯彻落实以人为本，全面、协调、可持续的科学发展观，省委、省政府提出对《海南生态省建设规划纲要》进行修编，明确要求以科学发展观为理论指导，站在新世纪头 20 年全面建设小康社会的时代高度，认真总结 6 年来的经验教训，充分吸收国内外生态研究和建设的新成果，扩展和充实生态省建设的内涵，进一步明确新阶段的奋斗目标和重点任务，以更好地推进生态省建设。

建设生态省体现了科学发展观关于坚持以经济建设为中心，坚持经济社会全面发展、协调发展、可持续发展、以人为本的基本要求，是根据海南实际条件，因地制宜地树立和落实科学发展观的具体形式，其实质是要推动我省走上切合海南实际的和谐的可持续发展道路，用新的发展思路实现经济社会更快、更好地协调发展，最终达到构建和谐社会的宏伟目标。

建设生态省的主要内容有四个方面。一是加快发展生态经济，推行节约、环保、高效的经济增长方式，实现经济更快地协调发展，为全面实现小康社会和现代化建设目标奠定坚实的物质基础。二是开展环境保护和生态建设，在发展中注重解决好资源和生态环境问题，打造生态环境优势。三是创建具有海南特色的优美人居环境，提高人民群众的生活水平，创造一流的生活与工作环境，提供一流的生活质量。四是推进生态文化建设，在全社会营造爱护环境、保护环境、建设环境的良好风气，为经济持续、快速、健康、协调发展提供精神动力和智力支持。建设生态省的目标是，把海南建设成为具有良好热带生态系统、发达的生态经济体系、人类与自然和谐共处的生态文化氛围、一流生活环境和生活质量的符合可持续发展要求的省份。

按照省委、省政府的要求，省生态办对《海南生态省建设规划纲要》进行了修编。修编后的《海南生态省建设规划纲要》（以下简称《纲要》）贯彻了科学发展观和构建和谐社会的

基本要求，把生态省建设的目标与全面建设小康社会的目标进行了衔接，增加了生态省建设的有利条件和面临的挑战、区域布局、生活质量等内容，按照产业和环境的关系对产业部分进行了调整，强化了生态省建设的保障措施。《纲要》作为指导海南生态省建设的重要文件，是编制市县、行业、部门规划和年度实施计划的重要依据。

建设生态省是一项长期的历史性任务，是一个不断发展和进步的动态过程，在新的时期、新的阶段将有新的、更高的目标要求。随着认识的不断深化和新兴技术、新兴产业的不断涌现，今后还将与时俱进对《纲要》进行调整和补充。

一、生态省建设进展情况和面临的形势

（一）生态省建设进展情况

海南自 1999 年在全国率先提出建设生态省以来，全省上下积极推进生态省建设，在生态环境保护、产业发展、人居环境建设和生态文化培育等方面取得了显著的成效。经过 6 年的建设，全省比较突出的生态环境问题得到有效解决或控制，建成了一批示范工程和项目，起步阶段的建设目标基本实现。在经济得到快速发展的同时，全省生态环境进一步改善，环境质量继续保持全国领先水平。

一是生态环境得到了改善。通过实施天然林、水边路边城边（“三边”）防护林、椰林、退耕还林、浆纸林等森林保护与林业建设工程，2004 年全省森林覆盖率达到 54.9%，生态公益林面积稳定增长；加强自然保护区建设，陆地自然保护区面积占陆地总面积比例达到 8.1%，6 年提高了 3.37 个百分点，增加了 12.6 万公顷；实施水土流失和荒漠化治理等生态恢复工程，退化地区的生态得到恢复。

二是环境污染得到了有效控制。通过实施工业污染防治工程和城镇环境综合整治工程，全省提前完成了“一控双达标” 任务（全省环境污染物排放总量控制在国家下达的总量指标之内，全省工业污染源达标排放，海口市环境质量达到国家规定的标准），并有效地巩固了“一控双达标”成果。环境污染物排放量明显减少，2004 年工业化学耗氧量、粉尘排放量分别比 1998 年减少 64%、62%，2004 年城镇污水集中处理率达到 44%，比 1998 年提高了 21 个百分点。禁止使用高毒、高残留农药，推广使用生物农药和有机肥料，农业面源污染得到初步控制。

三是生态产业快速发展。我省充分发挥生态环境优势，积极发展了绿色农业、生态旅游等生态优势产业，发展汽车制造、制药等低污染的清洁型产业，按照排污总量控制、区域控制和浓度控制的要求在西部工业开发区集中发展天然气化工、浆纸业等集约化资源加工业，有力推动全省经济快速、健康发展。6 年来全省第一、二、三产业年均增长率分别达到 9.5%、11.8%、8.1%，全省生产总值年均增长 9.4%，2003 年全省人均生产总值突破 1 000 美元，2004 年达到 1 172 美元。

四是城乡人居环境面貌发生了显著变化。实施净化、绿化、美化工程，创造性地在全省农村开展文明生态村建设，有效推动了文明生态村、文明生态集镇和文明生态城市三级创建活动。全省建设了 4 133 个文明生态村，占自然村总数的 18.3%；城镇基础设施得到加强，

累计批准“半拉子”房地产工程处置面积达 1 396 万平方米，处置了闲置建设用地 2.27 万公顷；海口市和三亚市先后获得全国卫生先进城市、国家园林城市和中国优秀旅游城市称号，海口市还被评为国家环保模范城市，三亚市获得中国人居环境奖。

五是公众生态环境意识明显提高。采取多种形式组织开展了以青少年、各级党政干部为重点的公众生态环境保护宣传教育活动，6 年来有 1 000 多名党政领导干部接受了可持续发展和生态环境保护知识培训，全省部分中小学校结合地方课程改革开设了地方环境教育课程，各类学会、协会等社会团体组织开展多种形式的生态环境保护宣传教育活动。

（二）生态省建设的有利条件

1．有利的国际背景。环境与发展是当今世界普遍关注的主题，推行可持续发展战略已经在全球范围达成共识。随着经济全球一体化进程，发达国家对产品和服务贸易提出了严格的环保要求，发展绿色经济是突破国际贸易“绿色壁垒”、提高国际竞争力、加快经济发展的必然选择。

2．有利的国内环境。我国率先制定了实施可持续发展战略的国家 21 世纪议程；党的十六大确定了走生产发展、生活富裕和生态良好的文明发展道路，全面建设小康社会的奋斗目标；十六届三中全会明确提出了以人为本，全面、协调、可持续的科学发展观；十六届四中全会提出了构建和谐社会的战略任务。这些为生态省建设明确了指导思想和奋斗目标。继海南之后，又有 7 个省份提出建设生态省，生态省建设的理论、方法与模式得到不断创新和发展。

3．有利的省情条件。海南拥有丰富的自然资源，环境本底质量好，污染治理包袱小，生态环境质量保持全国领先水平，生态省建设具有明显的资源环境优势。经过起步阶段 6 年的建设，生态省建设具有了良好的基础，公众参与生态省建设的意识和自觉性大大提高，全省上下已经形成了以生态省建设促进海南发展的共识。

（三）生态省建设面临的挑战

1．经济发展水平不高。海南仍属于经济欠发达地区，财政收入总量较小，难以对生态省建设提供足够的资金支持。一些地区为加快当地经济发展，尽快改变落后面貌，还存在为追求眼前、局部利益而破坏生态环境的现象。

2．公众生态环境意识还不普及。由于可持续发展观念不强，导致决策失误而破坏生态、污染环境的事件还时有发生。仍有一些企业缺乏保护生态环境的意识，单纯追求经济效益，采用粗放型生产方式导致生态破坏和环境污染。在社会生活中不注意节约资源、不自觉保护环境等不文明行为还大量存在。

3．人才和科教等智力支持不足。各类专业技术人才缺乏，科研力量薄弱，基础教育质量不高，职业技术教育和高等教育实用性不强，生态省建设所需要的人才和科技等智力支持不足。

由于上述因素的制约，环境与发展的矛盾仍较突出，生态省建设的任务艰巨而繁重，还需要继续统一思想，提高认识，开拓创新，扎实工作，充分利用有利条件，解决存在的突出问题，坚持不懈地推进生态省建设。

二、生态省建设的指导思想和总体目标

（一）指导思想

以邓小平理论、“三个代表”重要思想和科学发展观为指导，以加快经济发展为主题，以协调发展为根本要求，以提高人民群众生活环境质量和生活水平为出发点，以改革创新为动力，努力打造体制、产业和环境三大优势，加快发展生态经济体系，在发展中解决环境问题，统筹人与自然和谐发展，处理好经济建设、人口增长与资源利用、生态环境保护的关系，促进全省走上生产发展、生活富裕、生态良好的文明发展道路，实现经济社会全面、协调、可持续发展。

按照科学发展观和构建和谐社会的要求，生态省建设必须坚持以经济建设为中心，在加快发展的同时转变经济增长方式，实现速度和结构、质量、效益的统一；必须坚持以人为本，转变“重物轻人”的观念，实现人民群众物质生活水平和健康水平的大幅度提高；必须坚持人与自然的和谐发展，转变单纯利用和征服自然的观念，努力构建资源节约型社会，实现自然生态的稳定与平衡；必须坚持可持续发展，转变只注重眼前发展和局部利益的观念，牢固树立“保护环境就是保护生产力，改善环境就是发展生产力，破坏环境就是破坏生产力”的观念，实现经济和人口、资源、环境的协调发展；必须坚持全面发展，在加快经济持续快速协调健康发展的同时，加强政治文明和包括生态文化在内的精神文明建设，实现物质文明、政治文明、精神文明相互促进、共同发展。

（二）基本原则

1．遵循尊重规律，统筹兼顾的原则。尊重自然规律、经济规律和社会发展规律，统筹兼顾局部与全局、当前与长远、经济与社会、人与自然的协调发展，协调好各方面的利益关系。

2．遵循保护与开发并重的原则。坚持预防为主，在保护中开发，在开发中保护，在搞好环境保护和生态建设的同时，合理利用资源环境优势，积极发展生态产业，推动经济快速发展，在发展中解决生态环境问题。

3．遵循统一规划，分类指导，讲求实效的原则。科学制定规划和政策，因地制宜，分类指导，针对各地区、各方面的主要矛盾，重点突破，分步实施。

4．遵循政府主导，社会各界广泛参与的原则。充分发挥政府的组织、推动、引导作用，增加政府投入，同时充分运用市场机制调动企业、民间团体和公众的参与积极性，并广泛开展国内国际交流与合作。

5．遵循“依法治省”、“以德治省”的原则。全面开展相关法律法规体系建设，加强执法监督，在依靠法制规范公众行为的同时，加强公民道德建设，全面提高全民生态文明素质。

6．遵循不断创新的原则。创新工作思路，创新工作机制，创新工作载体，不断开创生态省建设的新局面。加快科技创新步伐，加强先进适用技术的引进吸收，充分发挥科技对生态省建设的促进作用，提高科技对经济增长的贡献率。

（三）总体目标

海南生态省建设的总体目标是：用 20 年左右的时间，在环境质量保持全国领先水平的同时，建立起发达的资源能源节约型生态经济体系，建成布局科学合理、设施配套完善、景观和谐优美的人居环境，形成浓厚的生态文化氛围，使海南成为具有全国一流生活质量、可持续发展能力进入全国先进行列的省份。具体要达到以下几个方面的基本要求：

——生态环境质量保持全国领先水平。适宜绿化的土地全部植树种草，森林覆盖率达到并稳定在 60%；生物多样性丰富；局部地区水土流失和荒漠化得到根本治理；陆源污染得到有效控制，大气、水体、近岸海域环境质量保持全国领先水平。

——建成具有海南特色的发达生态经济体系。充分发挥海南的资源环境比较优势，大力推行循环经济模式，按照生态功能分区的要求和产业特点合理规划、布局和发展相应的产业，使资源加工业、生态优势产业、生态与经济“双赢”产业、清洁型产业和环保产业竞相发展，相得益彰，形成具有海南特色的发达的生态产业体系。

——建设舒适优美文明的人居环境。城镇每户居民拥有一套功能齐全的住宅，供水、能源、交通、环保等基础设施配套完善，城镇环境得到净化、绿化和美化。农村居住环境实现卫生、清洁、优美、文明。城乡居民享有先进完善的教育、卫生、就业和安全保障。

——形成繁荣的生态文化。健全和完善生态省建设法律法规体系与执法监督机制，提高公众生态环境保护意识和参与生态省建设的积极性，全社会形成浓厚的生态文化氛围。

（四）建设阶段

到 2020 年，海南生态省建设分为起步阶段、全面建设阶段、完善提高阶段三个建设期。

1．起步阶段。1999 年到 2005 年，主要任务是通过多层次、多样化的宣传教育活动，营造生态省建设的良好氛围，在全社会形成建设生态省的共识，使各市县、各部门积极开展生态省建设。集中力量解决烧山、毁林开垦、毁林养殖、毁林挖矿、炸珊瑚礁、破坏红树林、违规排放废水等突出问题，遏制人为破坏生态环境的势头。推进生态农业、生态旅游业和工业清洁生产示范项目，开展文明生态村、文明生态集镇和文明生态城市三级创建，建成一批示范区域和示范工程。在全省环境质量和城乡人居环境面貌得到改善的同时，使全省经济快速发展，为建设生态省打下比较好的基础。从进展情况看，到 2005 年，起步阶段的目标可以实现。

2．全面建设阶段。从 2006 年到 2015 年为海南生态省的全面建设阶段，主要任务是：全面推进生态环境保护与建设、生态经济发展、生态人居建设与生活质量改善、生态文化建设四个方面的 32 项重点工程，建设生态安全保障体系、环境质量保障体系、资源可持续利用体系、生态经济体系、人居生态体系、人口生态体系、生态文化体系、能力保障体系八大体系。

建立生态安全保障体系，重点实施天然林保护、重点生态区域绿化、“三边”防护林、自然保护区建设与生物多样性保护四项工程。

建立环境质量保障体系，重点推进防治工业污染、控制生活污染、削减农业污染、处置医疗和危险废物四项污染防治工程。

建立资源可持续利用体系，重点实施土地保护与开发整理、生物和矿产资源高效利用、水资源优化配置与水源建设、清洁能源四项工程。

建立生态经济体系，重点发展具有生态优势的产业、具有生态与经济双重效益的产业、具有资源优势的资源加工业、对环境影响小的清洁型优势产业四类产业。

建立人居生态体系，重点开展文明生态城市、文明生态集镇、文明生态村和文明生态社区三级四类创建工程。

建立人口生态体系，重点实施人口控制、健康与安全保障、文化体育与教育、就业与社会保障四项工程。

建立生态文化体系，重点推进公民生态意识和生态法制教育、生态科学知识和生态法律法规知识普及、生态省建设的社会氛围营造、公众参与机制建设四项重点工程。

建立能力保障体系，重点建设组织保障、法制保障、经济与政策保障、科技保障四项工程。

本阶段前 5 年重点抓好自然保护区建设与生物多样性保护，水边、路边、城边三边防护林建设，生活污染和农业面源污染防治等工作，将保障环境质量的污染防治工程列入“十一五”规划的优先项目，重点推进，进一步改善生态环境；加快重点水源工程建设，优化水资源配置，推广应用清洁能源，培育循环经济，发展生态优势产业和资源加工业，加快经济发展；推进三级文明生态体系创建，控制人口增长，提高全民素质，加强城乡公共卫生体系建设，保障食品药品安全，进一步提高生活质量。

3．完善提高阶段。从 2016 年到 2020 年，再用 5 年左右的时间，进一步完善和提高生态省各方面建设的成果，使海南成为具有全国一流生态环境和生活质量的省份，生态省建设达到全国领先水平。到 2020 年，生态省的经济发展水平、经济增长方式、生态环境质量、生活质量和社会进步五个方面 27 项指标要达到以下预期目标。

经济发展水平指标：全省人均生产总值比 2000 年翻两番以上，达到 30 000 元以上；农民年人均纯收入达到 10 000 元以上；城镇居民年人均可支配收入达到 22 000 元以上。

经济增长方式指标：万元工业增加值能耗控制在 1.4 吨标准煤以下；万元工业增加值水耗控制在 200 吨以下；万元工业增加值 SO_2 排放量控制在 10 千克以下；万元工业增加值 COD 排放量控制在 5 千克以下；清洁能源占一次能源比例达到 70%以上。

生态环境质量指标：森林覆盖率达到并稳定在 60%以上；生态公益林覆盖率达到 26%；退化土地恢复率达到 90%；主要城市空气质量保持国家一级标准；主要城镇噪声达标率达到 90%；主要江河湖库水质达标率达到 98%；近岸海域水环境质量达标率达到 98%；城镇生活污水集中处理率达到 70%；城镇生活垃圾无害化处理率达到 90%。

生活质量指标：农村饮用水达标率达到 90%；无公害瓜果菜基地占总种植面积比例达到 90%；城镇人均公共绿地面积达到 15 平方米；城镇人均居住面积达到 36.6 平方米；农村人均居住面积达到 22.9 平方米；农村卫生厕所普及率达到 80%。

社会进步指标：人口自然增长率控制在 7.2‰以内；人均期望寿命达到 74.1 岁；中小学、幼儿园生态教育普及率达到 99%；文明生态村占自然村总数比例达到 90%以上。

三、生态省建设的区域布局

生态省建设要根据不同区域的地理区位、自然环境、自然资源和生态功能特点，因地制宜、分类指导，明确其保护、建设与发展的主要方向，实现合理保护、科学利用、优势互补、相互促进、共同发展的目标。

（一）海洋生态圈

海洋生态圈范围包括我省管辖的海南岛 5 米等深线以外的所有岛礁及海域，面积约 200 万平方千米，其中 200 米等深线以内的大陆架范围约有 83 万平方千米。海南岛周围海域有 222 个海岛，西、南、中沙海域有 270 多个岛、洲、礁、沙和滩。该区域全年暖热，雨量充沛，干湿季明显，常年风大，多热带气旋，台风频繁，是我国最具热带海洋气候特色、最湿热的海区。该区域自然资源丰富，拥有北部湾、三亚、清澜和西南中沙渔场，分布着丰富的天然气和石油资源，是西太平洋和印度洋的重要通道，是我省开发利用海洋资源，积极发展海洋产业，振兴经济的重要区域。

主要生态功能是：调节气候和净化环境，并为我省发展海洋产业提供资源。区内可划分为三个生态亚区：海南岛沿海边缘热带亚区、西沙与中沙中热带亚区、南沙赤道热带亚区。

存在的主要问题是：近海过度捕捞，炸鱼炸礁现象时有发生，造成近海渔业资源衰减，多种传统经济鱼类难以形成鱼汛；海洋生物开发水平较低，油气开发利用率低；局部海区出现过赤潮。

保护和发展的方向是：控制海上污染源，保护海洋水质；加强珊瑚礁、麒麟菜、白蝶贝自然保护区和幼鱼幼虾渔业资源保护区的建设与管理，杜绝破坏珊瑚礁的行为；加大渔政管理力度，严格控制近海掠夺式作业方式，推行科学捕捞技术，鼓励远海捕捞；加强南中国海生态环境保护，建立一批珊瑚礁和渔业资源保护区；加快西沙群岛等南中国海岛屿的基础设施建设，发展西沙海洋生态旅游业；加快开发利用海洋油气资源，发展海洋运输业，促进海洋产业的发展，形成新的经济增长点。

（二）海岸生态圈

海岸生态圈包括海南岛 5 米等深线以内及向内陆延伸 10 千米范围的海洋与陆地结合带，由河口、三角洲、海岸平原、滩涂湿地、沙滩、泻湖和浅海等地理单元组成，面积约 9 000 平方千米，其中陆地面积约 7 000 平方千米，约占海南岛面积的 20%。区内生态系统类型较多，重要生态系统有红树林、沿海防护林、内海泻湖和珊瑚礁等。该区域具有丰富的渔业资源、滨海旅游资源、滨海锆钛矿等矿产资源，港湾众多，建港条件良好，是我省人口密度最高，经济开发活动最频繁的区域，是城镇发展、港口建设、临港工业发展和滨海旅游开发的重要地区。

主导生态功能是：防风固沙、护岸阻浪和维护近岸生物多样性。区内可划分为五类生态功能区：自然保护区与渔业资源保护区、基干林保护带、临港工业与城镇发展区、农林渔业发展区、特殊功能区（如排污区、军事区）。

存在的主要问题是：炸礁挖礁等行为使一些岸段受到不同程度破坏，乱砍滥伐造成红树林面积减少，导致珊瑚礁和红树林的护岸阻浪功能下降，部分生物栖息环境受到破坏；毁林养殖和毁林采矿使沿海基干林带破坏断带，防风固沙能力下降；部分近岸海域受到未经处理的养殖废水、城镇生活污水和船舶废水的污染，海水水质下降；局部海岸地区出现盐碱化和荒漠化。

保护和发展的方向是：建立珊瑚礁、红树林自然保护区和渔业资源保护区，合理利用渔业资源，严禁炸鱼炸礁和乱砍滥伐红树林、海防林；实施“碧海行动”计划，加强滨海城镇环境基础设施建设和滨海工业污染防治；按照“南北带动、两翼推进”的要求，大力发展港口航运业，利用生态环境优势，重点发展清洁型的优势产业，在西部工业开发区大力发展集约型、科技含量高、经济效益好的资源加工业。

（三）沿海台地生态圈

沿海台地生态圈处在海岸生态圈与中部山地生态区之间，面积约 17 000 平方千米，约占海南岛面积的 50%。该区域以沿海平原、台地地貌为主，有少量低丘陵地貌，主要有文昌海积平原区、南渡江中下游河谷平原区、云龙—蓬莱—大路台地区、永兴—临高台地区、王五—加来海积阶地平原区、琼海—万宁沿海残丘区、儋州—昌江丘陵台地区、陵水—榆林沿海平原区等，海拔 200 米以下以耕地和热作园为主，海拔 200 米至 300 米范围内以森林为主。该区域人口密度较高、人类活动较为频繁，是我省产业发展的主要区域。

主导生态功能是：农业等社会生产功能、防洪蓄水等水文调节功能。该区域划分为五个生态亚区：琼北南渡江中下游平原季雨林区、琼东平原台地季雨林区、琼东南台地热带雨林区、琼西南半干旱稀树草原区、琼西北台地季雨林区。

存在的主要问题是：制糖、橡胶加工等传统工业对周围环境造成一定影响；大部分城镇生活废水未经处理直接排入河流，影响城镇河段水质；农业面源污染成为影响地表水质的主要原因；土地沙化有加重趋势；湖泊、河道、湿地被占用导致排涝泄洪功能下降；部分地区水土流失严重，土地地力有所下降。

保护和发展的方向是：保护天然林，大力植树造林；合理利用土地，治理水土流失和防治荒漠化；加快城镇基础设施建设，有效治理城镇生活污染；加强传统工业的生态化改造，大力发展新型工业，有效控制工业污染；推行农业标准化、产业化和生态化，削减农业面源污染；合理进行区域分工，大力发展种植业、林业、服务业和其他清洁型的优势产业；推进城镇建设，加快城镇化、工业化进程。

（四）中部山地生态区

中部山地生态区主要包括中部地区海拔 300 米以上的山地和部分丘陵，面积约为 10 000 平方千米，约占海南岛面积的 30%，由五指山市、琼中县全部，白沙、保亭、乐东、昌江的大部分地区以及三亚、陵水、东方等市县的部分地区组成，是我省少数民族聚居地和主要贫困人口集中地区，也是我省实现小康社会的难点和重点地区。该区域以森林为主，是南渡江、万泉河、昌化江等主要河流的发源地和主要水源涵养地，是我省的生态敏感区和生物多样性富集区，属国家生物多样性保护的重点地区之一。

主导生态功能是：涵养水源和维护生物多样性。区域开发利用必须确保这一主导功能不被削弱。该区域可划分为生物多样性保护与重要水源涵养区、合理开发利用区。生物多样性保护与重要水源涵养区主要包括规划的尖峰岭—霸王岭、鹦哥岭—黎母山、五指山—吊罗山保护区群，重点要保护热带天然林区，对坡度大于25度的坡地进行封育。开发利用区包括白沙盆地、营根盆地、乐东盆地、保亭盆地和通什盆地内的城镇区和人工生态系统分布区。

存在的主要问题是：过度采伐和毁林开垦使原始森林遭受破坏，森林质量降低，水源涵养、水土保持、调节气候和净化环境等生态服务功能下降，物种减少，有的甚至濒临灭绝，局部地区水土流失和土壤退化的趋势没有得到有效遏制，主要城镇工业和生活污染影响水源安全。

保护和发展的方向是：加强自然保护区建设，对热带天然林进行封山管护，对已开垦的生态敏感区域实施退耕还林；加强基础设施建设，加强对工业和生活污染的治理，保障河流源头的水量和水质；调整产业结构，发挥生态优势，发展山区绿色农业、生态林业和森林生态旅游业等特色产业，根据资源条件，发展林、竹、藤制品和具有地方特色农产品深加工业；加快城镇化步伐，加强人力资源建设和环境保护能力建设，积极推动生态脆弱地区农村剩余劳动力的转移，实行生态移民和生态扶贫。

四、生态环境保护与建设

根据不同生态圈（区）的生态环境与资源特点和保障生态安全的需要，分区推进生态保护工作。按照各区的主导功能，明确生态环境保护与恢复治理的重点，科学确定不同区域的环境容量和合理分配污染物排放总量控制指标，确保环境污染得到严格控制，生态环境得到恢复。重点保护中部热带天然林和沿海防护林两个生态保障体系，实施天然林保护、重点生态区域绿化、“三边”防护林建设、自然保护区建设与生物多样性保护等四项生态保护与建设工程，提高生态服务功能。重点是防治工业污染、控制生活污染、削减农业污染和处置医疗与危险废物，提高空气、水体环境质量，尤其要解决城镇污水和垃圾处理等环境基础设施建设严重滞后的突出问题，保护好饮用水源地，确保水源安全，保持一流的生活环境质量。

（一）生态保护与建设

1．自然保护区与生态功能保护区建设。加强全省自然保护区体系建设。按照《海南省自然保护区发展规划》，通过清理整顿和新建扩建，高标准建设热带森林、红树林、珊瑚礁等自然保护区，形成由60个规范完善的陆地和海洋自然保护区组成的全省自然保护区体系，使我省陆地自然保护区面积占陆地总面积的比例不低于9%。以山系为框架，有计划地新建或扩大一批自然保护区，重点建设尖峰岭、五指山、吊罗山、霸王岭、鹦哥岭、大田坡鹿等自然保护区，合理规划建设一批生态廊道，将海南主要的自然保护区连片成网。开展自然保护区整顿，明确划定保护区边界和内部分区，实行规范管理，对现有的没有保护价值、不具备保护条件的小型自然保护区，按照法律程序予以取消或改为风景名胜区。加强对西沙群岛等珊瑚礁核心区的保护管理，以三亚珊瑚礁国家级自然保护区为基地，研究珊瑚礁恢复技术，促进珊瑚礁的恢复。

加强中部国家级生态功能保护区建设。根据中部生态功能保护区不同类型区的生态功能，制定分区保护措施，进行分类管理。对重点地区，通过建立自然保护区和封山育林，严格保护；对一般地区，加强生态建设和产业引导，合理利用自然资源，减轻对生态环境的压力，逐步提高生态服务功能，改善生态环境。

2．物种和种质资源保护。加强物种和种质资源保护。建设一批珍稀濒危物种和种质资源迁地保存与繁衍基地。加大渔政管理力度，严格控制掠夺式捕捞和养殖方式，加强对幼鱼、幼虾和海龟、玳瑁等珍稀海洋动物重点繁殖地的保护，实行伏季休渔，加强禁渔期管理。加大野生动植物保护执法力度，严禁非法猎杀、出售、食用野生动物及乱采滥挖野生保护植物。开展生物多样性系统调查和研究，建立生物多样性信息和监测网络，重点建设尖峰岭、吊罗山和鹦哥岭 3 个生态监测站。

防治外来物种入侵。开展外来入侵物种调查，加强转基因生物安全风险评估和生态安全研究，制定生物安全管理与生物多样性保护地方性法规和政府规章。对从省外地区引入外来物种实行严格的生态环境安全风险评估、入境检疫审批和监测监管，加强对转基因生物的环境释放的监督管理，防止外来生物入侵对我省生态系统和本地物种产生不良影响。对引进外来物种、大面积单一品种造林及推广林下产业等进行跟踪监测，加强管理和监督，及时发展和研究解决有关苗头性和倾向性问题；对已造成生态危害的外来入侵物种采取相应治理措施，保证生态安全。

3．生态公益林保护。生态公益林保护的重点是中部热带天然林和沿海基干林带（含红树林）。按照森林资源分类经营管理的要求，明确划定生态公益林范围。对现有林相较好的热带天然林进行封山护林，对现有天然残次林、灌木林进行封山育林。到 2010 年，封山育林面积保持 23 万公顷，逐步提高天然林的郁闭度和林分质量，建成以热带雨林为主体的热带天然林体系，全省天然林覆盖率稳定在 19%。将沿海基干保护林带划入生态公益林加以严格保护，禁止各类开发活动破坏基干林带，对基干林带内养殖塘（池）及其他垦植项目实施退塘还林，加快基干林恢复。

4．生态环境建设。建设防护林工程。按照生态、经济、景观功能结合的原则，重点在海边、江河边、湖泊水库周边、城镇周边、村边、路边、田边建设防护林网，对沿海基干林带内种养占用林地实行强制退耕退塘还林。在海边推广椰树和木麻黄混交林，在江河和湖泊水库周边推广竹林，在村边推广热带经济果树林，在路边和城镇周边推广既有防护效能又有景观特色的热带树种。加强城郊环城绿化带、森林公园、风景林区建设和城市道路、河流林带林网建设，体现以乔木树种为主体的森林生态景观及防护功能，形成“城在林中、林在城中”的城市生态建设新格局。

实施重点生态区域绿化工程。加强政策引导，因地制宜，科学制订规划，对沙化土地、水土流失地、西部荒漠化土地、25 度以上的山坡地等实施造林绿化和还林。

5．生态恢复治理。治理水土流失与荒漠化。重点治理昌化江出海口荒漠化区域，治理儋州、澄迈、文昌等水土流失较严重的区域，采用工程措施修建拦水坝淤土填沟，采用生物措施营造水土保持林，种植牧草。采用合理的种植方式，防止水土流失。改造较陡的菠萝地，25 度以下垦植的山坡地要按等高线修筑梯田，采用林间间种的方式，并配套水土保持措施，防止水土流失。

加强矿区复垦。重点对沿海锆钛砂矿、石英砂矿、石碌铁矿、石灰岩矿等采空矿区进行生态恢复。依法强制推广滨海锆钛矿生态化开发模式，避免采矿区生态退化。

（二）污染防治

1．工业污染防治。工业污染防治的重点是水污染和大气污染。加速治理现有工业污染源，严格控制新污染源。按照全省环境功能分区管理的原则，把有限的工业污染源控制在限定区域内，把主要污染物排放总量控制在限定指标内，实现全省主要工业污染物的总量控制达标。

实行工业污染物总量控制。加快工业结构调整，加快水泥、制糖（酒精）、食品加工等企业重组进程，大力推进清洁生产，推进规模化集约经营，淘汰落后工艺设备，取缔、关停一批布局不合理、低水平重复建设、污染严重、治理无望的小企业，为大工业的发展腾出环境容量。

加强对现有企业排污监管。严格执行环境管理制度，加强对工业污染源的监督管理，防止污染反弹，实现全省工业污染源达标排放，巩固“一控双达标”成果。

严格控制新建项目污染。按照《海南省建设项目环境保护审批管理分类名录》和环境功能分区要求，加强新建项目环境保护审批管理和审批后的监督，严格执行新建项目“环境影响评价”制度，严格执行环保设施与主体工程同时设计、同时施工、同时投入使用的“三同时”制度，确保新建项目污染物排放量控制在规定的标准和总量指标之内。

2．生活污染防治。生活污染防治的重点是生活污水和生活垃圾污染。实行统一规划、合理布局、配套建设、综合整治，全面开展城市环境综合整治和环境优美乡镇创建工作，加快建立城镇集中供水水源地保护区。至 2010 年，全省城镇污水集中处理率达到 60%，城镇垃圾无害化处理率达到 70%。

防治城镇生活污水污染。城镇和开发区要本着节约、高效的原则，采取多种处理方式，防治水污染。实行节约用水，推广中水回用，推行清污分流，减少污水排放量。按照分散与集中结合的原则，加快城镇污水处理厂和管网建设，先行建设市、县政府所驻城镇和水源地及河流上游城镇的污水处理工程。提高城镇污水收集率和处理达标率，确保城镇污水处理工程有效运行。至 2010 年，完成海口、三亚、乐东、抱由等城镇污水管网以及琼海、儋州、文昌、东方、定安、澄迈和洋浦等城区污水处理厂建设。

防治城镇生活垃圾污染。采取适合海南地理环境特点的处理方式，加快城市垃圾无害化处理厂（场）建设。按照资源化、减量化的原则，推行焚烧发电、生物堆肥等生活垃圾资源化综合利用，各市县政府应打破各自为政，建立区域化垃圾处理厂（场），实现资源共享。至 2010 年，完成东方、儋州、昌江、文昌、万宁、五指山和西沙等垃圾处理厂（场）建设，在有条件的城镇推广生活垃圾资源化处理；解决好垃圾处理厂（场）的二次污染问题。

防治农村生活污染。结合生态文明村建设和民房改造，合理规划农村居民点，使新建的住宅适当集中；结合推广沼气池和改水改厕工作，对人畜粪便进行资源化利用，生活垃圾定点集中堆放，利用人工湿地或土壤净化处理系统处理净化生活污水。

3．农业污染防治。农业污染防治的重点是规模畜禽养殖场、农业面源和高位池养殖污染。推进农业标准化建设，加快无公害农产品、绿色食品基地建设，合理使用农业投入品，

加强规模畜禽养殖场和高位养虾池的污染治理设施建设。

防治畜禽养殖污染。加强畜禽养殖业规划，合理布局规模养殖场。在城镇、水源保护区和风景旅游区周边划定畜禽规模养殖禁止区。合理处置和综合利用畜禽养殖过程中产生的粪便和废水，通过转化为有机肥料和沼气进行资源化利用。

控制种植业面源污染。加强对农产品种植基地环境质量监测，实行无公害、绿色和有机产品基地的环境质量公告制度。科学合理施用农药和化肥，按照标准化管理要求，加强对农业投入品的监督，推广应用低残留、低毒、高效农药和生物防治技术，禁止使用高剧毒农药，尽可能少使用化学农药，逐步实行总量控制。大力推广测土配方施肥技术。推广使用可降解农膜，减少农业的白色污染。

防治高位池养殖污染。制订全省海岸高位池养殖规划，合理布局和规范管理高位池养殖。对海水交换能力较差的岸段，以及影响饮用水和农田的区域严格控制养殖规模；积极推广生态养殖技术，从源头减少污染物排放；研究制订养殖废水地方排放标准，加强养殖废水处理技术的研发与引进，有效治理高位池养殖污染。

4．旅游业污染防治。旅游景区要建设污水处理设施，鼓励中水回用，推行垃圾分类收集与处置，使用清洁型交通工具。山上各类旅游接待设施要配备环保型公厕、垃圾收集装置和简便污水处理设施。旅游酒店要提倡绿色旅游消费，减少用水和一次性用品使用量。严格控制高尔夫球场的农药和化肥用量。

5．医疗和危险废物污染防治。加强医疗垃圾收集与处置。完善海口、三亚医疗垃圾集中处置中心建设，加强规范管理，对全省医疗垃圾实施分区收集、集中处置。合理制订医疗垃圾收集处置收费标准，实施有偿收集处置。

实行危险废物集中处理。加快建设全省危险废物集中处理中心，严格执行危险废物产生、交换和转移的联单管理制度，严禁危险废物排放和擅自处置，强制实行全省危险废物集中处理。

加强辐射环境管理。重点要提高辐射环境监测能力，加强对生活社区、学校、旅游区等场所电磁辐射强度的监测。加快我省放射性废物处置库建设，加强对放射源生产、进出口、销售、使用、运输、贮存、处置等各个环节的管理，建立放射性废物贮存、转移登记制度，规范放射性废物管理，建立放射事故应急响应机制，提高应急处理能力。

6．海洋污染源防治。海洋污染源防治的重点是海上开发项目、船舶和倾废物污染。积极组织实施“碧海行动”计划，在治理陆源污染的同时，加强海上污染的防治。到2010年，80%的岸段海水仍保持国家一类海水水质标准；西部工业走廊岸段的规定排污口混合区以外海域水质控制在二类标准以内。

防止海上开发项目污染。加强对海上油气开发和钻探等海洋工程项目的环境监督管理，严格按照规定处理含油污水和油性混合物，回收残油、废油，防止对海洋环境污染。

加强海洋倾废区管理。严格管理海洋倾废活动，杜绝违反规定的倾废行为，把倾废活动严格限制在已划定的六个海洋倾废区内。对所倾倒的废弃物，海洋主管部门必须在装载之后予以核实。加强对倾废区的环境监测，及时掌握各倾废区的水质变化情况，对不宜继续使用的倾废区应及时关闭。

控制海上船舶污染。加强对海上船舶污染物处置的监督，严格实行《海上船舶防止油污

证书》制度，严禁违反规定向海洋排放污染物、废弃物和压载水、船舶垃圾及其他有害物质。实行海上排污许可证制度和收费制度，加强海上流动污染源的环境管理。建立海上油污染事故应急处理体系。

防治海洋养殖污染。合理规划布局海洋养殖项目，推广适用技术，防止海洋养殖污染。通过制订优惠政策和加强海域使用审批管理，引导内海泻湖和其他海水交换能力较差的海区内养殖企业与专业户转向发展近海深水养殖业，减轻海水养殖对近海的污染。

五、生态经济发展

按照“分区分类”的原则进行产业布局，调整和优化产业结构，推行循环经济，摒弃科技含量低、经济效益差、以牺牲环境浪费资源为代价的粗放型增长方式，充分考虑资源和环境的承受力，统筹考虑当前发展和未来发展的需要，加快经济增长方式的转变，以最小的资源环境代价谋求经济最大限度地发展，走科技先导型、资源节约型、生态友好型、经济效益高的发展道路，形成具有海南特色的生态型经济体系，实现自然生态系统和经济系统的良性循环。

调整和优化产业结构。重点抓好新型产业发展、传统产业改造和落后生产能力淘汰三个环节。鼓励发展市场前景广阔、产业关联度大、带动性强、经济效益好、技术含量高，能够支撑和带动本行业快速发展的新建大项目。充分挖掘传统产业的潜在优势，用高新技术和先进工艺改造传统产业，大力扶持我省优势产品、优势企业、优势产业的发展。做大做强一批大公司和企业集团，大力扶持中小企业，构建和完善以大企业为主导、大中小企业专业化分工、产业化协作的产业组织体系。严格控制和淘汰技术工艺落后、高能耗、严重污染环境、破坏生态、浪费资源的产业项目，推进我省产业结构的全面优化升级。

推行循环经济。将循环经济的发展理念贯穿到经济发展和产品生产过程中，努力促进“资源—产品—污染排放”的传统生产方式向“资源—产品—再生资源”的循环经济模式转变，降低产品能耗、物耗和水耗，最大限度地实现废物循环利用，减少废弃物排放，实现经济效益、社会效益和生态环境效益“三赢”。建设一批循环型企业、生态工业园区，科学规划全省产业链，通过连接和闭合产业链，形成企业之间、园区之间、区域之间共生互动的生态产业体系，逐步建立起以循环经济为核心的经济体系。

“分区分类”布局发展产业。按照环境功能划分的“重要功能区、生态清洁区和污染控制区”的要求布局产业：在中部重要功能区原则上不发展对环境有明显影响的项目，在洋浦、八所、老城、昌江等西部工业开发区（即污染控制区）内科学发展污染排放达标的资源型加工业。按照产业与生态环境的关系，对待不同类型的产业采取不同的发展策略：加快发展把生态优势转化为经济优势的产业；大力发展具有生态、经济双重效益的产业；科学发展带动性强、有资源优势的产业，这类产业能通过合理布局、清洁生产、循环经济等手段实现达标排放；发展壮大对生态环境影响小的产业和环保产业。目标是使环境优势得到充分发挥，资源优势得到充分利用，双重效益的生态型经济得到充分发展，实现经济实力的迅速提高。

（一）加快发展生态优势产业

加快发展生态农业。优越的生态环境是海南发展生态农业的有利条件。发展生态农业要按照现代农业生产管理的要求，探索用工业理念发展农业，形成区域化布局、专业化生产、产业化经营、标准化管理的现代农业发展格局。重点发展无公害农产品、绿色食品和有机食品。建立完善质量标准、检验检测、认证标识和市场准入四项制度，加强生产环节监管，强化生产基地建设，创建一批国家级、省级无公害农产品生产基地、标准化生产综合示范区和出口农产品生产基地，突出“季节差、名特优、无公害”三项特色，树立海南“无公害”、绿色食品品牌。全面推进国家级无规定动物疫病区建设，建成强大防疫体系，加大名牌畜禽产品开发力度，加大文昌鸡、临高乳猪、加积鸭、东山羊等传统优势品牌的开发力度。

加快发展远洋捕捞业。海南是全国最大的海洋省，拥有丰富的海洋渔业资源。要成立远洋渔业公司，培养远洋渔业人才，建立远洋渔业发展基金，开展远洋渔场勘测和渔业资源研究。要调整捕捞作业结构，加快渔船更新改造，开发推广新型渔具渔法，控制和压缩近海捕捞，发展外海和远洋捕捞，使海洋渔业由“产量型”转变为“质量效益型”，保证海洋渔业可持续发展。重点建设东南亚拖网作业基地、太平洋金枪鱼延绳钓、印度洋金枪鱼延绳钓、南美金枪鱼延绳钓和围网作业基地，在海口市建立渔获产品加工和销售基地。

加快发展生态旅游业。海南是世界上仅有的几块未被污染的“净土”之一，是中国唯一的热带海岛省份，拥有得天独厚的热带风光和丰富多样的生物资源，具有建成热带海岛海滨旅游度假胜地的有利自然条件。要充分发挥海南特有的热带海岛旅游资源优势和生态环境优势，突出海洋的蓝色生态旅游特色和森林的绿色生态旅游特色，以发展度假休闲旅游为主导，实现旅游产品结构由单纯的观光型向度假—观光复合型转化。重点发展滨海、热带森林、温泉、湖滨等度假休闲和观光旅游。高标准建设南山文化旅游区、兴隆热带花园、兴隆热带植物园、尖峰岭、吊罗山和七仙岭等国家森林公园、五指山生态旅游区、海口石山火山群国家地质公园、西沙群岛等9个生态旅游示范区。

发展生态型房地产业。一年四季温暖如春的气候、全国一流的空气质量、充足的阳光、湛蓝的海水，以及“健康岛”的品牌为海南房地产业发展提供了丰富的资源。海南发展生态型房地产业要从自然环境、生态型建筑和生态型居住设施三个方面营造优良的人居环境，充分利用山、水、林、海等自然景观资源，在有条件的城市和集镇推广高绿化率、低密度的低层独立式生态型住宅小区。采用生态设计，推广应用综合成套住宅建造技术和节能、节材、节地建筑新工艺、新技术，加强园林绿化，采用绿色空间来阻隔噪声和美化视野，利用海南丰富的太阳能资源，在居住小区推广应用太阳能，发展生态型人居建筑。在社区建设生态型的居住配套设施，如垃圾分类收集、市政污水管网、清洁能源、环保交通等，打造中国最适宜人居的房地产品牌，吸引国内外人士来海南安家落户或定期休闲度假。

（二）大力发展生态经济“双赢”产业

加快发展林产业。海南光温充足，雨量充沛，长夏无冬，温暖湿润，光合作用强，一年四季都适宜林木的生长发育且林木生长快，具有大力发展林产业得天独厚的优越条件。以培育本地优质品种为基础，加快林业基地建设，扩大珍贵用材林规模，大力开发名、特、优、

新经济林品种，推动森林资源多样化，做大做强林产业。重点发展热带速生丰产林、橡胶林、热带珍贵用材林、热带果木林、热带花卉、竹产业等。

加快推进商品林建设工程。重点发展浆纸林、优质用材林等。坚持生态效益与经济效益兼顾的原则，使生态公益林产生经济效益、经济林产生生态效益；根据全省土地利用总体规划，科学制定林地规划，推进商品林基地建设，推行科学的造林、抚育、采伐方式，落实有效的生态保育措施。落实浆纸林用地，加快浆纸林营造，到2008年完成350万亩的造林任务。建立乡土珍贵树种种苗基地，扩大珍贵用材林规模。

推广林下产业（复合农林业）。海南森林覆盖率2004年达到54.9%，远期要提高到60%，具有丰富的森林植物资源，森林面积达 180 多万公顷。利用人工林或残次林环境，种植喜阴类经济作物或饲养禽类动物，使森林同时具有生态效益和经济效益双重功能，有效解决山区耕地不足的矛盾。大力推广林+藤、林+药、林+观赏植物、林+食用植物、林+禽等立体复合种养经营模式，提高林地资源利用率和森林经济效益。

推广生态养殖业。全省已规划海水养殖区 58 个，其中滩涂养殖区 26 个、浅海养殖区 30 个、深海养殖区 2 个。提倡“绿色养殖”新理念，大力推行生态化养殖模式，采取人工鱼礁等措施，增加渔业资源量，引进和采用“深水网箱养殖”、高密度精养等先进适用技术，发展高科技集约化养殖，提高近海区的水域生产力。重点发展藻类、贝类生态水产品养殖。

（三）积极发展清洁型优势产业

发展种子种苗产业。充分利用海南发展种子种苗产业的有利条件，发挥国家重点生物实验室优势，进一步加大科研开发力度，培育优良种子种苗力度，建设一批热带水果、冬季瓜菜、水产、畜禽等良种良苗繁育、繁殖基地。完善良种良苗生产许可证制度，规范种子、种苗市场，壮大海南的种子种苗产业。

加快发展汽车制造业。汽车制造业要加强与国外公司的技术合作，引进性价比高的新车型投放市场，抓住当前良好的发展机遇，加紧扩大产能，形成规模化生产，积极抢占市场。

大力发展生物医药产业和信息产业。生物医药产业要充分利用我省丰富的南药资源、海洋生物资源和现有的产业基础，积极引入智力和技术，推进现代中药产业化，研究开发技术含量高、市场容量大、经济效益好的海洋中成药和海洋保健品，加快新药从仿制向自主研制的战略转移，形成一批具有强势竞争力的优势品牌，打造海南生态医药业。大力发展光纤光缆、计算机部件、整机组装等制造业和软件开发，加快推进信息化进程。

培育文化教育产业。充分利用海南的生态环境优势和人文资源特色，尽快制定文化创意产业发展规划和鼓励政策，吸引国内外人才，培育发展以工艺美术产品、广告制作、影视动漫制作等为重点的创意产业。发展以英语培训、旅游培训、高尔夫培训、航空驾驶培训等为重点的职业技术教育产业。发展以足球冬训、帆船训练、潜水培训和全民健身等为重点的体育产业。发挥亚洲论坛的影响力，发展各种类型的博览、展览、会议等会展产业。进一步扩大三亚“世界小姐选美活动”影响力，积极发展包括各类选美、健美比赛活动的“美丽产业”。

（四）科学发展资源型加工业

大力发展集约型油气化工业。充分利用我省丰富的油气资源优势，吸引国内外大公司进

入，实施大项目带动，坚持集中布局和不污染环境、不破坏资源、不搞重复建设的“三不”原则，加大勘探力度，加快开发步伐，扩大油气资源开发生产规模，大力发展炼油和合成纤维、合成橡胶、合成树脂三大合成材料及下游衍生产业，大力发展天然气合成氨、化肥、甲醇及下游衍生产业，延长石油化工和天然气化工产业链，形成产业集群，把海南建成我国重要的石油天然气化工基地。重点建设东方天然气化工城、洋浦石油化工园区。

加快发展农产品加工业。充分利用我省丰富的农产品优势，科学规划，合理布局，突出重点，明确方向，大力发展特色农产品加工业。引导农产品加工业向工业园区集中，加快培育农产品加工龙头企业，实现农产品加工业的规模化、集约化。重点发展水产品、水果、瓜菜的保鲜与加工，以及橡胶、畜禽、粮油等精加工。

推进林浆纸及纸制品一体化产业。充分利用我省种植速生丰产林的气候、土地等资源优势，坚持高标准，采用新技术培育良种良苗，加快实施350万亩浆纸林工程。依托科技进步，促进木片生产向林浆纸一体化转变，延长产业链，建成浆纸林—木片—纸浆—高档纸—纸制品的林浆纸及纸制品一体化产业体系。

（五）发展壮大环保产业

扩大环保产品生产。充分利用公众环保意识不断提高、环保产品日益受欢迎的有利环境，坚持“有所为，有所不为”，发展具有特色、市场前景好的环保产品。制定政策，淘汰不符合环保要求的产品，为环保产品的发展营造良好的市场环境。探索建立与市场经济体制相适应的投融资机制，调动全社会的积极性，培育和组建可降解材料及制品、无氟制冷剂等环保产品的骨干企业，带动全省环保产品的发展。

推广应用新型环保建材。把发展新型建材和保护生态环境、治理污染有机结合起来，利用电厂粉煤灰、秸秆、蔗渣等生产市场前景好的新型建材，替代破坏资源、污染环境的传统建材。

推动废物资源化利用。推行循环经济模式，促进工业“三废”和生活废物的资源化利用。以“三废”多产企业为中心，集中布局资源综合利用企业，通过分类、交换、回收、修复、提纯、再加工等技术和方法，把“三废”转化为有用的物质和能量资源，实现削减污染、节约资源和提高经济效益的目标。以生活固体废物为重点，推进生活废物资源化利用。建立以废旧物资回收和集中处理为主的生活废物资源化体系，重点对生活垃圾中的金属、塑料、玻璃等进行回收再利用，有机成分制成高效生物肥，不能再生利用的，制成垃圾燃料用于发电。

（六）发展清洁能源和可再生能源

建设天然气、液化石油气、水电、风能、太阳能、沼气等清洁能源供应体系。制定政策，鼓励使用清洁能源，促进能源结构调整。重点在工业锅炉、城市民用能源和交通、农村热源等领域大力推广使用清洁能源。建设和完善主要工业开发区的天然气输送管道网络，加大发电、大型锅炉、工业锅炉的煤改气、油改气力度，提高锅炉燃烧效率，减少污染。建设和完善城市天然气输气管网和配套设施，加大推进服务业、居民热源改气、油改气力度，提高天然气使用覆盖率和城市公共交通车辆燃气化比例。在集镇积极普及以煤气为主的清洁能源。

贯彻实施《中华人民共和国可再生能源法》，研究制定海南省实施办法。开展全省可再

生能源的资源普查评估工作，制定海南省可再生能源总体发展规划。策划、论证重大可再生能源项目，积极争取国家对海南重点可再生能源项目的投资支持，加大地方财政的扶持力度。推进能源产业的投融资体制改革，实现投资多元化，动员社会力量参与开发和发展可再生能源。加大可再生能源研究和开发力度，逐步提高可再生能源占全省能源的比例。充分利用水资源条件，加快发展水力发电；在大风和多风热带季风气候比较明显的地方，发展风能发电；在有条件的行业和地方，充分利用日照时间长等优势推广应用太阳能；在农村结合文明生态村的创建活动，大力推广应用沼气。

六、生态人居与生活质量

坚持以人为本，创建一流的生活质量是建设生态省的根本出发点。充分利用优越的自然环境条件，开展文明生态城市、文明生态集镇、文明生态村与文明生态社区三级四类创建，加快建设与完善城乡居住环境与配套基础设施，改善城乡人居环境。构建人口、卫生、教育、就业、公共安全等人口生态体系，提高人口素质，保障人民生产和生活安全，打造有海南特色的居住环境品牌，把海南建成具有全国一流生活质量的省份。

（一）生态人居环境建设

优美、和谐的人居环境是高品质生活质量的重要内容。推进人居环境的三级四类创建工程，把城乡居住环境的改善和生态环境保护与建设有机地结合起来，科学规划，合理布局，建设舒适实用、环境质量一流、与自然和谐、具有海南特色的生态型社区，为人们提供健康、方便、舒适的生活、工作、旅行和休闲环境。

1．科学制定并严格执行城乡人居环境建设规划。科学制定人居环境建设规划。引进国内外先进的规划理念和方法，从省情实际出发，统筹协调城乡发展，把城乡建设规划与生态环境功能区划、产业发展规划等有机结合起来，对城镇功能进行科学准确定位，加快城镇总体规划编制或修编工作，制定村镇建设规划。规划要体现土地资源的稀缺性和合理利用要求，充分考虑环境的承载力，贯彻低容积率、低建筑密度、低层、高绿化率（“三低一高”）规划建设原则，将人工建筑纳入自然景观中进行整体设计，力求使建筑景观与自然景观和谐，突出地方的自然与人文特色。开展城镇自然景观和绿化用地专项规划，严禁不经科学论证和不按程序报批而随意填海、填湖、填河、毁林和削山造地，充分利用山、水、林、海等景观资源，使城镇住区和商业区与城镇周边自然生态环境达到景观和谐。在老城区改造和新城区的建设中，要统一规划城市的供排水系统、交通系统、能源系统、通信系统、地下管网系统、生物系统和环境保护等基础设施。

严格实施建设规划。通过地方立法和严格的执行制度确立城乡人居环境建设规划的严肃性和权威性，确保城乡人居环境各项建设工程严格按照批准的规划进行，杜绝乱批、乱建、乱占行为，有序推进人居环境建设。

2．建设文明生态城市。建设具有和谐优美人居环境、市民精神文明程度高、崇尚绿色文明消费的文明生态城市。按照全省城镇体系规划和文明生态城市建设的总体要求，各城市要明确发展功能和方向，加快提升城市的建设质量和管理水平，提高城市居民的生态意识和

文明水平。到2010年，海口、三亚、琼海、五指山、儋州5市率先达到文明生态城市的基本要求，到2015年全部城市建成文明生态城市。

文明生态城市人居环境建设的主要内容是：工商业区、学校、办公区和居住区的建筑，干道和街巷，公园休闲地与绿化带，文体活动场所与设施，供水供电环保基础设施等。

加快完善城市基础设施建设。按照满足现状要求兼顾发展需求的原则，统一规划建设城市道路交通网络、供电供水排水设施、公共信息系统、文化教育与体育设施等，为城市居民创造舒适便捷的生活条件。

大力实施城市净化工程。研究引进符合海南城市实际的污水处理和垃圾处理技术方法，实行雨、污水分流管网系统和生活垃圾分类收集，逐步推行污水处理和垃圾处置市场化运行机制，妥善处理城市生活污水和垃圾，统筹建设、环卫、城管等管理体制，建立健全城市卫生管理长效机制，城市卫生达到省级以上卫生城市标准。

加快建设城市绿化工程。城市绿化以热带乡土乔木为主，形成乔、灌、地被多物种结合的绿化格局，城市新区的绿地面积应占总用地的35%以上，旧城区改造要留足绿化用地，重点建设一批园林绿化精品示范工程。到2010年，城市建成区绿地率达到30%，人均公共绿地面积达到12平方米；城镇街道绿化率达到95%，城区干道绿化带不少于道路总用地面积的25%，30%的城市园林绿化达到国家园林城市标准，50%的城市达到省级园林城市标准。

积极推进城市美化工程。结合城市的自然环境和历史文化特点，开展城市景观设计，合理布局和建设公用建筑、人居建筑及相关的标志性建筑和城市公园等公益设施，规范户外广告、路灯、停车场等兼具实用和美观功能的公用设施建设，营造美观和谐的热带城市特色景观。

3．建设文明生态集镇。大力推进建设具有和谐优美人居环境、民风淳朴、实行绿色生产和绿色消费的文明生态集镇。按照全省城镇规划和文明生态集镇的总体要求，从重点集镇开始，明确功能定位和方向，紧密结合本地实际和特点，加快镇区基础设施建设，提高集镇管理水平，提高居民的精神文明素质和环境意识。到2010年，根本解决集镇“脏、乱、差”问题，镇区常住人口5 000人以上的集镇要达到文明生态集镇的基本要求；到2015年，60%的集镇基本建成文明生态集镇；到2020年，80%的集镇建成文明生态集镇。

文明生态集镇人居环境建设的主要内容是：商业、办公、学校和居住区建筑，街巷要道，公园与绿化带，文体活动场所与设施，供水供电和电信设施，排水和污水处理设施，垃圾收集与处置设施等。

加快完善集镇基础设施建设。统筹集镇建设资金，突出重点，分步实施，加快建设和完善集镇道路交通、农贸市场、供电供水、中小学校和文体设施等基础设施，为集镇居民创造舒适方便的生活条件。

大力实施集镇净化工程。把治理“脏、乱、差”作为改善集镇环境的一项重要举措来抓，严格清理乱搭、乱建、乱占，使集镇环境整洁有序；建设符合海南集镇实际、低投入高效益的小型污水处理和垃圾处置设施，对集镇生活污水进行集中处理，对生活垃圾实行定点收集、集中处置，净化集镇环境。

加快推进集镇绿化工程。在镇边、路边和房前屋后大力种植乡土林木，栽花种草。文明生态集镇的绿化率要达到40%以上，逐步建成“林在镇中、镇在林中”的绿色集镇环境。

组织实施集镇美化工程。有条件的集镇要根据本地自然环境特色和人文历史特点进行规划设计，合理布局居住建筑、公用建筑，建设园林美化和文化体育等设施，美化集镇环境，建设有景观特色的优美集镇人居环境。

4．创建和推广文明生态社区。创建具有美观和谐人居环境、居民具有较高文明素质和生态意识的文明生态社区，促进城镇的可持续发展。城镇社区要建设功能齐全、布局合理的基础设施，满足居民对居住、教育、安全和社交、休闲、娱乐等功能的需求，为居民提供便捷的生活服务；大力开展净化、绿化和美化工程，开展户外环境与建筑附着物的整治，倡导庭院绿化、建筑物垂直绿化和屋顶绿化，为居民创造优美的居住环境；以节庆、社区活动中心、家庭等为载体，开展形式多样、生动活泼的社区教育、环保科普和文体活动，提倡节约能源、资源，倡导绿色文明消费，为居民营造积极向上的文明风尚和生态文化氛围。

到 2010 年，海口、三亚、琼海、五指山、儋州五个市 60%以上的住宅区达到文明生态社区的基本要求；到 2015 年，全省城镇 70%的住宅区基本建成文明生态社区；到 2020 年，全省城镇 80%的住宅小区建成文明生态社区。

5．加快建设文明生态村。按照文明生态村建设的总体规划和要求，加快推进创建工作。加强计划生育和文明卫生宣传教育，整治“脏、乱、差”，铲除“黄、赌、毒”，改变生活陋习，提高村民整体素质。按照布局实用合理、风格美观多样的要求，全面规划建设农村居民点，建好入村干道和入户巷道，实行净化、绿化和美化工程，逐步使农村居民每户拥有一处实用、卫生、美观的庭院。认真搞好宣传文化室建设，加强对农民进行生态知识教育，鼓励农民学习农村实用技术，因地制宜地发展农村沼气和庭院经济，积极发展生态农业，增加收入，勤劳致富。整合各项涉农资金，支持村庄进行改水、改厕，推广农村沼气或清洁燃料，提倡家畜和家禽圈养，推行生活垃圾集中堆放，生活污水定点排放，改善农村环境卫生。加快农村电网的建设与改造，积极发展小水电、微水发电等清洁能源，减少薪柴的使用；鼓励农民使用有机肥和生物农药，采用生物手段治理病虫害，少用化学农药和化肥，发展绿色生态农业，保护农村生态环境。

到 2010 年，全省一半以上的村庄建成文明生态村。2015 年，全省 75%的村庄建成文明生态村。2020 年，90%以上的村庄建成文明生态村，实现农村面貌的根本改变。

（二）人口生态体系建设

推进人口控制体系建设、健康与安全保障、文化体育与教育体系建设、就业与社会保障四项工程，构建完善的人口生态体系，努力提高人民生活质量。

1．人口控制体系建设。控制人口增长和优化人口结构。加强宣传教育和执法力度，贯彻落实计划生育基本国策，创新计划生育工作思路和机制，严格执行计划生育政策，探索建立对农村计划生育家庭的奖励制度和保障体系。高度重视并认真解决部分地区出生人口性别比例严重失衡问题，在农村组织开展“少生快富”扶持工程，把人口自然增长率和性别比例控制在合理的水平，使人口增长与资源环境承载力相适应，缓解人口增长和老龄化问题。到 2015 年，全省人口自然增长率与性别比指标达到全国先进水平。

2．健康与安全保障。强化公共卫生体系建设。尽快建成覆盖城乡、功能完善的疾病预防控制和医疗救治体系，建立健全传染病预警系统，提高对传染病的快速反应和控制能力，

强化应对突发性公共卫生事件的能力和措施。注重加强和改善农村医疗卫生设施，满足农村医疗卫生的基本需求。加大卫生执法监督力度，整顿和规范医疗市场，确保城乡居民用药和就医安全，切实保障城乡居民身体健康。

加强公共食品安全保障。建立农产品和“菜篮子”基地环境质量状况监测体系，对产地环境质量进行监控。制定并执行严格的农产品种养、加工和储运标准，严禁使用高毒、高残留农药，鼓励使用生物农药和有机肥料，通过先进的技术手段和严密的管理机制，对蔬菜、粮油、禽畜肉蛋以及各类加工食品的生产、加工和销售环节进行严格监控，净化百姓“菜篮子”，使人民饮食安全得到充分保障。

完善公共秩序安全保障机制。加强社会治安综合治理，在全省基层单位建立社会公共秩序安全责任制度，形成由公安、武警、治安联防队、公众组成的高效联动公共安全预警与防治网络。充分发挥先进信息技术和指挥监控系统的支持作用，重点打击黑恶势力、严重暴力犯罪等恶性犯罪，预防和及时处理涉及社会安全的突发事件，把各类刑事案件和其他突发性公共安全事件及其危害控制在最低水平。到2015年，使海南成为全国公共安全保障最好的省份。

3．文化体育和教育体系建设。加强文化设施建设。充分发挥人文资源特色，合理布局、规划建设各类文化主题公园、图书馆、博物馆、展览馆等文化设施，弘扬民族文化，满足人民精神文化需求。

发展全民健身和体育运动。合理规划布局城乡全民健身基础设施，鼓励城乡居民积极参加健身运动，提高人民的身体素质。充分发挥海南的气候和环境优势，利用海南作为全国帆板、足球等众多体育运动项目冬训基地的有利条件，加快提高海南的体育运动水平。

加强国民教育。进一步加强基础义务教育，加快普及高中和职业技能教育，提高接受高等教育人口的比例，鼓励和大力支持继续教育，形成终身学习的良好氛围，建立丰富多样的人力资源储备，促进社会经济发展。

4．就业与社会保障。扩大就业。统筹城乡新增劳动力就业、下岗职工再就业和农民工进城就业，坚持劳动者自主就业、市场调节就业和政府促进就业的方针，把提高就业率、控制失业率纳入经济社会发展规划。加大对就业和再就业的投入，落实税费减免、小额贷款、社会保险补贴等扶持政策，改善创业环境。加强劳动法规监察力度，保障劳动者合法权益，加快城乡劳动力市场建设，实现城乡人口充分就业。

完善社会保障。健全和完善城镇失业保障体系和最低收入保障制度，探索建立农村因失地、病残等原因失业的农民失业保障机制，加强社会保障资金的筹集和管理，对城乡特殊困难群体给予支持和关怀。继续完善城镇居民基本医疗保险制度，按照群众自愿、因地制宜、循序渐进、科学规范、确保群众受益的原则，在全省农村推行新型农村合作医疗制度，防止因病致贫、返贫，为城乡居民医疗卫生提供有效资金保障。进一步完善城镇养老保险体系，推进企业退休人员社会化管理，建立健全养老保险基金省级调剂制度，推进城镇基本养老保险全省统筹，探索建立农村养老保险体系，加强养老保险基金的收缴和管理，确保城乡居民老有所养，妥善解决老龄化问题。

七、生态文化建设

生态文化既是生态省建设的重要内容，也是生态省建设的前提与保障。要以科学发展观和可持续发展理论为指导，把生态文化作为社会主义精神文明建设的重要组成部分，开展生态意识和法制意识教育，普及生态科学知识和生态法律法规知识，培育和引导生态友好的生产方式和消费行为，倡导节约和保护环境的价值观念，营造促进生态省建设的良好社会氛围，实现公众、企业、决策管理者生态文明程度的显著提高，在全社会树立建设生态省、促进可持续发展的共同信念。

（一）建立公民生态意识与生态法制教育体系

加强生态知识和法制意识教育。以青少年、党政干部、企业经营者为主要对象，开展多形式、多层次的生态环境知识和生态保护法律、法规知识教育，增强公民的环境保护意识和法律意识。把生态教育作为学生素质教育的一项重要内容，“从娃娃抓起”，在全省大专院校和中小学全面开设生态环境与生态法制地方教育课程，在大专院校开设生态环保专业或专业课程，组织青少年开展以认识和保护生物多样性为主要内容的生态夏令营、冬令营等生态体验活动和植绿护绿、保护母亲河等环境公益活动，努力培养具有生态环境保护知识与意识的一代新人。在各级党校和行政学院开设生态环境与生态法律、法规知识等生态省知识教育课程，对党政领导干部进行任职培训和继续教育，使党政决策者和行政管理者增强生态意识，树立科学发展观，在制定规划政策和进行决策时正确处理环境与发展的关系。加强对企业经营者的生态环境和生态法制知识教育，制定政策，促使企业自觉按照循环经济模式组织生产，实行生态友好的生产方式，节约能源资源，保护生态环境。到2010年，形成全方位、多层次、多样化的公民生态意识教育体系。

（二）开展生态科学知识和生态法律、法规知识普及活动

各级政府要结合本地条件投资建设一批生态科普和法制教育基地，并有效利用其他文化场馆设施，组织开展生态保护与建设科普展览和法制普及等活动，免费向公众开放；鼓励、支持各类民间组织和社会团体开展群众性生态科普和法制宣传活动，实施保护生态环境的示范项目；鼓励企业建设具有集生态科普、生态旅游、生态保护、生态恢复示范等功能于一体的生态景区，进一步提高全省人民的生态意识、法制意识和参与生态省建设的能力。

（三）营造促进生态省建设的社会氛围

在公共场所设立公益广告牌、宣传栏、展览等形式大力宣传生态省建设，鼓励企业结合产品广告宣传生态环境保护。报刊、广播和电视等媒体通过定期宣传专栏和即时报道，宣传生态省建设成效，表彰先进事迹，曝光破坏典型。鼓励各类社会团体或组织建立生态省建设和生态环境保护宣传网站，编印生态文化普及读物，结合“植树节”、“世界地球日”、“世界环境日”、“全国土地日”、“世界水日”等纪念日开展形式多样的生态文化传播活动。创建一批文明生态学校、文明生态企业、文明生态家庭等示范单位，促进形成节约资源、保护环境、

实行清洁生产和绿色消费的社会风尚，营造有利于生态省建设的良好社会氛围。

（四）建立完善公众参与机制

开展城镇生活垃圾的定点分类堆放示范活动，倡导节水、节能、消费绿色食品、选用环保产品等绿色消费行为，组织义务植树造林、环保义务劳动、志愿者行动和为生态省建设献计献策等活动，拓展公众参与生态省建设的途径。实行环境质量公告制度，建立生态破坏和环境污染案件举报系统，开展建设项目环保听证等，保障公众对环境保护的知情权、监督权和参与权，建立行之有效的公众参与机制。到2010年，形成比较完善的生态省建设公众参与机制，使公众成为生态省建设的重要力量。

八、生态省建设的保障措施

生态省建设具有长期性、综合性、系统性和复杂性，涉及各市县、各部门和各行业。要积极采取行政、法律、经济、科技等手段，加强部门协调，努力拓宽融资渠道，建立健全法律法规体系，加强科技支持，为生态省建设提供有力保障。

（一）行政组织保障

1．健全领导机制。生态省建设是一项跨市县、跨部门、跨行业的开拓性、综合性系统工程，必须建立专职和高效的生态省建设领导与协调工作机构，切实加强对生态省建设的领导。各级政府和有关部门要把生态省建设作为一件大事，列入议事日程。省生态办要对生态省建设重大事项进行统一部署，及时解决建设中的重大问题，制订生态省建设年度工作计划，明确部门和市县责任，加强对生态省建设工作的统一部署和监督，逐年落实规划纲要提出的各项任务和目标。各市县要成立相应的领导和协调机构，组织编制《生态市（县）建设规划》并组织实施。

2．建立落实机制。坚持党政“一把手”亲自抓、负总责，高度重视生态省建设工作，抓战略研究，抓工作部署，抓督促检查，形成一届接着一届干，级级抓落实的良好局面。建立和完善生态省建设的工作目标责任制和激励机制，把生态省建设重点任务和部门重点工作紧密结合起来，层层分解目标和任务，落实责任，分工合作，确保责任、措施、投入“三到位”。制定行之有效的检查监督制度，掌握建设动态，总结建设典型，布置和督促落实建设工作，全面推进生态省建设。

3．创新考核机制。按照科学发展观和构建和谐社会的要求，创新领导干部政绩考核和奖惩制度，抓紧研究考核指标，把生态省建设任务纳入干部政绩考核体系，将领导干部落实生态省建设发展战略的评估结果和工作责任考核作为定量考核和评估其政绩的主要依据，完善现行的经济社会考核方案，将计划生育和环境资源保护等社会发展指标纳入市县经济社会考核内容，促使各级领导干部形成科学的政绩观。

4．加强综合决策。以《海南生态省建设规划纲要》为基础和依据，制订国民经济和社会发展中长期规划、产业政策、产业结构调整和生产力布局规划、区域开发计划。要将生态省的建设目标纳入各级政府的国民经济和社会发展中长期规划和年度计划，在每年的政府工

作报告中得到体现。按照《环境影响评价法》的要求，开展产业发展的战略环境评估和重大决策的可持续发展影响评价，提高生态省综合决策水平。

（二）法制保障

1．加强立法。按照科学发展观和生态省建设的要求，对我省现有法规进行清理复核，抓紧对生态环境保护和生态产业发展等滞后领域的立法。对不利于生态环境保护、生态产业发展的有关内容和不够完善的法规进行修改，制定相应的实施细则，配套完善。抓紧制定资源有偿使用、生态环境补偿和公共环保工程设施有偿服务等法规，通过政策促进区域社会经济平衡发展。

2．加大执法力度。按照《中华人民共和国行政许可法》的要求，加强执法机构建设，提高执法人员素质，严格执法，保障生态省建设相关法规得到全面落实。各有关执法部门和机构应当建立健全执法责任制和考核评议制，加强对行政执法行为的监督，保护行政执法的公正、公平、公开，严格依法行政。强化执法检查，实行定期检查与经常性检查相结合，推行执法情况定期汇报制、复核制、奖惩制，加大查处破坏生态环境案件力度，逐步杜绝有法不依、执法不严、违法不究、执法效率不高的现象。

3．完善政府内部行政监察制度。加强对决策活动的跟踪监督，按照“谁决策、谁负责”的原则，建立健全决策责任追究制度，实现决策权和决策责任相统一。加强对各级领导干部执行生态环境资源法律规章情况的监察监督，督促各有关部门在审批建设项目时，认真执行审批程序，严格把关。

4．保障公众监督权。设立投诉中心和举报电话，疏通投诉渠道，鼓励广大群众检举揭发各种违反生态环境保护法律法规的行为。充分发挥广播、电视和报刊等新闻媒体的舆论监督作用，及时报道和表彰生态省建设的先进典型，公开揭露和批评污染环境、破坏生态的违法行为，对严重污染环境、破坏生态的单位和个人予以曝光。

（三）经济政策保障

1．建立以保护生态环境为导向的经济政策。运用产业政策引导社会生产力要素向有利于生态省建设的方向流动。定期公布鼓励发展的生态产业、环境保护与生态建设优先项目目录，以及禁止和限制发展的产业与项目目录，对优先发展项目提供优惠政策。研究制定有利于生态型产业发展的税收政策，促进生态型产业的发展。

运用消费政策引导社会消费倾向。运用价格调控手段，引导节水、节能的消费方式；对需要回收集中处理和再利用的商品，实行“押金—回收—退款”制度，运用经济手段逐步减少环境污染类商品消费量。

2．拓宽生态省建设投融资渠道。增加政府投入。争取国家资金支持，用于发展城镇污水处理、垃圾处置、生态扶贫、清洁能源等与生态省建设相关的公益事业。省财政每年安排一定的引导资金，并逐年有所增加，用于启动发展林下产业、生态人居、生态教育等生态省重点示范项目。市县财政要根据实际情况，切实增加对生态市县建设的投入。统筹安排政府专项、工业发展、科技、林业、水利、城建、扶贫等资金的使用，实行“三集中”，集中资金，集中投向生态省建设的重点领域和项目，集中解决生态省建设的重点问题。

引导企业和社会资金投入。制定有力的政策，引导企业筹集资金发展生态经济。动员社会力量广泛参与，引导社会资金投向生态建设和环保项目。

争取国际合作资金。利用生态环境保护成为国际合作热点的有利时机，扩大宣传，开展形式多样的国际交流与合作，开拓国际援助渠道，争取利用国际资金和技术援助及优惠贷款，支持生态省建设。

3．建立健全自然资源有偿使用制度与生态环境补偿机制。按照“资源有偿使用”的原则，严格征收各类资源有偿使用费，完善资源的开发利用、节约和保护机制。按照“污染者付费”和“谁破坏、谁恢复”的原则，严格实行排污总量收费，促进企业治理污染；研究探索建立生态恢复保证金制度，要求因开发建设损害生态服务功能与生态价值的单位与个人缴纳生态恢复保证金。按照“谁受益、谁补偿”的原则，研究建立受益地区对保护地区补偿的生态补偿机制，设立省级和市县级生态保护补偿基金，基金主要来源于对矿产、土地、水、水电、旅游、森林等开发利用项目征收生态补偿费，通过财政转移支付等方式，支持补偿有自然生态保护区、水源涵养区等重要生态功能区的地区因保护生态环境而导致的财政损失。

4．探索制定绿色国民经济核算体系。克服现行国民经济核算指标体系不能反映经济活动对资源消耗和生态环境影响的不足，研究并试行把自然资源和生态环境成本纳入国民经济核算，逐步建立绿色国民经济核算体系，使有关统计指标能够充分体现生态环境和自然资源的价值，较准确地反映经济发展中的资源和环境代价，引导人们从单纯追求经济增长逐步转向注重经济、社会、环境、资源的协调发展。

积极做好绿色国民经济核算和环境污染经济损失调查试点工作。按照国家试点方案要求，研究提出“海南省环境经济核算体系框架”和“海南省资源环境经济核算体系框架”，开展环境资源实物量和价值量的调查与核算，逐步在全省范围内试行绿色国民经济核算。

（四）科技保障

1．大力推广先进适用科技成果。制定政策，在清洁生产、生态环境保护、资源综合利用与废弃物资源化、生态产业等方面，引导企业、科研机构等积极开发和推广应用各类新技术、新工艺、新产品。举办生态环境科技成果博览会、科技招商会，建立生态环境科技项目交流市场，有效利用国内外先进技术成果，依靠科技进步推进生态省建设。

2．建立生态环境监测预警系统。依托卫星影像、GIS、抽样调查、公众举报等手段，加强生态环境监测监控，及时跟踪和掌握环境变化趋势，提高生态环境监测、预测和预警能力，为生态省建设提供决策支持。

3．加强专业人才队伍建设。健全激励机制，吸引省外生态环境保护和生态产业领域的专业人才到海南工作。积极与国内高等院校和科研院所建立合作关系，在海南设立研究工作站或博士后流动站。充分发挥省政府咨询顾问委员会和科技顾问委员会在重大项目、规划、决策中的咨询参谋作用。加强本地技术骨干队伍的培养，逐步建立一支懂技术、会管理的人才队伍。

4．制订生态产业和环保产品标准。组织有关部门和专家，借鉴国内外经验，制订符合海南省情的生态产业标准，配合生态产业优惠政策，推动生态产业快速健康发展。建立健全生态省的产业和产品质量标准体系、质量安全检测体系。借鉴国内外经验，制订和完善符合

海南省情的地方标准，与国际标准、国外先进标准、国家标准、行业标准配套，形成我省产业产品质量标准体系。按照资源优化配置、政府监督与企业自律相结合的要求，统合全省产品质量安全检测能力，形成布局合理、分工明确的质量安全检测体系，推动生态经济快速健康发展。

附件 1：

生态省建设全面建设阶段重点工程

一、生态安全保障体系

（一）天然林保护工程

实施热带天然林的封山护林和封山育林工程，使全省天然林覆盖率稳定在 19%。

（二）重点生态区域绿化工程

对沙化土地、水土流失地、西部荒漠化土地、25 度以上的山坡地等重点生态区域实施造林绿化和还林。

（三）“三边”防护林工程

1．加快水边林建设，在海边推广椰树和木麻黄混交林，在江河和湖泊水库周边推广竹林。

2．推进路边林建设，在路边和城镇出口道边推广具有防护和景观功能的防护林带。

3．实施城边林建设，建设城郊环城绿化带、森林公园、风景林区和城市道路、河流林带林网，在集镇边推广具有防护和景观功能的防护林带，在村边推广热带经济果树林。

（四）自然保护区建设和生物多样性保护工程

1．新建扩建一批自然保护区，重点建设尖峰岭、五指山、吊罗山、霸王岭等自然保护区，建设一批生态廊道，将海南主要的自然保护区连片成网。

2．划定保护区边界和内部分区，加强自然保护区规范化管理。

3．开展生物多样性系统调查和研究，建设完善尖峰岭、吊罗山生态监测站，建立生物多样性信息和监测网络。

4．建设珍稀濒危物种和种质资源迁地保存与繁衍基地，开展外来入侵物种调查，对引进外来物种、大面积单一品种造林及推广林下产业等进行跟踪监测，制定生物安全管理与生物多样性保护地方性法规和政府规章。

二、环境质量保障体系

（五）工业污染防治工程

加强对现有工业企业排污的监管，控制新建工业项目的污染，实现工业污染物排放的总量控制目标。

（六）生活污染控制工程

1．建设市、县政府所驻城镇和水源地及河流上游城镇的污水处理工程。

2．实行焚烧发电、生物堆肥等生活垃圾资源化综合利用。

3．对农村生活垃圾实行定点集中堆放，推广农村人畜粪便资源化利用。

（七）农业污染削减工程

1．在城镇、水源保护区和风景旅游区周边划定畜禽规模养殖禁止区，对畜禽养殖产生的粪便和废水进行资源化利用。

2．禁止使用高剧毒农药，推广低残留、低毒、高效农药和生物防治技术，科学合理施用化肥，推广使用可降解农膜，减少农业面源污染。

3．推广生态养殖技术和引进养殖废水处理技术，治理高位池养殖污染。

（八）医疗和危险废物处置工程

1．规划建设海口、三亚和儋州三个医疗垃圾集中处置中心，对全省医疗垃圾实施分区收集、集中处置。

2．执行危险废物产生、交换和转移的联单管理制度，建设全省危险废物集中处理中心，处置危险废物。

3．建立放射性废物储存、转移登记制度，建立放射事故应急反应系统，建设省放射性废物处置库，防止放射性污染。

三、资源可持续利用体系

（九）土地保护与开发整理工程

1．严格执行基本农田征用的审批制度，建立耕地保护目标责任制，对土地资源实行最严格的保护。

2．积极推进土地整理，充分利用国家投资、企业投资、银行信贷等有利条件，重点推进琼东滨海平原锆钛矿区土地复垦工程、琼东北生态恢复土地整理与开发重点工程、琼南热带高效农业与南繁基地土地整理工程、琼西大广坝水库灌区土地整理工程、儋州国家农业科技园区土地整理复垦工程等重点土地整理工程。

（十）生物和矿产资源高效利用工程

1．开发利用药用、食用和观赏等生物资源。

2．引入市场机制，对钛锆砂矿、石英砂矿、铁矿等优势矿产资源实行生态化开采、精深加工。

（十一）水资源优化配置与水源建设工程

1．加强水源涵养林保护，切实治理流域水污染源。

2．加快大隆水库、大广坝二期等重点水源工程建设，解决工程性缺水问题。

3．合理规划建设区域水利工程，开展对文昌等北部以及东方、儋州等西部缺水地区实行跨流域调水工程的可行性研究，适时开展工程建设，努力满足缺水地区社会经济发展的用水需求。

4．按照优水优用，优先保障居民生活和重点产业、工程、项目用水等原则，有效利用价格杠杆，优化配置水资源。

（十二）清洁能源工程

1．推进主要工业开发区的发电、大型锅炉、工业锅炉的煤改气、油改气工程。

2．推进服务业、居民热源改气、油改气和城市公交车辆燃气化工程。

3．在集镇普及以液化气为主的清洁能源，在农村大力推广沼气。推广利用水力、太阳能、风能等可再生能源。

四、生态经济体系

（十三）生态优势产业发展工程

1．发展无公害农产品，积极发展绿色食品，培育发展有机食品，建立高效益、多样化的生态农业体系。

2．加快发展远洋捕捞业，控制和压缩近海捕捞，发展外海和远洋捕捞，调整捕捞作业结构，加快渔船更新改造，开发推广新型渔具渔法。

3．发展有特色的滨海、热带森林、温泉、湖滨等度假休闲和观光旅游。高标准建设南山文化旅游区、兴隆热带花园、兴隆热带植物园、尖峰岭、吊罗山和七仙岭等国家热带森林公园、五指山生态旅游区、海口石山火山群国家地质公园、西沙群岛等 9 个生态旅游示范区。

4．打造具有自然环境优势和有特色的人居环境，发展高档次的生态型房地产业。

（十四）双重效益产业发展工程

1．发展热带速生丰产林、橡胶林、热带珍贵用材林、热带果木林、热带花卉、竹产业等林产业。

2．大力推广林+藤、林+药、林+观赏植物、林+食用植物、林+禽等立体复合种养经营模式的林下产业（复合农林业）。

3．发展藻类、贝类生态水产品等生态海水养殖业。

（十五）清洁型优势产业发展工程

1．发展动植物种子种苗产业。

2．发展汽车制造业、生物医药、信息产业。

3．培育创意产业、职业技术教育产业、会展产业等文化教育产业。

（十六）资源加工业发展工程

1．加大勘探力度，加快开发步伐，扩大油气资源开发生产规模。在东方天然气化工城、洋浦石油化工园区等区域发展集约型油气化工业。

2．发展水产品、水果、瓜菜的保鲜与加工，以及橡胶、畜禽、粮油等农产品精加工业。

3．实施350万亩浆纸林工程，建设林浆纸及纸制品一体化产业。

五、人居生态体系

（十七）文明生态城市创建工程

1．健全城市的供水、供电、信息、污水管网与处理、垃圾收集与处置、交通、文体教育等基础设施。

2．实施城市净化工程，解决污水排放、垃圾收集的污染问题，建立长效的城市卫生管理机制。

3．实施城市绿化工程，结合城边林、道路绿化等建设工程，加大城市绿化建设力度，在新区建设和老城区改造中充分考虑和规划绿化用地，提高城市绿化水平。

4．推进城市美化工程，加强城市建筑、公园、街道、休闲地和文化体育等景观设施建设，使城市建筑和自然环境和谐一致。

（十八）文明生态集镇创建工程

1．实施集镇净化工程，因地制宜建设集镇污水处理和垃圾处置设施，加强集镇市场等公共场所的卫生管理，订立集镇文明公约，建设文明卫生的集镇环境。

2．推进集镇绿化工程，加强集镇的道路、学校等公用建筑的绿化建设，鼓励居民在房前屋后种植果树等经济林，进一步提高集镇的绿化水平。

3．实施集镇美化工程，合理规划集镇的建筑布局，采用与当地自然景观一致的建筑风格建设民居、公用建筑和文化、休闲等设施，建设具有特色的集镇人居环境。

（十九）文明生态村创建工程

1．认真搞好文明生态村宣传文化室建设，加强计划生育和文明卫生宣传教育，提高村民文明素质。

2．规划建设农村居民点，实施净化、绿化、美化工程，改善农民居住环境。

3．鼓励农民学习适用技术，发展农村沼气和庭院经济、绿色农业，增加收入。

（二十）文明生态社区创建工程

1．推广建设低容积率、低建筑密度、低层、高绿化率的“三低一高”生态型住宅区。

2．开展社区教育、环保科普和文体活动，提高社区居民生态环境意识。

3．倡导居民节水、节电和节约其他资源、选用环保绿色产品等绿色文明消费，鼓励居民减少垃圾排放量、对垃圾进行分类。

六、人口生态体系

（二十一）人口控制工程

1．建立城乡计划生育奖励制度和保障体系，切实降低生育水平。

2．在农村组织开展“少生快富”扶持工程，促进少生优生致富。

（二十二）健康与安全保障工程

1．建立健全城乡疾病预防控制和医疗救治体系，建立健全传染病预警系统，整顿和规范医疗市场，加大执法监督力度。

2．建立农产品、禽畜、肉蛋等食品生产、加工、销售各环节的监控管理机制，确保食品安全。

3．建立由公安、武警、治安联防队和公众组成的联动公共安全预警与防治网络，稳定社会秩序，确保人民生命财产安全。

（二十三）文化体育与教育工程

1．建设各类文化主题公园、图书馆、博物馆、展览馆等文化设施，促进城乡精神文明建设。

2．合理规划布局城乡居民健身基础设施，促进全民健身，提高居民身体素质。

3．加强基础义务教育，普及高中和职业技能教育，支持继续教育，鼓励全民学习、终身学习。

（二十四）就业与社会保障工程

1．加大对就业和再就业的投入，保障劳动者合法权益，努力实现城乡居民的充分就业。

2．健全城镇失业保障体系和最低收入保障制度，探索建立农民失业保障机制，确保弱势群体的基本生活保障。

3．完善城镇居民基本医疗保险制度和养老保险体系，推行新型农村合作医疗制度、探索建立农村养老保险体系。

七、生态文化体系

（二十五）公民生态意识和生态法制教育工程

1．在全省大专院校、中小学校开设生态环境与生态法制地方教育课程，在大专院校开设生态环保专业或专业课程，组织开展各种形式的青少年环境公益活动，形成完善的青少年生态教育体系。

2．在党校和行政学院开设生态环境与生态法律、法规知识等生态省知识教育课程，对党政领导干部进行任职培训和继续教育。

3．加强对企业经营者的生态环境和生态法制知识教育，促使企业实行生态友好的生产方式。

（二十六）生态科学知识和生态法律、法规知识普及工程

1．政府投资建设一批生态科普教育和法制基地，向公众开放，普及生态科学和生态法制知识。

2．支持民间组织和社会团体开展生态科普和法制宣传活动，鼓励企业建设具有普及生态知识功能的旅游景区，促进生态科普活动。

（二十七）生态省建设的社会氛围营造工程

1．全面动员各类媒体，营造促进生态省建设的社会氛围。

2．创建文明生态学校、文明生态企业、文明生态家庭等示范单位，发挥示范效应。

（二十八）公众参与机制建设工程

1．组织开展各类活动，鼓励公众参与生态省建设。

2．建立公告、举报、听政等制度，保障公众对生态环境的知情权、监督权和参与权。

八、能力保障体系

（二十九）组织机构保障工程

1．建立生态省建设领导与专职协调工作机构，实行生态省建设工作目标责任制和激励机制，建立生态省建设工作检查监督制度。

2．制订考核指标，把生态省建设目标任务纳入领导干部政绩考核体系，以及各级政府国民经济和社会发展中长期规划和年度计划，发挥政府对生态省建设的主导和引导作用。

（三十）法制体系完善工程

1．修改完善现有生态环境保护、生态产业发展的法规，加强对生态环境保护、生态产业发展等领域的立法，制定资源有偿使用、生态环境补偿、公共环保工程设施有偿服务等法规。

2．推行执法情况定期汇报制、复核制、奖惩制、部门执法责任制和考核评议制，建立健全决策责任追究制度。

（三十一）经济政策扶持工程

1．定期公布生态产业、环境保护与生态建设优先项目目录，以及禁止和限制发展的产业与项目目录，制定有利于生态型产业发展的优惠政策。

2．增加政府财政投入，建立引导资金，引导企业筹集资金发展生态经济，征收资源有偿使用费，整合各类资金集中投入生态省建设。

3．研究制定“海南省环境经济核算体系框架”和“海南省资源环境经济核算体系框架”，建立绿色国民经济核算体系，促进各级政府树立和落实科学发展观。

（三十二）科技支撑工程

1．举办生态环境科技成果博览会、科技招商会，建立生态环境科技项目交流市场，促进科技成果转化。

2．制订地方产业和产品质量标准体系，为国内外市场提供高质量的绿色产品。

3．建立生态环境监测预警系统，跟踪生态环境质量变化，对生态环境突发事件进行应急反应。

4．建立可持续发展领域专家库，充分发挥省政府咨询顾问委员会和科技顾问委员会在重大项目、规划、决策中的咨询参谋作用。加强本地技术骨干队伍的培养，满足生态省建设各方面工作对高水平智力支持的需求。

附件 2：

生态省建设阶段主要指标与预期目标

指标	1998 年	2005 年	2010 年	2015 年	2020 年
经济发展水平指标					
1．全省人均生产总值（元）	6 022	10 200	15 000	22 000	≥30 000
2．农民人均纯收入（元）	1 966	3 000	4 300	6 500	≥10 000
3．城镇居民人均可支配收入（元）	4 853	8 300	11 800	16 500	≥22 000
经济增长方式指标					
4．万元工业增加值能耗（吨标煤/万元）	7.3	3.9	2.4	2	≤1.4
5．万元工业增加值水耗（立方米/万元）	664	300	260	230	≤200
6．万元工业增加值 SO_2 排放量（千克/万元）	36.2	18	15	12	≤10
7．万元工业增加值 COD 排放量（千克/万元）	58.3	10	8	6	≤5
8．清洁能源占一次能源比例（%）	26	45	50	60	≥70
生态环境质量指标					
9．森林覆盖率（%）	50.9	55	60	60	60
10．生态公益林覆盖率（%）	25.3	25.7	26	26	26
11．退化土地（水土流失、沙化、采矿破坏）恢复率（%）	8	20	50	70	90
12．主要城市空气质量	一级	一级	一级	一级	一级
13．主要城镇噪声功能区达标率（%）	80	80	85	88	90
14．主要江河湖库水质达标率（%）	87	88	90	93	98
15．近岸海域水环境质量达标率（%）	60	90	92	95	98
16．城镇生活污水集中处理率（%）	23	46	60	65	70
17．城镇生活垃圾无害化处理率（%）	0	30	70	80	90
生活质量指标					
18．农村饮用水达标率（%）	50	60	70	80	90
19．无公害瓜果菜基地占总种植面积比例（%）	0	36	50	70	90
20．城镇人均公共绿地面积（平方米）	6.8	8	12	13	15
21．城镇人均居住面积（平方米）	18.3	24.2	28.2	32.3	36.6
22．农村人均居住面积（平方米）	19.2	19.6	20.5	21.6	22.9
23．农村卫生厕所普及率（%）	28.52	55	63	71	80
社会进步指标					
24．人口自然增长率（‰）	12.95	9.0	8.3	7.9	≤7.2
25．人均期望寿命（岁）	72.3	72.9	73.2	73.5	74.1
26．中小学、幼儿园生态教育普及率（%）	20	85	95	98	99
27．文明生态村占自然村总数比例（%）	—	24	50	75	≥90

吉林

吉林省生态省建设总体规划纲要

（中共吉林省委常委会 省人民政府常务会议讨论通过
吉林省人民政府印发　吉政发[2001]31号）

保护与改善人类赖以生存的环境，实现可持续发展，是世界各国人民的共同愿望。我国政府已把可持续发展作为经济社会发展的基本战略，并采取了一系列重大举措。中共吉林省委、吉林省人民政府站在新世纪发展的高度，顺应新趋势，重新审视省情，提出了发展生态环保型效益经济的全新发展模式，做出了建设生态省的战略决策。经国务院同意，并委托国家环保总局在征求国家有关部委意见的基础上，以环函[1999]436号文批准吉林省为全国生态省建设试点。按照国务院的要求，从吉林省实际出发，编制《吉林省生态省建设总体规划纲要》（以下简称《纲要》）。《纲要》作为指导生态省建设的纲领性文件，是各市州各部门编制相应具体规划和计划的依据。

建设生态省是吉林省主动适应全球经济社会发展新趋势和提高综合竞争力的需要；是贯彻党的十五大提出的可持续发展战略，实现经济、社会和人口、资源、环境协调发展的需要；是根据吉林省生态经济系统特点，培育优质资源，运作生态资本，开拓新的市场，发挥后发优势，实现跨越式发展，使全省综合实力位次前移的需要。生态省建设是从吉林省经济、社会、生态环境的实际出发，按照省委、省政府提出的“发挥后发优势、推进和实现跨越式发展”的总体要求，坚持“高效益、广就业、可持续”的方针，合理利用自然资源，不断改善生态环境，积极调整经济结构，大力发展绿色产业，努力创建生态文明，逐步形成具有吉林特色的生态环保型效益经济发展模式，实现经济效益、社会效益和生态效益的统一，走出一条符合省情的可持续发展道路。

生态省建设的核心是可持续发展。通过生态环保型效益经济这一全新的发展模式，围绕提高经济效益，把经济建设与生态环境建设融合起来，依靠优良生态环境取得经济发展优势，依靠经济发展为生态环境改善提供保障和支持，将生态环境的巨大经济价值转化为较高的经济效益，把生态资源优势转化为市场竞争优势，夺取和开拓新的市场空间，推进和实现跨越式发展。

生态省建设是全国最高一级的生态示范区建设，目的在于寻求和探索可持续发展之路。它对实现省域经济、社会、生态环境良性循环和协调发展具有重要的典型示范意义。

规划编制依据：

《中国21世纪议程》。

《中华人民共和国国民经济和社会发展第十个五年计划纲要》、《全国生态环境建设规划》（国发[1998]36 号）。

《全国生态环境保护纲要》（国发[2000]38 号）。

《关于将吉林省列为全国生态省建设试点的复函》国家环境保护总局（环函[1999]436 号）。

《全国生态示范区建设规划编制导则（试行）》、《吉林省 21 世纪议程行动计划》、《吉林省国民经济和社会发展第十个五年计划纲要》、《省长办公会议纪要》[2000]20 号）、《吉林省人民政府办公厅关于印发〈生态省建设总体规划大纲〉的通知》（吉政办发[2001]4 号）。

生态省建设标准：

——全省经济比较发达，社会文明进步，生态环境优美，资源永续利用，经济社会与生态环境协调发展，人与自然和谐共处。

——全省生态复合系统实现更高水平的平衡，系统内要素健全、结构合理、功能完善，对经济社会发展、人民生活水平提高的支撑能力显著增强。

——全省自然资源得到合理利用与保护，优质资源、可更新资源的产出能力明显增强，环境质量达到国家标准。

——全省经济结构合理，生产要素实现优化配置，产业技术创新能力强，产品科技含量高，经济效益稳步增长，总体经济实力和市场竞争力不断增强，形成生态环保型效益经济体系和各具特色的区域生态经济格局。

——全省物质文明和精神文明建设长足发展。人均国内生产总值、城镇居民人均可支配收入和农民人均可支配收入达到国内较先进水平。人口实现从高平衡到低平衡的转化，国民素质不断提高。现代生态文明成为全社会共同的价值观念，人居环境清洁、舒适、优美。经济社会总体发展水平、人民生活质量达到全国较发达省份水平。

规划体系和规划期：

生态省建设规划体系：包括生态省建设总体规划、部门规划、市州规划、优先项目计划。规划期为 30 年。其中，近期 2001—2005 年，中期 2006—2015 年，远期 2016—2030 年。《纲要》的编制本着近期详细规划、中期科学构思、远期超前预测的规划方法进行，并将随着经济社会的发展逐步予以完善和提高。

一、生态省建设的机遇和挑战

在 21 世纪世界绿色文明兴起的大趋势中，建设生态省具有历史机遇，同时也面临着严峻的挑战。必须充分认识国内外环境变化，准确把握发展趋势，抓住机遇，发挥优势，迎接挑战，高质量地搞好生态省建设。

（一）国际环境变化影响

1. 21 世纪世界经济社会发展的生态化趋势和绿色需求

进入新世纪，经济全球化、新技术革命和经济结构战略性调整三大趋势日益增强，社会生产和生活方式正在发生深刻变化。可持续发展已成为世界各国的共识，绿色消费将成为人们的普遍追求。要抓住这一机遇，及时调整发展战略，充分利用生态环境和自然资源的比较

优势，积极运作生态资本，发展生态环保型效益经济，形成吉林省经济社会发展的新优势。

2. 加入WTO后吉林省机遇与挑战并存

加入 WTO 后，我国经济将进一步融入世界经济。一方面有利于我省充分利用国际国内两个市场和两种资源，扩大国际经贸合作与交流，开拓市场空间，在更广泛的领域谋求发展；另一方面，随着关税壁垒的打破，绿色壁垒将成为国际贸易的刚性制约，竞争也会更加激烈，我省一些传统产业与传统产品将面临严峻的挑战。因此，必须抓住有利时机，调整产业结构，加速产业升级，培育生态省品牌，大力发展绿色经济，使我省在未来国内外竞争和区域分工中处于有利地位。

（二）国内环境变化影响

1. 全国实施可持续发展战略的现状及趋势

党中央、国务院对实施可持续发展高度重视，采取了一系列重大战略举措，编制了《中国 21 世纪议程》，并纳入“九五”计划。国家各有关部委和各省市都制定了相应的行动议程或行动计划，积极推进可持续发展战略的实施。党的十五大把可持续发展确立为一项基本战略，并在十五届五中全会通过的《关于制定国民经济和社会发展第十个五年计划的建议》中，进一步阐明了实施可持续发展战略的具体要求。国家先后颁布了《全国生态环境建设规划》和《全国生态环境保护纲要》，一些省市区和相关行业也都积极行动起来。吉林省建设生态省，发展生态环保型效益经济，是国家实施可持续发展战略的组成部分。

2. 21世纪新经济形态——绿色经济

绿色经济不仅已成为 21 世纪国际经济发展的主流，而且日益成为全国各省市区经济建设的发展方向。用绿色意识重新审视传统的经济发展模式，从根本上转变资源依赖型的产业结构和粗放型的经济增长方式，是新一轮经济发展的客观要求。顺应这一发展趋势，结合吉林省实际，大力发展生态环保型效益经济，是吉林省培育新资源、构筑新优势、实现新跨越的必然选择。

3. 国家宏观政策的影响

国家宏观经济政策仍然是立足于扩大国内需求，近期实行积极的财政政策、稳健的货币政策。同时，国家正在大力实施西部大开发战略，西部省区将利用政策优惠加快发展，东部发达省市将继续发挥先发优势，省际间的竞争将更加激烈。在这种情况下，探索一条发挥后发优势、实现跨越式发展的路子，是吉林省建设生态省、发展生态环保型效益经济的基本出发点。

（三）生态环境与经济社会发展现状分析

1. 生态环境现状

吉林省从东到西自然形成东部长白山原始森林生态区、东中部低山丘陵次生植被生态区、中部松辽平原生态区、西部草原湿地生态区。生态环境类型多样，生态系统完整，而且可恢复性好。东部是我国重要的林业基地和物种基因库，水资源和矿泉水资源比较丰富；东中部天然次生林和人工林面积大，森林覆盖率较高，水资源和矿产资源比较丰富；中部地势平坦，土质肥沃，农田防护林体系健全，环境承载能力较强；西部草原辽阔，湿地面积较大，

地下水和过境水资源比较丰富。全省有长白山、向海、莫莫格等28个自然保护区，面积占总面积的 9.9%。全省森林覆盖率达到 42.5%。松花江、图们江、鸭绿江和辽河等主要水系为全省的发展提供了良好的水资源。得天独厚的自然生态环境构成了建设生态省的重要基础条件。吉林省生态环境的主要问题是：东部森林采育失调，森林质量下降，生态功能减弱；东中部过度垦殖，部分植被遭受破坏，局部水土流失严重，土壤有机质含量减少；中部农业长期连作，土壤肥力下降，过量施用化肥和农药，面源污染严重；西部草原受到破坏，“三化”（沙化、盐渍化、退化）日趋严重；全省主要水域都不同程度地受到污染；矿产资源开发利用造成的环境污染和生态破坏有加重趋势；城市环境污染治理任务较重。

2．经济社会发展现状

改革开放以来，特别是近 10 年，吉林省经济社会发展取得重大成就，圆满完成了第二步发展战略目标，为建设生态省、发展生态环保型效益经济奠定了坚实基础。

——国有企业改革取得突破性进展。大部分大中型国有企业初步建立起现代企业制度，为发展社会主义市场经济奠定了良好基础。

——对外开放进一步扩大，投资环境明显改善，实现了外贸出口和利用外资恢复性增长。

——经济结构调整初见成效。全省三次产业结构已调整到 22∶44∶34，效益农业开始起步，初步形成了以汽车、石化为支柱，食品、医药、电子为优势，高新技术产业为先导的具有吉林特色的产业群体。

——科教事业取得丰硕成果。科技体制改革逐步深化，教育体制改革取得明显成效，医疗保健水平不断提高，其他各项社会事业也有新的发展，社会主义精神文明和民主法制建设进一步加强。

——综合经济实力和人民生活水平进一步提高。2000 年国内生产总值达到 1 820 亿元，“九五”期间年均增长 9.8%，高于全国平均水平；人均国内生产总值达到 6 842 元，提前实现了翻两番的目标；城镇居民人均可支配收入达到 4 810 元，农民人均可支配收入达到 1 900 元，全省人民生活总体上基本达到了小康水平。

3．建设生态省的有利条件与制约因素

有利条件：

——国家批准吉林省为全国生态省建设试点，这是最大支持，为生态省建设提供了前提条件。

——省委、省政府高度重视生态省建设，从战略高度提出了建立生态环保型效益经济的发展模式，并成立了以省政府主要领导为组长的生态省建设领导小组，这在领导上、战略上、组织上为生态省建设提供了有力保证。

——全省具有较好的生态条件，资源优质丰富，可更新资源恢复能力较强，环境状况较为优越，为生态省建设提供了良好的物质基础。

——有区域生态经济建设和生态示范区建设试点的基础；有一支较高水平的科技队伍，将为生态省建设提供有力的科技支撑。

主要制约因素：

吉林省经济总量不大，综合经济实力不强，生态建设的投入能力不足；资源依赖型的重化工业结构，对资源环境压力较大，污染负荷较重；水资源时空分布不均；东部和东中部林

区采伐过度，中部农业区化肥、农药使用过量，西部草原过载，经济结构和生产经营方式调整任务艰巨，局部区域生态环境恶化。吉林省的生态恢复和建设同产业结构调整、城市化发展密切相关，生态省建设任务相当繁重。

二、生态省建设的指导思想和基本原则

（一）指导思想

高举邓小平理论伟大旗帜，按照“发挥后发优势，推进和实现跨越式发展”的总体要求，实施“科教兴省、开放带动、县域突破”三大战略，坚持“高效益、广就业、可持续”的方针，以发展生态环保型效益经济为中心，以结构调整为主线，以现代科学技术和社会文明为支撑，以改善生态环境、提高人民生活质量、实现可持续发展为目标，遵循经济规律、社会发展规律和自然规律，从吉林省生态经济系统的特征出发，积极建设优良环境，科学运作生态资本，大力发展绿色产业，开拓新的市场空间，全面提高综合实力，实现经济、社会与人口、资源、环境协调发展。

（二）基本原则

——坚持可持续发展战略与生态省建设实践相结合的原则。以可持续发展理论为指导，转变资源管理和开发利用方式，科学规划、合理利用、突出特色、讲求实效，增强资源对经济社会可持续发展的保障能力。

——坚持经济效益、社会效益与生态效益相协调的原则。把生态省建设与区域经济发展、绿色产业开发、人民生活改善、社会文明进步结合起来，积极促进经济、社会与生态环境良性循环。

——坚持生态环境保护与开发并重的原则。在加大建设力度的同时，紧紧围绕全省生态环境面临的突出矛盾和问题，坚持预防为主，保护优先，在保护中建设，在建设中保护，依靠科技进步和社会文明协调好兴利与除弊之间的关系。

——坚持局部利益服从全局利益、当前利益与长远利益相结合的原则。立足当前，着眼未来，科学地兼顾好生态环境建设与经济社会发展的辩证关系，切忌急功近利、盲目开发，不能以破坏生态环境为代价，换取局部的经济利益。

——坚持人居环境改善与生态环境建设相结合的原则。建设规划布局合理、基础设施配套齐全、生态环境和谐、居住条件舒适的生态型小区，创造良好的人居环境，提高生活质量。

——坚持统筹规划、突出重点、分步实施、协调运作的原则。生态省建设是一项宏大的系统工程，要科学规划，与全省国民经济和社会发展“十五”计划及远景规划相衔接，优先抓好重点工程、重点产业和重点区域，分期推进，保持连续，逐步提高。

——坚持政府宏观调控、社会共同参与和投资主体多元化相结合的原则。发挥各级政府的统一组织协调和政策导向作用，调动各地、各部门和全社会的主动性与创造性，广泛争取国内外支持与合作，建立各种形式的多元化投入机制，全面开放，多渠道筹措生态省建设资金。

——坚持依法治省和以德治省、物质文明和精神文明建设相结合的原则。把生态文明作为社会主义精神文明建设的重要内容，努力建设现代生态文化，全面加强与可持续发展相适应的精神文明和法律法规体系建设，不断提高全省干部和群众的生态文明素质，努力营造发展生态环保型效益经济的社会氛围，为加快生态省建设提供强有力的精神动力。

三、生态省建设的目标和任务

（一）总目标和总任务

总目标：通过 30 年的努力奋斗，在全省建立起可持续发展的生态环保型效益经济体系，把吉林省建设成为经济比较发达、社会文明进步、生态环境优良、资源永续利用的生态省。到 2030 年，全省经济社会总体发展水平、综合竞争力达到全国较发达省份水平；形成经济结构优化、布局合理、具有较强技术与产品创新能力、较高国内外市场占有率的绿色产业体系；实现绿色产品生产、加工、销售、消费与生态环境承载力之间的高功能平衡；优质资源不断增加，生态环境质量达到全国先进水平，生态复合系统保持良性循环，可更新资源不断增殖；稳定低生育水平，人口实现由高平衡向低平衡转化；全省社会文明程度、国民综合素质和创新能力达到较高水平，实现经济、社会与生态环境协调发展。

总任务：实施可持续发展战略，促进经济增长方式根本性转变，把经济社会发展与生态环境建设有机结合起来。通过大规模的工程性措施，恢复与建设良好的生态环境，实现资源的高效、合理配置和永续利用；主动适应国内外新的发展趋势，调整经济结构，通过技术创新、产业升级，建立具有吉林省特色的生态环保型效益经济体系，提高全省经济整体竞争力；大力发展科技教育，加快国民经济和社会信息化进程；控制人口数量，全面提高全省人民的综合素质；增强全社会的生态建设和环境保护意识；以人为本，努力建设具有现代化标准和环境优美的城乡人居环境。

（二）阶段性目标和任务

根据我省实际，生态省建设分为近期启动、中期发展、远期提高 3 个发展阶段。

第一阶段：启动期（2001—2005 年），用 5 年时间搞好生态省建设的开端和布局。

目标：

全面启动生态省建设，初步建立生态环保型效益经济基本框架，确立吉林省绿色品牌大省形象。经济结构战略性调整取得明显成效，以创造绿色名牌产品为先导，基本形成绿色产业主体框架；环境污染得到治理，生态环境的保护、恢复与建设取得较大进展，生态环境恶化趋势得到有效控制，重点城市和部分地区环境质量有明显好转；可更新资源得到合理开发与利用，优质资源的生态效益和经济效益大幅度提高；形成生态省建设科技支撑体系框架，科技教育达到全国先进水平；人均国内生产总值达到或超过全国平均水平。

到 2005 年，全省新增绿色名牌产品 50 个，绿色产业增加值占全省国内生产总值比重达到 12%以上；新增森林面积 32 万公顷，森林覆盖率达到 43%；新增治理水土流失面积 6 000 平方千米，水土流失率低于 12%，土地退化治理率大于 30%；建设基本草原和治理“三化”

面积各 20 万公顷，退耕还林还草 10 万公顷，可利用草场占草场总面积的 81%；矿山生态环境恢复治理率达到 26%；主要污染物排放总量比 2000 年减少 10%；50%的城市空气环境质量达到二级标准；地表水水质达标率、城市污水处理率、工业固体废物综合处理率分别达到 50%、40%、65%；城镇清洁能源使用率每年增加 3.4 个百分点；生态城镇占全省城镇总数的 15%；城镇化水平达 48%；科研投入占国内生产总值的比例达到 1.5%。

主要任务：

——通过生态、经济、社会的一体化运作，加快形成全省绿色名牌产品和绿色产业结构。以长春、吉林两市为重点，大力发展绿色产业群、企业群，以信息化和高新技术带动传统产业改造升级。以争创长白山特产业、健康产业、有机食品等绿色名牌产品为龙头，拉动市场需求，搞好集约化生产与扩张，为全省经济发展培育新的增长点。

——以保护生态环境为重点，加强对重要生态功能保护区、重点资源开发区、生态环境良好区的保护，开展重点地域的生态环境建设，对重点污染源及局部生态环境恶化地域进行必要的工程性整治，坚决制止破坏生态环境的行为。以大力培育优质资源为重点，恢复、建设全省的生态环境，增大优质资源的比重和产出能力。

——加强自然保护区建设和生物安全管理。实施野生动植物保护工程，保护珍稀、濒危生物和湿地资源，恢复其生态功能和维护生物多样性。

——以提高生态省建设技术支持能力为导向，重组全省科技教育资源，联合国内外高等院校和科研院所，建立生态省建设科技支持体系；把资源配置的重点、科技与产业结合的方向切实转移到发展绿色产业、推广清洁生产工艺上来。

——加强信息基础设施建设、网络建设、空间数据基础设施建设，高速发展信息产业，推进国民经济和社会信息化进程。

——继续搞好生态示范区建设，总结推广生态经济建设的典型经验。

——加强科技、教育和生态文化基础建设，增强全民的生态意识和可持续发展意识，提高人口素质。

第二阶段：发展期（2006—2015 年），用大约 10 年时间，使全省经济、社会和生态环境步入良性循环。

目标：

生态省建设走上健康发展的轨道，形成生态环保型效益经济格局，树立以绿色优质资源、绿色产业群、生态城市群为主要特征的吉林省绿色产业大省形象。以拓展绿色产业为重点，实现绿色经济目标；形成绿色产业技术创新体系，全省经济整体竞争力明显增强；生态环境进一步改善，可更新资源不断增殖；全省国民素质明显提高，科技、文化、教育和其他事业快速发展，经济、社会和生态复合系统呈现出良性循环。

到 2015 年，全省绿色产业增加值占全省国内生产总值的比重达到 30%以上；森林覆盖率达到 45%，其中西部地区森林覆盖率达到 19%；建设基本草原和治理“三化”面积各 48 万公顷，退耕还林还草 22 万公顷，可利用草场占草场总面积的 95%以上；新增治理水土流失面积 12 000 平方千米，水土流失率小于 10%，土地退化治理率达到 60%以上；自然保护区和生态功能保护区占全省幅员的 18%以上；城镇清洁能源使用率达 80%；矿山生态环境恢复治理率达到 35%；城市空气环境质量全部达到二级标准；地表水水质达标率、城市污水处理

率、工业固体废物综合处理率分别达到 80%、70%、85%；生态城镇占全省城镇总数的 25%；城镇化水平达 55%以上；科研投入占国内生产总值的比例达到 2.5%。

主要任务：

——以扩大绿色产品市场占有率为重点，加快绿色品牌系列开发、产品创新和技术创新，做大绿色产业规模，提升档次，提高经济效益。形成绿色产品加工制造技术、生物技术、清洁生产技术和其他高新技术为主的科技创新体系；建设系列化的绿色车辆、绿色化工、绿色食品、现代中药等国家级生产基地。

——以建设优良生态环境为重点，运用市场机制和法律手段，继续加大生态建设投入，实现人工定向培育优质资源的规模化、标准化、产业化和法治化。

——以重大工程性措施为主，采取刚性政策，对全省资源、产业、人口的空间布局进行调整。加快长吉生态经济带建设，提高长春、吉林两市及中间交通走廊地带的生态环境承载力和经济、人口集聚程度，构筑以长吉生态经济带为中心的吉林省中部生态城市圈，努力减轻东、西部生态脆弱带环境过载压力，发展特大型生态示范城市，辐射带动全省经济发展。

——逐步形成全省生态示范区体系，提高生态示范区质量。

——进一步发展与完善全省科技教育产业，全面提高全民的生态文化素质。

——基本建成“数字吉林”，形成连接全国和世界的现代信息网络系统，为经济建设、社会发展、人民生活改善提供永久开发和利用的信息资源库。

第三阶段：提高期（2016—2030 年），巩固和完善已进入良性循环的经济、社会和生态复合系统。

目标：

达到生态省建设各项目标，全面形成以绿色经济为标志、高新技术为支撑的生态环保型效益经济体系，展现吉林省绿色经济强省形象。这一阶段，全省将形成以优质自然资源为依托，以生态环保型产业为主体的绿色经济形态；形成全社会以崇尚科学为美德，以先进生态文化为支撑的绿色意识形态；经济及产业结构合理，功能健全，全省经济高标准地融入国际经济体系；经济、社会与人口、资源、环境达到良性循环，各项指标达到国家规定的生态示范省标准；经济社会总体发展水平、人民生活质量、科技教育等达到全国较发达省份水平。

到 2030 年，全省绿色产业增加值占全省国内生产总值的比重达到 60%以上；森林覆盖率达到 46.5%以上，其中西部地区森林覆盖率达到 21%以上；可利用草场占草场总面积的 98%以上；水土流失率小于 8%，土地退化治理率达到 90%以上；矿山生态环境恢复治理率达到 50%；城市空气环境质量和地表水水质达标率分别达到功能区标准，城镇清洁能源使用率达到 90%以上；城镇化水平达到 65%以上；生态城镇占全省城镇总数的 50%以上；科研投入占国内生产总值的比例达到 3%。

主要任务：

——推进全省自然生态系统、人工生态系统与经济系统、社会系统的有机结合，形成一个安全、稳定、高效的经济、社会和生态复合系统，具有高度的资源更新能力、环境承载能力、产业开发能力、市场竞争能力、效益创造能力和人文支持能力，使生态效益转化为巨大的经济效益和社会效益，并以之反哺生态环境建设。

——建立以绿色名牌产品为龙头，以信息化技术为支撑，以绿色车辆、绿色化工、绿色

食品、现代中药等产业为特征的生态环保型效益经济体系。让绿色产品、绿色产业、绿色技术、绿色市场成为全省经济的主体。

——加大城乡生态型人居环境建设力度，加强生态文化建设，让绿色成为全省经济增长方式的直接动力和居民消费方式的必然追求。

（三）阶段性指标

生态省建设指标体系，从经济建设、社会发展和生态环境 3 个方面，初步选择了 42 个指标，随着生态省建设和全省经济社会的发展，再逐步调整（阶段性指标见下表）。

生态省建设阶段性指标

规划年 指　标	2000 年	2005 年	2015 年	2030 年
一、生态经济指标				
1. 人均国内生产总值（元/人）	6 842	＞10 100	＞20 000	＞45 000
2. 国内生产总值年均增长率（%）	9.8	9.0	8.0	6.0
3. 工业化系数	0.11	＞0.12	＞0.15	＞0.20
4. 绿色产业比重（%）	3.0	＞12.0	＞3 0.0	＞60.0
5. 高新技术产业比重（%）	10	＞20	＞35	＞50
6. 第三产业化系数	0.11	＞0.13	＞0.15	＞0.2
7. 财政收入年均增长率（%）	9.4	9.0	＞9.0	＞10.0
8. 城镇居民人均可支配收入（元）	4 810	＞6 800	＞14 000	＞28 000
9. 农村人均可支配收入（元）	1 900	＞2 500	＞4 500	＞9 400
10. 科研投入占国内生产总值比例（%）	0.5	1.5	2.5	3.0
二、生态环境指标				
11. 土地退化治理率（%）	20	＞30	＞50	＞70
12. 水土流失率（%）	14	＜12	＜10	＜8
13. 森林覆盖率（%）	42.5	＞43.0	＞45.0	＞46.5
14. 受保护天然林占天然林面积（ %）	60	＞70	＞80	＞85
15. 可利用草场占总草场比例（%）	70	＞81	＞95	＞98
16. 草场放牧超载率（%）	450	＜250	＜150	0
17. 矿山生态环境恢复治理率（%）	15	＞26	＞35	＞50
18. 水资源利用率（%）	40	＞45	＞50	＞55
19. 地表水水质达标率（%）	30	＞50	＞80	＞90
20. 城市空气环境质量达标率（%）	40	＞50	100	100
21. 工业固体废物综合处理率（%）	54	＞65	＞85	＞90
22. 城市垃圾无害化处理率（%）	45	＞50	＞60	＞70
23. 农村畜禽废弃物无害化处理率（%）	2	＞10	＞50	＞80
24. 城市污水处理率（%）	10	＞40	＞70	＞90
25. 环境保护投资占国内生产总值比例（%）	1.0	＞1.2	＞1.5	＞2.0
26. 自然保护区和生态功能保护区占国土面积比例（%）	9.9	＞12	＞18	＞25
27. 城市人均公共绿地面积（平方米/人）	5.9	＞8.0	＞12	＞15

指　标 ＼ 规划年	2000 年	2005 年	2015 年	2030 年
28．城市绿化覆盖率（%）	27	＞33	＞43	＞45
29．城镇清洁能源使用率（%）	52.9	＞70	＞80	＞90
三、社会发展指标				
30．人口自然增长率（‰）	4.2	＜6.7	＜4.0	＜2.0
31．受高等教育人口比例（%）	6.5	＞8.0	＞15.0	＞25.0
32．千人拥有医生数（人）	2.3	＞2.5	＞3.5	＞4.5
33．城镇登记失业率（%）	3.7	＜5.0	＜4.0	＜4.0
34．城镇化水平（%）	43	＞48	＞55	＞65
35．城镇职工养老保险覆盖率（%）	63	＞80	＞90	＞95
36．城镇职工医疗保险覆盖率（%）	20	＞90	＞95	＞95
37．恩格尔系数	0.46	＜0.40	＜0.36	＜0.25
38．城镇居民住房人均建筑面积（平方米/人）	18	＞23	＞28	＞36
39．城镇饮用水源卫生合格率（%）	95.0	＞98.0	＞99.0	100
40．农村自来水普及率（%）	35	＞45	＞60	＞80
41．生态城镇比例（%）		＞15.0	＞25.0	＞50.0
42．万人拥有中级以上专业技术人员数	100	＞150	＞300	＞600

注：1. 工业化系数=（工业国内生产总值/全省国内生产总值）×（工业就业人数/全社会就业人数）

2. 第三产业化系数=（第三产业国内生产总值/全省国内生产总值）×（第三产业就业人数/全社会就业人数）

3. 恩格尔系数=家庭食用支出/家庭生活费用总支出

四、生态省建设总体布局与地域划分

生态省建设的总体布局是：遵循非均衡发展规律，划分 4 个生态经济区，确定 4 个层次的生态经济城镇体系，建设不同类型的生态示范区，明确 11 个重点产业。以此进行重点突破，以点带面，逐步推进，带动经济总量扩大和发展水平提高。

（一）生态经济区域划分

根据吉林省资源、环境和经济地域差异及自然状况，将全省划分为 4 个生态经济区。

1．东部长白山资源保护与旅游、健康产业生态经济区

本区包括延边朝鲜族自治州、白山市全部，通化市区及所属的集安市、柳河县、通化县，面积约占全省总面积的 38.7%。主要特点：地貌类型以长白山地为主，是松花江、图们江和鸭绿江的发源地，森林、动植物资源、水资源、矿产资源和旅游资源丰富。著名的长白山国家级自然保护区在我国第一批被联合国教科文组织列为“人与生物圈”保留地。

发展方向和重点：

——保护长白山生物多样性和独特的地质地貌景观，恢复森林生态系统，实施长白山生态保护建设工程，发挥生态系统整体功能。

——保护和合理开发长白山区水资源，实施长白山天然矿泉水资源开发保护工程。

——对原有的经济及产业结构进行调整，在保护和提高森林生态功能的前提下，发展以

长白山特产业为主的林地经济。以林木为原料的企业要依靠科技进步，逐步解决原料基地和原料替代问题。对破坏生态环境的矿产开发和资源加工项目坚决不上。

——开发利用丰富的药用动植物资源，形成特色鲜明的长白山系列健康产业和产品。

——利用长白山区独特的自然景观和历史文化遗迹，发展生态、边境、民俗文化、冰雪等特色旅游业。

——在通化、白山、延吉等主要城市建设各具特色的区域生态经济产业中心。利用图们江下游地区的国际性合作与开发，建立东北亚地区国际经济合作中心。

2. 东中部水资源保护与特色产业生态经济区

本区包括辽源市全部，吉林市的磐石市、桦甸市、蛟河市，通化市的梅河口市、辉南县，面积约占全省总面积的 14%。主要特点：地貌类型以低山、丘陵为主，森林大部分为天然次生林和人工林；松花江的重要江段、“三湖”（白山湖、红石湖、松花湖）、东辽河的上游都位于本区，水资源丰富。

发展方向和重点：

——以治理水土流失、保护水资源为重点，加强生态的恢复与建设，实施松花江流域和东辽河流域水污染防治工程，抓好小流域治理和水土保持，确保重要水系达到环境功能标准。

——搞好“三湖”、松花江、辽河水资源的合理开发、优化配置、高效利用和有效保护。

——利用当地资源，在加强森林保护和提高森林覆盖率的前提下，发展林地经济及其他生态产业，突出多种经营，重点发展特色产业。

——改造传统工业，加快结构调整和技术创新，提高产品的附加值，使之具有较强竞争力和较高市场占有率。对资源枯竭和污染严重的工矿企业，坚决关闭和转产。

——利用松花湖的自然景观，发展生态、假日、冰雪等旅游业，并以此拉动相关产业，建立具有区域特色的旅游产业格局。

3. 中部松辽平原黑土地资源保护与高新技术产业生态经济区

本区包括长春市的全部，四平市区及所属的公主岭市、伊通县、梨树县，吉林市区及所属的舒兰市、永吉县，松原市的扶余县，面积约占全省总面积的 22.7%。主要特点：地貌类型以冲洪积台地为主，土质肥沃，气候条件较好，是全国重要的商品粮生产基地。产业结构特点是传统产业和高新技术产业并存。地表水和城市空气受到不同程度的污染，地下水超采，水资源短缺。农业面源污染严重，土壤有机质含量逐年下降。

发展方向和重点：

——加快城市污水处理厂和垃圾无害化处理场等环境基础设施建设，加强环境污染集中整治。

——保护黑土地资源，建设高标准农田，稳定提高粮食生产能力。开发和推广有机农用化工产品，逐步减少化肥、农药和农膜的使用量，控制面源污染，增强土壤肥力。搞好植树造林，恢复与保持良好的农牧业生态环境。

——对传统工业进行结构调整、技术改造和产业升级，发展具有国际竞争力的高新技术、清洁生产技术和绿色车辆、绿色化工、光电子、信息等产业。

——发展可持续农业，重点发展旱作节水农业和绿色食品产业。搞好农牧业的绿色产品开发、农牧产品的系列深加工，发展“暖棚农业”，逐步建立无害化、外向型的农牧产品产销

体系，形成具有国内外竞争力的可持续农业。

——把科技教育作为重要发展领域，形成全省科技教育和技术创新中心。

4．西部草原湿地保护与绿色产业生态经济区

本区包括白城市全部，松原市区及所属的前郭县、长岭县、乾安县，四平市的双辽市，面积约占全省总面积的 24.6%。主要特点：地貌类型以科尔沁草原和向海、莫莫格、查干湖、月亮湖等湿地为主，太阳能、风能和嫩江、松花江过境水丰富，农牧业和石油化工是该区的主要产业。由于多年来人为的过度开发，造成了生态环境严重恶化，特别是近年来，草原“三化”日趋严重，草场质量下降，湿地生态功能衰退，天然降水不足，产业结构不合理，人民生活和经济社会发展水平相对较低。

发展方向和重点：

——坚持退耕还林、还草，治理草原“三化”，恢复植被，发展草业经济，提高土地产出效益，增加农民经济收入，从根本上改变西部地区生态环境恶化、经济发展落后、人民生活水平较低的状况。

——以白城人工降雨基地为中心，开发和调配空中水资源；采用工程性措施，开发利用松花江、嫩江过境水资源。

——保护好向海、莫莫格和查干湖等重要湿地，发挥调节区域生态环境和保护生物多样性的功能。

——发展有机和绿色食品，并形成产业化。

——开发太阳能和风能等清洁能源，并形成一定规模。

——发展绿色石油化工产业，建立具有西部特色的绿色经济体系。

（二）生态经济城镇地域布局

生态经济城镇，总体上按特大型、大型、中型、小型 4 个层次进行布局，分 3 个发展阶段进行建设。近期，集中力量，加快发展长春、吉林两个特大型生态经济城市，进行率先突破，成为全省生态省建设总体布局的重心；在东部和西部培育 2～3 个各具特色的大型生态经济城市，带动东西部地区发展；同时，选择 4～5 个中等生态经济市（县）和 15～25 个重点生态经济城镇，实施重点培育和发展。中期，在巩固提高特大型生态经济城市整体功能的同时，大型生态经济城市达到 4～6 个，中等生态经济市（县）达到 7～9 个，重点生态经济城镇达到 45～60 个。远期，形成具有吉林特色的全省城镇生态经济示范区体系。两个特大型生态经济城市形成生态经济一体化，大型生态经济城市达到 7 个，中等生态经济市（县）达到 14 个，重点生态经济城镇达到 80～100 个。

1．特大型生态经济城市

长春特大型生态经济城市。现城区人口 215 万人，国内生产总值 824 亿元。车辆工业、农副产品深加工和高新技术三大支柱产业产值占全市工业总产值的 80%。交通便利，内外贸易有一定规模。城市基础设施承载能力和服务功能逐年增强。科技教育比较发达，人口素质较好。到 2030 年，形成生态经济发达、城市功能齐全、人居环境优美、具有较高生态文化水平的特大型生态经济城市。城区人口达到 400 万人以上，重点发展绿色车辆、绿色食品、节水产业和高新技术产业，创名牌、上档次、扩大规模，形成以优势产业为主导的集约化产业

群体，绿色产品占领国内市场，进入国际市场；大力发展金融、贸易、咨询等服务业，加强城市交通、通讯、环境、能源等基础设施建设，建设节水城市，全面增强城市功能，树立特大型生态经济城市形象；成为国际绿色汽车生产和集散中心、东北亚绿色食品生产和集散中心、全省生态文化建设中心，建成全国高新技术产业发展基地和生态旅游基地。

吉林特大型生态经济城市。现城区人口142万人，国内生产总值400亿元，主要产业以化工为主，兼有电力、冶金、造纸、医药、高新技术和旅游等产业，交通发达，依山傍水，是一个自然环境较好的大型城市。到2030年，建成山青、水碧、天蓝，经济发达，人居生态环境良好的特大型生态经济城市。城区人口达到 300 万人以上，重点发展绿色精细化工、特色生态旅游业，以及绿色轻型汽车、绿色医药等产业，绿色产品在全国有较大的市场占有率；加强城市环境综合整治和基础设施建设，逐步成为具有国际意义的生态旅游城市，全国重要的绿色化工产业基地，绿色化工产品及绿色化工技术中心，绿色食品生产和集散中心，高新技术产业基地。

加快长春—吉林生态经济带建设，构筑长吉生态经济走廊，提高两市交通走廊地带的环境承载力和生态经济聚集程度，形成长吉经济圈。经过30年的建设，长春—吉林两市建成环境优美、经济发达、人居环境舒适和具有高度生态文明的现代化大城市，以辐射、带动全省经济持续、健康、快速发展。

2．大型生态经济城市

包括四平、辽源、通化、白山、松原、白城、延吉7个中等城市，城区人口为25万～50万人，国内生产总值为40亿～156亿元，是在森林、矿产、石油、天然气、水资源以及交通要道等基础上发展起来的工业城市。资源条件较好，主要产业有石油化工、医药、食品和粮食深加工、畜产品加工等，城市建设有一定基础。

到2030年，7个城市都要形成各具特色的大型生态经济城市。城区人口达到50万～100万人。充分发挥各自资源、技术、产业优势，发展特色产业，以现代中药、生态旅游、绿色石油化工、绿色和有机食品、健康产品等产品为重点，创名牌，大力发展绿色产业，分别形成以特色经济为标志、辐射带动能力较强的区域经济增长极。形成绿色产业体系，建成绿色食品、健康产品、绿色化工产品、绿色机械产品基地和高新技术产业基地。城市基础设施建设、生态环境建设和生态文明建设达到较高水平。

3．中等生态经济城市

根据各市（县）资源、环境和经济、社会发展特点，选择 14 个城市作为生态省建设重点发展的生态经济城市，即公主岭市、敦化市、珲春市 、梅河口市、德惠市、榆树市、农安县、桦甸市、集安市、九台市、 扶余县、通榆县、靖宇县、临江市，城区人口为 10 万～20 万人（集安、靖宇、通榆、临江少于 10 万人），国内生产总值 10 亿～56 亿元。这部分城市的共同特点是：

有良好的区位优势，有各具特色的自然资源，有较高市场占有率的骨干产品，建设生态经济城市和发展生态环保型效益经济有一定基础。发展方向是：依托各自优势，培育名牌产品，以名牌产品为龙头创建基地，以基地为依托扩大生产规模，实行集约化和集团化经营，形成优势产业和特色经济。加强城市生态环境建设，提高城镇化水平，使其成为具有一定辐射功能的区域经济社会发展中心。

到2030年，城区人口达到20万～50万人。公主岭市发展成为全国重要的绿色农畜产品生产、加工、科研与技术开发交流基地之一，全省主要商贸流通集散地；敦化市发展成为以现代中药和生物制药为主的健康产业生产基地；珲春市发展成为全省绿色产品出口加工区和保税区基地；梅河口市发展成为全省绿色产品生产和商贸流通基地；德惠市发展成为全省绿色畜禽产品精深加工产业基地；榆树、农安两市发展成为农副产品深加工基地；桦甸市发展成为全省林业、特产业、矿产深加工产业基地；集安市成为吉林省边境生态旅游和边境贸易基地；九台市发展成为长春—吉林生态经济地带中重要的有机和绿色食品生产加工和集散基地；扶余县发展成为全省生态农业经济示范基地；通榆县发展成为以向海为主的特色生态旅游基地和有机食品基地；靖宇县发展成为全国著名的矿泉城和西洋参之乡；临江市发展成为边境贸易和矿产深加工基地。

4．重点生态经济城镇

根据我省城镇的经济、资源特点和区位优势，没有纳入中等生态经济城市的县级市和县城以及交通便利、有一定产业基础的中心镇，作为生态省建设的重点生态经济城镇。到2030年，重点生态经济城镇发展到80～100个，人口达到5万～10万人。发展方向是：把重点生态经济城镇建设同小城镇建设结合起来，依托地域优势，开发绿色产品和发展绿色产业，建设生态文明社区，成为具有一定城镇规模和生态经济规模的区域经济增长点，不断提高城镇化水平，吸引农村人口，减轻生态脆弱地带的环境承载压力，改善农村生态环境，进而促进城乡生态经济结构优化，为生态省建设和发展生态环保型效益经济提供广阔的市场和持久的动力。

（三）建设不同类型的生态示范区

按照统筹规划、分类指导、分期推进的原则，在建设和提高现有和龙市、东辽县等10个国家级，德惠市、双辽市等8个省级生态示范区的同时，把生态示范区建设同特色生态产业示范区建设、县域经济建设、生态农业示范县建设、小城镇建设结合起来，加强生态乡镇及生态村、生态沟建设，逐步建立起国家、省、市、县级生态示范区体系，同时，遵循自然界物质循环和能量流动规律，在长春—吉林生态经济带建设示范性的生态工业园区，实行生态经济结构重组，按照循环经济的模式，组织物质生产和企业间的合作，形成资源综合利用、能源梯次利用、物质良性循环、环境最佳保护的生态产业链条，取得最佳的生态经济效益，为发展生态环保型效益经济探索路子、提供经验，增强生态省建设能力。

五、重点产业建设

按照发展生态环保型效益经济的要求，全省生态产业的发展重点是：改组改造传统产业，优化提高支柱产业，高起点发展新兴产业，大力发展高新技术产业，使全省产业结构实现优化升级，逐步过渡成为优势产业与生态产业相结合的生态经济结构，实现资源的优化配置和生产力的合理布局，形成具有吉林省特色的生态环保型效益经济格局。根据吉林省实际情况，重点发展11个产业。

（一）可持续效益农业

1．发展方向

发挥吉林省农业产业优势，适应市场需求，发展效益农业、绿色农业和适应性农业；调整农业内部结构和农作物布局，提高农产品品质，降低经营成本，发展玉米经济和生态效益牧业及出口创汇牧业；对种植业、养殖业结构和饲养方式进行调整，发展以舍饲为主的粮草结合型畜牧业，突出发展适应市场需求的绿色名特优产品，实现品种优质化、生产集约化和管理科学化；实施基本农田培肥工程；建立以旱作节水技术、暖棚技术为主的农业技术推广体系，加快建立农业市场信息、食品安全和质量标准体系；保护耕地和农业生态环境，减少农业面源污染，实现农业生态系统良性循环。

2．发展重点

——精准农业。重点加快品种改良和引进步伐，推广先进适用新品种，发展出口型产品，开创具有吉林特色的绿色名牌产品。重点开发吉字号粮食（吉林玉米、吉林大米、吉林大豆）及其他优质小品种品牌。塑造特种粮豆、蔬菜、水果（浆果）、中药材（参）、山野菜、食用菌等五大吉林绿色品牌。同时，运用现代科学技术和系统工程方法，把 3S 技术（遥感技术 RS、地理信息系统 GIS 和全球卫星定位系统 GPS）引入农业领域，依托农业科技进步，逐步向精准农业过渡。

——精品畜牧业。重点创出肉牛、肉猪、肉鸡、肉鹅、肉羊五大吉林绿色品牌。

——精深加工业。以玉米加工转化为重点，加快发展变性淀粉、燃料酒精等高附加值产品。

3．基地建设

——以长春、四平、松原、白城、吉林、辽源为重点，建设 1 000 万亩特种玉米生产基地。

——以长春、四平、松原、辽源为重点，建设 1 000 万亩优质大豆生产基地。

——以吉林、长春、延边、通化、松原、辽源为重点，建设 500 万亩优质水稻生产基地。

——以长春、四平、松原、白城为重点，建设优质饲料粮生产基地。

——以长春、吉林、松原、白城、四平为重点，建立无规定疫病区，建设生态牧业生产基地。

——以长春、吉林、延吉、四平、辽源、通化、白山、白城、松原为重点，建设环城蔬菜、花卉生产基地。

——在吉林、长春建设玉米燃料酒精生产基地。

——在长春、四平、松原、吉林建设精准农业示范区和生态农业园区。

（二）生态林草产业

1．发展方向

发展生态林地经济和生态草业经济。调整林业产业结构和发展重点，由林木经济向林地经济转变，实现生态效益和经济效益同步增长；加强草原“三化”治理，大规模退耕还草，实行草田轮作，开展人工种草，实现由放牧草场向生态草业经济的转变。把发展林地经济和

草业经济结合起来，使其成为具有区域特色的优势产业。

2．发展重点

——保护长白山天然林资源，加快森林资源恢复，开展林冠下造林、封山育林、中幼龄林抚育、更新造林，培育水源涵养林。

——发展林地经济，在商品林经营区加快培育速生丰产林、工业原料林等经济林，依靠科技进步培育和开发林下动植物资源，发展林地特产业。

——先期重点抓好西部湿地的保护与建设。

——保护风沙干旱区现有林草植被，抓好“三北”防护林建设，加强基本草原的保护和建设，综合治理“三化”，恢复植被。

——发展草业经济，保护与改良天然草地，发展人工草地，合理开发林间、林下草地资源，发展优质饲草产业。

——在中西部重点生态退化区，种植生态草，建立完善的林草植被复合防护体系。

3．基地建设

——实施长白山天然林保护工程，加快经济林建设，建立生态林业生产基地。

——实施生态沟系开发工程，利用林下资源，建设中草药（高山红景天等）、滋补类产品（人参、鹿产品等）、林蛙等名特优产品生产基地。

——实施自然保护区和国家森林公园建设工程，创建生态环境教育和生态旅游基地。

——实施基本草原保护、退耕还草和羊草种植工程，建设优质人工草场和优质草产品生产基地。

（三）生态资源水利

1．发展方向

贯彻“节水优先、治污为本、多渠道开源”的方针，切实加强水资源的开发利用、节约保护和优化配置，坚持全面规划、统筹兼顾、标本兼治、综合治理的原则，合理开发传统水资源，综合利用非传统水资源，提高水资源的利用率，开源节流并重、兴利除害结合，防洪抗旱并举，实现工程水利向生态资源水利转变。

2．发展重点

——科学合理开发水资源，实现水资源的永续利用。

——加快水利基础设施建设，把调、引水工程建设放在优先位置，科学合理利用过境水资源。

——大力发展节水农业、节水工业和节水服务业，建立节水型社区，特别是应用农业旱作技术，发展旱作农业。在缺水地区，坚决限制高耗水产业发展，改进节水措施，提高水的重复利用率。

——在推进城市化和小城镇建设中，统筹规划，把水资源的节约和保护放在首位。

——积极发展水利产业，推进水利建设的社会化和市场化进程，改革水资源管理体制，推进依法治水。

——以工程、农艺、化控、生物措施为基础，重点发展旱作集雨设施农业、覆盖农业、保护性耕作和抗旱节水技术。

——围绕洪涝干旱和污染问题，充分、科学、有效地开发利用嫩江、二松和西部湖泡水资源，合理利用地表水，科学开发地下水。

3．工程建设

——抓好大型水利工程建设，积极筹划和建设西部地区重大水利枢纽工程和蓄洪区工程。

——抓好松花江和辽河流域的治理，加快大型水库除险加固和城市防洪工程建设。

——进一步加快缺水城市后备水源工程和供水工程建设。

（四）有机和绿色食品产业

1．发展方向

利用我省特有的生态资源优势，开发具有本地特色的出口创汇型绿色食品，扩大绿色食品生产规模，建立以生态环境为基础的绿色食品物质、技术支撑体系，大力倡导绿色消费，扩大绿色食品有效需求，形成布局合理、结构优化、标准完善、管理规范的有机和绿色食品产业体系。

2．发展重点

——依托长白山不可替代的野生资源，开发和生产有机食品，创立长白山有机食品品牌。

——利用中部黑土带优势，生产绿色优质粮食，塑造吉林粮豆品牌。

——利用西部草原生态优势开发杂粮杂豆、葵花籽等有机食品。

——以玉米和大豆转化为主，发展优质粮豆深加工产品。开发淀粉下游产品，发展营养型白酒、食用酒精、功能性食品、新兴大豆食品和油脂产品。

——依托畜牧业资源，发展畜禽深加工产品。发展绿色饲料工业，扩大肉、禽、蛋、奶等绿色食品产出规模，重点发展分割肉、冷却肉、肉肠等精、深加工终端绿色产品。

3．基地建设

——在长白山地区和西部草原区，建设山野菜、食用菌、水果、天然矿泉水及饮料、杂粮杂豆等有机和绿色食品生产基地。

——在长春、吉林、松原等地区，建设玉米淀粉下游产品和玉米食品生产基地。

——在长春、吉林、延边、四平、松原等地区，建设豆制品和豆奶制品生产基地。

——在长春、四平等地区，建设肉、禽深加工绿色食品生产基地。

——在白城、松原等地区，建设出口创汇型绿色肉、禽、水产品深加工食品生产基地。

——在长春、吉林、白城等城市周边地区，建设绿色乳制品生产基地。

（五）绿色车辆工业

1．发展方向

依托全国最大的汽车生产基地——一汽集团，主动参与全球化分工，以国内外市场需求为导向，迅速扩大产业规模，全面增强绿色车辆工业的综合竞争能力，带动省内相关高新技术产业共同发展。

2．发展重点

——积极开发三大绿色汽车产品。以一汽集团为龙头，开发生产燃气汽车、混合动力汽

车和电动汽车，建立燃气汽车配套体系，创出全国名牌产品。

——开发绿色车辆技术、电子控制技术、三元催化转换技术、燃料电池技术、混合动力技术、新材料技术等高新技术，为发展绿色车辆提供技术和配套产品，提高国内外市场占有率。

——强化企业技术改造，推行国家强制性检验达标措施，积极倡导绿色车辆生产，推广ISO 14000 环境管理体系。

3．基地建设

在长春建设具有国际意义的绿色汽车、客车研发及生产基地。

（六）绿色化工产业

1．发展方向

以吉化集团、吉林油田为依托，在采用先进工艺、推行清洁生产、稳定提高基础化工的同时，调整产品结构，向合成材料、有机化工、精细化工、新型材料、汽车化工、绿色农用化工方向发展，提高产品的科技含量和附加值，形成系列化深度开发和集约经营，提高经济效益，减少废物排放，减轻对城市空气和主要水域的污染负荷，实现环境与经济的“双赢”。

2．发展重点

——发挥生物质资源优势，发展绿色化工产业。以农副产品为原料，生产淀粉、酒精、糖类等绿色化工原材料和产品，替代以矿产资源为原料的有机化学品。

——发展精细化工和农用化工绿色产品。开发新型、专用、高档、特色精细化工产品，尤其是无污染绿色精细化工产品；扶持高浓度专用复合肥生产，发展高效、低残留、低毒、安全除草、杀虫、杀菌农药和降解塑料等绿色农用化工产品，创立绿色化工品牌。

——优化原料加工工艺，合理利用石油天然气资源。对催化裂化装置进行重质化技术改造，采用无毒、无污染催化剂，开发直接利用裂化干气制取化工产品。生产清洁汽油、燃料酒精和低硫低芳烃柴油、车用液化气和压缩天然气等清洁能源。合理利用天然气资源，建设高效益的天然气化工装置，发展天然气化工产品。

3．基地建设

建设以吉化集团、吉林油田为主导的绿色化工产业基地。

（七）健康产业

1．发展方向

依托东部长白山区特有的野生中药材、滋补类动植物资源和生物制药技术优势，创建北药基地，以开发名牌健康产品为先导，形成规模化系列名牌产品，抢占国际国内市场，带动健康产业发展，整合和扩大企业集团，形成吉林省优势产业。

2．发展重点

——利用省内科研优势，开发基因工程新药、重组疫苗、分子诊断试剂、新型化学合成药、生化制剂为主的生物技术制药产业。

——利用长白山优质资源，加快发展现代中药产业。研制新产品，开发科技含量高的国家一、二类中药新药和三类复方制剂产品。

——利用长白山特有的生物资源，开发滋补类健康产品，加快发展健康产业。

——利用天然优质资源，发展保健食品产业。

3. 基地建设

在长春、通化、白山、延边、吉林等地，建立国家北方现代中成药原料基地和生产基地；建设中药材人工种植和养殖基地，以及滋补类健康产品深加工基地；建立新型药物和疫苗生产基地。

（八）环保产业

1. 发展方向

开发推广低消耗、轻污染、高效益的清洁生产工艺，研制和生产具有市场竞争力的环保产业名牌、拳头产品，形成产品结构合理、适销对路、技术含量高的环保产业体系。

2. 发展重点

——利用高新技术，发展环保产业。围绕主要环境问题，开展科技攻关和技术创新，重点研究开发节能降耗、清洁生产、污染治理等环保产品。创办科研、开发、经营、服务一体化的示范企业，建立环保最佳适用技术推广应用体系。

——培育骨干企业，壮大环保产业。实施名牌战略，以名牌产品为依托，扩大生产能力，形成规模经营。

——根据环境污染治理的需要，重点开发和推广城镇生活垃圾、农村畜禽粪便、秸秆等无害化和资源化技术与设备；工业企业污染集中治理、废物综合利用和水资源重复利用技术与设备；开发环境监测仪器设备。

3. 基地建设

建立环保关键技术和产品开发生产试验基地；集中力量扶持龙头企业，全省发展一批产值亿元以上的环保产业骨干企业和集团；培育和建设环保产业基地，在环保产品相对集中的区域，形成集团化和集约化经营。

（九）生态旅游产业

1. 发展方向

发展以回归自然、认识自然、热爱自然、保护自然、宣传科学、游乐健身、陶冶情操为主要内容的生态旅游产业，加强和完善旅游基础设施建设，不断完善服务功能，增强接待能力，优化服务质量，提高旅游产业的整体水平，拉动相关产业发展，形成我省新的经济增长点。

2. 发展重点

——以长白山、延边少数民族风情以及集安高句丽遗迹等旅游资源为依托，积极发展森林旅游、冰雪旅游、度假旅游、朝鲜族民俗旅游、集安高句丽史迹旅游。

——以长春、吉林两市为依托，重点发展休闲度假旅游、冰雪旅游、满族民俗旅游、生态农业观光旅游及伪满遗迹游。

——以保护和开发向海、莫莫格、查干湖的旅游资源为重点，开展观鸟、湿地、草原风光及蒙古族民俗旅游。

3．基地建设

——围绕长白山生态旅游示范区、长春净月潭—伪皇宫—伪满八大部风景名胜区、吉林松花湖风景名胜区和向海、莫莫格自然保护区的保护和开发，创建具有吉林特色、在国际上有一定影响的生态旅游示范区。

——加强净月潭旅游度假区、卡伦湖旅游度假区、松花湖旅游度假区、长白山和平旅游度假区、长白山松江旅游度假区、向海旅游度假区等省级度假区的建设。

——依托吉林省特有的文物古迹资源，搞好长春伪皇宫、伪满八大部、集安高句丽遗址、四平叶赫那拉古城、敦化六顶山古墓群等文物古迹的保护和开发，增强其旅游服务功能。

（十）高新技术产业

1．发展方向

以信息化带动工业化，发挥我省科技优势，以高新技术开发区和经济技术开发区为依托，围绕生态省建设需要，在电子、信息通讯、生物工程、新材料、先进制造技术等领域，集中研究发展一批科技含量高、示范带动作用强、产业关联度大、生态经济效益显著的高新技术，推进其产业化。以高新技术产业化和传统产业高新技术化构筑生态环保型效益经济的产业结构，为生态省建设提供强有力的技术保障和产业支撑。以信息资源开发利用和信息技术、网络技术应用为中心，以信息基础设施建设为重点，以“数字吉林”为信息平台，以电子信息产品制造业为先导，以软件开发为突破口，优先发展信息产业，使其成为我省先导型优势产业，加速推进国民经济和社会信息化。同时，建立与环境监测和灾害预防要求相适应的现代信息服务系统。

2．发展重点

——构建“数字吉林”，发展电信通讯产业和广播电视产业，实现电信网、广播电视网、计算机网三网融合，加快省内光纤传输网络建设。完成所有县以上城市有线电视网络升级改造，加快县乡光缆联网。建设公路运输信息网络系统、现代化物流系统和信息安全测评认证中心。

——大力培育液晶产业群。积极开发液晶上、下游产品，特别是液晶应用系列产品。

——开发建设光电子产业群。努力使能量光电子、发光材料、激光器件、光显示器件、激光后端整机产品的研制开发与生产形成规模。

——在发挥已有元器件产品优势的基础上，加快新型电子器件、敏感器件等新型元器件发展，促进产品换代升级。

——大力推进和引导数字技术在现有模拟视听产品上的应用，发展彩色数字高清晰度电视机、数码相机整机产品等。积极开发具有自主知识产权的网络产品，使视听网络产品向数字化、智能化方向发展。

——发展汽车电子产品，重点发展汽车仪表液晶显示系统，汽车安全防护系统，汽车防抱死装置，汽车卫星导航系统。

——大力推进生物工程技术研究开发及其产业化。应用生物技术培育新品种、新品系和新种质；推广生物肥料和生物农药。医药生物技术产业，主要发展具有自主知识产权的基因工程新药、重组疫苗、分子诊断试剂等生物医学产品。

——大力发展纳米材料、合成材料、稀土材料、辐射交联材料等新材料、相关技术及产业。

——在先进制造业领域，重点发展光电一体化、自动化系统集成等技术及其产业。

——发展电子政务、电子商务，加强企业信息化建设。

3．基地建设

——搞好液晶工程建设，建成我国北方液晶生产基地，努力促进液晶工程的上、下游产品项目建设。

——建设长春光电子产业园和半导体功率器件生产基地。

——大力发展软件产业，逐步完善长春和吉林软件产业园区，扶持和培育产、学、研相结合的龙头企业。

——以长白山天然药用动植物种养殖、扩繁、提取、深加工为一体，建设并形成生态型现代中药产业化示范基地。

——建设北方仪器仪表、先进模具设计制造等基地。

（十一）清洁能源产业

1．发展方向

充分发挥吉林省新能源与可再生能源资源丰富的优势，调整能源结构，在运用高新技术改造和提高传统能源产业的同时，坚持资源综合利用，积极开发天然气资源，大力发展风力发电、水力发电，充分利用太阳能、地热、生物质能等资源，发展清洁燃料等替代能源，并努力创造条件发展核电，逐步增加清洁能源在能源结构中的比重，使清洁能源成为全省经济发展的优势基础产业之一。

2．发展重点

——利用西部风能丰富和日照时间长的优势，发展太阳能和风力发电。

——利用松花江流域及长白山区丰富的水资源，发展水力发电。

——发挥全省各地农林业副产品资源丰富的优势，发展现代化生物质能源。

——用高新技术开发天然气、清洁燃料、垃圾发电、地热、低温核供热等清洁能源。

——研究探讨适时建设核电站。

3．基地建设

——在白城、松原建立风能、太阳能综合利用基地。

——在延边、长春、吉林、白城等地建立现代化生物质能源基地和替代能源基地。

——在白山、通化、延边、长春等地建设地热开发利用基地。

——在公主岭建设热电洁净煤综合利用基地。

六、优先项目计划

为实现生态省建设目标，选择不同时期的优先项目，作为生态省建设规划的支撑。项目总投资约 7 839 亿元，分 3 个阶段进行实施，不同规划期的优先项目如下：在近期和中期，规划了 7 类建设工程，512 个项目。

（一）区域生态系统保护与建设工程

主要包括松花江流域水污染防治工程、辽河流域水污染防治工程、长白山生态保护建设工程、西部生态系统恢复与建设工程，生态环境监测控制工程等。近期项目投资 201 亿元，中期项目投资 196 亿元。

（二）生态产业建设工程

该类工程是生态省建设中构筑吉林省特有的生态产业体系的关键项目。主要包括绿色与有机食品基地建设工程、绿色车辆及零部件生产项目、清洁能源建设工程等。近期项目投资 734 亿元，中期项目投资 790 亿元。

（三）高新技术产业建设工程

主要包括现代中药、生物制药、纳米技术应用项目，“数字吉林”项目，长春光电技术产业园、彩色液晶等。近期项目投资 591 亿元，中期项目投资 1 080 亿元。

（四）水资源调配和节水开发利用工程

主要包括哈达山水利枢纽、珲春老龙口水利枢纽、石头口门水库增容、月亮湖蓄滞洪区建设、水资源调配和地下水库建设工程等。近期项目投资 102 亿元，中期项目投资 330 亿元。对 2016—2030 年的远期项目，规划了以北水南调为主的水资源调配、核电等清洁能源、长春—吉林经济带建设、图们江大型国际机场等基础设施、长白山生物多样性保护、东中部水资源保护、中部黑土地资源保护、西部草原湿地建设等 8 个方面的工程，总投资 3 245 亿元。

（五）环境污染综合防治工程

主要包括城市污水处理、城市垃圾处理、工业污染源治理等。近期主要治理地级市城市污水和城市垃圾，重点工业污染源；中远期完成县级城市污水处理，城市垃圾无害化和资源化等。近期项目投资 61 亿元，中期项目投资 52 亿元。

（六）生态文化建设工程

生态文化建设工程是生态省建设的重要内容。主要包括教育产业建设工程，生态文化设施建设工程，文物及地质遗迹保护工程，生态文化景观建设工程等。近期项目投资 159 亿元，中期项目投资 52 亿元。

（七）清洁能源和资源综合利用工程

主要包括太阳能、风能、生物质能等清洁能源，粉煤灰、煤矸石等固体废弃物资源综合利用项目。近期项目投资 30 亿元，中期项目投资 66 亿元。上述各类优先项目，近期 211 个项目，总投资为 1 878 亿元；中期 301 个项目，总投资 2 716 亿元；远期 8 个方面项目，总投资 3 245 亿元。生态省建设项目是动态的，特别是中远期项目，要根据不同发展阶段特点，进行滚动式调整，以适应不同时期生态省建设的要求。

七、生态省建设的对策与措施

（一）强化组织领导，协调实施行动

建设生态省是一项需要吉林人民长期不懈奋斗的宏伟事业，是跨地区、跨部门、跨行业的综合性系统工程，必须加强领导，协调行动，卓有成效地开展工作。吉林省生态省建设领导小组对生态省建设重大事项进行统一部署、综合决策，实行定期研究制度，及时解决建设中的重大问题。各级政府和有关部门可对应生态省建设领导小组成立相应的组织机构，在省委、省政府的统一领导下，按照生态省建设总体规划的目标和任务，结合本地区和本部门实际，因地制宜制定具体规划，并组织实施。继续深化改革，进行机制创新和制度创新，建立充满生机活力的生态省建设运行机制。充分调动全省各族人民的主动性与创造性，组织和动员社会各方面力量投入到建设中来，努力奋斗，齐心协力、坚持不懈，实现生态省建设的宏伟目标。

（二）强化法制建设，依法实施规划

加强法制建设是生态省建设的重要保障。广泛深入地学习宣传执行国家有关法律、法规，加快制定和完善生态省建设的地方性法规和规章，逐步形成以国家法律法规为依据、与地方性法规和规章相配套的生态省建设法律法规体系。生态省建设要提请省人大审议，使其具有法律 效力，以便一任接着一任、一代接着一代干下去。加强依法行政，充分发挥各级人大、政协的法律和民主监督作用，以及执法部门对生态省建设的执法监督作用，加大新闻媒体及社会各界的舆论监督力度。

（三）依靠科技进步，提高生态省建设能力

突出科学技术作为第一生产力的作用，依靠科技进步实现经济增长方式的转变，不断提高集约化经营水平。建立为生态省建设服务的科技支撑体系。重视发挥人才作用，完善与市场经济体制相适应的用人机制，鼓励高等院校和科研院所积极培养生态省建设所需各级各类人才。同时，积极创造条件吸引省内外、国内外专门人才，加快培养与引进发展绿色产业急需的科技创新人才和高层次管理人才。组织省内外高等院校和科研院所围绕生态建设、环境保护、清洁生产和绿色产业等领域中的重点、难点问题，进行科技攻关，研究开发新产业、新品种、新工艺和先进适用技术。对研究开发出的科技成果，保护其知识产权并依法实行有偿转让。对其中技术含量高、市场潜力大并可供形成产业化的项目和技术，按高新技术产业有关优惠政策予以扶持。大力推广资源综合利用、生物防治病虫害、节水灌溉等先进适用技术。利用推广应用信息技术，准确掌握市场信息和科学信息，用信息技术管理生态省建设的全过程。

（四）多元化筹集资金，完善投入保障机制

尽快制定有利于筹集建设生态省资金的各项政策。鼓励不同经济成分和各类投资主体，

以独资、合资、承包、租赁、拍卖、股份制、股份合作制、BOT等不同形式参与生态省建设。按政策出让“四荒”和生态环境亟待整治的国有山、林、草地的经营使用权，其经营使用权保持50年不变。治理开发成果，按照“谁投资，谁经营，谁受益”的原则，允许取得合理回报和依法继承、转让，切实保障投资建设者的合法权益。国家征用时，应对治理开发投入和收益给予等额补偿。坚持“谁开发谁保护，谁破坏谁恢复”制度，对买而不治、不建或破坏资源乱开滥伐者，收回经营使用权并依合同约定追究责任。省、市（州）、县各级财政优先安排各项生态省建设所需资金，长期投入并逐年增加，加大对林、草、水资源建设及环境保护与监测等项目的投资力度。农业、扶贫、水利基本建设等各类资金都须向生态省建设倾斜，合理安排使用。全省根据财力情况，每年安排适当资金作为生态省建设导向资金，优先用于发展绿色名牌产品和生态环境建设。

（五）拓宽对外开放领域，扩大国际合作与交流

进一步增强对外开放意识，充分利用我国经济与国际全面接轨的有利时机，围绕生态经济发展、生态环境建设、环境污染防治、清洁生产技术与工艺、资源综合利用、清洁能源及城市基础设施建设等，在资金 、技术、人才、管理等方面全方位开展国际交流与合作。拓宽利用外资渠道，在世行、亚行、全球环境基金、联合国开发计划署等国际组织以及各国政府贷款、赠款等方面，多渠道利用外资，积极争取国外各类投资。依法完善与之相配套的资金、信贷、土地、税收等优惠政策，为扩大国际交流与合作提供良好的软环境，促进生态省建设进程。

（六）落实责任制，加强重大工程建设和管理

建立生态省建设目标责任制，明确重大工程建设和管理的领导分工，将责任制落到实处，列入干部政绩考核的重要内容，进行奖惩。建立吉林省生态省建设奖励机制，对贡献突出的单位和个人，给予表彰或奖励。对失职、渎职的，严肃追究责任。各地各部门把生态省建设列入议事日程，纳入本地区、本部门年度计划和中长期发展规划，认真组织，精心实施。建立生态省建设审计制度，确保重大工程的投资效益。

（七）探索新的国民经济核算体系，逐步实现资源有偿使用

认真研究和探索与可持续发展要求相适应的新型国民经济核算体系，打破资源无价和环境无价的传统观念，逐步实行有利于促进经济效益、生态效益、社会效益协调统一的资源与环境有偿使用机制。探索建立包含环境、资源、社会投入等成本在内的新型国民经济核算体系，科学地剔除现行国民经济核算体系中的水分。这种新型国民经济核算体系，可在几年内分别作为现行国民经济核算体系的参考和辅助体系，在实践中总结和积累经验，按照国家的统一部署，逐步实现向新型国民经济核算体系的转换。

（八）完善认证制度，制定绿色标准体系

随着世界经济全球化趋势增强和新科技革命的迅猛发展，国际贸易中的“绿色壁垒”有发展趋势。因此，必须建立健全有机食品和绿色产品质量监督体系，赋予强有力的职能，制

定严格的管理措施，负责产品的检测和指导工作。加快建立有关绿色认证的法律法规和标准，按照通行的国际国内绿色认证要求，结合全球绿色科技的发展趋势，制定既符合我省实际、又与国际接轨的绿色产品等认证标准体系。

（九）建立预警制度，完善生态监测系统

整体改善吉林省日趋恶化的生态环境，必须对全省范围内的森林资源、草原资源、生物多样性、水土流失、草原“三化”、土壤有机质含量、农业面源污染和工业及生活污染、土地荒漠化及水资源年际变化、气候变化、防灾减灾、应急救援等，及时做出监测和预警。尽快建立生态环境预警制度，形成生态环境监测和气象预警、灾害预警体系，为生态省建设提供全面翔实的科学依据。

（十）发挥专家作用，建立科学决策机制

充分发挥各方面专家作用，组建生态省建设专家咨询小组，开展多种形式的咨询服务活动，为各级政府制定的重大经济技术、社会发展政策、规划，重大生态环境建设和经济发展工程项目等进行咨询服务，为政府实施环境与发展综合决策提供科学依据。

（十一）控制人口数量，提高人口素质

坚持计划生育的基本国策，认真贯彻宣传教育为主、避孕节育为主、经常工作为主的方针，坚持现行计划生育政策不变，既定的人口控制目标不变，“一把手”亲自抓、负总责不变的原则，切实增强人口控制能力，在提高计划生育工作与经济社会发展、生态环境建设、人民勤劳致富相结合上下工夫。实行社会各方面齐抓共管，对人口问题进行综合治理，从体制、机制和科技创新入手，积极运用经济手段，强化利益导向作用，加快推进优生优育、少生快富的文明进程。通过各种途径和措施，不断提高全省人民的综合素质和科技文化水平，把人口压力转化为推进和实现全省跨越式发展的动力，使人口与经济、社会发展相适应，与环境保护、资源利用相协调。

（十二）加强生态文明建设，提高全民生态文化素质

围绕生态省建设，开展丰富多彩、形式多样的宣传教育活动，着力培养人们热爱和保护环境的自觉意识。在各级学校开展生态建设、环境保护的基础知识教育。在全省广泛开展生态省建设的社会公众教育，在各公共场所增设有关宣传生态省建设的设施。组织宣传教育活动，运用广播、电视、报刊等各种新闻媒体，广泛宣传绿色产业、绿色消费、生态城市、生态人居环境等有关生态省建设的科普知识。加强新闻媒体舆论监督，揭露破坏生态环境的一切违法行为，宣传生态省建设的先进典型。

黑龙江

黑龙江省生态省建设规划纲要

（黑龙江省第九届人大常委会第二十五次会议审议通过 黑龙江省人民政府印发
黑政发[2002]19号）

20世纪末，省委、省政府从协调经济、环境、资源的高度提出建设生态省的设想。国家环境保护总局以环函[2000]453号文件批准黑龙江省为全国生态省建设试点。

建设生态省是实施我国可持续发展战略，落实省委、省政府"搞好二次创业，实现富民强省"战略部署的重要举措，是贯彻"三个代表"重要思想的具体行动，是我省进入21世纪具有全局性意义的一件大事，是功在当代、惠及子孙的伟大事业和系统工程。生态省建设是促进我省经济结构的战略性调整，把得天独厚的资源环境优势转化为现实生产力，实现资源、环境与经济的协调发展和良性循环的必然选择。生态省建设是主动参与21世纪趋于一体化的全球经济，改善我省投资环境，发展外向型经济，提高国内外综合竞争力的需要。生态省建设是我省乃至全国维护生态安全的根本要求，是21世纪科技高速发展、经济全球化、资源日趋短缺的大环境中，获得生存与发展的必然趋势。

生态省建设要遵循生态学、生态经济学和系统工程学原理，依靠科技创新，充分发挥资源优势和生态经济潜力，优化经济结构和产业结构，保障资源的可持续利用，建立良性循环的生态环境体系、经济社会发展体系和生态文化体系，从而实现以绿色产业为主体的生态经济强省。

本纲要是在《黑龙江省生态省建设规划大纲》的基础上编制的，是生态省建设的行动纲领，是我省实现可持续发展的宏伟蓝图。

一、生态省建设的背景

21世纪是人与自然开始走向协调与和谐的世纪，"环境与发展"成为各国关注的时代主题。环境科学、信息科学、生命科学与生物技术已进入当今世界的主导学科群，健康生存与可持续发展是时代的主旋律。各个国家对环境问题的认识逐步形成共识，群众性的环境运动正在兴起。生态文化已初步形成时代的潮流。

（一）国际环境

随着世界科学技术的高速发展和工业革命的全球渗透和普及，经济的涨落和技术创新的

波动形成规律性的关系。生态省建设为应对加入 WTO 后面对的挑战创造优势条件，其实质就是适应世界“科学进步—技术创新—经济增长”的规律。

无论是哪一个国家和民族，无论是发达地区还是贫困地区，对保护生态环境，都不同程度地形成共识。这种在共同生存基础上构建起来的生态文化，是人类走向与自然和谐的文明——生态文明的基础和前奏。生态省建设是一个伴随着生态文化的建设和发展，逐渐走向生态文明的历史过程。

（二）国内环境

1993 年我国编制了《中国 21 世纪议程》白皮书，明确提出了走可持续发展道路的整体战略。几年来，我国在环境污染的治理、矿产资源的保护、天然林的保护、生物多样性的保护、自然保护区的建设，以及在各种自然灾害的减灾防灾等方面都取得了较大的进展。总的趋势是：环境保护的进程，正在由城市发展到乡村；生态保护的深度和广度进一步扩展；资源的开发和利用按照可持续发展的要求执行，对破坏资源的行为将进一步加大执法的力度；在未来 10 年将基本上控制住资源的破坏和环境污染的蔓延，生活水平和生活质量将进入新的发展阶段，无污染、健康和安全的生活方式，即绿色生活方式，已经成为一种时尚；我们现在正在走向后工业社会或信息社会，在这种社会形态中，环境革命的绿色浪潮风起云涌，它所牵动的是经济、生态、社会的生态文明。

我国可持续发展实施不同区域发展战略。东部具有经济区位、人才和高科技的优势，已经形成我国经济高位的发展态势。西部具有地缘优势，自我国出台西部大开发政策以来，国家投资重点西移，并获得了国内外的支持，这些必将加速西部摆脱贫穷、经济高速发展的步伐。

面对这种发展态势，我们只有抓好生态省建设，调整人口、资源、环境与经济、社会发展的关系，才能开创生产发展、生活富裕、生态良好的文明道路。

（三）生态省建设的必要性、有利条件和限制因素

1. 生态省建设的必要性

我省地处祖国东北边陲，自然资源丰富，生态环境较好。大、小兴安岭及三江湿地对我国乃至国际生态安全有着重大影响。建设生态省，对发挥我省资源优势，改善生态环境质量，促进生态良性循环，维护区域生态安全，实现经济社会的可持续发展具有重要意义。

我国加入 WTO 后，获得了与其他成员国共同享有的权力、义务和平等的国际贸易机会。但参与国际竞争，我们必须面对发达国家的“绿色壁垒”。要实现与国际市场的对接，应对“绿色壁垒”的挑战，赢得“绿色护照”，必须发挥黑龙江优势，突出地域特色，“打绿色牌、走特色路”，发展绿色经济，把我省产业结构调整与生态环境保护有机结合起来，开发新产品，提高产品质量，增强产品市场竞争力。

生态省建设为深入贯彻落实“三个代表”重要思想找到了最佳的结合点。建设生态省能够减少环境污染和生态破坏，实现物质能量的多层次分级循环利用和无废物生产，更好地促进生产力的发展；围绕生态省建设开展生态文化建设，代表着新世纪先进文化的发展方向，能够促进全省生产方式、生活方式、消费观念的转变，形成新的价值观、财富观、道德观、

法制观；建设生态省能够推动绿色经济的发展，切实地提高人民的收入水平，从根本上改善人民群众的生存质量，而且能够造福子孙后代，最终实现“富民强省”的战略目标，是广大人民根本利益的具体体现。

2．有利条件

（1）资源环境条件

黑龙江省地域辽阔、美丽富饶，国土面积 45.46 万平方千米，占全国总面积的 4.73%，居全国第五位。总体地貌特征为两大山地、两大平原以及其间的过渡带——漫川漫岗区。有黑龙江、松花江、乌苏里江、绥芬河四大水系，其中松花江流域占全省面积的59.2%。

——大、小兴安岭及长白山地（包括张广才岭、老爷岭），为我国重要的林业基地。以红松、落叶松、樟子松、云杉等针叶林及水曲柳、黄菠萝、胡桃楸等珍贵阔叶树种著称，具有丰富的林木及野生动植物资源，是我省及东北平原抵御西伯利亚寒流的天然屏障，是我省90%以上河流发源地和水源涵养地。

——松嫩平原，为我国六大草原之一，具有典型的草甸草原自然景观，草场集中连片，草质优良，种类丰富，为我省畜牧业和农业生产基地。

——三江平原，为我国重要的商品粮基地和面积最大、分布最为集中的平原湿地，建有我国成立最早、规模最大、农业机械化水平最高的现代化农垦基地，原始湿地及生物多样性资源具有重要国际意义。

——主要农业区，位于两大平原及漫川漫岗区，耕地资源丰富，土壤肥沃，世界著名三大黑土带之一，60%的农田建立了防护林体系，20%的农田具有较完善的水利设施。

全省生态系统类型多样，地带性和典型性特征明显，整体生态环境稳定。全省森林覆盖率 41.9%，森林面积和蓄积分别占全国总量的 14%和 25%；耕地面积 1 177 万公顷，占全国耕地面积的 11.4%，居全国第一位，人均耕地 0.31 公顷，为全国人均耕地的 3.9 倍；草地面积 433 万公顷，是我国 10 个拥有大草原的省份之一；水资源总量占全国第 13 位；天然湿地面积占全国天然湿地面积 10%以上；有高等植物 2 400 种，脊椎动物 600 余种；各种矿产 131 种，其中石油、煤炭、黄金、石墨探明储量位于全国前列。

多年来，我省生态环境保护与建设工作取得明显成效。“三北”防护林体系建设、“天保”工程、草原改良、水土流失治理等生态环境建设和恢复工作取得一定进展。生态农业及生态示范区建设呈现区域化发展趋势，自然保护区建设和生物多样性保护工作成效显著。主要工业污染物基本实现了达标排放，工业固废的处置和综合利用达到了新的水平，城市空气质量、饮用水达标率有所提高，城市噪声平均等效声级有所下降，农村生态环境污染防治工作有所强化。

（2）经济社会条件

改革开放以来，特别是近 10 年，黑龙江省经济社会发展取得了巨大成就，圆满地完成了第二步发展战略目标，为建设生态省奠定了坚实的基础。

——国有企业改革发展取得了较大进展。大部分大中型国有企业初步建立了现代企业制度，小型国有企业进行了产权制度改革，为发展社会主义市场经济奠定了良好的基础。

——对外开放进一步扩大，投资环境明显改善，实现了外贸出口和利用外资恢复性增长。

——经济结构调整初见成效。全省一、二、三产业结构已调整到 10.9∶58.6∶30.5，并

发挥比较优势，向优势产业集中。其中，粮食综合生产能力已稳定在 300 亿千克以上，农业基础地位得到加强，效益农业已经启动；初步形成了以机械、石化、食品为支柱，电子信息、生物医药、新型材料为新增长点的黑龙江省特色产业群体。

——科教事业取得了丰硕成果。科技体制改革逐步深化，教育体制改革取得明显成效，医疗保健改革也取得可喜成绩，其他各项社会事业也有新的发展，社会主义精神文明和民主法制建设进一步加强。

——综合经济实力和人民生活水平进一步提高。2000 年国内生产总值达到 3 255 亿元，“九五”期间年均增长 10.26%，高于全国平均水平；人均国内生产总值达到 8 580 元，提前实现了翻两番的目标；城镇居民人均可支配收入达到 4 913 元，农民人均纯收入达到 2 148 元，全省居民基本达到了小康生活水平。

（3）我省具有生态省建设良好的周边环境

我省与俄罗斯有 3 000 多千米的边界线，与吉林东北部、内蒙古东部相邻，周边生态环境良好。

3．主要制约因素

当前我省经济总量和人均收入水平不高，产业结构调整难度较大，自我积累能力不足；环境历史欠账多，资源利用与保护不协调，森林过伐严重、质量下降、功能减弱；草原超载过牧，“三化”严重，湿地面积及生物多样性减少；水资源利用率低，缺乏大型控制性水利枢纽工程，部分地区地下水超采；区域性生态环境恶化，水土流失和土地荒漠化没有得到有效控制，矿产资源开采引发的环境问题仍然比较突出；化肥、农药、农膜使用不当及污染较重的乡镇企业盲目发展，导致农村生态环境污染加重；生态建设滞后于城市发展，城市大气污染、交通噪声污染、水污染、垃圾污染没有得到有效控制，城区绿化面积与绿化水平存在较大差距；管理体系不完善，部门之间缺乏协调，综合决策机制不健全，监测手段和信息系统落后等。上述问题，既是主要限制因素，也是我省生态省建设所要解决的主要问题。

二、生态省建设的指导思想、基本原则和工作重点

（一）指导思想

高举邓小平理论伟大旗帜，坚持江泽民同志“三个代表”重要思想，以实施可持续发展和“搞好二次创业，实现富民强省”的发展战略为目标，依据生态学、生态经济学和系统工程学原理，本着以人为本的宗旨，立足于我省独特的资源优势和生态环境优势，依靠科技创新和体制创新，强化生态保护和环境建设，以发展绿色产业和生态经济为主线，科学合理确定主导产业，优化产业结构和经济结构，大力发展绿色经济，全面提高综合经济实力，促进人与自然的和谐，实现生态与经济的“双赢”和人口、资源、环境与经济、社会的协调发展。

（二）基本原则

1．坚持可持续发展的原则

根据我省的实际状况，转变传统的思维方式与资源型经济发展模式，遵循经济规律和自

然规律，依靠科技创新，科学合理地开发利用自然资源，注重发展循环经济。在不同的生态经济区，确定不同的发展模式。增强资源、环境对经济、社会可持续发展的保障作用，促进区域经济发展与生态建设之间协调统一。

2．坚持生态环境保护与生态环境建设并举的原则

切实加强生态环境的保护，充分认识保护资源与环境就是保护生产力。在加大生态环境建设力度的同时，必须坚持保护优先、预防为主、防治结合，彻底扭转局部地区边建设边破坏的被动局面。

3．坚持污染防治与生态环境保护并重原则

充分考虑区域和流域环境污染与生态环境破坏的相互影响和作用，坚持污染防治与生态环境保护统一规划，同步实施，把城乡污染防治与生态环境保护有机结合起来，努力实现城乡环境保护一体化。

4．坚持突出区域特色与发挥资源、环境优势的原则

立足于我省“大森林、大农田、大草原、大湿地”的地域特色，充分发挥生态资源优势和潜力，因地制宜地确定主导产业和优势产品，促进产业结构优化，产品结构升级。重点发展生态产业，绿色技术，把资源环境优势转变为现实生产力。

5．坚持统筹规划、突出重点、分步实施的原则

生态省建设要与全省中长期国民经济社会发展规划相衔接，在生态环境现状调查的基础上，深入研究、科学规划。优先抓好核心产业和重点工程，分期推进，逐步实施，形成不同类型、不同特点的生态经济示范体系。

6．坚持经济效益、生态效益和社会效益协调统一的原则

按照“发展是硬道理”的指导思想，以经济建设为中心，强化生态建设，不断提高人民生活水平，全面改善人居条件，促进精神文明和物质文明建设共同发展，在保持经济持续稳定增长的同时，取得良好的生态和社会效益。

（三）工作重点

1．优先保护

坚决保护好我省较好的生态环境，严禁一切导致生态环境恶化的开发活动和其他人为破坏活动。主要工作：一是保护好重要生态功能区环境，通过建立不同类型的生态功能保护区，切实采取有效保护措施，保持流域、区域生态平衡，减轻自然灾害，确保省区生态环境安全；二是保护好重点资源开发利用的生态环境，包括对水资源、土地资源、林草资源、生物物种资源、渔业资源、矿产资源、旅游资源等开发利用的生态环境；三是保护好生态良好地区特别是物种丰富区和大中城市的生态环境，使其生态系统和生态功能不被破坏。同时，要加大生态示范区和生态农业县（市）的建设力度。

2．积极恢复

对已经遭受不同程度破坏的重要生态系统，要结合生态环境建设措施，认真进行恢复与重建。要点之一是对宜林、宜草、宜湿区域，制定周密规划与计划，下决心有步骤地退耕还林、退耕还草、退耕还湿。要点之二是对过去开发利用资源，已经造成破坏的，要坚决执行“谁破坏、谁恢复”的制度；对油田开发带来的环境问题要采取有效措施加以恢复；已经停止

采矿或关闭的矿山、坑口，要及时做好土地复垦。

3．强化治理

在坚持生态环境保护的同时，要坚持预防为主、防治结合的方针，加大力度搞好环境治理。一是国土整治，重点是水土保持，荒漠化防治，退化土地治理；二是水污染治理，重点是江河湖泊水污染和城市水污染治理，城市饮用水源的保护和建设；三是大气污染治理，重点是改变城市工业与民用燃料结构，大力推广节能技术，加强对老污染源的治理改造；四是工业固体废物的污染治理，对废物的产生、收集、运输、贮存、综合利用处理和处置进行全过程监督管理，严禁污染土壤和水源；五是城市噪声污染治理，生活垃圾无害化处置及资源化利用。

4．重在调整

要加强城市环境基础设施建设，建设一批低耗、清洁、高效工业；对现有耗能高、污染重的企业，要限期进行技术改造；对能耗物耗高、污染严重、国家明令禁止的企业要坚决淘汰。只有坚持发展与淘汰并重，才能不断完成经济结构调整任务，使我省生态安全、经济发展、社会文明，主要建设指标达到国内一流水平，实现人与自然的和谐共进。

三、生态省建设的主要目标和任务

（一）总目标和总任务

总目标：经过二十年奋斗，努力开创生产发展、生活富裕、生态良好的文明发展道路。建立起以先进适用技术和高新技术为支撑，以绿色产业和清洁生产为重点，具有较强科技创新和国内外市场竞争能力的生态经济体系；形成产业结构优化，经济布局合理，资源更新和环境承载能力不断提高，经济实力不断增强，集约、高效、持续、健康的社会—经济—自然复合生态系统。生态环境质量达到国内和国际同类型地区先进水平。60%的县（市）实现山川秀美、生态环境良性循环；80%的大中城市建成生态园林城市。经济社会总体发展水平跃居全国前列，把我省建成以绿色产业为主体的生态经济强省，进而达到自然和谐、地绿天蓝、物质丰富、生态文明，逐步实现可持续发展。

总任务：实施科教兴省和可持续发展战略，促进经济增长方式根本转变。改造、淘汰污染严重企业，控制环境污染；在全社会推进低耗、清洁、高效的生产方式，发展循环经济；针对全省生态环境现状，实施必要的生态综合整治工程，加速生态恢复和资源更新，实现生态环境的良性循环和资源的高效永续利用；深化经济体制改革，调整优化产业结构，通过资产重组、兼并和强化现代管理机制，通过技术创新、产业升级、产品更新，不断提高全省经济整体市场竞争能力；依靠现代技术手段，提高我省生态建设和经济社会发展的信息、管理和决策水平；发展和普及科技教育，控制人口数量，提高人口素质，建设生态社区，增强公众的生态保护意识，调动全省人民主动投身于生态省建设的积极性，干部群众共同探索致富的途径。

（二）阶段性目标和任务

生态省建设分三个阶段，第一阶段 2001—2005 年为启动阶段，第二阶段 2006—2015 年为推进阶段，第三阶段 2016—2020 年为完善阶段，各阶段的具体目标和任务如下：

第一阶段：启动阶段（2001—2005 年）

目标：

环境污染基本得到控制，生态环境保护、建设和恢复取得较大成效。通过重点生态区的生态环境的保护与恢复，生态环境恶化趋势基本得到遏制；产业结构合理，初步形成以清洁生产和绿色食品生产为主体的生态经济框架；科教和生态社区的普及深入人心，公众的生态意识和自觉参与程度明显提高，初步建立生态省建设的科技支持体系。

到 2005 年，全省新增人工林面积 90 万公顷，森林覆盖率达 43.9%；改良草场 120 万公顷，新建人工草场 33.3 万公顷，草原“三化”治理面积 153.3 万公顷，畜牧业产值占农业总产值 40%；治理水土流失面积 110 万公顷，水土流失率小于 27.2%，退化土地治理率 50%，矿山复垦率 40%；受保护陆地面积占全省面积 11.8%；改良中、低产田 400 万公顷，绿色（含有机食品，下同）食品生产基地 100 万公顷，绿色畜产品占畜产品总量 25%；城市空气环境质量 50% 达到功能区标准，地表水环境质量 60% 达到功能区标准，工业固体废物及城市生活垃圾资源化利用率分别达到 68% 和 20%，生态农业试点和生态示范区面积占全省 40%，人口自然增长率小于 4.5‰，城市（镇）化水平 58%。

主要任务：

——加强重要生态功能区、重点资源开发区、生态环境良好区的生态环境保护；加强生态敏感区、退化区、脆弱区、重点流域、天然林保护区的生态建设和恢复；对生态环境恶化区实施必要的综合整治措施，控制生态环境破坏趋势，促进资源更新和生态环境良性发展。

——优化产业结构。降低生产及产品的环境代价，淘汰技术落后、污染重、能耗物耗高、效益差、国家明令禁止的企业，限制使用并逐步替代对环境产生公害的产品，积极开发科技含量和附加值高无污染或少污染清洁生产项目。

——控制工业污染，加强城市环境综合整治，重点进行城市污水处理、集中供热、生活垃圾无害化处置和资源化利用、城市噪声和汽车尾气治理、饮用水源地保护和建设、城市绿化和景观生态建设，改善城市生态环境质量。

——扩大绿色食品生产基地面积，增加绿色食品种类和品种，加强绿色食品生产过程的质量监督和管理，加大绿色食品的发展力度；以信息产业和高新技术带动传统产业的升级，引进和吸收现代技术，培育新的经济增长点；推广清洁生产工艺，生产绿色产品，执行环境标志，加快生态旅游的发展，尽快形成生态产业框架。

——增加自然保护区的数量和面积，加强自然保护区基础建设，提高自然保护区的管护能力和对外影响；加强生物资源，特别是珍稀、濒危物种及其生态系统的保护，促进生物多样性的恢复和发展。

——加强信息基础设施建设，依靠现代技术手段，提高我省生态建设和经济、社会发展的信息、管理和决策水平。

——加大科技投入，依托省内高等院校和科研院所的技术力量，广泛开展国内外科技合

作，把资源配置的重点，科技和产业结合的方向转向生态产业和可持续发展，初步形成科研与生产、尖端技术与产业发展密切结合，具有雄厚技术力量和人才优势的生态省建设科技支持体系。

——突出绿色通道、绿色垦区、绥化绿色走廊建设，拓展“三北”等防护林网络建设，积极推广拜泉生态农业建设模式。

第二阶段：推进阶段（2006—2015 年）

目标：

生态省建设走上健康发展轨道，经济、生态、社会复合系统步入良性循环。资源利用和更新达到国内外先进水平，以生态产业为重点，绿色经济为目标，低耗、清洁、高效具有明显地域特色和资源、生态优势的经济体系基本形成，并不断通过科技创新，使经济整体竞争能力达到国内较强水平；城市（镇）化进程及城市生态化进程步伐明显加快，公众素质和生态意识明显提高，科技、文化、教育等各项事业取得显著成效，生活水平和生活质量大幅度提高。

到 2015 年，新增人工林 30 万公顷，森林覆盖率达 44.8%，天然林保护工程取得明显成效，全省森林蓄积较 2000 年增加 20%；人工种草 100 万公顷，改良草场 150 万公顷，草原“三化”面积减少到 30%；治理水土流失面积 227 万公顷，水土流失率小于 22.2%，退化土地治理率达 70%，矿山复垦率达 70%；受保护陆地面积增加 99.5 万公顷，占国土面积 14%；绿色食品生产基地面积占作物播种面积 20%，产值占种植业 30%以上，绿色畜产品产量占畜产品总量 50%；城市环境空气质量 90%达到二级标准，地表水环境质量 85% 达到功能区标准，工业固废综合利用率及城市生活垃圾资源化利用率分别达到 75%和 50%，城市污水处理率达 70%，工业用水重复利用率 75%，城市绿地覆盖率 40%以上，城镇清洁能源使用率 87%以上，城镇化水平 65%，人口自然增长率小于 3.5‰，城乡人均收入较 2000 年增加 1.6 倍。

主要任务：

——继续加强生态保护、建设和恢复，重点实施“天保”工程、“水保”工程和小流域综合治理工程，生态功能保护区建设工程，土壤风蚀防治工程，湿地和生物多样性恢复工程，退耕还林、还草、还湿工程；建成一批生态农业区、生态示范区、生态旅游区，进一步增加自然保护区面积、数量和种类，进一步增强自然保护区的管护能力和对外影响，使全省生态环境步入良性循环。

——重点培育以清洁生产和绿色食品为主导的生态产业，使生态产业成长为全省经济发展的重要支柱。积极搞好绿色食品基地建设，建立生产、加工、贮存、运输全过程的质量保证和规范管理系统，使绿色食品在国内市场占有明显优势，在国际市场颇具影响；清洁生产、绿色产品生产、环境标志的使用、ISO 14000 认证得到了深入发展和推广；生态旅游、景观旅游具有一定规模，在国内外独具地域特色；湿地经济、林区特产经济形成规模，生态经济体系进一步得到巩固和提高。

——继续利用我省现代技术设施和人才智力，建立和完善信息、管理、决策体系，提高生态建设和社会经济发展宏观判断和科学决策水平，建立可供生态省建设利用的数据库和信息网络系统。

——进一步依靠省内高等院校和科研院所技术力量，加强原始创新研究、持续创新基础

能力和高新技术产业的发展，完善生态省建设的科技创新和技术创新体系，增强科学技术对生态省建设的推动作用。

——加强哈尔滨、齐齐哈尔、牡丹江、佳木斯、大庆等大、中城市经济社会发展和城市生态建设的示范、辐射和带动作用，加快城市化和城市生态化进程，促进社会结构变革，促进城乡经济一体化。创建一批生态园林城市，提高城乡人民的生活水平和生活质量。

第三阶段：完善阶段（2016—2020年）

目标：

全面完成生态省建设的各项任务和目标，形成以高新技术和先进适用技术为支撑，以生态产业为主体的高效生态经济体系，基本实现人口、资源、环境与经济社会协调发展，环境优良、经济发达、社会文明的生态经济强省，全省经济社会总体发展水平、人民生活质量、科技文化等各项指标均达到国内发达省份水平。

到2020年，宜林地全部绿化，森林覆盖率达45.5%；水土流失得到初步治理，退化土地治理率达80%，矿山复垦率85%；优质草地占70%以上，草地生产能力提高20%～30%；城镇失业率小于2.5%，城市养老保险、医疗保险覆盖率达100%，城镇人均住房建筑面积33平方米，人口自然增长率小于3.0‰，城镇化水平达67%，科技进步对GDP贡献率53%以上。

主要任务：

——巩固和完善前十五年各项建设任务，进一步建设不同类型生态经济复合系统，形成稳定、高效，可持续的区域发展体系，为全省资源更新、生态良性循环、经济持续增长、社会安定与精神文明的总体发展趋势奠定雄厚的物质基础。

——进一步加速生态产业化进程，从信息科学、高新技术、现代管理和决策等诸方面增强生态产业的实力和效益，在国内外市场达到较高的竞争能力。

——进一步加强大、中城市的辐射和带动作用，提高小城镇建设水平，增强城市化和城市生态建设进程，减轻自然系统的人口压力，实现产业的多元化、集约化、规模化发展，实现城乡经济一体化，实现城乡人民的生活水平和生活质量大幅度的提高，加强生态社会和生态文化建设，做到人与自然的和谐共进。

（三）各阶段发展指标

根据总体及阶段性规划目标，从经济建设、社会发展、环境保护及生态建设、资源利用等四个方面确定生态省建设指标体系及各阶段性指标，共67项，其中重要指标33项（详见附表1）。

四、生态省建设总体布局

（一）生态功能区划

我省地处寒温带、温带气候区。根据其自然环境特征，以气候、地理、生态系统类型及生态服务功能为依据，将黑龙江省生态功能区划分为6个生态区（一级区）及15个生态功能区（二级区），详见附图。

1．大兴安岭寒温带森林生态区

本区是我国唯一的寒温带地区，地势平缓，山势不高，一般海拔 700～1 000 米。河谷宽阔又平坦，河流纵横，永冻层普遍分布，形成以兴安落叶松为主的针叶林植被，是东西伯利亚泰加林分布的南端。本区是我国重要的森林资源基地，嫩江发源地就在此区。多年来，由于大量的木材生产，导致森林质量降低，森林涵养水源、保持水土等生态功能不断下降，区域生态功能受到严重影响。

2．松嫩平原西部温带半干旱草原生态区

本区位于欧亚草原的最东端，草原面积大、草质优良，生产率较高，地带性植被羊草草甸草原是我国十大草原分布区之一和畜牧业生产基地。气候干旱、多风、地下水资源比较丰富，湿地较为发育，著名的扎龙国家级自然保护区是我国第一批列入国际重要湿地名录的湿地之一。本区开发较早，垦殖率高，土壤盐碱化程度较重，部分地区风蚀严重，风沙土及荒漠化现象在局部地区出现，草原“三化”程度日趋严重，油田开采对草原植被造成严重破坏，生物多样性降低。

3．三江平原温带湿润湿地生态区

本区地处黑龙江、松花江、乌苏里江形成的冲积湖积平原，气候温和湿润，地势低平，形成大面积的湿地，是我国面积最大，分布最为集中的平原湿地，是许多珍稀濒危动物的栖息地、繁殖地和迁徙必经之地，生物多样性十分丰富。由于农业开发及其他人为活动，盲目开垦湿地，加之水污染、农药、化肥污染等导致湿地面积减少，湿地资源及生物多样性受到破坏，湿地生态功能下降，生态环境受到破坏。

4．小兴安岭温带湿润森林生态区

本区山体广阔，山势和缓，河谷宽浅，气候冷凉湿润，地带性植被针阔混交林生物多样性十分丰富。多年来，由于大量的木材生产，导致林分质量下降，森林资源急剧减少，森林生态系统涵养水源、保持水土的功能削弱，区域生态环境受到严重影响。

5．张广才岭、老爷岭温带湿润森林生态区

本区地貌类型复杂，立体气候明显；气温较高，年均气温 3.4℃；降水充沛，野生动植物种类繁多，林木生长率高，森林后备资源多；具有重要的保持水土、涵养水源作用，也是重要的江河源头区。近年来森林资源日趋危急，林分质量不断下降，珍贵树种红松、“三大硬阔”以及稀有的赤松、紫杉等在天然林中已很少见；水土流失严重，地表起伏大，土壤抗侵蚀能力差，易形成侵蚀沟；野生动植物资源锐减，有的甚至濒于绝种。

6．松嫩平原东部温带半湿润草甸与农田生态区

本区低山丘陵与河谷盆地相间分布，为小兴安岭和张广才岭与松嫩平原西部的过渡区，地貌以漫川漫岗为主，植被多为草甸和天然次生林、人工林，水土流失较为严重，生态环境脆弱，植被水土保持、涵养水源等重要生态功能降低。

（二）生态经济区

生态经济区布局，主要立足于我省独特的资源优势和生态环境优势，在黑龙江省生态功能区划的基础上，按照统筹规划、突出重点、分步实施的原则，优先抓好对全省影响大的重点产业和重点工程，逐步形成具有不同类型、不同特点的生态经济格局，为实现可持续发展

夯实基础。

1. 松嫩平原西部生态经济区

（1）位置与范围

本区位于黑龙江省西南部。包括齐齐哈尔市所辖 9 个县（市）（拜泉、克山、克东除外）、绥化地区（安达市、肇东市和兰西、明水、青冈 3 个县的一部分）、大庆市所辖 4 个县及哈尔滨市所辖的双城市和农垦系统所属部分国营农牧场。土地面积 718.9 万公顷，占全省 15.8%，其中耕地 349.6 万公顷，占全省 29.7%；林地面积 108.6 万公顷，占全省 7.4%；草地面积 164 万公顷，占全省 25.2%。

（2）主要生态经济特征

本区地势平坦，气候温和，土质肥沃，是世界三大黑土带之一，黑土、黑钙土占 60%左右，耕地资源丰富。本区草原分布广泛，草场等级高，草群结构合理，优良牧草种类多，是我国优良的草场之一。土地利用率、生产率较高，旱田灌溉基础好，本区是我国重要的老工业基地，闻名世界的大庆油田坐落于此，是我国重要的重工业基地和石油化学工业基地，是我省重要的高新技术产业基地，主要商品粮和畜牧业及其制品生产基地。该区开发较早，人多地少，垦殖率高，草原“三化”现象严重。耕地荒、硬，由于气候干旱，地势低平，旱、涝，尤其是旱灾等自然灾害频繁发生，生态环境脆弱。

（3）建设重点与发展方向

——结合“三北”防护林体系、退耕还林还草、荒漠化防治等工程建设，遵循自然规律，因地制宜地建立生态经济型植被防护与恢复体系，综合治理草原“三化”及风蚀与石油污染，恢复草原植被，改善区域生态环境。

——建立嫩江中下游湖泊湿地洪水调蓄生态功能保护区，保护扎龙湿地及珍稀水禽，发挥湿地调节区域生态环境的生态服务功能。

——建立科学的草地利用制度，加大人工草地与饲料基地建设力度，发展草业和绿色畜牧业及其深加工业。促进经济发展，提高人民生活水平和生活质量。

——积极推广旱作农业与节水灌溉技术，抗旱治沙，发展绿色精准农业和特色农业。

——调整产业结构，重点发展石化、装备、食品、医药、旅游和高新技术产业，合理配置生产力和生产要素布局，提高经济的整体素质和综合竞争力。

2. 松嫩平原东部生态经济区

（1）位置与范围

本区位于黑龙江省中部。居于松嫩平原波状起伏台地上，包括拜泉、克东、克山、望奎、海伦、巴彦、阿城、宾县、讷河、北安、嫩江、五大连池、依安、绥化、绥棱、庆安、五常、兰西、明水和青冈、呼兰等 21 个县（市）。该区土地面积约 496 万公顷，占全省 10.9%，其中耕地 319.0 万公顷，占全省 27.1%。

（2）主要生态经济特征

本区低山丘陵与河谷盆地相间分布，耕地资源丰富，是世界三大黑土带之一，是以农业为主体的农林牧结合区域，是我省麦、豆主产区和重要商品粮基地。本区森林多为天然次生林和人工林，水土流失严重，生态环境脆弱。

（3）建设重点与发展方向

——以大流域治理为骨干，小流域治理为单元，以县为治理基本单位，大力推广拜泉县生态治理模式，以治理坡耕地为重点，工程措施、生物措施和耕作措施相结合，对山水田林路草进行综合治理。控制水土流失，促进区域生态环境良性循环。

——以固土保水为主要目的，大力营造生态公益林、薪炭林及其他商品林，提高林分质量，改善丘陵漫岗地区的生态环境，恢复和扩大森林覆盖率。

——加强生态示范区和生态功能保护区建设，协调区域资源、环境与经济的发展。

——整合传统农业技术、现代技术和高新技术，发展高产、优质、低耗、高效的生态农业。

3．三江平原生态经济区

（1）位置与范围

本区位于黑龙江省东部。包括佳木斯市、双鸭山市、 鹤岗市、七台河市、鸡西市及部分国营农牧场、国有森工林业局。土地面积 981.3 万公顷，占全省 21.5%，其中耕地 309.6 万公顷，占全省 26.3%；林地面积 209.8 万公顷，占全省 14.3%；草原面积 68.8 万公顷，占全省 15.9%；湿地面积约有 197.1 万公顷。

（2）主要生态经济特征

本区地处黑龙江省东北部，湿地极为发育，生物多样性十分丰富。该区人口密度小，人均耕地多，土壤肥沃，国营农场多，机械化水平高，水资源充足，矿产资源，尤其是煤炭储量十分丰富。本区是我国重要的商品粮生产和储备基地及能源生产基地。由于农业开发及其他人为活动，低洼易涝荒地开垦多，农田水利建设滞后，洪涝灾害比较频繁，近些年旱灾有明显增加趋势。湿地盲目开垦，及其生物多样性受到严重威胁。

（3）建设重点与发展方向

——加强湿地资源保护，保育生物多样性和珍稀濒危物种，加大退耕还湿、还草、还林力度，开展湿地植被恢复与重建工程，建立珍稀濒危物种繁育救护基地，加强科学研究和宣传教育，提高人们保护意识，为湿地及生物多样性保护奠定科学基础。

——加强自然保护区、生态功能保护区、生态示范区建设，进一步完善和健全管理体制，加大管理力度。在有代表性的湿地和生物多样性关键与丰富地区建立自然保护区，加强三江平原国家级生态功能保护区建设，建立挠力河源头、完达山东北虎等生物生态廊道等生态功能保护区，进一步加大生态示范区建设步伐，发挥其资源、环境与经济协调发展的示范作用，带动周边地区，促进区域经济发展。

——加大矿山复垦力度，恢复矿山植被，改善矿区生态环境。

——改造中低产田，加强以蓄排并举为重点的农田水利建设，土水田林草路综合整治，防治水土流失，提高单位土地利用率与生产力，不断改善区域生态环境。

——建立农林牧副渔全面发展、农工商综合经营、产学研科工贸一体化的生产体系，建立现代化国营农场产业群，发展生态农业、外向型农业、绿色农产品加工。建成我国重要的商品粮生产和后备基地。

4．大小兴安岭、东南部山地生态经济区

（1）位置与范围

本区包括大、小兴安岭和张广才岭、老爷岭，行政区域包括大兴安岭地区、伊春、牡丹

江市及黑河市、哈尔滨市所属部分县（市）、国有森工林业局和国营农牧场，土地面积 2 349.5 万公顷，占全省 51.8%，其中耕地面积 198.8 万公顷，占全省 16.9%；林地面积 1 060.6 万公顷，占全省 72.3%，是我国重要的森林资源基地。

（2）主要生态经济特征

本区森林资源丰富，野生动植物种类繁多，农林交错，林木生长率高，森林后备资源多，是我国重要的森林资源和林特产业基地。区内山产、土特产多，中药材、野生浆果、野生淀粉、野生油料、野生蜜源等植物资源丰富，开发条件好，多种经营比较发达；小兴安岭和东南部山地河流密布，水资源丰富，部分地区适于发展水稻生产和养渔业；东南部山地热量充足，水稻种植面积较大，著名的响水大米是该区一大特色。

（3）建设重点与发展方向

——调整森林资源采育比例，在天然林保护和维持森林生态系统功能的基础上，积极开展封山育林、定向培育等措施，保护森林资源。

——加强江河源头等重要生态功能区的森林、草地等植被的保护，在水土流失较重地区，重点营造江河源头的水源涵养林、水土保持林和人工草地，严禁乱垦滥伐，坚决控制人为的水土流失。

——采取综合治理措施，搞好水土保持；超标准的坡耕地要退耕还林还草；充分利用山间平川谷地的水、土资源，搞好水利工程配套，开展小流域综合治理，发展绿色食品种植业。

——充分发挥我省森林资源优势，发展绿色林、特产业，搞好北药资源开发和森林旅游，综合利用森林资源，构建林业生态经济区。

——发展资源立体开发，积极发展林果、人参、木耳、黑豆及养牛、养羊、养鹿、养蜂、养蚕等多种经营，同时发展农副产品加工业，形成综合性、立体性资源利用的绿色产业模式。

——充分发挥国营农场的优势，发展生态农业，立体农业和现代化农业，促进农业综合发展。

——依托口岸优势，大力发展对俄贸易，促进山区生态经济全面发展。

5．城市生态经济区

——以哈尔滨、齐齐哈尔、牡丹江、佳木斯、大庆等大中城市为重点，依托资源优势，形成大庆地区石化产品和油田化学产品等高新技术产品生产基地，哈尔滨市高新技术产业基地与石化产品精深加工、精细化工生产基地，齐齐哈尔市钢铁机械工业和化肥及下游产品生产基地，牡丹江市橡胶加工、清洁生产基地，佳木斯市农副产品精深加工。

——以节能机械生产基地为中心的生态工业和高新技术产业区。

——以改善城市环境质量为重点，加大城市污染综合防治力度，加强城市环境基础设施建设，绿化、美化城区，突出以人为本的绿色社区建设。构建生态—环保—园林—旅游城市区。

——建成城市功能齐全、生态经济发达、人居环境优美、生态文化氛围浓厚的生态城市。

——以中心城市带动卫星城，构建绿色小城镇体系，实施小城镇经济振兴计划，形成区域联动态势，促进区域经济发展和繁荣。

6．生态旅游区

依托中心城市、重点景区和特色区域，形成以冰雪、森林、湿地、草原、观光农业、地

质遗迹等生态旅游为主导，边境旅游、北方城市风光旅游、少数民族文化风情旅游和科普宣教旅游等共同发展的格局。重点开展以哈尔滨市为中心的冰雪游，以大庆市为中心的石油文化游、温泉疗养游，大兴安岭地区、伊春市的森林养生游，牡丹江市、鸡西市的湖泊观光和地下森林猎奇游，佳木斯市、双鸭山市、鹤岗市的湿地生态游，黑河市、嘉荫市、绥芬河市、东县宁的中俄边界游和异国风情游等生态旅游路线，形成独具北方特色的生态旅游区。

（三）生态省建设体系

按照生态省建设的总体要求，遵循统筹规划、分类指导、分期推进、区域实施的原则，根据黑龙江省生态功能区划和各个生态经济区的特征和发展方向，在现有的 15 个国家级生态示范区（含试点）、4 个国家级生态农业示范县和 14 个省级生态示范区（含试点）、8 个省级生态农业县（农场）、6 个农垦总局生态农业示范农场、9 个生态农场及 200 多个不同规模的生态农业试点的基础上，因地制宜，建立不同生态示范类型，层层抓点，以点带面，逐步推广，形成生态省—生态市—生态县（农场）—生态乡（镇）—生态村—生态户网络化、金字塔型的生态示范区体系，把生态示范区建设同当地特色生态产业、经济社会发展与生态环境保护紧密结合起来，进一步增强生态省建设能力。

五、重点生态区的保护与构建

（一）三江平原湿地及其生物多样性保护与恢复区

三江平原是我国面积最大、分布最为集中的湿地分布区。本区原始湿地众多，生态系统类型复杂多样，生境多样化，生物多样性十分丰富，物种数约 1 700 种，国家级珍稀濒危物种约 100 种。三江平原湿地被列入亚洲重要湿地名录，是具有国际意义的湿地，是我国重要的生态功能区。

本区生态功能保护与恢复的重点是加强现有湿地资源和生物多样性的保育，加强生态功能保护区建设，开展退耕还湿生态工程，在湿地、生物多样性丰富区、珍稀濒危物种主要栖息地建立自然保护区，加强兴凯湖、洪河、三江、七星河等现有湿地自然保护区建设，发挥湿地调蓄水资源、防洪蓄洪、降解污染物、调节区域气候的生态功能。加大黑龙江、乌苏里江界江国土侵蚀防治工程建设力度。建立国际生物多样性保育生态廊道。

（二）松花江流域（黑龙江省境内）污染防治区

松花江流域内，尤其是上、中游的工业废水与生活污水的排放，导致松花江水体受到严重污染，严重影响了流域内人民的生活和经济发展。

本区的重点是全面实施污染防治，大力推广清洁生产，积极倡导水循环利用和污水资源化工程。沿大中城市建立污水处理厂，降低污染物排放量，同时做好省际间的污染防治工作，努力改善水质。大力开展生态保护，发展生态农业，控制化肥和农药使用量，科学种树，退耕还林、还草、还湿，控制水土流失，增强水源涵养能力，防治面源污染，严格执行有关环境保护的法律、法规、倡导节水农业。

（三）松嫩草原“三化”生态治理区

松嫩草原是温带草原的最东端，代表地区为大庆市和齐齐哈尔市。草原盐碱化、沙化、退化现象较为严重。大庆油田开采过程中石油对草原的污染及过度放牧等人为活动，致使草原质量下降，草群结构不合理，优良牧草减少，载畜量降低；生物多样性减少，草原生产力下降，区域生态环境受到破坏，该区域可持续发展受到制约。

本区生态功能保护与恢复的重点是加大防护林体系和防沙治沙等荒漠化治理工程建设，建立乔、灌、草网络化的生态公益林和生态经济型防护林体系，发挥森林等植被的防风固沙、保持水土的生态服务功能。改良与治理盐碱化、退化和石油污染草地，大力发展人工草地，恢复草原植被，提高草场生产力，恢复生物多样性。

（四）克（山）拜（泉）水土流失综合治理区

克拜地区位于松嫩平原中部，丘陵漫岗地坡度缓而长，表土疏松，水土流失严重。黑土层减少 30%～40%，水蚀严重，侵蚀沟纵横交错，深达 10 米，耕地被严重切割。土壤地力下降，旱、涝灾害频繁，直接影响到当地人民的生产生活。

本区生态功能恢复的重点是治理小流域和坡耕地，工程、耕作和生物措施相结合进行综合治理。大力营造生态公益林和生态经济林，乔、灌、草相结合，林地网格化。建立科学的耕地培肥制、土壤耕作制和作物轮作制。推广拜泉县水土流失治理经验，逐步改善丘陵漫岗地区的生态环境，发挥保持水土、涵养水源的生态系统服务功能。

（五）大兴安岭天然林保护与森林资源恢复区

大兴安岭林区为我国重要的森林资源分布区。目前本区森林破坏严重，原始森林面积锐减，林分质量下降，生物多样性降低，江河源头生态功能下降，水土流失时有发生，严重制约区域生态经济发展，该区为我省的重要生态功能区。

本区生态功能保护与恢复的重点是加大天然林保护力度，开展封山育林、定向培育、退耕还林等措施。从采伐转向营林管护，恢复天然林面积，调节林分结构，增加森林覆盖率，实现由采伐利用天然林为主向经营利用人工林方向转变，逐渐恢复成熟森林生态系统的服务功能。加强嫩江源头生态功能区的森林、草地等植被的保护与恢复，重点营造水源涵养林、水土保持林和人工草地，充分发挥其涵养水源、保持水土、维持生物多样性和天然氧吧的生态功能。

（六）哈尔滨生态城市与生态文化建设区

本区位于松嫩平原南部，哈尔滨市为省会城市，是我省政治、经济、文化、科技、教育中心，是我省生态环境建设、经济发展、社会文明的窗口。环境污染较为严重，生态建设与经济发展不相协调，生态文化教育有待加强。

本区生态功能建设的重点是加大城市环境污染的防治力度，有效控制工业污染、生活污染、交通污染以及白色污染、电磁辐射污染、光污染，科学规划城市格局，划定永久性的生态用地，大力种树、种草，绿化、美化市区环境，提高公共绿地面积和覆盖率，建立绿色社

区、生态住宅、绿色廊道，减少热岛效应，加大宣传教育力度，提高生态环境保护意识。实施生态文化教育工程，实现生态环境良好、经济快速发展、社会文明进步的新型生态城市。

六、生态省重点产业建设

（一）生态农业

1. 发展方向

遵循“整体、协调、循环、再生”的基本原理，科学合理地组织生产。以提高农产品质量、农产品商品率、市场占有率为主攻方向，在保障国家粮食安全基础上，不断优化农业结构；注重高产、优质、低耗、高效与可持续发展相结合，资源利用效率的提高与环境质量的改善相结合；实现生产—经营—市场相衔接，产量、质量、效益相统一，增产与增收相一致，资源高效利用与农业可持续发展相协调。

2. 发展重点

——加强对农村生态环境的管理、保护和综合治理，加强农村基础设施建设和农田水利建设，不断改善农业生态环境条件；防止农作物污染，控制规模化畜禽渔养殖业污染，促进秸秆综合利用，保护好小城镇环境；积极开发和推广生态种、养和精深加工技术；抓好生态农业试点网络体系建设。

——以加入 WTO 为契机，加大农业结构调整的力度，加快适地当家品种的改良和新品种的引进，采用模式化、标准化栽培技术，积极推进农业产业化经营，逐步形成具有鲜明地方特色的优质、高效的粮、豆、薯、瓜、菜名牌产品系列。

——提高光能利用率，增强抵御自然风险的能力，采用相应设备、设施、工艺流程、管理模式，努力提高单位面积的产出水平，提高产品质量，依靠科技创新，不断降低生产成本，实现农业生产的集约化和农业效益的最大化。

——利用大中城市郊区的地缘优势，重点开发高品质、高效益的蔬菜、水果、花卉、中草药产品，水稻工厂化育秧技术，利用工厂化技术生产脱毒马铃薯种薯。

——农机和农艺结合，发展节水农业和旱作农业。综合利用农业工程手段，改进耕作栽培制度；提高水资源利用率，发展节水灌溉，实现按需精确供水；发展测土配方施肥，增施有机肥，提高化肥利用率；提高机械作业效率，实现精确播种、精确用药、精确收获；加强对农业的管理，实现生产与经营的标准化、规范化和模式化。

3. 基地建设

——以双城、肇东、巴彦、绥化、海伦、肇州、龙江、拜泉、呼兰、兰西、青冈、阿城、宾县、依安、望奎等 16 个玉米主产区为重点，建立南部、西部、中部 133.3 万公顷优质专用及饲料玉米生产基地。

——以五常、庆安、铁力、宁安、绥化、方正、木兰、海林、绥滨、萝北、通河、尚志、汤原、密山、海伦、延寿、 桦川、富锦、肇源、绥棱等 20 个县（市）及部分国营农场为重点，建立东南部、中部 100 万公顷优质水稻生产基地。

——以巴彦、宾县、绥化、拜泉、讷河、嫩江、海伦、克山、富锦、克东、北安、五大

连池、桦南、绥棱、宝清、龙江、穆棱等17个县（市）及部分国营农场为重点，建立南部、西部133.3万公顷高蛋白、高脂肪优质大豆生产基地。

——以讷河、拜泉、依安、富锦、嫩江、克山、虎林、海伦、爱辉、逊克、宝清等11个县（市）及部分国营农场为重点，建立北部、中部100万公顷优质春小麦基地。

——以大中城市近郊及已形成较大生产规模的双城、肇东、宁安、绥化、庆安、龙江、兰西等10余个县（市）为重点，建立13.3万公顷两瓜基地。

——以双城、“三肇”优质葡萄；松嫩平原优质李；东部山区大小苹果；滨绥沿线浆果开发为重点，突出抓好13.3万公顷的东宁、宁安、巴彦等16个国家级果树生产基地建设。

——以哈尔滨、齐齐哈尔、牡丹江、佳木斯四大城市近郊，大庆等能源城市近郊，东宁等边境县（市），双城、五常、阿城、宁安、呼兰、富锦、龙江、富裕等城市周边县（市）为重点，建立33.3万公顷的棚室蔬菜和反季节蔬菜生产基地。

——以讷河、海伦、克山、克东、北安、嫩江等县（市）为重点，建设20万公顷的兴安山地及北部冷凉地区的优质马铃薯生产基地。

——以海伦、依安、拜泉、讷河、巴彦、富锦、北安、青冈、五大连池、龙江、嫩江、绥化等13个主产区及部分国营农场为重点，建立13.3万公顷优质甜菜基地。以兰西、克山、海伦、巴彦等县（市）为重点，建立13.3万公顷优质亚麻生产基地。以宾县、兰西、绥化、林口、虎林等12个主产区为重点，建立1.3万公顷优质烤烟生产基地。

——依托农垦系统农业基础设施完备、机械化程度较高、科技管理水平先进、产业化经营格局初步形成的优势条件，建立一批在全省具有示范作用的优质、高效、种植生产基地。

（二）有机、绿色、无公害食品产业

1. 发展方向

采用清洁、安全生产工艺，严格执行有机、绿色食品质量标准，加强从生产到餐桌全过程的质量检查和监督。依托生态和资源优势、加大科技开发力度，以市场为导向，在巩固现有绿色食品开发成果基础上，继续不断拓展国内外市场，加快绿色食品生产—加工—销售—服务一体化进程，把我省建设成为全国最大的有机、绿色、无公害食品生产基地。

2. 发展重点

——建设一批高标准的原料生产基地。本着市场牵动、科技先行、区域发展、规模推进原则，建设一批突出地域特色品牌，能够形成群体规模效应，市场竞争力强，产品档次高的绿色食品生产基地。

——抓好一批龙头企业。依托原料生产基地，打破行政区域界限、所有制界限、行业界限，加速对现有初具规模、有较好发展潜质企业的改组与改造，使之进一步明晰产权，完善法人治理结构，逐步成长为能够拉动全省绿色食品业大发展的核心企业。

——加大科技推广和技术创新力度。充分利用现有科技成果，不断发挥高新技术在绿色食品生产、加工中的主导作用，提高科技含量。组织相关力量，开展联合攻关，建立符合有机、绿色食品生产与加工要求的技术创新体系。

——大力发展相关产业。要积极开发和大力发展生物农药、优质新品种、饲料添加剂、有机复合肥、无污染包装物等专用生产资料。切实加强有机、绿色食品的贮藏、保鲜、运输

等基础设施建设。加快相关信息网络体系建设，不断完善社会化服务支持系统。

3．基地建设

——在哈尔滨、齐齐哈尔、牡丹江、佳木斯四大城市郊区及近郊县（市），建立 10 万公顷无污染、高营养、安全绿色蔬菜生产基地。

——在农垦总局自然条件等各方面较好的农场，建立 20 万公顷优质有机、绿色大豆食品生产基地。

——在五常、尚志、延寿、木兰、宁安、方正、庆安、绥化、铁力、五大连池等县（市）及部分国营农场优质特色水稻开发区，建立40万公顷绿色优质水稻生产基地。

——在饶河、虎林、尚志、宁安、林口、海林、勃利和牡丹江市郊等养蜂生产区，建立20万群蜂业生产基地。

——在林口、宁安、讷河、龙江、五大连池、勃利、汤原、鸡西市（县）等柞蚕主产区，建立 7 000 把的柞蚕生产基地；同时建设九龙山蚕种场、鸡西蚕种场、省蚕业研究所三大蚕种生产基地。

——在以上地区发展绿色加工业。从技术、设施、工艺、管理上实现全程严格的质量监控，消除任何加工环节的污染隐患，确保终端绿色产品的质量。要加大对蜂产品，尤其是蜂胶、蜂花粉等新产品的开发力度，采取无铅生产工艺，努力提高蜂系列产品质量。

（三）生态林、特产业

1．发展方向

发展生态林地经济，保证林业的可持续发展；实施天然林保护工程，调整森林工业向生态林、特产业转变，林业经济向林地经济转变，使以生产单一木材产品为主的粗放型林业向生产生态型产品与多资源林、特产品的可持续林业过渡，实现森林的生态效益和经济效益同步增长。发展“三北”防护林体系建设，保护草地经济和“黑土地”经济的顺利发展；加强城市林业建设，提高城镇居民的生活质量及城市的可持续发展能力。

2．发展重点

——保护大小兴安岭、张广才岭、完达山及老爷岭天然林资源，加快森林资源的恢复，加强退耕还林进程，开展林冠下造林、封山育林、更新造林，培育水源涵养林。

——加快木材加工业向精细产品加工方向发展；以龙头造纸企业为主，加快林纸联合产业的建设。

——发展林地经济，在商品林业经营区加快速生丰产林、工业原料林等经济林的营建；依托科技进步培育和开发林下经济动植物资源，发展林地特产业。

——保护嫩江沙地现有防护林体系，抓好“三北”防护林工程建设，建立完善的林草植被经济型复合防护林体系。

——加快城市园林建设。以哈尔滨、大庆、齐齐哈尔三大城市为核心，建设完备的城市森林景观。

3．基地建设

加强威虎山、亚布力、五大连池、五营、镜泊湖等国家级森林公园建设。

——充分利用林下资源，搞好生态小流域的开发，重点发展小浆果、山野菜、中草药（北

药）、养鹿、食用菌（松茸）等山特产品的系列开发，在名、优、特新产品上求突破，创黑龙江省绿色生态品牌。

——建立西部草原和黑土地生态防护林产业基地，实施乔、灌、草立体结构的生态效益和经济效益并重的防护林体系工程。把发展林地经济、草地经济和黑土地经济结合起来，保证草牧业和农业的可持续发展。

——建立重点林区的商品林及经济林基地，实施现有人工林结构及林种的调整，加快林木良种化进程。

——建立哈—大—齐—牡城市森林体系，实施城市水源涵养林和环城森林的建设工程。

（四）生态草、牧产业

1．发展方向

发展生态草、牧业经济。加强草原“三化”治理，开展人工草地建设，调整种植业结构，搞好退耕还草，恢复草原生态环境，发展高效绿色畜牧业，实现由粗放型草地畜牧业向集约化生态草地畜牧业经济的转变，将畜牧业发育成为我省农村及农业经济的“半壁江山”，形成以绿色草、畜产品为主要产品的优势产业。

2．发展重点

——搞好东部三江平原和西部松嫩平原湿地资源的保护和建设利用工作，建立湿地资源科学管理利用体系，保护生物种质资源。

——加强嫩江沙地治理，遏止我省西部土地荒漠化趋势。保护西部风沙干旱区现有林草植被，抓好“三北”防护林建设，加强基本草原的保护和建设，建立完善的乔、灌、草植被复合防护体系。

——加强松嫩平原土壤盐渍化的治理，采取生物措施与工程措施相结合的方式，通过封区育草、种植耐盐碱牧草、完善水利设施、改善居住条件，保护和恢复盐碱草地植被，改良土壤理化状况。

——调整种植业结构，搞好退耕还草工作。实现种植业由“二元”结构向“三元”结构的转变，扩大青贮饲料优良豆科牧草及其他高产饲料的种植，确立粮草轮、间作制度，实现种植业与畜牧业的有机结合。

——发展草业经济，保护与改良天然草地，大力发展人工草地；加大秸秆利用力度，发展优质饲草料生产及加工业，将我省建设成为我国优质饲草料大省。

——大力发展绿色畜产品。利用草原生态优势、环境优势和粮食丰富的优势，大力发展乳制品产业，建立中国奶源基地；发展优质肉牛、肉羊及禽蛋生产，重点发展分割肉、冷却肉、肥牛肉、小白牛肉、肥羔肉等肉类加工产品，发展皮革、毛绒加工及生化制药等精深加工业。

3．基地建设

——建设松嫩、三江平原两大奶源基地。以乳制品加工企业为龙头，带动哈尔滨、齐齐哈尔、大庆市及双城、呼兰、安达、杜蒙、富裕县（市）生产基地的发展，将黑龙江省建设成为我国最大的绿色乳制品生产基地。

——建设优质、绿色肉制品生产基地。以齐齐哈尔、哈尔滨、大庆、绥化、佳木斯、牡

丹江等市为重点，以加工企业为龙头，带动养殖户形成产业化格局，在名、优、特新产品上求突破，创出黑龙江省无污染、绿色生态畜产品名牌。

——实施退耕还草工程，加强人工草地建设。在大庆、齐齐哈尔、绥化等地建立以紫花苜蓿、高赖氨酸玉米、高油玉米、羊草、无芒雀麦为主的优质饲草、青贮饲料生产及深加工基地和商品羊草生产基地。

——建立以三江平原为主的小叶章生产基地，采取综合加工利用技术，开发东部草地资源，生产无污染草产品。

——建设种子生产基地。以青冈、大庆、肇源等地市为重点，建立羊草、星星草、紫花苜蓿优良牧草种子生产、加工基地，为东北三省及内蒙古东部提供优质牧草种子，以满足这一区域生态建设及草地改良建设对优质牧草种子的需求。

（五）生态渔业

1．发展方向

以实施渔业可持续发展战略为指针，以保护渔业生态环境、保护鱼类资源、保障人民健康和发展质量效益型渔业为目的，按照市场经济规律，运用科学的管理手段和先进的鱼类养殖、水体污染防治技术，大力发展绿色水产品和无公害水产品生产，建设具有我省特色的生态渔业产业。

2．发展重点

——加强对渔业水域管理，加大江河支流开发的监控力度，确保自然水体鱼类洄游通道的畅通。强化渔业执法手段，加大渔政执法力度。合理开发利用水域资源，加强鱼类资源保护增殖工作。

——采用先进养殖技术，发展渔牧农林结合型、江河湖库增殖型生态渔业产业。

3．基地建设

——建设湖泊水库生态渔业基地。要努力建设以兴凯湖、茂兴湖、连环湖和龙凤山水库、山口水库等湖泊水库为重点的湖泊水库生态渔业基地。

——建设江河鱼类资源增殖基地。要充分利用我省黑龙江、乌苏里江等江河基本无污染、名贵特产鱼类资源丰富的优势，努力建设江河鱼类资源增殖基地，尤其要抓好鲟鳇鱼、大马哈鱼种鱼基地建设，使江河自然鱼类资源有所恢复和增长，捕捞量控制在鱼类自然增长量范围以内。

——建设渔、牧、农、林相结合的综合性生态渔业基地。一是建设渔牧结合型生态渔业基地。主要是发展以鱼为主，鱼畜（猪、牛、羊）结合、鱼禽（鸡、鸭、鹅）结合的综合养鱼生产。二是建设渔农（林）结合型生态渔业基地。结合小流域治理和对荒山、荒沟进行合理开发，提高渔业的综合生产能力和经济效益。

（六）资源水利产业

1．发展方向

统筹考虑水资源综合开发、合理利用、系统治理、优化配置、全面节约、有效保护和科学管理。通过流域的综合整治与管理，使水系的资源功能、环境功能、生态功能得到完全发

挥，保证生态用水，使全流域的安全性、舒适性不断改善，并支持流域实现可持续发展，使人口、资源、环境与经济增长相协调，提高防御水旱灾害能力，实现由工程水利向资源水利转变；由传统水利向现代水利、可持续发展的水利转变。

2. 发展重点

——21世纪，洪涝灾害、干旱缺水和水污染问题仍然是我省经济和社会发展的制约因素。资源水利在社会进步和经济建设中要确保三个安全：第一，确保经济安全，通过水资源合理开发利用及优化配置来保证经济快速发展；第二，确保社会安全，主要是防洪减灾问题；第三，确保环境安全，主要是水环境保护和水资源保护与生态安全。

——全省地表水资源控制程度低，要搞好全省水资源的科学规划，加快水利基础设施建设，把江河控制性工程，调水、引水等工程建设放在优先位置，合理高效利用水资源，并科学合理利用黑龙江、松花江、乌苏里江等过境水资源，同时确保生态用水。

——大力推行节约用水，建立节水型社会，实现水资源的优化配置。要把推广节水灌溉作为一项革命性措施来抓，闯出一条适合我省实际的节水灌溉之路；大力推广节水设备、工艺和技术，增加工业污水的回收使用，提高水资源的重复利用率；缺水地区，坚决限制高耗水产业发展，形成城市工业用水的节水格局；建立节水型社会，提倡利用中水，充分运用水价来调整人们的用水行为。

——水资源宏观控制要建立防洪保障体系；建立水资源保障体系；建立水环境体系；建立科学管理体系；建立水资源可持续利用的行动计划体系。

——加强水资源管理，积极发展水利产业，推进水利建设的社会化和市场化进程，改革水资源管理体制，实现依法治水、依法管水。

——在推进城市化和小城镇建设中，应全面规划，统筹兼顾，把水资源的节约和保护放在首位。

3. 基地建设

——搞好防洪减灾工程体系建设。搞好松花江、嫩江等主要江河为重点的防洪工程体系建设；加快中小河流的防洪除涝工程建设；尽快处理病险水库；尽快建设覆盖全省的防洪指挥系统；搞好三江平原地区以排蓄并举为重点的农业开发区水利建设。

——加快水资源合理开发利用工程体系建设。进一步加强缺水城市水源工程和供水工程建设；中部地区发生断流的河流，应限制继续扩大水田灌溉面积；远景实施“引黑入松”工程建设；加强以西部地区打井抗旱为重点的水源工程建设，并向中部、东部发展；做好节水规划、节约用水；搞好以黑龙江、牡丹江为重点的水电站工程建设。

——加强国境界河国土防护工程体系建设。黑龙江、乌苏里江、松阿察河、瑚布图河、绥芬河、白棱河、兴凯湖是中俄国际界河，总长 2 775 千米。加快黑龙江、乌苏里江等国境界河国土防护工程建设，有效地控制国土流失是稳定边疆、保护国土的需要。

——加强水土保持工程体系建设。搞好以山区、丘陵区和风沙区为重点的水土保持工程建设；加强水资源保护，根据江河湖库的水功能区划分和纳污能力，严格进行排污总量控制，切实搞好水资源保护工作。

（七）生态旅游业

1．发展方向

发展以回归自然、认识自然、热爱自然、游乐健身、陶冶情操为主要内容的生态旅游产业。加强和完善旅游基础设施建设，不断完善服务功能，增强接待能力，优化服务质量，提高旅游产业的整体水平，拉动相关产业发展，形成黑龙江省新的经济增长点。

2．发展重点

——以哈尔滨市、牡丹江市、伊春市为重点，大力发展滑雪旅游。重点开发建设的项目有：亚布力滑雪旅游度假区、林海雪原旅游区、二龙山风景区、梅花山旅游区。

——以五大连池市、林甸县为核心，大力发展火山地貌、温冷泉疗养旅游。重点开发项目有：五大连池风景区、林甸温泉度假园。

——以伊春市、大兴安岭地区为主，大力发展森林生态旅游。重点开发项目有：伊春桃朗带旅游区、五营生态旅游示范区、呼中保护区。

——以牡丹江市、鸡西市为重点大力发展湖泊观光旅游。重点开发建设项目有：镜泊湖风景区、兴凯湖风景区、莲花湖风景区。

——以齐齐哈尔市、大庆市、佳木斯市、双鸭山市、鹤岗市为重点，适度开发湿地生态旅游。重点开发项目有：扎龙、哈拉海、洪河、七星河、八岔岛、三江、长林岛等自然保护区。

3．基地建设

上述五个重点所在地作为基地，加大投入，改善服务设施。

（八）清洁能源产业

1．发展方向

充分发挥黑龙江省新能源与可再生能源资源丰富的优势，调整能源结构，在运用高新技术改造传统能源产业的同时，坚持资源综合利用，积极开发天然气资源，大力发展风力发电、水力发电，充分利用太阳能、地热、生物质能等资源，发展清洁燃料等替代能源，逐步增加清洁能源在能源结构中的比重，促进煤炭、石油等不可再生资源的合理利用，减少温室气体向大气中的排放。通过生态省建设，逐步使清洁能源成为全省经济发展的优势基础产业之一。

2．发展重点

——利用东部、西部丰富的风能和日照时间长的优势，发展太阳能和风力发电。

——利用黑龙江、松花江、嫩江、牡丹江、绥芬河等丰富水能资源，发展水力发电。

——发挥全省各地农林牧副产品资源丰富的优势，发展现代化生物质能源。

——用高新技术开发天然气、合成燃料、燃料乙醇、垃圾发电、地热等清洁能源。

3．基地建设

——在齐齐哈尔、木兰、富锦、大庆等地建立风能、太阳能综合利用基地。

——在哈尔滨、绥化等地建立现代化生物质能源基地和替代能源基地。

——在大庆等地建设地热开发利用基地。

——在黑龙江干流、牡丹江流域等地建立水电站基地。

——在鹤岗、双鸭山、鸡西、七台河等地建设热电、洁净煤综合利用基地。

——在大庆开发天然气供给基地。

（九）环保产业

1．发展方向

大力开发生产大气、水污染治理设施及配套装置，实现主要环保产品的系列化、国产化，争创名牌产品，形成结构合理、适销对路、技术含量高的环保产业体系。研制开发低消耗、轻污染、高效益、无公害的清洁产品。

2．发展重点

——利用高新技术，发展环保产业。围绕主要环境问题，开展科技攻关和技术创新，重点研究开发节能降耗、清洁生产、无污染等环保产品。创办科研、开发、经营、服务一体化的示范企业，进一步加强和完善环保最佳适用技术推广应用体系。

——环保产品发展重点是：性能先进可靠、经济高效的大气污染控制成套设备，水污染控制成套设备，固废处理处置设备，废物资源化利用设备，噪声与振动控制设备，汽车尾气污染控制设备，节水节能设备，以及环保专用材料及农业生态建设工程的相关产品。

——环保技术服务发展的重点：环保设施运营业，环境工程技术咨询、评估及设计施工业，环境信息咨询服务业，环保技术产品推广服务业，环保投融资风险评估业等。

3．基地建设

——建立我省高科技环保技术和产品开发生产试验基地。

——集中力量扶持龙头企业，发展一批产值亿元以上的环保产业骨干企业和集团。

——培育和建设环保产业基地，在哈尔滨、齐齐哈尔、大庆、牡丹江等市环保产品相对集中的区域，形成集团化和集约化经营。

（十）高新技术产业

1．发展方向

坚持扬长避短，发挥比较优势，突出重点，局部跨越，集中力量在电子信息、生物技术、先进制造技术、新材料四大领域实现突破性发展。加速建设高新技术产业基地，大力培育发展科技含量高、示范带动作用强、产业关联度大、生态经济效益显著、竞争力强的高科技龙头企业，推进高新技术产业化。

2．发展重点

——电子信息领域。优先发展软件技术及其产业。加快黑龙江软件园建设，形成软件开发、研究、应用体系。以微电子技术为基础，着重研究开发数字技术和网络技术及其应用。发展电子商务。加快制定有关电子商务法律、运行标准、政策和规章。积极支持电子商务商业化运作。推进企业信息化建设，建立完善各种电子信息系统。加速农业信息化，建立农业领域宏观预测分析、农业灾情、宏观管理、农产品需求和农业生产服务系统。

——生物技术领域。利用生物技术，研究培育安全的优质高产农作物、经济作物及饲料作物良种。利用生物技术，对农产品进行精深加工，生产出技术含量高、附加值高的农产品。开发生物肥料、生物类植物生长调节剂、生物农药、生物饲料及饲料添加剂、生物兽药、基

因工程疫苗等。发展新型高效酶制剂。

——先进制造技术领域。发展高效节能动力设备；发展高技术含量、高附加值的机床、刀具、量仪等机电一体化产品；建立机器人产业化基地；发展高性能飞机。

——新材料领域。发展特种合金钢、轻质陶瓷复合装甲材料及抗突变功能制剂。加速石墨系列产品的开发和产业化进程。发展纳米级粉碎体材料品种；发展新型化学建材。

3．基地建设

——以国家级哈尔滨开发区为依托，建成我国计算机外部设备、新型元器件生产基地；建成我国基因工程药物基地；建成我国高效节能电站设备、高性能飞机、机器人等基地。

——以国家级大庆高新技术产业开发区为依托，建成我国计算机制造基地；建成我国工程塑料及化学建材基地。

——以省级齐齐哈尔高新技术产业开发区为依托，建成我国重型机械与机床机电一体化基地；建成我国纳米材料基地。

——以省级黑龙江科技学院科技园区为依托，建成我国煤炭综合利用开发基地。

——以省级牡丹江经济技术开发区为依托，建成数字化彩色电视机与电冰箱基地；建成我省新型陶瓷材料及其制品基地。

——以省级佳木斯经济技术开发区为依托，建成我国农业机械机电一体化基地；建成国家北方农业生物技术及其产业化基地。

（十一）生物医药产业

1．发展方向

发展北药工程。发挥我省比较优势，采用高新技术，增强我省医药生物产业竞争力。

2．发展重点

——实现中药现代化。重点发展中药粉针、中药注射液、滋补保健品、中药材生产种植等。

——建成抗生素强省。重点开发头孢系列产品。

——发展生物技术和生物制药。

——发展化学原料药和药物制剂。前者指化学合成新药和医药中间体，后者指新型药物制剂。

——开发天然 VE 和大豆卵磷脂系列产品。

3．基地建设

——中药材种植或养殖示范基地。建成符合《中药材生产质量管理规范》（GAP）要求的基地近 20 个。

——国内领先规模的抗生素原料药及其粉针生产基地。主要以哈药集团制药总厂为依托。

——生物技术药物生产基地。以哈医药集团研究开发中心为依托，世亨生物工程药品有限公司、迪龙制药有限公司等企业参加。

——化学原料药和药物制剂基地。以哈医药集团制药总厂、三厂、四厂、六厂及齐齐哈尔制药二厂为依托。

——天然维生素E和大豆卵磷脂基地。

（十二）绿色石化产业

1. 发展方向

在采用先进工艺、推行清洁生产、稳定提高基础化工的同时，调整产品结构，向精细化工、绿色农用化工方向发展。提高产品的科技含量和附加值，形成系列深度开发和集约经营，提高经济效益，减少废物排放，减轻对城市空气和主要水域的污染负荷，实现环境与经济的“双赢”。

2. 发展重点

——高分子合成材料和基本有机原料。

——化学建材与塑料加工。

——生物发酵。主要是有机酸产品和中间体；赖氨酸、蛋氨酸饲用维生素、饲用酶制剂，以玉米为原料发展食品添加剂等。

——农用化工产品。农膜（包含棚膜、可降解地膜）、农药（高效、低毒、低残留）、肥料（复合肥、专用肥、微肥）。

——橡胶加工。以子午胎为龙头，发展高科技含量、高附加值的汽车用橡胶制品。

——纺织与纺织化学品。主要是化纤、化纤油剂、纺织浆料等。

3. 基地建设

——哈尔滨—大庆—齐齐哈尔地区随着一批重点石化项目的建成投产，建成石化基地。

——绥化地区发挥农副产品的资源优势，形成粮食化工基地。

——东部地区发挥资源优势和比较优势，形成煤化工和橡胶加工基地。

——哈尔滨市发挥中心城市科技优势，形成精细化工基地。

（十三）数字龙江

1. 发展方向

综合运用地理信息系统、全球卫星定位系统、遥感、多媒体及虚拟现实等现代信息技术实现对黑龙江省地理、自然资源、生态环境、人口、经济、社会信息的采集、更新和集成，并且具有数字化、网络化、地学仿真、优化决策支持和三维可视化表现等强大功能，为生态省建设、政府宏观管理和重大问题决策提供科学可靠的依据及手段。通过宽带信息网与全国乃至世界联系在一起，进一步扩大全省对外宣传和交流。

2. 发展重点

——数字龙江空间数据基础框架及建设。建设一个可以获取、配准、集成和整合空间信息和社会、人文、经济等方面信息的基础数据系统。

——数字生态，即生态省动态模拟与决策支持系统。建设省、地市两级生态环境模拟和决策支持系统，对生态环境、资源、社会、经济数据进行整合、模拟与预测，实现实时监测控制，为生态省的建设和科学管理提供最可靠的支持和保证。

——黑龙江城镇化建设动态规划信息系统。整合城镇化建设规划所需要的各种信息，包括土地、水资源、人口、交通等数据。应用虚拟现实技术对有关城镇化建设的各项规划进行

模拟表述。

3．基地建设

——数字科技应用基地。广泛展开影像数据、三维及多维数据、多媒体数据的集成应用，结合网络技术、计算机技术、数字通讯技术等高新技术，全方位地整合数字科技涉及的各个领域。

——数字城市基地。以数字哈尔滨为样板，建立数字城市基地。在省内向各地市辐射，在国内向各大中城市辐射。

七、生态省建设优先项目规划

（一）区域生态系统保护与建设工程

包括生态示范区建设工程，西部松嫩平原“三化”草地治理工程，水土流失综合治理工程、自然保护区及生态功能保护区建设工程，三江平原湿地保护及可持续利用工程，“三北”防护林建设工程，生物多样性保护与管理工程，退耕还林、还草、还湿工程、矿山环境治理工程，土地复垦整理工程等。

（二）天然林资源保护工程

主要是保护和恢复天然林资源，封山育林、退耕还林，防止森林火灾与病虫害的发生，提高林木生长量与森林质量。同时，加强森林资源的培育，提高森林管理管护能力，建设生态公益林与商品林基地。

（三）水资源综合开发利用工程

防洪减灾保障体系：完成松花江、嫩江干流堤防和哈尔滨、齐齐哈尔、牡丹江、佳木斯、大庆、伊春、黑河等大中城市堤防工程；促进嫩江干流上的尼尔基水利枢纽工程建设，建成拉林河上的磨盘山水库等大型控制性综合利用工程；完成中型病险水库的消险加固；提高现有涝区治理标准，加快全省大中型涝区的整顿配套工程建设。

国境界河国土防护工程保障体系：优先安排在建项目和主要村镇冲刷塌岸严重段，切滩改道段，主流向我内侧转移及面积较大的急需整治段；规划推荐国境界河国土防护工程，使国土不受侵蚀，建立健全国土防护工程体系。

水资源供给保障体系：改善松嫩平原及其他缺水严重地区状况，在采取工程措施加大供水的同时，大力推广节水技术，提高水资源利用率；继续解决城市供水、人畜饮水、防病改水、乡镇供水、农田灌溉等问题，科学规划生态用水，满足全省生活与生产需水的合理要求；发展以西部为重点的旱田节水灌溉，基本形成全省性的地表水与地下水相结合的抗旱水源工程综合体系。

（四）大气圈气候资源合理开发利用工程

积极开发空中云水资源。以蓄水、抗旱、减灾为重点，在西部旱区，北部林区和中东部

建设空中云水资源开发利用作业基地，建立完善空中云水资源开发利用作业和效果评估综合系统，逐步形成全省空中水与地表水、地下水相结合的三层立体水资源保障体系。

（五）环境污染综合防治工程

包括城市污水处理工程，重点河流污染综合治理工程，重点城市饮用水源保护与建设工程，重点工业污染源治理工程、城市生活垃圾无害化处理和资源化工程，集中供热及清洁能源工程，汽车尾气污染防治工程，全省环境质量及工业污染源自动监测体系建设工程等。

（六）生态产业建设工程

主要是围绕生态省建设进行的相关产业开发项目。包括生态农业、生态林业、生态渔业、生态旅游、环保产业等建设工程。如有机、绿色、无公害食品深加工项目，环保型新材料开发项目，生态建设新设施、新工艺等。

（七）清洁能源和资源综合利用工程

清洁能源和资源综合利用工程，主要包括因地制宜的开发利用太阳能、生物质能、地热能、风能等新能源和可再生能源，农业废弃物综合利用，畜禽粪便无害化处理，煤矸石、粉煤灰等固体废物综合利用，生活垃圾资源化等项内容。主要建设项目有秸秆气化项目；太阳能利用项目；沼气建设项目；省柴节煤项目；生物质固化、炭化项目；地热利用项目；生物发电项目；风能利用及资源综合利用项目。

（八）数字龙江工程

主要是空间数据基础框架建设标准体系，建设生态省动态模拟与决策支持系统，数字城市系统，黑龙江数字国土信息系统及精细农业支持系统等。

（九）生态文化与环境社会工程

生态文化建设的重点是建立多种多样的群众性的生态文化组织，编写生态文化普及教材，在公共场所设立各种生态文化公益广告；在宣传媒体定期设立生态文化论坛专栏；建立生态省建设生态文化因特网站；在旅游区开展各种形式的生态文化宣传活动。创建一批绿色学校、绿色社区和绿色家园，形成生态省建设的生态文化建设绿色潮。

环境社会工程建设的目标是创建环境社会体制，解决生态省建设过程中表现出来的人与自然的矛盾渗透和蕴涵着的各种经济和社会问题。理顺社会体制、政策和机制，为生态省建设提供社会支撑和服务。环境社会工程的重点是开展一系列环境社会问题的超前研究；支持创建绿色大学和创建绿色文明单位的工作。

（十）生态省管理能力建设工程

主要包括以下几个方面内容：信息系统、技术咨询、专家系统、宣传与培训系统、市场系统、支撑系统、服务系统、管理与决策支持系统、反馈系统等的建立，开展生态省建设指标体系、标准的研究、加强生态监测网络与管理基础设施建设，提高全省生态省建设的管理

能力和决策水平。

以上十大工程内容详见附表2。

八、生态省建设的保障措施

（一）加强组织领导，建立目标责任制

生态省建设是一项综合性的系统工程，涉及全省上下、各个部门、各个行业，必须切实加强领导，统一认识，协调行动，抓好典型，以点带面，切实取得成效。

各级政府要切实加强生态省建设的组织领导，成立相应的组织领导和协调机构，把生态省建设工作纳入重要工作日程，各地、各部门要结合实际制定规划，建立专家决策咨询系统，保障生态省建设的科学实施。依靠管理体制创新，定期研究和及时解决生态省建设工作中存在的问题，并形成制度。

要认真贯彻落实省委、省政府关于加强湿地、森林、草原、生态建设与生态保护等决定。

要实行目标责任制，政府主要领导对生态省建设负总责，建设生态省业绩要作为考核领导干部的重要内容，签订目标责任状，使规划落实到实处，落实到基层，对重点区域、重点产业和重点工程实行项目管理，明确权、责、利，确保生态省建设工作卓有成效地开展。

（二）依靠科技进步和创新，提高生态省建设能力

要确立符合国情和省情的技术路线，充分发挥广大科技人员的作用，搞好专业人才队伍建设，针对生态省建设的难点、难题，积极组织科技攻关和科技创新，为生态省建设提供技术支撑。

要积极引进智力和人才，充分利用国内外先进适用技术和高新技术，建立起与市场经济体制相适应的充满活力的用人机制。

要组织省内外高等院校和科研院所科技人员围绕生态省建设的重点产业和重点项目，包括生态建设、环境保护、清洁生产和绿色产业开发等领域中的重点、难点问题及新产业、新品种、新工艺的开发，进行重点研究。建立再生资源工业研究发展基地。对其技术含量高、市场潜力大、产业化前景看好的项目和技术，予以优惠政策和重点扶持。

（三）建立新型的投融资体制，提高生态省建设投入水平

各级政府要切实增加生态省、市、县建设的投入，要坚持“以人为本，群防群治，政府主导，多元投入”的原则。全省财政每年对生态环境保护与建设的投入占财政总支出的比例及全社会对生态环境保护与建设的投入占国内生产总值的比例，要逐年有所增加，达到全国先进水平。“十五”期间，要积极实施天然林保护工程、国土整治工程、城市环境综合整治工程、水利工程、还林还草还湿工程等各项重点工程建设，启动阶段五年累计投入要达到980亿元。

改革投融资体制，调动全社会各界和群众投入的积极性，多渠道筹措资金。要按照“谁投资，谁经营，谁受益”的原则，允许取得合理回报，允许依法继承、转让，切实保护投资

建设者的合法权益。

在增加有形的物质投入的同时，更要重视无形的“软投入”。抓紧制定有利于筹集生态省建设资金的各项政策，鼓励不同经济成分和各类投资主体，以独资、合资、承包、股份制、股份合作制等不同形式积极参与生态省建设。

在资源利用、环境保护、产业开发和实现可持续发展的各个方面，既要增加物质装备投入，也要增加基础设施建设投入，还要增加发展生态经济投入。全省现有的农业综合开发资金、农田基本建设资金、基本建设投资、扶贫资金等，都要与生态省建设项目妥善结合，统筹考虑，合理安排使用。

（四）完善政策法规，依法搞好生态省建设

要在完善、贯彻执行现有地方行政法规、规章的基础上，进一步制定和实施有利于生态省建设的地方产业政策，建立健全生态省建设的法规体系。完善行政监察制度，建立健全监督机制。加强对执行有关生态省建设的法律规章情况的监察监督。严格审批程序，依法履行生态环境影响评价手续。要加大行政执法力度，对各种破坏生态环境的违法行为要及时、严肃查处。

要充分发挥各级人大代表、政协委员的法律和民主监督作用，加大新闻媒体、社会各界及群众的舆论监督力度。

（五）加强生态文明建设，努力提高全民生态意识

要围绕生态省建设，开展形式多样、丰富多彩的宣传教育活动，提高人们珍惜资源和保护环境的自觉性，树立新的绿色经济观、价值观、资源观、生产观、消费观，调动广大群众参与生态省建设的积极性。形成人人关心环境、保护环境的良好社会风尚，树立人人要为生态省建设作出贡献的氛围。大力普及有关人与自然、“地球村”、绿色产业、绿色食品、生态城市、生态人居环境、绿色生活方式、绿色消费等生态知识，推进全省生态文明建设。

各级新闻单位要把生态省建设作为宣传工作的一项经常性任务，扩大宣传覆盖面，努力引导广大群众参与生态省建设。

（六）扩大国际合作，使生态省建设与国际全面接轨

我国加入 WTO 以后，改革开放将进入新的时期，机遇与挑战同时增大，生态省建设显得尤为重要。

要积极吸收和借鉴国外有关生态保护与建设经验教训，结合我们的国情、省情，学习先进成果，提高建设水平。在生态省建设中，要开阔视野，拓宽领域，在技术、人才、资金、管理等各个方面，尽可能地全方位开展国际交流与合作。要充分利用与俄罗斯毗邻的优势，学习借鉴他们的经验，扩大各方面的合作。要积极聘请国外知名的专家、学者来我省帮助开展工作，利用“北方论坛”、“东北亚经合会议”等阵地，加强与美国、日本、加拿大、北欧等国家和地区的合作。要瞄准国内国际两个市场，利用国内国际两种资源，完成生态省建设任务，实现生态省建设目标。

附表 1

生态省建设各阶段指标

类别	序号	指标 \ 时段（年）	2000	2005	2015	2020
经济建设指标	1	人均国内生产总值（元/人）*	8 580	12 420	26 800	39 400
	2	国内生产总值平均年增长率（%）	8.9	9.0	8.0	8.0
	3	国土经济密度（万元/km²）	71.7	106.3	236.4	351.9
	4	绿色产业比重（%）*	3.0	15.0	40.0	50.0
	5	第三产业比重	0.31	0.34	0.38	0.40
	6	财政收入年均增长率（%）	13.3	10.0	10.0	10.0
	7	城镇居民人均可支配收入（元）*	4 913	6 575	12 900	18 100
	8	农村人均纯收入（元）*	2 148	2 875	5 930	8 500
	9	基尼系数	0.3	0.3	<0.2	<0.2
	10	恩格尔系数*	0.46	<0.38	<0.30	<0.26
社会发展指标	11	城镇单位 GDP 能耗（t/万元）*	1.8	1.5	1.4	1.3
	12	单位 GDP 耗水（m³/万元）*	268	240	200	180
	13	人口自然增长率（‰）	5.0	4.5	3.5	3.0
	14	平均预期寿命（岁）	69.5	70.0	71.0	71.5
	15	受高等教育人口比例（%）	6.0	>8.0	>18.0	>21.0
	16	千人拥有医生数（人）	2.1	2.5	3.5	4.0
	17	城镇登记失业率（%）	3.3	3.1	2.5	<2.5
	18	城市养老保险覆盖率（%）	98	100	100	100
	19	城市医疗保险覆盖率（%）	74	90	100	100
	20	城市（镇）化水平（%）*	54.2	58.0	65.0	67.0
	21	农村电话普及率（%）	10	25	60	70
	22	城镇人均住房建筑面积（m²）*	17.2	21.0	29.0	33.0
	23	城镇饮用水卫生合格率（%）*	95	98	99	100
	24	农村饮用水卫生合格率（%）*	30	60	85	90
	25	科技投入占 GDP 比例（%）*	0.8	1.8	2.0	2.3
	26	科技进步对 GDP 贡献率（%）	38	45	50	53
	27	万人拥有科技人员数（人）	26	>40	>120	>160
	28	环境保护投资占 GDP 比例（%）*	1.48	1.78	2.50	2.80
环境保护及生态建设指标	29	森林覆盖率（%）*	41.9	43.9	44.8	45.5
	30	自然植被覆盖率（%）	64.4	70.3	72.0	73.1
	31	水土流失率（%）	29.6	27.2	22.2	19.0
	32	退化土地治理率（%）*	20	40	70	80
	33	草原（场）“三化”比率（%）	50	45	30	20
	34	矿山复垦率（%）▲	5	20	55	65

类别	序号	指标 \ 时段（年）	2000	2005	2015	2020
环境保护及生态建设指标	35	地表水水质满足功能区要求率（%）*	48	60	85	90
	36	城市空气环境质量达标率（%）*	30	50	90	100
	37	城市噪声满足功能区要求率（%）*	54.3	60.0	70.0	75.0
	38	工业固废综合处置率（%）*	88	100	100	100
	39	工业固废综合利用率（%）	61.7	68.0	75.0	75.0
	40	城市生活垃圾无害化处置率（%）*	60	80	100	100
	41	城市生活垃圾资源化利用率（%）	10	20	50	60
	42	城市人均公共绿地面积（m^2）*	6.7	8.0	10.0	12.0
	43	城市绿地覆盖率（%）	24.5	28.0	35.0	40.0
	44	城市清洁能源使用率（%）*	69.7	80.0	87.0	90.0
	45	电磁污染防治率（%）	5	10	25	30
	46	城市光污染比率（%）	2.0	1.5	0.8	0.5
	47	工业用水重复利用率（%）	70	72	75	75
	48	城市污水处理率（%）*	10	50	70	80
	49	受保护陆地面积比率（%）*	9.3	11.8	14.0	14.5
	50	生态功能保护区面积比率（%）*		7	12	15
	51	受保护天然林比率（%）*	65	75	85	90
	52	农林非农药病虫害综合防治率（%）	30	40	60	70
	53	秸秆综合利用率（%）*	60	70	85	90
	54	化肥施用强度（折纯，kg/hm^2）*	136	128	120	110
	55	受保护基本农田面积（%）	85.5	88.0	93.0	95.0
	56	农用薄膜回收率（%）	85	95	100	100
	57	农村畜禽废物无害化处置（含资源化）率（%）*	80	100	100	100
	58	绿色食品种植面积比率（%）*	4.3	8.5	20.0	25.0
	59	生态农业试点县及生态示范区面积比率（%）	19.4	40.0	80.0	100
资源利用指标	60	人均占有耕地（hm^2/人）*	0.31	0.30	0.29	0.29
	61	可利用草场占草场面积比例（%）	81	84	90	95
	62	水资源可利用率（%）*	34	40	50	55
	63	水资源耕地单位面积占有量（m^3/亩）	437	449	467	467
	64	水资源人均占有量（m^3/人）	2 026	1 983	1 924	1 901
	65	生态用水比例（%）*	35	>40	>45	45
	66	灌溉定额（m^3/亩）	旱田<160	<150	<135	<130
			水田<400	<300	<260	<250

表内“*”为重要指标，共 33 个；▲为 2000 年以前废弃矿山。

附表 2

生态省建设优先项目表

（2001—2020 年）

工程名称	序号	建设项目名称	主要建设内容	建设年限	投资（亿元）
一、区域生态系统保护与建设工程	1	松花江流域环境综合整治工程	对该流域 2 度以上的 129 万公顷耕地进行综合治理。2～6 度调整垅向，6～15 度的坡耕地修筑水平和坡式梯田，建立科学的耕地培肥制、土壤耕作制及作物轮作制。加强松花江流域防护林体系建设，提高森林覆盖率	2001—2020	24
	2	水土保持工程	治理水土流失面积 447 万公顷，目标治理面积占全省应治理面积的 43.6%	2001—2020	20
	3	西部松嫩平原“三化”草地治理建设项目	新建人工草地 33.3 万公顷，改良草地 120 万公顷，治理草原“三化”面积 153.3 万公顷	2001—2010	20
	4	松嫩平原湿地及其生物多样性保护与恢复工程	加强扎龙湿地自然保护区的基础设施建设，提高管理管护能力；保护哈拉海湿地；开展退耕还湿和湿地生态监测工作	2001—2020	3
	5	三江平原湿地保护及可持续利用工程	重点建设挠力河流域、乌苏里江流域湿地自然保护区。对湿地生态环境保持比较完整的区域，建设自然保护区、保护地；在重点区域内，开展湿地生态环境监测，建立湿地保护和可持续利用示范工程和三江平原湿地生态环境宣传中心及培训基地	2001—2020	12
	6	自然保护区建设与管理工程	加强自然保护区的基础设施建设和管理管护能力建设。建立自然保护区、地，自然保护区的面积达到 540 万公顷，各类自然保护区的面积占国土面积的 12%	2001—2020	19
	7	生物多样性保护与管理工程	编制全省生物多样性保护规划，在全省两大平原与两大山区内，重点进行森林生态系统、草原生态系统、内陆湿地和水域生态系统的野生动、植物物种调查和编目，加强野生动植物资源的保护与管理，把生物多样性的保护、合理利用与区域经济发展有机结合起来	2001—2020	22

工程名称	序号	建设项目名称	主要建设内容	建设年限	投资（亿元）
一、区域生态系统保护与建设工程	8	生态示范区建设工程	在40个县（市）、农场开展生态示范区建设，加强区域生态环境的综合治理，提高区域环境质量，恢复重建生态环境，提高区域环境资源的社会、经济服务功能，提高区域社会经济的可持续发展能力。同时为推进全省生态省建设树立典型，真正发挥生态示范区在生态省建设中的示范带动作用	2001—2015	20
	9	退耕还林、还草、还湿工程	根据坡耕地和五荒资源开发期间开垦林地、草地、湿地的条件，有计划地退耕还林、还草、还湿，恢复生态环境	2001—2010	50
	10	“三北”防护林工程	生态工程规划160万公顷。其中人工造林60万公顷，封山育林72万公顷，飞播造林28万公顷	2001—2020	26.4
	11	防沙治沙工程	采取植树、种草等生物工程技术、防风固沙、保护农田、综合治理次生沙地和盐碱地。治理沙化土地27万公顷，其中：人工造林18万公顷，封沙（山）育林育草5万公顷，飞播造林种草4万公顷	2001—2020	9.3
	12	界河国土防护工程	以界河为主线，形成护岸林和水土保持林为中心，以保护江岸、堤坝安全为对象，在沿江（湖）以内形成网、带、片相结合的防护体系	2001—2005	2.9
	13	绿色通道建设工程	对全省可绿化的公路、铁路、河渠、堤坝全部绿化美化	2001—2010	8
	14	生态功能保护区建设工程	建设三江平原国家级生态功能保护区和松花江、嫩江中下游洪水调蓄，嫩江源头、汤旺河源头、挠力河源头、海浪河源头水源涵养，松嫩平原防风固沙等省级生态功能保护区	2001—2020	40
	15	矿山环境治理工程	包括矿区地面沉陷的防治，煤矸石与采矿废物的处置，以及矿山排放废水的治理等	2001—2020	10
	16	土地复垦工程	主要是矿山开采和工程施工所造成的生态环境破坏，对采矿和施工过程中所破坏的表土层，要进行复土复种，恢复植被	2001—2020	10
	投资小计				296.6
二、天然林资源保护工程	1	大小兴安岭天然林资源保护工程	限制采伐，加大植树造林、中幼林抚育力度，天然林资源得到有效恢复；完成商品林基地建设，木材生产实现以采伐利用天然林，向经营利用人工林为主的方向转变；完成转产项目的建设，林区多种资源得到有效开发，初步建立较为完备的林业生产体系和完善的林业产业体系	2001—2010	125
	投资小计				125

工程名称	序号	建设项目名称	主要建设内容	建设年限	投资（亿元）
三、水资源综合开发利用工程	1	水资源综合开发利用工程	重点完成松花江、嫩江干流和哈尔滨、齐齐哈尔、牡丹江、佳木斯、大庆、伊春、黑河等大中城市堤防工程，以及嫩江干流尼尔基水利枢纽工程。建成拉林河磨盘山水库 、 倭肯河桃山水库二期扩建、穆棱河青龙山水库、汤旺河西山水库、海浪河林海水库、呼兰河阁山水库等，以防洪为主的大型控制综合利用工程	2001—2020	197
	2	界江（河）综合防护工程	完成黑龙江干流防洪工程、乌苏里江干流防洪工程。冲刷塌岸严重江段，切滩改道段，主流向我内侧转移及面积较大的急需整治江段，建立完善国土防护工程体系	2001—2015	88
	投资小计				285
四、大气圈气候资源合理开发利用工程	1	空中云水资源开发利用工程	以蓄水、抗旱 、减灾为重点，在我省西部旱区、北部林区和中东部建设空中云水资源开发利用基地，建立完善空中云水资源开发利用作业和效果评估综合系统	2001—2010	1.4
	投资小计				1.4
五、环境污染综合防治工程	1	城市污水处理工程	全省县以上城镇建设污水处理工程 82 个，近期重点建设松花江流域省辖大中城市污水处理项目，中期城市全部建立污水处理设施，远期城镇全部建立污水处理设施	2001—2020	140
	2	重点工业污染源治理工程	重点污染治理工程项目 100 个，综合利用项目 200 个，全省工业企业实行清洁生产，削减污染物排放总量项目 5 000 个	2001—2010	155
	3	城市空气、噪声污染控制工程	城市集中供热工程和热电联产工程，发展城市煤气、电力等清洁能源利用工程； 加强城市交通噪声的治理，建设高架桥隔音屏障	2001—2020	470
	4	城市垃圾无害化处置和资源化工程	全省县以上城镇建设垃圾处理项目 85 个，危险废物集中处理处置中心 1 个	2001—2020	80
	5	改善城镇饮用水质量工程	划定饮用水源地保护区，治理或迁移污染源，建设后备饮用水源地	2001—2010	200
	投资小计				1 045
六、生态产业建设工程	1	生态农业工程	小流域综合治理，节水灌溉，有机、绿色、无公害食品开发，种子、苗木、畜禽良种工程，高效有机肥，无公害集约化养殖，农副产品安全、洁净、高效加工技术，病虫害综合防治技术，有机废弃物综合利用等	2001—2020	180

工程名称	序号	建设项目名称	主要建设内容	建设年限	投资（亿元）
六、生态产业建设工程	2	生物技术工程	农业生物基因检测，胚胎工程、组织培养工程、生物肥开发等	2001—2020	50
	3	生态林业工程	发展林区特产经济、重点开发林粮、林草间作，生态经济林，沙棘固沙，林蛙养殖，优质苗木基地，野生动、植物驯化养殖、栽培，实用菌生产、中药材、山特产品采集与加工等	2001—2020	36
	4	生态渔业工程	江河湖泊及水库生态渔业资源基地建设；萝北和抚远鲟鳇鱼、抚远和东宁大马哈鱼放流站建设；齐齐哈尔、哈尔滨渔业环保监测站的设备更新和条件建设，新建牡丹江、佳木斯渔业监测站	2001—2015	13
	5	生态旅游工程	五常凤凰山滑雪旅游度假村，亚布力滑雪旅游度假区，海林“中国雪乡”，牡丹峰滑雪场，伊春桃朗带滑雪和温泉疗养旅游区，宾县二龙山风景区，五大连池风景区改造工程，虎头旅游开发区，镜泊湖风景名胜区改造，兴凯湖旅游度假区，扎龙自然保护区旅游开发工程，林甸温泉度假乐园，中、俄界江游	2001—2020	40
	6	环保产业工程	重点发展高效废气、废水、汽车尾气净化、城市生活垃圾无害化处置及资源化利用等环保设备，开发节能节水设备，环保型新材料，低耗、节能无公害生产工艺和产品，推广清洁生产，最佳环保治理技术，建立环境治理咨询体系	2001—2020	61
	投资小计				380
七、清洁能源和资源综合利用工程	1	清洁能源工程	秸秆气化、太阳能利用、沼气利用、省柴节煤、地热利用、生物质固化炭化、生物发电、风能利用，水煤浆、燃料酒精、液态氢，清洁能源监测站建设等	2001—2020	180
	2	资源综合利用工程	农业废弃物综合利用，畜禽粪便无害化处理，煤矸石、粉煤灰等固体废物综合利用，生活垃圾资源化等	2001—2020	65
	3	新能源开发工程	重点开发煤炭直接液化技术 、洁净煤技术 、煤层气地面开采技术和煤炭气地下开采技术，农村秸秆气化技术等	2001—2020	60
	投资小计				305
八、数字龙江建设工程	1	生态省动态模拟与决策支持系统	整合生态、资源、社会、经济数据，建立绿色产业规划 、资源动态监测等生态环境模拟与决策支持系统	2001—2005	31
	投资小计				31

工程名称	序号	建设项目名称	主要建设内容	建设年限	投资（亿元）
九、生态文化与环境社会工程	1	生态文化建设	建立“生态省生态文化建设”因特网站，设立“生态省文化论坛”，在各级党校和部门进行生态文化培训，开展生态省生态文化建设学术交流与研讨，开展“倡导绿色文明，共建绿色家园”活动，创建一批绿色学校、绿色社区	2001—2020	3
	2	环境与社会工程	与生态省建设相配套的政策创新、社会体制创新 、社会机制创新、社会管理创新、环境法制创新体系建设	2001—2020	2
	投资小计				5
十、生态省管理能力建设工程	1	生态环境监测体系建设工程	研究建立全省生态环境监测评价指标体系；利用卫星遥感数据，附以森林、农业、草原、湿地、水、气候资源等专业监测资料，动态掌握全省生态环境变化，形成我省与国际接轨的生态环境监测系统	2001—2010	10
	2	环境质量监测系统建设工程	建成全省江、河、湖、库及城市饮用水源水质监测系统。满足主要断面预警、行政区界、国界、城市饮用水源监测的要求，实现地面水的月、旬、周报。建成城市空气、噪声自动监测系统，实现噪声的即时报和空气质量的日报、预报	2001—2020	5
	3	生态环境监督管理系统建设工程	建成生态环境系统、污染源的日常监视、预警和现场检查监督管理系统。及时掌握生态环境破坏、污染源排放情况，发现问题，作出应急反应，及时查处	2001—2020	5
	4	生态省建设技术咨询体系建设项目	建立黑龙江省生态省建设技术咨询管理中心，设立生态省建设专家支撑系统，科研开发支撑系统、环境工程设计运营系统、ISO 14000 咨询认证系统，研究设立各种指标体系和标准	2001—2010	5
	5	生态省建设基础科研项目	重点包括 ：黑龙江省生态省建设地理信息系统的研究，全省城镇生活质量现状和发展模式研究，人口数量—资源承载力—环境容量本底调查及发展限度研究，生态环境气候变化承载力指标体系研究	2001—2005	0.5
	6	生态省宣传能力建设	建立环境影视摄编系统能力，生态环境影视资料库、环境生态新闻的快速信息反馈系统	2001—2005	0.1
	投资小计				25.6
总投资					2 499.6

福建

福建生态省建设总体规划纲要

（中共福建省委、福建省人民政府审议通过　中共福建省委、福建省人民政府联合印发
闽委发[2004]15号）

一、总　纲

（一）指导思想

以邓小平理论和“三个代表”重要思想为指导，树立和落实科学发展观，围绕建设对外开放、协调发展、全面繁荣的海峡西岸经济区的战略构想，推进可持续发展战略的实施。坚持统筹规划，突出重点，因地制宜，分类指导，大力发展生态效益型经济，加强生态建设与环境保护，改善生态环境质量，保障生态安全，走出一条科技含量高、经济效益好、资源消耗低、环境污染少、人力资源优势得到充分发挥的新型工业化路子，促进经济增长方式的根本转变，努力实现经济社会全面、协调、可持续发展。

（二）基本原则

1. 坚持科学的发展观，处理好经济与人口、资源、环境协调发展的关系

建设生态省的核心是发展，必须进一步树立发展为先、发展为大、发展为重的观念，坚持在保护中加快发展，在发展中加强保护，既要保持经济的较快增长，又要调整经济结构、提高科技水平、改善人民生活、优化生态环境、推进社会进步。要以实现人的全面发展为目标，按照科学发展观的要求，正确处理经济增长数量与质量的关系，大力发展生态效益型经济，把生态优势转化为经济优势，增强投资环境优势，努力实现物质文明、精神文明、政治文明相协调，经济发展与人口、资源、环境相和谐，经济、结构、质量、效益相统一，促进我省经济在统筹协调中实现更快更好地发展。

2. 坚持体制机制创新，处理好政府引导与市场调节的关系

坚持政府引导、市场推动、公众参与的原则，充分发挥政府和市场行为对生态省建设的调节作用，加快推进生态环境建设与管理的机制体制创新，充分调动各方面的积极性，广泛争取国内外的支持与合作，建立多元化的投入机制，形成一套符合市场经济规律的调控、监

督和运行新机制。

3．坚持立足当前、着眼长远，处理好近期、中期和长期的关系

全面规划、分阶段推进，合理确定生态省建设的各阶段目标，使之与全面建设小康社会目标相衔接；突出重点领域和重点区域生态工程建设，着力解决当前人民群众反映强烈的生态环境问题，使生态省建设在近期内取得明显成效。

4．坚持因地制宜、整体推进，处理好局部与全局的关系

在生态省建设总体规划指导下，立足各地、各部门实际，落实重点区域、重点领域和重点专项治理的实施方案，明确任务分工，凸显地方特色，把发挥生态优势与加快县域经济发展结合起来，形成整体推进、分层实施的工作机制。动员各地、各部门和全省力量参与生态省建设，做到目标明确，务求实效，积极推进。

（三）建设目标

1．总体目标

立足于现有生态环境和经济条件，着力构建协调发展的生态效益型经济体系、永续利用的资源保障体系、自然和谐的城镇人居环境体系、良性循环的农村生态环境体系、稳定可靠的生态安全保障体系、先进高效的科教支持和管理决策体系，经过20年的努力奋斗，使福建成为生态效益型经济发达、城乡人居环境优美舒适、自然资源永续利用、生态环境全面优化、人与自然和谐发展的可持续发展省份。

2．分阶段目标

（1）第一阶段（2005年之前）

全面启动生态省建设，着力培育生态效益型产业，突出解决重大生态环境问题，扎实推进生态工程建设，有效遏制环境污染加剧趋势。“餐桌污染”得到有效治理，主要食品安全状况明显好转，基本消除主要江河流域和交通干线两侧“青山挂白”。加强对城市医院医疗废弃物、电子废弃产品污染的整治和农村环境卫生的治理，实现城乡人居环境质量明显改善。抓好生态示范区和示范工程建设，以点带面扎实推进生态省建设。

——生态效益型产业成为经济新增长点。经济结构进一步优化，淘汰一批浪费资源、污染环境的落后工艺、技术、设备和产品，经济发展水平进一步提高，环保产业占第二产业比重达到 4%；全省电力行业、列入国家 520 强企业以及化工、冶金、轻工、机械、建材等行业的重点骨干企业基本实行清洁生产，生态工业园区试点起步；无公害农产品基地建设取得进展，绿色产业较快发展，在主产区设立初级农产品卫生质量检测机械，县城及各市城区主要集贸市场、生鲜超市配备蔬菜农药残留和水产品甲醛检测设备，“餐桌污染”治理五年计划目标基本完成；生态旅游成为旅游业发展的一个重要特色。

——生态建设稳步推进。全省森林覆盖率稳定在 62.96%，阔叶林面积占林分面积比重提高到 30%，自然保护区等特殊保护区面积占全省陆域面积达到 10%以上；着力解决矿业开发产生的重大生态环境问题，基本完成“青山挂白”治理任务；水土流失占国土面积从 2000 年的 10.7%下降到 8.4%以内。

——局部地区环境污染的趋势得到有效控制。全省主要污染物排放总量控制在国家规定的指标内。SO_2 和 COD 排放强度分别控制在 6 千克/万元和 7 千克/万元以内；主要城市机动

车尾气得到有效治理，85%的城市空气质量按功能分区达到环境空气质量标准；90%的主要水系水质和 45%以上的近岸海域水质分别达到功能分区的环境质量标准；环保投入占当年 GDP 的比例提高到 1.8%以上。

——人居环境得到明显改善。生态城市轮廓显现，城市建成区绿化覆盖率提高到 35%，福州、厦门、泉州、漳州城市建成区内有 40%的社区达到绿色社区标准，设市城市至少建设一座垃圾无害化处理场、一座污水处理厂，城市污水处理率达 45%以上，城市垃圾无害化处理率明显提高，福州、厦门、泉州市污水处理率达 60%以上；医疗废弃物得到集中处置；农村养殖业等面源污染的突出问题得到有效整治，规模化畜禽养殖场废弃物无害化或资源化处理率有较大幅度提高，村容村貌得到较大改观；城乡社会保障体系逐步健全。

——生态安全保障体系初步建立。各县（市）防洪能力达到国家规定标准；林业防病虫害、防火能力增强，灾害性天气的监测预警报准确率进一步提高，具备较强防灾减灾能力和应对各种突发性事件能力。各种自然资源的利用水平和利用率得到明显提高。基本完成省、市、县疫病预防与控制机构、乡（镇）预防保健所（组）业务用房建设和常规设备装备，完成市、县传染病院（区）建设，配备专业卫生人才，城乡公共卫生应急处理能力有较大幅度提高。

——生态文化建设初显成效。科学发展观和正确的政绩观在各级政府决策中得到贯彻，在社会中树立起爱护生态环境的思想意识和道德观念，人的素质和全社会文明程度明显提高，初步树立循环经济理念，生态建设的市场运作体制改革取得进展，垃圾、污水处理产业化取得突破。生态建设与环境保护方面人才的培养得到加强，初步形成人人关心环境、保护环境的良好社会风尚。

（2）第二阶段（2006—2010 年）

生态省建设全面推进，建成一批重大生态工程，并逐步产生综合效益，生态效益型经济形成规模，产业结构比较合理，经济发展质量明显提高，生态安全保障体系基本形成，经济发展进入较高层次的发展阶段。

——生态效益型经济形成规模。经济结构进一步调整优化，无公害农产品基地、生态工业园区、生态旅游基地建设取得较大成效，环保产业快速发展，环保产业产值占第二产业产值比重达 5%，全省规模以上工业企业逐步实现清洁生产，30%规模以上重点骨干企业通过 ISO 14001 环境管理体系认证，资源生产率大幅度提高，生态效益型经济占全省经济的比重明显加大。为初步建立以资源消耗低、环境污染少、经济效益好为基本特征的国民经济体系和资源节约型社会奠定基础。在全省中心城镇以上农贸市场推广农畜水产品质量监测系统。

——环境质量保持全国先进水平。SO_2 和 COD 排放强度分别控制在 6 千克/万元和 6.5 千克/万元以内；“白色污染”得到治理，基本消除机动车尾气污染；90%的城市空气质量按功能分区达到环境空气质量标准；95%的主要水系水质达到功能分区水质标准，城市集中式饮用水源水质达到国家Ⅱ类或优于Ⅲ类标准；60%的近岸海域水质达到功能区水质标准。

——人居环境初步达到优美舒适的要求。生态城市、生态（绿色）社区和生态村镇建设标志明显，各市、县所在地都建有垃圾处理场（厂）和污水处理厂，县级以上城市逐步推行垃圾分类处理，县级以上医院医疗废弃物污染得到彻底治理，农村面源污染得到有效控制。建成一批“园林式乡镇”和“园林式村庄”，基本完成规模化畜禽养殖场污染治理任务。城市

规划建成区绿化覆盖率达到 40%，重点城市森林带建设初具雏形。城市垃圾无害化处理率力争达 95%，城市污水处理率达 60%。

——生态安全保障体系基本建成。林种结构明显改善，森林生态功能有所增强。自然保护区数量增加、质量提高，森林、海洋、土地、水、矿产资源等得到有效开发和合理保护，重点水土流失区基本得到治理，水土流失面积占土地面积比重下降到 6.4%，生态环境明显改善。

——生态文化建设成效明显。生态文化内涵更加丰富，科学发展观成为各级政府决策的指导思想，全社会生态文化意识进一步增强，生态环境建设的市场化体制基本建立，广大人民群众的素质进一步提高，循环经济理念基本形成，成为环境保护与生态建设的拥护者和实践者。

（3）第三阶段（2011—2020 年）

生态省建设主要目标任务基本实现，六大支撑体系建设趋于完善，全省经济结构明显优化，经济社会与人口、资源环境协调发展，可持续发展能力达到目前中等发达国家水平，进入生态良性循环阶段，朝着基本实现现代化的目标迈进。

——基本建成生态效益型经济体系。全省经济结构优化、布局合理，生态效益型产业在国民经济中占主导地位，环保产业产值占第二产业产值的比重达 6%，全省工业企业普遍实现清洁生产，规模以上企业全部通过 ISO 14001 环境管理体系认证，基本实现农业生产生态化、工业生产清洁化、第三产业优质化，绿色产业强省明显展现。

——生态环境质量继续位居全国前茅。污染治理和生态建设达到全国先进水平，SO_2 和 COD 排放强度分别控制在 6 千克/万元和 5.5 千克/万元以内，各类环境质量达到或优于国家环境功能区质量标准，自然资源得到合理利用和保护，水土流失面积占土地面积比重下降至 4.7%以内。

——基本建成优美舒适的人居环境。建成一批生态城市、生态（绿色）社区及生态村镇，城镇供水、能源、交通等基础设施与绿色系统比较完善，城市规划建成区绿化覆盖率达到 42%以上，主要城市的森林带基本形成，城市垃圾无害化处理率力争达 98%，污水处理率达 90%；规模化畜禽养殖废弃物实现无害化或资源化，农村住区环境清洁、优美，空气清新，人与自然和谐相处。

——生态文化发展繁荣。以科学发展观为指导的决策机制较为完善，生态文化广泛普及，全民形成较强的生态环境保护意识和绿色消费观念，生态环境建设的市场化体制比较完善，生态环境保护与建设成为全省人民的自觉行动。

（四）评价指标体系

为客观评价、动态跟踪、综合考核全省与各地区、各部门生态省建设的进程，根据国家环保总局生态省建设指标体系，结合我省实际，选取具有代表性的 22 项指标，构成生态省建设评价指标体系（详见附 1）。

在全省评价指标体系的基础上，各地、各部门要根据各行业、各区域以及示范区的实际情况与建设要求，研究制定不同层次的评价指标体系，用于测评考核地区或示范区生态建设情况。

二、生态省建设的经济社会发展环境

（一）资源环境

福建位居我国东南沿海，地理位置和气候条件优越，自然资源特色明显。一是具有相对独立的地理单元和优越的气候条件。地貌和水系自成体系，气候温暖湿润，生态系统具有较高的生产力。二是水资源总量比较丰富。水资源总量 11 687 亿立方米，人均水资源 3 471 立方米，均居全国第 8 位；可开发的水力资源居华东地区首位。三是森林资源优势突出。福建是我国重点集体林区，有林地面积达 764.94 万公顷，森林覆盖率 62.96%，居全国首位；活立木总蓄积量 4.967 亿立方米。四是海洋资源得天独厚。海域面积 13.6 万平方千米，大陆海岸线长 3 324 千米，居全国第二位；港湾资源优势突出，拥有大小港湾 125 个；可开发的风能、潮汐能资源居全国前列。五是非金属矿在全国具有优势。饰面用花岗石、高岭土、重晶石、石英砂、叶蜡石、萤石等非金属矿产保有储量居全国前列，开采条件好，开发利用潜力大。六是旅游资源兼备山、海、岛特色。拥有 1 个世界自然和文化双遗产、13 个国家重点风景名胜区、7 个国家优秀旅游城市、26 个省级风景名胜区、4 个国家历史文化名城、45 处全国重点文物保护单位、248 处省级重点文物保护单位、2 个国家级旅游度假区、5 个国家地质公园，初步形成了武夷山、厦门鼓浪屿、湄洲妈祖朝圣、泉州海丝文化（惠女风情）、福建土楼、上杭古田会址红色之旅、福州昙石山文化遗址和船政文化、宁德白水洋奇观、泰宁大金湖、漳州滨海火山国家地质公园等旅游品牌。七是生物物种丰富。有植物物种 2 万多种，约占世界植物种属的 80%；脊椎动物 1 000 多种，约占全国的 61%；国家Ⅰ、Ⅱ级保护野生植物 52 种、野生动物 159 种。全省生物物种多样性居全国第三位。

但是，福建部分资源供需矛盾比较突出，主要体现在：人多地少，人均耕地只有 0.04 公顷，是全国人均耕地最少的省份之一；水资源分布不平衡，沿海一些城市和开发区工程性和水质性缺水问题比较严重；石油依赖省外输入，煤炭资源保有储量仅居全国第 24 位，且品种单一；金属矿产相对贫乏；资源开发比较粗放，综合利用率不高，能源的综合利用率大大低于发达国家水平。随着经济的发展，对资源的消耗量将不断增加，土地、矿产等资源的制约作用还将进一步显现。

（二）生态环境

随着近年来生态建设和环境整治工作的不断推进，福建生态环境总体较优。一是林业生态保障体系基本建成。全省现已在重点水源涵养区、水土流失区和海岸沿线等重点生态区位区划界定生态公益林 4 294 万亩，占林业用地面积的 30.7%；继续实施沿海防护林、自然保护区、绿色通道和城乡绿化一体化等生态建设工程，全省大陆海岸线基干林带宜林荒山已基本绿化；城市建成区绿化覆盖率 34.18%，人均公共绿地面积 7.14 平方米；全省江河堤岸已绿化长度占可绿化里程的 66%。二是环境质量总体保持良好。到 2003 年，全省 12 条主要水系有 87.5%的省控监测断面水质达到或优于国家地表水Ⅲ类标准，城市饮用水源水质大部分达到地表水Ⅱ类标准；福州、厦门等 19 个城市空气质量达到或优于二级标准。三是各类保护

区、示范区建设取得明显进展。全省已建自然保护区 79 个，森林公园、风景名胜区 72 个，保护小区（点）3 326 个，各类特殊保护区域约占全省陆域面积 8.8%；有国际花园城市 2 个、国家园林城市 3 个、环保模范城市 1 个；国家和省级生态示范区试点 39 个，生态农业试点县 15 个，国家级和省级可持续发展实验区 6 个，国家级和省级水土保持示范城市 4 个、示范县 4 个、示范小流域 42 条。

但是，全省地貌以山地丘陵为主，降水时空分布不均，容易产生旱涝、水土流失和地质灾害。森林结构不尽合理，生态功能尚未得到最大限度地发挥。医疗废弃物污染、电子废弃产品污染、城市噪声污染、近岸海域污染、矿业开发不当造成的生态环境破坏以及机动车尾气污染等问题仍较突出，区域性、行业性污染问题亟待解决。随着全面建设小康社会进程的推进，城市化、工业化步伐的加快，生态环境承载压力还将逐步增大。

（三）经济环境

改革开放以来，福建经济社会快速发展，为生态省建设奠定了较好经济基础。一是综合经济实力不断增强。1979—2003 年全省国内生产总值年均递增 13.8%，目前全省 GDP 和人均 GDP 分别居全国第 11 位和第 7 位；“九五”期间环保投入达 208.57 亿元，占五年 GDP 总量 1.27%。2003 年环保投入占 GDP 总量的比重达 1.69%。二是科技教育实力明显提高。2003 年全省有 196 项科技成果获国家和省科技进步奖，2 人获省科技重大贡献奖，区域创新能力评价居全国第 9 位，有专门从事科技专业人员 57.48 万人，从事研究发展人数 2.66 万人，专利授权 5 377 项。拥有普通高等学校 49 所，高校专任教师 1.62 万人，在校生 25.74 万人。三是生态经济已经起步。建立绿色和有机食品试点基地 4 万公顷，绿色和有机食品标志产品 216 个；96 家企业或组织通过 ISO 14001 环境管理体系认证；环保相关产业年产值已超过 60 亿元，位居全国中上游水平；武夷山、湄洲岛、大金湖、冠豸山、太姥山等旅游区条件不断改善，生态旅游发展迅速。

但是，与沿海其他发达省份相比，福建经济总量不大，人均收入水平还较低，产业结构不尽合理，产业整体素质不够高，经济增长方式有待进一步转变。

（四）社会环境

省委、省政府在推进福建经济社会发展的同时，高度重视生态建设和环境保护工作，全社会的环境保护意识不断增强，生态省建设具有较好的社会基础。一是省第七次党代会以来，省委、省政府作出了一系列重大决策部署，明确把实施可持续发展战略做为全省经济社会发展必须坚持的两大战略之一；省委七届四次全会把“可持续发展能力明显增强，生态环境得到改善”确定为全面建设小康社会的目标内容；省委七届六次全会又提出要按照“五个统筹”的要求，正确处理好经济增长的数量与质量的关系，努力实现经济发展与人口、资源、环境相和谐，速度与结构、质量、效益相统一。各地、各部门按照省委、省政府的决策部署，将环境保护、计划生育和耕地保护等工作列入目标管理，作为考核各级领导工作业绩的重要内容。二是国家环保总局已于 2002 年 8 月批准福建作为全国生态省建设的试点省份，福建生态省建设将得到国家有关部门的指导和支持。三是一批生态建设与环境保护的专项治理工作与基础建设已经启动，“青山挂白”治理、“餐桌污染”治理、突发公共卫生事件疾控体系建设、

以长汀为重点的全省水土流失治理等均取得了阶段性成效。四是公众的生态环境保护意识不断增强，人民群众对惠及全省的生态环境建设十分关心和支持，生态省建设正逐步在全省形成共识。

但是，全省生态环境建设的技术标准和政策法规还不够完善，生态环境保护的宣传教育还不够广泛，资源与环境保护执法还不够有力，公众生态环境保护的自觉性还有待提高，部门、地区之间有待进一步协调，综合决策机制还不够健全，生态省建设的保障措施亟待加强。

三、生态省建设的重点任务

建设生态省是一项复杂的系统工程，要围绕构建可持续发展的六大体系，明确长远目标与近期工作重点，采取切实有效措施，分阶段加以推进。

（一）构建协调发展的生态效益型经济体系

遵循生态经济学原理，依靠科技创新，积极扶持以安全食品生产为主导的生态农业；走新型工业化道路，以循环经济为模式，培育壮大产业集群，大力发展生态效益型工业；积极开发生态旅游，大力倡导绿色消费，建立协调发展的生态效益型经济体系。

1. 生态农业

（1）加快发展安全食品生产。构筑闽西北绿色产业、闽东南高优农业和沿海蓝色产业等三大特色农业产业带，重点培育“畜牧、水产、林产、园艺”四大主导产业，发展畜禽、笋竹、水产、蔬菜、水果、食用菌、茶叶、花卉、烤烟九个重点特色农产品及优势品种。以基地生态化、品种多样化、产品优质化为目标，建设一批无公害食品、绿色食品和有机食品生产基地。实施“无公害食品行动计划”，抓好 10 个国家级无公害农产品示范基地建设，加快发展无公害农产品、绿色食品和有机食品。到 2005 年，在全省建设绿色食品和无公害食品基地（菜、茶、果、米等）8 万公顷，有机食品试点基地 5 200 公顷，“绿色食品”标志使用权产品达 300 个；完成 14 个国家级和省级生态农业试点（示范）县建设任务，力争新启动 12 个省级生态农业示范县建设，在闽江、九龙江流域建设一批生态农业示范村，全省推广“猪—沼—果”等生态模式 10 万户，生态农业示范县覆盖面积占国土面积的 25%以上，试点（示范）县的大部分农产品达到无公害要求，农业生态环境质量明显改善。

（2）大力推广生态农业模式。重点推广以沼气为纽带、“猪—沼—果”结合、物质多层次循环利用的“丘陵山地综合开发”、“庭院生态经济综合利用”、“农业有机废弃物综合利用”、“果园套种经济绿肥”等生态农业开发模式；大力发展以农田为基础的粮经、粮肥轮作模式，优化品种配置和种植结构，推广立体种养、水旱轮作、间作套种、节水灌溉等技术；积极推广水面立体种养和浅海滩涂生态养殖模式，推广虾、贝、藻立体生态养殖；发挥山地资源优势，推进山地综合开发，形成山顶造生态公益林、水源涵养林，山腰种果套草养畜放牧、栽培食用菌的农林复合型生态农业模式。到 2005 年，在每个生态农业试点（示范）县中，优先建成 1～2 个生态农业示范乡（场），初步建立高效持续、良性循环的生态农业系统。

（3）加强农业生态环境与农产品质量安全监管。重点解决动植物病虫灾害、畜禽水产品药物残留与卫生质量、大宗农产品的农药残留和重金属、硝酸盐污染等问题。扩大农业生态

环境质量监控点的覆盖范围。研制开发高效疫苗、动物疫病的快速诊断技术和安全、无污染饲料添加剂新品种。研究制定农药、肥料、植物生长调节剂等安全使用技术标准、规范和专项实施方案，大力开发生物有机肥料加工、生物防治与绿色控害技术，积极研发高效、低毒、无残留的生物农药，引进和引导开发新型药械，提高农药利用率。进一步规范外来物种和转基因生物安全的监督管理，建立健全生物释放安全环境影响报告制度。到2005年，基本建成覆盖全省的农产品质量安全检验检测体系和产地监测网，完善动植物疫病诊断监测系统、农业有害生物预警和监控体系、动物防疫监督和动物疫苗及其保存运输冷链系统。

2．生态效益型工业

（1）利用先进适用技术和环保技术改造传统产业。按照清洁生产要求改造传统工业，推进产业结构优化升级，重点抓好火电、石化、冶金、建材、轻纺、煤炭六大行业的技术改造和污染治理工作，提高二氧化硫、粉煤灰、废水等治理技术，降低产品综合能耗、物耗。淘汰污染环境的落后工艺、技术、设备、产品和企业，如无碱回收的化浆生产线、窄幅低效纸机和落后的棉纺锭纺织生产设备等，推广应用洁净煤，水泥新型干法旋转窑逐步取代水泥机立窑，铝冶炼重点企业完成电解铝大型预焙槽改造。

（2）发展壮大环保产业。研究开发一批拥有自主知识产权的具有国际先进水平的环保技术和产品，巩固和提高一批具有一定比较优势、国内市场需求量大的环保技术和产品。大力发展废水和废气污染防治技术、固体废弃物处理技术。重点发展燃煤电厂烟气脱硫除尘、城市污水处理、医疗废水处理、固体废弃物综合利用、城市垃圾处理、汽车尾气催化净化器等技术和装备。组织实施一批环保产业化示范工程，培育扶持一批具有本省特色和优势的环保产业园区、企业、高新技术设备和产品，使环保产业成为我省新兴的产业集群。

（3）加快工业园区整合和生态工业园区建设。按照集中布局、集中控污的原则，集中财力、物力，整合、调整、提升现有条件较好的工业园区，建立污染集中控制区，促进污染项目集中布点，集中治理，达标排放。建设生态工业园区和循环经济园区，依照循环经济模式，对进入园区的企业提出土地、能源、水资源利用及污染物排放综合控制要求。结合电子信息、机械、石化三大工业主导产业布局，集中有效治理污染，并按照产业链的有机联系，重点培育石化、纺织、建筑建材等资源综合利用和循环利用的产业链，形成资源—产品—再生资源的物质循环流动过程，实现上中下游物质与能量逐级传递，资源循环使用，污染物减量达标排放。在福州、厦门、泉州选择有条件的工业区开展生态工业园区试点建设，按照循环经济模式进行规划、建设和改造，围绕核心资源发展相关产业，发挥产业集聚和工业生态效应，形成资源高效循环利用的产业链。

（4）建立清洁生产和 ISO 14000 环境管理体系。制定并组织实施推行清洁生产和建立 ISO 14000 环境管理体系的规划。对污染物排放超标的企业，使用有毒、有害原料进行生产或者在生产中排放有毒、有害物质的企业依法开展清洁生产审核，并积极推广建立 ISO 14000 环境管理体系。积极争创国家清洁生产示范市，在石化、电力、造纸、啤酒、医药等高能耗、高物耗和高污染的行业以及漂染、电镀等重污染企业较为集中区域全面推行清洁生产，推进环境管理体系认证工作。至2010年，全省主要工业企业普遍实行清洁生产，为发展循环经济奠定微观基础，30%规模以上重点骨干企业通过 ISO 14001 环境管理体系认证。至 2015 年，全省工业企业全部实行 ISO 14000 环境管理系列标准。

（5）推进资源节约与综合利用。推动资源节约技术的开发、示范和推广应用，重点更新改造高耗水、高耗能的火电、纺织、石油化工、造纸、冶金等行业的节水、节能工艺技术和设备，推进工业节水、节能。组织编制资源综合利用、再生资源回收利用等专项规划，加快废弃物资源化的进程，重点解决工业“三废”的回收利用，提高以三剩物和次小薪材为主要原料生产林产品加工技术，促进资源综合利用水平。发展壮大一批产值上亿元的新型建材企业和林产加工企业；加大再生资源回收利用力度，建设废旧铬镍电池（二次电池）无害化处理、废电子产品再制造、加工处理等一批示范工程；推广混凝土空心砌块和利用废渣生产墙体材料的国产化技术与装备，推进墙体材料革新；煤矸石综合利用取得新进展。

（6）发展清洁能源和可再生能源。加快福建 LNG 总体项目的建设，积极发展沿海风电、潮汐能电站。做好可再生能源规模化开发示范工作。结合流域综合治理、生态农业发展、工业有机废水处理等建设一批上规模的沼气工程，提高沼气技术水平。拓宽太阳能开发和应用领域，加快新建住宅楼太阳能一体化示范工程。研究开发利用农作物及农作物下脚料提取乙醇的替代石油技术。以流域水资源开发利用规划为指导，合理开发建设中小水电项目。推进厦门、漳州地热能梯级开发、福州地热能回灌、热泵示范工程、福鼎沙埕港八尺门潮汐能电站等项目建设的前期工作。争取“十一五”中后期福建液化天然气总体项目一期工程建成投产，使清洁能源在一次能源消费中的比重从 2000 年的 45.3%提高到 2010 年的 50%。探索推行清洁能源和可再生能源配额制，提高利用清洁能源和可再生能源的比例。

3．生态旅游

（1）统筹规划合理开发生态旅游资源。寓环境保护于旅游资源开发之中，按照国家标准开展旅游资源普查，编制具有福建特色的生态旅游发展规划，确定各类生态旅游资源的等级和开发时序。根据不同类别的生态旅游区的功能、承受能力和具体环境特点，处理好开发与保护的关系。在继续完善武夷山、厦门鼓浪屿、湄洲妈祖朝圣、泉州海丝文化（惠女风情）、福建土楼等旅游精品项目的同时，着力培育上杭古田会址红色之旅、福州昙石山文化遗址、宁德白水洋奇观等旅游品牌，创建一批有特色有效益的旅游精品。进一步挖掘和整合福建生态旅游资源，按生态旅游资源分布特点和交通布局，以及回归自然、融入生态的要求，规划、设计并推出一批生态旅游线路。

（2）建设和提升两大旅游带和五大旅游区的生态品位。重点建设海峡西岸（闽东南沿海）滨海生态旅游和闽西北绿色生态旅游两大生态旅游带，构建以武夷山为中心的闽北绿三角生态旅游区，以厦门为龙头的闽南金三角商贸滨海旅游区，以福州为中心的闽中商务休闲文化旅游区，以及闽东山海畲乡民俗旅游区和闽西客家文化红色旅游区五大生态旅游区。积极开辟森林生态、农业生态、海洋生态和科学考察等旅游项目，打造生态旅游品牌，把生态观念与生态保护融入旅游各环节，提高“吃、住、行、游、购、娱”的生态化水平，使生态旅游逐步成为我省旅游业的重要品牌。

（3）开展生态旅游示范区创建活动。鼓励各地选择资源条件优越、特色明显、处于主要旅游线路和旅游景点辐射范围内、交通便利的旅游区，开展生态旅游示范区创建活动。示范区建设要坚持绿色开发与消费，建立绿色旅游管理机制和经营理念，加强旅游过程中生态环境保护宣传教育工作，积极探索宾馆节约资源和保护环境的新方法。旅游企业要推广 ISO 14000 环境管理体系认证，实现环境管理与国际标准接轨。到 2005 年，争取建成一批国家级和省级

生态旅游示范区。

4．绿色消费

（1）倡导绿色消费。加强“消费要对环境负责”的思想教育，倡导节俭文明的生活方式，减少消费过程产生的废物和污染物。鼓励研发、使用无污染、不危害人体健康的生态产品，树立生态品牌；抓紧研究和制订生态产品、生态企业的评价标准和方法，推行绿色标志产品和生态企业认证制度。“十五”期间要完善食品安全地方标准体系，在食品行业广泛开展无公害农产品标志、绿色食品标志、有机食品标志认证工作，开展生态企业认证工作；加强服务业生态环境保护工作，减少污染物排放；鼓励企业开设生态产品市场，促进绿色营销。

（2）治理“白色污染”。按属地管理原则，以交通干线、城市、旅游景区等为重点，全面治理“白色污染”。严格控制生产、销售和使用一次性不可降解的发泡塑料餐具、塑料袋、农用薄膜等塑料制品。不得新建生产一次性使用的不可降解的发泡塑料餐具、塑料袋等塑料制品项目。对已建的此类企业限期进行技术改造，使其生产产品符合国家标准和国家环境标志产品技术要求。从规定期限起禁止销售和再经营使用一次性不可降解发泡塑料餐具。加强不可降解农用薄膜回收和综合利用。

（3）治理“餐桌污染”。开展“食品放心工程”建设，强化对畜牧业产品、种植业产品、水产品、饮用水、加工食品、餐饮业“五类产品、一个行业”主要食品的污染治理，加强建章立制、源头治理、市场准入、行政执法、企业自律、舆论宣传工作，建立健全食品生产加工、食品安全流通、食品安全标准和认证、食品安全监管和预警、食品安全法律保障五大体系，加强食品生产、加工、流通各环节监管，逐步实现对食用农产品实行“从农田到餐桌”的全程安全监控。2005年底前主要食品污染得到有效治理，食品安全状况明显好转。

（二）构建永续利用的资源保障体系

按照“在开发中保护，在保护中开发”和统筹省内外两种资源、两个市场的原则，以提高资源保障能力为目标，按照“减量化、再利用、资源化”的要求，在资源开采环节大力提高资源综合开发和回收利用率，在资源消耗环节大力提高资源利用效率，在废弃物产生环节大力开展资源综合利用，形成有序开发、有偿利用、供需平衡、结构优化、集约高效的资源保护与合理利用新格局。

1．林业资源合理开发与保护

（1）积极发展林业生态产业。变林业资源优势为经济优势，加快丰产竹林基地、工业原料林基地和名特优经济林基地建设，努力创建为建设小康社会服务的林业生态产业体系。到2010年，建成丰产竹林基地33.3万公顷，以桉树、相思树为主的短周期工业原料林基地和以杉木、马尾松为主的速生丰产用材林基地66.7万公顷，以楠木、柚木、红豆杉为主的珍贵乡土树种和枇杷、龙眼、橄榄、锥栗等名特优经济林基地66.7万公顷。森林公园74处，森林公园经营区面积达16.6万公顷。

（2）加快绿色通道与城乡绿化一体化建设步伐。重点建设高速公路、国道、铁路两侧一重山范围和环城道路景观林。2004—2010年，全省兴建义务植树基地100处，新增绿化面积1万公顷，新增绿色通道绿化里程9 590千米；全省高速公路、国道可绿化里程全面绿化，省道可绿化里程绿化率达90%；铁路、江河沿线可绿化里程绿化率达80%以上，初步形成带、

网、片、点结合，结构较为合理、功能较为完备的万里绿色长廊。

（3）加强动植物物种、湿地保护和自然保护区建设。重点保护与恢复亚热带天然常绿阔叶林、滨海天然湿地等典型生态系统，建立类型齐全、布局合理、等级完善、功能齐全的自然保护区（小区、点）和物种拯救基地网络，有效拯救、保护珍贵濒危野生动植物和优良地方畜禽品种。在闽江口、九龙江口、三都湾、泉州湾等建立沿海湿地保护区，采取有力措施，对湿地资源加以特殊保护。加强对龙海九龙江口、云霄漳江口等地红树林保护。至2010年，划定和建设国家级和省级自然保护区60个，滨海湿地生态保护示范区4个，国际重要湿地3个。全省自然保护区、小区面积122万公顷。对34种珍贵濒危物种实施拯救。

2．海洋资源合理利用与保护

（1）加强海洋功能区划管理。严格按照省、市、县三级海洋功能区划，合理开发利用海洋资源。完善省、市、县三级海洋功能区划管理体系，规范海洋功能区划编制、修改、审批程序。推进海域有偿使用制度。制定并实施海洋环境保护规划，突出加强对海洋生态功能区的保护、修复和管理。

（2）提高海洋资源开发水平。加强港口和岸线资源的保护和合理开发，科学规划港湾布局，合理安排港湾用地。发挥海洋资源优势，建立良性循环的海域农牧生态系统。根据浅海滩涂养殖容量调查成果，制定养殖规划，确定合理养殖规模。加强水产养殖苗种工程建设，科学引进国外优良品种，提高水产养殖良种率。推广生态和健康养殖模式，发展大型抗风浪深水网箱养殖、天然围网养殖、增殖放流、稻田水产养殖，提高经济效益、生态效益、社会效益。减少捕捞强度，继续实行伏季休渔制度，坚决打击电炸毒鱼行为，保护近海渔业资源，积极稳妥发展远洋渔业。

（3）加强海洋生物多样性保护。加强厦门海洋珍稀物种、泉州深沪海底古森林遗址、长乐漳港海蚌、东山珊瑚礁、宁德大黄鱼等现有海洋自然保护区以及宁德海洋生态、平潭岛礁系统海洋生态特别保护区建设，新建湄洲岛和诏安城岛等9个海洋生态特别保护区和自然保护区，提高对珍稀海洋生物的保护能力。建设人工鱼礁，实施封岛栽培，改善海洋生物的生存环境。在罗源湾、宁德官井洋和闽江口等海域实施人工放流增殖，提高上述海域海洋生物种群数量和质量。建立三都澳、罗源湾、泉州湾和东山湾海洋生态监控区，调整和控制海洋开发强度，及时修整和恢复海洋生态环境。

（4）加强海洋污染防治。重点加强主要江河流域水环境和主要港湾环境整治，开展近岸海域环境容量调查，严格控制陆源污染物排放；加强海岸、海洋工程的环境影响评价，减轻工程建设对海洋环境的影响；建立生态养殖模式，减少海水养殖的自身污染。在福宁湾、三都湾、罗源湾、兴化湾、东山湾等近海重点增养殖区建设一批生态养殖示范区；加强对三都湾、闽江口、平潭近岸和厦门海域赤潮监控区的监视监测工作；加强厦门湾、泉州湾、湄洲湾等人口、工业较集聚的海湾的污染整治，解决因海堤公路、工业布局不当等对海洋生态带来的负面影响；加强海洋环境监测，为防治海洋污染提供准确信息。“十五”期末，45%以上的近岸海域水质达到功能分区的环境质量标准。

3．土地资源合理利用与保护

（1）实施基本农田保护工程。实行严格的耕地保护制度，按照“用一补一”的原则，保持耕地占补平衡。完善基本农田保护工作责任制、基本农田认定制度、非农业建设占用基本

农田许可制度和补划制度。将基本农田保护纳入政府工作目标责任制，确保全省2010年基本农田保护区面积稳定在121.93万公顷。同时，通过实施“土地整理、沃土工程”等项目，保护和提高基本农田的综合生产能力。

（2）加大土地整理力度。严格按照基本建设程序和各项工程监督管理制度，突出抓好示范项目和重点项目建设，使土地整理成为补充耕地的重要途径。通过土地整理，“十五”期间新增耕地5 000公顷，建成标准农田5万公顷，“十一五”期间新增耕地6 667公顷，建成标准农田6.7万公顷。今后占用优质良田的非农建设项目，要逐步推行表土剥离并用于异地改良中低产田或新开发耕地。“十五”期间，选择表土质量较好的工程建设项目开展表土剥离异地改良试点工作。

（3）加强围垦建设的环境保护。严格执行围垦造地的科学论证制度，加强对围垦工程的环境影响评价，落实环境保护措施，趋利避害，并采取有效措施将围垦工程对海洋生态环境的影响降低到最小限度。在此基础上，稳步推进滩涂围垦，促进耕地占补平衡。

（4）加强用地管理。改革和完善土地管理制度，强化土地利用总体规划和土地供应管理，调控土地供应结构，引导产业合理布局，有效保证项目建设用地。加强土地批后跟踪管理，大力盘活存量土地。建立土地集约利用的评价指标体系，合理确定工业项目的用地标准，推进集约合理用地。

4．水资源合理利用与保护

（1）实施水资源功能区管理。组织开展全省新一轮水资源调查评价工作，制定全省水资源综合规划；按照《福建水（环境）功能区划》，统筹协调地区、部门间的用水关系，在库区、水源地、“五江二溪”沿岸等划定保护区，对江河源头水体进行特殊保护；实施千千米河道清水工程，加强河道清淤疏浚工作，实施生态用水，实现主要流域水体变清。到2005年，全省水环境污染得到有效治理，设区的市饮用水水源水质达到国家地面水质Ⅱ～Ⅲ类标准。到2010年，全省城市集中式饮用水水源水质全部达到国家Ⅱ或优于Ⅲ类标准，重要水功能区水质达到规定标准。

（2）加强蓄水调水工程建设。坚持以蓄水调水工程建设为依托，以水资源优化配置为中心，抓好大中型水库和调水工程的规划工作，加快建设仙游金钟、诏安龙潭、龙岩白沙、浦城王家洲等具有综合调蓄功能的大中型综合利用水库。加强山地水利工程建设，新建一批小一型和小二型水库。开工建设晋江金鸡高干渠、惠东南水源、山美水库向泉州市引水工程等城市及开发区引水工程，不断提高水资源调控能力，逐步解决区域性、工程性缺水问题。

（3）强化用水管理。运用经济手段和价格机制，调节水资源供求关系，引导节约用水。“十五”期间，开展1～2个节水型社会试点建设，万元工业增加值取水量下降到170立方米，完成节水灌溉面积16.7万公顷，每年建成2～3个省级现代化节水灌溉示范园区。

5．矿产资源保护与合理开发

（1）治理整顿矿产资源勘查开发秩序。全面建立省、市、县（区）三级矿产资源规划体系，科学划定矿产资源禁采区、限采区和可采区，合理编制全省矿产资源勘查和开发专项规划。对不符合矿产资源规划的，不得批准立项和颁发勘查许可证、采矿许可证。对符合规划的小矿进行联合改造，实现矿山经营规模化和集约化；探索培育和规范矿权市场建设，依法出让探矿权、采矿权，依法征收矿产资源补偿费；强化矿山监督，大力推广新技术和新工艺，

提高矿产资源利用率。到 2005 年，全省固体矿产综合采选回收率比 2000 年提高 3～5 个百分点。

（2）突出解决矿业开发的生态环境问题。严格执行矿山开发环境影响评价制度，建立矿山生态环境恢复治理保证金制度，促使采矿权人全面履行环境保护措施；禁止新建对生态环境产生破坏的开采项目，禁止在地质灾害危险区内开采矿产资源；对已造成水土流失、水体污染等问题的矿山逐一提出整改方案，限期整改。到 2005 年，全省矿山环境污染及生态恶化的状况基本得到控制。矿山工业污染物排放达到规定标准；主要污染物排放总量控制在省规定的指标内。闭坑的矿山生态环境恢复治理率达 30%。

（3）综合治理“青山挂白”。严禁在禁采区设置新的开山采石场（点），限期整顿和关闭现有采石场（点）。采取生物与工程措施相结合，逐步恢复已关闭采石场（点）的植被。到 2005 年，基本完成禁采区的“青山挂白”治理工作。严格矿山火工材料等供应制度，对无证开采项目不得供应民用爆破物品和供电；科学划定禁坟区，严禁在禁坟区新建坟墓，对已建坟墓进行清理，严重影响景观的要限期搬迁；加快殡葬改革，争取每个县建设一个殡仪馆，到 2005 年火化率提高到 70%。

（4）开展重点区域的地球化学调查评价。运用区域地质调查、区域地球化学调查、遥感调查等方法，查明沿海平原地区和红土台地、山间盆地、河谷两岸的地质环境状况，对调查区的土壤元素特别是重金属含量、运移特征、浅层地下水质量及其对人类生活、农作物生长的影响作出评价，为城乡规划、生态农业发展、环境整治和地方病防治提供依据。

（三）构建自然和谐的城镇人居环境体系

坚持以人为本，促进人的全面发展，建设有利于身心健康、资源节约、布局合理、自然和谐的具有亚热带特色的生态城市、生态社区、生态村镇，为所有居民提供方便、舒适、优美的工作、生活环境。

1. 创建生态城市

（1）建设各具特色的生态城市。“十五”期间，厦门初步建成海湾型生态城市；福州、三明市要在国家园林城市的基础上，进一步提高绿化水平和档次，初步建成山水园林生态城市，漳州、泉州市等城市要加快生态城市建设步伐，争取进入“国家园林城市”行列；永安、邵武等市要加大绿化建设力度，确保进入“省级园林城市”行列；其他城市也要因地制宜，建成凸显自然风貌和人文特色的园林城市。同时要积极争创资源节约型城市。扩大城市绿色空间，突出抓好城市中心区绿地和大型公园绿地建设，推进城市森林带建设。至 2005 年，全省设市城市和县城建成区绿化覆盖率分别达到 35%和 30%，人均公共绿地面积分别达到 7.5 平方米和 4.8 平方米；加强城市重要地段、历史街区的城市设计工作，严格保护历史文化遗迹和风景名胜资源，充分利用园林景观、江河湖泊景观、山川景观和道路系统，加快城市生态系统建设。

（2）有效整治城市人居环境。重点抓好城市污水、垃圾处理设施建设和饮用水源地保护工作，20 万人口以上城市要加快建立水源地水质旬报制度。加快整治城市内河、内湖以及餐饮业油烟污染；推广使用液化石油气、煤气等清洁能源，积极推进餐饮业煤改气、油改气和净菜上市工作；严格控制建筑施工过程中产生扬尘、粉尘等污染；实行噪声分类管理，消除

噪声污染；治理医疗废弃物和电子废弃产品污染。至 2005 年，全省城市污水处理率达 45%以上，福州、厦门、泉州市等达 60%以上；城市垃圾无害化处理率力争达到 90%；城市用气普及率达到 95%，餐饮业燃气使用率达到 70%～80%，油烟基本得到治理；净菜上市比例达到 30%～50%。至 2007 年，建成省危险废物综合处置场和设区的市医疗废物集中处置场。

（3）推进城市环境设施运营产业化。改革城镇污水、垃圾处理投资、建设和运营体制，加强城市污水垃圾处理收费管理，开征城市污水处理费和城市垃圾处理费。抓紧制定城镇污水、垃圾处理资源利用技术政策，推进污水回用、污泥利用和垃圾分类收集以及垃圾处理的资源化；城市绿化用水、马路洒水等逐步限制使用自来水，鼓励使用回用水。至 2005 年，设市城市至少建设一座污水处理厂和一座垃圾无害化处理场；设区城市和有条件的县级市逐步开展垃圾分类收集试点工作。

（4）建设城市绿色交通体系。制定公交优先政策，建立覆盖整个城市的公共交通快速网络。至 2005 年，万人拥有公交车辆达到 8.75 标台；推广使用清洁交通工具，逐步发展高效、节能、尾气零排放、低噪声的新型无轨电车。市内出租车要加装催化转换器并逐步向环保型汽车过渡。采用排气净化技术，改造现有机动车。在各设区城市城区内的公交车、出租车逐步推广使用液化天然气清洁燃料，配套建设汽车加气站；在建立和完善城市公共交通体系基础上，加强摩托车尾气污染的治理，各城市要根据实际情况制定实施控制使用摩托车的方案。

2．建设生态（绿色）社区

（1）建设生态住宅小区。研究制订生态住宅小区规划设计技术要求和建设标准，所有新建住宅小区必须逐步建立水循环利用、垃圾分类处理、太阳能利用与节能、立体绿化、安全防卫和智能化信息服务管理系统，创造亲近自然、舒适安宁的居住环境；适应性改造旧住宅小区，使之逐步达到生态住宅小区标准。至 2005 年，建成一批符合标准的生态住宅小区和绿色社区，新建住宅小区噪声达到功能区划要求，绿地率、太阳能利用率分别达到 30%和 3%以上；设市城市都要建设示范生态住宅小区，其他县也要加快示范生态住宅小区建设。

（2）推广应用生态环保建材。制定优先使用新技术、新材料、可再生能源的技术政策，推广使用节能、可循环利用的绿色建材、构配件和装饰材料，淘汰高能耗、有污染的建材和设备；制定出台加强室内装饰装修管理规定，强化对住宅室内环境质量专项治理。

（3）开展生态社区试点建设。推行以人为本理念，制定生态（绿色）社区建设规划和标准，加强社区服务中心、健身、环保等基础设施建设，做好社区绿化、美化、净化、静化工作。组织开展健康向上的群众性文化、体育、科普等活动，普及生态文化。至 2005 年，全省城市社区下水管网普及率达到 80%以上，福州、厦门、泉州、漳州城市建成区内 40%的社区达到绿色社区标准，其他城市也要积极创建并建成一批示范生态社区。

3．建设生态村镇

（1）加强村镇规划管理。加强和改进村镇规划编制工作，突出生态规划的内容，做到村镇建设与生态建设同步实施，保护农村自然风貌。省政府确定的重点中心镇要编制环境保护专项规划，有条件的小城镇要抓紧编制村镇绿地系统规划，充分利用自然条件加强景观建设；合理规划和安排农村住宅用地；规范村镇规划调整、审批制度，将乡镇生态建设年度目标要求纳入村镇建设目标责任制；小城镇规划区内建设和用地必须严格按规划执行。至 2005 年，全省重点镇规划得到进一步修编，省级试点村镇住宅区规划设计和建设水平达到环境优美乡

镇和生态村镇。

（2）不断完善村镇环境设施。加强村镇环境卫生工作，加大“脏、乱、差”治理力度，加快改水、改厕、改圈、改电、改路步伐，推广使用无害化卫生户厕和公厕，突出抓好溪河、水沟的污染治理，实行生活垃圾集中堆放、生活污水定点排放；根据农村生态环境承载力，对立地条件差的村庄，结合“造福工程”有计划地进行搬迁。至2007年，全省行政村基本普及自来水，卫生厕所普及率达55%。全省小城镇和省政府确定的20个重点中心镇建成区平均绿化覆盖率分别达到20%和25%左右，垃圾无害化处理率达10%和20%，启动小城镇污水处理工作。

（3）开展生态村镇试点建设。在每个县（市）选择1～2个村镇作为试点，加强村镇污水、垃圾和河流污染治理力度，逐步完善村镇污水、垃圾处理系统；积极开展创建省级村镇住宅优秀小区活动，推行住宅小区建设方式，推广使用环保建材；优先选用乡土树种，建立立体种植群落和富有特色的绿化系统。力争至2005年，建成一批示范生态村镇。

（四）构建良性循环的农村生态环境体系

运用工程技术和生物措施，以农村面源污染防治为重点，改善农村能源消费结构，加强流域综合整治和水土流失综合治理，建立良性循环的农业生态系统和农村生态环境体系。

1. 加强农村面源污染综合防治

（1）控制和削减农药、化肥等污染。开展农药、化肥污染重点控制区的划定整治工作，制定化肥、农药合理使用的标准体系，推广测土配方施肥和病虫害生物防治技术，大幅度降低化肥、农药对土壤的污染；大力开发污染物治理和综合利用技术。到2005年，主要农产品生产基地病虫害综合防治技术覆盖率达80%以上，农药残留得到基本控制。

（2）综合整治养殖业污染。开展规模化禽畜养殖场禁建区的划定工作，强化规模化畜禽养殖场污染综合治理，加快畜禽养殖场废弃物处理能源环境工程建设，使畜禽粪便减量化、无害化、资源化，病死畜禽处理无害化，促进有机肥料产业化发展。根据水域生态环境保护要求，在主要水体、海域划定禁养区，并且严格控制围网养殖规模与密度。力争到2005年，基本完成规模化畜禽养殖场禁建区划定工作。禁建区划定后新建的畜禽养殖场必须限期予以拆除，禁建区划定前已建的畜禽养殖场力争于2005年底前治理达标，未按期达标的一律搬迁或关闭，力争2007年底前全省规模化畜禽养殖场完成治理达标任务。

2. 调整优化农村能源结构

（1）提高清洁能源消费比重。进一步加大液化气推广力度，规范中小水电发展，普及高效省柴节煤炉灶，开展秸秆集中供气试点，通过以电、气、煤代柴，保护森林资源。到2005年，沿海农村及主要乡镇普及使用液化气和电等清洁能源，全省80%以上农户完成省柴节煤灶改造。

（2）加快沼气工程建设力度。抓好农村沼气示范县建设，实施“生态家园、富民计划”和大中型养殖场能源环境工程项目，发展以沼气为纽带，综合利用为重点的生态农业；在相对集中的居民楼、中小学、公厕及其他公共场所，建设生活污水净化沼气池。到2005年，全省沼气池总量达26万户。

3．强化流域综合整治

（1）推进流域污染综合治理。全面实施闽江、九龙江、晋江、汀江、敖江、木兰溪和交溪等流域综合整治工程。以工业企业、乡镇垃圾和规模化畜禽养殖业为污染综合整治重点，确保排放污染物稳定控制在排放标准和总量控制指标内；超过污染物排放总量的企业，必须制定具体的削减方案，并实行限产减污等强制性措施；在全流域实施排污申报登记和排污许可证制度的动态管理，严格排污口监管，定期向社会公布流域监测监控结果。到2005年，完成“五江二溪”流域沿岸乡镇垃圾治理规划编制工作，并按规划要求推进实施。九龙江流域完成规模化畜禽养殖场的治理任务，“五江二溪”流域所有排污单位排污许可证的发放工作基本完成。省级重点污染企业基本安装污染物在线监测装置，实现污染物自动监测监控。2010年底前全面完成“五江二溪”流域沿岸乡镇垃圾污染治理任务。

（2）加强流域生态环境保护。制定流域生态功能区划和生态环境保护规划，重点加强重要生态功能区、重点资源开发区和生态良好区的保护。加大流域生态公益林保护力度，逐步在干流、支流两侧建立100米左右的防护林带；加强流域范围内的各类自然保护区建设和管理，推进新建自然保护区工作；对各流域上游源头区、中下游洪水调蓄区及两岸水土流失重点监督区等具有重要生态功能作用的区域实施抢救性保护；禁止在流域沿岸山体一侧开山采石，对采矿、采石造成的严重水土流失区和裸露山体要限期实施植被恢复工程。到2005年，完成重点流域内裸露山体植被恢复工程。

（3）提升流域环境综合管理水平。强化对全流域生态功能区划和流域各项规划的综合管理，主要江河流域由省统一制订并组织实施流域综合整治方案，中小流域由地方政府组织落实整治任务。全面贯彻实施闽江、九龙江等流域水污染防治有关规定，积极推进流域综合治理。继续实施交界断面水质目标责任制，确保各交界断面水质达到规定水质标准，并将环保目标列入市、县长年度考核内容。

4．加大水土流失防治力度

（1）强化水土保持监督执法体系建设。依据水土保持有关规定，以生产建设项目的水土保持方案审批和监督为中心，明确业主责任，加强监督检查，规范执法程序，落实恢复性治理措施。强化对工矿、交通、能源、水利等对水土保持有较大影响的建设项目的执法监督。2005年前，水土保持方案申报率达到80%以上。

（2）加快重点流失区的综合治理步伐。落实千万亩水土流失综合治理任务，重点治理汀江、九龙江、晋江、赛江“四大片”和沿海风沙侵蚀地带“四小片”的水土流失。优先开展长汀、宁化等17个县的严重水土流失区和安溪、永春、诏安、长汀等崩岗侵蚀劣地的综合治理。加强国家和省确定的水土保持示范项目的建设。2010年前完成全国及省级示范城市20个，示范区10个，示范小流域120条，水保生态科教园10个，以及水库库区重要水源地水土保持生态建设示范项目15个的建设任务，推动全省的水土流失综合治理工作。

（3）抓好重点预防区的保护工作。坚持治理和保护并举，在采取工程措施、生物措施和农业技术措施强化水土流失治理的同时，要充分发挥大自然生态修复能力，加强对主要江河流域上游水土流失潜在程度较高地区的封禁治理和预防保护，推进退耕还林和生态公益林建设，科学调整林种比例，优化土地利用，提高土地综合生产力。

（五）构建稳定可靠的生态安全保障体系

围绕“防灾减灾十大防御体系”的建设部署，以城乡公共卫生应急处理、洪涝干旱灾害防御、林业生态防护、灾害性天气预警预报服务、海洋灾害防治、农林水产疫病防治和地震地质灾害防治工程为重点，构建我省生态安全保障体系。

1．城乡公共卫生应急处理工程

按照突发公共卫生事件应急处理体系建设框架，建立健全突发公共卫生事件应急机制和应急指挥体系、疾病预防控制体系以及卫生执法监督体系。针对突发公共卫生事件的主要类型，组建省、市级应急卫生救治队伍，加强培训和应急演练。各设区的市在现有“120”急救中心的基础上改扩建紧急救援中心，新建或改扩建一所传染病医院（病区），每个县在一个综合性医院内建立传染病区；加强疾病预防控制机构建设，“十五”期间要基本完成省、市、县疾病预防控制机构业务用房建设，设备装备基本达到经济中等地区的装备标准，并逐步达到经济发达地区的装备标准；强化卫生监督执法职能，加强卫生监督执法队伍建设，保证卫生法律法规的有效实施。

2．洪涝干旱灾害防御工程

继续完善江河堤防工程。至 2005 年，福州、泉州、漳州市区防洪标准分别达到 100 年至 200 年一遇，其他中心城市达到 30～50 年一遇，重要县（市）城区防洪标准达到 20～50 年一遇；加快病险水利工程除险加固，至 2007 年，全面完成 1 006 座三类水库除险加固任务，基本实现在设计标准内大型水库不出险、中型水库少出险、小型水库不垮坝的目标；继续加强重点海堤、水闸加固，全省重要海堤防潮能力基本达到国家新颁布的防洪标准；在主要江河中上游兴建一批具有防洪、灌溉、发电等综合效益的蓄水工程，加强已建蓄水工程更新改造，进一步提高水库蓄洪、调洪能力。完成重要河段的河道疏浚与整治工作，清除行洪障碍；做好全省排涝总体规划和分期实施计划，逐步开展排涝工程建设，使排涝能力达到国家规定标准；进一步完善洪水预警网络体系，建立能提供防灾抗灾、救灾辅助决策和实施调度的“福建防汛指挥系统”；加强抗旱设施建设。通过开发新水源点、改造灌区配套、治理旱片、推行节水灌溉、发展节水农业，逐步解决沿海岛屿、突出部和山区干旱问题。

3．林业生态防护工程

有效管护生态公益林。深化林业分类经营体制改革，努力完善公益林业和商品林业的管理体制、经营机制和政策措施，建立有效的生态公益林管护机制和监督机制、生态公益林监测体系和评价体系，切实管护好划定的 286.3 万公顷生态公益林，有效保护闽江、九龙江、晋江、汀江、敖江、木兰溪、交溪等流域，以及大中型水库、湖泊等重要水源地；在主要江河流域继续建设水源涵养林和水土保持林，到 2010 年计划改造低效林 3.13 万公顷，封山育林 5.81 万公顷，造林更新 2.11 万公顷。继续推进沿海防护林建设，抓好沙荒风口造林、沿海基干林带加宽与断带补齐、老林带及其他低效林更新改造以及红树林、农田林网建设，巩固和完善 3 324 千米海岸绿色生态屏障，提高防灾减灾功能。到 2010 年，全省沿海防护林建设县有林地面积达到 151.5 万公顷，森林覆盖率达 58.6%，绿化程度达 95%以上，大陆海岸线基干林带长度达 2 885 千米，农田林网化率达 85%，道路两侧基本绿化，村庄绿化率达 25%。强化森林防火体系建设，到 2010 年，有林地发生火灾率控制在 0.8‰以内。

4．灾害性天气预警预报服务工程

按照“一流技术、一流装备、一流人才、一流台站”的要求，“十五”期间以中尺度灾害性天气预警系统为重点，推进三期工程建设，完善优化中尺度天气综合监测网，升级改进中尺度天气信息通信网，完善扩充中尺度天气信息加工处理和应用系统，建立省、市、县三级综合气象服务系统，健全全省气象技术保障体系，增强城乡灾害性天气监测、预警能力，提高天气预报准确率。“十一五”期间，以福建沿海及台湾海峡气象防灾减灾服务体系建设为重点，建立大气海洋环境综合探测与信息共享平台，完善气象综合服务系统，进一步增强陆地、海上灾害性天气和生态气候监测、预警能力，继续提高天气预报精细化水平。开展雷电监测、预报预警工作，建设雷电灾害防治工程，减少雷电灾害造成的损失。加大人工影响天气系统的研究和实施，做好空中水资源的开发利用。加快生态气候资源规划，提高气候资源利用率。

5．海洋灾害防治工程

按照“民办公助”的原则，“十五”期间新建晋江深沪、连江黄岐等 5 个中心渔港和诏安赤石湾等 6 个一级渔港以及新扩建一批二级渔港，逐步建立以国家中心渔港、国家一级渔港为重点，以海岛型渔港、二级和三级渔港为基础的沿海渔港减灾防灾体系，提高渔船就近避风比例，将渔港逐步建设成为融渔船避风、渔货集散、渔业生产、加工贸易、运输补给、滨海旅游和休闲渔业为一体的海洋捕捞产业化基地；建设和完善近岸海域海洋环境监测网络，对各类海洋灾害进行监测、监控、预警和预报，减少海洋灾害损失。

6．农林水产疫病防治工程

加强农产品疫病防治工作。建立重大动植物疫病监测预警和控制体系，加强重大疫情的控制扑灭工作。加快无规定动物疫病项目建设，逐步扩大项目覆盖区域，实现从局部净化到整体净化过渡。建立健全省级农畜产品质量检测和动植物疫病监测诊断中心、9 个设区的市动植物疫病监测诊断中心，建设福州、厦门、龙岩、南平等区域性畜产品检测中心和 10 个国家级动植物疫情测报站，基本建成动植物疫病监测诊断、预防控制系统；加强森林病虫害防治工作，加快林业有害生物预警监测、检疫御灾和防治减灾系统建设，加大林业有害生物综合防治技术研究和基础设施建设力度，提高森林病虫害防治水平。到 2010 年，建成森林有害生物预警监测和检疫检验中心 10 个，大型林业生物制剂、生物人工繁育基地和隔离试种苗圃各 1 个。加强水产疫病防治。进一步建设完善省级海洋环境与渔业资源监测水产品质量安全检测中心和渔业病害防治中心，建立健全省、市、县海水、淡水养殖病害防治体系，加强防疫人员的培训，使我省水产病害、疫情的监测、预报和防治服务能力达到国内先进水平。

7．地震、地质灾害防治工程

加强防震减灾工作，逐步建立适应省情的地震前兆异常识别判断指标体系、震害预测与震灾快速评估体系。城市高层建筑、重大工程等项目建设要按照抗震标准做好建设场址地震安全性评价和抗震设计。“十五”期间，重点建设全省防震减灾中心、三大地震观测台网和三大基础工程的城市防震减灾一期工程，以福州等 6 个设区的市和福清等 6 个县级市城区为重点防御对象，建立和完善防震减灾基础设施。“十五”以后，进一步强化民众防震减灾意识，建立健全地震监测预报体系、地震灾害防御体系和地震灾害应急管理及紧急救援体系，建设 GPS 监测网络和地震台阵网，制定城市灾害应对措施，加强对村镇建设的抗震设防和规划管

理，实施村镇安全居民工程；加强地质灾害防治工作。严格控制人为诱发地质灾害的发生，不断减少地质灾害的发生率及其危害。结合“造福工程”建设，对受难以治理的地质灾害威胁的群众实施搬迁避让工程。到2005年，初步建立省地质灾害预警体系，重大地质灾害隐患点防治率达20%以上，“十五”以后，全省的地质灾害预警体系进一步完善。

（六）构建先进高效的科教支持与管理决策体系

着眼于提高可持续发展能力，加强科技和教育支撑作用，促进优势学科建设、人才培养和先进技术研发，建立多层次、全方位的民主决策管理机制，为生态省建设提供有力的技术支撑和组织保障。

1．加强生态省建设的科教支撑

（1）加强生态环境相关领域的技术研究与开发。加强环境污染监控、流域水资源保护、海洋环境保护、疫病防治、资源开发和生态重建等基础领域的研究；突出研究开发环保新材料、海洋开发、生物防治、生物安全、资源综合利用和清洁生产等技术；开展海洋生物菌、生物膜、光催化、植物病毒、超级稻、优良林木种苗、功能材料等具有国内领先水平的科技攻关；鼓励科研单位、高等院校、生产企业研究开发绿色工业品、生物饲料、生物肥料、生物农药、生态种养模式等绿色产品和循环经济新技术。

（2）加快环保科研成果的推广转化。鼓励科研机构、高等院校与生态示范区、生态农业示范基地、生态工业园区等建立产学研体系，对生态环保技术的关键共性问题开展联合攻关。拓宽生态环保科技成果转化渠道，加大扶持力度，着力推广生态农业、资源综合利用、废弃物资源化和高效低耗、无废少废的清洁生产技术，以及农村生态环境保护、生态恢复重建、面源污染治理等技术，培育形成若干具有一定规模和产品优势的生态环保科技成果产业化基地。

（3）加强生态环境领域的学科建设和人才培养。发挥厦门大学、福州大学、福建师范大学、福建农林大学、福建工程学院等高校在人才培养和科研方面的作用，依托我省资源与环境重点学科，建立生态环境教育中心与科研基地，发挥其在生态省建设中的基础研究、应用研究、监测评估、人才培养与教育培训等方面作用。加强省内高校、科研院所与国内外高校、科研院所的合作，大力引进生态建设与环境保护方面的急需人才。

2．建立健全生态环境监测监管网络

（1）建立完善生态环境动态监测、预警与快速反应体系。应用遥感、地理信息系统、卫星定位系统等信息技术，进一步摸清我省生态环境基础情况。建设重大生态资源、环境预测的动态监测网络，提高生态监测和环境污染监测准确性和时效性；加强工程防险除险、地质灾害、气象、地震、水土流失等预报预警系统建设，强化台风、暴雨、暴潮、冰雹、雷电等灾害天气以及疫病、生物安全、赤潮、农林畜牧渔业病虫害、环境污染事故等的预报，提高预警和防范能力。建立健全快速反应系统，避免和减少各类灾害造成的损失。

（2）建立绿色标准认证体系。研究建立国民经济绿色核算指标体系、绿色产业发展评价指标体系。加快研究建立各行业以及生态功能区、生态工业园区、生态城市、社区、住宅区等生态园（社）区建设绿色标准，明确生态省建设的技术规范。加强食品安全监测，建立完善无公害农产品、绿色食品、有机食品、环境标志产品认证制度和年检制度。

3．建立和完善生态省建设的决策管理机制

（1）建立生态省建设的组织协调机制。加强领导，统筹解决生态省建设中的重大问题，协调部门、地区间的行动。明确部门和地区的职责，制订地区规划与部门实施方案，落实地方、部门环境保护与生态建设任务，形成省、市、县分级管理、上下联动、务实高效的管理决策系统。

（2）建立生态省建设的约束和激励机制。按照生态省建设总体规划，制定年度实施计划，落实年度工作责任单位；把生态建设、环境保护列入各级领导干部工作业绩考核的主要内容，建立环保重大决策责任追究制度；结合领导干部考核，对其任期内的区域生态环境质量状况以及所出台相关政策的生态环境影响进行评估，建立约束机制；每年组织对各部门、各市县生态省建设情况进行跟踪督查，形成年度工作评估报告，建立目标责任考评制度和奖惩制度，完善激励机制。

（3）建立健全生态省建设的监督机制。发挥各级人大依法监督、各级政协民主监督的作用；鼓励社会各界人士对生态省建设建言献策，并充分发挥新闻媒体和群众的舆论监督作用，形成由人大、政协、部门执法，新闻媒体和社会舆论监督等构成的全方位的监督机制。

（4）建立突发公共卫生、重大生态破坏和环境污染事件的应急机制。建立并完善突发事件信息网络系统，逐步建立覆盖全省的突发公共卫生、重大生态破坏和环境污染事件的预警、监测与应急指挥体系；加强对全省公共卫生、重大生态破坏和环境污染事件的科学分析，采取有效措施，对疫情的预防控制和生态环境恶化事件实施应急处理。

四、生态省建设的功能区划和重点区域

（一）生态功能区划

根据生态功能区划的技术规范要求，按Ⅲ级结构将全省划分为 5 个生态区、17 个生态亚区和 107 个生态功能区（详见附 2 和附 4）。在基本明确全省生态区和生态亚区的基础上，要进一步细化县域生态功能区，完成全省生态功能区划，并由各级政府发布实施，按生态功能区落实生态建设与环境保护任务。

1．闽北闽西山地盆谷生态区

包括建溪、富屯溪、沙溪、汀江和永定河流域全部地区。该区以湿润中亚热带为基带，盆谷地和山地相间分布，其中盆谷地和相对高度 250 米以下的丘陵地占 50%以上；属典型的湿润中亚热带气候类型，土壤深厚肥沃，森林覆盖率高。

该区域共分 4 个生态亚区，其发展和保护方向是：闽江和汀江河源水源涵养和生物多样性保护；河流中上游重要水库库区和库沿生态保护；武夷山世界文化与自然遗产地保护；主要盆谷平地以高效优质绿色食品、有机食品生产和农林牧复合经营为重点的生态农业建设；非河源山地丘陵区域的生态公益林和可持续林产业建设；沙溪中游永安—三明—沙县谷地的工业污染源防治及城市—城郊型生态建设；汀江中上游部分地区的水土流失治理和矿山水土保持。

2．闽东闽中中低山山原生态区

包括闽东水系、闽江中游各支流水系和木兰溪、晋江、九龙江三水系的上游流域部分。该区以湿润中亚热带为基带，中低山为主，海拔在 500 米以上的盆谷地和丘陵地面积占 70% 以上，河流湍急，水力资源丰富，具有典型的湿润和潮湿的中亚热带和北亚热带型气候，森林较为茂密。

该区域共分 5 个生态亚区，其发展和保护方向是：闽东诸河、木兰溪、晋江、九龙江的水源地水源涵养和生物多样性保护；山地生态恢复和生态公益林建设；水土流失重点监控和治理；古田—水口水库库区与库沿生态保护和建设；高位盆谷地和丘陵状山原地发展以茶叶、食用菌、反季节蔬菜、特种高地作物和温带型花卉为主的高效生态农业；加强区域内的城市生态建设。

3．闽东沿海和近岸海域生态区

包括闽江口以北闽东临海的各乡（镇）和所包围的内湾及相邻的外海海域。该区域以湿润中—南亚热带过渡带海湾区域为特色，有溺谷型海湾深入内陆，湾阔港深、不冻不淤，具备多处深水港址。具有较狭窄的滨海平原和泥质、沙泥质滩涂。气候属湿润的中—南亚热带过渡类型。

该区域划定 1 个生态亚区，其发展和保护方向是：保护海洋生态，维护海洋生物多样性，实施海洋灾害防治和生态安全重点监控，防止海域水体富营养化，防治赤潮、海岸侵蚀等海洋灾害；协调好港口—工业—城市建设与海湾生态维护之间的关系；建设经济繁荣、景观优美的双福滨海走廊生态经济带；建设优质海湾水产养殖基地和晚熟南亚热带水果生产基地。

4．闽东南西部丘陵盆地生态区

包括福厦高速公路和 324 国道所经过的市区和乡镇以西的所有区域。该区以湿润南亚热带为基带，丘陵和盆谷平地相间分布，沉积层和风化层深厚。气候属湿润南亚热带类型。

该区域共分 3 个生态亚区，其发展和保护方向是：加速农业经营方式和结构改变，大力扶持和发展绿色食品和有机食品，建设高效集约特色的生态农业区；加速城市化进程，处理好城乡协调发展关系；做好土地资源的合理利用，控制乡镇企业污染，严格控制新开果园和采石工程带来的水土流失。

5．闽东南沿海及近岸海域生态区

包括福州盆地、龙江流域、木兰溪、晋江、九龙江及九龙江以南诸河下游流域区域。该区属福建四大平原，以湿润半湿润南亚热带台丘平原为特征，平原与台地丘陵广布，半岛与海湾相间排列，多优良港湾和优质沙滩，海洋资源丰富。气候属湿润与半湿润南亚热带类型，水资源不足，风沙和干旱危害比较突出。

该区域共分 4 个生态亚区，其发展和保护方向是：以生态城市、国际花园城市和园林城市为目标，建设福州、厦门、泉州、漳州、莆田等生态型城市；建设经济繁荣、景观优美、环境舒适、城乡一体的福—厦—漳—诏走廊带；全面治理污染，严格控制污染物向海湾排放，保护海洋生态系统，维护海洋生物和河口湿地多样性；发展生态渔业；实施海洋灾害防治和生态安全重点监督；防治和减少赤潮、风暴潮危害、海岸侵蚀和外来有害物种侵入；对内湾区域围垦要进行科学论证，维护港区和航道稳定；加强海滨旅游区的生态建设，保持和提高区域生态承载力。

（二）重点生态示范区建设

按照统筹规划、分类指导、以点带面、分区推进的原则，根据五大生态区的生态特征、保护和发展方向，合理布局生态示范区，有针对性、有目的地进行示范工程建设，使之成为生态省建设的重要标志。

1．国家级和省级生态示范区

（1）推进现有生态示范区建设。对已通过国家验收命名的建阳、建宁、华安等 3 个国家级和福鼎秦屿镇省级生态示范区，继续按照国家提出的建设考核指标，明确“十五”期间建设目标和任务，力争南平市、长泰、东山等 7 个国家级生态示范区全部通过国家验收命名；闽侯荆溪镇、漳州浦南镇等部分省级生态示范区通过省级验收。

（2）创建新的生态示范区建设试点。在闽中闽东中低山山原区的高海拔县域建设以推广生态农业发展模式为重点的生态示范区；在闽东南地区新建以城乡一体化协调发展为重点的省级以上生态示范区；在以武夷山自然保护区为中心的闽浙赣交界山区新建以生物多样性保护和山地生态旅游为重点的具有世界意义自然保护和生态建设示范区；选择具备条件的地区开展生态工业园区试点。

2．可持续发展实验区

东山实验区要以生态旅游为重点，大力发展第三产业；石狮实验区要以外向型经济为目标，加快产业升级；漳平实验区要以生态效益型工业为重点，探索山区经济现代化的新路子；水口库区要以试验、推广先进实用的污染治理技术为重点，抓好乡镇垃圾、生活污水和畜禽养殖业污染治理，在维护库区生态良性循环前提下，引导库区合理布局，积极发展生态农业。“十五”期间，积极争取南平市创建国家级可持续发展实验区。同时，选择基础较好、典型示范意义明显的市、县开展各具特色的试点工作，力争每个设区的市建设 1～2 个可持续发展实验区。

（三）重要生态功能区保护

在主要江河源头区、重要水源涵养区、河口湿地区、水土保持的重点预防保护区和重点监督区、饮用水源保护区、防风固沙区和重要渔业水域等重要生态功能区，建立一批生态功能保护区。对这些区域的现有植被和自然生态系统严加保护。在保护区内停止一切导致生态功能继续退化的开发活动和其他人为破坏活动；停止一切产生严重环境污染的工程项目建设；改变粗放生产经营方式，对已经破坏的生态系统，组织重建与恢复。

（四）生态脆弱区综合整治

加强对部分生态环境比较脆弱和出现退化趋势的地区进行综合整治和生态重建。在上杭紫金山矿山等重点矿山建设矿区生态恢复示范区，在闽东建立山地脆弱生态系统综合整治与合理开发示范区，在闽西北建立农田林网建设和高优特色农业发展相结合的生态脆弱地域生态保护示范区。

五、生态省建设的重大项目

按照实施项目带动战略的要求，围绕六大体系建设任务，筛选汇总生态省建设“十五”重点启动或推进的29类项目，总投资约768亿元，其中“十五”预计投资447亿元（详见附3）。这些项目有的已经启动，有的正在开展前期工作，各地、各部门要分年度分阶段落实目标责任制，扎实有力地加以推进，同时要加强项目的策划和储备工作，使生态省建设有持续不断的项目支撑。

（一）生态效益型经济建设项目

包括生态农业、生态效益型工业和生态旅游等方面项目。“十五”重点推进安全食品生产、畜牧水产生态养殖、生态农业示范、林业基地等生态农业项目，传统产业改造与清洁生产、环保产业、污染治理和资源综合利用等生态效益型工业项目，以及一批重点生态旅游区综合开发项目，形成生态效益型经济发展的初步格局。

（二）资源保障建设项目

包括林业、海洋、土地、水、矿产资源开发与保护等方面项目。“十五”重点推进森林公园建设工程、生物多样性保护工程、湿地保护工程、城乡绿化一体化和绿色通道建设等林业资源开发与保护项目，海洋自然保护区建设、人工鱼礁和封岛栽培、生态养殖示范区建设等海洋资源开发与保护项目，基本农田建设、土地整理工程等土地资源保护与利用项目，重点矿区生态恢复等矿产资源保护与开发项目以及千万农村人口饮水工程、千万方山地水利工程、千万亩节水灌溉工程等水资源保护与开发项目，初步形成有序开发的资源保护与合理利用新格局。

（三）城镇人居环境建设项目

包括城市污水垃圾处理、危险废物和医疗废物处置、园林绿化、生态文化等方面项目。“十五”重点推进一批城市污水垃圾处理设施、省危险废物处置设施、城市环境综合整治、城镇园林绿化以及文物遗址保护等项目建设，初步形成生态和谐、环境优美的绿色城市体系。

（四）农村生态环境建设项目

包括农村清洁能源、水土流失治理、流域环境治理、“青山挂白”治理等方面项目。“十五”重点推进农村沼气工程、闽江、九龙江、敖江等重点流域水环境综合整治、千万亩水土流失治理、主要交通干线和流域两侧“青山挂白”治理等项目建设，初步形成良性循环的农村生态环境体系。

（五）生态安全保障建设项目

包括城乡疫病防治、洪涝干旱灾害防御、林业生态防护、灾害性天气预警、海洋灾害防治、农林水产疫病防治、地震和地质灾害防治等方面项目。“十五”重点推进突发公共卫生体

系建设等城乡公共卫生应急处理项目，千座水库保安工程、千千米河道清水工程、县级城区排涝工程等洪涝干旱防治项目，生态公益林保护工程、沿海防护林体系四期工程、江河流域生态林保护一期工程等林业生态项目，中尺度灾害性天气预警系统三期工程等天气预警项目，渔港避风港建设、水产养殖病害防治体系等海洋灾害防治项目，农产品检测检验中心、农业有害生物预警与监控体系、森林病虫害监测与防治体系等农林疫病防治项目以及部分城市防震减灾、重点地区地质灾害防治等地震地质灾害防治项目建设，为促进全省经济社会发展提供有力的生态安全保障。

（六）科教支持与管理决策建设项目

包括科教支撑、监测网络、信息系统、管理系统等方面项目。“十五”重点推进部分重大科技攻关项目、省环境监测体系、海洋生态环境监测网络、森林监测网络及信息系统、水土保持监测网络、“数字福建”生态环境信息子系统、省防汛指挥决策系统、省气象防灾减灾与服务系统等项目建设，为解决各类重大生态环境问题提供重要的基础支撑和决策参考。

六、生态省建设的保障措施

生态省建设是一项系统工程，各地、各部门要加强协调，注重体制创新和机制创新，狠抓各项工作的落实，为生态省建设提供制度和资金保障。要把生态省建设纳入法制轨道，按照《行政许可法》的要求，规范有关管理行为，完善配套法规政策，保证生态省建设的目标任务顺利完成。

（一）研究制定并落实相应政策法规

1. 研究出台一批生态环境方面的政策法规

加快研究促进清洁生产、资源节约、循环经济发展、耕地保养管理、肥料与农药管理、流域水系保护、地质灾害防治、防震减灾、防洪、河道管理、生产建设项目水土保持、水资源管理、固体废弃物管理和利用、动植物防疫检疫和动植物产品安全管理、放射性废物管理、防雷减灾、全民义务植树、生态公益林管护、矿山生态环境保护与治理等方面的地方性法规；尽快制订无公害农产品管理、环保产业市场管理、污染物排放监督管理、取水许可监督管理、生态示范区建设管理等政策规定。

2. 清理修订有关政策法规

抓紧清理修订《福建省实施〈中华人民共和国水法〉办法》、《福建省实施〈中华人民共和国渔业法〉办法》、《福建省沿海滩涂围垦办法》等现有法规规章以及与生态环境保护和建设、国际公约不相适应的政策法规。

3. 加大资源环境执法力度

积极推行生态环境保护行政执法责任制。加强人大、司法机关、行政监督机关对生态环境保护与资源法规实施情况的执法检查，针对突出问题开展查处生态环境违法行为的专项行动，并且形成经常性的执法机制。

4．抓好各项政策措施的落实

各级政府要切实加强领导，认真结合本地实际，出台相关政策措施，制定具体实施意见，强化抓落实的工作机制，并将各项政策措施落实到具体责任单位、责任人。

（二）协调部门和地区行动

1．牢固树立正确的政绩观

按照科学发展观的要求，引导各级各部门树立正确的政绩观，在制订发展目标时，不仅要考虑经济指标，而且要考虑人文指标、资源指标和环境指标，不仅要重视对促进经济增长的项目的投入，而且要重视对资源和环境保护项目的投入，真正把促进人与自然和谐发展放在突出的位置，使生态省建设的目标任务分解在具体工作中。

2．提高生态省建设资金的使用效益

一是加大投入。各级财政要按照事权财权相结合的原则，统筹安排预算内外投入生态环境建设方面的资金，集中财力建设重点生态工程，调整农业基本建设投资和财政支农资金支出结构，加大农业生态环境建设的投入。同时把一部分资源税费收入用于生态省建设，多渠道筹集生态省建设资金，保证生态省重点项目建设的资金需求。二是形成合力。加强对环境保护与生态建设重点项目、资金安排的协调，集中各部门相关专项资金支持重点骨干生态项目建设，强化各部门按职能履行监督管理的协调性。

3．清理调整生态环境方面的收费项目

按“取消一批、合并一批、变更标准一批、规范一批”的办法，对现有 52 项与生态环境有关的收费项目进行清理，取消一批为养人、办事自行出台的违反国家和省有关政策的不合理收费项目；合并一批性质相近或重复的收费项目；变更一批收费项目标准；规范一批收费项目，对保留的收费项目要依法征收，规范管理，注意发挥资金使用效益，确保生态收费资金用于生态建设。

4．明确部门和地区的责任

各地、各有关部门要按照生态省建设目标和任务，制订地区和部门实施方案。要不断总结生态环境保护和经济建设相结合的有效途径。对人民群众反映强烈的生态环境突出问题，要提出专项治理措施，明确目标进度，落实责任单位，加强督查，狠抓落实。

（三）鼓励社会力量参与

1．鼓励民间资本投入生态环境项目建设

采取政府投入一定比例资金引导、政府投资的股权收益适度让利等方式，引导民间资本参与生态省建设。加强山区和沿海之间生态建设项目的协作。充分运用财政贴息、前期经费补助、无息回收性投资等间接手段，保证社会资本对生态建设投入的合理回报。

2．通过土地等优惠政策扶持生态产业发展

对生态建设项目，优先保证用地。对重要生态项目用地符合国家划拨供地目录的，可实行行政划拨。使用期限内土地使用权在不改变用途的前提下可以依法继承、转让、出租和抵押。

3．推进经营性生态项目产业化进程

抓紧开征垃圾处理费，逐步提高污水垃圾处理费收费标准，加快垃圾、污水处理产业化进程。落实相关财税优惠政策，延长项目经营权期限，鼓励社会资金投入生态建设。

4．支持生态项目融资

各级政府及有关部门要积极支持和帮助推荐生态项目申请银行信贷、设备租赁融资和国家专项资金、外国政府和国际金融机构贷款以及发行企业债券和上市融资。完善相应的管理制度，为生态项目将特许经营权、污水垃圾处理收费权、林地、林木、矿山、海域使用权等作为抵押物进行抵押贷款提供条件。

（四）完善管理体制和补偿机制

1．进一步理顺生态与环境保护建设的管理体制

对我省目前在资源与环境保护建设方面的重大体制和机制问题，包括海岸带开发的管理体制、自然保护区的建设和经营体制、生态环境收费体制、矿业开发生态环境恢复机制及生态建设资金管理体制等，研究提出协调与解决方案，切实解决部门职能交叉、分割管理造成的政出多门、责任不落实、执法不统一等问题。

2．建立生态环境补偿机制

按照“污染者付费、受益者补偿”的原则，重点在水污染治理、林业生态、土地使用等方面，试行生态受益地区、受益者向生态保护区、流域上游地区和生态项目建设者提供经济补偿办法，探索实行受益地区对保护地区的生态补偿制度。试行对生产有害于环境的产品的企业征收一定比例的环境补偿费，用于环境治理。

3．健全资源有偿使用制度

完善水资源费、土地使用费、水土保持补偿费征收制度，全面征收海域使用金，逐步健全资源有偿使用制度。征收的资源补偿资金要用于公共性生态环境项目建设。逐步实行环境资源市场化管理，通过公开招标、拍卖等形式，改变无偿使用环境资源并将环境成本转嫁给社会的做法。

（五）大力培育生态文化

1．强化全社会生态环境意识

坚持面向广大基层的宣传形式，组织开展以提高人的素质和全社会文明程度为主要内容的宣传活动。每年结合“地球日”、“世界环境日”、“世界水日”、“世界住房日”、“世界湿地日”、“全国土地日”、“保护母亲河日”、“植树节”、“四五”普法等活动，利用广播、电视、报刊等新闻媒介和各种文艺活动、专题展览等群众喜闻乐见的方式，广泛开展多层次的舆论宣传、文化熏陶和科普教育，强化对广大人民群众的环境意识和环境道德教育，促进公众转变不文明的观念和生活方式，提高环保国策意识和生态文明程度。设立生态博物馆，举办生态省建设成果展示。

2．加强生态建设的基础教育

结合素质教育开展理论教育工作，将资源节约纳入中小学教育、高等教育、职业教育和技术培训体系。组织编写生态环境教育材料以及面向社会各层次的生态省建设普及读物。加

强对各级领导干部、企业法人代表的生态环境知识和可持续发展知识的培训。积极开展生态夏令营、绿色学校等环境公益活动。

3．建立社会公众参与的有效机制

开展城镇生活垃圾的定点分类堆放、节水减污、资源回收利用、全民义务植树、环保志愿者行动等活动，设立生态建设投诉中心和公众举报电话，鼓励检举揭发各种违反生态环境保护法律法规的行为，加强环保法律、政策和技术咨询服务，扩大和保护社会公众享有的环境权益，包括环境监督权、知情权、索赔权和议政权等。

4．着力弘扬生态文化

坚持“以人为本”的原则，以社区为载体，以提高人的素质为根本出发点，把强化生态环境理念作为社区文化建设的一项重要内容，通过加强生态文化设施建设、思想道德建设，实施优秀民族文化遗产保护和历史文物保护工程，发展积极向上的生态文化，创造全社会关心、支持生态省建设的文化氛围。控制人口数量，提高全民的综合素质，使人口与经济、社会和资源、环境相协调。

（六）拓展对外交流与合作

1．全方位开展国际交流与合作

学习借鉴国际生态保护与建设的经验。鼓励外商在闽设立生态研究开发中心和开展项目合资合作，聘请国外知名专家、学者来闽开展学术交流。把利用外资同生态建设结合起来，鼓励外资投资高新技术、污染防治、节约能源和原材料和资源综合利用的项目，同时要防止污染转嫁和新污染源的出现。鼓励外商独资、合资、合作造林营林，积极引进国（境）外优良品种、先进技术、设备与管理理念。

2．积极开展省际间交流与合作

通过项目成果交易会等多种形式和渠道为省内外广大投资者、企业、高校及研发机构搭建信息技术和项目成果转化平台，大力引进省外生态建设和环境保护的成功经验以及技术与人才，为我省生态省建设提供有力的技术与人才保障。

3．加强闽港澳台交流与合作

充分利用地缘、人缘优势，拓展对港澳台生态环境合作与交流，扩大对农业资金、优良品种、先进技术设备以及人才和管理经验的引进规模。继续办好海峡两岸农业合作实验区，扩大与台湾高科技园区的合作交流，建成一批诸如闽台农业技术交流中心、良种繁育中心等配套设施。进一步拓宽闽台林业、环保、旅游、科研开发等领域合作，鼓励台商投资生态项目。加强与港澳台在生态旅游上的合作，鼓励港澳台资金以合作形式建设生态旅游项目。

附：1．福建生态省建设评价指标体系表（略）
2．福建生态功能区划表（略）
3．福建生态省建设“十五”重大项目归类表（略）
4．福建省生态功能区划图（略）

浙江

浙江省人民代表大会常务委员会关于建设生态省的决定

（2003年6月27日浙江省第十届人民代表大会常务委员会第四次会议通过）

浙江省第十届人民代表大会常务委员会第四次会议听取了省政府关于开展生态省建设情况的报告，进行了认真的审议。会议认为，经过改革开放二十多年的发展，我省已进入全面建设小康社会，提前基本实现现代化的新阶段。建设生态省，打造“绿色浙江”，是贯彻“三个代表”重要思想和党的十六大精神的实际行动，是我省加快全面建设小康社会，提前基本实现现代化的重要战略举措，是一项功在当代、泽被子孙的民心工程，合乎省情，顺应民意，意义重大而深远。会议指出，我省相对优越的自然环境，良好的环境保护和生态建设基础，多年积累的雄厚物质基础和良好的经济发展势头，是推进生态省建设的有利条件。要在省委的领导下，举全省之力，紧紧抓住21世纪头二十年的重要战略机遇期，坚持可持续发展战略，坚定不移地走文明发展之路，把我省建设成为具有比较发达的生态经济、优美的生态环境、和谐的生态家园、繁荣的生态文化、人与自然和谐相处的现代化省份。为此，会议作如下决定：

一、统一思想认识，增强全社会可持续发展和生态环境保护意识

建设生态省，就是要紧紧围绕发展这个执政兴国的第一要务，遵循自然、经济和社会发展的规律，树立集约、高效、永续的发展理念，努力转变经济增长方式，加快新型工业化步伐，大力发展生态经济，不断改善生态环境，实现人与自然的和谐，经济和社会的协调发展。生态环境是承载经济社会发展的基础，已经成为一个国家和地区综合竞争力的重要组成部分。保护和改善生态环境，不仅是保护和发展生产力，也是社会文明进步的标志，关系人民群众长远的、根本的利益。各级领导干部要深刻认识建设生态省的科学内涵，深刻认识生态省建设的重要性、紧迫性和艰巨性，统一思想，把生态省建设贯穿于现代化建设的全过程，树立全面的发展观，坚持以人为本，正确处理加快发展经济与保护生态环境、眼前利益和长远利益、局部利益和全局利益的关系，统筹城乡经济社会发展，努力实现经济社会发展和生态环

境保护的“双赢”。要加大宣传教育力度，广泛开展各类创建活动，建立有效的公众参与机制，不断增强全社会的生态环境保护意识和公德意识，促进生产方式、生活方式和消费观念的转变，大力营造推进生态文明建设的良好社会环境。

二、科学编制规划，明确生态省建设的目标任务

建设生态省，是一项事关全局的战略任务。省人民政府要科学编制和组织实施《浙江生态省建设规划纲要》，明确生态省建设工作的指导思想和基本原则，确定启动、推进、提高等各阶段的目标和任务，建立符合国家规定和我省实际的指标评价体系，正确把握区域经济发展与生态功能区划的关系，以人与自然和谐为主线，以持续快速发展为主题，以提高人民群众生活质量为根本出发点，以体制创新、科技创新和管理创新为动力，大力发展生态经济，改善生态环境，培育生态文化，全面打造“绿色浙江”。各地都要根据《纲要》，从当地实际出发，编制本地区的规划，明确目标任务，积极开展创建生态市县和生态乡镇活动。要按照不同生态功能区域的要求，因地制宜，分类指导，分步实施，有效推进。

三、围绕重点领域，扎实做好生态省建设各项工作

建设生态省，是一项宏大的系统工程，必须着眼长远，立足当前，突出重点，狠抓落实，一任接着一任干，一年接着一年抓。要根据生态省建设的现阶段目标，围绕重点领域，认真组织实施一批重大建设项目。要继续调整产业结构，优化产业布局，探索发展循环经济的有效途径。大力发展生态工业，积极推行清洁生产，培育一批科技含量高、经济效益好、资源消耗低、环境污染少的优势产业、优势企业和优势产品，建设先进制造业基地。大力发展生态农业，推广生态农业模式，扩大无公害农产品、绿色食品和有机食品生产基地规模。加快城镇生态环境保护基础设施建设，提高全省的污染物处理能力。建立污染源的长效管理机制，下大力削减污染物排放总量。积极稳妥地开展“千村示范，万村整治”活动，努力改善农村生产生活环境。稳定低生育水平，提高人口素质，改善人口结构。加强水、土地、矿产、海洋等自然资源的合理开发和保护。加快重点生态公益林工程建设，进一步提高森林覆盖率，发挥森林生态效益。在生态省建设中，各地都要从实际出发，每年集中解决一些突出存在的生态环境问题，做到年年有新进展，年年有新成效，力戒形式主义。

四、坚持改革创新，为生态省建设提供有效的保障

建设生态省，要进一步解放思想，深化改革，推进体制创新、科技创新和管理创新。要建立生态省建设领导负责制、任期目标责任制和责任追究制，实行“一把手”亲自抓，负总责，层层落实领导责任。各有关行政主管部门要按照法律法规规定的职责，落实责任，相互配合，齐抓共管，形成合力。要改进和完善对领导干部政绩考核办法，把生态环境保护和建设的成效作为考核各地区各部门的工作成绩和干部政绩的重要内容，引入绿色 GDP 观念，不仅看经济指标，还要看人文指标、资源和环境指标。要切实增加生态环境保护和建设的投入。

各级政府要把生态省建设资金列入本级预算，并逐年按一定比例增长，充分发挥公共财政在生态环境保护和建设方面的导向作用。要以改革的思路，拓宽投资渠道，通过企业化、产业化、市场化运作，鼓励和支持社会资金投向生态环境保护和建设，逐步建立政府主导、多元投入、市场推进、公众参与的投融资机制。省人民政府要认真研究，逐步建立和健全生态效益补偿机制。加大向欠发达地区、重要生态功能保护区的财政转移支付力度。继续实行鼓励退耕还林和下山脱贫的优惠政策，增加资金投入，加快退耕还林和生态移民的进度，促进这些地区加快发展。要突出科技创新，积极推广应用环保科技成果、绿色生产技术和循环经济新技术，加强生态省建设的人才培养。要扩大国际国内合作与交流，吸收和借鉴生态文明建设的优秀成果，加快生态省建设步伐。

五、加强法制建设，为生态省建设创造良好的法治环境

建设生态省，需要法制的规范、引导和保障。要根据国家法律和生态省建设的实际需要，抓紧制定和修改生态建设、环境保护、清洁生产和发展循环经济等方面的地方性法规和政府规章，进一步健全我省生态环境保护的法律制度。要强化生态环境保护和管理，依法行政，公正司法，坚决制止和查处各类破坏生态环境的违法行为，依法惩处严重破坏资源、污染环境的单位和个人。各级政府要每年向同级人大及其常委会报告生态省建设进展情况，接受监督检查。各级人大及其常委会要采取执法检查、视察、评议等多种形式，加强对生态环境保护和建设法律法规执行情况的检查监督，保证各项法律法规在本行政区内的有效实施，依靠法治扎实推进和保障生态省建设。

浙江生态省建设规划纲要

（浙江省第十届人大常委会第四次会议通过　浙江省人民政府印发　浙政发[2003]23 号）

前　言

迈入新世纪，浙江进入了加快工业化、城市化、信息化、市场化和国际化，全面建设小康社会，提前基本实现现代化的新阶段。走生产发展、生活富裕、生态良好的文明发展道路，是经济社会发展的迫切要求。中共浙江省委十一届二次全会明确提出“积极实施可持续发展战略，以建设‘绿色浙江’为目标，以建设生态省为主要载体，努力保持人口、资源、环境与经济社会的协调发展。”浙江省十届人大一次会议要求“以营造绿色环境、发展绿色经济为主要内容，加强生态省建设为主要载体，全面建设绿色浙江”。建设生态省是省委、省政府贯彻党的十六大精神，全面建设小康社会，提前基本实现现代化的战略决策，是立足省情，把握规律，走新型工业化道路，实施可持续发展战略的重大举措。

建设生态省就是坚持可持续发展战略，运用生态学原理、系统工程方法和循环经济理念，以促进经济增长方式的转变和改善环境质量为前提，充分发挥区域生态、资源、产业和机制优势，大力发展生态经济，改善生态环境，培育生态文化，基本实现区域经济社会与人口、资源、环境的协调发展。建设生态省是事关浙江经济社会发展全局的战略任务，是功在当代、利在千秋的大事业，也是系统推进、整体协调的大工程。为了保证生态省建设的顺利推进，省政府决定编制《浙江生态省建设规划纲要》。编制工作是在省委、省政府领导下，由省发展计划委员会会同省环境保护局组织有关厅局和有关专家共同进行的。在编制过程中，进行了浙江生态省建设的指标体系、功能区划和重点项目等专题研究，吸收了我省在可持续发展领域的大量研究成果。

《纲要》遵循有关可持续发展的法律法规，依据《中国 21 世纪初可持续发展行动纲要》等重要规划，按照国家环保总局关于生态省建设的要求，根据浙江的省情特点，从实际出发进行编制，并和正在实施的《浙江省可持续发展规划纲要》和《浙江省生态环境建设规划》相衔接。《纲要》是浙江生态省建设的指导性文件，是编制地区、行业、部门规划和实施方案的重要依据。随着生态省建设的不断推进，省政府将根据实际情况对《纲要》进行适时调整和补充。

一、生态省建设的现实基础和条件

（一）宏观背景

可持续发展逐渐成为全球的共同行动。随着全球性的人口增长、资源短缺、环境污染和生态恶化，人类经过对传统发展模式的深刻反思，开始探求经济社会发展与人口、资源、环境相协调的可持续发展道路。我国于1994年批准实施《中国21世纪议程》，是国际上率先采取行动的国家之一。进入新世纪，全球可持续发展的共同努力进一步强化。

经济全球化和生态化趋势进一步加强。我国加入世贸组织，在全面参与国际竞争的过程中，生态环境和经济活动的相互影响日益加深。越来越多的国家和地区把生态安全作为国家安全的基本战略，予以高度关注；出口贸易也越来越多地面临主要来自发达国家的“绿色壁垒”挑战。

我国进入全面建设小康社会新阶段。按照党的十六大提出的全面建设小康社会的奋斗目标，努力实现“可持续发展能力不断增强，生态环境得到改善，资源利用效率显著提高，促进人与自然和谐，推动整个社会走上生产发展、生活富裕、生态良好的文明发展道路”，是我省全面建设小康社会、提前基本实现现代化的重大任务。

（二）现实基础

1. 自然地理概况和生态环境现状

我省地处东南沿海、长江三角洲南翼。全省人口4 647万，有11个设区市，90个县（市、区）。陆域面积10.18万平方千米，其中丘陵山地占70.4%，平原占23.2%，河流湖泊占6.4%；海域面积连同专属经济区及大陆架达26万平方千米，有3 000多个岛屿，海洋资源丰富。省内地势起伏较大，西南部高，东北部低，主要山脉呈西南—东北走向，地理环境相对独立。西南部为平均海拔800米的山区，1 500米以上的山峰大多集中在此；中部以丘陵为主，大小盆地错落其间；东北部为冲积平原，地势平坦，土层深厚，河网密布。

我省属亚热带季风气候区，四季分明，气温适中，光照较多，雨量充沛，雨热季节变化同步。气候资源配置多样，气象灾害比较频繁。年平均气温15～18℃，多年平均降雨量1 604毫米，年平均日照时数 1 710～2 100 小时。钱塘江、苕溪、运河、甬江、椒江、瓯江、飞云江和鳌江等八大水系基本发源于本省，除苕溪汇入太湖、运河连通长江水系，其余均独流入海。

我省人口稠密，陆域比较狭小。2001年末，全省共有耕地约160万公顷，人均耕地0.036公顷，为全国人均耕地的二分之一，世界人均耕地的七分之一。平原地区土地利用以耕地为主，耕地占土地总面积的 44.8%，其中水田又占耕地的 77.6%；丘陵山区土地利用则以林为主。2001 年全省水土流失面积约 1.6 万平方千米，占土地总面积的 15.9%。水土流失状况自1997年开始总体有所好转。

森林面积大，覆盖率高，但总体质量欠佳。全省森林覆盖率达 59.4%（含灌木林），居全国前列。林业用地面积占全省土地总面积的 64%。在全部林地面积中，幼龄林和中龄林分别

占 42.69%和 41.36%，过熟林面积仅占 0.66%。森林资源 80%以上分布在浙南和浙北地区，沿海地区及杭嘉湖平原比重相对较小。全省草地面积占土地总面积的 0.01%，主要分布在丘陵和山地。

江河湖泊总体水质良好，大部分河段水质达到或优于地表水环境质量Ⅲ类标准，但杭嘉湖等平原河网的水质则超标严重。全省地下水水质基本稳定，但沿海一些平原地区过度超采和不合理使用地下水，造成比较严重的地面沉降。全省面积在 100 公顷以上的湿地共有 80.2 万公顷，其中近海与海洋湿地约 57.4 万公顷，河流、湖泊湿地 12.2 万公顷，库塘 10.6 万公顷。河口和近岸海域资源丰富，但局部地区海域水体污染严重，时有赤潮发生，海洋生物多样性受到了一定的影响。

生态系统多样性丰富，主要包括森林、海洋、湿地等生态系统，生物种类繁多。全省共有物种、地质遗迹、生态系统等保护类型的国家和省级自然保护区 16 个，县级自然保护区 14 个，面积约占国土面积的 1.3%，各级森林公园 72 个、地质公园 3 个，在生物多样性保护和生态功能的发挥等方面起到了重要的作用。

城镇生态环境发展趋势较好。随着城市化进程加快，城市基础设施建设明显加强。至 2002 年，全省城市和县城园林绿地面积 4.18 万公顷，人均占有公共绿地面积为 6.32 平方米，污水厂处理能力 209.52 万吨/日。城市空气环境质量总体较好，16 个省控城市空气质量均达到国家二级标准，但可吸入颗粒物超标和酸雨发生频率较高。噪声污染处于轻度—中等污染水平，总体水平略有好转。

农村生态环境面临巨大压力。全省农业生产中每年化肥施用量平均达 443 千克/公顷，农药使用量平均达 18.3 千克/公顷，都高于全国平均水平。全省塑料农膜使用总量 4.57 万吨，覆盖耕地面积 24.6 万公顷，占耕地总面积的 15.3%。2000 年全省畜禽养殖污水排放量达 8.68 亿吨，化学需氧量排放量为 20.10 万吨，相当于全省工业废水排放量的 64%和化学需氧量排放量的 59%。农业面源污染状况加剧。

全省自然灾害以热带风暴（台风）、风暴潮灾害的影响最为严重，梅汛期洪涝次之，农林病虫害、赤潮、冰雹、地质灾害等也时有发生。矿山生态环境保护和恢复治理尚需加强，矿区复垦还绿和破坏土地恢复率有待于进一步提高。

2．有利条件和制约因素

生态省建设的有利条件主要是：

具有良好的经济社会发展基础。改革开放以来，全省经济快速发展，国内生产总值年平均增长 13.1%，综合实力显著增强。2002 年，全省实现国内生产总值 7 670 亿元、财政总收入 1 167 亿元，城镇居民年人均可支配收入和农村居民年人均纯收入分别达到 12 100 元和 4 940 元；科技综合实力明显增强，高等教育取得突破性进展；基础设施条件显著改善，累计建成高标准海塘 1 280 千米，高速公路 1 307 千米，万吨级以上泊位 58 个，电力装机容量达到 2 000 多万千瓦。文化、体育、卫生、环保、社会保障和社会福利等各项事业也快速发展，人口过快增长得到有效控制，城市化水平显著提高，消除贫困、防灾减灾等方面成效显著，建设生态省具有良好的经济社会发展基础。

生态环境质量处于全国领先地位。“九五”以来，全省用于生态建设、环境治理的投入不断增加，环境污染和生态恶化趋势总体上得到控制，环境质量基本保持稳定，大中城市环

境质量明显改善。杭州、宁波、绍兴被评为国家环境保护模范城市，宁波、富阳被授予国家园林绿化先进城市，杭州市还荣获联合国人居环境奖、国家园林城市、国际花园城市称号。绍兴、临安等 6 个县（市）被命名为国家级生态示范区，奉化滕头村、绍兴夏履镇等 4 个村镇荣获联合国环境规划署“全球 500 佳”称号。全省各地大力倡导绿色生活方式，积极开展创建生态村镇和绿色社区活动。

生态经济发展势头良好。经济结构调整不断推进，经济增长方式从量的扩张为主加快向质的提高转变。清洁生产广泛推行，资源综合利用效益逐步提高，生态经济加快发展。已建成省级农业高新技术示范园区 11 个，现代农业示范园区 2 204 个，面积 14.1 万公顷；建成 5 300 多个无公害农产品、绿色食品和有机食品基地，面积约 27.4 万公顷；无公害生猪养殖规模达 277 万头。据 2001 年国家环保总局调查，浙江省环保相关产业总产值已达 297 亿元，居全国前列。有 150 多家企业通过 ISO 14001 环境管理体系认证，90 多只产品通过环境标志产品认证。生态旅游方兴未艾，对旅游业的发展和生态环境改善起到了重要作用。

具有体制改革和机制创新的先发优势。在深化改革、扩大开放中，我省形成了以公有制为主体、多种所有制经济共同发展的格局，非公有制经济成为发展的重要增长点，市场配置资源的基础性作用比较充分。政府行政管理、国土资源管理、城镇管理和社会保障、金融保险，以及科技、教育、文化等领域的改革不断深入，在生态环境保护与建设方面的体制、机制创新也不断加强。这些体制和机制的优势，将为生态省建设提供强大的动力。

各级领导高度重视，公众参与能力不断增强。省委、省政府把实施可持续发展战略，加强环境保护作为经济社会发展的重要任务长抓不懈，先后出台了《浙江省生态环境建设规划》、《浙江省可持续发展规划纲要》和《关于“十五”期间加强生态环境保护工作的通知》，建立了环境保护目标责任制。各市、县（市、区）党委、政府都把环境保护有关指标列入目标管理，作为工作考核的重要内容。全省 11 个设区市分别提出了建设生态城市、园林城市、国家环境保护模范城市等目标，丽水、衢州两市和 41 个县（市、区）开展了国家级生态示范区建设试点。全省深入开展“绿色浙江”主题宣传活动，全民生态环境意识逐步增强，大批环保志愿者和公益使者自觉参与环境保护。在全国率先开展的环境违法行为有奖举报，促进了环境管理与社会监督机制的有效结合。

生态省建设的制约因素主要是：

粗放型增长方式尚未根本改变，资源、环境矛盾比较突出。浙江人口密度是全国的 3.35 倍，人均水资源占有量低于全国人均水平，人均耕地不及全国的一半，且后备资源有限。传统工业化导致经济结构不合理、经济增长以量的扩张为主，经济快速增长与资源保障、生态环境保护之间的矛盾普遍存在。

人口规模过大，老龄化问题日益显现。相对于狭小的陆域面积，人口规模仍然偏大，人口素质不高，65 岁以上老年人口占总人口的比例达 9%左右，就业压力逐步增加，高素质人才比较缺乏。社会保障和社会福利设施建设滞后，基本医疗服务和预防保健水平不协调，难以满足全面建设小康和老龄化社会的需要。

自然灾害频发，局部区域污染继续加剧。水土流失仍比较严重，山体滑坡、崩塌、泥石流、台风暴潮和洪涝、干旱等自然灾害频发，经济损失呈上升趋势。地下水过量开采，导致部分城市出现较为严重的地面沉降。平原河网污染和农业面源污染比较严重，全省流域性水

环境问题仍然突出。酸雨污染频率和强度未有大的削减。近岸海域和部分港湾海水污染加大，有些海域已成为赤潮多发区。

可持续发展能力建设有待进一步加强。资源与生态环境评价指标和标准体系尚不完善，监测网络和预警系统建设滞后。地方配套性政策法规还不健全，一些地方执法不够有力，部门、地区之间的统一协调有待加强。

（三）生态省建设的必要性

建设生态省，是实践“三个代表”重要思想的具体实践。建设生态省有利于发展社会生产力，加快经济结构的调整、产业布局的优化和资源利用效率的提高；有利于促进生产方式、生活方式、消费观念的转变，促使全社会树立生态文明观和文明发展观；有利于提高人民群众的生活质量，改善人居环境，并为子孙后代提供良好的发展基础和永续利用的资源与环境。

建设生态省，是提高综合实力和国际竞争力的客观要求。随着开放型经济的发展，我省对国际市场和国际贸易的依存度日益提高，生态环境质量日益成为区域竞争力的重要因素。生态省建设是顺应国际潮流、适应 WTO 运行规则的有效手段，是提升综合实力和国际竞争力的有效途径。

建设生态省，是促进经济社会可持续发展的必然选择。到 2020 年全省经济总量将比 2000 年再翻两番，如果不根本转变经济增长方式，必然带来资源消耗和污染物排放总量的剧增，制约经济社会的持续发展。建设生态省，走新型工业化道路，有利于从根本上转变经济增长方式，有利于资源的永续利用，有利于生态环境的保护与建设，增强经济发展后劲，使经济社会发展与人口、资源、环境相协调。

建设生态省，是全面建设小康社会，提前基本实现现代化的重要内容。省委、省政府明确提出分阶段、分区域到 2020 年全省基本实现现代化的战略目标，并要求在全国率先建成符合可持续发展要求的良性生态环境系统。建设生态省，丰富了全面建设小康社会，提前基本实现现代化的内涵，促进了全省生态环境质量与现代化进程的协调发展，使浙江山川更加秀美，人民生活更加美好。

二、生态省建设的指导思想和建设步骤

（一）指导思想

浙江创建生态省的指导思想是：以邓小平理论和“三个代表”重要思想为指导，以人与自然和谐为主线，以加快发展为主题，以提高人民群众生活质量为根本出发点，以体制创新、科技创新和管理创新为动力；在全面建设小康社会、提前基本实现现代化的进程中，坚定不移地实施可持续发展战略，加快新型工业化步伐，统筹城乡经济社会发展，大力发展生态经济、改善生态环境、培育生态文化，全面推进“绿色浙江”建设，走生产发展、生活富裕、生态良好的文明发展道路。

（二）基本原则

1. 注重协调，持续发展的原则

以经济建设为中心，进一步转变经济增长方式，正确处理经济社会发展与生态环境保护的关系，努力实现经济社会发展与生态保护“双赢”，与人口、资源、环境协调，促进区域经济社会的可持续发展。

2. 科教支撑，体制创新的原则

充分发挥科技作为第一生产力和教育的先导性、全局性、基础性作用，发挥自身的体制、机制优势，加快创新步伐，切实增强生态省建设的科教支撑能力和体制机制活力。继续加强可持续发展领域的立法工作，做好生态省建设的制度创新和法制保障。

3. 统筹规划，分类指导的原则

统筹规划、突出重点、分类指导、分步实施。坚持全局观念，按照城乡一体化的要求，从实际出发，选择重点领域和重点区域进行突破，循序渐进地全面推进。依据生态功能分区和各地特点，提出相应的建设重点和工作要求，提高针对性和有效性。

4. 政府引导，市场运作的原则

政府加大投入，强化监管，发挥引导作用，提供良好的政策环境和公共服务。充分运用市场机制，利用国际、国内两个市场和两种资源，发挥企业和社会组织的积极性与创造性，建立多元化的投资机制和运行有效的生态环境保护补偿机制。

5. 公众参与，开放合作的原则

强化人力资源开发，广泛开展可持续发展理念和生态文化教育，提高公众参与的积极性，鼓励与支持民间团体和社会公众参与创建生态省的各项活动。进一步拓展对外开放领域，扩大国际国内交流与合作。

（三）总体目标

浙江生态省建设的总体目标是：充分发挥区域经济特色和生态环境优势，在发展中加强生态环境建设，经过20年左右的努力，基本实现人口规模、素质与生产力发展要求相适应，经济社会发展与资源、环境承载力相适应，把浙江建设成为具有比较发达的生态经济、优美的生态环境、和谐的生态家园、繁荣的生态文化，可持续发展能力较强的省份。

（四）建设步骤

与我省全面建设小康社会、提前基本实现现代化战略步骤相衔接，浙江生态省建设大体分为启动、推进、提高三个阶段。

1. 启动阶段（2003—2005年）

全面启动生态省建设。努力转变经济增长方式，调整优化经济结构，经济增长质量进一步提高，生态效益型产业成为经济新增长点；有计划地推进环境保护和生态建设重点工程，有效遏制局部地区存在的生态环境恶化趋势，改善生态环境质量；进一步抓好生态示范区和可持续发展实验区，生态市、县创建活动全面展开。

——经济增长方式进一步转变，经济结构不断优化。产业结构、区域结构和城乡结构调

整步伐加快，生态农业基地建设、工业园区生态化改造和生态旅游发展取得较大成绩，生态效益型产业成为经济新增长点，全省人均 GDP 预期超过 21 000 元，第三产业占 GDP 比重达到 43%，城市化水平达到 55%。

——生态建设和环境保护力度加大，生态环境质量进一步改善。生态公益林建设和万里清水河道建设稳步推进，重点区域“青山白化”基本消除，局部地区生态环境恶化趋势得到有效遏制。城市污水处理率、生活垃圾处理率和建成区绿地率分别达到 53%、92%和 30%。COD 排放强度从 2001 年的 19.7 千克/万元下降到 11.6 千克/万元，主要水系水质达到功能区质量标准的比率从 2001 年的 58.9%上升到 65.0%左右。

——人居环境逐步改善，科技教育加快发展。建设生态城镇，创建绿色社区和“千村示范、万村整治”工程取得阶段性成果。继续保持低生育水平，进一步优化人口结构；促进充分就业，提高社会保障能力；绿色消费观念初步形成，主要“餐桌污染”基本消除；环境保护宣传教育普及率超过 65%，科技教育支撑能力进一步提高。

2．推进阶段（2006—2010 年）

生态省建设全面推进。推进新型工业化和调整优化经济结构进一步取得成效，生态经济形成一定规模；工业企业基本实现清洁生产，规模以上企业 60%通过 ISO 14001 环境管理体系认证；建成一批环境保护和生态建设重点工程，扭转局部地区存在的生态环境恶化趋势；城市污水处理率、生活垃圾处理率和建成区绿地率分别达到 60%、95%和 32%；“千村示范、万村整治”工程全面完成，以城带乡、以工促农、城乡互促共进的发展格局基本形成；全省生态环境质量总体水平保持全国领先地位。社会福利和公益设施基本完善，人民生活水平明显提高；生态安全保障体系基本形成，可持续发展能力进一步提高。到 2007 年底，30%左右的县（市、区）初步达到生态县（市、区）建设要求；到 2010 年底，40%的设区市基本达到生态市建设要求，全省人均 GDP 预期达到 25 000 元，第三产业占 GDP 比重达到 50%，城市化水平达到 60%。

3．提高阶段（2011—2020 年）

生态省建设达到全国先进水平。生态省建设的主要任务和目标基本实现，80%以上的设区市达到生态市建设要求。初步形成符合可持续发展要求的经济结构、生态环境系统和社会管理体系，基本实现从“高消耗、高污染、低效益”向“低消耗、低污染、高效益”的转变；年人均 GDP 预期达到 50 000 元，争取实现翻两番目标，第三产业占 GDP 比重达到 60%，城市化水平达到 65%，全面达到国家环保总局制定的生态省建设指标；经济发展、生活质量和环境质量保持全国领先水平，全省提前基本实现现代化。

（五）评价指标体系

为客观评价生态省建设的进程，依据国家环保总局生态省建设指标（试行），参照现有生态省试点的指标设置，结合浙江生态省建设的主要任务，从经济发展、环境保护、社会进步三个方面，选取具有代表性的 26 个指标，构成浙江生态省建设评价指标体系。

评价指标体系还要根据生态省建设的实际情况和国家新的要求进行适当调整。同时，按照分类指导的原则，在国家环保总局制订的生态市、县建设指标的基础上，从各地实际情况出发，研究制定生态市、生态县建设的评价指标体系，用于评价各地区的创建进程。

浙江生态省建设评价指标体系表见附件 1。

三、生态省建设的功能分区

（一）生态功能区划

1．生态功能分区

根据《生态功能区划暂行规程》和我省生态环境特点，全省划分为 6 个生态区、15 个生态亚区。

浙东北水网平原生态区（含钱塘江河口生态亚区、宁绍平原城镇及农业生态亚区和杭嘉湖平原城镇及农业生态亚区）

包括杭州市、嘉兴市、湖州市、宁波市、绍兴市的 20 多个县（市、区），是我省最大的平原区，该区平原地势低平，海拔多在 10 米以下，分布有少量海拔在 200 米以下的孤丘和丘陵。区内湖泊众多，水网密布，有“水乡泽国”之称，其主导生态功能为城镇密集的生态经济区，同时兼有泄水排涝和湿地的功能。目前存在的主要生态问题是：工业废水、生活污水和农业面源污染导致水环境破坏；地下水超量开采导致地面沉降；洪涝、渍害和酸雨比较严重。保护和发展方向主要是：调整优化工业结构和布局，建设先进制造业基地，积极发展高新技术产业和现代服务业，大力推进城市化和农业、农村现代化；加大水污染综合治理和河口治理力度，净化河湖水体，严格控制并逐步减少地下水超采，优化水资源配置；保护古文化遗址和湿地资源；大力发展生态农业和生态旅游业，建设绿色食品和有机食品基地，搞好基本农田建设和农区林网建设。

浙西北山地丘陵生态区（含天目山脉森林生态亚区，千岛湖流域森林、湿地生态亚区和钱塘江中游森林生态亚区）

包括湖州市、杭州市、衢州市、金华市、绍兴市的近 20 个县（市、区）。天目山脉和千里岗山脉展布全区，中山环绕，山高坡陡，河谷深切。天目山国家级自然保护区被纳入联合国“人与生物圈”计划。主要水系有钱塘江水系的富春江、新安江、分水江和太湖水系的东、西苕溪。该区是杭嘉湖地区水源供给地和浙北地区重要的生态屏障，也是我省生态环境较好的地区和“黄金旅游”之地。该区的主导生态功能为保持和提高源头径流能力与水源涵养能力，保护生物多样性和保持水土。目前存在的主要生态问题是：山溪性河流落差大、蓄水能力差，易使下游发生洪涝灾害；局部地区水土流失较重，滑坡灾害多发。保护和发展方向主要是：搞好退耕还林、封山育林，建设水源涵养林；开展小流域综合治理，保护千岛湖水质，加强重要生态功能区保护与建设；鼓励下山脱贫和外迁内聚，积极发展生态工业、生态农业，倡导生态旅游。

浙中丘陵盆地生态区（含浙中丘陵农业生态亚区和金衢盆地城镇及农业生态亚区）

包括绍兴市、金华市、台州市、宁波市、衢州市的近 30 个县（市、区），是我省最大的丘陵、盆地集中分布区。区内有钱塘江水系的衢江、金华江、浦阳江、曹娥江等，椒江水系，甬江水系的奉化江等；丘陵起伏平缓，底部开阔，由河谷中部向南北两侧呈阶梯状分布。该区是我省农业、林果业和畜牧业商品基地。该区的主导生态功能是保持水土，涵养水源，保

护生物多样性。目前存在的主要生态问题是：水土流失严重，东阳江、浦阳江和曹娥江下游污染较重。保护和发展方向主要是：提高森林覆盖率和水源涵养能力，建立水系源头等重要生态功能保护区，加强小流域综合治理和水土流失治理；搞好水库配套工程、农田灌溉设施和标准防洪堤建设，增强防洪抗旱能力；实施“沃土工程”，合理开发后备土地资源，建设以农林牧复合经营为重点的生态农业；积极发展生态工业，大力推进城市化。

浙西南山地生态区（含乌溪江流域农林生态亚区、瓯江流域森林生态亚区和飞云江流域森林生态亚区）

包括衢州市、金华市、丽水市、台州市、温州市的近 30 个县（市、区），是我省山地面积最大、海拔最高的一个山区，为瓯江、飞云江、鳌江等水系的发源地，也是钱塘江支流乌溪江、江山港、武义江的发源地。该区是我省的主要林业基地，也是我国最大的食用菌生产基地，并拥有为数众多的名贵动植物资源。该区的主导生态功能为保护生物多样性，保持和提高源头径流能力和水源涵养能力，保持水土。目前存在的主要生态问题是：山高源短流急，自然蓄水能力较差，洪涝、干旱和山体滑坡等突发性灾害频发；一些地方食用菌的不当发展，破坏了阔叶林资源，森林生态功能减弱；坡地、陡坡地过度开发，水土流失较为严重。保护和发展方向主要是：提高针阔混交和常绿阔叶林比重，建设生态公益林，加强水系源头水源涵养和生物多样性保护；加快速生菇木林的营造，调整农林牧业生产结构；建设一批骨干水利工程，搞好流域综合治理，提高抗灾能力；大力发展生态旅游和生态农业，合理开发山区水电资源；鼓励下山脱贫和外迁内聚，努力培育新的经济增长点。

浙东沿海及近岸生态区（含浙东沿海城镇及农业生态亚区和浙东滨海湿地生态亚区）

包括温州市、台州市和宁波市的近20个县（市、区），地势低平，海拔多在300米以下。区内有温瑞平原和温黄平原，有甬江、椒江、瓯江、飞云江和鳌江等五大入海河流的河口和象山港、三门湾、乐清湾，滩涂资源比较丰富。该区南部有我国最北的红树林分布点，北部杭州湾两岸的湿地是大量候鸟迁徙的中途栖息地，是我省加工制造业和农林、水产等的重点产区。该区的主导生态功能为保护生物多样性，维护河口、港湾生态环境和发展生态经济。目前存在的主要生态问题是：水环境污染较重，湿地减少，生物多样性指数下降，丘陵坡地过度开发使水土流失较为严重，入海陆源污染物增加和不合理的开发建设威胁河口、港湾及海洋生态环境。保护和发展方向主要是：调整优化工业结构和布局，加快工业园区生态化改造，加强污染的综合治理，大力削减二氧化硫和污水排放总量；控制农业面源污染，建设沿海防护林带、农区防护网和城镇公共绿地；加强各入海河口的综合整治和滩涂、港湾的合理开发利用，协调好城市建设、工业发展与湿地保护的关系；大力发展生态农业、生态工业和生态旅游业。

浙东近海及岛屿生态区（含浙东北海洋生态亚区和浙东南海洋生态亚区）

包括舟山市、台州市和温州市 6 个海岛县（区）在内的所有海域和岛屿。所在海域处于亚热带季风气候，多台风、干旱等灾害性天气。区内海岛礁石众多，形成我国最大的舟山渔场。南麂列岛国家级海洋自然保护区被纳入联合国“人与生物圈”计划。全区港口航道资源得天独厚，海洋渔业和海洋旅游资源丰富。该区主导生态功能是保护生物多样性和发展海洋生态经济。目前存在的主要生态问题是：近岸海域污染加重，赤潮频繁发生；海洋生物资源特别是经济鱼类资源严重衰退；淡水资源短缺；台风、暴潮灾害时有发生。保护和发展方向主要是：加大入海污染物的控制和治理力度，建设标准海塘和海岸防护林体系；加强海域的

合理开发利用与保护，发展港口航运、船舶修造业、生态渔业、生态旅游和新兴海洋产业；建立海洋生态特别保护区，严格执行休渔期、禁渔区制度，加大放流增殖，建设人工鱼礁，推进渔业农牧化；加快水利设施建设，增加供蓄水能力；积极推进重点海岛的基础设施建设，不断改善海洋经济发展环境。

2. 浙江省生态功能区划方案

见附件2。

（二）正确处理区域经济发展与生态功能区划的关系

区域经济发展必须考虑区域生态功能，遵循生态功能区划所反映的生态规律，促进区域经济社会与人口、资源、环境协调发展。

1. 推进城市化，促进人口和产业集聚

强化以城市为中心的区域发展模式，促进人口和产业合理有序地向环杭州湾地区和高速公路沿线、甬台温沿海的城镇集聚，增强城镇的集聚力和带动力。按照统筹城乡经济社会发展的要求，促进农村工业向城镇工业园区集中、农业劳动力向非农产业转移、农村人口向城镇集聚，推动城乡之间各种生产要素的合理流动和优化配置。把中心镇、中心村作为农村建设的重点，增强农村接受城市辐射的能力。

2. 强化杭州湾地区的龙头作用

杭州湾地区紧邻上海，地处长江三角洲南翼，区域基础设施系统比较完善，对外开放度大，经济基础好，产业结构层次较高，经济发展总体水平处于全省领先地位，经济集聚和辐射功能日益增强。本区主要位于浙东北水网平原生态区、浙东沿海及近岸生态区和近海与岛屿生态区，在建设生态省、带动全省经济发展中具有重要地位。要通过恢复与保持良好的生态环境，发展具有国际竞争力的高新技术产业、高科技农业，形成全省教育、科技创新中心，建设现代物流、航运中心和先进制造业基地，成为推行清洁生产、发展循环经济的先行地区，提高区域经济的综合实力和国际竞争力。

3. 增强温台沿海地区经济增长极功能

温台地区以其特定的地理区位和人文环境条件，逐渐形成了以专业市场为纽带、民营经济为主体、特色工业园区为依托的区域特色经济，并显示出特有的活力，成为我省又一个重要增长极。本区主要位于浙东沿海及近岸生态区，在建设生态省、发展区域生态经济过程中，要通过发展生态工业和生态农业，合理开发利用海洋资源，整合各类工业园区，建设若干具有国际竞争力的先进制造业基地，进一步增强经济增长极功能。

4. 培育浙西南山区和海洋经济新的增长点

合理开发利用山区和海洋资源，充分发挥山区广袤、海域辽阔优势，是拓展经济发展空间、保护生态环境的重大举措。浙西南山区水资源、农林资源、非金属矿资源相对丰富，生态环境较好。要通过改造传统产业，发展生态农业、生态工业和生态旅游，加强交通建设和流域治理，开发水电资源，全面提高区域产业层次，并通过实施“欠发达乡镇奔小康工程”、“山海协作工程”和人口“外迁内聚”战略，加快山区人口转移和特色产业发展。我省海洋资源丰富，发展海洋经济潜力很大。要加快建设以宁波、舟山为重点的沿海港口体系，大力发展海洋运输业、船舶修造业和临港型工业；加强沿海地区和海岛基础设施建设，继续实施“小

岛迁、大岛建”和重要的连岛工程；坚持科技兴海，调整海洋渔业结构，积极发展远洋渔业、养殖业和水产品加工业，努力培育海洋新兴产业，加快发展海洋特色旅游。

（三）重点建设和保护区域

1. 重要生态功能区保护与建设

浙西北山地丘陵生态区和浙西南山地生态区是我省重要的江河源头保护区和以森林为主体的绿色屏障，要严格保护森林生态系统和珍稀野生生物栖息地，以自然为主恢复退化的草、灌、林植被或生态系统，科学治理水土流失，积极防治地质灾害。建立严格保护区域，设立禁挖区、禁采区、禁伐区，停止一切导致生态功能继续退化的开发活动和污染环境的建设项目；建设生态公益林，开展封山育林和退耕还林，重视林相改造，适度开展生态移民；搞好生态产业示范，培育替代产业和新的经济增长点；优先建设一批小流域综合治理工程、“坡改梯”工程、速生菇木林工程等。

分布在全省各地的各类自然保护区、风景名胜区、森林公园和部分海域是重要的生物多样性保护区。自然保护区、风景名胜区和森林公园合计面积已达 86.4 万公顷，约占全省陆域面积的 8.5%。履行《生物多样性公约》，实施《浙江省自然保护区发展规划》，加强自然保护区的建设和管理，抓好博物馆、水族馆、标本室、物种基因库等设施建设；加强保护区中各类活动的环境监督，防止生态破坏；保护珍稀野生生物栖息地与集中分布区；保护鱼虾类繁育区和鱼虾贝藻类养殖场的生态环境；防止外来物种入侵。

高度重视湿地保护，认真履行《国际湿地公约》，建立各种类型的湿地自然保护区，严格保护涉及世界濒危鸟类栖息地的重要湿地。制定科学合理的围垦规划和围垦方法，严禁随意开发湿地；严格控制和削减污染，改善水交换条件，恢复水生态系统的自然净化能力；防止过度捕捞和污染环境的水产养殖。

2. 河网平原和河口港湾的整治与建设

搞好杭嘉湖河网平原生态亚区综合整治。认真实施《太湖流域水污染防治规划》，加大水污染综合治理力度，逐步减少地下水开采，控制地面沉降。进一步加强污水处理设施建设，继续抓好太湖流域杭嘉湖地区治理工程和生态农业示范工程。实施平原地区引水工程和饮用水源建设、钱塘江标准江堤和河口治理工程；加强河道综合整治，搞好渠系配套，减轻洪涝渍害。加强城市绿化建设和地下水资源管理。保护基本农田，改造中低产田，大力发展生态农业，实行农业面源污染的有效治理。

加强河口港湾和近岸海域的生态环境修复。按照《浙江省河口综合规划》，加大河口综合治理、开发与保护力度，控制河道采砂，科学围垦滩涂，妥善保护湿地。实施《浙江省海洋功能区划》和《浙江省近岸海域环境功能区划》，协调港口、航运、围垦、养殖、旅游和临海工业等开发建设活动。严格控制入海污染物排放总量，防止海域水体富营养化，建立海洋生态自然保护区和海洋生物特别保护区，严格保护鱼虾类的产卵场、索饵场、越冬场和洄游通道，加快人工鱼礁和海洋农牧化建设，推广生态渔业生产方式，建设滨海生态经济带。

四、生态省建设的主要任务

（一）建设以循环经济为核心的生态经济体系

加快新型工业化进程，调整优化经济结构，培育发展循环经济，积极发展生态农业、生态工业、现代服务业，大力倡导绿色消费，推动发展模式从先污染后治理型向生态亲和型转变，增长方式从高消耗、高污染型向资源节约和生态环保型转变，使生态产业在国民经济中逐步占据主导地位，形成具有浙江特色的生态经济格局。

1．调整优化产业结构

坚持以信息化带动工业化，进一步转变经济增长方式，正确处理发展高新技术和传统产业、资金密集型产业和劳动密集型产业、虚拟经济和实体经济的关系，推进产业结构优化升级，形成以高新技术产业为先导、制造业和基础产业为支撑、服务业全面发展的产业格局。

发挥优势，突出重点，培育一批科技含量高、资源消耗低、环境污染少的优势行业、优势企业和优势产品。继续保持和不断强化纺织、服装、机械等产业的竞争优势，大力发展电子、医药、环保等产业，加快建设以高新技术产业为先导、高附加值特色产业为支柱的先进制造业基地。深化农业和农村经济结构的战略性调整，进一步发展效益农业和农产品加工业，提高农产品附加值，提高土地和水资源的利用效率。积极发展海洋高新技术，在保护的同时开发利用海洋资源，发展海洋经济。大力推广先进适用技术，集中力量开发一批共性技术和关键技术，加快建设区域创新体系。发展现代物流业、信息服务业、文化传媒业、旅游会展业、金融保险业、中介服务业和房地产业等，提高第三产业在国民经济中的比重，实现产业结构由“二三一”向“三二一”的转变。

2．培育发展循环经济

树立循环经济理念，探索发展循环经济的有效途径，推动“资源—产品—污染排放”所构成的传统模式，向“资源—产品—再生资源”所构成的循环经济模式转变。以物质流、能量流和信息流为突破口，遵循减量化、资源化、无公害化原则，依靠科技创新和政策引导，实现经济效益、资源效益与环境效益“多赢”。充分发挥企业在物质循环建设体系中的主体作用，积极开展符合浙江经济特点的循环经济试点。扶持一批企业内资源循环利用的省级示范企业和企业间资源循环利用的省级示范园区，进行产业与产业之间、生产与消费之间资源反复循环利用的循环经济实验。

3．积极发展生态农业

加快绿色农产品生产。利用我省特有的生态资源优势，形成布局合理、结构优化、标准完善、管理规范的绿色食品和有机食品体系。启动30个省级生态农业示范县建设，建设一批绿色食品和有机食品生产基地。以畜禽生态养殖示范为抓手，大力发展绿色畜牧业。突出发展适应国内外市场需求的绿色名特优农产品，实现品种优质化、生产集约化、产品安全化和管理科学化。建立农产品生产、加工绿色认证体系。变“绿色壁垒”为绿色动力，扩大绿色农产品的出口。

推广生态农业模式。积极推广以沼气为纽带的生态农业开发模式、以农田为重点的粮经

作物轮作模式、以减少面源污染为核心的农药、化肥、地膜科学使用模式。应用农业地质调查成果，优化农业区域布局。建设若干高产、优质、低耗和防治污染、综合开发的生态农业示范园区。在水网平原，加强防洪排涝工程和河道整治，发展以粮畜渔为基础，蔬菜、瓜果等经济作物相结合的生态农业。在丘陵盆地，积极开展小流域综合治理和开发，发展立体种植、农牧渔相结合的生态农业。在山地丘陵，发展以名茶、名果、笋竹、药材、高山蔬菜等作物立体种植为主体的生态农业。在沿海港湾平原，发展以沿海种植业、滩涂养殖业为主的生态农业。在海洋岛屿地区，减轻捕捞强度、发展以生态渔业和节水型种植业为主的生态农业。

积极推行以科技为支撑的现代农业。加强植物和动物基因工程育种技术研究与开发，完善良种选育、繁殖和推广体系。加强农业技术推广服务站点和网络建设，重点推广精准育种和播种、平衡施肥和科学灌溉。

加强农业生态环境与农产品质量监管。重点解决动植物病虫、畜禽药物残留与卫生质量、大宗农产品的农药残留和重金属污染等问题。扩大农业生态环境质量监控点的覆盖面积，落实畜禽养殖业污染防治，2005 年基本完成规模化畜禽养殖场污染治理任务，2010 年全面实现规模化养殖场畜禽粪尿的资源化利用。研制开发高效疫苗、动物疫病的快速诊断技术和安全无污染饲料添加剂新品种。研究制定农药、化肥安全使用技术规范和实施方案，推广使用可降解地膜。进一步规范外来物种和转基因生物安全的监督管理，严格实行生物释放安全环境影响报告制度。

4．大力发展生态工业

在进一步整合各类工业园区的基础上，推进工业园区的生态化改造。通过优化整合，促进污染项目集中布点，集中治理，达标排放，全面加强开发区和工业园区的生态环境建设。按照产业链、供应链的有机联系，逐步实现上、中、下游物质与能量逐级传递，资源循环利用，污染物减量排放。

积极推行清洁生产。认真贯彻实施《中华人民共和国清洁生产促进法》，从源头上削减污染，节约和合理利用自然资源，积极推行 ISO 14001 环境管理标准，逐步建立比较完善的清洁生产管理体制和实施机制，争取到 2005 年省控重点污染企业清洁生产实施率达到 20%左右，2010 年达到 60%左右。

发展清洁能源和可再生能源。充分发挥我省可再生能源资源丰富的优势，调整优化能源结构，控制煤炭消费总量的增长，增加清洁能源比重。燃煤电厂安装脱硫装置，实施洁净煤工程，运用先进适用技术和环保技术改造、提高传统能源产业。继续发展水电和核电，充分利用“西气东输”天然气，加快东海油气资源和进口液化天然气的开发利用，因地制宜推广风力发电和太阳能利用，积极探索潮汐发电，开发利用地热能、海洋能等资源，使能源结构逐步适应生态经济体系建设的需要。

推进资源节约与综合利用。积极研制和推广节电节水工艺、技术和设备，努力降低资源消耗。加快废弃物资源化进程，重点解决工业“三废”的回收利用，提高资源综合利用水平。建设废旧镉镍电池无害化处理、废润滑油回收处理、废旧家用电器和电脑回收利用等一批示范工程，研究实施生产者负责回收废弃物品的激励与处罚措施，推广混凝土空心砖和利用废渣生产烧结空心砖的技术与装备，开发利用新型墙体材料。

发展壮大环保产业。研制和生产具有市场竞争力的环保产业名牌产品，形成结构合理、适销对路、技术含量高的环保产业体系。重点开发推广生活垃圾、畜禽粪便、秸秆无害化和资源化，工业企业污染预防和集中治理，废弃物综合利用，以及水资源重复利用技术与设备，环境监测仪器设备等。建立环保关键技术和产品研发试验基地，发展一批产值亿元以上的环保产业骨干企业和集团。

5．加快发展现代服务业

发展文化产业。实施浙江省民族民间艺术保护工程，保护和挖掘历史文化遗产，整合开发文化资源，加快建设西湖文化广场、杭州大剧院、浙江美术馆和各地的重点文化设施，重点发展广播影视、音像电子、新闻出版、文化娱乐、工艺美术等产业群，组建若干个具有规模优势和竞争实力的文化产业集团，提高浙版图书、美术书法、印学和地方艺术剧种的市场竞争力，利用现代信息技术创新传播渠道和经营方式，逐步建成以城市为中心、覆盖全省的文化传媒网络。

发展生态旅游业。进一步挖掘和整合生态旅游资源，规划、设计并推出一批生态旅游产品。坚持旅游开发与生态环境建设、历史文化遗产保护同步规划、同步实施，以森林、农业、海洋、江河溪流等生态环境资源为载体，把生态观念和生态文化融入旅游的各个环节。建设若干主题型生态旅游区，使生态旅游成为我省的重要品牌，带动全省旅游业整体水平的提高。

发展现代商贸、物流和信息服务业。根据我省块状经济特色和市场大省特点，加快发展现代物流体系，改造传统百货零售业，积极推进连锁经营。提倡绿色营销，创建绿色市场，形成绿色、有机食品的流通渠道和交易体系。积极发展会展业，继续办好杭州西湖博览会、宁波国际服装节等。加快发展信息服务业，大力发展网络服务、信息内容服务以及各类应用服务，开展远程教育和远程医疗，积极发展电子商务，努力规范并继续实施“金桥”、“金卡”、“金关”、“金税”等工程。

6．努力倡导绿色消费

加强食品生产、加工、流通、消费全过程的安全检测和监督，确立科学的、有益于人类健康和环境保护的食品消费模式。严格治理“餐桌污染”，鼓励消费绿色食品，禁止买卖和食用受国家保护的野生动植物，反对暴饮暴食和铺张浪费，严格控制烟草广告，禁止公共场所吸烟，逐步降低烟民比例。禁止穿着受保护的野生或稀有动物皮毛制作的服装。倡导住房适度消费，广泛使用环保装修材料，推广建设生态型住宅。要大力发展立体交通和公共交通，适当发展城市地铁或轻轨，提倡使用电瓶车、双燃料汽车等绿色交通工具。鼓励使用太阳能和沼气，使用节水、节电产品和用具，推行垃圾分拣和废弃物回收利用，禁止使用含磷洗涤剂。

（二）建设可持续利用的自然资源保障体系

加强自然资源的合理开发利用和保护，提高资源利用效率和综合利用水平，增强经济社会可持续发展的资源保障能力。

1．加强法规建设，完善资源管理体制

进一步贯彻国家及地方有关加强水、土地、矿产、森林、海洋、环境等资源管理的法律法规，逐步完善自然资源法规体系，确立法治在自然资源开发利用与保护中的核心地位。加

强执法队伍建设，强化执法力度，全面推进依法行政。

建立社会主义市场经济条件下，统分结合、精干高效、依法行政、具有权威的自然资源管理体制。把自然资源管理工作的重点转移到制定发展规划、产业政策、制度建设和综合协调上来，加强自然资源的调查、评价、规划和管理，推进合理开发利用与保护。制定和实施有效的自然资源产业政策，积极推进自然资源产权制度改革。促进自然资源有偿使用、竞争性开发和资产化管理，努力培育和规范矿业权、水权、土地使用权、海域使用权等产权市场，依法征收资源使用、补偿费，形成合理的价格机制。加强自然资源开发利用全过程的监督管理，制止低效率、破坏性使用自然资源的行为。

2．合理开发利用资源，满足可持续发展需要

建立和完善水资源统一管理体制，实施更科学的供水计划和更严格的用水管理。合理调配各地区之间，生活、生产和生态之间的用水，满足经济社会发展对水量、水质的要求。鼓励发展节水农业、节水工业，全面节约用水，提高水的利用率，建设节水型城市和节水型社会。加强蓄水能力和供水能力建设，开展小流域综合治理、河道整治和灌区节水配套改造，改善水利基础设施，增强水资源的供给保障能力。

严格实行土地用途管制制度，加强对耕地特别是基本农田保护。建设高标准农田，注重提高土壤质量，控制设施农业障碍因子，防止耕地质量退化。积极开展土地整理和复垦，科学进行滩涂围垦，适度开发土地后备资源，保持耕地占补平衡。合理调整土地利用结构与布局，正确处理建设用地与农业用地的关系，加强建设用地管理，提高土地集约利用水平。促进农村居民点向城镇与中心村集中、工业企业向工业园区集中。稳定农民的土地承包经营权，规范土地流转制度，完善征地办法，切实保障被征地农民的利益。

充分发挥海洋资源优势，依据《浙江省海洋功能区划》，加快发展具有浙江特色的海洋产业。加强协调和管理，合理开发深水岸线，优化港口布局，加快建设现代化港口群，大力发展海洋运输和临港工业。调整海洋渔业结构和作业方式，严格执行休渔期、禁渔区制度，建立海洋生物特别保护区，保护海洋渔业资源；主攻水产养殖，拓展水产品加工，提高海洋渔业经济效益。积极发展海洋旅游业，扶持海洋药物、海洋功能食品、海水综合利用、海洋新能源开发等新兴海洋产业。

建立矿产资源分类开采、分区开采和省级矿产资源保护区制度。调整矿业结构和布局，减少矿山数量，促进规模化开采、集约化经营。重点建设一批主要矿业开发基地，加强萤石等战略性资源的保护性开发和建筑石料、黏土、黄砂等量大面广型资源的合理开发利用，提高硅藻土、叶蜡石、明矾石等优势非金属矿产资源的深度加工。发展速生丰产用材林和经济林，提高林业资源的加工利用水平。加强对气候资源的监测与评估，合理开发利用气候资源。

3．保护自然资源，提高生态环境质量

实施水功能区划管理制度，实行水域纳污总量控制，加大污水处理力度，提倡中水回用。开展流域综合治理，严格控制生产建设对水域的占用，严禁超采地下水，加强水环境的保护。加大生态公益林建设和天然林资源保护力度，提高森林覆盖率和林木蓄积量，增强森林生态功能。加强矿山生态环境保护，最大限度地减轻矿产开发对生态环境的污染和破坏，搞好矿山生态环境的治理和恢复。保护旅游资源，防止自然风景人工化，风景名胜区城市化，以及旅游资源的退化和破坏，根据旅游资源的容量，合理控制游客接待规模。

严格海域使用管理。加强海上倾废管理，完善溢油防护设施和海损应急处理手段，严格控制陆域污染物入海排放总量。治理海洋污染，防治赤潮灾害，逐步恢复海洋生物资源，确保重点河口、港湾环境质量明显好转。

4．扩大对外开放，充分利用国内国际资源

充分发挥市场配置资源的基础性作用，鼓励浙江企业参与中西部地区自然资源的开发利用，通过贸易、股权投资、合作开发等多种方式利用国外资源，弥补省内自然资源不足。配合国家做好重要矿产资源的战略储备，保障安全供应。

（三）建设山川秀美的生态环境体系

坚持环境保护和生态建设并重的方针，突出抓好重点区域和重点领域的生态环境，使环境质量满足功能区要求，生物多样性得到充分保护，抗灾减灾能力明显增强，经济社会发展的环境支撑能力不断提高。

1．加强污染综合防治

严格执行国家和省有关污染防治的法律法规，推动流域、区域、资源开发规划战略环评，促进产业合理布局和资源优化配置。严格控制污染物排放总量，加强综合协调、分类指导和统一监督管理，从生产全过程抓好污染防治工作。

加强水污染综合治理。建立新增污染物调控机制，逐步实施主要水污染物排放的区域、流域总量控制。积极推进工业园区污水集中处理工程建设，2005 年园区污水集中处理率达到 60%，2010 年达到 90%。重点抓好造纸、印染、制革、化工、医药、电镀等行业的污染控制，建立污染物在线监控系统，使工业污水排放达标率稳定在 90%以上。加大城市污水处理厂和管网系统建设、运行监控力度，不断提高城镇污水处理率，推进城市污水资源化利用。抓好万里清水河道建设工程，在重点河网地区建立农业氮、磷流失控制区，促进全省流域的水质目标管理，完成国务院关于太湖流域杭嘉湖地区水污染防治目标。抓好温黄、温瑞、萧绍甬平原河网水环境综合整治。全面推动以近岸海域环境整治和生态修复为重点的碧海建设工程，近岸海域环境污染趋势 2010 年得到基本控制，2020 年达到海洋环境功能区要求。加快合格和规范化饮用水源保护区建设，确保饮用水源水质符合国家规定要求。

继续治理大气污染。严格控制各类大气污染物排放，继续实施二氧化硫排放总量控制。新建电厂、热电厂全面实施脱硫工程，单机 125 MW 以上大型火电厂和单台 35 吨/小时以上锅炉的热电厂逐步实施脱硫，脱硫效率分别达到 90%和 70%以上。逐步淘汰现有高能耗、重污染的小型燃煤锅炉，因地制宜发展热电联产和集中供热。对水泥等建材行业，逐步淘汰和关停机立窑，推广新型干法窑外分解等先进生产工艺，有效控制粉尘污染。严格执行《中国逐步淘汰消耗臭氧层物质国家方案》，2005 年停止哈龙 1211 的生产。重点防治化工、医药、冶金等行业有毒有害工艺废气污染，进一步扩大烟控区建设。严格执行机动车辆销售环保准入制度，强制淘汰超标排放车辆，减轻汽车尾气污染。加强城市交通运输和工程施工过程的防尘、抑尘管理。控制餐饮业油烟污染。

搞好噪声污染综合治理。继续扩大城市噪声达标区建设，2005 年城市噪声达标区覆盖率达到 80%，2010 年达到 90%以上。治理工业企业噪声，鼓励选用低噪声的先进设备和生产工艺，对布局不合理、扰民严重、一时难以治理的工业企业实行关、停、并、转、迁。防治城

市道路交通噪声，严格建筑工地夜间施工审批制度，强化饮食服务、娱乐场所等生活噪声的控制。

加强固体废弃物控制与管理。建设全省固体废弃物管理网络，完善回收利用和交换系统，加快实现资源化、减量化、无害化。严格执行危险废物产生、交换和转移联单管理制度，严禁危险废物排放和擅自处置，建设一批危险废物集中处置示范工程。加强进口废物的环境管理，严禁境外危险废物进入我省。

2．抓好生态环境保护与建设

在具有重要生态功能作用的区域建立一批重要生态功能保护区，实施重点保护。对具有特殊生态功能，虽已受到一定程度损坏，但采取有效措施可以恢复的，要实施抢救性保护。高度重视生态良好地区和重点资源开发地区的环境保护与生态建设。进一步做好珍稀濒危物种的抢救与保护，强化临安天目山、平阳南麂岛、凤阳山—百山祖、定海五峙山鸟岛等生物多样性自然保护区的保护力度，禁止在核心区和缓冲区开展各类开发活动。在物种丰富、具有自然生态系统代表性、资源未受破坏的地区，合理增建森林、野生动植物、湿地和海洋等自然保护区，积极创建一批自然保护小区。

保护森林，发展林业，提高森林质量，强化森林生态功能，积极构建以森林为主体的绿色屏障。大力推进以人工造林、封山育林为主要内容的生态公益林建设，促进城镇、平原绿化，抓好生物多样性保护和森林公园的管理。至2020年森林覆盖率稳定在62%以上。

开展流域生态环境保护。制定流域生态环境保护规划，积极开展流域综合治理，加强流域的生态环境管理。建立上下游生态环境保护补偿机制，协调好上下游地区经济布局、城镇建设和生态环境保护。在生态环境脆弱地区，实施必要的生态移民。进一步加强水土流失治理，到2007年新增治理水土流失面积4 000平方千米；到2010年再新增治理水土流失面积4 000平方千米，太湖流域适宜治理的水土流失全部得到治理；到2020年继续新增治理水土流失6 600平方千米，钱塘江流域适宜治理的水土流失全部得到治理，瓯江流域上游适宜治理的水土流失基本得到治理。

加大城乡生态环境保护力度。开展主要河道和乡镇所在地河道整治。加强小城镇环境保护，提高基础设施水平，完善城镇功能。实施“千村示范、万村整治”工程，建设社会主义新农村。注重城市布局与环境保护的关系，加强公园、绿化带等绿地的建设和自然风景的保护，确保一定比例的公共绿地和生态用地，加强城市环境综合整治，积极创建园林城市。巩固杭州、宁波、绍兴国家级环境保护模范城市的建设成果，继续深入开展创模活动。

3．严格管理辐射环境和化学危险品

加快辐射环境监测网建设、提高核应急响应能力。在现有11个市监测站的基础上扩大辐射监测力量，全面监视全省辐射环境质量状况及变化趋势，提高辐射环境监管水平。进一步做好核电厂核事故场外应急准备工作，完善省核应急指挥中心各项功能及场外应急计划和实施程序。

加强辐射环境管理。做好生活社区、学校等场所电磁辐射水平监测，提高监控能力，建立放射源及废物动态管理数据库，加快放射性废物分类收贮，妥善落实中、低放废物处置措施。伴生放射性矿物的开采必须合理规划，严格监管。

加强化学危险品的管理。实现对有毒化学品生命周期的全过程风险管理和统一管理。严

格控制剧毒、高毒化学品的生产和使用。加强有毒化学品废物处理场所建设，实现有毒化学品废物的减量化、资源化和无害化。

4．有效防御自然灾害

继续建设和完善沿海防洪御潮体系、高标准城市防洪体系、钱塘江干堤等主要江河堤防工程体系以及上游拦蓄工程体系。进一步加固大江大河干流堤防，限期完成病险水库改造。增强抵御洪涝、风暴潮、灾害性海浪、赤潮等突发性灾害的能力。建立防灾救灾应急体系、抗灾保障体系和救灾预备金制度，在灾区推行洪涝灾害保险。

进一步做好地震、滑坡、崩塌、泥石流、地面塌陷、地面沉降等地质灾害的防治。建立和完善建设项目地质灾害危险性评估制度、地质灾害群测群防系统、灾害应急管理系统和紧急救援体系。到 2005 年，50 个以上重要地质灾害隐患点得到治理；到 2020 年，人为因素引发的地质灾害基本得到控制。

完善专业气象防灾减灾服务系统，提高气象防灾减灾服务能力。建立健全人工影响天气业务技术和管理体系，提高人工影响天气为气象防灾减灾服务的能力。

（四）建设与资源、环境承载力相适应的人口生态体系

认真贯彻实施可持续发展战略和计划生育基本国策，把解决人口问题、改善人居环境与发展生态经济、保护生态环境结合起来，逐步实现人口规模适度、结构优化、分布合理，与资源、环境承载力相适应，促进人与自然和谐共处。

1．稳定低生育水平，提高健康水平和人口素质

坚持计划生育基本国策，继续稳定现行生育政策、稳定低生育水平，优化人口教育结构、就业结构、城乡结构和区域分布，促进人口与资源、环境承载力相适应。2020 年左右，全省人口在继续达到国家政策要求基础上进一步缓慢下降，育龄夫妇普遍享受优质的生殖保健服务，出生人口性别比基本正常，较好地解决人口老龄化问题，人口素质全面提高；形成比较完善的现代国民教育体系，基本普及高中段教育，逐步实现高等教育大众化，预期平均受教育年数达到 14 年以上；城市人口比重达到 65%。

加强公共卫生设施建设，提高社会基本医疗服务和预防保健水平。尽快改造和新建省疾病预防控制中心和各地区的疾病预防控制中心，形成全省重大疾病预防控制网络，有效预防和治疗传染病。建立健全以农村大病统筹为主要形式的农村新型合作医疗制度和农村社区卫生服务体系。治理和清除影响人民健康的环境因素，重点是消除大气污染、水环境污染、农产品和食品污染对人民健康的影响，提高出生人口素质和全民健康水平。到 2020 年，基本消除生态环境因素造成的出生缺陷、消除污染造成疾病伤残的重大事故，实现环境优美、人人健康的目标。

2．促进充分就业，提高社会保障能力

适应经济结构调整、社会结构转型和就业需求增长的需要，构建终身教育体系，加强职业技能培训。调动各方面积极因素，创造更多的就业岗位，积极促进充分就业。营造充分发挥人力资源优势的社会环境。

坚持初次分配注重效率，再次分配注重公平的原则，加强收入分配的调节，采取有力措施，消除贫困人口，缩小地区经济发展差距；健全和完善城乡失业保障体系，加强对弱势群

体的关怀扶持；进一步加强社会保障和社会福利设施建设，完善农村最低生活保障制度。率先创新养老保障体系，发展老龄产业，开拓老年人口消费市场，提高全社会对老年人口的抚养能力，妥善解决人口老龄化带来的社会问题，促进经济发展、社会稳定。

3．以创建生态城镇为抓手，改善城镇人居环境

按照建设生态省的要求，结合我省城市化的发展趋势与特点，深化省域城镇体系规划。特别要注意土地、水资源的保护与合理利用，重视保护历史文化遗产，提高城镇文化品位，强化和完善城镇功能。优化人口、产业和城镇的布局，进一步完善能源、交通、信息等基础设施。

提高城镇规划和城镇形象设计水平，着力塑造富有特色的生态城镇。建设布局合理、生态良好、景观优美、适应现代化城市发展需要的城市绿地系统，加强古树名木、历史文物、风景名胜区保护，严禁在城区和郊区随意开发湿地，填占河道、溪流，争创“中国人居环境范例奖”，大力创建园林城市。鼓励发展节地、节水、节能、无污染的建筑物，积极探索各种生态型居住形式。

4．创建绿色社区，打造生态家园

开展绿色社区创建活动。建立和完善社区服务中心或服务站，充分发挥志愿者组织的作用，进一步拓展社区服务领域。以节庆、广场、家庭等为载体，开展形式多样、生动活泼的社区教育、科普和文体活动，促进文明社区和文明家庭建设。大力开展户外环境与户外设置物的整治，提倡庭院绿化、建筑物垂直绿化和屋顶绿化，进一步净化、绿化和美化社区环境。注重居住、保健、教育、安全和社交、休闲、娱乐等功能的有机结合，建立配套齐全、布局合理的基础设施。倡导绿色文明的生活方式，增强社区居民的生态意识和参与能力。

5．建设生态型村庄，推进农村新社区建设

统筹城乡建设规划，编制体现地方特色和时代特征的县城和乡镇村庄布局规划和单个村庄的建设规划，建设与生态环境和谐、节约耕地的生态型村庄。围绕“千村示范、万村整治”工程建设，把生态公益林、万里清水河道、万里绿色通道、千万农民饮用水、生态家园富民计划等整合起来，协调推进农业和农村基础设施建设。提倡畜禽生态养殖，推行生活垃圾集中处理，加快生活污水处理设施建设。大力推进文明殡葬，做到农村墓区生态化，经营公墓园林化，清除“青山白化”。加快农村电网改造，因地制宜地解决农村能源问题。按照现代化要求改造和建设农民住房，进一步提高农村电话和电视普及率，提高农村卫生保健和社会保险覆盖面。努力创建“全面小康建设示范村”，整体推进农村新社区建设。

（五）建设科学、高效的能力支持保障体系

树立生态文化理念，加快生态省建设的体制、机制和管理创新，加强生态省建设的科技教育支撑，发挥生态示范区和可持续发展实验区的示范作用，完善生态环境安全的预测预警系统，建立生态省建设的科学决策和评估机制。

1．树立先进的生态文化理念

通过生态文化建设，培养善待生命、善待自然的伦理观，树立环境是资源、环境是资本、环境是资产的价值观，确立保护和改善环境就是保护和发展生产力、走新型工业化道路的发展观，倡导节约资源、文明健康的生活方式，逐步形成崇尚自然、保护环境，循环利用、减

量排放，厉行节约、反对浪费和保护历史文化遗产的行为规范，创造全社会关心、支持生态省建设的文化氛围。

2．加强生态省建设的科技教育支撑

加快建设区域创新体系。建成创新能力强、机制更活更开放、以多种所有制科研机构为主体、知识创新与技术创新紧密结合的研究开发体系；建成与区域经济结合、企业化经营的，提供专业、便利、全程、有效服务的技术中介服务体系；建立健全统一、竞争有序、电子化和网络化的现代技术市场体系；建立以企业为主体、各类风险投资机构和担保机构稳步发展的科技投融资体系；建立政府职能转换到位、技术市场监管有力、科技要素活力迸发的宏观调控体系，形成适应社会主义市场经济体制的区域创新体系及运行机制。

加强科技创新。组织研发污染监控、生态重建、清洁生产和资源循环利用等技术。鼓励绿色食品、绿色工业产品、生物饲料、生物农药和环保产品的开发生产。加快环保科研成果、绿色生产技术和循环经济新技术的推广应用。大力发展科技先导型、资源节约型、环境保护型的产业和产品，加快淘汰高消耗、高污染、低效益的工艺装备、产品和企业。

组织实施可持续发展科技示范。重点是城镇生活垃圾综合处置、畜禽养殖废弃物资源化综合处置、餐饮业油烟废气生物法处理、农业面源污染控制、城镇污水高效处理新技术及装备国产化、生态化智能化住宅建设、食品安全关键技术、废旧塑料综合利用等重大科技项目的攻关和示范。

加强生态省建设的人才培养。在高标准普及九年义务教育和高中段教育基础上，大力发展高等教育，积极发展职业技术教育和继续教育，充分发挥教育在人才培养中的先导性、全局性和基础性作用。加强生态环境、绿色产业、循环经济重点学科建设，加快生态省建设高素质人才培养，有组织地对企业法人和经营者进行循环经济的培训。根据生态省建设重大项目需要，通过各种合作途径，加大国内外人才引进力度。

3．发挥生态示范区和可持续发展实验区的示范作用

从实际出发，敢于实践，大胆创新，认真抓好创建生态省的试点示范。广泛开展生态市和生态县（市）建设试点，及时总结经验，推进全省生态市和生态县（市）建设活动。大力加强国家级生态示范区、省级生态农业示范县、园林式居住区、人居环境范例、生态示范社区、生态示范乡镇以及生态型住宅、绿色学校、绿色饭店等各类生态建设示范工作。继续推进国家级和省级可持续发展实验区建设，以体制、科技和管理创新为动力，推动区域经济社会与人口、资源、环境的协调发展，强化可持续发展实验区的示范功能，使之成为率先提前基本实现现代化、率先步入可持续发展轨道的示范区。

4．完善生态环境安全的预测预警系统

完善生态环境动态监测网络。应用遥感、地理信息系统、卫星定位系统等技术，建设包括生物资源、农业资源、环境质量、水土保持、河道水质、地质环境、海洋环境、气象、赤潮等内容的生态环境动态监测网络，建设“绿色浙江”环境资源数据库，实现信息资源共享和监测资料综合集成，不断提高生态环境动态监测和跟踪评价水平。

建设完善灾害预报预警系统。主要包括台风、暴雨、暴潮、冰雹等灾害性天气，以及赤潮、酸雨、地质灾害、环境污染事故和突发性动植物病虫害等的预报预警系统和快速反应系统，增加预警和防范准备时间，避免和减少各类灾害造成的损失。

5．建立生态省建设的科学决策和评估机制

建立健全环境与发展综合决策和协调管理机制。在制订国民经济和社会发展中长期规划、产业政策、结构调整和生产力布局规划时，要满足生态省建设目标的实现，充分考虑生态环境的承载能力和建设要求。加强各个部门的协调配合，注重信息共享，实行科学决策。

建立健全民主决策与专家咨询机制。对生态省建设重大决策实行公众听证制度，对重要规划、政策以及重大项目实行专家咨询论证制度，加大决策的透明度。提高社会团体和公众参与程度，形成政府、专家与社会团体、公众相互配合的民主决策机制，科学有效地推进生态省建设。

建立生态省建设评估机制。按照生态省建设评价指标体系与考核评价制度，对全省与各市县、各部门生态省建设进展情况开展动态评估。研究建立绿色 GDP 核算体系，科学地分析和评价生态省建设的成效和阶段性成果。

五、生态省建设的重点领域

根据生态省建设的总体目标、主要任务和建设步骤，计划在生态工业与清洁生产、生态农业建设、生态林建设、万里清水河道建设、生态环境治理、生态城镇建设、农村环境综合整治、碧海生态建设、下山脱贫与帮扶致富、科教支持与管理决策等重点领域，集中力量组织实施一批重点建设项目，其中近期重大项目将列入省“五大百亿”工程。

（一）生态工业与清洁生产

按照循环经济的理念，大力推进清洁生产和工业园区的生态化改造，建设符合新型工业化要求的生态工业体系。培育一批企业内资源循环利用和企业间资源循环利用的生态工业园区，开展产业与产业、生产与消费之间资源循环利用的循环经济实验区。同时，对全省镇以上各类工业园区进行整合，并对园区的主要污染物实施集中处理和资源化利用。全面实施 ISO 14001 环境管理体系认证，对 500 多家重点骨干企业进行清洁生产技术改造，对全省重点工业企业污染物实施总量控制，对全省危险废物实行无害化处置，加快“西气东输”浙江段配套工程和东海春晓天然气利用工程的建设，对现有燃煤电厂实施脱硫及烟尘控制。加快发展环保产业，实施资源综合利用和再生资源回收示范项目。

（二）生态农业建设

按照农业、农村现代化建设的要求，推广生态农业模式，建设千余个农牧结合的绿色生态畜牧养殖小区，其中省级 250 个。推广秸秆还田、新型有机肥、优质高效新肥料和平衡施肥等十大绿色农业技术，实施“沃土工程”，合理使用化肥、农药，提高农业废弃物的综合利用率。建设一批绿色、有机食品基地，尽快解决“餐桌污染”，加快生态农业示范县、区的建设。

（三）生态林建设

大力推进以生态公益林、生态保护林、生态经济林为主要内容的生态林建设，促进城镇、

平原绿化以及全省八大水系流域生态环境建设。重点实施万里绿色通道、高标准平原绿化、退耕还林、沿海防护林、长江中下游防护林、生物多样性保护、森林公园建设等项目。到2007年管护和建设生态保护林、生态经济林、生态公益林共200万公顷。

（四）万里清水河道建设

对全省6万千米河道中主要骨干河道及镇乡村所在地的1万千米河道进行疏浚、拓宽、护岸、筑堰（坝）、清障、水土保持等综合治理，到2007年全省主要河道实现“水清、流畅、岸绿、景美”。在此基础上，进一步加大综合整治力度，使我省水环境质量达到生态省建设的要求。

（五）生态环境治理

搞好以小流域治理为主要内容的钱塘江、瓯江及其他流域中上游水土保持，建设一批生态功能保护区、生物多样性保护区和自然保护区，兴建水资源的重大工程及其他水源工程，提高供水能力，做好地质灾害防治工作，治理城市周边、风景名胜区、文物保护单位和交通干线两侧的环境，搞好露天开采矿山的边坡整治和复垦、复绿及景观修复。其中，到2007年全省新增治理水土流失4 000平方千米，加固1 000座小二型以上水库大坝，建成100个饮用水源保护区，矿山生态环境恢复率达60%以上，人为因素引发的地质灾害基本得到控制。

（六）生态城镇建设

围绕建设人与自然和谐的生态人居，进一步完善城镇基础设施，加快生态城镇建设，提高城镇污水处理率、城镇生活垃圾处理率、城市绿地率和城市绿化覆盖率，保护历史文化名城和重要的历史街区。其中，到2007年建成杭州市七格污水处理厂（50万吨/日）、温州市永强污水处理厂（30万吨/日）、绍兴市污水处理厂（30万吨/日）和其他一批城市污水处理工程，新增污水处理能力约180万吨/日；建成一批城市生活垃圾处理场，新增垃圾处理能力约5 000吨/日；新增城市绿地面积5 000公顷以上。

（七）农村环境综合整治

实施“千村示范、万村整治”工程，到2007年基本完成1 000个示范村建设和1万个行政村整治，实现“路硬、水清、村美、户富”和“农田园区化、生产清洁化、管理社会化”的要求。加强村级生态墓区建设，对沿公路、铁路、航运河道和耕地区、开发区、住宅区、保护区、风景区的已建坟墓进行搬迁和清理，治理“青山白化”。加强农业面源污染治理力度，加大畜禽养殖污染集中处理，加快太湖流域重点污染控制区建设。开展农村清洁能源和再生能源的推广应用。建设“千万农民饮用水工程”，兴建水源及供水设施，改善千万农民饮水条件，解决百万人口饮水困难。

（八）碧海生态建设

以恢复和改善近岸海域水质和生态环境为主，以调整产业结构和生产方式、转变经济增长方式为基本途径，以控制入海污染物和海洋环境综合治理与生态修复为重点，加大海岸带

入海排污口整治；对杭州湾、象山港、三门湾和乐清湾实施海湾生态修复计划；加强海洋生物资源保护与恢复，建立主要产卵场、种质资源保护区、增殖放流区，设置生态型人工鱼礁；建立重大海洋污染应急处理系统。

（九）下山脱贫与帮扶致富

以欠发达地区和海岛为主，以帮助兴办生态工业、特色绿色农业、城市建设、发展商贸和科技扶持为重点，结合下山脱贫、地质灾害防治、生态移民，实施“欠发达乡镇奔小康工程”，进一步搞好“山海协作工程”，加快欠发达地区人口转移和特色产业发展。其中，到 2007 年完成欠发达地区乡至村公路改造 10 000 千米，建成“五保三无”集中供养设施；80%以上的欠发达乡镇农民人均纯收入达到全国平均水平，年纯收入低于 1 000 元人口占所在乡镇人口的比率低于 3%；全省下山脱贫达到 25 万人，自愿要求下山的高山深山农民基本实现搬迁。加快舟山大陆连岛工程（金塘大桥）、洞头半岛工程、丽温高速公路、丽水滩坑电站等重大基础设施建设。

（十）科教支持与管理决策

加强生态省的能力建设，充分发挥科技与管理对生态省建设的支撑作用。重点实施一批重大科技攻关及示范项目，建设和完善生态环境监测预警系统、管理信息系统和灾害预警系统，建立和完善“绿色浙江”资源环境数据库，加强可持续发展实验区建设，提高可持续发展决策与管理能力。

六、生态省建设的保障措施

创建生态省，全面推进“绿色浙江”建设，是一项事关全局和长远的战略任务，必须采取行政、法律、经济、宣传、教育等手段，从加强组织领导、健全政策法规、完善管理体制、拓宽融资渠道、强化公众参与和扩大交流合作等方面采取切实有效的措施，全面落实规划提出的各项目标和任务。

（一）切实加强领导，为生态省建设提供组织保障

1．加强领导，协调行动

建设生态省，是一项跨地区、跨部门、跨行业的系统工程，必须切实加强领导，协调行动。成立浙江生态省建设工作领导小组，加强对生态省建设的领导，对重大事项进行统一部署、综合决策，协调各部门、各地区间的行动；实行环境与发展综合决策制度，定期研究解决建设中的重大问题。各级政府和有关部门也应成立相应的领导协调机构，形成省、市、县分级管理，部门相互协调，上下联动，良性互动的推进机制。

2．明确目标，落实责任

把生态省建设任务纳入行政首长目标责任制，实行党政“一把手”亲自抓、负总责，建立部门职责明确、分工协作的工作机制，做到责任、措施和投入“三到位”。各级政府和有关部门要把生态省建设列入重要议事日程，将生态省建设目标分解为具体的年度目标，实行年

度考核，将建设生态省目标任务的完成情况列为评价各级政府和干部政绩的重要内容。在企业评优、资格认证和有关创建活动中，实行生态环境保护一票否决制。

（二）研究制定政策法规，为生态省建设提供法治保障

1. 制定和完善相关的法规和规章

适时制订《浙江省大气污染防治条例》、《浙江省城市市容和环境卫生管理条例》、《浙江省农村农业生态环境保护条例》、《浙江省海洋环境保护条例》等地方性法规，保证生态省建设的权威性、严肃性和连续性。加快制定生态省建设重大项目管理办法、生态公益林建设管理办法和江河流域综合管理办法。进一步研究制订促进清洁生产、耕地集约管理、保护海洋资源和环境、促进节地节水、资源有偿使用及产权转让、环境监理、放射性污染防治、地质环境保护等法规和规章；抓紧清理和修订不符合建设生态省要求的政策法规。按照国际绿色认证要求，加快建立有关绿色认证的法律法规和标准。

2. 加强生态省建设的政策引导

加大对生态省建设的政策扶持力度。生态省建设重大工程和重点项目优先列入省重点建设项目，优先保证用地，并在税收等方面给予优惠支持。可采取分期付款的方式支付地价，使用期限内土地使用权在不改变用途的前提下可以依法继承、转让、出租和抵押。对符合国家划拨供地目录的重要生态项目用地，可实行行政划拨。继续实施鼓励退耕还林和下山脱贫的优惠政策，加快退耕还林和生态移民的工作进度。制定自然资源与环境有偿使用政策，对资源收益者征收资源开发补偿费和生态环境补偿费。清理和规范收费项目，调整收费标准，依法征收和管理。

3. 加大执法检查力度

强化环境保护和生态建设的法律监督。加强对有关法规实施情况的执法检查，对严重违反环境保护、自然资源利用等法律法规的重大问题，依法进行处置。加强环境保护司法工作，及时受理环境保护民事、行政、刑事案件，对严重破坏资源、污染环境的单位和个人，依法严厉查处。

（三）创新管理体制，为生态省建设提供体制保障

1. 加快政府职能转变和管理体制创新

结合政府机构改革，转变政府职能，创新管理体制。在充分发挥市场配置资源基础作用的同时，强化政府在生态省建设方面的综合协调能力，切实解决地方保护、部门职能交叉造成的政出多门、责任不落实、执法不统一等问题。对目前海岸带开发的管理体制、自然保护区的建设和管理体制、生活垃圾和生活污水收费、矿山生态环境恢复机制等重大体制和机制问题，提出协调与解决方案。在水污染防治、固体污染物越界转移、海洋环境治理等方面，积极探索跨区域合作治理模式，建立信息互通、统一行动、联合督察的跨省市协作机制。

2. 完善统计指标体系，探索绿色 GDP 核算

根据循环经济理论和生态省建设要求，改革和完善现行的国民经济核算体系，对环境资源进行核算，使有关统计指标能够充分反映经济发展中的资源和环境代价，探索建立环境资源成本核算体系和以绿色 GDP 为主要内容的国民经济核算体系。在环境影响评价基础上，加

强建设项目的生态环境影响评价工作，研究和建立科学和操作性强的生态环境影响评价方法。

3. 统筹运用政府专项资金

完善生态建设资金管理体制，统筹运用预算内外投入生态环境领域的资金。省内生态环境保护资金、农田基本建设资金、生态公益林补助资金、水土流失治理资金、万里河道整治与小流域治理资金等专项资金的使用要与生态省建设结合起来，对重点生态项目实行倾斜，合理安排使用，提高资金使用效益。

4. 建立专家咨询委员会和决策管理信息中心

在制定涉及生态省建设的重大政策和规划，确定重大生态建设和环境保护项目等方面，充分发挥专家咨询委员会的作用。设立生态省建设的决策管理信息中心，全面系统地收集分析全省生态省建设的信息和国内外发展动态，为各级政府和管理部门提供必要的信息服务。

（四）完善市场化运作机制，拓展多元化投融资渠道

1. 加大生态省建设的投入

各级政府要切实增加对生态环境保护与建设的投入，将生态建设资金列入本级预算。根据生态省建设的需要，通过全省财政投入的增加，引导全社会扩大对生态环境保护与建设的投入。统筹安排新建、扩建、改建项目的环境污染治理资金，加大对林、草、土地、水资源建设及环境保护与监测等项目的投资力度。调整财政投入结构和投入方式，充分发挥公共财政在生态建设和环境保护方面的引导作用，采取建立政府引导资金、政府投资的股权收益适度让利、公益性项目财政补助等政策措施，使社会资本对生态建设投入能取得合理回报，推动生态建设和环保项目的社会化运作。

2. 积极推进生态建设和环保项目的市场化、产业化进程

将一些具有一定公益性质的收费，在一定期限内转化为经营性收入，推进垃圾、污水集中处理和环保设施运营的市场化运作。组建一批具有一定规模的环境污染治理公司，提供污染治理的社会化、专业化服务。进一步探索和推广水权转让、排污权交易、矿业权招标拍卖、海域资源有偿使用等办法，充分发挥市场机制在资源配置中的作用。

3. 建立和完善多元化的投融资渠道

坚持以改革的思路、用市场化的手段，建立多元化的投融资机制，鼓励和支持社会资金投向生态省建设。积极支持生态项目申请银行信贷、设备租赁融资和国家专项资金，发行企业债券和上市融资。政府通过财政贴息补助、延长项目经营权期限等政策，鼓励不同经济成分和各类投资主体，以独资、合资、承包、租赁、拍卖、股份制、股份合作制、BOT 等不同形式参与生态省建设。探索经营生态项目的企业将特许经营权、污水和垃圾处理收费权，林地、矿山、海域使用权等作为抵押物进行抵押贷款。

（五）加强宣传教育，充分发挥社会监督和公众参与的作用

1. 加强生态省建设的宣传教育

各级政府及有关部门要将与循环经济、绿色浙江有关的科学知识和法律常识纳入宣传教育计划，充分利用广播、电视、报刊、网络等新闻媒体广泛开展多层次、多形式的生态省建设的舆论宣传和科普宣传，及时报道和表扬先进典型，公开揭露和批评违法违规行为。重视

生态建设的基础教育和专业教育，组织编写大、中、小学生的相关教材和面向社会各层次的科普读物。建立生态环境教育中心，开展“生态夏令营”、“绿色学校”、“绿色社区”等公益活动，进行全社会特别是面向农村的生态环境教育，大力培养绿色证书人才。加强对各级领导干部和企业法人、经营者的可持续发展理论和循环经济知识培训，将生态省建设纳入各级党校和行政学院的教育内容。

2. 建立社会公众积极参与的有效机制

扩大公民对环境保护的知情权、参与权和监督权，促进环境保护和生态建设决策的科学化、民主化。各级环保部门要组织专家和公民以适当方式参与环境影响评价，实行生态环境保护有奖举报制度。鼓励工会、共青团、妇联等社会团体和公民参与环境保护和生态省建设，对为环境整治和生态建设作出突出贡献的单位和个人给予精神鼓励和物质奖励。设立生态环境投诉中心和公众举报电话，鼓励检举揭发各种违反生态环境保护法律法规的行为，加强环保法律、政策和技术咨询服务，扩大和保护社会公众享有的环境权益。

（六）拓展对外开放领域，扩大国际国内交流与合作

1. 积极开展形式多样的国际交流和合作

适应经济全球化和我国加入世界贸易组织的新形势，借鉴国际环境保护、生态建设和循环经济的有益经验和做法，逐步建立和完善以绿色产品、绿色技术、绿色服务为主导的投资贸易政策体系。依法完善与之相配套的资金、信贷、土地、税收等优惠政策，为扩大国际交流与合作提供良好的软环境。

积极参与全球经济一体化进程，抓紧研究生态环境保护和建设的国际惯例，及时修订地方政策法规和产业标准。大胆吸收和借鉴发达国家在生态环境保护和建设方面的成功经验，做到为我所用，少走弯路。围绕发展循环经济、生态环境建设与保护、清洁生产技术与工艺、资源综合利用等，在资金、技术、人才、管理等方面全方位开展国际交流与合作。拓宽利用外资渠道，积极利用世行、亚行、全球环境基金、联合国开发计划署等国际组织以及各国政府的贷款或赠款。利用产业导向和优惠政策，鼓励外商投资高新技术、污染防治、节能和资源综合利用项目，独资、合资、合作造林营林，积极引进国外优良品种和先进技术、设备和管理。鼓励外商在浙江设立生态经济研发机构，积极开展有关项目的合资合作。

2. 加强国内跨地区交流和合作

拓展与台港澳和兄弟省市特别是周边省市在可持续发展领域的交流和合作。按照区域经济一体化发展的要求，建立长江三角洲地区生态环境保护与建设的协作机制和有组织、可操作的专项议事制度，共同推进环境保护和生态建设。联合有关省市共同开展污染控制及综合防治工作，进一步搞好太湖流域水污染防治，积极推动“碧海生态建设”。

附件：1. 浙江生态省建设评价指标体系表（略）

2. 浙江省生态功能区划方案（略）

2003—2007年浙江生态省建设工作总结

自2003年开展生态省建设以来，在省委、省政府的正确领导下，全省上下深入贯彻落实科学发展观，大力发展循环经济，加强污染整治，改善生态环境，培育生态文化，走生产发展、生活富裕、生态良好的文明发展道路，已取得了显著成效，有力地促进了我省经济社会又好又快发展。

一、主要做法和成效

（一）突出阶段重点，深入开展“811”环境污染整治行动

“811”环境污染整治行动是生态省建设基础性、标志性工程。2004年，省政府颁发了《关于进一步加强环境污染整治工作的意见》，决定从2004年到2007年，在全省开展“811”环境污染整治行动，按照“治旧控新，监建并举”要求，通过三年的努力，全省环境污染和生态破坏趋势基本得到控制，突出的环境问题基本得到解决，在全国率先全面建成县以上城市污水、生活垃圾集中处理设施，率先建成环境质量和重点污染源自动监控网络，环境污染防治能力明显增强，环境质量稳步改善。

通过三年的整治攻坚，促进了环境质量的明显改善。在环境质量方面，全省地表水功能区达标率为60.8%，三类以上水质监测断面比例占67.2%；钱塘江流域水环境质量改善更为明显，三类以上水质监测断面比例达到73.3%；县级以上集中式饮用水源地水质达标率达到85.7%，饮用水源安全得到有效保障。全省11个设区城市日空气质量二级以上天数均达到85.9%以上；临海水洋、黄岩王西外东浦、椒江外沙岩头、衢州沈家、东阳横店等化工园区的恶臭气味得到有效遏制，保障了园区周围广大人民群众的身体健康。辐射环境质量总体良好，全省闲置、废弃放射源做到了安全送贮。根据中国环境监测总站最新公布的数据，2007年度我省生态环境质量状况为优，继续保持全国前列。通过三年的整治攻坚，促进了经济结构的调整优化。在重点流域、重点监管区、重点行业、重点企业的整治过程中，行业、企业和区域的经济发展不仅没有被抑制，反而形成了低排放、高水平发展的倒逼机制。不仅企业

总体技术水平、产品的附加值和经济效益均有了提高，而且区域经济扩大了总量，财政收入和职工的收入也有了提高。近几年全省的水泥行业全面关停机立窑，在大幅度减少了粉尘排放量的同时，2007 年全省的水泥总产量、总产值以及水泥的质量都有了明显提高。长兴县对铅酸蓄电池企业进行了全面整治，企业数量从 175 家减少到 50 家，但产品结构得到了优化，产业层次得到提高，经济效益明显增加。据统计，整治后长兴县蓄电池企业的产值比整治前提高 60%。平阳水头制革污染整治，在一定程度上影响了当地的财政收入和工业增加值，但是通过三年整治，不仅鳌江水变清了，而且制革产业的附加值明显提升。此外，建德化工、富阳造纸、温州电镀等行业的污染整治，也取得环境与经济"双赢"的喜人局面。总体上，这几年全省万元 GDP 主要污染物排放强度大幅度下降，2007 年我省 COD 减排 4.89%，列全国第三名，二氧化硫减排 7.22%，列全国第四名。

（二）注重循序渐进，逐步完善生态省考核机制

在制订年度任务和深化考核工作中，随着生态省建设不断深入推进，任务内容逐步细化，考核要求逐步提高，体现了循序渐进、层层推进的要求，有效引导各级各部门高度重视生态省建设。在对领导干部考察工作中，强化了生态环境建设相关工作的考核内容，有效引导各级领导班子和领导干部牢固树立科学发展观，高度重视生态省建设。

2003 年，对全省 11 个市下达了生态省建设任务书，考核仅设优秀等次。经考核，4 个市被评为优秀。

2004 年 3 月，出台了《浙江生态省建设目标责任考核办法（试行）》，各市、县（市、区）均层层分解落实和全面部署生态省建设的各项任务。2004 年，对 11 个市和 18 个生态省建设成员单位下达了任务书，制定《生态省建设工作考核评价指标体系（试行）》，分工作进展考核和经济发展水平评价参考两个层次进行考核。经考核，3 个市被评为一等奖，3 个市评为二等奖，5 个市评为三等奖；7 个成员单位评为优秀，11 个评为合格。

2005 年，经过实践，在认真总结和充分论证的基础上，对生态省建设目标责任制的年度任务书内容框架和结构、考核体系和奖励办法，都作了必要的调整，增设了 11 个市生态省建设任务一类考核目标和成员单位年度考核要求。对《浙江生态省建设目标责任考核办法（试行）》进行了修订完善，并制定了配套的生态省建设目标责任书考核评分标准，生态省建设基本形成了有效的考核机制，即省市生态省建设工作考核、省各有关职能部门生态省建设考核等机制。对 11 个市和 25 个成员单位下达了任务书，认真开展了生态省建设和环境污染整治专项督查和年度考核工作。经考核，2005 年度 5 个市、12 个成员单位被评为优秀，3 个市、13 个成员单位被评为良好，3 个市被评为不合格。

2006 年，进一步优化了生态省建设工作任务书，把各设区市生态省建设目标责任考核与"811"环境污染整治目标责任考核合二为一，具体细化责任目标，同时首次将任务书直接下达至县（市），考核的方式进一步拓展。在 11 市任务书中设置了一类目标、二类目标和附加考核三项内容，明确一类目标为一票否决和评优指标，在二类目标中新增共性排序考核指标、个性任务考核指标等内容，在 27 个成员单位任务书，设置了共性目标和个性目标两个类别。经考核，2006 年度 14 个成员单位、5 个市、26 个县（市、区）被评为优秀，12 个成员单位、6 个市、26 个县（市、区）被评为良好，1 个成员单位、26 个县（市、区）被评为合格，3

个县（市、区）被评为不合格。

2007 年，对《浙江生态省建设目标责任考核办法（试行）》进行了再次修订完善，对生态省建设年度工作任务书框架结构、考核内容、考核程序、组织形式和评分办法等方面作了必要的优化调整。在考核内容和要求上进行了改进、充实和创新，全省 11 市的任务书一类目标在 2006 年否决和否优的基础上，增加了否良类别；27 个成员单位任务书也新增了否决指标，具体包括合格否决、良好否决和优秀否决三方面的指标，考核内容进一步细化。

（三）创新机制体制，不断完善生态省建设保障体系

一是全面建立组织体系。省委、省政府成立了以省委书记为组长，省长为常务副组长，省委、省政府分管领导为副组长的生态省建设工作领导小组，省委、省政府有关部门主要负责人为领导小组成员，生态办设在省环保局。到 2004 年 3 月底，全省设区市和县（市、区）成立了生态市、县（市、区）建设工作领导小组及办公室，逐步健全了生态市、县建设组织保障体系。各级人大常委会、政协对生态省建设也给予了大力支持和有力监督。

二是建立健全工作机制。省委、省政府每年组织召开生态省建设工作领导小组会议，部署年度的工作任务，审定年度的考核情况，每年组织相关的调查研究，出台推进生态省建设的政策措施。全省已初步形成了省市县分级管理、各部门整体联动、社会广泛参与的工作机制。各地均建立了组织机构，制定工作制度，明确责任分工，加大财政投入，落实工程项目，并充分调动人民群众参与生态省建设的积极性。各地在实施过程中按照“生态工作项目化、项目工作目标化、目标工作责任化”的思路，通过分解落实生态省建设的各项任务，把生态省建设任务纳入各级政府目标责任制。在领导班子和干部队伍建设、人才队伍建设中，重视生态环境建设人才的培养、引进和使用。

三是抓好规划编制。2003 年 7 月 11 日，省委、省政府召开全省生态省建设动员大会。各级各部门围绕《浙江生态省建设规划纲要》，结合自身实际，切实抓好规划编制。11 个设区市均完成了规划编制、审核和审查，并经同级人大常委会审议正式颁布实施。全省 90 个县（市、区）均编制了生态建设规划。在此基础上，各地加大了对生态乡镇建设工作的指导和推进力度，全省各个乡镇均开展了生态乡镇建设规划或实施方案的编制，并按规划开展了有声有色的生态乡镇创建工作。同时，为实现环境保护优化经济增长，促进区域生产力布局与生态环境承载力相适应，确保主要污染物减排成效，改善生态环境质量，我省全面开展了生态环境功能区规划的编制工作，落实主体功能区规划要求，全面实施生态环境功能区规划，实行差别化的区域开发和环境管理政策，严把建设项目环境准入关。规划确定的禁止准入区，要依法实施强制性保护；限制准入区，要坚持保护优先，严格限制工业开发和城镇建设规模，禁止新上高污染工业项目，适度发展先进制造业，鼓励发展生态农业和现代服务业；重点准入区，要在严格落实生态环境功能区规划要求、确保完成污染减排任务的前提下，优化布局，有序推进产业发展和城镇建设；优化准入区，要依据环境容量，调整优化城乡布局和产业结构，确保环境功能达标。

四是建立生态补偿机制。2005 年，省政府在全国率先出台了《进一步完善生态补偿机制的若干意见》。2006 年，省政府出台了《钱塘江源头地区生态环境保护省级财政专项补助暂行办法》，对钱塘江源头地区 10 个县（市、区）按照“谁保护，谁受益”、“责权利统一”、“突

出重点，规范管理”和“试点先行，逐步推进”的原则，加大财政转移支付力度。明确在原有的相关省级财政专项资金政策不变的基础上，2006 年省政府安排 2 亿元资金，专项补助钱塘江源头地区的生态建设、产业结构调整、环境保护基础设施建设、农业农村污染防治。省财政厅、环保局、建设厅、水利厅、农业厅、林业厅联合印发了《钱塘江源头地区生态环境保护省级财政专项补助办法实施细则》。

五是不断加大生态建设投入。各级政府在把生态省建设资金列入本级预算的同时，进一步增加财政投入，充分发挥公共财政在生态环境保护和建设方面的导向作用，制定相应政策，支持和鼓励社会民间资金进入生态省建设领域。加大生态建设补助、生态保护补助、生态环境治理补助，积极争取中央国债生态补助资金，省财政厅、建设厅还专门出台了《浙江省城市污水和城乡垃圾集中处理建设省级“以奖代补”专项资金管理办法》。“十五”期间，全省环境保护投入明显增加，五年累计投入达到 998.9 亿元，相当于同期 GDP 的 2.06%，高于全国环保投入平均水平。“百亿生态环境建设工程”已累计完成投资 339 亿元。其中，生态保护和公益林投资 14.5 亿元，城市绿地投资 43.4 亿元，万里清水河道投资 200 多亿元，城市污水和生活垃圾处理投资 60.6 亿元。各级政府制定实施一系列环境经济激励政策，充分调动社会资金投入生态环保的积极性，促进生态建设和污染治理的产业化、市场化发展。

（四）严格环境执法，全力推进环境法治

一是加快环境保护立法进度。以强化环保执法手段，增强环保执法刚性为目标，我省深入开展环保政策法制调研，加快地方环保立法进程。省人大常委会、省政府出台了《浙江省固体废物污染环境防治条例》、《浙江省环境污染监督管理办法》、《浙江省自然保护区管理办法》；省委、省政府制定了《关于落实科学发展观加强环境保护的若干意见》，出台了《浙江省环境保护重点监管区管理细则》和《关于加强城镇污水处理厂建设管理工作的通知》等文件。这一系列法规政策，为加大生态建设、环境保护执法力度提供了法律依据。

二是执法工作力度进一步加大。采取领导蹲点督查，人大、政协与省级相关部门联合滚动检查，连续开展专项执法行动等方式，持续加大环保执法工作力度。2007 年，全省共完成环境行政处罚案件 10 962 件，罚没款总额达 3.67 亿元，位居全国首位。应对环境突发事件的能力得到提高，全省有 394 家重点企业编制了突发环境事件应急预案，对所有存在较大环境风险的新建项目都要求编制应急预案并开展相关工作。有效地协调解决了萧山绍兴边界、浦江诸暨边界等多起跨界污染纠纷事件，成功地处置了龙泉市龙鑫化工有限公司双氧水车间爆炸、运河余杭仁和段浓硫酸船倾翻等 99 起环境突发事件。

三是环保执法监管水平明显改善。全面建成环境质量和重点污染源自动监控网络，自 2004 年以来，全省各级财政筹措 3.4 亿元资金用于环境自动监控系统建设，其中省财政支出达 2 亿元。全省上下按照“统一规划、统一建设（传输）标准、统一仪器型号、统一运行维护”的要求，高起点、高标准、高质量推进环境自动监控系统建设。“811”行动确定的 65 个水质自动监测站和 100 个空气质量自动监测站已全部建成并投入运行，覆盖全省市界、县（市、区）界重点水域交接断面和县以上城市、重点自然保护区、风景旅游区的环境质量自动监控系统已全面建成；省、市、县三级重点污染源的在线监控装置快速推进，1 452 家纳入国家环境统计范围的重点排污单位，已全面完成在线监控装置的建设和改造任务；各级环境监控中

心建设进展顺利，全省各市、县（市、区）环境监控中心、65 个水站、100 个气站与省环境监控中心联网。省市县三级联网、全天候实时监控的环境质量和重点污染源在线监测监控系统已基本形成。全省环境执法的队伍和装备建设得到明显加强，现场取证、通讯联络、信息处理、快速应急等各系统配套的环境执法稽查应急体系已基本形成。

（五）整体合力推进，全面开展生态建设工程

生态省建设充分协调 29 个成员单位和 11 个市的力量，调动各方面积极因素，整合人力、物力、财力，体现出强大的整体推进力。

一是循环经济建设全面推进。2005 年，我省开始实施循环经济“991”行动计划和工业循环经济“4121”工程，相继实施了 125 个循环经济重点项目，已累计投资 80 多亿元。省发改委牵头组织循环经济“991 行动计划”，每年下达年度循环经济工作计划。省经贸委牵头组织工业循环经济的发展，制定了《关于加快工业循环经济发展的意见》。实施“4121”工业循环经济示范工程，确定 4 个市、10 个县（市、区）20 个园区和 100 家企业作为工业循环经济首批试点地区和单位。大力开展节能降耗工作，开展“工业节能降耗年”活动，推动十大节能工程。省质监局探索建立农业循环经济标准化体系，为构建农业循环经济标准化体系提供范例。省水利厅、省发改委、省经贸委、省建设厅等单位制定《关于建设节水型社会的若干意见》并已由省政府办公厅印发实施。省环保局组织编写了《循环经济实用案例》推出我省 54 个典型案例。省生态办、省循环办、省环保局和省发改委联合举办了“循环经济与环境保护”论坛，进行学术交流，营造舆论氛围。循环型产业发展稳步推进，节能、节水、节材、节地和资源综合利用取得积极成效。

二是环境基础设施建设有效推进。以城市污水处理厂建设为重点，统筹城乡生活垃圾、工业危险废物、医疗废物，全面推进环保基础设施建设。全省县以上城市污水处理厂日处理能力达 592 万吨，污水处理率达 59%，比 2004 年提高 8.6 个百分点。其中，“811”行动计划的 27 个城市污水处理厂都已建成并试运行，在全国率先实现县以上城市都建有污水处理厂。2006 年以来，以钱塘江流域、太湖流域为重点，开始加快推进中心镇、重点工业镇、生态敏感区乡镇、直接面江临湖乡镇的污水处理厂建设。为提高城镇污水处理厂出水水质达标率，省政府出台《关于加强城镇污水处理厂建设管理的意见》，省有关部门每年都开展多次“飞行监测”，采取限期治理、区域限批、媒体曝光等措施，督促污水处理厂加快设施和工艺改造。全省集中式污水处理厂出水达标率达到 80%以上。县级以上城市生活垃圾无害化处理能力达 3.07 万吨/日，县以上城市生活垃圾无害化处置率达 82%；建成工业危险废物集中处置设施 10 座，年处置能力达 9.5 万吨；建成医疗废物集中处置中心 7 座，年处置能力达 2.7 万吨。全省“烟尘控制区”、“噪声达标区”、“禁燃区”进一步巩固和扩大，全省建成区“烟尘控制区”、“噪声达标区”、“禁燃区”总面积分别为 5 574.3 平方千米、1 973.8 平方千米、727.0 平方千米。

三是农业农村环境综合整治扎实推进。深入实施“千村示范、万村整治”工程，以“农村环境五整治一提高”为重点，全面开展农村环境污染整治。全省已有 1/3 的村庄环境得到整治，完成全面小康建设示范村 1 181 个、环境整治村 10 303 个。严格实施畜禽养殖禁养区、限养区制度，加快生态养殖小区建设，优化畜禽养殖布局，控制养殖总量。已完成 1 960 家规模化畜禽养殖场的污染治理，建立畜牧生态养殖小区 500 个，畜禽粪便收集处理中心 75 个，

禁养区内畜禽养殖场全部关停转迁。因地制宜，积极采取有效方式处理农村生活污水，全省已累计开展农村生活污水治理的行政村 5 253 个，占行政村总数的 15%。累计建成净化沼气池 132 万立方米，受益农户 100 多万户。加强农村改水改厕，全省农村卫生改厕普及率达 79.4%。积极推行平原村庄“户集、村收、镇中转、县处理”、山区村庄“统一收集、就地分拣、综合利用、无害化处理”的垃圾集中收集处理模式。全省 23 236 个行政村实行生活垃圾统一收集，占行政村总数的 66.36%，无害化处理率达 28%，80%以上乡镇建成垃圾中转设施。大力实施生态家园富民计划，推广农村废弃物和清洁能源利用，推广“猪—沼—作物”模式农户 11.2 万户，推广太阳能 223.58 万平方米。大力推广高效生态农业，积极推行测土配方施肥和农药减量增效技术，推广测土配方施肥 2 302 万亩，建成 30 个化肥农药减量增效控害示范区、省级无公害农产品基地 726 万亩。实施“万里清水河道”工程，开展农村河沟池塘整治，完成清水河道建设 13 800 千米，整治村庄河道约 2 000 千米，对已整治的河道实施河道保洁长效管理超过 15 000 千米，完成水土流失治理面积 4 223.6 平方千米。开展“百乡千村兴林富民示范工程”，提高村庄田园的绿化水平，形成村在林中、林在村中的优美环境，建成 2 664 个“绿化示范村”，全省森林覆盖率达 61.04%。

四是生态保护和恢复工程有序推进。省林业厅扎实推进全省 3 000 万亩重点生态公益林规范化管理，发放补偿资金已达 13.68 亿元，并出台政策进一步强化公益林的规范管理。启动了千里海疆绿色屏障建设，完成海防林工程营造林 157.4 万亩，营造生物防火林带 4 366 千米，完成阔叶化改造 44.8 万亩，进一步提高了林分质量。重点营造生物防火林带。省交通厅完成公路绿色通道 4 712 千米，加强对危险化学品道路运输事故的控制，制定了《浙江省危险化学品道路运输事故应急预案》。全省“千库保安”工程已完工 1 021 座，全省新增日供水规模 215 万吨，解决 833 万农村人口的饮用水安全问题，全省农村卫生安全的自来水覆盖率达到 86%。省海洋与渔业局加快海洋特别保护区建设，加大渔业资源放流保护区管理力度和养殖污染防治力度，着力提高水产品质量安全，通过无公害产地认定的有 164 家。省国土资源厅累计安排了 183 个“百矿示范”工程项目，累计完成 1 165 个废弃矿山生态环境治理项目，全省废弃矿山治理率达 65%以上，建成了 10 家省级“绿色矿山”。全省矿山自然生态环境治理备用金收取面达 100%，累计收取治理备用金 6.8 亿元。省建设厅扎实开展创建园林城市活动，城市绿化覆盖面积达到 88 000 公顷，增长 65%；城市和县城绿地面积达到 72 000 公顷，增长 72.4%。

省民政厅继续推进“三沿五区”坟墓治理，全面实施以“绿色殡葬”为主题的葬法改革，全省“三沿五区”坟墓治理率达到 98.6%，生态葬法覆盖 80.3%的行政村，已建公墓、墓地绿化率为 70%。省旅游局组织《浙江省生态旅游区建设与服务规范》标准制定，推动我省生态旅游区建设。引导旅游景区厕所的生态化和星级化改造，已改造或新建生态和星级厕所 750 座。积极推进下山搬迁生态移民，五年来全省完成农民下山搬迁 12.5 万户，43.8 万人。

（六）树立典型示范，营造全社会生态文化氛围

一是“绿色系列”等工程扎实开展。经过省环保局、教育厅、文明办、经贸委、卫生厅、旅游局、妇联、团省委、气象局的共同努力，到 2007 年底，全省已建成省级绿色学校 603 所，国家级绿色学校 49 所，省级绿色社区 372 个，国家级绿色社区 27 个，绿色企业 320 多家，

绿色医院 94 家，绿色饭店 244 家，绿色家庭 858 户，国家级绿色家庭 21 户，绿色气象台站 55 个。建成省级保护母亲河号 190 个，保护母亲河生态监护站 134 个，建成省级生态环境教育示范基地 49 个。省人口计生委积极推进人口生态体系建设，全面实施农村部分计划生育家庭奖励扶助制度，全省低生育水平保持稳定。

二是基层生态创建广泛开展。省生态办坚持典型示范引路，积极开展基层生态示范工程创建工作，安吉县创建成为国家首个生态县，同时被国家环保总局批准为“全国新农村与生态县互促共建示范区”。全省 39 个县（市、区）获得“国家级生态示范区”称号，已创建了 86 个国家级环境优美乡镇、450 个省级生态乡镇和 3 999 个生态村。

三是加强生态宣传教育，营建全民参与生态省建设的良好氛围。省委宣传部组织有关生态省建设的报道每年超过 5 000 篇，集中展示了我省保护生态环境、发展循环经济、建设节约型社会的新进展、新典型和新成就。省委组织部把生态省建设作为干部教育培训的重要内容，列入各级党校、行政学院和干部学院的教学内容之中，加强生态省建设的理论知识和政策法规的培训，教育广大干部特别是领导干部重视生态建设。省文化厅加强历史文化遗产的生态环境保护，将文化遗产保护与生态保护、生态恢复相结合。省环保局组织宣传生态文化的大型文艺晚会，编印了《生态建设在浙江》，宣传生态省建设成果。省科技厅积极开展节能减排进社区、进农村活动，通过一系列贴近老百姓的宣传活动，努力推广节能减排知识，经验和实用性技术，在全社会努力营造节能减排的良好氛围。省教育厅连续两年举办生态环保主题征文活动，从小培养学生环保意识，全省中小学校基本开设环保教育课程，600 多万中小学生接受了生态环保教育。

二、存在的主要问题

（一）环境承载能力面临较大考验

经济社会的快速发展，一些长期积累的环境问题尚未得到有效解决，新的环境问题又在不断产生，环境质量在短时间内得到明显改善的难度很大，一些地区水环境质量没有达到功能区要求，近岸海域污染严重，环境基础设施建设滞后经济社会发展需要，我省环境形势依然严峻。

（二）工业污染问题还未完全得到根治

粗放式发展模式带来较为严重的结构性污染。我省产业总体水平较低，还未从根本上摆脱依靠能源、资源的高消耗来维持经济高增长的粗放型发展模式。从行业看，我省印染、化工、造纸等高污染行业的发展规模均居全国前列。我省万元 GDP 排放的废水、废气、工业固体废物指标，均大大高于发达国家标准几倍甚至十几倍。产业布局不合理带来较为严重的区域性污染。我省许多作为区块经济主体的产业集群，因其不合理的布局和产业本身的重污染特征，给生态环境带来了严重的后果。由于产业的区域性布局缺乏法律约束和科学规划，许多流域的中上游地区发展一批重污染企业，其环境污染不仅影响了附近居民正常的生产和生活，也对下游饮用水源地的安全造成了影响。

（三）农业农村污染问题仍然存在

生态省建设的重点在农村，难点也在农村。一些地方对农业农村环境污染整治和生态保护工作重视不够，资金投入相对不足。农村集镇的环境状况与城市反差较大，一些乡（镇）街道和村庄社区脏乱差现象还比较严重。“千村示范、万村整治”与“农村环境五整治一提高”工作有待进一步深入。农村水环境不容乐观，一些农村河网水质污染较为严重，农民饮用水安全问题尚未得到有效保障；一些地方的农村环境卫生条件较差，缺乏完善的人畜粪尿收集和处理系统，生活垃圾随意堆放，造成河道淤积和水体污染；农业面源污染负荷加重，化肥、农药、化学制剂被大量使用；土壤重金属和有机污染问题日益显现，部分地区已出现水稻、蔬菜、茶叶等农产品重金属超标现象，农产品安全问题突出，严重制约了农村经济可持续发展，影响人民群众的身体健康。

（四）生态省建设考核体系还需要进一步规范

生态省建设工作考核体系已形成一定的格局，但是仍需要进一步完善。生态省建设的考核评分标准，有待于更趋标准化；考核程序，有待于更科学化和保持相对的稳定性；考核成效，有待于建设成果和建设积极性紧密联系，发挥更深层次的作用。

（五）环境法制建设、环境执法及监督机制有待进一步完善

适应社会主义市场经济的环境法制政策工作仍较滞后。对全局性、前瞻性重大问题的思考和研究不够，立法跟不上环境管理形势的发展，滞后于环境管理的现实要求，环境法律法规和标准不够完善。环境保护的经济激励机制尚未真正形成，仍缺乏有利于污染减排的价格、财政、金融、税收政策。环保部门统一监管、有关部门各负其责的综合执法机制还不够完善，相关环境执法监管还未完全到位。

三、几点体会

（一）领导重视，落实责任，是做好生态环保工作的根本保证

省委、省政府主要领导亲自担任了生态省建设、循环经济发展和环境污染整治三个领导小组的组长，每年都亲自调查研究，主持召开一系列会议，研究决策重大政策，部署推动重点工作，协调解决重大问题。随着生态省建设和环境污染整治的深入推进，各级党委、政府也越来越重视生态环保工作，都做到了“一把手”亲自抓、负总责。正因为党委、政府的高度重视，生态省建设和环境污染整治的责任得到了层层落实，目标责任考核也真正动真格、见实效。

（二）科学发展，和谐“多赢”，是开展生态环保工作的行动指南

生态省建设的实践表明，践行科学发展观必须要以推进经济社会的清洁发展、安全发展、可持续发展为基础。要树立加强环境污染整治、促进生产力合理布局、科学利用环境容量、

合理开发和科学保护自然资源、预防环境事故和维护社会稳定就是促进科学发展的理念，实现经济社会和生态环境保护的和谐发展。

（三）突出重点，全面推进，是开展生态环保工作的基本策略

生态省建设必须着眼长远，立足当前，抓住重点，推动全局。生态省建设涵盖了生态环境建设、生态经济发展、生态文化培育等方方面面。环境污染治理和生态建设是最为紧迫的，是基础性的工作，省委、省政府部署开展了“811”环境污染整治行动，以加快推进重点流域、重点区域、重点行业、重点企业的环境污染整治，解决人民群众反映突出的环境问题。在具体工作中，突出抓了水环境整治和重点行业的整治。全面实施“农村环境五整治一提高工程”也将极大推进下一阶段农村环境保护工作，促进社会主义新农村建设。实践证明，突出重点有利于集中力量解决突出问题，有利于通过典型示范推动面上工作。

（四）强化法治，严格监管，是做好生态环保工作的根本手段

我省环保立法进程明显加快，全省上下加强了环境执法，加强了环境质量和污染源的监管。2002 年以来，省人大常委会先后颁布了建设生态省的决定和大气污染防治、海洋环境保护、固体废物污染防治等地方性法规，省政府先后出台了建设项目环境保护管理办法、排污费征收使用管理办法、环境污染监督管理办法等政府规章。省人大常委会连续四年开展生态省建设和环保执法大检查，省政协也多次组织生态环保视察调研和民主监督。各级政府及有关部门深入开展整治违法排污企业保障群众健康专项行动，加强对重点污染源的监管，加大环保执法力度，查处了一大批环境违法案件。实践证明，只有严格监管、严格执法，环境污染才能得到根本治理。

（五）创新机制，依靠科技，是推动生态环保工作的强大动力

在不断完善生态省建设和环境保护的组织领导体制、目标管理制度、考核评价办法的同时，着重加强了生态省建设机制创新和政策创新。先后就完善生态补偿机制、“811”环境污染整治、发展循环经济、钱塘江流域污染防治、环保重点监管区整治、工业项目新增污染控制、环境污染整治企业搬迁转产关闭改造、农业农村面源污染防治、环保基础设施和环境监测监控设施建设、保障饮用水安全等方面，出台了一系列政策措施。省经贸委、省科技厅、省环保局等部门，大力抓好科技攻关和示范工程，安排一批专项重点项目，针对太湖流域污染治理、大气污染治理、污水处理厂污泥处置等关键技术，集中力量，重点突破；积极推动环境科学研究，推动环保技术创新，大力推广先进适用技术，加快发展环保产业，充分发挥环保专业技术人员的技术咨询、技术把关作用，环保科技支撑的效应日趋明显。

（六）调整结构，优化发展，是解决生态环保问题的根本出路

解决环境问题，从根本上说，必须从转变经济发展方式、调整优化产业结构入手，走新型工业化道路。实现经济发展与环境保护的“多赢”，必须跳出“环境制约发展”的传统思维，努力实现“环境优化发展”。我省编制实施了三大产业带规划，启动实施了循环经济“991”行动计划和工业循环经济“4121”示范工程，全面试行生态环境功能区规划，明确提出禁止

准入、限制准入、优化准入和重点准入区，优化生产力布局。通过合理引导投资方向，鼓励发展先进生产能力，加快淘汰落后过剩生产能力。

（七）宣传发动，广泛参与，是推进生态环保工作的力量源泉

保护环境是全社会的共同责任。我省上下高度重视生态文化建设，大力倡导绿色、文明、健康的生产生活方式；广泛普及环保科学知识，深入开展绿色系列创建活动，充分发挥环保民间组织和志愿者的积极作用，动员社会各方面积极参与环境保护；加大环境信息公开力度，注重把握正确的舆论导向，积极引导社会公众通过合法有序的途径监督环境保护；着力解决人民群众反映的各种环境问题，维护人民群众的环境权益。通过这一系列的举措，形成了全社会关注环保、监督环保、参与环保、支持环保的良好氛围。

四、下一步工作重点

（一）指导思想

认真贯彻十七大和省第十二次党代会、省委十二届二次全会精神，按照深入落实科学发展观、构建社会主义和谐社会和建设生态文明的总要求，以改善生态环境质量，促进人与自然和谐为目标，控制不合理的资源开发和人为的破坏生态活动，加强生态环境保护，提高监督管理水平，为全面建设小康社会提供坚实的生态安全保障。

（二）主要目标

到 2012 年，全省环境污染和生态破坏趋势得到有效控制，重要生态功能保护区保护和建设得到加强，主要流域水质明显改善，突出的环境污染问题基本得到解决，环境安全得到有效保障，城乡环境质量持续改善，生态省建设全面推进，全省生态环境质量总体水平继续保持全国领先。

（三）主要任务

1. 全面实施节能减排，持续深入推进生态省建设

认真落实污染物总量控制制度，实施生态环境功能区规划，严格环境准入，以环境保护优化经济增长。深入开展节能减排，加强资源综合利用。坚持能源结构调整与产业结构调整相结合，实行多能互补，推动能源利用向节约化、高效化、清洁化发展。全面推行清洁生产，实施工业生态化改造。根据全省块状经济和企业集群的特点，运用生态工业的原理，通过构建生态产业链的方法，建成一批不同类型的生态化改造工业示范园区。推广农业循环经济技术，推进生态农业示范园区建设。因地制宜推广标准化生产、生态养殖、立体种养、休闲农业、废弃物综合利用等生态农业模式，保障生产无公害食品，大力发展绿色食品，提倡生产有机食品。加大生态建设力度，建设环境友好型社会。继续加强森林资源保护和生态公益林建设，合理增建森林生态、野生动植物、湿地和海洋等自然保护区，促进自然生态恢复；执行碧海行动计划，严格控制近岸海域污染。进一步完善生态补偿机制。进一步加大生态县、

乡镇、村建设力度，全面推进社会主义新农村建设。

2．全面实施“811”环境保护新三年行动，控制环境污染趋势

要确保实现 8 大工作目标。一是污染减排工作目标。到 2010 年，全省化学需氧量和二氧化硫排放总量比 2005 年下降 15.1%和 15%以上。二是工业污染防治工作目标。重点工业污染源实现稳定达标排放，“飞行监测”达标率达 80%以上。三是城乡污水、垃圾及其他固废处置工作目标。设区城市污水处理率达到 70%，其中杭州、宁波、湖州、嘉兴市区达到 80%以上。县（市）城市污水处理率达到 50%；县以上城市生活垃圾无害化处理率达到 85%，农村生活垃圾集中收集率达到 72%；工业固体废弃物综合利用率达到 93%，危险废物、医疗废物和污水处理厂污泥基本实现无害化处置。四是农业面源和土壤污染防治工作目标。完成年存栏猪 100 头以上、存栏牛 10 头以上畜禽养殖场（户）排泄物治理，规模化畜禽养殖场排泄物综合利用率达到 95%以上。五是环境监管能力建设工作目标。全省环境统计重点调查企业中占 90%以上污染负荷的企业全面安装在线监测监控装置；环境监测机构和环境执法监察机构达到国家标准化建设要求。六是生态保护和修复工作目标。全省森林覆盖率达 60%以上，县以上城市建成区绿化覆盖率达 35%以上。七是环境质量目标。全省地表水环境功能区水质达标率达到 62%以上。地表水市县交界断面水质达标率达到 60%以上。县级以上集中式饮用水水源地水质达标率达到 85%以上；3/4 以上的省控城市空气质量达到二级标准；区域环境噪声小于 55 分贝的县以上城市比例大于 70%；废旧放射源安全收贮率达到 100%。八是生态环境质量综合指数。1/3 左右的县（市）达到省级生态县（市）标准，全省生态环境状况指数继续位居全国前列。确保完成 11 个重点环境问题的整治。一是杭新景高速公路沿线小冶炼污染问题；二是宁波临港工业废气污染问题；三是温州温瑞塘河环境污染问题；四是湖州南浔旧馆镇有机玻璃污染问题；五是嘉兴市畜禽养殖业污染问题；六是萧绍区域印染、化工行业污染问题；七是东阳江流域水环境污染问题；八是台州固废拆解业土壤污染问题；九是衢州常山化工园区环境污染问题；十是丽水经济开发区革基布、合成革行业污染问题；十一是全省部分开发区、工业园区环境污染问题。确保完成 8 项工作任务。一是确保完成主要污染物减排任务；二是继续重点推进水污染防治；三是继续加大工业污染防治力度；四是继续深入开展城镇环境综合整治；五是全面推进农业农村污染防治；六是积极推进近岸海域污染防治；七是加快推进土壤、矿山、河道等生态修复保护；八是持续深入开展生态创建。采取 11 项主要保障措施。一是加快转变经济发展方式，从源头上解决环境问题；二是全面实施生态环境功能区规划，严格执行分区环境准入政策；三是继续强化环境法治，严格环境执法监管；四是继续完善环保基础设施，切实加强运行监管；五是加快建设现代化的环境监测监控体系，提升环境监管水平；六是提高环境应急处置能力，切实保障环境安全；七是加强环保科技平台建设，切实强化环保科技支撑；八是加快发展环保产业，提升环境保护专业化水平；九是健全完善环保经济政策，引导鼓励社会各方面积极参与环境保护和生态建设；十是积极培育发展生态文化，不断增强全社会生态文明意识；十一是创新生态环保工作体制机制，强化目标责任考核。

3．强化监管能力建设，提高执法监督水平

加强环境监测能力，完善环境监控体系。加强环境监察装备建设，提高环境执法能力。加强应急能力建设，建立健全突发环境事件响应机制，进一步提高环境应急处置能力，切实

保障环境安全。加强人才队伍建设，提高管理和科技水平。坚持依法监管环境、依法保护生态、依法治理污染，加快推进环保地方性法规和行政规章建设，不断完善环境保护地方法规规章体系。严格落实环境保护行政执法责任制，完善部门联合执法和重点环保案件移送督办机制，通过挂牌督办、事后督察、责任追究等措施，加大环境执法监察力度。自觉接受人大及其常委会的法律监督、工作监督和政协的民主监督，充分发挥新闻媒体等社会监督的作用，继续实行环境污染有奖举报制度，鼓励社会各界依法有序监督生态环保工作。

4．大力建设生态文明，提高生态省建设水平

根据十七大提出的“建设生态文明，基本形成节约能源资源的保护生态环境的产业结构、增长方式、消费方式”。大力推进生态文明建设，切实加强环境保护基本国策教育，广泛普及生态环保基本知识。各级党校、行政学院、干部学校要将环境保护政策纳入干部教育培训的内容，引导各级领导干部确立正确政绩观，自觉履行生态建设和环境保护的职责。要在全社会大力倡导绿色、文明、健康的生活方式，形成崇尚自然、节约资源、治理污染、保护环境的良好风气，营造环境保护人人有责的浓厚氛围。加大环境信息公开力度，完善环境信访举报受理查处制度，切实保障人民群众对生态环境保护的知情权、参与权和监督权。

5．做好生态省建设日常和基础工作

切实履行生态办的职能，加强生态省考核体系的建设。充分发挥好组织、指导、监督、协调和服务职能。加强对生态省建设工作的督促检查，不断推进制度创新、机制创新，深化生态省建设工作，继续完善和强化生态省建设工作任务书制定。重点突出对改善环境质量、维护社会稳定、加快“三个转变”等内容的考核，确保认识到位、责任到位、措施到位、投入到位。建立健全科学评估体系，逐步完善生态环境政绩和责任考核体系。建立科学评估体系，按照各地政府对当地生态环境质量负总责的要求，进一步落实责任，指导、鼓励和支持地方政府出台产业发展、环境保护和生态建设的相关政策和考核办法。加强生态省建设的宣传教育工作，广泛开展生态省建设舆论宣传和科普宣传，积极发挥各种宣传实体与载体的作用，发挥生态省建设工作简报的作用，确保各地的建设成果和亮点工作能及时高效地推广。

浙江生态省建设目标责任考核及奖励办法

（2007年修订）

（浙生态发[2007]1号）

为深入贯彻落实科学发展观，促进人与自然和谐发展，努力构建社会主义和谐社会，全面推进生态省建设，根据省委、省政府关于生态省建设和环境保护工作的总体要求，以及《浙江省人民代表大会常务委员会关于建设生态省的决定》、《浙江生态省建设规划纲要》和《浙江省人民政府关于进一步加强环境污染整治工作的意见》，在2006年《浙江生态省建设目标责任考核办法（修订）》的基础上，制定本办法。

第一条 浙江生态省建设目标责任考核对象为设区市、县（市、区）党委、政府和省级有关部门党政领导班子及其主要领导。

考核实行分级考核和抽查相结合。生态省建设工作领导小组负责对各设区市和省级有关部门的考核，各设区市生态市建设工作领导小组负责对所辖县（市、区）和市级有关部门的考核。生态省建设工作领导小组办公室（以下简称省生态办）根据需要，可对县（市、区）的考核结果进行抽查。

第二条 生态省建设目标责任考核的主要内容是：

（一）生态省建设工作的组织领导情况。建立职责明确、分工负责的生态省建设工作领导机制，环境保护的方针政策、法律法规和各项制度得到切实贯彻。认真落实省委、省政府关于生态省建设与环境污染整治重大决策部署，定期研究生态省建设重大问题和政策措施，将生态省建设的目标、措施纳入经济社会发展中长期规划和年度计划。生态省建设和环境保护管理机构健全，环保机构能力建设适应工作任务的需要。

（二）浙江生态省建设省市长任期目标责任书和浙江省环境污染整治省市长任期目标责任书（以下简称《任期目标责任书》）的履行情况。

（三）设区市和省级有关部门年度生态省建设工作任务书（以下简称《年度工作任务书》）的完成情况。

（四）省级有关部门履行生态省建设职责情况和对全省本系统相关工作的指导、推进情况。

（五）设区市和省级有关部门承担的生态省建设重大项目实施和完成情况。

（六）本届省政府任期内（2005—2007 年）生态省建设重点考核环境污染整治任务的完成情况。

第三条 生态省建设目标责任考核遵循坚持标准、实事求是、突出重点和公开、公平、公正的原则。

第四条 实行定性考核和定量考核相结合，以定量考核为主。定量考核的具体标准参照《浙江生态省建设目标责任年度（任期）考核评分标准和方案》（另行印发）。

第五条 《任期目标责任书》和《年度工作任务书》是生态省建设目标责任考核的主要依据。《任期目标责任书》每五年签订一次，《年度工作任务书》每年下达一次。

第六条 《任期目标责任书》由省生态办根据《浙江生态省建设规划纲要》组织起草，提交生态省建设工作领导小组审定，由省长与市长书面签订。

《年度工作任务书》由省生态办根据设区市《任期目标责任书》年度分解内容和省级有关部门各自的职责分工，结合省委、省政府确定的当年工作重点组织编制，报生态省建设工作领导小组审定后下发。

第七条 设区市《年度工作任务书》由一类目标、二类目标和附加考核指标组成。一类目标主要内容为各市生态省建设工作中必须完成的工作任务和不应发生的事件，并按重要性不同分为合格否决指标、良好否决指标和优秀否决指标；二类目标为生态省建设其他内容的年度分解任务，并分别赋予相应的考评分值。

省级有关部门《年度工作任务书》由否决指标、共性目标和个性目标组成。否决指标分为合格否决指标、良好否决指标和优秀否决指标。共性目标和个性目标为生态省建设工作年度分解任务，并分别赋予相应的考评分值。

第八条 生态省建设目标责任任期和年度考核结果分优秀、良好、合格和不合格四个等次。被考核单位按评分结果处于同一等次，且数量超过预设比例时，按工作量、工作难度和工作实绩进行评定。考核优秀名额原则上不超过被考核单位总数的 40%。

设区市年度考核中，全部达到一类目标要求，同时完成二类目标任务 90%以上的，可以评定为优秀。符合一类目标中良好和合格否决指标任一条款规定，同时完成二类目标任务 80%以上的，可以评定为良好。符合一类目标中合格否决指标的任一条款规定，同时完成二类目标任务 75%以上的，可以评定为合格。凡未达到一类目标中合格否决指标任一条款规定，或完成二类目标任务不足 75%的，定为不合格。

设区市任期考核完成任期目标任务 90%以上，年度考核均在合格以上的，评定为任期优秀；完成 80%以上，年度考核均在合格以上的，定为良好；完成 75%以上的，定为合格；完成任期目标任务不足 75%的，定为不合格。

省级有关部门年度考核中，符合否决指标的任一条款规定，同时完成共性、个性目标任务 95%以上的，可以评定为优秀。符合良好和合格否决指标的任一条款规定，同时完成共性、个性目标任务 90%以上的，可以评定为良好。符合合格否决指标的任一条款规定，同时完成共性、个性目标任务 85%以上的，可以评定为合格。凡未达到合格否决指标的任一条款规定或完成共性、个性目标任务不足 85%的，定为不合格。

第九条 考核工作由生态省建设工作领导小组负责。省考核小组由省级有关部门人员和

有关专家组成，由省生态办负责具体组织实施。

对省级各有关部门的考核还将征求设区市生态市建设工作领导小组的测评意见。

第十条 各设区市的考核采取总结自查和省检查考评相结合，明察和暗访相结合的办法。省级有关部门的考核采取总结自查、评分和考核组检查相结合的办法进行；共评分分为自评分、部门间相互评分、设区市和县（市、区）生态办评分（各设区市须附测评意见），以及省生态办综合评分四部分，分值权重分别为 10%、30%、30%、30%。除自评分外，其他三部分的评分，各评分单位应根据第八条第一款关于优秀单位名额比例的规定，评分时明确优秀单位名单，并确保优秀单位的总数不超过规定要求，否则作废票处理。

最终的考核等次由省考核小组考核评估后提出，经省生态办会审后报生态省建设工作领导小组审定。考核结果通过媒体向社会公布。

第十一条 各设区市、省级各有关部门的自查工作一般于当年的 12 月中旬前结束。自查报告和生态市建设年度工作总结在考核前报省生态办。

各县（市、区）的考核工作原则上同步进行，自查报告抄送省生态办。

生态省建设目标责任考核工作原则上在次年 1 月中旬前完成。

第十二条 任期考核原则上与任期届满当年的年度考核一并进行。

第十三条 生态省建设工作设考核奖和专项奖。考核奖奖励任期和年度目标责任考核评定为优秀、良好和合格的设区市和省级有关部门。专项奖主要奖励在生态省建设专项重点工作中表现突出的市、县（市、区）单位和个人。考核奖和专项奖奖励方案由省生态办提出，报生态省建设工作领导小组审定。

第十四条 考核结果报省委组织部，作为评价被考核单位党政领导班子实绩和相关领导干部任用和奖惩的重要依据。对领导干部个人的考核以年度考核为主，对班子的考核以任期考核为主。

任期（年度）考核结果为合格以上的，由生态省建设工作领导小组给予相应的奖励；任期（年度）考核结果不合格的，予以通报批评，并对主要负责人进行诫勉谈话。

第十五条 各奖项的奖金额度，由省生态办提出建议方案，经省财政厅审核后，报生态省建设工作领导小组审定。

第十六条 考核中发现有弄虚作假、隐瞒事实的，作不合格论处，并由生态省建设工作领导小组给予通报批评。

第十七条 本《办法》自印发之日起实施。

山东

中共山东省委　山东省人民政府关于加快生态省建设的意见

（鲁发[2005]20号）

坚持以科学发展观统领全局，为进一步加快生态省建设，构建经济社会可持续发展的资源和环境基础，特提出以下意见。

一、加快生态省建设的重大意义

1．充分认识加快生态省建设的重大意义。加快生态省建设，是树立和落实科学发展观，构建社会主义和谐社会，实现经济社会可持续发展的必然要求。随着工业化、城市化进程的加快，生态与环境对经济社会发展的影响越来越大。各级各部门要从实践“三个代表”重要思想，树立和落实科学发展观，加强执政能力建设，全面建设小康社会的高度，充分认识加快生态省建设的重大战略意义，不断推进生态省建设发展。

2．切实增强加快生态省建设的紧迫感和责任感。经过全省上下多年的努力，山东的环境保护取得显著成就。但也必须看到，“污染增加、资源浪费”，生态环境“一边治理，一边破坏”的局面尚未根本扭转，经济发展与环境容量、资源开发与保护的矛盾仍然比较突出，生态环境比较脆弱。对此，各级各部门务必保持清醒认识，切实增强加快生态省建设的责任感和紧迫感，进一步把这项事关全局的工作抓紧抓好。

3．进一步树立与加快生态省建设相适应的思想观念。要转变发展理念，树立正确的政绩观，树立“保护生态环境就是保护生产力”的观念，把生态环境放到经济生活发展的优先位置。要转变增长方式，抛弃以牺牲资源与环境为代价的粗放型发展模式，走资源消耗低、环境污染少、经济效益高的集约型发展路子，倡导节约资源的生产方式和消费方式。要转变运行机制。充分发挥市场机制的作用，推动环境污染由事后管理向事前控制和预防转变，加快建立与市场经济相适应的生态省建设管理体制和运行机制。

二、加快生态省建设的指导思想、目标要求和指导原则

4．今后一个时期加快生态省建设的指导思想是：坚持以邓小平理论和“三个代表”重要思想为指导，认真贯彻党的十六大和十六届三中、四中全会精神，牢固树立和认真落实科学发展观，按照省委“一二三四五六”的发展目标和工作思路，紧紧围绕构建社会主义和谐社会的总体要求，树立生态与经济、社会相协调的可持续发展理念，遵循自然生态规律和经济社会发展规律，加快经济增长方式转变，大力发展循环经济，推进资源节约型杜会建设，维护生态平衡，促进人与自然的和谐统一，实现生态环境建设与经济社会发展同步共赢。

5．加快生态省建设的总体目标要求是：认真贯彻执行《山东生态省建设规划纲要》，围绕形成以循环经济理念为指导的生态经济体系、可持续利用的资源保障体系、山川秀美的生态环境体系、与自然和谐的人居环境体系、支撑可持续发展的安全体系和体现现代文明的生态文化体系，经过20年左右的努力，把山东基本建成经济繁荣、人民富裕、环境优美、社会安定、和谐文明的生态省。

本着着眼三年、突出今年、城乡统筹、重点突破、整体推进的思路，争取利用 3 年的时间，在生态环境建设的重点领域和关键环节取得实质性突破，循环型经济体系和节约型社会形成雏形，生态环境质量显著提升，城乡面貌明显改观，为全面实现生态省建设的目标奠定坚实基础。到 2007 年，全省万元 GDP 主要污染物排放强度：化学需氧量小于 5.5 千克，二氧化硫小于 9.05 千克；万元 GDP 主要资源消耗：能耗小于 1.12 吨标准煤，水耗小于 180 立方米；城市污水集中处理率达到 55%，生活垃圾无害化处理率达到 65%；森林覆盖率达到 26%，城市建成区绿化覆盖率达到 37%；城市周边和高速公路、铁路两侧可视范围内 70%以上的被毁山体得到治理。

6．加快生态省建设应遵循的指导原则

——坚持着眼长远，立足当前。正确处理长远规划与近期目标的关系，按照《山东生态省建设规划纲要》所确定的阶段任务目标，分步实施，扎实推进。要把着力点放到做好当前工作上。争取早出效益，快出效益。

——坚持统筹规划，因地制宜。统筹城乡和区域生态协调发展，实行以城带乡、以乡促城，坚持陆地和海洋相结合，加强对全省和区域性生态建设的规划引导，以保持生态建设的统一性和整体性。同时，各地要从实际出发，在总体规划指导下，突出自身特点，塑造地域特色。

——坚持整体推进，重点突破。生态省建设涉及的各个领域和各个环节，必须全方位整体推进。同时，对于具有全局性影响的重点领域和关键环节，必须集中力量，重点突破。

——坚持政策引导，法律规范。实行经济、法律和行政手段相结合，激励先进与鞭策后进相结合，强化政策对生态省建设的引导和促进作用。要注重运用法律手段，依法推进生态省建设。

——坚持政府推动，公众参与。既要发挥政府宏观调控和综合协调职能，又要充分依靠社会和群众力量，综合运用政府推动、社会动员、宣传教育等手段，把生态省建设变成为群众的自觉行动。

三、加快生态省建设的六大重点

7．以发展循环经济为重点，加快资源节约型社会建设。坚持资源的减量利用、循环使用和合理开发，实施以节能、节水、节地、节约矿产资源和原材料为重点的资源节约战略，搞好结构调整，推行清洁生产，彻底摒弃高投入、高消耗、高污染和低效益的粗放经济发展模式，加快建立资源—产品—再生资源的循环经济发展模式和资源节约型社会。全面系统推进以"点、线、面"为特色，企业、行业、社会三个层面上的循环经济综合试点，在企业，大力推行清洁生产；在行业，立足于生态园区建设，培植形成若干个行业生态工业链；在社会层面，构建社会各行业、产业间的生态网络体系。鼓励节能环保产业发展，促进可再生能源开发利用。合理利用农业资源，大力发展生态农业、标准化农业，搞好农作物秸秆、畜禽粪便、农膜等农业残留物综合利用，实现农业生产良性循环。

8．以环境综合整治为重点，着力改善城乡人居环境。坚持高起点规划、高标准建设、高效能管理，努力提高城市规划建设水平，营造最适宜创业发展和生活居住的城市环境。突出抓好城市新区建设；继续开展城市环境综合整治，下大力抓好旧城区、城中村的整治改造；加强城市文化建设，搞好城市水系整治，形成一批融生态、景观和休闲为一体的亲水乐园。整合城乡生态资源，抓好镇村规划编制实施，启动镇村环境综合整治示范工程，重点治理脏乱差，切实改善农村生产生活环境。

9．以流域和区域污染防治为重点，全面提升环境质量。围绕实施"两湖一河"碧水行动计划、南水北调工程和饮用水源地建设，加强污染治理和防控措施落实，流域内规模化养殖污染治理要在 3 年内基本完成，确保实现"两湖一河"污染治理目标，确保南水北调水质达标。继续加大对省辖淮河、海河和环渤海地区等重点流域、区域的水污染防治力度。控制农业面源污染、落实"两减三保"规划，科学使用化肥，严格控制高毒高残留农药使用，加快建设无公害，绿色、有机食品生产基地，确保食品安全。要重点抓好燃煤电厂脱硫、碳氧化物控制和推广清洁能源技术，运用高新技术加快对造纸、水泥等重污染行业的提升改造，控制和减少污染物排放。突出抓好城市污水处理厂配套设施、中水回用设施及水质在线监测设施建设，加大监管力度，确保其正常运营，提高污水集中处理率和中水利用率，高度重视城市扬尘、噪声、机动车尾气、固体废物、辐射环境的综合治理。通过污染防治，让人民群众喝上干净的水、呼吸清洁的空气、吃上放心的食物，在良好的环境中生产生活。

10．以国土绿化为重点，大力推进"绿色山东"建设。努力推进以封山育林为重点的山区绿化，以农田林网为重点的平原绿化，以绿色通道为重点的沿路、沿河，沿海绿化美化。加强城市绿化，优化树种结构，实施拆除违章建筑造绿和拆墙透绿，重点搞好广场、公园、道路等公共活动场所绿化。结合对城市周边、高速公路、铁路两侧可视范围内的荒山绿化及 3 千米以内的平原农田林网建设，形成生态绿化带、旅游观光带和产业聚集带。切实搞好黄河故道等重点区域的防沙治沙工程，通过划定封禁保护区、植树造林、小流域治理等综合措施，保护和增加林草植被。积极探索生态公路建设。

11．以水资源优化配置为重点，努力缓解水资源"瓶颈"制约。坚持开源与节流并举，抓好南水北调和胶东引黄供水等大型调水工程建设，搞好病险水库除险扩容、地下水库、平

原水库等拦水蓄水工程建设和地下水富水区开发，努力增加可用水量。狠抓节约用水，大力发展节水型农业、旱作农业以及节水型工业，逐步减少高耗水行业的比重，努力降低结构性耗水。积极开发替代水源，重点搞好中水回用和海水、陆地咸水的综合治理利用。加大空中水资源开发力度，做好人工降水工作。建立水资源综合调度机制，统筹安排城市用水、农业用水、生态用水，提高水资源的综合利用效率。

12．以生态系统保护与恢复为重点，努力构建生态安全屏障。科学开发利用土地，宜农则农，宜林则林。保护地力。抓紧矿山生态的保护与恢复，重点治理采矿塌陷地和已毁山体。以莱州湾、胶州湾、黄河口海洋生态整治为重点，加大海洋生态环境治理力度。搞好渔业资源修复，加快海洋特别保护区和自然保护区建设，增强海洋与渔业生态保护能力。加强对油气勘探开发中的生态保护与恢复，采取有效措施，加强对地表油泥和钻井废弃泥浆的污染治理。加强对南四湖、东平湖、黄河三角洲等湿地、草地，以及山区、近海岛屿、滩涂等自然生态系统的建设与保护，特别要搞好对野生动植物栖息地和珍稀濒危动植物种质资源的保护，建设一批自然保护区、生态功能保护区、生态示范区和森林公园、地质公园和风景名胜区，维护和发展生物多样性，传承人类自然财富和文化遗产。大力发展生态旅游，保护自然和人文环境。加强气候变化的应对和防灾工程建设，开展气候变化对生态环境影响的监测评估。建立生态监测系统与预警机制，加强生态环境安全体系建设。

四、加快生态省建设的九项工作

13．资源节约工程。围绕结构调整，以提高资源开发和利用效率为核心，在冶金、电力、化工、煤炭、造纸，建材、纺织、机械等行业建设 100 项效率高、消耗低、污染小的重大资源节约项目，带动资源节约型社会建设，积极鼓励和扶持发展循环经济，抓好循环经济试点示范，着力创建一批循环型企业、园区、城市（区城），建设一批生态示范市、示范县、示范社区和环保模范城市、环境优美乡镇、生态村和卫生城市、卫生乡镇、卫生村。

14．环境综合整治。争取用 3 年的时间，打一场城乡环境综合整治攻坚战。集中整治城市出入口、商业集中区、车站、码头等窗口部位以及偏僻街巷、城乡结合部和农村脏乱差环境。统筹改善城乡面貌，建立城乡环境管理长效工作机制。突出抓好城区旧居住小区和村镇的规划改造，特别要加强中心镇和村庄的规划建设，引导鼓励有条件的村庄适度集中进行旧村改造。结合国家淮河治污战略的实施，加速城市污水处理厂和配套管网建设，争取 3 年建设污水处理厂 50 座，完成配套管网 1 200 千米，新增日处理污水能力 180 万吨。

15．“两湖一河”碧水行动计划。抓住国家加大治淮力度和实施南水北调东线工程的机遇，集中突破南四湖、东平湖和小清河流域的水环境污染治理，确保到 2007 年稳定达到南水北调Ⅲ类水质的要求。配合南水北调和“两湖一河”碧水行动计划的实施，在南四湖和东平湖滨湖地区建设 30 万亩人工湿地，以促进两湖水体净化。

16．林业生态建设。突出抓好高速公路和 3 000 千米海岸线的绿化美化。争取 1 年完成沿已建成高速公路和铁路林带的补植，3 年完成二级以上公路、主要河流和南水北调工程山东段及胶东调水沿线的造林绿化，3～5 年完成海防林带的补植完善和改造提高。集中突破荒山绿化，争取每年绿化荒山 80 万亩，3 年基本完成城市周边、高速公路和铁路两侧可视范围

内的荒山绿化。加强以农田林网为重点的防护林体系建设，争取1～2年完善黄河故道和鲁西北地区防风固沙林体系，3年形成全省高标准农田防护林体系。

17．大气污染治理。重点抓好燃煤电厂脱硫，位于“两控区”的火力发电厂、热电厂和企业自备电厂，到2007年年底前都要建成脱硫设施和安装二氧化硫在线检测装置，其中重点电厂、热电厂的脱硫设施建设，必须于2005年年底前完成。非“两控区”各类电厂的脱硫设施，要于2010年前全部建成。积极发展清洁能源，重点抓好核电建设，开发沼气、太阳能、风能等新型能源。突出抓好城市大气污染治理，到2007年，2/3以上的设区城市空气质量要达到环境功能区划标准。

18．水资源保护与建设。集中抓好南水北调、西水东调和沂沭泗河东调南下等水资源配置工程建设，争取到2007年，新增供水能力10亿～15亿立方米。大力发展节水型农业、节水型工业，在城市要大力推广分质供水和一水多用，努力建设节水型社会。全面启动农村饮水安全工程，结合实施农村通自来水工程建设，加强农村水源地的规划、建设与保护。坚持防治并重、综合治理，加强工业和农业面源污染防治，保护农村饮用水源地水质。合理规划建设一批集防洪、蓄水、观光旅游于一体的亲水乐园，实现人水和谐相处，努力增加城乡水面面积。

19．土地开发治理和矿山生态恢复。到2007年，开发整理复垦土地55万亩，治理采矿塌陷地15万亩，矿山生态治理率达到55%以上，城市规划区、铁路、国道、省道两侧以及旅游景点、滨海旅游带可视范围内的露天采矿点要全部关闭。以小流域治理为抓手。加大土地沙化、碱化治理和水土保持力度，争取3年治理水土流失面积6 000平方千米。

20．农业生态建设。围绕提高农业资源利用率，保护农业生态环境，建设一批标准化农业、节水农业和旱作农业示范区，新建一批规模养殖场大中型沼气池、农户“一池三改”示范县和生态家园示范村，培植一批农作物秸秆综合利用和畜禽粪便资源化利用典型。到2007年，测土平施肥面积达到50%，化学农药使用量减少35%，瓜果菜茶基本达到无害化水平，农作物秸秆利用率提高到70%，规模养殖场粪尿处理利用率达到50%以上。

21．海洋生态保护。加快制定实施海洋生态环境保护规划，加强海洋生态治理、渔业资源修复和基础设施建设，加大海水养殖污染治理力度，加强台风、风暴潮、赤潮等自然灾害的监测与预警预报，建立海洋生态安全应急机制，减轻海洋灾害损失。到2007年，主要入海排污口及沿莱州湾、胶州湾、黄河口近岸地区入海排污口污水集中处理率达到70%。

五、加快生态省建设的政策与措施

22．加快体制和机制创新，为生态省建设注入新的生机和活力。积极探索生态环保建设市场化、社会化、产业化运作的新路子。加快产权制度改革，将竞争性行业逐步推向市场；对公益性产业和设施，实行政府调控下的特许经营制度，进行所有权与经营权分离，逐步建立起市场化运作的经营机制。对以政府投资为主的新建设施，实行“建管分离、管养分离”；需要由政府补贴的项目，要改革投资方式。引入竞争机制，提高资金使用效益。

23．建立多元化的投融资体制，为生态省建设提供资金支持。坚持“谁投资、谁受益”，引导鼓励多种经济成分参与生态环境建设，努力形成政府引导、市场推进、多元投入、社会

参与的投融资机制。各级政府要进一步加大对生态环境建设的资金支持力度，加强对建设资金的监督管理。调整政府投资方向和投资形式，充分发挥公共财政的引导作用，争取用较少的政府资金，调动更多的社会资金参与生态环境建设。整合生态环境建设资金，集中力量解决重点问题。

24．强化政策引导，为生态省建设提供政策保障。各级政府要加强对重大战略资源的统一规划和管理，统筹各类资源的有效保护和合理利用，要严格环境影响评价和“三同时”制度，依法开展对规划的环境影响评价，把好市场准入关。建立环境收益制度和生态效益评价制度，坚持“谁污染、谁治理，谁污染、谁付费”，进一步强化污染企业的责任，逐步提高工业废物排放、城市生活污水处理等收费标准。加强排污总量控制和排污许可证管理，开展排污权交易试点。2005 年上半年，城市污水处理费要按照每吨 0.8 元的征收标准全部落实到县，市级以上城市年底前要提高到 1 元以上。继续稳妥地提高非农水价，推行定额供水、分类计价、累进加价政策。建立生态补偿机制，进一步完善土地、水、矿产、森林资源等资源补偿费征收使用政策。制定鼓励或限制发展的产业名录，加速资源消耗大、污染严重产业退出市场，引导企业自觉治污，守法经营。

25．推动科技创新，为生态省建设提供技术支撑。积极引进、消化和开发利用国内外先进技术，建立“政产学研”一体化的科研体制，推动循环生产技术的研发与产业化，增强生态环保技术创新能力。寻找新的替代资源，建立资源节约与能源替代技术体系。加快制定能耗、水耗等行业标准，搞好 ISO 14000 环境管理体系认证。推行清洁生产审核，建设一批清洁生产、生态工业、环保产业、生态服务业等循环经济技术开发、培训基地和重点实验室，建立和完善支撑生态环境建设的绿色技术体系。加强生态环保专门人才培养和科研队伍建设。加强技术基础平台建设，抓好国家级、省级可持续发展实验区、示范区建设。

26．加强法制建设，为生态省建设提供法律保证。要认真贯彻执行生态环境保护的法律法规和相关政策，制定立法规划，建立健全有关自然生态保护、循环经济、清洁生产、环境影响评价、环境污染纠纷等方面的地方性法规和规章。各级环保和相关职能部门要加大执法力度，建立健全监督约束机制，提高执法水平。加强执法检查和执法监督，对生态环境造成重大损害和严重后果的，要依法严肃处理。

27．加强宣传教育，为生态省建设营造良好的社会氛围。深入开展生态省建设宣传教育，引导党政领导干部树立和落实科学发展观、正确政绩观，增强加快生态省建设的主动性和自觉性。建立公众参与机制，进一步提高全体公民的生态意识、环保意识、人口意识、资源意识和保护生态的法治意识，增强企业的社会责任感，积极引导社会和公众转变资源利用方式和消费方式，倡导绿色消费和文明生活方式。充分发挥广播、电视和报刊等新闻媒体的舆论监督作用，继续开展“齐鲁环保世纪行”活动，及时报道和表彰生态省建设的先进典型和环境友好企业，公开揭露和批评污染环境、破坏生态的不良行为，在全社会营造保护环境、保护生态的浓厚氛围，逐步建立起符合生态文明的道德规范和行为准则，构建现代生态文化体系。

六、生态省建设的组织领导

28．切实把加快生态省建设摆上重要日程。各级党委、政府要把加快生态省建设，作为落实科学发展观、提高执政能力、构建和谐社会、促进经济社会全面协调可持续发展的一项重大举措来抓。各级各部门要将生态省（市、县）建设统一纳入国民经济和社会发展计划，结合“十一五”规划的编制、实施，进一步分解和落实任务，把生态环境建设贯穿于经济社会发展的全过程。

29．建立健全生态省（市、县）建设领导机制。各级都要建立由党委、政府主要负责同志任组长、有关职能部门参加的领导小组，就生态省（市、县）建设的工作规划、重大政策、重大工程实施等问题，及时研究，加强协调和指导。各级各有关部门要按照职责分工，各负其责，各司其职，搞好配合，做到组织到位、责任到位、投入到位、措施到位，努力形成省市县分级负责、各部门整体联动、全社会广泛参与的生态省建设机制。

30．健全推进生态省建设的目标责任制度。按照建立决策目标、执行责任、考核监督“三个体系”的要求、实行科学决策，落实责任，严格考核和奖惩。制定体现科学发展观的绿色GDP 核算体系和生态省建设责任考核指标体系，并作为考核领导班子和领导干部政绩的重要内容。要建立责任追究制度，对造成严重生态破坏和环境污染事故的，要严格责任追究，在对直接责任人进行严肃处理的同时，追究有关领导的责任。

山东生态省建设规划纲要

（山东省人民政府通过并印发 鲁政发[2003]119号）

前 言

生态省是指经济社会与生态环境实现了协调发展、各个领域达到了当代可持续发展目标要求的省份。它的主要标志是：生态环境良好并且不断趋向更高水平的平衡，自然资源得到合理的保护和利用；以生态或绿色经济为特色的经济高度发展，结构合理、总体竞争力强；现代生态文化形成并得到发展，民主与法制健全，社会文明程度高；城市和乡村环境优美，人民生活水平全面进入富裕阶段，环境污染和生态破坏得到根本控制和基本消除。

以循环经济理念为指导的经济体系建设是生态省建设的重要内容和基本保障。循环经济要求以“减量化、再利用、再循环”为经济社会活动的行为准则，运用生态规律把经济活动组织成一个“资源→产品→再生资源”的反馈式流程，提高资源利用率，减少废物排放，最终实现循环型社会的理想，并将人类活动纳入与自然和谐的可持续发展之路。

从山东省经济发展前景和资源、环境及生态现状来看，继续沿用传统的粗放型经济增长模式，发展将难以为继。中共十六届三中全会要求统筹人与自然和谐发展，建立促进经济社会可持续发展的机制，坚持以人为本，树立全面、协调、可持续的发展观，促进经济社会和人的全面发展。《2003 年省委常委工作要点》提出“规划生态省建设，突出解决水资源短缺和环境污染问题，促进经济与人口、资源、环境协调发展。”省十届人大一次会议通过的《政府工作报告》明确提出：“全面启动生态省建设，努力实现经济社会与人口、资源、环境的协调发展。”省十届人大常委会第四次会议通过了《关于建设生态省的决议》。因此，建设生态省是省委、省人大、省政府应对国内外发展新形势作出的一项重大战略决策。

省计委、省环保局组织有关部门和专家，在吸收国内外大量研究成果和实践经验，并进行了广泛深入调查研究的基础上，编制了《山东生态省建设规划纲要》。《山东生态省建设规划纲要》是国民经济和社会发展规划的重要组成部分，是编制生态省建设规划和各地区、行业、部门规划及实施方案的重要依据。

建设生态省是实施可持续发展战略、建设“大而强、富而美”的社会主义新山东的重大战略举措。在生态省建设过程中，必须立足于经济社会发展的大趋势，坚持以循环经济理念

为指导，寻找新的发展动力，拓展新的发展空间，培育新的发展环境，加快经济结构调整步伐，改变传统经济增长方式，使经济社会发展与自然生态系统相适应，实现经济、社会、环境的全面、协调、可持续发展。

一、生态省建设的基础条件

（一）优势条件

1．优越的地域位置，明显的区位优势

山东省位于黄河下游，东邻渤海、黄海，北接京津冀经济区，南与长江三角洲毗邻，在东部沿海经济发达区域的南北经济链条中，在未来沿黄腹地的经济发展中具有重要作用。利用这一地域优势，可以加强与发达地区在经济、科技领域的广泛交流与合作。同时，可以利用资源丰富、劳动力成本低的优势争取海外投资，通过便利的海上交通发展同日本、韩国的经贸关系，利用欧亚大陆“桥头堡”的地缘优势，进一步开拓国际市场。

2．良好的经济基础，稳定的社会保障

改革开放以来，全省经济快速发展，综合实力显著增强。国内生产总值、财政收入等主要指标均居全国前列，交通、通信、能源等基础设施建设成绩显著。经济外向度、开放层次和质量不断提高，出口商品结构有了明显改善。科技、教育、文化、体育、卫生、环保、社会保障和社会福利等各项事业快速发展，人口过快增长的趋势得到有效控制，城市化水平不断提高，社会秩序稳定，已经具备了建设生态省的良好经济社会基础。

3．深厚的文化底蕴，和谐的人文环境

山东历史悠久，有丰富的文化遗存。儒家天人合一的思想，是一种朴素的生态观。发掘儒家思想精华，可以为生态文明建设提供服务。同时，在长期的革命与建设实践中，全省上下已经形成“忠诚守信、勤劳勇敢、务实苦干、开放创新”的良好人文环境，这些都为生态省建设和生态文明观的形成奠定了深厚的文化基础。

4．实在的工作基础，有益的示范经验

全省已建成各类自然保护区 65 处、生态功能保护区 15 个。48 个县（市）被列为国家级和省级生态示范区建设试点，6 个县（市）通过了国家生态示范区验收。9 个城市被命名为国家环境保护模范城市。其中日照市已被省环保局列为循环经济示范市，日照市委、市政府作出了发展循环经济、建设生态市的决定，启动了先期工作和规划编制工作。潍坊市政府作出了加快发展循环经济的决定。烟台经济技术开发区成为 ISO 14000 国家示范区，同时被省环保局列为山东省生态工业园建设试点示范单位。200 多家企业通过了清洁生产审核或 ISO 14001 认证。这都为发展循环经济，建设生态省提供了有益的示范经验。

5．可靠的组织保障，良好的社会氛围

省委、省政府把实施可持续发展战略、加强环境保护作为经济社会发展的重要任务长抓不懈。省人大设立了城乡建设与环境资源保护委员会，颁布了一系列环境保护地方性法规，加强了对环境保护和生态建设的监督和指导。省政府颁布实施了《山东省生态环境建设与保护规划纲要》。山东省创立了省委、省人大、省政府三个“一把手”抓环保的工作经验，落实

了《山东省党政领导干部环境保护工作实绩考核办法》和《山东省环境污染行政责任追究办法》。各级各部门都把环境保护工作纳入目标管理，实行了领导干部环境保护目标责任制。成立了以省长为组长的生态省建设工作领导小组。通过各种新闻媒体的广泛宣传，全民生态环境意识逐步增强，形成了建设生态省的良好社会氛围。

6．典型的生物资源，多样的生态系统

山东省地处暖温带，具有典型的暖温带生物区系特点，拥有森林、草地、湿地、海岸潮间带、海洋等多样的生态系统类型。位于入海口的黄河三角洲具有世界上独特的河口湿地景观。由于濒临海洋，处于南北交错地区，兼具温带与亚热带生物区系特点，与同纬度其他地区相比，山东具有较高的物种多样性。全省高等植物 3 100 多种，陆生脊椎动物 500 余种。同时，山东省的农牧渔业种质资源也丰富多样、各具特色。

（二）制约因素

1．主要自然资源供需矛盾突出

水资源严重短缺，水生态平衡失调。全省水资源总量多年平均值为 306 亿立方米，人均水资源量不足全国人均水平的 1/6，严重制约了工农业生产和城乡建设，生态用水无法保证。土地垦殖率高、耕地后备资源匮乏，人均耕地面积 1.27 亩。森林资源总量不足，综合防护效能差，人均林地面积 0.39 亩，是全国人均水平的 1/5，特别是生态防护林，人均不足 0.1 亩，仅为全国人均水平的 8%。矿产资源对经济和社会发展的保证程度逐步下降。

2．环境污染严重

主要污染物排放总量仍然较大，结构性污染问题突出。化学需氧量、二氧化硫等主要污染物排放总量居全国前列。造纸、酿造行业化学需氧量排放量、电力燃煤行业二氧化硫排放量、水泥建材行业粉尘排放量分别占全省工业排放总量的 76.7%、58.6%和 85.6%。城市环境质量处于较低水平。全省有 8 个设区市城区环境空气质量劣于国家二级标准，机动车尾气污染呈加重趋势。地表水水质污染严重。劣于Ⅴ类水质标准的断面占监测断面总数的 50%。危险废物和医疗废物处理处置率偏低，对环境和人体健康造成潜在威胁。农业面源污染持续扩大，农药化肥施用强度大，农产品质量安全受到威胁。近海污染严重，轻中度和严重污染海域分别占 18.6%和 13.4%。

3．生态环境脆弱

森林覆盖率低，只有 18.8%，且结构不合理，水源涵养、防风固沙、净化空气等生态功能低下。水土流失和土地沙化严重，水土流失面积占全省国土面积的 41.5%，土地风沙化面积已达 1 250 万亩。生物多样性锐减，现有 120 多种高等植物、200 多种陆栖脊椎动物处于受威胁和濒危状态，生境破碎并呈整体恶化趋势，近岸海域生物多样性降低，外来入侵物种对生态安全威胁不断增大。地下水超采，水位埋深大于 6 米的平原超采区面积为 2.75 万平方千米，海水入侵面积已达 1 120 平方千米。生态破坏严重，矿区地面塌陷面积达 332 平方千米，粗放开采造成植被和景观破坏、湿地减少、调控功能明显降低。洪涝灾害的威胁依然严重。

4．粗放型经济增长方式仍占主导地位

全省劳动生产率仅为发达国家的 1/40，单位国内生产总值能耗是发达国家的 2～5 倍，原材料投入与发达国家相比，钢材是 2～4 倍，水泥是 2～11 倍，化肥是 2～13 倍。国内生产

总值的增长付出了过大的资源与环境成本。产业结构不尽合理，资源密集型产业比重大。虽然经过多年的努力，全省环境质量有了一定程度的改善，但如不改变粗放型的经济增长方式，尽快调整产业结构，环境污染和生态破坏问题将难以解决。

5．城市环境基础设施建设滞后

部分城镇特色不突出，功能不配套，环境差，影响到投资环境和居民生活质量。全省城市污水集中处理率仅为 40.3%，仍有近 60%的城市污水未经处理直接排入地表水体。城市垃圾处理率 77.7%，但处理标准普遍较低，垃圾围城和二次污染问题比较严重。城市集中供热率仅为 31%，仍有 69%的居民采用燃煤、小锅炉等取暖。城市燃气普及率 93.2%，但瓶装液化气仍占一半以上。城市建成区绿化覆盖率 33%，人均公共绿地 4.99 平方米，比全国平均水平低 0.34 平方米。

6．人口基数大、整体文化素质偏低

全省总人口 9 082 万人，是全国第二人口大省。“十五”至 2020 年，全省人口仍将继续增长。庞大的人口数量不仅导致人均资源占有量明显低于全国平均水平，而且对教育、就业、养老、医疗等构成巨大压力。同时，人口整体文化素质偏低，每万人中的大专以上学历人数和科技人员数量均低于全国平均水平。

（三）形势与任务

随着经济全球化趋势的加快，世界制造业基地的转移，经济活动对生态环境的影响越来越大。发达国家正通过发展循环经济，逐步实现经济的生态化转向。区域经济一体化趋势扩大，山东在全面参与国际竞争的过程中，与日、韩经济关系日趋紧密，环黄海经济圈的合作和交流日益加强。

党的十六大确立了全面建设小康社会的奋斗目标，为我国现代化建设指明了方向。中共山东省八届五次全委会议作出了《关于进一步解放思想干事创业加快现代化建设的决定》，提出了围绕建设“大而强、富而美”社会主义新山东的总目标，提前全面建成小康社会，提前基本实现现代化。未来 20 年，山东国民经济继续保持较快增长，经济总量翻两番，综合实力进一步增强，为生态省建设提供有力的经济保障；科技创新步伐加快，高新技术快速发展，为生态省建设提供有力的技术支持；对外开放进一步扩大，有利于国际交流与合作，拓宽发展的领域和空间；可持续发展日益深入人心，公众环境意识明显增强，为生态省建设提供重要的社会基础。建设生态省将有助于产业升级步伐的加快和经济结构的调整，促进经济、社会、环境全面、协调、可持续的发展。

经济的快速增长和城市化、工业化进程的加快，对资源与生态环境的压力不断增加；人民生活水平的提高，对环境质量提出了更高的要求；随着经济国际化步伐的加快，环境保护面临的国际压力也在增大；在高新技术产业迅速发展的同时，新的环境污染因素和环境安全问题也日益突出。面对新形势，建设生态省是山东经济和社会发展的历史选择。

建设生态省，是实践“三个代表”重要思想的具体体现。建设生态省，有利于发展社会生产力，加快调整经济结构、优化产业布局和提高资源利用效率；有利于促进生产方式、生活方式、消费观念的转变，促使全社会树立生态文明观和文明发展观；有利于提高人民群众的生活质量，改善生活环境，为子孙后代提供良好的发展基础和永续利用的资源与环境。

建设生态省，是实现“大而强、富而美”社会主义新山东宏伟目标的重大举措。建设生态省，是提前全面建成小康社会，提前基本实现现代化的重要内容，是改善和提高人民群众生活质量的具体体现。建设生态省，丰富了两个“提前”的内涵，体现了人与自然高度和谐的生态文明观，必将对山东省加快现代化进程产生积极的推动作用。

建设生态省，是实施可持续发展战略的必然选择。山东省人口众多，资源相对贫乏，生态环境脆弱，若继续沿用高投入、高消耗、高污染的粗放型模式，现有资源和能源将无法满足经济快速增长的需求，生态环境也无法承载。只有遵循循环经济的理念，走“科技含量高、经济效益好、资源消耗低、环境污染小、人力资源优势得到充分发挥的新型工业化路子”，才能有效地解决经济发展与环境保护之间的矛盾，保证经济与环境的协调发展。

建设生态省，是提高综合实力和整体竞争力的必由之路。经济国际化的发展使山东省对国际市场和国际贸易的依存度日益提高，而生态环境质量日益成为影响区域竞争力的重要因素。通过发展循环经济促进产业结构的合理调整和优化布局，建设生态工业体系，可以充分利用资源和能源，最大限度地减少污染物的产生和排放量，提升综合实力和整体竞争力，降低经济发展和环境保护的社会成本和经济成本，实现生态建设与经济社会发展的“共赢”。

二、指导思想和目标

（一）指导思想和基本原则

1．指导思想

以“三个代表”重要思想和党的十六大精神为指导，紧紧围绕提前全面建成小康社会、提前基本实现现代化，建设“大而强、富而美”社会主义新山东的总目标，实施可持续发展战略，遵循生态规律和循环经济理念，抓住环境保护、生态建设、循环经济三大重点和结构调整、水资源优化配置、国土绿化、污染防治四个关键环节，加快经济增长方式转变，实现资源的可持续利用，推进生态文化建设，促进人与自然相和谐，走经济发展、生活富裕、生态良好、社会文明的道路。

2．基本原则

（1）坚持可持续发展、协调运作的原则

经济增长不仅要重视产值、产量的增加，更要重视经济运行质量的提高。要逐步改变传统的生产模式，发展循环经济，降低能耗、物耗，减少废物排放，实现资源的可持续利用，使经济社会发展与区域环境承载能力相适应。

（2）坚持科技先导、开拓创新的原则

充分依靠科技，把科技作为生态省建设的前提和基础，不断增强科技创新能力。调动各级各部门和全社会的主动性和创造性，积极推进机制创新、体制创新、管理创新，建立符合市场经济规律的发展新机制。

（3）坚持统筹规划、因地制宜的原则

根据生态功能分区，统筹规划、合理布局，使生态省建设目标与全省中长期国民经济和社会发展规划相衔接。各级各部门要立足本地区、本部门实际，从全局出发，制定具体的实

施方案，做到目标明确、量力而行、务求实效。

（4）坚持突出重点、整体推进的原则

突出近期工作重点，优先抓好重点流域、重点区域、重点行业的污染防治和重点区域生态建设，使生态省建设在近期内取得明显成效。逐步形成分级实施、整体推进的工作机制，动员各级各部门和全社会的力量参与并推进生态省建设。

（5）坚持政策引导、法规规范的原则

制定生态省建设的各项激励政策，推进生态省建设的公益性与市场经济的竞争性有机结合。综合运用法律法规、宣传教育等手段，使法规的强制性与公众的自觉性有机结合，营造全社会共同参与生态省建设的良好氛围。

（二）建设目标

1. 总体目标

到 2020 年，在全省初步形成以循环经济理念为指导的生态经济体系、可持续利用的资源保障体系、山川秀美的生态环境体系、与自然和谐的人居环境体系、支撑可持续发展的安全体系和体现现代文明的生态文化体系，全面增强经济社会的可持续发展能力，把山东基本建设成为经济繁荣、人民富裕、环境优美、社会文明的生态省。

2. 阶段目标

与建设“大而强、富而美”的社会主义新山东的总目标和提前全面建成小康社会、提前基本实现现代化战略步骤相衔接，生态省建设主要分为近期、中期、远期 3 个阶段。

（1）近期阶段——启动和推进阶段（2003—2005 年）

到 2005 年，国内生产总值达到 14 000 亿元，第三产业比重达到 40%；总人口控制在 9 300 万以内，城市化水平达到 43%；初步缓解水资源紧缺的矛盾，基本实现平水年水资源的动态平衡；重点流域和区域环境质量有较大改善，30%的水体达到水功能区划和水环境功能区划标准，近岸海域水质和城市空气环境质量达到环境功能区划标准；基本建立农业标准化体系；城市污水集中处理率达到 45%，回用水利用率达到 20%，生活垃圾无害化处理率达到 50%；森林覆盖率达到 24%，矿山生态环境恢复治理率达到 40%；水土流失治理率达到 60%，受保护地区面积达到国土面积的 10%，建设 13 个国家环境保护模范城市、10 个循环经济型工业园区、100 个生态示范区、100 个自然保护区和生态功能保护区，30%的国家级生态示范区试点通过验收。

（2）中期阶段——发展和提高阶段（2006—2010 年）

到 2010 年，国内生产总值达到 21 000 亿元，第三产业比重达到 45%；总人口控制在 9 600 万以内，城市化水平达到 50%；水资源紧缺状况得到有效缓解，基本实现枯水年水资源的动态平衡；基本解决结构性污染问题，重点流域和区域环境质量得到明显改善，60%的水体达到水功能区划和水环境功能区划标准，农产品质量安全得到保证，农作物秸秆综合利用率达到 80%；90%的近岸海域水质达到国家一、二类标准，所有城市空气环境质量达到国家二级标准；城市污水集中处理率达到 60%，回用水利用率达到 30%，生活垃圾无害化处理率达到 65%，建成区绿化覆盖率达到 35%；森林覆盖率达到 28%；矿山生态环境恢复治理率达到 60%；水土流失治理率达到 65%，受保护地区面积达到土地面积的 15%，建设 30 个循环经济型工

业园区；有 2 个以上设区城市基本达到生态市标准，30%的县或县级市达到生态县标准，50%的市建成国家环境保护模范城市。

（3）远期阶段—— 全面发展阶段（2011—2020 年）

到 2020 年，国内生产总值达到 42 000 亿元，第三产业比重达到 50%；实现人口“零”增长，城市化水平达到 60%；解决水资源紧缺问题，保证主要河流的生态用水，战略储备地下水；环境污染和生态破坏问题得到基本解决，环境质量得到根本改善，所有水体达到水功能区划和水环境功能区划标准，近岸海域水质全部稳定达到一、二类标准，所有城镇空气环境质量优于国家二级标准；农作物秸秆综合利用率达到 95%以上，农业面源污染得到有效控制；城市污水集中处理率达到 80%，回用水利用率达到 60%，生活垃圾无害化处理率达到 90%，建成区绿化覆盖率达到 40%；森林覆盖率达到并稳定在 30%以上，矿山生态环境恢复治理率达到 80%；水土流失治理率达到 70%；受保护地区面积达到土地面积的 18%，建设 100 个循环经济型工业园区；80%的设区市达到生态市标准，70%左右的县或县级市达到生态县标准。

（三）建设指标体系

为客观反映山东生态环境的特点和生态省建设的重点领域，突出循环经济理念对生态省建设的指导作用，重点解决经济结构不合理、水资源短缺、森林覆盖率低、环境污染较重等关键问题，依据国家环保总局生态省建设指标体系，结合山东实际，在经济发展、生态建设、环境保护、社会进步 4 个方面，确定具有代表性的 35 个指标，构成山东生态省建设指标体系。其中有 21 个是国家生态省建设指标，14 个是针对山东特点而设立的指标（见附件 1）。

三、生态功能分区和重点保护区域

（一）生态功能分区

按照区域生态特点及主导生态功能将全省划分为不同的生态功能区，采取保护、恢复和治理等措施，维持和恢复各生态功能区的生态服务功能。根据《生态功能区划暂行规程》，将全省划分为 5 个生态功能区（见附件 2）。

1．鲁东丘陵生态区

鲁东丘陵生态区位于潍河、沭河以东，包括青岛、烟台、潍坊、威海、日照、临沂的全部或部分区域。东、南、北三面临海，具有温暖湿润的海洋性气候特点，是山东省生态条件最好、森林植被覆盖率最高的区域。区内植被为典型的暖温带落叶阔叶林，物种多样性为全省乃至华北最丰富的地区，是我国温带水果和花生生产基地之一。黄金、石墨、滑石等矿产资源丰富。本区的主导生态功能是半岛诸河流的水源涵养、径流调节和森林生态系统以及物种多样性维持。主要生态问题一是河流源短流急，淡水资源严重不足，河流干涸、断流或受到污染；二是超采地下水导致海水入侵；三是幼中龄针叶林所占比例大，森林生态功能低。保护和发展的主要方向和任务是加强次生天然林保护，积极推进封山育林，实施退耕还林，加速水土保持林和水源涵养林建设，提高水源涵养能力；科学、适度调水，缓解用水矛盾；全面建设节水型社会，提高用水效率；严格限制地下水开采，从根本上解决地下水严重超采

问题，遏制海水入侵；建设沿海防护林带；保护生物多样性，加快自然保护区和河流源头生态功能保护区建设；加快国家环境保护模范城市和生态市建设；建设以山海为特色的生态旅游基地；建设高水平的我国第三个国际加工制造业基地，形成高新技术产业带；加快半岛城市群建设进程，充分加强和完善青岛区域性国际中心城市的作用和地位。

2. 鲁中南山地丘陵生态区

鲁中南山地丘陵生态区包括济南、淄博、枣庄、潍坊、济宁、泰安、莱芜、临沂的全部或部分区域。是全省地势最高的地区，水系较发达，气候为暖温带季风气候，植被类型为暖温带落叶阔叶林，生物多样性也比较丰富。该区水热充足，地貌类型多样，已形成山东粮、油、干果、烤烟等生产基地，矿产资源和旅游资源丰富。本区的主导生态功能是水源涵养、水土保持和生物多样性维持。主要生态问题一是森林植被稀少、涵养水源能力低、水土流失严重；二是局部地区超采地下水形成漏斗区，岩溶塌陷时有发生，济南南部山区的开发建设已影响到泉水补给，城市的生态保障系统受到威胁；三是环境污染严重，空气质量超标，小清河等河流变成排污河，垃圾围城现象普遍；四是煤炭等开采导致地面塌陷，开山采石造成的生态破坏，严重影响城市周围、交通沿线的自然景观。保护与发展的主要方向和任务是：大面积营造水土保持林，恢复天然林，提高森林覆盖率；加快自然保护区和河流源头功能保护区建设；提高小流域综合治理效益，控制水土流失；坚决制止矿产资源的非法开采，加大对城市周围自然景观的管理和治理力度；严格限制石灰岩地区地下水的开采强度；加快治理环境污染；增强济南作为区域性中心城市的辐射能力；以三孔、泉城、泰山、蒙山、沂山、鲁山为重点，加快生态旅游资源开发，形成人与自然和谐的生态旅游区。

3. 鲁西南平原湖泊生态区

鲁西南平原湖泊生态区位于黄河以南、运河和湖带以西，西南止于省界，包括济宁、泰安、菏泽的全部或部分区域。以平原和湖泊为特色，区内无天然森林植被，以人工林和农业植被为主。南四湖、东平湖是我国北方著名的湖泊湿地，鱼类和鸟类多样性丰富。该区土层深厚、地势平坦、热量丰富、雨热同期，是全省的主要农牧业基地之一。煤炭资源丰富。蓄水调水、自然净化、鸟类多样性和渔业资源保护是本区的主导生态功能。主要生态问题一是湖区水资源不足，湖泊沼泽化和富营养化速度加快，生物多样性下降；二是流域生态防护林资源贫乏，湖库调蓄能力降低，湿地功能下降；三是水污染严重，对湖区和南水北调的水质影响大，面临水质安全和生态安全等潜在问题；四是采煤区地表塌陷严重并不断扩大。保护与发展的主要方向和任务是：建立国家级自然保护区和湿地功能保护区，保护湖泊湿地生态系统的典型性、完整性和自然性，保护珍稀、濒危鸟类和水禽的栖息地；加大湖区流域内水污染防治的力度，采取有效措施保障南水北调的水质和生态安全，遏制沼泽化；加速采煤塌陷地的生态治理与重建；科学引用客水，发展节水农业；提倡建设生态林，适度发展名特优经济林，建设生态功能高的复合型农田林网；推动以水浒文化、运河、微山湖、曹州牡丹为重点的生态旅游业发展。

4. 鲁北平原和黄河三角洲生态区

鲁北平原和黄河三角洲生态区北、西至省界，地貌上为华北大平原的一部分，包括济南、淄博、东营、潍坊、德州、聊城、滨州的全部或部分区域。降水少，蒸发强，是全省大陆性最强的地区，土壤为潮土和盐化潮土，自然植被以盐生灌丛和草甸为主。黄河三角洲湿地保

护区位于区内，是具有重要意义的湿地。土地资源丰富，是全省重要的粮棉基地，是保持山东省耕地总量动态平衡和增加农业用地面积的重要后备资源区。以油气资源、天然卤水资源为主的矿产资源丰富，已形成了以石油和天然气开采、纺织、造纸、食品、化工为特色的工业生产体系。本区的主导生态功能是维持黄河三角洲天然湿地，防治土壤盐渍化、沙化和干旱。主要的生态问题一是气候干旱和水资源短缺；二是土壤盐渍化与沙化严重；三是超采深层地下水造成漏斗区不断扩大，引起部分区域的地面沉降；四是水污染严重。保护与发展的主要方向和任务是建设好黄河三角洲、莱州湾等湿地自然保护区；利用生物、土壤、工程等措施治理和改造盐渍土和沙化土壤；建设鲁西北防风固沙生态功能保护区；加大农田林网和农林间作建设，营造生态防护林、名优经济林和工业原料林；发展节水农业，发挥粮、棉优势；重点发展黄河三角洲地区的石油天然气开采、石油化工等主导产业，综合发展其他产业，加快基础设施建设；加快滩涂与荒地开发，建设以粮、棉、牧、渔为特色的综合农业基地和以速生林为主的林纸一体化基地；在保护的前提下，依托黄河三角洲自然保护区，发展独具特色的湿地生态旅游业。

5．近海海域与岛屿生态区

近海海域与岛屿生态区包括渤海和黄海海域及其所属岛屿，涉及青岛、烟台等 7 个市，面积和山东的陆地面积相近。渤海平均水深 25 米，沿岸水浅。水温变化受北方大陆性气候影响较大。由于大陆河川大量的淡水注入，渤海海水中的盐度较低（30‰）。同时，大量陆源污染物的排放使渤海的污染相当严重。黄海海域面积大，海水深，岛屿多，除胶州湾附近外，其他海域水质相对较好。黄海的水温年变化小于渤海，海水的盐度也较低（32‰）。海岸带包括泥沙质和岩质岸段。由于陆上输入大量有机物质，近海海域与岛屿周围海域生物多样性和渔业资源比较丰富，近海渔业捕捞与养殖、航运、生态旅游是本区域的主要特色。本区是重要渔业水域，主导生态功能是海洋、海岸、海岛生态系统维持和海洋生物多样性与渔业资源保护。主要生态问题一是近海污染严重；二是捕捞过度，海洋渔业资源严重衰退；三是赤潮和鱼虾贝藻病害频发；四是海洋生物种类不断减少、养殖种质退化等。保护和发展的主要方向和任务是围绕“海上山东”建设和“碧海行动”计划的实施，加强海洋国土保护和海洋生态建设，尽快改善海洋生态环境；建设与管理好现有的海洋、海岛与海岸保护区，建立新的保护区；保护鱼虾类产卵场、索饵场和鱼虾贝藻类养殖场；严格执行休渔期和禁渔区制度，开展人工增殖，积极发展远洋捕捞；发展浅海滩涂优势产品养殖；巩固和发展海防林，搞好沿海防潮堤建设；充分发挥海洋、海岛和黄金海岸优势，大力发展生态旅游及海滨度假旅游。

（二）重点保护区域

1．生态功能保护区和自然保护区

生态功能保护区在水源涵养、水土保持、洪水调蓄、提供淡水、维持生物多样性等方面发挥重要作用，是山东省经济社会可持续发展和生态安全的重要保障。山东省生态功能保护区和自然保护区主要有以下几类。

河流源头和沿岸水源涵养生态功能保护区。主要包括鲁东和鲁中南诸河源头和沂沭河源头，具有涵养水源、拦截地表径流、增加地下径流、调节局部气候、维持森林生态系统和生物多样性的功能。山东省淡水资源缺乏，保护好这类功能区，可以增加生态用水、提高淡水

供应能力、保证区域生态安全。

重要湿地生态功能保护区。山东省湿地类型多样，有黄河三角洲湿地、河口海岸湿地、湖泊湿地、河流湿地，以及水库、稻田湿地等，具有蓄水调水、净化、维持湿地生物多样性等多种功能。重要的湿地有黄河三角洲湿地、南四湖和东平湖湿地以及近海海岸湿地。

济南南部山区水源涵养和生态屏障生态功能保护区。这一区域具有涵养地下水源、调节济南气候的生态功能，对于维持泉城的特色具有不可替代的作用，由于该区无序的开发建设，影响了济南的泉水水源补给、淡水保障和环境质量。禁止南部山区的开发建设，营造水源涵养林和生态林，提高森林覆盖率，建设沟道拦蓄工程，对于济南泉水的喷涌具有标本兼治的作用。

有代表性的自然生态系统、珍稀濒危野生动植物的天然集中分布区、有特殊意义的自然遗迹所在区。山东半岛地区具有温暖湿润的海洋气候特点，生物多样性为全省之最，暖温带植被类型多样，物种丰富，有许多南方的种类，珍稀动植物分布集中，半岛南部被誉为北方的江南。鲁中南山区有保护良好的天然次生林，具有较丰富的生物多样性。此外，在黄河三角洲、湖泊、海岸、海岛、近海海域都有不同类型的生态系统和物种多样性。在有重大科学文化价值的地质构造、著名溶洞、化石分布区、温泉等自然遗迹，要建立和增加不同类型和级别的自然保护区，特别是国家级的保护区。

对以上重点区域，将根据具体情况建立生态功能保护区或自然保护区，并依据生态特点、保护现状、生态功能恢复的状况，以及地区的经济社会发展情况，统筹规划，分部门和地区制定建设规划。

2. 生态脆弱和退化区域

由于自然条件限制和人类活动影响，部分区域的生态系统脆弱或者功能退化。加强对这类区域的生态恢复和整治是非常重要和迫切的，是生态省建设的长期任务。

山东半岛北部沿海海水入侵生态脆弱区域。半岛北部由于超采地下水，沿海咸水入侵范围大而严重。应通过控制地下水开采、发展节水农业、充分利用中水、大力利用海水和调引客水等途径，优化配置和合理利用水资源，遏制海水入侵。

黄河三角洲生态脆弱区域。黄河三角洲作为我国最年轻的河口湿地，具有原始的生态系统特征，但因成陆时间短，地下水矿化度高，土壤结构不完善，生态系统的结构和功能不稳定，生态环境十分脆弱。该区域是农业、石油、盐化工、养殖业开发等生产活动活跃地区，对湿地生态系统干扰极大。对这一区域应进行科学规划，加强保护，合理开发。

鲁中南山区水土流失生态退化区域。全省的裸露荒山主要分布于鲁中南花岗岩和石灰岩山区，主要特征是植被退化、水土流失严重。运用生态学、林学、工程学等理论和方法，采用乡土植物种类和其他适宜种类，恢复森林和灌丛植被，是该地区长期而艰巨的任务。

矿区地面塌陷和景观破坏生态退化区域。这类退化区主要包括鲁西南平原采煤塌陷区和鲁东丘陵、鲁中南山地开采建筑石材造成的山地景观破坏区。采煤塌陷区治理和恢复主要通过农业工程、湿地工程等措施；建筑石材开采区的恢复主要运用生态学和工程学方法恢复和重建植被。

沙化、盐渍化生态脆弱和退化区域。主要是鲁西北平原黄河故道和黄泛区。这一区域存在不同程度的沙化或盐渍化。应通过合理控制地下水位、调整农业产业结构，发展平原防风林网等措施，遏制和改善沙化、盐渍化土地。

鲁西北平原地下水漏斗区域。应采取发展节水农业、旱作农业、生态林业，限量开采深层地下水等主要措施，缩小漏斗区面积。

莱州湾和胶州湾生态退化区域。通过建立生态功能保护区和自然保护区、加大污染防治力度、限制捕捞强度和时间等多种途径和措施，尽快恢复退化的生态功能。

3．半岛城市群

半岛城市群包括济南、青岛、淄博、东营、烟台、潍坊、威海、日照 8 个市，北靠京津冀经济区，南邻长三角经济区，是山东省经济发展的核心地区，具有城市密集、人口密集、交通密集、企业密集、建筑密集等城市生态系统的特点。面临着资源与环境承载能力不足、可持续发展能力受到制约的问题。加速半岛城市群的建设，对于提高山东的总体实力和竞争力具有重要意义。在建设过程中，必须加强自然生态环境保护，加快退化生态系统治理，加大环境污染治理力度，提高水资源利用效率，采取各种措施解决水资源制约的“瓶颈”。从生态评价、生态设计、生态建筑、生态保护、生态修复等方面入手，充分考虑城市建设过程中的生态环境影响，特别重视胶济铁路沿线和三山岛到岚山海岸带的人工生态环境保护与修复，搞好城市生态建设规划，指导半岛城市群和济南、青岛两大中心城市的建设，初步建成半岛生态城市群格局。

四、生态省建设的主要任务

围绕生态省建设的总体目标，根据山东省经济社会发展现状和区域生态特点，着重建设以循环经济理念为指导的生态经济体系、可持续利用的资源保障体系、山川秀美的生态环境体系、与自然和谐的人居环境体系、支撑可持续发展的安全体系、体现现代文明的生态文化体系等六大体系。

（一）建设以循环经济理念为指导的生态经济体系

1．循环经济型工业

按照循环经济理念和生态工业模式，用信息化带动工业化，走科技含量高、经济效益好、资源消耗低、环境污染少、人力资源优势得到充分发挥的新型工业化道路，建设山东省循环经济型工业体系。

（1）加快工业结构调整

坚持用市场经济的手段优化资源配置，从观念更新、机制转换、结构调整入手，加快发展低消耗、低能耗、低污染、高效益的企业和产业，淘汰和限制高能耗、高投入、低产出、重污染的企业和产业。以节能降耗、减少污染物排放为重点，淘汰严重污染、浪费资源、不能稳定达标的企业；加快发展新材料、电子信息、生物技术及制药等高新技术产业，用高新技术和清洁生产技术加快轻工、纺织、化工、机械、建材、冶金六大产业的改造提升，发展汽车制造、船舶制造等行业，推进产业结构的优化升级；重点解决造纸、酿造、电力、建材等行业的结构性污染问题；优化调整工业布局，实现资源、能源、信息的集成与共享；搞好上下游产品的配套，不断延伸优化产品、产业链；提高区域经济运行质量，促进资源开发型城市的生态恢复和老工业区的改造；实现污染物的源削减，降低污染负荷，提高资源利用效

率，降低生产成本，提高传统产业的国际竞争力。以胶东半岛制造业基地建设为契机，以铁路、高速公路、海运网络为基础，以现有的优势产业和优势资源为主干，规划建设一批特色工业园、科技开发园、现代物流集散中心等功能园区，形成特色生态经济区。

（2）开展资源综合利用

以提高资源综合利用率和经济效益为中心，以共伴生矿和工业“三废”综合利用为重点领域，以资源综合利用技术为支撑，全面提升资源综合利用产业。加强矿产资源的合理开发和综合利用，提高资源回收率，发展资源精深加工技术和工业固体废物、废水综合利用技术。

以废旧物资的回收和集中加工处理为主体，建立服务功能齐全的回收网络，为工业生产提供再生资源。建立废旧物资回收利用系统、生活垃圾无害化、资源化处理系统，加强废电池、废家电、废微机等电子产品的回收和无害化处理。

（3）发展壮大环保产业

按照立足山东、面向全国、走向世界的发展思路，加快发展环保产业。一是研究开发一批具有国际先进水平且拥有自主知识产权的环保技术和产品；推广应用一批先进、成熟的技术和产品；巩固和提高一批具有一定优势、国内市场需求量大的环保技术和产品；二是培育一批具有国际竞争力的环保骨干企业和大型环保产业集团，增强环保企业的整体竞争力；三是建设环保产业园。通过园区的建设，整合现有环保产业资源，引导中小型环保企业适应现代社会化大生产的要求，进行资产重组，向规模化、集约化方向发展，逐步实现跨地区、跨行业、跨所有制、跨国的联合，发挥优势互补，扩大产业规模，提高经济效益，提高产业技术水平，增强市场竞争能力；四是引导环保服务业的发展，加快推行环保设施运营的市场化、社会化、企业化和专业化。

（4）发展循环型企业、工业园区

以煤炭、建材、电力、轻工、化工、冶金 6 个行业的资源依赖型企业和现代制造企业为重点，合理设计产品链，推行生态设计和产品生命周期评价，推行清洁生产审核和 ISO 14001 环境管理体系认证，采用清洁工艺和技术，降低产品能耗、物耗和水耗，实现园区内部资源综合循环利用，创建一批废水、固体废物“零排放”企业；通过能源、水的梯级利用和废物的循环利用，形成工业生态链网。

以循环经济理念为指导，根据不同产业结构和地区特点，依据工业生态学原理规划设计新建工业园区，调整改造已建工业园区。合理规划和改造园区内资源流、能源流、信息流和基础设施，研究和建立入园企业的链接关系，通过废物交换、循环利用、清洁生产等手段，形成企业共生和代谢的生态网络，建立生态工业园区和循环经济型工业园区，并逐步建设循环经济型社会。

2. 生态型农林牧渔业

（1）生态农业

通过治理和改造，解决全省耕地退化、沙化、盐渍化、水土流失、面源污染等问题，建设以生态农业、观光农业、节水农业为主体的农业生态系统，确保农业资源得到高效利用与有效保护。全面推进生态农业建设，加强农业生态环境保护，实现农业良性循环和资源高效利用。大力推进农业标准化和安全食品生产，科学合理使用农药和化肥，积极倡导使用生物农药和有机肥料，建立健全农产品标准质量检测认证体系，实行农产品市场准入制度。在发

展无公害和绿色食品的基础上，大力发展有机食品生产基地。利用高新技术，进一步搞好农产品的精深加工，大幅度提高其附加值。实施农业生态循环示范项目，建成一批生态农业市。

重点推广以沼气为纽带，“牧—沼—果”结合、物质多层次循环利用的“丘陵山地综合开发”、“庭院生态经济综合利用”、“秸秆、农膜等农业废物综合处理及资源化利用”等生态农业开发模式。大力发展农林复合型生态农业模式。

（2）生态林业

推进林业产业化经营，走优质、高产、高效生态林业经营之路。大力发展速生丰产用材林、名优经济林、木本药材、花卉业、森林旅游业等重点林业产业区和产业带，培植发展木材加工业、经济林产品贮藏与加工业，逐步形成以骨干企业为龙头，以林产品基地为依托，资源培育、加工利用和市场开拓相衔接的生态林业经济体系，拓展新的林业经济增长点，发展林业“绿色银行”。

（3）生态畜牧业

根据生态环境系统的承载能力，发展食草型、节粮型畜牧业，适度发展规模饲养，充分利用丰富的农作物秸秆资源，实现种养业良性循环。积极发展牧草和饲料作物种植，建设黄河三角洲优质畜产品和牧草生产出口基地，实现草畜同步发展。加快畜禽粪便无害化处理，采取有力措施，治理畜禽养殖造成的环境污染。加强疫病防治体系建设，完善动物疫情诊断监测系统，建立山东省无规定动物疫病区。加大品种改良推广的力度，积极实施产业化经营，完善生产加工销售体系，全面提高产品质量和畜牧业总体素质，提高畜禽产品的国际竞争力。

（4）生态渔业

采用工程和生物技术，有计划地培育和保护近海渔业资源，推广生态养殖模式，减轻海水养殖污染。重点加强对海水养殖的布局调整，养殖密度的控制，饲料类型的选择，饵料投放比例与管理。大中型水库养殖要遵循生态规律，以生态养殖为主，实现精养高产，重点发展名优珍稀品种养殖。加强水产养殖病害防治体系建设，重点强化对主要病害的监测预报和防治技术的研究应用。依法加强海洋国土渔业资源和水域的综合管理，实现渔业经济的可持续发展。

3．生态友好型服务业

（1）现代物流、商贸和餐饮业

优化物流结构。依托大城市的地理优势，促进大型物流企业和行业的发展，重视发展中小城市的物流产业，依托小城镇建设，完善省内物流网络，加强对省际、国外的服务与辐射。用循环经济理念指导现代商贸、餐饮、娱乐业的发展，推进餐饮娱乐业废物资源化利用，建立大型回收业、租赁业，控制过度包装。实现资源、能源节约，促进废物资源化。

（2）生产生活服务业

通过发展生产生活服务业，促进相关行业内部、行业间直至一、二、三产业间循环经济模式的建立与发展。探索和建立生产者责任延伸制度，从产品的设计、生产、消费及最终的无害化、资源化处理全过程控制资源的消耗和污染物的排放，并将其融入现代服务业体系，建设具有市场竞争力的生产生活服务体系。

（3）生态旅游业

根据旅游区的生态环境容量，坚持旅游开发、生态环境保护和建设同步规划、同步实施，

着力建设和提升各大旅游区的生态品位。建立生态旅游管理机制与经营理念，把生态保护、生态文化、生态教育等融入旅游的各个环节，全力提升旅游业对生态意识培养的作用。开展生态旅游示范区的创建活动，在各旅游区推行 ISO 14001 环境管理体系认证、清洁生产审核、生命周期评价和绿色开发与消费等活动，完善景观与生态保护宣传、环境保护标识、废物分类收集等设施。

（二）建设可持续利用的资源保障体系

1. 水资源

解决水资源短缺是建设生态省的首要任务。坚持开源节流与保护并重的方针，以南水北调东线一期、胶东调水等“T”形调水大动脉为依托，加快构筑覆盖全省、布局合理的现代化水网体系。切实保护水资源，按照优先利用地表水，合理开采地下水，科学引用客水，鼓励使用中水、海水、劣质水的原则，优先保障城乡居民生活用水并提高供水水质，合理安排工业、农业、生态等用水需求，科学确定各类用水规模和时序，进行水资源的优化配置，提高水资源利用效率。加快低成本海水淡化工程，海岛、胶东半岛、鲁西北近海缺水区，积极采取海水淡化及电厂海水冷却等措施。在缺水地区建设雨水收集系统，积极利用洪水资源回灌补源，缩小地下水漏斗区面积，以水资源可持续利用支持经济社会可持续发展。

实行总量控制与定额管理相结合的水资源管理制度。积极推行节水型农业，逐步实现农业用水零增长或负增长。加强计划用水和定额用水，把万元产值耗水量纳入工业经济考核指标体系，加大工业节水技术改造，培育节水型企业和工业废水“零”排放企业。搞好城市节水工作，积极推广节水型用水器具。建立分质供水体系，鼓励生产单位使用地表水和回用水，战略储备地下水，在严重漏斗区和海水入侵区划定地下水禁采区和限采区，严格控制开采地下水，促进污水资源化，全面建设节水型社会。

2. 海洋资源

制定合理利用和保护海洋的发展规划，充分发挥海洋资源优势，扶持海洋生物化工、海洋药物、海洋功能食品、海水综合利用、海洋新能源开发等新兴海洋产业，积极发展海洋旅游业。

强化海域使用管理，全面推行海域有偿使用制度。严格执行海洋功能区划，建立海洋生物特别保护区，保护海洋渔业资源。控制近海捕捞强度，严格新造近海拖网渔船和定置网作业管理；大力拓展远洋渔业，积极参与国际渔业合作，巩固和发展远洋渔业基地。加强协调和管理，合理开发深水岸线，优化港口布局，加快建设现代化港口群，大力发展海洋运输和临港工业。

3. 矿产资源

严格实施《山东省矿产资源总体规划》，建立全省范围内的矿产资源的优化配置和科学开发利用模式，合理利用和保护矿产资源。控制资源开发总量，大幅度压减破坏生态环境、浪费资源的矿山数量。建立和完善综合开发利用机制，提高矿产资源集约化利用水平，逐步使煤矸石和尾矿等得到综合利用。研究开发新的资源利用技术，提高不可再生资源的利用效率。

4. 生物资源

山东的生物资源具有种类丰富，蕴藏数量大、种类少的特点。除了海洋生物、牧草、中

草药、农业种质等可以直接利用的资源外，其他生物资源的作用主要是生态服务。因而，必须改变传统生物资源开发利用方式，以生物多样性保护为重点，开展人工种植、养殖和繁育，变野生为家养家种，运用现代生物技术开发利用遗传资源。保护当地种质，特别是农牧业种质资源。加强依赖自然资源的商业行为控制和管理，禁止猎捕所有受威胁物种。

5．土地资源

严格实施《山东省土地利用总体规划》，采取有力措施，控制建设用地总量，严格限制农用地转为建设用地，对耕地实行特殊保护。加强土地整理、复垦，适度开发土地后备资源，实现全省耕地总量动态平衡，保障经济社会可持续发展。大力推进土地使用制度改革，加快土地市场体系建设，依法规范土地市场秩序，提高土地配置的市场化水平。

6．清洁能源

坚持节约与开发并重的方针，调整能源供应方式，建立全省范围内的能源供应网络，实现能源利用的最大化。改善能源多渠道供应网络，建设核能发电厂、煤制气发电项目，增加天然气供应量。大力开发利用清洁煤、太阳能、风能、潮汐能、生物能、地热能等新型能源，增加可再生能源的供应。推行节能新技术，减少各种消费过程的能源浪费，提高能源的利用效率。

（三）建设山川秀美的生态环境体系

1．森林生态系统

坚持三大效益兼顾、生态效益优先原则，大力保护、培育和发展森林生态体系。通过封山育林、退耕还林、平原绿化、绿色通道、城乡绿化一体化等重点林业工程，全面绿化山东。在鲁中南山区和胶东丘陵地区恢复和建设以乡土树种为主、种类多样、结构复杂、功能强大的天然和半天然森林植被，提高生态林的比例，发挥生态林水源涵养、水土保持和改善局部气候的功能。在平原地区和交通沿线发展速生经济林和景观林带的同时，运用生态造林方法，建设和营造物种多样、结构多样、类型多样、功能多样的生态林。加快沿路、沿河、沿湖、沿海、城区道路两侧绿化带和生态廊道建设，在城市周围、城市功能分区的交界处形成较大规模的绿化带。逐步形成平原绿化、山区绿化、城镇绿化、绿色通道相结合，乔、灌、草合理配置的生态林业格局。

2．湿地生态系统

加快建立自然湿地的普查与信息管理系统，开展湿地生态系统的恢复与重建工作，加强污染综合治理，增加生态用水，逐渐恢复湿地四季有水、河水清洁、生物多样的自然特征。在适宜地区建立规模人工湿地，扩大和提高湿地的生态支撑能力。

3．矿区地质生态环境

严格矿山生态环境监督管理，整顿矿产资源勘查开采秩序。严禁在生态功能保护区、自然保护区、风景名胜区、森林公园、地质公园内采矿。严禁在崩塌滑坡危险区、泥石流易发区、公路铁路沿线及海岸线可视范围、城区规划区、地质地貌景观保护区以及易导致自然景观破坏的区域采石、采砂、取土。在沿河、沿湖、沿库、沿海地区开采矿产资源，必须落实生态环境保护措施，尽量避免和减少对生态环境的破坏。对已经破坏的矿区要采取各种恢复和治理措施，最大限度地维持良好的矿区自然景观。

4. 物种和基因多样性

坚持以野生动植物栖息地保护为主，以工程保护为重点，优先建立一批重点自然保护区、种质资源库，为野生动植物的栖息和分布提供更大的生存空间。在无条件建立自然保护区的野生动植物集中分布区，建立一批野生动物种源基地和野生植物培植基地，积极采用现代生物技术促进濒危物种的繁育，严格保护濒临灭绝的物种，维持物种和基因多样性。开展生物多样性保护的基础科学研究，制定生物多样性保护地方性法规和政府规章。

（四）建设与自然和谐的人居环境体系

坚持“人与自然和谐相处”的原则，优化城镇布局，大力发展大城市和特大城市，积极合理地发展中小城市，择优培育重点中心镇，逐步在全省形成大中小配套、布局合理、各具特色、优势互补的生态城市、环境优美城镇和生态社区，为所有居民提供便利、舒适、优美和有益于健康的生活与居住环境。

1. 生态市建设

根据不同的生态特点，促使有条件的城市加快建设各具特色的生态市。到 2010 年，青岛、烟台、威海、日照初步建成滨海型生态市；东营、潍坊、聊城、济南、临沂等城市要尽快建成国家环境保护模范城市，加快生态市建设步伐；各城市都要因地制宜，加快生态示范区和环保模范城市建设，为建成凸显自然风貌和人文特色的生态市奠定坚实的基础。

2. 环境优美乡镇

坚持统筹城乡发展，科学整合城镇布局，实行建设规划统筹、基础设施共享，完善小城镇基础设施，改善城镇和乡村生态环境。积极开展创建国家级和省级环境优美乡镇活动。各市应根据环境优美乡镇标准，按照生态省建设规划指标的要求，因地制宜地制订并实施环境优美乡镇建设规划，不断提高城镇和乡村人居生态环境质量。

3. 建设生态社区

通过制定和完善生态社区建设规划和标准，加快生态社区建设进程，加强社区服务中心、健身、环保等基础设施建设，大力发展社区服务业，做好社区绿化、美化、清化、静化工作。研究制定生态住宅小区规划设计技术要求和建设标准，新建住宅小区逐步建立中水回用、垃圾分类处理、太阳能利用与节能、立体绿化、安全防卫和智能化信息服务管理系统，创造亲近自然、舒适安宁的生态型居住环境；适应性改造旧住宅小区，使之逐步达到生态型住宅小区标准。

4. 城市环境综合整治

重点抓好城市垃圾处理设施建设、城市污水处理设施及管网配套建设工作，建设城市污水处理厂的中水回用工程和污泥综合利用示范工程，推广小区中水回用先进技术。20 万人口以上城市要加快建立水源地水质旬报制度。加快整治城市内河、内湖以及餐饮业油烟污染。推广使用液化石油气、煤气，积极推进餐饮业煤改气的进程。控制建筑施工扬尘、粉尘污染。实行噪声分类管理，消除噪声污染。改善城市绿化的结构，发展节水型绿化。恢复城市周边地质地貌景观，对城市近郊裸露山体和开山采石场开展生态恢复工程。建立覆盖整个城市的绿色公共交通快速网络。整治城市环境脏、乱、差，取缔露天烧烤，清除“白色污染”，规范户外广告，取消占道经营，创建人居环境范例城市。

5．培育区域循环型社会

以烟台、潍坊、日照等市为试点，按照“减量化、资源化、无害化”原则，以循环经济和生态工业、生态设计与建筑、生命周期评价等为指导，对公众进行广泛的宣传教育，全面提升公众的环境意识，建立健全政策法规，提高再生资源利用率，实现区域内、外物流的循环，培育循环型社会。

（五）建设支撑可持续发展的安全体系

1．污染防治

加强水污染综合治理。实行最严格的排污总量控制制度，积极实施小流域污染综合治理。完成南水北调东线山东段、省辖淮河、海河流域、碧海行动计划以及小清河流域水污染防治目标。重点抓好造纸、酿造、印染、制革、化工、医药、电镀等重污染行业的污染控制，制定严格的地方标准，引导企业加大结构性污染治理力度；建立重点污染源在线监控网络，加快城市污水处理厂和配套管网系统建设进度，加大运行监控力度。加大海上污染控制力度，严禁海上倾废。

继续治理大气污染。严格控制各类大气污染物排放，继续实施二氧化硫排放总量控制。新、扩建电厂、热电厂必须同时配套脱硫设施，现有电厂、热电厂按计划逐步实施脱硫。在水泥等建材行业，推广清洁生产工艺，有效控制粉尘污染。重点防治化工、医药、冶金等行业有毒有害工艺废气污染。推行热电联产和区域连片集中供热，发展节能建筑。加强城市交通运输和工程施工过程的扬尘管理。严格执行机动车辆销售环保准入制度，在城区内积极规划建设天然气加气站，发展以天然气等清洁能源为动力的机动车。强制淘汰超标排放车辆，减轻机动车尾气污染。控制餐饮业油烟污染。

加强固体废物控制与管理。建设全省固体废物管理网络，完善回收利用和交换系统，加快资源化、减量化、无害化步伐。严格执行危险废物转移联单管理和经营许可证制度，严禁危险废物擅自处置，按计划建设一批危险废物和医疗废物集中处置工程。加强进口废物的环境管理，严禁境外危险废物进入省内。

逐步控制农业面源污染。加强农药和化肥环境安全管理，推广平衡施肥和病虫害生物防治技术，引导农民科学施用农药、化肥，大幅度降低化肥、农药对土壤的污染。大力开发污染治理和综合利用技术，推广使用土壤生物修复技术。加快规模化畜禽养殖场污染综合治理，实现畜禽养殖废物的无害化和资源化。提高秸秆综合利用水平和农膜回收利用率。

2．生物安全

外来种的生物入侵在山东省局部地区已经造成生态危害，转基因生物的释放也存在潜在危险，涉及林业、农业、水产养殖多个领域。必须加强转基因生物安全风险评估的基础科学和生态安全研究，开展外来入侵性物种的调查，制定生物安全管理与生物多样性保护地方性法规、政府规章。加强外来物种入境检疫及转基因生物安全的监督管理，防止生物入侵范围的扩大，对已经造成生态危害的外来入侵性物种采取相应治理措施，保证生态安全。

3．人口控制和社会保障

实施“三步走”战略，逐步达到人口零增长或负增长。调整和完善城镇企业职工基本养老保险制度。加强和完善城市居民最低保障制度，实现社会保障管理和服务社会化，加强社

会保障资金的筹集和管理，加快社会保障立法步伐，形成与经济、社会、生态和资源相协调的人口分布格局。

4．公共卫生与健康

重视公共卫生事业，构筑保障人民健康和生命安全的屏障。加快完善城镇职工基本医疗保险制度，扩大基本医疗保险覆盖面，建成符合省情、覆盖城乡、功能完善、反应灵敏、运转协调、可持续发展的多层次医疗保障体系，建立和完善医疗救治信息网络。健全传染病预警系统，提高对传染病的快速反应和控制能力。强化应对突发公共卫生事件的能力和措施。

5．防灾减灾

重点建设洪涝干旱防御工程、生态防护工程、森林防火和森林病虫害防治、灾害性天气预警工程、海洋灾害防治工程、农林水产疫病防治工程和地震等地质灾害防治工程，构建防灾减灾体系。

（六）建设体现现代文明的生态文化体系

生态文化是先进文化的重要组成部分，其主要任务是培养生态意识，规范和强化生态行为，建立完善的法规体系和管理体制。通过普及生态科学知识和生态教育，培育和引导体现物质文明、精神文明、生态文明的生产方式和消费行为，形成爱护和保护资源与环境的生态价值观念。

1．加强生态教育、培养生态意识

开展以普及生态环境知识和增强生态环境与资源保护意识为目的的国民生态环境教育，把生态教育作为增强生态意识、提高国民素质的一项重要内容。通过媒体宣传、学校教育、干部培训等多种途径，开展不同层次与范畴的生态教育，努力提高全省人民的资源意识、环境意识、生态环境保护意识、可持续发展意识，积极倡导生态价值观、生态伦理观和生态美学观。结合“世界环境日”等活动，介绍国际、国内和山东的生态环境问题和生态建设与保护的成就，在全省上下形成自觉保护资源和环境，主动参与生态省建设的良好氛围。积极开展绿色消费教育、产业生态文明教育、生态警示教育等多种主题和内容的教育活动。广泛开展创建绿色学校活动。尽快建成一批级别、内容、方式不同的生态科普基地。采取各种措施对党政机关、各类学校、企业管理人员和决策者进行生态建设、循环经济、清洁生产等方面知识的培训，树立全面、协调、可持续的发展观。

2．规范和强化生态行为

良好的生态行为是生态文化和生态文明的外在表现，体现在生产、生活、消费等各个领域。要大力提倡文明生产、文明生活和绿色消费，在生产和生活过程中保护生态、建设生态、减少污染、消除浪费。

建立生态省建设的公众参与机制。通过义务植树、环保志愿者活动、生活垃圾分类、环保有奖举报电话、环保问题公众听证会制度等公众参与活动，规范和强化公众的生态行为，激励公众保护生态的积极性和自觉性，在全省形成文明的生产、生活方式和消费行为。

3．制定相关的地方性法规和政府规章

制定与生态建设相关的地方性法规、政府规章和相应的实施细则，加大研究制定并推行生态省建设标准体系的力度，各级各部门应根据生态省建设的要求制定相应的生态建设发展

规划和实施计划。运用法律法规规范有关生态环境保护、循环经济和生态产业发展以及消费等有关活动，倡导体现生态文明的生产、生活方式，使保护生态环境和绿色消费逐步纳入法制轨道，并成为公众的自觉行动。

五、生态省建设重点项目

生态省建设是一个长期的任务，是一项复杂的系统工程，根据生态省建设的总体目标、主要任务和建设步骤，2003—2010 年计划实施结构调整、水资源优化配置、国土绿化、污染防治、循环经济型生态工业、城市环境基础设施建设、生态保护与建设、生态农业、海洋生态、监管能力建设等 10 大重点建设工程（见附件 3）。

（一）结构调整

1. 产业结构优化

紧紧抓住结构调整这条主线，着力解决制约经济发展的突出矛盾，促进产业结构、区域结构、城乡结构、所有制结构不断优化。重点调整优化产业结构，在不断提高第一产业综合竞争力的基础上，稳步发展第二产业，加快发展第三产业，使三产结构比例趋于合理。

2. 工业结构调整

重点培育发展电子信息、生物工程、新材料三大高新技术产业，形成高新技术产业聚集效应。做大做强农产品精深加工业、电子与电气产业、机械与装备制造业、石油与化学工业四大优势产业，形成在全国有影响的产品链。改造提升轻工、纺织、化工、机械、建材、冶金六大传统产业，使工业优势得到进一步加强。建设胶东半岛制造业基地，积极承接日本、韩国资本和产业转移，大力吸引高新技术产业、高加工度制造业项目，建设高水平的国际加工制造基地。

3. 工业结构性污染治理

结合产业结构和工业布局调整，突出抓好造纸、酿造、电力燃煤、水泥建材等行业的污染治理。合理推广林纸浆一体化，调整造纸工业木浆、废纸浆、草浆比例，淘汰不能稳定达标的草浆生产线和酒精生产线。发展效率高、能耗低的火电大机组，淘汰 5 万千瓦以下小型纯凝发电机组。大力推行新型干法回转窑生产技术，淘汰年生产能力 10 万吨以下不能稳定达标的机立窑水泥生产线。到 2010 年基本解决工业结构性污染问题。

4. 发展环保产业

组织实施环保产业大企业战略，重点支持 30 个环保产业企业。按照市场经济的要求，以资本为纽带、市场为导向，引导产业单位通过上市、兼并、联合、重组等形式，逐步形成一批集咨询、设计开发、设备成套、材料营销、工程施工、运行管理等一体化，拥有自主知识产权、竞争能力强的大企业和企业集团，同时根据市场需求，积极发展环保产业。

（二）水资源优化配置

1. 调水工程

重点开工建设南水北调东线山东段、胶东调水和沂沭泗洪水东调南下三大重点工程，确

保贯穿全省“T”形供水大动脉的按时建成通水，实现黄河水、长江水、当地水的联合调度。

2．开源工程

开工建设一批山丘区供水水库，新建 15 座平原水库，新建和续建地下水库；建设大中型病险水库加固工程，完成60%以上的小型险库除险任务；基本完成小清河等大型河道和30%的中小河道治理任务，建设 200 处河道拦蓄项目；开发利用微咸水，用于灌溉耐碱作物及作为一般生活用水。在海岛、胶东半岛、鲁西北等近海缺水地区，建设低成本海水淡化和电厂海水冷却项目。在缺水地区建设雨水收集系统。

3．节水工程

重点实施 50 个大中型灌区续建配套农业节水改造项目。继续建设威海、烟台、潍坊、淄博 4 个节水示范市和一批节水示范县。搞好污水处理和回用水利用工程建设。加快城市管网改造步伐，普及新型节水器具，培育节水型示范企业和废水“零”排放企业。

4．防洪工程

建设城市防洪工程。济南、青岛等部分重要城市达到国家规定的防洪标准。新建和加固防潮堤 200 千米。新增除涝面积 150 万亩。

5．水资源保护

在节水、调水、开源的同时，注重水资源的保护。依法划定地下水的禁采区和限采区，加强地下水开采管理，合理利用地下水资源，逐步实现地下水的采补动态平衡。按照水功能区要求，加强对饮用水水源地的保护，保证饮水安全；加强对南水北调调水沿线水域水质管理，确保调水水质安全。

（三）国土绿化

1．封山育林

对宜林荒山荒滩等实行全面封山封滩育林。对鲁中南中低山区、鲁东低山丘陵区和鲁西北黄泛平原进行封育，在全省主要河流水源地、水源涵养区、滩区开展封山育林、人工造林，使区域内的植被得到有效保护、恢复和发展，全省封山育林面积达到 2 213 万亩。

2．平原绿化

全面实施平原绿化工程。在全省平原地区形成以农田林网为主体，网、带、片、点、间相结合的高标准综合防护体系。规划新建及完善农田林网 3 312 万亩，新建及完善农林间作 589 万亩，成片造林 761 万亩。新建工业原料林基地 750 万亩，改造、新建名优经济林基地 1 000 万亩。

3．绿色通道

加快实施绿色通道建设工程，使全省公路、铁路、河流、沿海等通道形成乔灌花草相搭配，绿化美化相结合的风景线、生态线。建成五大生态防护林带：沿海建成 1 千米宽的防护林带，新增林地面积 3 000 平方千米；沿黄河两岸建成 500 米宽的防护林带，新增林地面积 500 平方千米；沿南水北调两侧建成 500 米宽的防护林带，新增林地面积 500 平方千米；沿高速公路两侧建成 100 米宽的林带，新增林地面积 600 平方千米；沿铁路两侧建成 100 米宽防护林带，新增林地面积 600 平方千米。五大生态防护林带共增加林地面积 5 200 平方千米，全部建成后可提高全省林木覆盖率约 4%。

4．退耕还林

实施退耕还林工程。全省 25° 坡以上的坡耕地全部实施退耕还林。制定对退耕农民的有关补偿政策，适度退耕还林，使山丘地区的林地面积大幅度增加，到2008年退耕还林500万亩，从根本上解决水土流失问题。

5．生态公益林建设

全省共有生态公益林 2 400 万亩，要实行生态效益补偿制度。加快生态公益林建设步伐。加强三防体系建设，形成省、市、县（市、区）三级森林资源监测管理体系。

（四）污染防治

1．水污染防治

严格执行建设项目环境影响评价和“三同时”制度，严禁新上水污染严重的项目。完成国家海河流域、淮河流域“十五”计划和碧海行动计划规定的污染治理任务；完成南水北调山东段水污染防治工程任务，基本解决调水沿线水污染问题；着力解决小清河流域水污染问题；实施小流域污染综合治理工程，全面推进重点流域污染防治和生态恢复。

2．大气污染防治

新建、改建和扩建燃煤电厂必须同步建设烟气脱硫设施，2000 年以后批准建设的燃煤电厂在 5～7 年内建成烟气脱硫设施；2000 年前批准建设的燃煤机组，二氧化硫排放超过标准的，分期分批建设烟气脱硫设施。所有的燃煤电厂必须配置二氧化硫在线监测装置。重点解决水泥厂的粉尘治理。大力推广使用清洁能源。

3．危险废物控制

完成各设区城市医疗垃圾处理中心建设，对城市医院医疗废物进行有效控制。建设放射性废物库，加强放射性废物管理。建设2～3个区域性危险废物和有毒有害化学品、废电池和荧光灯管资源化利用和无害化处置中心。

4．农业面源污染控制

建设农业面源污染控制示范工程，逐步减少农药、化肥使用量，推广使用有机肥料和生物农药。实施畜禽养殖废物资源化和秸秆综合利用项目，加强农地膜的回收利用和处理，有效控制农业残留物污染。

（五）循环经济型生态工业

1．循环经济试点示范

选择部分企业进行循环经济试点示范。在煤炭、建材、电力、轻工、化工、冶金 6 个行业，建设10个资源综合利用示范企业，扶持300个规模较大、有较强市场竞争力的资源节约综合利用企业，培育循环经济骨干企业。在烟台经济技术开发区、潍坊海化开发区进行循环经济园区示范，在半岛城市群大力推行循环型城市建设。

2．清洁生产

在全省工业企业全面推行清洁生产，落实清洁生产审核制度和公开监督制度，50%的重点污染企业和大中型企业完成清洁生产审核。建立全省清洁生产审核网络，对清洁生产审核实施验收发证和奖惩制度。积极开展 ISO 14001 认证。筛选、开发和推广一批清洁生产工艺

技术，建设一批清洁生产培训基地。

3．再生资源回收利用

初步建立废旧物资回收利用系统。制定相关标准和费用负担办法，规范废旧物资回收和报废汽车回收市场，建立回收、加工、利用一体化的网络体系。采用市场化运作和依法监管相结合的办法，搞好城市垃圾分类回收和综合利用。

4．开发利用新能源

建设一批利用太阳能、风能、潮汐能、地热能、生物能的示范工程。

（六）城市环境基础设施建设

1．城市污水处理

合理布局和建设城市污水处理厂，提高全省污水处理能力。到 2005 年，全省新增污水处理能力 170 万立方米/日，其中：南水北调沿线新增污水处理能力 100 万立方米/日，小清河流域新增污水处理能力 50 万立方米/日。到 2010 年，全省新增污水处理能力 200 万立方米/日，其中：南水北调沿线新增污水处理能力 60 万立方米/日，小清河流域新增污水处理能力 20 万立方米/日。

2．城市垃圾处理

继续推行城市垃圾资源化利用和无害化处理处置工作，科学规划设计并组织建设一批城市垃圾无害化处理厂。到 2005 年，全省新增无害化处理能力 6 000 吨/日，到 2010 年，新增无害化处理能力 8 000 吨/日，有效控制和解决垃圾围城和污染问题。

3．城市集中供热

建设一批城市集中供热工程，完善相应的供热基础设施，扩大集中供热面积和范围。到 2005 年，新增供热面积 2 000 万平方米，到 2010 年，新增供热面积 4 000 万平方米。

4．城市燃气

建设城市燃气供应设施和配套工程，推广使用液化石油气、煤气等气体热源，积极推进餐饮、娱乐服务业煤改气工作。到 2005 年，新增燃气用户 30 万户，到 2010 年，新增燃气用户 50 万户。

5．城市绿化

改善城市绿化结构，发展节水型、生态型、立体绿化系统，加快城市绿化进程。到 2005 年，新增城市绿化面积 4 500 公顷，到 2010 年，新增城市绿化面积 8 000 公顷。

（七）生态保护与建设

1．自然保护区、生态功能保护区和生态示范区建设

建立完善 100 个自然保护区和生态功能保护区、100 个生态示范区。抢救和保护一批正受严重威胁的典型生态系统、珍稀濒危物种和珍贵海洋生物资源。在济南南部山区，沂河、沭河、泗河、大汶河源头，南四湖、东平湖，以及海洋和海岛等区域建立一批不同类型和保护级别的生态功能保护区，逐步恢复其生态功能。建设一批森林公园、地质公园和风景名胜区，使受保护地区面积达到国土面积的 13%。

2. 生物多样性保护

开展生物多样性调查，进行生物多样性编目，建立数据库，编制国家级和省级保护生物名录，制定保护对策，开展外来入侵物种调查，加强生物入侵基础科学研究和生态安全管理，对已经造成生态危害的外来入侵物种采取相应治理措施，保证生物安全。

3. 土地整治开发与复垦

搞好鲁东、鲁中南山区丘陵地小流域治理和土地整理，鲁西北及沿黄地区涝洼地改造，鲁北盐碱地和沿海滩涂的开发与保护；开展城乡结合部、重点中心镇土地整理；加快黄河三角洲土地及沿海滩涂开发，补充耕地105万亩。建设30个农田保护性耕作县。综合开发治理农业土地面积3 500万亩。

4. 矿山生态地质环境恢复与治理

加快老矿区地面塌陷综合整治与复垦工作，逐步解决老矿区地面塌陷问题。按照“谁开采，谁复垦”的原则，对新产生的矿区地面塌陷及时进行复垦。加大对著名风景名胜区、主要交通沿线两侧的露天采场、采坑的恢复治理。对城市周边、铁路、高速公路、国道、省道两侧可视范围内已被破坏的山体进行生态环境恢复。

5. 水土保持

治理水土流失面积1.6万平方千米，人为水土流失得到有效控制，逐步建立起水土保持预防监督体系和水土流失监测网络。各类建设项目中的水土保持设施，必须与主体工程同时设计、同时施工建设、同时竣工验收。做到水土保持与开发建设协调发展，防止造成新的人为水土流失，确保生态环境质量有明显改观。完成泰山、鲁山、蒙山、崂山、徂徕山和昆嵛山等6处省级重点预防保护区以及鲁中矿区、鲁南矿区、胶东矿区及胜利油田开发区等4处省级监督区的设立工作。

（八）生态农业

1. 生态型高效农业经济区建设

到2005年，无公害、绿色、有机食品生产基地比2002年分别增加2倍，无公害、绿色畜产品分别增长80%和20%，确保食品安全。建设、完善40个生态农业县，建设烟台、潍坊、东营、威海和日照5个生态型高效农业经济区。

2. 农村沼气工程建设

通过大型沼气、生态家园富民和农村户用沼气等项目的建设，全面开展农村沼气工程。建设发酵池、贮气柜、输配管网及有机肥厂；每户建一个沼气池，配套建一个省柴灶、太阳能暖圈、安装一台太阳能热水器；对每户进行“一池三改”，建设一个户用沼气池，同时改造厕所、改造猪圈、改造厨房。

3. 秸秆（种草）综合利用示范区建设

举办科技培训班，鼓励农民种植牧草，建设示范区、示范县。建设14个秸秆（种草）养畜示范区、60个秸秆种植食用菌项目、60个秸秆机械化直接还田示范县。

4. 无规定疫病区建设

加大畜禽疫病检疫和预防措施，配套建设市、县级化验室，加快无规定疫病区建设步伐，培育绿色畜产品生产基地。

（九）海洋生态

1．近海海域生态恢复

实施莱州湾、胶州湾生态恢复工程。加大海上污染控制力度，控制陆源污染，加强钻井平台、船舶排污管理，严禁海上倾废。建设与管理好海洋、海岛与海岸自然保护区。

2．海洋渔业资源增殖与保护

积极推广水面立体种养和浅海滩涂生态养殖模式，推广虾、贝、藻立体生态养殖；积极开展对虾、海蜇、乌贼及其他鱼、贝类的人工放流增殖工作，放流增殖规模达30亿尾（头）；充分发挥山东渔业比较优势，培育一批在国内外公认的知名品牌。控制近海捕捞强度，严格控制新造近海拖网渔船和定置网作业，大力发展远洋渔业。严格执行休渔期和禁渔区管理制度，促进渔业资源恢复。

3．海洋生物工程制品

发展岩藻聚糖硫酸酯、高黏、低黏褐藻胶及深加工产品；重点发展医药中间体、农药中间体、染料中间体、感光材料、致冷剂、阻燃剂、镁盐、灭火剂等溴系、镁系海洋精细化工产品及苦卤膜法分离及综合利用产品。开发新一代海洋药物和保健产品，建成全国重要的海洋药物研究、开发、生产和出口基地。

（十）监管能力建设

1．监管能力和信息网络

建立完善覆盖全省的水质自动监控网络、城市环境空气质量自动监控网络和污染事故快速反应系统，建立全省生物多样性监测网络、机动车尾气监测网络、环境信息网络。建设农业环境监测体系、森林资源监测体系、水土流失监测网络。建设海洋生态环境保护监视、监测网络。开展地质灾害调查与区划，建设地质灾害群测群防监测体系。

2．重点实验室

结合生态省建设的技术和人才需求，加快人才培养基地建设、科技发展基础设施建设。在清洁工艺技术、清洁能源开发、清洁产品开发、生态工业、生态工程与技术、循环经济、水资源保护、大气污染防治等领域建成一批重点实验室。

3．区域生态敏感性评价和生态监测

开展土壤侵蚀、沙化、盐渍化等生态敏感性评价。开展生态监测，建立省、市级的生态监测网络，完善生态监测体系。建立生态环境空间信息系统。

六、主要保障措施

（一）组织保障

1．强化对生态省建设的组织领导

生态省建设是一项跨地区、跨部门、跨行业的综合性系统工程，必须切实加强组织领导。落实生态省建设领导机构，建立生态省建设联席会议制度，明确各部门的分工和责任，全面

加强对生态省建设工作的统一领导与协调。各级政府和有关部门都要把生态省建设作为一件大事，列入工作议程。将建设任务纳入政府目标责任制，作为考核各级领导工作业绩的主要内容。

2．建立健全环境与发展综合决策机制

把生态省建设的主要任务与项目纳入国民经济和社会发展规划和年度计划，将生态省建设贯穿于经济社会发展的全过程。在制定五年规划、年度计划、产业政策、产业结构调整规划、区域开发规划时，都要充分考虑生态省建设的规划目标要求。

3．加快政府职能转变和管理体制创新

结合政府机构改革，转变政府职能，创新管理体制。在充分发挥市场配置资源基础作用的同时，强化政府在生态省建设方面的综合协调能力。建立部门职责明确、分工协作的工作机制，做到责任、措施和投入“三到位”。切实解决地方保护、部门职能交叉造成的政出多门、责任不落实、执法不统一等问题。

（二）法制保障

1．建立生态省建设的法规体系

对国家已颁布的各项人口、资源、环境法律和法规，要认真宣传、严格落实。制定有关生态省建设的地方性法规和政府规章。不断提高各级政府领导和广大群众的法制观念，保证生态省建设总体目标的实现。

2．充分发挥各级人大和政协组织的监督作用

加强立法、执法和工作监督是生态省建设一项重要的保证措施。要加强各级人大、政协的监督力度，同时也要充分发挥社会监督、新闻媒介监督的作用，以保证生态省建设的健康发展。

3．完善政府内部的行政监察制度

进一步完善各级政府内部的监察制度，加强对各级领导干部执行环境、资源等方面法律法规和政府规章情况的监察，实施责任追究制度，以保证各项法律、法规、规章和计划与规划的落实。

（三）政策保障

1．实施有利于生态省建设的经济政策

按照市场经济规律制定相应的产业政策，逐步建立体现生态经济理念的价格体系，引导社会生产力要素向有利于生态省建设的方向流动。编制并发布鼓励生态产业发展和生态环境建设的优先项目名录，并对这类项目提供优惠政策。运用消费政策引导社会的绿色消费倾向。

2．加大生态省建设的财政投入

将生态环境建设重点项目优先纳入国民经济和社会发展计划和财政预算，并逐年增加政府对生态省建设的投入，重点保证重大建设项目和科技攻关项目的启动。足额安排新建、扩建、改建项目的污染防治资金，设立生态省建设专项资金并逐年增加，加大对林、草、土地、水资源建设及环境保护与监测等项目的投资力度。调整财政支出结构和投入方式，充分发挥公共财政在生态建设和环境保护方面的引导作用，采取建立政府引导资金、政府投资的股权

收益适度让利、财政贴息、投资补助和安排前期经费等手段，使社会资本对生态建设投入能取得合理回报，推动生态建设和环保项目的社会化运作。

3．建立多元化投融资机制

建立多元化的投融资机制，多渠道筹措资金。采取政府引导、社会投入、市场运作的方式，鼓励国内外企业、社会和民间资金投入生态省建设。改革城镇污水、垃圾处理投资、建设和运营体制。加强城市污水和垃圾处理收费管理。全省所有市、县、区都要征收城市污水处理费和垃圾处理费，2005年年底前要达到保本微利水平。

4．建立健全资源与环境补偿机制

按“资源有偿使用”原则，完善资源的开发利用、节约和保护机制，对重要自然资源征收资源开发补偿费。对所征收的资源与环境补偿费用，集中管理并真正用于生态环境建设中。

5．建立绿色国民经济核算体系

为反映经济发展过程中资源与环境成本，研究建立绿色国民经济核算体系，使国民经济的发展能不断地对生态环境与资源进行必要补偿，引导人们从单纯追求经济增长逐步转到注重经济、社会、环境和资源协调发展上来。

（四）科技保障

1．加强基础学科建设，提高科技储备能力

围绕生态省建设的重点领域，加快人才培养、科技基地建设、科技发展基础设施建设。加强清洁工艺技术、清洁能源开发、清洁产品开发、生态工业、生态工程与技术、循环经济等领域的科研基础设施建设，支持相关领域重点实验室的发展，增强技术创新能力，实现高技术产品“生产一代、储备一代、开发一代、规划一代”的目标。建成一批清洁工艺技术、生态工业、循环经济、环境保护、生态教育培训基地和具有国内先进水平的基础学科研究基地。

2．开发先进适用科技成果

调整并组织实施“山东省可持续发展十大科技示范工程”，加强生态省建设的重大战略研究，为生态省建设提供科技示范和支撑。围绕资源和环境承载力、环境容量、清洁生产、循环经济、产业链接关键技术、水资源利用、生态环境保护、废物资源化、生态安全和小城镇建设，开展专项研究，组织科技示范，强化相关技术推广。对那些技术含量高、有可能形成产业化的项目和技术，予以高新技术产业的优惠政策。抓好国家级、省级可持续发展实验区、示范区建设，积极探索经济效益、社会效益、生态环境效益相统一的新型发展模式，为生态省的建设提供示范样板。

3．培养生态省建设人才队伍

实施科教兴鲁战略，大力发展高等教育，促进人口整体素质的提高。各级政府都要重视培养适应生态省建设的各类人才，同时也要吸引急需的国内外人才加入到生态省建设中来。还要特别注意培养与引进高层次的管理人才，建立高水平的企业家队伍。

（五）社会保障

1. 加强宣传教育

各级政府和有关部门要将循环经济、生态省的科学知识和法律常识纳入宣传教育计划，充分利用各种媒体广泛开展多层次、多形式的舆论宣传和科普教育，及时宣传报道先进典型，公开揭露和批评违法违规行为。进行多种形式的生态环境教育，在各级党校、行政学院，都要设置与循环经济和生态省建设相关的课程，提高各级领导干部和企业管理人员的环境资源意识和环境与发展综合决策能力。

2. 建立健全公众参与机制

扩大公民对环境保护的知情权、参与权和监督权，促进环境保护和生态建设决策的科学化、民主化。鼓励社会团体和公民积极参与生态省建设，对在生态省建设中作出突出贡献的单位和个人给予精神鼓励和物质奖励。加强环保法律、政策和技术咨询服务，扩大和保护社会公众享有的环境权益。鼓励非政府组织参与循环经济政策研究和技术推广，开展社会宣传等社会公益活动，充分发挥中介机构在生态省建设中的作用。

3. 加强国际国内交流与合作

加强与国内先进省市在生态省建设中的交流与合作，学习、借鉴他们在发展循环经济、建设生态省方面的成功经验和做法。引进、消化、吸收国外先进技术、经验，吸引外资投资到高新技术、污染防治、节约能源、原材料和资源综合利用的项目上来，把利用外资与发展循环经济和生态建设有机结合起来，加快生态省建设的步伐。

（六）监管能力保障

1. 建立专家咨询决策管理信息系统

在制定涉及生态省建设重大政策和规划，确定重大生态建设和环境保护项目等方面，要重视发挥专家咨询作用。依托“数字山东”建设，建立生态省建设决策管理信息系统，全面收集分析生态省建设的信息和国内外发展动态，实现政府各部门信息资源共享，为各级政府和管理部门决策提供科学依据。

2. 建立完善生态环境监测网络

应用遥感、地理信息系统、卫星定位系统等技术，进一步摸清生态环境基础情况；建立生态环境监测系统，提高环境监测的准确性和时效性；整合环保、农业、土地、林业、海洋、水利等行业的监测网络，实现信息资源共享。建立生态省重点工程的环境监察制度。

3. 建立完善生态环境预警系统和快速反应体系

强化灾害性天气以及生物安全、赤潮、农林畜牧渔业病虫害、环境质量的预报，加强工程防险除险、地质灾害、地震等预报预警系统建设，增加预警和防范准备时间；建立健全突发性事故快速反应体系，避免和减少各类灾害造成的损失。

附件 1：

《山东生态省建设规划纲要》规划指标表

指标类别	序号	指标名称	单位	2002 年实际	2005 年计划	2010 年规划	2020 年规划	国家生态省指标
经济发展	1	人均国内生产总值	元/人	11 645	15 050	21 880	42 020	≥33 000
	2	人均地方财政收入	元/人	673	920	1 620	5 030	≥5 000
	3	农民人均纯收入	元/人	2 954	3 520	5 100	11 100	≥11 000
	4	城镇居民人均可支配收入	元/人	7 615	9 070	12 700	24 500	≥24 000
	5	环保产业及相关产业比重	%	4.7	5.5	7.5	10	≥10
	6	第三产业占 GDP 比重	%	36.5	40	45	50	≥45
	*7	单位 GDP 能耗	吨标准煤/万元	1.24	1.17	1.06	0.86	
	*8	单位 GDP 水耗	立方米/万元	240	210	150	100	
	*9	环保投入占 GDP 的比例	%	1.4	1.8	3.0	3.5	
生态建设与保护	10	森林覆盖率 山区 丘陵区 平原地区	%	18.8	24 48.5 17.1 20.0	28 59 27 21.5	30 65 35 21.5	 ≥65 ≥35 ≥12
	*11	城市建成区绿化覆盖率	%	33	33	35	40	
	12	受保护地区占国土面积比例	%	6.1	10	13	18	≥15
	13	退化土地恢复率	%	72	75	80	90	≥90
	*14	矿山生态环境恢复治理率	%	30	40	60	80	
	15	物种多样性指数 珍稀濒危物种保护率	%	0.85 90	0.88 95	0.90 100	0.92 100	≥0.9 100
	16	主要河流年水消耗量 省内河流 跨省河流（黄河）		 42 同右	 41 同右	 40 同右	 40 同右	不超过国家分配的水资源量
	17	地下水超采率（平原区）	%	49	35	25	0	0
环境保护	18	主要污染物排放强度 二氧化硫 COD	千克/万元（GDP）	 16 8.2	 10.9 5.5	 7.2 <5.5	 <6.0 <5.5	 <6.0 <5.5
	19	工业固体废物综合利用率 城市垃圾无害化处理率	%	84.3 30	85 50	86 65	90 90	
	*20	城市集中式饮用水水源地达标率 村镇饮用水卫生合格率	%	98.4 90	100 95	100 100	100 100	
	*21	城市污水集中处理率 城市回用水利用率	%	40.3	45 20	60 30	80 60	
	*22	城市集中供热率 城市燃气普及率	%	31.1 93.2	35 95	40 97	50 99	
	*23	化肥使用强度	千克/公顷	634	550	400	250	

指标类别	序号	指标名称	单位	2002年实际	2005年计划	2010年规划	2020年规划	国家生态省指标
环境保护	*24	规模化畜禽养殖场粪便资源化率	%	60	85	90	90	
	25	空气环境质量功能区达标率	%	52.9	100	100	100	达到功能区标准
	26	水环境质量功能区达标率 近岸海域水环境质量功能区达标率	%	23 81.3	30 100	60 100	100 100	
	*27	城市噪声达标区覆盖率	%	99	100	100	100	
	28	旅游区环境达标率	%	60	70	80	100	100
社会进步	29	人口自然增长率	‰	4.55	符合国家或当地政策	符合国家或当地政策		
	30	城市化水平	%	40.3	43	50	60	≥55
	31	恩格尔系数（城镇居民） 恩格尔系数（农民）	%	34.4 42.0	34 41	33 40	32 39	＜40
	32	基尼系数					0.3～0.4	0.3～0.4
	33	环境保护宣传教育普及率	%	30.2	50	70	95	≥90
	*34	公众对环境的满意率	%	46.7	70	80	95	
	*35	高等教育毛入学率	%	15	15	18	20	

注：带*号为结合我省实际增加的指标。

附件 2：

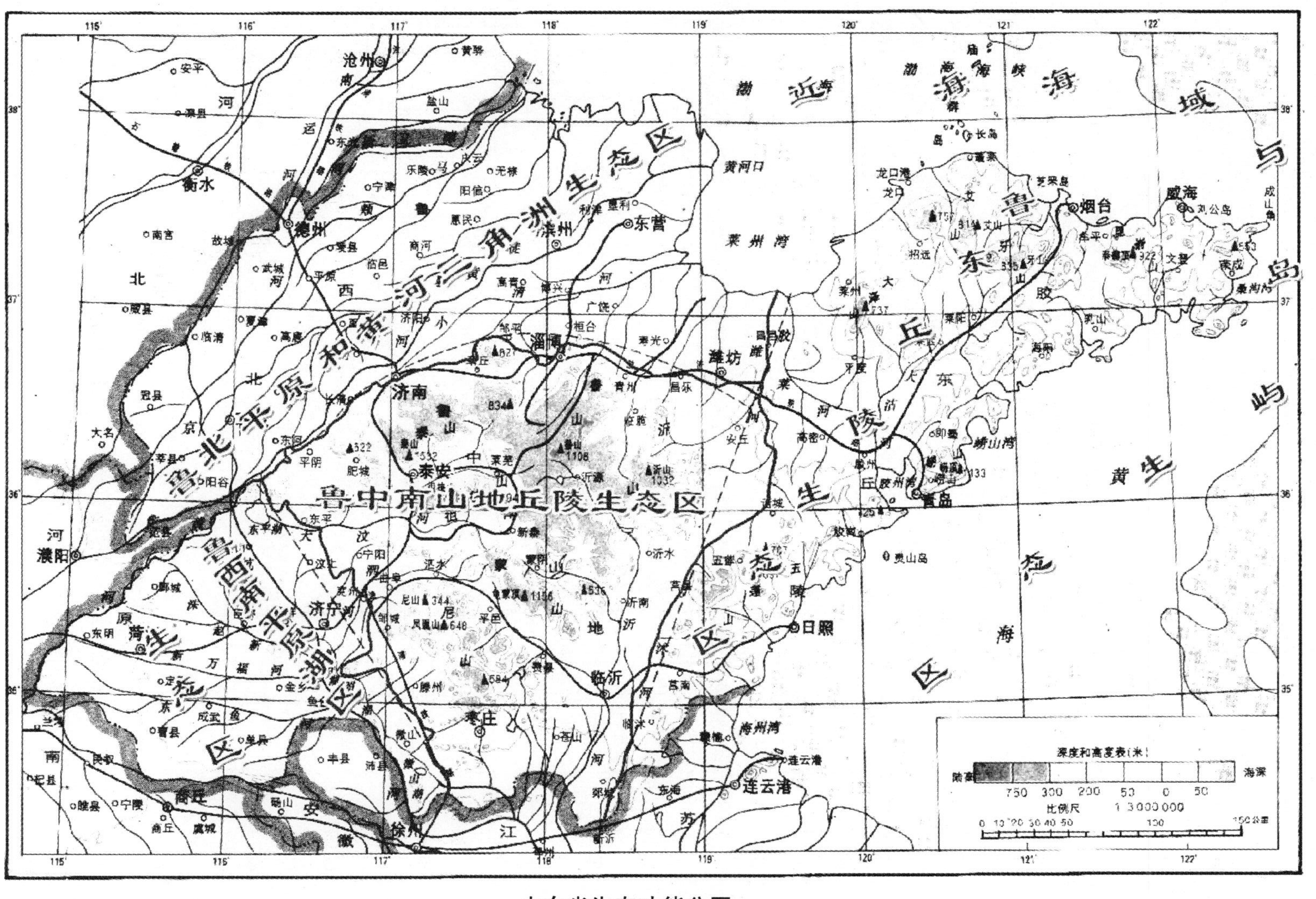

山东省生态功能分区

附件 3：

《山东生态省建设规划纲要》规划重点工程项目表

项目类别	主要建设内容	投资估算（亿元）
总　计		3 600
一、结构调整		1 239
（一）工业结构调整	重点培育发展电子信息、生物工程、新材料三大高新技术产业，做大、做强农产品精深加工业、电子与电气产业、机械与装备制造业、石油与化学工业四大优势产业，改造提升轻工、纺织、化工、机械、建材、冶金六大传统产业，建设胶东半岛制造业基地	1 129
（二）工业结构性污染治理	突出抓好造纸酿造、电力燃煤、水泥建材行业的污染治理，基本解决结构性污染	100
（三）发展环保产业	重点支持 30 个环保产业企业	10
二、水资源优化配置		480
（一）调水工程	建设南水北调东线山东段、胶东调水、沂沭泗东调南下工程	168
（二）开源工程	13 座大型水库、60 多座中型水库、2 000 多座小型水库加固，10 条大型河流、部分中小型河流河道治理，200 多处河道拦蓄、15 座平原水库建设及城镇供水、水源及泵站、人畜饮水，海水淡化	132
（三）节水工程	50 个大型灌区及部分中型灌区续建配套，工农业及城市节水，污水资源化	100
（四）防洪工程	防潮堤建设，济南、青岛等重要城市防洪，新增除涝面积 150 万亩	65
（五）水资源保护	建立全省水功能区，实施保护。划定地下水禁采区，实施保护，合理利用地下水资源。加强饮用水水源地保护，保证饮水安全	15
三、国土绿化		180
（一）封山育林	封山育林 2 213 万亩	13
（二）退耕还林	退耕还林 500 万亩	68
（三）平原绿化	新建及完善农田林网 3 312 万亩，新建及完善农林间作 589 万亩，成片造林 761 万亩	18
（四）绿色通道	沿海、沿黄河两岸、沿南水北调两侧、沿铁路、沿高速公路两侧建成绿色通道，新增林地面积 5 200 平方千米	19
（五）生态公益林	对 1 800 万亩国家级生态林、460 万亩省级生态林、140 万亩市级生态林和 300 万亩经济林进行生态效益补偿，森林防火“四网两化”建设，森林病虫害预测、预报、检疫及防治基础设施建设	28
（六）林业产业	新建工业原料林基地 750 万亩，改造、新建名优经济林基地 1 000 万亩	34
四、污染防治		500
（一）工业废水污染治理	实施南水北调东线沿线、小清河等流域重点工业污染源污染治理设施“再提高工程”，确保稳定达标，符合总量控制的要求	150
（二）工业废气污染治理	燃煤电厂烟气脱硫工程及工业废气污染源治理工程	200

项目类别	主要建设内容	投资估算（亿元）
（三）固体废物处理	工业固体废物综合利用，危险废物处理，放射性废物处理，城市医院医疗废物处理	100
（四）农业面源污染控制	建设农业面源污染控制示范工程，实施畜禽养殖废物资源化和秸秆综合利用工程	50
五、循环经济型生态工业		218
（一）循环经济试点示范	开展循环经济型企业、园区和城市试点示范，在 6 个行业培育 10 个资源综合利用示范企业和 300 个骨干企业	168
（二）清洁生产	重点支持 100 个清洁生产重点企业	20
（三）再生资源回收利用	支持 200 个再生资源回收利用重点企业、新能源和再生能源骨干企业	30
六、城市环境基础设施建设		550
（一）城市污水处理	2003—2005 年新增 170 万立方米/日，2006—2010 年新增 200 万立方米/日	95
其中：南水北调沿线	2003—2005 年新增 100 万立方米/日，2006—2010 年新增 60 万立方米/日	36
小清河流域	2003—2005 年新增 50 万立方米/日，2006—2010 年新增 20 万立方米/日	14
（二）城市垃圾处理	2003—2005 年新增 6 000 吨/日，2006—2010 年新增 8 000 吨/日	50
（三）城市集中供热	2003—2005 年新增 2 000 万平方米，2006—2010 年新增 4 000 万平方米	240
（四）城市燃气	2003—2005 年新增 30 万户，2006—2010 年新增 50 万户	75
（五）城市绿化	2003—2005 年新增 4 500 公顷，2006—2010 年新增 8 000 公顷	90
七、生态保护与建设		318
（一）自然保护区、生态功能保护区和生态示范区建设	建立完善 100 个自然保护区和生态功能保护区、100 个生态示范区	63
（二）野生动植物和湿地保护	完善和新建国家级、省级湿地保护区、禁猎区、野生动物种源基地和珍稀植物培植基地；生物多样性编目和生物安全	60
（三）土地整治开发与复垦	土地整理、复垦和开发补充耕地 105 万亩，建设 30 个农田保护性耕作县	33
（四）矿山生态地质环境恢复与治理	对新增的 240 平方千米采煤塌陷地进行恢复治理	36
（五）地质地貌景观恢复	对城市周边、铁路、高速公路、国道、省道两侧可视范围内的已破坏山体进行生态环境恢复	31
（六）水土保持	治理水土流失面积 1.6 万平方千米，城区建设、铁路、公路、矿山等开发建设造成的人为水土流失治理，完成 5 处省级重点预防保护区和 4 处省级监督区的设立工作	95
八、生态农业		65
（一）生态农业县建设	建设、完善 40 个生态农业县，建设东营、烟台、潍坊、威海和日照 5 个生态型高效农业经济区	17

项目类别	主要建设内容	投资估算（亿元）
（二）大中型沼气工程建设	建设120个大中型沼气工程	19
（三）秸秆（种草）综合利用示范区	建设14个秸秆（种草）养畜示范区、60个秸秆种植食用菌示范区、60个秸秆机械化直接还田示范县	9
（四）无规定疫病区建设	配套建设市、县级化验室，组建专业防疫队伍，培育绿色畜产品基地	20
九、海洋生态		30
（一）近海海域生态整治	莱州湾、胶州湾生态整治	20
（二）海洋渔业资源增殖与保护	推广虾、贝、藻立体生态养殖，开展对虾、海蜇、乌贼及其他鱼、贝类的人工放流增殖工作，放流增殖规模达30亿尾（头），发展海洋精细化工产品及综合利用产品，开发海洋药物和保健产品	10
十、监管能力建设		20
（一）“数字环保”工程建设	水质自动监控网络、城市空气质量自动监控网络、重点污染源在线监控网络、环境信息网络、清洁生产审核网、生物多样性保护网络、机动车尾气监控网络等	5
（二）重点实验室建设	在清洁工艺技术、清洁能源开发、清洁产品开发、生态工业、生态工程与技术、循环经济、水资源保护、大气污染防治等领域建成一批重点实验室	3
（三）区域生态敏感性评价和生态监测	建立省、市级的生态监测机构，制定和完善生态监测体系，建立生态环境空间信息系统	2
（四）农产品质量和农业环境检测体系	省、市、县三级农产品质量和农业环境检测站设施、设备建设	6
（五）森林资源监测体系建设	省级森林资源监测管理中心，17个市及县级森林资源监测管理站建设及仪器设备购置	1
（六）其他监管能力建设	全省水土流失监测网络1亿元，完善省和沿海现有8处海洋渔业监测站0.8亿元，完成48个县（市、区）地质灾害调查与区划1.2亿元	3

安徽

安徽生态省建设总体规划纲要

（安徽省第十届人大常务委员会第七次会议审议通过　皖政[2004]14号）

坚持用近 20 年的时间建成基本符合可持续发展要求的生态省区，是我省新世纪初作出的重大战略决策，是加快发展、富民强省、全面建设小康社会的重要内容，是功在当代、惠及子孙的宏伟工程。生态省建设的主要目的是，运用可持续发展理论和生态学、生态经济学原理，以及循环经济理念、系统工程方法，以促进经济增长方式转变和环境质量改善为前提，以经济结构战略性调整为主线，充分发挥区域生态与资源的优势，统筹规划和实施环境保护、社会发展与经济建设，实现全省经济社会与人口、资源和环境的协调发展。

为保证生态省建设的有序进行，省政府决定编制《安徽生态省建设总体规划纲要》（以下简称《纲要》）。本《纲要》以国家相关法律法规为依据，从安徽实际情况出发，重点提出了生态省建设的指导思想、基本原则、目标任务、保障措施和近五年的实施计划，是指导生态省建设的重要文件，是地区、行业和部门编制生态建设规划和实施意见的依据。随着生态省建设的不断推进，省政府将根据情况变化对本《纲要》进行适时调整、补充和完善。

一、生态省建设的必要性和艰巨性

（一）生态省建设的必要性和紧迫性

1．建设生态省是贯彻《中国 21 世纪议程》，全面实施可持续发展战略的具体行动

随着全球性人口增长、资源短缺、环境污染和生态环境恶化，实施可持续发展成为全球的共同目标。建设生态省，是我省主动融入国际潮流，加快发展先进生产力，促进生产方式、生活方式、消费观念转变，提高人民群众生活质量，并为后代人发展提供良好基础的根本之举。

2．建设生态省是发挥资源优势、构筑发展新平台、树立发展新形象的最佳选择

我省出口产品构成以机电产品、矿产品、服装纺织、农产品及其加工品为主，是受绿色贸易壁垒制约的重点领域。建设生态省，是主动适应新形势，充分发挥生态资源优势，促进经济结构和产品结构调整，提高综合实力和国际竞争力，实施新型经济发展模式的重大战略举措。

3．建设生态省是走新型工业化道路，促进经济结构战略性调整的强大动力

我省正处在工业化、城镇化快速发展的关键时期，经济快速增长与资源开发利用、环境保护的矛盾十分突出。建设生态省，发展生态经济，可以从根本上整合和重新配置环境资源，优化产业布局，调整产业结构，提升产业层次和经济质量，从而增强经济发展后劲，完全符合走新型工业化的要求。

4．建设生态省是加快发展、富民强省、全面建设小康社会的迫切要求

提高生态环境质量，是提高人民生活水平和生活质量的重要标志，是全面建设小康社会的重要内容。建设生态省，是促进我省生态环境质量与现代化进程协调发展，促进山川更秀美、人民更幸福的凝聚民心、造福子孙后代的德政工程。

（二）生态省建设的有利条件和艰巨性

1．生态省建设的有利条件

我省东临长江三角洲，西接中原腹地，是华北与华南的过渡带，有丰富的资源和良好的生态条件。我省气候适宜、降雨充沛，地形多样、土壤肥沃，生态系统多样，是南北物种汇集地和重要的基因库，环境质量和物种的多样性保持良好。可更新资源恢复能力较强，森林覆盖率达到 27.95%。我省生态环境对长江三角洲地区的生态安全和经济发展有着举足轻重的影响。

长期实施可持续发展战略为生态省建设奠定了坚实的工作基础。改革开放以来，我省对生态环境建设高度重视，基本实现“五年消灭荒山、八年绿化安徽”的奋斗目标；实施了淮河、巢湖流域污染治理，江淮分水岭地区综合治理等一大批重点工程；一批不同类型的自然保护区、风景名胜区和森林公园受到保护；生态环境得到有效保护和改善；重点地区天然林资源保护和退耕还林还草工程已开始启动；以经济建设为中心，经济增长模式正在由粗放型向集约型转变，经济结构逐步优化，综合实力不断增强。2002 年全省国内生产总值达到 3 569 亿元，财政收入 346.7 亿元，为建设生态省提供了一定的物质条件和基础。

2．现实差距和建设的艰巨性

生态省建设的主要制约因素：人均耕地低于全国平均水平，且呈不断下降趋势；矿产资源、水资源的人均拥有量低；资源型经济总量的扩大与生态环境承载力有限之间的矛盾日益尖锐，未来气候变化将对农业、水资源、生态环境产生影响；环境污染尤其是水污染仍较严重，自然资源开发利用中的浪费现象突出；生态环境保护和建设投入不足，环境恶化的趋势没有得到有效遏制；经济结构不合理，资源型经济比重过大；综合经济实力不强，工业化和城镇化水平不高。

二、指导思想和总体目标

（一）生态省建设的指导思想

安徽生态省建设的指导思想：以邓小平理论和“三个代表”重要思想为指导，坚持全面协调可持续的发展观，以加快发展、富民强省、全面建设小康社会为主题，以推进工业化、

城镇化和农业现代化为核心，以人与自然和谐发展和可持续发展为目标，以提高人民生活质量为根本出发点，以发展生态经济、保护生态环境、培育生态文化为主要内容，以科技创新、体制创新和管理创新为动力，全面促进经济社会与人口、资源和环境的协调发展。

（二）生态省建设的基本原则

1. 尊重规律，和谐发展

始终坚持加快发展与尊重规律相一致，尊重自然规律、经济规律和社会发展规律，把生态省建设建立在加快发展与尊重规律的基础之上。

2. 科教支撑，不断创新

充分发挥科技作为第一生产力和教育的先导性、全局性和基础性作用，加快科技创新步伐，大力发展各类教育，提高建设生态省的科技含量，促进可持续发展战略与科教兴皖战略的紧密结合。

3. 政府调控，市场调节

充分发挥政府、企业、社会组织和公众的积极性。加大投入，强化监管，提供良好的政策环境和公共服务，发挥政府指导、引导作用。充分运用市场机制，调动企业、社会组织和公众参与生态省建设的积极性。

4. 积极参与，广泛合作

加强对国外、省外的开放与相互合作，积极参与经济全球化和地区经济一体化进程，利用省内、省外两个市场和两种资源，在更大空间范围内推进生态省建设。

5. 因地制宜，循序渐进

立足本地区自然条件和经济现状，量力而行，先易后难，选择条件成熟的领域和区域重点突破。在此基础上，整体推进生态省建设。

（三）生态省建设的总体目标和建设步骤

1. 生态省建设的总体目标

经过近全省人民近 20 年的努力，全省经济增长方式转变取得显著成效，资源合理利用率显著提高，人口总量得到有效控制，生态环境明显改善，经济实力和生态文化底蕴显著增强，基本形成资源消耗低、环境污染少的可持续发展的经济体系，使我省成为人民生活富裕、生态环境良好、人居环境优美舒适、人与自然和谐相处、经济发展步入良性循环、社会文明进步的可持续发展省份。

2. 生态省建设的基本步骤

（1）起步阶段（2003—2007 年）

生态省建设全面启动。建立健全生态经济的服务网络和科技支撑体系；形成若干优势明显的生态产业，推出一批有较强竞争力的绿色产品；树立生态强省的理念，培育生态文化，提高公众的生态环境意识；人为因素造成的生态环境破坏趋势得到有效遏制，基本控制淮河、巢湖、江淮分水岭等生态脆弱地区环境污染和生态恶化问题，一批重要的生态功能区要得到恢复和重建；初步建立覆盖全省生态环境综合监测和信息服务体系，初步建立生态安全预警机制；建立完善政策法规，形成生态省建设良性决策机制，为全面开展生态省建设奠定良好

的基础。

（2）全面建设阶段（2008—2015 年）

生态省建设走上健康轨道。树立以绿色资源、生态产业群、生态城镇群为主要特征的生态安徽品牌，经济、社会、资源、人口、环境进一步均衡发展；基本建成协调发展的生态经济体系，可持续利用的资源体系，自然和谐、舒适优美的城乡生态环境体系，文明健康的生态文化体系，保障有力的决策、管理、科技支撑体系等生态建设体系框架；建成一批重大生态经济建设工程，并逐步产生较好效益，可持续发展能力进一步提高；生态环境质量明显提高，社会福利和公益设施进一步完善。

（3）提高完善阶段（2016—2020 年）

到 2020 年基本实现生态省建设三大类 24 项目标，全省有 80%以上地级市达到生态市建设指标，3 年内无重大环境污染和生态破坏事件。全面形成以生态经济发达为标志、高新技术为支撑的生态强省形象，生态省五大体系建设趋于完善，生态环境质量处于全国前列，全省生态文化氛围全面形成，公众生态环境意识较强，政府生态环境与发展综合决策机制基本建立。全省经济社会与人口、资源、环境全面协调发展，长期可持续发展能力得到很大提高，全面建成小康社会。

三、生态省建设的区域布局和功能分区

（一）淮北与沿淮平原生态区

本区位于我省北部地区，黄淮海平原南部，主要包括阜阳、亳州、淮北、淮南、蚌埠、宿州等市，占全省国土面积 28%。除部分地区有小面积丘陵分布外，地形平坦，自西北向东南缓慢倾斜，属冲击平原，光热水等自然条件较好。

主要生态环境问题：人口密度大，土地承载力低；水污染严重，水资源短缺；沿淮多数湖泊洼地消失，洪水调蓄功能较低，洪涝旱灾交替发生，地下水严重超采，矿产资源强度开发区大面积地表塌陷，属于全省生态环境较为脆弱地区。

生态建设与保护重点：治理淮河流域水污染，全面整治淮河及其支流，建立沿淮调蓄洪生态功能区；综合治理旱、涝、盐、碱，防止土壤退化；建立低耗、优质、高产农田生态系统；建设淮河生态防护林、平原农田林网。实施两淮煤矿塌陷区生态复垦工程。

经济社会发展方向：坚持在经济社会活动中充分考虑水资源短缺这一重要限制因素；积极推广中水回用技术，加强对污水的处理及回用，建立节水型产业体系。鼓励发展种植业和黄牛养殖等优势畜牧业，积极发展生态农业和创汇农业，加快发展农副产品为主的深加工业。限制化学制浆、制革、印染等污染严重产业以及高耗水型产业发展。

（二）江淮丘陵岗地生态区

本区位于大别山以东、江淮之间，主要包括合肥、巢湖、滁州等市，占全省国土面积的 25%。地貌类型以低山、丘陵、岗地、湖滨和沿河平原为主，水热等自然条件比较优越，分水岭干旱缺水问题突出。

主要生态环境问题：江淮分水岭水土流失严重，巢湖流域水污染问题突出，常有夏季旱涝、春季低温阴雨和秋季低温冷害等自然灾害发生。

生态建设与保护重点：实施水土保持，实施退耕还林、还草，退田还湖，从根本上解决江淮分水岭地区易旱问题；治理巢湖污染，重点建设巢湖重要水域功能区。

经济社会发展方向：合理高效利用各种资源，发展高技术加工制造业、现代农业和现代服务业。促进合肥、巢湖经济融合，构建合肥经济圈，使之成为区域经济中心和我省重要的经济增长极。推动合肥向巢湖方向发展，“引湖入城”，把合肥建成现代化的滨湖生态城市，打造“大合肥”，带动卫星城市和卫星镇经济社会发展。

（三）皖西山地生态区

该区位于大别山东段，是大别山的主体部分，主要由低山与中山组成，包括六安和安庆市的一部分，占全省国土面积的 10%。地处北亚热带，水热条件优越，地貌类型复杂，垂直分异明显。

主要生态环境问题：暴雨较多、山洪暴发、水土流失问题严重。佛子岭、磨子潭、梅山、响洪甸、龙河口五大水库库区人口压力大，超出土地承载能力，人为因素对生态环境干扰破坏大。

生态建设与保护重点：实施封山育林，建设生态防护林；开展小流域治理，控制水土流失；建设金寨、霍山、岳西三县为核心的皖西水源涵养功能区；加强生物多样性保护。

经济社会发展方向：调整农业用地结构，发展养殖业和绿色、有机农产品，推进农副产品深加工；实施以林茶为主，多种经营的大农业发展战略；通过生态扶贫和人口的合理规划布局，实施山区生态移民，减轻大别山北坡库区人口生态压力。

（四）沿江平原生态区

本区位于长江安徽段两侧，主要包括马鞍山、芜湖、铜陵、池州、巢湖和安庆市部分地区。占全省国土面积的 15%。区内地势低平，地貌类型以岗地、冲积平原和湖泊湿地为主，水热条件优越。

主要生态环境问题：降雨变率较大，水涝、干旱交替发生；湖泊湿地萎缩；矿山开采、加工中造成的地表塌陷、水土流失和酸雨污染等生态破坏现象比较严重。

生态建设与保护重点：加强湿地和长江珍稀水生动物的保护，建设长江生态防护林；开展矿区废弃土地复垦；建设农牧、农水结合型循环农业经济系统；加快长江流域酸雨治理。

经济社会发展方向：建设以长江沿岸各城市为轴线的集约型经济走廊，围绕中心城市整合发展城镇密集区；发挥沿江优势，增强沿江地区的综合实力和集聚辐射功能，将沿江经济带建设成为承接长三角、辐射南北的全省新的发展动力源和经济增长极。充分利用黑色金属、有色金属、非金属矿资源和水资源优势，重点发展具有国际竞争力的先进加工制造业。

（五）皖南山地丘陵生态区

本区属于亚热带湿润地区，包括黄山、宣城等市，占全省国土面积的 22%，东北部为长江支流冲积平原、岗地与湖泊洼地及外围低山丘陵，中部与南部为九华山、黄山和天目山形

成的皖南山区，间有一系列断陷盆地分布，黄山莲花峰为安徽第一高峰；南部山区为新安江水库水源区。

主要生态环境问题：降雨时空分布不均，多暴雨，易发生洪涝、干旱和低温冻害。水土流失、地质灾害和松材线虫危害较为严重。

生态建设与保护重点：实施封山育林，治理水土流失，建设水源涵养林；保护森林和旅游资源；建立祁门、休宁、歙县、绩溪为核心的皖南水源涵养功能区；通过建立自然保护区，加强生物物种保护。

经济社会发展方向：发展劳动密集型产业，推进生态旅游经济。保护世界遗产，将黄山市建设成为著名的生态旅游城市，“两山一湖”建设成为国际旅游休闲中心和会议中心。改善农业结构，大力发展绿色和有机食品，建设一批林、茶、果生产基地。限制有污染工业的发展。

四、生态省建设的主要任务

（一）建立协调发展的生态经济体系

1. 以生态经济理论指导经济结构调整

用高新技术和先进适用技术改造传统产业，降低资源型经济在全省经济总量中的比重。有重点地改造一批骨干工程，发展一批高新技术工程。优化产业结构和产品结构，促进工业生产模式向低能耗、低污染、经济效益好、人力资源优势得到充分发挥的方向转变，提高工业整体素质。重点抓好煤炭、冶金、建材、石化、电力、化工、家电、食品加工、汽车及机械装备等传统产业的污染治理与技术升级改造工作。全面推进节水、节油、节电、节煤、降噪、低电磁污染、使用洁净燃料等先进适用技术的应用。充分延伸产业链条，实现资源的多次加工增值。

发挥我省农业资源比较优势，推进优势农产品区域布局调整。调整种植业、养殖业内部结构，建设发展一批绿色、有机食品和特种水产畜禽养殖生产基地。以优质、高产、高效、安全农业为发展方向，加快发展生态农业，推进农业大省向农业强省的转变。在淮北平原，积极发展节水农业，提高灌溉效率，重视农田防护，建设一批具有较强市场竞争力的农产品主产区。在皖中丘陵，实行粮经作物种植与畜禽水产养殖相结合。在沿淮和沿江低洼平原，以稻棉、蔬菜等粮经作物种植和水产养殖为基础，保持种植业平衡发展，促进养殖业快速发展。在皖西和皖南山地，重视发展以名特稀优农产品为主体，与林业协调发展的山区立体生态农业。

加快发展生态旅游业。倡导将生态观念和生态文化融入旅游产品开发的各个环节，用生态概念包装旅游资源，用生态文化观念塑造人文景观。加强对全省各类旅游资源的整合，开发“两山一湖”、皖西南天柱山、皖西大别山、皖东琅琊山、皖中环巢湖、皖北生态文化等旅游区，使生态旅游产业成为全省新的支柱产业。

2. 以循环经济理念培育生态产业

积极探索“资源—产品—再生资源—再生产品”的循环经济发展模式，在生产和消费的

过程中追求资源、能源利用效率最大化和废弃物最少化。

建设循环型企业。以冶金、煤炭、电力、食品加工、建材、化工、白酒和啤酒行业的大企业为重点，科学协调、连接企业内不同生产部门的生产经营布局和工艺流程，促进生产工艺横耦合，促使产业链延伸与根治污染“双赢”。提高工业用水重复利用率，创建一批废水“零排放企业”。通过能源、水等资源的梯级利用、物料和废物循环利用的方法，对产品从设计、制造、销售实施全方位控制，形成工业生态链网。

建设生态工业园区。运用工业生态学和循环经济理论，选择一批工业园区开展试点，分析园区内各企业能源、水和原料现状，以及物流、能流的链接关系，科学规划园区内企业布局，通过引进关键链接项目，整合、协调园区内企业能源、水、原料的配备关系，提高园区内资源综合利用率，降低企业生产成本，促进产业优化升级，增强综合竞争力。鼓励新建一批融生态产业链设计、资源循环利用、清洁生产和环境管理体系为一体的生态工业园区。

培育区域循环型社会。建立城市生活垃圾、主要废弃物和城市中水回用系统，提高社会再生资源利用率。在城市垃圾分类收集基础上，实现城市垃圾无害化处理和其他固体废弃物的综合利用。通过资源再生和循环利用，支持城市生产环保型农用生产资料，培育城乡产业间物质、能量良性循环。

3．按照清洁生产要求改造生产环境

按照《清洁生产促进法》要求全面实施清洁生产。促使资源依赖型的老企业把技术改造与污染防治结合起来，依靠科技进步改造传统产业，加快淘汰落后工艺、设备和生产能力，变污染末端治理为生产全过程控制，实现资源、能源的高效利用。重点抓好化工、冶金、轻工、纺织、建材等行业，制定清洁生产评价指标体系，开展清洁生产审计，推行 ISO 14000 环境管理体系标准。实现电力行业粉煤灰、酿造行业污染物回收，煤炭行业煤矸石循环利用。

推进清洁能源与可再生能源的开发应用。发展新能源、再生能源和水煤浆等清洁煤技术，开发天然气、煤层气、水能、风能、太阳能等，加快推进西气东输天然气工程建设，优化能源结构，提高能源效率，提升能源工业的市场竞争力。

科学合理使用化肥、农药、薄膜和饲料添加剂，改进种植和养殖技术，实现农产品优质、无公害和农业生产废物的资源化。健全农产品生产的生态环境监测与产品质量监管。建立农业生产基地环境质量、农产品质量监测与管理体制。建立农产品生产、绿色加工认证体系，制订评价指标体系。

（二）建立可持续利用的资源体系

1．培育与保护森林资源

培育建设森林生态系统。实施封山育林、退耕还林。优化林种结构，营造培育混交林，逐步改造和缩小纯林，发展阔叶林、针阔混交林和复层林，增加森林生物产量，充分发展森林的多种功能。实行林业分类经营，建立生态公益林和商品林分类经营管理体制和发展模式，重点建设长江防护林、淮河防护林。至 2020 年，实施退耕还林 66 万公顷，封山育林 28 万公顷，全省活立木蓄积量达到 2 亿立方米。

推广速生丰产林和兼有生态功能的阔叶林种。重视发展林产工业，推动林业产业化进程。至 2020 年，建立商品用材林基地 250 万公顷，经济林基地 200 万公顷。

加快森林生态网络体系建设。以市、镇、村为点，以道路、河渠、堤岸、农田网格为线，以皖南山地、皖西山地、巢湖流域、江淮分水岭为面，以生态公益林、标志性景观林为片，在全省范围内营造点、线、面、片相结合的布局合理、结构优化、功能完备的森林生态网络体系。至 2020 年，城镇绿化覆盖率达到 35%；全省道路、河流绿化率达到 95%以上，农田林网覆盖面积达到 300 万公顷，生态公益林面积达到 240 万公顷。

2．合理利用与保护水资源

统筹兼顾全流域水资源开发。实施水功能区划管理制度，合理控制地下水开采，做到采补平衡。发展节水农业和节水工业，做好污水处理回用，提高用水效率。注重农业结构调整，优先发展节水作物，淮北北部黄泛区以低压管灌为主，沿淮及支流河灌区注意修建防渗渠道。江淮丘陵岗地拦截径流、兴塘蓄水，积极推行水稻节水增产灌溉制度。

加强水利工程的环境影响和生态安全评估。尽可能做到充分利用自然水系的调控功能，减轻对生态干扰，保证生态蓄水，保持河道疏通、净化。加快实施退田还湖、恢复湿地、移民建镇工程，保证生态用水，加强功能调度，合理利用水资源防旱，化水害为水利，尽量抵消和化解水灾对经济持续发展的负面作用。

合理调配生活、生产和生态用水。科学制定水资源供求计划，做好蓄水、引水、调水工作，正确处理防洪与抗旱、开源与节流、上游与下游、城市与农村的用水矛盾，管好用好水资源。

3．保护与合理利用土地资源

科学规划、合理利用土地资源。在加快城镇化进程中，注意优化用地结构，合理使用土地，尽量减少占用耕地，提高土地利用率。通过调整、撤并、移民方式，促进村以下的农村居民点向中心村相对集中。严格农村宅基地管理。控制基本建设用地规模，优化建设工程方案减少占用土地。

加强耕地保护。实行最严格的耕地保护制度，实现耕地总量动态平衡。进一步完善基本农田保护制度。加强生态用地保护，禁止征用具有重要生态功能的草地、林地、湿地。

增强农业用地生态系统的自我调节能力。实施病虫害生物防治和综合防治，保护农林病虫害的天敌，减少化学药品施用量，促进土壤肥力再生，减轻种植业对资金投入的依赖。

4．保护与合理开发矿产资源

从严审批矿产开采权，治理整顿矿业秩序。科学制定矿产资源开采规划，划定矿产资源可采区和限采区、禁采区，禁止在地质灾害重发区和易发区开采矿产资源，限期关闭不符合开采条件的矿山。严禁在自然保护区、生态功能区、风景名胜区、森林公园内采矿。对已规划开采的小矿山进行联合经营，实行矿山经营规模化。

促进矿产资源利用结构的调整和优化，提高资源利用效率。大力推广新技术和新工艺，提高矿产资源的回收率。加强矿产资源勘查工作，适度进口生产必需的省外境外矿产，提高矿产资源保障程度。加强矿山生态环境的治理和保护，对已造成生态破坏和发生严重地质灾害的矿山限期整治和进行生态环境恢复治理。

5．合理开发利用气候资源

加强气候资源的监测、评估和开发利用。建立健全气候生态动态监测系统，分析评估生态环境的承载能力。合理调整农业气候区划，改善种植结构，促进生态农业、生态林业的建设和发展。

（三）建立舒适优美的人居环境体系

1．稳定低生育水平，减少资源环境的承载压力

严格控制人口增长。积极采用利益导向机制来控制人口，强化对计划外生育人口社会抚养费的征收，逐步促使计划生育由行政推动模式向利益调节型转变。加快人口与计划生育信息化建设。至2020年，全省总人口不突破7 100万。

鼓励创业和自谋职业。进一步培育和发展劳动力市场，逐步形成市场导向的就业机制。提高劳动者就业和再就业技能和能力。发展有自身特色的劳动密集型产业和中小型企业，大力发展非农产业，大力培育非公有制企业，增加就业岗位。扩大劳务输出，加强对劳动力的职业技术培训，提供就业信息，维护劳动者权益。

2．综合治理环境污染，改善生态环境

防治水污染。实施重点区域主要污染物总量控制，加快淮河、巢湖流域水污染综合整治，重视长江水系和新安江水系的污染防治。加强城市污水集中处理，保护好饮用水源。到2020年，所有水体达到地表水Ⅱ类标准，大、中、小城市污水处理率达到90%、80%、60%。

治理大气污染。严格控制各类大气污染物排放，减轻烟尘、粉尘、扬尘污染，不断改善城市大气质量。实行二氧化硫排放总量控制，逐步推行二氧化硫排放许可证制度，制定城市机动车排放标准，严格实行机动车尾气达标排放。到2020年，所有城市空气环境质量达到二级以上标准。

防治固体废弃物污染。加强城镇生活垃圾处理工程建设，清除“白色污染”，积极推进固体废物减量化、资源化和无害化处理，建设城市危险固体废弃物集中处置工程。到2020年，城市垃圾处理率达到90%以上。

防止辐射及其他污染。加强核安全、辐射安全的监管，防止放射性污染和电磁污染。扩大城市环境噪声达标区，解决噪声扰民问题。

加大农业面源污染控制。促进畜禽粪便资源化，确保养殖废水达标排放，限制氮、磷严重超标地区的氮肥、磷肥施用量。

3．创建生态城镇，改善农村居住环境

推进城镇化，促进人口和产业集聚。结合人口、产业布局和资源环境条件，优化城市布局，着力塑造各具特色的生态城市。强化以城市为中心的区域经济发展模式，增强中心城市的集聚效应和辐射功能。在城镇化进程中要切实保护好各类重要生态用地。大中城市要确保一定比例的公用绿地和生态用地，深入开展园林城市创建活动，加强城市公园绿化带、片林、草坪的建设与保护。至2020年，城镇化水平达到50%以上。

着力改善农村居住环境。治理畜禽粪便污染，抓好村庄居住环境“脏、乱、差”治理，积极开展秸秆气化、固化等综合利用，杜绝秸秆焚烧，促进农村绿化等公益设施建设，保护和修缮具有人文历史价值的文物古迹。农居建筑要充分体现地方建筑特色与风格，着力追求建筑风格与自然风貌和谐一体。

（四）建立稳定可靠的保障支持体系

1．建立生态安全保障架构

继续构建洪涝干旱灾害防御体系。建设水利骨干工程和防洪保安气象、水文保障工程，基本解决淮河流域及江淮分水岭地区的干旱问题。健全城市防洪工程，保证大中城市、重点工矿区、交通干线等安全。重视大中城市水源地建设和水源地保护，建立城市生活饮用水源保护区。

建设地质灾害防治和生态恢复工程。在地质灾害多发地区，土地征用和项目建设中严格实施地质灾害危险性评价，地质灾害防治内容要与在建工程同步设计、同步施工。控制皖北缺水地区城市采用地下水，防止地下漏斗引起城市建成区地面沉降。

加强生物安全。保护沿江、沿淮湖泊湿地、皖南山区和皖西大别山区、丘陵平原地区的生物多样性。控制外来物种入侵，对引入外来物种和转基因动植物种源进行生物安全影响评估。加大自然保护区建设力度，到2020年，自然保护区占全省国土面积比例达到6%以上。

2．加大科技支撑力度

注重生态技术的基础研究。开发一批对生态保护、生态经济有重大影响的关键技术，加强循环经济、清洁生产、湖泊富营养化治理、农业面源污染防治，以及生态修复等重大关键技术的创新研究与科技攻关。支持现有的与生态省建设相关的国家、省重点工程实验室和研究中心开展生态科技原创技术研究和各类生态经济模式设计的研究与开发，逐步建立一批在生态农业、清洁能源、中药产业化、环保技术等生态经济和环境保护领域具有权威性的研发中心。

推进生态科技成果转化，组织实施生态科技示范。引进国内外适用的生态技术，推进生态科技成果产业化。重点推进清洁工艺、环保设备技术成果转化和产业化，以及生态农产品加工、绿色环保型农用生产资料的产业化。加快发展各种类型的生态产业技术中介机构，鼓励企业与大学科研单位创办生态科技企业孵化器和生态经济促进中心。

建立健全生态省建设标准体系、认证体系、技术服务体系。建立全省各行业以及生态功能区、生态城市、生态社区、生态住宅等绿色标准体系，明确生态省建设的技术标准与规范。建立绿色和有机食品认证、监测、服务和科技示范体系，消费性工业产品的绿色认证体系，建立健全生态社区、生态城镇、生态旅游区的评价标准体系、检查监督体系和认证机构体系。

3．健全管理决策机制

建立健全生态省建设决策与管理机制。各级政府和有关部门在制订国民经济和社会发展中长期规划、产业政策、结构调整和生产力布局规划，作出资源环境等方面的重大决策时，要充分考虑生态环境承载能力和生态省建设各项规范标准。

建立生态环境监测预警系统。整合环保、气象、水文、国土资源、农业、林业等行业监测网络，实行信息资源共享，对全省生态环境、灾害性天气、地质灾害、农林病虫害等生态安全因子跟踪监测，及时预警预报。

重视培养人才，增强发展后劲。加快培养一大批熟悉生态经济和环境保护的科技人才。完善科技人员分配制度，加大对有贡献的科技人员的奖励力度。注重发展各级各类职业技术教育，为生态经济发展培养大量的中初级实用技术人才。

（五）建立文明健康的生态文化体系

1. 培育生态文明观

加强生态文明的研究、宣传与教育。积极开展生态哲学、生态伦理、生态文化、生态经济方面的理论研究；加大生态文明宣传，提高公众的生态意识，增强人们的生态观念；开展形式多样的生态文明创建活动和生态文化工程建设，培养符合生态文明的生活习惯；培养和提升公众的生态文明素质，树立科学、文明生态观念的任务。

倡导绿色文化。加强文化产业基础设施建设，充分挖掘和保护老庄文化、徽文化等历史人文遗产。兴办绿色学校，开办大中小学生的生态夏令营。开展青年环保志愿者行动和绿色家园创建活动，使善待生命、善待自然的生态伦理观和生态文化理念深入人心。

2. 倡导绿色生产观

引导企业树立可持续发展观，实现企业利益与社会整体利益的有机结合。试点推行企业绿色生产经营管理目标责任制，建立完善企业绿色管理考核制度，使之与企业总体经营管理目标有机融合。加大绿色管理的学习培训、设立分级绿色管理部门和其他相关专职职能部门等多种组织设计与再设计措施，建立健全企业绿色管理组织，造就有强烈社会责任感，具备绿色生产经营管理技能的领导者和企业家，以企业为主体推进绿色生产。

3. 弘扬绿色消费观

大力倡导绿色消费方式，引导消费观念的转变，增强节约资源、保护环境的自觉性。在食品消费上，提倡食用绿色食品和有机食品，不食用野生动物；在建筑材料上，注重使用绿色建材料；在生活日用品方面，鼓励购买通过生态标准认证的商品；通过调整消费结构，扩大绿色产品有效需求，引导人们改变消费习惯。倡导创立生态环保型生活环境，鼓励有利于身体和身心的健康消费；鼓励进行教育科研、文艺探讨、体育欣赏等知识型消费；鼓励有利于降低纸币消费污染的信用型消费。

五、生态省建设优先发展重大项目

（一）生态工业工程

主要是建设重点企业清洁生产示范项目、重点生态工业园区项目、重要绿色工业产品开发项目、循环经济和资源综合利用项目、工业污染治理项目等。

（二）生态农业工程

主要是建设有利于发展生态农业的基础设施项目、无公害农产品和绿色食品、有机食品开发项目、生态农业和精准农业示范区项目、农药和化肥减量及配方使用技术推广项目等。

（三）生态林业工程

建设天然林保护工程项目、公益林项目、封山育林项目、退耕还林项目、平原绿化项目、绿色长廊项目等森林生态网络项目，速生经济林和生态防护林项目、林产品开发项目、林业

灾害防治项目等。

（四）生态旅游工程

利用生态文化资源和自然资源，重点建设促进旅游经济发展的重大项目，建设与旅游业发展相结合的生态功能区、自然保护区、主题公园项目等。

（五）生态水系工程

重点建设防洪排涝、确保人民生命财产安全的防洪保安项目，建设防旱抗旱、调节气候、调节水源的大中型水库等设施，建设保证城市供水和农村人畜饮水的清洁水源工程，继续建设水土保持和水土流失治理项目、湿地自然保护区项目、节水项目、气象预测和气象控制项目等。

（六）清洁能源工程

深度勘查煤炭、石油、煤层气资源，建设核电站等清洁能源项目，实施传统能源技术改造、锅炉等设备改造项目，开发利用为农村和城镇居民生活服务的沼气、太阳能等生物能源，建设重大能源节约项目等。

（七）环境治理工程

建设重点流域水污染治理项目，建设城镇污水处理、垃圾处理项目，建设固体废弃物处理、危险废物无害化处理项目、大气污染治理项目，建设农业面源污染防治项目、矿山生态环境重建与综合治理项目、地质灾害防治项目等。

（八）生态家园工程

主要建设生态城镇和生态社区项目、重要城市园林项目、历史文化名城和街区保护项目，建设生态村庄项目、农村改水、改厕、改圈和沼气项目、生态移民项目。

（九）生态文化工程

重点建设生态教育基地和人才培养基地等设施，普及生态文化知识，建设生态文明宣传设施项目，创建绿色学校。

（十）能力保障工程

重点建设重大科技攻关及示范项目、生态环境监测预警系统、管理信息系统，地质、气象、病虫害等灾害预警预测系统，资源可持续利用系统，生态示范区项目等。

以上十大工程约为70个大类项目，静态总投资约近2 800亿元，到2020年基本建成。

六、生态省建设的政策措施

（一）加强组织领导，明确目标责任

省政府成立生态省建设领导小组，负责研究解决生态省建设中的重大问题；生态省建设领导小组下设办事机构，就生态省建设的具体工作进行综合协调和监督。省直各有关部门要通力协作，各司其职，形成合力，整体推进生态省建设。

建设生态省的组织实施工作主要由地方政府负责。各市、县人民政府根据本《纲要》的精神，制定生态市的建设规划、生态县的实施计划；省政府有关部门制定本部门的行业规划。

逐级分解落实生态省建设目标任务，实行定期考核。进一步改进干部政绩考核办法，既要考核经济发展方面指标，也要考核社会发展方面指标，特别是要加强对促进生态经济发展和保护生态等方面情况的考核。

（二）建立健全法规，加大执法力度

建立健全法规体系。加强生态省建设方面的立法工作，研究制定一些新的法规和规章，重点制定生态省建设、发展循环经济、清洁生产、饮用水水源保护等方面的地方性法规、规章。加快修改完善现有规定，不断完善、配套生态省建设地方法规、规章和政策措施，形成一套完整的、具有安徽特色的生态省建设法规体系。各市根据自身情况制定地方性规章制度，把生态省建设工作纳入依法管理的轨道。

加大检查、执法力度。切实保障各级政府和执法部门依法行使管理职能，注意发挥新闻单位、社会中介组织的监督作用。各级政府邀请人大代表、政协委员和部分专家组成执法检查组，开展生态省建设执法检查，对违反生态省建设法规的责任人进行质询，责令其限期整改。对整改不力，造成重大损害或严重社会后果的，依法查处。

（三）完善经济政策，发挥市场调节

完善生态产业政策。制定生态经济建设产业指导意见，定期修改和发布优先发展的产业、产品、技术与工艺目录和生态产品标准。培育生态产品品牌，鼓励和支持资源节约和综合利用型项目，鼓励发展有利于保护生态环境的新型能源、新型建筑材料、新型环保材料等产业，在投资、融资和其他方面给予政策倾斜。

实施生态补偿政策。对因开发利用自然资源而损害生态功能和生态价值的单位和个人征收生态补偿费。进一步落实退耕还林的有关政策措施，继续深化林地产权制度改革，放手发展非公有制林业，切实保护经营者的合法权益。

完善价格和收费政策。建立有利于引导各类利益主体参与可持续发展的价格调节机制，引导各类要素资源按市场规则进行配置。通过价格调节，引导各类相关利益主体的法人强化节约资源，严格保护城乡生态环境，真正发挥价格机制在资源的市场供求和可持续利用等方面的调节功能。

（四）改革投资体制，拓宽融资渠道

加大财政投入力度。各级政府要按照建立公共财政的要求，把生态省建设资金纳入本级年度财政预算，保证逐年有所增长。对于生态保护和建设、重要生态功能区、自然保护区和生物多样性保护与建设、生态环境监督能力建设等社会公益型项目，要以政府投资为主体，实施多元化投资。重大的生态省建设项目应优先纳入国民经济和社会发展计划。

设立生态省建设引导资金。各级财政加大对生态省建设的支持，采取财政贴息、投资补助和安排项目前期经费等手段，发挥示范和牵动作用，吸引社会资金投入，扶持生态省重点建设项目，并使社会资本对生态建设投入能取得合理回报，推动生态建设和环境保护项目的社会化运作。

建立多元化融资渠道。发挥市场机制配置资源的基础性作用，支持生态省建设重大项目进行设备融资、发行企业债券和上市融资，允许经营生态省建设项目的企业以特许经营权、林地、矿山使用权等作抵押进行贷款。实施财政贴息贷款、延长项目经营权期限、减免税收和土地使用费等优惠政策，调动全社会资金投入的积极性。充分利用现代金融工具，在国际国内资本市场上为生态省建设项目融资。

（五）创新管理方式，加强宏观调控

转变政府职能。各级政府通过完善法规、制定规划、维护市场秩序保证公平竞争、搜集和提供信息、典型示范、搞好服务等，为生态省建设和生态经济发展创造条件。进一步深化行政审批制度改革，尽快完成从审批型经济向服务型经济的转变，促进生产要素的优化组合。各级领导要不断增强生态意识，把生态强省、强市、强县理念融入决策和管理之中。

创新工作机制。改变单纯靠行政命令、靠政府推动的工作方式，充分尊重自然规律、市场规律和群众意愿，把生态省建设与发展生态高效产业、富民小康工程紧密结合起来，引导群众积极主动、自觉自愿地参与生态省建设。生态建设要因地制宜，突出特色，杜绝简单化、“一刀切”、强迫命令和瞎指挥。

形成整体合力。进一步解放思想，破除一切不利于生态省建设的观念，改革一切不利于生态省建设的体制。淡化行政区划界限，强化区域经济联系，加强合作，联动开发。省直机关要加强整体意识，克服部门分割现象，整体谋划、整体投入、整体实施、整体推动。

（六）完善决策机制，提高决策水平

建立战略决策环境影响评价制度。继续坚持“三同时”制度，深入贯彻落实国家《环境影响评价法》，将环境影响评价由现行的建设项目评价提升到战略决策评价，从决策和源头上控制环境污染和生态破坏。政府制定的发展计划、重大的区域开发和建设规划、资源开发和基础设施建设方案等，决策或起草过程中必须进行生态环境影响和对策评估，并将评估结论作为决策的重要依据。对实施项目可能造成的生态破坏和不利影响，必须有相应的减轻对策和修复治理措施。

建立生态省建设咨询制度。成立专家咨询委员会，组织专家对重大项目实施可能带来的生态环境损益和需要采取的补救措施认真论证预审，为决策机关科学决策提供支撑。

加强生态省建设政策研究。针对生态省建设过程中出现的新情况、新问题，组织开展重大课题研究，制定相关政策。

（七）加强合作交流，扩大对外开放

积极开展国际交流与合作。积极引进、推广国外的先进技术和管理经验。努力扩大利用外资规模。各级政府要把生态省建设项目纳入招商引资范围，采取多种手段有针对性地面向国际组织、国外大企业、大财团和省外客商，推介一批经过科学论证、精心编制、有较好市场前景和回报效益的生态省建设项目。积极利用世行、亚行、联合国开发计划署等国际组织以及外国政府的赠款和长期低息、无息贷款，优先安排生态省建设项目。

加强国内交流与合作。开展与兄弟省市在可持续发展领域的交流与合作，积极借鉴其他省份的生态省建设宝贵经验，结合我省实际，探索一条适合安徽省情的生态省建设之路。按照区域一体化发展要求，积极探索一切可能的合作方式，主动融入长江三角洲经济区，实现资源共享，优势互补。

（八）加强宣传教育，引导公众参与

加强宣传教育。加强在全社会基本国情、基本国策的宣传教育，不断增强各级干部和广大群众的生态理念、环境意识和法制观念。各级教育、劳动部门要重视生态知识、生态经济技能教育的培训，面向社会、面向基层、面向青少年，抓好生态基础教育、专业教育、社会教育和岗位培训，让可持续发展战略深入人心，把发展生态经济、保护自然生态环境变成全体公民的自觉行动。

鼓励公众参与生态省建设。积极发动、组织引导人民群众参与生态省建设工作，形成、做好生态省建设的广泛群众基础，建立和完善公众参与制度，涉及群众利益的规划、决策和项目，应充分听取群众的意见，及时公布生态省建设重点内容，扩大公民知情权、参与权和监督权。大力开展生态省、生态市、生态县的群众性创建活动，充分发挥工会、共青团、妇联等社会团体作用，积极组织和引导公民从不同角度、以多种方式，积极参与生态省建设。

七、生态省建设起步阶段工作重点

（一）实现生态省建设阶段性目标

本届省政府任期的五年（2003—2007 年）是生态省建设的关键时期和起步阶段。经过五年的努力，要在重点领域取得突破，确保实现生态省建设起步阶段目标，初步建立生态省建设的基本框架和支撑体系。

1. 经济保持较快发展

2003—2007 年全省国内生产总值年均增长 9.5%左右，到 2007 年国内生产总值达到 5 620 亿元，人均达到 1 000 美元以上；农民年人均纯收入 2 700 元左右，城镇居民年人均可支配收入 8 800 元左右；工业化率达到 40%左右，城镇化率达到 37%左右；第三产业占国内生产总值的比重达到 37%左右，规模以上工业企业通过 ISO 14000 认证的比率达到 5%。

2．生态环境明显改善

全省森林覆盖率达到 30%，受保护地区占国土面积比重达到 10%，水土流失率在 9%以下；二氧化硫排放强度 7.5 千克/万元，COD 排放强度 8 千克/万元，城市空气中二氧化硫和二氧化碳年均浓度基本达到国家二级标准，水环境质量有较大改善，长江干流水质保持三类标准，淮河干流基本达到三类水质标准，淮河主要一级支流达到四类标准，巢湖湖体水质富营养化程度得到有效控制。

3．社会事业全面进步

人口自然增长率控制在 0.7%以内，总人口控制在 6 600 万人以内，城、乡恩格尔系数分别控制在 35%、43%以内，基尼系数在 0.3 左右，科技、教育经费占国内生产总值的比重超过 3%，贫困人口比例低于 2%，高等教育毛入学率达到 15%，居民家庭计算机普及率 9%，环境保护宣传教育普及率超过 90%。

（二）宣传“生态强省”理念

1．强化起步阶段的宣传教育

树立“生态强省、生态富民”观念，培育绿色消费观、绿色生产观、绿色管理观等，引导群众参与支持生态省建设。充分发挥新闻媒体作用，报刊、电视台、广播电台等媒体开辟生态省建设专栏，建立“生态安徽”互联网站，宣传生态文化知识和生态省建设相关的法律法规。发挥学校教育作用，通过幼儿园、中小学的基础教育和高等院校的专业教育，使生态省建设理念深入人心。组织编写面向中小学生的生态文化教育普及读物和教材。在高等院校设立生态经济专业和选修课程，开创生态心理学教育，培育生态与科技、经济和社会紧密结合的新生学科。创办安徽生态学院，培养生态经济方面的高等专门人才。建立安徽省生态经济研究机构。

2．开展生态文明社会教育活动

积极配合和利用地球日、环境日、土地日、生物多样性保护日等活动，普及生态及环境保护知识，对社会公众进行生态文化教育。组织大中小学生参加生态夏令营、冬令营活动，开展青年环保志愿者行动、绿色家园创建活动。

3．开展生态文明创建活动

将生态文明创建内容纳入精神文明创建活动之中。继续推动国家环保模范城市、文明城市、卫生城市、园林城市、旅游城市和生态示范城、生态示范县、生态示范区和生态旅游景点等创建工作。积极开展绿色学校、绿色社区、绿色工厂等生态文明基层单位创建评选活动。在部分企业、建设项目、城市开展清洁生产试点示范工作。组织社会志愿者参与生态建设和保护环境工作。表彰生态省建设方面的先进单位和有突出贡献的人员。

（三）建立生态经济体系基本框架

1．发展绿色车辆及配件

增强绿色车辆技术研发能力，扩大开发绿色产品系列，积极发展绿色车辆配套产品，提升我省汽车行业整体竞争能力。到 2007 年，奇瑞、江淮等汽车污染排放达到欧盟Ⅱ以上标准，实现节油、减少尾气排放、降噪、使用洁净燃料及可回收零部件基础上，初步形成以轿车、

商用车、改装车、微型车、农用车、叉车、挖掘机、拖拉机为主体，零部件配套产业较为发达，在国内具有较强竞争力的绿色车辆产业体系。

2．发展绿色家电

在实现节电降噪、无氟或低氟排放、低电磁污染、纳米技术基础上，加快实现技术升级和产品换代，鼓励省外及国外大企业在皖建设生产基地进一步扩大绿色家电生产规模，推动企业间优化整合和扩大对外合作，发挥规模优势，提升品牌形象，加快产品升级换代，发展绿色家电配套业。

3．发展绿色化工

以安庆、巢湖、淮南大型化工集团以及合肥、蚌埠等地的化工企业为基地，以农副产品为原料，以新技术新工艺生产淀粉、酒精、糖类等绿色化工原材料和产品，替代以矿产资源为原料的有机化学品。开发新型、专用、高档、特色精细化工产品，尤其是高浓度专用复合肥，高效、低残留、低毒、安全除草、杀虫杀菌农药和可降解塑料等绿色农用化工产品。

推进海螺型材扩建、国风管件和薄膜、中鼎密封件等项目建设，形成拥有自主知识产权的工艺技术。

4．发展优质农产品及深加工

突出发展养殖业和高效经济作物，建设专用小麦、水稻、棉花、“双低”油菜、茶叶、花生、蔬菜、猪牛羊禽肉、蜂产品、水产品等十大优质农产品基地。在皖南山区和皖西大别山区重点发展以高山茶叶、木耳、香菇、木耳、蕨菜等土特产为主的有机和绿色土特产品以及绿色健康产品。

加快小麦、棉花、玉米、水果、蚕桑等品种改良和引进，发展创汇农业。大力发展规模化绿色畜牧业，提升肉、蛋、乳制品的品质，增强竞争力。发展优质中药材，重点建设亳州中药材现代化加工基地。

到2007年，全省农产品优质品率达到50%～60%，使安徽成为国内重要的生态农业基地。

5．大力发展高新技术产业

推进高新技术产业基地建设。将合肥、芜湖、铜陵等具有特色和优势的高新技术产业园建成国内外有影响的科技成果转化基地、高新技术企业孵化基地、高新技术产品加工和出口基地。形成在全国具有一定影响和辐射力的软件、电子材料及元器件、生物医药、现代中药等若干高新技术产业基地，形成一批具有地方比较优势的高新技术产业群。注重引进和吸收国内外先进科技成果，不断加强自身研究开发能力建设。建成若干国家级重点实验室和工程研究中心。

6．发展清洁能源工业

加快发展天然气、煤层气、太阳能等能源，优先发展煤炭气化、液化技术和煤炭洗选加工利用技术。合理规划布局水电、火电和其他类型电厂，新建燃煤电厂要保证应用清洁煤技术、脱硫技术和冷却水循环利用技术。在淮北平原开发风力资源，利用风力发电解决水资源不足和环境保护问题。

7．发展环保产业

大力发展环保设备制造业，支持现有环保骨干企业推进重大国产环保装备的制造开发和研制，加快环保关键技术与装备国产化进程，提高环保装备标准化、系列化和成套化水平，

形成成套系列的污水处理设备研发中心和制造中心。建立以高新环保技术产品为龙头，环保产业研制和开发生产基地为载体，环保产业规模化为目标的绿色环保支柱产业体系。形成合肥、铜陵、蚌埠等环保装备生产基地，重点生产城市和工业污水治理成套设备，工业脱硫除尘设备、激光监测仪器设备；形成以合肥为中心的环保科技研发、咨询、技术开发、成套设备生产、工程承包产业。到2007年，全省形成3～5个大型环保产业集团。

8．发展生态旅游业

用生态理念包装旅游产品，重点是“两山一湖”和国家森林公园、生态示范区等。包装天堂寨、天柱山等旅游区，推出生态游系列产品。依靠特有地理地貌特征形成的独特景观及特有珍稀物种资源，推出一批特色生态旅游产品。依托丰富的历史文化和人文资源，重新整合人文旅游资源，打造生态文化游，重点推出具有典型历史意义的历史人物和历史事件考古游，以及安徽近、现代史上著名人物和事件探寻游。到2007年，全省旅游总收入达到400亿元以上，使生态旅游业发展成为全省新的经济增长点。

9．加快资源型工矿城市经济结构转型

扶持以资源单一开发和加工为主的工矿城市发展各具特色的主导产业，扩展城市功能，拓宽就业渠道，增强城市集聚、带动和辐射能力，相应缩小资源依赖型产业的比重。淮南、淮北市要大力发展接续产业和替代产业，依托煤炭化工基地，大力发展深加工和精细化工产品，实现煤电化产业整体提升。铜陵、马鞍山市冶金、有色两大支柱产业向多品种、大批量和高附加值方向发展，减少污染物排放，减轻对不可再生资源的依赖，提高产品附加值，综合利用矿产伴生资源。

（四）加强重点流域和地域的污染防治

1．继续加强淮河、巢湖流域污染防治

加强工业污染防治，巩固工业企业达标排放成果。加快淮河、巢湖流域城市生活污水处理厂和配套管网建设，流域各市、县实施截污、减排、引水、节流、生态等有效措施，对污染严重的制浆、酿造、制革等行业实行关小上大，有效控制入河入湖污染物总量。加大禁磷力度，推广有机肥和沼气能源，促进土壤肥力再生，控制面源污染。到2007年，淮河流域干流水质COD要达到地表水Ⅲ类标准，主要一级支流COD要达到地表水Ⅳ类标准；巢湖水体和主要支流高锰酸盐指数达到地表水Ⅲ类标准，遏制湖体水质富营养化加重趋势。

2．加强重点地域生态环境整治

整合淮河、巢湖流域现有水系及闸坝工程，沟通江淮水系，保护和逐步恢复具有重要生态功能的自然水系及湿地，实施巢湖湖滨带人工修复工程和湖岸崩塌治理工程。加大主要矿区生态环境的综合治理力度，编制矿区生态环境恢复计划，进行矿山开发复垦，废弃土地要限期恢复整理。

3．加强城市环境综合整治

加快城市环保基础设施建设，开展城市内城河（湖）综合治理，逐步建设雨、污分流的排水系统，推广中水回用。到 2007 年，省辖市生活污水处理率达到 60%以上，其中合肥市要达到 70%以上，省辖市市区主要内城河（湖）水质达到相应功能区标准；县级城市生活污水处理率达到30%；城市饮用水源达标率达到95%以上。

加快城市空气污染治理，重点治理酸雨控制区的大气污染，实施二氧化硫排放总量控制，发展热电联产和集中供热，新建燃煤火电厂全面实施脱硫工程。到2007年，两控区内二氧化硫排放总量比2000年减少20%，其他地方减少10%，降水酸度和酸雨发生频率有所降低。

实施工业固体废物综合利用、危险废弃物处置、生活垃圾分类收集及无害化处理工程，提高城市垃圾处理能力，建设一批城市危险固体废弃物集中处置中心。到2007年城市垃圾无害化处理率达到70%。

4．建设全省环境监测信息网络系统

建立城市空气环境质量、河流市际交界断面、重点污染源监测监控体系，增强远程自动监控能力。加强放射性废物库的建设和辐射环境的监测与管理。建立生态环境污染事故应急处理系统，增强突发性污染事故预警和应急处置能力。

（五）加强生态环境建设

1．构筑绿色生态屏障

进行生态公益林、兼用林、商品林功能划分和分类管理。在山区实施天然林保护工程，采取自然封育为主、人工造林为辅，恢复天然植被，退耕还林，有计划地改造纯林为混交林，增加天然林面积。恢复和保护山区、库区森林植被，禁止采伐森林，毁坏植被。加强自然保护区的建设，重点建设5个国家级自然保护区，新建20个左右省级和一批市级自然保护区，使自然保护区面积占全省国土面积的5.1%。

2．建立生态功能保护区

规划建设皖西大别山区、皖南山区、新安江源头等水源涵养区；建设沿江湖泊群、淮河湖泊洼地和巢湖等三个重要湿地水域生态功能保护区。重点建设国家级淮河调蓄洪重要生态功能保护区。对这些区域的现有植被和自然生态系统应严加保护，防止生态环境的破坏和生态功能的退化，对已经破坏的要组织重建与恢复。

3．治理水土流失

防治土壤贫瘠化、盐渍化。分区治理水土流失，规划建设水土保持林和水源涵养林。加强对皖河中上游、大别山北坡五大库区、新安江中上游山、丘区，青弋江、水阳江中上游等地区的水土流失综合治理。加强小流域水土流失的综合治理，重点治理江淮分水岭地区的水土流失。到2007年治理水土流失面积2 500平方千米，减少流失面积9%。

4．修复、保护水生态环境

规划、整合沿淮行蓄洪区，有计划地实施蒙洼和城西湖重点行蓄洪区退田还湖还水，扩大淮河泄洪能力和湖泊洼地的蓄水库容。通过移民建镇，实施华阳河湖群及丹阳湖、南漪湖等湖泊退田还湖，保护沿江两岸天然湖泊湿地。合理布局地下水抽水设施，控制、减缓淮北地下水沉降速度，对地下水严重超采区，要划定禁采区。实施巢湖生态水位管理，保护滩涂和湿地，改善巢湖水质。

5．综合治理矿区生态环境

坚持“谁开发谁保护，谁破坏谁恢复”原则，对已闭坑矿井、废弃土地和塌陷区实行限期恢复治理制度。重点进行两淮煤矿区、马鞍山铁矿区和铜陵有色金属矿区等四大矿区生态环境综合治理和矿区塌陷区生态恢复。所有已闭坑的矿井和废弃土地要限期恢复治理。

（六）建设城乡生态家园

1．加强城市生态建设

加快合肥现代化大城市生态基础工程建设，促进城市经济社会功能区域均衡发展，提高城市首位度；加快马鞍山、芜湖、铜陵、池州、安庆等皖江城镇群建设；加快发展以阜阳、亳州为重点，以铁路和高速公路为纽带的皖西北城镇群；以蚌埠、宿州、淮北、淮南、滁州为重点的京沪铁路城镇带；以及黄山为中心的皖南生态旅游城镇群的建设。重视保护市区土地、湖泊、河流及水系、文化遗产和古树名木，提高城镇文化品位。把建设生态经济城镇作为生态省建设总体布局的核心，重点规划建设合肥森林生态城市、马鞍山山水园林城市和黄山旅游生态城市。到2007年初步形成全省功能明确、各具特色的生态城镇体系雏形。

2．推进绿色社区建设

城市生活小区要尽量利用原有地形、地貌、地物，楼房要以山势、以水就势布局，采取缓坡式或台式，营造台地小区氛围。景观要利用原有的山石、水系、树木等自然风景和文物古迹造园。严格控制小区建筑密度，尽量做到有充足的日照、清新的空气、良好的通风条件和洁净的水面，有布局合理的体育锻炼、休闲和儿童活动游戏场地等。大力推广生态住宅。有组织地开展户外环境改造和社区环境卫生工作。倡导生态文明的生活方式，提倡居民使用太阳能、环保地板砖等节能、节水型建材和装饰材料，增强居民生态意识和参与能力。

3．加强生态村建设

鼓励在居民点周边和道路、河道、堤坝等空地植树造林，净化和美化农村居住环境。鼓励农民减少化肥、农药使用量，发展生态安全农业，提高农业效益。通过政府推动和资助，加快农村改水、改厕进程，推广秸秆及其他废弃物的综合利用。加快农村沼气建设，实施“生态家园富民工程”。到 2007 年，全省建成 100 个省级生态村。积极推行集约的生态化养殖模式，大中型畜禽养殖场畜禽粪便及养殖垃圾无害化处理和资源化利用水平达到30%以上。

（七）完善生态省建设法规政策体系

1．加快生态省建设建章立制步伐

研究制定一批地方法规和规章，重点制定生态省建设、发展循环经济、清洁生产、饮用水水源保护等方面的地方性法规和规章，使生态省建设有法可依、有章可循。制定《生态省建设目标责任制及责任追究制管理办法》，把本《纲要》中的目标任务分解到相关责任单位，每年年底由责任单位向省政府专门报告；生态省建设领导小组分年度检查全省目标任务落实情况，编制生态省建设年度报告白皮书；制定《安徽生态省建设先进单位和个人奖励办法》。

2．加强生态省建设执法检查

严厉打击污染环境和破坏生态环境的违法犯罪行为，做到有法必依、执法必严、违法必究。及时组织执法检查组，开展生态省建设执法检查。开展清理整顿不法排污企业专项活动，遏制污染反弹，严厉打击环境违法犯罪分子，下气力解决一批矛盾突出、群众反映强烈的生态环境问题。

（八）推进生态省重大项目建设

1. 基本建成一批重大项目

重点建设粮油深加工基地、现代中药产业化基地、退耕还林、长江淮河防护林工程、淮河巢湖治理工程、水土保持工程、绿色通道工程、生态家园富民工程，生态旅游功能区建设及地质公园保护开发工程、沿江二氧化硫控制区污染治理、黄山和九华山环境综合治理工程、生态社区和城镇工程、城市污水和生活垃圾处理工程，建成部分矿区塌陷区生态恢复工程和一批循环经济示范工业园区、绿色安全农业示范工程、绿色产品开发和有机食品生产加工基地。基本建成阜阳和亳州黄牛系列开发项目等。

2. 推进建设进度并开工一批重大项目

在继续完善长江治理的同时，重点加强淮河治理、重要生态功能区建设、生物多样性保护项目、湿地自然恢复与保护、空中云水资源开发利用、防洪保安气象保障、完善江淮丘陵区及淮北地区节水抗旱工程设施建设；继续加快巢湖污染综合治理工程建设、淮河流域水污染控制工程建设、“两山一湖”生态旅游综合开发进度。加强生态服务与监测网络建设，建设一批绿色产业认证中心、检验检测中心、技术服务中心、生态产业高技术研发中心，自然资源和生态环境卫星地面遥感监控中心等。开工建设集中制草浆、林浆纸一体化和其他农副产品深加工骨干项目，两淮洁净煤生产基地、地下煤层气开发利用和煤炭液化工程等。

3. 推进一批重大项目的前期工作

按照滚动实施、动态管理的原则，建设生态省建设项目库。加快推进以清洁生产工艺为主体的汽车、家电、工程与农用机械、环保设备等加工制造业基地的项目前期工作，加快推进以合成氨、尿素、甲醇、二甲醚清洁汽车燃料等为主体的煤化工基地项目前期工作，加快推进以钢铁、有色、非金属等原材料深加工为主体的加工业基地等项目前期工作。加快推进以“食品放心工程”为主体的全国重要农产品生产和供应基地建设工作。加快推进引江济淮工程前期工作。

4. 开放投资市场，拓宽融资渠道

建立城市污水处理和垃圾处理收费机制，制定合理的收费标准，推动城市污水、垃圾处理等环保基础设施的市场化、产业化，培育若干个规模较大的城市污水处理公司和垃圾处理公司。培育和发展土地、矿业资本市场，推行经营性土地使用权和矿业权公开招标、拍卖和挂牌转让，形成国土资源开发多元化投资体制。扩大对外开放，充分利用省外和境外资源，引进资金和技术参与生态省建设。

附件：

安徽生态省建设指标

子系统	序号	指标	单位	2002年实际值	2007年目标值	2015年目标值	2020年目标值
经济发展	1	人均国内生产总值	元/人	5 817	8 500	17 000	25 000
	2	人均财政收入	元/人	546.3	850	1 800	2 600
	3	农民人均纯收入	元/人	2 118	2 700	5 400	7 300
	4	城镇居民人均可支配收入	元/人	6 032	8 800	15 000	18 000
	5	第三产业占GDP比重	%	34.86	37	40	45
	6	单位GDP能耗	吨标煤/万元	1.53	1.5	1.48	1.4
	7	单位GDP水耗	立方米/万元	331.7	300	200	150
	8	主要农产品中有机及绿色产品比重	%	5.78	10	18	20
资源与环境保护	9	森林覆盖率	%	27.95	30	33	35
	10	受保护地区占国土面积比例	%	7.45	10	15	18
	11	退化土地恢复率	%	66.7	75	85	90
	12	SO_2排放强度	千克/万元	11.1	7.5	6.5	5.5
	13	COD排放强度	千克/万元	11.5	8	6	5
	14	主要水体国控断面水环境功能区达标率	%	57.7	70	80	90
	15	集中式饮用水水源水质达标率	%	97	99	100	100
	16	城市空气质量达二级标准天数	天/年	307.07	310	320	330
社会进步	17	恩格尔系数	%	农村 47.46 城镇 43.2	农村 43 城镇 35	农村 37.5 城镇 27.5	农村 35 城镇 25
	18	人均预期寿命	岁	72.6	73.5	74.5	75
	19	城镇人均住房面积	平方米	17.44	21	28	30
	20	基尼系数		0.28	0.3	0.32	0.35
	21	人口自然增长率	‰	6.0	7.0	6.13	3.53
	22	城市化水平	%	30.7	37	45	50
	23	高等教育毛入学率	%	10.5	15	25	30
	24	教育、科技经费支出相当于GDP的比例	%	2.87	3	5	6

江苏

江苏生态省建设规划纲要

（江苏省第十届人大常委会第十三次会议审议批准
江苏省人民政府印发　苏政发[2004]106号）

序　言

新世纪头 20 年是必须紧紧抓住并且可以大有作为的重要战略机遇期，也是江苏加快富民强省、实现“两个率先”目标的关键发展阶段。在加快工业化、城市化进程中，节约利用资源，防治环境污染，加强生态建设，走生产发展、生活富裕、生态良好的文明发展道路，是江苏经济社会发展的迫切需要，是江苏抓住战略机遇期、增创发展新优势的必然选择。

建设生态省，目的是把省域范围内的经济发展、社会进步、环境保护有机结合起来，以较小的资源环境代价赢得经济社会的较快发展，实现资源高效利用，生态良性循环，经济社会发展和人口、资源、环境相协调，为江苏营造良好的生态环境，使人民群众享有良好的生活质量，促进全省经济既快又好发展和社会全面进步。这是省委、省政府贯彻党的十六大和十六届三中、四中全会精神，树立和落实科学发展观，加强执政能力建设，立足省情和长远发展需要，研究借鉴国际经验，遵循经济社会发展规律和自然生态规律作出的重大决策，是实施可持续发展战略，加快富民强省、“两个率先”的重大举措，关系全局，影响深远。

推进生态省建设，是一项庞大复杂的系统工程，也是一项长期艰巨的任务。为了动员组织全省各方面的力量积极参与生态省建设，省政府组织编制了《江苏生态省建设规划纲要》（以下简称《纲要》）。《纲要》主要提出生态省建设的基本理念和发展思路，明确生态省建设的目标任务、建设内容和工作措施，是推进江苏生态省建设的指导性文件，是编制各地区、各行业规划和实施方案的重要依据。生态省建设是一项新的工作，随着对生态省建设内涵认识的不断深化，将适时对《纲要》进行必要的修正。

一、生态省建设的基础条件

（一）有利条件

江苏位于长江三角洲地区，地理位置优越，交通便利快捷，科技教育发达，文化底蕴深厚，人力资源丰富，经济社会发展迅速，为生态省建设提供了自然、经济、人文和社会等多方面的有利条件。

1．自然资源和生态环境具有一定优势

江苏地处长江、淮河下游，东濒黄海，气候温和，土壤肥沃，四季分明，雨量适中；境内地势平坦，平原占 69%，水域占 17%；海岸线近千千米，滩涂面积 980 万多亩；已发现矿产资源 133 种，探明储量的有 65 种；动植物资源丰富，种类繁多，生态系统具有多样性。

2．国民经济和社会事业全面进步

2000 年，全省以县为单位基本实现小康，苏南及沿江部分地区提前向第三步战略目标迈进。2002 年全省地区生产总值突破一万亿元，2003 年人均生产总值超过 2 000 美元。科技、教育、文化等各项社会事业全面发展，精神文明建设和民主法制建设进一步加强。

3．人口控制和资源管理得到加强

“十五”以来，江苏人口出生率保持在 10‰以下。由于认真执行计划生育基本国策，全省人口数量得到了有效控制，缓解了人口对经济、社会和资源、环境的压力。水资源调控能力有了较大提高，地下水超采势头得到控制；土地复垦整理得到加强，土地后备资源开发力度逐步加大，资源利用效率有所提高。

4．生态经济和环境基础设施建设具有较好基础

无公害农产品、绿色食品、有机食品发展迅速。森林面积和林木蓄积量持续增长。清洁生产和循环经济发展较快，有 1 037 家企业开展清洁生产审核，确定了 108 个循环经济试点单位。资源能源利用效率和废弃物综合利用水平有较大提高。垃圾、污水处理等收费机制逐步建立，环境基础设施建设进度明显加快，环保产业基础较好。

5．生态环境保护成效明显

全省 3.7 万多家污染企业基本完成治理任务，国家要求控制的 12 项主要污染物排放总量全部达到控制目标。太湖、淮河流域水污染防治取得初步成效，太湖湖体水质恶化趋势得到基本控制，部分指标有所改善。已建立各种类型自然保护区 26 个，面积 73.79 万公顷，约占全省国土面积的 7.19%。城市建成区绿化覆盖率 35.28%，人均公共绿地为 7.06 平方米。国家环境保护模范城市、国家园林城市、生态示范区、环境优美乡镇等创建活动广泛开展，13 个城市被评为国家环保模范城市，7 个城市被评为国家园林城市，14 个县（市）被命名为国家级生态示范区，3 个城市被命名为全国平原绿化先进市，1 个城市获得全国绿化模范城市称号，建成 2 个全国生态农业示范县，4 个镇获得全国环境优美乡镇称号。

6．可持续发展形成共识

江苏将可持续发展战略确定为指导全省经济社会发展的基本战略之一，组织制订并实施了《〈中国 21 世纪议程〉江苏省行动纲要》，形成了“政府领导、部门负责、环保监管、企业

治理、舆论监督、公众参与”的环保工作机制。省委、省政府制定下发了《关于加强生态环境保护和建设的意见》，明确实行环境与发展综合决策，提出走发展循环经济之路。当前，江苏全省上下正在认真贯彻党的十六大和十六届三中全会精神，以科学发展观为指导，积极实施可持续发展战略，在加快“两个率先”过程中，推进经济社会与人口、资源、环境协调发展。

（二）制约因素

江苏国土面积较小，人口密集，自然资源相对不足，生态环境承载能力较弱。在工业化、城市化进程中，经济社会发展与生态环境保护和建设的矛盾进一步显现。

1．环境形势较为严峻

粗放型经济增长方式尚未根本转变，产业结构不尽合理，经济社会发展与生态环境保护之间的矛盾较为突出。工业污染物排放总量超过环境的承载能力，生活污染比重上升，农业面源污染没有得到有效控制，电子废物污染等新的环境问题逐步显现。淮河、太湖流域省、市界断面水质达标率不高，长江近岸污染带有扩大趋势，有机毒物污染问题突出；沿海入海河口污染严重，主要湖泊普遍存在富营养化问题，城市、小城镇和部分乡村河流污染加剧。空气质量总体属中污染级，一些城市酸雨污染较为突出。城镇生活垃圾和危险废物处理能力不足、标准不高。噪声扰民、水土流失、地面沉降、矿区生态破坏等环境问题也比较严重。

2．资源供需矛盾突出

江苏资源较为匮乏，随着经济社会发展和人口的增长，资源制约愈益明显。全省人均耕地0.99亩，有14个县（市）的人均耕地面积低于联合国粮农组织确定的0.8亩的警戒线，耕地后备资源严重不足。水资源短缺与浪费并存，水资源利用效率较低，淮北地区、沿海垦区和丘陵地区资源型缺水，苏南等地区因水环境污染造成水质型缺水。森林覆盖率较低，林木分布不均。能源消耗量大，自给率低，近80%的一次能源要从省外调入。能源利用效率约为35%，虽高于全国平均水平，但比国际先进水平低6个百分点。人均矿产资源保有储量潜在总值0.86万元，列全国第26位。

3．人口压力较大

2003年底，江苏总人口7 405万人，人口密度为每平方千米721人，居全国各省（区）之首。由于人口基数较大，今后每年仍将净增出生人口20万～30万人。外来流动人口呈进一步增加趋势，出生人口性别比例失调。人口总量大、老龄化趋势加快、人均受教育年限不高的状况对资源和环境将造成直接影响。

4．生态环境保护和建设的机制有待完善

资源与生态环境评价指标和技术标准尚不健全，党政领导干部环保实绩考核机制未完全落实，偏重经济发展、轻视环境保护的现象不同程度存在。环境价格机制和多元化投资机制有待形成，环境基础设施建设相对滞后，生态建设比较薄弱。环境执法不够有力，环境与发展综合决策机制、环境管理体制、环境科技创新机制、公众参与机制需要进一步加强和完善。

二、生态省建设的指导思想、基本原则和奋斗目标

（一）指导思想

推进生态省建设，要以邓小平理论和“三个代表”重要思想为指导，认真贯彻落实以人为本，全面、协调、可持续的科学发展观，紧紧围绕富民强省、“两个率先”目标，切实转变经济增长方式，大力调整优化产业结构，牢固树立循环经济理念，全面推进科技创新和体制创新，发展生态经济，改善生态环境，培育生态文化，坚持经济社会发展与生态环境保护和建设相统一，建设资源节约型和生态保护型社会，促进人与自然和谐相处，着力提高可持续发展能力。

（二）基本原则

1．加快发展，统筹兼顾

坚持以经济建设为中心，牢牢抓住发展第一要务不动摇，努力增强综合经济实力，在发展中解决环境问题。强化节约资源、保护环境意识，加快经济增长方式转变，降低消耗，减少污染，全面推进环境综合治理，在建设中优化生态环境。

2．依靠科教，夯实基础

把实施可持续发展战略与科教兴省战略紧密结合起来，充分发挥科技第一生产力和教育先导性、全局性、基础性作用，加快科技创新步伐，提高生态教育水平，为生态省建设提供有力支撑。

3．创新机制，增强活力

按照建立和完善社会主义市场经济体制的要求，形成环境资源使用成本机制、价格机制和多元化投入机制，加快推进生态环境建设体制机制创新，促进环境与经济相互融合、共同发展。拓展对外开放领域，扩大国际国内交流合作。

4．突出重点，整体推进

着重抓好重点流域、重点区域、重点行业污染防治和生态建设。在此基础上，立足地区、城乡、系统的自然条件与发展现状，统筹规划，分步实施，全面推进生态省建设。

5．政府主导，公众参与

各级政府充分发挥组织推动作用，综合运用法律、行政、经济等手段，加大投入，强化监管，加大促进集约利用环境资源的政策支持力度，提供良好的公共服务，调动企业、社会组织和公众的积极性，广泛参与创建生态省的各项活动。

（三）奋斗目标

1．总体目标

到 2020 年基本建成生态省，经济增长质量、资源利用效率、人民生活水平明显提高，生态环境质量明显改善，可持续发展能力明显增强，区域发展趋于平衡，人口、资源、环境状况适应基本实现现代化的需要，成为经济繁荣、科教发达、生活富裕、法制健全、社会文

明、环境优美的省份。

2. 阶段目标

2004—2005 年。转变经济增长方式和调整产业结构取得初步成效，环境污染程度有所减轻，生态环境恶化趋势得到有效遏制，重点流域和重点城市环境质量有所改善，建成一批环境优美乡镇、绿色社区，国家环保模范城市、生态示范区，园林城市、节水型城市、绿化模范城市，培育一批不同层面的循环经济典型，分解落实生态省建设的目标任务。

2006—2010 年。推进新型工业化和发展生态经济取得较为明显的成效，建成一批生态环境保护和建设重点工程，彻底扭转局部地区生态环境恶化趋势，全省城乡生态环境明显好转，可持续发展能力提高，经济、社会与生态环境步入协调发展的轨道，为生态省建设奠定坚实基础。

2011—2020 年。经济增长方式实现转变，产业结构优化升级，基本形成以循环经济为核心的生态型经济，有效减轻对资源、环境的压力。防灾减灾能力全面提高，自然资源得到有效保护。稳定低生育水平，人口素质明显提高。全省大部分地区环境质量良好，太湖、淮河、长江流域水环境质量和“两控区”大气环境质量明显改善，城乡人居环境清洁优美。全省 80% 以上的省辖市达到国家环保总局规定的生态市建设标准。

（四）主要监测指标

根据国家要求，结合江苏实际，确定我省生态省建设的经济发展、资源与环境、社会进步三大类 20 项主要监测指标，以 2002 年为基期年，分别提出 2010 年、2020 年的规划指标值（详见附件）。

三、生态省建设的主要任务

（一）明确以生态功能区划为基础的生态保护和建设重点

根据各地的自然条件、经济社会发展情况、生态系统类型、环境敏感性及生态环境问题，将全省划分为 3 个生态区（一级区）、7 个生态亚区（二级区）。以此为基础，制定区域生态环境保护与建设规划，合理生产力布局，有效保护和利用资源，维护区域生态安全。

1. 黄淮平原生态区

包括徐州、宿迁和淮安三市全部，连云港和盐城二市除沿海以外的地区，扬州市的宝应县、高邮市、江都市新通扬运河以北地区，泰州市的兴化市、姜堰市新通扬运河以北地区，以及南通市的海安县西北部。该区分为 2 个生态亚区。

（1）沂沭泗平原丘岗生态亚区。主要为黄淮沂沭泗冲积平原，属暖温带气候，气温和降水量相对较低。植被类型以人工栽培植被为主，是全省重要的农果基地。主要生态问题是：水资源分配不均，客水丰枯变化较大，水旱灾害严重；部分地区地下水超采，导致地下水位下降；土壤肥力较低，并有风蚀和盐碱化危害；部分地区采煤塌陷，山丘区植被破坏和陡坡开垦造成水土流失。生态保护和建设重点是：积极保护和扩大水源涵养林和水土保持林，巩固提高以温带果品为重点的多种经营；加强水利建设，搞好流域综合治理，提高抵御洪、涝、

旱、渍等自然灾害的能力；种草养畜，培肥改土，提高土地生产力；发展节水农业，提高水资源利用效率；禁止开采超采区地下水，控制开采非超采区地下水，开展采煤塌陷地的生态恢复与重建。

（2）淮河下游平原生态亚区。以江淮冲积平原为主，地势平坦低洼，湖泊众多，是内陆湿地生物多样性丰富地区，为全省重要的农业基地。主要生态问题是：湖滩湿地开发利用过度，湖泊调蓄功能下降，洪涝灾害较为严重；工业、生活污水排放及农业面源污染、水产养殖业污染等造成部分湖区水质恶化。生态保护和建设重点是：限制、调整湖滩生产活动，严格禁止围湖造地，保护和恢复湖泊蓄洪滞涝功能；加强湿地自然保护区的建设和管理，保护湿地生物多样性；加强洪泽湖、高邮湖、宝应湖、邵伯湖及入江水道等重点水域的污染防治；大力发展无公害、绿色和有机食品，改善农业生态环境；加强水利工程体系建设，提高防洪排涝标准。

2．长江三角洲平原生态区

包括扬州市市区、仪征市、江都市新通扬运河以南地区，泰州市市区、姜堰市新通扬运河以南地区、泰兴市、靖江市，南通市除启东市、海安县划入黄淮平原生态区地区及海安、如东、通州、海门四县（市）沿海以外地区，以及南京、镇江、常州、无锡、苏州五市。该区分为3个生态亚区。

（1）沿江平原丘岗生态亚区。以长江冲积平原为主，兼有低山、丘陵、岗地。长江干流水量丰富、水质较好，是江苏重要水源地。主要生态问题是：沿江工业发展迅速，长江水质受到威胁；城市化、工业化发展使自然生态系统遭到一定破坏；丘陵山地和高沙土地区水土流失较为严重。生态保护和建设重点是：加强工业化、城市化过程中的生态保护，严格控制对城市周边森林生态系统的破坏；积极推进产业生态化改造，大力发展循环经济；加强沿江各个饮用水水源保护区和调水水源保护区管理，有效保护水源地；强化开发区建设的环境管理，避免无序开发；认真贯彻省人大常委会《关于限制开山采石的决定》，搞好开山采石区的水土保持，加快生态修复。

（2）茅山宜溧低山丘陵生态亚区。是江苏森林主要分布区，自然生态系统和景观保存较好。主要生态问题是：工业快速发展对环境造成了一定破坏；开山采石破坏了部分地区景观，并造成水土流失。生态保护和建设重点是：限制开山采石，积极开展采矿破坏地生态修复；保护和营造山区水源涵养林，保护改良丘陵、草地资源，防止水土流失；严格治理工业污染，加强饮用水源地的保护。

（3）太湖水网生态亚区。以平原为主，地势低平，湖泊众多，河网密集，土壤肥沃，是江苏经济最发达的地区。主要生态问题是：水环境恶化的趋势尚未得到有效遏制，部分地区地下水超采，珍贵渔业资源遭到破坏，一些风景生态林地与湿地被蚕食。生态保护和建设重点是：推进经济增长方式的转变，减轻经济社会发展对生态环境的压力；强化城市化过程中的生态环境保护和建设；严格旅游业生态环境管理，保护风景名胜资源；加强湿地保护，禁止填湖造地；全面落实地下水禁采、限采措施，防止发生地质灾害；加强渔业资源繁殖保护区的建设和管理，保护珍贵渔业资源；提高山区水源涵养能力，防止水土流失。

3．沿海滩涂与海洋生态区

包括从赣榆县向南到海门市的各县（市）沿海地区陆地部分、启东市全部陆地部分和我

省管辖海域。该区分为2个生态亚区。

（1）沿海滩涂生态亚区。为滨海平原和滩地，海岸线绵长，生物资源丰富，江苏省已建的两个国家级自然保护区均位于该区。主要生态问题是：沿海滩涂开发利用使珍稀野生动物栖息地范围缩小；入海排污总量增加，近海水域环境质量下降。生态保护和建设的重点是：协调好环境保护和滩涂开发利用的关系，既科学保护，又合理开发；加强污染防治，控制污染物入海总量；保护建设好沿海生态防护林。

（2）近海海域生态亚区。大部分是低平的堆积海岸，盐城和南通部分地区岸外分布着大面积的辐射沙脊，沙带外侧至50米等深线处生物繁盛，形成良好的浅海渔场。主要生态问题是：大量污水沿入海河道排入近岸海域，海域环境污染加剧；沿海渔业资源明显衰竭，海洋捕捞产品数量和质量下降。生态保护与建设的重点是：控制污水向海洋的排放，改善沿海水域环境质量；严格控制海洋渔业过度捕捞，加强海洋渔业资源保护；适当发展近海养殖业；建设一批海洋生态自然保护区。

（二）积极发展以循环经济为核心的生态型经济

树立循环经济理念，探索发展循环经济的有效途径，大力推进产业结构调整，走新型工业化道路，积极发展生态农业、生态服务业，推动“资源—产品—废弃物”的传统增长模式向“资源—产品—废弃物—再生资源”的循环经济模式转变，降低资源消耗，减少环境污染，提高经济、社会和环境效益。

1. 发展生态农业

结合资源、环境特点，探索适合各地自然条件和经济发展要求的生态农业模式，把农业结构调整与增加农民收入、防治农业面源污染和改善生态环境有机结合起来，逐步实现农业产业结构合理化、技术生态化、生产清洁化和产品优质化，促进农业和农村经济的可持续发展。

（1）推进生态农业县建设。以创建生态农业县为抓手，在全省范围内推广生态农业。在抓好已有2个国家级和12个省级生态农业试点县的同时，“十五”期间再建设13个省级生态农业示范县，抓好国家级江阴生态农业示范县和环太湖生态农业示范区建设。到2010年，全省力争有60%的县建成生态农业县。

（2）积极发展无公害农产品、绿色食品和有机食品。在农产品生产、加工、营销中推行清洁生产，开展农产品质量认证。制定化肥、农药合理使用的标准体系和技术规范。推广病虫草害综合防治技术，开发应用高效、低毒、低残留农药和生物农药。禁止在蔬菜、水果、粮食、茶叶和中药材生产中使用高毒高残留农药。大力提倡使用农家肥，推广测土配方施肥技术，提高化肥利用率。加快无公害农产品、绿色食品和有机食品标准制订工作，建设“放心食品”生产基地。到2010年，全省开发建设无公害农产品、绿色食品、有机食品基地5 000万亩。

（3）推行畜禽养殖业清洁生产。畜禽养殖场的选址、布局，要确保达到环境保护的要求。在需特殊保护的区域，划定畜禽禁养区，对禁养区内的畜禽养殖场落实关停转迁计划。畜禽养殖要建立符合 ISO 14000 标准的环境管理体系，采取先进工艺处理粪便污水，实现固液分离，建设沼气工程，生产有机肥料。到2010年，畜禽粪便综合利用率达90%以上。

（4）推进生态渔业建设。加强渔业资源和生态环境保护。继续认真实施长江禁渔、海洋伏休、湖泊禁渔制度。严格实行海洋捕捞渔船数量和马力双控政策。坚决淘汰和更替严重破坏渔业资源的渔法渔具，打击电、毒、炸鱼等违法行为。增加渔业增殖放流，加快海州湾人工鱼礁群建设，加大海洋牧场的建设力度。科学布局养殖生产，推广健康生态养殖模式。到2010年，全省大中型湖泊全面实行养殖容量制度。

2．加快林业建设

确立以生态建设为主的林业可持续发展道路，建立以森林植被为主体的国土生态安全体系，把改善生态环境、维护生态安全、建设生态家园作为林业发展的首要任务。实施绿色江苏林业行动，实现全省森林资源10年倍增计划。通过建设江海河湖防护林、绿色通道等重点林业生态工程，构建稳定的森林生态体系。通过建设杨树板纸一体化等重点林业产业工程，构建发达的林业产业体系。到2010年，全省森林覆盖率达到20%。

3．走新型工业化道路

（1）加快产业结构优化升级。根据各地的自然条件和社会经济条件，合理生产力布局，调整优化产业结构，用循环经济理念指导区域发展、产业转型。大力发展低能耗、高附加值的电子信息、生物医药、新能源、新材料等高新技术产业。运用高新技术和先进适用技术改造提升传统产业，提高有效利用资源和保护环境的能力。加快发展节能、节水工业，积极发展利用可再生资源和吸纳工业废弃物的综合利用产业。严格限制高污染行业的扩张，从严控制工业污染物的排放，坚决淘汰浪费资源、污染环境的落后工艺、技术、设备和产品，逐步形成有利于节约资源、保护环境的产业结构。以现有开发区和工业小区为基础，运用循环经济理念，开展生态工业园建设试点。到2010年，建成一批生态工业园区。

（2）抓好资源的节约和综合利用。建立资源开采、加工、运输、消费等环节全面节约的管理制度，支持和引导企业淘汰浪费资源的工艺、技术和产品。研究制定政策措施，充分运用价格调节机制，促进节能、节水、节约原材料和资源综合利用。规划建设一批废塑料、废橡胶、废电池、废家电、废电脑、废手机、包装废弃物等资源化处理以及废旧汽车回收拆解等处置产业化基地。建设一批再生资源回收集散基地和规模化的再生资源交易市场，促进再生资源回收、加工、利用的规模经营和一体化进程，提高社会综合效益。

（3）全面推行清洁生产。以推行清洁生产为载体，最大限度地提高资源利用效率，从源头控制污染。不断完善清洁生产政策法规和技术标准，逐步建立企业自觉实施清洁生产的机制。到2010年，纳入强制实施清洁生产审核范围的排污企业完成清洁生产审核，太湖等重点流域的工业企业普遍开展自愿性的清洁生产审核，在化工、轻工、冶金、纺织等行业创建一批高标准、规范化的清洁生产示范企业，在重点流域创建2～3个清洁生产示范市和5个清洁生产示范园区，把太湖流域建成清洁生产示范基地。积极引导企业开展 ISO 14000 环境管理体系、环境标志产品和其他绿色认证。

（4）积极发展环保产业。研究开发节能降耗、清洁生产、污染治理等环保产品和生产工艺。建立环保关键技术和产品开发生产试验基地，集中力量扶持一批环保产业骨干企业和集团，创办科研、开发、经营、服务一体化的示范企业。培育和建设环保产业基地，重点支持宜兴、常州、苏州等 3 个国家级环保工业园区建设。按照社会化、专业化、市场化的原则，推动以资金融通、工程建设、设施运营和技术咨询、信息服务、人才培训等为主要内容的环

境服务体系建设，提高环境服务业在环保产业中的比重，增强环境服务业发展水平和竞争能力，积极开拓境外环境服务业市场。

4．发展生态服务业

（1）发展生态旅游业。充分发挥江南水乡、古镇文化、沿海滩涂等别具特色的生态人文优势，大力发展生态旅游业。在旅游开发中，加强生态环境保护设施建设，坚持同步规划、同步实施，实现游客容量与环境容量的有机统一。“十五”及今后一个时期，对环太湖旅游区、宁镇扬旅游区、徐连宿淮旅游区的重点景区环境进行综合整治，改善周围生态环境；建设水乡古镇、东部沿海滩涂、苏南丘陵山区等生态旅游景区；保护性开发地质遗迹，建设地质公园。在 4A 级旅游区（点）、风景名胜区积极推行 ISO 14000 认证。到 2010 年，初步形成环太湖、长江沿线、运河沿线、宁杭高速公路沿线、徐宿淮和盐城沿海湿地生态旅游带，使生态旅游成为我省旅游业的重要品牌。

（2）培育“绿色市场”。建立保障食品安全的质量控制体系和市场准入制度，实行生产、流通、消费全程监督管理。加强食品流通过程中的安全卫生管理，建立高效率、无污染、低成本的“菜篮子”产品物流网络。按照绿色市场标准，加强硬件建设，逐步推进市场设施现代化。建立无公害食品、绿色食品、有机食品专柜，鼓励开设“绿色商店”、“绿色超市”等绿色市场。积极开展区域性食品安全问题的治理整顿，提高食品安全性。

（3）创建“绿色饭店”。在全省星级饭店开展创建“绿色饭店”活动。宣传安全、健康、环保理念，推广绿色管理，倡导绿色消费，保护生态和合理使用资源，减少对环境的污染。到 2010 年，70%的星级饭店建成“绿色饭店”。

（三）切实加强生态环境治理和建设

坚持污染防治和生态建设并重，将有效保护和合理利用资源贯穿于经济社会发展全过程，突出抓好重点流域、区域的环境综合整治，提高资源保护利用水平，切实改善环境质量。

1．加强重点流域、区域环境综合整治

（1）淮河流域水污染防治。认真执行《江苏省淮河流域水污染防治“十五”实施计划》和《南水北调东线工程治污规划》，以奎河、新沂河、通榆河、里运河等水域为重点，开展综合整治，通过实施城镇污水处理、城镇垃圾处理、工业污染防治、截污导流、区域综合治理、农业面源治理、饮用水源保护、环境管理能力建设以及禁磷等工程，削减主要污染物排放总量。到 2007 年，淮河流域水质进一步好转，南水北调东线水质全部达到地表水Ⅲ类标准。

（2）长江江苏段水污染防治。在沿江开发中，要根据长江水环境容量和生态环境承载能力，统筹规划沿江产业布局结构，严格控制高消耗、高污染产业的发展，严禁新上不符合国家产业政策和经过评价可能导致环境质量恶化的项目。在饮用水源保护区、自然保护区等重点地区，禁止任何新建项目上马。加强对沿江产业园区的环境管理，园区建设和进区项目必须严格执行环境影响评价制度和“三同时”制度。对取水进行水资源和水环境论证。加强对外秦淮河、十圩港等污染严重的入江河流综合治理。强化有机化工、制药、造纸等行业的污染治理，严格控制排入长江的有机毒物总量。研究解决沿江地区达标尾水出路问题。到 2010 年，长江干流水质继续保持地表水Ⅱ类水质标准，主要入江河流水质达到水环境功能区划要求，饮用水源地水质全部达到国家规定的标准，岸边污染带发展趋势得到全面控制。

（3）太湖流域水污染防治。认真执行《江苏省太湖水污染防治“十五”实施计划》，以梅梁湖、五里湖、盛泽地区和太湖西岸等为重点区域，以控制太湖富营养化和河流有机污染为重点内容，开展流域环境综合整治。加快实施城镇污水处理、城镇垃圾及危险废物处置、工业及其他点源污染控制、调水导污、生态恢复、生态清淤、面源污染控制、饮用水源水质保护等工程，严格控制网围养殖。到2010年，太湖水质明显改善，五里湖、梅梁湖和太湖西岸区水质进一步改善。

（4）饮用水源地保护。按照划定的水（环境）功能区划，对全省水资源、水环境进行分类管理。在一级保护区内，禁止一切排污行为和对水源地水质有影响的旅游、水产养殖等活动。加强饮用水源地水质监控，及时掌握水源水质状况，建立饮用水源安全预警系统。制定有机毒物的控制标准。推广区域供水，加强饮用水源集中管理，提高城乡供水系统覆盖率、保障率和水质达标率。到2010年，全省98%以上城镇居民实现集中供水；95%以上农村居民饮用上安全卫生自来水，饮用水源水质均符合国家规定的标准。到2020年，城镇居民实现优质供水。

（5）“两控区”污染防治。以控制燃煤排放二氧化硫为重点，采取综合防治措施，控制酸雨和二氧化硫污染。推广燃用低含硫煤，控制火电厂二氧化硫排放。新建、扩建和改建火电机组必须同步安装脱硫设施，现有火电厂必须安装烟气脱硫装置，关停能耗高、污染严重的纯凝式小火电机组。对工业锅炉、炉窑加快技术更新和烟气脱硫改造。加强城市气化（煤气、液化石油气、天然气、煤层气）工程、集中供热、热电联产等能源基础设施建设，较大幅度削减城市原有分散的工业锅炉和民用炉灶等二氧化硫排放。

2．加强水资源保护

（1）强化地下水管理。针对全省地下水开采情况和水文地质状况，划定地下水超采区、限采区。苏锡常地区到2005年底实现地下水全面禁采。苏中、苏北地区按照总量控制、计划考核、目标管理的要求，将开采量控制在可采范围之内，实现采补平衡。加强浅层地下水的开发利用和管理。根据优水优用原则，调整地下水使用功能，控制农用地下水开采量。到2020年，全省地下水资源基本用于饮用水源。

（2）节约利用水资源。以农业节水为重点，大力推行节约用水，建设高效节水防污型社会。开展节水增效示范区和大型灌区的续建配套和更新改造工程建设，将传统粗放型灌溉农业建设成为节水型现代高效灌溉农业，提高水的利用效率。限制高耗水型工业项目的发展，降低产品单位产量耗水定额，提高工业用水重复利用率。到2010年，工业用水重复利用率要达到 70%以上。做好城镇供水管网改造工作，降低城镇输配水管网和用水设施的漏水损失，开发、推广节水器具和节水技术，对居民用水实行计量水价，建立鼓励使用“中水”的价格机制，建设节水型城市。

（3）开展河湖生态清淤。大力开展生态清淤，并使其长期化、制度化、专业化，减少河湖底泥对水体的二次污染，增加水环境容量。加快实施农村河道疏浚，到2007年将全省县乡河道全面疏浚一遍。近期重点组织实施太湖湖体以及出入湖河道的清淤工程。将生态清淤与交通、水利工程和生态农业建设有机结合起来，合理利用清出淤泥，发挥综合效益。

3．加强国土资源保护

（1）土地资源保护。从严控制城乡建设用地总规模，认真落实国家确定的耕地保护政策，

严格保护基本农田，禁止在基本农田内植树造林、挖塘养鱼，保证全省耕地总量动态平衡。合理利用土地后备资源，开展土地整理和复垦。建立耕地开垦生态评价制度，制定生态保护方案。着力提高耕地质量，挖掘耕地潜力。引导和鼓励建设用地“三集中”，即工业向园区集中，人口向城镇集中，住宅向社区集中，努力提高土地资源的集约利用水平。以小流域为单位，将工程措施、植被措施与农业耕作措施有机结合起来，对重点水土流失地区进行综合治理。

（2）矿产资源保护。建立政府调控与市场调节相结合的矿产资源配置机制。根据江苏矿产资源稀缺特点，大力开发国内国外两个市场，充分利用国内国外两种资源，保证矿产资源的供需平衡，减轻对本省资源和环境的压力。推进矿产资源管理方式和利用方式转变，依靠科技进步，推广使用先进工艺和设备，提高矿产资源的采选回收率和综合利用效率，降低矿产资源消耗水平。到 2010 年，矿产资源采选回收率和综合利用率分别提高 3%和 5%。加强生态地质环境保护和地质灾害防治，开展矿区生态地质环境调查，编制全省矿山生态环境恢复治理和地质灾害防治规划。认真贯彻省人大常委会《关于限制开山采石的决定》，实施矿区生态修复与重建工程，推进矿山开发与环境恢复同步化。到 2010 年，受破坏矿山生态环境治理率达到 45%～50%。

（3）合理开发利用能源。以“西气东输”为契机，不断提高天然气等清洁能源在能源消费总量中的比重。积极研究开发地热能、风能、太阳能等可再生能源，合理配置煤炭资源，降低煤炭在能源消费总量中的比重，调整改善能源结构。把使用清洁燃料替代石油放在重要位置，抑制石油消费快速增长势头。深入开展节能降耗工作，采用先进技术，降低主要工业产品能耗，提高锅炉、风机等设备的运行效率，降低输配电网的损耗，加快城市热电联产集中供热设施建设。建设节能建筑，降低建筑能耗。

（4）海洋资源保护。认真贯彻实施海洋（环境）功能区划，组织实施碧海行动计划，通过防治工业污染、城市生活污染，建设生态农业、生态养殖、海洋生态隔离带，治理船舶、港口污染等措施，控制陆域污染物排放入海总量。到 2010 年，近岸海域环境质量得到初步改善，入海河流水质达到《江苏省地表水（环境）功能区划》要求。加强对海洋资源的综合管理，改变开发的无序、无度、无偿状况，重视对重要滩涂、自然景观、沿海湿地、自然保护区等生态区域的保护。

4．加强生物多样性保护和自然保护区建设

（1）湿地保护。全面开展湿地资源的专题调查，根据不同湿地的环境条件、动植物种类、数量和分布，明确保护目标，确定保护级别，制定保护规划，分类实施保护或进行生态型开发。在太湖、洪泽湖、里下河水网沼泽地区、长江洲滩以及沿海滩涂，建立一批湿地自然保护区。到 2010 年，全省三分之二以上的自然湿地得到有效保护。

（2）自然保护区建设。加大对自然保护区的经费投入和建设管理力度，重点建设盐城珍禽等国家级和省级自然保护区。抢救性地建设洪泽湖湿地、长江口北支湿地、长江豚类等自然保护区。到 2010 年，全省自然保护区总数达到 33 个，自然保护区面积占国土面积的 8.8%。

（3）生物物种资源保护。组织开展全省生物物种资源调查，编制全省生物物种资源保护利用规划，加强生物资源就地保护和基因库建设。建立健全生物多样性保护和生态安全监管网络，有效保护珍稀动植物资源和典型生态系统类型，严格监管外来物种引入和转基因物种

扩散。建立一批野生动植物抢救、驯养、繁殖中心和珍稀植物栽培基地，对国家重点保护动植物实施抢救性保护。严禁猎杀和贩卖野生动物。到2020年，全省所有国家重点保护野生动物、85%以上省重点保护野生动物、95%以上野生植物得到有效保护。

（四）努力建设人与自然和谐的人居环境

把解决人口问题、改善人居环境和加快生态文化建设有机结合起来，统筹协调推进，实现人口规模适度、人居环境优化、生态意识普及，促进人与自然和谐相处。

1. 稳定低生育水平，提高人口素质

坚持计划生育基本国策，制定和完善鼓励、扶持计划生育的政策，促进人口与资源环境承载能力相适应。推进人口与计划生育工作的综合改革，建立人口与计划生育工作新机制，全面提高管理和服务水平。建立以现居住地为主的工作机制，加强县乡计划生育服务机构能力建设，提高流动人口计划生育的管理服务水平。全面推进以技术服务为重点的优质服务，提高出生人口素质。综合治理出生人口性别比升高问题。优先发展教育事业，努力提高人口的科学文化素质。高水平、高质量普及九年义务教育，基本普及高中阶段教育，大力发展职业教育和培训，提升高等教育大众化水平，完善继续教育和终身教育体系，努力建设学习型社会，促进人的全面发展。到 2010 年，全省人口控制在 7 800 万以内，人均受教育年限达到 12 年。

2. 提高城市环境建设水平

（1）环境基础设施建设。推行和完善污水、垃圾处理收费制度，进一步加快城市污水收集管网、污水处理厂和垃圾处理场建设，积极培育垃圾、污水处理产业。完善污水收集系统，实行雨污分流。实行危险废弃物处理收费制度，建设危险废物安全焚烧、安全填埋集中处置设施。推行城市生活垃圾分类回收和废旧物资回收，提高再生资源的综合利用水平。到 2010 年，危险废物安全处置率达到 100%，再生资源回收率达到 60%。

（2）城市环境综合整治。通过截污、治污、雨污分流、调水、驳岸、清淤和河岸陆域整治等工程措施，结合旧城改造，更新城市排水系统，全面治理城市内河。到 2010 年，全省城市主干内河基本消除黑臭，做到水清、岸洁、有绿，城市河流水质达到水功能区要求，基本恢复内河生态和景观功能。在城市建设基本无煤区、清洁能源区。改造城市燃煤锅炉，提高城市气化率；有效治理饮食业的油烟污染；禁止焚烧生活垃圾、落叶和有毒有害物质；研制开发高效、节能、低排放、低噪声的新型交通工具，积极发展城市快速轨道交通；严格执行机动车尾气污染物排放标准，加强机动车污染防治监控；强化对建筑、拆迁和市政工程等施工现场的渣土管理和扬尘污染防治。到 2010 年，全省城市空气环境质量按功能区达到国家空气环境质量标准。合理规划城市输变电设施和通讯、广电等发射装置的布局，控制城市电磁辐射环境污染水平。加强对建筑装修材料放射性污染和新建住宅、办公楼建前选址、建后安全性的监测监督。重点加强对核设施、核技术应用的安全性监督，确保辐射环境安全。努力改善社区环境，到 2010 年，60%的社区达到绿色社区标准。

（3）城市改造与城市绿化建设。加强城市规划，调整旧城区工业企业布局，逐步改造、搬迁、关闭市区污染重、占地多、群众反映强烈的污染企业，优化城市功能。城市改造地段优先建设公共服务设施、公共绿地。城市景观规划建设坚持以人为本，体现人文景观和自然

风光的和谐，重视城市历史文化资源的保护和利用，体现城市风貌和形象特色。加强城市绿化建设与管理，改善城市生态环境，优化人居环境。城市中心区要结合旧城改造和城市环境综合整治，合理布局和建设各类绿地。加快城市范围内道路、水系、山体的绿化建设，建立完善防护林体系和绿化隔离带。加强城市规划区植物原生性、多样性研究，实行乔灌花草结合，常绿落叶树种搭配，建立各类绿地全面发展、合理布局、功能完善的城市绿化体系。到2010年，全省城市建成区绿化覆盖率达到40%，60%的省辖市和县级市达到省级园林城市标准，12个城市达到国家园林城市标准。

3．加强农村环境建设

（1）小城镇和农村环境综合整治。制订实施城镇和乡村环境保护规划，严格执行功能分区，合理调整乡镇工业和村镇建设布局，引导乡镇工业向乡镇工业小区集中，农民居住向中心镇村和社区集中，促进生产方式、生活方式的转变，实现污染物集中处理、达标排放。积极开展环境优美乡镇、新型示范小城镇、生态村、康居示范村创建活动，把生态工业园区建设和小城镇建设结合起来，把种养殖业的污染防治和农村环境综合整治结合起来，把人居条件的改善与各个层面的创建活动结合起来。组织开展“农民健康促进行动”，建设“清洁家园、清洁水源、清洁田园”，改善农村面貌和居住环境。结合沼气建设，改圈、改厕、改厨。到2010年，建成一批国家级、省级环境优美乡镇和省级新型示范小城镇。

（2）农业废弃物综合利用。深入开展秸秆禁烧工作，禁止露天焚烧或随意弃置秸秆。大力推广秸秆过腹还田、速腐秸秆制肥、秸秆制气等应用技术，建设一批秸秆综合利用示范点，促进秸秆资源化利用。提倡生态养殖，推进畜禽粪便的综合利用。发展大中小型沼气工程，实现农村废弃物资源化。推广使用可降解地膜，及时清除回收难降解的残膜。到2010年，全省秸秆综合利用率达到90%以上。

4．加强生态文化建设

通过生态文化建设，培养善待自然、人与自然和谐的伦理观，树立环境是资源也是资产、资本的价值观，确立保护环境就是保护生产力、改善环境就是发展生产力的思想，倡导科学、文明、健康的生活方式，逐步形成崇尚自然、保护环境的行为规范，营造全社会关心、支持、参与生态省建设的文化氛围。

（1）开展生态教育。大力开展人口、资源、环境国情省情教育和生态环境警示教育，通过走进企业、走进村镇、走进社区、走进学校等多种方式，广泛开展以建设资源节约型社会和生态保护型社会为主题的宣传教育活动，提高公众对人与自然和谐规律的认识，增强全社会的资源忧患意识、节约利用意识、生态环境保护和建设意识，引导人们自觉遵循客观规律，形成节约资源、珍惜环境的社会氛围。

（2）推进公益性生态文化工程建设。加强文化基础设施建设，充分利用基层文化阵地，为城乡居民提供生态文化服务。建设一批生态文化教育基地，出版发行有关生态知识的音像、图片与书籍，创作演出能表现生态文化内涵的精品，开展“倡导绿色文明，共建绿色家园”活动。

（3）提倡“绿色消费”。倡导健康文明和可持续的消费方式，摒弃盲目消费、过度消费、奢侈消费行为。引导消费者增强食品安全意识，自觉购买无公害食品、绿色食品和有机食品，逐步形成绿色消费习惯。制定绿色采购与消费政策，优先选用符合环保标准的商品。

四、生态省建设的重点工程

统筹规划、分步实施一批重点生态工程建设项目，把生态省建设的各项任务落到实处。其中2010年前投资约2 000亿元，部分工程已在“十五”计划中安排和实施，其余部分将在全省国民经济和社会发展第十一个五年计划和年度计划中作出安排，省、市、县分级组织实施；2011年至2020年的工程建设项目，将根据生态省建设进展情况和全省经济社会发展需要作出安排。

1．生态农业和生态林业建设工程

主要包括“清洁家园、清洁水源、清洁田园”项目，生态农业县建设项目，无公害农产品基地建设项目，生物农药、高效肥料等无公害投入品开发及示范项目，秸秆、畜禽粪便资源化综合利用示范项目，江海河湖防护林、丘陵岗地森林植被恢复、绿色通道、城市森林等建设项目。到2010年投资85亿元。

2．生态型工业建设工程

主要包括太湖流域清洁生产基地、长江沿江地区和南水北调东线沿线清洁生产基地建设项目，生态工业和ISO 14000示范园区建设项目，再生资源回收加工基地建设项目。到2010年投资270亿元。

3．资源保护与恢复工程

主要包括基本农田保护和高标准农田建设项目，沿海滩涂资源生态保护与开发利用项目，自然保护区和湿地保护项目，废黄河沿线土地开发整理项目，黄河故道农业综合开发项目，露采矿山环境整治项目，煤矿塌陷地环境整治项目，区域集中供水建设项目，碧海行动计划项目。到2010年投资200亿元。

4．清洁能源建设工程

主要包括“西气东输”和“西电东送”配套项目，城市天然气建设项目，地热资源开发利用项目，沿海地区风能发电示范项目，节能建筑推广项目，农村沼气推广项目，抽水蓄能项目。到2010年投资210亿元。

5．重点流域、区域环境综合整治工程

主要包括城镇污水处理厂建设项目，调水截污导流项目，工业及面源污染防治项目，生态清淤项目，饮用水源地保护项目，流域性水资源调度工程，火电厂脱硫设施建设项目。到2010年投资650亿元。

6．城乡人居环境建设工程

主要包括污染企业搬迁项目，城市内河水环境综合整治项目，城市垃圾处理项目，危险废物集中安全处置项目，机动车尾气排放和扬尘污染控制项目。到2010年投资470亿元。

7．生态安全保障工程

主要包括生态环境安全预警系统建设项目，防灾减灾预警应急系统建设项目，食品安全质量监控体系建设项目，公共卫生与疾病控制系统建设项目。到2010年投资80亿元。

8．科教支撑与管理决策工程

主要包括生态环境科技攻关和推广示范项目，生态教育基地建设项目，标志性生态文化

基础设施和生态文化产业建设项目，人口预测分析信息系统，生态资源环境信息系统、监测网络和管理系统建设项目，生态省建设重大理论、体制机制问题的研究项目。到2010年投资35亿元。

五、生态省建设的保障措施

（一）加强组织领导，建立生态省建设目标责任制

生态省建设是一项跨地区、跨部门、跨行业的综合性系统工程，必须周密部署，精心组织，广泛发动，合力推进。各级各部门要把生态省建设列入重要议事日程，加强组织领导，落实工作责任，完善工作机制。加强调查研究，及时总结推广基层创造的先进经验，积极解决各种实际问题。

建立和完善严格的目标责任制，签订目标责任状，层层抓好落实，确保责任到位、措施到位、投入到位。把建设生态省业绩作为考核领导干部政绩的重要内容和奖惩的重要依据，加强考核奖惩。对生态省建设成绩突出的单位和个人给予奖励。对因工作不力、决策失误等原因造成严重后果的，予以通报批评，并按照有关规定追究相关人员责任。

建立生态省建设进展情况监测评价制度，对全省各地和重点流域、区域的生态环境保护和建设进行全面的统计、监测和评价。

（二）坚持环境影响评价制度，实行环境与发展综合决策

按照环境影响评价法的规定，对土地利用规划，区域、流域、海域的建设开发利用规划，工业、农业、畜牧业、林业、能源、水利、交通、城市建设、旅游、自然资源开发等专项规划，组织开展战略环境影响评价，充分考虑资源和生态环境的承载能力。对于有重大环境影响而又没有有效防治措施的规划及政策，应当予以缓行，从根本上控制生态环境问题的产生，保障可持续发展战略的实施。

继续完善建设项目环境影响评价制度，按照“先评价、后建设”的原则，严格把好建设项目的立项审批关。项目建成后，进行环境影响后评价和跟踪检查。

探索建立新的国民经济核算方法，开展绿色 GDP 指标体系核算试点，体现生态环境和自然资源的价值，扣除自然资源的损耗和环境污染的损失，准确反映经济发展中的资源环境代价。

（三）加强地方立法和执法，为生态省建设提供法制保障

以国家法律法规政策为依据，结合江苏实际，加快制定生态环境建设的地方性法规、规章和政策，严格执法，切实推进生态省建设。

抓紧起草、提请审议出台《促进循环经济发展条例》、《江苏省长江水污染防治条例》、《清洁生产促进条例》、《海洋环境保护管理条例》、《放射性污染防治办法》、《服务业环境管理办法》、《环境污染行政责任追究办法》等地方性法规或政府规章，以及规范再生资源回收、引导绿色采购、发展绿色食品等方面的规章制度。适应形势变化需要，提请修订《江苏省环境保护条例》等地方性法规。制定配套鼓励政策，积极引导和扶持清洁生产、生态农业、再生

资源、清洁能源、污染防治等项目建设。及时将成熟的政策上升为法规、规章。

加大执法力度，集中整治浪费资源、污染环境的行为，严厉打击破坏生态的违法行为，做到有法必依、执法必严、违法必究。全面推行行政执法责任制和责任追究制，规范执法部门和执法人员的行政执法行为，确保有关法律法规的实施。充分发挥舆论和人民群众监督作用，及时宣传生态省建设的先进典型，揭露和批评污染环境、破坏生态的违法行为。

（四）运用市场机制，拓宽以政府为主导的多元化投资渠道

生态省建设需要大量资金，除各级财政增加投入外，必须运用市场机制，拓展投资渠道，调动各方面对生态省建设投入的积极性。

各级政府要履行公共财政职能，完善预算管理制度，调整优化财政支出结构，加大对生态环境建设的投入力度。各级财政每年都要在预算中安排专项资金，用于生态环境保护和建设中的公益性、基础性项目。

在财政增加投入的同时，要充分发挥市场机制作用，大力推行生态环境保护和建设项目的市场化运作，广泛吸纳社会资本、民间资本、外商投资建设环境保护基础设施。按照“污染者付费”的原则，全面推行污水处理、垃圾处理、固体废弃物处置付费制度，建立环境资源有偿使用制度，实行排污指标初始分配的有偿使用和排污指标的有偿交易。

（五）加快科技创新，构建生态省建设的科技支撑体系

大力推进人口、资源、环境领域的科技创新，优先确定关系人民群众生命健康和生活环境改善的重点领域，组织实施社会发展科技示范工程。加强生态环境保护建设、清洁生产、资源可持续利用等方面的科技攻关，为生态省建设提供有力支撑。开展工业型生态环境建设、生活污水控制与水环境治理、滩涂湿地生物多样性建设等科技工程示范，培育和建设一批生态可持续发展的先行试验区。

加强科学研究、科技工程示范和重大环境治理工程建设的衔接，积极吸引高等院校、科研机构和高新技术企业参与生态环境建设方面的技术创新工作，提高生态省建设的科技支撑能力。建设人口、资源、环境领域的技术创新平台，全面推进公益类科研机构的体制改革，积极发展社会事业领域的科技服务业，构建适应生态省建设的科技创新体系。

（六）建立公众参与机制，提高环境信息公开化程度

实行政府环境行为和企业环境行为信息公开化，建立和完善有奖举报等激励机制，为公众行使知情权、参与权、监督权创造条件，推动公众广泛参与生态环境保护和建设。建立公众听证制度，让公众参与法规政策制定和环境影响评价，充分表达自己的意见和建议。有计划地开展公众环境意识调查，了解公众环境意识状况，并广泛征求公众的意见和建议。

充分发挥工会、共青团、妇联以及各种社会团体组织在生态省建设中的作用，发展壮大环境保护志愿者队伍，引导和组织更多的公众参与生态省建设，为生态省建设奠定坚实基础。

（七）扩大对外开放领域，广泛开展国际交流合作

适应经济全球化和我国加入世界贸易组织的新形势，借鉴国际环境保护、生态建设和发

展循环经济的先进经验，制定完善生态环境保护和建设的法规政策。

围绕发展循环经济、生态环境保护和建设、清洁生产、资源综合利用等，广泛开展国际合作与交流，引进国外先进技术、人才和管理经验。全面开放环境基础设施建设领域，拓宽利用外资渠道，积极争取国际组织和外国政府贷款、赠款，鼓励外商投资兴办污染防治、资源节约利用等项目，促进环保产业发展。

（八）统筹规划，积极开展不同层面的创建活动

在基层广泛开展创建环境优美乡镇、生态村、绿色社区、绿色学校、清洁生产文明单位等活动，增强全社会的环境意识，把保护生态环境的各项措施和任务落实到基层，夯实生态省创建工作的基础。

继续推进国家环保模范城市和生态示范区创建工作。从实际出发，突出重点，分类指导，开展城乡环境综合整治，把生态环境保护和建设渗透到城乡发展的各个方面，创建更多的国家环保模范城市和生态示范区。

已经取得国家环保模范城市和全国生态示范区称号的市、县，要进一步提高标准，明确目标，积极开展生态市、县建设试点，总结经验，逐步推广，为生态省建设奠定良好基础。

推进生态省建设事关江苏经济社会发展全局，功在当代，利在千秋。全省各级各部门和社会各方面要统一思想认识，开拓创新，扎实工作，确保生态省建设不断推进、取得实效。

附件：江苏生态省建设主要监测指标

附件：

江苏生态省建设主要监测指标

指标名称	单位	2002 年基数	规划指标值	
			2010 年	2020 年
一、经济发展				
1．人均 GDP	元	14 391	28 000	64 000
2．第三产业占 GDP 比重	%	37.4	45	55
3．居民收入				
（1）农民人均纯收入	元	3 996	8 000	12 000
（2）城镇居民人均可支配收入	元	8 178	16 000	30 000
二、资源与环境				
*4．单位产出能耗和水耗				
（1）单位 GDP 能耗	吨标煤/万元	1.39	1.18	0.96
（2）单位 GDP 水耗	立方米/万元	450	250	180
5．森林覆盖率	%	10.56	20	26
6．土地保护				
（1）受保护地区占国土面积比例	%	9.08	13	16

指标名称		单位	2002 年基数	规划指标值	
				2010 年	2020 年
（2）水土流失面积占国土面积比例		%	4.24	2.50	1
7. 物种保护					
（1）物种多样性指数			1	1	1
（2）珍稀濒危物种保护率		%	97	100	100
8. 地下水超采面积比例		%	12	6	3
9. 主要污染物排放强度					
（1）SO_2		千克/万元	10.53	4.85	2.43
（2）COD		千克/万元	14.76	6.80	3.23
10. 酸雨状况					
（1）降水 pH 值年均值		pH	5.31	≥5	≥5
（2）酸雨频率		%	23.5	＜30	＜30
11. 城市空气环境质量达标率		%	40	90	95
*12. 城镇污水、生活垃圾处理					
（1）城镇污水处理率	城市	%	65.9	80	85
	县城	%	33.1	55	70
	小城镇	%	20	40	60
（2）城镇生活垃圾无害化处理率	城市	%	85.5	96	98
	县城	%	70.1	75	80
	小城镇	%	20	65	80
13. 水质状况					
（1）水功能区水质达标率		%	41.5	85	95
（2）近岸海域功能区水质达标率		%	50	90	100
*14. 城镇建成区绿化覆盖率					
（1）城市建成区绿化覆盖率		%	35.3	40	42
（2）县城建成区绿化覆盖率		%	21.7	30	35
（3）小城镇建成区绿化覆盖率		%	19	25	30
*15. 农业面源污染防治					
（1）化学氮肥施用量（折纯）		千克/公顷	385.5	346.9	308.4
（2）农药使用量（折百）		千克/公顷	3	2.2	2
（3）畜禽粪便综合利用率		%	75	90	95
（4）秸秆综合利用率		%	80	90	95
*16. 无公害农产品、绿色和有机食品基地面积比重		%	40	65	80
*17. 环保投资占 GDP 比重		%	2	3	4
三、社会进步					
18. 人口自然增长率		‰	2.18	4.5	4.5
19. 城市化水平		%	44.7	55	≥60
20. 环境保护宣传教育普及率		%	50	90	95

注：本指标体系根据国家环保总局《生态省、市、县建设指标体系》编制，其中打*者为我省增加的指标。

河北

河北生态省建设规划纲要

（2006年7月13日河北省第十届人大常委会第二十二次会议审议通过
河北省人民政府印发　冀政[2006]33号）

前　言

生态省是经济社会与生态环境实现协调发展，各个领域基本符合可持续发展要求的省级行政区域。建设生态省就是运用可持续发展理论和生态学与生态经济学原理，以促进经济增长方式的转变和改善环境质量为前提，抓住产业结构调整这一重要环节，充分发挥区域生态与资源优势，统筹规划和实施环境保护、社会发展与经济建设，加快建设资源节约型和环境友好型社会，基本实现区域经济社会的可持续发展。

为推进生态省建设，2003年10月27日省政府常务会议提出“由省环保局按照全国生态省建设的要求，组织专门人员谋划我省生态省建设”。2005年1月，省十届人大三次会议通过的政府工作报告明确提出，出台实施生态省建设规划，建设经济社会与生态良性循环的生态河北。这是省委、省政府贯彻落实科学发展观，应对国内外发展形势，促进经济社会更快更好发展，构建和谐河北做出的一项重大战略决策。在借鉴国内外大量研究成果和外省实践经验的基础上，省环境保护局、省发展和改革委员会组织有关部门和专家，经过认真调查研究，编制了《河北生态省建设规划纲要》。

一、生态省建设的必要性和基础条件

（一）生态省建设的必要性

随着经济全球化趋势的加快，资源、环境问题已构成当今国际社会关注的焦点，生态安全已成为国家安全的重要组成部分，发达国家不断构筑以保护生态环境为内容的“绿色贸易壁垒”，并正通过发展循环经济逐步实现经济的生态化转向，可持续发展逐渐成为全球的共同行动。

党中央、国务院高度重视环境保护工作，将其作为我国一项长期坚持的基本国策，制定和实施了可持续发展战略。党的十六大确立了全面建设小康社会的宏伟目标，十六届三中、

四中全会提出树立和落实以人为本，全面、协调、可持续的科学发展观，加快构建社会主义和谐社会。十六届五中全会进一步强调以科学发展观统领经济社会发展全局，提出要把节约资源作为基本国策，发展循环经济，保护生态环境，加快建设资源节约型、环境友好型社会，促进经济发展与人口、资源、环境相协调。省委六届三次全会提出，到2020年实现全省国内生产总值比2000年翻两番。省委六届八次全会提出了我省更快更好发展的奋斗目标和指导原则。未来15年，是我省环境与发展矛盾最为突出的时期，是资源环境“瓶颈”对经济发展制约最为明显的时期。解决好这一重大课题，对于巩固经济发展成果，保障群众健康，维护社会稳定，实现全面建设小康社会奋斗目标具有重要现实意义和战略意义。

开展生态省建设，是践行“三个代表”重要思想，落实科学发展观的具体体现。建设生态省，有利于发展社会生产力，加快调整经济结构，优化产业布局，转变粗放型的经济增长方式，提高资源利用效率；有利于促进生产方式、生活方式和消费观念的转变，促使全社会建设生态文明；有利于改善生活环境，提高人民群众的生活质量和生活水平，为子孙后代提供良好的发展基础和永续利用的资源与环境。

开展生态省建设，是解决可持续发展资源环境“瓶颈”制约的必然选择。我省人口众多，资源相对贫乏，特别是水资源严重短缺，生态环境脆弱，承载力低。若继续沿用高投入、高消耗、高污染的粗放型模式，现有资源和能源将无法保证经济快速增长的需要，生态环境也无法承载。只有走科技含量高、经济效益好、资源消耗低、环境污染少、人力资源得到充分发挥的新型工业化道路，大力发展循环经济，才能有效解决经济发展与环境保护之间的矛盾，实现更快更好地发展。

开展生态省建设，是提高整体竞争力和综合实力的重大举措。我省所处的环渤海经济圈和环京津都市圈，是中国经济的第三增长极。经济全球化的发展，使我省对国际市场和国际贸易的依存度日益提高，而且良好的生态环境也日益成为经济的第一立足点、第一竞争点、第一增长点。通过生态省建设，发展循环经济，建立生态经济体系，可以优化我省发展环境，创新发展动力，拓展发展空间，增强发展后劲，改善和提高经济增长质量和效益，实现经济发展与环境保护“共赢”。

开展生态省建设，是保障京津冀共生生态圈生态安全的重要途径。我省环绕京津两大城市，与京津共居一个生态环境单元，共享一地自然资源，同处一个海滦河水系。建设生态省，对我省完成为京津挡沙源、保水源、构筑京津生态屏障的重要使命，保障京津冀区域生态安全，有着极为重要的作用。

（二）生态省建设的基础条件

1. 自然环境基础

我省东临渤海，处于东北、西北、华东和中南四大经济区域的结合部。全省土地面积187 693平方千米，大陆海岸线长487千米，海岸带总面积11 380平方千米，其中浅海面积6 456平方千米，海岛面积8.4平方千米；地貌类型多样，地势西北高、东南低，坝上高原、燕山和太行山地、河北平原从西北向东南依次排列；属温带大陆性季风气候，年均降水量为341～750毫米，降水变率大，区域分布不均；河流众多，大部分为季节性河流，多年平均水资源总量为203亿立方米，人均水资源量为300立方米，属资源型严重缺水省份。

我省土壤类型多样，共有 8 个土纲、21 个土类、55 个亚类、357 个土种；已发现矿产有 151 种，已探明储量的矿产 120 种；渤海沿岸地区已探明石油地质储量近 51.2 亿吨，天然气 343 亿立方米，海域探明石油地质储量约 2 亿吨。我省植被具有温带植物区系特点，原生植被高原区为草原，山区为落叶阔叶林，平原地区为疏林草甸。全省陆域共有高等植物 2 800 余种，脊椎动物 530 余种，是我国生物多样性较丰富的地区之一，有不少种类为我国珍贵稀有物种；海域共有海洋生物 650 种，占全国海洋物种的 3.2%。

我省旅游资源种类多，数量大，是全国旅游资源大省。目前有长城、承德避暑山庄及周围寺庙和中国明清皇家陵寝等 3 处世界文化遗产，中国优秀旅游城市 7 座，国家 4A 级旅游景区 30 处，国家级风景名胜区 7 处，省级 9 处。国家级文物保护单位 88 处，省级 670 处。此外，拥有国家级历史文化名城 5 座，国家级森林公园 11 处，国家级地质公园 5 处，国家级工农业旅游示范点 13 处，国家级爱国主义教育基地 11 处。

2．经济社会基础

全省总人口 6 809 万，城镇人口 2 440 万，城市化率 35.75%，共有 3 个特大城市、3 个大城市、6 个中等城市、21 个小城市、937 个建制镇。基本形成了冶金、建材、化工、装备制造、医药、食品、纺织、旅游、信息、现代服务业十大产业为主导的产业体系，2004 年全省完成生产总值 8 836.9 亿元，其中一、二、三次产业结构为 15.5∶53.2∶31.3，第二产业居主导地位。全省人均 GDP 13 017 元，财政收入 778.3 亿元，城镇居民人均可支配收入 7 951 元，农民人均纯收入 3 171 元，城乡恩格尔系数分别为 36.8%和 42.5%。

全省公路通车里程 70 198 千米，高速公路通车里程 1 706 千米，铁路通车里程 4 741 千米，港口年吞吐能力 2.25 亿吨，机场货物周转量 1.81 万吨。发电装机容量 2 073 万千瓦，年发电量 1 255 亿千瓦时，35 千伏及以上变电容量 9 207 万千伏安，输电线路总长度 45 760 千米，是华北地区重要的二次能源生产供应基地。全省现有大、中、小型水库 1 097 座，总库容 113.6 亿立方米，配套机井 91.8 万眼，有效灌溉面积 446 万公顷，水利工程总供水能力 240 亿立方米。

我省经济社会发展呈现明显的区域差异。一线地区的石家庄、保定、廊坊、唐山、秦皇岛五市占全省面积的 34.7%，人口、经济总量和固定资产投资分别占到全省的 49.6%、61.4% 和 63.3%；南厢地区的邢台、邯郸、衡水和沧州四市占全省面积的 25.0%，人口、经济总量和固定资产投资分别占到全省的 38.5%、31.9%和 33.6%；北厢地区的张家口和承德二市面积占全省的 40.3%，人口、经济总量和固定资产投资分别占全省的 11.9%、7.9%和 8.6%。

3．生态省建设的有利条件

（1）区位优势明显

我省所处的环京津都市圈和环渤海经济圈，是中国经济的第三增长极，蕴藏着巨大的经济社会发展潜力，可以充分借助京津科技、教育和资金，用高新技术产业改造传统产业，优化产业结构，提高国民经济的整体素质和水平；可以充分利用以首都为中心的交通运输网和沿海港口，大力发展现代物流产业，促进全省经济的外向化，提升全省经济发展的活力；可以充分依托全国首善地区的生态区位，与京津联合开展生态建设和环境保护工作并得到国家的重点支持；可以充分利用西气东输、西电东送和南水北调工程，促进我省沿线城市能源结构调整，缓解水资源供求矛盾。

（2）经济社会基础较好

我省综合经济实力位居全国前列，已建成具有全国意义的粮食、棉花、果品、肉蛋生产基地和北方重要的钢铁、建材、原盐、原料药和二次能源生产基地，原材料工业步入全国先进行列。交通、通信、港口等基础设施较为完善，形成了一批有重要影响的商品和生产资料市场，煤炭运输在全国具有举足轻重的地位。科技、教育、文化、体育、卫生、社会保障等各项事业快速发展，人口过快增长的趋势得到有效控制。

（3）环境保护和生态建设成效显著

我省是全国开展环境保护工作最早的省份，"九五"以来，通过取缔关停"十五小"、"新五小"和开展"一控双达标"行动，特别是实施海河流域水污染防治规划、渤海碧海行动计划、城镇环境基础设施建设等一系列工程，在全省经济快速增长的情况下，主要污染物排放量均有不同程度下降，部分城市和地区的环境质量有所改善。生态环境建设取得较大成绩，全省森林覆盖率达到 19.5%，退耕还林还草工程面积 7 650 平方千米，治理水土流失面积累计达到 2.3 万平方千米，建成各类自然保护区 26 个，总面积 4 669 平方千米。

（4）资源环境管理体系逐步完善

近年来，我省相继制定和出台了一系列资源环境保护的地方法规，成立了环境保护、可持续发展、矿产资源综合利用等专门的决策、管理、协调机构，建立了发展与环境保护综合决策管理体制和运行机制，健全了资源、环境保护工作目标责任制和考核体系，并将生态建设和环境保护规划、计划纳入了国民经济和社会发展规划体系。通过建立环境信息公开、环境信访、环境污染有奖举报、新建项目与环境违法处罚听证等环境决策、管理和监督制度，提高了环境管理的透明度，公众参与机制初步形成。

（5）创建工作深入展开

近年来，我省围绕建设生态河北，坚持以"细胞工程"为抓手，环境保护模范城市等环保创建工作呈积极发展态势。廊坊市已建成国家环保模范城市，秦皇岛市基本完成国家环保模范城市创建工作，燕郊等三个城镇建成国家环境优美乡镇，围场等 5 个县（市）被命名为国家级生态示范区，文明生态村创建初见成效，建成了一批环保先进企业和绿色单位。建成生态农业示范县（市）27 个，示范乡（镇）400 个，试点示范面积达 3 万平方千米。廊坊市和秦皇岛市经济技术开发区通过了国家 ISO 14001 环境管理体系认证，并成为 ISO 14000 国家示范区。以上这些，都为建设生态省提供了有益的示范经验。

4．生态省建设的制约因素

（1）生态环境脆弱

我省地处半干旱与半湿润气候、高原与平原地貌、牧区与农区生产类型的过渡交接地带，是我国东部沿海地区生态环境最为脆弱的省份。全省降水量小，开发强度大，河流水资源利用率高达 90%，远超过国际上公认的 30%警戒线，生态用水匮乏，绝大多数山泉枯竭，平原河流断流、湖泊萎缩消亡，水环境容量大大降低。生态系统自我调节能力差，极易遭受破坏，恢复难度较大，加之长期超强度开发，原生森林植被破坏严重，荒山裸地面积占全省山区总面积的 12%以上，草场退化、沙化、碱化面积占可利用草场总面积的 53%，沙化土地面积、水土流失面积分别占全省土地总面积的 14.5%和 34%。自然灾害种类多，发生频率高，影响范围大，尤其是近年来扬沙、沙尘暴发生频繁，成为影响京津冀地区生态环境质量改善的制

约因素。

（2）水资源严重短缺

我省是全国最缺水的省份之一，人均水资源量仅为全国平均水平的 1/7，亩均水资源占有量为全国平均水平的 1/10。全省大部分地区水资源供需矛盾十分突出，饮水困难和饮用高氟水的人口多达 400 余万，大型灌区实灌面积已经不足设计面积的一半。全省年均超采地下水 50 亿立方米左右，超采区面积 4 万余平方千米，平原区地下水漏斗面积达 5 560 平方千米，为全国地下水超采和地面沉降面积最大的地区。同时，水污染和浪费更加剧了水资源的短缺。

（3）环境形势依然严峻

2004 年全省废水排放总量 20.6 亿吨，COD 排放量 65.8 万吨，二氧化硫排放量 142.8 万吨，烟尘排放量 72.3 万吨，工业粉尘排放量 72.4 万吨，污染物排放量远远超过环境承载能力。全省 42 条河流 137 个监测断面仅有 25.5%的断面达到或好于Ⅲ类标准，57%的断面为Ⅴ类或劣Ⅴ类，并导致地下水污染。14 座大中型水库中 11 座总氮超标，呈富营养化趋势。11 个设区市只有秦皇岛市大气环境质量达到国家二级标准。固体废物特别是工业危险废物和医疗垃圾未得到有效处置，小城镇和农村垃圾基本露天堆放，对环境和人体健康造成潜在威胁。人畜粪便多数没有得到无害化处理，大量不合理地使用农药、化肥、地膜等农用化学物质，农村面源污染日趋严重。

（4）经济增长方式较为粗放

我省产业结构以冶金、医药、建材、电力、化工、造纸等资源消耗型行业为主，经济增长在很大程度上是靠高投入、高消耗、高排放实现的。全省国有工业增加值中，以能源、原材料工业为主体的资源型产业占一半以上；工业固定资产投资和利税总额中，资源型产业占 60%左右。电力、冶金、建材三个行业二氧化硫、烟尘的排放量，占全省二氧化硫和烟尘排放总量的 70%；造纸、化工、医药三个行业产值只占全省工业总产值的 14%，COD 排放量却占到全省排放总量的 67%。我省万元 GDP 综合能耗比全国平均水平高 19%，万元 GDP 废水排放量和废气排放量分别高于全国平均水平 33%和 88%。这种粗放型的经济增长方式，严重制约着我省环境质量的改善。

（5）区域性贫困问题突出

我省共有国定贫困县（区）40 个，省定贫困县 12 个，贫困人口 452 万，集中分布在坝上高原、燕山山区、太行山区和黑龙港地区，是东部沿海地区贫困人口数量最大、区域性贫困问题最突出的地区。区域性贫困和脆弱的生态环境叠加在一起，加大了生态省建设的难度。

二、生态省建设指导思想、基本原则和目标

（一）指导思想

以邓小平理论和“三个代表”重要思想为指导，以科学发展观为统领，以“抓住机遇、实现更快更好发展”为主题，紧紧围绕全面建设小康社会和构建和谐河北的目标，坚定不移地走新型工业化道路，实施可持续发展战略，发展循环经济，加强生态建设和环境保护，改善人居环境，提高生活质量，建设资源节约型、环境友好型社会，实现经济社会与资源环境

的全面、协调、可持续发展。

（二）基本原则

1. 坚持尊重规律、科学发展

以经济建设为中心，遵循经济规律、社会发展规律和自然生态规律，转变发展观念，创新发展模式，提高发展质量，统筹局部与整体、当前与长远、经济与社会、人与自然的协调发展，在发展中解决环境问题。

2. 坚持统筹规划、因地制宜

生态省建设目标与全省中长期国民经济和社会发展规划相衔接，根据全省经济发展水平、资源环境条件、生态功能分区等实际情况，明确目标，统筹规划，分步实施。

3. 坚持突出重点、整体推进

优先抓好重点流域、重点地区、重点行业的布局优化、产业升级、污染防治和重点区域的生态建设，通过典型示范、以点带面，实现滚动发展、整体推进。

4. 坚持依靠科技、开拓创新

实施科教兴冀战略，依靠科技增强可持续发展能力，加大先进科技成果的推广力度，积极推进机制创新、体制创新、管理创新，建立符合市场经济规律的发展机制。

5. 坚持政策引导、公众参与

坚持政府调控与市场运作相结合，发挥政策激励、约束与引导作用，综合运用法律、行政、经济、舆论等各种手段，建立各级各部门协力推进生态省建设的机制，营造全社会共同参与生态省建设的良好氛围。

（三）建设目标

1. 总体目标

经过不懈地努力奋斗，着力构建以循环经济为主导的生态经济体系、可持续利用的资源支撑体系、与自然和谐的环境安全体系、优美舒适的人居环境体系、“以人为本”高度文明的生态社会体系和务实高效的科学管理体系，全面增强经济和社会的可持续发展能力。到 2030 年，把我省基本建设成为经济繁荣、生活富裕、环境优美、社会和谐的省份。

2. 阶段目标

为与我省国民经济和社会发展阶段目标相衔接，生态省建设分为近期、中期和远期 3 个阶段。

（1）近期（2005—2010 年）—— 全面启动和重点推进阶段

生态省建设全面启动。生态示范区和示范工程建设取得成效，生态效益型产业成为新的经济增长点，环境污染加剧和生态恶化趋势得到有效遏制，重点地区和流域的环境质量明显改善，经济结构和产业结构进一步优化，经济总量、综合实力和人民生活水平跃上一个新台阶，呈现经济社会与资源环境协调发展的全新局面。

到 2010 年，人均国内生产总值达到 24 000 元，城镇居民人均可支配收入达到 13 400 元，农民人均纯收入达到 4 700 元，城市化水平达到 45%左右；地面水环境质量和各设区城市空气质量达标率分别为 60%、45.5%；森林覆盖率达到 26%；全省 40%的行政村达到文明生态

村建设标准，环保模范城、生态示范区、环境优美城（乡）镇、环保先进企业和绿色单位等创建全面深入展开；公众的生态意识明显提高，在全社会形成生态省建设的良好氛围。

（2）中期（2011—2020年）——全面建设和加快发展阶段

生态省建设快速推进。基本建立起完善的空气、饮用水和食物安全保障体系，城乡人居环境显著改善，产业和经济结构趋于合理，经济社会整体实力明显提升，步入良性循环的快车道，实现全面建设小康社会的目标。

到2020年，人均国内生产总值达到47 000元，城镇居民人均可支配收入达到23 000元，农民人均纯收入达到 8 800 元，城市化水平达到 57%左右；地面水环境和城市空气质量基本符合功能区划要求，森林覆盖率达到30%；全省超过50%的设区市达到国家生态市建设标准，全省农村基本建成文明生态村。

（3）远期（2021—2030年）——全面达标与完善提高阶段

生态省建设主要任务目标基本实现。环境质量根本改善，全省基本形成可持续发展的经济增长方式，经济社会与人口、资源、环境协调发展，为本世纪中叶基本实现现代化奠定坚实基础。

到2030年，人均国内生产总值达到73 000元，城镇居民人均可支配收入达到36 000元，农民人均纯收入达到17 000元，城市化水平达到68%左右；全省 80%以上的设区市达到国家生态市建设标准；环境污染和生态破坏问题得到基本解决。

3．指标体系

根据国家环保总局要求，结合我省实际情况，在经济发展、环境保护和社会进步三个方面，确定我省生态省建设 22 项具体指标（见附件 1）。各地要根据国家生态市、生态县建设要求，在我省生态省建设目标和指标体系基础上，结合当地实际，科学制定各自的建设目标和（评价）指标体系。

三、生态省建设区域功能布局

（一）生态功能分区

根据国家《生态功能区划暂行规程》，按照区域生态特点及主导生态功能，将全省划分为坝上高原、山地、平原和海岸海域等4个生态功能区（见附件2）。

1．坝上高原生态区

本区行政上包括张北、沽源、康保三县的全部，尚义、丰宁、围场三县的部分乡镇，分为坝西和坝东两个生态亚区，面积 17 557 平方千米，占全省土地总面积的 9.4%。区内地势波状起伏，海拔1 350～1 600米；气候干寒多风，年均气温负0.3～3.5℃，年降水量341～450毫米，年扬沙和沙尘暴日数 3～50 天；全省内流河湖均集中在本区，内流区域面积占全区总面积的65%；植被属寒温带半干旱草原区系，草原面积占全区总面积的63%。

本区既是京津风沙源集中治理区、京津水源涵养区和草原生物多样性保护区，又是我省重要畜牧业生产基地、生态旅游重点建设区。主要生态问题是：生态环境最为脆弱，植被覆盖度低；土地荒漠化严重，沙化、退化和盐碱化草场面积约占全区草场面积的一半；贫困人

口集中，所有县均为国定贫困县。

本区建设重点和发展方向：加大对天然草场改良和人工草场建设的步伐，以草定畜，实现草场建设和畜牧业协调发展；严格保护现有林，构建以防护林为主，饲料林、薪炭林为辅的林业体系；加大沿边沿坝防护林、退耕还林还草、风沙源治理、河淖湿地保护等国家和省重点生态工程建设力度，再造三个“塞罕坝”林场，增强生态屏障和水源涵养功能；增建潮河源、白河源、安固里淖等林草湿地自然保护区，严格保护珍稀野生动植物栖息地；加大生态扶贫开发力度，提高自我发展能力，发挥后发优势；加快产业结构调整步伐，按照自给型粮食种植业、商品型畜牧业和蔬菜种植业、劳动密集型加工业、保护型林业的发展方向，建设结构布局合理的生态型产业体系，实现经济发展的新突破。

2. 山地生态区

本区行政上包括张家口、承德、唐山、秦皇岛、保定、石家庄、邢台、邯郸 8 个市的 48 个县（市），分为冀北及燕山山地、冀西北间山盆地和太行山山地 3 个生态亚区，面积 95 304 平方千米，占全省土地总面积的 50.8%。区内地形以中低山和丘陵为主，气候属中温带和暖温带交汇地带；降水量为 360～750 毫米，山地迎风坡降水较多，冀西北间山盆地干旱少雨；原生植被大部分退化为次生林；河流分属海河、滦河和辽河三大水系，绝大多数水库集中在本区。

本区是京津冀生态保护屏障，在全省乃至京津地区保护城市供水安全、防治水土流失、防减风沙灾害、保护生物多样性等方面具有特殊重要的地位，既是平原地区众多城市的地表水源涵养保护区，又是我省重要的林果生产、矿产采选、生态旅游等产业基地。主要生态问题是：林草覆盖度低，水土流失严重，水源涵养能力差；矿业生产经营粗放，对生态环境影响较大；贫困人口集中，贫困性生态问题突出；自然灾害频繁，防御自然灾害能力低；城镇下游河段污染加重，山谷城镇大气污染问题突出。

本区建设重点和发展方向：加强现有林保护，加快生态工程建设的步伐，高标准完成太行山绿化、“三北”防护林、退耕还林还草、水资源保护、风沙源治理、小流域综合治理、矿山生态恢复和资源综合利用、城镇垃圾和污水集中处理等重点生态工程项目；增建各类自然保护区，保护生物多样性；培育发展生态工程管护服务业，充分发挥生态工程经济效益；加强交通、水利、清洁能源等基础设施建设，提高自我发展能力；挖掘优势资源潜力，培育发展生态型主导产业，建立各具特色的循环经济小区；开展资源综合利用和清洁生产技术攻关，提高水资源、矿产资源、林草资源利用水平；推进科技进山、富山和护山进程，加大生态扶贫开发力度，控制贫困性生态问题的发展。

3. 平原生态区

本区行政上包括秦皇岛、唐山、廊坊、保定、石家庄、邢台、邯郸、衡水、沧州 9 个市的平原地区，分为冀东平原、冀中南平原和运东滨海平原 3 个生态亚区，面积 71 076 平方千米，占全省土地总面积的 37.9%。区内地势平坦，水土资源组合条件好，基础设施配套水平较高，人口稠密，产业集中。

本区是南水北调中线和东线引江工程建设保护区，为我省经济发展水平最高的区域，农业和原材料工业基地具有全国意义，是重要农业种质资源保护区，同时又是全省结构性、布局性和技术性资源环境矛盾较为突出的地区。主要问题是：产业结构普遍偏重，生产力布局

分散，工业工艺技术水平不高，资源和能源利用效率低，工业污染物排放量大；化肥、农药和其他农业投入品使用不合理，畜禽粪便资源化利用水平低，面源污染严重，农产品和食品质量下降；河湖生态用水保证程度低，湿地生态功能退化严重。

本区建设重点和发展方向：按照新型工业化道路、发展循环经济和国家宏观调控政策要求，加速该区域五大老工业基地十大主导产业结构调整的步伐，提升新兴产业和替代产品的比重；加快经济中心城市各级各类产业园区建设，发展壮大骨干企业，提高主导产业的集中程度，推进生产力重心战略东移；加强循环经济和资源梯级利用关键技术研发和产业化，普及推广战略资源高效、综合利用和回收利用技术，最大限度地降低资源消耗量和污染物排放量；大力发展生态农业，改善农业生产条件和农业生态环境质量，保证农产品和食品安全；整合农村土地资源，加强基本农田保护，加大退化土地治理力度，建设高标准农田，稳定粮食和主要农产品生产能力；加大生态城市和文明生态村建设力度，转变城市空间拓展方式，完善城乡环境保护基础设施，提高城市和农村人居环境质量；加强水资源的综合规划和合理调配，保证水资源的供求平衡。

4．海岸海域生态区

本区行政上包括秦皇岛、唐山、沧州 3 市 12 个县（市）的海岸带、岛屿和浅海，分为秦唐和沧州海岸海域两个生态亚区，面积 11 380 平方千米，其中陆域面积 3 756 平方千米，占全省土地总面积的 2.0%。区内浅海海底坡度平缓，滩涂泻湖面积大，入海河口类型多，数量大，岛屿面积小。

本区分布着国家和我省重要的滨海湿地保护区、海洋生物多样性保护区和旅游度假区，同时又是国家和我省重要海盐生产基地、煤炭外运枢纽、海水养殖基地以及重化工工业重点建设区和油气资源重点开发区。主要生态问题是：海洋生态系统脆弱，自我调节能力降低；海洋生物资源开发利用强度大，生物资源退化严重；入海污染物排放量大，海水富营养化程度高，赤潮时有发生；河流入海水量急剧减少，海水倒灌和海岸侵蚀加重，滨海湿地功能退化；海洋自然灾害频繁，风暴潮危害较大。

本区建设重点和发展方向：充分发挥港址和浅海资源优势，增强经济和生态功能地位。加强港口、港城和临港开发区建设，大力发展临港产业；加大海洋牧场开发建设步伐，提高海水增养殖技术水平，严格海洋生物资源管理，提高海洋生物资源永续利用能力；完善沿海防护林体系，加强以滨海湿地为主的自然保护区建设，保护珍稀鸟类栖息繁殖地；全面加强入海河流污染综合治理，控制污染物入海总量；加快沿海引水、蓄水和供水工程建设，保持沿海地区水资源供求平衡。

（二）重点生态保护区域

我省重点生态保护区域主要包括重要水源保护区、京津生态屏障建设区、水土保持区、生物多样性保护区和城市生态功能区。

1．重要水源保护区

我省山区和坝上地区，累计建成大、中、小型水库 1 000 多座。北京密云水库和我省大黑汀、岗南等 10 余座大、中型水库已成为北京、天津、石家庄等城市的专供地表水源，其他一些中、小型水库也已成为众多县城和建制镇的主要地表水源。目前，这些水库不同程度地

存在着水库淤积、蓄水能力下降、供水能力降低、水体富营养化等问题。规划期内，要按照国家和省有关城市集中供水水源地保护的规定，建立健全地表水源三级保护区，严格按标准和要求进行管理；加强对水库周边和上游地区的污染治理力度，控制水库汇流区污染物排放总量；优先安排水库上游地区退耕还林还草、水土保持、造林绿化、污染治理等生态建设和环境保护项目，加强重要水库上游地区小流域综合治理；加大对水库上游地区生态扶贫开发力度，发展生态农业和无污染加工工业，组织劳务输出，降低人口密度，制定并组织实施对城市集中水源保护区生态补偿政策，减轻贫困性生态问题。

2．京津生态屏障建设区

张家口、承德和保定北部地区，既是京津重点风沙源治理区，又是京津两大城市的重要水源地，对维护京津地区生态安全、保障城市供水、维护首都形象都具有重要意义。该区贫困人口较多，集中了我省21个贫困县，由于干旱缺水和长期过牧过垦，导致森林破坏、草场退化、沙尘暴频发，降低了对京津的生态保障能力。规划期内，要全面加强京津生态屏障建设，保证京津充足、优质的水源供应，防减风沙灾害。近期要加快国家和我省重点生态工程建设，改善生产、生活条件；加大开发扶贫力度，推动生态经济快速发展；加强以洋河为代表的重污染河段综合治理，保障京津供水安全；抓紧建立生态补偿机制，拓展与京津的合作领域，争取国家和京津的重点支持。

3．水土保持区

我省永定河、潮白河、滹沱河和大清河上游地区水土流失严重，其中中度以上水土流失面积 29 856 平方千米，占山区面积的 28.8%。该区贫困人口集中，坡耕地面积比重大，土地经营方式粗放，矿山开发强度大，天然林地、草场退化。规划期内，要采取生物措施和工程措施，加大现有林草植被的保护力度。实行封山育林育草和草场轮牧制度，充分利用自然修复能力，恢复天然植被；限期完成 25° 以上坡耕地退耕还林还草工程建设任务；因地制宜，营造经济和生态“双赢”型的水土保持林、水源涵养林、薪炭林、饲料林、用材林和干鲜果林；积极推广“围山转”、“生态经济沟”等治理开发模式，加强水池、水窖等小型水利工程建设，推进小流域综合治理；加强对矿产采选业等生产建设活动的剥离土和尾矿的流失控制。

4．生物多样性保护区

人口稀少的中高山区、受到保护的湖泊洼淀和部分滩涂岛屿，是目前我省生态系统相对完整、生物物种较为丰富的区域。加强这些区域生态系统和珍稀动植物的保护，维护生物多样性，保持生态基本平衡，对于促进人与自然和谐发展，具有十分重要的意义。规划期内，坚持就地保护为主，迁地保护、离体保护为辅的原则，进一步完善生物多样性保护的政策和法规。加强各类自然保护区、动植物园区、珍稀濒危野生动植物的生境保护区（点）和地道生物物种基因库建设，恢复遭受破坏的森林、草原、湿地生态系统，保护珍稀濒危野生动植物物种和有保护价值的农作物野生亲缘种。严格控制外来物种入侵，保证区域物种生态安全。

5．城市生态功能区

城市作为区域经济发展的中心，在生态省建设中发挥着主导性作用。目前全省大中城市普遍存在城市规模小、综合经济实力弱、环境质量较差等问题，直接影响城市综合功能的发挥。全面加强城市建设，改善城市发展条件，提升城市综合服务功能，对于如期实现我省生态省建设目标，具有战略性意义。规划期内，要加快人口和产业集聚，增强城市经济实力，

建设生态型城市。控制城市战略资源消耗总量和污染物排放总量，建立良性互动的城乡发展关系；大力推进城市的规模化、现代化、信息化和节约化进程，建立等级规模结构、功能结构和地域结构合理的城市体系，带动全省经济、社会和生态持续、健康、快速发展。近期，按照全省推进城市化的战略部署，结合城市总体规划的调整和修编，补充生态城市建设的内容，提高绿化用地比重，营造城市森林；突出城市循环经济型产业体系和园区建设，优化整合城市资源，增建城市资源节约型控制工程体系，推进节约型城市建设步伐；统筹城市和周边地区的生态环境建设，扩大城市生态安全保护范围和领域，把全省城市建设提高到一个新的水平。

四、生态省建设重点任务

（一）构建以循环经济为主导的生态经济体系

转变经济增长方式，调整产业结构，坚持节约发展、清洁发展、安全发展，逐步建立具有河北特色的生态经济格局。

1．生态工业和生态建筑业建设

按照减量化、再利用、资源化的原则，建设生态型工业体系，走科技含量高、经济效益好、资源消耗低、环境污染少、人力资源优势得到充分发挥的新型工业化道路。

（1）调整工业结构

统筹协调工业发展和资源环境关系，滚动性地制定工业发展指导目录，重点支持电子信息、装备制造、食品加工、生物制药、新材料、新能源等行业的发展，改造提升钢铁、化工、建材、纺织等传统支柱工业，限制纺织、建材、化工等长线产品惯性增长。依法淘汰落后工艺技术，关闭破坏资源、污染环境的企业。到2010年，基本解决工业结构性污染问题，万元GDP用水量降低到208立方米，万元GDP综合能耗比“十五”末降低20%左右。

（2）优化生产力布局

结合我省全面实施“一线两厢”的区域发展布局，根据资源环境承载能力和发展潜力，按照优化开发、重点开发、限制开发和禁止开发的不同要求，优化生产力布局。稳步实施重化工业战略东移，逐步改变我省生产力布局过度集中在山前地区的状况，有效地解决全省布局性生态环境问题。积极推进曹妃甸重化工业循环经济示范区建设，建设现代化的重化工产业基地和国际物流中心。加快黄骅港临港工业区开发，建设以重化工为主的生态型综合工业园区。

努力提高工业的区域集中程度。加快我省城市化进程，提高城镇综合承载能力和辐射能力，促进加工工业向城镇集聚。集中力量搞好国家和省级高新技术产业、经济技术开发区和特色产业园区建设。引导农村加工制造业向各类园区集中，解决好县域经济发展中布局性资源环境问题。

严格水源保护区、自然保护区、风景旅游区等生态环境特殊敏感地区的建设项目管理，限制污染型工业，确保敏感区的环境安全。

（3）建设生态型工业园区

在企业内实施清洁生产、全过程控制资源消耗和污染物排放的基础上，合理调整区域产业布局，用循环经济理念指导区域规划、建设和改造，对进入园区的企业明确土地、资源、能源利用及污染物排放综合控制要求，围绕核心资源发展相关产业，发挥产业集聚和工业生态效应，形成资源高效循环利用的产业链，实现资源在企业间的循环利用。生态工业园区，要按照产品项目一体化、公用工程一体化、物流运输一体化、环境保护一体化和管理服务一体化的要求实施建设。力争到 2010 年，全省 30%以上的经济技术开发区和高新技术开发区达到生态工业园区建设标准，通过环境管理体系认证。

（4）提高资源综合利用水平

全面推行清洁生产。积极开发和推广资源节约、替代和循环利用技术，加快企业节能降耗的技术改造，认真开展清洁生产审核，对消耗高、污染重、技术落后的工艺和产品实施强制性淘汰制度。建立以企业为主体、市场为导向、产学研相结合的技术创新体系，鼓励企业开展清洁生产技术改造，支持引导企业和科研院所开发适合我省省情的清洁生产技术与产品，选择一批典型企业、行业和区域，进行共性关键技术产业化试点和示范。同时积极引进消化吸收国外先进技术，推动清洁生产技术和装备国产化进程。到 2010 年力争全省规模以上企业清洁生产适用技术普及率达到 30%。

提高能源利用效率。强化节约和高效利用的政策导向，坚持节约优先、煤为基础、多元发展，构筑稳定、经济、清洁的能源供应体系。调整改造中小煤矿，开发利用煤层气，鼓励煤电联营。改进冶金、电力、化工、建材、医药、煤炭等行业的设备工艺，推广高效燃煤等先进能源利用技术，降低单位工业产品能耗。普及推广先进的节能经验和管理模式，促进产能用能企业节能技术进步。

加快废弃物资源化进程。加强资源综合利用，完善再生资源回收利用体系。以废旧物资回收和集中加工处理为主体，建立功能齐全的服务网络，为工业再生产提供再生资源。建立废旧物资回收、利用系统，生活垃圾无害化、资源化处理系统，加强废电池、废家电、废微机等电子产品的回收和无害化处理。

（5）培育壮大环保产业

制定积极的经济、技术政策，大力发展环保产业。建立社会化、多元化环保投资机制，运用经济手段推进污染治理市场化进程。引进吸收和自主研发环保产业关键技术、实用新技术，组织实施一批产业化示范工程。培育扶持具有本省特色和优势的环保产业园区、企业，发展环保产品。全力推进环保产业的现代化、规模化、集约化和基地化，使环保产业成为我省的新兴产业。

（6）发展生态建筑业

发展节能省地型建筑，降低单位建筑面积材料用量和土地占有量。完善建筑设计生态标准，增强各类建筑的生态和环保性能。建筑物的造型设计应与周边自然环境相协调，与当地供能、供水、供材条件相适应，并要注意充分利用清洁能源、中水资源和再生建筑材料。提高各类建筑物的使用年限，控制建筑物的频繁拆建，优化建筑作业环境，减少新建筑物和建筑施工对环境的影响。

2．生态农业建设

在保障农产品供给安全的前提下，节约资源、保护环境，实现农业更快、更好地发展。

（1）调整农业结构

紧紧围绕农业增长方式转变，以提高资源利用效率为核心，以资源循环利用为重点，结合农业区域资源特征，深化农业结构调整，大力发展精细种植业、精品养殖业和精深加工业。实现由粮食—经济作物二元结构向粮食—经济—饲料作物三元结构转变。大力发展循环农业、节水农业、旱作农业、休闲农业、无公害农业、绿色农业和有机农业，鼓励发展低耗能设施农业，逐步建立起绿色、高效的种植业发展新格局。着力发展集约生态养殖业，发展节粮食草型畜牧业，转变畜牧饲养方式，降低畜牧业对环境的压力。因地制宜地发展微咸水养殖、海水工厂化养鱼、冷水鱼养殖、观赏休闲渔业等新型产业。

（2）优化农业生产布局

坝上地区。重点发展莜麦、甜菜、马铃薯、胡麻等耐低温、抗旱的粮饲作物品种，合理利用当地水资源，适度发展错季蔬菜。大力建设人工草场和饲料林场，发展食草型舍饲养殖业。结合国家风沙源治理等重点生态工程建设项目，发展生态和经济相结合的防护型林果业。

太行山和燕山山区。因地制宜地发展特色种植业、特种养殖业、错季蔬菜和优质干鲜果，逐步形成多层次、多品种、多形式的特色农业生产体系。依照水资源等自然条件，重点推广旱作小麦、玉米、谷类、豆类、高粱和薯类等耐旱作物新品种，普及推广节水、旱作技术，扩大间作、套种面积，大力发展奶牛、肉牛、肉羊、蔬菜、食用菌、优质枣、优质葡萄等优势农产品基地。

平原地区。山前平原，重点发展优质、高产、高效、专用小麦和玉米等主要粮食作物新品种，着力推广农业节水技术，建立水土资源节约型的绿色高效种植业生产经营体系。大力发展以农作物秸秆和人工饲草为主的规模化养殖业，建立经济林、用材林与防护林相结合的林果业。黑龙港低平原和滨海平原，大力推广种植高效、抗虫和耐旱棉花作物，适度发展耐旱玉米、小麦等大宗粮食作物，加大低耗水的豆类、芝麻等小杂粮种植比例，适度发展设施果菜。积极推广养殖业和沼气建设相结合、林地和田地间作的生产模式，提高资源综合利用水平和土地使用效率。

海岸海域区。合理开发利用海洋和沿海湿地资源，加强海淡水苗种繁育基地和优势水产品养殖、加工、出口创汇基地建设，拓展沿海盐碱地苦咸水养殖开发利用空间，扩大养殖规模。调整捕捞作业和渔区渔场结构，减少近海捕捞量，鼓励渔民在远海、远洋从事多种形式的渔业开发。鼓励淘汰高耗能渔船。加大海洋生物资源保护和海洋环境综合治理力度，发展海洋增殖型生态渔业，实施渤海渔业修复工程，集中力量建设大型海洋牧场，保护海洋环境，发展海洋生产力。

（3）发展现代农业

深化农业经营体制与农村产权制度改革，加快建立贸工农一体化的现代化农业产业体系。完善农产品市场和农业生产要素市场体系，增强农业综合配套服务能力，提高农业产业化、规模化、专业化、集约化、组织化水平。加强规划指导，提高生物、工程、农艺、农机、材料技术的集成应用水平，大力推广应用节约型的耕作、播种、施肥、施药、灌溉、旱作农业、集约生态养殖、沼气综合利用、户用高效炉灶、农机与渔船、农用化学物质替代和秸秆综合利用等技术，强化畜禽免疫和农业病虫害生物防治，减轻农村资源环境压力，降低农业生产成本，提高农业生产效率和农产品安全保障程度。建立规范化的生产、加工、储运和营

销监测体系，健全包括生态环境治理成本与收益在内的农业生产核算和综合评价体系，制定生态农业的标准和指标，全方位有效控制污染物排放和农用化学物质消耗，推进农业生产过程的标准化进程。

（4）建设生态农业示范区

加强生态农业示范区建设，推广城郊型、山前平原型、低平原型和山坝型生态农业模式和成功经验，逐步完善黑龙港旱作生态农业示范区、冀中南高科技生态农业示范区、冀西北冀东浅山丘陵区节水生态农业示范区、坝上草原雨养型生态农业示范区、燕山山区立体生态农业示范区、燕山山前无公害生态农业示范区等六大生态农业示范区试点项目。创新园区管理和服务体制，发挥园区示范带动作用。

3．生态服务业建设

加快服务业的生态化进程，提高全省服务业在国民经济中的比重和水平。

（1）推进现代服务业发展

制定和完善促进服务业发展的政策措施，坚持市场化、产业化、社会化的发展方向，建立公开、平等、规范的行业准入制度，引入竞争机制，重点发展以现代物流、信息服务、批发零售和餐饮、金融保险、文化、旅游、商务服务和居民服务等行业。鼓励各种非公有制经济在更宽领域和更深层次参与服务业发展，积极引入民间资本参与对外贸易、交通运输、水利、通信、城市公共交通、道路桥梁、垃圾处理、污水处理、园林绿化、环境卫生、医疗机构和港口等领域投资经营。加大改革力度，营利性公用服务单位，逐步实行企业化经营，发展竞争力较强的大型服务企业集团。全省 11 个设区城市应把发展服务业放在优先位置，有条件的要逐步形成服务经济为主的产业结构。

（2）改造传统商贸流通服务业

调整商贸流通业结构，优化市场布局，运用现代经营方式和信息技术改造提升传统服务业。制定并实施城镇商业网点规划，合理配置服务功能，推动传统中心商务区和市场升级改造。限期淘汰高耗能和高耗水设备，提高商贸流通业能源和水资源利用效率，普及推广可再生包装材料。控制高能耗、高污染产品出口，鼓励进口先进技术设备和国内短缺资源。控制缺水城市和缺水区域高耗水、高耗能的洗浴业、洗车业、洗染业等增长速度，提倡中水回用。加大对商贸流通服务业污染治理步伐，加强对废气、废水、固体废弃物和商业垃圾的处理，提高商用“三废”和废旧物资回收利用水平。禁止高污染、高噪声商贸流通和娱乐服务业在居民稠密区布局，减少对人居环境的影响。

（3）发展生态旅游业

坚持旅游开发、生态环境保护和建设同步规划、同步实施，建设若干主题型生态旅游区，注重旅游建设项目与原生态系统和原生景观的协调与融合，处理好发展旅游业与水资源保护、文物保护、生物多样性保护、名木古树保护等的关系。严格旅游景区建设项目的环境影响评价制度，控制旅游景区内高耗水、高耗能、占地多服务项目的数量和规模，加强旅游景区的污染治理，控制污染物排放总量，避免水源污染和生态系统的破坏。

（4）建设现代交通体系

建设层次分明、功能协调、通畅快捷的现代交通网络。加大城市中心区域骨干道路和配套设施的改造力度，减少交通拥堵，建立快速通道，创造“货畅其流，人便其行”的交通环

境。大力发展公共交通、轨道交通和人力交通，合理布局，做好各种运输方式相互衔接，发挥组合效率和整体优势。完善社区生活服务体系，方便城市居民的交通。抓好骨干交通干线的绿化和美化，建设具有不同景观特色的绿色廊道。加快交通智能化建设和城市交通专用燃料供给设施建设步伐，城市交通车辆要推广使用清洁燃料，严格控制机动车尾气排放，有效减轻对大气的污染。

（5）培育生态工程管护服务业

加快培育和发展城市地表水源保护、生态防护林、城市河网、防洪抗旱、水土保持、退耕还林还草、风沙源治理等生态工程管护服务业，建设服务体系。加强技术培训，提高生态服务业的人力资源保障能力，不断更新生态服务装备，提高生态工程管护效益。

（二）构建可持续利用的资源支撑体系

坚持保护优先、开发有序，以控制不合理的资源开发为重点，强化对水源、土地、森林、草地、矿产、海洋等自然资源的保护与科学利用。

1．水资源开发与保护

合理开发、优化配置、高效利用、有效保护水资源，满足经济社会发展对水量、水质的要求。

（1）开发可利用水资源

充分利用南水北调中线和东线引江工程分配水量，缓解我省水资源供需矛盾。因地制宜建立雨水收集设施，优化水资源结构，广泛开展利用雨水、沥水和洪水回灌补源。实施海水的有效替代，推广海水、微咸水、污水等劣质水资源的多级利用工艺技术，扩大海水淡化、微咸水淡化、咸淡混浇、中水回用和污水资源化的规模，有效开发空中“云水”资源，开展人工增雨作业，增加降水。

（2）建设节水型社会

大力开展节约用水，提高用水效率。加强工业节水技术改造，提高钢铁、电力、化工、制药、造纸等高耗水行业工业废水处理率和重复利用率。积极研发和鼓励沿海地区直接利用海水作为工业冷却水。推广农业节水新技术，加快节水工程建设，提高农业用水综合效率。控制城镇高耗水服务行业的发展速度，增强市民节水意识，降低人均生活用水量。建立科学的水价体系，发挥价格对节水的促进作用。加快城市中水管网建设，提高中水回用比重。

（3）加强水源和湿地保护

以城乡地表水源、地下水源和重要湿地保护为重点，健全蓄水、节水、保水等水源涵养工程体系。加强对城市集中供水水源保护区、严重水土流失区、重要森林草地自然保护区、重要自然和人工湿地等的保护与管理。合理调度水源，保证白洋淀、衡水湖、南大港、唐海、安固里淖等湿地生态用水，为城市提供河湖生态用水。

（4）提高水资源配置效率

加强水资源管理，调整产业间用水关系，确保水资源向高效低耗水型产业转移。科学确定摄取水源次序，优先利用引江水，合理利用地表水，控制开采地下水，鼓励使用中水、微咸水、海水。严格取水许可证制度，合理安排工业、农业、生态等用水需求。建立健全水权交易市场，推行水权有偿转让。采取多种措施，改变城市单一水源供水方式，建立有效的管

水制度，提高城市供水保证率，逐步解决农村饮水困难和安全问题。发挥水库调蓄作用。加强地下水开采管理，在地下水严重超采区划定禁采区和限采区，严禁新建任何取用地下水的供水设施。

2．耕地资源保护

认真贯彻保护耕地的基本国策，合理调整土地利用结构与布局，减轻和避免土地污染，提高土地集约利用水平。

（1）加强耕地资源管理

实行更加严格的土地管理制度，加强对耕地特别是基本农田的保护，正确处理建设用地与农业用地关系，控制耕地非农化，保持耕地占补平衡。搞好农地整理和土地的复垦，加强退化土地整理恢复，适度开发未利用土地，增加有效耕地面积。整合农业用地资源，大力推进节约和合理用地，开发利用农村闲散土地，防止闲置浪费土地，提高土地利用效率。加强中低产田改造，搞好农田基本建设和配套服务体系建设，广辟肥源，增施有机肥，推广配方施肥，提高土地蓄水保肥能力。

（2）防治农田污染

建立健全污水灌溉监控体系，加强农用污水的水质管理，禁止用超过国家农田灌溉水质标准的工矿废水和城镇污水灌溉农田。指导农民合理使用化肥、农药、植物生长促进剂、除草剂、农膜等化学品投入，科学选择农用化学品的品种，控制使用强度，降低流失量。严禁使用国家禁止的高毒、高残留农药和其他化学药品，积极推广应用高效低毒、低残留、强选择性的农药和新型施药器械，改进施药方法，确保农田环境质量。鼓励农民使用生物农药、有机肥和可降解农膜，建设农用废弃物回收利用和再生企业，逐步实现农用废弃物资源化。

3．矿产资源开发与保护

规范矿山开采秩序，实行合理开采和综合利用，提高矿产资源采选综合回收率，改善矿区生态环境质量。

（1）强化矿产资源管理

依法划定禁采区、限采区和开采区。严禁在自然保护区、风景名胜区、森林公园、饮用水源保护区、重要湖泊周边、文物古迹所在地、地质遗迹保护区、基本农田保护区等区域内采矿；禁止在铁路、国道、省道两侧的直观可视范围内进行露天开采；禁止在地质灾害危险区开采矿产资源。限采区内控制审批新建矿山采选企业。开采区内，要严格新建矿山企业的规模、安全、环保、生产工艺等准入条件，禁止新建对生态环境产生严重破坏性影响的矿产资源开发项目。改变乱采滥挖、采厚弃薄、采易弃难、采少弃多等浪费矿产资源的采选方式，鼓励现有矿山企业联合、兼并和重组，提高矿山采选业规模化、现代化和集约化水平。

（2）提高矿产资源综合利用水平

推广绿色开采技术，特别是无废或少废开采技术、无尾矿排放选矿技术，推行清洁生产，大力开展资源节约和综合利用，其中包括在矿产资源开发过程中主要矿产资源的高效回收利用，以及对共生（伴生）矿物的综合开发与利用，提高矿产资源采选综合回收率。提高矿山废物资源化利用及废弃地复垦水平，推进矿山废物资源化利用和废弃地复垦产业化，积极培育“无废料”、“无尾矿”、“无公害”循环经济型矿山采选企业。

（3）加强矿区环境综合治理

按照“谁开采，谁保护”、“谁破坏，谁治理”的原则，明确矿山生态环境保护责任，建立矿山生态环境保证金制度，多渠道融资开展矿山生态环境恢复和治理工作。新建矿山应严格执行环境影响评价、地质灾害危险性评估和“三同时”制度，采取有利于当地生态环境保护的工期和开采方式，最大限度地减少对生态环境的破坏。已建矿山按照“绿色矿山”建设标准的要求，认真贯彻落实《河北省矿山环境保护与恢复治理规划》，积极开展闭坑矿山和老矿山的环境恢复治理，重点矿区矿山生态环境要得到有效整治，到2010年矿山环境恢复治理率达到 35%以上。禁止土法采选冶金矿和土法冶炼汞、砷、铅、锌、焦、硫、钒等矿产资源开发活动，禁止新建煤层含硫量大于 3%的煤矿。

4．清洁能源建设

调整能源生产和消费结构，开发利用清洁能源，增加可再生能源和清洁能源的供给。改造传统能源利用技术和工艺设备，提高传统能源质量和利用效率。

（1）发展清洁和可再生能源

加强太阳能利用技术和装备研究开发，集中力量搞好保定、邢台、张家口等太阳能利用器具生产基地建设，提高太阳能利用普及率。重点加强坝上、沿海等风力资源丰富地区的风力发电站建设，在单户、联户和村办风力发电的基础上，有计划地开发建设大中型风力发电产业园，形成稳定的风电生产供应体系。加快生物质能利用技术、地热能开发与循环利用技术的研发和产业化进程。加快能源树种资源的筛选和鉴定，积极培育速生和高热值的能源林基地，缓解我省农村能源短缺的局面。结合国家“西气东输”工程建设，全面加强我省在天然气、煤层气、煤气等领域与晋陕蒙的合作，建设跨省区的清洁气源生产供应体系，扩大省外气源对我省的供给能力。

（2）加强电源开发与建设

在省内火电规划建设基础上，加强与内蒙古等西部省区在火电和输电干线建设上的合作，提高省外供电能力。充分发挥电网调节效率，加快张河湾等抽水蓄能电站建设。因地制宜加强贫困地区水电和风电开发建设，推动能源消费结构的调整。开展我省核电站、氢能电站建设的可行性研究论证，推进核电和氢能源的开发。

（3）推进洁净煤技术研发和产业化

大力开展煤炭洗选、脱硫、气化、液化、型煤和动力配煤等洁净煤生产技术研发，提高洁净煤生产、利用水平。加强唐山、邯郸、张家口、沧州和秦皇岛等煤炭生产城市与煤炭运输通道城市洁净煤生产基地建设，培育和发展大型洁净煤生产企业集团，提高煤炭综合利用效率。

（三）构建与自然和谐的环境安全体系

坚持预防为主、综合治理、强化从源头防治污染和保护生态，保障经济社会发展的环境安全。

1．环境污染综合防治

严格执行有关污染防治的法律法规，加强综合协调、分类指导和统一监督管理，运用市场机制和价格杠杆推进污染治理进程。

（1）控制污染物排放总量

建立环境准入制度，实行环保淘汰制度，严格执行国家产业政策，加强建设项目环境管理。根据经济、社会发展要求，结合环境容量，确定污染物总量控制指标，建立科学的排污总量分配机制。科学制定区域战略资源消耗和污染物排放总量分配方案，将总量控制指标逐级分解，实行企业污染物排放浓度和总量双向控制。严格实施排污许可证制度，禁止无证或超总量排污。

（2）推进循环经济发展

开展循环经济试点，探索发展循环经济的有效模式。围绕冶金、化工、建材、建筑、制药、电力、煤炭等主要高耗能、高耗水和高耗材产业，按资源开采、加工、利用、再生和消费五个环节，分企业、区域和社会三个层面，有计划、有步骤地推进循环经济发展。在企业层面，重点在石家庄、唐山、邯郸、秦皇岛、廊坊等基础条件较好区域的重点行业，全面推行清洁生产，建成一批循环经济型企业，形成全省循环经济发展的支点；在区域层面，重点在国家高新技术产业园区和经济技术开发区以及省特色经济园区，培育发展一批有影响和带动作用的循环经济园区；在城乡社会层面，重点加强废旧物资回收、再生利用、工业固体废物和生活垃圾资源化的生产服务体系建设，鼓励生产和使用节能节水产品、节能环保型汽车，发展节能省地型建筑，形成健康文明、节约资源的消费方式。

（3）加强水污染防治

加快南水北调供水区、城乡供水水源保护地、工业园区、风景旅游区等环境敏感区域和洋河、滏阳河、滹沱河、磁河等重点流域的污水处理厂建设，提高污水处理和回用率。重点抓好造纸、印染、制革、化工、医药、电镀等行业的污染控制，建立污染物在线监控系统，使工业污水排放稳定达标。加强南水北调中线、东线水环境监督管理，采取最严格的措施保护饮用水源，限期取缔直接排入水源地的排污口。加强秦皇岛、唐山、沧州沿海三市的陆源污染和入海河口污染综合整治，推广生态养殖模式，控制海水养殖污染，确保近岸海域水环境质量达到功能区标准。控制农村畜禽粪便、化肥、农药及其他农用化学投入品的无组织排放，减少农村面源污染物对河流、水库、湖泊的富营养化影响和地下水源的污染。

（4）加快治理大气污染

在城市主要燃煤企业强制使用低硫煤，推广高效燃煤、消烟除尘和脱硫技术，增加集中供热、供气面积，降低煤烟排放量。实施燃煤电厂脱硫工程，制定和实施燃煤电厂氮氧化物治理规划，加快冶金、化工、医药及建材等行业有毒有害工艺废气污染治理。推进对大中城市周边地区干河滩、采沙场、粉煤灰场、黏土砖场、垃圾堆放场所和其他裸露地面及城市内部的建设工地、原煤堆放场、建材堆放场等重点扬尘区域的综合整治，提高道路机械化清扫程度。严格执行机动车辆销售环保准入制度，强制淘汰超标排放车辆，减轻汽车尾气污染，控制餐饮业油烟污染。

（5）强化噪声、固废、辐射和其他新型环境污染治理

严格控制企业、交通、建筑施工和社会生活噪声等污染，确保城镇环境功能区噪声达标。加强工业固体废物、城市生活垃圾的无害化处理，建立固体废物循环利用市场和产业体系。严格执行危险废物转移联单管理和经营许可制度，严禁危险废物擅自处置，按计划建设一批危险废物和医疗废物集中处置工程。加强辐射源管理，加快放射性废物处置能力建设。强化对持久性有机污染物、环境干扰素、电子污染等新型环境问题的预防和控制。

2．生态环境保护和建设

加强森林、草原、海洋生物资源和物种资源保护，建设完善的自然保护区体系，实现生物资源的永续利用和生态环境的良性循环。

（1）加强森林资源保护和培育

保护森林，发展林业，提高森林质量，强化森林生态功能，积极构建森林绿色屏障。建立健全森林火灾、病虫害防御体系，提高管护水平。大力推进人工造林、封山育林为主要内容的生态公益林建设，提高全民义务植树尽责率，促进城镇、平原绿化。加快张家口、承德沿边沿坝防护林、山区水源涵养水土保持林、丘陵地区经济林、平原沙区速生丰产用材林以及绿色通道建设。到2010年，全省森林覆盖率达到26%。

（2）加强草场资源保护和管理

严格管护具有重要生态功能的草原，对毁草开垦的耕地和废弃地，限期退耕还草和种草，实行草场禁牧期和轮牧制度，加快退化草场恢复。坚持以草定畜，防止超载过牧。大力开发秸秆、枝条和人工牧草等饲料，提高饲料饲草的综合生产能力。到2010年，山坝地区飞播种草达到7万公顷，草地围栏达到45万公顷，人工草地和改良草地达到150万公顷。

（3）加强海洋生物资源保护与恢复

加强海洋渔业资源保护，控制和压缩近海渔业资源捕捞强度，严格执行禁渔期、禁渔区和伏季休渔制度。适度放流增殖经济品种，加强滦河等入海河口、海湾、重点渔场等水生生物繁育区的保护，增殖优质生物资源种类和数量。合理开发利用旅游资源，加强海上倾废管理，完善海损应急处理手段，推进生态修复工程建设，逐步恢复海洋生物资源。

（4）加强物种资源保护

建立野生动植物珍稀物种、有保护价值的野生亲缘种和地道物种保护体系，维护野生动植物集中地的生态安全与稳定。依法禁止一切形式的捕杀、采集、销售濒危野生动植物的活动。加强生物安全进口检疫管理，严格引进物种的风险评估，防止外来有害物种的入侵。

（5）加强自然保护区建设和管理

坚持高标准、大投入，新建或扩大一批自然保护区，对受到严重威胁的典型生态系统、珍稀濒危物种、珍贵海洋生物资源以及自然遗迹等，实施抢救性保护。合理规划建设一批生态廊道，将主要的自然保护区连片成网，建设全省规范完善的自然保护区管理体系。

3．环境保护能力建设

适应生态省建设和环保形势任务的要求，大力加强基础性工作，全面提升环境保护能力。

（1）强化环境监控

加强环境监测能力建设，提高各级环境监测机构的装备和技术水平，对全省重点区域、流域环境状况以及污染源排放情况进行及时有效的全面监控。充分利用环保、气象、土地、林业、海洋、水利、农业等部门监测力量，应用遥感、地理信息系统、卫星定位系统等先进技术，开展区域环境质量、水土流失、土地沙化、沙尘暴、林业生态、海洋赤潮、机动车尾气、室内环境污染、辐射污染等专项环境监测，以及有机食品、绿色食品、无公害农产品产地环境质量监测，形成灵敏高效的环境监测网络系统，为确保全省生态和环境安全管理提供科学依据。

（2）提高环境安全应急响应能力

深化改革，建立健全全省环境安全应急响应体系。制定重点城市、区域的生态与环境危机应急预案，提高环境应急预警和快速处置能力，准确判断环境污染和生态破坏事态，及时应对突发事件，有效化解环境风险。

（3）加强环保队伍建设

以提高素质为核心，着力建设“学习型”队伍，大力培养“执法型”、“复合型”人才。注重继续教育和人员培训，建立健全规范的人力资源开发、使用、管理机制，努力建设一支数量充足、结构合理、素质优良的环保人才队伍。

（四）构建优美舒适的人居环境体系

坚持“人与自然和谐相处”的原则，加强城乡规划和建设，积极推进城乡的生态化、现代化。

1. 生态城镇建设

提高城镇规划、设计和建设水平，着力塑造富有特色的生态城镇。

（1）开展环保创建活动

广泛开展环境保护模范城市、生态示范区、环境优美城（乡）镇创建活动。“十一五”期间，秦皇岛建成国家级环境保护模范城市，其他设区城市努力建成省级环境保护模范城市，全省 50%的县级市达到省级环境保护模范城市的要求；10 个以上国家级生态示范区试点通过国家环保总局验收；清河等省级环境优美城镇建成国家级环境优美乡镇，各设区城市建成一批省级环境优美城镇。廊坊、秦皇岛、承德等市努力实现“林在城中、城在林中”的目标。

（2）促进城市化健康发展

坚持大中小城市和小城镇协调发展，提高城镇综合承载能力，按照循序渐进、节约土地、集约发展、合理布局的原则，积极稳妥地推进城市化。特大城市和大城市坚持走组团式城市发展道路。以大城市为龙头，通过统筹规划，形成若干用地少、就业多、要素集聚能力强、人口分布合理的新城市群。明确界定中小城市和重点建制镇服务功能区范围和发展方向，统筹做好区域规划、城市规划和土地利用规划。建设宜居城市，注意协调生产与生活、建筑与环境的关系，合理布局功能分区，增加绿化配置。有计划地推进“退二进三”、“退二进园”，加大城市旧城区的城中村、棚户区、老居民区的改造力度，完善配套设施，改善人居环境，提高城市管理水平。

（3）加强基础与公共服务设施建设

加快推进立体交通、集中供水、分流制排水、污水处理与回用、防洪除涝、河湖水网、集中供热、清洁能源供给、园林绿地、绿色廊道、隔离林带、垃圾处理和废旧物资回收利用等工程体系建设，增强城镇公共综合服务能力。加强城镇医疗卫生、文化娱乐、体育健身、休闲度假、最低生活保障、失业救助和社会治安等社会服务体系建设，提高城镇社会服务和保障能力。

（4）调整城镇能源结构

加快城镇能源利用结构调整步伐，控制城镇原煤消费总量，加强城镇天然气、煤气、液化石油气和地热等清洁能源生产、供应设施建设，提高清洁能源供给和配套服务能力。力争到 2010 年，全省县级市以上城市建成区基本实现由直接燃煤为主到使用清洁能源为主的结构

性转变。

2．生态社区建设

做好社区绿化、美化、净化工作，加快生态社区建设进程。

（1）建设生态住宅小区

制定和完善新建、改造生态住宅小区规划设计技术要求和建设标准，建设水循环利用、垃圾分类处理、太阳能利用与节能、立体绿化、安全防卫和智能化信息服务管理系统的住宅小区。推广使用节能、可循环利用的绿色建材、构配件和装饰材料，淘汰高能耗、有污染的建材和设备，强化对住宅室内环境质量专项治理。

（2）开展生态社区试点建设

生态社区试点要注重居住、保健、教育、安全和社交、休闲、娱乐、服务等功能的结合，突出绿化、美化、净化的环境特点，强化居民绿色文明的生活方式。用良好的典型形象，带动全省生态社区建设。

3．文明生态村创建

按照“经济发展、民主健全、精神充实、环境良好”的总体要求，深入开展创建文明生态村活动。到 2010 年，力争 40%的行政村进入文明生态村行列；到 2020 年，全省农村基本建成文明生态村。

（1）大力发展农村经济

坚持“多予、少取、放活”，加大对农业和农村投入力度，建立以工促农、以城带乡的长效机制。转变农业增长方式，推进农业产业化经营，促进农产品加工转化增值。稳定并完善以家庭承包经营为基础、统分结合的双层经营体制，发展多种形式的适度规模经营。增强村级集体经济组织的服务功能。鼓励和引导农民发展各类专业合作经济组织，提高农业的组织化程度。

（2）加强农村基础设施和庭院环境建设

从硬化道路、净化街院、绿化村庄做起，逐步创造条件，加强饮水卫生、垃圾处理、街道照明等配套设施建设。完善教育、医疗、文化、娱乐、养老等公共服务设施。适度增加多层建筑，推广简单实用、清洁卫生的供热、给排水方式，加快无害化生态卫生厕所的建设。

（3）转变农村能源消费方式

大力普及农村沼气，积极发展适合农村特点的清洁能源。加快农村太阳能和风能的开发利用，加强户用供热设备的技术改造，普及推广高效节能燃煤炉具和散热器。鼓励条件成熟的农村建设集中供热、供气设施，降低煤烟排放量，改善农村大气环境质量。

（4）推进农村精神文明建设

适应社会进步要求，引导农民告别陋习，走向文明。制订和完善村规公约，树立良好的社会道德风尚。加强广播站、图书室、文化站、宣传栏等建设，开展文化活动，丰富农民文化生活。培育农村生态文化，增强农民环保意识。

（五）构建“以人为本”高度文明的生态社会体系

完善政府公共管理和社会服务职能，合理控制人口规模，提高人口素质，消除区域贫困，倡导生态文明，促进社会全面进步，巩固生态省建设的社会基础。

1. 人口和计划生育

深入贯彻计划生育基本国策，树立“人均”意识，使人口政策与经济发展水平和环境承载能力相适应。

（1）保持人口低速增长和优化人口结构

稳定低生育水平。重点加强农村计划生育管理，对进城农民和流动人口计划生育实行居住地管理、居民化服务制度。坚持依法管理和政策引导并重，落实对农村部分计划生育家庭的奖励扶助政策；加强人口发展战略研究，有效解决性别比失衡问题，妥善解决“老龄化”问题。加强协调和监督，控制人口地域结构的比例失调，保持人口社会结构的基本平衡。

（2）提高人口整体素质

变人口压力为人力资源。全面实施素质教育，强化政府对义务教育的保障责任，把普及义务教育特别是农村义务教育作为重中之重。大力提升高等教育质量，积极发展高中阶段教育，加快发展职业教育，着力培养技能型实用人才。发展不同层次的再教育，建设学习型社会。继续坚持和完善全民保健、健身计划，增强人民体质。

（3）促进人口合理流动

加快城乡一体化改革，统一户籍、就业、城市公共资源居民共享等制度，逐步形成农村人口平稳有序进入城市的体制框架。大力发展农村二、三产业，推动农村劳动力向二、三产业转移，农村人口向城镇集中，促进农村劳动力和农村人口战略转移。

2. 生态文化建设

加强全民生态文化教育，培育现代生态文化理念，规范和强化生态行为，把生态文化建设纳入社会主义精神文明建设的重要组成部分。

（1）强化全社会生态环境意识

以精神产品为载体，以生态环保为目标，向全社会传递生态、环保、文明的信息和意识。倡导环境友好行为，树立环境是资源、环境是资本、环境是资产的价值观。积极开展产业生态文明、生态警示教育等多种主题和内容的教育活动，尽快建成一批级别、内容、形式不同的生态科普基地，培养一支专门从事生态文化研究、教育、宣传的队伍。将生态科学知识纳入基础教育体系，对广大青少年全面开展生态环境教育，树立资源忧患意识和环境安全意识。鼓励以生态保护为主题的影视书刊出版、绿色广告包装策划、纪念用品生产等，推进生态文化消费市场建设。

（2）大力倡导绿色消费

积极开展绿色消费教育，提倡健康文明、有利于节约资源和保护环境的生活与消费方式。促进适度消费，鼓励使用节能、节水、可再生利用的产品，严格控制一次性消费品的生产和使用。把与人民群众生活密切相关的食品、化妆品、装修装饰材料等行业作为重点，引导和鼓励企业研制、开发绿色产品，在产品设计、原材料和能源的选用、工艺改进等方面，推广绿色技术，控制过度包装，规范绿色产品的认证和流通。严格控制烟草广告，禁止公共场所吸烟。引导消费者选择无公害、绿色、有机食品，加强食品生产、加工、流通、消费全过程的安全检测和监督，确立科学的、有益于健康和环境保护的食品消费模式。

（3）发展社区和企业生态文化

全面落实环保法规，认真履行国际贸易公约，积极推行 ISO 14001 环境管理体系、环境

标识产品等认证。大力开展绿色机关、绿色学校、绿色饭店、绿色医院、绿色社区和环境友好企业的创建活动，引导和推进社区和企业生态文化建设，使之逐步成为社区和企业的自觉行动。充分发挥环保民间组织、环保志愿者在生态文化建设中的作用。

3. 扶贫开发

加大扶贫开发力度，提高贫困地区人口素质，开辟增收途径，改善基本生产生活条件。

（1）加强贫困地区基础设施建设

优先在贫困地区安排道路交通、农田水利、供电变电等基础设施建设项目，帮助贫困地区搞好骨干道路、基本农田、提水灌溉、人畜饮水、防灾减灾等重点工程，改善工农业生产条件和生活条件，提高贫困地区的自我发展能力。力争在较短时间内缩小贫困地区与发达地区在路网密度和通达深度、供水能力和水利化程度、能源供应和输变电能力等方面的差距，为基础产业和优势产业发展创造良好的条件。

（2）加大科技、教育、卫生扶贫力度

进一步探索新的科教卫扶贫方式，加大科技、教育和卫生领域财政转移支付力度，改善贫困地区的技术培训、办学和卫生条件。切实加强贫困地区的基础教育和职业培训，普遍提高贫困人口受教育程度。扩大科技、教育、卫生领域对口扶贫的规模和水平，确保贫困地区如期实现九年义务教育、职业教育和科技、卫生服务规划目标。进一步完善贫困地区助学支持政策，解决贫困大中专学生就学和就业困难问题。

（3）积极组织贫困地区劳动力转移和生态移民

大力发展中介服务体系，为劳动力异地就业提供全程服务。积极推进贫困地区与发达地区的劳务合作，加强对劳务输出和劳务输入地区的劳动力就业管理。对缺乏生存条件地区的贫困人口实行易地扶贫，有计划地进行生态移民。结合自然村改造和退耕还林还草实行搬迁扶贫。

4. 防灾减灾

搞好防灾减灾基础设施建设，强化全民防灾减灾意识，构筑与生态省建设和全面建设小康社会相适应的防灾减灾体系。

（1）完善防灾减灾基础设施

进一步加快防灾减灾基础设施建设，着力建设一批关键性防灾减灾工程。重点建设洪涝干旱防御工程、风暴潮灾害防御工程、风沙灾害防御工程、森林灾害防御工程、农业病虫害防治工程、水土流失综合治理工程、平原漏斗区地下水回灌和地下水库建设工程、地震与其他地质灾害防御工程、食物安全保障工程、突发性疫病预防控制工程、有毒有害化学品泄漏和放射性污染应急处理工程等。

（2）健全防灾减灾体系

进一步完善各级防灾减灾领导、协调组织机构，建立健全生态灾害监测及预测预警系统、信息传输系统、灾害应急管理和救援系统，建立防灾减灾反应救援体系。完善重大建设项目灾害危险性评估制度、地质地震灾害群测群防系统，建立防灾减灾服务体系。加强人类传染疾病监控预防和畜禽疫病的检疫预防工作，防止重大疫病的发生和传播。加强对城乡居民防御自然灾害的科普教育、法制教育、救助知识教育，提高全社会对防御自然灾害重要性的认识和防灾减灾的忧患意识。

五、生态省建设重点项目

经过筛选、汇总，产生了 1 090 项生态省建设重点工程项目，总投资 4 766 亿元。

（一）可持续发展综合能力建设项目

主要包括可持续发展法规、政策的研究与制定，产业政策的评估与调整，生态环境监管体系建设，重点实验室和工程技术中心建设，农产品质量和农业环境检测体系建设，以及“数字环保”工程项目等。此类项目共 82 项，占项目总数的 7.5%，投资 21.0 亿元，占总投资的 0.4%。

（二）经济可持续发展能力建设项目

主要包括产业和产品结构调整、优化工业生产力布局、清洁生产、循环经济等项目，以及清洁能源的开发利用工程等。此类项目共 336 项，占项目总数的 30.8%，投资 1 860.3 亿元，占总投资的 39.0%。

（三）社会可持续发展能力建设项目

主要包括消除贫困与区域开发整治、人口控制和卫生保健重点项目，防灾减灾工程，城市基础设施建设工程，社区建设与人居条件改善工程等。此类项目共 318 项，占项目总数的 29.2%，投资 1 838.1 亿元，占总投资的 38.6%。

（四）资源可持续利用项目

主要包括水土流失防治、退耕还林还草、海洋保护与整治、水资源和水环境保护与建设等工程，自然资源动态监测网络建设项目，耕地资源保护与建设、矿产资源保护、湿地保护和生态恢复等项目。此类项目共 160 项，占项目总数的 14.7%，投资 712.2 亿元，占总投资的 14.9%。

（五）环境污染防治项目

主要包括城市水污染控制与废水资源化、河流水质恢复、固体废物无害化管理与处理处置、城市大气污染防治、噪声污染防治、辐射污染防治等工程项目。此类项目共 150 项，占项目总数的 13.8%，投资 288.7 亿元，占总投资的 6.1%。

（六）研发和科技成果转化项目

主要包括生态省建设基础理论、技术、政策科研项目，关键技术成果转化项目等。此类项目共 35 项，占项目总数的 3.2%，投资 14.5 亿元，占总投资的 0.3%。

（七）其他领域项目

与生态省建设有关的其他领域的项目共 9 项，占项目总数的 0.8%，投资 31.0 亿元，占

总投资的0.7%。

通过对重点工程项目的筛选、优化和整合，将与生态省建设关系极为密切、投资较大、近期即可开始建设的项目定为生态省建设优先项目，投资共2013亿元（见附件3）。

六、生态省建设保障措施

创建生态省，是一项事关全局和长远的战略任务，必须采取行政、法律、经济、科技和宣传教育等手段，加强组织领导、健全政策法规、拓宽融资渠道、强化科技支撑、扩大公众参与和交流合作，建立务实高效的科学管理体系，为生态省建设各项目标任务的落实提供强有力的保障。

（一）组织保障

1. 强化组织领导

成立由省政府主要领导任组长、省直有关部门主要负责同志为成员的生态省建设协调领导机构，负责研究解决生态省建设中的重大问题，领导小组下设办事机构，负责具体工作的综合调度和协调。各级政府和有关部门都要把生态省建设作为一件大事，列入工作议程。

建立健全环境与发展综合决策机制，把生态省建设的主要任务纳入国民经济和社会发展规划和年度计划，在制定产业政策、产业结构调整规划、区域开发规划时，都要充分考虑生态省建设的规划目标要求，将生态省建设贯穿于经济社会发展的全过程。

2. 明确目标责任

将生态省建设任务纳入行政首长目标责任制并作为考核评价各级领导工作业绩的主要内容，做到各级政府、各有关部门"一把手"亲自抓、负总责；建立部门职责明确、分工协作的工作机制，确保生态省重点项目建设责任落实、投入到位、措施有效。

3. 加强管理体制和机制创新

深化机构改革，转变政府职能。积极探索资源环境成本核算体系，建立科学高效的生态省建设管理体制。在充分发挥市场配置资源基础作用的同时，强化政府在生态省建设方面的综合协调能力。

（二）政策法制保障

1. 制定和完善生态省建设的政策法规

建立健全与生态省建设密切相关的地方法规体系，重点是生态省建设管理、发展循环经济、清洁生产、能源节约、饮用水源保护、食品安全等方面的法规规章。近期重点补充和完善《河北省节水条例》、《河北省推进清洁生产管理办法》、《河北省文明生态村建设管理办法》、《河北省基本农田保护条例》、《河北省农业环境保护条例》、《河北省节能管理条例》、《河北省水资源保护条例》、《河北省城市水源保护条例》、《河北省大气环境保护条例》、《河北省自然保护区管理条例》、《河北省海洋环境保护条例》、《河北省绿色产品认证条例》、《河北省矿山环境保护条例》、《河北省病媒生物防治管理办法》等。各市要根据本地实际制定地方性规章制度，把生态省建设纳入依法管理的轨道。

2．加强政策引导

按照市场经济规律制定相应的产业政策，引导社会生产要素向有利于生态省建设的方向流动。生态省建设重点项目优先列入省重点建设项目计划，并在资金、技术、用地、税费、信贷、风险投资等方面给予政策扶持。制定实施资源、能源利用效率和污染物排放限制等方面的环境准入制度，运用消费政策引导社会的绿色消费倾向。

3．加大执法力度

大力推进相关部门联合执法，强化对建设项目立项、资源开发利用和生态环境保护法律法规及政策执行情况的监督。建立和疏通投诉举报渠道，鼓励广大群众检举揭发污染环境、破坏生态的违法行为，充分发挥新闻媒介和公众的监督作用。全面推行执法复查复核制、部门执法责任制、执法定期报告制，严格执法程序和责任追究制度，加强对资源环境执法机构和人员的执法监督。

（三）资金保障

1．加大财政投入

各级政府要加大各类资金整合和统筹力度，合理安排对生态省建设的投入，确保生态省、生态市、生态县创建工作的启动和顺利开展。省、市、县三级财政要不断优化地方财政投入结构，充分发挥公共资金在生态建设和环境保护方面的引导作用。加大地方财政对重点生态保护区域和战略资源节约及保护等项目的投资力度，保证重要区域生态服务功能的发挥和战略资源的供需平衡；统筹运用预算内和预算外资金，将农业开发、污染防治、水土保持、河道整治、扶贫开发、植树造林、企业清洁生产技术改造等与生态省建设有关的专项资金统筹使用，提高资金使用效益。

2．建立多元化投融资渠道

采取更加积极的融资政策，运用更加灵活的融资手段，吸引各类投资主体，以独资、合资、承包、租赁、拍卖、股份制、股份合作制、BOT 等不同形式参与生态省项目建设。积极支持生态省建设项目申请银行信贷、设备租赁融资和上市融资；进一步利用国际金融组织、区域金融组织、各国政府低息贷款与赠款、国家生态建设环境保护专项资金和民间组织筹集资金。探索通过政府财政贴息、延长项目经营权限、发行企业债券和生态建设彩票等方式，引导社会资金投向生态建设和环境保护。

3．建立资源环境市场化运作机制

按照“谁利用、谁投资”、“谁受益、谁补偿”的原则，创新生态补偿政策。建立省内和跨省级行政区的生态补偿机制，实行下游对上游、开发区域对保护区域、受益地区对受损地区、受益人群对受损人群以及自然保护区内外的利益补偿。对资源实施有偿占用和使用，进一步加强资源占用和使用费的管理，并按照“谁破坏、谁治理”的原则建立环境恢复治理保证金，确保生态环境的恢复。

探索和推广水权转让、排污权交易、矿产权招标拍卖、海域资源有偿使用等办法；推动供热、供水、排水、污水集中处理、垃圾处理和其他环保设施运营的市场化进程。全省所有市县都要征收城市（镇）污水处理费和垃圾处理费，2006 年之前要达到保本微利水平。

（四）技术保障

1．强化生态省建设的科技支撑

尽快研究制定促进生态省建设的技术指导目录。将事关生态省建设全局的循环经济共性关键技术、清洁生产技术、资源高效利用技术、环境污染综合治理技术等，优先列入技术研发和产业化计划；将生态建设、环境保护和资源综合利用领域的重点学科、重点实验室、中试基地、工程技术中心、科技示范园和企业孵化基地等，优先列入技术创新能力建设计划，给予重点支持。

全面加强与京津在生态建设和环境保护方面的技术合作，建立一批产学研技术创新平台，有效解决共同关心的技术性资源环境问题。

2．加强专业人才队伍建设

各级政府都要重视培养适应生态省建设的各类人才，同时建立机制，大力引进人才。建立资源和生态环境领域专家库，组建生态省建设的专家咨询队伍。逐步形成适应生态省建设的人才培养、引进、使用和交流的管理体制和运行机制。

3．完善生态省建设信息网络

推进信息化管理进程，尽快建成服务于生态省建设的资源环境本底数据库和信息网络服务平台，加快建立“数字河北”，实现信息资源共享，为各级政府和有关部门的综合决策、宏观管理和分类指导提供基础性服务。

（五）社会保障

1．加强宣传教育

各级宣传教育部门和新闻媒体，要把生态知识、法律常识与循环经济理念作为生态省建设教育的重要内容，采取多种形式进行经常性、专题性宣传教育，构筑起多层面、立体式的宣传教育体系。

不断加强对各级领导干部建设生态省重要性和必要性教育，进行经常性的生态知识和理论培训，树立环境承载力观念，提高广大干部对保护环境就是保护生产力的认识，强化工作责任感。发挥工会、共青团、妇联等群团组织的作用，协助开展全民环境教育。

2．建立健全公众参与机制

积极创造条件，进一步扩大公众对资源环境保护的知情权、参与权和监督权，促进环境保护和生态建设决策的科学化、民主化。

对环境整治和生态建设中作出突出贡献的单位和个人给予精神鼓励和物质奖励，调动社会团体和公众参与生态省建设的积极性和创造性。发展壮大生态建设和环境保护志愿者队伍，积极开展以营造城市森林为代表的多种形式的社会公益活动，引导和组织各界群众参与生态建设和环境保护。

3．扩大对外交流与合作

扩大生态建设和环境保护的对外开放程度，学习国外先进理念，积极引进、消化、吸收国外先进技术，吸引外商投资生态省建设项目；加强与国内先进省市的交流与合作，吸收和借鉴生态省建设方面成功经验；充分利用国内外两种资源和市场，加快生态省建设的步伐。

附件 1：

《河北生态省建设规划纲要》规划指标表

指标类别	序号	指标名称	单位	2004 年	2010 年规划	2020 年规划	2030 年规划	国家生态省指标
经济发展	1	人均国内生产总值	元/人	13 017	24 000	47 000	73 000	≥33 000
	2	人均财政收入	元/人	1 146	2 800	6 600	11 000	≥5 000
	3	农民人均纯收入	元/人	3 171	4 700	8 800	17 000	≥11 000
	4	城镇居民人均可支配收入	元/人	7 951	13 400	23 000	36 000	≥24 000
	5	环保产业比重	%	0.9	2.0	5.0	10	≥10
	6	第三产业占 GDP 比重	%	31.3	40	41.4	50	≥40
环境保护	7	森林覆盖率 山区 丘陵区 平原地区	%	19.5 28 12 11	26 40 20 11.5	30 50 30 12	≥30 65 35 13	 ≥65 ≥35 ≥12
	8	受保护地区占国土面积比例	%	10	12	15	≥15	≥15
	9	退化土地恢复率	%	45	55	75	90	≥90
	10	物种多样性指数 珍稀濒危物种保护率	%	100	100	100	≥0.9 100	≥0.9 100
	11	主要河流年水消耗量 省内河流 跨省河流	%	90 不超过国家分配水资源量	90 不超过国家分配水资源量	80 不超过国家分配水资源量	60 不超过国家分配水资源量	<40 不超过国家分配水资源量
	12	地下水超采率	%	40	40	30	20	0
	13	主要污染物排放强度 二氧化硫　COD	千克/万元（GDP）	16.2 7.4	7.3 <5.5	<6.0 <5.5	<6.0 <5.5	<6.0 <5.5
	14	降水 pH 值年均值 酸雨频率	pH %	≥5.0 2.26	≥5.0 不增加	≥5.0 不增加	≥5.0 <30	≥5.0 <30
	15	空气环境质量	%	9	45.5	100	100	达到功能区标准
	16	水环境质量	%	38	60	100	100	达到功能区标准
		近岸海域水环境质量	%	84	89	100	100	达到功能区标准
	17	旅游区环境达标率	%	基本达标	全部稳定达标	全部稳定达标	全部稳定达标	100
社会进步	18	人口自然增长率	‰	5.79	符合国家政策要求	符合国家政策要求	符合国家政策要求	符合国家政策要求
	19	城市化水平	%	35.75	45	57	>57	≥50
	20	恩格尔系数 城镇 乡村	%	 36.8 42.5	 <36.8 <41	 <36.8 <40	 <36.8 <40	<40
	21	基尼系数	%	0.42	<0.42	<0.4	0.3～0.4	0.3～0.4
	22	环境保护宣传教育普及率	%	80	90	100	100	≥90

附件 2：

河北省生态功能分区图

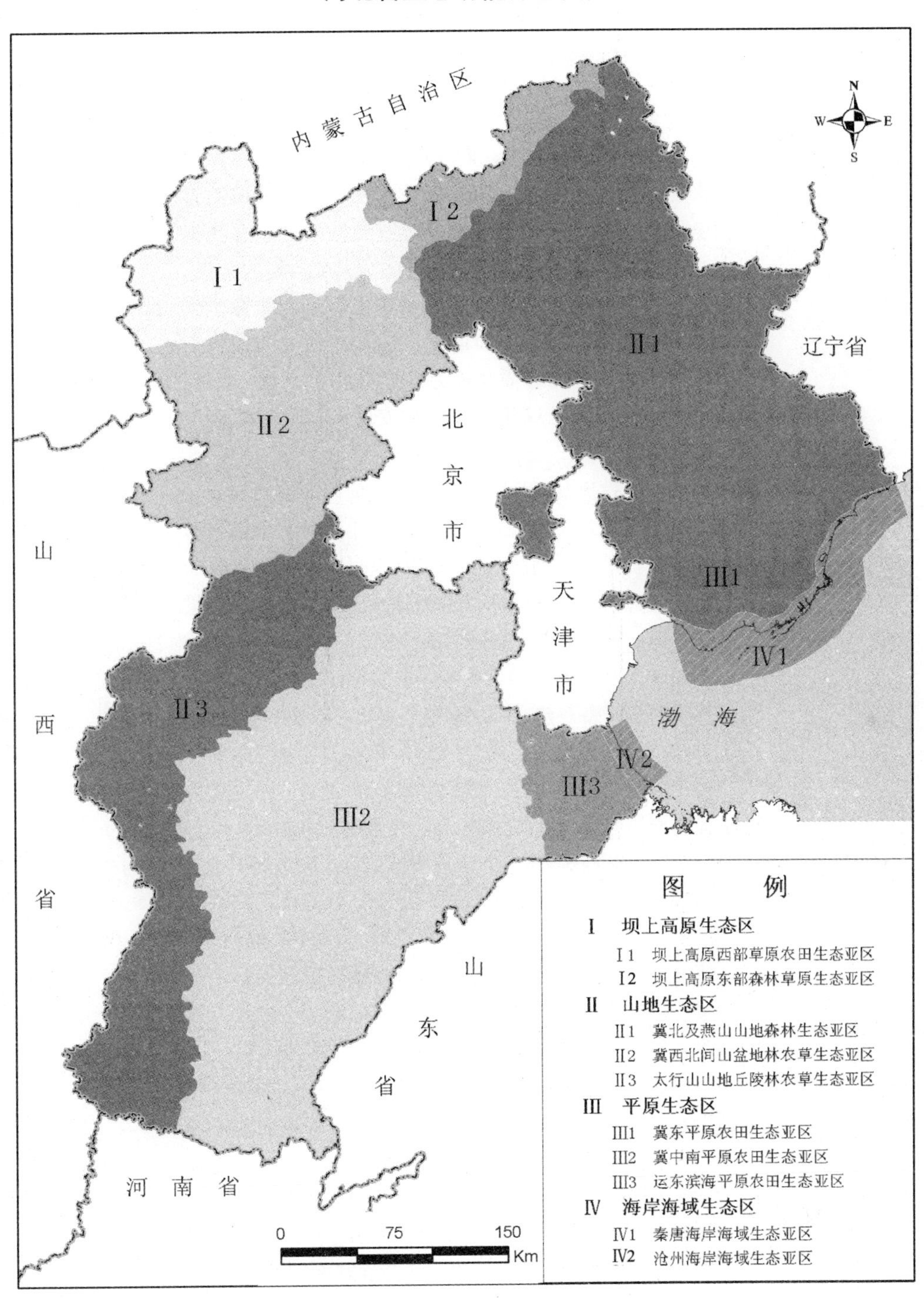

附件 3：

河北生态省建设优先项目

项目类别	序号	项目名称	主要建设内容	建设年限	投资预算（万元）
可持续发展综合能力建设项目	1	河北省生态资源环境本底数据库系统建设	利用先进的计算机技术和 3S 软件系统支持，以多年来积累的生态环境资源数据为基础，结合长期的科学研究数据进行集中整理、融合和归类，建立我省生态资源环境本底数据库。通过对大量数据的采集、整理、分析和专家系统模型的模拟运算，能够对生态环境的科学研究有新的发现，从而能为准确判断人类生产活动对我省生态系统的作用和后效，为探讨不同类型和区域生态环境演变的内在原因提供科学的数据支撑	2006—2010	1 500
	2	生态省建设政策机制研究	落实科学发展观重大经济社会环境问题研究；河北省战略资源（水资源、能源、矿产、土地等）供求平衡动态分析研究；河北省县域经济发展生态环境影响动态分析研究；生态省建设考核体系研究；生态补偿机制研究；绿色 GDP 核算机制研究等	2006—2008	1 000
	3	河北省生态环境监测体系建设工程	利用地面观测站网的优势和中分辨卫星遥感等对地观测的先进设备，建立坝上草原、森林、山地（丘陵）、农田、湿地（湖泊、海洋滩涂）和城市等各类生态环境动态监测站网，共完成 85 个监测站建设；水土保持监测网络与信息系统建设，建 1 个监测总站，6 个分站，7 个监测专项站，8 个监察站点等；唐山等三个重点环境监测中心实验室的建设；全省县级环境监测站的监测设备、通讯工具、人员培训的标准化建设；环境自动在线监测站、污染源自动在线监测站及联网建设；生态生物监测能力建设；应急监测能力建设；饮水食物安全保障监测等	2004—2010	58 117
可持续发展综合能力建设项目	4	空中水资源开发基地建设	建设北部（张家口）、中南部（石家庄）、东部（唐山）三个人工影响天气基地；建设人工影响决策指挥技术支持系统；配置地面可移动监测设备；进一步改装人工增雨（雪）监测作业飞机；增加地面作业工具，建设具有机动、快速反应作业能力的空中和地面作业系统，加大空中水资源开发，为防灾减灾、生态建设、净化空气、促进可持续发展服务	2005—2010	3 000

项目类别	序号	项目名称	主要建设内容	建设年限	投资预算（万元）
可持续发展综合能力建设项目	5	农产品质量和果桑花质量检测体系建设	建设 11 个市级和 20 个县级农产品质量检测中心，进一步完善我省农产品质量安全体系建设，使全省无公害农产品质量安全检测监督覆盖面达到 60%；建设林木种苗质检体系，完成 11 个市林业局和林业重点县（市）40 个质检站、检验室、质检设备、种子库（低温库）、种子加工贮藏设施设备建设；果桑花质量检测体系建设包括扩建省级质检中心 1 个，新建 11 个市级和重点产区质检站，设备配置和实验室建设，形成三级质量安全检验检测体系	2004—2010	13 800
	6	重大农业生物灾害生态控制体系建设	建立和完善重大农业有害生物检测体系，建立 55 个县级监测站；建立农业有害生物生态治理技术开发体系，建立 20 个市、县开发基地；建立农业有害生物生态治理技术示范体系，建立 100 个市、县生态植保科技示范园区；建立生态化、环保型农药防治技术开发体系；开发与推广农药残液及废弃物生态处理技术，减轻环境污染；建立健全农业植保技术服务体系，推广科学、安全、合理用药技术，形成组织健全、功能完善的农业生态植保技术支持网络	2006—2010	35 000
	7	林业有害生物预防体系建设	省级林业有害生物检疫检验中心实验室建设，11 个市监测预警体系、检疫御灾体系、应急防控体系建设等	2006—2010	3 400
	8	重点火险区综合治理	新建望火楼 150 座，维修 160 座。完善卫星监测中心 1 个，信息指挥中心 1 个，新建 66 支专业扑火队，66 座扑火物资储备库，森林防火培训中心 1 个，完善全省通讯组网建设，新建防火阻隔带 2 000 千米，宣传牌 20 000 块	2006—2010	14 490
	9	森林生态效益补偿制度建设	对全省森林进行分类经营，区划界定全省生态公益林面积达到 233 万公顷，其中国家级达到 180 万公顷，省级达到 53 万公顷。对生态公益林加强防火、除虫监测及护林管护等工作	2006—2010	87 500
	10	森林旅游基础设施建设项目	公园总数 78 处，经营面积 80 万公顷	2002—2010	344 000
经济可持续发展能力建设项目	11	无公害农产品和有机食品生产基地建设	建设无公害农产品标准化示范基地 40 万公顷，实行档案管理，推行产地编码，建立产品质量追溯制度；邯郸市建设 12 个有机食品生产基地	2004—2010	21 500

项目类别	序号	项目名称	主要建设内容	建设年限	投资预算（万元）
经济可持续发展能力建设项目	12	机械化保护性耕作建设项目	2010年前，每年新增大型免耕播种机800台、小型免耕播种机500台，年增作业能力3万公顷。2011—2020年，每年新增大型免耕播种机1500台、小型免耕播种机600台，年增作业能力5万公顷	2005—2010	17 820
	13	石家庄中润制药有限公司环保产业化示范项目	利用医药行业生物菌渣与有机辅料混合后，在发酵设备内进行好氧发酵，将大分子降解为生物可利用的有机小分子，烘干造料后即可生产出生物有机肥	2005—2006	10 909
	14	五片两带外向型优质果品基地建设项目	建设为103万公顷的“百万亩优质梨、百万亩优质红枣、百万亩京东板栗、百万亩仁用杏、百万亩优质葡萄、石黄高速及302国道两侧五百里优质高效果品经济带和太行山、燕山沿山丘陵优质果品经济带”等五片两带外向型果品基地	2006—2010	600 000
	15	林纸一体化建设工程	迁安市华丰10万吨纸浆、1 333公顷林地；衡水建设碱性过氧化氢漂白化机浆生产线、造纸生产线，年产杨木化机浆7万吨，轻量涂布纸10万吨	2005—2007	86 000
	16	循环经济示范区建设工程	唐山市建设10个循环经济示范点、区；威县县城工业园区续建工程；衡水市加拿大高科技项目工业园；冀衡循环经济工业园	2005—2010	2 511 000
	17	曹妃甸煤码头建设工程	分三期共建16个泊位，总设计能力1亿吨/年	2005—2030	1 420 000
	18	河北省自然保护区建设工程	现有保护区基础性调查研究；管护能力建设；生态系统恢复；新建重要自然保护区	2006—2010	58 000
	19	生态示范区建设工程	建设承德、张家口、秦皇岛等市为国家级生态城市；建设河间、井陉、永年、景县、兴隆、文安、尚义、抚宁等国家级和省级生态县42个；建设泊头市交河镇、衡水市枣强镇等国家级和省级环境优美乡镇82个；建设一批省级、市级和县级的文明生态村	2006—2020	274 993
	20	水库建设工程	建设完成邢台青台山水库、张家口乌拉哈达水库、承德双峰寺水库	2004—2020	1 267 076
	21	河道整治工程	对全省骨干行洪道和重要支流河道进行治理，1、2级堤防全部达到国家标准，主要措施包括堤防整修加固、河道疏浚清淤等	2004—2020	1 802 902
	22	城市防洪工程	完成11个设区市和部分重要县城的防洪工程，重点是城市防洪堤建设	2004—2020	326 915
	23	行滞洪区安全建设工程	完成全省13处蓄滞洪区的安全建设，主要措施包括撤退路、避水房、围村埝等	2004—2020	620 263
	24	海堤建设工程	完成沿海唐山、秦皇岛、沧州三市海堤建设，达到30～50年一遇防潮标准	2004—2020	168 412

项目类别	序号	项目名称	主要建设内容	建设年限	投资预算（万元）
经济可持续发展能力建设项目	25	高速公路建设工程	承唐高速唐山至罗文峪高速公路 61.46 千米；沿海高速公路连接线，二级公路 99 千米	2004—2008	288 332
	26	华森投资有限公司衡水市 CNG 区域供气工程	供气 10 万户，气站 1 个，管道 10 千米	2002—2006	10 151
	27	污水处理厂和中水回用工程	全省 11 个设区市共 48 项污水处理及再生水回用工程	2006—2010	242 153
	28	生活垃圾无害化和资源化处理工程	全省 11 个设区市共 40 项垃圾处理项目、17 项危险废物与医疗废物处置项目	2006—2010	345 996
资源可持续利用项目	29	21 世纪初期（2001—2010 年）首都水资源可持续利用规划项目	水污染防治、工农业节水、水土流失治理、生态农业、能力建设等	2006—2010	423 512
	30	河北省京津风沙源治理工程	规划完成绿化任务 1 592.9 万亩。其中，退耕地造林 259.3 万亩，匹配荒山造林 131.3 万亩；人工造林 330.6 万亩，封山育林 393.5 万亩，飞播造林 456.4 万亩，农田林网 21.8 万亩；草地治理 1 418.4 万亩；小流域治理 3 732 平方千米；生态移民 0.813 万人	2006—2010	503 183
	31	清洁能源开发利用工程	风力发电工程；天然气输配工程；农村沼气生态家园富民工程；生物秸秆发电工程；太阳能开发利用等项目	2005—2010	94 201
	32	水土保持工程	太行山国家水土保持重点建设工程、北京应急水源地河北省大清河、滹沱河流域水土保持工程规划等重点水土保持建设项目，共 20 358 平方千米	2004—2013	1 040 856
	33	河北省南部地区退耕还林工程	绿化总任务 915 万亩。其中，退耕地还林 75 万亩，匹配荒山荒地造林 300 万亩，封山育林 300 万亩	2006—2010	147 100
	34	河北省重点地区防护林工程	实施“三北”四期防护林、太行山二期绿化、沿海二期防护林、黄河故道治沙、平原绿化等重点防护林工程。规划完成造林绿化 1 262 万亩，其中：生态林、沿海基干林带、农田林网、通道绿化为主的人工造林 402 万亩，飞播造林 150 万亩，封山育林 710 万亩。改造低效林。新建 8 个湿地自然保护区，完善 2 个湿地保护区基础设施建设	2006—2010	445 800

项目类别	序号	项目名称	主要建设内容	建设年限	投资预算（万元）
资源可持续利用项目	35	湿地保护和恢复工程	衡水湖湿地保护和水源地恢复；滦河下游湿地保护综合整治项目；白洋淀下游湿地保护工程；唐海县省级湿地保护区、黄壁庄水库至京深高速段滹沱河湿地恢复；邢台人工湿地保护、南大港湿地保护；兴建海兴、安固里淖等湿地自然保护区	2006—2008	203 812
	36	衡水湖保护和湖滨生态旅游开发建设工程	包括三方面内容：一是西湖湿地恢复和水源地建设工程，二是衡水湖水污染防治示范工程，三是滨湖生态环境建设工程	2005—2009	337 000
	37	饮用水源地生态保护工程	唐山市潘家口、大黑汀、陡河等水库水源地环境治理、生态保护工程；岗南、黄壁庄等水库水源地水土流失治理，其中岗南水库主要涉及坡面水系小型水土保持工程、沟坝系统工程和扬、提、蓄、灌等一系列工程建设，增加林草植被，计划治理水土流失面积 260 平方千米；黄壁庄水库库区水土流失治理以坡耕地改造为重点，以梯田化建设为目标，计划治理水土流失面积 150 平方千米	2005—2012	39 760
	38	永定河故道沙区治理工程	在永定河故道风沙治理区内，营造高标准防风固沙林，在故道沙区内的农田中营造高规格的行数不超过 3 行的农田防护林带，在故道沙区村庄周围营造缓存林带	2006—2009	120 000
	39	河北省南水北调配套工程；石津干渠、沙河干渠污染治理工程	大型跨市输水干渠工程，大型调蓄工程，输水管线工程，中小型调蓄工程，净水厂工程，城市配水管网工程等；石津干渠、沙河干渠沿线排放污水整治工程，沿线垃圾点整治工程等	2008—2015	3 150 000
	40	重点流域水资源生态保护和恢复工程	滦河流域生态保护、辽河源头生态恢复、首都水源保护工程等	2006—2010	430 000
环境污染防治项目	41	张家口坝上地区农业产业结构调整及环境综合整治项目	坝上四县农业产业结构调整，对农村生态环境进行综合整治，并实施部分生态移民	2006	26 000
	42	洋河、白河流域农业污染综合整治工程	赤城县赤城镇等 10 个乡镇实施农村面源污染防治及农村饮用水源保护工程；洋河沿线怀来、涿鹿、蔚县、阳原、下花园、宣化县、区等 10 个县区实施农村面源污染防治及农村饮用水源保护工程	2006	51 000

项目类别	序号	项目名称	主要建设内容	建设年限	投资预算（万元）
环境污染防治项目	43	重点工业污染源治理工程	重点污染源治理工程40个，工业企业推行清洁生产，削减污染物排放总量项目105项	2005—2010	789 237
	44	白洋淀及上游地区生态建设与环境综合治理工程	一期工程：白洋淀上游山区生态建设包括白洋淀上游山区水土流失治理一期工程、白洋淀上游山区林业生态建设一期工程和旱作农业建设工程；白洋淀流域污染治理项目包括重点企业清洁生产工程、白洋淀流域城市（镇）污水处理工程（保定市污水处理厂扩建工程、保定市护城河、府河综合治理工程、白洋淀芦苇湿地处理工程、白洋淀周边及上游城镇污水处理工程）、环境基础能力建设、生态农业示范工程、保定市区污水资源化工程；白洋淀绿色输水廊道建设包括白洋淀补水灌区防渗节水工程、孝义河治理、王快和西大洋水库连通工程、中易水河治理项目、曹河河道建设工程；白洋淀区生态环境综合治理，包括白洋淀周边及入淀河道绿化工程、白洋淀毛石护坡工程，淀底清淤、河口治理、航道清淤工程，白洋淀区生态养殖项目，白洋淀湿地自然保护区项目和安新县防洪坝工程	2005—2009	582 957
			二期工程：白洋淀上游山区生态建设，包括白洋淀上游山区水土流失二期工程，白洋淀上游山区林业生态建设二期工程；白洋淀流域污染治理，包括白洋淀流域城市（镇）污水处理厂工程；白洋淀区生态环境综合治理，包括白洋淀淀底清淤、河口治理、航道清淤，淀区垃圾资源化工程，淀区水中村改造及居民控制，安新县生活垃圾综合处理场	2010—2014	222 418
研发和科技成果转化项目	45	循环经济模式及示范点建设	循环经济理论、模式及关键技术研究与示范；推进循环经济模式的试点建设（包括：企业内部循环试点建设、矿区生态重建的试点建设、工业生态园区试点建设、生态工业园区、生态镇的试点建设、资源循环型社会试点建设）；实施循环经济的支撑体系研究；实施循环经济的对策研究；我省“节约型”小城镇可持续发展研究	2006—2007	17 500
	46	海水淡化科技示范工程	①用海水取代淡水化盐；②用海水作为冷却水，冷却方式采用循环冷却；③海水淡化；④研发海水深度综合利用技术，加强直接从海水中提取化学物质的研究开发，加速盐碱工业向海洋化工工业过渡	2005—2008	15 000

项目类别	序号	项目名称	主要建设内容	建设年限	投资预算（万元）
研发和科技成果转化项目	47	能源可持续利用技术研究与示范	节能新技术研究与示范；常规能源高效、清洁、安全开发和利用技术研究与示范；新能源和可再生能源规模化利用技术与示范；氢能发电技术研究等	2005—2010	5 000
	48	资源可持续利用技术研究与示范	大宗支柱矿产资源的战略储备与安全研究；水资源高效利用技术与管理机制研究；城镇土地集约化利用技术与国土综合整治技术研究；海洋资源安全保障与高效利用技术研发与示范等	2005—2010	3 000
	49	生态省建设的生态与环境保障技术体系研究与示范	我省脆弱生态区生态产业发展关键技术引进、研发与集成示范；我省生态容量与资源环境损失的生态足迹研究；退化生态系统重建技术体系研发与示范；重点矿区生态环境重建技术研发；城市体系的生态功能解析及其生态状况的变化趋势预测研究；外来入侵物种调查和生态灾害评估技术研究；我省生态经济区划及发展对策研究；地表水和大气环境容量核定与总量分配技术研究；持久性有机污染物的环境过程和污染防治技术研究；城市地表饮用水源环境内分泌干扰物迁移转化规律及防治对策研究；土壤环境复合污染特性和控制技术研究，建立土壤环境信息标本库；以制药行业危险废物的安全处理处置为重点，固体废弃物控制与治理关键技术研究；制药工业可持续发展环境安全关键技术及示范研究；区域性环境污染综合防治技术体系研发	2006—2010	12 000
	50	资源型城市及曹妃甸工业区可持续发展科技示范专项	针对我省资源型城市及曹妃甸工业区建设发展中亟待解决的资源、环境、公共安全等问题，开展海水综合利用、湿地生态环境保护与修复、矿产资源合理开发与保护、废弃物资源化再生利用、公共安全保障、清洁发展机制等制约区域经济和社会可持续发展的关键技术研究	2006—2008	3 600
	51	资源型城市生态重建及可持续发展研究	研制并开发资源型城市景观生态信息系统，实现矿产资源开发集中地区的生态动态监测。对资源开发引起的土地利用结构变化及生态重建潜力进行评价，分别从农业、养殖、娱乐、建筑等方面建立生态重建评价指标体系，提出各评价单元适宜的生态重建途径。进行 3 个生态重建示范区建设。即以现已初具规模的唐山市南部采煤塌陷区建设的南湖公园为基础，按照城市园林景观标准，建设生态园林景观重建示范区；以唐山市迁安马兰庄镇和蔡园镇等铁矿资源开发密集地区为重点，建设以矿业生态可持续发展建设为核心的生态重建示范区工作；以古冶区采煤塌陷地为重点，建设以生态农业重建为核心的生态重建示范区	2006—2007	33 500
其他项目	52	滨海旅游度假新城	综合性旅游设施建设	2005—2010	150 000
合计项目个数 52 项，涉及资金 2 013 亿元。重点项目来自各市人民政府、省直有关部门申报结果，确定原则为：与生态省建设关系极为密切、投资额数较大、近期开始建设					

广西

中共广西壮族自治区党委 自治区人民政府关于落实科学发展观 建设生态广西的决定

（2007 年 1 月 24 日　桂发[2007]7 号）

为全面贯彻落实科学发展观，统筹人与自然和谐发展，加快转变经济增长方式，推进资源节约型、环境友好型社会建设，努力实现建设富裕文明和谐新广西的奋斗目标，根据自治区第九次党代会精神，特就建设生态广西作出如下决定。

一、生态广西建设的重大意义

1．实施可持续发展战略取得积极进展

可持续发展是当今国际社会的共识，也是我国的一项基本战略。长期以来，自治区党委、自治区人民政府认真贯彻落实党中央、国务院的决策部署，高度重视经济社会与人口资源环境协调发展，采取了一系列重大政策措施推进可持续发展战略的实施，促进了国民经济持续快速健康发展和社会全面进步，在经济总量明显增长的同时，经济结构逐步得到调整和优化，生态经济发展势头良好，人口过快增长趋势得到有效控制，消除贫困成绩显著，资源合理利用水平进一步提高，环境保护和生态建设成效明显，生态环境质量基本保持稳定，促进了人民群众生活水平和生活质量的提高，增强了我区可持续发展的能力。

2．加快发展面临的资源环境形势相当严峻

我区人口基数大，生态环境较为脆弱，耕地、煤炭、石油、铁矿等重要资源较为匮乏，资源环境承载力较低。在经济快速发展中，由于粗放型的经济增长方式尚未根本转变，能源、资源消耗较高，污染物排放总量较大，致使部分江河湖库和局部海域水环境质量下降，酸雨问题突出，一些地方不合理的资源开发造成局部生态破坏和退化，水土流失、石漠化现象严重，生态系统服务功能减弱，农业农村环境污染加剧。随着我区工业化、城镇化进程加快和

人口持续增长，资源、能源消耗还将增加，资源对经济社会发展的“瓶颈”制约将更为突出，面临的环境压力也会越来越大。这些问题不解决，全面建设小康社会的目标将难以实现。

3．建设生态广西是建设富裕文明和谐新广西的重大举措

21 世纪头 20 年是加快我区经济社会发展的重要时期。建设生态广西，是实践“三个代表”重要思想，贯彻落实科学发展观的具体体现，是统筹人与自然和谐发展、构建社会主义和谐社会的必然要求，是转变经济增长方式，实现可持续发展的迫切需要，是增创发展新优势、提升综合竞争力，实现全面建设小康社会目标的有效途径。建设生态广西，有利于更好地协调和处理经济社会与人口资源环境的关系，促进经济结构调整和增长方式转变，提高经济增长的质量和效益，实现又好又快发展；有利于优化资源配置，将资源优势转化为经济优势，充分发挥后发优势，增强经济实力；有利于改善生态环境，提高人民群众的健康水平和生活质量，维护人民群众的根本利益，并为子孙后代留下良好的生存和发展空间；有利于提高全社会的文明素质，促进社会主义精神文明建设。各级各部门和广大党员干部要从全局和战略的高度充分认识建设生态广西的重大意义，统一思想、明确任务，采取有力措施扎实推进生态广西建设。

二、生态广西建设的指导思想、基本原则和总体目标

4．指导思想

坚持以邓小平理论和“三个代表”重要思想为指导，全面贯彻落实科学发展观，落实构建社会主义和谐社会重大战略任务，以人与自然和谐发展为目标，以提高人民群众生活水平和生活质量为根本出发点，以体制创新、机制创新和科技创新为动力，按照加快建设富裕文明和谐新广西的要求，坚持可持续发展战略，积极推进经济结构调整和增长方式的根本性转变，大力发展循环经济，保护和改善生态环境，促进经济社会又好又快地发展并与人口资源环境相协调，把广西建设成为人民生活富裕、生态环境良好、人居环境优美、人与自然和谐相处、经济发展步入良性循环、社会文明进步的可持续发展省区。

5．基本原则

——尊重规律，协调发展。尊重自然规律、经济规律和社会规律，统筹兼顾局部与全局、当前与长远、经济与社会、城市与农村、人与自然的协调发展。坚持以人为本，正确处理经济社会发展与人口资源环境的关系，促进经济社会全面协调可持续发展。

——统筹规划，分类指导。根据资源环境条件、经济发展潜力、重点环境问题等，统筹规划，科学布局，因地制宜地开展各项建设活动，形成各具特色的区域发展格局。突出重点，分步实施，优先抓好重点流域、重点地区、重点领域的污染防治和生态建设以及重点产业的生态化转型。通过典型示范，以点带面，稳步推进生态广西建设。

——依靠科技，开拓创新。加快科技创新步伐，加强先进科技成果的推广应用，提高生态广西建设的科技含量。积极推进机制创新、体制创新、技术创新、管理创新，建立符合市场经济规律的生态环境建设体制、机制。

——政府主导，市场运作。发挥各级政府在生态广西建设中的决策主体、监管主体和服务主体作用，加大公共财政投入，强化监管，提供良好的政策环境和公共服务。建立多元化

的投资机制和激励约束机制，充分运用市场机制调动社会力量参与生态广西建设。

——公众参与，开放合作。综合运用法律法规、宣传教育等手段，使法规的强制性与公众的自觉性有机结合，营造全社会关心和共同参与生态广西建设的良好氛围。进一步拓展对外开放领域，扩大国际国内交流与合作，以开放合作推进生态广西建设。

6．总体目标

从 2006 年到 2025 年，经过 20 年的努力，全区经济增长方式转变取得显著成效，资源合理利用率显著提高，经济实力显著增强，生态环境明显改善，生态文化繁荣，建成一批具有广西特色、竞争力强的生态产业，基本实现人口规模、素质与生产力发展要求相适应，经济社会发展与资源、环境承载力相适应，实现节约发展、清洁发展和安全发展，基本建立全面协调可持续发展的国民经济体系和资源节约型、环境友好型社会。

“十一五”期间是生态广西建设全面启动和重点推进阶段，要着力做好开局起步的基础工作，力争在重点领域取得突破。到 2010 年，生态广西建设的基本框架、工作机制和支撑体系初步建立；产业结构调整取得新成效，经济增长的质量和效益得到提升，全区生产总值超过 6 500 亿元，人均生产总值达到 1 600 美元，农民人均纯收入达到 3 180 元：总人口控制在 5 200 万以内，城镇化水平达到 40%；节能降耗水平和综合利用效率有较大幅度提高，万元生产总值能源消耗降低 15%，万元工业增加值用水量降低 35.6%，工业固体废物综合利用率达到 70%以上；生态环境破坏和污染趋势得到有效遏制，主要污染物排放总量比 2005 年削减 10%以上。县城及以上城市污水处理率从 8.8%提高到 50%，城镇生活垃圾无害化处理率从 36%提高到 60%，地表水水质、近岸海域水质和主要城市空气环境质量达到环境功能区划标准的比例超过 90%；重要生态功能区的自然生态系统得到保护和恢复，全区森林覆盖率达到 54%，退化土地治理率达到 50%，其中石漠化治理率达到 30%；耕地保有量保持稳定。

三、生态广西建设的主要任务

7．建设以循环经济为主导的生态经济体系

培育发展生态效益型经济是生态广西建设的首要任务。要按照建设资源节约型和环境友好型社会的要求引导和规范经济活动，以生态经济理论和循环经济理念指导经济结构调整和产业结构优化升级，推进“生态产业化”、“产业生态化”，形成以科技创新型、资源节约型、环境友好型为特征的具有广西特色的生态经济体系。坚持走新型工业化道路，运用高新技术和先进适用技术改造提升传统产业，大力发展技术含量高、附加值高、市场占有率高、消耗低、污染少的高新技术产业。按照“减量化、再利用、资源化”的原则，推动企业之间、园区之中、区域之内形成共生互动的循环型产业，实现物质、能量的多级利用和循环传递，重点在冶金、石化、煤炭、电力、有色、化工、轻工、建材等资源型行业开展以提高资源利用效率为核心、以清洁生产为重点的活动，创建一批高标准、规范化的循环型企业。进一步优化工业布局，促进工业企业向工业园区集中，推进工业园区的生态化建设和集中治污。严格限制资源能源利用效率低、污染物排放强度高的产业发展，加快淘汰落后工艺设备和生产能力。充分发挥丰富的农业生物资源优势，积极推广先进适用的生态农业技术，加快无公害农产品、绿色食品和有机食品生产基地建设，大力发展特色农牧渔业产品及其深加工，推进建

立结构合理化、技术和产品标准化、生产环境生态化、资源利用高效化的生态农业体系，重点推进桂东北、桂南和桂东南生态农业县建设，力争建成全国重要的生态农业示范基地。采用先进、生态的营林措施发展经济和生态效益兼具的特色林产业，加快建设各种用材林和名特优新经济果木林基地，推进生态林业产业的发展。发挥我区丰富的山水、滨海、边关、民族风情和历史文化等旅游资源优势，建设一批重点生态旅游区和休闲度假区，把生态旅游业培育成为新兴产业。发展高效节约型现代物流业、文化产业及会展、信息、社会中介服务等新型服务业。

8．建设可持续利用的资源保障体系

坚持开发与节约并重、节约优先，加大自然资源的合理开发利用和保护力度，提高资源利用效率和综合利用水平，促进资源粗放利用向集约和节约利用转变，增强经济社会可持续发展的资源保障能力。加强水资源的保护和优化配置，统筹和合理安排生产、生活、生态等用水，引导各行业和日常生活节约用水，推广普及节水技术和设备，全面推进节水型社会建设。实行最严格的土地管理和耕地保护制度，优化土地利用结构与布局，从严控制建设用地规模，促进土地集约和节约利用；加大耕地整理力度，增加有效耕地面积，改造劣质耕地，提高耕地质量及其生产力。依法实行采伐限额制度，严格控制森林资源的过量消耗，确保森林资源持续增长。加强对重要矿产资源的勘查，整顿和规范矿产资源勘查开采秩序，尤其要做好锡金属矿、铅锌矿等矿产的综合利用，走产业化、集约化的开发路子。加强海域使用管理，合理开发利用岸线资源，控制和压缩浅海传统渔业资源捕捞强度。加强生物资源保护和合理利用，强化原产地农牧渔业和中草药种质资源的保护和增殖。积极开发和利用生物质能、太阳能、核能等可再生能源和清洁能源。加强与其他省份和有关国家的资源开发和合作，拓展资源供给空间。

9．建设山川秀美的生态环境体系

按照“不欠新账、多还旧账”的原则，强化从源头上防治污染和保护生态，切实改变“先污染后治理、边治理边破坏”的状况。严格控制并逐步削减污染物排放总量，加大重点污染源限期治理力度，着力解决突出的环境问题。以保障饮用水环境安全为重点，加强水污染防治，抓紧划定和调整饮用水水源保护区，2007年年底以前完成全区县以上城市、2008年年底以前完成乡镇和农村集中式饮用水水源保护区的划定，坚决取缔水源保护区内的各类排污口，严格控制养殖活动，严防养殖业污染水源，禁止有毒有害物质进入饮用水水源保护区；加大对食品、化工、造纸等污染物总量负荷较高企业的技术改造和污染治理力度，加快城镇生活污水、生活垃圾处理和危险废物处置设施建设；突出抓好左江、右江、邕江、郁江、钦江、南流江等重点流域水污染综合治理，强化水污染事故的预防和应急处理。以降低二氧化硫排放总量为重点，推进大气污染防治，努力控制酸雨污染，加快火电、冶炼等行业脱硫设施建设，2010年以前现役火电厂必须全部安装脱硫设施，淘汰5万千瓦以下小型火电机组，对工业锅炉、炉窑加快技术更新和烟气脱硫改造，逐步淘汰现有高能耗、重污染的小型燃煤锅炉。以防治土壤污染为重点，加强农业农村环境保护，开展全区土壤污染状况调查和污染超标耕地综合治理，防治农药、化肥过量使用以及畜禽养殖产生的面源污染。以加强自然生态保护为重点，恢复、维持生态功能，严格控制不合理的资源开发活动，优先保护天然植被和各类典型生态系统，重视自然恢复；加强重要生态功能保护区和自然保护区的建设，提升管理水

平，保护生物多样性和生态系统的整体功能；加大退化生态系统修复力度，巩固和发展退耕还林成果，继续推进珠江流域中上游防护林体系、沿海防护林体系、水土保持、石漠化治理、矿区生态恢复重建、重点流域水生态保护与修复等生态工程建设，加强重大地质灾害防治和外来入侵生物的防治。实施“碧海行动”，加强近岸海域海洋环境特别是河口地区的污染防治和生态保护，确保沿海地区以及海洋经济的可持续发展。强化危险废物、核设施及放射源的安全监管，建设和完善危险废物、放射性废物处理处置设施。

10．建设人与自然和谐的人居环境体系

严格控制人口过快增长，稳定人口低生育水平，提高人口素质，减轻人口增长对资源环境的压力。加快推进城镇化，引导人口向城镇聚集，优化人口布局，科学合理规划城镇建设，逐步完善城镇公共基础设施。强化城镇环境综合整治，继续推进环境保护模范城市、园林城市、卫生城市创建活动，深入实施“城乡清洁工程”，切实改善城乡生活环境。加强城镇规划区内的天然林地、草地、湿地等生态系统保护，整治城市内河、内湖污染，恢复生态和景观功能，因地制宜地建设以住宅、庭院、社区（小区）、街道、公园以及城郊等多层次的城镇绿地体系。大力发展公共交通，加强机动车污染治理，控制噪声、扬尘等污染。结合社会主义新农村建设，科学规划，加快实施“百村示范、千村整治”农村小康新村建设工程、生态富民家园工程，加强农村基础设施建设和村容村貌整治，推进农村改水、改厕、改栏舍和沼气普及化，妥善处理生活垃圾和污水，实现村庄净化、绿化、美化，建设一批环境优美的乡镇和文明生态村。

11．建设体现现代文明的生态文化体系

切实加强生态文化建设，在全社会树立和弘扬人与自然和谐相处的生态价值观、生态伦理观和环境道德观。围绕建设资源节约型和环境友好型社会，在全社会广泛开展人口资源环境国情区情教育和生态科普教育，深入开展文明城市创建以及绿色学校、社区、家庭和环境友好企业等“绿色系列”创建活动，引导全社会树立人口资源环境意识和可持续发展意识，倡导有利于资源节约、环境保护的绿色生产、绿色消费，形成体现现代文明的生产、生活方式，强化企业和全社会节约资源、保护环境的责任。积极开发体现我区自然山水、民族、人文特色和普及生态知识、倡导生态文明的文化产品，做大做强生态文化产业，建设一批生态文化设施及科普教育基地，丰富社会主义精神文明建设的内涵。

12．建设科学、高效、稳定的能力保障体系

发展科技、教育事业，加强环境保护、生态产业、循环经济等重点学科建设。加快建设以企业为主体、产学研相结合、产品创新为核心的技术创新体系，以高等院校、科研院所、国家（自治区）重点实验室为主体的科学研究开发体系，以各种科技服务组织为纽带的社会化、网络化科技中介服务体系。把资源节约利用、环境保护和公共安全保障列为科技发展的重点领域及优先主题，实施一批重大科技专项，力争取得突破性成果。发展环保科技产业，积极培育相关科技产业集团，增强经济社会发展的科技支撑能力。重点推进有色金属、海洋生物、现代中药、新能源等资源开发技术的攻关，开展区域性环境污染的综合防治技术、退化生态系统修复重建技术、重点产业清洁生产技术、废物资源化技术、生态环境监测评估技术、自然灾害监测与防治技术、重大突发性疾病疫情预防与控制技术等的研究与开发应用。加强科技试点示范和推广，使科技成果真正转化为现实生产力。建立健全公共卫生和重大疾

病预防、食品安全保障、农业科技推广等公共服务体系，加快建设防灾减灾、突发性公共安全事件预防应急和环境安全监控应急处置等安全体系。

四、生态广西建设的保障措施

13. 明确区域功能定位和发展方向

充分考虑地区之间资源环境条件和发展差异，实行区别对待的区域政策，促进各具特色的区域发展格局的形成。在生态功能区划的基础上，根据不同区域的资源环境承载能力和发展潜力，按照优化开发、重点开发、限制开发、禁止开发的不同要求，明确不同区域的功能定位，统筹规划未来人口分布、经济布局、国土利用和城镇化格局，把经济活动控制在自然生态的承载力之内。在国土开发密度较高、资源环境承载能力已经减弱的区域实行优化开发，坚持环境优先，大力发展高新技术产业，优化产业结构，提升产业水平，集约利用资源，实现增产减污；在资源环境承载能力较强、经济和人口集聚条件较好的区域实行重点开发，着力推进工业化、城镇化，增强经济实力，同时严格控制污染物排放总量，做到增产不增污；在资源环境承载力较弱、人口和经济集聚条件不够好、对全区和较大区域范围生态安全至关重要的区域要实行限制开发，保护优先，合理选择发展方向，因地制宜地发展特色产业，加强生态修复和环境保护，使之逐步成为重要生态功能区；在自然保护区和其他具有特殊保护价值的区域实行禁止开发，强化保护，严格控制人为因素对自然生态的干扰破坏，严禁不符合规定的开发活动。

14. 强化依法监督

分级编制生态省（区）、生态市、生态县（市、区）建设规划，并经同级人大常委会审议通过，形成具有约束力的文件，规范实施。自治区各有关部门要制定具体实施方案。根据国家法律法规，结合我区实际，进一步建立健全有利于循环经济发展、资源节约和生态环境保护的地方性法规及相关标准体系，抓紧清理、修订现有不符合科学发展观要求的法规、规章和规定，形成较为完善的法规体系，推动生态广西建设走上法制化轨道。加强执法监管体系建设，改善执法监督条件，提高执法监督队伍素质。强化资源环境执法监管，加大执法力度，严肃查处破坏资源环境的违法行为。强化规划及建设项目的环境影响评价，从决策源头上控制环境污染和生态破坏。凡是不符合国家产业政策和法律法规，或选址、选线与规划不符，或对环境敏感区域产生重大不利环境影响的项目，一律不得审批和核准，不得批准用地，不予办理工商登记，不得给予贷款；对环保设施未同步建成、验收不合格的项目一律不准投产使用。严格实行污染物排放总量控制制度，按照国家下达的主要污染物排放总量控制指标制定削减计划，并层层分解落实到各市、县（市、区）和企业。全面实施排污许可证制度，禁止无证和超总量排污，2008 年年底以前所有重点污染源必须安装在线监控装置。严格执行跨行政区域河流交界断面水质目标考核制度。深入开展资源环境保护执法检查和整治违法排污企业专项行动，集中力量突出解决群众反映强烈的资源环境破坏问题，维护群众的合法权益。

15. 创新工作机制

着力推进体制创新、机制创新、技术创新、管理创新，形成政府主导、市场推动、社会

参与、充满活力的工作格局。加快行政管理体制改革，把政府职能切实转到经济调节、市场监管、社会管理、公共服务上来，强化各级政府在生态广西建设中的综合协调和管理职能，建立部门职责明确、分工协作的工作机制。健全对涉及经济社会发展全局的重大事项决策的协商和协调机制、专家咨询机制，对重要规划、政策以及重大项目实行专家咨询论证制度。推进政府监管和社会监督的有效结合，建立健全对与群众利益密切相关的重大事项决策公示、听证制度，以及环境信息发布、公告制度，定期公布各类环境信息，广泛听取意见，充分发挥公众的监督作用。

16．完善经济政策

制定和完善有利于生态广西建设的财政、税收、价格、信贷、贸易、土地、风险投资等经济政策，为生态广西建设提供良好的政策环境。继续实施鼓励退耕还林和扶贫等优惠政策。充分发挥税收的调节作用，对废弃物资回收再生利用、资源综合利用等项目给予税收优惠。建立和完善能够反映资源环境成本的价格和收费政策，发挥价格机制在资源供求和可持续利用等方面的调节功能，引导资源按市场规则进行优化配置。进一步完善水、土地、矿产、森林等资源有偿使用制度；建立能够有效推进企业保护环境的激励政策和减少污染排放的约束机制，强化排污费征收及监管，开展排污权有偿出让及排污权交易试点；全面实施城镇生活污水处理和生活垃圾处理的收费政策，把污水处理费标准调整到保本微利的水平；建立和完善矿山、水电企业的环境恢复治理责任机制，实行矿山环境治理恢复保证金制度，从水电资源开发收益中安排一定资金用于当地环境的恢复治理。加快建立生态补偿机制，逐步增加对生态保护任务较重地区的财政转移支付，研究制定上下游地区污染赔付与补偿、受益地区对保护地区的利益补偿制度。

17．拓宽投融资渠道

各级政府要按照建立公共财政的要求，将农村义务教育、减少贫困、计划生育、公共卫生、公共安全、环境保护、资源管理等作为公共财政预算安排的优先领域，并逐步增加其占财政支出的比例。统筹安排农业开发、污染防治、水土保持、河道整治、扶贫开发、植树造林、企业清洁生产技术改造等有关专项资金，集中投向重点领域和重点项目建设。运用市场化手段促进形成多元化投资格局，引导和鼓励社会资金投向生态广西建设的各个领域，采取财政贴息、投资补助、项目前期经费、政府投资股权收益适度让利等政策措施，鼓励、支持和引导社会资本进入生态保护与建设领域。支持重点生态产业项目申请银行贷款和企业上市融资，鼓励民间资本以独资、合资、承包、股份制、股份合作制、BOT 等不同形式参与城镇污水、垃圾处理等环保基础设施的建设和运营。推进污染治理和生态建设的市场化。建立生态广西建设引导资金，重点用于支持生态产业及生态工业园区试点示范项目、重要生态功能区建设项目、环境保护国际合作项目、生态广西建设重大政策和技术研究、目标责任制考核奖励等，自治区财政从 2006 年开始每年安排 3 000 万元经费建立这一资金，并根据财政增长状况逐年增加。

18．加强人才培养和引进

建立健全激励机制，充分调动和发挥专业技术人员的积极性、创造性。加快培养、引进生态广西建设急需的专业人才，加强相关领域人才“小高地”建设，培养造就一批高水平科技专家和领军人才。进一步壮大技术推广和科普人才队伍。组建相关领域专家咨询机构。鼓励科研机构、大专院校和科技人员通过创办科技型企业、建立科技示范点、开展技术承包和

技术咨询服务等形式，加快科技成果转化。

19．加强对外开放与合作

加强与国内其他省（区、市）的交流与合作，借鉴其他省（区、市）建设生态省（区、市）的成功经验和做法，促进生态广西建设。积极参与国际合作与交流，引进国外先进技术、人才和管理经验，把利用外资与生态经济发展和环境保护有机结合起来。充分利用举办中国—东盟博览会的有利条件，加强与东南亚国家的全方位合作。根据我国与周边国家签订的多边和双边协定，加强边境地区环境保护合作，共同构建环境安全体系。

20．推进重点工程建设

围绕生态广西建设目标，突出工作重点，在生态工业、生态农林牧渔业、生态友好型服务业、资源保护和利用、环境污染综合防治、生态保护与建设、科技支撑和公共安全保障等对生态广西建设有重大影响的领域，规划和优先安排一批工程项目建设，按年度下达计划，加强实施情况的检查督促，确保工程建设进度。做好项目的前期工作，争取更多重点项目纳入国家建设规划。选择一批市、县（市、区）、工业园区和企业，先行开展生态产业示范基地和循环经济试点建设，以发挥示范带动作用。

五、切实加强生态广西建设的组织领导

21．建立组织领导机构

各级党委、政府要把生态广西建设摆上重要日程，纳入经济社会发展总体规划，精心组织实施。建立健全党委统一领导，党、政主要领导亲自抓、负总责，分管领导具体抓的领导机制。各级政府都要成立组织领导及综合协调管理机构，明确各部门的分工和责任，对重大事项进行统一部署和综合决策，协调各部门、各地区间的行动，统筹解决生态广西建设中的重大问题，形成自治区、市、县分级推进、分级管理、部门协调配合、上下良性互动的工作机制。

22．落实目标责任制

建立生态广西建设目标责任制，把生态广西建设任务逐级分解、落实到市、县（市、区）、部门和企业，纳入重大事项督查范围，实行定期检查和考核，考核结果作为各级领导干部实绩评价的重要内容。根据不同区域主体功能定位，制定科学合理的绩效评价体系和政绩考核办法。从2006年开始，每半年公布一次各市和主要行业的能源消耗和污染排放情况，接受社会监督。对各类评优创先活动要实行环境保护一票否决。各级政府要定期向同级人大常委会报告生态广西建设进展及环保工作情况，自觉接受监督检查。

23．营造建设生态广西的良好氛围

建设生态广西必须紧紧依靠人民群众，充分发挥广大人民群众的积极性和创造性，动员全社会力量共同参与。将生态广西建设纳入干部教育培训内容，促进广大干部树立科学发展观、正确政绩观、生态文明观，增强可持续发展意识。运用各种宣传手段，广泛宣传生态广西建设重大决策、重要举措和工作成效，形成人人关心支持和积极参与生态广西建设的良好氛围。进一步完善奖励政策，对为生态广西建设作出突出贡献的单位和个人，予以表彰和奖励。

各市、县（市、区）党委、政府和自治区各有关部门要按照本决定的精神，制定具体措施，切实抓好落实，确保生态广西建设目标的实现。

生态广西建设规划纲要

（2007年7月广西壮族自治区第十届人大常委会第二十七次会议审议通过
广西壮族自治区人民政府印发 桂政发[2007]34号）

前 言

21世纪头20年是我区经济社会发展必须紧紧抓住的重要战略机遇期，也是我区加快富民兴桂新跨越、全面建设小康社会的关键发展阶段。在推进工业化、城镇化和社会主义新农村建设的进程中，加快转变经济增长方式，建设资源节约型、环境友好型社会，保障公共安全和人口健康，促进人与自然和谐，走生产发展、生活富裕、生态良好的文明发展道路，既是全面落实科学发展观和构建社会主义和谐社会的客观要求，也是我区经济社会发展的迫切需要，是充分发挥后发优势、增强我区综合实力和竞争力的必然选择。自治区党委、政府遵循经济社会发展规律和自然生态规律，立足广西区情和长远发展需要，主动适应国际、国内经济社会发展新形势，适时作出了全面推进以富裕广西、文化广西、生态广西、平安广西为中心内容的和谐广西建设的重大战略决策。建设生态广西，就是以科学发展观为指导，以促进经济增长方式转变和保障生态环境安全为主线，运用生态学和生态经济学原理、循环经济理念以及系统工程方法，把经济社会与人口资源环境有机结合起来，统筹规划和实施经济建设、环境保护和社会发展，优化配置资源，充分发挥生态资源优势和体制机制优势，依靠科技进步，大力发展生态经济，切实改善生态环境，积极倡导生态文明，使我区经济社会步入全面、协调、可持续发展轨道，实现既快又好地发展，把广西建设成为一个既有发达生产力，又保持蓝天碧海、山川秀美的生态省区。

生态广西建设是一项庞大、复杂的系统工程和长期艰巨的任务，也是一个与时俱进、不断发展和进步的动态过程。为了动员和组织全区各方面的力量积极参与生态广西建设，根据自治区党委、政府的部署以及国家相关法律法规，结合我区实际，特制定《生态广西建设规划纲要》（以下简称《纲要》）。本《纲要》提出了生态广西建设的指导思想、原则、目标任务、建设内容和工作措施，是推进生态广西建设的指导性文件，是编制各市县、各部门（行业）规划和实施方案的重要依据。随着生态广西建设的不断深化，将根据实际情况对《纲要》进行适时调整、补充和完善。

一、生态广西建设的现实基础和条件

（一）宏观环境

20 世纪末，全球性的人口增长、资源短缺、环境污染和生态恶化问题成为国际社会关注的焦点。人类经过对传统发展模式的深刻反思，形成了走经济社会发展与资源环境相协调的可持续发展道路的共识。越来越多的国家已把资源环境作为国家综合实力和竞争力的重要标志，将生态安全列为国家安全的重要组成部分，积极探索适合本国国情的可持续发展道路。进入 21 世纪，全球可持续发展的共同努力进一步强化，在全球经济一体化趋势加快的同时，生态环境与经济活动的相互影响也日益加深，呈现出“经济生态化”、“生态经济化”的新特点。

我国是世界上率先将可持续发展战略列为国家基本战略并采取具体行动的国家之一。特别是党的十六大以来，党中央制定了全面建设小康社会的宏伟蓝图，将“可持续发展能力不断增强，生态环境得到改善，资源利用效率显著提高，促进人与自然和谐，推动整个社会走上生产发展、生活富裕、生态良好的文明发展道路”作为全面建设小康社会的主要目标，提出了树立和落实科学发展观、构建社会主义和谐社会的重大战略思想，强调要以科学发展观统领经济社会发展全局，坚持以人为本，转变发展观念，创新发展模式，提高发展质量，落实“五个统筹”，把经济社会发展切实转入全面协调可持续发展轨道。中央的一系列战略决策，标志着我国环境与发展的关系正在发生重大变化，对于我国的现代化建设具有全局和深远的影响。

经济全球化和生态化发展趋势，我国更加明晰的发展战略和政策指向，为我区的发展提供了良好的宏观环境和难得的机遇。我区发展水平虽然还相对较低，但拥有优越的自然条件、良好的生态资源和独特的地缘优势，并且享有国家给予的少数民族地区、边疆地区、西部地区和沿海开放地区等各种特殊政策；国家西部大开发战略深入实施，泛珠三角经济区域合作扎实推进，中国—东盟自由贸易区加快建立，中越共同构建“两廊一圈”，参与大湄公河次区域经济合作，这多重机遇将为我区更好地利用国内国外两个市场、两种资源和各种有利条件，拓展新的发展空间，发挥后发优势，走出一条适合区情、具有特色的发展道路，实现跨越式发展提供了新的契机。

（二）有利条件和工作基础

1．地缘区位优势明显

我区地处华南和西南的结合部，与越南及东南亚毗邻，是全国唯一具有沿海、沿江、沿边地域特点的省区，是连接粤港澳与西部地区、实现东西互动的重要通道，也是沟通中国与东盟的重要海陆通道，对促进西部大开发、建立中国—东盟自由贸易区以及推进泛珠三角经济区域、大湄公河次区域、“两廊一圈”等区域经济合作具有重要的作用，并正在成为国家实施对外开放和区域合作战略的前沿。独特的区位条件，可为生态广西建设提供更多的可利用因素和机遇。

2．特色资源较丰富

我区地处低纬度地区，南濒热带海洋，北回归线横贯中部，属亚热带季风气候区，光照、降水、热量充沛，雨热同季，水热条件结合良好。水资源丰富，年径流总量达 1 880 亿立方米，占全国年径流总量的 7.2%。拥有陆地海岸线 1 595 千米，海域及潮间带滩涂面积广阔，海洋资源丰富且开发潜力巨大。野生生物物种及农林牧渔业种质资源丰富并具特色，已知有野生维管束植物 8 354 种、野生陆栖脊椎动物 916 种、淡水鱼类 212 种、海洋生物近 1 600 种，在全国生物多样性构成中占有重要地位。宜林地面积大，森林覆盖率 51.66%，活立木蓄积量 5.106 亿立方米。矿产种类多，已探明保有资源储量的矿产 87 种，其中锰、锑等 14 种矿产储量居全国首位，铝土矿、锡矿、铟矿等储量居全国第二位，是全国十大重点有色金属矿区之一。可开发水能蕴藏量 1 800 多万千瓦。自然景观和人文景观资源丰富多样、特色突出。这些丰富的资源，为我区大力发展特色经济和生态经济提供了得天独厚的条件。

3．生态环境保持良好

我区有森林、湿地、海洋等多种类型自然生态系统，并相对稳定地维持着各种生态服务功能。大部分城市环境空气质量达到二级以上标准；主要江河约 90%的河段水质达到或优于地表水Ⅲ类水质标准，符合水环境功能区划要求；近岸海域水环境功能区水质达标率在 85%以上，是目前我国近海水质保持最好的海域之一。良好的环境质量是生态广西建设必不可少的先决条件。

4．经济社会发展具有较好的基础

改革开放以来，特别是西部大开发战略实施以来，我区国民经济持续较快发展。“十五”期间全区生产总值年平均增长 10.7%，2005 年达到 4 063 亿元，人均生产总值 8 762 元，经济总量和财政实力明显增强，能源、交通、通信、水利和城市基础设施进一步改善，工业化、城镇化、农业产业化加快推进，特色优势产业加快发展，经济结构不断优化，对外贸易较快增长，科技、教育、文化、卫生、体育等各项社会事业全面发展，人口过快增长趋势得到有效控制，消除贫困、防灾减灾等方面成绩显著，城镇社会保障体系初步建立。目前，全区经济快速发展，社会稳定，民族和睦团结，人民生活改善，进入了历史上发展最好的时期，为建设生态广西奠定了良好的经济社会基础。

5．环境保护与生态建设成效明显

多年来，我区大力实施造林灭荒、封山育林、防护林体系建设、自然保护区建设、退耕还林、水土保持、石漠化治理、农村能源建设、生态农业建设、工业污染防治、酸雨控制、重点流域和城市环境综合整治等环境保护和生态建设工程并取得明显成效。全区建立了 72 个自然保护区、34 个风景名胜区、26 个国家森林公园、6 个国家地质公园，保护区网络已基本形成。31 个市（区、县）列为全国生态示范区建设试点，其中 3 个县已获得国家级生态示范区命名。创建了 11 个国家级和自治区级生态农业示范县，生态富民小康建设示范“十百千万”工程项目覆盖了全区半数以上的县，项目实施面积占农作物面积的 40%，无公害、绿色和有机农产品发展势头良好。文明生态村创建活动在全区广泛开展。农村生态能源建设成效显著，已建成沼气池 273 万座，农村沼气入户率 34.3%，位居全国前列。矿产开发、土地利用和城乡规划管理得到加强。桂林市获得全国环境保护模范城市称号，南宁市获得中国人居环境奖。淘汰了一批高能耗、高污染的落后生产能力，工业企业清洁生产和废物综合利用不断推进，

出现了一批循环经济典型企业、行业，工业生态园区建设取得初步进展。这些成功的探索和实践，增强了我区可持续发展的能力，为生态广西建设积累了经验。

6．可持续发展形成共识

自治区党委、政府将可持续发展作为经济社会发展的重要战略之一，制定了一系列相关政策、法规和规划，将人口、资源、环境保护工作纳入了目标责任制进行考核。积极推进经济结构调整和增长方式转变，实行环境与发展综合决策，提出了发展循环经济的任务和政策措施。广泛深入地开展科学发展观和人口资源环境国情、区情的宣传教育，全社会可持续发展意识逐步增强，广大群众参与资源环境保护的自觉性和积极性明显提高，为建设生态广西提供了良好的社会氛围。

（三）制约因素和存在问题

1．生态环境脆弱，自然灾害频繁

我区属于多山地丘陵地区，山地丘陵占全区陆域土地面积的 68.3%，其中岩溶石山区约占全区土地面积的 33%，平原面积小且呈零星分布。山区、丘陵区地形复杂，坡陡谷深，土层浅薄且易被侵蚀。以山地森林类型为主的自然生态系统，特别是岩溶山地森林生态系统敏感而且脆弱，遭破坏后恢复困难。受地质、地形、地貌和气候等因素的影响，我区降水时空分布不均，岩溶石山区缺水问题突出。耕地质量不高，坡耕地多，土壤肥力较差，中、低产耕地面积比重占 77%。外来有害生物的入侵及危害日趋明显，生物多样性面临严重威胁。干旱、洪涝、风暴潮、农林病虫害和地质灾害等自然灾害频繁。

2．人口形势严峻，资源供需矛盾突出

2005 年人口总数 4 925 万人，人口密度 208 人/平方千米，预测 2025 年我区人口总量将达 5 644 万左右，人口压力较大。人口过快增长使资源供需矛盾进一步加大，目前全区人均耕地面积仅 0.78 亩，耕地后备资源匮乏，煤、石油、铁矿等重要资源严重不足，对经济社会发展的制约日趋明显。

3．经济增长方式仍较粗放，环境压力较大

我区粗放型的经济增长方式尚未根本改变，资源依赖型产业比重大，工艺技术水平还较为落后，资源利用效率不高，工业污染物排放总量大，结构性污染突出，每万元工业增加值能耗、水耗和万元生产总值排放二氧化硫、化学需氧量远高于全国平均水平，部分江河、湖库和局部海域水环境质量下降，酸雨频率居高不下。农药、化肥等农业化学品使用强度较大，不仅导致农业面源污染日趋严重，而且农产品出口也已受到国际贸易技术壁垒的明显制约。因长期受不合理开发活动的影响，局部地区自然生态系统受到破坏，天然林面积减少，森林质量下降，生态系统服务功能减弱，栖息地破碎化明显。土地退化问题突出，全区水土流失面积达 281 万公顷，占全区总面积的 12%；岩溶地区石漠化面积达 238 万公顷，占全区总面积的 10.1%。沿海滩涂湿地及红树林、海草床面积减少，过度捕捞导致近海鱼类资源衰退。

4．经济发展水平不高，扶贫解困任务艰巨

由于多种因素的影响，我区经济发展总体水平仍然较低，经济总量不大，许多经济指标明显低于全国平均水平。工业化、农业产业化水平相对落后，规模小，质量和效益不高。农民增收还比较困难，农村贫困面较大，现有国定重点扶贫村 4 060 个，占全区行政村总数的

27.3%，农村绝对贫困人口尚有近百万，特别是贫困人口主要集中于大石山区，致使区域性贫困和脆弱环境问题相互交织，更增加了扶贫解困难度和生态环境压力。

5．高素质人才缺乏，自主创新能力不强

我区人均受教育程度较低，人口整体文化科技素质不高，每万人中的大专以上学历人数和科技人员数量均低于全国平均水平，特别是高素质人才缺乏。科技发展基础较薄弱，科技创新能力不强，工业领域具有自主知识产权和知名品牌、市场竞争力强的优势企业少，科技发展水平与完成调整经济结构、转变经济增长方式和切实转入以人为本、全面协调可持续发展轨道的迫切要求不相适应，经济社会发展和环境保护缺乏强有力的科学技术支撑。

二、生态广西建设的指导思想和目标

（一）指导思想

生态广西建设的指导思想是：以邓小平理论和“三个代表”重要思想为指导，以科学发展观统领经济社会发展全局，以人与自然和谐发展为目标，以提高人民生活水平和生活质量为根本出发点，以体制创新、机制创新和科技创新为动力，按照加快富民兴桂新跨越、全面建设小康社会和构建和谐广西的要求，坚持可持续发展战略，积极推进经济结构调整和增长方式转变，大力发展循环经济，保护和改善生态环境，促进经济社会更快更好地发展并与人口资源环境相协调，把广西建设成为人民生活富裕、生态环境良好、人居环境优美舒适、人与自然和谐相处、经济发展步入良性循环、社会文明进步的可持续发展省区。

（二）基本原则

1．尊重规律，协调发展的原则

尊重自然规律、经济规律和社会规律，统筹兼顾局部与全局、当前与长远、经济与社会、城市与农村、人与自然的协调发展，坚持以人为本，正确处理经济社会发展与人口资源环境的关系，促进经济社会全面协调可持续发展。

2．统筹规划，分类指导的原则

根据资源环境条件、经济发展潜力、重点环境问题等，统筹规划，科学布局，因地制宜地开展生态广西建设各项活动，形成各具特色的区域发展格局。突出重点，分步实施，优先抓好重点流域、重点地区、重点领域的污染防治和生态建设以及重点产业的生态化转型。通过典型示范，以点带面、稳步推进。

3．依靠科技，开拓创新的原则

加快科技创新步伐，加强先进科技成果的推广应用，提高生态广西建设的科技含量。积极推进机制创新、体制创新、管理创新，建立符合市场经济规律的发展机制。

4．政府主导，市场运作的原则

发挥政府在生态广西建设中的决策主体、监管主体和服务主体作用，加大公共财政投入，强化监管，提供良好的政策环境和公共服务。建立多元化的投资机制和各项激励约束机制，充分运用市场机制调动社会力量参与生态广西建设的积极性，促进生态广西建设的公益性与

市场经济的竞争性有机结合。

5．公众参与，开放合作的原则

综合运用法律法规、宣传教育等手段，使法规的强制性与公众的自觉性有机结合，营造全社会关心和共同参与生态广西建设的良好氛围。进一步拓展对外开放领域，扩大国际国内交流与合作，在更大空间范围内推进生态广西建设。

（三）总体目标

生态广西建设的总体目标是：经过 20 年左右的努力，全区经济增长方式转变取得显著成效，资源合理利用率显著提高，经济实力显著增强，生态环境明显改善，生态文化繁荣，建成一批具有广西特色、竞争力强的生态产业，基本实现人口规模、素质与生产力发展要求相适应，经济社会发展与资源、环境承载力相适应，实现节约发展、清洁发展和安全发展，基本形成全面协调可持续的国民经济体系和资源节约型、环境友好型社会。

（四）建设步骤及分阶段目标

与全面建设小康社会和构建和谐广西的战略步骤相衔接，生态广西建设分为全面启动和重点推进阶段、全面建设和加快发展阶段、全面达标和深化提高阶段 3 个建设期。

1．全面启动和重点推进阶段（2006—2010）

生态广西建设全面启动；建立健全创建工作机制，通过重点区域、领域的试点示范，积累经验，为全面建设阶段工作的推进打下良好的基础。

——全民生态环境意识进一步提高，可持续发展理念深入人心，形成生态广西建设的良好氛围，并建立起良性的决策和监管机制。

——转变经济增长方式和调整产业结构进一步取得成效，建设一批生态产业、生态园区、环境友好型企业等示范项目，生态经济初具规模。

——资源利用方式优化初见成效，节约型技术、装备、材料得到推广应用，节能降耗水平和资源综合利用效率有较大提高。

——环境保护和生态建设进一步加强，生态破坏和环境污染的趋势得到遏制，重点行业污染物排放强度明显下降，大部分历史积累和遗留的环境问题得到有效解决，重点区域、重点流域的环境质量得到改善，重要生态功能区和自然保护区得到有效保护，部分已遭破坏的自然生态系统得到有效恢复。

——生态市、生态县创建活动全面开展，建成一批环保模范城市、生态示范区、环境优美乡镇和文明生态村，区域性新农村建设取得明显成效。

——基本公共服务明显增强，建立健全突发性公共事件应急体系、防灾减灾体系；初步建立生态环境监测监控和信息服务体系、食品安全体系、公共卫生和医疗服务体系。

到 2010 年，全区生产总值达到 6 500 亿元，人均生产总值达 13 300 元，第三产业比重达到 38%；总人口控制在 5 200 万以内，城镇化水平达到 40%；全区森林覆盖率达到 54%；万元生产总值能源消耗降低 10%左右，万元工业增加值用水量降低到 230 立方米，工业固体废物综合利用率达到 70%以上；耕地保有量保持稳定；主要污染物排放量控制在国家下达的指标内，其中，化学需氧量排放量控制在 94.0 万吨以内，二氧化硫排放量控制在 92.2 万吨以内；

地表水水质、近岸海域水质和主要城市空气环境质量达到环境功能区划标准的比例超过 90%；县城及以上城市污水处理率达到 50%，新增城镇污水处理能力 124 万吨/日；城镇生活垃圾无害化处理率达到 60%；退化土地治理率达到 50%，其中石漠化治理率达到 30%。

2．全面建设和加快发展阶段（2011—2020）

生态广西建设全面推进并走上健康发展轨道。基本建成协调发展的生态经济体系，可持续利用的资源体系，山川秀美的生态环境体系，自然和谐的人居环境体系，文明健康的生态文化体系，保障有力的支撑体系等生态广西建设体系框架，经济、社会、资源、人口、环境进一步均衡发展；建成一批重大生态经济建设工程，生态经济形成规模并产生较好效益，可持续发展能力进一步增强；生态环境质量明显提高。

到 2020 年，我区的经济发展水平、经济增长方式、生态环境质量、生活质量和社会进步各项指标基本达到国家生态省建设指标要求。全区 70%以上市、县达到生态市（县）建设指标。人均生产总值超过 25 000 元，第三产业比重达到 40%；人口自然增长率下降到 6.85‰以下，城镇化水平达到 50%；全区森林覆盖率达到 58%，地表水水质、近岸海域水质和主要城市空气环境质量达到环境功能区划标准的比例不低于 92%；城镇污水集中处理率达到 80%，城镇生活垃圾无害化处理率达到 83%；退化土地治理率达到 85%，石漠化治理率达到 70%。

3．全面达标和深化提高阶段（2021—2025）

再用五年左右的时间，进一步提高生态广西各方面建设的水平，生态广西六大体系建设更为完善，生态经济发达，生态环境质量处于全国前列，生态文化氛围全面形成。全区经济社会与人口、资源、环境全面协调发展，可持续发展能力显著增强。全区 80%以上的市、县达到生态市、生态县建设指标。

到 2025 年，人均生产总值达 35 000 元，城镇化水平达到 55%；森林覆盖率稳定在 58%以上，地表水水质、近岸海域水质和主要城市空气环境质量全部达到环境功能区划标准；城镇污水集中处理率达到 95%，城镇生活垃圾无害化处理率达到 95%以上。

（五）建设指标体系

围绕生态广西建设的总体目标和主要任务，依据国家环境保护总局制定的生态省建设指标体系（试行）、国家“十一五”规划确定的约束性指标并结合广西实际，从经济发展、资源环境保护、社会进步三个方面，选取具有代表性的指标 25 项，构成生态广西建设指标体系。其中，国家生态省建设试行指标 21 项，我区增加指标 4 项。

经济发展指标包括人均生产总值、人均财政收入、农民年人均纯收入、城镇居民年人均可支配收入、环保产业比重、第三产业占生产总值比重、万元生产总值能耗、万元工业增加值取水量 8 项指标；资源环境保护指标包括森林覆盖率、受保护地区占国土面积比例、退化土地恢复率、物种多样性指数和珍稀濒危物种保护率、主要河流年水消耗量、城镇生活垃圾无害化处理率、城镇污水集中处理率、主要污染物排放强度、降水 pH 值年均值、空气环境质量、水环境质量、旅游区环境达标率 12 项指标；社会进步指标包括人口自然增长率、城镇化水平、恩格尔系数、基尼系数、环境保护宣传教育普及率 5 项指标。这些指标中，农民年人均纯收入、人均财政收入这两个指标与生态广西建设目标差距最大，是生态广西创建过程中的难点和工作重点。

指标体系还将根据生态广西建设的实际情况和国家新的要求进行适当调整。同时，按照分类指导的原则，各地应在国家制定的生态市、生态县建设指标的基础上，结合当地实际，研究制定生态市、生态县建设的指标体系，用于评价生态市、生态县的创建进程。

生态广西建设指标体系见附件 1。

三、生态广西建设的区域功能定位和发展布局

以全区生态功能区划研究成果为依据，将全区划分为 8 个生态区。根据各生态区的区位特征、自然生态特点、主导生态功能及主要生态问题、资源环境承载力、开发现状及发展潜力等，明确其产业发展方向和生态保护与建设重点；在此基础上，按照国家有关要求，根据不同区域的资源环境承载力研究提出把国土空间划分为优化开发、重点开发、限制开发、禁止开发四类主体功能区域的初步区划方案，以便从宏观上指导和规范空间开发秩序，统筹规划未来人口分布、经济布局、国土利用和城镇化格局，促进区域经济社会与人口资源环境协调发展。各市、县应根据本辖区实际情况，进一步将四类主体功能区的划分及功能定位具体化。

将国土开发密度较高、资源环境承载能力开始减弱的区域划为优化开发区域，这类区域实行保护与开发并重，优化产业结构，提升产业水平，集约利用资源，做到增产减污；资源环境承载能力较强、经济和人口集聚条件较好的区域划为重点开发区域，这类区域要在保护中重点开发，推进工业化、城镇化，增强经济实力，使之成为全区新的经济增长集，同时严格控制污染物排放总量，做到增产不增污；资源环境承载力较弱、集聚人口和经济条件不够好以及对全区和较大区域范围生态安全至关重要的区域划为限制开发区域，这类区域实行保护优先、适度开发、点状发展，合理选择发展方向，因地制宜发展资源环境可承载的特色产业，加强生态修复和环境保护，使之逐步成为重要生态功能区；自然保护区和其他具有特殊保护价值的区域划为禁止开发区域，这类区域依据法律法规规定和相关规划实行强制保护，控制人为因素对自然生态的干扰，严禁不符合主体功能定位的开发活动。

（一）桂东北山地丘陵生态区

1. 主要特征

本区包括桂林市、贺州市所辖区县，梧州市的蒙山县，来宾市的金秀县和柳州市的三江、融水、融安等县，总面积 53 155.69 平方千米，占全区陆地总面积的 22.36%。区内山地面积大，高海拔的山地多，山地间交错分布有较大面积的谷地；雨量丰富，四季分明。自然生态系统相对保持较好，是全区森林覆盖率最高、森林质量最好的区域，是桂江、柳江、湘江、资江等重要江河的源头区，生物多样性丰富，已建有 25 个自然保护区，生态功能地位十分重要。旅游资源和农林资源优势突出，特色鲜明，具有著名的漓江风景名胜区等多处景区（点），是我区重要的粮、果、林基地，发展生态旅游业和特色农林业极具潜力。该区的主导生态功能是：保持和提高江河源头水涵养能力，增强水调蓄功能，保持水土，维护生物多样性。面临的主要生态环境问题是：天然林面积减少，森林质量降低，水源涵养功能减弱，特别是旱季漓江等江河水量锐减；雨季局部区域山洪、泥石流、滑坡等灾害多发；城镇生活污染物排

放对江河水质影响较大。

2．发展方向与保护建设重点

本生态区内九万大山、大南山、天平山、越城岭、都庞岭、海洋山、架桥岭、萌渚岭、大瑶山、大桂山、昭平—蒙山山地、贺州东部山地等具有水源涵养和生物多样性维护重要生态功能的区域划为限制开发区；猫儿山、花坪、大瑶山、千家洞、九万大山等自然保护区划为禁止开发区；桂林—阳朔岩溶峰林谷地、富川东部峰林谷地、全州—兴安—灌阳谷地、恭城—平乐—荔浦岩溶峰林谷地、钟山—贺州岩溶峰林谷地、蒙山盆地、贺州信都—铺门谷地等区域划为重点开发区域；桂林市建成区划为优化开发区。本生态区重点发展以旅游为主导的第三产业，以高新技术产业为主体的现代工业，以高效农业、生态农业、观光农业为特点的现代农业。控制森林资源开发利用强度，严格限制发展污染物排放强度大的产业。

本生态区生态保护和建设的重点是：加强自然植被特别是水源涵养林的保护和恢复，建立重要生态功能保护区，维护生态系统的完整性，提高水源涵养生态服务功能；继续开展退耕还林还草、封山育林和水土流失治理；加强自然保护区建设和管理，保持生物多样性；积极防治地质灾害，加大火电、造纸、建材等行业污染、农业面源污染和城镇生活污染治理力度，重点加强漓江综合整治及水生态修复。

（二）桂中岩溶盆地生态区

1．主要特征

本生态区包括柳州市的市辖区及柳江、柳城、鹿寨等县，来宾市的兴宾区及合山、象州、武宣等县（市）。总面积 17 105.80 平方千米，占全区陆地总面积的 7.19%。地貌以岩溶平原为主，降雨量较少。本生态区是广西重要的粮、糖生产基地及主要工业区。工业比较发达且门类较多，其中，汽车、机械、有色冶炼、制糖、日用化工、钢铁、造纸、化工、水泥等行业已形成优势。该区的主导生态功能是水土保持。面临的主要生态环境问题是：自然生态系统已受人类活动的长期干扰和破坏，森林覆盖率较低，生态功能退化，水土流失较严重；平原区干旱缺水，土地较贫瘠；城市大气污染和酸雨问题较突出。

2．发展方向与保护建设重点

本生态区内，柳州—兴宾—合山岩溶山地划为限制开发区；柳州市建成区划为优化开发区；其余的平原区和丘陵区域划为重点开发区。本生态区重点发展甘蔗、桑蚕、水果、中草药等旱作农业、草食畜牧业以及延长其产业链的加工业；利用优势资源发展制糖、生物质能源以及锰、铟等系列产品为重点的新材料等特色产业，改造优化提升汽车、机械、钢铁、化工、有色冶炼等传统工业。

本生态区生态保护和建设的重点是：保护和恢复自然植被，加大退耕还林还草和水土流失治理力度；采用节水灌溉技术和工程措施，解决桂中平原干旱问题；实施沃土工程，提高耕地生产力；加大柳州老工业基地污染源治理力度，着力解决酸雨污染问题；加快城镇生活污染治理步伐。

（三）桂中北岩溶山地生态区

1．主要特征

本生态区包括河池市的金城江区及罗城、环江、宜州、南丹、大化、都安、东兰、巴马等县（市），来宾市的忻城县，南宁市的马山县。总面积 33 435.77 平方千米，占全区陆地总面积的 14.06%。本生态区是广西最典型、连片面积最大的岩溶石山区，也是土壤侵蚀敏感性和石漠化敏感性极高的区域。气候温暖湿润。区内锡、锑、铅、锌等矿产资源和水能资源比较丰富，建有 2 个自然保护区。该区的主导生态功能是保持水土和涵养水源。面临的主要生态环境问题是：不合理的土地利用、毁林开垦、过度放牧造成自然植被严重破坏，森林覆盖率较低，生态系统服务功能退化，水土流失、石漠化严重；坡耕地面积比重大，土地生产力低；岩溶洼地易旱易涝；矿业开发造成局部区域环境污染和生态破坏，有色冶炼业大气污染问题较突出。

2．发展方向与保护建设重点

在本生态区内，河池市建成区划为优化开发区；宜州—罗城岩溶峰林谷地、马山中西部丘陵等区域划为重点开发区；九万大山等自然保护区划为禁止开发区；其余的岩溶山地区生态极为脆弱，划为限制开发区。本生态区重点发展桑蚕、中药材、草食动物、香猪等特色农林牧业以及延长其产业链的加工业；发展有色金属深加工业及矿业废物的综合利用，改造提升冶炼加工业，合理开发水电资源。严格限制发展污染物排放强度大的产业。

本生态区生态保护和建设的重点是：全面实施石漠化综合治理，通过封山育林、退耕还林还草、小流域治理、农村生态能源建设以及改变耕作方式和草食动物饲养方式等措施，恢复自然植被，提高水源涵养和水土保持能力；建立都阳山岩溶山地生态功能保护区；开展有色矿业及冶炼业的废物综合利用，推进矿区生态恢复与重建，治理矿区环境污染。

（四）桂西北山地生态区

1．主要特征

本生态区包括百色市的隆林、西林、田林、乐业、凌云等县，河池市的天峨、凤山等县，总面积 21 644.28 平方千米，占全区陆地总面积的 9.10%。地貌主要为山地，是全区地势最高的区域，气候较干凉。生态区位重要，是南盘江、红水河、右江的重要水源涵养区，生物多样性丰富，珍稀物种多，建有 9 个自然保护区；水能资源丰富，是我国重要的水电基地，有天生桥、龙滩等特大型水电站。本区的主导生态功能是水源涵养、水土保持和生物多样性维护。主要生态环境问题是：山地天然阔叶林受到明显破坏，森林质量降低，水源涵养、水土保持等生态服务功能减弱；坡耕地面积大，水土流失较严重；栖息地破碎，紫茎泽兰等外来物种入侵危害日趋严重，生物多样性面临威胁。

2．发展方向与保护建设重点

本生态区内的龙滩、岑王老山、金钟山、王子山等自然保护区划为禁止开发区；其余区域都具有重要的水源涵养生态功能，划为限制开发区。本生态区重点发展山地复合型生态特色产业，可建成我区重要的中药材、名贵花卉、烤烟、茶叶和优质用材林等产业基地；充分利用水力资源优势发展水电业；利用丰富独特的岩溶地貌、河流湖库、森林等景观资源发展

生态旅游业。控制森林资源消耗量大的产业发展，严格限制严重污染水环境的产业发展。

本生态区生态保护和建设的重点是：建立水源涵养与生物多样性维护生态功能保护区，加大封山育林力度，恢复退化自然植被特别是天然林，提高山地森林生态系统服务功能；加强自然保护区建设和管理，构建生态廊道，改善栖息地环境；继续实施退耕还林还草、农村生态能源建设、小流域综合治理；禁止陡坡开垦和过度放牧；开展外来入侵物种防治；对重点湖库区水环境污染进行综合整治。

（五）桂东南丘陵生态区

1. 主要特征

本生态区包括玉林市、贵港市所辖区县（市），梧州市的市辖区及苍梧、藤县、岑溪等县（市），总面积 34 746.29 平方千米，占全区陆地总面积的 14.61%。地貌以丘陵为主，气候湿热。人口密度较大，农业较为发达，城乡贸易活跃；机械、水泥、陶瓷、石材、制药、食品等工业行业已形成一定规模。本区域主导生态功能为水源涵养、水土保持、防洪蓄水。面临的主要生态环境问题是：天然林面积小且零星分布，森林质量较差，生态服务功能下降，生物物种减少；矿产、石材开采造成的生态破坏、水土流失问题比较突出；城镇生活污染、农业面源污染、畜禽养殖污染影响水源安全，局部区域地下水过度开采引发地陷等现象；洪灾多发。

2. 发展方向与保护建设重点

本生态区内的大桂山、大容山、六万大山、大瑶山南部以及云开大山、莲花山等具有水源涵养重要生态功能的区域划为限制开发区；大平山、那林等自然保护区划为禁止开发区；浔江平原、郁江平原、玉林盆地等平原区以及其他丘陵区域划为重点开发区。本生态区重点发展高效优质现代农业、特色林果畜禽业等复合型农林牧业；以高科技改造提升建材、制药、食品、林化等传统工业；利用区位优势承接东部转移的低消耗低污染加工制造业，大力发展环保、生物、电子信息、新能源以及高效节能环保型内燃机等高新技术产业和现代物流业。限制高污染产业发展。

本生态区生态保护和建设的重点是：采取封山育林、改造人工林等措施，恢复和增加天然阔叶林面积，提高森林涵养水源的功能；建设大桂山、大容山、六万大山等重要生态功能保护区；加强小流域水土流失治理和矿区生态重建；推行农业标准化和生态化生产，减轻农业面源污染，抓好畜禽养殖业污染防治；加快农村沼气建设；加快城镇环保基础设施建设，突出抓好南流江污染综合整治；实施跨流域补水工程，解决玉林市水资源不足的问题。

（六）桂南丘陵台地生态区

1. 主要特征

本生态区包括南宁市的市辖区及横县、宾阳、上林、武鸣等县，北海市、钦州市、防城港市所辖区县（市），面积 38 542.49 平方千米，占全区陆地总面积的 16.21%。地貌以丘陵台地为主，海洋性气候明显，高温多雨。该区生物多样性丰富，已建立自然保护区 6 个。沿海、沿边区位优势突出，海岸线长，港口条件好，滨海旅游资源丰富，是我区海洋水产、热带水果、林产品等重要生产基地，高新技术产业发展较快，食品加工、造纸、化工、机械制造、

港口航运、海产养殖及加工、海洋旅游、边境贸易等特色产业已形成一定规模，是广西政治、经济、文化中心。该区的主导生态功能为水源涵养、水土保持、防风固沙、生物多样性维护。面临的主要生态环境问题是：人工纯林面积比重较大，各类防护林体系较薄弱，森林生态功能较差，局部区域土地沙化，生物多样性受到威胁；丘陵区过度开发，水土流失较严重；城镇生活污染物及工业污染物排放严重影响邕江、钦江等河流水质；沿海局部区域过量开采地下水导致海水倒灌，风暴潮灾害时有发生。

2．发展方向与保护建设重点

本生态区内的十万大山、大明山、高峰岭等具有水源涵养和生物多样性维护重要生态功能的区域以及西津水库、合浦水库、洪潮江水库、大王滩水库、凤亭河水库等重点库区划为限制开发区；十万大山、防城金花茶、大明山、龙山、三十六弄—陇均等自然保护区划为禁止开发区；南宁市建成区划为优化开发区；其余的丘陵、台地和平原区划为重点开发区。本生态区重点发展热带南亚热带水果、南国花卉、速生丰产林、经济林等特色农林业；改造提升制糖、卷烟等食品工业，积极发展生物质能源、生物、软件开发、电子信息、新医药等高新技术产业，利用临海优势发展现代重化工业、现代物流业以及信息、金融、旅游、文化等服务业，培育海洋化工、海洋生物、海洋制药等新兴产业。

本生态区生态保护和建设的重点是：保护和恢复十万大山等重要生态功能区的自然植被，增强其生态服务功能；加强自然保护区建设和管理，推进沿海防护林体系建设；继续实施退耕还林、封山育林，加强水土流失治理和沙化土地治理，特别是大型水库库区周边的水土保持和污染防治；严格控制沿海地下水开采，加快沿海蓄水、引水、供水工程建设，保持沿海地区水资源供求平衡；加大中、低产农田改造力度，推行农业标准化和生态化生产；加快建设城市和沿海工业园区的环保基础设施，综合治理陆源污染，削减入海污染物，加快推进邕江、钦江等重点江河污染综合治理。强化对沿海重化工业的环境风险防范，保护好海洋环境。

（七）桂西南岩溶山地生态区

1．主要特征

本生态区包括百色市的右江区及那坡、靖西、德保、田阳、田东、平果等县，崇左市所辖县（区），南宁市的隆安县，总面积 39 120.53 平方千米，占全区陆地总面积的 16.45%。本区地貌主要为岩溶山地，气候干热，土壤侵蚀敏感性和石漠化敏感性较高，生态环境脆弱。生物多样性极为丰富，特有物种多，成为国际关注的生物多样性热点地区，已建有 18 个自然保护区。铝土、锰等矿产资源丰富，已形成铝、锰、制糖、水泥及甘蔗、芒果、边境贸易等特色产业。本区的主导生态功能为水土保持和生物多样性维护。面临的主要生态环境问题是：天然林特别是石山区植被破坏较为严重，局部石漠化现象突出；栖息地较为破碎，飞机草等外来物种入侵危害严重，生物多样性面临威胁大；陡坡开垦、局部矿产无序开发导致的生态破坏和水土流失严重；旱灾频繁。

2．发展方向与保护建设重点

本生态区内的弄岗、崇左白头叶猴、西大明山、古龙山、大王岭、澄碧河等自然保护区划为禁止开发区；右江谷地、扶绥—崇左—大新岩溶峰林平原（台地）、龙州盆地、凭祥市以

及德保、靖西等铝土矿区和大新锰矿区划为重点开发区；其余的岩溶山地和低山区域划为限制开发区。本生态区重点发展甘蔗、南亚热带水果、反季节蔬菜、烤烟、速生丰产林、草食畜禽等特色产业；利用资源优势发展铝、锰、制糖、水泥及生物质能等产业；发展生态旅游业。限制高耗水及严重污染水环境的产业发展。

本生态区生态保护和建设的重点是：建立桂西南岩溶山地水土保持重要生态功能保护区，实施严格的封山育林，加快水源涵养林和水土保持林建设，继续采取退耕还林还草、小流域综合治理、农村生态能源建设等综合措施治理石漠化；加强自然保护区建设管理，构建生态廊道，保护自然生态系统与重要物种栖息地，控制外来物种入侵；实施沃土工程，提高耕地肥力，采用工程措施和节水灌溉技术，解决干旱问题；开展矿区生态恢复与重建，综合防治工业和生活污染。

（八）近岸海洋生态区

1．主要特征

本生态区包括北海、钦州、防城港等 3 个市的滩涂（面积 1 005 km^2）、0～20 m 等深线的浅海（面积 6 488 km^2）及海岛（500 m^2 以上的海岛面积 66.90 km^2）。本区是海洋鱼虾类产卵场、洄游通道及鱼、虾、贝类养殖区和红树林、海草床、珊瑚礁主要分布区，在保护海洋渔业资源、维护海洋生物多样性等方面具有重要功能。区内已有 4 个海洋及湿地类型自然保护区。本区旅游资源丰富，有北海银滩、涠洲岛，钦州龙门七十二泾，防城港江山半岛、金滩等景区景点；近海有丰富的钛铁矿、金红石、锆英石、石英砂等砂矿。本区主导生态功能为维护海洋生物多样性和渔业资源。面临的主要生态环境问题是：红树林、海草床等重要湿地面积减少，过度捕捞导致渔业资源萎缩，近岸局部海域水质因陆源污染和水产养殖污染而下降。

2．发展方向与保护建设重点

本生态区内的山口红树林、合浦儒艮、北仑河口、茅尾海红树林等自然保护区和重要鱼类产卵场等区域划为禁止开发区；涠洲岛和斜阳岛为限制开发区。本生态区应大力发展海洋生态养殖业、海洋矿产、海洋运输、海洋生态旅游以及海洋能源等产业。

本生态区生态保护和建设的重点是：加强各类海洋资源开发的监管力度，防止典型海洋生态系统进一步破坏；实施海洋生态恢复和重建，加强沿海湿地、海洋自然保护区和渔业资源保护区的建设与管理，保护海洋珍稀濒危物种及其栖息环境，杜绝破坏红树林、海草床和珊瑚礁的行为；加强港口、船舶污染和海水养殖污染防治，改善近海水质；加强围海造地的规划管理，防止因无序开发导致海洋环境改变。

四、生态广西建设的主要任务

（一）建设以循环经济为主导的生态经济体系

创新发展思路，依靠科技进步，调整优化经济结构，培育发展循环经济，推进新型工业化进程，壮大特色优势产业，促进经济增长方式由高消耗、高污染型向资源节约型和环境友

好型转变，提高经济增长的质量和效益，形成具有广西特色的生态经济体系。

1. 构建循环经济型工业

（1）调整优化工业结构。按照科技含量高、经济效益好、资源消耗低、环境污染少的新型工业化发展要求，加快工业结构的调整，逐步形成有利于资源节约和环境保护的工业体系。制定、实施资源能源利用效率和污染物排放限制等方面的准入制度，严格限制资源能源利用效率低、污染物排放强度高的产业发展，坚决淘汰技术落后、浪费资源、污染严重的产业、企业和产品，防止区外落后生产技术、设备和高污染企业向我区转移。大力发展生物、新材料、新能源、电子信息、光机电一体化、环保、现代中医药等先进制造业、高新技术产业，做大做强制糖、造纸、林化和生物质能等特色产业。扶持发展以海洋生物、海洋化工、海洋药物、海洋功能食品、海水综合利用等新兴海洋产业，重点改造提升重化工业和铝加工业，通过推广绿色化工、无废工艺和延伸产业链，实现传统产业技术结构和产品结构的进一步优化。积极引导和鼓励企业采用国际标准和国外先进标准，改变以往低水平、低效率和高污染的工业运行方式，提高资源、能源的利用效率和保护环境的能力。

（2）优化生产力布局。根据各生态区的特点，按照优化开发、重点开发、限制开发、禁止开发的不同要求，合理规划和调整区域工业布局，鼓励具有循环特征、特别是原材料使用具有上下游关系的产业进行集聚，形成生态工业群体。加快北部湾（广西）经济区工业发展，构筑桂林、南宁、北海高新技术产业基地，改造优化提升柳州老工业基地，培育建设百色铝工业基地、河池有色金属工业基地、崇左和来宾锰工业基地，梧州、贺州承接东部产业转移基地，推进玉贵走廊工业发展。提高工业区域集中度，集中力量搞好国家和自治区级高新技术产业园区、经济技术开发区和特色产业园区建设；引导加工工业向各类园区集中、向县城以上城镇集聚；县域工业重点发展劳动和技术密集型产业。在生态环境脆弱区、重要生态功能区以及自然保护区、风景旅游区、水源保护区等重要生态环境敏感地区，严格限制或禁止布局污染型工业。

（3）建设循环型企业和工业园区。按照“减量化、再利用、再循环”的要求，积极培育循环经济行业和企业，以冶金、火电、有色金属、化工、轻工（包括酿造、制糖、造纸等）、建材等资源型行业以及汽车等现代制造业为重点，以实施清洁生产和推行 ISO 14000 环境管理标准为切入点，大力开展节能、节水、节材和资源综合利用活动，逐步建立完善的清洁生产组织管理体制和实施机制，努力实现增产不增污或增产减污。实施企业生态化战略，鼓励企业开展产品生态设计、能源、水的梯次使用和废物的循环利用，创建一批高标准、规范化的循环经济示范企业。

推进工业园区的生态化建设，按照循环经济理念调整改造已建工业园区和建设新工业园区。合理规划园区内资源流、能源流、信息流和工业设施、基础设施、服务设施，通过废物交换、循环利用、清洁生产等手段，形成企业共生和代谢的生态网络，促进不同企业之间横向耦合和资源共享，物质、能量的多级利用、高效产出与持续利用。重点建设一批循环型工业示范园区，把柳州市和北部湾（广西）经济区建设成为循环经济的示范区域。

（4）发展壮大环保产业。鼓励发展先进、经济、高效的市场急需的环保技术、工艺和装备（产品），有计划地推进工业废水、城市生活污水、城市固体废物处理、工业“三废”和生活废物的资源化利用、烟气脱硫除尘和机动车尾气净化等领域的产业化进程。建立服务功能

齐全的废物回收、再生和处理体系，推进废旧物资的回收和集中加工处理。通过优势资源整合，培育一批有实力、竞争力强的环保企业和企业集团。引导环保服务业的发展，加快推行环保设施运营的市场化、社会化、企业化和专业化。

2. 大力发展生态效益型农林牧渔业

（1）生态农业。按照“整体、协调、循环、再生”的要求，以农业产业化经营为基本途径，进一步提高农业资源良性高效循环利用水平，大力发展高产、优质、高效、生态、安全农业，着力推进农业优势产业发展，逐步建立结构合理化、技术和产品标准化、生产环境生态化、资源利用高效化的生态农业体系。大力推进农业标准化和安全食品生产，科学合理使用农药和化肥，加快无公害农产品、绿色食品和有机食品生产基地建设。积极推广养殖—沼气—种植“三位一体”的适用生态农业技术，在丘陵、台地区推广“猪+沼+果（菜、粮、蔗）+灯+鱼”、“果+草+畜（禽）+沼”等模式；在平原地区推广“秸秆+牛+菇”等农业废弃物资源化利用模式，“稻+稻+菌”、“稻+稻+鱼”、“稻+鱼+菜（果）”轮作模式；在山地区推广“山区复合型生态农林牧业”模式。利用先进实用技术，大力发展节约型农业，推广免耕法、节水灌溉、配方施肥、生物和物理防治等新技术，促进农业良性循环和资源高效利用。继续推进生态农业县建设，重点将桂东北、桂南和桂东南建设成我区重要的生态农业基地。

（2）生态林业。按照森林分类经营的要求，促进森林资源开发利用的集约化、生态化，满足国民经济对林产品多样性的要求。加强低产林改造和林木抚育，提高森林质量和木材产量。科学造林，采用先进、生态的营林措施，人工造林必须营造混交林，杜绝炼山和全垦整地。优化林树种结构，因地制宜地发展速生丰产用材林、浆纸原料林、名特优新经济果木林、饲用林、生物质能源林、特色药材林、特色香料林、南国花卉等产业。以林浆纸一体化、林板一体化、林脂一体化为重点，加快推进生态型林产工业的发展。积极发展森林旅游业。推广节约木材新技术、新工艺、新设备，充分利用木材边角废料，提高森林资源利用率。逐步建立起比较发达的生态林业产业体系。

（3）生态畜牧业。加强对现有草山草坡的保护和合理开发利用。优化畜牧业结构，加快饲草料基地建设，充分利用丰富的农作物秸秆资源，大力发展优质、高效节粮型草食畜禽，重点发展奶水牛、肉牛，加大名优特色畜禽产品的开发力度。转变养殖方式，推行畜禽养殖业清洁生产和规模化、标准化养殖，实施“无公害畜产品行动计划”，逐步实现畜禽的小区养殖、舍饲圈养。加强畜禽养殖废弃物综合利用，促进生态农业、有机农业的发展。加快完善畜禽疫病防治体系，建立全自治区范围的无规定动物疫病区，研发推广应用高效疫苗、动物疫病快速诊断技术和安全无污染饲料、无残留兽药，提高畜产品安全水平。加大品种改良和推广力度，培育绿色畜产品生产基地，大力发展畜禽产品深加工，提高畜产品的市场竞争力。

（4）生态渔业。以养为主，养捕结合，大力发展名特优新稀鱼、虾、蟹、贝类的规模化海淡水高效养殖，控制近海捕捞，加快外海捕捞和远洋捕捞。合理开发江河、水库等大水面渔业资源，积极推广生态化养殖模式，大力发展绿色水产品和无公害水产品生产；加强对海水、湖库、河流规模化养殖密度的控制，科学选择和投放饲料；加强水产养殖病害防治体系建设。大力发展优势水产品加工，提高水产品附加值。

3. 加快发展生态友好型服务业

（1）现代物流业。合理布局物流节点空间，整合物流资源，大力发展高效节约型现代物

流业。积极推广应用现代物流设施设备、管理、信息技术，改造提升物流产业基础设施、物流组织和运行方式，促进传统物流向生态环保化、网络化、信息化的现代物流转变。限期淘汰高耗能、高耗水设备，提高物流业能源和水资源利用率。推广普及可再生包装材料，降低物流业一次性消费品的使用量。大力发展超市、连锁店、专卖店、配送中心等新型组织和业态，积极推进连锁经营和电子商务，形成绿色流通渠道和交易体系。构建区域性国际物流和商贸中心。

（2）生态旅游业。充分发挥生态旅游资源优势，坚持旅游开发与自然、历史文化遗产保护同步规划、同步实施，按照统筹规划、整合资源、培育品牌、建设精品、形成网络的要求，围绕山水、滨海、边关、民族风情、历史文化和红色旅游等特色旅游资源，建设一批重点生态旅游景区和生态休闲度假区，加快景区景点和旅游基础设施建设，完善道路、环保、服务接待等设施，丰富旅游产品，打造一批具有广西特色、竞争力强的生态旅游产品和若干主题型生态旅游区，把旅游业培育成为重要支柱产业和对外开放形象产业，把广西建成全国旅游强省和旅游主要目的地。重点着力打造桂林山水、北海银滩、德天瀑布、百色天坑、金秀大瑶山、资源丹霞地貌六大生态旅游品牌，建设完善大桂林山水生态旅游区、环北部湾滨海生态旅游区、德天跨国瀑布生态旅游区、百色天坑群生态旅游区、大瑶山民俗生态旅游区、桂东宗教文化生态旅游区、南宁壮乡绿城生态旅游区七大生态旅游区。加强旅游品牌、旅游精品线路、旅游整体形象的系统宣传、推介和促销。大力开发特色旅游商品，适应多样化旅游需求。进一步健全旅游信息网络，规范旅游市场，提高服务质量，提高旅游综合效益。

（3）新型服务业。坚持生态化、市场化、产业化和社会化方向，加快发展房地产、会展、金融及信息、咨询、社会中介服务等新型服务业。充分利用中国—东盟博览会平台，带动有条件的城市发展特色会展产业，逐步做大会展经济，努力把南宁市、桂林市培育成为国际性区域会展城市。加快发展社区服务、教育培训、文化体育等需求潜力大的服务行业。积极发展各类社会中介服务机构，加快培育竞争力较强的大型服务企业集团。进一步扩大服务业对外开放。

（4）生活服务业。运用现代经营方式改造提升餐饮、宾馆和零售商业等生活服务业，培育“绿色市场”。按照绿色市场标准，推进市场设施现代化建设，建立无公害食品、绿色食品、有机食品专柜，鼓励开设“绿色商店”、“绿色超市”。建立保障食品安全的质量控制体系和市场准入制度，实行生产、流通、消费全程监督管理。

（二）建设可持续利用的资源保障体系

坚持“在保护中开发、在开发中保护”的方针，对资源开发实行统筹规划、合理布局，加强自然资源的合理开发利用和保护，积极推进资源由粗放利用向集约和节约利用的转变，优化资源配置，提高资源利用效率和综合利用水平，增强资源对经济社会可持续发展的保障能力。

1. 水资源的保护、节约和合理利用

加强水资源的保护和优化配置，制定水资源综合开发与保护规划，统筹兼顾和协调地区、行业间的用水关系，实施水（环境）功能区划管理。经济发展、城市发展规划要以水定规模，按流域环境容量科学布局。优化配置水资源，合理安排生产、生活、生态等用水，提高水资

源利用效率和效益。建立健全水资源管理制度，完善取水许可和水资源有偿使用制度，建立水权分配和交易制度。建设节水型社会，运用经济手段和价格机制，调节水资源供求关系，引导节约用水。加强农田水利基础设施建设，普及推广节水灌溉技术，大力发展节水农业，提高灌溉用水的利用率和利用效率。加强工业节水技术改造，推广节水技术和设备，改进钢铁、电力、化工、制糖、造纸等高耗水行业生产工艺，提高工业废水重复利用率。在缺水地区和水环境敏感区禁止建设高耗水和水污染物排放强度高于规定限值的产业。加强生活节水工作，提高公众节水意识，推广节水型用水器具，加强公共建筑设施、生活小区、住宅节水和中水回用设施建设，建立节水型服务业体系。加强水资源保护，健全蓄水、保水等水源涵养工程体系，对水源涵养地、供水水源地划定保护区域，强化监督管理，保持重要水源水量和水质的稳定，确保城市和农村饮水安全，重点解决严重威胁人民群众身体健康的高氟水、高砷水、苦咸水、污染水以及局部地区供水量不足的问题。建立全区水资源监控和监督体系，全面、动态、实时掌握全区水资源状况。在地下水严重超采地区划定地下水禁采区和限采区，严格控制开采地下水。

2．土地资源的保护、节约和合理开发利用

加强耕地资源保护，严格实行占用耕地补偿制度、基本农田保护制度、非农业建设占用基本农田许可制度和补划制度，保持耕地占补平衡。从严控制建设用地规模，进一步优化土地利用结构与布局，完善土地分区规划和分区用途管制，促进农民居住向城镇和中心村集中、工业项目向工业园区和工业集中区集聚，合理确定基础设施规模、布局，防止重复建设，推进土地集约利用和节约利用，使区域的经济布局、人口分布与土地承载能力相适应。统一规范各类开发区的设置和管理，坚持布局集中、用地集约、产业聚集的原则，促进开发区健康发展。加大耕地整理力度，增加有效耕地面积，改造劣质耕地，提高耕地质量及其生产能力。加大矿山废弃土地复垦力度，通过工程与生物措施尽可能地恢复或改善原有土地属性。在符合生态保护要求、保障供水的前提下，对现有土地后备资源择优、适度开发。

3．森林资源的保护和合理利用

切实加强森林资源保护管理，依法实行采伐限额制度，严格控制森林资源的过量消耗，确保森林资源总量持续增长。加强生态公益林资源保护和建设，提高森林覆盖率和林木蓄积量。依据生态功能区划，科学制定森林资源开发利用规划和速丰林发展规划，划定禁伐区、限伐区，规范开发利用秩序，防止布局和开发不当造成生态破坏。对商品林要加强采伐管理，坚持采伐量不超过生长量，根据资源可供给量确定木材加工、林纸发展规模，保持林业生产能力和加工能力的基本平衡。进一步完善林业产业政策，明确市场准入条件，严格限制浪费资源、破坏环境的木材加工、造纸企业的重复建设和低水平扩张。加强对本土优良树种的选育扩繁，大力发展具有地方优势的生态、经济兼用林。不断提高森林科学经营管理水平，加强林木抚育，切实加大林业执法力度，严厉打击乱砍滥伐森林、乱批滥占林地等违法行为。建立森林资源调查、动态监测及评价体系，开展森林可持续能力评估。

4．矿产资源的保护、合理开发和综合利用

大力推广新技术和新工艺，实行综合开采和利用，提高矿产资源利用率。重点做好锡多金属矿、铅锌矿等主要矿山中有用组分的回收利用。对暂不能综合开采或采出后不能综合回收利用的矿产及含有用成分的尾矿要加以妥善处理。合理确定并控制矿区最低开采品位，杜

绝采富弃贫。开展碳酸锰、三水铝等贫矿和难选冶矿利用技术以及尾矿的二次回收利用技术的研究、开发和应用。所有矿山“三率”（采矿回采率、采矿贫化率、选矿回收率）要达到批准的矿山设计或矿产资源利用方案的要求，重点矿区“三率”要求达到国内先进水平。加强监督管理，整顿和规范矿产资源勘查开采秩序，完善矿产资源规划体系，科学划定矿产资源禁止开采区、限制开采区和允许开采区，依法按规划设置采矿权和探矿权，提高矿产资源综合利用水平，做到贫富兼采、大小兼采、难易兼采。严格控制小矿山，逐步减少开采零星分散小矿和露天开采等对生态环境影响较大的矿山数量，促进规模化开采，集约化经营。

5. 海岸带及海洋资源的保护和合理开发利用

完善海洋功能区划，加强海域使用管理。制定近岸海域海洋资源保护和合理利用规划，全面推行海域有偿使用制度，合理开发深水岸线，优化港口布局。加强渔业资源调查评估，控制和压缩浅海传统渔业资源捕捞强度，严格执行北部湾海域禁渔区、禁渔期和休渔制度，禁止使用破坏渔业资源的渔法、渔具，增加渔业增殖放流，建立资源增殖保护区，支持人工鱼礁建设，增殖和恢复渔业资源。合理规划海水养殖区域、规模及面积。加强北部湾广西沿海矿产、油气等资源勘查与开发。

6. 生物资源的保护和合理开发利用

组织开展全区生物物种资源调查，编制生物资源保护利用规划，加强生物资源就地、异地保护和基因库建设。建立生物资源增殖、物种及其产品经营的管理体系，逐步解决和满足社会对生物资源的多种需求。开展人工种植、养殖和繁育，运用现代生物技术开发利用遗传资源，加强原产地农牧业种质资源和中草药种质资源的保护。建立一批野生动植物抢救、驯养、繁殖中心和珍稀植物栽培基地，对珍稀濒危和重点保护动植物实施抢救性保护。

7. 气候资源的开发利用

充分利用光、热、降水等气候资源发展特色农林产业，调整耕作制度，提高复种指数，扩大冬种面积，建成一批热带作物、反季节果蔬、牧草生产基地。积极开展气候资源变化的研究，加强气候变化的监测，不断提高气候资源开发利用和气候变化监测、评估和服务能力。

8. 清洁能源和可再生能源的开发利用

调整能源生产和消费结构，大力开发利用太阳能、风能、潮汐能、生物质能、地热能等可再生能源，提高清洁能源比重。加快生物质能开发利用技术的研发和产业化，重点推进以甘蔗、木薯为原料生产燃料酒精、秸秆沼气发电等生物质能产业发展，推广粪便秸秆气化。调整城市燃料结构，鼓励利用天然气、电等清洁能源。建设天然气发电和抽水蓄能发电项目，积极推进核电开发。

9. 区外国外自然资源的合作开发利用

鼓励企业参与区外、国外资源开发利用，通过贸易、股权投资、合作开发等多种方式利用国外、区外资源，弥补区内自然资源不足。重点加强泛珠三角经济区、中国—东盟自由贸易区及大湄公河次区域和“两廊一圈”的矿产资源、能源和农林资源等的合作与开发。联合建设跨省区的水电、天然气等清洁能源生产供应体系，扩大供给能力。

（三）建设山川秀美的生态环境体系

坚持预防为主、保护优先方针，切实加强环境监管，严格执行环境影响评价制度、污染物排放总量控制制度和排污许可证制度，强化从源头上防治污染和保护生态，改变先污染后治理、边治理边破坏的状况。综合防治工业污染、农业农村环境污染、城市污染和其他污染，改善环境质量，保障人民群众身体健康，并为发展腾出环境容量。优先保护天然植被，加大退化生态系统修复力度，恢复和提高自然生态系统服务功能，维护生物多样性，确保生态安全。

1. 加强环境污染综合防治

（1）水污染防治。要以饮水安全为重点，加强饮水水源保护区的管理，坚决取缔水源保护区内的排污口。进一步加大工业行业废水治理力度，严格限制重污染产业的发展，坚决淘汰落后的生产工艺、设备，关停污染重、治理难、效益差的企业。重点抓好制糖、酒精、淀粉、造纸、化工、制药、矿产采选等传统行业的污染控制，提高达标排放水平。加快城镇污水处理设施建设，统筹供水、用水、节水与污水再生利用，完善配套管网，采取多种方式提高污水处理率。推进养殖业污染防治及养殖废弃物综合利用，防止养殖业污染水源。下大力气抓好左江、右江、邕江、郁江、桂江、钦江、南流江等重点流域以及南盘江天生桥水库、青狮潭水库、大王滩水库等重点湖库区水污染综合治理，实行行政区河流交界断面水质目标管理；实施碧海行动计划，加强近岸海域河口和海湾水环境污染防治，合理布局海水养殖区域并控制养殖规模，对海上油气勘探开采、海洋倾废、船舶排污和港口环境严格监管，配套建设污水、垃圾处理或接收设施。

（2）大气污染防治。严格控制各类大气污染物排放，重点抓好燃煤电厂、冶金、化工、水泥等行业二氧化硫、烟尘、工业粉尘及有毒有害废气排放量的削减，改善空气质量和减轻酸雨危害。以控制燃煤排放二氧化硫为重点，实施燃煤电厂脱硫工程，新建燃煤火电机组必须同步建设脱硫设施，现役火电厂必须在2010年以前全部安装脱硫设施，淘汰5万千瓦以下小型火电机组。对工业锅炉、炉窑加快技术更新和烟气脱硫改造，逐步淘汰现有的高能耗、重污染的小型燃煤锅炉。优先发展公共交通，严格执行机动车污染物排放标准，鼓励发展和使用节能环保型汽车，加快淘汰超标排污老旧车辆，减轻机动车尾气污染。

（3）固体废物污染防治。加强各类固体废物控制与管理，加快资源化、减量化、无害化步伐。重点开展化工和有色冶炼废渣、尾矿以及农业和农产品加工废弃物的资源化利用，减少污染物排放。健全危险废物收集、转移、运输、处置全过程环境监管制度，建设危险废物及医疗废物集中安全处置设施，严禁排放和擅自处理危险废物。加快城镇生活垃圾分类收集、无害化处理设施建设步伐，强化对垃圾的资源化回收利用。加强进口废物利用的环境管理，杜绝境外危险废物进入区内。

（4）农业和农村环境污染防治。加大农村环境保护力度，有效控制农业环境污染。制定并实施全区农村小康环保行动计划，开展村庄环境综合整治和环境优美乡镇创建，因地制宜地妥善处理生活垃圾和污水。加强农药、化肥等农用化学品的安全使用管理，引导农民科学施肥、用药，大力推广测土配方、平衡施肥、病虫害生物防治和养殖业与种植业紧密结合的生态农业技术，降低农药、化肥对土壤和农作物的污染。加强农业土壤环境污染防治，组织

开展全区土壤污染状况调查和污染耕地综合治理，实施一批土壤污染治理修复示范项目。开展主要农产品产地环境的监督性监测，在重点地区建立农业环境质量定期评价制度。

（5）核与辐射环境污染防治。加强核与辐射环境安全监管，健全放射源安全监管体系，强化核设施和放射源运行监督及退役安全处置，强制实行放射性废物（源）安全收贮。加快广西放射性废物库的扩建改造。

2．切实保护好自然生态

（1）建立重要生态功能保护区。在桂东北山地水源涵养生态功能区、桂西南岩溶山地生物多样性保护生态功能区、北部湾海洋生物多样性保护生态功能区等重要生态功能区规划建设一批生态功能保护区。根据国家生态功能保护区相关法规政策，建立我区生态功能保护区法规体系、管理体制和运行机制。生态功能保护区内应停止一切导致生态功能继续退化的开发和严重污染环境的项目建设，在生态严重退化的区域实施必要的生态移民；通过生态补偿机制以及保护与恢复重建项目、生态产业发展项目的实施，使这些区域的生态功能逐步得到恢复和提高，保持流域区域生态平衡，保障我区生态安全。

（2）加强自然保护区建设和管理。加快自然保护区建设步伐，在现存具有自然生态系统代表性、物种丰富的区域，特别是湿地、海洋生态系统及珍稀濒危物种分布区，抢救性建立一批自然保护区和自然保护小区。加大对自然保护区的经费投入和建设管理力度，开展自然保护区建设管理评估，推进自然保护区的规范化建设，提高建设和管理水平。

（3）加强外来物种防治和生物安全管理。开展外来有害物种入侵、危害状况、影响机理的调查和防治研究，建立健全生物多样性保护和生物安全监管体制机制，积极采取科学有效的措施防治外来有害生物，通过严格监管，防止外来有害物种侵入和转基因物种的扩散。

（4）强化资源开发生态监管。以防止新的人为生态破坏为重点，切实加强对农业、林业、畜牧业、矿产、水、海洋、旅游等资源开发活动的生态环境保护与管理。所有的重大资源开发规划和项目建设必须严格执行环境影响评价制度，监督落实生态保护和生态恢复措施。禁止陡坡开垦；速生丰产林基地建设应采用生态造林方法，多树种搭配，严格限制连片单一林种种植。严禁在崩塌滑坡和泥石流易发区、公路铁路沿线及海岸线可视范围以及易导致自然景观破坏的区域采石、采砂、取土。水资源开发项目要充分考虑流域生态用水需求，并采取必要措施保护生物多样性。旅游开发应防止自然风景人工化、风景名胜区城市化。

3．加大生态修复和重建力度

（1）构建以森林为主体的生态屏障。加强森林生态系统保护，强化森林生态功能。注重发挥生态系统的自然修复功能，保护好自然植被和生物多样性。巩固退耕还林还草成果，继续推进封山育林、珠江流域及长江流域防护林体系、沿海防护林体系、水土保持、石漠化治理、农村能源等重点生态工程建设，加快沿路、沿河、沿湖、沿海防护林带和生态廊道构建。调整林种结构，大力发展生态功能强的公益林，提高生态林的比重。坚持因地制宜原则，科学实施林业生态建设，在山地、丘陵区运用推广生态造林技术和方法，并以乡土优势树种为主，营造种类多样、结构复杂和功能明显的生态林，避免大范围单一树种的人工林建设。

（2）加强矿山和重大地质灾害区的生态治理。开展矿区生态恢复重建的工程建设，重点推进南丹大厂矿区、平果铝矿区、岑溪石材开采区以及大新下雷、靖西湖润锰矿区等矿山的生态治理。加强地质环境保护和地质灾害防治，制定地质灾害防治规划，严格实施工程建设

地质灾害危险性评价，进一步做好滑坡、崩塌、泥石流、地面塌陷等地质环境灾害的防治，减轻危害和损失。

（3）开展重点江河水生态系统保护与修复试点。以漓江流域为重点，通过补水工程、污染防治、生物护岸、河道清淤、退耕还泽、生物多样性保护等措施，努力恢复水生态系统自然特征和生态功能。

（四）建设人与自然和谐的人居环境体系

坚持以人为本，遵循“人与自然和谐相处”的原则，稳定人口低生育水平，减轻资源环境压力，优化城镇布局，加强城乡规划建设和改造，突出发展大中城市，集约发展县城和中心镇，建设完善城镇基础设施和公共服务设施，逐步在全区形成大中小配套、布局合理、各具特色、优势互补的生态城市、生态集镇和生态社区，为居民提供便利、舒适、优美和有益于健康的人居环境。

1．稳定人口低生育水平

严格实行现行的生育政策，严格控制人口增长，努力降低政策外生育。稳定低生育水平，统筹解决人口问题。严格实行人口与计生工作目标管理责任制，建立健全利益导向机制，完善计划生育基本服务项目免费制度，加快建立独生子女和二女结扎户子女伤残和死亡家庭扶助制度、农村计划生育家庭奖励扶助制度和计划生育保险制度。实施“少生快富”工程，积极推行优生优育，提高出生人口质量。

2．优化城市功能区域布局

完善城镇规划体系，科学确定城镇建设、经济发展、环境保护的结构和布局。大城市走组团式城市发展道路，加强组团城市和卫星城市建设，强化城市主城区及其与组团城市间的功能分工，优化城市功能区域布局。对城镇建设的规模、用地布局、开发建设方式作出科学安排，明确各服务功能区范围和发展方向，形成合理的城镇发展空间形态。推进工业区与商住文教等功能区的分离，建立功能区之间的绿化隔离带。有计划地推进“退二进三”、“退二进园”，解决污染企业和居住区交错布局造成的城市生态环境问题。

3．改善城镇人居环境

加快完善城镇基础设施，提高城镇污水和生活垃圾处理率、绿地率和绿化覆盖率；保护历史文化名城和历史街区。加强城镇规划区内的天然林地、草地、湿地等生态系统保护。因地制宜地建设以住宅、庭院、社区（小区）、街道、公园以及城郊等多层次的城镇绿地体系。加快整治城市内河、内湖的污染，恢复生态和景观功能，控制噪声、扬尘、餐饮业油烟等污染。加快建筑节能、绿色建筑、住宅中水回用技术研究与推广，普及节能建筑物建设，提高太阳能利用水平。大力发展公共交通，推广使用清洁交通工具和使用清洁燃料。合理规划城市输变电设施和通信、广播电视等发射装置的布局，控制城市电磁辐射环境污染。开展生态社区建设，继续推进环境保护模范城市、园林城市、卫生城市、环境优美乡镇等创建活动。

4．建设生态村庄

按照社会主义新农村建设的要求，科学规划乡村体系，因地制宜建设实用合理、体现民族特色和区域风情、风格多样美观的村庄。加快以路、水、能源为重点的农村基础设施建设，特别要加强贫困地区基础设施、生产设施的建设，明显改善农村基本生产生活条件。推进生

态文明村建设，实施“百村示范，千村整治”的农村小康新村建设工程、生态富民家园工程，引导农民推行以清垃圾、清污泥、改水、改路、改厕、改圈、改厨的“两清五改”为主要内容的村容村貌整治，发展庭院经济生态种养，提倡和鼓励住宅建设的“人畜分离”，硬化村内道路，保障安全饮水，推广使用沼气等清洁能源，植树绿化，推行垃圾集中处理和生活污水定点排放，更新改造民宅，建立完善农村社区服务体系和配套设施，改变农村“脏、乱、差”状况，实现村庄净化、绿化、美化。

（五）建设体现现代文明的生态文化体系

围绕建设资源节约型和环境友好型社会的目标，加强生态文明教育，强化生态环境意识，弘扬生态伦理道德，努力促进全社会崇尚有利于资源节约、环境保护的生产方式、生活方式和消费方式，建立人与自然和谐、良性互动的关系。

1．培育生态文明观

大力开展人口、资源、环境国情区情教育和生态环境警示教育，通过媒体宣传、学校教育、干部培训等多种途径和方式，广泛开展以建设资源节约型和环境友好型社会为主题的宣传教育活动，努力提高公众的人口资源环境意识和可持续发展意识，树立生态价值观、生态伦理观。把可持续发展理论纳入各级党校、行政学院的培训内容，加强对各级领导干部、企业负责人的教育和培训，提高依法行政和守法经营意识。将环境教育作为学校教育和职业教育的重要内容，开设相关专业、课程或讲座，编写相关教材和面向社会各层次的科普读物，组织青少年开展“保护母亲河行动”等以生态保护为主要内容的公益活动，鼓励青年环保志愿者行动，努力培养具有生态保护知识与意识的一代新人。继续开展绿色学校、绿色社区、绿色家庭、绿色宾馆饭店、绿色医院、环境友好型企业等“绿色系列”创建活动和形式多样的环保实践活动，培养和提升公众的生态文明素质和生态道德水平，使节约资源、保护环境成为全社会共同的价值取向和自觉行动。

2．树立绿色生产观

树立环境是资源也是资产、资本的价值观，确立保护环境就是保护生产力，改善环境就是发展生产力的思想。以企业为主体推进绿色生产，在企业大力宣传环境友好理念和循环经济理念，让环境文化、生态文明融入企业文化并扎根企业，渗透到企业的管理层面，体现在企业的生产过程，促进企业正确对待、主动承担环境责任和社会责任，推动企业建立适应资源节约型、环境友好型社会要求的生产方式。建立完善企业环境管理制度，鼓励企业积极推行生态设计，清洁生产，开发生产环保型、节约型产品。

3．倡导绿色消费观

鼓励资源节约、环境友好的生活方式，引导消费观念和消费习惯的转变，使节约成为良好的社会风气和消费时尚。增加绿色产品有效需求，鼓励消费环境标志产品、绿色食品、有机食品、节能节水产品和再生制品，减少使用一次性用品，不食用野生动物。

4．开发和丰富生态文化产品

充分挖掘、保护和弘扬传统生态文化。积极开发体现广西山水、民族、人文特色和普及生态知识、倡导生态文明的文化产品，做大做强生态文化产业。重点建设“走进花山”、中国—东盟艺术村、广西民族文化博览园、民族生态博物馆、桂林戏剧主题公园等一批生态文

化设施。在重点自然保护区、森林公园、地质公园、物种基因保存库、生态工业园区、生态农业园区、生态型住宅区等规划建设一批生态科普教育基地。

（六）建设科学、高效、稳定的能力保障体系

实施“科教兴桂”战略，加快科技、教育的发展，全面推进科技创新体系建设，提高自主创新能力，适应经济社会发展对知识、技术和人才的需要。强化政府公共服务职责，完善公共服务设施，提高公共服务能力和水平，建立健全支撑经济社会可持续发展的公共服务保障体系。

1. 增强科技创新和支撑能力

加快建设以企业为主体、产学研结合、产品创新为核心的技术创新体系，以高等院校、科研院所、国家（自治区）重点实验室为主体的科学研究开发体系，以各种科技服务组织为纽带的社会化、网络化科技中介服务体系。完善自主创新激励机制，引导企业增加自主创新投入，发挥企业特别是中小企业的创新活力，鼓励技术革新和发明创造，使企业成为技术开发投入的主体、技术创新活动的主体和创新成果应用的主体。支持重点领域的大中型企业和高新技术企业研发机构和技术中心建设，突出引进技术的消化吸收再创新，鼓励原始创新，发挥科技型企业在技术创新中生力军作用。建立开放、流动、竞争、协作的运行机制，促进科研院所之间、科研院所与高等院校之间的结合和资源集成，形成一批高水平的、资源共享的基础科学和前沿技术研究基地。大力培育和发展各类科技中介服务机构，加强生产力促进中心、科技信息网和“三农”科技服务网建设，进一步发展技术市场，加快科技成果转化，加快农业科技进村入户。

把资源节约利用、环境保护和公共安全保障列为科技发展的重点领域及优先主题，实施一批重大科技专项，力争取得突破性成果，解决制约经济社会发展的重大“瓶颈”问题。以提高资源综合利用效率和延长产业链为目标，重点研究开发有色金属、蔗糖、木薯、特色林产、药用植物和海洋生物等优势资源的综合利用与产业化技术，攻克相关资源产业升级及产业链延长的共性关键技术，重点引进开发冶金、化工、建材等主要高耗能行业的节能技术、生物质能源产业化和太阳能、风能等新能源利用技术，解决资源型工业节能降耗和清洁生产问题。以解决我区重大环境问题和改善环境质量为基本出发点，重点开展区域性环境污染的综合防治技术、退化生态系统的修复重建技术、重点产业清洁生产技术、废物资源化技术、生态环境监测评估技术等的研究开发。加强公共安全领域关键技术研究，开展自然灾害监测与防治技术、重大突发性疾病疫情预防与控制技术、地方性重大疾病预防与控制技术、突发公共安全事件应急处置技术等研究开发。

2. 大力发展教育

普及和巩固义务教育，着力加强农村义务教育。稳步发展普通高中教育，积极发展职业技术教育和继续教育，加快培养高素质劳动者和高技能专门人才。大力发展高等教育，加快区域性高水平大学建设，积极引进国内外名牌大学与我区高校联合办学，优化学科专业结构，加强环境保护、生态产业、循环经济等重点学科建设，加快相关领域高素质人才培养。广泛开展科普教育，提高社会公众知识水平和文化素质。加强农民的农业生产技能培训。

3．加强公共服务

强化政府公共服务职责，建立健全公共服务制度，完善公共服务设施，合理配置公共服务资源，提高公共服务能力和水平。加快发展医疗卫生事业，提高社会基本医疗服务和预防保健水平。建立和完善全区重大疾病预防控制网络体系和突发公共卫生事件应急机制，提高疾病预防控制、医疗救治和应急救治能力，构筑保障人民健康和生命安全的屏障。调整城市公共医疗卫生资源，加快完善城镇基本医疗保险制度，构建社区医疗服务体系。改善医疗卫生机构条件，逐步构建比较科学的城镇医疗卫生服务体系。加强以乡镇卫生院为重点的农村卫生基础设施建设，健全农村三级医疗卫生服务和医疗救助体系，建立健全农村新型合作医疗制度。完善农业社会化服务体系，加强农业科技推广与创新、良种、植保、动植物疫病防控、农产品流通、农业装备、农业气象和农业信息化等服务能力建设。强化食品安全监管，建立科学有效的食品安全标准体系和检验监测体系。

4．加快公共安全体系建设

建立气象、环境质量、水土保持、生物资源、地质环境、海洋环境等生态环境动态监测和预警网络，形成科学的网络运行及信息共享机制，及时跟踪和全面反映环境状况及变化趋势。强化应急能力建设，建立健全自然灾害、突发性公共安全事件、重特大环境事件应急处置体系，提高处置公共突发事件的能力。进一步加快防灾减灾体系建设，重点建设洪涝干旱、农林病虫害、海洋灾害、人畜疫病和地震、地质灾害的防御防治工程。

五、生态广西建设重点工程

围绕生态广西建设的总体目标和主要任务，在建设期内着重对我区循环经济发展、生态环境保护与建设有重大影响的重点行业和领域，组织和推进一批重大生态工程建设，共 68 个项目，估算静态总投资 2 751 亿元，其中列入“十一五”计划的重大项目投资为 824.4 亿元。2011—2025 年建设项目将根据生态广西建设工作情况和经济社会发展需要作出安排。

（一）生态工业工程

主要包括循环型工业园区建设和重点行业、重点企业清洁生产技术改造，清洁能源和替代能源、生物质产业工程。重大工程有：以钢铁、铝业、制糖、有色金属、轻工、燃料酒精、化工、建材等行业为重点的循环工业试点示范工程；以贵糖、南糖、凤糖、农垦糖业生态工业园、百色铝生态工业园、国家级和自治区级高新科技园区及工业园区等为重点的循环经济产业园区建设工程；重点行业企业清洁生产技术改造工程；再生资源回收利用体系建设工程；以甘蔗、木薯、马铃薯为主要原料的生物质产业工程；以核能发电、燃气发电、农村小水电、太阳能、风能、海洋能源等为重点的清洁能源工程。

（二）生态农林牧渔业工程

主要包括：以沼气建设为重点的生态富民家园建设工程；良种工程；绿色和有机食品生产基地建设工程；无公害生物农药、高效肥料开发及示范项目；生态养殖小区建设工程；秸秆和畜禽粪便资源综合利用示范项目；草食畜牧业开发工程；生态渔业工程；名特优新经济

果木林基地项目；林木种苗和良种繁育基地项目；速生丰产工业原料林基地项目等。

（三）生态服务业工程

主要包括：生态旅游建设工程；生态文化建设工程；绿色流通体系建设工程；生态教育基地建设工程；“绿色系列”创建工程。

（四）资源保护和利用工程

主要包括：城镇饮用水水源地保护工程；农村饮水安全工程；生物种质资源保护工程；矿产资源综合利用工程；耕地保护与整理工程；农业“沃土工程”；农田水利灌溉工程。

（五）环境污染综合防治工程

主要包括：重点流域水污染综合整治工程；大气污染及酸雨防治工程；城市污水和城市垃圾处理工程；医疗废物和危险废物处置工程；海洋污染防治工程；畜禽养殖污染防治及废弃物综合利用工程；土壤污染治理修复工程；环境安全监控系统建设工程。

（六）生态保护与建设工程

主要包括：重点生态公益林保护工程；珠江流域和沿海防护林体系建设工程；石漠化综合治理工程；退耕还林还草工程；湿地保护与恢复工程；自然保护区建设及管理工程；野生动植物保护增殖工程；水土保持工程；生态功能保护区建设工程；森林防火工程；农村综合治理“百村示范千村整治”工程；矿山生态恢复重建工程；近海海域生态系统保护工程；城镇生态环境建设工程。

（七）防灾减灾工程

主要包括：防洪（潮）工程；抗旱工程；地质灾害治理工程；防灾减灾综合监测系统工程；重大灾害预警预报应急系统工程。

（八）能力保障工程

主要包括：科技创新支撑体系建设工程；产品技术标准及环境保护标准体系建设工程；突发公共卫生事件应急体系建设工程；动物防疫体系建设工程；农产品标准化生产和全程质量监控体系建设工程；食品质量检验检测与安全监测体系建设工程；生态环境安全监管和应急体系建设工程；生态法规建立完善及执法监管能力建设工程；生态科技人才培养工程。

六、生态广西建设的保障措施

创建生态广西，是一项事关全局和长远的战略任务，必须采取行政、法律、科技、经济、宣传、教育等手段，从加强组织领导、健全政策法规、完善体制机制、强化人才保障、拓宽投融资渠道、鼓励公众参与和扩大交流合作等方面采取切实有效的措施，全面落实规划提出的各项目标和任务。

（一）加强组织领导，明确目标责任

全面加强对生态广西建设工作的统一领导与组织协调。成立生态省（区）建设工作领导小组，明确各部门的分工和责任，对重大事项进行统一部署和综合决策，协调各部门、各地区间的行动，统筹解决生态广西建设中的重大问题。各市、县（区）也应成立相应的组织领导及综合协调管理机构，形成自治区、市、县分级管理，部门协调配合，上下良性互动的推进机制。

建立生态广西建设目标责任制，实行各级党委、政府"一把手"亲自抓、负总责。将生态广西建设任务指标逐级分解、落实到市县、部门和企业，实行定期考核，考核结果作为各级领导干部实绩评价的重要内容，确保责任落实、措施到位，推动各级领导干部做科学发展观的积极实践者。根据不同区域主体功能定位，制定科学合理的绩效评价和政绩考核办法。对优化开发区域，要强化经济结构、资源消耗、自主创新等的评价，弱化经济增长的评价；对重点开发区域，要综合评价经济增长、质量效益、工业化和城镇化水平等；对限制开发区域，要突出生态环境保护等的评价，弱化经济增长、工业化和城镇化水平的评价；对禁止开发区域，主要评价生态环境保护。对各类评优创先活动要实行环境保护一票否决。

（二）健全法规体系，强化执法监督

将生态广西建设纳入依法管理轨道。本规划纲要以及各市（县）编制的生态市（县）建设规划须经同级人大常委会审议通过后实施，并组织开展规划实施情况的年度检查和阶段性中期评估。结合我区实际，抓紧制订出台有利于促进资源环境保护、生态建设和循环经济发展的地方法规及相关领域标准体系，清理、修订现有不适应科学发展观要求的法规、规定，形成较为完善的具有广西特色和有利于生态广西建设的法规体系。

强化依法行政意识，严格执行资源环境保护的法律法规，做到有法必依、执法必严、违法必究，进一步完善执法监察的长效机制，加强对各级领导干部执行环境资源等法律法规情况的监察，强化各级人大、政协的监督，切实保障各级政府和相关执法部门依法行使管理职能；严格执行行政执法责任追究制度，规范相关执法部门和执法人员的执法行为，严肃查处各种环境违法违纪行为，以保障各项法律、法规、规章和规划计划的落实。

（三）创新管理体制，推进民主决策

推进行政管理体制改革，转变政府职能，创新管理方式，形成有利于转变经济增长方式、促进全面协调可持续发展的机制。要把政府职能切实转到经济调节、市场监管、社会管理、公共服务上来，在充分发挥市场配置资源基础作用的同时，强化政府在生态广西建设方面的综合协调能力。建立部门职责明确、分工协作的工作机制，切实解决地方保护、部门职能交叉造成政出多门、责任不落实、执法不统一等问题。加强整体意识，淡化行政区划界限，克服部门分割现象，整体谋划、整体投入、整体实施、整体推动，强化区域间经济发展与资源环境保护的联系、合作。

建立、完善发展与环境综合决策机制。健全对涉及经济社会发展全局的重大事项决策的协商和协调机制、专家咨询机制，对重要规划、政策以及重大项目实行专家咨询论证制度。

严格执行《环境影响评价法》，进一步加大建设项目执行环境影响评价制度的监管力度，对土地利用开发规划，区域、流域、海域的开发利用规划，工业、农业、畜牧业、林业、能源、水利、城市建设、旅游、自然资源开发等专项规划，依法实行规划环境影响评价，充分考虑资源和生态环境的承载能力，从决策和源头上控制环境污染和生态破坏。加大决策的透明度，健全对与群众利益密切相关的重大事项决策的公示、听证制度，充分发挥公众的监督作用，推进决策科学化、民主化。

（四）完善经济政策，加强宏观调控

制定、完善、推行有利于生态广西建设的财政、税收、价格、信贷、贸易、土地、风险投资等政策体系，为重点工程项目实施提供良好的政策环境。将农村义务教育、减少贫困、计划生育、公共卫生、公共安全、环境保护、资源管理等作为公共财政预算安排的优先领域，特别是要逐步增加对限制开发区域和禁止开发区域用于公共服务和生态环境补偿的财政转移支付。继续实施鼓励退耕还林、扶贫等各项优惠政策。充分发挥税收的调节作用，完善促进资源节约型和环境友好型社会建设的税收政策，对废弃物资回收再生利用、资源综合利用等项目给予税收优惠。建立和完善能够反映资源环境成本的价格和收费政策，发挥价格机制在资源的供求和可持续利用等方面的调节功能，引导各类要素资源按市场规则进行配置。制定自然资源与环境有偿使用政策，对重要自然资源征收资源开发补偿费，政府定价要充分考虑资源的稀缺性和环境成本，建立能够有效推进企业保护环境的激励政策和减少污染排放的约束机制，逐步提高工业企业排污收费标准，全面实施城镇污水处理和生活垃圾处理的收费政策。完善生态补偿政策，建立生态补偿机制。

改革和完善现行的国民经济核算体系，对环境资源进行核算，使有关统计指标能够充分反映经济发展中的资源环境代价，探索建立环境资源成本核算体系和以绿色GDP为主要内容的新型国民经济核算体系。将节能降耗纳入经济社会发展的统计、评价考核体系。

（五）拓展多元化筹资渠道，完善市场化运作机制

各级政府要按照建立公共财政的要求，调整财政支出结构和投入方式，切实增加对公共服务领域的资金投入，充分发挥政府在生态广西建设中的主导作用。采取政府投资的股权收益适度让利、公共性项目财政补助等政策措施，引导社会资本进入生态保护与建设领域，推动生态建设和环境保护项目的社会化、市场化运作。统一规划、统筹安排农业开发、污染防治、水土保持、河道整治、扶贫开发、植树造林、企业清洁生产技术改造等有关的专项资金，集中投向重点区域和重点项目建设。建立生态广西建设引导资金，采取财政贴息、投资补助和安排项目前期经费等手段，发挥示范和牵动作用，吸引社会资金投入，扶持生态建设和环境治理重点项目建设。积极争取国家高新技术重大产业在广西布局以及相关领域的专项资金支持，利用中央财政转移支付力度不断加大的有利条件，将更多的资金投入生态保护与建设。

运用市场化手段，建立多元化的投融资机制，鼓励和支持社会资金投向生态广西建设。推行污染治理市场化，鼓励社会资本参与城镇污水、垃圾处理等环保基础设施的建设和运营；开展排污交易试点，提高环境治理效益和资金使用效率。积极支持生态工业、生态农业、生态服务业等重点产业项目申请银行贷款和企业上市融资；鼓励不同经济成分和各类投资主体，

以独资、合资、承包、股份制、股份合作制、BOT等不同形式参与生态广西建设。

（六）加快人才队伍建设，改善科技基础条件

建立健全激励机制，充分调动和发挥专业技术人员的积极性、创造性。加快培养、引进生态广西建设急需的各类专业人才，加强相关领域人才“小高地”建设，培养造就一批高水平科技专家和领军人才。进一步壮大技术推广和科普人才队伍。组建生态广西建设的专家咨询队伍。

加强研究实验基地和大型仪器共享平台、科技信息资源网络环境平台、科技成果转化和产业化公共服务平台等科技基础条件建设，实现科技资源的有效配置和共享。将生态建设和环境保护领域重点实验室、中试基地、科技示范园和企业孵化基地等技术创新能力建设项目列入技术创新能力建设计划，给予重点支持。

（七）强化宣传教育，引导公众参与

充分利用广播、电视、报刊、因特网等新闻媒体，多层次、多形式地开展生态广西建设的舆论宣传和科普教育，及时宣传报道和表扬先进典型，公开揭露和批评违法违规行为。建立和完善公众参与制度，鼓励公众参与生态广西建设，使之具有广泛的群众基础。涉及群众切身利益的规划、决策和项目，应充分听取群众意见，保障公民对生态广西建设工作的知情权、参与权和监督权。将能源消耗和污染物排放等主要指标完成情况定期公布，接受社会监督。

（八）加强合作交流，扩大对外开放

加强与国内先进省市在可持续发展领域的交流，重视研究和吸收生态省建设理论的最新成果，借鉴其他省份建设生态省的成功经验和做法，不断提高生态广西建设工作水平。探索区域合作模式，主动融入泛珠三角经济圈，加强西南六省（区）经济协作，促进区域一体化发展。

围绕发展循环经济、生态环境保护与建设、资源综合利用、扶贫开发等领域，积极开展国际合作与交流，引进国外先进技术、人才和管理经验，把利用外资与生态经济发展和环境保护有机结合起来。充分利用举办中国—东盟博览会的有利条件，加强与东南亚国家的全方位合作。根据我国与周边国家签订的多边和双边协定，加强边境地区环境保护合作，共同构建环境安全体系。

生态广西建设事关我区经济社会发展全局，功在当代，利在千秋。全区各族人民要在自治区党委、政府的统一领导下，认真贯彻落实科学发展观，统一思想，奋发图强，开拓创新，扎实工作，确保生态广西建设工作不断推进，建设目标如期实现。

附件：1.《生态广西建设规划纲要》规划指标表
　　　2.《生态广西建设规划纲要》规划重点工程项目表
附图：1. 生态广西建设生态区图
　　　2. 生态广西建设主体功能区域区划图
　　　3. 生态广西建设重要生态功能保护区规划图

附件 1：

《生态广西建设规划纲要》规划指标表

领域	序号	名称	单位	2005 年	2010 年	2020 年	2025 年	国家生态省建设指标
经济发展	1	人均地区生产总值	元/人	8 762	13 300	25 000	35 000	≥25 000
	2	人均财政收入	元/人	1 025	1 840	3 190	4 000	≥3 800
	3	农民人均纯收入	元/人	2 495	3 180	6 250	8 400	≥8 000
	4	城镇居民人均可支配收入	元/人	8 917	12 000	20 000	25 000	≥18 000
	5	环保产业比重	%	6.9	8.8	10.1	≥10.1	≥10
	6	第三产业占 GDP 比重	%	40.7	38.0	40.0	≥40	≥40
	7	*万元生产总值能耗	吨标准煤/万元	1.39	1.25	1.0	0.8	
	8	*万元工业增加值取水量	立方米/万元	363	230	123	<90	
资源环境保护	9	森林覆盖率	%	51.66	54	58	>58	≥65（山区） ≥35（丘陵区）
	10	受保护地区占国土面积比例	%	16.22	18	20	≥20	≥15
	11	退化土地恢复率	%	50	60	85	90	90
		其中： *石漠化治理率	%	11	30	70	80	—
	12	物种多样性指数	%	≥0.9	≥0.9	≥0.9	≥0.9	≥0.9
		珍稀濒危物种保护率	%	70	80	95	100	100
	13	主要河流年水消耗量 省内河流 跨省河流	%	18	20	25	<40 不超过国家分配的水资源量	<40 不超过国家分配的水资源量
	14	*城镇生活垃圾无害化处理率	%	36.0	60	83	≥95	
	15	*县城及以上城市污水处理率	%	8.8	50	80	95	
资源环境保护	16	主要污染物排放强度 二氧化硫 化学需氧量（COD）	千克/万元 GDP	23.7 24.8	<13.3 <13.6	<7.0 <6.0	<6.0 <5.5	不超过国家主要污染物排放总量控制指标 <6.0 <5.5
	17	降水 pH 值年均值 酸雨频率	pH %	5.1 32	≥5.1 <32	≥5.2 <30	≥5.2 <30	≥5.0 <30
	18	空气环境质量	%	85.7	100	100	达到功能区标准	达到功能区标准
	19	水环境质量 近岸海域水环境质量	% %	91 89.2	≥92 ≥90	≥93 ≥92	达到功能区标准	达到功能区标准
	20	旅游区环境达标率	%	100	100	100	100	100

领域	序号	名称	单位	2005 年	2010 年	2020 年	2025 年	国家生态省建设指标
社会进步	21	人口自然增长率	‰	8.17	10.0	6.85	符合自治区政策	符合国家和地方政策
	22	城镇化水平	%	33.6	40	50	55	50
	23	恩格尔系数						＜40
		城镇	%	42	38	35	＜35	
		农村		53.0	50.0	45.0	＜40	
	24	基尼系数						0.3～0.4
		城镇	%	0.33	0.35	0.40	＜0.4	
		农村		0.29	0.32	0.35	＜0.35	
	25	环境保护宣传教育普及率	%	95	98	100	100	＞90

注：带*号的指标是根据广西情况和国家最新要求增加的指标。

附件 2：

广西生态省（区）建设重点工程项目表

项目类别		主要建设内容	投资估算（亿元）	其中“十一五”投资（亿元）
总　计			2 751	824.4
一	生态工业工程		693	140
1	循环工业企业试点示范工程	在钢铁、制糖、有色金属、轻工、化工、建材等重点行业，建设一批循环经济的典型企业。重点实施南宁糖业集团、广西农垦糖业集团、贵港糖业集团、南华糖业集团、中国石化股份有限公司广西炼油项目、柳州钢铁（集团）公司、中国铝业广西分公司等企业循环经济试点示范	180	40
2	循环经济产业园区建设工程	建设资源循环利用产业链及园区废物处理中心，使园区内企业之间形成物质、能量、信息的共生关联，从而提高物质、能量、信息的利用程度和生态效率。重点实施贵港生态工业示范园区、柳北老工业区改造试点、来宾循环经济示范工业园区、防城港企沙工业试点园区、临海工业开发区	40	15
3	重点行业企业清洁生产技术改造工程	改造落后的生产工艺和设备，采用资源利用率高、能耗低、污染物产生量少的设备和清洁生产工艺。加强综合利用，最大限度地利用资源，减少污染物排放，实现企业内部的循环。重点在造纸、制糖、淀粉、化工、有色金属、钢铁、锰加工、建材等重点行业实施企业清洁生产技术改造	50	10
4	再生资源回收利用体系建设工程	建设再生资源回收利用集散市场和加工基地，建设再生金属、塑料、橡胶等再生资源企业和园区	33	9
5	企业节能降耗建设工程	开发热电冷联供、热电煤气三联供等技术，在重点企业建设热电联产工程，最大限度地节能降耗，提高资源能源利用率	90	15
6	清洁能源建设工程	发展以核能发电、燃气发电、农村小水电、太阳能、风能、海洋能源等为重点的清洁能源工程	250	45
7	生物质产业工程	以甘蔗、木薯、马铃薯为主要原料的生物质产业工程。包括：木薯燃料酒精项目、木薯变性淀粉项目、酒精生产乙烯项目、生物酒精副产品 CO_2 利用项目、配套木薯（甘蔗）加工项目建设的沼气发电项目、农林牧业废弃物的沼气与压缩料联合发电项目等	50	6
二	生态农林牧渔业工程		368	94.3
8	生态农业富民小康村建设工程	以沼气为纽带，采用农业废弃物综合利用技术，通过生物链的循环和生态产业链的延长，推广应用先进实用的生态农业模式。建设、完善一批生态农业县，到 2010 年建设 2 000 个生态农业富民小康村	80	12
9	无公害、绿色和有机食品生产基地建设工程	推广使用生物农药和有机肥料，建设无公害农产品、绿色食品和有机食品生产基地，按农业标准化生产安全食品	100	20

项目类别		主要建设内容	投资估算（亿元）	其中“十一五”投资（亿元）
10	无公害生物农药、高效肥料开发及示范项目	研究开发无公害生物农药、高效肥料，建立无公害生物农药、高效肥料示范基地	8	2
11	良种工程	建设农作物、畜禽水产、林木等种质资源库、良种繁育基地、原种场和品种改良中心	14	3
12	秸秆和畜禽粪便资源综合利用示范项目	建设秸秆集聚加工厂，购置秸秆加工机具，实施秸秆气化、秸秆养畜等综合利用示范项目；在大中型养殖场建设大中型沼气工程	2	0.8
13	果园裸地牧草覆盖工程	果园套种豆科牧草 45 万亩，年产饲草 135 万吨	2	0.5
14	名特优新经济果木林基地建设工程	建设名特优新经济果木林基地	60	10
15	花卉生产基地建设工程	重点建设以园林绿化苗木、特色花卉、切叶、鲜切花、盆栽植物五大类型为主的花卉生产基地	30	6
16	生态养殖小区建设工程	共建生猪养殖小区 3 000 个，建设规范栏舍 300 万平方米、防疫设施 3 000 套，排泄物集聚管道 3 000 公里、大型沼气池 90 万立方米、发酵物排放管道 3 000 公里	14	5
17	草食动物舍饲圈养工程	建设舍房，种植牧草 15 万亩，购饲草加工设备等	12	6
18	无公害标准化水产品养殖基地建设工程	推广鱼、虾、贝等水产品立体生态养殖，建设无公害标准化水产品养殖基地	25	8
19	世行贷款桂北少数民族山区综合扶贫开发项目	在桂北少数民族聚居区 6 个县、45 个乡镇，305 个贫困村实施社区基础设施建设、农业综合开发、基础教育项目、卫生分项目、社区参与能力建设项目等，覆盖人口 54.28 万人	3.5	3.5
20	世行贷款广西综合林业发展和保护项目	在全区 45 个县市（区）发展商品林 20 万公顷，建设和保护生态公益林 11.8 万公顷	17.5	17.5
三	生态服务业工程		121	23
21	生态旅游建设工程	重点建设龙胜龙脊梯田、资江—八角寨景区、贺州大姑婆山旅游区、德天跨国大瀑布旅游区、百色大天坑群旅游区、通灵—古龙山峡谷群景区等生态观光游览类项目以及桂林桃花江旅游度假区、北海银滩旅游度假区、涠洲岛—斜阳岛滨海旅游度假区等生态休闲度假类项目。建设景区景点和旅游基础设施，完善道路、环保、服务接待等设施	80	15

项目类别		主要建设内容	投资估算（亿元）	其中“十一五”投资（亿元）
22	“绿色系列”创建工程	创建绿色学校、绿色环保社区（小区），绿色环保酒店（宾馆），绿色环保医院，绿色环保家庭，绿色环保公交，绿色环保商场等。2025 年，创建“绿色环保系列”区一级达到 50%，市一级达到 60%，县一级达到 80%	8	2
23	生态科普教育基地建设	建设循环经济型工业、工业园区生态科普教育基地（3 个），生态农业（2 个）、生态林业（1 个）、生态畜牧业（1 个）、生态渔业（1 个）、生态旅游业（3 个）、生态型房地产业（2 个）、物种和基因多样性（1 个）等科普教育基地	5	1
24	绿色流通体系建设工程	建设现代物流设施和管理、信息网络，推广普及可再生包装材料，降低物流业一次性消费品的使用量；建设生态型超市、连锁店、专卖店、配送中心等	28	5
四	资源保护和利用工程		440	147.3
25	水源地保护工程	对水源涵养地、供水水源地划定保护区域，强化监督管理，保持重要水源水量和水质的稳定，确保城市和农村饮水安全	5	2
26	供水工程	重点实施钦州市沿海工业园供水水源工程大风江调水工程、钦州市郁江调水工程、北海市向铁山港区近期供水工程、桂西氧化铝供水工程、河池市东莞工业园区供水工程、明阳工业区供水工程等	200	60
27	农村饮用水安全工程	优先解决严重缺水地区以及高氟水、高碱水、苦咸水、严重污染地区群众的饮水问题，加快农村饮水安全工程建设，解决我区农村 1 777 万人口饮水不安全问题	78	21
28	农业节水灌溉工程	整理完善田间排灌系统，推广应用农业节水技术	4	2
29	耕地保护与整理工程	建设基本农田保护区，建设排灌渠道、田间道路等农田基础设施，改造中低产农田	12	6
30	农业“沃土工程”	建设土壤肥料测试网络，种植绿肥、秸秆还田、实施生物有机肥等改土培肥	8	5
31	濒危农业生物资源保护	建立农业野生植物原生境保护示范点 30 个，抢救性收集农业野生植物资源 1 500 份	5	1
32	林木种质资源保护工程	建设林木种质基因库、树木园，保护林木种质资源	5	1
33	珍稀濒危和重点保护动植物保护工程	建设珍稀濒危和重点保护动植物自然保护区，建立一批野生动植物抢救、驯养、繁殖中心和珍稀植物栽培基地，对珍稀濒危和重点保护动植物实施抢救性保护	3	0.8
34	海洋重要生物资源保护工程	对马氏珠母贝、中华白海豚等重要海洋生物资源实施重点保护	2	0.5
35	矿产资源综合利用工程	重点实施碳酸锰、三水铝等贫矿和难选冶矿、尾矿的二次回收利用，以及锡多金属矿、铅锌矿等主要矿山中有用组分的回收利用	8	3

项目类别		主要建设内容	投资估算（亿元）	其中“十一五”投资（亿元）
36	农村沼气池建设工程	建设 350 万座沼气池，配套建设厨房、厕所、猪舍改造工程	110	45
五	环境污染综合防治工程		567	240
37	重点流域水污染综合整治工程	重点实施左江、右江、邕江、郁江、柳江、桂江、南流江、钦江等江河以及天生桥水库、青狮潭水库、大王滩水库等重点湖库区水污染综合整治	150	70
38	大气污染防治工程	重点对现有燃煤电厂脱硫技术改造，抓好冶金、化工、水泥等行业二氧化硫、烟尘、工业粉尘及有毒有害废气排放量的削减	120	80
39	重点行业工业废水治理工程	重点对食品、化工、造纸、选矿、冶金、制药等类污染物负荷较高的排污企业进行工业废水综合处理，使废水达标排放	80	50
40	城镇污水处理	重点建设西江、南流江、钦江流域干流及其主要支流沿岸城市、饮用水源重要水体受到严重污染的城市、国家级和自治区级风景名胜区所在城市、开放城市的污水处理设施。“十一五”期间全区建设 69 座城镇污水处理厂，处理污水 288.5 万吨/日，建设污水管网 2 003.56 公里。2025 年各市、县污水处理厂规划总规模 1 019.4 万立方米/天。实施再生水回用设施建设，在缺水城市实施再生水回用，污泥处置及利用	96	15
41	碧海工程	加强近岸海域河口和海湾水环境污染防治，合理布局海水养殖区域并控制养殖规模，对海上油气勘探开采、海洋倾废、船舶排污和港口环境严格监管，配套建设污水、垃圾处理或接收设施	3	1
42	城镇垃圾处理	建设一批城市垃圾无害化处理厂及垃圾转运等配套项目。“十一五”期间建设城市生活垃圾无害化处理设施 60 项，处理能力 4 750 吨/日，清运能力 10 780 吨/日。到 2025 年，垃圾处理设施服务人口占城区人口的 90%以上	80	15
43	固体废物处理	14 个地级市建设危险废物和医疗废物处理处置中心，购置医疗废物和危险废物集中处置设施，实施工业固体废物综合利用，危险废物处理，放射性废物处理和医疗废物处理	25	5
44	农村环境综合整治工程	制定并实施全区农村小康环保行动计划，开展村庄环境综合整治，建设农村垃圾集中堆放设施和回收利用，妥善处理生活垃圾和污水；推广施用生物有机肥和病虫害生物防治，引导农民科学施肥、用药，减少农药、化肥的施用量，降低农药、化肥对土壤和农作物的污染；实施畜禽养殖废物资源化和秸秆综合利用；开展全区土壤污染状况调查并实施污染土壤治理修复示范	13	4
六	生态保护与建设工程		370	88.8
45	重点生态公益林保护工程	在实施中央森林生态效益补偿试点工程的基础上，建立完善自治区级森林生态效益补偿基金制度，对我区 7 500 万亩重点生态公益林实行全面保护	60	20

项目类别		主要建设内容	投资估算（亿元）	其中“十一五”投资（亿元）
46	重要生态功能区保护工程	规划建设 10 个重要生态功能保护区，其中：以水源涵养为主导功能的 7 个，以生物多样性为主导功能的 2 个，以水土保持为主导功能的 1 个。重点内容是监管能力建设以及生态保护和修复试点示范	2	0.5
47	重点防护林建设工程	继续实施珠江流域防护林体系建设工程和沿海防护林体系建设工程	45	2
48	石漠化综合治理工程	采取封山育林、封山管护、人工造林等生物措施，结合农村生态能源建设、坡改梯工程、生态移民工程等对石漠化土地实施综合治理，改善石漠化地区生态环境	66	6
49	退耕还林工程	重点对坡度 25 度以上的坡耕地实施退耕还林，巩固现有退耕还林成果，稳步推进工程建设	20	10
50	湿地保护与恢复工程	新建一批沿海湿地的红树林自然保护区、海洋动物保护区及鸟类自然保护区；加强重要湿地和湿地保护小区建设；实施退养（耕）还滩（湖）工程、湿地植被恢复工程、栖息地恢复工程、红树林恢复工程、海草场恢复工程，恢复湿地生态功能，开展桂林水生态系统保护与修复示范工程建设	12	6
51	野生动植物保护和自然保护区建设工程	完善现有各级自然保护区建设，新建一批自然保护区和自然保护小区	6	3
52	森林公园建设工程	加强对森林公园的保护，完善基础设施建设，新建森林公园若干处	2	0.5
53	水土保持工程	通过人工造林、封山育林、坡改梯、截水沟、石谷坊、土谷坊、拦沙坝等工程措施与生物措施，对水土流失进行综合治理	60	16
54	近海海域生态系统保护工程	建立近海海域种质资源保护区、增殖区、科学实验区，对海洋生物重要种质资源实施保护；对涠洲岛和斜阳岛等重点海岛及其附近海域生态系统采取综合性保护措施，实施海草、珊瑚礁保护示范区项目	3	1
55	矿山生态及地质环境恢复与治理工程	重点推进南丹大厂矿区、平果铝矿区、岑溪石材开采区及大新下雷、靖西湖润锰矿区等矿山的生态治理，对山洪灾害及滑坡、崩塌、泥石流、地面塌陷等地质环境灾害实施综合治理	34	8.8
56	城市绿化工程	实现全区县以上城镇建成区绿化覆盖率从目前的 27%增加到 35%	60	15
七	减灾防灾工程		118	61
57	防洪工程	重点建设主要江河流域上游防洪控制性工程、重点防洪城市和县城防洪堤工程、沿海重点海堤标准化建设工程、病险水库除险加固建设工程，进一步提高重点城区的防洪（潮）标准	60	35
58	抗旱工程	实施灌区节水改造工程，扩大农田有效灌溉面积；启动实施桂中治旱、左江流域等重点旱片抗旱灌溉工程建设；实施重点城乡抗旱水源工程建设，主要解决北海、玉林、荔浦、岑溪、蒙山、忻城、合山、上思、天等、大新、凭祥、凌云、陆川、北流、东兴共 15 个市（县）抗旱水源工程建设	42	18

项目类别		主要建设内容	投资估算（亿元）	其中“十一五”投资（亿元）
59	气象防灾减灾综合监测系统工程	布局建设新一代天气雷达系统、暴雨预报与增洪量动力预报系统、GPS 观测系统、高空气象探测系统、广西区域中尺度地面气象自动监测系统、全区雷电灾害监测系统等，用 5～10 年的时间逐步建立健全布局合理、探测自动化程度较高的气象灾害综合监测网络	8	4
60	防灾减灾决策指挥信息系统工程	建立和完善防汛、防震、防疫等预警预报系统和决策指挥信息系统	8	4
八	能力保障工程		74	30
61	产品技术标准及环境保护标准体系建设工程	研究制定和完善广西优势产业、支柱产业、新兴产业、高新技术产业核心技术的产品标准；健全农业生产规程体系、农产品标准化加工体系；节能降耗、污染物排放标准体系；建立广西 WTO/TBT、SPS 技术性贸易壁垒预警系统	5	2
62	环保、节能、生态产品质量检测及监管体系建设工程	加强产品质量检测体系建设，建立环保、节能产品质量以及食品安全检测体系和监督管理机制	5	2
63	生态环境安全监管和应急体系建设工程	建立和完善全区环境监测网络和预警体系，包括水质自动监控、城市空气质量自动监控、重点污染源在线监控、生态监测及环境综合评估、突发性环境事故应急体系、核与辐射环境安全监测等体系以及环境信息系统	13	5
64	重点实验室建设工程	在清洁工艺技术、生态工程与技术、水和大气污染防治等领域建成若干重点实验室	10	3
65	农产品质量安全检验和农业环境检测体系建设工程	建设国家级农产品质量标准与检测技术研究中心、农产品质检中心、区域性质检中心，自治区级综合性农产品质检中心和市、县级农产品检测站	13	5
66	动物防疫体系建设工程	建设和完善动物疫病监测预警、预防控制、检疫监督、兽药质量监察及残留监控、防疫技术支撑、防疫物质保障六大系统	10	8
67	森林资源监测体系建设工程	建立市、县级森林资源监测管理站，购置监测仪器设备，完善森林资源监测网络	8	2
68	生态科技人才培养工程	加强生态环境、绿色产业、循环经济等重点学科建设，加快生态省（区）建设高素质人才培养	10	3

附图 1：

生态广西建设生态区划图
贵州省
湖南省
云南省
广东省
越南
北部湾
桂林市
河池市
柳州市
贺州市
百色市
来宾市
梧州市
贵港市
玉林市
南宁市
钦州市
I
II
III
IV
V
VI
VII
VIII
图例
I 桂东北山地丘陵生态区
II 桂中岩溶盆地生态区
III 桂中北岩溶山地生态区
IV 桂西北山地生态区
V 桂东南丘陵生态区
VI 桂南丘陵台地生态区
VII 桂西南岩溶山地生态区
VIII 近岸海洋生态区
生态区界
国界
省、自治区、直辖市界
地市界
县、县城市界
省级行政中心
地级市行政中心
县级行政中心
河流
水岸
比例尺 1：3400000

附图 2：

生态广西建设主体功能区域区划图
贵州省
湖南省
云南省
广东省
越南
北部湾
图例
禁止开发区（陆地）
禁止开发区（海洋）
限制开发区
优化开发区
重点开发区
生态区界
国界
省、自治区、直辖市界
地市界
县、县城市界
省级行政中心
地级市行政中心
县级行政中心
河流
水岸
比例尺 1：3400000

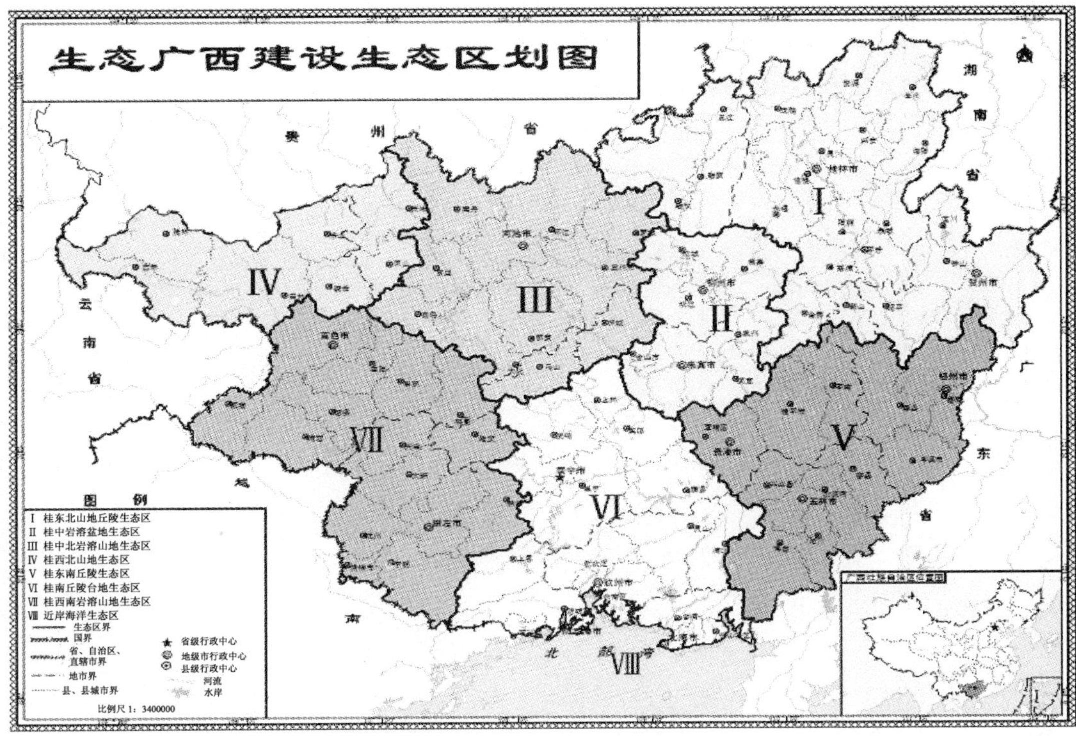

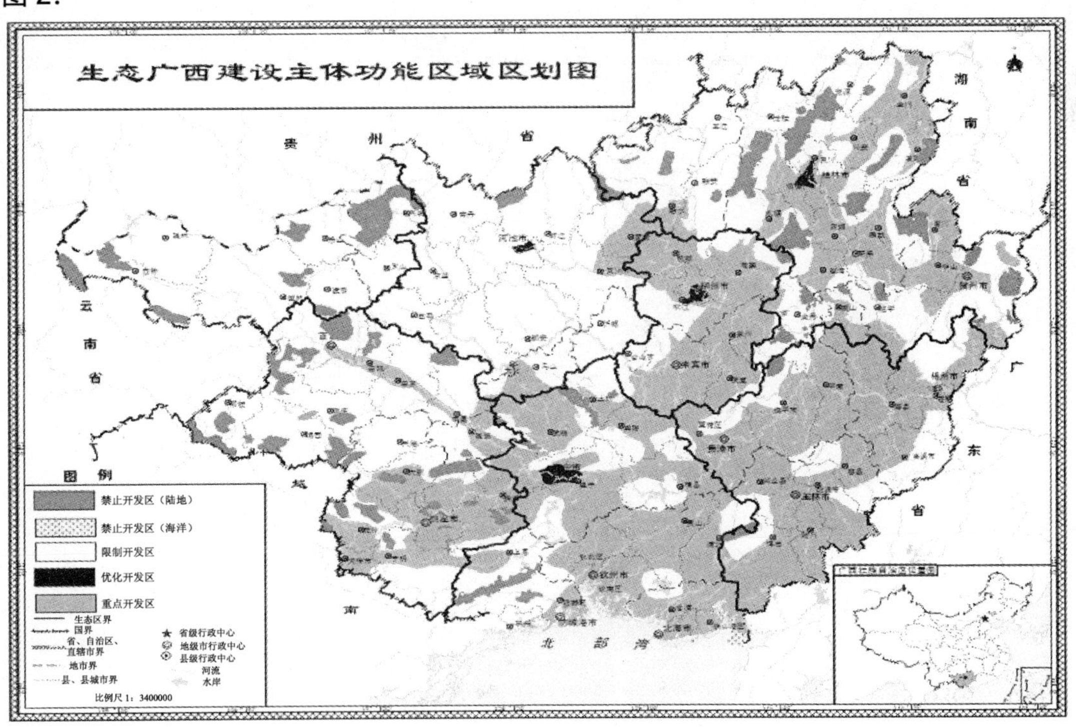

附图 3：

生态广西建设
重要生态功能保护区规划图
贵州省
云南省
湖南省
广东省
越南
01
02
03
04
05
06
07
08
09
北10部湾
图例

生态广西建设指标体系构成和指标值确定

一、生态广西建设指标体系构成

生态广西建设指标体系是评价和反映全区经济—社会—资源环境复合系统内三大子系统的运行状况、发展水平以及相互间的协调状态的重要依据，应能体现下述功能：一是能够反映经济发展的规模和质量；二是能够反映社会发展状况，其中关键是要对人口控制、生活水平提高、城镇化水平作出评价；三是能够反映主要资源丰富程度及其开发利用程度；四是能够反映主要环境问题以及治理恢复状况。

（一）指标体系建立的原则

生态广西建设指标体系的建立主要考虑以下原则：

1．科学性原则。指标体系应建立在科学的基础上，充分体现科学发展观的内涵和要求，能够全面客观地反映全区经济—社会—资源与环境复合系统内三大子系统的运行状况、发展水平以及相互间的协调状态。

2．统一性原则。指标体系要以国家制定的生态省建设指标体系（试行）为主要依据，近期与自治区国民经济和社会发展规划、部门和行业发展规划相衔接，远期与全面建设小康社会战略目标相一致。

3．稳定性与动态性相结合的原则。指标体系既要有反映目前状态的指标，也要有反映变化的、动态的指标。指标体系的内容应在一定时期内保持相对稳定，但也应随着形势发展变化和国家新的要求进行适当调整。

4．可行性原则。生态省区建设是一个较长期的过程，指标体系的建立既要满足国家的总体要求，又要考虑我区经济发展水平和潜力等现实条件。各项指标值应合理确定，保证建设期内能够实现。同时，要在保证指标综合性强、涵盖面广的前提下，力求各项评价指标便于获得，易于测算，客观可靠，方便操作。

（二）指标体系构成

根据生态广西建设指标设立的基本原则，参考国家制定的生态省建设指标体系（试行），从经济发展、资源环境保护和社会进步 3 个方面设计 25 项指标，构成生态广西建设指标体系。其中，国家生态省建设规定的试行指标 21 项，我区增加指标 4 项。指标体系构成见下表：

生态广西建设指标体系构成表

经济发展子系统	资源环境保护子系统	社会进步子系统
1. 人均地区生产总值 2. 人均财政收入 3. 农民人均纯收入 4. 城镇居民人均可支配收入 5. 环保产业比重 6. 第三产业占 GDP 的比重 7. 万元生产总值（GDP）能耗* 8. 万元工业增加值取水量*	9. 森林覆盖率 10. 受保护地区占国土面积比例 11. 退化土地恢复率（包括分指标：石漠化治理率*） 12. 物种多样性指数珍稀濒危物种保护率 13. 主要河流年水消耗量（分为省内河流、跨省河流两个分指标） 14. 县城及以上城市垃圾无害化处理率* 15. 县城及以上城市污水处理率* 16. 主要污染物排放强度（二氧化硫、化学需氧量） 17. 降水 pH 值年均值和酸雨频率 18. 空气环境质量 19. 水环境质量（包括近岸海域水环境质量） 20. 旅游区环境达标率	21. 人口自然增长率 22. 城市化水平 23. 恩格尔系数 24. 基尼系数 25. 环境保护宣传教育普及率

注：带*号的指标是根据广西情况和国家最新要求增加的指标。

（三）建设阶段划分

生态广西的建设期为 20 年左右，分为三个建设阶段。近期为全面启动和重点推进阶段（2006—2010），中期为全面建设和加快发展阶段（2011—2020），远期为全面达标和深化提高阶段（2020—2025）。近期建设指标与自治区“十一五”规划的指标相一致，中期指标与全面建设小康社会目标基本一致，远期指标按照国家提出的建设指标要求，结合我区实际，经预测提出。

二、指标值的确定

（一）经济发展指标

1．人均地区生产总值：是指一个国家或地区每人平均在一年内收入初次分配的最终经济成果的体现，即生产总值（简称 GDP）的人均值。它主要反映一个国家或地区的综合经济实力，是衡量经济发展水平的重要指标，也是生态省建设的核心指标之一。国家要求的指标值是 25 000 元。2005 年我区人均生产总值为 8 762 元，自治区“十一五”规划确定目标为 13 300 元，预计 2010—2020 年生产总值将保持年均 8.8%的增长速度，人均生产总值 2020 年可达到 25 000 元。生态广西总体目标预期到 2025 年全面实现，预计届时人均生产总值可以达到 35 000 元。

数据来源：统计部门。

2．人均财政收入：指财政收入的人均值（按常住人口计算），其单位以元/人表示。国家规定指标值为 3 800 元/人，目前我区人均财政收入为 1 025 元/人，与国家规定指标值差距较大。自治区“十一五”规划确定 2010 年目标值为 1 840 元/人，预测 2020 年达到 3 190 元/人。随着经济的加速发展以及税收征管力度的加大，2025 年人均财政收入达到 3 800 元以上是可以实现的。

数据来源：财政、统计部门。

3．农民人均纯收入（元）：指乡镇辖区内农村常住居民家庭总收入中，扣除从事生产和非生产经营费用支出、缴纳税款、上交承包集体任务金额以后剩余的，可直接用于进行生产性、非生产性建设投资、生活消费和积蓄的那一部分收入。该收入体现农民生活水平。国家规定的指标值为 8 000 元/人。2005 年我区农民人均纯收入为 2 495 元，与国家规定指标值差距很大。自治区“十一五”规划确定 2010 年目标值为 3 180 元/人，预测 2020 年达到 6 250 元/人。考虑到农业产业化步伐加快、解决“三农”问题力度的加大和新农村建设的推进，经过努力，2025 年应可实现该目标。

数据来源：统计部门。

4．城镇居民人均可支配收入（元）：指城镇居民家庭在支付个人所得税、财产税及其他经常性转移支出后所余下的人均实际收入。国家规定的指标值为 18 000 元。目前我区为 8 917 元，自治区“十一五”规划确定 2010 年目标值为 12 000 元，随着我区城镇化、工业化进程的进一步加快，城市作为经济发展引擎的作用愈加明显，城镇居民收入预计会有比较大的增长，预测 2020 年即可达到 20 000 元/人，提前实现该目标。

数据来源：统计部门。

5．环保产业比重：指环保及相关产业产值占第二产业产值的比重。根据国家对环境保护相关产业的定义，包括：环境保护产品生产、资源综合利用、环境保护服务业、洁净产品生产四大领域。“环保及相关产业比重”按以下公式计算：

$$环保及相关产业比重=环保及相关产业产值/二次产业产值$$

根据 2005 年开展的全区环保及相关产业基本情况调查数据显示，2004 年我区环保及相关产业收入总额为 86.88 亿元，当年环保及相关产业比重＝86.88÷1 288.26＝6.7%。

国家规定环保产业比重目标值为 10%以上，目前我区为 6.7%。随着循环经济的发展、生态保护建设和环境治理力度的加大、环保投入的增加，环保产业发展将会得到较大幅度的提高，这一指标预计在 2020 年可达到。

数据来源：经济、环保、统计部门。

6．第三产业占 GDP 的比重：是指在本地的国内生产总值中，第三产业增加值所占国内生产总值的比重。该指标主要反映经济结构状况，是一个衡量区域经济发展、社会进步的指标，国际上发达国家该比例达 60%～70%。随着产业结构的调整，服务业的快速发展，预计到 2020 年，全区第三产业的比重将超过 40%。计算方法是：

$$第三产业占GDP比例=\frac{第三产业产值}{国内生产总值}\times 100\%$$

按照我区社会经济发展趋势展望，在“十一五”期间（即 2006 年至 2010 年）以及其后

一段时间内，我区将经历工业化过程并逐步进入后工业化时代，农业比重将进一步下降，工业发展逐渐稳定并转向结构调整和升级，服务业比重持续上升，到2025年该指标还会有所上升。

数据来源：统计部门。

7．万元生产总值（GDP）能耗：是指万元国内生产总值的能耗量。计算公式为：

$$单位GDP能耗=\frac{总能耗(吨标煤)}{国内生产总值(万元)}$$

8．万元工业增加值取水量：是指每万元工业增加值的取水量（所消耗的水量）。计算公式为：

$$万元工业增加值取水量=\frac{新鲜水取水量(立方米)}{工业增加值(万元)}$$

上述 2 项指标是我区增加的指标，也是国家“十一五”规划纲要提出的纳入考核的约束性指标，它反映的是经济增长的质量。2005年全区每万元生产总值（GDP）能耗为1.39吨标准煤，万元工业增加值取水量为 363 立方米。国家“十一五”规划纲要规定，万元生产总值（GDP）能耗降低 20%，万元工业增加值取水量降低 30%。按照我区“十一五”规划的预期，这两个指标值将随着新技术、新工艺推广以及高耗能耗水落后工艺淘汰步伐的加快而会有明显下降，预计到2010年可分别达到1.25吨标准煤/万元和230立方米/万元，分别下降10%和36.6%。万元生产总值（GDP）能耗降低幅度低于国家规定目标，主要基于三个方面的考虑：一是我区正处于加快推进工业化时期，“十一五”时期重工业占全部工业的比重将不断加大，因而全社会的能耗将会增加；二是从发挥特色资源优势考虑，铝、锰、有色金属冶炼、加工等资源型工业仍是我区今后发展的重点，这些行业都是耗能较大的行业；三是我区工业企业总体上技术水平低，工艺设备较为落后，大幅度降低能耗暂时还有一定的困难。随着节能降耗工作的推进，高耗能、低效益的落后生产能力的加快淘汰，预计在“十一五”期间以后，经济发展的资源能源消耗将会有较大幅度降低，力争完成国家规定的削减幅度指标。

数据来源：发改、水利、经济、统计部门。

（二）资源环境保护指标

9．森林覆盖率：指森林面积占土地面积的比例。森林覆盖率=（有林地面积+国家特别规定的灌木林面积）/土地总面积。

目前我区森林覆盖率为 51.66%（包含国家特别规定的灌木林，2000 年森林资源第六次连续清查数），如果不含灌木林，则为 41.33%，居全国第六位。随着天然林、生态公益林保护力度的加大和石漠化地区封山育林步伐的加快，我区森林覆盖率面积将会进一步提高。广西总体上属于丘陵地区，按照国家规定的生态省建设指标值为 35%，该目标现在已经达到。未来该指标值将持续增长，预计 2010 年森林覆盖率目标为 54%（其中有林地面积 14 325 万亩，国家特别规定的灌木林地 4 920 万亩）。2020 年森林覆盖率为 58%（其中有林地面积 15 750 万亩，国家特别规定的灌木林地仍为 4 920 万亩）。2025 年森林覆盖率稳定在 58%以上。

数据来源：林业部门。

10．受保护地区占国土面积比例：指辖区内各类（级）自然保护区、风景名胜区、森林

公园、地质公园、生态功能保护区、水源保护区、封山育林地、生态公益林等面积占全部陆地（包括湿地）面积的百分比。据2005年不完全统计，全区受保护的国家级生态公益林（含自然保护区、森林公园等）面积 3.84 万平方千米，占国土面积比例为 16.22%，已经高于国家规定的生态省建设指标要求，该目标现在已经达到。随着生态广西建设工作的开展，一些重要生态功能保护区将被纳入保护的范围，受保护地的面积还将进一步增加，预计其指标值将会超过20%。

数据来源：统计、环保、建设、林业、国土资源、农业等部门。

11．退化土地恢复率（包括石漠化治理率）：土地退化是指使用土地不当或由于其他外力干扰致使耕地、草地、森林和林地的生物或经济生产力和复杂性下降或丧失，其中主要类型包括：（1）风蚀和水蚀致使土壤物质流失；（2）土壤的物理、化学和生物特性或经济特性退化；（3）自然植被长期丧失。本指标计算以水土流失为例，水利部规定小流域侵蚀治理达标标准是，土壤侵蚀治理程度达70%。计算公式为：

$$退化土地恢复率=\frac{已恢复的退化土地总面积}{退化土地总面积}\times 100\%$$

我区退化土地主要表现为水土流失、石漠化和矿山生态破坏等方面，全区现有退化土地面积约281万公顷，其中石漠化面积238万公顷。截至2005年全区土地退化土地治理恢复率约为 50%。随着生态省区建设步伐的加快，对水土流失、石漠化治理力度的加大，能够如期完成这一目标。

石漠化治理率：石漠化治理率是指从地块上实施了生物治理工程和工程治理措施的面积占石漠化土地面积的比例。本指标是退化土地恢复率的一个分项指标，是我区增加的自定指标。2005年的治理率主要来源于“十五”期间石漠化治理试点工程，目前石漠化治理率为11%。国家将在“十一五”期间启动石漠化治理工程，2010 到 2025 年将成为石漠化治理的主要阶段，可以预期，到2025年治理率达到80%的目标能够实现。

数据来源：水利、国土资源、林业、统计等部门。

12．物种多样性指数：物种多样性是生物多样性的重要组成部分，是衡量一个地区生态保护、生态建设与恢复水平的指标。生物多样性的计算和表示十分复杂，至今未见统一的标准，特别是基因多样性和生态系统多样性的测定和确定，一般单位也难以完成，所以这里以物种多样性为代表，而暂不考虑基因及生态系统的多样性。计算方法：

$$生物多样性指数=\frac{考核验收年动植物的物种数}{基准年动植物物种数}$$

（注：基准年为生态省建设规划开始实施的前一年，即2005年）

目前我区野生动植物物种数量基本稳定，随着保护力度的加大，栖息地环境改善，动植物种类有可能得到一定的恢复和增加，在不发生大规模不可抗拒的自然灾害的情况下，物种多样性指数可以达到0.9。

珍稀濒危物种保护率：凡是列入国家珍稀濒危物种名录的珍贵、稀有和濒临绝种的动植物种得到有效保护的比例。

多年来，广西采取措施不断扩大生态保护和退化生态系统恢复与重建力度。实行天然林禁伐、封山育林，特别是在农村地区大力发展沼气能源建设，对生物多样性的有效保护起到

了积极的作用。目前广西已建立保护区 72 个，生物多样性就地保护网络基本形成，使重要的陆地、海洋生态系统、生物物种及其栖息地得到较好地保护，约 79%的珍动植物得到保护。随着生物多样性保护的法律法规的健全和人们生物多样性保护意识的不断提高，通过实施“十一五”规划中生态保护和生态建设重点工程的实施，各类自然保护区的建设和面积将不断扩大，对生物多样性的有效保护会得到逐步加强。因此，到 2010 年，90%列入国家珍稀濒危物种名录的珍贵、稀有和濒临绝种的动植物种得到有效保护，到 2015 年，95%得到有效保护，到 2025 年，100%得到有效保护是完全可能的。

数据来源：林业、环保、农业部门。

13．主要河流年水消耗量（又分为省内河流、跨省河流两个分指标）：对省域内主要河流，国际上通常将 40%的水资源消耗作为临界值。对跨省主要河流，水资源的消耗不得超过国家分配的水资源量。目前我区主要河流年水消耗量约为 18%，随着经济的发展，全区总体耗水量将会增加，但新技术、新工艺的采用，万元增加值的耗水量将下降，预计到 2025 年，我区总耗水量约为 25%，远低于国家规定的 40%的水平。

数据来源：水利部门。

14．县城及以上城市垃圾无害化处理率：城镇生活垃圾无害化处理率是指县城及以上城市生活垃圾无害化处理量占垃圾产生总量的比例。垃圾无害化处理的标准是按照 GB 18485—2001《生活垃圾焚烧污染控制标准》和 GB 16889—1997《生活垃圾填埋污染控制标准》执行的。目前，我区城市垃圾无害化处理率约为 36%。自治区“十一五”规划提出的目标是 60%，随着国家对西部地区基础设施建设投入力度不断加大，城镇化发展步伐加快，县城以上城市都将建设垃圾处理场，城镇垃圾无害处理率达到 98%是完全可能的。

数据来源：建设部门。

15．县城及以上城市污水处理率：指县城及以上城市内经过污水处理厂二级或二级以上处理，或其他处理设施处理（相当于二级处理），且达到排放标准的生活污水量与城镇建成区生活污水排放总量的百分比。

目前我区城镇污水处理率较低，只有桂林市、南宁市、柳州市和北海市建有污水处理设施，其他城市都还没有建成集中式城市污水处理厂，因此目前全区统计城镇生活污水集中处理率仅 8.8%，与目标值差距非常大。自治区“十一五”规划确定的目标为 50%，目前各城市以及部分重点城镇都已将建设集中式污水处理厂列入计划。预计在未来十五年间，随着国家投入力度的加大，相关政策的完善，大部分城镇生活污水处理厂将建成并投入运行，处理率会有大幅度提高，到 2025 年，该指标值可达到 95%。

数据来源：建设部门。

16．主要污染物排放强度（主要是二氧化硫、化学需氧量的排放量）：是反映随经济发展造成环境污染程度的指标。以单位 GDP 所产生的污染物数量计算。本指标只计算目前国家纳入污染物排放总量控制目标进行考核的二氧化硫（SO_2）和化学需氧量（COD）两种主要污染物。计算方法：

$$\text{主要污染物排放强度}=\frac{\text{全年}SO_2\text{或COD排放总量(千克)}}{\text{全年国内生产总值(万元)}}\times 100\%$$

目前我区这两项指标居高不下且远高于全国平均水平，与目标值差距非常大，这是由于

我区粗放型的经济增长方式尚未根本改变、工业结构不尽合理、工艺技术水平较低所导致的工业污染物排放总量大、结构性污染突出的具体体现。但是，随着经济增长方式的加快转变以及资源节约型、环境友好型社会建设的推进，同时环境保护工作进一步加强，污染物的排放将会大幅度降低。因此，到2025年达到目标指标值要求是可以实现的，也是必须达到的。

至于这 2 项主要污染物排放总量不超过国家主要污染物排放总量控制指标的要求，我区将通过加大污染综合防治力度、依靠科技进步等措施治理老污染源，同时严格控制高污染行业的扩张，有效削减污染物排放量，主要污染物排放可望在“十一五”期末都控制在国家规定的指标限值内。2005年我区二氧化硫排放量102.4万吨/年，化学需氧量排放量107万吨/年，每万元 GDP 排放量分别为 23.7 kg 和 24.8 kg。到 2010 年（“十一五”期末），国家下达给我区的二氧化硫允许排放量92.2万吨/年，化学需氧量允许排放量94万吨/年，削减率分别为10%和 12.1%，相应的每万元 GDP 排放量分别为二氧化硫 13.3 kg 和化学需氧量 13.6 kg。达到中、远期目标的难度将会较低，目标应不难于实现。

数据来源：环保部门。

17．降水 pH 年均值和酸雨频率：是反映酸雨污染程度的 2 项指标。

酸雨频率：指一年的降水总次数中，pH 值小于 5.6 的降水发生比例。

降水 pH 年均值：指一年降水酸度（pH 值）的平均值。

计算方法：降水 pH 年均值计算是将测得的每场降水的 pH 值换算成$[H^+]$浓度，然后将$[H^+]$按雨量加权后求出均值$\overline{[H^+]}$，再取其负对数即得到降水 pH 年均值。

计算公式如下：

$$\overline{pH} = -\log\left[\frac{\sum_{i=1}^{n}[H^+]_i \cdot Q_i}{\sum_{i=1}^{n}Q_i}\right] = -\log\left[\frac{\sum_{i=1}^{n}10^{-pH_i} \cdot Q_i}{\sum_{i=1}^{n}Q_i}\right]$$

式中：$\overline{pH}$——降水 pH 加权平均值；

$[H^+]_i$——第 i 场降水的 H^+浓度，单位 mq/L；

pH_i——第 i 场降水的 pH 值；

Q_i——第 i 场降水量，mm；

n——年降水场数。

目标值分别为≥5.0 和＜30%，目前我区降水 pH 加权平均值为 5.1，酸雨频率为 32%。虽然这 2 个指标看起来与目标值很接近，但是广西目前酸雨形势还比较严峻，在全国仍然属于酸雨污染较为严重的地区，要达到目标也很不容易。由于我区受能源结构限制，电力能源以火电为主的状况难以根本改变，并且根据广西电源发展规划预测，火电建设仍将快速增长，火电二氧化硫排放量控制和减排任务艰巨。因此未来我区将以控制电力行业排放的二氧化硫为主线，以总量控制为手段，制定和实施致酸物质排放削减方案。根据广西酸雨和二氧化硫污染防治规划，通过综合防治，到 2020 年我区酸雨污染将显著减轻，酸雨污染应可有望得到控制，指标值可以达到国家要求。

数据来源：环保部门。

18．空气环境质量：指城镇各个功能区的空气环境质量达到国家标准要求，目前执行标准为 GB 3095—1996《环境空气质量标准》。目标要求是达到国家规定标准要求，目前全区大部分城市的空气环境质量基本达到这一目标。未来随着污染控制工作的进一步开展，近期内所有城市建成区的空气环境质量应可以达到标准要求，并且继续得到保持。

数据来源：环保部门。

19．水环境质量（包括河流、湖库和近岸海域水环境质量）：按规划的功能区要求达到相应的国家地表水环境质量和海水环境质量标准。目前采用 GB 3838—2002《地表水环境质量标准》和 GB 3097—1997《海水水质标准》。

根据 2005 年我区河流水环境质量和近岸海域海水环境质量常规监测结果，我区这 2 项指标分别为 91%和 89.2%，与国家要求相比还有差距，但差距较小。随着水污染防止工作的进一步深化，工业废水和生活污水排放将显著减少并保持在环境可承受的容量内，其水环境质量将保持在目标值的要求内。

数据来源：环保部门。

20．旅游区环境达标率：由资源环境安全指数、心理环境健康指数和环境质量达标指数三项组成。资源环境安全指数指不破坏国家和地方重点保护的珍稀濒危动植物资源，不存在资源环境安全隐患的生态旅游活动，满足上两项要求时为合格。心理健康指数指游人心理可以承受的游客容量。一般以每 10 米游道容纳 2 名游客为限值，满足者为合格。环境质量达标指数指水、气、噪声、固废排放的达标情况，全部达标者为合格。按照三项指数的测算，我区该项指标已经达到国家要求，并且可以一直保持 100%的达标率。

数据来源：旅游、环保部门。

（三）社会进步指标

21．人口自然增长率：指在一定时期内（通常为一年）人口净增加数（出生人数减死亡人数）与该时期内平均人数（或期中人数）之比，采用千分率表示。计算公式为：

$$人口自然增长率=\frac{本年出生人数-本年死亡人数}{年平均人数}\times 100\text{‰}$$

人口数量变动取决于三个因素，即生育水平、死亡水平和迁移因素。

根据近几年国家计生委对广西总和生育率的估值 1.85 左右，确定广西人口预测的生育水平 1.86 为基值（即 15～49 岁的育龄妇女平均生育率为 1.86）。死亡水平的选值则取决于人口预期寿命的高低。依据国家统计局年出生抽样结果 1995—2000 年人口变动死亡率均值 6.8‰和根据国家对广西死亡数据建议修正结果，确定 2000 年广西的预期寿命为男性 69.07 岁，女性 73.75 岁。参照世界各国寿命增长规律，并结合中国人口变化的历史，在经验公式基础上给定有关的死亡参数，即以男性 69.0～69.9 岁每年提高 0.14 岁，70.0～72.5 岁每年提高 0.09 岁，72.6～75.0 岁每年提高 0.04 岁；女性 72.6～75.0 岁每年提高 0.2 岁，72.5～75.0 每年提高 0.14 岁，75.1 以上每年提高 0.04 岁确定人口的预期寿命过程。考虑到广西流动人口虽多，但大部分都是务工经商性流动，真正迁移较少，数据也不全，故不加考虑。综合以上因素，预测广西未来的人口自然增长率。

以2005年为基数，广西人口自然增长率为8.17‰，总人口为4 925万人；2010年自然增长率为10.0‰左右，总人口为5 200万人；2010年至2020年十年平均自然人口增长率为6.85‰，2020年预计总人口为5 567万人；2020年至2025年平均自然人口增长率为5.49‰，2025年预计总人口为5 644万人。

数据来源：人口计生、统计部门。

22．城市化水平：指城镇建成区内总人口占地区总人口的比重。计算方法：

$$城市化水平=\frac{城镇建成区内总人口数}{全区总人口数}\times100\%$$

据统计，1978年广西城镇人口为476万人，至2002年增至1 365万人，24年间，城镇人口年均增长率为4.5%。其中1990—1996年，城镇人口从628万人增加到871万人，年均增长率为5.6%；1996—2000年，城镇人口从871万人增长到1 120万人，年均增长率达6.5%；2000—2002年，城镇人口从1 120万人增长到1 365万人，年均增长率高达10.4%。这种状况是与我国的宏观政策以及经济增长速度密切相关的。近几年来，我国经济社会发展迅速，城市提供的工作岗位相应增多，城镇人口增长相应较快。由于广西城镇人口基数较低，在经济持续增长的基础上，今后一段时期至2020年，广西的城镇人口增长仍将保持较快的势头。

基于以上设定，预测至2005年，广西城镇人口年均增长率保持在6.5%的水平，城镇人口规模为1 619万人；至2010年，城镇人口年均增长率维持在5.0%，城镇人口规模为1958万人；至2020年，城镇人口年均增长率按4.0%测算，城镇人口规模为2 745万人；至2025年，城镇人口年均增长率1.0%，城镇人口规模为3 057万人。

数据来源：统计部门。

23．恩格尔系数：指居民的食品消费支出占家庭生活消费总支出的比例。比例越高表明生活水平越低，生活越贫困，不得不用较高比例的支出以获得维持生存必须的食品。联合国粮农组织判定，恩格尔系数60%以上为贫困，50%～60%为温饱，40%～50%为小康，40%以下为富裕。计算方法：

$$恩格尔系=\frac{居民的食品消费支出}{家庭生活消费总支出}\times100\%$$

该指标与经济发展速度成反比。随着我区经济的发展和城市化水平的提高，其系数将会下降。目标值农村小于40%，城市小于35%。

目前我区农村和城市分别为53%和42%，随着经济的发展和城乡人民生活水平的提高，两个指标完全可以实现。

数据来源：统计部门。

24．基尼系数：基尼系数是用指数来反映社会收入分配的平等状况。基尼系数一般介于0～1，0表示收入绝对平均，1表示收入绝对不平均，小于0.2表示收入高度平均，大于0.6表示收入高度不平均。0.3～0.4表示较为合理。国际上一般把0.4做为警戒线。

基尼系数的计算方法：按人均收入由低到高进行排序，分成若干组（如果不分组，则每一户或每一人为一组），计算每组收入占总收入比重（Wi）和人口比重（Pi），计算公式为：

$$G=1-\sum_{i=1}^{n}Pi\cdot(2Qi-Wi)$$

其中：

$$Qi=\sum_{k=1}^{i}Wk$$

或

$$G=1-\sum_{i=1}^{n}Pi\cdot(2\sum_{k=1}^{i}Wk-Wi)$$

目标值是城市基尼系数小于 0.4，农村基尼系数小于 0.35。

目前我区城市和农村分别低于目标值。随着和谐社会建设步伐的加快，公共收入分配将向弱势群体倾斜，贫富之间的差距将进一步减少，因此，城市和农村贫富之间的差距不会超过目标值。

数据来源：统计部门。

25．环境保护宣传教育普及率：指中小学开展环境保护知识讲座学校所占比例，以及其他科普宣传中，涉及有关环境保护内容的比例之和。

目标值是 90%，目前我区为 95%，已经达到国家指标要求。随着全民环保意识的提高，环保知识的普及速度将会加快，今后，在中小学普及环保知识将成为必修课程，这一指标可不断提高至 100%并得到继续保持。

数据来源：教育、宣传、环保部门。

四川

中共四川省委　四川省人民政府关于建设生态省的决定

各市（州）、县（市、区）党委和人民政府，省级各部门：

实施西部大开发战略以来，我省切实加强生态环境保护建设，大力实施天然林保护、退耕还林、退牧还草等重大生态工程，扎实推进“三个整治，一个确保”（整治工业污染源、整治城市污染源、整治农村污染源，确保人民饮水安全），长江上游生态屏障建设取得了明显成效。随着工业化、城镇化进程的加快推进，我省生态建设和环境保护面临的形势依然严峻，改善生态环境的任务仍然十分艰巨。各级党委、政府要从全面贯彻落实科学发展观和构建社会主义和谐社会的高度，从保持经济持续快速健康协调发展的高度，充分认识生态省建设的重要性、必要性，增强紧迫感、责任感，把生态省建设纳入重要议事日程，正确处理经济社会发展与生态建设和环境保护的关系，遵循自然规律和经济规律，坚持节约发展、清洁发展、安全发展，实施《四川生态省建设规划纲要》，努力把经济社会发展转入科学发展的轨道。

一、准确把握生态省建设的指导思想和基本原则

（一）指导思想。以邓小平理论和“三个代表”重要思想为指导，按照全面贯彻落实科学发展观、构建社会主义和谐社会的要求，坚持环境保护基本国策，正确处理加快发展与环境保护的关系，大力调整经济结构，转变经济增长方式，着力建设生态经济体系、生态环境体系、生态文化体系、生态社会体系和生态建设能力支撑体系，促进人与自然和谐相处，促进经济增长方式和社会消费方式转变，促进经济社会环境全面协调可持续发展。

（二）基本原则。发展为要，环境优先；因地制宜，重点突破；监管结合，同步推进；清洁生产，节约发展；区域合作，整体联动；政府主导，全民参与。

二、分步实施生态省建设的目标任务

（三）2006—2010 年：修复一批生态功能区，建设一批自然保护区，创建一批环境保护模范城市，启动建设一批生态市、生态县。万元 GDP 能耗降低 20%左右，主要污染物排放

总量减少10%，环保产业占GDP的比重达到3%，城镇生活污水集中处理率达到50%，城镇生活垃圾无害化处置率达到65%，适宜农户沼气普及率达到30%，森林覆盖率达到33%，综合防治水土流失面积2.5万平方千米。全面划定和完善城乡饮用水源保护区，岷江、沱江、嘉陵江、金沙江及长江干流等重要河流常年水质达到水域功能标准。生态环境恶化趋势得到有效遏制。

（四）2011—2015年：建成一批生态市、生态县和生态重点工程。万元GDP能耗继续下降，主要污染物排放总量持续减少，环保产业占GDP的比重达到5%，城镇生活污水集中处理率达到55%，城镇生活垃圾无害化处置率达到85%，适宜农户沼气普及率达到40%，森林覆盖率达到35%，水土流失面积进一步减少。全省城乡生态环境明显好转，人居环境质量进一步提高。

（五）2016—2020年：基本完成生态省建设的主要任务和目标，全省80%以上的市（州）、县（市、区）达到生态市、生态县建设标准，经济增长方式得到根本转变，自然生态环境得到全面改善，实现经济社会环境全面协调可持续发展。

三、全面构建生态省建设的基本体系

（六）突出区域特色，根据资源环境承载能力，在工业、农业、林业、旅游、交通、清洁能源、环保产业和服务业八大领域发展生态产业，构建生态经济体系。

（七）突出资源合理配置，节约并集约利用国土、矿产、生物和水资源，加强污染防治和生态保护与修复，构建生态环境体系。

（八）突出人文素质培育，大力实施生态文化教育行动计划、生态文化工程行动计划、绿色消费行动计划，构建生态文化体系。

（九）突出人居环境改善，实施人口素质、生态城镇、生态乡村、生态社区、生态扶贫、生态移民、卫生健康和防灾减灾工程，构建生态社会体系。

（十）突出提高整体推进能力，大力提高生态省建设的综合决策、科技支撑、环境监测、执法监察和防范环境风险应急能力，构建生态建设能力支撑体系。

四、建立健全生态省建设的体制机制

（十一）建立健全条块结合的管理体制。生态省建设实行属地管理，强化层级负责。各级党委、政府围绕生态省建设总体目标，制定符合当地实际的生态建设规划。各级政府是生态省建设的责任主体，跨行政区域的生态建设工作，由上一级政府组织协调。

（十二）建立健全多元化投融资体制。充分发挥公共财政的导向作用，制定完善生态省建设投入政策，落实生态省建设的资金投入。各级政府当年用于污染治理、生态保护和生态建设的资金要高于上年GDP增长幅度并逐年提高。各有关部门的年度预算中要安排一定比例资金用于生态省建设。鼓励银行贷款向生态工程建设项目倾斜，引导民间资金、外来资金注入生态省建设。坚持“谁污染、谁治理，谁开发、谁保护，谁破坏、谁修复”，加大企业污染治理自身投入力度。

（十三）建立健全环境容量总量控制体制。根据资源禀赋、环境容量、生态状况、人口

数量以及国家发展规划和产业政策，将区域经济规划与生态建设目标有机结合，明确不同区域的生态环境功能定位和发展方向，把住源头，不欠新账；强化整治，多还旧账；全程监管，控制总量；动静结合，平衡容量。

（十四）建立健全法律监督机制。严格执行生态环境保护法律法规，完善污染控制、资源节约、生态保护和建设等地方法规规章。坚持依法行政，建立行政执法内部监督机制，强化环境监测监察能力，推行综合执法，严厉打击各种环境违法行为。加强人大法律监督和政协民主监督，发挥新闻舆论和社会公众的监督作用。

（十五）建立健全环境资源市场配置机制。积极探索并逐步推行污染排放总量有偿使用、排污权交易、清洁生产审核和环境审计，建立环境资源定价标准体系。通过财政转移支付等方式，逐步推行下游向上游、经济受益区向生态保护区、优先开发区向禁止开发区的生态环境经济补偿。

（十六）建立健全目标考核机制。把生态省建设纳入各级政府目标考核的重要内容，制定和完善生态省建设考核评估管理办法，探索和推行绿色GDP考核办法。对各地污染物排放、能耗、水耗、环境安全等指标完成情况，每半年定期考核公布，作为评价党政领导干部政绩的重要依据。

五、切实加强生态省建设的组织领导

（十七）各级党委、政府要把生态建设作为一项长期的战略任务，纳入经济社会发展全局，加强领导，长抓不懈，及时研究解决生态省建设的重大问题。为加强对生态省建设的领导，省委、省政府成立生态省建设协调小组，由省长任组长，常务副省长和分管副省长任副组长，有关部门负责人为成员。协调小组的日常工作由省环保局负责。各市（州）、县（市、区）政府要成立相应的议事协调机构。

（十八）各级、各有关部门要服从服务大局，围绕生态省建设目标任务，各司其职，各负其责，通力协作，整体推进，切实完成生态省建设的各项任务。

（十九）生态省建设是全省人民的共同事业，要切实加大对生态省建设的宣传教育力度，将其作为全民教育的重要内容，开展形式多样的宣传活动，增强全民参与意识，为生态省建设营造良好的社会氛围。

中共四川省委　四川省人民政府

2006年9月8日

四川生态省建设规划纲要

（2006年7月四川省第十届人大常委会第二十二次会议讨论　中共四川省委常委会、四川省人民政府常务会议审议通过　四川省政府印发　川府函[2006]168号）

前　言

发展是当今社会的主流，环境问题是当今社会关注的热点。随着全球性的经济和人口增长，资源短缺、环境污染和生态恶化，人类开始探求经济社会发展与人口、资源、环境相协调的可持续发展道路。在经济全球化和环境问题国际化的影响下，世界经济发展出现了经济活动的生态化和知识化两大趋势，它构成了可持续发展的两个基本点。以此为标志，人类开始步入环境文明的新时代，这不仅影响经济活动，还影响人类的价值观念、行为方式，从根本上改变着整个世界。

四川素称“天府之国”，是长江上游的重要屏障，建设生态四川是巩固长江上游生态屏障的重要战略举措。四川生态环境的状况，不仅关系自身的长远发展，而且关系三峡库区及长江中下游地区经济社会发展和环境安全。实施西部大开发战略以来，四川围绕“建设西部经济强省、构筑长江上游生态屏障”，一手抓经济社会发展，一手抓生态环境保护，收到了明显的成效。但是，经济的快速发展也给资源环境带来了很大的压力，环境问题和矛盾越来越突出。面对这一严峻形势，省委、省政府以科学发展观为指导，作出了建设生态四川的重大战略决策，积极开展生态省建设试点。这既是构建资源节约型、环境友好型社会的重大举措，也是推进四川经济社会环境全面、协调、可持续发展的历史抉择。生态四川的建设，必将给四川经济社会发展带来蓬勃生机，实现由西部经济大省向生态经济强省的历史性飞跃。

生态省建设的内涵：遵循自然和经济规律，发挥自然资源和生态优势，以改善环境质量为前提，以实现可持续发展为目的，坚持经济发展、社会进步、生态保护有机融合，转变经济增长方式和消费方式，在更高层次上加快推进结构调整，创建新的发展模式，探索新的发展机制，形成新的发展动力，拓展新的发展空间，培育新的发展环境，切实把经济社会发展转入科学发展轨道，走生产发展、生活富裕、生态良好的文明发展道路，努力建设资源节约型、环境友好型社会。

2005年初，省委、省政府决定由省环保局牵头编制《四川生态省建设规划纲要》（以下

简称《纲要》)。《纲要》编制的主要依据：《中国21世纪可持续发展行动纲要》、中共中央《关于制定"十一五"规划的建议》、国务院《关于落实科学发展观加强环境保护的决定》、《国家生态省建设指标（试行)》、省委《关于制定国民经济和社会发展第十一个五年规划的建议》、《四川省国民经济和社会发展第十一个五年规划纲要》、省委省政府《关于进一步加强环境保护工作的决定》。

《纲要》阐述了生态省建设的重要意义，分析了生态省建设的现实基础、面临的主要矛盾，明确了生态省建设的指导思想、基本原则、建设目标、指标体系、功能区划、基本体系、主攻方向和保障措施等。《纲要》是省级有关部门制定实施方案和各市（州)、县（市、区）编制规划的重要依据。

《纲要》编制的基准年为2005年，规划期为2006—2020年。《纲要》每五年进行一次修编。

第一章　生态省建设的重要意义

第一节　建设生态省是落实科学发展观的必然要求

全面贯彻落实科学发展观，必须统筹城乡发展、统筹区域发展、统筹经济社会发展、统筹人与自然和谐发展、统筹国内发展和对外开放（以下简称"五个统筹")；必须在发展过程中，充分考虑人口承载力、资源支撑力、生态环境承受力，既重视当前发展的需要，又注重未来发展的需要，既讲经济社会效益，又讲生态环境效益；必须在自然涵养能力和更新能力允许的范围内，转变经济增长方式，绝不能以牺牲环境为代价换取经济一时的快速发展。

改革开放20多年来，我省与全国一样，经济社会得到长足发展。但是，由于自然、历史和认识等方面的多种原因，高投入、高消耗、高污染、低产出的粗放型的经济增长方式没有得到根本改变，一些地方污染环境、破坏生态的问题十分突出。资料表明，2005年，我省万元GDP能耗比全国高25%；污染物排放是全国的5%左右。这种状况要求我们加快推进在工业化、城市化的进程中，必须高度重视资源节约和环境保护，切实转变经济增长方式，否则，一些资源将难以为继，环境问题将更加突出，原已承受巨大压力的生态环境将不堪重负，环境安全将受到严重威胁。

建设生态省是落实科学发展观的重要举措和有效载体。当务之急，我们要坚持以科学发展观为指导，大力推进生态城镇、生态乡村、生态社区建设，按照优化发展、重点发展、限制发展、禁止发展几大生态功能区划合理配置资源，加快发展生态经济、繁荣生态文化、构建生态社会，构筑资源节约和可持续利用体系，加快建设生态四川。

第二节　建设生态省是实现可持续发展的必然要求

四川正处于工业化初期加速向中期迈进的阶段，推进工业化、城市化进程是未来10～20年的主要任务。据预测，未来15年内，四川人口将达到9 200万以上，工业总量的增长，基础工业的扩大，能源需要的增加，城市化水平的提高，汽车的普及等，都会带来或增加新的环境压力和生态压力。

当前，我国环境形势十分严峻。与发达国家相比，二氧化硫、氮氧化物的排放强度是经

济合作与发展组织（OECD）平均的 8 倍，是德国、日本的几十倍。我省与全国平均水平相比，差距更大。全省 1 000 多条河流，有 80%左右受到不同程度的污染，岷江、沱江污染尤为严重。2005 年，全省工业和城市生活废水排放总量为 26.2 亿吨，其中，工业废水 12.3 亿吨，占全省废水排放总量的 46.8%；生活污水 13.9 亿吨，占全省废水排放总量的 53.2%。废水中化学需氧量（COD）排放总量 78.3 万吨，其中工业废水中 COD 排放量 29.8 万吨，氨氮排放量 2.0 万吨；生活污水中 COD 排放量 48.5 万吨。我省每年施用化肥 210 万吨（折纯），农药 6 万吨，化肥、农药利用率仅为 30%、70%，农村生活污水治理和综合利用率低，造成农村面源污染严重。同时，大气污染、固体废物污染、电磁辐射污染以及水土流失现象也日益突出。我省 GDP 仅占全国 4.1%左右，而主要水污染物 COD 排放总量却占全国约 5.54%，主要大气污染物 SO_2 排放总量占全国约 5.1%，环境容量已十分有限，沱江等个别江河已没有可供发展的环境容量，巨大的污染负荷严重制约着我省经济社会的快速发展。

实施生态省建设，就是要摒弃以牺牲环境为代价的传统发展模式，避免走先污染后治理的老路，减少环境污染，腾出环境容量，增强发展后劲，做到节约发展、清洁发展、安全发展。

第三节　建设生态省是构筑长江上游生态屏障的必然要求

四川位于我国西南，是长江、黄河的重要水源发源地及涵养区，周边与青海、甘肃、陕西、云南、贵州、重庆、西藏七省（市、区）接壤。全省地表水资源约占整个长江水系径流量的三分之一，三峡库区 80%的水量和 60%的泥沙来自四川境内。我省黄河水系区域是黄河流域的多雨区和黄河上游的重要供水区，水量充沛，年均径流量 47.6 亿立方米，占整个黄河径流量的 8.21%。我省陆地生态系统被誉为“重要的绿色生态屏障”，既是“中国半壁江山的水塔”、“生物多样性宝库”、“未来气候变化的晴雨表”和“典型的生态与环境脆弱带”，也是未来长江流域产业带发展的保障、水资源保护的核心区域、全球气候变化的敏感区。

四川独特的生态区位特点，决定了其在长江经济带重要的生态地位。通过实施生态省建设，构筑长江上游生态屏障，不仅对四川有利，同样对确保长江中下游经济社会持续、快速、健康、协调发展具有举足轻重的作用，关系到长江流域、黄河流域乃至国家的生态安全、环境安全。

第四节　建设生态省是构建和谐社会的必然要求

回顾人类社会的发展历程，可以发现，在人类中心主义和理性中心主义的作用下，自然由我们曾经热爱、依恋的“生命之母”，变成了人类征服和控制的对象，自然与人类世界曾具有的多维生命关联逐渐退化成赤裸裸的实用性、功利性关系。正因为如此，人类遭受了自然一次比一次更加严厉的惩罚和报复。

生态环境文明是现代人类文明的重要组成部分。人与自然必须和谐共处、相辅共生的理念已是无可置疑的科学真理，已不可逆转地融入到科学的世界观和发展观之中，已成为人类社会一种新的行为准则和判断是非的标准。

建设生态省，是构建和谐社会的重要基础和必然要求，是保护我们自己的家园，是保护中华民族赖以生存的根基。实现人与自然的和谐是构建和谐社会的重要组成部分，也是建设

生态省的重要目标。良好的生产和生活环境是和谐社会不可缺少的重要因素。人民对环境质量的要求日益提高，没有良好舒适的生存环境，就没有真正的发展，就没有全面小康。生态省建设坚持发展为要、保护优先的原则，在推进发展中充分考虑资源和环境的承载力，保护和建设好生态环境，实现人与自然和谐、自然与自然和谐。

第二章　生态省建设的现实基础

第一节　自然基础

幅员面积　四川国土面积48.5万平方千米，位于中国西南部、长江上游，介于东经97°21′～108°31′和北纬 26°03′～34°19′，北连青海、甘肃、陕西，东邻重庆，南接云南、贵州，西衔西藏，东西长1 075 千米，南北宽 921 千米，是中国第五大省。

地貌特征　四川地处我国地形第一阶梯向第二阶梯的过渡地带，西部为世界屋脊青藏高原之东南边缘，属长江、黄河上游地区。境内海拔从 187 米到 7 556 米，垂直地带性明显，以高山与高原为特色，总体上分为东部四川盆地和西部高原山地两大部分，其中山地和高原占全省面积的 75%。全省分为东部盆地低海拔平原丘陵区、盆周中海拔山地区和川西高山高原区三大部分，地貌类型齐全，有平原、丘陵、山地和高原。

气候条件　四川省处在我国东部季风区，西部青藏高寒区、西北干旱区三大自然区交接地带，地理环境复杂，气候类型多样，达 9 类，山地气候垂直差异大，季风气候明显。总体上气候温和、湿润，年平均气温 16℃，多年平均降水量 1 150 毫米。气象灾害种类较多，发生频率高。

流域水系　四川省地处长江黄河上游，其中 96.6%的流域属长江干流及其支流水系，3.4%的流域属黄河水系。各水系水量差异较大，丰枯悬殊。全省江河年径流深度为 525.3 毫米，流域面积在 100 平方千米以上的河流有 1 049 条，称“千河之省”。

土壤类型　我省土壤类型和土壤的水平、垂直及区域分布受构造地貌和成土母质影响，土壤区域分布特征十分明显。全省土壤类型众多，共计 25 个土类，东部盆地丘陵为紫色土区域，东部盆周山地为黄壤区域，川西南山地河谷为红壤区域，川西北高山属森林土区域，川西北高原为草甸土区域。全省耕地的主要土壤类型为水稻土和紫色土，其次是石灰岩土和黄壤。

自然资源　全省拥有耕地 598.83 万公顷，占全国耕地面积的 4.89%；林业用地 1 912 万公顷；园地 71.7 万公顷；草地 1 521.5 万公顷；湿地 439.66 万公顷，占全国湿地面积的 17.69%，其中有高原沼泽草地 99.75 万公顷，是长江、黄河上游区域重要的水源涵养地。四川属长江流域和黄河流域上游，水资源丰富。总水资源量为 2 614.54 亿立方米；全省水能资源理论蕴藏量为 14 269 万千瓦，其技术可开发量为 10 346 万千瓦，经济可开发量为 7 611 万千瓦，均居全国之首。我省拥有丰富旅游资源、矿产资源，已发现矿产 132 种，探明储量的 90 种，钒钛及稀土矿均在全国占有突出地位。

生物多样性　四川是世界 25 个生物多样性热点地区之一。全省有维管束植物 9 254 种，占全国种类的三分之一，居全国第二位，其中国家重点保护植物有 63 种，有药用植物约 3 000

多种，有 60 多种地方药种，是全国最大的中药材基地。同时，全省有脊椎动物 1 259 种，占全国总数的 45%以上。国家重点保护野生动物 145 种，占全国总数的 39.8%，其中野生大熊猫数量占全国的 76%以上，是驰名中外的大熊猫故乡。四川是我国重要的物种基因库。

自然生态系统　四川省除海洋、沙漠生态系统外，森林、草地、河流、湖泊、湿地等自然生态系统类型多样。四川是全国三大林区、五大牧区之一，也是我国植被类型最丰富的省区之一。针叶林类型为全国之冠，其面积占全国针叶林面积的 9.1%，蓄积量占全国的 16.6%，占省内有林地面积的 74.1%和 82.0%，全省森林覆盖率为 28.98%。不少植被类型的地理分布范围广，垂直幅度大。四川植被从东南向西北可划分为四川盆地常绿阔叶林地带、川西高山峡谷亚高山针叶林地带和川西北高原高山灌丛、草甸地带。从平原低谷到高山高原，多达 23 种植被类型，形成独具特色的垂直分布带和水平分布区。

自然生态保护　四川拥有众多自然保护区、风景名胜区、森林公园、地质公园及世界自然文化遗产。已建各类自然保护区 163 个，风景名胜区 112 个，森林公园 85 个，地质公园 12 个，列入人与生物圈保护区网络的有卧龙、九寨沟，稻城亚丁；列入世界遗产的有九寨沟—黄龙、乐山大佛—峨眉山、都江堰—青城山、大熊猫栖息地，列入世界地质公园网络的有兴文石林。拥有九寨沟—黄龙以及乐山大佛—峨眉山、都江堰—青城山、蜀南竹海、剑门蜀道、贡嘎山、四姑娘山、大邑西岭雪山等 15 个国家级重点风景名胜区。占国土面积近 20%的保护地和 85%以上的珍稀野生动植物及其栖息地得到较好保护。

第二节　经济基础

经济地位　改革开放以来，四川经济取得了突破性进展。2005 年四川省国内生产总值 7 385.1 亿元，列全国第 9 位，西部第 1 位，四川经济在西部具有举足轻重的地位。四川是西部最大市场和物资集散中心，社会消费品零售总额列西部第 1 位。

农牧业　四川是中国重要的农牧业生产大省和重要的粮油、畜禽、果蔬、茶基地。2005 年粮食总产量 3 409.2 万吨，列全国第三位，西部第一位；油菜籽产量 168.7 万吨，油料列全国第五位，西部第一位；出栏肉猪 8 060.3 万头，位居全国首位。

工业　四川是全国的重要工业基地之一，工业规模较大，门类基本齐全，2005 年全部工业增加值 2 512.6 亿元。“十五”以来确立了以电子信息、水电、机械冶金、医药化工、饮料食品等支柱产业，对全省工业增长的贡献率达 74.2%，2005 年工业增长率在全国列第六位。四川机械、电子、冶金、化工、建筑、建材、食品、医药、皮革等行业在全国占有重要地位。

交通运输及邮电　2005 年末全省公路通车里程已达 11.5 万千米，其中高速公路通车里程 1 759 千米，铁路通车里程 2 988 千米。邮电通信业持续快速发展。光缆长度达到 20.3 万皮长千米；本地电话网程控交换机容量达到 4 145 万门。互联网络注册户数 316 万户。移动通信高速发展，电话普及率达到 38%。

服务业　四川省商业、餐饮、娱乐等快速发展，现代物流、物业管理、商务会展等现代服务业蓬勃发展，中介咨询、传媒广告、电信通信、电子商务、金融保险等高新科技和知识型服务业成为新的经济增长点，新型服务业的快速发展成为增强城市竞争力的希望所在。

旅游业　旅游业逐渐成为四川省经济支柱产业，旅游业全面发展，形成了“中国第一山”——峨眉山国际旅游区、大九寨国际旅游区、卧龙中华大熊猫生态旅游区、三星堆—金

沙古遗址旅游区、都江堰—青城山旅游区五大精品旅游区。2005 年接待入境旅游者 106.3 万人次，接待国内游客 13 164 万人次，旅游总收入 721.3 亿元。

高新技术 目前，电子信息、生物制药两大高新技术产业已初具规模，并成为特色优势高新技术产业；新材料、核技术应用等高新技术产业也有较好的发展基础。支撑产业发展的重点优势企业发展势头足，具有较强的扩张能力。在天然生物资源开发与保护、天然生物资源人工培育基地化、产业化方面已成为我国的重要区域和重要基地，2005 年实现产值 1 050 亿元，利税 190 亿元。

第三节 社会基础

科技事业 科技基础条件实力雄厚，科技创新能力进一步增强，拥有先进的技术装备和大批高级科研人才，是继北京、上海之后，中国又一个重要的科研基地。拥有国家级重点实验室 15 个、省部级重点实验室 60 个，国家级工程技术中心 9 家、省级工程技术中心 26 家。全省有两院院士 59 人，列西部第一。

教育事业 全省各级各类学校（不含技工校）5.3 万所，“普九”人口覆盖率 97.7%，高、中、初等教育体系基本健全。四川省教育事业已形成初等教育、中等教育、高等教育相互衔接，普通教育、职业教育、成人教育协调发展的教育体系，有普通高等院校 68 个，列西部第一位。

卫生事业 全省卫生机构 24 208 个，床位 20.2 万张；卫生技术人员 23.1 万人，创建卫生城市、卫生县城工作成效显著。现有国家级卫生城市 3 个，国家级卫生镇 3 个，省级卫生城市 23 个，省级卫生县城 39 个，累计建成省、市、县三级卫生村共计 12 482 个，其中省级 1 068 个。

环保事业 加大工业污染、城市生活污染、农村面源污染治理力度，环境质量有较大改善。自然保护区和生态示范区建设取得新进展，全省自然保护区已达 163 个，面积 786.5 万公顷，占全省土地面积的 16.2%，高于全国平均水平。全省生态示范试点区 80 个，环境优美乡镇建设试点单位 74 个。已建成城镇生活污水处理厂 25 座，处理率 23.4%；生活垃圾处理厂 40 座，处理率 58.3%。从事环境保护事业的机构队伍不断壮大，从业人员达到 6 339 人。环保产业不断发展，环保产业产值占全省 GDP 1.5%。

全省体育、社会保障、社会福利等各项事业快速发展，人口增长得到有效控制，社会发展取得新进展，为建设生态四川创造了条件。

第四节 人文基础

历史文化 四川历史悠久，是我国多元一体的华夏文明的起源地之一，是长江上游文明起源和发展的中心。早在 4 500 年前宝墩文化时期，成都平原就诞生了最早的城市文明。人类活动在四川盆地留下了大量宝贵的精神财富和文化遗产。四川拥有全国重点文物保护单位 62 处、中国历史文化名城 7 座。有以三星堆遗址、金沙遗址、十二桥商周建筑遗址、商业街战国船棺葬遗址为代表的古蜀文化，太阳神鸟被确定为中国文化遗产的标志；以川剧、羌笛、灯戏、蜀锦为代表的 25 个国家级非物质文化遗产；以宣汉罗家坝为代表的古巴文化；以武侯祠、庞统祠、富乐山、剑门蜀道为代表的三国文化；以茶马古道和南方丝绸之路为代表的地

域特色文化；以杜甫草堂、望江楼、三苏祠、李白青莲陇西院、郭沫若故居为主要载体的中国诗歌文化；以长征丰碑、伟人故里、川陕苏区为主题的红色文化等。四川历史悠久的巴蜀文化资源，使文化产业具有繁荣发展的深厚底蕴。

民族文化　四川是多民族地区，有 55 个少数民族，有彝、藏、羌等 14 个世居少数民族。四川有全国第二大藏族聚居区、最大的彝族聚居区和唯一的羌族聚居区，形成了独特而丰富的地域性民族风情。藏传佛教、康巴文化、藏羌碉楼、火把节等为代表的少数民族文化，此外，风格独特的川剧、川菜、川酒、川茶、皮影、木偶、杂耍等民俗文化在国内外具有很高的知名度。多民族的聚居为四川荟萃了独有特色的民族文化。

宗教文化　四川是道教的起源地，道教文化资源极为丰厚。以鹤鸣山、青城山、青羊宫和阳平治等二十四“治”为中心，道教祠庙宫观遍布全川。四川佛教历史悠久，是中国佛教的重要组成部分，峨眉山不但是中国四大佛教名山之一，也是世界文化与自然遗产。基督教、天主教、伊斯兰教等，也是四川宗教文化的重要组成部分。四川丰富多彩的宗教文化，演绎了独具一格的天府文明。

第三章　生态省建设面临的主要矛盾

第一节　人口与资源的矛盾

生态省建设面临的所有问题中，人口规模过大对资源、环境的压力和影响是第一位的。四川省总人口 8 750 万人，占全国人口总数的 6.7%，列全国第三位。人口分布不均，成都平原人口密度达 800 人/平方千米以上，是全国人口密度最高的地区之一，全省 19 个百万人口的大县几乎全部集中在盆地丘陵区，人地矛盾尖锐，全省拥有耕地资源 598.83 万公顷，但人均耕地面积只有 0.069 公顷，比全国要少 27%，耕地复种指数高达 232%。高寒地区生态环境脆弱，生存条件恶劣。水资源供需矛盾十分尖锐，资源总量不少，但时空分布不均，全省 17 个市人均水资源在缺水上限 3 000 立方米以下，其中十二个城市在 1 700 立方米的缺水警戒线以下。经济发达的盆地七市，人口占全省 56%，GDP 占 63%，而水资源量仅占全省水资源总量的 10.4%。部分农村地区人、畜饮水困难问题尚未根本解决。未来 15 年，四川人地矛盾更加突出，人均耕地面积进一步减少；水资源矛盾加剧，在资源性短缺、时空性短缺的同时，工程性短缺、污染性短缺将更加突出，供需形势十分严峻。

第二节　开发与保护的矛盾

四川资源开发和环境保护的矛盾突出。当前主要污染物排放总量大，工业污染排放因子日趋复杂，农业面源污染和生活污染上升，持久性有机污染物增加，环境突发事故增多，环境隐患增加。2005 年全省工业 SO_2 排放量 114.1 万吨，万元产值工业废气排放量为 2.47 万标立方米，全省化学需氧排放量 78.3 万吨。目前，四川处于工业化发展的中期，加速工业化、城市化是未来 10 年到 20 年的基本任务，经济发展对环境的影响和生态的破坏是不可避免的。由于四川生物多样性丰富，需要保护的物种多、范围广，环境具有多样性、珍稀性、山地性、过渡性、敏感性、脆弱性的特点，四川是长江上游水土流失最严重的省份之一，全省水土流

失面积 22.13 平方千米，占幅员面积的 45.75%。此外，森林、草地等生态系统功能退化，山体滑坡、崩塌、泥石流、洪涝、干旱等自然灾害频发。核与辐射安全形势紧迫。未来 15 年，环境问题呈现出结构型、复合型、压缩型特点，严重影响我省经济发展和社会稳定，已经到了非解决不可的时候。

第三节　区域性贫困与生态保护的矛盾

我省地处西部，是全国贫困人口数量较大的区域，贫困问题比较突出。全省共有国定扶贫县 36 个，扶贫村 10 000 个。贫困人口主要集中分布在川西北江河源区、川西高山高原区、盆周部分山区，区域性贫困问题和生态脆弱环境问题叠加在一起，特别是居住在高寒山区及江河源头区的少数民族，其生存和生态保护的矛盾尖锐。这些贫困地区大多数是生态重点保护区，为摆脱贫困而不得不进行的开发对生态环境增加了压力。

第四节　传统经济增长方式与可持续发展的矛盾

长期以来，由于传统的经济增长方式，高投入、高消耗、高污染、低产出，导致了当前环境问题十分突出。单位 GDP 二氧化硫排放量为 17.6 千克/万元；全省单位 GDP 的 COD 排放量为 10.6 千克/万元。在这种情况下，要坚持可持续发展矛盾更加尖锐。由于产业布局不合理，经济结构欠优化，生产方式、增长方式及发展模式与资源环境承载力不相适应，产业布局与资源配置不合理，综合利用率低，地区之间、城乡之间存在较大差距，城市化和工业化进程缓慢；消耗资源能源的产业比重大，一些产业的能源和资源消耗高于全国平均水平，高投入、高消耗、高排放、低产出的粗放方式亟待转变，单位 GDP 能耗为 1.53 吨标煤/万元；单位工业增加值水耗 290 立方米/万元。预计未来 20 年四川将进入工业化、城市化快速发展时期，工业总量的增长，基础工业的扩大，能源的需求增加，城市化水平的提高，都会给资源、环境等要素供给增加新的更大的压力。

第四章　生态省建设的指导思想和基本原则

第一节　指导思想

以邓小平理论和“三个代表”重要思想为指导，按照全面贯彻落实科学发展观、构建社会主义和谐社会的要求，坚持环境保护基本国策，正确处理加快发展与环境保护的关系，大力调整经济结构，转变经济增长方式，着力建设生态经济体系、生态环境体系、生态文化体系、生态社会体系和生态建设能力支撑体系，促进人与自然和谐相处，促进经济增长方式和社会消费方式转变，促进经济社会环境全面协调可持续发展。

第二节　基本原则

发展为要，环境优先　加快发展和保护环境是有机的统一体。发展是第一要务，是解决一切问题的关键，也是解决环境问题的重要基础。环境是发展的重要前提，在发展过程中必须坚持环境优先，充分考虑环境的承载能力，坚持“把住源头、不欠新账，强化整治、多还

旧账，全程监管、控制总量，动静结合、平衡容量”。

因地制宜，重点突破　坚持一切从实际出发，统筹规划、分步实施，循序渐进、协调发展。依据生态功能分区和各地特点，选择重点领域和重点区域进行突破，抓点示范，全面推进，确保经济社会发展与资源环境承载力相适应。

建管结合，同步推进　牢固树立保护环境就是保护生产力、建设环境就是发展生产力的观念，坚持保护优先、预防为主、防治结合，坚持源头控制与末端治理相结合，坚持开发与保护并重，加大生态环境建设和保护力度，彻底扭转局部地区边建设边破坏的被动局面。

清洁生产，节约发展　认真落实节约资源能源的基本国策，统筹考虑当前发展和长远发展，大力发展循环经济，努力建设资源节约型社会。坚持开发节约并重、节约优先，抓好节能、节水、节材、节地和资源综合利用，促进能源资源的合理开发、节约使用。积极开发和推广新技术、新工艺、新设备，调整结构，加强管理，促进企业减少资源消耗，降低废物排放，做到清洁生产、安全生产。

区域合作，整体联动　积极推进区域之间、流域之间、上下游之间生态建设保护工作的协调合作，促进人员、技术交流，齐抓共管，整体推进，共同加快生态省建设。

政府主导，全民参与　充分发挥各级政府在生态省建设中的组织作用、引导作用和指导作用，提供良好的政策和公共服务环境。广泛开展可持续发展理念和生态文化教育，提高公众参与的积极性、广泛性，鼓励与支持民间团体和社会公众参与创建生态省的各项活动，形成个体、家庭、社会共谋生态环境保护的氛围。

第五章　生态省建设目标和指标体系

第一节　中长期目标

按照国家生态省建设的要求，建设生态四川，打造绿色天府，通过 15 年或更长时间的努力，基本实现发达的生态经济、良好的生态环境、繁荣的生态文化、和谐的生态社会的奋斗目标。

第二节　阶段性目标

2006—2010 年，全面启动阶段　加快经济增长方式转变，不断优化经济结构、区域结构和城乡结构，环境污染程度有所减轻，经济增长质量进一步提高，生态效益型产业逐渐成为经济新增长点，生态环境恶化趋势基本得到有效遏制。建设一批新的生态功能保护区和自然保护区。城乡统筹发展，全省单位 GDP 能耗降低 20%左右，主要污染物排放总量减少 10%，环保产业占 GDP 比重达到 3%，城镇生活污水集中处理率达到 50%，城镇生活垃圾无害化处置率达到 65%，适宜农户沼气普及率达到 30%，森林覆盖率达到 33%，综合防治水土流失面积达 2.5 万平方千米，全面划定和完善城乡集中饮用水源保护区，岷江、沱江、嘉陵江、金沙江及长江干流等重要河流常年水质达到水域功能标准。生态环境恶化趋势得到有效遏制。

2011—2015 年，整体推进阶段　建成一批生态省建设重点工程，新型工业化和发展生态经济方面取得较为明显的成效。全省城乡生态环境明显好转，人民生活质量明显提高。全省

万元 GDP 能耗继续下降，主要污染物排放总量继续减少，环保产业占 GDP 比重达到 5%，城镇生活污水集中处理率达到 55%，城镇生活垃圾无害化处置率达到 85%，适宜农户沼气普及率达到 40%，森林覆盖率达到 35%，水土流失面积进一步减少。全省城乡生态环境明显好转，人居环境质量进一步提高。

2016—2020 年，完善提高阶段　基本实现生态省建设的主要任务和目标。实现经济增长方式根本转变，产业结构优化升级，基本形成以循环经济为核心的资源节约型经济，有效减轻对资源、环境的压力。自然生态环境得到有效保护，城乡人居环境清洁优美，防灾减灾能力增强，人口素质明显提高，经济发展、生活质量和环境质量全面提高，初步建成生态经济强省。全省 80%以上的市（州）达到生态市建设标准，生产发展、生活富裕、生态良好，实现经济社会环境全面协调可持续发展。

第三节　指标体系

四川生态省建设的指标体系是依据国家《生态省建设指标（试行）》，参照现有生态省试点的指标体系，结合四川特点和生态省建设的主要任务，同时按照分区推进、分类指导的原则，从四川实际情况出发，在国家 22 项指标体系的基础上，增加了 6 项指标（单位 GDP 能耗、万元工业增加值用水量、适宜农户沼气普及率、集中式饮用水源水质达标率、城镇生活污水处理率、城镇生活垃圾处理率），共 28 项指标构成四川生态省建设指标体系。四川生态省建设指标以五年为一个阶段，并与国民经济和社会发展五年规划相衔接，修定阶段性目标。生态市（州）、县（市、区）建设指标体系根据国家生态市、生态县建设指标，结合当地实际情况，进行调整。

四川生态省建设 2010 年指标及 2015—2020 年预测指标

	序号	名称	单位	国家指标值	2005 年（现状）	2010 年	2015 年	2020 年
经济发展	1	人均国内生产总值	元/人	≥25 000	9 060	≥14 000	≥20 000	≥25 000
	2	年人均财政收入	元/人	≥3 800	949	≥1 460	≥2 200	≥3 400
	3	农民年人均纯收入	元/人	≥8 000	2 803	≥3 750	≥5 500	≥8 000
	4	城镇居民年人均可支配收入	元/人	≥18 000	8 386	≥11 000	≥15 000	≥18 000
	5	环保产业比重	%	≥10	1.5	≥3	≥5	≥8
	6	第三产业占 GDP 比例	%	≥40	33.4	≥38.2	≥38.7	≥40
	*7	单位 GDP 能耗	吨标煤/万元	≤1.40	1.53	≤1.224	≤1.224	≤1.224
	*8	万元工业增加值用水量	立方米/万元	≤150	290	≤200	≤150	≤150
环境保护	**9	森林覆盖率 山区 丘陵区 平原地区	%	≥65 ≥35 ≥12	28.98	≥33	≥35	≥37.36

	序号	名称	单位	国家指标值	2005年 （现状）	2010年	2015年	2020年
环境保护	10	受保护地区占国土面积比例	%	≥15	16.2	≥16.2	≥17	≥18
	11	退化土地恢复率	%	≥90	50	≥60	≥70	≥90
	12	物种多样性指数 珍稀濒危物种保护率	%	≥90 100	维管束植物9 254种，重点保护植物63种；脊椎动物1 259种，重点保护动物145种	≥90 100	≥90 100	≥90 100
	13	主要河流年水消耗量 省内河流 跨省河流	%	＜40% 不超过国家分配的水资源量	个别河流超过40%	＜40%	＜40%	＜40%
	14	地下水超采率	%	0	部分城市超采严重	＜20%	＜10	0
	15	主要污染物排放强度 二氧化硫 COD	千克/万元 （GDP）	＜6.0 ＜5.5 不超过国家主要污染物排放总量控制指标	17.6 10.6	＜14.7 ＜10	＜11.5 ＜8	＜6.0 ＜5.5
	16	降水pH值平均值 酸雨频率	pH %	≥5.0 ＜30	5.0 28.3	≥5.0 ＜30	≥5.0 ＜30	≥5.0 ＜30
	17	空气环境质量		达到功能区标准	6个城市达标，占统计城市的25%	占统计城市的55%	占统计城市的80%	达到功能区标准
	18	水环境质量		达到功能区标准	省控重点监测断面71.2%达标	省控重点监测断面90%达标	省控重点监测断面95%达标	达到功能区标准
	19	旅游区环境达标率	%	100	部分达标，达标率80%左右	90	95	100
	*20	集中式饮用水源水质达标率	%	100	监测的35个城市达标率54%	100	100	100
	*21	城镇生活污水处理率	%	≥70	23.4	≥50	≥55	≥70
	*22	城镇生活垃圾无害化处理率***	%	100	58.3	≥65	≥85	100
	*23	适宜农户沼气普及率	%	≥50	11	≥30	≥40	≥50
社会进步	24	人口自然增长率	‰	符合国家或当地政策	2.9	符合国家政策	符合国家政策	符合国家政策
	25	城市化水平	%	≥50	33	≥38	≥43	≥48
	26	恩格尔系数	%	＜40	51	＜48	＜45	＜40
	27	基尼系数	%	0.3～0.4	0.31	0.3～0.4	0.3～0.4	0.3～0.4
	28	环保宣传教育普及率	%	≥90	≥70	≥90	≥90	≥95

注：带“*”的6项指标为我省自定的建设指标，“**”森林覆盖率2020年成都平原区达29%；盆地丘陵区达29%；盆周山区达53%；川南山地区达40%；攀西地区达42%；川西高山高原区达45%；川西北江河源区达14%。“***”2010年，县级以上城市污水处理率应达到70%，垃圾处理率达到75%。

第六章 生态省建设区划

第一节 区划依据

根据四川省自然基础条件、生态系统、资源分布、经济发展现状区域性特征，在四川生态省建设中实施分区分类推进，因地制宜，扬长避短，实现四川生态省建设的目标。四川生态省建设区划以《四川省生态功能区划》的 4 大生态区、13 个生态亚区及 36 个生态功能区为基础，结合《四川省国民经济和社会发展第十一个五年规划纲要》中的成都、川南、攀西、川东北、川西北 5 大经济区布局，按照四川生态省建设的要求，将全省分为七个建设区（见四川省地形图、四川生态省建设区划图）。生态省建设分区与我省“十一五”规划纲要的经济分区本质上是一致的，区别在于生态省建设区划是基于综合考虑区域生态功能特点和经济、社会、环境的有机融合及协调发展，将“十一五”规划纲要中的“成都经济区”分别划分到“成都平原区”、“盆地丘陵区”、“盆周山地区”；将“川西北生态经济区”分为“川西北江河源区”和“川西高山高原区”，这样形成了四川生态省七个建设区，即成都平原区、盆地丘陵区、盆周山地区、川南山地丘陵区、攀西地区、川西高山高原区、川西北江河源区。

第二节 成都平原区

成都平原区位于四川盆地西部，包括成都市的大部份地区及绵阳市、德阳市、眉山市、乐山市、雅安市的平原地区。涉及一个省会城市，35 个县（市、区），面积约为 1.9 万平方千米。人口 1 750 万人，占全省人口比例 20.36%，区域 GDP 2 900 亿元，占全省比例 44.23%。本区以平原地貌为主，大部分地区属岷—沱江水系，部分属涪江水系。区内气候温暖湿润，水热条件好，土壤肥沃，森林覆盖率 23.69%，水网密集，灌溉方便，物产丰富，交通便利，是天府之国的中心区。本地区城市密集，有成都市、绵阳市、德阳市、眉山市、乐山市、雅安市等大中城市，还有一大批实力较强、基础较好的城镇。特别是省会成都市自古以来就是四川乃至西南地区的政治、经济、文化中心。这批城镇群对全川的经济社会发展有较强的城市辐射功能。本区经济发达，特色产业突出。电子信息、生物医药、机械制造、建材和旅游等产业在全国居重要地位。特别是电子信息、中医中药、特色旅游驰名中外。农业及养殖业发达，是我国的粮、油、猪重要生产基地，发展现代农业的重要示范区。科教文化繁荣，有一大批实力雄厚的大专院校、科研单位。文化产业发达，拥有都江堰、乐山大佛、三星堆、金沙遗址等世界一流的历史文化遗产。交通物流、金融保险、信息咨询和餐饮娱乐等三产业发达。

本区主要环境问题：由于人口密集，经济总量大、发展快，资源相对紧缺，环境矛盾突出。由于粗放型的传统生产工艺和技术带来的高投入、高消耗、高排放，致使本区的工业、城市及农村污染严重，污染物排放量大，特别是水污染物排放已超过水环境容量的 70%以上，是我省污染较重的区域。

发展方向：成都平原区是我省经济社会发展的重要地区，环境保护任务繁重，经济、社会和环境是否协调发展对生态省建设具有举足轻重的作用。科学调整城市布局和产业布局，

按照“城乡一体、率先跨越”的发展思路，发展以循环经济为核心的生态经济和现代产业，以高新技术产业为主导，重点发展资源节约型和环境友好型的制造业和现代服务业，促进产业结构的优化升级，把本区建成我省最强最大的经济密集区，在招商时，要变“招商引资”为“招商选资”。本区水资源开发利用要以水资源合理配套与高效利用为核心，在保护生态环境的前提之下，适当兴建必要的控制性枢纽工程，增加本区的防洪和水资源的调蓄能力，大力防治工业、城市和农村污染，保护饮水安全。根据本区环境容量，在达标排放的基础上，严格实施污染物排放总量控制。

优先（重点）发展的领域及产业：本区在生态省建设中，发展生态城市、生态工业、生态农业，充分发挥示范作用：重点发展成都、绵阳、乐山、眉山、雅安等一批生态城市群；发展电子信息、机械制造、现代中医药、食品、轻纺等工业；发展精准农业、观光农业和农林畜产品深加工业等生态农业和生态农产业；发展公共交通、物流、金融保险、信息咨询和餐饮娱乐等服务业；积极发展历史文化旅游、自然生态旅游，充分发挥成都旅游口岸作用；充分发挥科教文化优势作用，为生态经济和社会发展起好科技支撑作用。

限制（或禁止）发展的领域及产业：本区严格控制农村面源污染和城市环境污染；限制低水平、占地多、污染大、能耗高的产业；禁止发展不符合产业政策的产业，禁止发展达不到环保要求的产业。

第三节　盆地丘陵区

盆地丘陵区位于盆地中部和东部，包括南充、遂宁、资阳、内江、广安 5 市的全部，成都、绵阳、德阳、眉山、乐山、广元、巴中、达州、自贡、宜宾、泸州 11 市的丘陵地区。涉及 53 个县（市、区），面积 7.69 万平方千米。人口 4 100 万人，占全省人口比例 47.70%，区域 GDP 2 220 亿元，占全省比例 33.86%。本区是四川盆地红层丘陵区。水系发达，有岷江、沱江、涪江、嘉陵江、渠江等。区内气候属亚热带湿润季风气候区，四季分明，雨量充沛。森林覆盖率 25.31%。区内城市化水平较高，工业以轻纺、化工、食品、能源、机械制造等为主。农业开发历史悠久，是我国粮、油、果、蔬、蚕茧及生猪重要产区。

本区主要环境问题：城市生活污染、工业污染、农村面源污染严重，导致河流水环境质量下降。人口密度大，人地矛盾尖锐。降雨时空分布不均，可利用水资源短缺，农村饮水困难，旱灾和洪涝灾害频繁发生，局部地区水土流失较为严重。

发展方向：发挥区域中心城市辐射作用，加强城市化和城市生态建设，充分利用自然资源和已经形成的产业优势，发展生态经济和现代产业。植树造林多样化，进一步优化长江上游防护林结构，发挥生态作用。加强农田生态环境保护与建设，防治水土流失。本区水资源开发利用，要以节约为前提，以保护为重点，以水资源合理配置、高效利用为核心，兴建必要的控制性枢纽工程，因地制宜建设微水工程。增加本区的防洪和水资源的调蓄能力，努力改善农村饮用水条件，保障饮水安全。发展区域资源—生态产业链，防治环境污染。调整和优化土地利用结构。优化农业结构，利用本地农产品资源优势，发展绿色食品，改善农村能源结构，推进沼气工程建设，促进农业资源的循环高效利用，保护耕地。防治城市生活污染、工业污染和农村面源污染。

优先（重点）发展的领域及产业：重点发展南充、广安、遂宁、资阳、内江、巴中、自

贡、阆中、华蓥等一批生态城市；发展轻纺、化工、机械制造、能源、绿色食品等产业；发展节水型和高效复合型生态农业和与之配套的加工业；发展公共交通、物流、金融保险、信息咨询和餐饮娱乐等服务业；积极发展历史文化旅游、红色旅游、自然生态旅游业；充分发挥科教文化作用，作为生态经济和社会发展的支撑。

限制（或禁止）发展的领域及产业：在水资源紧缺地区限制高耗水产业；禁止发展不符合产业政策的产业，禁止发展达不到环保要求的产业。

第四节　盆周山地区

盆周山地区位于四川盆地北部和西部边缘，包括阿坝、凉山、广元、巴中、达州、绵阳、德阳、成都、雅安、乐山、宜宾 11 个市州的盆周山地区。涉及 22 个县（市、区），面积约为 6.53 万平方千米。人口 1 070 万人，占全省人口比例 12.45%，区域 GDP 320 亿元，占全省比例 4.88%。北部地貌以低山深丘为主，米仓山、大巴山自西而东贯穿全境，境内河流主要属嘉陵江水系，东北部有少部分区域属汉江水系。矿产资源有石油、天然气、煤、铁等。西部是川西高山高原向四川盆地过渡地带，地貌以中高山为主，是四川省暴雨中心分布区，区内地表水、地下水丰富，河流属嘉陵江、涪江、沱江、岷江、青衣江、大渡河水系，是四川盆地水资源的重要补给区，也是下游洪患的发源地。本区属亚热带季风湿润气候。森林覆盖率 43.52%。森林生态系统保存较为完整，生物多样性丰富，是我国大熊猫分布最集中的区域，为了保护生物多样性及珍稀物种，建立了王朗、雪宝顶、卧龙、龙溪—虹口、白水河、蜂桶寨、马边大风顶、喇叭河等自然保护区，成为我国自然保护区密集分布区域。自然景观资源极其丰富，世界级的黄龙、青城山、峨眉山等风景区均在本区。社会经济以农林业为主，北部工业主要有机械、采矿、采煤、冶炼、电力、建材等。西部生态旅游业、水电业处于快速发展阶段。

本区主要环境问题：耕地资源不足，局部地区水土流失较严重，易涝易旱，是地质灾害易发区。个别地方乱采滥挖矿产资源造成资源浪费和生态破坏。

发展方向：建设以保护生物多样性和水源涵养为核心的防护林体系，巩固退耕还林成果。防治地质灾害。调整农业产业结构，以林为主，发展林农牧多种经营。科学合理开发自然资源，规范和严格管理水能开发和高载能产业。加强农田基本建设，提高蓄水、保水的能力，推进沼气工程建设，改善农村能源结构和农村生态环境。在需要保护的区域实施生态移民。水资源开发利用应以水资源综合开发利用为重点，统筹安排一定数量的水利建设项目，改善水利基础设施条件。发挥山区优势，大力发展生态旅游及相关产业链；规范和严格管理矿产资源开发，防止矿产开发和农林业开发对生态环境和生态系统的不利影响。

优先（重点）发展的领域及产业：重点建设广元、万源等生态城市；建立有机食品和中药材原料生产基地；发展工业原料林、用材林和林副特产品加工产业；发展黄牛等草食牲畜养殖业；大力发展生态旅游业及相关产业链。注重发展红色旅游、特色旅游；适度发展水能、矿产等资源产业，利用资源优势发展建材业。

限制（或禁止）发展的领域及产业：限制重化工产业和污染负荷量大的产业；禁止发展不符合产业政策的产业，禁止发展达不到环保要求的产业。

第五节　川南山地丘陵区

川南山地丘陵区地处四川盆地南缘，包括宜宾市和泸州市的大部分地区。涉及 16 个县（区），面积 2.14 万平方千米。人口 840 万人，占全省人口比例 9.77%，区域 GDP 530 亿元，占全省比例 8.08%。本区是四川盆地向云贵高原的过渡地带。低山、丘陵、河谷、阶地相间，山地起伏小，岩溶地貌发育。长江上游干流四川段就在本区境内，金沙江与岷江相汇于宜宾，沱江和赤水河由北、南两个方向分别在泸州市城区和合江县注入长江。本区属中亚热带湿润季风气候，长江河谷地带具有南亚热带属性。森林覆盖率为 31.73%。本区长江段是国家级珍稀濒危鱼类自然保护区（长江上游三江交汇段珍稀鱼类国家级自然保护区），还有蜀南竹海、画稿溪等国家级自然保护区。本区天然气、煤炭储量较大，还有铁、硫等矿产资源。本区工业基础较好，有机械制造、重化工、电力、酒类、采掘、造纸、能源等优势产业，著名企业有五粮液、泸州老窖、泸天化、邦立重机、长江起重机厂等。农业生产历史悠久。区域内水陆交通发达，是我省连接渝、云、贵的重要门户和水陆出海通道。

本区主要环境问题：矿产资源开发造成的生态破坏严重，水土流失严重，支流水环境污染较重。煤炭含硫量较高，造成城镇大气环境污染。

发展方向：本区以建设能源和重化工基地为主要方向，加强农业综合开发和煤炭、天然气、硫磺、人文和自然景观等优势资源的开发，积极引进与特色优势产业相协调的其他产业，进行循环经济示范。依托区位优势发展现代物流业。调整农业结构，发展以养殖业、竹产业、经济林为主的生态农业和农林产品深加工产业。合理开发旅游资源、发展特色旅游及与之相关的产业链，改善农村能源结构，推进沼气工程建设。在需要保护的区域实施生态移民。合理发展矿产资源的综合利用产业，规范和严格管理矿产资源的开发，保护生物多样性，加强水土保持，综合整治矿产资源开发对生态环境的破坏，严格控制环境污染。

优先（重点）发展的领域及产业：重点发展宜宾、泸州等生态城市；大力发展机械制造、化工、电力、名优酒类等产业；发挥煤炭资源优势，建设坑口发电基地；发挥泸州临江接渝优势，建设四川出海第一港；发展林业和林产品深加工业；发展农副产品深加工业，建设一批绿色食品基地；发展公共交通、物流、信息咨询和餐饮娱乐等服务业；积极发展历史文化旅游、生态旅游业；充分发挥科教文化优势作用，为生态经济和社会发展起好科技支撑作用。

限制（或禁止）发展的领域及产业：限制并淘汰不符合产业政策以及环保不达标的自备燃煤电厂；禁止新批含硫量 3%以上的煤矿开采；禁止发展不符合产业政策的产业，禁止发展达不到环保要求的产业。

第六节　攀西地区

攀西地区位于四川西南部，包括攀枝花市全部辖区和凉山彝族自治州大部分地区及雅安、乐山市西南山地区。涉及 24 个县（市、区），面积约 6.06 万平方千米。人口 655 万人，占全省人口比例 7.62%，区域 GDP 480 亿元，占全省比例 7.32%。本区地处青藏高原向四川盆地和云贵高原的过渡地带，横断山脉中段东侧，以中山山地和山原地貌为主，地形复杂，高差悬殊。河流主要有金沙江、雅砻江、安宁河、大渡河。属亚热带季风气候，山地气候具有垂直地带性。金沙江沿岸气候干热少雨，蒸发强烈，是典型的干热河谷。区内钒钛储量世

界第一，水能、矿产及光热资源异常丰富。境内有泸沽湖、邛海两个四川最大的天然湖泊。森林覆盖率 33.65%，生物多样性丰富，分布有国家一级保护野生动物大熊猫、牛羚、四川山鹧鸪等，国家一级保护珍稀野生植物有珙桐、银鹊树等，建有攀枝花苏铁、美姑大风顶等国家级自然保护区和栗子坪、马鞍山、瓦灰山等省级自然保护区。旅游资源较为丰富，自然景观有彝海、邛海、泸山、黄联土林、螺髻山等，凉山彝族火把节是我国富有特色的民族节日。本区是我省的钢铁工业基地和水电基地。攀枝花市是著名的钢铁工业城市，西昌市有举世闻名的航天发射基地。安宁河谷是我省重要的特色农业区。

本区主要环境问题：区内地质构造复杂，岩层破碎，是重要地震带，是我省滑坡、崩塌、泥石流等高发区；水土流失严重。金沙江干热河谷及高海拔地区自然条件差，生态环境脆弱。攀枝花市城区的大气环境污染问题较突出。本区个别地方存在无序滥挖乱采的现象，采矿废石渣随意堆放，选矿尾矿渣污染严重，浪费了资源，破坏和污染了生态环境。本区外来入侵生物紫茎泽兰蔓延较广，在局部地区已到了难以控制的局面，成为重要生态问题。

发展方向：发挥攀枝花市和西昌市中心城市辐射作用，改善人居环境和投资环境。按照“资源节约、可持续利用”的发展思路，充分利用独特的水能资源、矿产资源、生物资源优势，加大资源整合力度，尽快将资源优势转化为经济优势。在不适宜人类居住生产生活的生态脆弱区和需要保护的区域实施生态移民，并采取必要的生态恢复措施。不宜在生态脆弱区域新建公路。逐步建成我省乃至全国重要的水电、精品钢材、钒钛新材料、稀土及有色金属基地和独具特色的农产品基地。合理开发矿产和水能资源，大力开发太阳能资源和沼气资源。按“3R”（减量化、再利用、资源化）原则实施资源综合利用与循环利用，整治资源开发对生态环境的破坏和污染，特别是加强矿山开发的生态修复。重点发展生态旅游、特色旅游相关产业链。水资源的开发利用应与相应的能源、交通、农业生产基地建设相协调。保护森林植被和生物多样性，控制外来有害物种的危害。加强城市绿化，恢复与治理矿山环境，治理水土流失，防治地质灾害。

优先（重点）发展的领域及产业：重点发展以精品钢材为主的冶金工业，以钒钛为代表的有色金属深加工业及相关产业链；加强稀土资源深度开发和综合利用；大力发展水电业、太阳能、特色农业、特色旅游业。

限制（或禁止）发展的领域及产业：禁止无序开发矿产、水能、生物等资源；禁止在金沙江沿岸无序开垦荒坡地；禁止发展不符合产业政策的产业，禁止发展达不到环保要求的产业。

第七节　川西高山高原区

川西高山高原区位于四川省西部。包括阿坝州、甘孜州、凉山州、雅安市高山高原地区，涉及 24 个县，面积约为 16.16 万平方千米。人口 140 万人，占全省人口比例 1.63%，区域 GDP 90 亿元，占全省比例 1.37%。本区地处青藏高原东南缘，金沙江、雅砻江、大渡河中游和岷江上游，属横断山区的北段，是我国地势最高一级的青藏高原向川西南山地和四川盆地的过渡地带。受山地垂直变化和水平地带的制约，高原和季风气候的相互影响，使本区气候形成垂直分异的多种气候类型及气温低、干旱少雨、太阳辐射强烈的山地高原气候特征，高山峡谷区属暖温带和温带气候，山原区属温带和寒温带气候。本区西部和北部高海拔地区植被主要

是灌丛和草甸。森林主要分布在本区东部和南部，森林覆盖率 33.55%，广阔的森林地带栖息着种类繁多的野生动物，其中有大熊猫、金丝猴、梅花鹿等，建有九寨沟、四姑娘山、贡嘎山、亚丁、察青松多 5 个国家级自然保护区和白河、黄龙、米亚罗、海子山等 17 个省级自然保护区。本区自然景观资源及民族特色人文景观资源异常丰富，如九寨沟、亚丁、海螺沟等已成为世人向往的旅游观光胜地。经济以传统的农林牧业为主，旅游业、水电正处于发展阶段。

本区主要环境问题：海拔高，自然条件差，植物生长期短，生态环境脆弱，自然植被一旦被破坏，短期内难以恢复，甚至不可逆转。本区是地震及滑坡、崩塌、泥石流等地质灾害的高易发区。草原超载过牧，退化、荒漠化、鼠虫害严重，高山雪线呈升高趋势。

发展方向：结合民族地区的特点，在经济及发展过程中，要特别注意保护森林、草地和湿地资源，保护生物多样性，防治地质灾害，治理退化沙化草地和鼠虫害。在不适宜人类居住生产生活的生态脆弱区和需要保护的区域实施生态移民。不宜在生态脆弱区域新建公路。充分发挥独特的水能资源、太阳能资源、景观资源、生物资源优势，调整产业结构，合理开发自然与人文景观资源。水资源开发利用以解决人畜饮水困难为首要任务，发展饲草料基地的灌溉。科学规划，控制载畜量，合理发展畜牧业及相关产业链，合理开发水能资源和矿产资源。

优先（重点）发展的领域及产业：科学发展畜牧业及相关产业链；发展生态旅游业及相关产业链；发展林业及相关产业链；适度发展水电产业；适度开发矿产资源。

限制（或禁止）发展的领域及产业：限制发展重化工产业；禁止侵占湿地开发草场；禁止无序开采泥炭；禁止发展不符合产业政策的产业，禁止发展达不到环保要求的产业。

第八节　川西北江河源区

川西北江河源区位于四川西北部，包括甘孜藏族自治州和阿坝藏族、羌族自治州北部地区，涉及 7 个县，面积 8.02 万平方千米。人口 40 万人，占全省人口比例 0.47%，区域 GDP 16 亿元，占全省比例 0.24%。本区地处青藏高原东缘，横断山区强烈侵蚀切割的高山峡谷向高原地貌的过渡地段，由开阔的谷地及起伏和缓的浅丘组成。属于长江、黄河水系的上游源区。属高原亚寒带、湿润半湿润气候。森林覆盖率仅为 7.41%，广泛分布着高山草甸和高山灌丛植被，沼泽草甸和沼泽，成为本区的一大自然景观，著名的若尔盖沼泽湿地就在东部的黄河源区。具有草地、湿地特色的生物多样性丰富，有国家一级保护动物黑颈鹤等 11 种，二级保护动物 41 种，并建有若尔盖湿地国家级自然保护区及多个省级自然保护区。为保护湿地水源涵养功能，还建有若尔盖国家级生态功能保护区。本区自然景观资源和高原藏族及红军长征人文景观资源丰富，著名的黄河第一弯经过本区。本区经济以传统牧业及其相关的加工业为主，是我省牧区重要组成部分。

本区主要环境问题：本区由于地势高峻、气候寒冷，生态环境脆弱。农业与林业生产受到限制。由于牧业发展，草地退化，草原超载过牧。为扩大草场，开发沼泽湿地，挖沟排水，导致沼泽湿地退化，面积减小，地下水位下降，使沙化和鼠害加剧。

发展方向：结合民族地区的特点，以保护为主，维持丘状高原原始自然景观，保护沼泽湿地及生物多样性，为长江、黄河源头的水源涵养提供基础保障。保护若尔盖等高原湿地，

保护黄河、长江源头水源涵养区。在不适宜人类居住、生产生活的生态脆弱区和需要保护的区域实施生态移民，生态移民安置选址要同时考虑生态承载力。不宜在生态脆弱区新建公路。水资源开发利用以解决人畜饮水困难为首要任务，发展饲草料基地的灌溉。因地制宜，科学规划，实施退牧还沼，保护湿地。控制草场载畜，治理退化、沙化草地和鼠虫害。

优先（重点）发展的领域及产业：合理发展畜牧产业及相关产业链，大力发展以畜牧业为基础的有机食品；发展以旅游业为龙头的第三产业，开发特色生态旅游产品；着力实施生态移民。

限制（或禁止）发展的领域及产业：禁止无序开发水能资源；禁止发展严重破坏沼泽湿地及其水源涵养功能的产业；禁止侵占湿地开发草场；禁止无序开采泥炭；禁止发展不符合产业政策的产业，禁止发展达不到环保要求的产业。

第七章　生态省建设的基本体系

第一节　生态经济体系

构建生态经济体系是建设生态省的极核。四川完整的经济体系为生态省建设奠定了坚实的基础。构建生态经济体系要以科学发展观为指导，统筹省域、市域、县域经济社会发展规划；要以转变经济增长方式、调整经济结构为核心，优化生产力布局；要以转变发展模式为目标，优化资源配置，提高资源利用率；要以技术创新和制度创新为动力，逐步建立与省情相适应的发展生态经济的宏观调控体系和运行机制，促进生态经济发展。

坚持循环经济理念，充分发挥企业在物质循环建设体系中的主体作用，利用先进的科技手段，在行业中实现小循环，建设一批工业生态园区、农业畜牧业生态园区；在行业之间实现中循环，建设一批跨行业、跨地区的循环经济产业链；在社会中实现大循环，在生产领域和消费领域建设一批循环经济工程，构建经济与生态良性循环的生态经济体系。

通过重点发展八大产业：即生态工业、生态农业、生态林业、生态旅游、生态交通、清洁能源、环保产业和生态服务业，构筑生态四川发达的生态经济体系。

第二节　生态环境体系

四川良好的生态环境是生态省建设的重要自然基础。构建生态环境体系要按照“在开发中保护，在保护中开发”的原则，以保护自然生态环境和维护生态环境安全为目标，统一规划、分类指导、严格监管、分区推进。以提高资源保障能力为目标，按照“减量化、再利用、资源化”的要求，在资源开采环节大力提高资源综合开发和回收利用率，在资源消耗环节大力提高资源利用效率，在废弃物产生环节大力开展资源综合利用，形成有序开发、有偿利用、供需平衡、结构优化、集约高效的资源保护与合理利用新格局。

坚持环境保护和生态建设并重的方针，突出抓好重点区域和重点领域的生态环境，紧紧围绕川西北江河源头区、川西高山高原区和攀西生态脆弱区等重点区域，实施抢救性保护措施，使区域自然资源、生物多样性和生态功能得到有效保护。以建设秀美山川为目标，大力推进生态修复工程建设，把生态修复建设与经济发展、扶贫开发紧密结合起来，遏制生态环

境恶化的趋势，建设长江上游生态屏障。在保护好自然生态的同时，按环境容量的要求加强污染防治，使全川重点河流水环境质量和城市大气环境质量稳定达到功能区要求，防止资源开发过程中的人为破坏，遏制高速的经济社会发展给环境造成的恶性循环趋势，促进经济、社会和生态环境良性循环协调发展。

通过三个合理利用，两个加强：即合理利用水资源、合理利用国土和矿产资源、合理利用生物资源；加强污染防治、加强生态保护与修复构筑生态四川良好的生态环境体系。

第三节 生态文化体系

生态文化是环境文明的载体之一，树立生态文化理念是建设生态省的重要文化基础。构建生态文化体系要培养善待生命、尊重自然的伦理观； 树立环境是资源、环境是资本、环境是资产的价值观； 确立破坏环境就是破坏生产力，保护环境就是保护生产力，改善环境就是发展生产力的发展观。

加强生态文明的研究、宣传与教育，积极开展生态文化、生态经济方面的科学研究；倡导节约资源、文明健康的生活方式，逐步形成崇尚自然、保护环境、循环利用、减量排放，厉行节约、反对浪费和保护自然、历史文化遗产的行为规范；倡导绿色文化，兴办绿色学校，开展青年环保志愿者行动和绿色家园创建活动；加大生态文明宣传，提高公众的生态意识，增强人们的生态观念，形成具有个体自觉、家庭参与、社会共谋良好生态环境的文化氛围。

通过实施三项行动计划：即实施生态文化教育行动计划、实施生态文化工程行动计划、实施绿色消费行动计划构筑生态四川繁荣的生态文化体系。

第四节 生态社会体系

建立良好的生态社会体系是生态省建设的重要社会基础。构建生态社会体系要以建设环境友好型社会、和谐社会为目的，应用自然生态循环规律、经济规律、社会发展规律来指导社会发展。

完善政府公共管理和社会服务职能，合理控制人口规模，提高人口素质； 以确保人民健康为目标，大力加强环境卫生建设，完善城乡公共卫生服务设施，健全流行性传染病预防监控体系，建立绿色安全的人居环境；消除区域贫困，提高防灾抗灾减灾和保障公共安全能力；加快城镇化进程，走新型生态城镇化道路，建立人口规模适度、人居环境优美、城镇分布合理、基础设施完善、与资源环境承载力相适应的生态城镇体系；加强社会主义新农村建设，让更多的农民享受到现代环境文明的成果。

通过实施八大工程：即实施人口素质工程、实施生态城镇工程、实施生态乡村工程、实施生态社区工程、实施卫生健康工程、实施生态扶贫工程、实施生态移民工程、实施防灾减灾工程构筑生态四川和谐的生态社会体系。

第五节 能力支撑体系

强有力的能力支撑体系是生态省建设的重要能力保障。构建能力支撑体系要围绕生态省建设的中长期目标、阶段性目标，加快生态省建设的体制、机制和管理创新，形成决策科学正确、调控到位有效、统筹全面兼顾、监管严格有力的格局。

建立纵向从省到乡村，横向从创建单位到相关方的多层次、全方位的管理网络，为生态省建设提供有力的组织保障；建立健全生态省建设决策与管理机制，各级政府和部门，在制订国民经济和社会发展中长期规划、产业政策，在进行经济结构调整和生产力布局、区域和资源等重大决策事项时，充分考虑生态环境承载能力和生态省建设各项规范标准；注重发展各级各类职业技术教育，加快培养一大批熟悉生态经济和环境保护的中初级实用技术人才；加快建成创新能力强、机制更活更开放、知识创新与技术创新紧密结合的研究开发体系；通过有机整合、系统提升、分级管理，统筹规划生态环境监测、执法、科研、宣教、信息等的建设，全面提升决策、调控、统筹和监管能力，完善预警、应急系统；建立生态省建设的科学评估机制，构建科学高效的能力保障体系。

通过增强五个能力：即增强决策能力、增强科技能力、增强监测能力、增强监察能力、增强应急能力构筑生态四川高效的能力支撑体系。

第八章　生态省建设主攻方向

第一节　生态经济建设主攻方向

发展生态工业　发展循环经济，推行清洁生产，坚持走科技含量高、经济效益好、资源消耗低、环境污染少、人力资源优势得到充分发挥的新型工业强省之路。

严格执行强制淘汰制度，淘汰技术落后、资源浪费的生产能力，重点对化工、火电、制浆、酿造、制革、冶炼等行业的落后生产能力、工艺、设备和产品实现强制淘汰。加快应用高新技术和先进实用技术改造提升传统产业，推进产业结构优化升级。大力推动传统产业向深加工、精加工、高附加值和低消耗、低污染方向发展。实现主要污染物排放总量得到控制，工业产品的污染排放强度下降。改造成都、自贡、攀枝花、泸州、宜宾等传统工业基地。

坚持“减量化、再利用、资源化”，发展循环经济。制订高耗能、高耗水及高污染行业市场准入和合格评定标准，制订重点行业清洁生产评价指标体系和涉及循环经济的有关污染控制标准。完善主要用能设备及建筑能效标准、重点用水行业取水定额标准。推动企业向工业区集中，推动省级以上工业开发区向循环型工业园区转变。建成污染预防的全过程控制体系，合理延长产业链，强化对各类废物的循环利用。到2020年，建设成都、攀枝花、泸州、自贡等10个循环经济试点市，建成120个生态工业园区。

贯彻实施《中华人民共和国清洁生产促进法》，推行清洁生产、节约生产。积极推行ISO 14000 环境管理标准，逐步建立比较完善的清洁生产管理体制和实施机制，变末端治理为源头治理。在石油、冶金、化工、电力、建材、造纸等行业开展清洁生产审核，在各地区、各行业建设一批清洁生产示范工程。建成一批环境友好型企业。到2010年，建成200家清洁生产示范企业，全省单位GDP能耗要小于1.224吨标准煤/万元，单位工业增加值水耗小于200立方米/万元。到2020年，全省单位GDP能耗稳定小于1.224吨标准煤/万元，单位工业增加值水耗小于150立方米/万元。

加快发展电子信息、航空航天、生物医药、新材料、民用核产品等高新技术产业。在成都平原区、盆地丘陵区形成创新能力强、资源消耗低、环境污染少、竞争优势明显的高新产

业集群。

发展生态农业 因地制宜、科学规划，合理组织和进行农业生产。建立生态上自我维持的低输入、经济上可行的农业生产系统，保持和改善系统内生态动态平衡，促进循环利用和重复利用，最大限度地提高农业生态效益。

以确保食品安全和提高农业效益为核心，利用我省特有的农业资源优势，探索适合各地自然条件和经济发展要求的生态农牧业模式，实现农业产业化，把农业结构调整和增加农民收入、防治农业面源污染和改善生态环境有机结合起来；逐步实现农业产业结构合理化、技术生态化、生产清洁化和产品优质化，促进农业和农村经济的可持续发展；切实加大投入，发展农村沼气；逐步解决全省农村饮水困难，不断提高卫生厕所的普及率，建设社会主义新农村。全省粮食生产总量保持在 3 500 万吨，农业增加值年均增长 4%。到 2020 年，农民年人均纯收入达 8 000 元。

推广以农业循环经济和农业清洁生产为核心的生态农业开发模式、以农田为重点的粮经作物轮作模式、以减少面源污染为核心的农药、化肥、地膜科学使用模式。加强农业技术推广服务站点和网络建设，重点推广精准育种和播种、平衡施肥和科学灌溉。规范外来物种和转基因生物农产品安全的监督管理。突出发展适应国内外市场需求的无公害食品、绿色食品、有机食品，形成生态农业产业链和生态农产品基地。

遵循以上模式，成都平原、丘陵地区建设粮、油、棉、蔬、果无公害和绿色食品生产基地，形成以种植业为主体的生态农业产业链；盆周低山区建设茶、蔬、果、药绿色和有机食品生产基地，形成以种植业为主体的生态农业产业链；安宁河流域建设光、热资源的特色农产品基地，形成以种植业为主体的特色生态农业产业链；建设成都、攀枝花、西昌花卉生产基地，形成以花卉种植为主体的产业链；平丘地区建设猪、牛、羊、鸡、鸭、鱼绿色食品基地，形成以畜、禽、鱼养殖为主体的生态养殖产业链；盆周山区建设特色食品和有机食品基地，形成以特色养殖为主体的生态产业链；在川西北沿岷江、大渡河高山峡谷区建设特色水果产业及反季节蔬菜等绿色食品基地。以建设生态园区为抓手发展生态农业，2010 年，全省建成 50 个农业生态示范园区；2020 年，建成 120 个农业生态示范园区。

发展生态畜牧业。调整畜牧业结构，推行规模化养殖。建立和健全畜禽良种繁育体系、动物防疫体系、饲料加工体系、畜产品质量安全监管体系。加强植物和动物基因工程育种技术研究与开发，研制开发高效疫苗、动物疫病的快速诊断技术和安全无污染饲料添加剂新品种。防治畜禽养殖污染，形成种、养、沼生态循环链。川西北江河源区、川西高山高原区建设以畜产品为主体的生态畜牧产业链，建成无公害食品基地、绿色和有机食品基地。到 2010 年畜牧业占农业总产值比重提高到 55%左右。

发展健康养殖和生态渔业。科学布局渔业生产，推广健康养殖和生态养殖模式。加强渔药饲料和养殖环境监管，提高水产品品质。水库、湖泊和江河要按环境容量合理确定养殖规模和养殖方式，严禁化肥养鱼，控制网箱养鱼，维护水环境生态安全。在全省范围内严格实行禁渔期制度，建设一批无公害、绿色渔产品养殖基地。

发展生态林业 确立以生态建设为主的林业可持续发展道路，建立以森林植被为主体的国土生态安全体系，把改善生态环境、维护生态安全、建设生态家园作为林业发展的首要任务。在保护森林资源的前提下，推进以生态公益林、生态保护林、生态经济林为主要内容的

生态林建设，发展林业生态产业，变林业资源优势为经济优势，建成四川生态林产品基地。在盆周山区、川西高山高原重点发展生态林建设。

发展生态旅游 大力发展生态旅游，以自然生态和自然、文化原生性为基础，在环境承载范围内，保护生态环境，保护生物多样性。创新驱动，优化结构，协调要素，产业互动，构建竞争力强的旅游目的地体系，构建多元化旅游产品体系，构建优质高效的旅游产业要素体系，构建科学合理的旅游行业管理体系。

实施旅游精品战略，整合优势生态旅游资源，面向国际市场，高起点规划，建设生态旅游精品区。建成九环线、西环线等六条精品旅游线，在进一步完善提升“中国第一山”——峨眉山国际旅游区、大九寨国际旅游区、都江堰—青城山旅游区的基础上，突出围绕打造大熊猫生态旅游品牌，开发建设好卧龙中华大熊猫生态旅游区、四川香格里拉生态旅游区、攀西阳光生态旅游区、蜀南竹海生态旅游区、龙泉湖—三岔湖生态旅游区、嘉陵江生态旅游区、光雾山—诺水河生态旅游区、蒙顶山生态旅游区等。到 2010 年，全省旅游总收入达到 1 400 亿元，接待入境游客突破 200 万人次。

发展区域生态专项旅游。川西北地区，重点开发以雪山、冰川、森林、草原、湖泊、湿地等为依托的高原生态风光旅游。攀西地区，重点发展以湖泊、温泉、高山峡谷、森林为依托的生态度假旅游。川南地区，发展恐龙、石林、竹海、桫椤为重点的山水生态休闲旅游。成都平原及丘陵地区，发展以滑雪、漂流、花卉、地质景观、观光农业、乡村旅游为重点的生态休闲旅游。

在加强旅游区基础设施建设的同时，以加强环保、节约资源、减少浪费为重点，实施绿色旅游行动计划，科学确定旅游区的游客容量，合理设计旅游线路，健全“生态旅游景区标准”体系，建设与生态环境的承载能力相适应的旅游基础设施。加强自然景观、景点的保护，限制对重要自然遗迹的旅游开发，确保旅游设施建设与自然景观相协调。建设完善旅游区的资源保护、生活污水、烟尘和生活垃圾的处理处置设施，确保旅游区环境质量。到 2010 年，旅游区环境达标率达到 90%，到 2020 年，旅游区环境达标率为 100%。

发展生态交通 提升交通体系网络化和现代化水平。利用高新技术，改造传统的公共交通系统，推动以信息化为基础的智能公共交通系统建设。建设节约土地资源、提高单位土地的运输量、降低运输能耗的交通系统。到 2010 年高速公路总里程达 3 160 千米，铁路营运里程达 3 500 千米，全面建成 12 条出川大通道。

实施“绿色通道”建设。科学规划布局交通线路，服从生态环境保护、服从文化遗产保护、服从文物古迹保护、服从自然保护区保护、服从风景名胜区建设规划。坚持“设计上最大限度地保护、施工中最小限度地破坏和建设中最大限度地恢复”的原则和以人为本的观念，将环保理念贯穿于设计、施工、养护全过程，最大限度地保护和恢复生态原貌，使道路交通环境与自然生态环境相协调。确需修建沿江、沿河公路时，避免高填深挖，实施护坡、综合排水、绿化等一系列水土保持和环境保护措施，减少对江河的影响。强化施工期的环境管理和环境保护措施。

推广绿色交通工具。严格新车准入制度，大城市率先执行国家三阶段和四阶段机动车尾气排放标准，淘汰污染严重的机动车。发展低油耗、低污染的节能环保车型和清洁燃料车辆。

优先发展公共交通。加大公交基础设施的投入，推动生态交通设计，形成与交通需求相

适应的分层次的交通体系。提高线网密度和站点覆盖率，优化运营结构，形成干支协调、结构合理、高效快捷并与城市规模、人口和经济发展相适应的公共交通系统。

发展清洁能源 积极开发新能源、清洁能源，提高能源利用率。开发经济、清洁、可再生的新能源。推进核电建设，扩大农村沼气利用、鼓励垃圾发电项目实施，加快发展生物质能、太阳能和风能等可再生能源。建成四川新能源基地。

提高能源利用率。开展节能降耗，降低主要工业产品能耗，提高锅炉、风机等设备的运行效率。建设改造现有电网，发展大型高压输变电工程，降低输配电网的损耗；加快城市气化（煤气、液化石油气、天然气、煤层气）工程、集中供热、热电联产等能源基础设施和节能建筑建设。

加快发展天然气。坚持“勘探、开发、利用”并举的方针，优先满足城市燃气，大力增加工业用气，全面提高天然气利用水平，实施“气化全川”工程，以川东北油气田为重点，建成全国重要的天然气能源基地。

优化开发煤炭。加快安全生产投入，强化煤矿安全生产。发展洁净煤技术，开展对煤矸石、煤泥、瓦斯和矿井水等资源的综合利用。培育大型煤炭企业集团，鼓励有优势的煤炭企业实行煤电联营或煤电运一体化经营，建设一批坑口电站，调整改造中小型煤矿。到2010年，原煤入洗率达40%以上。

合理开发水电。在大力保护生态环境和妥善安置移民的前提下，按照“科学分段、集中建设、有序发展”的水电开发方针，以金沙江、雅砻江和大渡河为重点，建设一批大型水电站，建成全国最大的水电基地。应控制修建引水式电站，修建引水式电站时必须根据生态要求合理下泄生态流量，以确保生态环境安全。“因地制宜”发展中小农村水电，加强农村电气化建设，提高水能资源开发利用率。到2010年，清洁能源占全省一次性能源的比重达到60%。

发展环保产业 要加快环保产业的国产化、标准化、现代化产业体系建设。加快发展以防治环境污染、改善生态环境、保护自然资源的技术开发、产品开发、设备生产、信息服务、咨询服务。重点发展具有自主知识产权的重要环保技术装备和基础装备。积极研究开发节能降耗、污染治理等环保产品和生产工艺。建成一批环保产业骨干企业和集团，创办科研、开发、经营、服务一体化的示范企业。培育和建设环保产业基地，提高环境服务业在环保产业中的比重，形成结构合理、适销对路、技术含量高的环保产业体系。培育一批拥有著名品牌、核心技术能力强、市场占有率高、能够提供较多就业机会的优势环保企业。成都重点发展环保科研、环保咨询服务和环保仪器设备制造业。绵阳以九院、西南科技大学为依托，建设环保产业园区，重点开发脱硫、污水和垃圾处理技术设施。德阳建设环保设备制造基地，自贡建设脱硫脱氮锅炉制造基地。到2020年，环保产业占GDP比重达到8%。

发展生态服务业 围绕生态省建设，推进和优化各类服务业，从各个领域、各个层面、各个环节服务环境保护，强化环境保护，形成有利于生态省建设的社会服务体系。

发展现代服务业。发展信息服务业和以电子商务为代表的现代服务业，建设先进、完善的网络基础设施，整合网络运营商、物流配送系统和电子商务平台，改变传统的经营模式，在不同服务领域，培育商誉较高、品牌名优、技术独特的大型连锁企业。发展特许经营，实现名优服务企业的低成本扩张，建立规范的特许经营网络系统。

改造传统商贸流通服务业。调整商贸流通服务业结构，优化市场布局。认真制定并严格

实施城镇商业网点规划，制定社区商业的标准，建立社区商业示范社区；合理控制城市中心商务区和商贸城镇商业建筑密度，推动传统中心商务区和市场升级改造；提高商贸流通业能源和水资源利用效率，限期淘汰高耗能和高耗水设备；降低商贸流通服务业一次性消费品的使用量，普及推广节水、节能设备和可再生包装材料；加强对废气、废水、固体废弃物和商业垃圾的处理，提高商用“三废”和废旧物资回收利用水平；严格杜绝高污染、高噪声商贸流通和娱乐服务业在居民稠密区布局。控制高耗水、高耗能的洗浴业、洗车业、洗染业等增长速度，建立与水资源供给能力相适应的商贸流通服务业生产经营体系。

第二节　生态环境建设主攻方向

合理利用水资源　加强以蓄水能力和供水能力建设为主的水利设施建设，开展流域水系综合治理、河道整治和灌区节水配套改造，改善水利基础设施，增强水资源的供给保障能力。加强对气候资源的监测与评估，合理开发利用空中“云水”资源。到2010年，全省新增供水能力15亿立方米。实施更科学的供水计划和严格的用水管理。合理调配各地区之间，生活、生产和生态之间的用水，满足经济社会发展对水量、水质的要求。发展节水农业、节水工业，推进城市污水资源化利用。全面节约用水，提高水的循环利用率，建设节水型城市和节水型社会。到2010年，农业用水实现零增长，工业用水重复利用率达到80%。

合理利用国土和耕地资源　合理利用土地资源。保持耕地占补平衡，开展土地整理和复垦，适度开发土地后备资源。合理调整土地利用结构与布局，加强建设用地管理，提高土地集约利用水平。逐步禁止黏土制砖等破坏耕地及生态环境的活动。促进工业企业向工业园区集中，实施“金土地工程”。做好地震、滑坡、崩塌、泥石流、地面塌陷、地面沉降等地质灾害的防治工程。加强对耕地特别是基本农田的保护，改善土壤质量，防止耕地质量退化，建设高标准农田，实施“沃土工程”。到2010年，大力实施耕地地力建设，使项目区耕地的基础地力提高1～2个等级，肥料和水的利用率提高10个百分点。全省实施沃土工程1 285万亩，辐射带动940万亩，共2 225万亩，占全省耕地的38%。

合理利用矿产资源　推进矿产资源管理方式和利用方式转变，推广使用先进工艺和设备，提高矿产资源的采选回收率和综合利用效率，降低矿产资源消耗水平。建立矿产资源分类开采、分区开采和省级矿产资源保护区制度。调整矿业结构和布局，减少矿山数量，促进规模化开采、集约化经营。攀西地区建成钒、钛、磁铁为主的矿产资源综合利用体系；川南山地丘陵区建成天然气、煤炭为主的矿产资源综合利用体系；盆周山区建成特色矿产资源综合利用体系。强化矿山开发的生态恢复，培育“无废料”、“无尾矿”、“无公害”、循环经济型矿山采选企业。到2010年，共伴生矿综合利用率达到40%，矿产资源总回收率达到45%。

合理利用生物资源　建立生物资源可持续利用体系。组织开展全省生物物种资源调查，编制全省生物物种资源保护利用规划，加强生物资源就地保护和物种基因库建设。有效保护珍稀动植物资源和典型生态系统类型，严格监管外来物种引入和转基因物种扩散，建立健全生物多样性保护和生态安全监管网络。充分利用中药材资源，重点发展中药材生产种植和生物制药，建成全国最大的中药材和中成药生产基地，以薯类、玉米、秸秆、油菜、桐子为原料，发展沼气、甲醇、乙醇、生物柴油等生物质能源。到2010年，农作物秸秆资源化利用率达到70%以上。

加强污染防治　把污染防治作为生态省建设的重要内容，在全面加强污染防治的前提下，重点抓好水污染防治，确保人民饮水安全。同时加强大气污染防治、固废污染防治、土壤污染、噪声污染防治和核与辐射污染防治。

改善水环境质量。加强水污染综合治理，重点抓好岷江、沱江、嘉陵江流域治理和小流域综合治理，实现还“三江清水”的目标。进一步完善水功能区划，加快合格和规范化饮用水源保护区建设，建立新增污染物调控机制，按照水域功能和容量控制的要求实施主要水污染物排放的区域、流域总量控制。重点抓好制浆、印染、制革、化工、医药、电镀等行业的污染控制，建立污染物在线监控系统，使工业污水稳定达标排放。加大城市生活污水处理厂和管网系统建设、运行监控力度，不断提高城镇污水处理率。到2010年，城市（县城以上）污水处理率达到70%，岷江、沱江流域污水处理率达到80%，废水中COD排放量控制在79.5万吨，32条重点小流域规划控制断面水质达标率大于70%；到2020年，全省主要河流水环境质量全面稳定达到功能区标准要求。

改善大气环境质量。实施大气污染物排放总量控制，严格控制各类大气污染物排放。加大烟尘控制区建设步伐和二氧化硫污染控制区的监管力度。新建电厂、热电厂全面实施脱硫工程，逐步淘汰现有高能耗、重污染的小型燃煤锅炉，因地制宜发展热电联产和集中供热。对水泥等建材行业，逐步淘汰落后生产工艺，有效控制粉尘污染。重点防治化工、医药、冶金等行业有毒有害工艺废气污染，进一步扩大烟控区建设。严格执行机动车辆销售环保准入制度，强制淘汰超标排放车辆，减轻汽车尾气污染。加强城市交通运输和工程施工过程的防尘、抑尘管理，控制餐饮业油烟污染。到2010年，65%的省控重点城市空气质量达到二级标准，二氧化硫排放量控制在122万吨，城市烟尘控制区覆盖率达到90%以上；到2020年，城镇空气质量达到二级标准，降水pH平均值达到大于5，酸雨频率小于30%。

实现固体废弃物的有效处置和综合利用。加强固体废弃物控制与管理，实施垃圾分类收集和无害化减量处理，建设整洁有序的城乡环境。建设全省固体废弃物管理网络，完善回收利用和交换系统，加快实现资源化、减量化、无害化。严格执行危险废物产生、交换和转移联单管理制度，严禁危险废物排放和擅自处置。加强进口废物的环境管理，严禁境外危险废物进入我省。加强秸秆等农业废物的综合整治。在成都、攀枝花、自贡等21个市州建设医疗废弃物处置中心，全省建立一批危险废物综合处理示范工程。到2010年，全省工业固废综合利用率大于75%，废旧资源的回收利用率达到70%以上。

改善声环境质量。治理噪声污染，让人民享受宁静的环境。加强城市规划管理，防止交通噪声污染；合理规划企业布局，加强工业噪声治理，防止工业噪声污染；有效实施噪声控制措施，防止服务业噪声扰民；提倡文明友爱生活方式，减少生活噪声污染。搞好噪声污染综合治理，继续扩大城市噪声达标区建设。到2020年，城市区域环境达到功能区要求。

加强农田生态环境保护与土壤污染防治。保护农村生态环境，开展全省土壤污染调查和超标耕地综合治理，依法调整污染严重且难以修复的耕地；合理使用农药、化肥，防治农用薄膜对耕地的污染，加强农业废弃物的综合利用。

加强核与辐射污染的监管。加强核设施、放射源和电磁辐射污染源的管理，确保辐射环境安全，防止放射性污染事故发生。加快辐射环境监测网及核应急响应能力建设，建立放射源及废物动态管理数据库，建立分类收贮的放射性废物处置设施。

加强生态保护与修复 坚持生态保护与生态修复并重，立足保护，加快修复，防止边建设边破坏。坚持上游保护优先，坚持未破坏地区保护优先，坚持破坏地区的修复优先，保护生态系统完整。

加大重要生态功能区的建设。加快建设国家级重要生态功能保护区和地方生态保护区的建设，建立生态功能区保护和建设的监管体系。在具有重要生态功能作用的区域建立一批重要生态功能保护区，实施重点保护。对具有特殊生态功能，虽已受到一定程度损坏，但采取有效措施可以恢复的，要实施抢救性保护。高度重视生态良好地区和重点资源开发地区的环境保护与生态建设。在具有重要生态功能作用的区域建立一批重要生态功能保护区，实施重点保护。在生态环境脆弱地区，实施必要的生态移民，并采取必要的生态恢复措施。到 2020 年，建立 10 个省级以上的生态功能保护区，占国土面积 10%的重要生态功能保护区的主导生态功能得到保护。

加大自然保护区的建设。提高已建自然保护区的管护能力和建设水平，对具有重要科学价值和国内外具有重要影响的自然保护区进行重点建设。在物种丰富、具有自然生态系统代表性、资源未受破坏的地区，合理增建森林、野生动植物和湿地等自然保护区。对国家重点保护动植物实施抢救性保护。严禁猎杀和贩卖野生动物，建立一批野生动植物抢救、驯养、繁殖中心和珍稀植物栽培基地。到 2020 年，全省所有国家重点保护野生动物、90%以上的野生动物得到保护、95%以上野生植物得到有效保护，受保护地区占国土面积比例达 18%以上。

加强物种资源保护。强化外来物种和转基因生物体的生态影响监控，完善相关的法律法规和管理体制。制定系统的物种保护行动计划，开展物种资源调查，建立物种资源的数据库、种质库和基因库。形成有效的生物安全保障体系。

提高林草覆盖率。实施天然林保护工程、退耕还林工程、长防林工程等生态林建设，实施退牧还草工程、天然草原保护工程、川西北湿地和草原治理工程，以草原载畜量为科学依据，实施草原围栏建设，推行已垦草原退耕还草、草原划区轮牧，实施退化、沙化、鼠虫害草地治理和人工种草工程，逐步恢复草原植被。到 2010 年，在川西北地区实施退牧还草 1.1 亿亩，全省森林覆盖率大于 33%。到 2020 年，全省森林覆盖率稳定在 37.36%的水平。

控制水土流失。制定流域生态环境保护规划，以改造坡耕地和农田水利基本建设为中心，加强防洪排涝工程和河道整治，开展小流域综合治理，恢复和扩大林草植被。在开发利用水土资源、草地资源、农村能源、矿产和其他自然资源的过程中，禁止乱垦滥伐，过度利用，坚决控制人为的水土流失。到 2020 年，治理水土流失面积 8.6 万平方千米，退化土地恢复率达到 90%。

第三节　生态文化建设主攻方向

实施生态文化教育行动计划 建设一批生态文化教育基地，加强生态环境、绿色产业、循环经济等学科建设，加强生态省建设的人才培养，加大国内外人才引进力度。把生态理念贯穿于文化教育领域，树立良好的公众环境道德、创建和谐的生态文化氛围。在大、中、小学开展生态文生教育，开展全民生态环境保护教育工程，提高人民环保意识。结合生态省建设进程，实施阶段教育规划，建设一批绿色学校和生态教育基地。

实施生态文化工程行动计划 充分挖掘和保护四川历史文化资源，合理利用人文遗产资

源，发展生态文化产业。成都平原区以三星堆、金沙遗址、峨眉山、乐山大佛、三苏祠、都江堰、青城山为代表保护和利用历史文化资源，以川西北江河源区、川西高山高原区以藏羌文化、康巴文化为代表保护和利用民俗民风文化资源，盆地丘陵区、盆周山区以近代革命根据地为代表保护和利用红色文化资源。加强文化基础设施建设，充分利用基层文化阵地，为城乡居民提供生态文化服务。出版发行有关生态知识的音像、图片与书籍，创作演出能表现生态文化内涵的精品，开展“倡导生态文明，共建生态四川”活动。充分利用现代媒体，大力宣传生态理念，提高全民生态意识，创作一批弘扬民族生态文化的优秀文艺作品，建设一批生态文化示范工程。

实施绿色消费行动计划　坚持绿色消费观，将消费利益和保护人类生存环境相结合，以绿色消费推进绿色生产，以绿色生产推动绿色消费，以绿色消费促进生态建设。

培育“绿色市场”。建立保障食品安全的质量控制体系和市场准入制度，实行生产、流通、消费全程监督管理。加强食品流通过程中的安全卫生管理，建立高效率、无污染、低成本的“菜篮子”产品物流网络。按照绿色市场标准，加强硬件建设，逐步推进市场设施现代化。实行环境标识、环境认证和政府绿色采购制度。建立无公害食品、绿色食品、有机食品专柜，鼓励开设“绿色商店”、“绿色超市”等绿色市场。

创建“绿色饭店”。在全省星级饭店开展创建“绿色饭店”活动，实行节能节水，中水回用。宣传安全、健康、环保理念，推广绿色管理，倡导绿色消费，保护生态和合理使用资源，减少对环境的污染。到2010年，70%的星级饭店建成“绿色饭店”。

倡导“绿色消费”。确立科学的、健康的绿色消费模式。严格治理“餐桌污染”，鼓励消费绿色食品，禁止买卖和食用受国家保护的野生动植物，严格控制烟草广告，逐步降低烟民比例。倡导适度住房消费，广泛使用环保装修材料，推广建设生态型住宅。

第四节　生态社会建设主攻方向

实施人口素质工程　坚持计划生育的基本方针，稳定现行计划生育政策，维持低生育水平，提高优生优育。重点做好农村地区的计划生育工作，加强对流动人口计划生育的管理。对计划生育家庭实行奖励政策，大力开展计划生育服务工作，改善基层服务条件。以预防农村地区多发先天性疾病为重点，努力降低出生缺陷发生率和婴儿死亡、孕产妇死亡率，出生性别比趋于正常。提高人口的科学文化水平，加强人力资源的开发和利用。人口自然增长率控制在5‰以内，到2020年，人口总量控制在9 200万人左右。

实施生态城镇工程　按照规模适度、合理布局、环境承载能力和功能互补的原则，着力构建包括特大城市、大城市、中小城市和小城镇在内的生态城镇体系。完善公共服务设施、公共绿地，在体现人文景观和自然风光相互和谐的基础上改善城市景观。发展节地、节水、节能、无污染的生态建筑。加强城市建设与管理，改善城市生态系统，优化人居环境。建设一批生态城镇。到2010年，建立80个生态示范县（区）；到2020年，建立140个生态县（市、区），城市化率达到 50%以上。改善城镇基础设施。加强城镇电网改造和自来水改扩建工程，增强供电和供水保障率。加快天然气管网和 CNG 加气站建设，提高城市天然气普及率。强化城市道路的建设与改造，缓解交通拥堵。抓好城市生活污水和垃圾处理厂等环保设施建设，提高中水回用率和垃圾分类处理率。扩大园林绿地面积，改善城市生态环境，积极创建国家

级、省级园林城市和环保模范城市。城镇生活污水处理率：2010 年达到 50%，2020 年达到 70%；城镇垃圾无害化处理率：2010 年达到 65%，2020 年达到 100%。

实施生态乡村工程 在建设社会主义新农村的同时，实施农村小康环保行动计划和乡村清洁示范工程，积极创建“环境优美乡镇”、“文明生态村”。改善农村饮用水条件，解决农村饮水困难。加强农村的面源污染控制，有效控制畜禽养殖污染、化肥、农药、农膜导致的环境污染。禁止工业固废、危险废物和城镇垃圾转移到农村。结合社会主义新农村建设，调整乡镇工业和村镇建设布局，使乡镇工业向工业区集中；农村居民在有利于生产和生活的前提下，适度向自然村集中。促进生产方式、生活方式的转变，控制农村污染，实现污染物集中处理、达标排放。发展大中小型沼气工程，实现农村废物资源化。发展以电代柴工程，推广农村户用沼气池，提高农村生活质量。建设一批环境优美乡镇、生态文明村、生态家园。到 2010 年，建成 100 个环境优美乡镇、1 000 个生态文明村、10 000 个生态家园示范工程；到 2020 年，适宜农户沼气普及率大于 50%，农村卫生厕所普及率大于 70%。

实施生态社区工程 加强城镇园林绿化和生态环境建设，创建“生态园林县城”、“生态园林居住小区”、“园林式单位”。完善小区规划设计技术要求和建设标准，适应性改造旧住宅小区，使之逐步达到生态住宅小区标准。推广应用生态环保建材。推广使用节能、可循环利用的绿色建材、构配件和装饰材料，淘汰高能耗、有污染的建材和设备；制定出台加强室内装饰装修管理规定，强化对住宅室内环境质量专项治理。建设水循环利用、垃圾分类处理、太阳能利用与节能、立体绿化、安全防卫和智能化信息服务管理系统的住宅小区。开展生态社区试点建设。按照生态社区建设规划和标准，加强社区服务中心、健身、环保等基础设施建设，推进社区绿化美化，树立生态典范，发挥辐射带动作用，推进全省生态社区建设。

实施卫生健康工程 大力开展爱国卫生运动，坚持“预防为主、防治结合”方针，大力开展健康教育和健康促进，帮助城乡群众改变不健康、不文明的生活习惯，提高群众卫生意识，倡导健康生活方式，切实解决城乡部分地区“脏、乱、差”问题，加大环境卫生的治理力度，积极创建“卫生城市”、“卫生乡镇”、“文明村”。加强公共卫生服务体系建设，完善疾病预防控制体系、医疗救治体系。加强重大传染病、地方病和慢性非传染性疾病的防治工作，加强农村地区血吸虫防治工作。逐步建立和完善医疗保障制度、新型合作医疗制度、贫困农民家庭医疗救助制度，健全食品、药品安全保障系统。到 2010 年，基本医疗保险扩大到所有的城镇居民，新型农村合作医疗覆盖率达到 100%。

实施生态扶贫工程 坚持政府主导、社会共同参与的扶贫开发指导方针，加强对川西北江河源区、川西高山高原区、盆周部分山区和丘陵区等贫困人口集中地区的扶贫开发。加大公共财政对贫困地区基础设施和公共服务设施建设的支持力度，提高贫困地区自我发展和抗御自然灾害的能力；转变开发扶贫方式，不断提高科技、教育和卫生扶贫的比重，提高贫困地区人口科技文化素质和劳动力就业能力；积极稳妥地组织劳务输出、生态移民和剩余劳动力转移，减轻人口对当地资源环境的压力；完善对贫困地区生态建设和经济发展的配套优惠政策，实现贫困地区生态和经济“双赢”。

实施生态移民工程 对生态脆弱的区域实施有组织、有计划、分阶段的生态移民；对少数居住在生存条件恶劣、自然资源贫乏地区的贫困人口，结合退耕还林还草实行扶贫移民；对水电、矿山开采等重大工程影响区实施开发性移民。

实施防灾减灾工程　建设防灾减灾防御体系，完善防灾减灾基础设施建设，着力建设一批关键性防灾减灾工程。重点建设洪涝干旱防御工程、风沙灾害防御工程、森林灾害防御工程、农业病虫害防治工程、水土流失综合治理工程、滑坡、泥石流、崩塌及地震等其他地质灾害防御工程、食物安全保障工程、有毒有害化学品泄漏和放射性污染应急处理等工程。

第五节　能力支撑建设主攻方向

增强决策能力　生态省建设是一项庞大的系统工程，是长期的战略任务。生态省建设涉及各个领域、各个行业、各个方面。推进生态省建设，在宏观层面上要统揽全局，在中观层面上要联动各方，在微观层面上要各个击破。无论是战略上思考还是阶段性推进，都务必提高决策能力和水平。全省上下都要建立和健全科学的决策程序，制定和完善有效的实施计划，规范和落实指标考核体系。

增强科技能力　大力开展科技创新，制订生态省建设的生态科技研究规划，建立生态科技研究开发体系；建立生态科技技术中介服务体系，加强科技创新，研发污染监控、污染治理、生态重建和恢复、清洁生产和资源循环利用等高新技术；加快环保科研成果、清洁生产技术和循环经济新技术的推广应用。建立环境资源成本核算体系和以绿色GDP为主要内容的国民经济核算体系。加强专业人才队伍建设，发挥四川科技资源优势，完善生态省建设信息网络，成立专家咨询委员会，构建强大的科技支撑体系。

增强监测能力　完善生态环境动态监测网络，应用遥感、地理信息系统、卫星定位系统等技术，建设包括生物资源、农业资源、环境质量、水土保持、河道水质、地质环境、公共卫生、气象等内容的生态环境动态监测网络，建设四川省环境资源共享动态数据库。

增强监察能力　全面加强生态环境、山地灾害、生物安全、环境污染事故、突发性动植物病虫害、食品安全、公共卫生等公共安全领域执法队伍和标准化建设，进一步强化执法监督，建立部门执法责任制，全面提升监管力度。

增强应急能力　建立突发事件应急响应系统，建设公共安全事故举报受理、应急接警中心，建立跨地区、跨部门接警服务系统。完善与我省生态安全等突发事件相适应的应急监测技术设备。建立公共安全事故的应急体系和预案，建成统一领导、分级管理、功能全面、反应灵敏、运转高效的突发事件应急机制。建立包括对暴雨、洪涝、干旱、冰雹等灾害性天气，以及滑坡、泥石流、崩塌等地质灾害、酸雨、环境污染事故、突发公共卫生事件、公共安全事故和突发性动植物病虫害等的预报预警系统和快速反应系统，并建设与之适应的紧急救援体系。

第九章　生态省建设保障措施

第一节　法制保障

实施生态省建设，法制保障是前提、是核心、是关键，必须坚持依法行政。按照污染防治与生态保护并重的方针，根据我省实际需要，在实施现行法律、法规、规章和政策的基础上，完善立法，重点制定以生态环境保护与建设、促进循环经济发展、推动清洁生产、强化

建设项目环境保护为主要内容的地方性法规、政府规章。强化资源、环境、卫生、食品、水利、质监等方面的行政执法，建立健全部门执法责任制，全面推进依法行政；强化对建设项目立项、资源开发利用和生态环境保护的法律、法规、政策执行情况的监督，实行经常性执法活动和专项整治行动相结合的方式，进行政策和执法检查。强化人大的法律监督和政协的民主监督。建立健全监督机制，加强对各级执法机构执法活动的监督，重视和发挥新闻媒介和公众的社会监督作用。

第二节　政策保障

制定出台发展循环经济、促进清洁生产和节约能源、强化饮用水源保护和食品安全、倡导绿色消费、加强环保科研、吸引公众参与、建立流域补偿机制、鼓励投资环保等方面的政策；抓紧清理和修订不符合生态省建设要求的技术经济政策，积极创造条件，制定绿色 GDP 核算和资源环境保护损失补偿政策，完善短缺资源使用权转让制度。对优先列入生态省建设重点项目在资金、技术、用地、税费、信贷、风险投资等方面给予政策扶持；对一些重要的生态服务功能区，制定区域性生态产业发展支持政策、生态扶贫开发政策、资源环境补偿政策，努力实现这些区域的生态和经济“双赢”目标。从而为生态省的建设建立较为完善的政策保障体系。

第三节　体制保障

充分发挥市场配置资源的基础性作用，强化政府在生态省建设方面的主导作用。各级政府充分发挥组织推动作用，综合运用法律、行政、经济等手段，加大投入，强化监管，发挥政府指导、引导作用，提供良好的政策和公共服务环境。进一步深化与生态省建设有关的管理体制改革，重点是深化资源环境管理和生态建设等领域的体制改革，形成职责分工明确、运行协调高效的管理体制。通过法律、规划和配套政策、技术措施，建立水资源消费总量、水污染总量控制制度和流域水资源决策管理体制。继续深化人才管理体制改革，逐步形成适应生态省建设的人才培养、引进、使用和交流的管理体制。

第四节　机制保障

从资金投入、税收优惠等方面推动全社会建设生态省的积极性，完善生态省建设的激励机制；制定生态省建设先进单位和个人奖励办法，对作出突出贡献的单位和个人给予精神鼓励和物质奖励。完善监督机制和惩罚机制。建立生态补偿机制，实现社会公平，构建和谐社会。用计划、立法、市场等手段，实施下游地区对上游地区、开发地区对保护地区、受益地区对受损地区的补偿。加大对生态敏感区、脆弱区生态环境保护的政府投入，以税费政策为杠杆，控制奢侈消费。运用市场机制，落实生态补偿政策，实现社会公平。

第五节　科技保障

大力推进人口、资源、环境领域的科技创新。建立结合本地实际创新的“3R”技术及资源循环利用技术；制订工业园区入园标准及绿色社区、生态小区、绿色医院、绿色学校等各领域的标准；开展对经济高速发展产生的新型环境污染问题的研究，并提出相应的对策；开

展土壤污染、电子污染、持久性有机污染及绿色GDP经济技术指标、生态补偿机制等敏感性问题的研究。建立自动监测、监测监控、动态监测和应急突发事故的应对手段和方法。

第六节　社会保障

生态省建设造福社会，全社会推进生态省建设。加强基本省情的宣传教育，不断增强各级干部和广大群众的环保意识、生态理念和法制观念。大力宣传环境保护的方针、政策和法律、法规，及时报道正反两方面典型。建立和完善环境保护信息公开制度、公众参与制度、有奖举报制度、环境诚信制度，扩大公民的知情权、参与权和监督权，定期向社会公布生态省建设的进展，以示群众监督。形成公众广泛参与生态环境保护和四川生态省建设的良好社会氛围。

第七节　投入保障

生态省建设，投入是关键。根据生态省建设阶段推进需要，保障生态省建设投入。各级政府要充分发挥公共财政在生态环境保护和建设方面的导向作用，不断增加财政投入，当年政府用于生态保护、生态建设和污染治理的投入，要高于上一年GDP的增长幅度，各级政府当年新增可用财力的10%用于生态省建设。用于生态建设的各类资金，按照生态省建设的要求，实行统筹安排。各级政府建立生态省（市、县）建设专项资金，由生态省（市、县）建设协调部门和同级财政共同管理。银行贷款向生态工程建设项目倾斜。通过市场配置环境资源，鼓励民间资金和外来资金注入生态建设。

第八节　组织保障

生态省建设是长期的战略性任务和庞大的系统工程。各级政府要按照《纲要》的总体要求，结合当地实际，开展生态市（州）、生态县（市、区）、生态乡镇创建工作。各级政府是生态省（市、县）建设的领导主体，组织实施生态省建设的协调和指导工作是长期的职责。

建立健全生态省建设考核评估指标体系，制定《生态省建设考核评估体系管理办法》，建立健全目标责任制，把生态省建设的目标和任务分解到各级政府和各部门。建立年度报告制度。生态省（市、县）建设领导机构分年度检查目标和任务落实情况，编制年度报告白皮书。每年年底责任单位向生态省（市、县）建设领导机构作出报告，生态省（市、县）建设领导机构向同级政府报告，各级政府向同级人大报告。

辽宁

辽宁生态省建设规划纲要
（2006—2025）

（2007 年 7 月 27 日辽宁省第十届人大常委会第三十二次会议通过
辽宁省人民政府印发　辽政发[2007]49 号）

前　言

生态省是经济社会和生态环境协调发展，各个领域基本符合可持续发展要求的省级行政区域。其基本要求是经济持续、健康、快速发展，结构合理，资源高效利用，污染少；环境污染和生态破坏得到根本遏制，生态环境良好，自然资源永续利用，人居环境优美，城乡环境全面改善；现代文明生态文化得到全面发展，民主与法制有更大发展，生态文明程度显著提高。其根本目的是要以保护环境优化经济社会发展，着力建设资源节约型和环境友好型社会，推动区域走上生产发展、生活富裕、生态良好之路，为子孙后代留下良好的生存和发展空间。

从辽宁实际情况看，建设生态省可以提升经济社会发展质量，为老工业基地全面振兴腾出发展空间，形成新的竞争优势，从而推动节约发展、清洁发展、安全发展和全面协调可持续发展。省委、省政府审时度势，于“十一五”之初做出建设生态省的战略决策。根据《中共辽宁省委 2006 年工作要点》和《2006 年政府工作报告》“启动生态省建设，编制生态省建设总体规划”的部署，按照中共辽宁省委办公厅、辽宁省人民政府办公厅关于印发《贯彻落实〈辽宁省国民经济和社会发展第十一个五年规划纲要（建议稿）〉工作任务分解》的通知（辽委办发[2006]4 号）文件要求，省政府组织省环保局等有关部门和专家，在广泛深入调查研究的基础上，编制了《辽宁生态省建设规划纲要》（以下简称《纲要》）。《纲要》提出用 20 年时间，通过建设生态经济、资源支撑、环境安全、自然生态、生态人居、生态文化六大体系，实施生态产业、生态建设、综合整治、环境建设、绿色创建五大工程，依靠建立和完善领导机制、监管机制、投入机制、创新机制、参与机制五项机制，完成生态省建设任务。

《纲要》是推进辽宁生态省建设的纲领性文件，是指导各地区编制生态市、县规划以及行业、部门规划的重要依据。随着生态省建设的不断推进，将根据情况变化对《纲要》适时

调整、补充和完善。

第一部分　生态省建设的必要性和基础条件

一、生态省建设的必要性

当前及今后一个阶段，是我省站在新起点、谋求新发展，实现老工业基地全面振兴的关键阶段。改革开放取得的成果为今后发展奠定了良好基础，但是制约我省经济社会发展的深层次体制性、结构性矛盾仍未从根本上解决，尤其是经济发展方式依然粗放，区域经济发展不平衡，资源对发展的制约日益突出，环境压力日益增大。因此，开展以推动经济发展方式转变、统筹区域经济社会环境协调发展为核心内容的生态省建设，已成为辽宁经济社会持续、健康、快速发展的必然选择。

（一）建设生态省，是落实科学发展观的重要载体

科学发展观的核心是以人为本，第一要义是发展。建设生态省，有利于创新发展模式，促进产业结构优化升级，实现经济持续、健康、快速发展；有利于提升发展质量，统筹城市和农村环境保护，从根本上缓解城乡环境压力；有利于转变发展观念，促进思维方式、生产方式、生活方式的转变，促使全社会树立生态文明观。因此，通过生态省建设将更加有力地促进科学发展观的落实。

（二）建设生态省，是全面建设小康社会的内在要求

全面建设小康社会，不仅要实现经济社会快速发展，同时要显著改善生态环境质量，从而推动整个社会走上生产发展、生活富裕、生态良好的文明发展道路，全面提高人民群众的生活质量。通过开展生态省建设，确保我省经济社会发展既要“金山银山”，又要“绿水青山”，从而实现全面建设小康社会的目标。

（三）建设生态省，是构建资源节约型和环境友好型社会的必然选择

辽宁是全国重化工业基地，由于长期沿用传统粗放型经济发展方式，资源能源利用效率低，污染物排放强度大。通过开展生态省建设，开展资源能源综合开发和节约利用，大幅度提高资源能源利用效率，从而推动经济发展方式转变；建设环境友好型企业，倡导环境友好行为，努力减少污染物排放，从而改善生态环境质量，使优良的环境成为新的竞争优势。

（四）建设生态省，是加快老工业基地全面振兴的重要保障

辽宁省正处于老工业基地全面振兴的关键时期，当前要着力抓好“建设国家新型产业基地、建设社会主义新农村、构建和谐辽宁”三大重点任务。通过开展生态省建设，以环境优化经济发展，依靠严格环境准入淘汰落后生产力，为发展新型产业腾出空间；实施农村小康环保行动，优化壮大县域经济，推进社会主义新农村建设；改善生活和生态环境，促进经济

社会和环境协调发展，加快构建和谐辽宁。

（五）建设生态省，是造福当代、惠及子孙的宏伟事业

全面协调可持续发展不仅要求实现代内公平，还要实现代际公平。通过开展生态省建设，让人与自然的关系更加和谐，切实让人民群众喝上干净水，呼吸到清洁空气，吃上放心食品，在良好的环境中生产生活。同时，也必将为辽宁经济社会发展提供良好的环境承载能力，为子孙后代留下良好的生存和发展空间，保证一代接一代永续发展。

二、生态省建设的有利条件

我省建设生态省面临国家优化宏观发展战略布局的有利时机，同时在自然条件、社会经济与文化发展、生态环境保护等方面都具有较好的基础。

（一）面临老工业基地全面振兴和沿海开放的双重机遇

我省是东北乃至全国老工业基地的典型代表和历史缩影，老工业基地全面振兴是国家区域发展战略的重要环节，国家在扩大对外开放、完善社会保障体系、解决历史遗留问题、改造重点企业技术、开展重大基础设施建设和生态环境保护方面都给予大力支持，必将促进辽宁省的全面发展。经济全球化和科学技术迅猛发展，国际产业分工、调整和转移加速进行，“五点一线”沿海开放战略的实施，对于承接国际产业转移、参与国际竞争，利用国内外两种资源、两个市场加快发展，都将起到巨大的推动作用。

（二）优越的区位条件和较为丰富的矿产资源

我省是东北地区唯一的沿海省份和通往关内的交通要道，优越的区位优势，有利于与经济发达地区开展经济、科技等方面交流，有利于与日本、韩国发展各类合作，有利于进一步与国际交流。

我省部分矿产资源储量比较丰富，探明储量的 77 种，潜在经济价值 1 万多亿元，形成了包括能源、黑色金属及冶金辅助原料、化工、宝玉石等 7 大类配套性较强的矿产资源体系，部分矿产资源储量居全国前列。

（三）经济状况和发展势头良好

“十五”期间，全省国民经济保持平稳较快增长，部分主要经济指标增幅达到或超过东部地区平均水平。全省生产总值年均增长 11.2%；固定资产投资年均增长 27.1%；社会消费品零售总额年均增长 12.1%；地方财政一般预算收入年均增长 17.9%；城镇居民人均可支配收入和农民人均纯收入年均分别实际增长 10.4%和 8.3%（扣除价格因素），2005 年分别达到 9 180 元和 3 690 元。

2002 年列为国家循环经济试点省以来，探索建立了“3+1”循环经济发展模式，在促进经济发展方式转变方面取得了阶段成果。2005 年，全省每万元 GDP 能耗由 2001 年的 2.11 吨标准煤下降到 1.83 吨标准煤，万元 GDP 取水量由 2001 年的 247 立方米下降到 196 立方米，

万元工业增加值取水量由2001年的137立方米下降到117立方米，工业用水重复利用率提高9个百分点，达到72%。

（四）环境保护和生态建设取得初步成效

近年来，通过实施天然林保护、退耕还林还草、辽河治理、碧海行动计划、城市环境整治等一系列重大举措，环境污染和生态恶化的趋势有所减缓，部分地区和城市环境质量有所改善。2005 年，省辖城市平均 85.8%以上天数环境空气质量达到二级标准；近岸海域水质功能区达标率为 86%。全省森林覆盖率达到 31.8%，自然保护区面积占土地总面积的比例达到9.7%，水土流失面积占土地总面积的比例由1995年的36.3%下降到29%。

（五）科教和其他社会事业发展状况较好

科技创新体系逐步建立，科技对全省经济社会发展的促进作用进一步增强。科研开发机构1 300个，高等院校69所，全省从事科研活动的专业人员16万人，两院院士达到53人，每万人中拥有科学家和工程师28人，都位居全国前列。

已初步形成较发达的交通运输网络，全部省辖市通高速公路、全部乡镇通柏油路。

公众环境保护参与意识和环境维权意识不断提高，创建市级以上绿色学校近千所，绿色家庭2.2万户。在大、中、小学普遍开设环境教育课程和专题活动，环境教育普及率达到了95%。公众参与渠道进一步拓宽，组建了各类环保非政府组织40余家。

三、生态省建设的制约因素

我省是全国的重化工业基地，粗放型的经济发展方式导致环境欠账较多，一些长期积累的资源环境问题尚未从根本上解决，我省在老工业基地全面振兴的进程中开展生态省建设，必须下决心解决重大“瓶颈”制约问题。

（一）经济发展方式粗放，区域经济发展不平衡

我省产业层次总体偏低，初级原材料加工工业比例大，传统原材料优势没有转化成高加工度优势，资源能源利用效率较低，从而导致一些长期积累的资源环境问题尚未从根本上解决。万元GDP能耗、水耗大大超过世界平均水平和国内先进水平，能源利用效率低于国内平均水平，二氧化硫、化学需氧量等主要污染物排放总量位居全国前列。

区域经济发展不平衡。以沈阳、大连两个特大城市为龙头的中部城市群、辽东半岛沿海经济区基础实力和发展优势明显。辽西地区经济结构调整缓慢，工业化水平较低，产业竞争力不强，县乡财政困难，“三农”问题突出，生态与环境脆弱，与中部及沿海地区相比，地区差异、城乡差异、社会发展差距日益突出。

（二）主要资源供需矛盾突出，资源枯竭型城市转型任务艰巨

作为传统的老工业基地，我省水、矿产资源开发强度都很大。辽河流域水资源开发强度超过 70%，远远超过了 40%的国际警戒线。矿产资源整体上对经济社会快速发展的支撑能力

下降，与生产高峰年相比，原煤年产量下降了 26%，原油产量下降了 11%，天然气产量下降了 38%，外部输入的能源已经超过全省能源总消耗的一半。

阜新、抚顺等 9 个（五大四小）以资源开采为主的城市和地区，总人口、土地面积和 GDP 总量都超过全省总量的 30%。目前，阜新、本溪等城市矿产资源已近枯竭，城市发展后备资源不足，产业结构调整缓慢，企业转型与职工就业压力大，矿区环境治理与生态恢复欠账多。

（三）环境压力日趋增大，生态环境保护形势依然严峻

工业污染负荷大。二氧化硫排放总量的近 80%来自工业，电力、冶金、石化等高能耗重污染行业，在未来相当长一段时间内仍将作为支柱产业。城市环境基础设施建设滞后于城市化进程，污水处理率低于全国平均水平。农村污染呈日趋恶化的趋势。辽河流域水质未从根本上得到改善，仍属于重度污染。

生态环境恶化的趋势尚未得到有效控制。全省沙漠化土地面积约 1.23 万平方千米，占全省土地总面积的 8.49%；水土流失面积达 4.23 万平方千米，占全省土地面积 29%，而且每年新产生水土流失面积约 100 万亩。自然湿地面积减少，部分湿地出现破碎化，生态功能减弱。矿产资源大规模、高强度开采严重破坏生态环境，长期得不到恢复。

环境意识亟待加强。一些地方政府和领导重经济发展、轻环境保护，甚至不惜以牺牲环境为代价换取经济发展。环境保护投入不足，环保欠账过多，环境治理明显滞后于经济发展。公众的生态意识还需要不断提高，目前的公共文化教育基础设施不足，环境宣传教育活动、绿色创建活动力度不够，尚未形成良好的社会氛围。

第二部分　指导思想、基本原则和目标

一、指导思想

以邓小平理论和“三个代表”重要思想为指导，深入贯彻落实科学发展观，紧紧围绕老工业基地全面振兴中心任务，以节约资源、控制污染为主线，以改善生态环境质量为核心，推进重点领域、区域污染治理，统筹城市和农村环境保护；以保护环境优化经济发展，着力推动经济发展方式和消费模式转变，努力构建资源节约型和环境友好型社会，推动我省逐步走上生产发展、生活富裕、生态良好的文明发展道路。

二、基本原则

（一）统筹兼顾，协调发展的原则

坚持生态环境保护与社会经济发展“并重”和“同步”，统筹城市和农村环境保护，以保护环境优化经济发展，实现经济社会发展与区域资源、环境的承载能力相协调。

（二）因地制宜，分区推进的原则

按照《国务院关于落实科学发展观加强环境保护的决定》要求，根据资源禀赋、环境容量、生态状况，科学划定生态功能区，确定主导功能；对各类功能区实施分区保护、建设和分级管理。

（三）突出重点，分步实施的原则

典型示范，以点带面，优先抓好重点流域、重点地区、重点行业的布局优化、产业升级、污染防治，以及重点区域的生态建设。通过起步、整体推进和完善提高三个建设阶段，逐步实现生态省建设的目标。

（四）机制创新，市场运作的原则

更加注重机制创新，全面推进经济社会各个领域的改革创新，为开展生态省建设创造更好的环境。按照市场经济原则，制定各项激励政策和约束政策，拓展融资渠道，积极鼓励和引导民间资本参与生态省建设。

（五）政府主导，公众参与的原则

强化政府的管理职能，建立权责明确、管理规范的生态省建设推进机制。加强宣传教育，出台公众参与的管理办法，拓宽公众参与渠道，营造全社会共同参与生态省建设的氛围。

三、建设目标

（一）总体目标

到 2020 年，初步建成生态省，全省 80%以上的市、县基本达到国家生态市、县建设标准；初步建立起高效低耗的生态经济体系、持续利用的资源支撑体系、优质可靠的环境安全体系、山川秀美的自然生态体系、自然和谐的生态人居体系、现代文明的生态文化体系，在辽宁老工业基地全面振兴过程中走出一条资源节约和环境友好的新路子。到 2025 年，努力把辽宁建设成为经济发达、生活富裕、环境优美、文化繁荣、社会和谐的生态省。

具体达到以下几个方面要求：

——经济发展方式实现转变。形成节约能源资源和保护生态环境的产业结构和增长方式，可再生能源比重显著上升，资源利用效率显著提高，实现节约发展、清洁发展、安全发展和全面协调可持续发展；形成生态产业在国民经济体系中占主导地位、具有辽宁特色的生态经济体系。全省单位地区生产总值能耗要低于 1.28 吨标煤，万元工业增加值水耗低于 100 立方米。

——生态环境质量显著改善。主要污染物排放总量得到有效控制，水、大气和近岸海域环境质量达到功能区划要求，退化土地基本得到治理。森林覆盖率达到 39%以上，单位地区生产总值二氧化硫和化学需氧量排放量分别低于 6 千克/万元、4.2 千克/万元。

——人居环境优美舒适。城镇供水、能源、交通、环保等基础设施配套完善，环境净化、绿化和美化；农村居住环境实现卫生、清洁、优美、文明。城镇污水处理率达到 80%以上，城市集中式饮用水源地水质达标率达到95%以上，村镇饮用水卫生合格率达到100%。

——全社会生态文明程度显著提高。健全和完善生态省建设的法律法规体系与执法监督机制；生态文明观念在全社会牢固树立，形成节约资源、保护环境的价值取向和消费模式，公众积极参与生态省建设。环保宣传教育普及率达到95%以上。

（二）阶段目标

1．起步阶段（2006—2010）

经过5年的努力，初步形成生态省建设的机制和框架，初步搭建起生态经济、资源支撑、环境安全、自然生态、生态人居、生态文化的生态省建设框架；初步建立起政府主导、法律规范、市场运作、科技先导、公众参与的生态省建设机制。建成一批生态市（县）试点和环境优美村镇，基本遏制生态环境恶化趋势，部分地区生态状况有所好转，为全面开展生态省建设奠定基础。

2．整体推进阶段（2010—2020）

再经过 10 年左右的努力，90%以上的指标达到国家生态省建设标准，80%以上的市、县基本达到国家生态市、县建设标准。经济发展方式基本实现转变，产业结构优化升级，以循环经济为核心的生态效益型产业成为新的经济增长点。城乡人居环境清洁优美，建成一批环境保护和生态建设重点工程，全省大部分地区环境质量良好，辽河流域水环境质量和城市大气环境质量明显改善；农村基本达到“清洁水源、清洁家园、清洁田园”要求。全省可持续发展能力显著提高，经济、社会与生态环境基本步入协调发展的轨道。

3．完善提高阶段（2020—2025）

用 5 年的时间，进一步完善提高生态省建设质量，各项指标达到国家生态省建设要求，生态省建设的主要任务和目标基本实现。

（三）指标体系及可达性分析

1．指标体系

依据国家《生态省建设指标（试行）》，生态省建设指标分为经济发展、环境保护、社会进步三方面，共 22 项。结合我省实际，除指定指标外，增加了单位 GDP 能耗、万元工业增加值用水量 2 项经济发展类指标，以及矿山生态环境治理恢复率、城市集中式饮用水源地水质达标率、村镇饮用水卫生合格率、污水处理率及污水再生利用率、生活垃圾无害化处理率 5 项环境保护类指标。辽宁生态省建设指标体系包括 29 项指标，具体见附表 1。

指标体系将根据辽宁生态省建设的实际情况和国家新的要求进行适时调整。各地应在国家制定的生态市、生态县建设指标的基础上，结合辽宁生态省建设指标体系，并根据当地实际，科学制定生态市、生态县创建指标体系。

2．指标可达性分析

通过与国家《生态省建设指标（试行）》标准对照，目前 29 项指标中已有 5 项指标达标，达标率为 17.2%。

在 24 项未达标指标中，有 21 项指标通过科学有效的实施规划纲要中的重点任务和重点工程，把对策措施落到实处，坚定不移地坚持科学发展，在发展中着重处理好经济与环境之间的关系，到 2020 年能够实现，有些有望提前实现。

其余 3 项未达标指标，即山区和丘陵区的森林覆盖率、退化土地恢复率以及矿山生态环境治理恢复率差距较大，是辽宁生态省创建工作的难点。必须采取超常规的措施，给予强有力的法律法规和政策支撑，严禁乱砍滥伐、破坏植被和不计环境资源成本的矿山开采，进一步强化植被恢复与重建、沙化治理和水土保持，以及矿山生态环境综合治理，不断提高森林覆盖率、退化土地恢复率和矿山生态环境治理恢复率，到 2025 年力争达到生态省建设指标的要求。

第三部分　区域布局和功能定位

一、生态功能分区

根据《生态功能区划暂行规程》和我省的生态环境特点，全省划分为 6 个生态区、13 个生态亚区。

（一）辽东山地生态区

辽东山地生态区包括抚顺、本溪、丹东大部，铁岭、沈阳、辽阳、鞍山、营口东部山区，面积约 4.49 万平方千米。本区是全省地势最高的区域，水资源丰富，森林覆盖率超过 50%，生物多样性丰富。主导生态功能为水源涵养与生物多样性保护。

主要生态问题：一是森林质量不高，天然林较少，人工林树种单一，水源涵养能力下降；二是矿产资源过度开采，使生态环境遭到严重破坏；三是降水集中，区域性、局地性洪涝水患及气象次生灾害易发，泥石流等地质灾害频发、群发；四是超坡耕作、粗放式养蚕栽参等不合理的农业活动破坏植被，加剧了水土流失；五是小城镇环保基础设施建设滞后，污染物排放对大伙房水库等供水水源水质造成威胁。

发展方向定位：本区是我省最重要的水源涵养区，经济发展需坚持生态优先、保护为主的原则，严格限制建设水污染重的工业项目，适度发展低污染或无污染的工业。实施绿色食品战略，建设绿色药材、水果、山野菜、食用菌、经济动物等基地，发展特色山地生态农业。适度发展生态旅游业。

环境保护与治理对策：一是禁止天然林商业性采伐，禁止与限制不合理的农业活动，封山育林，培育针阔叶混交林，保护生物多样性，增强水源涵养能力；二是加强浑太源头、大伙房、观音阁、汤河等饮用水源保护区和生态功能保护区建设；三是严格限制水源涵养区、生物多样性重要区、地质灾害易发区、水土流失严重区的矿产资源开发活动，加大对露天坑、废石场、尾矿库、矸石山的生态恢复力度；四是科学放养柞蚕，采取生物与工程措施积极治理蚕场；对沙化严重的蚕场，实行退蚕还林；五是加大小城镇污水处理厂等环境基础设施建设，提高城镇污水垃圾收集处理水平；六是开展小流域综合治理。

（二）辽东半岛生态区

辽东半岛生态区包括大连市全部、丹东市和营口市的部分区域，面积约 1.88 万平方千米。主导生态功能为森林生态系统恢复与水土保持，支撑城镇发展。

主要生态问题：一是植被破坏比较严重，树种单一，森林生态功能较弱；二是没有过境河流，沿海河流源短流急，缺乏自然降水，地表淡水资源贫乏，南部干旱灾害比较严重，是受台风影响重点区域；三是沿海经济密集地区地下水超采导致海水入侵，局部沿岸海蚀问题突出；四是矿产资源开发和泥石流地质灾害对碧流河水库等饮用水源地水质安全造成威胁，矿产资源过度、粗放开采，生态环境受到严重破坏。

发展方向定位：本区应坚持开发与治理并重的原则。山地丘陵地带要以恢复森林为主，完善生态功能，发展绿色、有机食品生产，大力发展节水型生态农业。沿海地区重点建设造船、石化、先进装备制造业和高加工度原材料基地、高技术产业和农业加工示范区。结合海滩、海岸、城市资源和人力、技术资源发展旅游、会展、信息、教育、创意、咨询服务等产业。发挥大连港和营口港的区位优势，大力发展现代物流业。

环境保护与治理对策：一是强化封山育林，加大水保林与海防林建设力度，加强矿山开发的生态环境监管、地质灾害防治和矿山环境的修复，增强水源涵养和水土保持功能；二是全面建设节水型社会，提高用水效率，严格限制地下水开采，遏制海水入侵；三是重点加强碧流河水库、英那河水库等饮用水源保护区及生态功能区建设，依法关停碧流河等饮用水源保护区内的矿产资源开采等违规建设项目；四是引导大连、丹东、营口等沿海地区按照循环经济理念合理发展，减少污染物排放，加强沿海湿地和生物多样性保护。

（三）辽河平原生态区

辽河平原生态区包括铁岭、沈阳、辽阳、鞍山大部，锦州、营口一部分，抚顺、本溪城区和近郊，面积约 3.44 万平方千米。主导生态功能是支撑城镇发展、农产品生产和自然湿地保护。

主要生态问题：一是中部城市群城市集中，污染叠加，一些污染物排放量超过环境承载能力，环境质量亟待改善；二是水资源短缺，水污染严重，部分城市地下水超采，形成地下漏斗，下辽河平原地下水高铁、高锰原生环境地质问题突出；三是森林面积较少，绿化水平较低，尤其是柳河、绕阳河谷地土地沙化和盐渍化较重，河道宽，水量小，河床除汛期外呈裸露状态，是省内的主要沙尘源之一；四是南部滨海平原是盐渍化重点地区，自然湿地不断减少，石油污染加剧；五是化肥、农药等农用化学品施用强度大，规模化畜禽养殖场缺乏基本的污染防治设施，农业面源污染严重。

发展方向定位：本区是辽宁省城镇与人口密集区，也是传统工业集中区，环境欠账较多，应坚持生态环境保护与社会经济发展同步，逐步强化生态功能。优化产业与区位布局，促进冶金、石化等重型产业向滨海地区转移，加快先进装备制造业基地、高加工度原材料基地、高技术产业和农产品加工示范区建设。农业开发以建设稳产、高效的基本农田为重点，开发推广农业高新技术，发展节水农业、生态农业和现代农业。大力发展第三产业，构建以沈阳为中心的金融、信息、物流、会展等现代服务业基地。

环境保护与治理对策：一是加大中部城市群环保基础设施建设和城市环境综合整治力度，严格控制大气、水等污染物排放和污染效应叠加，加快环保模范城市和生态市、生态县的创建。向滨海转移产业要实现技术提升，建立循环产业链，完善污染物集中处理设施；二是加强节约用水，适度提高沈阳、鞍山、辽阳等城市的调入水量，降低地下水开采量，逐步恢复地下水位。对原生铁、锰超标地下水以非饮用利用为主，严格处理达标后方可供饮用；三是加强本溪、抚顺、沈阳、铁岭等采煤沉陷区、尾矿库、排土场治理和生态恢复；四是加强农田、路网等防护林建设，开展柳河、绕阳河流域综合整治，减少河水含沙量、防治土壤盐渍化和沙化；五是加强南部滨海平原入海口湿地保护，严格控制对自然湿地的占用，降低油气污染；六是整治规模化畜禽养殖污染，发展生态农业，降低农用化学品施用强度，控制农业面源污染等。

（四）辽西北沙地生态区

辽西北沙地生态区地处北方农牧交错地带，科尔沁沙地南缘，包括昌图县西部、康平县全部、阜新和朝阳市北部，面积约 1.51 万平方千米。主导生态功能是土地沙化控制。

主要生态问题：一是康平、彰武等地区草地质量差，不合理的草地开垦和过牧加剧了土地沙化，对中部城市群大气环境和农田构成威胁；二是阜新县、朝阳市北部的努鲁儿虎山地区植被覆盖率不高，质量较差，沙漠化屏障功能较弱；三是建平县北部三面接壤于内蒙古，是全省最干旱地区，台地及沿河两岸土地沙化严重，是辽西地区潜在的沙尘源。

发展方向定位：辽西北沙地生态区应实施集聚发展、点状开发。结合风能、太阳能开发，发展新型能源产业基地，积极发展沙产业，严格限制高耗水产业发展。农业开发需在生态承载力范围内实行林、牧、农综合开发，限制不合理的耕作农业，积极推广保护性耕作。建设人工饲草料基地，逐步实施牲畜圈养。适度发展沙地、草原生态旅游业。

环境保护与治理对策：一是在康平、彰武地区，进一步强化“三北”防护林建设和科尔沁沙地治理，林草结合，完善林网，就地封沙，遏制沙丘南移；二是在阜新县北部、朝阳市北部地区实行封山育林育草，大力营造灌木林和混交林，构建防风挡沙绿色屏障；三是在建平县北部实行退耕还林还草，禁止破坏草地和超载过牧，恢复天然植被，防治因风蚀产生的沙化；四是在风沙严重、环境十分恶劣的地区，实行生态移民，退耕退牧还草。

（五）辽西丘陵生态区

辽西丘陵生态区包括朝阳、锦州、阜新、葫芦岛的全部或部分地区，面积约 3.17 万平方千米。本区的主导生态功能是水土保持。

主要生态问题：一是辽西内陆森林质量差，草场退化严重，矿产过度开发和超载放牧，水土流失与土地风蚀严重；二是大凌河流域城市污水直接排入河流和水库，造成水质污染，影响大凌河和白石水库两大供水基地的使用功能；三是水资源短缺，多数河流呈现季节性，降水严重不足且变率大，蒸发剧烈，区域内普遍干旱，地下水超采，个别地区出现地下水漏斗，部分地区地下水高氟问题突出，直接威胁城乡居民饮用水安全；四是城市环境污染加剧，环境基础设施薄弱。

发展方向定位：本区要坚持在治理中发展。辽西沿海地带是联系东北和华北的咽喉地带，

重点建设造船基地、石化基地、汽车零部件和农产品加工基地，形成一批具有辽西特色和优势的新兴产业。低山丘陵地带建设特色经济林基地，推广旱作节水农业，大力发展设施蔬菜、名优水果、球根花卉、特色杂粮，建设人工饲草料基地，突出发展畜禽养殖，建设绿色肉、禽、水产品和乳制品生产和深加工基地。结合海岸资源、地质遗迹与交通优势发展旅游与物流产业，打造辽西走廊黄金旅游线。

环境保护与治理对策：一是实施山水林田路综合治理，加强"三北"防护林建设，实施退耕还林还草，加大封山育林育草力度，降低退化草场载畜量，退化严重的草场要禁牧封育，恢复植被；二是加强城市生活和工业污染治理，控制农业面源污染，保护白石和阎王鼻子等水库水质。高氟地区实施高氟水改造工程。通过水源涵养与加强节水，增加地下水补给。禁止乱开滥挖无序采矿行为，严格限制乌金塘水库等饮用水源地上游的矿产资源开发，加强废弃矿场植被恢复；三是制定相应政策，鼓励环境脆弱地带的人口向基础设施比较完备的城镇集聚；四是重点加强锦州、葫芦岛等地区冶炼、造纸、石油化工等行业的污染治理，避免发展旅游业带来的生态问题，防范环境风险。

（六）近岸海域与岛屿生态区

近岸海域与岛屿生态区包括丹东、大连、营口、盘锦、锦州、葫芦岛海岸带，海岸线长 2 920 千米，毗邻海域总面积约 6.8 万平方千米。本区的主导生态功能是滨海湿地和海岸带保护。

主要生态问题：一是部分海域开发利用形式粗放，不合理占用岸线和海域现象严重，盲目围海填海，自然滨海湿地急剧减少，海湾和岸线减缩问题突出，地下水超采导致海水入侵，海岸生态系统遭到破坏，台风、冬季海冰等海洋气象灾害较重；二是近海捕捞业的盲目发展导致渔业资源严重衰退，部分海洋珍稀物种濒临灭绝；三是近岸海域，特别是一些局部海域水质污染严重，海洋赤潮频繁发生；四是河流入海淡水量减少，部分滨海湿地质量呈退化趋势，标志性景观红海滩（碱蓬）面积逐渐萎缩；五是没有合理规划海水养殖业，没有充分考虑海洋生态承载能力，过多过滥发展海水养殖业。

发展方向定位：本区域具有较好的发展条件和发展潜力，是未来承载经济和人口的重点区域，应坚持开发与保护并重的原则，实施大连长兴岛、营口沿海产业基地、辽西锦州湾和丹东、庄河临港工业区"五点一线"开发战略，实行组团式、串珠状开发，防止岸线资源无序遍地开发，优化沿海经济带建设。合理开发滩涂、近海资源，适度发展海水养殖，实施渔业资源增殖计划，建成一批海珍品增殖基地。

环境保护与治理对策：一是加强海洋自然保护区、海洋特别保护区建设和海洋渔业资源保护，进一步完善海防林体系，保护海岸植被；二是制定辽宁省海岸带利用规划，引导海岸带有序开发，严禁非法采砂、超采地下水，严格控制滩涂围垦和围填海活动，清理整治弃养虾池等人工设施和挖沙等破坏活动，部分地区退耕还苇，恢复滨海湿地环境；三是陆海联动、以海定陆，控制陆源污染物排放，限制海上排污；四是制定沿海渔业养殖规划，严格审批渔业养殖项目，清理取缔超载养殖；五是加强岛屿生态保护与恢复。

二、分级控制管理

根据生态环境重要性与敏感性、环境容量、资源禀赋、发展潜力和生态环境保护的要求，将全省划分为禁止开发区、限制开发区和集约开发区，制定不同的区域发展环境政策，作为引导和协调全省发展与环境保护的基础框架。

（一）禁止开发区实施严格保护

禁止开发区包括重要水源保护区、省级以上自然保护区、风景名胜区、森林公园、国家地质公园，世界文化自然遗产等区域。这些区域依法实施保护，禁止任何与保护无关的开发建设行为，逐步搬迁区域内现有居住人口。

专栏 1　禁止开发的区域

——重要水源保护区

大伙房、碧流河、观音阁、桓仁、英那河等大中型饮用水源水库以及县级以上政府划定的集中式饮用水水源保护区。

——省级以上自然保护区

全省已建立国家级和省级自然保护区 40 个，总面积 2.1 万平方千米（含海洋），其中陆域面积 1.1 万平方千米，占全省陆域总面积的 7.5%。

——省级以上风景名胜区

省级以上风景区 17 个，面积 5 843 平方千米，占陆域面积的 3.96%。

——省级以上森林公园

国家级、省级森林公园共计 61 个，面积 1 878 平方千米，占全省陆域面积的 1.29%。

——国家地质公园

国家地质公园 4 个，园区（核心区）面积 775 平方千米。占全省陆域面积的 0.53%。

——世界文化自然遗产

沈阳故宫、福陵、昭陵、永陵、桓仁五女山、九门口世界文化自然遗产保护地。

（二）限制开发区实施严格准入

限制开发区域包括水源涵养、风沙防治、天然湿地等重要的生态功能区，沙漠化、水土流失等生态环境脆弱区和天然林保护、“三北”防护林建设、柳河流域治理等大型生态工程涉及的治理和恢复区。这些区域要坚持保护优先、适度开发、点状发展。在限制开发区实施严格的环境准入政策，颁布行业准入目录，合理选择发展方向，发展特色优势产业。引导超载人口逐步有序转移，促进生态功能的保育与恢复，提高区域的生态环境质量与服务功能，逐步恢复生态平衡。

专栏 2　主要限制开发区域及限制内容

——浑太源头水源涵养生态功能区

面积 7 776 平方千米，分布于清原、新宾、抚顺、本溪县。严格限制严重污染环境的农药、化工、造纸、制药、制革、印染、电镀、冶金等项目和严重破坏植被的开发活动，禁止天然林商业采伐。

——辽河三角洲湿地生态功能区

面积约 4 000 平方千米，主要分布在盘锦市的辽河口湿地。严格控制新上蓄水工程，保障河口生态用水。严格控制石油开发生产用地及其环境污染。规范农业、渔业开发，严格限制湿地围垦与养殖。

——辽西北沙化控制生态功能区

面积 6 908 平方千米，涵盖康平全部、彰武大部及昌图、阜新县部分地区。严格限制牲畜散养以及可能加重沙化的大面积农业活动与高耗水工业项目。

——大中型饮用水源汇水区

城市饮用水源保护区上游的汇水区域。严格限制农药、化工、造纸、制药、制革、印染、电镀、冶金、采选等可能对水源水质和涵养水源产生严重影响的开发建设项目。

——柳河生态恢复区

辽宁省境内的柳河流域。严格限制大规模土地开垦和牲畜散养，限制破坏植被、加重水土流失和沙化的活动。

——沈阳东部水源涵养生态功能区

面积 1 007 平方千米，分布在沈阳市新城子、东陵、苏家屯三区东部的自然条件较好的区域。严格限制严重污染环境的工业项目和采石、采砂等严重破坏景观及植被的资源开采项目。

（三）集约开发区引导协调发展

集约开发区分布在中部辽河平原、辽西沿海平原丘陵地带、辽东半岛丘陵与沿海地带等地区，属于禁止开发区和限制开发区以外区域。主要方向是以环境优化经济发展，通过强化环境资源管理促进集约发展，提高土地等资源的开发利用水平，增强资源环境对人口经济发展的承载能力，提高经济发展质量与效率。城镇要完善环境基础设施，强化环境影响评价制度和“三同时”制度，推进规划环评，发展循环经济，促进清洁生产，积极创建生态宜居城市和环境优美村镇。农村要控制城市污染项目向其转移，加强基本农田保护，因地制宜地发展现代农业、生态农业，有条件的地区要率先完善环境基础设施，建设社会主义新农村。

注重集约开发区资源环境的协调，形成与资源和能源供应、交通运输配置、市场供需、环境容量相适应的产业布局。其中沈阳、大连、鞍山、抚顺、本溪等大中型城市的城区和大规模的矿产资源开发区实施优化开发，改变依靠大量占用土地、大量消耗资源和大量排放污染物、破坏生态环境质量的经济发展方式，大力发展高新技术，优化产业结构，加快产业和产品的升级换代，同时率先完成排污总量削减任务，做到增产减污。发展循环经济，提升参与全国乃至全球分工和合作的层次。

在丹东、大连、营口、盘锦、锦州、葫芦岛的沿海区域，具有较好的发展条件和发展潜力，可布局基础性产业及接纳中部城市群的转移产业。对以大连长兴岛、营口沿海产业带、辽西锦州湾、丹东临港产业基地和庄河花园口工业园等地区为中心的沿海地区实施重点开发，加快基础设施建设，科学合理利用环境承载能力，强调组团式开发，制定严格的准入制度，推进工业化和城镇化，把节能减排放在更加突出的位置，保护好重要滨海湿地。

专栏3　辽宁省部分优化开发区域

辽宁省优化开发区主要有两类，大中型城市城区和生态环境破坏严重的大型矿产资源开发地区。

(1) 大中型城市城区。包括沈阳、大连、鞍山、抚顺、本溪等大中型城市城区。这些区域人口、工业活动密集，环境资源容量有限，城市环境质量普遍处于较低水平，水环境容量、大气环境容量经常处于超载状态，环境污染压力极大，环境已经处于超负荷状态。要优化产业结构，大力发展高新技术产业、现代服务业。统筹配置资源、逐步提高现有行业的清洁生产水平，限制高污染和高资源消耗产业的发展，严格控制重污染行业进入。

(2) 矿产资源开发区。指开发强度大、涉及范围广的国家重要资源开发区域。重点是海城、大石桥、岫岩一带镁矿、滑石矿区，鞍山、辽阳、本溪一带铁矿区，抚顺、阜新、北票、灯塔、凤城煤矿区，凤城、宽甸硼矿区，葫芦岛钼矿区，大连、本溪石灰石等矿区。由于长期重开采轻保护，造成当地生态环境严重破坏，尤其是部分地区掠夺式开采使资源浪费严重，环境问题突出。这些区域要对资源优化开采，加大生态恢复力度，提高技术水平和资源利用效率，淘汰落后工艺，禁止无序的乱挖滥采，严格限制地方性小矿山的开采规模和范围，处于重点风景名胜区及重点文物保护单位、重要经济开发区周边、重要交通干线两侧直观可视范围内的露天采矿场，以及严重破坏生态环境的小矿山要关停。

第四部分　主要领域与重点任务

一、构建高效低耗的生态经济体系

按照建设资源节约型和环境友好型社会的总体要求，推动老工业基地全面振兴，大力推进产业结构优化升级，把节能减排作为调整经济结构、转变发展方式的切入点和突破口。着重加大轻型工业和现代服务业比重，提高技术进步水平，推动发展模式从线性经济向循环经济转变，从高消耗、高污染型向资源节约和环境友好型转变，逐步形成一、二、三产业健康协调发展、具有辽宁特色的生态经济体系和格局。

（一）优化产业结构和布局，提升产业结构水平

1. 严格环境准入，促进产业升级

新改扩建项目要严格环境准入，提高产业发展起点。严格执行环境影响评价和“三同时”制度，以最佳增量优化经济增长。对经济社会发展规划、各类开发区建设规划等进行严格的环境影响评价。对环境有重大影响的政策和决策，应当进行环境影响论证。加强新建项目审批管理，根据国家有关规定和辽宁省实际情况，提高资源消耗大、污染严重产业产品的市场准入门槛，通过“以新带老”，推进节能减排，提升产业结构水平。

已建项目要依法淘汰落后生产能力，实现产业升级。严格执行排污总量控制和排污许可证制度，以改善存量优化经济增长。对不符合行业准入要求、属于限制类生产能力的现有企业，要加大环境监督执法力度，采取限期治理措施，促使其在规定期限内达到国家或地方排放标准；不能按期达标或污染严重、达标无望的，依法限制其生产能力直至全部停产。结合产业结构调整，严格执行强制淘汰制度，按照国家规定的名录，强制淘汰浪费资源、污染严重的企业和落后的生产能力、工艺、设备与产品。严格禁止被淘汰企业的落后生产装置和设

备向欠发达地区或农村地区转移。重点解决造纸、酿造、电力、冶金、石化、建材等行业的结构性污染问题。

到 2010 年，全省消耗每吨铁矿石、有色金属、非金属矿等重要资源产出的生产总值要比 2005 年提高 25%左右；万元国内生产总值能耗下降 20%；万元工业增加值水耗比 2005 年下降 14.5%。

2．加强科技创新，推进重点行业节能减排

坚持走新型工业化道路，推进石化、冶金、机械装备等重点产业向集约化、高级化、系列化和高加工度方向发展。

钢铁行业：加快钢铁新技术、新工艺的研发，全面推广余能、余压、余热回收利用技术，实现废物的资源化、无害化、最小化。围绕建设北方精品钢材基地的目标，着力打造精品板材、优质特殊钢、新型建筑钢材三个精品钢材基地。到 2010 年，吨钢综合能耗 0.7 吨标煤以下，吨钢新水消耗低于 6 吨，做到增钢不增能或降低能耗、增钢不增水或降低水耗。

石化行业：加快技术升级步伐，重点提高石油化工加工水平，以精细化工、绿色化工为导向，研制开发符合生态保护要求的新技术及新产品，建设各具特色的石化生产基地。到 2010 年，全省石化工业增加值预期 1 200 亿元，万元工业增加值能耗降低 20%，水耗降低 10%。

机械装备行业：采用清洁生产、绿色制造技术，提高产业经济效益和生态效益。通过引进技术、消化吸收等手段，提高产品的开发和设计能力，着力发展基础设备、成套设备和交通运输设备。到 2010 年，全省装备制造业的设计技术、制造工艺、产品技术水平达到全国一流水平或当代国际先进水平。装备制造业工业增加值占规模以上工业的比重由 2005 年的 24.6%提高到 35%。

3．优化产业布局，促进区域协调发展

坚持统筹协调与重点开发相结合，构建以“三区一带”为核心，各类工业开发区和工业园区为支撑，重点突出、特色鲜明、协调发展的产业格局，充分发挥辽宁中部城市群等经济区的先导联动作用。将发展规划和环境保护目标有机结合，规范空间开发秩序，按照辽东山地、辽东半岛、辽河平原、辽西北沙地、辽西丘陵、近岸海域与岛屿生态区主体功能定位，明确不同区域的环境保护和产业发展方向，进一步优化全省生产力布局。统筹城乡经济发展，大力发展壮大县域经济，依法开发利用当地自然资源，建设县域工业园区，加快形成县域主导产业，在城市带动农村、工业反哺农业的进程中，严格控制工业污染向农村转移，推动县域经济持续、健康、快速发展。根据资源环境承载能力，优化产业布局和区域发展，减轻资源环境压力。

（二）提高资源循环利用水平，培育生态工业

1．大力推行清洁生产，培育生态型企业

全面推进清洁生产，在污染物排放超过国家和地方规定的标准或者总量控制指标的企业，以及使用有毒、有害原料进行生产或者在生产中排放有毒、有害物质的企业，依法强制实施清洁生产审核；有条件的企业应开展环境管理体系认证；积极推进企业内部的产品生态设计和改造，促进企业不断提高清洁生产水平。

在重点行业推进清洁生产。积极开发推广清洁生产技术、工艺和成套设备，不断提高资

源利用率和降低污染排放量，选择冶金、石化、电力、煤炭、建材、造纸等行业，开展废水处理后回用，实现洗煤废水、矿井水、选矿废水、轧钢冷却水、电厂冲灰水和再生纸废水的“零排放”，冶金行业高炉、转炉和焦炉煤气也要基本实现“零排放”，废渣要实现资源化，创建一批“零排放”企业。

在重点企业推行清洁生产。开展创建清洁生产示范企业活动，以鞍钢、沈化、抚顺石化和抚顺矿业等大中型联合企业为重点，开展能流、物流集成和废物循环利用；以镁砂行业和中小造纸、化工行业为重点，推进中小企业开展清洁生产审核。通过典型示范，全面推进，使辽宁省重点行业和主要产品的能耗、物耗、水耗达到或接近国内先进水平。到2010年，创建100个省级清洁生产示范企业。

2. 加强规划和改造，建设生态工业园区

按照集中布局、集中控污的原则和产业生态学原理，整合和提升现有的各类先导区，促进老工业园区的生态化改造，建设新的生态工业园区。结合老工业区改造，指导并推进沈阳铁西区、本溪南芬区等工业园区的生态化改造；结合资源枯竭地区经济转型，建设抚矿集团等生态工业园区，延伸产业链；抓好鞍本钢集团、抚顺矿业集团、大连经济技术开发区等国家循环经济试点单位的推进工作。在推进“五点一线”经济发展战略进程中，建成以五个新型生态工业园区为支撑的生态经济带。

重点支持沈阳等城市环保产业园建设。加快烟气脱硫技术设备、城市垃圾资源利用等关键技术设备、环境监测设备仪器的国产化进程，提高产品质量水平和成套能力；采用信息生物和新材料等新技术，改进和提升污水处理、垃圾处理等环保技术和产品档次。到2015年，建成10个具有国际竞争力的环保产业骨干企业和集团。

3. 推进循环链接项目建设，培育生态产业链

结合地区产业结构特点，充分发挥产业关联效应，通过引进关键链接技术，建设关键链接项目，开展企业间、园区间和行业间废弃资源、能源和伴生副产品的梯级和重复利用，延伸产业链。在冶金、石化、煤炭、电力等行业与其他行业间构建循环经济发展产业链。冶金行业，以高炉、转炉、焦炉煤气回收发电、高炉渣制水泥、污水处理回用、余热余压发电为主要方式与电力、建材行业链接；石化行业，开展余热、废水、废弃物和副产品的重复和梯级利用，实现行业内链接；煤炭行业，充分利用煤炭和与其相伴生的煤层气、煤矸石、尾矿资源，与电力、化工、建材和建筑等行业链接；电力行业，充分把发电过程中产生的废气、废渣及粉煤灰等用于居民供热、筑路、生产建材产品等，与建材、建筑等行业链接，形成废弃物和副产品循环利用的工业生态链网，推进区域内资源、能源利用效率最大化，污染物排放最小化。

（三）推进农业现代化进程，积极发展生态农业

1. 调整农业产业结构

按照高产、优质、高效、生态、安全的要求，优化提升种植业，加快发展畜牧、水产、林特产品以及农产品加工业。做强优质粮、畜牧业、渔业、优质水果、设施蔬菜五大优势产业，做大油料、花卉、食用菌、中药材、林产品等区域特色产业。积极推动二元种植结构向三元种植结构转变。通过优化品种结构，提高粮食单产、产品质量。扩大经济作物、蔬菜、

水果的种植面积。支持建成一批养殖大户、规模化饲养场和标准化畜牧生产小区，提高畜牧业的规模化、集约化和标准化饲养水平。科学发展海水和淡水生态养殖，提高优良品种比例。林业要结合生态环境改善，发展林下产业及林产品深加工业。到2010年，农林牧渔四业增加值比例调整为40∶4∶35∶21，农作物良种覆盖率达到98%以上。

2. 优化农业区域布局

根据我省资源与区位优势和产业基础，围绕发展优势农产品，构筑农业四大区域布局。辽东山区抓好“山上林下产业开发工程”建设，科学规划、有序发展木材、肉类、干果、柞蚕等有区域特点的农产品生产基地；建设绿色药材、水果、山野菜、食用菌、经济动物和观光农业基地等生态农业。辽河平原区抓好“农产品精深加工工程”建设，重点发展精品高效农业，开展乡村清洁示范工程建设。辽西丘陵区抓好“退耕还林还草工程”建设，重点推广旱作节水农业，走灌溉农业和旱作农业相结合道路。沿海经济区抓好“海洋资源开发工程”建设，重点发展外向型创汇农业，加强芦苇和海防林建设。

3. 推广生态农业

大力推广生态种植、生态养殖技术模式，引导农业生产方式的转变。在全省范围内推行草田轮作、立体种养、生态果园建设、生态养殖、平原区农牧结合生态农业、有机农产品生产、观光休闲农业等生态农业模式及其配套技术。大力发展无公害、绿色和有机食品，提高农产品的市场竞争力。到 2010 年，绿色、有机食品生产规模占全省农业生产面积的 20%以上，农产品质量安全水平保持在 96%以上，力争食用农产品基本实现无公害化生产；开展草田轮作面积达到 500 万亩；建设生态农业示范村 34 个，生态农业示范县 15 个，生态农业示范市 2 个。

4. 发展现代农业

提高农业科技创新和转化能力，积极改善农业基础科研条件，建立省农业科技创新基地，积极开展农业关键技术攻关。积极发展节地、节水、节肥、节药、节种等节约型农业，推广农产品精深加工、保护性耕作等农业适用技术。应用现代科学技术，推进精准农业发展进程。

继续实施“万村千乡市场工程”，建设农业现代经营网络。加快农业种业体系、农业科技创新与应用体系、农业植物保护体系、农产品质量安全体系、农产品市场体系、农业信息体系、农业资源与生态环境保护体系、农业社会化服务与管理“八大体系”的建设，不断提高现代农业建设的科技含量和技术水平。到2010年，建设省级现代农业示范基地100个，保护性耕作面积达到660万亩，完成农业节水灌溉面积200万亩，节水灌溉面积达到870万亩。

（四）发展生态友好型服务业，壮大第三产业

1. 发展现代服务业

培育沈阳、大连、鞍山三个软件产业基地，逐步形成覆盖全社会、沟通各领域、具有国内领先水平的现代化信息服务网络体系。构建以沈阳、大连、锦州为核心的东北现代物流中心，建立清洁、安全的现代物流体系；大力发展表演艺术、出版、产品设计等创意产业，建设一批以高技术为基础的创意产业园区；稳步拓展金融保险业，进一步改善企业融资环境，推广有利于保护环境的“绿色信贷”理念；发展科技服务业，架构科技中介服务体系和人才高地，促进科技与经济的融合。

2．提升传统服务业

推广应用连锁经营、仓储超市、专业配送、销售代理、电子商务等组织形式和服务方式，促进以网络商业为基础的新型商业发展。提倡绿色营销，形成绿色、有机食品的流通渠道和交易体系。加大餐饮业连锁经营模式推广力度，通过 ISO 9002 认证，创建餐饮旅馆业“绿色”名牌。强化服务业环境管理，推进废物资源化利用，控制缺水地区高耗水的洗浴业、洗车业、洗染业等增长速度，建立与水资源供给能力相适应的商贸流通服务业生产经营体系。普及推广可再生包装材料，控制过度包装，降低一次性消费品使用量。

3．发展生态旅游业

充分发掘我省自然、历史、文化和民俗方面的旅游资源，倡导将生态观念和生态文化融入旅游产品开发的各个环节，用生态概念包装旅游资源，用生态文化观念塑造自然及人文景观。加强对旅游产业发展的规划与管理，坚持保护第一，开发服从保护的原则，尽可能减小甚至避免旅游开发和经营以及旅游活动对自然景观、人文景观以及周围环境造成的破坏，促进生态保护和旅游资源可持续利用。强化旅游景区环境管理，严格控制景区内旅游服务设施建设，避免水源污染和生态景观的破坏；实施生态旅游业环境审计，监督落实生态环境保护规划。

（五）推动社会共同参与，建立社会循环经济体系

1．改变传统单向性资源消耗模式，建设资源再生体系

以废旧物资的回收和集中加工处理为主体，建立依法经营、服务齐全、管理规范的回收利用网络。建立废旧物资回收利用系统，开展废旧汽车，以及废家电、废电脑等电子产品的回收和无害化处理。逐步建立生活垃圾分类、收集、运输和处置系统，实现生活垃圾处理的资源化、无害化。以辽宁省环保产业园为试点示范，推动全省静脉产业园区建设。到 2010 年，全省资源综合利用产值达到 60 亿元，再生资源回收利用总值 80 亿元，主要再生资源回收利用率达到 70%以上；沈阳、大连和鞍山要在全省率先建立生活垃圾分类回收体系；培育居国内同行业领先地位的再生资源回收、加工基地。

2．鼓励绿色消费，完善社会循环经济体系

发挥政府的导向与示范作用，将通过环境标志认证的产品、再生材料生产的产品、通过清洁生产审计或通过 ISO 14000 认证的企业的产品列入优先采购计划。倡导绿色消费，增强重复利用意识，少用或不用一次性物品，加强一次性易耗品的反复使用与多次使用。鼓励科研机构与企业积极研制、开发与生产节能、节水、无污染的产品以及再生产品。

3．以资源型城市转型为契机，建立多样化的循环型城市发展模式

以推进城市可持续发展和资源型城市经济转型为重点，因地制宜，一市一策，分类推进，建设循环型城市。优化资源型城市产业结构，合理布局工业企业，选择绿色农业、新型能源、石油化工和煤化工等为接续产业；推行以循环经济为核心的经济运行模式，建立以清洁能源为主体的城市能源体系，减少不可再生资源的消耗，保护和充分利用可再生资源，重点支持粉煤灰及煤矸石开发利用、矿井水二次利用和矿山废弃地复垦利用，形成新的产业。

二、构建持续利用的资源支撑体系

坚持“在开发中保护、在保护中开发”的原则，优化资源开发利用方式，提高资源利用效率，大力推进节能降耗，解决好我省老工业基地全面振兴和可持续发展中的资源“瓶颈”制约问题。

（一）坚持开源与节流并重，提高水资源保障水平

1．建设节水型社会

逐步建立以节水为核心的水价形成机制，推行节水技术和节水器具，实施定额用水。农业要推广综合节水措施和精确灌溉，积极发展旱作农业。工业要鼓励发展单位产品耗水量小的项目，缺水地区严格控制高耗水项目；建设工业用水回收处理和重复利用设施，现有工业企业有条件使用中水的，要削减优质水指标；新建工业项目能利用中水的不得使用优质水。改造城市管网，推广应用节水型器具和设备，城市规划区内严禁新增各种自备水源；城市建设施工、园林绿化、城市景观、洗车行业等要强制性使用中水；加强公共建筑设施、生活小区、住宅节水和中水回用设施建设，具备污水回用条件的新建小区逐步推行分质供水。到2010年，万元工业增加值取水量低于 100 立方米；工业用水重复利用率提高到 80%；农业灌溉水有效利用系数达到0.55。

2．积极开发可利用的水资源

积极开发利用水资源，推进海水利用，在全省逐步形成水资源保障体系。通过大伙房水库输水工程、引洋入连工程、引细入汤工程等跨流域调水工程以及一批城市水源工程建设，逐步解决区域性、工程性缺水问题。加快城市污水再生利用，用于补充工业用水和城市景观用水等。扩大海水淡化规模，鼓励在沿海地区直接利用微咸水、海水作为冷却或生产工艺用水。大力开发云水资源，加快人工增雨作业的科学研究和基地建设，增强人工增雨作业能力，因地制宜地建设雨水收集利用设施。到2010年全省新增供水能力25亿立方米。

3．提高水资源配置效率

按照优先利用地表水，合理开采地下水，鼓励使用中水、海水、劣质水的原则，科学确定各类用水规模和时序，合理调配全省水资源。逐步改变城市单一供水方式，建立“多库串联、水系联网、地表水与地下水联调”的水资源配置体系，制定城市特枯水年和连续枯水年的供水应急预案，确保全省供水安全。对地下水资源科学规划、合理开发、有效利用、严禁超采，建设地下水替代水源工程，实施人工回灌；地下水严重超采地区，严禁新建任何取用地下水的供水设施。到2020年基本实现地下水采补平衡。

（二）优化能源结构，积极发展清洁能源

1．因地制宜地开发清洁及可再生能源

加快推进核电、水电等清洁能源建设，积极开展风能、太阳能、生物质能等可再生能源的开发利用，着力改善能源结构。“十二五”初期完成核电一期工程，新增装机200万千瓦，2020年核电规模达到600万千瓦。在风力资源丰富的地区规划建设一批风电发电项目，到2010

年，新增装机 50 万千瓦以上。到 2020 年，建立起较为完善的气候对能源影响评估模式和气象能源利用保障系统，风能、太阳能等气象能源的开发利用程度明显提高。大力开发煤层气，提高天然气、煤层气、煤气在能源消费中的比例。合理开发水能资源，推进地热能开发和产业化。积极开展煤炭洗选、脱硫、气化、液化、型煤和动力配煤等洁净煤生产技术研发，培育发展大型洁净煤生产企业集团。大力推进农村新能源建设，推广“北方农村能源生态模式”，开发应用沼气、秸秆气化、固化等生物质能高效利用技术及其他新型农村能源开发技术。

2．大力推进节能降耗

强化对冶金、石油化工、煤炭、电力、建材等重点耗能行业和年耗能 5 000 吨标准煤以上重点用能单位节能降耗的目标管理，制定主要用能设备能效指标和单位产品能耗指标，规范用能行为。发展现代物流业，推进集约化运营，推广清洁燃料汽车，鼓励购买使用低油耗汽车。城乡建筑广泛推行节能技术，推动北方采暖区既有居住建筑供热计量及节能改造，农村大力发展省柴节煤的炉、窖、炕灶及新型燃料技术。到 2010 年新建住宅和公共建筑城市全面执行节能率 65%设计标准、农村全面执行 50%设计标准。

3．提高电力、煤炭等传统能源的供给能力

积极发展热电联产，加快庄河电厂、绥中电厂二期、阜新电厂改造、铁岭电厂二期改造等 17 个电源项目建设进程，到 2010 年，新建投产装机容量 1 000 万千瓦；加强城市电网改造和建设，完善电网结构和布局，推动蒙东煤电基地到辽宁省的输电通道建设，增强接受外省电力的能力。重点抓好煤炭国有重点矿井的改扩建工程，强化技术改造，提高煤炭生产效率；积极参与省外煤炭开发建设，拓宽煤炭供应渠道。支持辽河油田加强勘探开发，稳定石油和天然气生产。加快推进国家石油储备基地、液化天然气接收站等大型油气项目建设，完善油气管网布局，增强油气供应保障。

（三）提高综合利用水平，加强矿产资源保障能力

1．加强矿产资源管理

按照矿产资源所有权、探矿权、采矿权分离的原则，建立集中统一、依法行政、高效权威的矿产资源管理体系。制定重要矿产资源开发利用的总量控制指标，调控矿业权投放数量；对保护性开采的特定矿种和优势矿产，实行限制性开采和总量控制；合理进行矿产按区域布局；科学划分。划定鼓励、禁止、限制开采区。严格新建矿山企业的规模、安全、环保、生产工艺等准入条件，提高矿山采选业规模化、现代化和集约化水平。到 2010 年，矿产资源开发利用布局得到进一步调整，传统资源产业得到进一步提升改造，新的省内优势矿业得到进一步巩固加强。

2．提高矿产资源综合利用效率

建立和完善矿产资源综合利用机制。依靠科技进步，研究开发新的资源利用技术，提高矿产资源的开采率、采选回收率。倡导绿色开采，鼓励矿产资源综合回收利用和科学处置，提高回采率和综合回收率，推进尾矿、废石综合利用，推进矿产资源深加工。重点推进煤层气、油母页岩、菱镁矿、煤系共伴生矿的综合利用。开展矿产废渣、废水、废气的综合利用和二次利用，培育“无废料”、“无尾矿”、“无公害”的循环型矿山采选企业。到 2010 年，矿产资源总回收率和共伴生矿综合利用率分别比 2005 年提高 5 个百分点。

3．拓展矿产资源供应渠道

建立政府引导与市场运作相结合的矿产资源优化配置机制。贯彻国家“利用国内、国外两种资源、两个市场”的战略方针，充分利用国内外资源，保证矿产资源供需平衡，减轻我省资源和环境的压力，实现矿产资源的优化配置，提高矿产资源保障水平。

（四）严格保护基本农田，集约利用土地资源

1．认真落实耕地保护

强化基本农田保护，严格非农建设用地审批，加强农地转用管制，依法查处违规行为。坚持建设占用耕地与补充耕地数量与质量占补平衡。完善基本农田认定制度、非农业建设占用基本农田许可制度和补划制度。到2010年，全省耕地总量确保达到400万公顷以上，其中基本农田面积363万公顷，保持总量动态和占补“双平衡”。

2．依法控制建设用地开发

合理确定建设用地与农业用地的比例及城市发展用地规模。依法管理建设用地，提高建设用地的集约利用水平。本着节约用地的原则，积极发展节地型建筑，建设项目在选址和建设上要节约用地，少占耕地和林地，充分利用现有建设用地和废弃地。

3．加大土地整理力度

按照因地制宜、分步实施、注重效果的原则，推进土地开发整理。开展城市存量土地、农村建设用地、工矿废弃地等方面的存量土地挖潜。科学规划开发区（园区）建设，深入开展各类开发区（园区）用地清理。开展工矿废弃地，灾毁地生态复垦。促进人口向中心村、城镇集中，工业向园区集中，住宅向社区集中，增加耕地，补充建设用地，提高土地资源的可持续利用水平。

（五）加强海域使用管理，合理开发海洋资源

1．强化海域使用管理

认真执行海洋功能区划，提高海洋资源配置水平。完善海洋管理体制，加强区域间、部门间协调与合作，形成跨区域、多部门合作的海洋执法体系，逐步形成“有序、有度、有偿”的海域使用机制，实现海洋资源的可持续利用。

2．优化利用海洋资源

实施科技兴海战略，充分发挥海洋资源优势，扶持海洋生物化工、海洋药物、海洋功能食品、海水综合利用、海洋新能源开发等新兴海洋产业。调整渔业产业结构，促进传统渔业向现代渔业转变，压缩近海捕捞强度，积极发展远洋渔业。合理开发海洋旅游资源，有效保护滨海湿地、海岛、地质遗迹。调整盐化工产品结构，大力开发高附加值、高技术含量的钾、溴、镁等系列产品，促进苦卤、海水综合利用。优化港口布局，科学合理地开发港口与岸线资源。

3．加强海洋资源的保护与恢复

防治近岸海域污染和生态破坏。严格控制掠夺式捕捞方式，执行休渔期、禁渔区制度，划定海洋特别保护区，保护海洋渔业资源，有效遏制重要渔业资源衰退趋势。严格控制滩涂围垦和围填海工程、航道疏浚等对海洋生物生存环境安全影响较大的活动，逐步恢复重要典型海洋生态系统，海洋濒危物种增加的趋势得到基本遏制。

（六）强化生物物种保护，合理利用生物资源

1．开展生物物种基因资源调查与保护

全面调查各类物种及遗传资源本底，建立数据库和信息系统，构建保护与持续利用的信息共享平台。依法建设、严格管理生物资源基因库，保护当地种质资源。以生物多样性保护为重点，建设必要的生物物种资源就地、迁地保护和离体设施，开展人工种植、养殖和繁育，建立一批野生动物抢救、驯养、繁殖中心以及珍稀植物栽培基地和野生大豆原生境保护示范点。严格控制和管理利用生物资源的商业行为，禁止捕猎所有受威胁物种，严厉打击偷运者、贩运者和走私者。到 2010 年，使 90%的国家重点保护野生动植物物种得到保护，所有受威胁的物种得到有效保护。

2．合理利用生物资源

合理开发森林、草原、中草药、农业种质等物种资源，严禁掠夺式的资源开发方式。实行分类经营林业发展模式，科学开展商品林基地建设。以草定畜，制定合理的载畜量，严禁草原超载放牧，对退化严重的草地实行禁牧封育。控制药草过度采挖，加强种质资源的保护与再生。强化渔业捕捞许可证制度。培育优质农业品种，依据农业气候资源分布特点，因地制宜地发展高效特色农业，到 2020 年，建立起较为完善的气候对农业影响评估模式。

三、构建优质可靠的环境安全体系

坚持预防为主，防治结合的方针，中近期以污染减排为主，严格环保准入制度，全面推行污染物排放总量控制和排污许可证制度，推进重点流域、区域污染治理，统筹城市和农村环境保护，确保环境安全。远期以环境功能恢复为主，全面提高水、大气、土壤环境质量和生态功能，从根本上改善环境质量，为我省老工业基地全面振兴和可持续发展提供优良的环境基础。

（一）改善水环境质量，让人民喝上干净的水

1．优先保护饮用水源地水质

划定饮用水水源保护区，禁止和严格限制各类开发建设活动。禁止工业、规模化养殖业、餐饮业污染物直排饮用水源保护区，严防有毒、有害污染物排入水源，限期消除水源地污染隐患。在饮用水源准保护区内，严格限制建设造纸、化工、印染、电镀等污染严重的项目，以及采选等矿产资源开发项目，对现有项目要依法进行整治。严格控制农药、化肥等农用化学品施用量，推广使用有机肥。对生活污水和垃圾开展无害化处置。编制并实施全省饮用水源及地下水污染防治规划，制定饮用水源安全保障应急预案，集中式饮用水源地每年至少进行一次水质全分析监测。到 2010 年，大伙房、碧流河、汤河、柴河、闹德海等重点城市集中式地表水饮用水源地保持或优于Ⅱ类水质标准，清河、白石等水库的饮用水功能得到恢复，沈阳、鞍山、朝阳等城市主要地下水水源地水质显著改善；全省城市集中式饮用水源水质达标率达 90%以上，村镇饮用水源卫生合格率 80%以上。到 2020 年全省城市集中式饮用水源水质达标率达到 95%，村镇饮用水源卫生合格率达到 100%。

2．加快污水处理设施建设

按照“统筹规划、合理布局、有效利用和大、中、小相结合、就地处理、就近利用”的原则，合理确定污水处理设施建设选址与规模，因地制宜选择处理工艺。完善城市污水处理厂配套建设，做到统一规划与分期实施相结合，坚持“厂网并举，管网先行”，提高污水收集能力。加强监督管理，依法规范污水处理厂运营，提高污水处理厂运行效率。推进技术进步，开展污泥综合利用，并与供水、用水、节水与污水再生利用统筹规划与实施。“十一五”期间，全省污水处理率达到 60%，污水再生利用率达到 20%以上。到 2020 年，全省污水处理率达到 80%，污水再生利用率达到 40%。

3．治理辽河流域水污染

加强辽河干流和大辽河、浑河、太子河等主要河流的污染防治。流域内重点污染企业全部实施清洁生产，冶金、石化、电力和煤炭等耗水量大的行业要逐步实现废水“零排放”。依据环境容量要求，制定更严格的地方排放标准，推行排污许可证制度，使单位产品的水耗和污染物排放强度达到国内先进水平。加强企业环境监管，建立完善的治污设施和事故防范措施，确保水环境安全。限期强制淘汰造纸、酿造、制药、印染、化工等行业的落后工艺和设备。到 2010 年，流域内工业 COD 排放总量削减 15%。

加强面源污染防治和小流域治理。发展生态农业和生态养殖，推广农业面源污染综合防治技术。合理分布规模化畜禽养殖场，配套建设大中型沼气工程等环保设施，提高畜禽养殖业清洁生产及废弃物资源化利用水平；制定并实施小流域综合整治规划，通过建设截污管网、河道整治、人工湿地等措施，改善小流域水质；严格控制小流域汇水区农药、化肥等农用化学品施用量，推广施用有机肥。到 2010 年，定点屠宰厂和规模化养殖企业实现达标排放；加强污染治理规划，重点治理污染严重的灌区和小流域，逐步恢复流域内的生态环境。

4．保护鸭绿江流域水质

建立上下游污染治理会商机制，共同开展流域污染防治与保护。流域内实行严格的环保准入制度，新建项目必须符合国家产业政策，从严审批新建与扩建产生有毒有害污染物的建设项目。现有工业点源严格执行排放标准，80%企业实行清洁生产审核。重点治理宽甸地区硼泥污染。整治花园河、大沙河、五道河等小流域。建设丹东市及东港、凤城、宽甸、桓仁 4 县（市）污水处理厂。建立中、朝联合监测会商制度，进一步加强监测能力建设，保障国际界河环境安全。

5．改善大凌河流域水质

以大凌河干流的宫山咀水库保护和阎王鼻子、白石水库、朝阳、凌海段水质改善为重点，大幅削减排污量。金城造纸厂、朝阳造纸厂、北票煤矿、阜新煤业集团等重污染企业加强废水深度处理，最终实现“零排放”。尽快关闭 5 万吨以下草浆造纸企业，淘汰物耗能耗高、污染重的生产能力、工艺和产品。实施流域生态环境恢复与建设工程，逐年减少流域内水土流失面积。全面开展小流域综合整治，重点整治西细河、凉水河流域。

6．加强海洋环境污染防治

规范整治入海排污口，重点抓好直排海工业企业的污染防治。降低辽河、大辽河、大凌河等主要流域污染物入海量。开展河口区域整体生态功能修复。大、中型港口全部安装废水、废油、垃圾回收与处理装置。规范海水池塘养殖，推进渔业生态健康养殖。全面实施对海上

流动污染源、渔业和交通运输船舶、石油平台及其相关作业的监控和管理，提高各项设施处理效率。加强海洋环境监测网络和监测能力建设，建立海洋污染预防体系和重大海洋污染应急处理体系。到2010年，氮、磷入海总量削减10%以上。

（二）防治大气污染，让人民呼吸清洁的空气

1．防治颗粒物污染

加快调整能源结构，提高城市清洁能源比例和能源利用效率。大力开展节能活动，因地制宜、加快发展以热定电的热电联产和集中供热，集中整治生活燃煤污染。工业炉窑要优先考虑使用清洁燃烧技术，严格实施烟（粉）尘排放总量控制，继续抓好煤炭、冶金、建材、水泥等行业的大气污染源控制。加强建筑施工及道路运输环境管理，提高软、硬覆盖率，有效控制扬尘。加快城区内工业污染源布局调整和改造步伐。积极解决油烟污染问题。

2．防治二氧化硫和酸雨污染

加快制定并实施全省酸雨和二氧化硫污染防治规划，重点控制高架源的二氧化硫和氮氧化物排放。超过国家二氧化硫排放标准或总量要求的燃煤电厂，必须安装烟气脱硫设施。新（扩）建燃煤电厂必须同步建设脱硫设施并预留脱硝场地。禁止在城市及其近郊以及酸雨污染重和二氧化硫环境浓度不达标的地区建设燃煤电厂。实施城市能源替代，逐步消除原煤散烧。到2010年，2004年底前投入运行的燃煤电厂要完成脱硫治理任务，二氧化硫排放总量比2005年减少15%。到2020年，酸雨污染得到有效控制。

3．防治氮氧化物污染

加强在用机动车尾气污染监督管理，加快提高机动车尾气排放标准，推行环保检测/维修（I/M）制度和发放合格标志制度、强化路检和停放地检查、加强机动车报废管理。科学制订清洁燃料发展计划，加强车用燃料及添加剂的监督管理，建立登记备案制度。燃煤电厂等重点工业行业采用低氮燃烧，建设脱硝设施。从2011年开始全面实施氮氧化物总量控制。

4．防治新型大气污染

防治挥发性有机物（VOC）及二次污染，将臭氧监测纳入常规监测和大气环境质量考核指标，有效控制固定和流动源等光化学烟雾前体物的排放量，建立和完善光化学烟雾预警和应急管理机制。制定地方性大气有毒有害污染物法规和环境标准，编制排放清单，确定我省大气主要污染物种类及防控目标；将二噁英、多氯联苯、苯系物等“三致”物质纳入监测体系，制定实施防控方案。

5．中部城市群区域大气污染防治

制定区域协调整体发展的城市群大气环境保护规划，依据城市群整体环境容量要求确定各地区污染物排放总量控制目标。电力、冶金、建材等主要大气污染源布局要进行区域影响评价，通过产业布局调整，减轻污染叠加效应。调整区域大气环境功能分区，严格保护一类功能区，2015年底前消灭三类功能区。合理布局城市群工业园区，人口密集中心城区的重污染企业要有计划地实行搬迁改造。

（三）防治土壤污染，让人民吃上放心食品

1. 开展土壤环境质量现状调查与评估

开展全省土壤环境现状系统调查与评估，并开展典型区域的土壤环境质量生态风险性评价，明确主要污染物（有机物、重金属、化学品等）的来源和强度，为土壤资源合理开发，安全农产品生产基地建设及废弃地生态恢复提供科学依据。

建立多层次土壤环境监控系统，加强污染物在土壤中迁移转化规律的研究，防止对地下水的污染。重点加强对条子河流域、污灌区和主要农产品产地土壤监测，开展采矿、冶炼等主要重金属污染源和石油、化工、焦化、冶炼等行业难降解有毒有害化学药品污染源周围地区土壤监测，建立科学的土壤环境风险管理技术体系。

2. 推动土壤污染综合防治与示范

合理利用农用化学品，逐步降低化肥施用强度，尽量扩大有机肥施用量；加强农药管理，使用高效、低毒、低残留的新型农药；推广测土配方施肥和病虫害综合防治技术，加强废弃农膜回收利用，降低农用化学品对土壤的污染。加快对高毒、剧毒、高残留农用化学品禁用、限制和淘汰进程。到2010年，建设农业面源污染防治示范区2个，力争重点地区实现化肥、化学农药施用量较现状水平减少20%。

严格控制主要粮食产地、菜篮子基地的污灌，污染严重且难以修复治理的耕地应在土地总体利用规划中做出调整。针对不同土壤污染类型选取有代表性的典型区（污灌区、固体废物堆放区、矿山区、工业废弃地等）建设土壤污染治理和修复示范工程。“十一五”期间，重点开展沈抚灌渠等中、轻度污染土壤的修复工作，采取客土置换、改变土壤用途、生物修复等措施，确保耕地面积的质量和数量，保证农产品产地环境安全。制定辽宁省土壤污染防治条例。

（四）控制固体废物污染，推进资源化和无害化

1. 推进固体废物综合利用

加强对固体废物的产生、利用、处置和排放各环节的监控。依法推进煤矸石、粉煤灰、冶金和化工废渣、尾矿、建筑垃圾及秸秆、畜禽粪便等固体废物的综合利用。建设静脉产业园区，开展废旧电子产品的规模化、无害化、资源化处置。到2010年，工业固体废物综合利用率达到55%。

2. 推进生活垃圾无害化处置

实施城镇生活垃圾无害化处置设施建设规划，加快垃圾处置设施建设和运营的市场化、企业化步伐。开征垃圾处理费，达到处置的保本微利水平。开展简易垃圾处理场的污染治理与生态恢复，消除污染隐患。到2010年城镇生活垃圾无害化处理率不低于60%。到2020年，城镇生活垃圾无害化处理率达到90%。

3. 开展危险废物和医疗废物安全处置

加快危险废物和医疗废物处置设施建设，健全沈阳、大连两个危险废物集中处置中心和各市医疗废物安全处置中心。建立危险废物和医疗废物的收集、运输、处置的全过程环境监督管理体系，实现省、市两级对危险废物产生、转移、处置的动态监控。制定并完善危险废

物集中处理设施运行收费标准和办法。到2010年，危险废物和医疗垃圾基本实现无害化处置，基本完成历史遗留铬渣等危险废物的无害化处置。

（五）严格监管，确保核与辐射安全

以核电站建设和运营的安全监管为重点，加快放射性废物处置能力和安全监管能力建设，全面加强核与辐射安全管理，确保万无一失。

加强核设施建设、运行及退役监管。研究采用新的核设施建设、运行及退役安全监管技术与方法，充分考虑核安全、环境安全和废物处理处置，实现“安全第一，质量第一，确保万无一失”。加快核设施退役废物处理处置能力建设。

加强放射源安全监管。完善放射源登记管理制度，对放射源生产、销售、使用、运输、贮存和废弃安全处置实施统一监管。扩建和改造全省放射性废物库，加强放射性废物收贮和废物库管理，特别加强军工遗留放射性废物、铀（钍）矿冶和伴生放射性矿污染防治。建立核与辐射安全预警和应急体系。

严格电磁辐射环境管理。新上电磁辐射项目严格履行环境影响评价制度和“三同时”制度，加强已建广播电视发射塔、高压输变电项目辐射环境管理，完善辐射安全资格许可证制度。优化电磁辐射项目布局，最大限度地降低电磁辐射对环境和人体影响。

四、构建山川秀美的自然生态体系

生态建设和保护要因地制宜，突出重点，辽宁东部（辽东山地生态区）以保护为主，辽宁西部（辽西丘陵和辽西北沙地生态区）以建设为主，加大重点区域和重点领域的生态保护和建设力度，以区域绿地系统为骨架，构建保障辽宁生态安全的多层次的网络化自然生态体系。

（一）推进重点区域的生态建设和保护，保障生态安全

1．加大辽西北地区的生态建设和治理力度

辽西北是我省的生态脆弱带，应以保护、增加和恢复林草植被为核心，抓好辽蒙边界防风阻沙林带、退耕还林（草）、封山（沙）育林（草）和既有林衰退治理等沙化土地治理项目建设，在垦殖区大力营造防风固沙林和农田防护林，建设西北部边缘地区绿色屏障。合理放牧，封育草场与建设人工草场相结合，开展以草原植被恢复为主的草原生态建设。在风沙严重、环境十分恶劣的地区，有计划实行移民，封育保护。到2010年，在辽宁与内蒙古沙区边界建成308.24千米的阻沙林带。

2．加强沿海经济带开发中的生态建设

按照保护与开发“双赢”的原则优化“五点一线”沿海经济带发展。加强海岸带发展综合规划与协调，优化产业结构和布局，把沿海经济带建成生态经济带和循环经济带；推进现有城镇和工业园区的生态化改造，开展生态城区和生态工业园区建设；努力提高沿海防护林体系建设水平，开展城乡绿化美化和绿色通道建设；加强海岸、海岛、河口、湿地生态系统保护和恢复，保护和改善海岸生态环境，形成经济社会与环境协调发展的新格局。

3．提高自然保护区建设质量

优化自然保护区建设布局，通过类型补缺，空间布局的优化，在全省范围内建立类型多样、分布合理、面积适宜、建设和管理科学、效益良好的自然保护区网络。加强自然保护区管理机构建设，落实保护经费，完成国家级自然保护区核心区土地确权。制定自然保护区标准化建设和规范化管理制度和方法，建立考核制度。到 2010 年，85%以上自然保护区有健全的管理机构，已建自然保护区均配备相应的管理人员，60%以上的自然保护区具有比较完善的保护和管理设施；30%以上国家级、省级自然保护区达到规范化建设的要求。

4．推动重要生态功能区的建设

以浑太源头水源涵养生态功能区、辽河三角洲湿地生态功能区、辽西北沙化控制生态功能区和沈阳东部水源涵养生态功能区为重点，加强生态功能区建设。对重要生态功能区实行限制开发，在保护优先、防治结合的基础上，合理选择发展方向，适度发展特色优势产业，减轻区域生态系统的压力，防止各种不合理的开发建设活动导致生态功能的继续退化，逐步恢复生态平衡，以实现区域经济社会和生态环境协调发展。

（二）开展重要生态系统保护与恢复，提升生态功能

1．加强森林的保护与建设

坚持把林业放在全省生态建设的首位。辽东山区重点抓好生态保护，采用自然修复结合人工辅助的方式，封山育林，科学营林，促进生态公益林的恢复，增强生态功能。加强对天然林和公益林的管护力度，严格征占用公益林地管理。继续实施天然林保护工程，禁止天然林商业性采伐。确保天然林面积不减，质量不降。加强水源涵养林保护，提高水源涵养功能。辽西丘陵和辽西北沙地重点抓好生态建设，推进“三北”防护林体系建设、封山（沙）育林和退耕还林，促进农业结构调整和增加林农收入。辽中南平原沿海地区重点抓好平原绿化和沿海防护林建设。到 2010 年，完成造林面积 100 万公顷，全省森林覆盖率达到 37%。

2．加强草原改良和治理建设

实行以草定畜、划区轮牧、季节性休牧，建设饲草料基地，推行舍饲圈养，严禁超载放牧。通过围封、补播、施肥、灌溉、治沙等措施改良草原，对已垦草地实施退耕还草、退牧还草，促进草原休养生息，综合运用生物措施和工程措施治理“三化”草原，到 2010 年，累计治理天然草原面积 1 100 万亩，在科尔沁沙地南缘初步形成东西长 560 千米、南北宽 120 千米的草原绿色生态屏障。

3．推动湿地的保护和恢复

按照保护优先、突出重点、科学利用、持续发展的原则，依法开展湿地保护。科学编制湿地保护规划，制定湿地名录并划定保护范围。严格控制对自然湿地的开发活动，防止自然湿地面积缩小。对列入国际和国家重要湿地名录以及位于自然保护区的自然湿地，禁止开垦、占用或者擅自改变用途；其他湿地应当不征占或少征占，因建设确需征占用湿地，必须按照《辽宁省湿地保护条例》规定履行审批手续，鼓励和支持退耕还湿和对退化湿地进行恢复改造。严格控制滩涂围垦和围填海，实施一批海岸带生态环境修复工程，重点解决海岸带采石挖沙、地下水超采造成的海岸侵蚀、海水入侵等生态环境问题，逐步恢复和改善海岸带生态环境。

（三）加强退化土地治理，促进矿山环境恢复

1．加大沙化土地治理力度

重点治理科尔沁沙地、辽河水系沿河沙地和辽东湾沿海沙地。采取生物措施与其他措施相结合的方式进行沙化土地综合治理，坚持带、片、网结合，草、灌、乔兼容，封、飞、造并举，有效保护和恢复林草植被；同时，控制草畜平衡，普及节水灌溉，推广保护性耕作，改善生活能源结构，依法限制人为滥垦、滥采、滥挖，逐步形成稳定的沙区生态系统。力争到 2010 年，完成沙化土地治理 374 万亩；到 2020 年，全省适宜治理的沙化土地基本得到治理，沙区生态状况显著改善。

2．强化水土流失的预防和治理

严格执行开发建设项目水土保持方案“三同时”制度，控制人为水土流失。按照 “预防为主，全面规划，综合治理，因地制宜，加强管理，注重效益”的水保方针，以小流域为单元，开展黑土区、大凌河流域、大伙房、汤河、碧流河等重点水源地上游以及重点沟壑的水土保持治理工程。以治理坡耕地为主攻方向，先治坡，后治沟，先上游，后下游。实行山、水、林、田、路、矿综合治理，减少因水土流失造成的面源污染。到 2010 年，全省水土流失综合治理面积完成 9 160 平方千米。

3．加强矿山生态环境监管、保护与恢复

运用法律、行政、经济等多种手段和措施，对各种矿业活动进行规划、管理及监控，加强矿产资源开发的生态环境监管。强化对现有矿山生态环境保护和监督检查，加强闭坑矿山的审查、管理和恢复。以 8 个重点煤矿区、8 个有色金属矿区、重点风景名胜区及重点文物保护单位、重要经济开发区周边、重要交通干线两侧直观可视范围内的关停矿山为重点，全面开展复垦还绿和自然景观修复。到 2010 年，使示范区植被恢复系数达到 100%，林草植被覆盖率达到 65%以上。

4．加强土地盐渍化防治

因地制宜地推行盐渍土种稻改良措施，在辽河冲积平原的盐渍土区，推广旱作种植，有计划地连片种植水稻，防止水旱插花。在滨海盐渍土区建立水田灌区，栽培芦苇，养殖水产及晒盐等；配套建设灌排工程，完善排水系统，增强排涝治碱能力。科学合理施用化肥，推广施用有机肥，增加土壤有机质；通过科学灌水、适时揭膜、合理施肥和耕作，积极预防设施栽培土壤次生盐渍化。

（四）强化自然生态灾害防治，提高防灾减灾能力

1．以江河治理为重点加强防洪体系建设

搞好辽河、浑河、太子河和大辽河等主要河流砂基砂堤和重点险工险段治理；开展建设柳河河道防洪工程以及浑河闸、盘山闸扩建工程，实施重点中小河流河道治理工程，对大凌河重点河段河道进行整治，实施鸭绿江干流防洪护岸工程。实施病险水库加固、治理规划，加强水库特别是病险水库、小型水库的安全度汛工作，落实管护责任和预警措施，以防垮坝事件发生。到 2010 年，全省三级以上堤防达标率达到 60%以上，主要河流干流堤防达到 50～100 年一遇防洪标准；14 个地级市除大连、葫芦岛（50 年一遇）两市外防洪标准均达到 100

年一遇以上；县城防洪标准达到20～50年一遇；治理完成206座病险水库除险加固工程。在山洪灾害重点防治区初步建立以监测、通信、预报、预警等非工程措施为主与工程措施相结合的防灾减灾体系。到 2020 年全省三级以上堤防达标率达到 80%以上。在山洪灾害重点防治区全面建成非工程措施与工程措施相结合的综合防灾减灾体系。

2．加强气象灾害的预警与规避

在现有基础上，全面建设辽宁省灾害性天气监测预警系统和地质灾害气象预报体系，重点建立暴雨、雷电、冰雹、龙卷风、暴风雪、大雾、沙尘暴等灾害性天气的短期预报平台和完善预报方法。加强面向乡镇的气象预报体系建设，为广大农民提供乡镇区域气象服务。科学开展防雹工作，加强雷电监测预警，提高雷电防护技术。强化设施保障水平和质量。

3．加强地震、地质灾害的预防及灾害治理

全面提升地震监测能力，加强大城市地震灾害防御能力。开展农村居民抗震安全示范工作，提高农居建设工程和抗震能力。到2010年，全省大中城市和城市群、经济发达地区基本具备抗御6级左右地震的能力。

做好滑坡、崩塌、泥石流、地面塌陷、地裂缝和海水入侵等地质灾害的防治工作。根据全省地质灾害的分布和发育规律，制定地质灾害防治规划。建立和完善地质灾害信息网络系统和监测预报系统，提高地质灾害预报的覆盖率和科学性。以抚顺西露天矿、阜新海州露天矿等矿区为重点，示范先行，积极开展地质灾害治理。到2010年，群测群防监测网络覆盖面积达7万平方千米；建立地质灾害防治示范县（市、区）3个，地质灾害勘查、治理示范点10～15处；地面塌陷、海水入侵监测示范区2处。

4．加强农业灾害预警与防护体系建设

加强动植物防疫系统、监测预警系统、应急反应系统和农产品质量安全监督检疫系统建设。加强旱、涝、低温等农业灾害防灾减灾设施与管理体系的建设。以海洋渔业安全救助、海洋渔业安全通信网络和海监渔政管理体系为重点，强化海洋与渔业防灾减灾体系建设。完善森林防火和生物、物理、人工等无公害病虫害防治体系。到2010年，全省林业有害生物成灾率控制在3‰以下，无公害防治率85%以上，生物防治率30%以上。

5．完善外来入侵物种防治体系

建立外来物种预警系统，健全监测网络，完善检疫能力，提高御灾、减灾和应急水平，加大外来入侵物种防治力度。积极采用各种生物、物理和化学技术，目前重点实施豚草、少花蒺藜草、稻水象甲、美国白蛾、加拿大一枝黄花等主要外来入侵生物的灭毒除害行动。

6．完善海洋灾害预报体系建设

加强海洋灾害预警预报体系建设，积极防御台风、赤潮、海冰、海啸、风暴潮等海洋灾害。开展海洋灾害调查，建立海洋灾害群测群防网络和环境监测网络。逐步建立海洋灾害信息和海洋气象资料通报机制，遇有海洋灾害时，及时将海洋灾害险情和气象资料、汛情信息传递给有关部门。建立健全海上渔船安全生产救助指挥通信系统。

五、构建与自然和谐的生态人居体系

努力改善城乡人居环境，建立有序的城乡体系，积极创建国家环保模范城、生态宜居城

市和环境优美村镇，完善城乡基础设施，保障人民群众在良好的环境中生产生活。

（一）建立有序的城镇体系，优化城市生态景观格局

1．建设协调的城镇体系

辽河平原、辽东半岛及其沿海地带构建以沈阳、大连为龙头，中部城市群和沿海城市群为主体，以沈大高速、滨海路为轴线，其他城市和城镇带状分布的城镇人居体系格局。辽西地区以锦州湾开发为突破口，加快锦州、盘锦、葫芦岛一体化建设，构建以辽西沿海城市群为主体，以朝阳、阜新等城市为支撑，结合打造辽西走廊黄金旅游线，构建带状分布与点状发展相结合的城镇人居体系。辽东山区和辽西北沙区以保护为主，实施点状开发，构建以中小城市和城镇为主体的城镇人居体系。

2．优化城市生态景观格局

按景观生态要求，综合设计河流、湖塘、湿地、林带、草坪等，优化城市绿地系统建设，实现绿地空间从传统形象规划向功能规划的转型。科学进行城市功能区划，优化区域布局，增建城市功能区域绿化隔离体系，特别是鞍山、阜新、抚顺、本溪等矿产资源城市要建设绿化隔离带，以解决工业区与商业区、居住区、文教区交错布局的结构性问题。充分利用本地物种，建设城市外环、铁路、公路、河流两侧绿色廊道，城市周边建设防护林带，建设广场、公园、小区、街旁游园等绿地，构建点线面贯通、乔灌草结合、自然景观与人工景观复合的城市生态景观系统。通过连贯的生态廊道网络，减缓人类活动的相互影响，调节局部气候和疏通水文循环，将多样性的生物群落引入城市腹地。

（二）加快生态市建设步伐，全面改善城市人居环境

1．积极创建国家环保模范城

实施大气环境综合整治工程，改善城区空气质量。实施全省水环境综合整治工程，加强城市饮用水源保护区建设和生活污水处理。实施“安静工程”，实现所有城市噪声的功能区达标。加快城市生活垃圾处置设施建设，逐步实现全省城市生活垃圾无害化处理。分步实施“绿化工程”，加快推进中心城市绿化美化进程。到2010年，80%城市达到国家环保模范城标准。

2．加快建设生态市步伐

以创建国家环保模范城为基础，逐步加快生态市规划与建设步伐。率先推进沈阳、辽阳两市建设生态市，尽快启动大连、鞍山、抚顺、丹东、营口、盘锦、朝阳、葫芦岛、铁岭等市生态市建设；其他各城市因地制宜，加快环保模范城市建设，为建成凸显自然风貌和人文特色的生态市奠定坚实的基础。到2010年力争全省80%城市启动生态市建设，21个县启动生态县建设。

3．重点打造生态小区

加快生态小区建设步伐，充分利用可再生资源，减轻小区生活污水和垃圾处理的市政压力，降低水资源消耗和能源损耗。逐步建立污水再生利用、雨水收集、垃圾分类收集与处理、太阳能利用与节能、立体绿化、安全防卫和智能化信息服务管理系统，努力营造舒适安宁、亲近自然、体现人性的生态住宅小区。以大连大有恬园生态小区、盘锦生态园住宅小区为示范，力争2010年全省生态小区达新建住宅小区的20%，2015年达到50%。

4．全面推广城市生态建筑模式

全面推广生态建筑模式，优化建筑结构设计，充分体现自然通风、采光、隔热、制冷、绿化、美化，挖掘建筑节能潜力，降低对资源的消耗，适当提高土地利用效率，充分利用可再生资源。推广应用绿色环保型建筑材料、构配件和装饰材料，最大限度地提高能源和材料的利用率，减少建设和使用过程中的环境污染。到2010年全省各市都建有示范性生态建筑，全面推行节能住宅和公共建筑。

（三）实施农村小康环保行动计划，改善农村人居环境

1．积极创建环境优美村镇

以建设社会主义新农村为目标，以农村小康环保行动为载体，推进以村落为单元的环境综合整治，引导农民建设“清洁家园、清洁水源、清洁田园”。实施“改水、改厨、改厕”工程，建立生活污水和垃圾收集系统和管理体系，建设生活污水和垃圾处理示范工程，禁止工业固体废物、危险废物和城市垃圾转移到农村。优化农村能源结构，开发推广秸秆气化集中供气工程技术，大力发展沼气，充分利用太阳能、风能资源。以清洁生产和洁净生活为切入点，深入开展绿化村屯、道路和河流，美化家园，保育自然山水景观格局。加快环境优美村镇建设步伐，改善农村人居环境。到2010年，建设100个环境优美镇，1 000个环境优美村，30%的乡镇生活污水和垃圾得到有效治理；到2020年，80%以上村镇建成环境优美村镇。

2．大力推广农村生态住宅模式

发展以家庭为单元的农村生态住宅模式，大力促进农村节能。开发住宅节能技术和产品，推广被动式太阳能房等节能型、环保型建筑，推广太阳能热水器等可再生能源产品，普及省柴煤炕灶，提高农户光热利用效率；推广简单实用、清洁卫生的供热、给排水方式；以“四位一体”北方庭院能源模式为示范，推广多功能型庭院种植、养殖模式，建设生态和经济“双赢”的现代化农村生态人居模式。因地制宜地发展适宜北方气候特征的节能、环保、生态型农村联体住宅模式，促进土地的集约利用。到2010年，全省农村生态住宅模式推广达到50万户；到2020年，推广达到200万户。

（四）完善城市基础设施，保障城市绿色生命线

加强城市及城际轨道交通建设。发展节能环保型公交车，开辟公共汽车专用路和专用车道系统，缓解城市交通压力。不断完善公交线路网络和公交枢纽，实现不同交通方式、不同区域间的有机连接。

建设智能通信网、数字通信网、图像通信网、宽带多媒体综合信息网，促进电信、电视、计算机三网融合。建设维护电网系统，确保充足的供电能力。预防为主，建立城市消防安全体系。将人防工程建设纳入城市建设总体规划，提高城市综合防护能力。

提高城市生命线系统完好率和运行效率，建立安全应急处理预案，增加突发灾害发生时的应急能力，减少灾害损失。到2010年，全省50%城市生命线系统建设达到国家生态市考核标准；到2020年，城市生命线完好率达90%以上。

（五）稳定人口数量和提高人口素质，减少环境资源承载压力

以控制人口增长和提高人口素质为目标，建立有效的人口发展与控制体系，使人口发展与经济、社会发展相适应，与环境保护、资源利用相协调，促进人与自然和谐发展。加强计划生育责任体系建设，落实计生工作“一票否决制”；推行生殖健康工程，完善计生服务体系；健全完善城乡社会保障机制，积极发展老龄事业；实行科学的政策引导机制，改善人口年龄、性别、教育、就业、地区和城乡结构。到2020年，全省人口增长率进一步缓慢下降，普及高中教育，逐步实现高等教育大众化，人口素质全面提高。

优化人口、资源与环境的合理配置，在辽宁中部城市群实现城乡人居系统的设施共享，以控制城市经营成本。要通过促进土地资源向土地资本的转变，实现城乡协调发展的平等机会；要通过促进人口资源向人力资本的转变，实现城乡均衡发展的内在动力；把解决人口问题、改善人居环境与发展生态经济结合起来，减轻资源环境压力，全面构建辽宁人居环境安全格局。

六、构建现代文明的生态文化体系

努力建设现代文明生态文化，强化生态文明宣传和教育，增强生态意识和生态道德，倡导科学的思维、生产和生活方式，推进城乡文化基础设施建设，营造生态文化氛围，巩固生态省建设的社会基础。

（一）普及生态文明观念，提高全民生态意识

1．强化生态文明宣传

充分利用报刊杂志、广播电视、互联网络、博物展览、学术活动、科学普及、宣传长廊、社区板报等各种方式，开展持久的生态文明宣传推广活动。结合世界环境日、地球日、国际湿地日、生物多样性日、世界水日、世界防治荒漠化和干旱日等纪念或活动日，开展一系列形式多样的主题宣传活动。多渠道推动生态省宣传，形成提倡节约和保护环境的价值取向，在全社会树立环境是资源、环境是资产，破坏环境就是破坏生产力、保护环境就是保护生产力、改善环境就是发展生产力的生态意识。力争到2010年基本建成覆盖全省的生态宣传普及网络体系，全民生态环保意识显著增强。

2．推进生态教育工程

将生态教育纳入国民教育体系，以学校教育、社会教育、职业教育为载体，从娃娃抓起，深入开展公众生态教育，实现生态基础教育的普及化和大众化；加强对各级领导干部、企业法人代表的生态环境知识、法律法规和可持续发展知识的培训，把对广大干部的环境教育培训纳入各级党校、行政学院和社会主义学院教育计划，不断增强各级干部和广大群众的生态素养和法制观念。利用生态主题一日游、电视专栏，生态环境教育主题公园、生态旅游、中小学生生态夏（冬）令营等载体，开展生态实践和体验教育。到2010年，完成生态教育课程体系设计与试点示范，到2020年将生态教育工程正式纳入全民素质教育体系。

3．培育生态文化艺术

通过生态文化艺术的培育和推广，努力提升全社会的生态文化素养和品味，促进城乡居

民传统行为方式及价值观念向资源节约、环境友好、科学发展、社会和谐的生态文化转型。城乡建设和产品生产要创新生态美学、生态艺术表现手法，突出生态设计理念和思维。以生态文化为导向，充分挖掘辽宁深厚的文化底蕴和民族民俗文化的生态思想资源，保护历史文化遗产。鼓励环境文学作品的创作和出版发行，以群众喜闻乐见的文学、影视、戏曲、音乐、摄影、绘画、雕塑等艺术表达形式为依托，弘扬生态价值观念和生态美学思想，形成文化艺术与时代精神相交融的生态文明新貌。

（二）树立科学发展理念，倡导生态行为模式

1. 建立健全生态决策机制

完善以科学发展观为统领的管理和决策机制，将生态价值观念融入决策管理的思想体系。建立决策的社会监督和信息反馈机制，构建经济发展战略决策的全过程社会协商、监督渠道。以辽宁省循环经济全面展开和生态省建设为契机，促进各级政府决策的生态化转型，以科学的生态思维方式管理经济和社会各项事业。

2. 全面推行生态生产模式

提高企业决策层和管理者的绿色生产觉悟，促进企业生产活动从链式经济转向循环经济。以辽宁省创建百家清洁生产示范企业为基础，大力推进企业生态设计和绿色生产，实施绿色品牌战略和绿色营销策略，建立产品循环利用系统。建立企业职工环境保护参与机制，利用培训等多种形势，加强企业的环境教育，提高职工的生态意识。到2010年全省规模化企业环境认证率达到50%。

3. 积极倡导生态生活方式

推行厉行节约、反对浪费的环保行为规范，引导公众的绿色消费，增强公众的生态道德和生态责任感。提倡使用清洁能源和节能技术产品，通过设立“公共交通周”和“无车日”，积极倡导公共交通；倡导生态旅游和健康、文明的娱乐方式，改革落后的饮食文化习俗，推广生活垃圾分拣处理等，促进公众绿色消费行为的自觉形成。摒弃封建迷信的殡葬礼俗，推进殡葬生态化、园林化。

（三）创新环保活动载体，完善公众参与机制

1. 扎实推进绿色创建活动

继续开展创建“绿色学校”、“绿色社区”、“绿色家庭”、“绿色酒店”等系列“创绿”活动，将环境教育与环境管理有机结合，实现从“重牌子、重形式”的短期行为向“重实效、重过程”的长远规划转变。加强绿色创建工作创新研究，树立“绿色创建”的品牌意识和精品意识。到2010年全省市级以上主要绿色创建达标率达到30%，2020年主要绿色创建达标率达到50%以上。

2. 积极引导公众参与

支持各类社会团体和非政府组织广泛参与环保行动，积极为志愿者组织参与生态建设及其国际合作项目搭建平台。通过全民义务植树、环保问题有奖举报、环境影响评价公众听证等活动，保护、引导和鼓励公众的积极性和自觉性。鼓励私营部门和志愿者组织积极参与生态省建设规划实施，以生态文化公益事业为平台，整合媒体、教育资源，形成政府引导、企

业支持、社会组织协助、公众广泛参与的行为模式。到2010年，全省大专院校和各市均拥有环保社团组织和环保志愿者队伍，并卓有成效地开展工作。

（四）完善基础设施建设，营造生态文化氛围

1. 完善城市生态文化基础设施

努力营造各具特色的城市文化，寓生态价值观念于城市景观建设之中，避免城市文化定位趋同化。依托我省资源与环境学科建立生态环境教育中心和科研基地，建设自然生态博物馆、生态微缩景观展览馆、生态文化展示长廊等大型宣教阵地，发挥其在生态省建设中的重要作用。开展历史文化物质遗产修复和文化古迹环境整治，加强对各类图书馆、科技馆、艺术广场、生态公园、标志性建筑和城雕等基础性设施的建设，结合生态美学理念，打造城市生态文明标志。到2010年全省市级以上城市拥有生态科普基地达到100%。

2. 建设农村生态文化基础设施

完善农村传媒、图书、教育、娱乐等基础文化设施和农科教中心建设，提高农民生态素质和技能，增强农民爱护生态环境、改善人居环境的清洁生产生活意识，树立生态建设促经济发展观念。发挥农村农科教中心作用，提高农民生态实用技术的应用技能、遵纪守法的社会公德和科学文明风尚。到2010年全省50%乡镇基本完成农科教中心建设并投入实质性运行，到2020年全省100%乡镇拥有农科教中心并配备完善的基础设施。

第五部分　重点工程

经过认真筛选，初步规划了五类生态省建设工程项目。

一、生态产业工程

主要包括以先进装备制造业、高加工度原材料、高新技术产业为重点的生态工业项目；生态工业园区改造和建设项目；资源综合利用项目；生态农业项目；核电站、风力发电、太阳能、生物质能、地热、潮汐能等清洁能源项目；传统中心商务区和市场升级改造项目、现代物流项目、生态旅游项目、信息服务业和以电子商务为代表的现代服务业建设项目等。

二、生态建设工程

主要包括水利枢纽建设工程；水资源调配工程；防洪工程；排涝工程；地下水保护工程；饮用水源保护工程；节水灌溉工程；水土保持工程；自然保护区管护和建设工程；生态功能区建设工程；生物多样性和湿地保护工程；生态公益林建设工程；辽西北沙化和荒漠化土地治理工程；“三北”防护林体系建设工程；世行贷款防护林建设工程；村屯绿化工程；沿海防护林体系建设工程；草原植被恢复与建设工程；生态殡葬改造工程；矿山生态恢复工程；土地整理及退化土地改良工程；病险水库除险加固工程等。

三、综合整治工程

主要包括辽河流域水污染防治、大凌河流域水污染防治、鸭绿江流域水污染防治及小流域综合整治等流域污染防治工程；海洋污染防治工程；工业污染治理工程；城市环境综合整治工程；规模化畜禽养殖污染治理工程；农村环境综合整治工程等。

四、环境建设工程

主要包括污染治理基础设施建设工程；环境监管能力建设工程；水利基础设施能力建设工程；农产品质量安全体系建设工程；生态环保科研及重大科技攻关示范项目建设工程；重大动物疫情、疫病防控体系建设工程；防震减灾工程；森林资源监测、防火体系建设工程；林业有害生物防控体系建设工程；生态廊道建设工程；气象监测与服务建设工程等。

五、绿色创建工程

主要包括环保模范城创建工程；生态市（县）创建工程；环境优美村镇建设工程；乡村清洁示范工程；创建环境友好型企业和工程；生态农业示范市（县、村）创建工程；生态教育基地创建工程；创建绿色家庭、酒店、学校、社区等系列“创绿”工程等。

第六部分　保障措施

在老工业基地基础上建设生态省是一项更为艰巨、复杂的系统工程，为保障建设工作顺利开展，实现建设目标，要切实建立和完善科学化的领导机制、法制化的监管机制、多元化的投入机制、自主化的创新机制、社会化的参与机制。

一、建立和完善科学化的领导机制

（一）成立生态省建设领导小组

由省委、省政府主要领导和相关领导任组长、副组长，成员主要包括省委、省政府有关部门的主要负责人。领导小组的主要职责是负责研究解决生态省建设过程中的重大问题，部署生态省建设的工作和任务。领导小组办公室设在省环保局，负责日常工作的调度和协调。省直各有关部门要通力协作，各司其职，形成合力，共同推进生态省建设。各市、县（市）要把生态省建设作为一件大事，列入工作议程，也要参照生态省建设领导小组的组建模式，成立生态市、县（市）建设领导机构。

（二）建立健全环境与发展综合决策机制

各级政府要树立以保护环境优化经济发展的观念，切实做到环境保护与经济发展的“并重”与“同步”。要把生态省建设的主要目标、任务和项目纳入国民经济和社会发展规划和年度计划，贯穿于经济社会发展的全过程。各地区在制定国民经济和社会发展规划，各部门在制定行业发展规划、产业政策、产业结构调整规划、区域开发规划时，要落实生态省建设的规划目标要求。

（三）建立和完善目标考核和责任追究制度

把生态省建设目标的完成情况列入政府考核指标体系，定期严格考核，确保生态省建设目标、任务和措施落到实处。要将考核情况作为干部选拔任用和奖惩的依据之一，评优创先活动要实行一票否决。建立各级政府、各有关部门主要负责人亲自抓、负总责的领导机制，建立部门职责明确、分工协作的工作机制，做到责任、措施和投入“三到位”。

二、建立和完善法制化的监管机制

（一）完善生态省建设地方法规

以资源节约、发展循环经济、生态环境保护为重点，建立健全与资源、环境相关的地方法规，适时出台资源综合利用、气候资源开发利用、矿山环境管理、饮用水管理、草原管理、湿地保护、气象灾害防御管理、土壤污染防治、畜禽养殖污染防治等方面的地方性法规和生态补偿、节能监察方面的省政府规章，同时也要研究出台公众参与的管理办法，为生态省建设提供充分的法制保障。

（二）严格执行各项法律法规和制度

严格执行国家、地方颁布实施的各项资源、环境法律和法规。加大部门行政执法和部门间联合执法力度，强化对建设项目、资源开发利用和生态环境保护等方面的法规执行情况的监督，重点查处违反环境保护法、环评法、水法、水土保持法、土地法、森林法等法律法规，违法采矿、取水、采砂、取土、弃土（渣）及违法使用土地、采伐林木等行为。全面推行执法责任制和责任追究制度，加大对资源环境执法机构和人员的执法监督力度。强化准入制度、许可证制度和限期治理制度的实施，严格控制资源能源利用效率低、污染物排放强度高的产业发展。实施污染物排放总量控制制度和排污许可证制度，强化限期治理制度。

（三）强化环境监管能力建设

全面提升全省环境监管队伍依法行政的能力。到 2010 年，市、县（市）环境监测站达到《环境监测站建设标准》；建设重点污染源自动监测系统，实时监控排污状况；建设完备的预警应急响应系统和环境执法监督体系，到 2010 年，全省初步建立环境预警和应急系统，省、市、县环保执法队伍达到标准化建设水平的比例分别为 100%、90%、70%。

三、建立和完善多元化的投入机制

（一）制定实施生态省建设经济政策

按照市场经济规律，充分考虑资源稀缺性和环境治理成本，制定鼓励绿色开发、绿色生产、绿色消费等相关经济政策，引导社会生产力要素向有利于生态省建设的方向流动。

（二）加大生态省建设的财政投入

各级政府要切实增加对生态环境保护与建设的投入，将生态建设资金列入本级预算。省里设立生态省建设专项资金，各市、县（市）也要设立用于生态市、县（市）建设的专项资金。调整财政投入结构和投入方式，充分发挥公共财政在生态建设和环境保护方面的引导作用。

（三）拓宽生态省建设的融资渠道

采取政府引导、社会投入、市场运作的方式，拓宽生态省建设融资渠道，采取建立政府引导资金、政府投资的股权收益适度让利、财政贴息、投资补助和安排前期经费等手段，带动民间资本投入生态建设。积极支持生态项目申请银行信贷、设备租赁融资和国家专项资金，发行企业债券和上市融资。鼓励不同经济成分和各类投资主体，以独资、合资、承包、租赁、拍卖、股份制、股份合作制、BOT 等不同形式参与生态省建设。扩大利用国际金融组织、各国政府贷款与赠款。

（四）建立和完善生态补偿机制

按照“谁受益、谁补偿”的原则，建立生态受益地区对生态受损地区的生态环境补偿机制。完善资源的开发利用、节约和保护机制，对重要自然资源征收资源开发补偿费、生态恢复保证金，建立生态恢复专项资金。对所征收的资源与环境补偿费用，专款专用，真正用于生态环境建设与修复。

四、建立和完善自主化的创新机制

（一）实施《生态环境和循环经济中长期科技发展规划》

围绕区域及流域环境污染综合防治、生态保护及修复、循环经济发展战略及关键技术、科技平台建设和科技信息服务网络建设等领域，坚持以企业为主体，以市场为导向、产学研相结合的方针，加快环境科技创新步伐，尽快实现科技成果产业化。

（二）整合全省科技资源，建设高水平的专家队伍

整合生态省建设的科技资源，加强政府、企业与高等学校、科研机构之间的联合协作，

形成以专家为主导的开放式科研体系。建立辽宁省可持续发展领域的专家库，组建生态省建设的专家咨询队伍。加强技术骨干队伍的培养，逐步建立支撑辽宁生态省建设的可持续发展专家团队。

（三）针对生态省建设中的突出问题，集中力量开展科学研究

各级政府要加大生态环境科学研究的支持力度，针对不同时期突出的经济、资源和环境问题，分阶段设立重点研究课题，集中力量开展研究。根据生态省建设的需要，建立新技术新模式的典型示范基地。

五、建立和完善社会化的参与机制

（一）建立全社会共同推进机制

各级政府要积极接受同级人大常委会对生态省建设工作的监督检查；主动邀请政协及各民主党派对生态省建设工作开展调研，并对调研中发现的问题提出批评、建议或书面意见。鼓励工会、共青团、妇联等社会团体参与生态省建设。自觉接受媒体和社会监督。对作出突出贡献的单位和个人给予精神鼓励和物质奖励，按照奖励和处罚并重的原则，对严格执行排放标准或治理有效的企业进行奖励，对污染严重、治理无效的企业进行处罚或停产整顿，并给受到污染的单位或个人予以补偿。

（二）建立健全公众参与机制

建立和完善公众参与监督制度，凡涉及群众利益的规划、决策和项目，建立公众听证制度，充分听取群众的意见，确保公众的知情权、参与权和监督权。积极发动、组织引导人民群众参与生态省建设工作，有计划地开展公众环境意识调查，了解公众环境意识状况，并广泛征求公众的意见和建议，培育群众基础。发展壮大志愿者队伍，鼓励非政府组织和公民积极参与生态省建设，参与循环经济政策研究和技术推广等社会公益活动。

（三）开展国内外交流与合作

引进、消化、吸收国外先进技术和吸引外资投资生态省项目，加快生态省建设的步伐。积极开展与国内兄弟省市在生态省建设及可持续发展领域的交流与合作，学习、借鉴在发展循环经济、建设生态省方面的宝贵经验和做法。结合辽宁省实际，探索一条适合辽宁省情的生态省建设之路。

附表 1：

辽宁生态省建设指标汇总表

	指标名称	单位	指标值				
			2005 年	2010 年	2020 年	2025 年	生态省指标
一、经济发展							
1	人均国内生产总值	元/人	18 983	31 500	63 000	＞63 000	≥33 000
2	年人均财政收入	元/人	1 615	2 777	6 000	＞6 000	≥5 000
3	农民年人均纯收入	元/人	3 690	5 500	13 000	＞13 000	≥11 000
4	城镇居民年人均可支配收入	元/人	9 108	14 000	30 200	＞30 200	≥24 000
5	环保产业及相关产业比重	%	2.68	6	10	＞10	≥10
6	第三产业占 GDP 比重	%	40	40	≥40	≥40	≥40
7	*单位 GDP 能耗	吨标准煤/万元	1.83	1.46	1.34	1.28	
8	*万元工业增加值用水量	立方米	117	100	＜100	＜100	
二、生态建设与环境保护							
9	森林覆盖率 山区 丘陵区 平原地区	%	 51.05 20.59 14.62	 59 27 16	 63 33 18	 65 35 ＞18	 ≥65 ≥35 ≥12
10	受保护地区占国土面积比例	%	13.7	16	＞16	＞16	≥15
11	退化土地恢复率	%	40	55	80	90	≥90
12	物种多样性指数 珍稀濒危物种保护率	 %	1 90	≥0.99 98	≥0.98 100	≥0.98 100	≥0.9 100
13	主要河流年水消耗量 省内河流 跨省河流	 %	 45.2 —	 44 —	 40 —	 ＜40 —	 ＜40 不超过国家分配的水资源总量
14	地下水超采率	%	6.6	基本实现采补平衡	0	0	0
15	主要污染物排放强度 二氧化硫 COD	千克/万元（GDP）	 15.0 8.0	 7.8 4.2	 ＜6.0 ＜4.2	 ＜6.0 ＜4.2	 ＜6.0 ＜5.5
16	降水 pH 年均值 酸雨频率	pH %	5.31 7.2	≥5.0 ＜10	≥5.0 ＜15	≥5.0 ＜20	≥5.0 ＜30
17	空气环境质量达二级标准天数比例	%	75.3～96.7	80	90	＞90	
18	水环境质量功能区达标率 近岸海域功能区达标率	%	27.8 86.0	70 90	90 100	100 100	

	指标名称	单位	指标值				
			2005 年	2010 年	2020 年	2025 年	生态省指标
19	旅游区环境达标率	%	—	基本达标	100	100	100
20	*矿山生态环境治理恢复率	%	10.4	30	50	60	
21	*城市集中式饮用水源地水质达标率	%	82.8	90	95	＞95	
22	*村镇饮用水卫生合格率	%	—	80	100	100	
23	*污水处理率 污水再生利用率	%	47.3 16.15	60 ＞20	80 40	＞80 50	
24	*生活垃圾无害化处理率	%	50	60	90	＞90	
三、社会进步							
25	人口自然增长率	‰	0.97	1.9	符合国家或当地政策	符合国家或当地政策	符合国家或当地政策
26	城市化水平	%	59.2	63	70	＞70	≥50
27	恩格尔系数 城镇 乡村	%	 38.8 41.6	 ＜38.8 ＜40	 ＜38.8 ＜40	 ＜38.8 ＜40	＜40
28	基尼系数	%	＞0.4	＞0.4	≤0.4	0.3～0.4	0.3～0.4
29	环境保护宣传教育普及率	%	95	＞95	＞95	＞95	≥90

注：带*号为结合我省实际增加的指标，阴影部分为已达标指标。

附表 2：

辽宁生态省建设重点工程项目汇总表

项目类别	主要建设内容	投资估算（亿元）	其中“十一五”投资（亿元）
总计		2 783.66	1 838.36
一、生态产业工程		1 133.7	703.1
（一）生态工业项目	改造落后的生产工艺和设备，采用资源利用效率高、能耗低、污染物产生量少的设备和清洁生产工艺，最大限度地利用资源，实施企业内部的循环，选择先进装备制造、高加工度原材料、高新技术产业等重点行业实施生态工业项目	433.9	217.0
（二）生态工业园区改造和建设项目	重点改造和建设鞍本钢集团、抚顺矿业集团、大连经济技术开发区 3 个国家循环经济试点及沈阳铁西生态工业园区、沈阳细河中弘再生资源产业园、铁岭开发区生态工业园区、北钢集团工业园区等 15 个生态工业园区项目，在园区内形成良好的生态产业链和生态产业布局	128.1	89.1
（三）资源综合利用项目	重点建设废旧家电及电子产品、废轮胎、废包装物和废旧汽车等再生利用项目；城市污水处理厂中水回用、生活小区、学校和医院等区域性中水回用项目；城市污泥资源化处置项目等	41.4	41.4
（四）生态农业项目	建设农业种业、农业科技创新与应用、农业植物保护体系、农业资源与生态环境保护体系、旱作节水农业及保护性耕作示范基地，生态渔业项目。重点开展 77 个种质种苗繁育基地、13 个科技成果推广应用示范基地、7 个农药质量与残留监测检验系统、100 个标准粮田和有机废弃物无害化处理还田示范基地、30 个旱作节水与保护性耕作示范基地建设	55.4	23.2
（五）清洁能源项目	重点开展 600 万千瓦核电机组、50 万千瓦风电厂项目建设；“十一五”期间累计新建 40 处“四位一体”示范基地、建设秸秆气化工程 120 处、建设被动式太阳房 50 万平方米	264.9	185.4
（六）现代服务业项目	重点建设辽宁省口岸物流信息平台等 9 项信息服务业项目和园区物流、商业物流、生产资料物流和粮食物流等 79 项物流项目；以“一宫三陵”、“五女山高句丽王城”等世界文化遗产和沈、大、丹旅游金三角、辽西旅游带为依托，开展生态旅游建设	210.0	147.0
二、生态建设工程		710.76	392.36
（一）水利枢纽建设工程	重点开展白石水库动迁尾工、锦凌水库、青山水库、三湾水利枢纽、诚信水库、夹道子水利枢纽、盘龙寺水利枢纽、关门山水库、浑河闸扩建、三道湾水库、沙里寨水库等 11 个水利枢纽工程建设	96.5	49.5
（二）水资源调配工程	重点开展大伙房水库输水一期及二期一步工程、引白济阜一期工程、引细入汤工程、引观入本工程、朝阳调水工程、大连应急供水工程、引洋入连输水工程、引白入北工程等 9 个引调水工程建设	196.4	121.4

项目类别	主要建设内容	投资估算（亿元）	其中“十一五”投资（亿元）
（三）防洪工程	重点开展鸭绿江综合整治工程（防洪部分）、大江大河砂基砂堤防渗工程、大江大河险工险段治理工程、柳河防洪工程、老哈河防洪工程、大凌河防洪工程、跨市中小河流防洪整治工程 7 个河道防洪工程建设，开展沈阳、鞍山、抚顺、本溪、锦州、营口阜新、辽阳、盘锦、铁岭、朝阳、葫芦岛以及 28 个县（市）城市防洪工程建设，开展辽宁省海防堤工程建设	91.1	33.3
（四）排涝工程	改造装机容量 200 千瓦以上排水站 316 座，装机容量 13.9 万千瓦，排水流量 1 632 立方米/秒；改造排水流量 5 立方米/秒以上排水闸 19 座，排水流量 1 903 立方米/秒	4.3	4.3
（五）地下水保护工程	主要采取人工回灌、海侵区治理及替代水源工程建设等措施保护地下水资源。重点项目包括锦州市防止海水入侵工程、葫芦岛市海水入侵治理工程、辽阳市地下水超采区绣江回灌工程、大连市营城子镇海水入侵治理工程等	2.0	0.5
（六）饮用水源保护工程	针对饮用水源地开展点、面源污染防治，生态恢复与建设，预警监控体系建设，应急能力建设和管理能力建设。项目主要包括沈阳市、大连市、营口盖州县、锦州黑山县等 16 个饮用水源保护工程	8.1	6.5
（七）节水灌溉工程	整理完善田间排水系统，推广农业节水技术。每年建设 10 个节水灌溉示范县	1.5	1.5
（八）水土保持工程	重点开展黑土区水土保持、大凌河水土保持、水库水源水土保持、矿区水土保持等工程建设。到 2010 年，新增治理水土流失面积 1 000 万亩，其中黑土区 727 万亩，大凌河流域 90 万亩；在大伙房水库、汤河水库、碧流河水库等重要水源地上游治理水土流失面积 168 万亩，在全省不同气候区选择 8 个有代表性的矿点进行示范区建设，治理水土流失面积 15 万亩	11.8	11.8
（九）自然保护区管护建设工程	完善现有各级自然保护区建设，新建一批自然保护区和自然保护小区。项目主要包括沈阳、鞍山、抚顺、本溪、锦州、阜新、辽阳、铁岭、朝阳、葫芦岛等市的 27 个自然保护区建设工程	5.7	2.9
（十）生态功能区建设工程	浑太源头水源涵养生态功能区、辽河三角洲湿地生态功能区、辽西北沙化控制生态功能区和沈阳东部水源涵养和生物多样性生态功能区、柳河生态功能恢复区建设等项目	29.2	8.8
（十一）生物多样性和湿地保护工程	完善和新建国家级、省级湿地保护区、禁猎区，建设必要的生物物种资源就地、迁地保护和离体设施，开展人工种植、养殖和繁育，建立野生动物抢救、驯养、繁殖中心以及珍稀植物栽培基地和野生大豆原生境保护示范点	82.1	32.8
（十二）生态公益林建设工程	开展生态公益林建设，封育管护重点公益林 100 万公顷，中幼龄林抚育和低效林改造 53.33 万公顷	9.8	9.8
（十三）辽西北沙化和荒漠化土地治理工程	治理总规模为 24.93 万公顷，其中新增林草植被 23.82 万公顷，既有林衰退治理 1.11 万公顷，新增林草植被与既有植被之和可使区域林草植被总盖度达到 41.22%，现有 83.13 万公顷林草植被得到全面保护	6.5	6.5
（十四）“三北”防护林体系建设工程	建设“三北”防护林四期工程，推进辽西北生态脆弱带治理，新增林地 35.04 万公顷，其中，人工造林 27.2 万公顷，封山育林 4.86 万公顷，飞播造林 2.99 公顷	33.5	13.3

项目类别	主要建设内容	投资估算（亿元）	其中“十一五”投资（亿元）
（十五）退耕还林工程	实施退耕还林 52 万公顷，其中退耕地还林 16.67 万公顷，配套荒山荒地造林 33.33 万公顷，工程区涉及 11 个市 32 个县（市）区	0.01	0.01
（十六）世行贷款防护林建设工程	以沈阳、鞍山、锦州、阜新、铁岭等 5 个市 10 个县（市、区）147 个乡（镇、林场）为第五期世界银行贷款造林项目建设区，计划造林 4.3 万公顷，防护林 2.2 万公顷，经济林 1.0 万公顷	2.6	1.3
（十七）村屯绿化工程	在全省 976 个乡镇 11 953 个行政村中，完成 5 000 个行政村的绿化建设，解决农村人居环境脏、乱、差的问题	0.75	0.75
（十八）沿海防护林体系建设工程	工程范围涉及全省 7 市 20 个县（市、区）。海岸线总长度 2 920 公里，其中大陆岸线 2 292 公里。工建设目标：造林 55.53 万公顷，其中基干林带 8.53 万公顷，农田林网 0.83 万公顷，一般防护林 46.2 万公顷。森林覆盖率提高 11.2%，达到 53.8%	8.4	8.4
（十九）草原植被恢复与建设工程	重点实施辽西北天然草原恢复与建设项目，到 2010 年，围栏封育总体建设规模为 1 000 万亩，饲草料基地建设总体规模达到 30 万亩，牲畜棚圈建设总体规模达到 30 万平方米，购置饲草加工机械总规模为 10 000 台套，新增草原监测设备 20 套	7.7	7.7
（二十）生态殡葬改造工程	建设生态型农村公益性公墓和骨灰林；对基础设施和设备进行生态化改造；新建 10 个生态殡仪馆	12.8	4.2
（二十一）矿山生态恢复工程	加快矿山环境治理和土地复垦，开展矿山限期治理和生态恢复治理示范工程，推进阜新、抚顺、鞍山矿区生态环境修复工程；推进海城、岫岩一带镁矿、滑石矿等重点矿区生态修复，有效控制和改善已被破坏的矿山生态环境	20	20
（二十二）土地整理及退化土地改良工程	开展土地整理，建设基本农田保护区，建设排灌渠道、田间道路等农田基础设施，改造中、低产农田；开展工业废弃地土壤修复、污灌区土壤修复、油田石油土壤污染修复。在全省 30 个县实施 400 万亩保护性耕作，在建平海棠河流域实施 1.58 万亩流域土地整治工程	65.8	32.9
（二十三）病险水库除险加固工程	“十一五”期间对 206 座病险水库进行除险加固，其中大型水库 6 座，中型水库 31 座，小型水库 169 座。主要内容是：大坝加高培厚，坝体、坝基防渗，溢洪道维修，更换闸门和启闭机等	14.2	14.2
	三、综合整治工程	620.0	509.7
（一）流域水污染防治工程	辽河、大凌河、鸭绿江三个流域内，重点企业全面开展清洁生产，建立完善的治污设施和事故防范设施，推广农业面源污染综合防治技术，开展小流域综合整治	160.0	112.0
（二）海洋污染防治工程	近岸海域河口和海湾水污染防治，合理布局海水养殖区域及养殖规模；海上油气勘探开采、海洋倾废、船舶排污，配套建设污水、垃圾处理或接受措施；滨海湿地保护	48.9	29.3
（三）工业污染治理工程	工业水污染治理，重点开展化工、造纸、酿造、印染等污染行业 81 家重点企业的污水处理工程；工业大气污染治理，重点开展冶金、建材、电力等污染行业 97 家重点企业的大气污染处理工程；工业固体废物污染治理，重点开展采矿、冶金、电力等污染行业 75 家重点企业产生的尾矿、煤矸石、粉煤灰等固体废物处理与利用工程	158.7	129.6

项目类别	主要建设内容	投资估算（亿元）	其中“十一五”投资（亿元）
（四）城市环境综合整治工程	实施“拆大并小，集中供热”工程43项，城市绿化、城市周边防护林带建设工程、城区内污染企业搬迁工程36项，城市燃气工程13项等	230.6	217
（五）规模化畜禽养殖污染治理工程	合理调整规模化畜禽养殖场布局，建设大中型沼气工程和畜禽养殖废弃物（废水、粪便）处理及综合利用工程共28项	10.4	10.4
（六）农村环境综合整治工程	建设农村污水集中处理设施、生活垃圾收运设施及无害化处理设施，开展农村水源水质监测，治理饮用水源地周边的工业污染。重点项目包括农村环保基础设施示范工程、乡村工业污染防治示范工程和土壤污染综合治理试点工程共25项	11.4	11.4
	四、环境建设工程	319.2	233.2
（一）污染治理基础设施建设工程	建设72个城镇生活污水处理工程、64个生活垃圾收运及无害化处理工程、28个危险废物处置工程等污染治理基础设施工程项目	135.5	87.6
（二）环境监管能力建设工程	建立和完善全省环境监测网络和预警体系，包括水质自动监控、城市空气质量自动监控、重点污染源在线监控、生态监测及环境综合评估、突发性环境事故应急体系、核与辐射环境安全监测等体系以及环境信息系统	30.1	10.1
（三）水利基础设施能力建设工程	重点开展辽宁中部地区水资源优化配置能力建设，辽宁省水资源实时监测系统建设和水文建设	10.7	2.4
（四）农产品质量安全体系建设工程	重点建设农产品检验监测中心、站48个，农业标准化示范区60个，农产品质量认证和农产品质量安全监测点48个	1.7	1.7
（五）生态环保科研及重大科技攻关示范项目建设工程	建设辽宁省环境监测技术、森林生态、陆地过程与区域生态安全、节水农业、海洋水产分子生物学、燃煤CO_2减排及污染物综合控制等15家重点实验室，建立营口五矿膜处理冶金废水关键技术攻关与示范工程、辽河油田油泥污染治理关键技术攻关与示范工程、辽宁省农村饮水安全保障关键技术攻关与工程示范等科技示范工程，以点带面，逐步推进我省生态省建设全面发展	4.5	3.0
（六）重大动物疫情、疫病防控体系建设工程	建设和完善重大动物疫情、疫病防控的监测预警、预防控制、检疫监督、兽药质量监察及残留监控、防疫技术支撑、防疫动物保障六大体系	10.0	8.0
（七）防震减灾工程	开展地震综合监测预报系统建设、大城市及城市群地震安全示范工程建设、地震应急救援体系建设和地震安全农居示范工程建设	3.5	1.8
（八）森林资源监测、防火体系建设工程	建立市、县级森林资源监测管理站，购置监测仪器设备，完善森林资源监测网络。建立和完善森林火险预警监测系统、防火通信和信息指挥系统。加强森林航空消防系统和森林防火物资储备库建设，强化森林消防专业队伍与装备能力	1.7	1.0
（九）林业有害生物防控体系建设工程	建立林业有害生物监测预警网络；建设远程诊断中心、生物防治中心；完善县级森防站药剂药械设备；建设完善防治简易机场5处，购置飞防飞机1～2架；建立省、市检疫鉴定和风险评估中心	2.0	0.5

项目类别	主要建设内容	投资估算（亿元）	其中“十一五”投资（亿元）
（十）生态廊道建设工程	以运营安全、尊重地区特性、节约占地、与周围自然环境协调、最大限度地减少对环境的破坏为设计目标，建设桓仁（辽吉届）至丹东（古城子）生态高速公路，路线全长为 196.6 公里	116	116
（十一）气象监测与服务建设工程	建设生态与环境气象监测评估工程、辽河流域气象服务工程、新农村气象保障工程及灾害性天气监测预警工程	3.5	1.1
	五、绿色创建工程		
（一）环保模范城创建工程	实施大气环境综合整治工程、水环境综合整治工程和“静安工程”，加强城市饮用水源保护区建设，加快生活污水处理和生活垃圾处置设施建设，分步实施“绿化工程”。到 2010 年，全省 11 个城市基本达到国家环保模范城标准		
（二）生态市（县）创建工程	率先推进沈阳、辽阳两市建设生态市，尽快启动大连、鞍山、抚顺、丹东、盘锦、朝阳等市的生态市建设；到 2010 年，全省 11 个市启动生态市建设，21 个县启动生态县建设		
（三）环境优美村镇建设工程	引导和推动一批具有较好社会基础、较强经济实力、良好环境的村镇率先达到环境优美乡镇、环境优美村的标准。到 2010 年，全省建设 100 个环境优美乡镇，1 000 个环境优美村；到 2020 年，全省 80%以上村镇建成环境优美村镇		
（四）乡村清洁示范工程	重点实施农村生活垃圾收集处理、生活污水无害化处理、农村环境综合整治和无公害清洁生产等系统工程，减少农村环境污染，防止传染性疾病的传播和流行，改善农村生产、生活条件。到 2010 年建设乡村清洁示范村 130 个		
（五）创建环境友好型企业和工程	创建清洁生产示范企业，以鞍本钢、沈化、抚顺石化和抚顺矿业等大中型联合企业为重点，开展能流、物流集成和废物循环利用；以镁砂行业和中小造纸、化工行业为重点，推进中小企业开展清洁生产审核，创建一批环境友好型工程。2010 年全省创建百家清洁生产示范企业		
（六）生态农业示范市（县、村）创建工程	推行草田轮作、立体种养、生态果园建设、生态养殖、平原区农牧结合生态农业、有机农产品生产、观光休闲农业等生态农业模式及其配套技术。大力发展无公害、绿色和有机食品，提高农产品的市场竞争力。到 2010 年，建设生态农业示范市 2 个，生态农业示范县 15 个，生态农业示范村 34 个		
（七）生态教育基地建设工程	创建生态教育基地和人才培养基地，建设生态文明和文化宣传教育设施。到 2010 年全省 50%乡镇基本完成农科教中心建设并投入实质性运行，到 2020 年全省 100%乡镇拥有农科教中心并配备完善的基础设施		
（八）系列“创绿”工程	创建绿色学校、绿色社区、绿色酒店（宾馆）、绿色医院、绿色家庭、绿色公交、绿色商场等。到 2010 年全省市级以上各类绿色创建率达到 30%，2020 年各类创建率达到 50%以上		

天津

天津生态市建设规划纲要

（2007 年 9 月 12 日天津市第十四届人大常委会第三十九次会议审议通过
天津市人大印发　津人发[2007]28 号）

前　言

生态市是经济社会与生态环境协调发展，各个领域基本符合可持续发展要求的城市。开展生态市建设，就是以科学发展观为指导，以提高全民生态意识为基础，以发展循环经济为核心，以改善环境质量为重点，以构建资源节约型、环境友好型社会为目标，充分发挥区域生态与资源优势，积极实施产业结构调整，大力促进经济增长方式转变，统筹规划生态保护、社会发展与经济建设，推动区域经济社会与环境协调发展。

党中央、国务院十分重视生态省、生态市建设。在 2003 年中央人口资源环境座谈会上，胡锦涛总书记强调：要加快转变经济增长方式，将循环经济的发展理念贯穿到区域经济发展、城乡建设和产品生产中，努力建设环境保护模范城市、生态示范区、生态省。在 2005 年底发布的《国务院关于落实科学发展观加强环境保护的决定》中进一步要求：各地政府和有关部门要大力发展循环经济，推动生态省、市、县创建活动。

天津在全面实现“三五八十”四大奋斗目标、圆满完成“三步走”战略第一步任务、成功创建国家环境保护模范城市之后，市委、市政府与时俱进，于 2005 年底作出了开展生态市建设的重大决策，并将生态市建设的目标和任务列入了《天津市国民经济和社会发展第十一个五年规划纲要》，这对于全面落实科学发展观，建设和谐天津，实现中央对天津的城市定位都具有十分重要的意义。

为了保障生态市建设的顺利开展，根据国家要求并在市政府统一部署下，市环保局积极组织有关部门和单位，在广泛深入调查研究、学习借鉴兄弟省市实践经验的基础上，编制了《天津生态市建设规划纲要》。本《纲要》与《天津市国民经济和社会发展第十一个五年规划纲要》、《天津市城市总体规划（2005—2020 年）》及有关专项规划有机结合，并吸收运用了上述规划成果，具有较强的可操作性，是指导各区县编制生态区、生态县建设规划和推动全市开展生态市建设的重要依据。

一、生态市建设的基础条件

（一）自然环境与经济社会基础

1. 自然环境基础

天津市位于华北平原东北部，海河流域下游，环渤海中心地带，北依燕山，东邻渤海，与河北省和北京市接壤。天津市国土总面积 11 919.70 平方千米，海岸线长约 153 千米。天津市地势北高南低，山区、平原、海岸带面积分别占全市国土总面积的 4%、93%、3%。天津市属暖温带半湿润季风大陆型气候，四季分明，年平均气温 10.8～14.4℃，年平均降水量 550～680 毫米，夏季降水占全年降水总量的 75%以上。

天津市素有“九河下梢”、“河海要冲”之称，河网密布、洼淀众多，是海河五大支流汇合处和入海口，流经境内的一级河道 19 条，二级河道 79 条，共有大、中、小型水库 140 座。天津市土壤类型多样，主要为棕壤、褐土、潮土、沼泽土、水稻土及滨海盐土等。天津市森林主要分布在北部蓟县山区，以天然次生针阔叶混交林为主，平原地区林木主要是人工林。天津市共有植物 1 300 多种，动物 1 100 多种，还有丰富的油气、海盐、地热等资源，资源种类多达 30 余种。全市耕地面积 44.55 万公顷，占总面积的 37.4%，未利用土地 13.82 万公顷，占总面积的 11.6%，其中 88%在滨海地区。

2. 经济社会基础

天津市辖 18 个区、县，2005 年末常住人口 1 043 万人，其中非农业人口 562.40 万人，人口自然增长率 1.43‰，城市化率 59.87%。

2005 年天津市实现生产总值 3 697.6 亿元，人均生产总值 3.58 万元，财政收入 725.81 亿元，三次产业比重为 3∶55.5∶41.5。天津市工业门类齐全，轻重工业产值比重为 21.9∶78.1，电子信息、汽车、石化、冶金、生物技术与现代医药、新能源及环保六大优势产业产值占工业总产值比重的 67.7%。农业种植与养殖业比重为 41.7∶58.3，全市进入产业化体系的农户占 70%，农田机耕率和机播率分别达 90%和 53.1%，节水灌溉面积达 290 万亩，占耕地面积 28.4%。滨海新区在全市经济发展中占有重要地位，2005 年新区实现生产总值 1 623.26 亿元，占全市比重 43.9%，外贸出口 184.69 亿美元，占全市比重 67.4%，财政收入 317.16 亿元，占全市比重 43.9%。

2005 年天津市居民人均可支配收入 12 639 元，农村居民人均纯收入 7 202 元，城镇居民人均住房建筑面积 25.8 平方米，建成区人均道路面积 10.41 平方米，自来水综合生产能力达 359 万吨/日，城市居民家庭燃气气化率 98.45%，集中供热普及率 83.2%。全市已建成 11 座污水处理厂，污水集中处理率 75%，建成了具有国际先进水平的垃圾焚烧发电厂和危险废物处理处置中心，生活垃圾无害化处理率 81%，危险废物年无害化处理能力 3.7 万吨。

3. 城市发展定位

天津建城已 600 多年。金朝所设的直沽寨，是天津城市的起点。随着元、明、清王朝定都北京，天津以其特殊的地理位置逐渐成为北京的门户，河海漕运枢纽和盐业产销中心，并由一个单纯的军事要塞演变成繁华的商业贸易港口城市。至 1840 年，天津已成为拥有 44 万

人口的大商埠。随着港口贸易的发达和外国资本的输入，天津开设了全国最早的邮政、电报、铁路，建立了具有相当规模的近代工业体系，成为北方经济中心。

新中国成立后，随着经济建设的发展与改革开放的深入，天津日新月异，不仅成为国家四大直辖市之一，而且在全国，尤其在环渤海与京津冀区域发展中占有重要位置。2006 年 7 月 27 日，国务院正式批复的《天津市城市总体规划（2005—2020 年）》明确提出：将天津市逐步建设成为经济繁荣、社会文明、科技发达、设施完善、环境优美的国际港口城市、北方经济中心和生态城市。

（二）生态市建设的优势条件

1．“三五八十”四大奋斗目标全面实现

经过“九五”、“十五”不懈努力，到 2002 年全市提前一年实现了以“三五八十”为标志的四大奋斗目标，即国内生产总值提前 3 年翻两番、5 到 7 年完成市区成片危陋平房改造、8 年实现对国有大中型企业的嫁接改造调整一遍、10 年基本建成滨海新区。到 2003 年又实现了“三步走”战略目标第一步目标，人均 GDP 超过 3 000 美元，天津经济社会发展进入新的上升期。这不仅为长远持续发展积蓄了强大的后劲，也为生态市建设奠定了良好的社会经济基础。

2．滨海新区开发开放纳入国家总体发展战略

2006 年，党中央、国务院把天津滨海新区开发开放纳入国家总体发展战略，明确提出新区发展定位为：依托京津冀、服务环渤海、辐射“三北”、面向东北亚，努力建设成为我国北方对外开放的门户、高水平的现代制造业和研发转化基地、北方国际航运中心和国际物流中心、逐步成为经济繁荣、社会和谐、环境优美的宜居生态型新城区。天津滨海新区区位优越、资源丰富、产业集中、科技发达、高度开放。滨海新区开发开放纳入国家总体发展战略，既是全市优化产业布局、调整产业结构和转变经济增长方式的重大机遇，也将为发展循环经济、加快基础设施建设和建设节约型社会，起到示范带动作用。

3．成功创建国家环境保护模范城市

天津把创建国家环境保护模范城市作为生态市建设的基础和初级阶段，并围绕“创模”实施了蓝天、碧水、安静、生态、细胞、工业污染防治六大工程，使烟尘控制区覆盖率达到 100%，噪声达标区覆盖率达到 82%，自然保护区覆盖率达到 13%，还完成市内 14 条、总长 191 千米景观河道的整修，并创建生态示范区 5 个、环保模范社区 70 个、环境优美镇 7 个、文明生态村 315 个、绿色学校 620 所；城市环境综合整治连续 10 年保持全国十佳，建成一批污水处理厂、垃圾处理场，新增城市绿地 8 569 万平方米，绿化覆盖率达到 36.4%；积极推动循环经济发展，在生态工业园区建设、节水节能、再生水利用、危险废物处理处置、工业固体废物利用等多方面打造了样板工程，成为全国示范典型。2005 年底，天津市通过了国家环境保护模范城市验收，并于 2006 年初被正式命名为国家环境保护模范城市。通过“创模”，天津市环境保护工作得到进一步加强，环境质量进一步提高，为生态市建设创造了有利的条件。

4．多样的生态类型与丰富的湿地资源

天津市具有山地、丘陵、平原、洼淀、滩涂等多种地形地貌和森林、草地、湿地、海洋

等多样生态类型并存的生态环境景观，这在国内大城市中并不多见。北部蓟县被称为“天津后花园”，山水相依、森林茂密、物种繁多，著名的盘山风景区、九龙山国家森林公园、八仙山和中上元古界国家级自然保护区均坐落于此，是天津重要的生态屏障和水源涵养地。东部滨海地区河海相连、海岸平缓，是天津重要的生态廊道，不仅滩涂资源和海洋资源丰富，生物多样性也非常明显。湿地类型多、分布广、比例大是天津生态环境的鲜明特色和优势。全市共有近海及滩涂湿地、河流湿地、湖泊湿地、沼泽和沼泽化草甸湿地等 9 种类型，广泛分布于各个区县。多样的生态类型和丰富的湿地资源为改善天津生态环境和建设生态市提供了有利条件。

（三）生态市建设的制约因素

1．水资源短缺，生态环境脆弱

天津属半湿润地区，但降水量少，蒸发量大，年蒸发量比降水量高 2～3 倍，水源主要依赖境外来水。多年来，随着上游地区加大开发力度和流域生态失衡，入境水量大为减少，许多河道常年处于断流状态，水资源总量严重不足，人均占有量仅为 160 立方米。由于水资源匮乏，只能优先保证生活用水，适度保证生产用水，而无法保证生态用水。同时水资源短缺还带来了一系列环境问题：水环境容量降低，水质难以保证；部分地区地下水资源超采，地面沉降扩大；湿地面积萎缩，生态功能下降；部分区域土地面临土质退化、盐渍化、沙化的威胁。

生态环境脆弱还反映在：森林资源相对匮乏，天然林面积不到全市国土面积的 1%，生态林总量不足，尤其是具有较高生态价值的森林仅占林地面积的 4.97%；海洋生态系统遭到破坏，海洋生物资源减少，生物多样性面临威胁。

2．环境污染压力仍然较大，发展趋势不容乐观

由燃煤造成的城市空气污染仍较突出，采暖期二氧化硫、可吸入颗粒物尚未达到国家环境质量二级标准，机动车尾气污染日趋严重，扬尘污染尚未得到有效控制；部分入境河流水质污染严重，多处于Ⅴ类或劣Ⅴ类状态；由于多种原因，近岸海域环境污染得不到有效控制，功能区达标率不足 60%；部分地区噪声污染仍有超标；农业面源污染问题日益突出，化肥、农药施用量呈上升趋势，污水灌溉造成土壤不同程度污染。

3．基础设施尚不完善，乡镇设施相对滞后

城市部分地区排水管网与污水处理设施不配套，一些地区尚未实现雨污分流；建成区绿化结构不尽合理，成片林地和公共绿地面积偏少，绿化生态效益有待提高；城市公交设施仍显不足，特别是轨道交通建设滞后；垃圾分类回收系统尚不健全，垃圾减量化、资源化、无害化处理水平有待提高，公厕、停车等问题急需解决；村镇基础设施建设明显滞后于市区，污水处理、垃圾处理设施较少。

4．调整产业结构和转变经济增长方式任务仍很繁重

传统的冶金、石化、建材、电力等资源消耗大的行业仍占有较大比例，第三产业比重偏低，现代服务业发展滞后，设施化和生态型农业发展较慢。一次能源结构仍以煤炭为主，消耗量呈递增趋势，城市供热以中小锅炉房为主且脱硫设施不足，难以从根本上解决冬季煤烟型污染问题。水资源配置结构不尽合理，农业用水粗放。经济增长方式总体上还未完全摆脱

粗放模式，随着经济快速增长资源和环境压力比较大。

二、生态市建设的指导思想、基本原则和目标指标

（一）指导思想

以邓小平理论和"三个代表"重要思想为指导，全面落实科学发展观，构建社会主义和谐社会，围绕实现天津市"三步走"战略目标和把天津建设成为国际港口城市、北方经济中心和生态城市的定位，运用可持续发展理论、生态学与生态经济学原理及系统工程方法，抓住发展生态产业、改善生态环境、建设生态人居、推进生态文化四大重点，突出特色，创新机制，促进经济增长方式转变，促进人与自然和谐，走生产发展、生活富裕、生态良好的文明发展道路，保障经济、社会和生态环境的全面、协调、可持续发展。

（二）基本原则

科学发展、统筹协调；依靠科技、开拓创新；突出重点、整体推进；因地制宜、突出特色；政策引导、公众参与。

（三）目标指标

1. 总体目标

到 2015 年全市基本形成以高新技术、循环经济和清洁生产为主导的生态产业体系；合理配置、高效利用的资源保障体系；喝上干净的水、呼吸清洁的空气、山川秀美的生态环境体系；以人为本、人与自然、人与社会和谐的生态人居体系；生态道德、先进文明的生态文化体系，将天津建设成为资源节约型、环境友好型社会和生态城市。

2. 阶段目标

启动和重点突破阶段（2006—2010 年）：巩固提高创建国家环保模范城市成果，创建国家园林城市和卫生城市；市中心区和滨海新区核心区率先建成生态城区；全市建成 7 个国家级生态示范区、8 个生态工业示范园区和循环经济示范区、30 个环境优美乡镇、60%村庄建成文明生态村，同时建设一批生态宜居小区；生态产业初具规模，环境污染有效控制，环境质量进一步改善，生态环境逐步好转。

全面推进和基本建成阶段（2011—2015 年）：全市 80%以上的区县建成生态区县；完成生态市建设重点项目；具有地方特色的生态产业、生态环境、生态人居、生态文化体系基本建立；整体生态环境质量明显改善并趋向良性循环，经济持续健康发展，社会更加和谐进步，生态市建设总体达到国家考核标准。

3. 指标体系

围绕生态市建设总体目标和各阶段目标，根据国家生态省、生态市建设指标体系，结合天津实际，确立天津生态市建设指标体系由经济发展、环境保护、社会进步 3 大类共 33 项指标组成，见下表。

天津生态市建设规划指标体系

类别	序号	指标名称	单位	国家指标值	2005年现状值	2010年目标值	2015年目标值
经济发展	1	人均国内生产总值	元/人	≥33 000	35 783	61 000	98 000
	2	年人均财政收入	元	≥5 000	6 956	13 200	25 500
	3	农民年人均纯收入	元/人	≥8 000	7 202	11 800	18 700
	4	城镇居民年人均可支配收入	元/人	≥16 000	12 639	20 350	32 800
	5	第三产业占 GDP 比例	%	≥45	41.5	≥42	≥45
	6	城市单位 GDP 能耗	吨标煤/万元	≤1.4	1.11	≤0.88	≤0.80
	7	城市单位 GDP 水耗	立方米/万元	≤150	27.1	≤20	≤18
	8	应当实施清洁生产企业的比例	%	100	—	80	100
		规模化企业通过 ISO 14000 认证比率	%	≥20	6.7	≥10	>20
环境保护	9	森林覆盖率 山区 平原地区 滨海地区	%	≥70 ≥15 ≥6	70 17.5 6.2	70 21 10	≥70 >21 >10
	10	湿地覆盖率	%	≥15	14.4	≥15	≥15
	11	受保护地区占国土面积比例	%	≥17	14.87	≥15	≥17
	12	退化土地恢复率	%	≥90	82	≥85	≥90
	13	城市空气质量	好于或等于2级标准的天数/年	280	298	≥310	≥310
	14	水环境质量		达到功能区标准	达到功能区标准	达到功能区标准	达到功能区标准
	15	主要河流年水消耗量：市域主要河流	%	40	45	<43	40
		主要河流年水消耗量：跨省河流	%	不超过国家分配水资源量	不超过国家分配水资源量	不超过国家分配水资源量	不超过国家分配水资源量
	16	地下水超采率	%	0	3.93	2.0	0
	17	主要污染物排放强度 二氧化硫 COD	千克/万元（GDP）	<5.0 <5.0	7.08 4.67	<5.0 <4.2	<5.0 <4.0
			不超过国家主要污染物排放总量控制指标	不超过国家主要污染物排放总量控制指标			
环境保护	18	集中式饮用水源水质达标率 城镇生活污水集中处理率 工业用水重复率	%	100 ≥70 ≥50	100 75 85	100 ≥85 ≥90	100 ≥90 ≥92
	19	噪声达标区覆盖率	%	≥95	82.4	≥90	≥95
	20	城镇生活垃圾无害化处理率 工业固体废物处置利用率	%	100 ≥80	81 98	≥90 >98	100 >98
	21	城镇人均公共绿地面积	平方米/人	≥11	8.4	10	≥11
	22	旅游区环境达标率	%	100	100	100	100

<table>
<tr><th>类别</th><th>序号</th><th colspan="2">指标名称</th><th>单位</th><th>国家指标值</th><th>2005 年现状值</th><th>2010 年目标值</th><th>2015 年目标值</th></tr>
<tr><td rowspan="12">社会进步</td><td>23</td><td colspan="2">城市生命线系统完好率</td><td>%</td><td>≥80</td><td>—</td><td>≥80</td><td>≥80</td></tr>
<tr><td>24</td><td colspan="2">城市化水平</td><td>%</td><td>≥55</td><td>59.87</td><td>≥65</td><td>>80</td></tr>
<tr><td>25</td><td colspan="2">城市燃气普及率</td><td>%</td><td>≥92</td><td>98.5</td><td>＞98.5</td><td>＞98.5</td></tr>
<tr><td>26</td><td colspan="2">采暖地区集中供热普及率</td><td>%</td><td>≥65</td><td>83.2</td><td>＞85</td><td>＞90</td></tr>
<tr><td rowspan="2">27</td><td rowspan="2">恩格尔系数</td><td>城市</td><td rowspan="2">%</td><td rowspan="2">＜40</td><td>36.7</td><td>34.2</td><td>31.7</td></tr>
<tr><td>农村</td><td>38.3</td><td>37.3</td><td>35</td></tr>
<tr><td>28</td><td colspan="2">基尼系数</td><td></td><td>0.3～0.4</td><td>0.3～0.4</td><td>0.3～0.4</td><td>0.3～0.4</td></tr>
<tr><td>29</td><td colspan="2">信息化综合指数</td><td>%</td><td>≥80</td><td>80</td><td>≥85</td><td>≥90</td></tr>
<tr><td>30</td><td colspan="2">公共交通分担率</td><td>%</td><td>≥30</td><td>18</td><td>≥25</td><td>≥30</td></tr>
<tr><td>31</td><td colspan="2">高等教育入学率</td><td>%</td><td>≥30</td><td>＞50</td><td>≥60</td><td>＞60</td></tr>
<tr><td>32</td><td colspan="2">环境保护宣传教育普及率</td><td>%</td><td>＞85</td><td>98.8</td><td>＞99</td><td>＞99</td></tr>
<tr><td>33</td><td colspan="2">公众对环境满意率</td><td>%</td><td>≥90</td><td>92.2</td><td>＞93</td><td>＞95</td></tr>
</table>

三、生态功能分区、环境容量与发展布局

（一）生态功能分区

根据国家《生态功能区划暂行规程》和天津区域生态特点及区域主导生态功能，将全市划分为两个生态区，分别是蓟北山地丘陵生态区、城市及城郊平原产业生态区。

为了适应宏观指导和分级管理的需要，在划分 2 个生态区的基础上，以主要生态系统类型和生态服务功能类型为依据，针对各区的结构特征、城市用地发展方向和景观空间异质性，将全市又进一步划分为 7 个生态亚区，分别是蓟北中低山丘陵森林生态亚区、于桥水库湿地与农果生态亚区、津西北平原农业生态亚区、津北平原农业生态亚区、中部城市综合发展生态亚区、津南平原旱作农业生态亚区、海岸带综合利用生态亚区。每个生态亚区又细分成若干生态功能区，全市总共分为 22 个生态功能区。

（二）重要生态功能区

为保障生态环境安全，依据《全国生态环境保护纲要》，在天津生态功能区划的基础上，从 22 个生态功能区中将具有水源涵养、水土保持、水源保护、防风固沙、生物多样性保护等重要生态服务功能的 5 个生态功能区确定为重要生态功能区。

1．蓟北山区森林生态功能区

该区包括蓟北海拔 200 米以上的中低山地区及其外围与洪积、冲积扇倾斜平原之间地区，面积约 515 平方千米。

该区是天津市唯一的中低山区，森林植被保存较完整，部分地区已划为自然保护区进行有效的管护。

该区生态服务功能主要是：生物多样性保护、水源涵养和水土保持。

该区保护措施与发展方向是：以生态保育为重点，加强森林尤其是天然材、矿产和旅游资源的保护；大力推进林业建设，并通过改善林分构成，提高林地生态质量，增强生物多样性保护、水源涵养和水土保持功能；对八仙山、中上元古界、盘山等自然保护区严格依法加强管护；加快实施退耕还林、封山育林，提高丘陵地区植被覆盖率；适度发展生态旅游、休闲旅游以及生态农林业。

2．引滦和南水北调水源保护区

该区包括于桥水库、尔王庄水库、北大港水库和规划的王庆砣水库、北塘水库库区及输水河道沿线地区，面积约 270 平方千米。

该区生态服务功能主要是：水源保护和水文调蓄。

该区保护措施与发展方向是：严格执行水源保护法律法规，加大水源与库区保护管理力度；强化农业面源污染防治，禁止网箱养鱼和库区周边无序开发，合理清淤，扭转富营养化趋势；逐步完成小流域的综合整治。

3．重要湿地生态功能区

该区包括中心市区南北两大湿地生态系统，即大黄堡—七里海—黄港湿地生态系统和团泊洼-北大港水库湿地生态系统。其中：大黄堡—七里海—黄港湿地生态系统位于潮白新河和永定新河两侧，面积约 906 平方千米，该系统建有大黄堡湿地市级自然保护区、古海岸与湿地国家级自然保护区。团泊洼—北大港湿地生态系统位于独流减河南侧，面积约 669 平方千米。该系统建有团泊洼鸟类自然保护区和北大港湿地自然保护区。

该区生态服务功能主要是：调节气候、调蓄洪涝、净化水体、保护生物多样性。

该区保护措施与发展方向是：强化湿地保护区的管护，禁止违法开发和其他人为破坏湿地资源的行为；加强湿地环境治理和生态修复，适度发展生态养殖和旅游业。

4．海岸带和盐滩生态功能区

该区包括天津港南北盐滩及滩涂地带，面积约 300 平方千米。

由于该区沿海滩涂为淤泥质岸线，营养物质丰富，是海洋生物索饵、洄游、繁殖的重要场所，是优质海盐生产重要基地，也是过境鸟类迁徙的重要驿站。土体含盐量大、蒸发量大、地下水位浅、矿化度高，生态环境脆弱。

该区生态服务功能主要是：保护滩涂资源、海洋资源和生物多样性。

该区发展方向是：以保护滩涂生态环境的“最后防线”为目标，按照规划控制滩涂过度开发；适度发展海水盐业、海水养殖及海产品加工；大力推行间养、轮养、多品种混养等多种生态养殖模式。

5．津西北防风固沙林生态功能区

该区位于青龙湾河两侧，包括武清港北固沙林保护区及宝坻青龙湾固沙林保护区，面积约为 300 平方千米。该区为津西北防护林的组成部分。

该区生态服务功能主要是：防风固沙、防止水土流失、保护农田、保养水分、调节气候。

该区保护措施与发展方向是：以生态养护为重点，在现有基础上继续扩大林地面积，改善林分结构，充分发挥其生态效益，在此基础上适度发展生态旅游业。

（三）环境容量与承载力

2005年天津市空气环境主要污染物二氧化硫（SO_2）排放总量为26.5万吨/年，水环境主要污染物化学需氧量（COD）排放总量为14.6万吨/年。而国家下达的“十一五”天津市二氧化硫排放总量控制指标为24万吨/年，化学需氧量排放总量控制指标为13.2万吨/年；国家核定的天津市二氧化硫环境容量为19.4万吨/年，化学需氧量最大允许入河、入海量共为12.1万吨/年。显然，2005年天津市二氧化硫和化学需氧量的排放总量已分别超出国家下达的“十一五”总量控制指标和国家核定的环境容量。要满足国家污染物排放总量控制和环境质量达标的要求，必须坚持环境优化经济增长，使经济社会发展与资源环境承载力相适应。随着滨海新区开发开放纳入国家总体发展战略，要实现国家对天津和滨海新区的定位，应进一步优化发展布局，调整产业结构，强化总量削减，腾出二氧化硫及COD环境容量以满足滨海新区开发开放的需求。

（四）优化发展布局

根据《国务院关于落实科学发展观加强环境保护的决定》，在天津市生态功能区划和环境容量分析的基础上，根据各地区资源禀赋、环境容量、生态状况、人口数量以及国家发展规划和产业政策，以环境优化经济增长为原则，将全市划分为四类开发区域，即：优化开发、重点开发、限制开发和禁止开发区域。

1. 优化开发区域

在环境容量有限、自然资源供给不足而经济相对发达的地区实行优化开发。这一区域包括中心城区和滨海新区核心区。在优化开发区域内，坚持环境优先，优化产业布局与结构，大力发展高新技术，加快产业和产品的升级换代，率先完成排污总量削减任务，做到增产减污。

中心城区优化产业布局要以海河开发改造为契机，在中心城区海河两岸地区体现“退二进三”的发展思路，培育经济带、文化带、景观带；将以天津钢厂为主的重工业迁往海河下游工业区，将纺织业为主的轻工业迁往空港物流加工区，将一热电迁出中心城区，置换的土地优先用于发展第三产业和增加生态用地；进一步加快工业战略东移，重点抓好西营门、黑牛城、陈塘庄及天拖片等近200户企业的东移搬迁，结合搬迁改造逐步建立河西陈塘庄、河北张兴庄、红桥光荣道、南开海泰和鑫茂、北辰天娇、西青凌庄子等10个左右都市工业示范园区。

本区域二氧化硫的排放量超过环境容量。“十一五”期间通过优化布局、改变供热结构及实施脱硫工程等，能削减二氧化硫约3万吨，可满足环境容量要求。

滨海新区核心区是以城市综合服务为主的商务中心，也是以建设现代化国际港口为重点的航运物流枢纽。要大力发展以金融、航运、现代物流、信息、咨询、高端商业为主的现代服务业，带动和提升城市辐射作用。将天津碱厂、大沽化工厂和新港船厂等企业逐步搬迁到临港工业区，腾出的土地用于发展第三产业。以天津经济技术开发区金融商贸区为基础，建成开发区商务区。

2. 重点开发区域

在环境仍有一定容量、资源较为丰富、发展潜力较大的地区，实行重点开发。这一区域包括：滨海新区除核心区以外的各产业功能区、中心城区外围地区和新城与中心镇、独立的产业组团和工矿区。在重点开发区域内，加快基础设施建设，科学合理利用环境承载能力，推进工业化和城镇化，严格控制污染物排放总量，做到增产不增污。

以滨海新区开发开放为契机，进一步加快工业战略东移步伐，形成“一轴（高新技术产业发展轴）、一带（海洋经济发展带）、三区（塘、汉、大三个生态城区）”的布局。重点发展七个行业布局集中、工艺装备先进、生产流程衔接、公用服务设施统一配套、体现聚集效益的功能区即：先进制造业产业区、滨海高新技术产业园区、滨海化工区、海港物流区、临空产业区、海滨休闲旅游区、中心商务商业区。

新城是天津城市发展轴和发展带上的重要节点，是各区县的政治、经济、文化中心或重要的功能区，是带动区域发展的中等规模的城市地区。应按照中等城市的标准进行建设，不断壮大经济实力，承担中心城区人口的疏解任务，承接产业转移，促进结构升级，形成多极增长的格局和各具特色的现代化新城。全市共规划 11 个新城，分别为蓟县、宝坻、武清、宁河、汉沽、西青、津南、静海、大港、京津和团泊新城。

从发展趋势看，滨海新区是占用二氧化硫环境容量最多的区域，也是削减潜力最大的区域。2005 年滨海新区二氧化硫排放总量与区域环境容量基本持平，“十一五”期间通过实施电厂和生产工艺排放及燃煤锅炉的脱硫工程，可削减二氧化硫排放量 7.8 万吨/年，滨海新区“十一五”规划的重点项目将新增二氧化硫排放量 4.6 万吨/年，二氧化硫剩余环境容量为 3.2 万吨/年，可为进一步发展留有环境容量空间。

南部大港和中东部的临港工业区重点发展石油化工产业；中部重点建设开发区西区、滨海高新技术产业园区、空港物流加工区、东丽湖休闲度假区和海河下游冶金工业区；北部则重点发展海滨休闲旅游业，稳定汉沽化工区和开发区汉沽化工小区的规模，并实施优化调整改造；京津塘高速公路沿线重点建设以高新技术产业为主的发展带。

引导区县利用当地资源优势，因地制宜发展特色经济。“十一五”期间，建成西青和津南八里台的微电子、西青和开发区的汽车产业聚集区，建设天津静海子牙环保产业基地和一批特色工业与工业化带动城镇化示范区。

3. 禁止开发区域

在自然保护区和具有特殊保护价值的地区，实行禁止开发。这一区域包括：天津市所有自然保护区、饮用水源保护区、风景名胜区核心区等。在禁止开发区域内，依法实施保护，严禁不符合规定的开发活动。

4. 限制开发区域

在生态环境脆弱的地区和重要生态功能保护区，实行限制开发。这一区域包括：除去上述三类区域以外的其他区域，如津西北平原、津北平原和津南平原农业生态区等。在限制开发区域内，坚持保护优先，合理选择发展方向，发展特色优势产业，确保生态功能的恢复与保育，逐步恢复生态平衡。

四、生态市建设的重点领域和主要内容

（一）自然资源保障体系建设

以水资源、能源、土地资源和矿产资源为重点，根据资源禀赋，合理开发和有效保护资源，提高资源利用效率，最大限度地保障国民经济可持续发展和生态环境建设对自然资源的需要。

1．水资源

（1）推进多源供水，合理配置水资源

构筑以本地水资源为基础，以外调水资源为重要补充，再生水利用、海水淡化和直接利用相结合的多水源优化配置体系。建设一批海水淡化与海水直接利用工程，2010 年全市海水淡化生产能力达到 50 万吨/日，海水直接利用规模达到 40 亿吨/年；大力推进再生水回用，2010 年回用能力达到 71.6 万吨/日；进一步开发利用雨洪水，完善流域洪水调蓄调度决策系统；建立以流域为基础的水管体制和合理的水价机制，形成外调水和海水主要供给工业和生活，当地水、再生水和浅层地下水主要供给农业和生态用水的基本格局。

（2）控制水资源的总需求量，保证生态用水

优化水资源调配空间布局，确保水源地和主要水系水文功能持续稳定。逐步减少工农业生产用水比例，增加生态用水比例。南水北调通水后，在有地表水源替代的地区，强制压缩深层地下水开采；在其他地区，逐步利用浅层地下水、再生水替代深层地下水，全市压缩深层地下水开采量 1.6 亿立方米/年，逐步解决局部地下水超采问题。全市主要水系的主干河流在承担供水功能的同时要满足生态用水需求。

（3）加强饮用水源保护，保障饮水安全

以“南水北调”和“引滦入津”水源保护为重点，完善水源保护体系，确保水源地的生态安全和水环境质量，保持集中饮用水源水质合格率稳定在 100%。实施饮用水源保护系列工程，开展水源保护区环境综合整治，强化水库周边地区农业面源污染控制，禁止在水源地一级保护区内从事餐饮、旅游和其他可能污染水体的活动，禁止在水库库区网箱养鱼。加强水源涵养地生态系统保护，开展水源涵养林和绿化带建设，建立污水、垃圾收集处理系统。

（4）节约水资源，建设节水社会

按照全面建设节水型城市的要求，通过优化调整产业结构和行业及产品用水标准，控制高耗水行业的规模，限制耗水多，用水效益低的行业发展，使水资源供给向高效低耗型产业转移。

推进节水技术进一步集成应用，开展节水示范工程，建立以水资源梯级利用、分质供水和循环利用相结合的高效用水系统；将海水直接利用和海水淡化相结合，建立以海水梯级利用和浓缩海水再利用为重点的海水利用循环经济系统；实行灌溉用水总量控制和定额管理，推行先进高效灌溉技术。2010 年中心城区、滨海新区和环城四区基本建成节水型城区，全市初步构建起节水型社会框架体系。2010 年和 2015 年城市万元 GDP 取水量分别降至 20 立方米和 18 立方米以下，工业用水重复利用率由现状的 85%增长到 90%和 92%，继续保持工业

用水重复利用率在全国的领先水平，农业灌溉水利用系数增加到0.7和0.75左右。

加快节水用具的推广和普及，2010年中心城区和滨海新区普及率达到80%以上，其他地区达到70%以上。加快供水管网改造，降低漏失率，在生活用水集中地区推广双水系统和人工智能计费。城市环境卫生基础设施项目中安装节水器具，提高再生水洗车、冲厕、冲洗道路和绿化的利用率。推行节水灌溉，推广防渗渠道、低压输水管道、滴灌等农业节水技术。2010年环城四区和塘沽、汉沽、大港七个区节水灌溉面积达到有效灌溉面积90%，其他区县节水灌溉面积达到有效灌溉面积70%以上。

2．能源

以提高能源利用效率为核心，以转变经济增长方式和加快技术进步为根本，进一步改善一次能源结构，加快建设节能型社会，促进经济社会的可持续发展。

（1）发展清洁和可再生能源，改善区域环境

进一步优化能源结构，一次能源消费结构中煤炭比重下降到60%以下。提高天然气在能源结构中的比重，在利用大港油田、渤海油田、陕甘宁气田和华北油田四个天然气气源的基础上，引入陕甘宁气田二期气源和南疆港进口液化天然气气源。推广热电联产和电、热、冷三联供体系，在地热资源丰富区域内科学合理开发利用地热能项目。

积极发展风能、太阳能、生物质能等可再生能源。在滨海试验风力发电的基础上，有计划地开发建设风力发电厂，积极鼓励风电技术和设备的开发、生产；加快生物质能利用技术的研发和产业化，推广秸秆气化和燃料酒精与生物柴油生产等技术，建设农村沼气示范工程和秸秆制气综合利用工程，扩大垃圾焚烧发电规模，形成规模化和多样化的生物质能生产供应体系；加强太阳能利用技术和装备的研发，提高太阳能利用普及率。

（2）努力节约能源，建设节能城市

加大节能力度，实现结构节能、技术节能、管理节能，全面提高能源利用效率。大力推进大型高效超超临界燃煤电厂和热电联供和洁净煤发电项目，使能源利用效率提高20%以上；加大工业、建筑、交通、机关、学校、商场和家庭等节能力度；到2010年和2015年全市万元工业增加值能耗分别降低20%和25%；大力推广低能耗建筑和绿色建筑，以及可再生能源在建筑中应用，新建居住建筑严格执行节能65%的标准，特别重视旧城改造中既有建筑的节能改造，满足三步节能标准要求，公共建筑严格执行节能50%的标准；普及节能知识，开展“节能环保、从我做起”行动，建设节能机关、节能学校、节能家庭等。深化节能管理、推广使用节能产品，鼓励有条件的机关、企业在开展节能技术改造中采用“合同能源管理”和“节能设备租赁制”，引导全社会成员参与到节能行动中来。

3．土地资源

严格执行“十分珍惜、合理利用土地和切实保护耕地”的基本国策，实行土地用途管制、土地储备制度，解决乱占、滥挖土地问题，规范土地流转制度，加强基本农田保护。控制建设用地规模，科学规划，合理调整土地利用结构与布局，实现土地资源的可持续利用。

结合城市化进程，通过开展工业园区、集约化住宅小区和中心镇、中心村建设等措施提高土地集约化利用水平，增加生态用地的面积。

在土壤调查基础上，以环境污染和生态破坏严重地区为重点，大力推进退化土地的生态修复，遏制土地盐渍化趋势，控制土地沙化。加快实施大港油田、蓟县采石场、汉沽污水库

等生态恢复与重建工程；对实施搬迁和依法关闭的污染企业的原有场地，应当在环境整治与土壤修复的基础上，再进行新的开发；结合农田基础设施建设，全面推进耕地保护工作，2015年全市退化土地恢复率力争达到或超过90%。

4．矿产资源

以石油、天然气为重点，兼顾地热、金属和非金属矿产，强化矿产资源开采的监管，整顿矿山开采秩序，积极勘探接续产能，适度控制矿产资源开采量。开采海洋石油必须严格遵守国家有关法律法规和近岸海域环境功能区划的要求。蓟县北部矿产开采区要严格界定开采范围与规模，划定禁采区。开发地热资源要强化热能综合利用和采补平衡。搞好矿山生态环境的治理与恢复，重点推进大港油田以湿地生态恢复为主导的油田生态修复和蓟县北部矿山生态恢复。

（二）生态产业与循环经济体系建设

以优化产业结构和布局为前提，以大力发展循环经济、高新技术产业、现代服务业和高效生态农业为主要内容，以水资源、能源合理开发利用和土地资源集约节约利用为基础，以八个生态工业示范园区和循环经济示范区建设为示范，以若干重要生态产业链为重点，形成以“两优、三源、八区、多链”的生态产业发展格局，构建“经济发展高增长、资源消耗低增长、环境污染负增长”的集约型、节约型、生态型发展模式，培育优势产业集群，完善和延伸产业链，实现生态城市建设目标。

1．优化调整产业结构和空间布局

以国务院批准在滨海新区建立综合配套改革试验区为契机，探索新的区域发展模式。优先发展先进制造业、高新技术产业和现代服务业，构筑高层次的产业结构，走新型工业化道路。按照相对集中、集约发展、节约土地资源的原则，对主导产业进行空间布局的优化调整，明确各区县的产业发展方向，继续加快工业战略东移步伐，推进六大优势产业的发展，加快装备制造业的发展和纺织、轻工等都市产业的改造，严格限制并逐步淘汰高能耗、高水耗、高污染、超标排放、超总量排放的“三高两超”企业，2010 年建成以高新技术产业为主导，以先进制造业为支撑，以都市型工业和区县特色工业为补充的现代工业体系。

2．发展循环型工业

（1）建设八个生态工业示范园区和循环经济产业园区

继续推进天津经济技术开发区国家生态工业示范园区建设。以摩托罗拉、丰田汽车、统一工业、诺维信、顶益集团等企业为龙头，巩固现有电子信息、汽车、生物制药、食品四个循环经济产业链，完善电子线路板及废弃物回收、边角废料再制造、生物发酵残渣制有机肥、食品工业废弃物综合利用等补链企业，提高优势产业集中度，逐步形成企业间紧密联系、资源上闭合流动、产品上下游最佳衔接、社会再生资源回收利用网络化的区域型循环经济体系。以能源、水资源和固体废物资源一体化管理为核心，通过各企业之间以及企业与污水处理厂、热电厂、新水源公司、新土源公司、资源回收公司、绿化公司等之间的物质、能量和信息交换，构成良性循环的工业共生系统。

全面整合大港石化产业园区的火电、海水淡化、石油化工、海洋化工和建材等行业，建设以石化行业为主导的节约型、集约型、环保型生态工业园区。依托国家四大石化企业集团，

以拟建的大港二站电厂、现有的大港发电厂、石化公司自备电厂为核心，开展资源、能源集成利用，结合两个百万吨乙烯炼化一体化项目以及海水淡化、再生水、建材、制盐、制药等项目的能量需求、原材料需求，建立热、电、水、盐、建材联产与石油化工产业共生的循环经济型能源与水资源系统。

在临港工业区建设以海洋化工为主的渤海化工生态工业园区。围绕盐化工、碱化工、煤化工、石油化工生产和浓海水化学资源综合利用，延伸和完善产业链，建成国内最大的重质纯碱出口基地和重要的石化生产基地。

在天津新技术产业园区所属的各园区内，通过机制创新、资源整合，吸引国内外的科研院所、高等院校、企业集团建立研发基地。重点发展绿色能源、电子信息、生物技术、纳米新材料和民航科技等高新技术产业，充分发挥创新孵化基地、高新技术产业化基地、高科技人才基地的作用与优势，实现先进技术的引进、消化、吸收和再研发，形成区域自主研发转化的人才聚集和高新技术产业化的生态型高科技园区。

充分发挥天津空港物流加工区毗邻滨海国际机场的区位优势，整合空港、大学科技园和空中客车公司的综合优势，大力发展临空产业，构建国家级民航科技产业化基地。围绕航空产业园、高新纺织工业园、电子信息工业园及空港国际汽车园，做大做强绿色产业，建立和完善制造、食品加工、生物医药、包装印刷和物流配送五大产业内及产业间生态链。大力推行节能、节水、节地等新技术、新措施，提高资源、能源利用效率，打造国际生态物流加工和集散基地。

依托拟建的汉沽北疆电厂，形成超超临界高效燃煤发电、海水循环冷却、发电机组低端抽气海水淡化、浓海水制盐、废渣制新型建材的电、热、水、盐、建材联产型循环经济产业园区，同时实现节地和土地的集约利用。

在海河下游工业区推进冶金行业的整体集成和系统优化，建设以无缝钢管和优质钢材生产为龙头的循环经济型产业园区。全面提高水资源和能源的利用率，努力实现水资源和余热、余压的梯级利用，废水循环利用和“零排放”，废渣综合利用和“零排放”；通过推广冶金工业节能减排新技术新工艺，大幅度降低吨钢的能耗、水耗和资源消耗。

以静海子牙环保产业基地为依托，大力发展天津静脉产业。规范、整合静海固体废物再生资源化产业，加快引进先进技术和设备，延伸产业链和产品链，实现再生物资的就地转化，提高产品附加值；完善定点回收网络体系，建立以废旧机电、五金电器、电线电缆、电子、塑料、橡胶、家电、玻璃、汽车为主的废旧物资回收拆解利用体系，实现年综合拆解回收能力 100 万吨；把天津静海子牙环保产业基地建设成为国家级再生资源综合利用示范基地。

（2）完善重点循环经济型产业链

在上述园区建设的基础上，重点完善和发展以下循环经济型产业链：

完善和发展石油化工、海洋化工、一碳化工等化工行业循环经济产业链，并依托 260 个重点项目，延伸 50 条产品链，带动聚烯烃塑料、聚酯化纤、合成橡胶制品及轮胎和精细化工四大行业发展，提高化学工业整体水平。

完善和发展以优质钢材为龙头的现代冶金循环经济产业链，突出水资源和能源的梯级高效利用，废水及固体废物的零排放，带动现代冶金产业的整体水平提高到国内先进水平。

完善和发展电水盐建材联产循环经济产业链、纺织业循环经济产业链、废旧塑料制品循

环利用产业链，并在社会层面以再生资源回收网点、集散基地和规范化的再生资源交易市场为重点建设社会化再生资源回收网络体系。重点包括废旧电器再生利用、废旧轮胎再生利用，报废汽车回收拆解等再生资源产业化基地。

（3）实施清洁生产与循环经济细胞工程

认真贯彻《清洁生产促进法》，把清洁生产纳入全市总体发展规划，完善清洁生产审核的地方法规、标准。以发展企业小循环为基础，通过技术突破、增加资金投入和出台鼓励政策等措施，引导企业推行清洁生产，实现生产全过程中的废物最小化、资源化和无害化。对石化、焦化、油田、电镀等高环境风险的重点行业，以及使用有毒有害原材料和"三高（能耗、水耗、物耗）两超（污染物排放浓度、总量）"企业依法实行强制审核，同时通过政策引导和建立激励机制，鼓励其他企业自觉实行清洁生产，加强清洁生产咨询机构的能力建设和专业人员的培训与管理。大力推动工业园区和企业建立 ISO 14001 环境管理体系。

3. 发展沿海都市型现代农业

按照建设社会主义新农村的要求，发展沿海都市型现代农业。着眼于发展集约型种植业、规模化养殖业和农产品精深加工业，使农业经济增长方式纳入科学和可持续发展的轨道，提高农业资源利用效率，控制农业面源污染，改善农村生态环境，促进农业稳定发展、农民持续增收。

（1）优化农业结构与布局，发展特色优势农业

按照高产、优质、生态、安全的要求，推进农业产业结构与布局调整。稳定粮棉油生产，提高农产品产量和质量，增加附加值。近郊发展以设施化为主的特色种植业，大宗种植业基地向远郊转移，到 2010 年耕地总面积不少于 44.55 万公顷。依据各生态功能区的生态资源优势，以调整作物布局为重点，促进优势作物进一步向优势区域集中，在汉沽区建设天津中心渔港，结合实施"3311"优质粮增产工程，建设全市优质作物产业区带，建成 5 个百万亩以上的优质粮、优质饲料、优质经济作物、无公害蔬菜和瓜果种植业基地。通过科技创新等措施，加强农田水利建设、退化土地恢复，实施沃土工程，切实提高耕地质量，积极支持高标准农田建设。结合发展特色农业，形成北部优质粮、东北部及近郊优质菜、南部小杂粮、东部食用菌、环城四区花卉等特色种植区。

在此基础上，重点发展有市场、有特色、有潜力的 6 大优势农业，即源头农业、鲜活农业、海洋农业、农产品加工业、高新技术农业和休闲观光农业。使农业生产逐步从传统种养业生产为主向集约化生产、工业化深加工为主转变，从以生产物质产品为主向提供物质产品和生态服务转型，农业服务业成为拉动农业经济增长的重要力量。

（2）发展健康养殖业，夯实农业的良性循环产业结构基础

提高养殖业比重，加快养殖业向集约化转型，优先发展健康养殖业。通过在中心市区划定禁养区，环城四区和滨海三区划定限养区，远郊五区县农业区划定七大畜牧产业带，构架养殖业循环经济型产业基地，努力减少畜牧业对环境的影响。

（3）拓宽农业功能，加快农业产业化步伐

大力发展观光休闲和生态旅游农业、农产品深加工等产业，在城市化进程中，使更多的农民从土地上解放出来，2010 年本市农业产业化龙头企业超过 300 个，农户与龙头企业基本形成紧密利益链接机制。

（4）提高农产品安全质量水平

推动农业科技创新及农业标准化生产，重点推广以种植业为主的粮经作物轮作和间套作技术、测土平衡施肥技术、生态优化的植保技术和秸秆还田、综合利用等有机化生产模式以及“四位一体”设施型能源生态模式。控制农业生产污染源头，加大规范生产管理力度，完善农业质量安全检测体系以及有机绿色食品认证体系和市场推介等。引导农民和企业在农畜产品种、养及加工和销售全过程采用清洁生产技术，改善农产品质量安全状况。推进高产、优质、低耗和防污、治污的生态农业示范园区建设。到 2010 年 80%的重点农产品实现依标生产，2015 年达到 90%，无公害农产品抽检合格率达到 98%以上。

4．发展高新技术产业

坚持科技创新和自主创新，加强创新能力建设，构建和完善以企业为主体、产学研结合的自主创新体系，以科技支撑和引导经济社会发展。依托新技术产业园区和滨海高新区，大力推进科技创新和人才开发，搭建支持优势产业发展的技术和产品研发平台，在重点行业、重点领域和关键技术上取得突破，拓宽高新技术产业发展领域。

“十一五”期间，重点发展生物技术、环保节能、海洋科技等战略高新技术产业，巩固和加强电子信息产业，积极培育先进制造、新材料、信息服务和现代农业等新兴产业；重点掌握汽车、电子信息、生物与现代医药等十大产业的共性技术与核心技术；重点突破新能源与节能、资源与环境等制约经济社会发展“瓶颈”的重大技术；重点解决人口与健康、城建与交通等社会发展领域的关键技术。实施“科技创新重点跨越行动”，突破一批具有全局性、带动性的关键共性技术，掌握一批具有战略性、影响城市竞争力的核心技术，培育形成一批具有自主知识产权、前瞻性的高新技术产业，带动相关领域技术水平的整体提升。

加快科技成果转化，提高自主知识产权比重，培育更多的自有品牌。打造以软件开发和科技服务为重点的信息服务与科技产业集聚区。在滨海新区建立国家生物医药国际创新园。发展工程设计与委托研发，加速推进科技成果转化。进一步完善提升整体技术水平和综合竞争力，成为先进技术引进消化吸收的承接地和扩散地，高新技术的原创地和产业化基地。

5．发展现代服务业

（1）发展现代物流业

充分发挥港口优势，建设天津港东疆港区绿色生态保税港区，发展国际中转、国际配送、国际采购、国际转口贸易和出口加工等业务，构筑外联国际通达内地的快速货运集散网，建立海陆空一体的多式联运体系。建设天津国际陆港，推进新亚欧大陆桥上岸起点港建设；继续加快天津港散货物流中心、集装箱物流中心、空港国际物流区等九大物流园区的建设；积极培育现代物流市场主体，整合物流信息资源，建立公共物流信息平台，提升物流业的集约化和信息化水平，建设北方国际航运中心和国际物流中心。

（2）发展现代金融保险业

完善金融保险业，推动区域金融、证券、保险合作。通过发展产业投资基金，集合信托、股票上市、企业债券、现代保险等，加快现代金融证券及保险业的发展，促进产业结构调整。

在滨海新区率先试行金融企业、金融业务、金融市场和金融开放等方面的重大改革，在产业投资基金、创业风险投资、金融业综合经营、多种所有制金融企业、外汇管理政策、离岸金融业务等方面进行改革试验。支持渤海银行扩大资产规模，增强辐射能力。

（3）发展环境友好型旅游业

以打造“近代中国看天津”文化旅游品牌为切入点，开发整合城、海、河、湖、泉、山和近现代史人文资源；进一步拓展以海河为轴线，市区为中心，滨海和蓟县为两翼，带动各区县协调发展的总体开发格局；重点开发海河旅游观光带、市中心综合旅游区、滨海休闲度假旅游区、蓟县山野名胜旅游区、津西南民俗生态旅游区、津西北现代休闲娱乐旅游区的“一带五区”旅游发展大格局，“一个中心旅游城、两个旅游副中心、八个特色旅游镇”的旅游休闲服务体系。形成东、西、南、北、中旅游主干线，打造沿河、沿海、环山、环京津结合部四大旅游休闲产业带，形成重点开发、整体推进、协调有序、持续发展的态势。

整合旅游资源，突出科技、人文与生态特点，规划开发建设大沽烟云、小站练兵、欧陆风韵、东方巴黎、金融名街、意奥风情、老城津韵、杨柳古镇等12个文化旅游主题板块。以周恩来、邓颖超早期革命活动为重点，积极发展红色旅游。进一步加强旅游景区的生态保护和污染治理，依据旅游区生态环境承载力，适度控制旅游规模，建立健全旅游安全保障体系。

（4）发展信息与科技服务业

以 3S 应用为基础，加快城市应急指挥信息系统、空间地理信息系统、智能交通信息系统和社区管理信息系统等城市管理信息化建设。加快发展宽带城域网，发展完善电子政务、电子商务和公共信息三大信息平台，扩大电信增值服务，建设电子商务枢纽，集成现代物流、社会信用、科技服务、社区服务等专业信息网。2010 年年销售收入 1 亿元以上的专业信息与科技服务企业达到 50 家，其中超过 10 亿元的企业 10 家，2015 年实现数字天津建设目标。

（5）发展其他现代服务业

加快文化传播、教育培训、体育健身、医疗保健等领域的发展；完善律师、公证、会计、技术检验等中介服务体系；加大扶持环境影响评价、清洁生产审核、ISO14000 认证、国家生态工业示范园区建设规划等与循环经济密切相关的现代咨询服务业的力度；加快培育和发展污染防治和生态工程管护运营服务业。

（三）生态环境治理与保护体系建设

着眼于让人民群众喝上干净的水、呼吸清洁的空气、吃上放心的食物，在良好的环境中生产生活，坚持污染防治与生态保护并重，生态建设与生态保护并举，构建生态安全可靠保障、人与自然和谐共生的生态环境体系，促进经济社会可持续发展。

1. 生态环境保护与建设

（1）构建和谐共生的生态环境网络格局

生态环境屏障：以蓟北山区森林生态功能区、引滦和南水北调水源保护生态功能区、水源涵养地生态功能区、海岸带和盐滩生态功能区、津北与津西北防风固沙林生态功能区为重点加强保护和建设，形成山、水、滩、林相连和自然、人工生态互补的生态屏障。

湿地生态连绵带：在中心城市南北区域各形成一片湿地生态连绵带，北片以潮白新河、永定新河、七里海、黄港、东丽湖、尔王庄、大黄堡洼水库等水面为主体构成；南片以独流减河、团泊洼、北大港、鸭淀等水面为主体构成。

人工生态防护廊道：在主要河流、道路及其绿化隔离带构建以人工生态林为主的生态防护廊道，在工业园区组团之间、组团与城镇之间、城镇与城镇之间构建由农田、园地、湿地、

林地、林网组成的、有足够敞开空间的生态防护廊道，有效控制城市热岛的扩展，缓解组团间的相互污染影响。

滨海生态防护带：依托陆域与海域交界地带，整合盐田、滩涂、湖泊、河口、近岸浅海等要素和不同类型的湿地，利用丰富的生态资源，保护和建设沿海生态防护带。

中心城区生态格局：强化海河两岸开发的生态效应，使之成为连接市区与滨海新区的生态大动脉；进一步加强刘园苗圃等生产绿地建设，并在城市西北方向建设开放式城市森林公园，使之成为城市“绿肺”；利用城市西南部大片湿地构建开放式城市湿地公园，使之成为城市“绿肾”，逐步实施城市屋顶绿化，提高绿化水平，强化城市生态调节功能。

（2）保护湿地资源

湿地是重要的自然资源，具有净化水体、调蓄洪涝、调节气候、保护生物多样性等重要生态功能。天津湿地资源虽然丰富，但近年来随着上游来水锐减和不合理开发，湿地退化日趋严重。

必须在全社会树立保护湿地资源的意识，加快制定地方法规，通过法治、技术、经济、行政等手段切实保护湿地资源。禁止不合理开发和一切导致湿地生态功能退化的人为活动，实施湿地保护和生态修复工程。根据湿地生态退化和水污染现状，重点保护和修复七里海、青甸洼、大黄堡洼、黄庄洼、团泊洼、北大港六大湿地生态系统，合理配置生态用水，恢复水生生态及水体自净能力，控制湿地退化。

（3）保护海洋资源

依据天津市海洋功能区划、天津市近岸海域环境功能区划和天津市海洋环境保护规划，重点加强近岸海域的环境管理，将天津市近岸海域、入海河流及海岸带作为有机整体，全面强化海洋环境保护。强化海岸带利用的规划与管理，对海岸带开发进行科学论证和严格审批。实施渔船总量控制制度，实行封区禁渔制度，切实保护海洋生物多样性，积极开展河口及海岸带生态修复。

（4）保护森林资源

以培育和保护森林资源为中心，增强林业生态屏障功能。建立北部山区的生态安全体系、西部的防沙治沙体系、滨海的沿海防护林体系，逐步形成“三网、三带、四区、多点”的城市森林格局（三网：即水系林网、道路林网、农田林网。三带：海河风景林带、津西北防风固沙林带、外环线绿化带。四区：沿海防护林工程建设区、水源涵养林区、沙化土地固沙林区、污灌土地用材林区。多点：即森林公园、村镇及企事业单位绿化等点状分布的森林绿地）。完善森林防火体系。建立健全森林病虫害预防监测体系和森林植物检疫管理体系。

（5）保障生物安全及生物多样性

开展物种资源调查，建立生物安全监管体系和生态影响监测评价体系，加强对本地物种的保护，防止有害物种入侵。建立转基因生物活体及其产品的进出口管理制度和风险评估制度。

采取多种措施保护生物多样性，维护野生动植物栖息地的生态系统安全与稳定，积极开展野生动植物的保护，建设天津植物园、蓟北生物物种基因库、滨海盐生植物园和种质库等，有计划地形成野生动植物珍稀物种、有保护价值的野生亲缘种和原产地物种保护体系。

2．环境污染防治

（1）强化污染物排放总量控制

严格环境准入制度，制定严于国家的地方污染物排放标准与总量控制标准，实施区域与流域污染物排放总量控制和排污许可证制度。加强建设项目环境保护管理，巩固提高污染源治理成果，完善污染源自动监测网络和预警系统，全面提升环境监管能力，减少工业污染物排放。

（2）实施碧水工程，推进水污染防治

落实《海河流域水污染防治规划》和《渤海天津碧海行动计划》。继续推进以海河干流为主的中心城区景观河道的综合整治，加强景观水体沿线截污纳管工作，改造污水收集管网，消灭黑臭水体，改善水质。合理配置生态用水，结合水生态修复工程，提高水体自净能力，实现水清岸洁，形成“一轴、八射、十环”的河网特色。

继续推进城市污水处理厂建设，现有污水处理厂要完成管网配套工程，确保城市生活污水处理率到2010年和2015年分别达到85%和90%；合理布局设置城镇污水处理厂和污水排放口，人口3万以上的城镇和工业园区必须建设污水处理厂或纳入周边区域污水处理系统处理，市区与滨海新区新、扩建污水处理厂要配置脱磷脱氮设施并配套建设再生水回用系统。

加强海洋污染防治和入海污染物总量控制，改善近岸海域水质。密切沿海周边地区协作，形成海陆污染控制联动，在加强陆源污染控制和两大排污河综合整治的基础上，科学、合理规划污水排海通道，充分利用海水自净能力，实现优化排放。推广生态养殖，减少海水养殖污染。建立健全船舶海事污染应急系统，船舶废水必须经处理达标排放。

（3）实施蓝天工程，推进大气污染防治

加快燃煤设施污染防治。推广高效的脱硫除尘技术，开展脱硝工程试点，新、扩、改建的燃煤电厂必须同步安装烟气脱硫除尘设施，在2010年前现有电厂完成脱硫除尘工程的建设和改造，20吨以上燃煤锅炉全部实现高效烟气脱硫。

严格控制工艺废气排放。重点防治化工、医药、冶炼等行业有毒有害废气和恶臭气体污染。改进工艺，提高技术装备水平，进一步提高原料的利用率和转化率，努力实现物料闭路循环。

加强机动车尾气防治，执行国家机动车第三阶段排放标准（相当于欧III），鼓励使用清洁燃料机动车，切实解决公交车冒黑烟问题，建立机动车制造、销售准入备案制度，加强在用车污染监督管理。

加强扬尘污染控制。严格建筑工地、料堆场所、交通道路的扬尘监督管理。改变耕作方式，实施免耕和留茬耕作，缓解风沙尘污染。

大力开展国际合作。积极推动以减少消耗臭氧层物质和减排温室气体为主的清洁发展机制项目，为我国履行国际条约作出应有的贡献。

（4）实施安静工程，推进噪声污染防治

加强环境噪声综合治理。严格控制社会生活噪声、施工噪声、交通噪声和工业噪声污染扰民。围绕实现环境噪声功能区达标，大力开展“安静居住小区”建设。确保2010年和2015年全市噪声达标区覆盖率分别达到90%和95%以上。

（5）推进固体废物污染防治及资源化利用

以减量化、资源化、无害化为原则，通过实施清洁生产，从源头减少固体废物的产生。规范固体废物管理，建立固体废物信息和交换平台，提高固体废物资源化水平。加快推进工业固体废物的综合利用。以子牙环保产业园等资源再生利用基地为基础，实现废旧电子电器的大规模综合利用，继续实施铬渣、电石渣、碱渣等资源化工程项目，确保2010年工业固体废物处置利用率达到 98%以上。进一步完善污水处理场及排污河道等污泥的处理处置工程。对以作物秸秆、畜禽粪便、废弃农膜为主的农业固体废物，通过综合治理加大资源利用和回收力度。建立健全危险废物和医疗废物的收集、运输、处置的全过程环境管理监督体系，实现危险废物和医疗废物的安全处置。

全面推行生活垃圾分类收集，健全城市分类和回收网络体系，强化垃圾的资源化回收利用力度，继续完善建设城市垃圾无害化处理设施，提高农村生活垃圾收集率。确保到2010年和2015年城市生活垃圾无害化处理率达到90%和100%，彻底消除垃圾围城及随意填埋。

（6）加强辐射防护安全管理

全面开展电磁辐射源的申报登记，从源头抓起，加强对放射源和射线装置管理，严格辐射安全许可制度，健全辐射环境监测网络，加强放射性废物管理，科学宣传核与辐射科普知识，使公众正确认识和有效防护辐射污染。

（7）强化农业面源污染防治

优化养殖布局，鼓励集中连片饲养，合理划定禁养区和限养区，加强集中式畜禽养殖场的管理，鼓励生态养殖、科学养殖，推广畜禽养殖业粪便综合利用和处理技术，加强畜禽污染防治。科学合理使用农药、化肥，防治农膜对耕地的污染。禁止露天焚烧秸秆，推动秸秆综合利用。严格控制污染企业向农村转移，实现乡村工业进园，加大农村工业污染治理力度。

（四）生态人居体系建设

以实施生态市系列创建工程为载体，通过优化城市布局、完善城市基础设施和城乡社区建设，建立以人为本、人与自然、人与社会和谐、安全、便利、舒适的生态人居体系。

1．优化人居建设布局，建设宜居生态社区

依照天津市城市总体规划，围绕天津市“一轴两带三区”的空间布局，将居住用地划分为52个居住片区，其中中心城区划分24个居住片区，外围组团划分14个居住片区，滨海新区划分 14 个居住片区。每个居住片区规划人口在 15 万～25 万人，含 3～5 个居住区或居住小区，居住片区规划配置大型超市、社区文化中心、综合运动场、高级中学、社区卫生服务中心等各项公共服务设施。

建设亲水宜居生态社区。围绕海河两岸综合开发改造工程和中心城区一、二级河道改造工程，完善河道两岸的绿化带建设，加快卫南洼等大型的水面风景区建设，推进海河两岸六大节点建设，开展对河流、水面周边原有居住小区的改造，形成临河、临湖的“亲水宜居生态社区”。

建设亲绿宜居生态社区。实施绿色家园计划，见缝插针、拆建增绿、退建还绿、以绿增靓、以绿优境，形成全面绿化、立体绿化的格局。到2010年，城市公园绿地服务半径达到“五一三一〇”目标，即城市居民由任意点出发，500米内有1 000平方米以上的街头绿地，1千米内有3 000～10 000平方米公共绿地，3千米内有3万平方米以上的区域性公园，10千米内

有市级公园或大型风景区，形成临绿地、临公园的“亲绿宜居生态社区”。

建设亲田园宜居生态社区。围绕建设蓟县、宝坻、武清、宁河、汉沽、西青、津南、静海、大港、京津和团泊 11 个新城以及中心城区外围城镇组团和中心镇及中心村，充分利用这些地区环境良好、空间开阔、空气清新、优美宁静等有利条件，逐步将中心城区密集人口向城市周边及新城疏散，形成“亲田园宜居生态社区”。

2．构建与保护城市景观体系

建设城市景观带。建设包括历史轴线型道路、街景型道路、流线型道路、步行街等道路景观带和以海河为主干，城市河网和输水渠道为脉络的滨水绿化景观带，形成城市绿色廊道，构筑天津市区 “蓝脉绿网”的城市景观；结合外环绿化带、防护林地和风景区建设，形成城市“绿色项链”，构筑绿色空间景观体系。

保护历史文化景观区。切实保护好天津的文物古迹，维持中心城区历史文化保护区和历史文化风貌保护区的整体空间格局与风貌，体现城市景观多样性。保护区控制地带内，新、扩、改建建筑应在高度、体量、色彩等方面与保护区风貌相协调，新、扩、改建道路不得破坏保护区历史风貌，对作为市级历史文化名城的蓟县县城和杨柳青、葛沽等历史文化名镇加以保护。

3．完善城市基础设施建设

（1）健全绿色公交网络

优先发展公共交通。加强城市快速轨道交通建设，总里程达到 194.2 千米；开辟公共汽车专用路和专用车道，建设公共汽车定位和电子显示系统，在城市中心建设公交枢纽，城市外围建立接驳换乘设施，实现不同交通方式之间的有机链接。2010 年万人拥有公共汽车数量提高到 15 标台，公共交通分担率达到 25%，2015 年公共交通分担率达到 30%。

（2）健全商业服务网络

初步形成以和平路—滨江道、小白楼中心区、塘沽解放路等商业区为核心，市区 24 个区域商业中心为骨干的大都市商业框架，人均商业面积由 0.9 平方米提高到 1.2 平方米以上；在区县政府所在地及辐射范围广的乡镇，建设大型综合超市和 5 000 平方米的配送中心，向乡（镇）、村两级日用消费品连锁店进行配送和提供相关服务；乡镇设立连锁经营超市，村庄建设村级连锁综合便利店，打造城乡便利、信步可达的购物环境。

（3）健全公共卫生体系

加大政府对公共卫生事业的投入和管理，优化整合医疗卫生资源。健全医疗卫生服务体系，在建设总医院、新天津医院、胸科医院、南开医院、中心妇产科医院、精神卫生中心、妇幼保健中心、卫生监督所等重点项目的基础上，再规划建设一批技术水平较高的医疗机构和公共卫生服务机构。健全城乡医疗保健网络，实现社区卫生服务和农村新型合作医疗制度全覆盖，加强疾病预防控制和妇幼卫生保健，居民健康指标继续保持世界中等发达国家平均水平。

（4）健全城市公用设施

城市供水：科学划分供水区域，合理规划布局水厂，2010 年自来水管网要全部覆盖 18 个区县，年供水总量达到 11.34 亿吨，新增自来水综合生产能力 127 万吨/日，总生产能力达到 437 万吨/日，城市自来水普及率 100%。增加再生水处理规模，2010 年再生水年供水量 2

亿吨，日供水能力达到71.6万吨，中心城区再生水供水干管覆盖率达到60%。滨海新区海水淡化生产能力达到50万吨/日。

城市排水：完善城市污水排放管网，2010年污水管道服务面积普及率达到90%，雨水管道服务面积普及率达到85%。中心城区雨污分流率达到90%以上。

城市燃气：优化城市能源结构，提高天然气在能源结构中的比例，2010年天然气总用气量达到33.4亿立方米，燃气管网总长度达到11 619千米，燃气普及率达到100%。

城市供热：提高城市集中供热率，增加热电联供比例，2010年中心城市集中供热普及率达到84.85%，其中热电联供达到58%。

（5）健全城市应急系统

完成重点建筑的抗震加固，完善防震减灾基础设施建设，继续开展地下隐伏断层探测和地震小区划分工作，结合绿化广场等开敞空间建设防震减灾疏散及避难场所；规划建设人防指挥系统；完善中心城区消防设施布局，加强新城消防设施建设，新建43个消防站；以堤防为基础，以大型水库和蓄滞洪区为骨干，工程措施和非工程措施相结合，全面恢复主河道泄洪防洪能力和海挡的防风暴潮能力；进一步提高疾病预防控制能力和应对突发公共卫生事件的能力，加强传染病防治工作，提高控制重大传染病能力；建立和完善反恐、核与辐射应急响应系统，提高响应能力。

4．推进新农村建设

全面实施“农村小康环保行动计划”，以加快农村基础设施建设、保护农村饮用水源、改善农村能源结构、加强村镇环境综合整治为重点，着力解决农村“脏、乱、差”问题，切实改善农村生态环境，提高农民生活质量。

（1）合理规划村镇布局

合理规划农村居住点，改变农村居民点过度分散造成的用地粗放、农村基础设施和服务设施相对薄弱的局面，积极构建由城市主副中心、新城、中心镇、一般建制镇、中心村、基层村六级城镇和村庄体系。加强11个新城、30个中心镇等一批重点城镇的建设。2010年新区城市化水平达到60%以上。

（2）加快农村基础设施建设

推进城市基础设施向农村延伸，新建和改造农村公路，全部达到四级以上等级；加快农村供水、供气、供热、污水处理和垃圾处理等设施建设；推动农业和农村信息化发展；继续推进农村饮水安全工程，2010年实现自来水管网入农户，农村居民饮用水全面达到国家规定的生活饮用水标准。

（3）保护农村饮用水源

对农村集中式饮用水源地采取严格保护措施，禁止在饮用水源地附近建设有污染的生产设施，禁止向这一地区排放各种污染物。要合理布置取水点，在村庄较集中地区建设集中供水工程，防止污染物污染水源，针对含氟超标、含盐超标地区饮用水采取有效的净化处理，达到饮用水标准。

（4）改善农村能源结构

实施“生态家园富民计划”和“文明生态村”创建工程，大力推广沼气、太阳能、风能、生物质能等清洁能源和可再生能源，促进农村生态环境保护。发展节水农业，提高水的利用

效率。2010 年全市新建秸秆气化站 100 处，农村户用沼气 5 万户，推广太阳能热水器 20 万台，使全市 60%的村庄普及清洁能源。

（5）开展村庄环境综合整治

按照布局合理、设计科学、风格独特的要求，加强农村居住地景观环境建设，加快农村改水、改厕，实现畜禽圈养与住区分离，整治村庄河道、沟渠。以秸秆转化，农村沼气、有机肥利用、生态种养殖等集成为手段，构建以自然村为单元的资源循环利用体系，实现家居环境清洁化、资源利用高效化和农业生产无害化，建设生态型村庄。

5．开展生态城市系列创建工程

（1）全面推进“三创”活动

巩固提高创建国家环保模范城市成果。深化“创模”六大工程，进一步改善城市环境质量，确保 2009 年通过国家环境保护模范城市复查。

创建国家园林城市。完善城市绿化系统规划，进一步加大公共绿地建设，2008 年底前形成总量适宜、分布合理、功能健全、植物多样、景观优美的城市绿地系统，各项指标全面达到国家园林城市要求。建成 30 个大型公园绿地，建设天津植物园和侯台、柳林等八大风景区，完成“点、块、园、景、环、脉、荫、屏”八大绿化工程。2010 年建成区绿化覆盖率达到 40%，人均公共绿地面积为 10 平方米以上。

创建国家卫生城市。到 2007 年底，有 8 个区达到市级卫生区标准，有 4 个区申报国家卫生区；到 2008 年底，各行政区完成向国家的申报工作；2009 年全市达到创建国家卫生城市要求，向国家申报卫生城市。

（2）深入开展环境优美乡镇和文明生态村建设

按照生产发展、生活宽裕、乡风文明、村容整洁、管理民主的要求，大力推动创建环境优美乡镇及文明生态村活动，2010 年末建成环境优美乡镇 30 个，使全市 60%以上的村建设成为文明生态村，2015 年达到 80%以上。

（3）积极创建生态宜居小区

制定生态宜居小区标准，将生态理念贯穿于居住区“选址—设计—施工—居住—服务”全过程，积极推动节能、省地、环保型住宅小区建设，推广应用生态环保建材，节水、节能器具，推动垃圾分类回收，加强社区服务中心、健身、环保等基础设施建设。“十一五”期间建成 100 个以上示范小区，新开发的住宅小区中生态型小区的比重达到 70%以上。

6．促进和谐社会建设

（1）着力解决群众关心的环境问题

重点解决群众反映强烈的水质、烟尘、油烟、异味、噪声等污染扰民问题和环境脏、乱、差问题；对环境违法行为及时查处；继续深入实施蓝天工程，确保空气质量稳定达标；深入实施碧水工程，确保饮水安全；深入实施安静工程，为广大城乡居民营造良好的居住环境。不断完善应急机制，保障环境安全。

（2）大力健全社会保障体系

进一步建立健全社会保障机制，逐步建立统一、精简、高效的社会保障体系；不断完善基本医疗保险制度、农村新型合作医疗制度、社会医疗救济制度、工伤保险制度、生育保险制度、失业保险制度和住房保障制度。强化全社会公共安全意识，完善公共治安、食品药品、

生产交通、信息等多方面的安全体系。

（五）生态文化体系建设

生态文化是物质文明与精神文明在自然与社会生态关系上的具体表现，是先进文化的重要组成部分，是生态市建设的思想基础和原动力。生态文化建设的主要任务是：加强生态教育，丰富生态文化，培育生态道德，营造全社会生态文明氛围，形成全民建设生态市的自觉行动。

1. 树立生态文化理念

树立科学发展观。坚持以人为本，全面、协调、可持续的发展，正确处理环境保护与经济发展和社会进步的关系，在发展中落实保护，在保护中促进发展，坚持节约发展、安全发展、清洁发展，实现可持续的科学发展。

树立环境友好观。遵循自然规律，采取有利于环境保护的生产方式、生活方式和消费方式，建立经济社会环境协调发展的社会体系和人与环境良性互动相互包容的友好关系，实现人与自然和谐和可持续发展。

树立资源节约观。坚持开发节约并重，节约优先，转变高投入、高消耗、高排放，以浪费资源、牺牲环境为代价的粗放经济增长方式，增强节约资源、能源意识，提高资源利用效率，积极建设资源节约型社会。

树立绿色消费观。将环保理念贯穿于消费全过程，实施绿色设计、绿色生产、绿色包装、绿色营销和绿色消费，尽量降低消费对环境造成的负面影响。

2. 培育生态道德

生态道德是生态文明的具体体现，是发展生态文明的依托和精神动力来源。要面向全社会，从普及生态知识、培养生态情感、树立生态理念三方面入手培育生态道德，用人与人、人与社会、人与自然和谐的生态伦理观规范行为，使科学认识自然、友善对待自然成为人们生活的理念和习惯。

成立生态道德促进会，指导组织和推动生态道德教育。建立生态环境教育中心，构筑以生态道德教育研究、生态道德知识普及、生态道德情感培养三位一体的生态道德教育体系。

3. 丰富城市生态文化

天津是多元文化的交汇地，内陆文化和海洋文化相互借鉴，传统文化与现代文化交相辉映，中华文化与外来文化兼容并蓄，构成了天津文化开放性、包容性、多元性的显著特征，并塑造出淳朴、豪爽、开放的民风。发扬天津的文化特色，构筑海纳百川、兼容取长的城市生态文化，有利于培育生态文明。

加强文化遗产保护。将文化遗产保护纳入经济和社会发展整体规划。认真做好文化遗产的普查和保护规划的制定实施工作，加强历史文化名城（街区、村镇）和文物保护单位的保护管理；搞好文庙、广东会馆、大沽口炮台遗址、义和团纪念馆、利顺德饭店等重点文物维修工程，修缮一批名人故居和近代优秀建筑；加强对意大利风情区、五大道风貌建筑群、解放北路金融风貌区、劝业场商贸建筑区、杨柳青镇等历史文化街区的保护和合理利用。加大非物质文化遗产保护力度。做好非物质文化遗产的普查、整理和研究，建立非物质文化遗产名录体系；采取培养传承人、授予称号、加强知识产权保护等方式，抢救扶持杨柳青年画、

泥人张彩塑等具有代表性和影响力的民族民间艺术，特别是保护、弘扬、扶持并创新具有环境道德特色的民族民间艺术；大力挖掘历史文化资源，弘扬滨海历史文化特别是盐文化，着力打造盐文化品牌；确定一批民族民间艺术之乡和民族民间文化生态保护区；加强自然遗产和风景名胜区的保护工作。

深入挖掘旅游文化资源。加强文化与旅游业的融合，提升旅游业的文化含量。以天津近代历史文化为脉络，以重大历史事件为线索，以历史风貌建筑和遗迹为载体，大力发展文化型旅游；注重保护和弘扬城市的历史特色、文化特色和民俗特色，保障旅游文化资源的永续利用；深入挖掘旅游文化内涵，开发打造具有地方特色的海洋文化、海河文化、都市休闲文化以及休闲农业等自然生态文化。

完善文化展示与活动设施。新建少儿艺术中心、杨柳青年画艺术中心、曹禺大剧院、大天津杂技马戏城、天津音乐厅、天津美术馆、音乐舞蹈中心、天津艺术职业学院；重建小白楼音乐厅、滨湖剧院；搞好天津图书馆、周恩来邓颖超纪念馆、中国大戏院、靳云鹏故居等维修改造和中南海西花厅复原；规划建设城市规划建设展览馆、森林公园、地质公园、湿地公园、盐生植物园、古海岸遗址博物馆、中上元古界地质剖面博物馆、盐文化博物馆等文化设施；推动单位内部文化设施向社会开放，丰富群众文化生活，提升城市文化品位。

培育产业生态文化。以新兴工业体系和特色产业为重点，在工业园区和企业培育产业生态文化，培养爱护自然、节约资源、循环再生的生态意识和生态行为，引导企业的活动方式和产品功能向产品绿色化、服务人性化和环境友好化导向转变。建立绿色技术创新的企业文化机制，鼓励企业开展生态文化形象设计，通过产品的生命周期管理和实施清洁生产，树立绿色企业的生态文化形象。

倡导管理生态文化。加强政府宏观调控、市场监管、社会管理和公共服务职能，营造环境友好、高效、公平、文明的施政环境；逐步建立以绿色 GDP 为主的经济核算体系和以生态市建设指标为核心的政府政绩考核制度；建立生态优先的政府科学决策的长效机制，实现政府、社区、企事业单位和广大市民共同参与的生态市建设格局。

推动社区生态文化。社区是生态文化建设的重要基层载体，结合开展生态宜居小区的创建活动，引导居民树立绿色生活方式，建立一支热心社区活动的环保志愿者队伍，培育一批绿色家庭，开展丰富多彩的环保活动，形成“保护环境、人人有责”的社区生态文化氛围。

4．加强生态文化宣传教育

把开展生态教育作为加强精神文明建设和提高国民素质的重要举措摆上各级党委政府重要工作位置，充分发挥宣传、教育等有关部门的组织推动作用和媒体、学校的优势，针对不同对象，开展形式多样的生态文化教育活动。

围绕生态市建设，在党政机关举办生态环境讲座；将环境保护知识、生态城市建设内容、可持续发展理论纳入各级党校、行政学院和各类管理干部院校的培训计划；教育部门要针对大、中、小学教育的不同特点，把生态环境保护列为教育教学的重要内容，提高学生的生态环境意识。

以创建绿色学校、绿色社区、绿色企业、绿色医院、绿色商场、绿色宾馆为载体，通过媒体、网络和展示场所等多种渠道，利用世界环境日、地球日、水日、保护母亲河日、科技周、植树节等时机，组织开展论坛、讲座和竞赛等活动，在全社会普及节约资源，保护生态

环境的宣传教育，增强公众生态环境意识和责任感。

五、生态市建设重点工程

根据生态市建设的目标和任务，参照《天津市国民经济和社会发展的第十一个五年计划》及相关部门、行业专项规划，经过筛选、汇总，在生态市建设启动和重点突破阶段，共规划了六类 177 项生态市建设重点工程，初步确定总投资 1 427.07 亿元，其中财政投入约 483.2 亿元，企业自筹 943.37 亿元。这些项目为指导性项目，在制定区县、部门规划和具体实施过程中将予以补充和完善。

（一）生态产业发展重点工程

主要包括：产业结构调整和优化布局、循环经济发展、生态工业发展、生态农业发展、生态服务业发展、生态工业园区建设、清洁生产工程项目等，此类项目共 42 项，占项目总数的 24%，投资 73.84 亿元，占总投资的 5%。

（二）生态环境保护与建设重点工程

主要包括：水污染防治工程、大气污染防治工程、噪声污染防治工程、固体废物污染防治工程、辐射安全防护工程、土壤污染防治工程、农业面源污染防治工程及重要生态功能保护区建设工程、自然保护区建设、生态示范区建设、京津风沙源治理工程、三北防护林体系建设工程、津西北防沙治沙工程、沿海防护林体系建设工程、退化土地恢复工程、矿山治理与生态恢复工程、生物多样性保护工程、无公害基地建设工程等，此类项目共 52 项，占项目总数的 29%，投资 377.34 亿元，占总投资的 26%。

（三）资源保护与利用重点工程

主要包括：海水淡化工程、中水回用工程、地下水工程、饮水工程、水土保持工程、水源保护工程、海洋保护治理工程、湿地保护与生态恢复工程、森林与林业工程、土地利用与工程修复工程、矿山保护工程、节能工程等，此类项目共 17 项，占项目总数的 10%，投资 72.66 亿元，占总投资的 5%。

（四）生态人居建设重点工程

主要包括：城市景观河道改造工程、城镇生活污水处理及管网建设工程、城镇垃圾处理工程、城市供水供气供热供电保障工程、城市道路交通建设改造工程、建成区绿化工程、环境优美乡镇、文明生态村、生态宜居小区系列创建细胞工程、农村清洁能源建设工程等，此类项目共 16 项，占项目总数的 9%，投资 521.35 亿元，占总投资的 37%。

（五）生态文化建设重点工程

主要包括：生态旅游建设工程及有深厚生态文化内涵的工程建设项目，此类项目共 34 项，占项目总数的 19%，投资 356.96 亿元，占总投资的 25%。

（六）综合保证能力重点工程

主要包括：生态环境监控网络建设工程、污染事故快速反应工程、环境污染控制重点实验室建立工程、环境科技创新基地建设工程、生态环境监管体系建设工程、生态市建设配套政策法规建设工程、生态环境培训与国际交流项目等，此类项目共16项，占项目总数的9%，投资24.92亿元，占总投资的2%。

六、保障措施

（一）组织保障

生态市建设是一项长期的涉及各行各业、方方面面的复杂系统工程，必须加强组织领导，统一部署协调。市政府成立由市长任组长，分管副市长任副组长，各相关部门主要领导参加的生态市建设领导小组，并设立办公室负责日常推动工作；成立由相关领域高级专家组成的专家顾问组，作为领导小组的咨询机构；逐步建立健全生态市建设推动长效工作机制，将生态城市的目标指标分解落实到相关部门并与日常工作有机结合，实行目标责任制，纳入年度政绩考核。各区县政府也要成立相应机构，建立相应制度。

（二）法制、机制保障

将生态市建设纳入法制化轨道。首先是将规划纲要经市人大常委会审批，作为开展生态市建设的依据，用以指导区县详细规划、部门规划和年度计划的制定与实施。同时要确保国家和地方已有的相关法规的全面执行并结合天津市地方特色重点抓好生态环境保护、生态恢复及补偿、推进循环经济、实施清洁生产、有关节约能源资源和促进绿色消费等一系列地方性法规、规章的制定。市人大常委会将以规划纲要审批、规划计划修订、规划实施过程监督检查以及相关立法为重点，依法推动生态市建设。市政协将全面加强相关的监督视察与建言献策，要在十年的创建过程中将其作为不变的参政议政主题之一，形成法规保障、规划牵头、统一协调、项目落实、责任到位、定期检查、及时整改、确保实施的推动管理机制。

另外天津生态市建设还与京、冀地区密切相关，特别是与河北省在水资源与污水排放、海洋保护、风沙防护等紧密关联。目前河北省也提出了生态省建设规划纲要，并经国家环保总局审查通过，因此在生态省、市的建设中要注意京津冀相互配合，建立联动机制，形成合作共赢的局面。

（三）资金、政策保障

政府针对生态市建设需要，建立相应的经济政策平台，首先要切实加大对生态环境建设的投入，建立生态市创建财政专项基金。统筹运用预算内资金，要将环保有关专项资金和补助资金、城市建设、水利、水土流失治理、生态公益林补助等专项资金的使用与生态市建设结合起来，对重点生态建设项目实行倾斜，统筹安排，提高资金使用效益。同时坚持以改革的思路用市场化手段建立多元化的投融资机制，鼓励、支持和引导社会资金投向生态市建设。

政府通过财政贴息补助，延长项目经营权，鼓励不同经济成分以独资、合资、承包、租赁、股份制、合作制、BOT 等不同形式参与生态市各类建设项目，积极探索以项目特许经营权、市场化运营收费权，林地、湿地、海域维护使用权等作为抵押物进行抵押贷款。要适当扩大统一安排扩建、改建项目的污染治理资金，引导进行环境资源与生态补偿，要积极探讨排污权交易的具体办法，设立排污权交易银行定向积累专项污染治理和生态补偿资金。

（四）科技、人才保障

依靠科技和科技创新是生态市建设的关键环节，政府科技主管部门要建立相应的科技研发平台，将生态市建设中重大技术创新课题优先列入全市科研计划，并给予科研经费的倾斜。要积极拓展与国内先进地区和周边省市的科技合作，以京津冀生态恢复与区域性空气污染防治、海河流域与渤海海域污染防治等专题为重点进行联合攻关。全方位开展国际合作与交流，借鉴国际上环境保护与生态建设的相关技术与经验，大力引进绿色能源、绿色产品、绿色工艺、绿色服务的先进技术。全面加强相关人才的培养，要将院校培养与定向培训相结合、本地培养与引进人才相结合，设立专项人才引进、培训等计划纳入全市科技人才计划之中。

（五）社会监督保障

加强社会监督是充分发动和依靠全社会力量，共同参与生态市建设的重要保障。宣传部门制定生态市建设宣传计划，组织各媒体开辟专栏，以政策、公益、科普、新闻等形式加强宣传，对不利于生态市建设的各类行为要及时披露和报道。同时鼓励工、青、妇等社会团体和全体公民的积极参与，使可持续发展的理念，生态市建设计划变成全市公民的自觉行动。政府应着手于建立一个社会监督平台，完善社会监督机制，政府和相关部门设立投诉中心和举报电话，建立公告、公示和奖励举报制度，不断扩大公民对生态环境保护和生态市建设的知情权、参与权和监督权，促进生态市建设决策的科学化、民主化。

附件：1. 天津生态市建设规划纲要图集（略）
2. 天津生态市建设指标解释（略）
3. 天津生态市建设规划纲要重点工程项目汇总表（略）

深圳

中共深圳市委　深圳市人民政府关于加强环境保护建设生态市的决定

（2007年1月9日　深发[2007]1号）

为全面落实科学发展观，加快建设和谐深圳效益深圳和国际化城市、国家创新型城市，根据《国务院关于落实科学发展观加强环境保护的决定》（国发[2005]39号）和第六次全国环境保护大会精神，现就我市加强环境保护建设生态市作出如下决定。

一、全面突出环境保护的战略地位，建设充满活力的可持续发展生态市

（一）建设生态市的重要性和紧迫性

深圳经济特区建立以来，历届市委、市政府高度重视环境保护工作，在经济社会高速发展的同时，我市环境保护工作不断加强，生态环境质量总体保持良好，环境污染和生态破坏势头基本得到遏制，并获得了“国家环境保护模范城市”、“全球环境500佳”等荣誉，为建设可持续发展的生态市奠定了良好的基础。但是，短时间高强度的开发建设，使其他城市分阶段缓释出来的资源环境问题，在深圳集中显现，资源环境对于经济社会发展的“瓶颈”制约不断加剧，“四个难以为继”的矛盾日益突出。深圳要在新世纪新阶段实现新的更大发展，就必须切实探索和形成破解资源环境紧约束的科学发展对策，推动自主创新，发展循环经济，加强环境保护，建设生态城市。生态市是以系统生态学理念为指导的一种理想城市发展模式。它通过综合协调城市经济社会活动与资源环境间的相互关系，实现城市经济持续稳定发展、资源能源高效利用、生态环境良性循环和社会文明高度发达。因此，在进一步巩固和深化“国家环境保护模范城市”创建成果的基础上，贯彻环境优先方针，全面推进生态市建设，是深圳在新的发展时期的更高追求，是深圳全面落实科学发展观，克服“四个难以为继”，实现和谐深圳效益深圳发展目标的必然选择。各级党委、政府必须站在全局的高度和事关深圳长远

发展的战略高度，充分认识到深圳建设生态市的重要性和紧迫性，切实把建设生态市的各项措施落到实处。

（二）建设生态市的总体要求和基本原则

以邓小平理论和“三个代表”重要思想为指导，全面贯彻落实科学发展观，深刻把握我市经济社会发展阶段性特征，以转变发展模式为主线，以提升生态环境质量为核心，以体制机制创新和科技创新为动力，坚持经济建设与生态建设同步、经济发展与环境保护并重、经济效益与环境效益“双赢”，加快构建协调发展的生态经济体系、自然宜居的生态环境体系、和谐友好的生态文化体系、权责明晰的生态环境执法和保障体系，努力开创以环境保护优化经济增长、促进社会和谐的新局面，把深圳建设成为充满活力的可持续发展生态市。

在实际工作中应把握好以下几项原则：

——坚持环境优先。自觉遵循自然规律和经济规律，把环境优先的理念体现在经济工作的指导思想和宏观决策上，落实到具体工作中，在经济发展的同时自觉服从环保要求，不以牺牲环境为代价换取经济社会发展。

——坚持以人为本。把满足市民日益提高的环境质量需求作为环保工作的出发点，保障和鼓励全社会参与环境保护，坚决维护群众环境权益，切实解决市民关注的影响群众健康的环境问题。

——坚持重点突破。重点从源头上防治污染和保护生态环境，加大对环境污染和生态破坏的综合整治力度，有计划、有层次地推进生态市建设。着力推进特区外环境保护，实现特区内外生态建设均衡协调发展。

——坚持机制创新。突出加强管理体制创新，建立和完善环境保护长效机制。严格环境保护绩效考核，增强环境监管的协调性、整体性。大力推进区域、部门和社会等多种资源的优化配置，建立统一、协调、高效的环境监管体系。

（三）建设生态市的工作目标

到 2010 年，全市生态环境质量得到明显改善，资源利用效率显著提高，生态环境恶化的趋势得到根本遏制，城区内重点河流消除劣Ⅴ类水体，主要污染物排放总量得到有效控制，城市的生态格局不断完善，生态系统功能不断增强，公众生态意识普遍提高。环保投资占 GDP 比重达到 3%以上；单位 GDP 能耗控制在 0.531 吨标煤/万元以下，单位 GDP 水耗控制在 27 立方米/万元以下；环境保护基础设施配套完善，城市污水集中处理率达到 80%以上，污水回用率达到 20%以上；生活垃圾无害化处理率达到 95%以上，危险废物处理处置率达到 100%；二氧化硫和化学需氧量排放总量在 2005 年基础上削减 20%。到 2020 年，环境保护和经济社会发展实现良性循环，生态环境质量明显改善，全面建成生态市。

二、以环境保护优化经济增长，建立协调发展的生态经济体系

（四）按环境容量优化区域布局

实施《深圳生态市建设规划》，将全市划分为重点保护区、控制开发区和优化开发区。逐步提高重点保护区和控制开发区的环境准入和排放标准。除法律、法规另有规定外，在重点保护区内，禁止开发建设除道路交通设施、市政公用设施、旅游设施、公园四类项目以外的项目，逐步恢复和提升生态功能；在控制开发区内，严格控制土地开发规模和开发强度，限制不符合生态功能定位的产业发展；在优化开发区内，加快调整产业布局，实行集约开发，提升生态效益和经济效益。落实总量控制制度，把主要污染物排放总量控制指标逐级分解到各区、各街道，分配到排污单位。

（五）以发展循环经济促进经济增长方式转变

把坚持产业第一与坚持环境优先有机结合起来，更加积极主动地实施自主创新战略和循环经济战略，着力转变经济增长方式，加快建设以自主创新为动力、以循环经济为核心的生态经济体系。坚持走新型工业化道路，严格执行产业政策和环境准入标准，加快培育一批科技含量高、资源消耗低、环境污染少、经济效益好的优势行业、优势企业和优势产品，为生态市建设奠定坚实的物质基础。建立循环经济考核指标体系，将发展循环经济的主要指标和主要任务落实到产业政策中。对新建的工业园区，严格实施规划环境影响评价，并按照循环经济要求布局建设项目；对现有的工业园区和产业集聚基地，实施环境影响回顾评价，根据环境容量和循环经济要求进行调整和优化，减少污染物排放总量。新建、改建、迁建项目必须实施废冷、废热、废弃物循环利用，到 2010 年全市工业污水回用率达到 40%以上。积极开展创建环境友好企业、节能示范企业、节水示范企业、清洁生产企业、资源综合利用企业活动，促使企业单位产品水耗、能耗、物耗及污染物排放量达到国际先进水平。大力推行清洁生产，对污染物排放超标的企业、使用有毒有害原料进行生产的企业、生产中排放有毒有害物质的企业实施强制性清洁生产审核。加快推进 ISO 14000 环境管理体系认证工作，规模化企业认证比率达到 20%以上。大力推进建筑节能工作，所有新建建筑必须严格执行建筑节能标准，既有建筑按计划开展节能改造。

（六）通过控制污染优化产业结构

把加强环境保护作为调整优化经济结构的重要手段，在保护环境中求发展。对主要污染物排放量超过总量控制指标或未完成污染物削减计划的区域，暂停审批增加污染物排放总量的建设项目。定期公布我市鼓励、限制、禁止类产业和工艺目录，对不符合产业导向、产业布局、污染物排放总量控制要求，或对使用国家明令禁止的设备、工艺的新建、扩建、改建项目和企业，一律不准立项，不予审批用地，不予办理相关工商登记。建立落后工艺、技术以及重点污染行业退出机制，制定强制淘汰的工艺、技术和行业名录，对列入名录的企业，采取限期改造、整体搬迁、异地发展等措施，限期淘汰、关停或搬迁。

（七）加快发展环保产业

制定环保产业发展规划和相关优惠政策，强力推进环保产业的发展，使环保产业成为具有良好经济效益和社会效益的新兴支柱产业。加强政策扶持和市场监管，培育一批拥有知名品牌、核心技术突出、自主创新能力强、市场占有率高的优势环保企业。凡确定为重点发展的环保企业，享受高新技术企业的相关优惠政策。建立健全环保产业社会组织，增强行业自律能力。

（八）制定有利于环境保护的经济政策

探索排污权交易的方法，加快制定规范排污权交易的政策和措施。落实城市污水、生活垃圾处理处置收费制度。逐步完善环境基础设施特许经营制度。落实清洁能源和可再生能源利用、废物综合利用和火电厂脱硫等优惠政策，实施清洁能源发电、垃圾发电、脱硫发电优先上网和差别电价。逐步建立生态补偿机制，形成水源保护和其他敏感生态区域保护的财政补贴和转移支付机制。

三、持续改善和提升环境质量，建设自然宜居的生态环境体系

（九）加强区域生态环境建设

坚持环境保护与生态建设并重。严格执行《深圳市基本生态控制线管理规定》，禁止毁林种果、陡坡开垦、违法开发、过度开发。对重要生态功能区实施恢复重建工作，逐步腾退不符合生态功能保护要求的用地，在饮用水源一级保护区内全面实行退果还林。加强自然保护区、森林公园、郊野公园、市政公园和社区公园的规划与建设。加大水土保持力度，治理水土流失。全面实施“东西贯通、陆海相连、疏通廊道、保护生物踏脚石”的生态空间保护战略，加强海洋生态环境保护，依托山体、水库、海岸带等自然区域，构建“四带六廊”区域生态安全网络。进一步加强人居生态环境建设，均衡布局公共绿地，多渠道拓展城市绿化空间，鼓励立体绿化，积极推广屋顶和垂直面绿化。加大生物多样性保护力度，采取措施防止外来有害物种入侵。

（十）建立生态环境资源账户

组织开展全市生态环境资源清查和评估，建立生态环境资源账户。每年对全市及各区的生态环境资源存量进行核算，把核算结果作为优化区域布局和建设项目立项的重要依据。建立“环境会计”制度，对辖区生态环境保护与建设的投入进行效益核算，提高生态环境资源的利用效率与效益，并通过生态环境建设实现收支相抵、略有盈余。

（十一）继续实施治污保洁工程

以治污保洁工程作为落实改善全市环境质量任务的平台，有计划组织和安排环境基础设施和污染防治工程项目。积极推进《深圳市治污保洁工程行动计划（2006—2010年）》，实现环保规划、行动计划、环境目标的衔接。进一步加强对治污保洁工程的统一协调和监督管理，严格

实施《深圳市治污保洁工程考核试行办法》，定期检查考核，落实责任，确保任务如期完成。

（十二）重点开展水污染综合整治

遵循“节水优先、治污为本、多渠道开源”的原则，实施“截、治、清、补、管”的水污染控制和水生态环境改善基本策略，遏制城市水体环境恶化的趋势。修复和建设水生态系统，维持城市水体的景观和生态流量，实现水体环境质量达标、水环境生态健康的目标。积极推进“正本清源”行动，在特区内深入开展雨污错接乱排整改，强化支线管网整治和建设，进一步提高污水收集率；在特区外切实加大市政污水处理厂及配套管网建设力度，完善污水收集、输送和处理系统。尽快实施污水厂深度处理，大力开展中水回用，推进雨洪利用工作。采取最严格的措施保障饮用水源水质安全。在饮用水源保护区内路段建设防护栏、雨水收集预处理系统等污染防治设施，在重点地段安装视频监控设备。饮用水源一级保护区内严禁建设任何与供水设施和保护水源无关的项目；坚决取缔饮用水源保护区内的直接排污口；加快城市备用水源建设，做好饮用水源应急储备工作。完成深圳、西丽、铁岗、石岩四大水库的入库支流整治。完善水源地截污工程，在主要水库建设河口自然湿地前置库。

（十三）大力推进大气污染防治工作

深入开展以控制二氧化硫、氮氧化物和可吸入颗粒物排放为主的大气污染防治。排放二氧化硫的重点企业必须配套建设脱硫装置和除尘设施，逐步建设脱氮装置。加快能源结构调整，提高清洁能源比重。大力发展城市公共交通，全面实施严于现行国家标准的机动车排放标准，淘汰污染严重的机动车。开展对储油库、加油站、油罐车的油气回收工作。以采石场、市政设施、房地产开发等施工工地为重点，全面加强城市道路扬尘和建筑施工扬尘防治。

（十四）全面推进噪声污染防治工作

加强对商业网点、娱乐场所等主要生活噪声源的监管，严格控制经营场所噪声扰民。调整和优化城区交通运输格局，加快地铁建设步伐，推广应用低噪路面材料，建设完善绿化带、隔声屏障等噪声控制设施，降低城市道路交通噪声。严格控制建筑工地夜间施工噪声。及时查处群众反映强烈的各类噪声污染扰民问题。

（十五）深化固体废物污染防治

积极推行生活垃圾源头减量和分类收集，推进餐厨垃圾综合处置，完善生活垃圾污染防治的社会化服务体系，促进生活垃圾收集、处置的产业化发展。妥善处理垃圾渗滤液。对垃圾焚烧产生的飞灰全部实施无害化处理处置。推进工业固体废物的综合利用，建设废物交换中心和废旧电子电器回收利用设施。加强核安全与辐射环境管理的队伍建设，强化对核与辐射源的监管。

（十六）着力解决直接危害市民健康的环境问题

深入研究土壤、大气环境污染、城市热岛效应对市民健康的累积性影响和潜在危害，制定环境健康公害防治预案。在环境问题集中、直接危害群众健康的重点区域，采取调整城市

规划、加强污染治理、搬迁污染企业等措施，消除环境污染。实行环境信访跨部门联席会议制度，及时依法处理人民群众反映强烈的环境问题。检察机关依法及时支持受害者对重大环境污染损害的诉讼活动，司法行政部门进一步完善环境污染诉讼法律援助制度。

四、倡导生态文明，构建和谐友好的生态文化体系

（十七）培育人与自然和谐相处的生态文化

在社会公德教育中增加保护环境的内容，在职业道德教育中加入企业环境保护社会责任的内容，在家庭美德教育中强化热爱自然的内容，使生态文化成为社会主义和谐文化的重要内容，形成符合传统美德和时代精神的环境道德规范和行为规范。

（十八）加强环保宣传教育

大力普及环境保护和生态市建设基本知识。积极开展生态伦理和环保警示教育，增强全社会环境忧患意识和环境保护意识。加强对党员干部和重点企业负责人的环保培训，增强落实环保优先的自觉性。各类新闻媒体设立环保公益宣传专栏或专版，定期发布环保公益广告。加强环保教育基地建设，2007 年建成 5 个环保教育基地。

（十九）大力开展生态创建活动

政府部门率先创建环境友好型机关。继续开展绿色学校、绿色社区和绿色家庭等绿色系列创建活动。全面推动环境优美城区、生态区创建活动。到 2008 年，全市达到国家环境优美城区标准的街道数量超过 25 个，盐田、龙岗两区要争创国家级生态区；福田、罗湖、南山、宝安要加快生态区创建步伐。到 2010 年，达到国家环境优美城区标准的街道数量超过 40 个，全市六区全部建设成国家级生态区。

（二十）倡导绿色消费

制定《绿色产品政府采购目录》，政府通过价格优惠、评标加分等方式，引导各级、各部门、各单位优先采购绿色产品。鼓励公众购买环境标志产品、环境认证产品等绿色产品，抑制过度包装、豪华装饰，避免或减少使用一次性用品。大力提倡节约用水、节约用能，推广使用太阳能、风能、潮汐能、生物质能等清洁能源，在全社会形成绿色消费的风尚。

五、创新环境管理，构筑权责明晰的环境执法体系

（二十一）实现环境监督管理全覆盖

积极推进数字化环保工程建设，及时统一发布环境数据信息，不断完善全市环境质量监测和污染源监测网络。实施网格化管理，实现环境监督管理全覆盖。进一步明确和细化各部门环境管理职责，环保部门统一履行环境规划、环境监测、环境信息发布等环境保护综合监

督管理职责，政府相关部门要依法履行各自领域的环境保护监督管理职责。进一步加强环保机构队伍建设，充实一线执法队伍力量，各街道要指派有关人员承担环保工作，切实提高环保执法和处理突发事件的能力。

（二十二）全面实行排污许可证制度

逐步增加排污许可证控制的污染物种类，落实排污总量指标和分阶段削减要求。坚持“超标即违法，超标必处罚”的原则，督促企业的排污量限制在排污许可证核定的指标范围内。对无证排污或超过许可证规定排污的行为进行严厉处罚，直至吊销排污许可证。因违法被责令停产、停业、吊销排污许可证的企业，必须由企业法定代表人在新闻媒体上公开忏悔，承诺限期整改，并经检查验收合格后方可恢复生产。

（二十三）提高突发性环境事件预警和应急处理能力

加快建立完善政府主导、部门协同的环境应急处理机制，建立环境预警信息系统和环境灾害应急监测系统。加强应急物资、装备和专业队伍等应急保障能力建设，提高事故防范和应急处置能力。加强对水体、空气等环境要素的常规性监测工作，逐步开展对土壤、辐射、持久性有机污染物等的监测，以及对生态系统演变、大气灰霾、赤潮等的研究性监测，分析研究潜在的环境问题和环境风险。

（二十四）构建企业环保诚信体系

对企业的环境行为定期进行审核和评估，确定不同的信用等级，制作企业环保诚信档案。每年定期发布优秀环境行为企业名单和环保诚信污点企业名单，把企业环境行为信息作为环境监督管理，提供商业信贷、外贸出口、工商年检和企业上市等方面优惠政策的重要参考依据。政府部门不得授予环保诚信污点企业及其负责人任何荣誉称号，不得采购该类企业的产品，不得给予各类政府资助和奖励。

（二十五）建立企业自觉履约制度

注重发挥守法排污模范企业的示范作用，大力推动鹏城减废行动。环保部门与重点排污企业按照自愿原则签订环境保护协议，督促企业以自觉履约方式主动实施严于国家或地方的污染物排放标准，削减污染物排放总量，节约资源，并积极实施绿色采购。引导企业自觉承担社会责任，主动采取消除危害、恢复环境、实施经济补偿、服务社区居民、提供福利设施、优先考虑就业等措施，努力化解环境矛盾。

六、健全环境保护长效机制，完善生态市建设保障体系

（二十六）建立环境和发展综合决策机制

全面实行规划环境影响评价制度，编制综合规划、专项规划必须依法进行环境影响评价；对未进行环境影响评价的，规划审批机关不得批准该规划。市、区党委每年听取一次环境保

护工作汇报。成立市环境与发展综合决策委员会，市长任委员会主任，主管环保工作的副市长任委员会副主任，市相关职能部门领导和相关领域专家为成员。委员会办公室设在市环境保护局。

（二十七）完善环保投入机制

市、区两级政府把环境保护投入作为公共财政支出的重点，随着经济增长逐步加大投入。市公共财政在环保基础设施建设投入方面适当向特区外倾斜。市财政每年拨款 3 000 万元，用于环保奖励和环境科研工作。在城市基础设施配套费、土地出让收益中分别安排一定资金用于环保基础设施建设。制定土地使用、贷款贴息、服务价格等方面的优惠政策，鼓励社会各类投资主体以多种形式参与环保基础设施的投资、建设和运营，逐步完善政府主导下的社会多元化环保投入机制。对环境保护协议中明确的企业技术改造项目，列入财政安排的技术进步专项资金的扶持范围。

（二十八）建立党政领导班子和领导干部环境保护考核机制

坚持党政“一把手”亲自抓、负总责。建立领导干部环境保护目标任期审计制度，实行年度和任期目标管理，凡在任期内有两年未完成环保目标的，一律不予提拔或重用。市委组织部会同市监察局、环境保护局等部门研究制定与科学发展观相适应的环境保护实绩考核制度。把资源消耗、环境损失和环境效益作为领导班子和领导干部考核的重要内容之一，并把考核结果作为干部任免奖惩的重要依据之一。从 2007 年开始，市政府每半年公布一次各区万元 GDP 水耗、万元 GDP 排污强度、交接断面水质达标率和饮用水源地环保指标。对因行政不作为或作为不当而未按要求完成环保任务的地方政府和部门负责人依法追究责任。

（二十九）健全社会监督机制

加大人大、政协对环保工作的监督。完善环境影响评价公众参与、环境质量公报和企业环境行为公告等制度，及时发布污染事故信息，保障公众环境知情权、参与权、监督权。对涉及公众环境权益的规划、建设项目和重大政策，通过听证会、论证会或社会公示等形式，广泛听取公众意见。推行环境保护社会监督员制度，继续实行环境违法行为有奖举报。加强和改进舆论监督。鼓励发展民间环保组织，提升市民环境保护的自我组织能力。

（三十）健全环境科技创新机制

制定并实施环保科技发展规划。建立环保新技术的研发、孵化和推广应用基地，增强环保科技辐射力。建立环保关键技术重点实验室、环保科技产业基地，优先开展对电镀、线路板等重污染行业共性技术、关键技术的开发、应用和推广，形成具有自主知识产权的核心技术和主导产品。加强环境基础科学研究和潜在环境问题研究，尽快突破长期制约经济、社会和环境协调发展的关键性科技难题。进一步完善环保人才培养机制，加大对环保人才的培养力度。建立以高等院校、科研机构为主体，以大型企业和公共研发平台为依托的环保人才引进和培养体制。广泛吸引海内外高级环保人才来深全职、兼职或短期工作。

（三十一）建立环境保护区域合作交流机制

积极参与珠江三角洲地区区域环境保护协作，加强与港澳地区的合作，以区域环境质量的改善促进生态市建设。积极开展环保国际交流合作，引进国外资金、技术和管理经验，提高环保技术、装备和管理水平，提高环境管理人员和专业技术人员的业务水平。积极宣传我市生态市建设和加强环境保护的工作成效。

（三十二）完善环境法制保障机制

充分利用深圳经济特区立法权和较大市立法权，加快环保立法进程，健全生态市建设的环境法规体系，为进一步加大环境保护执法力度提供法制保障。抓紧开展噪声污染防治、固体废物污染防治、自然生态保护、资源节约、清洁生产审核、循环经济配套制度、污染物排放削减等方面的地方立法工作，加大处罚力度，适当扩大环境保护行政强制权，下放限期治理权。

深圳生态文明建设行动纲领
(2008—2010)

(深圳市人民政府2008年3月10日印发　深府[2008]42号)

为深入贯彻落实党的十七大精神，以新一轮思想大解放推动新一轮大发展，进一步深化和谐深圳效益深圳和现代化国际化城市内涵，加快实施《中共深圳市委深圳市人民政府关于加强环境保护建设生态市的决定》(深发[2007]1号)，全面建设生态文明，持续改善城市管理，在考察学习世界先进城市经验基础上，结合深圳实际，制定本行动纲领。

一、以生态文明理念全面带动深圳城市建设管理和发展的思想大解放

(一)深刻把握生态文明建设对城市建设管理和发展的重大意义

进入21世纪，人类社会经济发展正处于全球化、信息化和生态化的深刻变革中。党的十七大明确提出建设生态文明的要求，丰富了文明和发展的内涵，开创了中国可持续发展的新时代，对城市的建设管理和发展也提出了新任务、新要求。当前，深圳的社会发展正在从传统社会向公民社会转型，产业发展从工业化向后工业化转型，城市发展从二元化向特区内外一体化转型，城市管理从粗放式向科学严格精细长效管理转型。迫切需要以生态文明理念推动城市建设管理和发展的思想大解放，破除一切阻碍城市持续健康发展的观念、体制和机制，牢固树立绿色价值观、生态政绩观，培育和发展生态经济、生态文化和生态环境，满足人们不断增长的生态需求和生态权利，实现人与城市、自然的和谐统一和永续发展，实现生态文明。

经过28年的快速发展，深圳经济实力大幅提升，人均GDP超过1万美元，但产业结构的调整优化任务仍很艰巨，现代产业体系还不完善，经济发展方式还未得到根本转变；城市规划、建设、管理取得显著进步，现代化、国际化城市形象初步确立，但城市发展“四个难以为继”的矛盾日益突出，生态环境保护压力加大，特区内外发展差距明显；社会建设全面加强，人民生活水平显著提高，民生需求迈向更高层次，但市民综合文明素质有待提高，基层基础工作仍较薄弱，综合执法体系还不够完善。为了破解城市建设管理和发展中遇到的系

列难题，适应生态文明的建设要求，推动城市建设管理和发展的思想大解放，深圳近年来多次组织高规格、大规模的考察团，到内地具有成熟管理体制的城市和香港、新加坡等具有先进管理经验的国际化城市学习考察，跨海取经，取得了丰硕成果。同时让我们更清醒地认识到，与国内外先进城市相比，深圳的差距还很大，具体体现在发展理念上、规划思路上、管理体制上、文化品位上和城市内涵上。这些差距，归根结底就是生态文明建设上的差距。

中央要求我们在改革开放和自主创新中更好地发挥重要作用。省委十届二次全会要求深圳解放思想，树立世界眼光，努力建设成为能够体现中国形象，有竞争力，能与世界先进城市“叫板”的城市。我们必须瞄准国际一流水平，以全球视野思考和谋划城市发展，以改革开放和自主创新为动力，以生态文明建设为重要突破口，坚持生产发展、生活富裕、生态良好的文明发展道路，加快建设资源节约型、环境友好型的可持续发展的全球先锋城市。这是深圳争当落实科学发展观排头兵的必然要求，是建设和谐深圳效益深圳和现代化国际化城市的核心内涵，是创建生态城市的理念升华。我市各级政府必须站在历史的高度、全局的高度和事关深圳长远发展的战略高度，深刻把握生态文明对城市建设管理和发展的重大意义，以生态文明建设推动思想大解放，推动深圳城市品位和内涵迈入新境界。

（二）总体要求

调整优化产业结构，大力发展循环经济，不断提升城市可持续发展能力；加大环境保护和治理力度，加快建设生态城市，不断提升人居环境质量；改善城市基础设施和空间布局，突出城市风格和特色，不断提升城市功能和形象；加强和创新城市管理，理顺和完善体制机制，不断提升城市综合竞争力和软实力；加强公民教育与生态文化建设，增强市民家园意识，不断提升城市品位和内涵。通过持续推出生态文明建设系列行动计划，推动城市生态文明水平不断进步，把深圳建设成为中国最干净、最美丽、最生态化的城市，中国风格、中国特色、中国气派的现代化国际化城市，可持续发展的全球先锋城市。

（三）基本理念

——全民忧患意识。全市上下必须克服自满思想，牢固树立强烈的忧患意识和危机意识，高度重视和深刻认识资源环境的紧约束，居安思危、居安思进、居安思变。

——以人为本意识。克服“见物不见人”的观念，坚持城市发展的一切活动以维护人的尊严、满足人的需要、方便人的生活为根本宗旨，积极支持公众参与城市规划建设管理，保障公众的生态权利。

——生态优先意识。生态文明建设从政府做起，牢固树立绿色价值观和生态政绩观，以资源承载力和环境容量为约束，科学引导产业发展和城市建设，节约资源能源，保护生态环境，建设资源节约型和环境友好型社会，实现人与城市、自然的和谐统一。

——国际化意识。克服狭隘视野，以世界眼光思考和谋划城市发展，充分利用国际资源、国际平台解决城市发展问题。瞄准国际一流水平，虚心学习，缩小差距，追求超越，敢于“叫板”，勇争第一。

——特色化意识。在借鉴国内外先进城市经验的基础上，立足深圳实际，找准城市形象

定位，穷尽思路，科学设计，精雕细琢，力求完美，精心打造并不断强化城市风格和特色。

二、以生态文明的标准和要求谋划城市功能布局，打造精品深圳

（四）进一步提高城市规划水平

切实加强规划的前瞻性、科学性、协调性和可操作性，充分发挥规划对土地利用和城市建设的先导、统筹和主导作用。加强法定规划的编制实施，尽快完成城市总体规划和土地利用总体规划的编制审批，实现法定图则全覆盖。完善城市规划体系，加强各层次、各领域规划的协调性。完善规划实施机制，提高规划向计划和项目的转化能力和转化速度。

（五）全面加强城市与建筑设计

加快制定实施城市与建筑设计标准准则，突出城市风格特色和总体城市设计要求，大力推进城市重点地段、重点区域城市设计和标志性建筑设计。大力开展城市美化行动，高度关注小尺度空间和城市细部，对城市街景、建筑物、公共空间及门户地区实行艺术化设计和人性化改造，集中打造一批建筑精品和城市亮点。

（六）促进特区内外一体化发展

强力推进特区外市政设施和地下管网的规划建设，积极开展市政设施综合整治行动，提高市政设施建设与管养水平。以基础设施建设为先导，加快推进光明、坪山、龙华、大运四大新城建设，对大鹏半岛和西部滨海地区严格规划保护，稳步有序开发，全面带动提升特区外城市化、生态化水平，促进全市一体化发展。

（七）加快绿色公共交通体系建设

强力推进轨道交通和城市快、高速路网建设，加快特区外公路的市政化改造，改善交通微循环，构筑以轨道交通为骨干、多种交通方式协调发展的城市交通体系。深入实施公交优先发展战略，加快公交建设步伐，完善接驳换乘系统。加强交通需求管理和智能交通系统建设，创新交通管理思路和方式。

（八）创新和完善城市开发建设模式

树立适度开发的理念，强化对区域开发强度的综合平衡和控制。积极探索“多元联动”的综合开发模式。合理确定开发建设时序，严格执行“基础先行、开发跟进”，“先地下、后地上”的建设顺序。尊重自然地形，保护生态植被，在土地开发中因地制宜推行“七通一平”。

（九）切实加强城市综合管理

加强城市建筑和市政设施管理，建立定期维护、修复和翻新机制。强化市容环境管理，深入推进城中村和社区的环境综合治理，提高环境卫生设施覆盖率和管理水平。加大查处违法建筑工作力度，确保违建“零增长”。坚持安全发展的原则，加强城市安全生产管理，严格

市场准入，强化落实安全生产责任，创新安全生产机制体制，加快推进城市安全基础设施的改造，夯实城市安全基础，加快城市防灾减灾工程建设，提高应对自然灾害的能力。完善城市管理综合执法体制，实施规范化、标准化、专业化、精细化管理。丰富和创新城市管理控制手段，完善数字化城管系统，加大网格化管理覆盖面，全面提升城市管理的科学化信息化水平。

三、以生态文明的标准和要求推进节能减排和生态建设，打造绿色深圳

（十）强力推进节能减排工作

实行强势环保，推动实施领导干部环保实绩考核办法，树立生态政绩观，打造绿色政府。加快产业结构优化调整，大力发展环保产业，严格产业项目的节能、环保准入门槛。加强污染减排三大体系建设，积极发展循环经济，加快建设国家循环经济试点城市和循环经济示范小区。确保到 2010 年，单位 GDP 能耗控制在 0.51 吨标准煤/万元以下，二氧化硫和化学需氧量排放总量分别控制在 3.48 万吨和 4.47 万吨以内。

（十一）加快构建生态安全格局

建立完善生态补偿机制，严格执行《深圳市基本生态控制线管理规定》，坚决守住基本生态控制线，加快构建“四带六廊”区域生态安全网络。加强水土保持与河流综合治理，积极推进水生态修复、采石取土场所的整治复绿和重要功能区的生态恢复重建。全面实施生态风景林建设工程，加强野生动植物保护，预防外来物种入侵，提高生物多样性，丰富景观的空间和季节变化。开展广泛种植市树和市花行动，多渠道拓展绿化空间，增加城市绿量。加快公共绿地和绿化养护的生态化修复，深入推进节约型园林绿化建设。

（十二）努力打造绿色城区和绿色建筑

以光明新区建设为试点大力推进绿色城区建设，加强国家生态区、国家生态工业示范园区创建。以“四节二环保”为核心，严格执行建筑节能标准，全面推进绿色设计和绿色施工，积极开展绿色建筑认证，加强建筑节能改造，打造绿色建筑之都。

（十三）强力推进环境污染治理

深入实施治污保洁工程，加快污水处理厂、污水收集管网和污泥处理处置设施建设，强力推进排水管网清源行动，确保到 2010 年中心城区污水集中处理率达到 100%，其他城区达到 80%。推进大气污染、噪声污染治理，着力解决直接危害市民健康的环境问题。

（十四）加强生态建设区域合作

积极探索与香港和珠三角各地建立生态建设区域合作机制，加强环境监测和交流，共同研究和推动大气、水环境治理和生态建设合作，根据区域环境容量联合推动大珠三角地区产业结构优化升级和产业有序转移，强化企业环保社会责任，共同整治高污染企业，鼓励和倡

导绿色生产、消费模式。

四、以生态文明的标准和要求优化城市资源管理，打造集约深圳

（十五）提高土地资源节约集约利用水平

加快推进城市化转地后续管理工作，强力推进土地储备工作。以建设空间的“零增长”为导向，严格控制建设用地增量，加快闲置土地清理和土地遗留问题处理，优化居住用地结构，加大零散旧工业区的整合升级改造力度。适度提高产业用地的投资强度和建筑容积率，根据产业生命周期合理确定产业用地出让、出租年限，加快产业用地周转，提高土地利用效率。统一规划、分批建设改造、定期推出若干产业园区和标准厂房，在高新技术产业带各园区建设产业加速器，保障产业发展需要。加强城市地下、空中和海洋空间资源的调查研究、规划管理和审慎开发。

（十六）实施水资源可持续利用战略

实施城市水系蓝线管理和一级水源保护区封闭管理，切实加强饮用水源和城市水系保护。积极开展雨洪资源、再生水资源、地下水资源、海水资源的科学利用，加快建设全市统一、集约高效的水资源调度配置系统、城市节水管理系统、雨洪资源收集利用系统、再生水利用系统和城市排水管理系统，创建节水防污型社会。确保到2010年，全市供水水源保证率达到97%，万元GDP水耗比2005年下降20%，再生水利用率达到20%。

（十七）提高能源资源综合利用效率

发展清洁能源和可再生能源，建立健全资源节约的标准体系。大力推进建筑垃圾、生活垃圾和工业固体废弃物综合利用，开展垃圾中转站及无害化处理设施建设行动，力争实现垃圾产生量“零增长”、可燃垃圾“零填埋”、建筑垃圾 30%循环利用、生活垃圾无害化处理率达 95%。

五、以生态文明的标准和要求提升人居环境质量，打造人文深圳

（十八）切实加强住房保障

加快廉租住房、公共租赁住房、经济适用住房等保障性住房建设，改革和完善住房保障制度，建立完善有利于提升城市净福利、竞争力和凝聚力，具有深圳特色的住房保障体系。进一步加强和改善房地产市场调控，严格落实 90 平方米以下商品住房比例不低于 70%规定，推动实现住有所居。

（十九）提高公共服务水平

强力推进特区外公共设施和公共空间建设，充实完善基层公共服务设施网络，继续推进

郊野公园、森林公园、地质公园、市政公园和社区公园建设，创新公共设施和公园管理体制，切实满足市民休闲需要。

（二十）加强历史文化保护和城市更新

加大对大鹏所城、客家民居等历史街区和传统建筑的保护力度，加强对传统民俗风情等非物质文化遗产的保护和开发。加快城中村改造步伐，积极推进特区外中心城区及重点地段旧工业区功能置换，适时推动旧商业区、旧居住区升级改造，积极促进城市更新和再生。

（二十一）加强生态科技创新

整合各部门环保、节能、减排等方面的政府科技资源，促进生态科技产、学、研结合，开发和推广节约、替代、循环利用和治理污染的先进环保节能适用技术，深入推进信息技术在资源环境监测和城市管理中的应用，强化深圳生态环境问题调查研究。制定实施生态文明建设科技发展规划，建立生态科技的研发、孵化和推广应用基地。完善环保和城市管理人才的培养和引进机制。

（二十二）提高生态文明素质

加大生态环境保护宣传力度，创造多种形式的环保教育展示基地，推行现场式、体验式公众教育，促进人与城市的互动，引导公众自觉参与环保，珍惜资源，牢固树立生态文明观念。鼓励民间环保组织开展环保活动。引导各单位和公众优先采购绿色产品，避免或减少使用一次性产品，在全社会形成绿色消费风尚。倡导建设混合型多元文化社区，完善小区物业管理与服务，加强邻里交流，加速不同地域人口融合，培养市民家园意识。

六、强化统筹协调，为建设生态文明提供强大保障

（二十三）加强领导和决策

生态文明建设由市委市政府统一领导，我市各级政府“一把手”亲自抓、负总责。加强和完善城市规划委员会、环境与发展综合决策委员会制度，形成跨部门、高层次的生态文明建设协调议事机制，切实提高决策的科学化水平。完善重大项目公示、听证制度，健全公众参与机制，保障市民的知情权、参与权、表达权和监督权，提高决策的民主化水平。

（二十四）强化统筹实施

市各有关部门依据本行动纲领，制定并实施各自领域内生态文明建设的行动方案，持续推出生态文明建设系列工程。加大行动方案和系列工程实施情况督查力度，实行项目进展情况定期报告和落实情况考核制度，建立行之有效的问责和激励机制。进一步优化审批流程，强化项目的规划设计、计划立项、征地拆迁等前期研究和准备工作，改革和完善招投标管理制度，合理组织施工，确保项目落实。

（二十五）加大资金投入

把生态文明建设作为市、区两级政府公共财政支出的重点予以倾斜。创新体制机制，鼓励社会投资主体以多种形式参与生态文明建设的投资、建设和运营，多渠道拓展生态文明建设资金。

（二十六）健全体制机制

探索实行职能有机统一的“大部门”体制，加大机构整合力度，规范市、区城市规划建设管理事权划分，理顺城市规划、建设和管理职能分工。健全部门间协调配合机制，强化落实主办责任制，发挥部门间联席会议制度的沟通协调作用。积极推进法定机构试点。

（二十七）完善政策法规

全面梳理、修订和补充现有城市规划建设管理政策法规，推动修订城市规划条例、环境保护条例、环境噪声污染防治条例、水资源管理条例、水土保持条例，出台生态控制线条例、海域使用管理条例等法规和政府规章及规范性文件，建立健全城市规划建设管理政策法规体系。

关于建设绿色政府的行动方案

为建设绿色政府，打造绿色深圳，根据《深圳生态文明建设行动纲领（2008—2010）》，制定本方案。

一、树立绿色施政理念

全面贯彻落实科学发展观，坚持将环保优先作为深圳未来发展的主要价值取向和重大战略方针，贯穿于经济发展和城市建设的全过程，将环境保护要求纳入政府决策、规划和管理的各个环节，体现在政府施政的各个方面。实施生态立市战略，以环境保护优化经济增长，以生态文明引导社会进步，从战略高度和宏观层次推进发展模式的真转真变，加快建设资源节约型环境友好型社会，不断增强城市的可持续发展能力。

主办：各区人民政府、市光明新区管委会和市政府有关部门。

二、实施绿色政府决策

建立并完善环境与发展综合决策机制，在城市规划、能源资源开发利用、结构调整、土地开发建设和公共管理等重大决策过程中，优先考虑生态环境的承载能力，充分估算对环境产生的影响，切实开展政策环评、规划环评等战略性环评，对重大建设项目要严把环评关，对可能产生重大环境影响的城市建设和社会经济发展重大决策行使环保一票否决权，避免出现对生态环境造成破坏性影响的决策失误。

主办：各区人民政府、市光明新区管委会和市政府有关部门。

三、深化绿色创建活动

大力开展绿色机关、绿色学校、绿色医院、绿色社区、绿色家庭、绿色商场、绿色酒店和绿色景区等绿色创建活动，全面推进环境优美街道和生态区创建工作，到2010年，新增国家、省或市级绿色社区40个以上，建成环境优美街道30个以上，各区开展国家级生态区创建工作，全市达到国家生态市建设的基本要求。

政府率先创建环境友好型机关，实施绿色办公，制定政府办公楼和公共建筑设施节能、节水计划，加强对办公场所水、电及办公用品的节约使用和废弃物回收利用，开展政府机关节能减排绩效评估和审计。国家公务人员带头实施节能减排，拒绝浪费和使用一次性用品。

主办：各区人民政府、市光明新区管委会和市环保局。

协办：市教育局、建设局、工商局、旅游局、机关事务管理局。

四、推行绿色政府采购

全面实施绿色采购制度，政府使用财政性资金进行采购时优先采购环保节能产品，逐步淘汰低能效、有污染的产品；政府采购在技术、服务等指标同等条件下，优先采购清单所列的环保节能产品，采购时应当在采购招标文件中载明对产品的环保节能要求、合格产品的条

件和环保节能产品优先采购的评审标准。逐步增加政府采购绿色产品的比例，列入政府采购目录的绿色产品应占40%以上，使绿色产品的价值占政府采购总价值的比重逐年提高。

主办：市财政局和各区人民政府、市光明新区管委会。

协办：市政府采购中心。

五、加大绿色财政投入

政府在安排建设项目投资时，应优先考虑安排环保建设项目或对生态环境有利的建设项目资金，加大对环保基础设施和改善生态环境项目的投入，每年政府在增加公共财产支出时，应当优先增加环保开支，到 2010 年，全社会环保投入应占同期 GDP 的 3%以上，市财政每年拨款 3 000 万元，用于环保奖励和环境科研。充分发挥政府环保投入的引导作用，鼓励和促进全社会增加环保投入，确保全社会环保投入增长幅度高于经济增长速度。

主办：市财政局。

协办：市发展改革局、科技信息局、环保局。

六、发展绿色环保产业

在调整经济结构，实施产业优化升级时，把绿色产业作为产业发展的优先选择，构建环境友好型产业体系。完成重污染行业的减排和优化升级工作，建立健全环保产业技术评估和推广体系，建立市环境保护评估中心。重点扶持形成7～8 家年销售额超 10 亿元具有较强竞争力和自主创新能力的龙头环保企业集团；培育发展一批拥有技术特色优势的为大型企业进行专业化配套服务的“专、精、特、新”的中小型环保企业。到2010 年，全市环保产业总产值达到350 亿元，约占同期 GDP 的 3.9%，年均增长率达到26%左右，使环保产业逐步成为我市新兴的重点产业。

主办：市发展改革局、贸工局、环保局。

协办：市科技信息局、工商局、各区人民政府、市光明新区管委会。

七、落实绿色政绩考核

实行环保实绩考核制度，考核我市各级政府、各部门及其领导政绩时，优先考核环保指标，将环保工作任务完成情况作为评价干部的重要依据。各区人民政府及市政府各相关职能部门每年定期向市委市政府或者环境与发展综合决策委员会报告履行环境监管职责和完成环保任务的情况。未完成当年环保目标的，应予以通报批评，取消创优评先资格，并按有关规定向社会“公开道歉”；连续两年未完成的，相关责任人不得提拔、重用。

主办：市监察局、人事局。

协办：市环保局。

八、开展绿色政府合作

坚持“联防联治、资源共享、设施共用、合作互惠”的原则，以深港合作、粤港持续发展与环保合作、泛珠三角合作等区域合作框架为依托，以区域大气、共同海域、跨境或交界河流污染控制、区域生态、固体废物处置等为重点，加强环境保护交流与合作。建立环境信息交流平台，完善区域环境保护合作机制，协调解决跨境、跨界等区域污染问题以及由此带

来的矛盾和冲突。拓宽和深化深港、深莞、深惠以及深穗的环保合作，以环境一体化的理念，优化整合区域资源，对区域环境问题共同谋划，分工合作，同步治理，切实改善区域环境质量，不断提高合作水平，形成合作互动、优势互补、互利“共赢”、共同发展的格局。

主办：市环保局。

协办：市科技信息局、外事办、各区人民政府、市光明新区管委会。

九、加强绿色科技创新

在实施自主创新战略进程中，注重加强环保科技创新能力建设。加快建设数字环保，对重点污染源实施在线监控，建立生态环境监测预警系统。加快建立环保技术的研发、孵化和推广应用基地，重点加强红树林修复、污水资源化、雨洪利用、海水淡化、污水处理、烟气脱硝脱硫、灰霾控制、清洁能源、污泥处置、垃圾无害化处理和资源化利用、节能节水和节材以及电子行业废液、废弃物回收利用等关键技术的攻关，建立和完善绿色技术支撑体系，促进循环经济发展和生态市建设。

主办：市科技信息局、环保局。

协办：市发展改革局、贸工局、水务局、农林渔业局、城管局。

十、普及绿色宣传教育

大力弘扬生态文明，将环境意识提升到生存意识、发展意识和民族意识的高度，把生态文明的培育纳入精神文明建设全过程，结合自身职能，多途径开展环境保护和生态文化宣传教育，建设环境教育基地，普及环保知识，不断提高政府部门工作人员的环境意识和政策水平，增强保护生态环境的责任感和使命感。落实政府环境信息公开制度，确保公众的知情权和参与权。制定经济措施引导公众积极参与环境保护，并通过政府、社区、学校和媒体的宣传教育，培育公众的环保意识和生态价值观，倡导生活节约、绿色消费、绿色出行等生态行为，使生态文化成为公众的生活时尚，生态保护成为公众的价值取向，生态建设成为公众的自觉行动。

主办：市环保局、各区人民政府、市光明新区管委会。

协办：市教育局和深圳报业集团、深圳广电集团。

关于提升城市规划品位与内涵的行动方案

为进一步加强城市规划的统筹和协调作用，提升城市品位与内涵，根据《深圳生态文明建设行动纲领（2008—2010）》，制定本方案。

一、主要目标

通过加强和完善城市规划工作，推动城市科学发展、和谐发展和可持续发展，加快建设生态文明城市和宜居宜业城市，实现城市效益、品位与内涵的全面提升。创新规划理念，系统加强城市规划建设管理，提升城市功能；优化和美化城市重点地区地段规划建设，丰富城市文化内涵，提升城市品质；加大力度完善城市基础设施，促进特区内外城市发展一体化；加强城市生态保护，建设绿色城市，加快建设生态市。

二、主要任务

（一）突出规划重点，积极谋划和保障城市发展

1．加快推动城市总体规划编制和审批，力争城市总体规划 2008 年通过国务院的批准。召开第二次全市规划工作会议，明确新时期我市规划工作的任务与要求，部署城市总体规划实施。

主办：市规划局。

2．推进深港规划合作。加强深港之间城市总体规划、城市发展策略等宏观层面规划的衔接与合作，积极与香港方面联合开展深港共建国际大都会发展策略研究。加快跨境交通及能源基础设施等的互通衔接，加紧深港机场轨道连接线（深圳侧）、广深港客运专线等规划研究，加大力度推动深港边境地区综合开发合作。完善与加强深港城市规划领域的交流合作机制，定期召开政府层面联席工作会议。

主办：市规划局。

协办：市发展改革局、贸工局、交通局、水务局、环保局。

3．进一步完善法定图则的编制和管理，尽快实现法定图则的全覆盖。

主办：市规划局。

4．加强规划统筹的建设用地管理，严格落实土地储备管理的有关政策法规，理顺并完善土地储备管理机制，开展土地整备制度研究，启动编制土地整备规划，开展转地后特区内外用地规划管理相关政策的研究，清理历史遗留用地。

主办：市规划局、国土房产局。

协办：各区人民政府、市光明新区管委会。

（二）加强城市与建筑设计，提升城市功能和品质

1．完善城市公共配套，推动《城市公共服务设施发展与规划布局研究》、《深圳市基础

教育设施布局规划》和《深圳市社区规划试点研究》等项目的深化和实施。开展城市重点地段和重点地区城市设计，如光明新城中心区城市设计国际咨询、深圳市中轴线城市设计及皇岗村改造规划、东西部海岸线与深圳河沿岸整体城市设计、金融产业服务基地规划、地下空间利用规划、前海中心区规划等。积极推动各区总体城市设计工作。加快修订和制定城市规划设计相关标准准则。

主办：市规划局。

2．系统推动绿色建筑、绿色住区及绿色城市规划建设工作，强化《深圳市绿色建筑设计导则》的规范性指导作用，制订深圳市绿色住区设计导则，开展“绿色城市”规划建设标准研究。

主办：市规划局。

协办：市国土房产局、建设局。

3．办好第三届城市/建筑双年展，把其打造成我市著名的展会品牌。高规格、高标准组织国际规划设计招标和竞赛活动，推动我市勘察、规划、设计行业提高水平，制定相关政策鼓励本土原创，培育适应国际化发展需求并具有自身城市特色的原生态人文环境和具有国际影响力的规划设计专家。

主办：市规划局。

协办：市文化局。

（三）大力推进新区新城规划建设，提升特区外城市功能和环境品质

1．重点推进光明新区规划建设。开展光明新区规划、土地整备规划、生态景观资源规划、旅游产业空间规划、交通综合规划和市政综合规划等；加快编制光明中心地区等法定图则及地铁 6 号线详细规划；加快推进新城启动区及光明高新技术园区建设。以光明新区为试点开展绿色城市规划建设，实施多元联动的综合开发模式，坚持“基础先行、开发跟进”、“先地下、后地上”的开发建设原则。

主办：市规划局。

协办：市光明新区管委会。

2．全力实施“大运行动”。加快大运新城片区法定图则编制工作。加快各场馆及相关配套设施前期工作进度，尽快完成施工图的编制。加快龙岗中心城地区旧村专项规划审批工作，推动荷坳村的整体改造。全面推动大运中心等相关配套设施规划建设，确保 2010 年底投入使用。

主办：市规划局。

协办：龙岗区人民政府、市体育局。

（四）加快交通设施规划建设，增强城市竞争力

构建城市区域交通网络体系，积极配合加快建设连接珠三角的城际轨道交通系统，促进区域航空、海运、铁路、公路网络等大型交通基础设施共建共享，进一步强化深圳的区域交通枢纽地位。进一步优化城市交通环境，制定全市交通发展白皮书，开展干线道路网规划修编；全面落实公交优先战略，积极推进以公共交通为主导的城市开发模式，编制轨道交通三

期详细规划；积极配合推动南坪二期等干线道路的建设，进一步完善城市主、次干道，打通片区微循环，逐步完善城市道路交通体系。

主办：市规划局、交通局。

（五）改造与保护并举，打造宜居宜业城市

1．加强城市更新政策研究，加快完成城市更新办法起草工作，制定《深圳市工业区升级改造总体规划纲要》及《〈关于工业区升级改造的若干意见〉实施细则》，大力推进工业区升级改造。规范和加快城中村改造和综合整治项目的审批，科学合理解决城中村问题。加强城市历史保护工作，开展城市改造与历史文化遗存保护研究，重视作为非物质文化遗产的老地名的研究与保护。完善城市更新与历史保护工作机制及机构建设，系统推动城市更新与再生。

主办：市规划局。

协办：各区人民政府、市光明新区管委会和市国土房产局、文化局、法制办。

2．加强生态保护，确保城市有序开发。严格执行《深圳市基本生态控制线管理规定》及其实施意见，严控基本生态控制线内用地。加快完成“五线”划定工作，加大对城市生态空间资源的保护和控制。加大垃圾转运站等民生工程建设力度，落实公共绿地建设，合理增加城市规划中公共绿地面积，创建良好的市容环境。整合全市森林（郊野）公园的自然生态资源和海滨带的自然资源，高标准推动羊台山、梧桐山和东西部海滨带、深圳湾岸线等地区的利用规划，打造生态保护性开发示范园。加强遥感监测，确保城市有序开发，利用卫星遥感技术手段进行动态监测。

主办：市规划局。

协办：各区人民政府、市光明新区管委会和市国土房产局、水务局、环保局、城管局。

（六）开展系列活动，挖掘和彰显深圳城市魅力

开展“公共深圳”、“步行深圳”、“观看深圳”、“生活深圳”、“建筑深圳”系列活动。强化对城市公共空间规划设计的标准化控制管理，加强建筑与城市公共空间的沟通，营造城市开放空间，推进街道、广场、公园、社区等多样公共空间建设。注重近人尺度的城市细节设计，加强地面铺装、街头绿化、小品设置，规范和完善城市标识系统、广告设施等景观环境工程建设。提倡绿色交通理念，进一步完善城市步行系统、无障碍系统和自行车系统，提高城市的通达性和亲和力。多层次打造城市观景点，展现城市轮廓线、灯光夜景、中心区、深圳湾大桥、东部滨海风光、滨海休闲岸线以及大芬油画村、观澜版画基地、客家围屋、大鹏所城、OCT 创意产业园等不同特色的城市风貌，增强市民的家园感和自豪感，扩大深圳的美誉度和影响力。丰富城市生活内容，提高城市公共空间的合理利用水平，包括居住区建筑架空层的整合和利用、社区公共空间系统的整合等。开展全市建筑普查，通过建筑标识、建筑评议和描绘建筑地图等活动赋予城市建筑以生命，让市民通过了解建筑而了解深圳，了解深圳的历史和深圳人，激发对城市的热爱。

主办：市规划局。

协办：市教育局、文化局、城管局。

（七）理顺规划管理体制和机制

建立以城市规划为主导的城市建设管理综合决策机制和综合协调机制。推进以城市总体规划和法定图则为核心的“一张图”规划决策、以近期建设规划年度实施计划为核心的“一张表”规划实施。实现城市规划引导建设用地管理，提高规划的可操作性，加强规划的公众参与和宣传普及，保障规划实施。改革完善城市规划委员会制度，做好规划委员会换届选举工作，明确制定各委员会的职责以及各委员会中牵头部门和参与部门的职责。

主办：市规划局。

协办：各区人民政府、市光明新区管委会和市发展改革局、国土房产局、建设局、环保局、法制办。

关于打造最干净最优美城市的行动方案

为了打造最干净最优美城市，根据《深圳生态文明建设行动纲领（2008—2010）》，制定本方案。

一、开展广种市花和建设社区公园行动

（一）广泛种植市花簕杜鹃，彰显城市特色

在城门关口、机场、车站、主干道沿线、道路转盘、城市广场、市政公园和社区公园等有条件的地方大面积种植市花簕杜鹃，到2010年，全市共种植990万株，其中，福田区、罗湖区、盐田区每年各种植10万株，南山区、光明新区每年各种植50万株，宝安区、龙岗区每年各种植100万株，使簕杜鹃成为深圳城市的特色景观。

（二）推进“公园之城”建设

在现有基础上，至2010年每年完成30个社区公园建设任务，逐步实现“公园之城”的目标。

（三）实施生态风景林建设工程

用3年时间，依法全面取缔非农业用地上的种养殖场，用于植树造林，形成多树种、多层次、多色彩、多功能、多效益的森林群落，构建城市森林生态体系和亚热带滨海森林景观。

（四）保持和发展植物多样性

推广种植生长快、绿化效果好的乡土树种花木，确保每年完成园林植树任务。加强对古树名木的保护，严格保护植物资源。同时，采取多种措施推广节约型园林绿化，提升园林绿化管养水平。

主办：各区人民政府、市光明新区管委会和市城管局、农林渔业局。

协办：市发展改革局、建设局、规划局。

二、开展街景美化和户外广告整治行动

（五）深入开展街景整治与营造工作

2008年至2010年，特区内各区每年至少完成1条城市主、次干道或商业街沿线的建筑物“穿衣戴帽”改造，宝安区、龙岗区和光明新区各街道办事处每年至少完成1条城市主、次干道或商业街沿线建筑物改造。

主办：各区人民政府、市光明新区管委会。

协办：市城管局和市国土房产局、规划局。

（六）巩固并继续推进户外广告专项整治

继续大力查处违法设置户外广告的行为，严把审批关，控制户外广告增量。继续推进户外广告占用公共用地使用权的拍卖工作。尽快修订户外广告管理规章，适时起草户外广告管理法规草案。

主办：市城管局、各区人民政府、市光明新区管委会。

协办：市规划局、交通局、工商局、口岸办、法制办、公路局和省公安边防总队深圳指挥部、深圳出入境边防检查总站。

三、开展垃圾中转站及无害化处理设施建设行动

（七）继续加强环卫基础设施建设

一是按照人口和垃圾量的增长逐步增加转运站建设数量。2009 年底前，推广车载桶装密闭式的垃圾收运模式，同时结合城中村改造和新住宅区建设，推广密闭式垃圾自动收集系统。二是推进公厕建设，编制全市公厕专项规划并逐年实施。三是编制全市余泥渣土受纳场布局规划并组织实施。四是推进生活垃圾处理设施建设。2010 年底前生活垃圾无害化处理率达到95%以上；按照发展循环经济的要求，完成宝安老虎坑环境园和白鸽湖环境园、龙岗坪山环境园详细规划，逐步完善园内设施建设；完成下坪固体废弃填埋场二期工程前期工作并开工建设；推进南山垃圾焚烧厂扩建工程、宝安老虎坑垃圾卫生填埋场和焚烧厂扩建工程，建成白鸽湖垃圾焚烧厂；推进龙岗大工业区垃圾焚烧厂和田心蕉窝垃圾卫生填埋场建设，关闭龙岗区内所有简易垃圾填埋场。

主办：市城管局、各区人民政府、市光明新区管委会。

协办：市发展改革局、贸工局、国土房产局、建设局、规划局、环保局和深圳市水务集团。

（八）全面提升环境卫生水平

2010 年底前，窗口区域、繁华街区等力争达到特级清扫保洁质量标准，城中村、内街小巷清扫保洁质量力争达到市政主、次干道水平；全市清扫保洁专业化率达到 98%；特区内清扫保洁业务市场化率达到 90%，特区外达到 70%；特区内和特区外中心城区可实行机扫的市政道路机械化清扫率不低于 80%；规范环卫设施设备管理，重点整治环卫作业车辆，2008 年底前全市范围内淘汰吊桶车，限制使用后装垃圾车；按照“园林式花园式单位（小区）”验收标准整治大型环卫设施及环卫基地周边环境。

主办：市城管局、各区人民政府、市光明新区管委会。

四、开展城中村和社区环境综合整治行动

（九）着眼城市发展的需要，继续按照环境综合整治标兵单位和达标单位标准推进创建工作

2008年底前，特区内全面达标，宝安区、龙岗区、光明新区90%的原自然村和90%的社区创建达标，2009年底前实现整治达标全市域覆盖。2008—2010年，每年按照10%～20%的比例，对达标单位进行抽查复检。同时，在达标村中引入规范的物业管理，2008年底前，物业化管理覆盖率达到50%，2009年底前达到80%，2010年底前达到95%。

主办：市城管局、各区人民政府、市光明新区管委会。

协办：市国土房产局、规划局、电信局、深圳广电集团、深圳供电局。

五、开展二线检查站、一线口岸环境综合整治行动

（十）二线检查站和一线口岸的环境综合整治

以建筑物“穿衣戴帽”和广告整治为主，其中二线检查站的环境综合整治2008年春节前完成，一线口岸的环境综合整治2008年底前完成。

二线检查站环境综合整治的具体内容、目标进度要求以及责任分工按照市政府办公厅《关于印发深圳市二线关口和广深铁路深圳段沿线环境综合整治工作方案的通知》（深府办[2007]152号）的要求实施，一线口岸环境综合整治另行制定方案实施。

六、开展市政设施综合整治行动

（十一）开展道路设施综合整治

着重改造特区外未达标准的市政道路，打通断头路；开展照明设施综合整治，重点解决“有路无灯、有灯不亮”问题，综合整治路灯设施；开展环卫设施综合整治，规范环卫工具房、垃圾收集点和果皮箱设施；开展绿化设施综合整治，治理黄土裸露，解决“有路无树”及行道树缺漏问题；开展交通设施综合整治，在具备条件的主要道路建设自行车道、行人过街设施以及地铁站与公交站接驳连廊等设施，建设并完善市政道路盲道和无障碍通道；开展整治市政设施标识牌、道路名牌和沿街各类临时设施。整治大运会比赛场馆周边市政设施。

以上工作的具体内容、目标进度要求以及责任分工按照市政府办公厅《关于印发深圳市市政设施综合整治工作方案的通知》（深府办[2007]41号）及年度任务分解表的要求实施，2010年底前完成。

七、开展全方位消杀“四害”行动

（十二）组织开展季节性或应对疫情的群众性爱国卫生运动，巩固灭蚊、灭蝇、灭鼠“三项”达标成果，推动除虫灭鼠专业化、市场化防治和覆盖管理

切实做好“四害”高峰期的密度控制，严防登革热、流行出血热等媒介传染病的发生流行。做好2009年“国家卫生城市”复查确认工作，2010年底前，争取全市城中村65%创建成为“市卫生村”，35%创建成为“省卫生村”，2%创建成为“国家卫生村”。

主办：市城管局、各区人民政府、市光明新区管委会。

协办：市卫生局。

八、开展能源资源节约推广应用行动

（十三）推广节能措施和技术

采取合同能源管理模式在路灯变压器安装节电器；在有条件的公园安装使用太阳能路灯；科学调控市政道路照明、夜景照明、广告灯开关时间；推广应用新型高效节能型用电设备，在城市景观照明、道路照明和户外显示屏中推广LED固态照明，应用最先进的技术塑造美丽而富有动感气息的城市天际。

（十四）推广垃圾资源综合利用

一是提高垃圾焚烧处理比例，开展垃圾焚烧厂灰渣综合利用项目建设，完成填埋气体回收利用工程建设；二是推进建筑垃圾综合利用项目，2008年底前建成塘朗山建筑垃圾综合利用设施并投产运行；三是2010年底前，建成南山循环经济产业园、清水河餐厨垃圾综合利用厂；四是尽快建成粪渣无害化处理厂和卫生处理厂新厂，实现粪渣和病死禽畜资源化利用；五是继续开展沥青再生技术研究；六是扩大树枝粉碎制肥的产能。

主办：市城管局、建设局、各区人民政府、市光明新区管委会。

协办：市发展改革局、贸工局、科技信息局、规划局、水务局、环保局。

九、开展工作标准化和队伍专业化建设行动

（十五）加强执法过程常态化、标准化管理

一是制定《深圳市街道综合执法量化指标体系》、《深圳市街道综合执法过程管理规范》、《深圳市街道综合执法责任制考核办法》等规范，确保执法管理规范到位，建立并落实执法巡查制度；二是建立覆盖市、区、街三级的行政执法数字化综合平台，实现案件管理和执法督察数字化。

（十六）完善综合执法与执法监察运行机制

建立定期的综合执法联席会议制度，妥善协调相关部门的关系；建立系统完善、操作性

强的执法监督管理约束机制；在街道综合执法中建立公安协同保障和法院、社区、物业管理单位联系配合的工作机制。

（十七）提高执法人员素质

建立长效培训机制，选送执法人员到国内专业院校进修，每年每个队员至少接受一次业务培训。

主办：市城管局和各区人民政府、市光明新区管委会。

协办：市公安局、人事局、法制办和各综合执法联席会议成员单位。

十、开展城市管理进万家行动

（十八）

编辑出版中、小学校城市管理宣传教育教材；与劳动、人事部门联合对就业人员进行城市管理知识培训；对市民投诉做到事事有回音，件件有着落；继续开展“百名市民走近城管”、公园文化节、梧桐山登高节等活动；成立城市管理义工队，引导公众参与城市管理公益活动

主办：市城管局。

协办：市教育局、劳动保障局、人事局、各区人民政府、市光明新区管委会。

关于推进节能减排的行动方案

为推进节能减排工作，落实节能减排任务，根据《深圳生态文明建设行动纲领（2008—2010）》，制定本方案。

一、主要目标

综合运用经济、法律和必要的行政手段，强力推进节能降耗和污染减排工作，确保实现节能减排约束性指标，推动我市经济社会又好又快发展。到2010年，万元GDP能耗下降到0.51吨标准煤以下，万元GDP水耗下降到27立方米以下；二氧化硫（SO_2）和化学需氧量（COD）总排放量在2005年的基础上减少20%；中心城区污水集中处理率达到100%，其他城区达到80%；工业固体废物综合处置利用率达到90%以上。

二、主要任务

（一）控制增量，以调整和优化产业结构落实节能减排

根据区域环境容量和资源条件制定产业政策，整合优化产业布局，淘汰落后生产力，大力发展高端服务业和高新技术产业。对新建项目提高准入标准，严格准入管理，建立新上项目与节能减排指标完成进度挂钩、与淘汰落后产能相结合的机制；对现有项目实行行业分类管理，淘汰工艺技术落后污染严重的企业，通过生态化调整和改造，拓展产业发展空间，降低消耗，减少污染，提高产业整体水平。

主办：市发展改革局。

协办：市贸工局、环保局。

（二）加大投入，以加快建设重点工程推进节能减排

完善节能减排投入机制，多渠道筹措节能减排资金。充分发挥财政资金在节能减排中的引导作用，市、区财政部门应加大财政资金对节能减排方面的投入力度，支持燃油工业锅炉（窑炉）改造工程、分布式供能工程、交通节能和替代石油工程、电机系统节能工程、建筑节能工程、商场及餐饮酒店节能工程、绿色照明工程、政府机构节能工程、新能源开发工程、节能监测和技术服务建设工程等十大重点节能工程以及污水处理厂及其配套管网建设、火电机组脱硫改造和“油改气”、垃圾处理及其回收利用等减排工程建设，落实节能减排措施。

主办：市财政局。

协办：市发展改革局、贸工局、建设局、交通局、水务局、城管局、各区人民政府、市光明新区管委会。

（三）健全法制，以强化执法监督检查促进节能减排

健全地方性政策法规制度，完善节能和环保技术规范，建立健全促进节能减排的长效机

制。严格排污许可证管理，实施企业环境信用制度，开展“绿色信贷”，限制污染严重企业贷款。对污水处理厂和垃圾处理设施、火电厂脱硫设施实施在线监测和视频监控，确保设施正常运转，切实发挥其减排效益。加大对火电厂用煤煤质和油品抽检频次，对未按要求使用燃料的火电厂给予通报并相应核减其上网发电量。强化重点行业和企业污染整治，对不能稳定达标或超总量的排污单位实行限期治理，经整治仍不能实现达标排放的，一律依法关停。

主办：市发展改革局、环保局。

协办：市质监局、法制办。

（四）强化责任，以严格的目标责任考核保障节能减排

建立和完善节能减排指标体系、监测体系和考核体系，严格实行节能减排工作问责制和“一票否决”制。把节能减排指标完成情况纳入经济社会发展综合评价体系，作为领导班子和领导干部综合考核评价的重要内容，综合考核评价结果作为领导班子调整和领导干部选拔任用、奖励惩戒的重要依据。进一步完善节能目标责任考核办法和污染物削减目标责任考核办法，同时加大执法和处罚力度，对违反国家节能管理和环境保护法律法规的案件，依法追究有关责任人的责任。各区人民政府、市政府各相关职能部门每年向市政府报告节能减排任务完成情况，市政府每年向市人民代表大会报告节能减排工作，自觉接受监督。

主办：市、区人民政府。

协办：市发展改革局、监察局、人事局、环保局。

（五）创新模式，以综合利用资源能源提升节能减排

开展循环经济试点，加快工业园区、产业功能区生态化改造步伐。大力推进清洁生产，加强企业年度清洁生产审核绩效分析，鼓励企业通过清洁生产减少能耗和污染排放，对重污染企业实行清洁生产强制审核；开展中水利用，提高节水器具的使用率，到2010年，中水利用率达到20%，节水器具的使用率达到98%以上；推进资源综合利用，全面推进城市生活垃圾分类收集处理体系建设，加快废旧电子电器回收利用，推进垃圾焚烧发电厂项目建设，提高垃圾无害化处理和综合利用水平，实现垃圾减量化、资源化和无害化。调整能源结构，不断提高清洁能源使用比例，大力促进太阳能、风能等可再生能源的开发利用。

主办：市发展改革局。

协办：市贸工局、科技信息局、建设局、水务局、环保局、城管局。

（六）依靠科技，以研发和推广环保技术支撑节能减排

加强节能减排技术研发，建立以企业为主体、产学研相结合的节能减排技术创新与成果转化体系。建立节能减排技术服务体系，开发和培育节能减排市场，多形式、多途径、多层次推进节能减排服务产业化、市场化。推进环保产业健康发展，制定重点发展环保企业认定标准。加强节能减排技术的国际交流合作，积极引进国外先进环保节能技术和管理经验，不断拓宽环保节能国际合作的领域和范围。

主办：市科技信息局。

协办：市发展改革局、环保局。

（七）完善政策，以建立激励和约束机制引导节能减排

制定扶持节能减排服务产业的政策和行业规范，在财税、贷款、融资方面扶持节能减排服务产业（行业）的发展。制定按总量审批实施方案，对完不成相应年度污染削减任务的区域，实行区域限批。出台含硫率与补贴挂钩政策，建立减排激励机制。实行城市污水处理厂运行评估制度，按评估结果核拨污水处理费用；制定发电企业环保表现评估办法，根据评估结果，优先安排清洁、高效机组和资源综合利用发电企业电力上网。积极推进资源性产品价格改革，研究制定电子废弃物回收再利用制度和配套政策，鼓励可再生能源发电以及利用余热余压和城市垃圾发电，执行高能耗产业差别电价政策，加大差别电价实施力度；合理调整各类用水价格，实行阶梯式水价、超计划超定额用水加价制度，鼓励中水回用。

主办：市发展改革局。

协办：市财政局、水务局、物价局、环保局。

（八）加强管理，以重点领域和重点行业为突破口带动节能减排

建立健全项目节能减排评估审查和环境影响评价制度，对达不到能耗和环保准入条件的企业依法不予审批、核准、备案；强化重点企业节能减排管理，实行重点耗能企业能源审计和能源利用状况报告及公告制度，对未完成节能目标责任任务的企业，强制实行能源审计，推动企业加大结构调整和技术改造力度，提高节能管理水平；严格建筑节能管理，大力推广节能省地环保型建筑，强化新建建筑执行能耗限额标准全过程监督管理，实施建筑能效专项测评，2010 年新建建筑 100%为节能建筑，既有建筑节能改造总建筑面积不少于 110 万平方米；强化交通运输节能减排管理，坚持公交优先，发展绿色公共交通，严格执行国Ⅲ标准，大力推进机动车用油达到国Ⅳ标准，加强油站、油库、油罐车的油气回收，实施在用机动车检测和强制维护，减少机动车污染排放；推广生活节能，加大实施能效标识和节能节水产品认证管理力度，降低服务行业的能源消耗水平。

主办：市发展改革局。

协办：市环保局和市建设局、交通局、工商局、质监局、公安交警局。

（九）成立机构，以强有力的组织领导确保节能减排

成立由市长任组长、各相关部门主要负责同志为成员的领导小组，统筹全市的节能减排和循环经济、治污保洁等工作。领导小组办公室设在市发展改革局，具体承担领导小组的日常工作。其中，有关污染减排方面的工作由市环保局为主承担。领导小组办公室会同有关部门加强对节能减排工作的指导协调和监督检查，重大情况及时向市政府报告。各相关部门要切实履行职责，密切协调配合，建立分工负责、齐抓共管的节能减排工作机制。

主办：市发展改革局。

协办：市环保局、各区人民政府、市光明新区管委会。

（十）宣传发动，以提高全民节约意识推动节能减排

通过多种途径和方式，广泛深入持久开展节能减排宣传。对在节能减排工作中作出突出

贡献的单位和个人予以表彰和奖励，对浪费能源资源、严重污染环境的反面典型予以揭露和曝光。大力倡导健康、节约、环保的生活方式和消费模式，使减少污染物排放、保护生态环境成为广大企业和社会公众的自觉行为。

主办：市发展改革局。

协办：市环保局、深圳报业集团、深圳广电集团。

关于打造绿色建筑之都的行动方案

为打造绿色建筑之都，加快建设资源节约型、环境友好型社会，根据《深圳生态文明建设行动纲领（2008—2010）》，制定本方案。

一、指导思想与工作目标

指导思想：以科学发展观为指导，遵循以人为本和全面协调可持续的绿色理念，坚持政府主导、市场运作、全民参与的发展思路，以“四节二环保”，即建筑的节能、节材、节地、节水以及室内、室外环境保护为核心，以科技为动力，以法制为保障，着眼于建设项目的决策、设计、施工、使用、维护乃至拆除回用等全寿命周期，以最少的能源投入、最低的资源消耗和最少的环境干扰，营造安全、健康、舒适的建筑环境空间，改善人居环境，建设生态文明，把深圳打造成“绿色建筑之都”。

工作目标：在“十一五”期间，推动建立较为完善的绿色建筑法规、制度体系，形成一套权威、有效的绿色建筑认证标准体系、建筑能效测评与能耗统计体系，以及绿色建筑的全寿命周期动态监管体系，打造一批在国内外具有重要影响的绿色建筑，全面完成建筑节能减排指标，绿色建筑理念在全行业、全社会形成广泛共识，使深圳成为引领全国绿色建筑浪潮的重要基地。

二、工作任务与措施

（一）开展绿色建筑主题年活动

以绿色建筑为核心，每年开展相应的主题活动。组团参加每年一次的国际绿色建筑大会，策划绿色建筑进入高交会或在深圳举办绿色建筑与建设科技国际博览会（绿博会）；筹办绿色建筑展览馆，建立绿色建筑示范基地；编制绿色建筑宣传手册和公益广告，使绿色建筑理念深入人心。

主办：市建设局。

协办：市发展改革局、贸工局、科技信息局、财政局、环保局。

（二）实行绿色建筑认证

借鉴世界一流城市做法，结合深圳实际，编制发布《深圳市绿色建筑评价标准》，推行绿色建筑分级认证。对获得绿色建筑认证的单位和个人，给予一定的奖励。

主办：市建设局。

协办：市发展改革局、财政局、机关事务管理局。

（三）严格执行新建建筑节能标准

严格执行《中华人民共和国节约能源法》和《深圳经济特区建筑节能条例》，建筑工程

的建设、设计、施工和监理单位应当遵守建筑节能标准；建设项目可研报告应当具有建筑节能或绿色建筑专篇，方案设计应当具有建筑节能设计专项说明，初步设计及施工图设计文件应当包含建筑节能设计内容，对不符合建筑节能要求的，有关部门不予批准。严格执行新建建筑节能设计审查与抽查、施工监督和节能专项验收制度，确保新建建筑 100%执行建筑节能标准。

主办：市建设局。

协办：市发展改革局、规划局。

（四）建立全市建筑能耗监测平台

市财政每年投入资金，创建“国家机关办公建筑和大型公共建筑监管体系建设示范城市”。建立和完善建筑能耗统计、能源审计、能效公示、能耗标识、能耗定额和超定额加价等制度。在 2010 年底前，建设一个省级能耗监测平台，完成约 1 200 栋大型公建的能耗统计、600 栋重点建筑的用电分项计量装置安装、600 栋建筑的能耗审计工作、535 栋建筑的能耗公示。开展 26 度空调节能检查等工作，提倡科学用能。

主办：市建设局。

协办：市发展改革局、贸工局、教育局、财政局、国土房产局、卫生局、统计局、旅游局、机关事务管理局和深圳供电局。

（五）推进既有建筑节能改造

实行强制性改造与市场引导相结合，推进既有建筑节能改造。引入能源合同管理模式，鼓励社会机构开展节能改造。

主办：市建设局。

协办：市发展改革局、贸工局、教育局、财政局、国土房产局、卫生局、统计局、旅游局、机关事务管理局和深圳供电局。

（六）推进可再生能源在建筑中的规模化应用

大力推广太阳能、浅层热能、生物质能、风能等可再生能源在建筑中的应用。组织编制太阳能热水与建筑一体化设计规范。严格执行《深圳经济特区建筑节能条例》规定，在建筑中配置太阳能热水系统，安装空调余热回收装置，在高层建筑中推广应用可再生能源等。建成一批太阳能光热、光电建筑一体化示范工程和产业示范基地。

主办：市建设局。

协办：市发展改革局、贸工局、科技信息局、财政局。

（七）建立完善绿色建筑技术和产品支撑体系

加强绿色建筑相关技术的研发与推广。编制绿色建筑有关技术规范，发布绿色建筑技术和产品目录。在建筑设计中大力推广外遮阳、自然通风、自然采光、中水回用、雨水收集、人工湿地、立体绿化、底层架空、透水型铺地材料、太阳能空调、节能隔音门窗、节能照明、节水器具等各种绿色建筑技术和产品，推广应用高强高性能混凝土、高强钢筋。

主办：市建设局。

协办：市发展改革局、科技信息局、规划局、水务局、城管局。

（八）开展绿色施工

认真贯彻落实建设部《关于印发〈绿色施工导则〉的通知》（建质[2007]223 号），建立适合深圳实际的绿色施工指标体系，研究制订建筑工程绿色施工评价标准。通过试点和示范工程推广绿色施工经验。加强建筑工程扬尘控制，强化噪声与振动控制，完善建筑工地泥头车监管。

主办：市建设局。

协办：市科技信息局、环保局、城管局。

（九）推进建筑工业化

编制预制构配件、部品生产、设计、施工和验收规范，出台关于推进建筑工业化的意见，逐步实现建筑预制构配件、部品的工厂化生产与现场装配。积极培育建筑工业化示范基地，鼓励建筑工业化技术与产品的研发。“十一五”期末，建成 1～2 个建筑工业化示范基地和示范项目，新型墙材、预拌混凝土、预拌砂浆利用率分别达到 95%，散装水泥使用率达到 75%。

主办：市建设局。

协办：市贸工局、科技信息局、国土房产局。

（十）开展建筑垃圾综合利用

研究建立建筑垃圾经济激励机制，推行建筑垃圾源头减量化战略，鼓励建筑垃圾资源化利用。实行特许经营，促进建筑垃圾综合利用的产业化。推动出台建筑垃圾综合利用法规规章，制定建筑垃圾回收利用工程技术规范。建立 3～5 个建筑垃圾综合回收利用示范项目。

主办：市建设局、城管局。

协办：市发展改革局、贸工局、科技信息局、国土房产局、规划局、法制办。

（十一）实行室内环境污染检测

建立完善民用建筑室内环境质量强制检测制度，研究建立二次装修民用建筑工程室内环境质量强制检测制度，未经检测或检测不合格的，不准投入使用。

主办：市建设局。

协办：市国土房产局、环保局。

（十二）实行建筑物定期维护美化制度

加强对既有建筑的维护保养，研究建立定期检测维护制度，延长建筑物使用寿命。对旧有建筑，尽可能通过改造实现建筑功能更新，避免随意拆除既有建筑，造成资源浪费。

主办：市建设局。

协办：市国土房产局、城管局。

（十三）完成管道天然气转换工作

抓好管道天然气转换工程，确保转换任务于 2008 年全面完成。扩展燃气在汽车加气站、燃油火力发电厂、燃油锅炉、电冷热三联供等领域的应用。

主办：市建设局、发展改革局。

协办：市交通局。

（十四）推进工程管理信息化

启动“金建工程”，打造数字化工地，实现对建造全过程的实时监控。

主办：市建设局。

协办：市信息化办。

（十五）推进绿色建筑示范城区建设

继续巩固和发展绿色建筑示范项目的成果，大力发展绿色建筑，将光明新区建设成为绿色建筑示范城区。

主办：市建设局、市光明新区管委会。

协办：市发展改革局、国土房产局、规划局。

（十六）理顺管理体制，完善组织机构，加强组织领导

按照权责统一和行政效能的原则，理顺政府职能，明确职责分工，充实建筑节能与绿色建筑管理机构，建立有利于绿色建筑发展的行政管理体制。建立全市建设领域节能减排工作联席会议制度，加强各部门之间的协调配合。

主办：市编办。

协办：市建设局。

（十七）完善法规标准体系

制定和完善《深圳经济特区建筑节能条例》的相关配套文件，研究起草建设工程造价管理、房屋安全管理、建筑垃圾综合利用、预拌混凝土和预拌砂浆管理、绿色建筑认证管理、建筑节能专项资金管理等方面的法规草案、政府规章和规范性文件。加紧编制《绿色建筑评价标准》等技术规范，形成完善的绿色建筑设计、施工、验收、使用和评价标准体系。

主办：市建设局。

协办：市发展改革局、财政局、城管局、法制办。

（十八）完善绿色建筑招标投标及造价政策

进一步完善政府投资工程预选承包商管理办法，提高科技创新、推广应用建筑节能和绿色建筑技术在预选承包商名录考核指标中分值和权重。在政府投资工程中优先采用自主创新型的绿色建筑产品和技术。编制绿色建筑定额标准，将发展绿色建筑增量成本纳入工程造价成本之中。

主办：市建设局。

协办：各区人民政府、市光明新区管委会。

（十九）加强教育培训

加强全行业人员建筑节能和绿色建筑设计施工技术的培训，将其作为行业人员从业的重要条件之一。大力推行“平安卡”，促进安全文明施工，建设和谐工地。

主办：市建设局。

协办：各区人民政府、市光明新区管委会。

关于水资源可持续利用的行动方案

为进一步促进我市水资源的可持续利用，保障经济社会可持续发展，根据《深圳生态文明建设行动纲领（2008—2010）》，制定本方案。

一、工作目标

加快建设高效的水资源配置利用系统、先进的城市节水管理系统和精细的城市排水网络系统，完善水资源可持续利用管理体制和运行机制，实现对水资源的合理开发、高效利用、优化配置、有效保护和科学管理。到 2010 年底，全市供水水源保证率达到 97%以上，万元 GDP 水耗比 2005 年下降 20%，中心城区污水集中处理率达到 100%，其他城区达到 80%，再生水利用率达到 20%，初步建成节水型社会。

二、主要任务

（一）加快建设统一高效的水资源调度配置系统

1．实施外引内蓄策略。2010 年底前完成东江水源二期、北线引水等境外引水工程的建设，推进公明供水调蓄工程、铁岗水库扩建工程、清林径水库调蓄工程、东江下矶角梯级工程等新四大“水缸”建设，充分利用东江雨洪资源，扩大我市水资源战略储备。开展水库群及水库联网建设，建设覆盖全市、互联互通、分片调蓄的供水水源网络，提高全市水源应急供应保障能力。

主办：市水务局。

协办：市发展改革局、国土房产局、规划局、各区人民政府、市光明新区管委会。

2．统一规划调度管理全市水资源。按照统一规划、集中开发、分级管理的原则，由市水务部门统一调度水源干线及联网水库，通过行政、经济、科技、工程等手段，实现全市水资源的合理开发、高效利用、科学配置，2010 年底前建立完善相应的体制和机制，提高全市水资源的整体调度管理水平。

主办：市水务局。

协办：市编办、宝安区人民政府、龙岗区人民政府、市光明新区管委会。

3．实行水资源总量分配制度。按照“以供定需”原则，研究制定区域或行业水资源总量分配方案，在 2010 年底前开始实施，使城市供水逐步从“以需定供”向“以供定需”转变，探索建立初始水权分配市场。

主办：市水务局。

协办：市发展改革局、规划局、各区人民政府、市光明新区管委会。

4．统筹建立公平高效的全市供水价格体系。在实施水库联网调度的前提下，根据特区内外现有原水供水水价水平，采取分片分步调整的策略，2010 年底前分阶段实施，建立特区内外统一的水价体系，实现原水供水同城同网同价；开展非传统水资源价格研究，纳入全市

供水价格体系统筹平衡。

主办：市水务局、物价局。

协办：市财政局、各区人民政府、市光明新区管委会。

（二）完善城市水系保护体系

1．加强城市蓝线管理。抓紧完成深圳城市蓝线规划的审批，尽快出台《深圳城市蓝线管理办法》，加强对全市河道、水库、湖泊、水渠和湿地等城市地表水体的保护和控制，对蓝线内的土地和水域实行严格管理，禁止擅自填埋或占用，逐步清理已占用蓝线内空间的违法建筑；在蓝线范围内进行各项建设，必须符合城市蓝线规划及相关法律法规要求；扩大饮用水源保护区范围，开展纳入水资源规划的供水水库保护区划工作。

主办：市规划局、水务局、环保局。

协办：市国土房产局、法制办、各区人民政府、市光明新区管委会。

2．实施一级水源保护区封闭管理。加快一级水源保护区征地转地及附着物补偿工作，依法处理水源保护区内的违法建筑和窝棚，清理、迁移一级水源保护区内与水源保护无关的设施和污染源，实行封闭式管理，种植水源涵养林，建设水库消落带、库滨带生态湿地等水源保护及生态修复工程，建立水源地安全保护体系。2008 年底前率先完成 13 宗主要供水水库的隔离围网工程建设，2010 年底前全市饮用水源一级保护区全面实行封闭管理。

主办：市水务局、国土房产局、各区人民政府、市光明新区管委会。

协办：市发展改革局、财政局、农林渔业局、环保局、查违办。

3．加强山塘湖泊的养护管理。将山塘、湖泊纳入全市水生态环境建设及防洪排涝系统中统筹考虑，制定山塘、湖泊管养办法和标准，建立常态化管理机制；对现有管理主体不明或水利设施不达标且管养单位没有能力进行维护改造的，明确市、区水务部门的管理职责，按照“谁管理、谁投资”的原则，制定相应的改造和养护方案，实施必要的改造和养护工程，将山塘、湖泊建设成为城市水环境的亮丽风景线。

主办：市水务局和各区人民政府、市光明新区管委会。

协办：市发展改革局、财政局、国土房产局、规划局、国资委。

（三）积极推进非传统水资源开发利用

1．充分利用雨洪资源。抓紧制定雨洪资源利用的管理办法和技术规范，将雨洪资源利用理念落实到城市规划设计及项目前期阶段的各个环节。涉及土地利用和空间安排的新、改、扩建项目均应建设雨洪利用设施或雨水滞留设施，道路、广场、庭院等应设计建设透水地面，削减洪峰流量，就地处理面源污染。加快雨洪利用项目建设，以宝安区、龙岗区、光明新区为全市雨洪利用的重点区域，开展城区雨水收集利用工程及山区雨洪资源利用工程建设，2010 年底前建成 10 项以上雨洪利用项目。

主办：市水务局、规划局。

协办：市发展改革局、建设局、环保局、城管局、法制办、气象局。

2．推广使用再生水。根据《深圳市节约用水规划》，编制全市再生水利用工程实施方案，推进污水处理厂再生水利用工程建设，2010 年底前建成滨河、罗芳污水处理厂再生水利用工

程，推进以污水处理厂深度处理后的再生水为动态水源的河道生态补水系统建设。建设再生水供应系统，向用户提供优质再生水，用于工业、市政等用途，逐步减少城市自来水的使用。通过政策强制和经济杠杆作用，在物业小区及各类园区逐步推广使用雨水或再生水作为景观用水；从事洗车、洗浴、游泳、水上娱乐等业务的，应安装使用循环用水等节水设施。

主办：市水务局。

协办：市发展改革局、国土房产局、规划局、工商局、城管局、各区人民政府、市光明新区管委会。

3．做好海水淡化技术储备。深入开展海水淡化工程技术和相关政策的前期研究工作，结合供水安全、用地条件、能源供应、用水需求、海水水质等因素，研究按照“水电联产”模式，依托我市电源项目规划预留建设规模化海水淡化设施用地，储备建设能力。近期继续推进盐田 5 000 m^3/d 海水淡化试点工程建设。

主办：市水务局、发展改革局。

协办：市贸工局、科技信息局、规划局、深圳市水务集团。

（四）继续强化节约用水管理

1．严格实行计划用水管理和建设项目用水节水评估制度。严格执行《深圳市计划用水办法》，单位用户实行用水申请许可制度和定额用水管理。出台《深圳市建设项目用水节水管理办法》，实行建设项目用水节水评估制度，建设项目用水节水设施不按规定进行验收的，不予核定用水计划。

主办：市水务局。

协办：市发展改革局、贸工局、规划局、法制办、各区人民政府、市光明新区管委会和市属供水企业。

2．深入推进节水型城市和社会建设。强化政府节水管理职能，加强区级节水管理力量，推动节水工作全面开展。加大节约用水宣传力度，在各大媒体开设节水宣传专栏，推动各行各业及广大市民提高节水意识。开展节水型企业创建活动，推广各种适用的节水技术、节水设备和产品，培育和发展节约用水产业，限制耗水型器具生产、销售和使用，鼓励全市公共场所和所有用水户使用节水型器具。2010 年底完成节水型城市创建工作，并初步建成节水型社会。

主办：市水务局、编办。

协办：市创建节水型城市成员单位。

（五）全面加快城市排水网络建设

1．加快市政污水收集处理系统建设。着力推进污水处理厂、污水收集管网、污泥处理厂三大建设任务，2010 年底前基本完成规划的 25 座污水处理厂的新、改、扩建任务和寮坑、老虎坑、南山、上洋 4 座污泥厂的建设。特区内完成排水管网改造完善工程和管网清源行动，彻底扭转污水错接乱排、雨污混流污染水环境的局面；特区外全面完成各污水处理厂配套管网建设，新建进厂主干管 800 千米，开展市政排水管网覆盖区域的清源行动。推进排水达标小区建设，将排水达标作为创建安全文明小区的评选条件之一。

上述三大任务由市水污染治理指挥部办公室负责统筹前期工作、任务分解和整体督办，宝安区人民政府、龙岗区人民政府和市光明新区管委会负责管网项目的组织实施，深圳市水务集团、招商水务公司等特许经营单位负责其经营范围内相关污水项目的建设实施，市水污染治理指挥部成员单位全力配合，确保按计划完成水污染减排任务。

2．全面实施排水许可制度。市规划、水务、建设、环保、交通、工商等部门互相配合，在各自职能范围内对涉及的排水事项协同把关，从源头上防止新污染源的产生，实现雨污分流。建立各有关单位对排水特许经营单位的联合监管机制，发挥排水特许经营单位在市政排水设施建设、维护和管理中的作用；健全污水处理费与污染物削减率、污水收集率、水环境质量挂钩的考核体系。2008年底前完善相关机制。

主办：市水务局。

协办：市水污染治理指挥部成员单位，市教育局、交通局、卫生局、工商局。

3．加强政府排水监管能力建设。强化水行政主管部门的排水管理职能，加强排水行业监管，统一管理排水设施规划建设、运营监管、污水费征收核拨、排水监督等工作；加强市、区两级排水管理力量，2008年6月前完成排水监管能力课题调研报告，提交方案报市政府决策，建立市区对应、覆盖全市、监管有力的政府排水监管架构体系，全面提升政府排水监管能力。

主办：市编办。

协办：市水务局、财政局、改革办、各区人民政府、市光明新区管委会。

关于推进住宅产业现代化的行动方案

为推进住宅产业现代化，根据《深圳生态文明建设行动纲领（2008—2010）》和国家住宅产业现代化综合试点城市的工作要求，制定本方案。

一、总体目标

通过住宅的标准化、模数化、集约化设计和大工业化生产，充分利用有限的土地资源，提高住宅建设效率，全面提升住宅质量，降低住宅全寿命周期成本，又好又快地建设省地、节能、节水、节材和环境友好型住宅，并实施高水平的物业管理，加快实现居者有其屋、其屋宜人居的目标。

二、主要任务

（一）大力开展住宅产业现代化宣传工作

进一步加大住宅产业现代化的宣传力度，提高公民的“四节二环保”意识，使住宅产业现代化的理念和观念深入到每一个住宅小区、每一个市民家庭，并逐步转变为公民的自觉行动，共同参与住宅产业现代化的建设。

主办：市国土房产局。

协办：各区人民政府和深圳报业集团、深圳广电集团。

（二）制定住宅产业现代化发展纲领性文件

在 2008 年底前，完成深圳市住宅产业现代化 10 年发展纲要，确定未来 10 年住宅产业现代化发展的总体思路和方向，用以指导具体工作的开展。

主办：市国土房产局。

协办：市发展改革局、贸工局、建设局、规划局、法制办。

（三）加强住宅产业现代化政策法规体系建设

出台深圳市住宅产业现代化若干规定，提出推进住宅产业现代化工作的强制性、鼓励性和引导性政策措施，为推进住宅产业现代化工作提供重要的政策依据。积极推进深圳市住宅性能认定管理办法、深圳市优良住宅部品推荐管理暂行办法、深圳市住宅产业化示范基地管理办法等规范性文件的出台。加快制定产业导向政策和技术导向政策，推进适时颁布实施深圳市住宅产业现代化促进条例。

主办：市国土房产局。

协办：市发展改革局、财政局、建设局、规划局、地税局、法制办。

（四）建立健全住宅产业现代化的推进机制

进一步加强综合试点城市实施机制的研究，建立住宅产业现代化发展的长效机制。建立从城市规划、土地出让、住宅建设、物业管理等各环节的社会化协作机制，积极调动政府、企业和社会的积极性，积极构建从设计、建设、使用、物业管理、日常维修到拆除重建全过程的科学管理模式，切实降低住宅全寿命周期成本。

主办：市国土房产局。

协办：市发展改革局、财政局、建设局、规划局、地税局。

（五）积极建立更加科学合理的用地模式

充分发挥土地利用总体规划、城市规划和土地利用年度计划的调控作用，不断优化土地利用结构，合理调控商品住房用地结构，加强各类存量用地潜力的挖掘，不断提升我市建设用地利用效益。在2009年底前将住宅产业现代化的条件和要求作为土地出让的条件之一，使集约高效的用地管理模式成为我市住宅产业现代化工作推进的有力抓手和重要保障。

主办：市国土房产局。

协办：市规划局、各区人民政府、市光明新区管委会。

（六）加大保障性住房项目的示范引导作用

利用住宅产业现代化手段，加快保障性住房建设，在我市保障性住房住宅区项目中率先实施住宅产业现代化政策，提高住宅品质和质量，有效降低能耗，充分发挥其示范引导作用。所有保障性住房，一律按“四节二环保”的原则进行建设。2010 年底前，完成龙华拓展区住宅项目工业化生产试点工作，并制订实施保障性住房的装修标准。

主办：市国土房产局。

协办：市教育局、建设局、规划局、交通局、工务署、各区人民政府、市光明新区管委会。

（七）大力开展住宅产业现代化的促进工作

第一，培育一批住宅产业现代化示范基地，2010 年底前力争全市达到 10 个示范基地。第二，有计划有步骤地开展住宅性能认定工作。第三，有计划有步骤地开展住宅部品认定工作，编制优良部品名录，及时公布部品的认定结果，及时淘汰落后的住宅部品。第四，2010年内，采用工业化生产模式完成20万平方米的住宅项目建设，并逐步推广和实施住宅工业化生产模式。第五，强力推进住宅一次性装修，力争 2010 年底前，销售住宅实现 100%一次性装修。第六，加强住宅省地工作，确保不低于 70%的住宅用地用于廉租房、经济适用房、限价房和 90 平方米以下中小套型普通商品房的建设，防止大套型商品房多占土地。第七，加强住宅节能工作，充分利用太阳能和其他可再生能源，到 2010 年底前，太阳能利用的住宅面积不少于 300 万平方米。第八，加强住宅节水工作，充分利用有限的水资源，推行住宅小区采取雨水收集利用与回渗或再生水回用技术，2010 年底前，中水利用的住宅建筑面积不少于 180 万平方米。第九，加强住宅节材工作，在住宅工业化生产的基础上，尽量减少建筑垃圾，加强建筑垃圾的综合利用，促进生态环境的保护。

主办：市国土房产局。

协办：市建设局、规划局、工务署、各区人民政府、市光明新区管委会。

（八）加强住宅物业管理，提升居民居住环境和质量

扩大物业管理覆盖面，积极推进我市特区内老住宅区和特区外原农村社区综合整治并引入物业管理工作。到 2008 年底前，特区内老住宅区基本实现物业管理全覆盖；到 2010 年底前，特区外原农村社区基本实现物业管理全覆盖。在现有物业管理区域内开展节能减排活动，鼓励和指导物业服务企业支持循环经济建设。在住宅项目物业管理区域内进行契约式能源管理模式试点。到 2010 年底前，力争 5 个已建成住宅小区全部实现中水循环利用、公共区域的照明用电全部采用太阳能。进一步做好住宅项目物业管理区域内的绿化美化工作，鼓励和指导物业服务企业积极推行立体绿化模式，2008 年研究编制推广住宅区屋顶绿化工作实施方案和住宅区屋顶绿化技术指导细则，2009 年完成 1～2 个住宅区试点，2010 年进一步扩大试点范围。加大政府监管力度，以物业管理项目考评为手段，提高物业管理企业服务水平和质量。力争到 2010 年底前，全市住宅物业管理项目市优数量超过 450 个，省优项目超过 150 个，国优项目超过 130 个。

主办：市国土房产局。

协办：市发展改革局、财政局、建设局、规划局、城管局、各区人民政府、市光明新区管委会。

（九）不断提升住宅产业国际博览会水平

将住宅产业国际博览会提升为国际性展会，打造成为展示我市住宅产业现代化成果和发展水平的平台，推广应用全国住宅产业现代化技术成果的载体，国内外房地产开发商、住宅部品生产商、地产专业服务机构交易交流的桥梁，中国与国际接轨的窗口，以及国内外住宅产业现代化探索、交流的前沿阵地和沟通平台。

主办：市国土房产局。

（十）推进国家综合试点城市向全国示范城市转变

积极探索出一条科技含量高、资源消耗低、经济效益好、环境污染少、人力资源优势得到充分发挥的住宅产业现代化发展之路，争取在 2013 年实现由国家综合试点城市向全国示范城市转变，在全国各地区住宅产业现代化共同发展的进程中发挥更重要的示范、辐射和带动作用。

主办：市国土房产局。

协办：市发展改革局、贸工局、财政局、建设局、规划局、水务局、环保局、城管局、各区人民政府、市光明新区管委会。

（十一）加强资金支持力度

加大对住宅产业现代化工作的资金支持力度，加快推进住宅产业现代化的工作。

主办：市国土房产局。

协办：市发展改革局、财政局。

关于建设绿色生态的一体化综合交通体系行动方案

为建设绿色生态的一体化综合交通体系，根据《深圳生态文明建设行动纲领（2008—2010）》，制定本方案。

一、总体要求

按照“追求卓越、统筹规划、内外一体、标本兼治、重点突破”的指导思想以及“快捷优质、集约高效、以人为本、环境友好”的发展道路，高标准规划、高标准建设、高效能管理，努力构建与全球先锋城市和国际化城市相适应的、绿色生态的世界级一体化综合交通体系，为城市提供“畅达、安全、舒适、环保”的交通服务。

二、具体目标和主要任务

（一）适应经济全球化和区域经济一体化的发展趋势，为提升城市辐射能力，促进产业升级和城市转型，建设功能完善、绿色环保的对外交通系统

1．进一步强化深圳港集装箱干线港地位，与香港港口加强合作，巩固香港国际航运中心地位。加快集装箱码头和邮轮母港建设，促进港口运输结构调整，走资源节约、环境友好的可持续发展道路；大力发展海铁联运、江海联运，实施珠江战略，改善集疏运结构；积极推进新技术的应用，促进港口环境保护；加强水上支持保障系统建设，改善水上交通环境。

主办：市交通局。

协办：市发展改革局、海洋局、环保局。

2．巩固深圳机场区域航空枢纽地位，与香港机场合作共同打造国际航空枢纽港。加快机场飞行区扩建工程和航站区扩建工程建设。依靠科技，深挖潜力，积极改善空域容量，为区域提供方便、快捷的航空运输服务。

主办：深圳机场集团。

协办：市发展改革局、规划局、交通局。

3．加快铁路“两线两站”建设，建成国家重要铁路枢纽城市，实现深圳与内地主要大城市间“夕发朝至”和“朝发夕归”，改善对外客运的运输结构，实现对外客运的快捷、经济和绿色环保。

主办：市轨道办。

协办：市发展改革局、国土房产局、规划局、宝安区人民政府、龙岗区人民政府、市光明新区管委会。

4．加快以高速公路为主体的对外公路通道的建设，进一步实现“东进东出、中进中出、西进西出”，货运交通与客运交通、过境交通与城市交通相分离，改善城市交通环境。在公路建设中，落实绿色环保设计理念，加强水土保持和美化绿化，强化人行、过街、公交和非机动车等的人性化设计。

主办：市交通局、公路局和各公路建设单位。

协办：市发展改革局、国土房产局、规划局、水务局、环保局和各区人民政府、市光明新区管委会。

5．建立与海空港、铁路和口岸枢纽等紧密衔接的公路枢纽体系，强化国家公路综合运输枢纽地位。通过便捷的运输枢纽，多模式一体化和紧凑的站点设计，为乘客创造方便的换乘条件。

主办：市交通局。

协办：市发展改革局、规划局、轨道办。

6．加强跨境交通方面的衔接和合作，促进深港交通一体化建设。规划东部莲塘口岸和加快东部通道建设，研究香港和深圳两机场间的轨道快线方案。

主办：市规划局、交通局。

协办：市发展改革局、口岸办。

（二）加大轨道交通建设力度，全面落实公交优先政策，建立多模式一体化、具有竞争力的公共交通体系，不断提高公交机动化分担率

1．全面落实市政府《关于优先发展城市公共交通的实施意见》（深府[2007]27 号）。加快公交优先通行信号和公交专用道的规划建设；制订并实施公交财政补贴、规费优惠、换乘优惠、油价运价联动等政策和措施。

主办：市交通局、公安交警局。

协办：市财政局、物价局、城管局、各区人民政府、市光明新区管委会。

2．进一步推进公交特许经营改革，完成特区内外公交整合工作；优化、调整公交网络结构，适度发展高品质公交和特色公交，增加公交供给，提高公交覆盖率。推动加强公交监管的相关法规和政府规章及标准体系的建设，加强行业监管，提高公交服务水平。

主办：市交通局。

协办：市质监局、法制办、宝安区人民政府、龙岗区人民政府、市光明新区管委会。

3．解决公交场站的建设用地问题，加快公交场站建设，对靠近居民区的公交场站，研究建设集约、立体、生态型公交站的标准和方案，并开展避风塘、深大南等生态型公交站的建设试点工作，减少公交场站对居民的影响。

主办：市交通局、宝安区人民政府、龙岗区人民政府。

协办：市发展改革局、国土房产局、规划局。

4．加大轨道交通建设力度，确保至 2011 年大运会前形成由地铁 1 号线、2 号线及东延段、3 号线及西延段、4 号线、5 号线五条地铁线路构成的共约 177 千米的轨道交通网络，提高轨道交通的出行分担率。

主办：市轨道办。

协办：市发展改革局、国土房产局、规划局、建设局、交通局。

5．开展轨道交通三期建设规划中优先发展线路，即 6、7、8、9、11、12 号线的前期工作，为轨道三期的建设做好项目储备。

主办：市发展改革局。

协办：市轨道办、规划局。

（三）加快路网建设，促进特区内外一体化，构筑高快速路网、国省干道网和局域连通

网三个层次、布局合理、功能清晰、层次分明、干支协调、设施完善的现代化路网体系，有效改善城市交通环境，减少交通拥堵点

1．加快建设南坪快速路二期、深盐二通道、盐坝高速C段、沿江高速深圳段、丹平快速路、西部疏港路等高快速路建设，确保2010年底前全部建成通车。

主办：市交通局、各建设单位。

协办：市发展改革局、国土房产局、规划局、水务局、环保局和各区人民政府。

2．编制全市公路城市化改造建设计划，有计划地对现状公路进行城市化改造，完善市政设施、人行设施、公交设施和交通设施，促进特区外的城市化进程。

主办：市交通局、公路局。

协办：市发展改革局、国土房产局、规划局、环保局和各区人民政府。

3．开展重点片区交通综合治理工作，改善交通微循环，打通“瓶颈”路，连通断头路，提高路网整体通行能力。开展龙华、光明、坪山、大运四大新城及平湖、坂雪岗、石岩等片区的交通改善工作。

主办：市交通局、宝安区人民政府、龙岗区人民政府、市光明新区管委会。

协办：市发展改革局、规划局、环保局、公安交警局。

4．加强道路、公交设施、过街设施、人行设施的一体化设计，实现地铁、巴士和的士等多种交通方式的无缝转换，加强城市步行设施的建设，为市民提供便捷、舒适的候车环境及步行空间。

主办：市规划局、交通局和各道路建设单位。

5．有计划地对现有街道声敏感点路段进行声环境综合整治。

主办：市城管局、环保局。

协办：各区人民政府、市光明新区管委会。

（四）加快智能交通建设，运用现代科技和信息技术，提高交通系统的运行效率，建立全市公交、路网和交通仿真等智能交通系统

1．研究建立深圳集成交通运营和信息服务系统，实现公交实时出行数据的采集、公交智能调度的辅助决策和交通信息的及时发布，方便公众查询。

主办：市交通局。

2．完善交通管理设施，提高交通管理的智能化水平。加大对重点区域、路口、路段的交通监控力度，完善交通监控和交通信号的智能控制，提高路口通过能力。

主办：市公安交警局。

3．进一步完善和扩展交通仿真系统覆盖范围，完善各项功能，为交通规划提供支持。

主办：市规划局。

（五）积极鼓励汽车采用清洁能源，促进交通环保

1．全面推行公交车采用欧Ⅲ排放标准，密切关注国内外更高排放标准公交车型的研发生产情况，研究鼓励公交车进一步采用更高排放标准车型的政策措施。

主办：市交通局。

协办：市发展改革局、财政局、环保局、公安交警局。

2．加快LNG加气站点的规划和建设，研究制订鼓励公交车使用LNG大巴和混合动力

大巴等节能环保型车辆的政策措施。

主办：市发展改革局、交通局。

协办：市财政局、建设局、规划局、环保局、公安交警局、公安消防局。

3．加强对汽车尾气的检测，依法加大对超标车辆的处罚力度。研究探索鼓励老旧车辆及高污染、高排放汽车提前更新的政策。

主办：市环保局。

协办：市公安交警局。

（六）完善货运交通规划和政策体系，加强货运场站的建设和管理，促进城市货运的多式联运、集中交易和信息管理

1．编制货运交通规划，完善货运交通发展的政策体系。

主办：市规划局、交通局。

协办：市发展改革局、贸工局、公安交警局。

2．加快建设三大港区集装箱拖车服务的相关配套设施，加快集仓储、信息交流、货运交易、停车等功能为一体的综合性货运场站的建设。

主办：市交通局和有关建设单位。

协办：市发展改革局、贸工局、国土房产局、规划局、公安交警局。

（七）理顺和完善城市交通规划建设管理体制和机制

探索建立一体化的交通管理体制和机制，从政策、规划、设计、投资、建设、管理、服务等不同层面和环节对城市交通管理系统进行优化整合。

主办：市编办。

协办：市交通局、改革办。

关于打造安全深圳的行动方案

为进一步加强安全生产工作，打造安全深圳，根据《深圳生态文明建设行动纲领（2008—2010）》，制定本方案。

一、严格市场准入，加强安全生产源头管理

（一）严格落实矿山企业、建筑施工企业和危险化学品生产企业的安全生产许可证制度，严把市场准入关口。

主办：市安监局、建设局。

协办：市国土房产局、交通局。

（二）严格落实生产经营单位新建、改建、扩建工程项目安全设施与主体工程同时设计、同时施工、同时投入生产和使用。对重大工程项目或存在重大危险、危害因素的工程项目实施安全性预评价和设计审查、竣工验收，从源头上把好生产经营单位安全生产条件关。

主办：市安监局。

协办：市发展改革局、规划局和市建设局、交通局、工商局、质监局、环保局、公安消防局。

（三）严格落实危险化学品生产储存经营许可审批制度，严格落实危险化学品建设项目安全许可审查，严把危险化学品安全管理源头关。

主办：市安监局。

协办：市发展改革局、规划局和市贸工局、卫生局、建设局、质监局、工商局、环保局、公安消防局。

二、加快法制建设步伐，建立健全安全生产法规制度

（四）结合深圳社会经济发展水平，推动对《深圳经济特区安全管理条例》进行必要修改，建立“教育、处罚、整改”并举的执法新模式，对发生死亡事故的生产经营单位，强制实行安全性评价，对存在重大事故隐患、可能发生死亡事故的生产经营单位和作业场所，依法予以停产停业整顿的处罚。

主办：市安监局。

协办：市法制办。

（五）制定深圳市生产经营单位从业人员安全生产全员岗前培训实施办法，建立严格的安全生产岗前培训制度。

主办：市安监局。

协办：市法制办。

三、在重点行业、重点领域推行安全生产全员培训教育制度

（六）依照有关规定，在危险化学品、建筑施工、特种设备、交通运输、公共娱乐场所

和事故多发行业等重点行业、重点领域，开展安全生产全员培训教育。经费来源依照《广东省工伤保险条例》的规定，从当年工伤保险基金实际收缴总额按不超过 5%的比例优先列支并落到实处，其余部分由企业承担。

主办：市劳动保障局、安监局。

协办：各区人民政府、市光明新区管委会和市建设局、交通局、公安消防局。

四、加大安全规划建设力度，夯实城市安全基础

（七）坚决贯彻安全发展的原则，全面落实《深圳市油气及其他危险品仓储区布局规划》和《深圳市油气及其他危险品仓储区规划建设和搬迁整治实施方案》，做好我市油气及其他危险品仓储区规划建设和搬迁整治各项工作。

此项工作由各成员单位按照市政府办公厅《关于印发〈深圳市油气及其他危险品仓储区规划建设和搬迁整治实施方案〉的通知》（深府办[2006]214 号）确定的分工和时间进度落实。

（八）在现有条件下，科学配备“城中村”消防队伍和消防专用车辆，最大限度地保障“城中村”消防安全；不断加大工作力度，加快“城中村”改造步伐，力争早日从根本上解决“城中村”消防安全问题，缓解城市消防安全压力。

主办：各区人民政府、市光明新区管委会和市公安消防局。

协办：市发展改革局、财政局、规划局、安监局。

（九）加大住宅区、商业区停车场的建设力度，解决机动车辆停放占用消防通道、影响抢险救援的问题。对已投入使用的住宅区、商业区，要充分挖掘潜力，建设地下、立体停车场；对新建住宅区、商业区，要充分考虑机动车辆增长速度，合理配置停车位，确保消防通道畅通。

主办：各区人民政府、市光明新区管委会和市公安消防局。

协办：市发展改革局、财政局、规划局、安监局。

（十）加快推进宝安、龙岗两区和光明新区城市化改造后消防基础设施、道路交通安全基础设施的更新和建设步伐，力争在 2～3 年内，基本解决特区外公共安全基础设施陈旧、落后和薄弱的问题。

主办：宝安区人民政府、龙岗区人民政府、市光明新区管委会和市交通局、公安消防局、公安交警局。

协办：市发展改革局、财政局、建设局、规划局、安监局。

五、创新安全生产体制、机制，提高监管效率，完善监管制度，强化落实企业的安全生产主体责任

（十一）鼓励有条件的企业推行国际职业安全健康管理体系，提高企业安全管理水平，逐步与国际体系接轨。

主办：市安监局。

协办：市卫生局和市贸工局、交通局、建设局、质监局、环保局。

（十二）全面推行中小企业安全生产托管制度。针对深圳中小企业众多、安全事故频发、

安全管理水平不高的现状，研究制定深圳市中小企业安全生产托管（试行）办法，推行托管制度，利用中介机构的专业服务，解决广大中小企业安全生产管理力量薄弱和投入不足的问题，提升中小企业安全管理水平。

主办：市安监局和各区人民政府、市光明新区管委会。

协办：市法制办。

（十三）建立企业安全生产风险抵押金制度。为强化生产经营单位的安全生产主体责任，按照国家和省的要求，在全市非煤矿山、交通运输、建筑施工、危险化学品等高危行业中，推行企业安全生产风险抵押金制度。企业按标准存储风险抵押金，专门用于本企业生产安全事故抢险、救灾和善后处理。

主办：市安监局和市财政局、建设局、交通局。

协办：各区人民政府、市光明新区管委会和市贸工局、工商局、金融办。

（十四）积极利用商业保险机制，推行火灾公众责任险，积极探索安全生产责任险，逐步构建符合我市社会经济发展要求的责任保险体系，充分利用经济杠杆，发挥社会各方面积极性，共同推进安全发展。

主办：市金融办。

协办：市公安局、安监局。

（十五）深入开展安全质量标准化活动。制定和颁布重点行业、领域安全质量工作标准，在全市所有工矿商贸企业、交通运输、建筑施工、文化娱乐场所、人员密集场所等企业普遍深入开展安全质量标准化活动，提升企业安全管理基础和水平。

主办：市安监局。

协办：市建设局、交通局、文化局、质监局、旅游局、公安消防局。

（十六）形成合力齐抓共管，积极创建国际安全社区。以“试点先行、稳步推进”的方式，按照国际安全社区评定指标的要求，开展安全社区创建工作，不断提高辖区安全健康意识和管理服务水平，最大限度地减少各类伤亡事故，建立覆盖全社会的“安全防护网”。

主办：市安监局和各区人民政府、市光明新区管委会。

协办：市公安消防局、公安交警局。

（十七）建立和落实安全生产公益宣传制度，引导和推动全社会关注安全、关爱生命。在深圳特区报、深圳商报、深圳电视台、深圳广播电台等本市媒体，定期刊登或播发安全生产公益宣传广告。

主办：市安委会。

协办：市安监局、深圳报业集团、深圳广电集团。

青岛

青岛市人民代表大会常务委员会关于建设生态市的决议

（2004年10月25日青岛市第十三届人大常委会第十五次会议通过）

青岛市第十三届人民代表大会常务委员会第十五次会议，听取了青岛市人民政府关于《青岛生态市建设规划》编制情况的汇报，审议并原则通过了《青岛生态市建设规划》。

会议认为，建设生态市是我市全面贯彻党的十六大和十六届三中、四中全会精神，努力实践“三个代表”重要思想和科学发展观，全面建设小康社会的战略举措，是一项功在当代，利在千秋，合乎市情，顺乎民意的事业，意义重大而深远。为此，特作如下决议：

一、统一思想认识，增强全社会建设生态市的紧迫感、责任感和使命感。各级政府和各有关部门要深刻认识建设生态市的科学内涵和重大意义，正确处理和把握加快经济发展与保护生态环境、眼前利益与长远利益、局部利益与全局利益的关系，促进经济效益、社会效益与生态效益的协调统一；运用各种宣传工具，广泛开展多层次、多形式的宣传教育活动，深入宣传生态市建设的重大意义和目标任务；充分调动广大群众建设生态市的积极性和创造性，大力营造全社会推进生态建设和环境保护的良好氛围。

二、明确奋斗目标，扎实做好生态市建设各项工作。围绕以循环经济理论为指导的生态经济体系、可持续利用的资源保障体系、山川秀美的生态环境体系、与自然和谐的人居环境体系、支撑可持续发展的安全体系、体现现代文明的生态文化体系六大生态体系建设，市人民政府要组织实施好《青岛生态市建设规划》。要抓住环境保护、生态建设、循环经济三大重点和结构调整、水资源的节约保护利用、国土绿化、污染防治四个关键环节，根据生态市建设规划的分阶段目标，集中力量组织实施一批重大生态建设和环境保护项目；严格保护饮用水源，加快污水处理工程和再生水回用工程建设；探索发展循环经济的有效途径，继续调整产业结构，优化产业布局；大力发展生态工业，积极推行清洁生产；大力发展生态农业，加快名特优新农产品基地建设，扩大绿色食品和有机食品生产；建立环境保护的长效管理机制，控制和削减污染物排放总量；扎实推进农村生活垃圾的无害化处理，努力改善农村生产生活环境；加强水、土地、矿产、海洋等自然资源的合理开发和保护，提高清洁能源和可再生能源的开发利用水平，加快生态公益林和城乡绿化建设，进一步提高森林覆盖率。五市三区要

根据《青岛生态市建设规划》，从实际出发，抓紧编制当地的生态建设规划。

三、加大工作力度，为生态市建设提供支撑和保障。通过制定和完善以生态环境为导向的经济政策，推动循环经济和环保产业的发展；各级政府要把生态市建设资金列入本级预算；拓宽投资渠道，逐步建立政府主导、多元投入、市场推进、公众参与的投融资机制；推广和应用先进的生态环境技术，推动生态环境科技成果的产业化；加快培养和引进生态环境保护方面的科研与管理人才；加强国内外的合作与交流，吸收生态建设和环境保护优秀成果。

四、切实加强领导，依法推进生态市建设。各级政府要加强对生态市建设的领导，建立生态市建设领导负责制、任期目标责任制、监督检查制和责任追究制，改进和完善领导干部政绩考核办法，把生态环境保护和建设的成效作为考核各地区、各部门的工作实绩和干部政绩的重要内容；依据国家法律法规和我市的实际需要，抓紧制定和完善生态建设、环境保护、清洁生产和发展循环经济等方面的地方性法规和规章；坚决制止和依法惩处破坏生态环境、破坏资源和严重污染环境的违法行为；各区、市人大常委会要加强对生态环境保护与建设方面法律法规执行情况的监督检查。

会议号召，全市人民要在市委的领导下，紧紧抓住 21 世纪头 20 年的重要战略机遇期，抓住迎接 2008 年奥帆赛的有利契机，全面启动生态市建设。力争到 2020 年把青岛建设成为经济发达高效、生态良性循环、环境清洁优美、人与自然和谐，适于居住、旅游与创业的具有现代化、国际化滨海城市特色的生态市。

宁波

中共宁波市委办公厅　市政府办公厅
关于加快推进宁波生态市
建设的若干意见

（甬党办[2005]10号）

为深入贯彻党的十六大精神，进一步落实科学发展观和省委“八八战略”，扎实推进“六大联动”和“平安宁波”建设，确保《宁波生态市建设规划》贯彻实施，现根据中央和省有关文件精神，结合宁波实际，制定如下意见。

一、生态市建设面临的形势、指导原则和目标任务

（1）认清生态市建设的重要性和紧迫性。改革开放以来，我市经济社会快速发展，城市综合实力明显增强，人民生活水平不断提高。同时也存在着经济增长方式粗放、环境基础设施薄弱、区域环境污染严重等突出问题，生态环境面临的形势十分严峻。推进生态市建设有利于转变经济增长方式，优化区域生态环境，实现人与自然和谐共处；有利于提高城市综合实力和国际竞争力，促进经济社会可持续发展。

（2）把握生态市建设的指导原则。各级必须坚持以邓小平理论、“三个代表”重要思想和科学发展观为指导，以促进人与自然和谐发展为主线，以提高人民群众生活质量为出发点，加快体制创新、科技创新和管理创新，加快新型工业化步伐，加快“生态宁波”建设，走生产发展、生活富裕、生态良好的文明发展之路。必须坚持注重协调、持续发展，科技支撑、体制创新，统筹规划、法制保障，政府主导、市场运作，以人为本、民为主体和产业发展与环境建设同步推进的原则，确保生态建市目标的按期实现。

（3）明确生态市建设的总体目标。经过 20 年左右的努力，基本实现人口规模、素质与生产力发展要求相适应，经济社会发展与资源环境承载力相适应，把宁波建设成为具有比较发达的生态经济，优美的生态环境，宜人的生态人居，繁荣的生态文化，人与自然和谐相处的可持续发展的现代化国际港口城市。

二、大力推行循环经济，健全产业准入政策

（4）结合产业布局和技术改造大力推行循环经济。要提高对发展循环经济的认识，按照“减量化、再使用、可循环”的原则，以循环经济为核心，把清洁生产、资源综合利用、生态设计和绿色消费等融为一体，强化生产要素资源的集约利用，力求从根本上改变经济增长方式。研究制定《发展循环经济实施方案》，尽快开展工业园区的循环经济试点工作，取得经验后加以推广。把发展循环经济纳入“十一五”经济和社会发展规划中。具体措施由市计委、经委、科技、环保等部门制定。

（5）严格执行产业和项目准入制度。按照“优化一产，提高二产，突破三产”要求，进一步明确产业发展导向，设置鼓励、限制和禁止建设的产业目录。鼓励发展市场需求大、技术含量高，节约能源和资源，无污染或低污染，利于优化产业结构、提高产业竞争力、扩大就业，符合可持续发展战略的项目。限制发展生产能力过剩，工艺落后，原材料和能源消耗较高，不利于节约资源和保护生态环境的项目。禁止发展严重危及生产安全、生活安全和生态安全，高消耗、高污染、低产出，质量不符合国家标准的项目。准入目录和项目准入标准由市计委制定。

（6）鼓励企业实行清洁生产。将清洁生产纳入国民经济和社会发展计划以及环境保护、资源利用、产业发展、区域开发等规划，重点将区域内高耗能、高耗水、污染重的行业、企业列入实施清洁生产名录。2007 年底前，全市 50%以上的环境管理重点企业实施清洁生产，鼓励企业实施 ISO 14000 环境管理体系认证，并将自愿实施清洁生产和削减污染物排放的技术改造项目列入各级政府财政有关专项资金的扶持范围，市设立清洁生产专项资金，县级同比例配套。对利用废物生产产品和从废物中回收原料的，税务机关按照国家有关规定，减征或免征增值税。具体实施办法由市经委制定。

（7）积极发展生态农业。继续执行甬党[2003]4 号文件有关鼓励发展绿色农产品的优惠政策，大力推进无公害食品行动计划，全面开展无公害农产品产地认定，促进无公害农产品标准化生产综合示范区、养殖小区、示范农场和出口农产品生产基地的建设，对通过无公害农产品产地认定的给予奖励。改变农业传统灌溉方式，发展节水农业，对应用滴灌法等先进技术的基地给予设施补助。大力推进水产养殖无公害管理示范基地以及标准化示范区建设，积极推广工厂化，封闭式内循环等健康养殖模式和生态养殖技术，加快池塘养殖标准化改造，并给予适当的改造补助。以上各项补助由市农业局、海洋与渔业局、质检局会同相关部门提出具体实施办法。

三、加强环境污染综合整治，全面提升生态环境质量

（8）全面加强水环境污染整治。制定甬江流域水污染防治规划，落实污染物排放总量控制目标。认真搞好姚江、奉化江水环境管理，严格按照环境功能区水质要求核定各排污单位的排污总量，依法实施排污许可证制度，严禁无证或超标排污。探索建立跨行政区河流交接断面水质管理制度，确保交接断面水功能达到规定标准。

（9）加强饮用水源地环境保护。各级对辖区内的饮用水源要依法划定饮用水源保护区，对饮用水源保护区要划定严格的控制建设区域，坚决搬迁或关闭威胁饮用水源安全的污染源，禁止新建、扩建对饮用水源地有污染的项目，坚决取缔饮用水源保护区内的畜禽养殖场（点）和水产养殖网箱。要优化水资源配置，加强水资源保护，供水受益区域每年按用水量对水源地进行资金补偿。加快生态公益林和水源涵养林建设，并逐年提高补助标准。分别由市水利局、林业局提出具体补偿办法。

（10）加快燃煤电厂脱硫脱硝步伐。加强对大型燃煤电厂的环境管理，加速推进北仑电厂烟气脱硫治理进度，新建燃煤电厂须按环保要求配置烟气脱硫脱硝治理设施，脱硫效率达到95%以上，加快淘汰污染严重的小火电机组。有关部门要在电厂脱硫征地、关键设备进口、电价政策等方面给予大力支持，确保全市大型电厂脱硫工程按期完成。

四、建立多元投入机制，加快城镇环境基础设施建设

（11）加大生态建设资金投入力度。各级政府要按照生态市建设规划和年度任务目标责任书要求将生态建设资金（政府出资部分）列入本级财政预算。市财政每年安排不少于 4 000万元的专项资金，主要用于生态市建设项目的以奖代拨，并按 GDP 增长比例逐年递增。由市生态办和财政局提出具体实施办法。

（12）建立多元化投融资机制。积极探索市场经济条件下的多元化投入机制，以环境污染防治项目为重点大力开展招商引资，吸引国内外、社会和民间资本投入；健全环境设施使用和服务收费制度，依法征收污水、废物收集和处置费；探索经营性生态项目企业特许经营权、污水和垃圾处理收费权及林地、采矿权等作为抵押物进行抵押贷款。鼓励不同经济成分和各类投资主体，建设、运营环境污染治理设施，鼓励采用不同形式（独资、合资、承包、租赁、拍卖、股份制、BOT 等）参与生态市建设，逐步建立自主经营、自负盈亏、自我发展的市场化运行机制。制定中水使用激励政策，鼓励发展污水处理产业化，形成污水处理、中水回用及相关节水产业配套的产业链。

（13）加快城镇环境基础设施建设。加快推进城镇污水集中处理、生活垃圾无害化处理设施建设。2007 年底前，宁波市区、各县级市、各县的城市生活污水处理率要分别达到 78%、75%和 55%，各中心镇要基本建成污水处理厂（能就近纳入中心城区污水处理范围的可以除外）；宁波市区生活垃圾无害化处理率达到 92%、县（县级市）及中心镇生活垃圾无害化处理率达到 75%以上，农村生活垃圾收集率达到 60%以上。各级政府要创造良好的政策环境和公共服务，充分发挥经济杠杆作用，积极调动企业和社会组织的积极性，引导、鼓励民间社会资金投向环境基础设施建设领域，推动环境基础设施建设向市场化、产业化方向发展。

五、加强科技创新，形成生态环境科技服务体系

（14）加快生态环境技术引进步伐。加强生态领域的国际国内合作，大力引进和推广先进适用的清洁生产、生态环境保护、资源综合利用与废弃物资源化、生态产业等方面的新技术、新工艺、新产品。科技含量较高的生态产业项目和有利于改善生态环境的适用技术，在

生态产业中推行技术标准并积极采用适用的国际标准和国外先进标准的，享受高新技术产业和先进技术的有关优惠政策。

（15）加大对生态环境科研攻关的支持力度。各级科技管理部门应组织开展与生态市建设有关的重大科技项目攻关，支持生态环境领域的科学研究、技术开发和产品研制，鼓励绿色食品、绿色工业产品、生物饲料、生物农药的开发生产，发展科技先导型、资源节约型、环境保护型的产业和产品，加速科研成果的生产力转化，加快企业自主知识产权向技术标准的转化。有关政策措施由市科技局协商相关部门制定。

六、加强生态环境法制建设，提高环境监测与执法能力

（16）加快生态环境保护立法。在执行好现行国家与地方有关法律法规的同时，加快生态资源保护和环境污染防治的地方性立法，抓紧制定《宁波市环境保护条例》，适时制定发展循环经济、推广清洁生产、控制农业面源污染、生态公益林建设管理、排污权交易、湿地保护等法规或规章，建立健全资源管理保护制度，环境与发展综合决策制度、生态补偿制度、自然资源使用权管理制度、生态环境信息公开制度和社会公众参与制度，必要时依照立法程序上升为地方性法规。

（17）加大生态环境执法力度。要加强依法行政，建立由环保部门统一监管，相关部门分工负责的生态环境保护管理机制，强化生态市建设和环境保护执法监督管理，依法严肃查处各种破坏生态环境的违法行为，着重解决企业“守法成本高、违法成本低”等问题。及时查处各类环境污染和生态破坏事件，切实解决群众反映强烈的生态环境热点难点问题；对治污不力、恶意排污的，依法责令企业停业整改；对不能长期稳定达标的电镀、印染、造纸、食品、化工等污染企业，按规定给予限期治理、停产治理或限产，对不能按期完成治理任务或限产的企业，依法责令其停产（业）或关闭。

（18）加强生态环境执法能力建设。各级要配强配齐生态市建设工作领导小组办公室力量，各乡镇（街道）要有专人分管生态环境保护工作。2006 年前按国家标准化建设要求，建立健全环境质量监测体系，在地表水交界断面或敏感水域断面建立自动监控设施；完善全市大气环境和重点海域海洋环境自动监测网络，建立完善各级生态环境监测网络及环境资源管理信息系统。2005 年全市的重点水污染源必须全部安装污染源在线监控系统。

七、完善目标责任考核体系，实行责任追究制度

（19）完善目标责任考核制度。将生态市建设任务纳入各级政府行政首长目标责任制，实行党政“一把手”亲自抓，负总责，逐级签订责任书，层层落实责任制。把生态市建设目标任务完成情况作为评价各级领导班子和干部政绩的重要内容。市考核办要进一步完善考核办法，会同市生态办加强督促、检查和考核。

（20）探索建立绿色 GDP 经济考核指标体系。研究制定以万元 GDP 水耗、能耗和排污量为主要内容的绿色 GDP 评价考核指标，并纳入干部政绩考核体系。由市委组织部会同市统计、经委、环保、水利等部门提出具体方案。

（21）实行责任追究制度。要建立行政责任追究制，严格执行法律法规和党纪政纪的有关规定，对有法不依、执法不严、违法不究以及行政不作为的，追究行政责任人员和主要领导责任；造成环境破坏严重后果的，依照有关法律法规进行严肃处理；构成犯罪的，应依法追究刑事责任。由市监察局提出具体实施办法。

八、加强宣传教育，加大组织领导力度

（22）深化生态市建设宣传教育。加强生态建设、生态警示、生态保护、生态文明和绿色消费等主题教育。将生态环境宣传教育纳入各级党校、政校的教学计划，重点对各级领导干部和企业经营者进行教育培训。开展中小学环境教育讲座和生态社会活动，做好中小学教师的环境教育业务培训，培养学生树立正确的环境观和社会责任感。充分发挥宣传媒体的作用，在全市各新闻媒介开设生态市建设宣传专栏，专题报道生态市建设工作进展，广泛宣传生态环境保护政策法规，推广普及生态环境保护知识。

（23）完善公众参与制度。深化环境违法行为有奖举报制度，加强公众对环境保护的监督力度，支持公众参与环境保护的行为和对环境的监督管理。积极推行环境影响评价公众参与制度，健全重大项目听证制度，广泛听取公众的意见，自觉接受公众的监督，促进环境决策民主化；逐步建立环境信息公开制度，扩大公众对环境信息的知情权和参与权，拓宽公众对生态环境保护的参与和监督渠道，增强公众生态环境保护的自觉性，充分发挥公众参与生态环境保护的积极性。

（24）切实加强组织领导。各级党委、政府要把生态市建设列入党委、政府工作的重要议事日程，纳入重大工作事项的督查范围，及时研究解决生态市建设的重大问题。坚持党政主要领导亲自抓，分管领导具体抓，职能部门共同抓，做到责任到位，措施到位，投入到位。建立定期分析生态市建设制度，党政主要领导每年要进行不少于两次的专题调研，不定期地对重点工作进行督查指导。各相关部门都要明确生态市建设工作的分管领导和责任处室，按照职责和任务抓好各项工作落实。

重要文件

全国生态环境保护纲要

生态环境保护是功在当代、惠及子孙的伟大事业和宏伟工程。坚持不懈地搞好生态环境保护是保证经济社会健康发展，实现中华民族伟大复兴的需要。为全面实施可持续发展战略，落实环境保护基本国策，巩固生态建设成果，努力实现祖国秀美山川的宏伟目标，特制订本纲要。

一、当前全国生态环境保护状况

（一）当前生态环境保护工作取得的成绩和存在的问题

1．全国生态环境保护取得了一定成绩。改革开放以来，党和政府高度重视环境保护工作，采取了一系列保护和改善生态环境的重大举措，加大了生态环境建设力度，使我国一些地区的生态环境得到了有效保护和改善。主要表现在：植树造林、水土保持、草原建设和国土整治等重点生态工程取得进展；长江、黄河上中游水土保持重点防治工程全面实施；重点地区天然林资源保护和退耕还林还草工程开始启动；建立了一批不同类型的自然保护区、风景名胜区和森林公园；生态农业试点示范、生态示范区建设稳步发展；环境保护法制建设逐步完善。

2．全国生态环境状况仍面临严峻形势。目前，一些地区生态环境恶化的趋势还没有得到有效遏制，生态环境破坏的范围在扩大，程度在加剧，危害在加重。突出表现在：长江、黄河等大江大河源头的生态环境恶化呈加速趋势，沿江沿河的重要湖泊、湿地日趋萎缩，特别是北方地区的江河断流、湖泊干涸、地下水位下降严重，加剧了洪涝灾害的危害和植被退化、土地沙化；草原地区的超载放牧、过度开垦和樵采，有林地、多林区的乱砍滥伐，致使林草植被遭到破坏，生态功能衰退，水土流失加剧；矿产资源的乱采滥挖，尤其是沿江、沿岸、沿坡的开发不当，导致崩塌、滑坡、泥石流、地面塌陷、沉降、海水倒灌等地质灾害频繁发生；全国野生动植物物种丰富区的面积不断减少，珍稀野生动植物栖息地环境恶化，珍贵药用野生植物数量锐减，生物资源总量下降；近岸海域污染严重，海洋渔业资源衰退，珊瑚礁、红树林遭到破坏，海岸侵蚀问题突出。生态环境继续恶化，将严重影响我国经济社会的可持续发展和国家生态环境安全。

（二）当前生态环境恶化的原因

3．资源不合理开发利用是造成生态环境恶化的主要原因。一些地区环境保护意识不强，重开发轻保护，重建设轻维护，对资源采取掠夺式、粗放型开发利用方式，超过了生态环境承载能力；一些部门和单位监管薄弱，执法不严，管理不力，致使许多生态环境破坏的现象屡禁不止，加剧了生态环境的退化。同时，长期以来对生态环境保护和建设的投入不足，也是造成生态环境恶化的重要原因。切实解决生态环境保护的矛盾与问题，是我们面临的一项长期而艰巨的任务。

二、全国生态环境保护的指导思想、基本原则与目标

（一）全国生态环境保护的指导思想和基本原则

4．全国生态环境保护的指导思想。高举邓小平理论伟大旗帜，以实施可持续发展战略和促进经济增长方式转变为中心，以改善生态环境质量和维护国家生态环境安全为目标，紧紧围绕重点地区、重点生态环境问题，统一规划，分类指导，分区推进，加强法治，严格监管，坚决打击人为破坏生态环境行为，动员和组织全社会力量，保护和改善自然恢复能力，巩固生态建设成果，努力遏制生态环境恶化的趋势，为实现祖国秀美山川的宏伟目标打下坚实基础。

5．全国生态环境保护的基本原则。坚持生态环境保护与生态环境建设并举。在加大生态环境建设力度的同时，必须坚持保护优先、预防为主、防治结合，彻底扭转一些地区边建设边破坏的被动局面。

坚持污染防治与生态环境保护并重。应充分考虑区域和流域环境污染与生态环境破坏的相互影响和作用，坚持污染防治与生态环境保护统一规划，同步实施，把城乡污染防治与生态环境保护有机结合起来，努力实现城乡环境保护一体化。

坚持统筹兼顾，综合决策，合理开发。正确处理资源开发与环境保护的关系，坚持在保护中开发，在开发中保护。经济发展必须遵循自然规律，近期与长远统一、局部与全局兼顾。进行资源开发活动必须充分考虑生态环境承载能力，绝不允许以牺牲生态环境为代价，换取眼前的和局部的经济利益。

坚持“谁开发谁保护，谁破坏谁恢复，谁使用谁付费”制度。要明确生态环境保护的权、责、利，充分运用法律、经济、行政和技术手段保护生态环境。

（二）全国生态环境保护的目标

6．全国生态环境保护目标是通过生态环境保护，遏制生态环境破坏，减轻自然灾害的危害；促进自然资源的合理、科学利用，实现自然生态系统良性循环；维护国家生态环境安全，确保国民经济和社会的可持续发展。

近期目标。到 2010 年，基本遏制生态环境破坏趋势。建设一批生态功能保护区，力争使长江、黄河等大江大河的源头区，长江、松花江流域和西南、西北地区的重要湖泊、湿地，

西北重要的绿洲，水土保持重点预防保护区及重点监督区等重要生态功能区的生态系统和生态功能得到保护与恢复；在切实抓好现有自然保护区建设与管理的同时，抓紧建设一批新的自然保护区，使各类良好自然生态系统及重要物种得到有效保护；建立、健全生态环境保护监管体系，使生态环境保护措施得到有效执行，重点资源开发区的各类开发活动严格按规划进行，生态环境破坏恢复率有较大幅度提高；加强生态示范区和生态农业县建设，全国部分县（市、区）基本实现秀美山川、自然生态系统良性循环。

远期目标。到 2030 年，全面遏制生态环境恶化的趋势，使重要生态功能区、物种丰富区和重点资源开发区的生态环境得到有效保护，各大水系的一级支流源头区和国家重点保护湿地的生态环境得到改善；部分重要生态系统得到重建与恢复；全国 50%的县（市、区）实现秀美山川、自然生态系统良性循环，30%以上的城市达到生态城市和园林城市标准。到2050年，力争全国生态环境得到全面改善，实现城乡环境清洁和自然生态系统良性循环，全国大部分地区实现秀美山川的宏伟目标。

三、全国生态环境保护的主要内容与要求

（一）重要生态功能区的生态环境保护

7．建立生态功能保护区。江河源头区、重要水源涵养区、水土保持的重点预防保护区和重点监督区、江河洪水调蓄区、防风固沙区和重要渔业水域等重要生态功能区，在保持流域、区域生态平衡，减轻自然灾害，确保国家和地区生态环境安全方面具有重要作用。对这些区域的现有植被和自然生态系统应严加保护，通过建立生态功能保护区，实施保护措施，防止生态环境的破坏和生态功能的退化。跨省域和重点流域、重点区域的重要生态功能区，建立国家级生态功能保护区；跨地（市）和县（市）的重要生态功能区，建立省级和地（市）级生态功能保护区。

8．对生态功能保护区采取以下保护措施：停止一切导致生态功能继续退化的开发活动和其他人为破坏活动；停止一切产生严重环境污染的工程项目建设；严格控制人口增长，区内人口已超出承载能力的应采取必要的移民措施；改变粗放生产经营方式，走生态经济型发展道路，对已经破坏的重要生态系统，要结合生态环境建设措施，认真组织重建与恢复，尽快遏制生态环境恶化趋势。

9．各类生态功能保护区的建立，由各级环保部门会同有关部门组成评审委员会评审，报同级政府批准。生态功能保护区的管理以地方政府为主，国家级生态功能保护区可由省级政府委派的机构管理，其中跨省域的由国家统一规划批建后，分省按属地管理；各级政府对生态功能保护区的建设应给予积极扶持；农业、林业、水利、环保、国土资源等有关部门要按照各自的职责加强对生态功能保护区管理、保护与建设的监督。

（二）重点资源开发的生态环境保护

10．切实加强对水、土地、森林、草原、海洋、矿产等重要自然资源的环境管理，严格资源开发利用中的生态环境保护工作。各类自然资源的开发，必须遵守相关的法律法规，依

法履行生态环境影响评价手续；资源开发重点建设项目，应编报水土保持方案，否则一律不得开工建设。

11．水资源开发利用的生态环境保护。水资源的开发利用要全流域统筹兼顾，生产、生活和生态用水综合平衡，坚持开源与节流并重，节流优先，治污为本，科学开源，综合利用。建立缺水地区高耗水项目管制制度，逐步调整用水紧缺地区的高耗水产业，停止新上高耗水项目，确保流域生态用水。在发生江河断流、湖泊萎缩、地下水超采的流域和地区，应停上新的加重水平衡失调的蓄水、引水和灌溉工程；合理控制地下水开采，做到采补平衡；在地下水严重超采地区，划定地下水禁采区，抓紧清理不合理的抽水设施，防止出现大面积的地下漏斗和地表塌陷。继续加大二氧化硫和酸雨控制力度，合理开发利用和保护大气水资源；对于擅自围垦的湖泊和填占的河道，要限期退耕还湖还水。通过科学的监测评价和功能区划，规范排污许可证制度和排污口管理制度。严禁向水体倾倒垃圾和建筑、工业废料，进一步加大水污染特别是重点江河湖泊水污染治理力度，加快城市污水处理设施、垃圾集中处理设施建设。加大农业面源污染控制力度，鼓励畜禽粪便资源化，确保养殖废水达标排放，严格控制氮、磷严重超标地区的氮肥、磷肥施用量。

12．土地资源开发利用的生态环境保护。依据土地利用总体规划，实施土地用途管制制度，明确土地承包者的生态环境保护责任，加强生态用地保护，冻结征用具有重要生态功能的草地、林地、湿地。建设项目确需占用生态用地的，应严格依法报批和补偿，并实行“占一补一”的制度，确保恢复面积不少于占用面积。加强对交通、能源、水利等重大基础设施建设的生态环境保护监管，建设线路和施工场址要科学选比，尽量减少占用林地、草地和耕地，防止水土流失和土地沙化。加强非牧场草地开发利用的生态监管。大江大河上中游陡坡耕地要按照有关规划，有计划、分步骤地实行退耕还林还草，并加强对退耕地的管理，防止复耕。

13．森林、草原资源开发利用的生态环境保护。对具有重要生态功能的林区、草原，应划为禁垦区、禁伐区或禁牧区，严格管护；已经开发利用的，要退耕退牧，育林育草，使其休养生息。实施天然林保护工程，最大限度地保护和发挥好森林的生态效益；要切实保护好各类水源涵养林、水土保持林、防风固沙林、特种用途林等生态公益林；对毁林、毁草开垦的耕地和造成的废弃地，要按照“谁批准谁负责，谁破坏谁恢复”的原则，限期退耕还林还草。加强森林、草原防火和病虫鼠害防治工作，努力减少林草资源灾害性损失；加大火烧迹地、采伐迹地的封山育林育草力度，加速林区、草原生态环境的恢复和生态功能的提高。大力发展风能、太阳能、生物质能等可再生能源技术，减少樵采对林草植被的破坏。

发展牧业要坚持以草定畜，防止超载过牧。严重超载过牧的，应核定载畜量，限期压减牲畜头数。采取保护和利用相结合的方针，严格实行草场禁牧期、禁牧区和轮牧制度，积极开发秸秆饲料，逐步推行舍饲圈养办法，加快退化草场的恢复。在干旱、半干旱地区要因地制宜调整粮畜生产比重，大力实施种草养畜富民工程。在农牧交错区进行农业开发，不得造成新的草场破坏；发展绿洲农业，不得破坏天然植被。对牧区的已垦草场，应限期退耕还草，恢复植被。

14．生物物种资源开发利用的生态环境保护。生物物种资源的开发应在保护物种多样性和确保生物安全的前提下进行。依法禁止一切形式的捕杀、采集濒危野生动植物的活动。严

厉打击濒危野生动植物的非法贸易。严格限制捕杀、采集和销售益虫、益鸟、益兽。鼓励野生动植物的驯养、繁育。加强野生生物资源开发管理，逐步划定准采区，规范采挖方式，严禁乱采滥挖；严格禁止采集和销售发菜，取缔一切发菜贸易，坚决制止在干旱、半干旱草原滥挖具有重要固沙作用的各类野生药用植物。切实搞好重要鱼类的产卵场、索饵场、越冬场、洄游通道和重要水生生物及其生境的保护。加强生物安全管理，建立转基因生物活体及其产品的进出口管理制度和风险评估制度；对引进外来物种必须进行风险评估，加强进口检疫工作，防止国外有害物种进入国内。

15．海洋和渔业资源开发利用的生态环境保护。海洋和渔业资源开发利用必须按功能区划进行，做到统一规划，合理开发利用。切实加强海岸带的管理，严格围垦造地建港、海岸工程和旅游设施建设的审批，严格保护红树林、珊瑚礁、沿海防护林。加强重点渔场、江河出海口、海湾及其他渔业水域等重要水生资源繁育区的保护，严格渔业资源开发的生态环境保护监管。加大海洋污染防治力度，逐步建立污染物排海总量控制制度，加强对海上油气勘探开发、海洋倾废、船舶排污和港口的环境管理，逐步建立海上重大污染事故应急体系。

16．矿产资源开发利用的生态环境保护。严禁在生态功能保护区、自然保护区、风景名胜区、森林公园内采矿。严禁在崩塌滑坡危险区、泥石流易发区和易导致自然景观破坏的区域采石、采砂、取土。矿产资源开发利用必须严格规划管理，开发应选取有利于生态环境保护的工期、区域和方式，把开发活动对生态环境的破坏减少到最低限度。矿产资源开发必须防止次生地质灾害的发生。在沿江、沿河、沿湖、沿库、沿海地区开采矿产资源，必须落实生态环境保护措施，尽量避免和减少对生态环境的破坏。已造成破坏的，开发者必须限期恢复。已停止采矿或关闭的矿山、坑口，必须及时做好土地复垦。

17．旅游资源开发利用的生态环境保护。旅游资源的开发必须明确环境保护的目标与要求，确保旅游设施建设与自然景观相协调。科学确定旅游区的游客容量，合理设计旅游线路，使旅游基础设施建设与生态环境的承载能力相适应。加强自然景观、景点的保护，限制对重要自然遗迹的旅游开发，从严控制重点风景名胜区的旅游开发，严格管制索道等旅游设施的建设规模与数量，对不符合规划要求建设的设施，要限期拆除。旅游区的污水、烟尘和生活垃圾处理，必须实现达标排放和科学处置。

（三）生态良好地区的生态环境保护

18．生态良好地区特别是物种丰富区是生态环境保护的重点区域，要采取积极的保护措施，保证这些区域的生态系统和生态功能不被破坏。在物种丰富、具有自然生态系统代表性、典型性、未受破坏的地区，应抓紧抢建一批新的自然保护区。要把横断山区、新青藏接壤高原山地、湘黔川鄂边境山地、浙闽赣交界山地、秦巴山地、滇南西双版纳、海南岛和东北大小兴安岭、三江平原等地区列为重点，分期规划建设为各级自然保护区。对西部地区有重要保护价值的物种和生态系统分布区，特别是重要荒漠生态系统和典型荒漠野生动植物分布区，应抢建一批不同类型的自然保护区。

19．重视城市生态环境保护。在城镇化进程中，要切实保护好各类重要生态用地。大中城市要确保一定比例的公共绿地和生态用地，深入开展园林城市创建活动，加强城市公园、绿化带、片林、草坪的建设与保护，大力推广庭院、墙面、屋顶、桥体的绿化和美化。严禁

在城区和城镇郊区随意开山填海、开发湿地，禁止随意填占溪、河、渠、塘。继续开展城镇环境综合整治，进一步加快能源结构调整和工业污染源治理，切实加强城镇建设项目和建筑工地的环境管理，积极推进环保模范城市和环境优美城镇创建工作。

20．加大生态示范区和生态农业县建设力度。国家鼓励和支持生态良好地区，在实施可持续发展战略中发挥示范作用。进一步加快县（市）生态示范区和生态农业县建设步伐。在有条件的地区，应努力推动地级和省级生态示范区的建设。

四、全国生态环境保护的对策与措施

（一）加强领导和协调，建立生态环境保护综合决策机制

21．建立和完善生态环境保护责任制。要把地方各级政府对本辖区生态环境质量负责、各部门对本行业和本系统生态环境保护负责的责任制落到实处。明确资源开发单位、法人的生态环境保护责任。实行严格的考核、奖罚制度。对于严格履行职责，在生态环境保护中作出重大贡献的单位和个人，应给予表彰、奖励。对于失职、渎职，造成生态环境破坏的，应依照有关法律法规予以追究。要把生态环境保护和建设规划纳入各级经济和社会发展的长远规划和年度计划，保证各级政府对生态环境保护的投入。建立生态环境保护与建设的审计制度，确保投入与产出的合理性和生态效益、经济效益与社会效益的统一。

22．积极协调和配合，建立行之有效的生态环境保护监管体系。国务院各有关部门要各司其职，密切配合，齐心协力，共同推进全国生态环境保护工作。环保部门要做好综合协调与监督工作，计划、农业、林业、水利、国土资源和建设等部门要加强自然资源开发的规划和管理，做好生态环境保护与恢复治理工作。在国家确定生态环境重点保护与监管区域的基础上，地方各级政府要结合本地实际，确定本辖区的生态环境重点保护与监管区域，形成上下配套的生态环境保护与监管体系。西部地区各级政府和有关部门要把搞好西部地区的生态环境保护和建设放在优先位置，确保国家西部大开发战略的顺利实施。

23．保障生态环境保护的科技支持能力。各级政府要把生态环境保护科学研究纳入科技发展计划，鼓励科技创新，加强农村生态环境保护、生物多样性保护、生态恢复和水土保持等重点生态环境保护领域的技术开发和推广工作。在生态环境保护经费中，应确定一定比例的资金用于生态环境保护的科学研究和技术推广，推动科研成果的转化，提高生态环境保护的科技含量和水平。建立早期预警制度，加强生态环境恶化趋势的预测预报。

24．建立经济社会发展与生态环境保护综合决策机制。各地要抓紧编制生态功能区划，指导自然资源开发和产业合理布局，推动经济社会与生态环境保护协调、健康发展。制定重大经济技术政策、社会发展规划、经济发展计划时，应依据生态功能区划，充分考虑生态环境影响问题。自然资源的开发和植树种草、水土保持、草原建设等重大生态环境建设项目，必须开展环境影响评价。对可能造成生态环境破坏和不利影响的项目，必须做到生态环境保护和恢复措施与资源开发和建设项目同步设计，同步施工，同步检查验收。对可能造成生态环境严重破坏的，应严格评审，坚决禁止。

（二）加强法制建设，提高全民的生态环境保护意识

25．加强立法和执法，把生态环境保护纳入法治轨道。严格执行环境保护和资源管理的法律、法规，严厉打击破坏生态环境的犯罪行为。抓紧有关生态环境保护与建设法律法规的制定和修改工作，制定生态功能保护区生态环境保护管理条例，健全、完善地方生态环境保护法规和监管制度。

26．认真履行国际公约，广泛开展国际交流与合作。认真履行《生物多样性公约》、《国际湿地公约》、《联合国防治荒漠化公约》、《濒危野生动植物国际贸易公约》和《保护世界文化和自然遗产公约》等国际公约，维护国家生态环境保护的权益，承担与我国发展水平相适应的国际义务，为全球生态环境保护作出贡献。广泛开展国际交流与合作，积极引进国外的资金、技术和管理经验，推动我国生态环境保护的全面发展。

27．加强生态环境保护的宣传教育，不断提高全民的生态环境保护意识。深入开展环境国情、国策教育，分级开展生态环境保护培训，提高生态环境保护与经济社会发展的综合决策能力。重视生态环境保护的基础教育、专业教育，积极搞好社会公众教育。城市动物园、植物园等各类公园，要增加宣传设施，组织特色宣传教育活动，向公众普及生态环境保护知识。进一步加强新闻舆论监督，表扬先进典型，揭露违法行为，完善信访、举报和听证制度，充分调动广大人民群众和民间团体参与生态环境保护的积极性，为实现祖国秀美山川的宏伟目标而努力奋斗。

国务院关于落实科学发展观加强环境保护的决定

（国发[2005]39号）

各省、自治区、直辖市人民政府，国务院各部委、各直属机构：

为全面落实科学发展观，加快构建社会主义和谐社会，实现全面建设小康社会的奋斗目标，必须把环境保护摆在更加重要的战略位置。现作出如下决定。

一、充分认识做好环境保护工作的重要意义

（一）环境保护工作取得积极进展。党中央、国务院高度重视环境保护，采取了一系列重大政策措施，各地区、各部门不断加大环境保护工作力度，在国民经济快速增长、人民群众消费水平显著提高的情况下，全国环境质量基本稳定，部分城市和地区环境质量有所改善，多数主要污染物排放总量得到控制，工业产品的污染排放强度下降，重点流域、区域环境治理不断推进，生态保护和治理得到加强，核与辐射监管体系进一步完善，全社会的环境意识和人民群众的参与度明显提高，我国认真履行国际环境公约，树立了良好的国际形象。

（二）环境形势依然十分严峻。我国环境保护虽然取得了积极进展，但环境形势严峻的状况仍然没有改变。主要污染物排放量超过环境承载能力，流经城市的河段普遍受到污染，许多城市空气污染严重，酸雨污染加重，持久性有机污染物的危害开始显现，土壤污染面积扩大，近岸海域污染加剧，核与辐射环境安全存在隐患。生态破坏严重，水土流失量大面广，石漠化、草原退化加剧，生物多样性减少，生态系统功能退化。发达国家上百年工业化过程中分阶段出现的环境问题，在我国近20多年来集中出现，呈现结构型、复合型、压缩型的特点。环境污染和生态破坏造成了巨大经济损失，危害群众健康，影响社会稳定和环境安全。未来15年我国人口将继续增加，经济总量将再翻两番，资源、能源消耗持续增长，环境保护面临的压力越来越大。

（三）环境保护的法规、制度、工作与任务要求不相适应。目前一些地方重GDP增长、轻环境保护。环境保护法制不够健全，环境立法未能完全适应形势需要，有法不依、执法不

严现象较为突出。环境保护机制不完善，投入不足，历史欠账多，污染治理进程缓慢，市场化程度偏低。环境管理体制未完全理顺，环境管理效率有待提高。监管能力薄弱，国家环境监测、信息、科技、宣教和综合评估能力不足，部分领导干部环境保护意识和公众参与水平有待增强。

（四）把环境保护摆上更加重要的战略位置。加强环境保护是落实科学发展观的重要举措，是全面建设小康社会的内在要求，是坚持执政为民、提高执政能力的实际行动，是构建社会主义和谐社会的有力保障。加强环境保护，有利于促进经济结构调整和增长方式转变，实现更快更好地发展；有利于带动环保和相关产业发展，培育新的经济增长点和增加就业；有利于提高全社会的环境意识和道德素质，促进社会主义精神文明建设；有利于保障人民群众身体健康，提高生活质量和延长人均寿命；有利于维护中华民族的长远利益，为子孙后代留下良好的生存和发展空间。因此，必须用科学发展观统领环境保护工作，痛下决心解决环境问题。

二、用科学发展观统领环境保护工作

（五）指导思想。以邓小平理论和“三个代表”重要思想为指导，认真贯彻党的十六届五中全会精神，按照全面落实科学发展观、构建社会主义和谐社会的要求，坚持环境保护基本国策，在发展中解决环境问题。积极推进经济结构调整和经济增长方式的根本性转变，切实改变“先污染后治理、边治理边破坏”的状况，依靠科技进步，发展循环经济，倡导生态文明，强化环境法治，完善监管体制，建立长效机制，建设资源节约型和环境友好型社会，努力让人民群众喝上干净的水、呼吸清洁的空气、吃上放心的食物，在良好的环境中生产生活。

（六）基本原则。

——协调发展，互惠共赢。正确处理环境保护与经济发展和社会进步的关系，在发展中落实保护，在保护中促进发展，坚持节约发展、安全发展、清洁发展，实现可持续的科学发展。

——强化法治，综合治理。坚持依法行政，不断完善环境法律法规，严格环境执法；坚持环境保护与发展综合决策，科学规划，突出预防为主的方针，从源头防治污染和生态破坏，综合运用法律、经济、技术和必要的行政手段解决环境问题。

——不欠新账，多还旧账。严格控制污染物排放总量；所有新建、扩建和改建项目必须符合环保要求，做到增产不增污，努力实现增产减污；积极解决历史遗留的环境问题。

——依靠科技，创新机制。大力发展环境科学技术，以技术创新促进环境问题的解决；建立政府、企业、社会多元化投入机制和部分污染治理设施市场化运营机制，完善环保制度，健全统一、协调、高效的环境监管体制。

——分类指导，突出重点。因地制宜，分区规划，统筹城乡发展，分阶段解决制约经济发展和群众反映强烈的环境问题，改善重点流域、区域、海域、城市的环境质量。

（七）环境目标。到 2010 年，重点地区和城市的环境质量得到改善，生态环境恶化趋势基本遏制。主要污染物的排放总量得到有效控制，重点行业污染物排放强度明显下降，重点

城市空气质量、城市集中饮用水水源和农村饮水水质、全国地表水水质和近岸海域海水水质有所好转，草原退化趋势有所控制，水土流失治理和生态修复面积有所增加，矿山环境明显改善，地下水超采及污染趋势减缓，重点生态功能保护区、自然保护区等的生态功能基本稳定，村镇环境质量有所改善，确保核与辐射环境安全。

到 2020 年，环境质量和生态状况明显改善。

三、经济社会发展必须与环境保护相协调

（八）促进地区经济与环境协调发展。各地区要根据资源禀赋、环境容量、生态状况、人口数量以及国家发展规划和产业政策，明确不同区域的功能定位和发展方向，将区域经济规划和环境保护目标有机结合起来。在环境容量有限、自然资源供给不足而经济相对发达的地区实行优化开发，坚持环境优先，大力发展高新技术，优化产业结构，加快产业和产品的升级换代，同时率先完成排污总量削减任务，做到增产减污。在环境仍有一定容量、资源较为丰富、发展潜力较大的地区实行重点开发，加快基础设施建设，科学合理利用环境承载能力，推进工业化和城镇化，同时严格控制污染物排放总量，做到增产不增污。在生态环境脆弱的地区和重要生态功能保护区实行限制开发，在坚持保护优先的前提下，合理选择发展方向，发展特色优势产业，确保生态功能的恢复与保育，逐步恢复生态平衡。在自然保护区和具有特殊保护价值的地区实行禁止开发，依法实施保护，严禁不符合规定的任何开发活动。要认真做好生态功能区划工作，确定不同地区的主导功能，形成各具特色的发展格局。必须依照国家规定对各类开发建设规划进行环境影响评价。对环境有重大影响的决策，应当进行环境影响论证。

（九）大力发展循环经济。各地区、各部门要把发展循环经济作为编制各项发展规划的重要指导原则，制订和实施循环经济推进计划，加快制定促进发展循环经济的政策、相关标准和评价体系，加强技术开发和创新体系建设。要按照“减量化、再利用、资源化”的原则，根据生态环境的要求，进行产品和工业区的设计与改造，促进循环经济的发展。在生产环节，要严格排放强度准入，鼓励节能降耗，实行清洁生产并依法强制审核；在废物产生环节，要强化污染预防和全过程控制，实行生产者责任延伸，合理延长产业链，强化对各类废物的循环利用；在消费环节，要大力倡导环境友好的消费方式，实行环境标识、环境认证和政府绿色采购制度，完善再生资源回收利用体系。大力推行建筑节能，发展绿色建筑。推进污水再生利用和垃圾处理与资源化回收，建设节水型城市。推动生态省（市、县）、环境保护模范城市、环境友好企业和绿色社区、绿色学校等创建活动。

（十）积极发展环保产业。要加快环保产业的国产化、标准化、现代化产业体系建设。加强政策扶持和市场监管，按照市场经济规律，打破地方和行业保护，促进公平竞争，鼓励社会资本参与环保产业的发展。重点发展具有自主知识产权的重要环保技术装备和基础装备，在立足自主研发的基础上，通过引进消化吸收，努力掌握环保核心技术和关键技术。大力提高环保装备制造企业的自主创新能力，推进重大环保技术装备的自主制造。培育一批拥有著名品牌、核心技术能力强、市场占有率高、能够提供较多就业机会的优势环保企业。加快发展环保服务业，推进环境咨询市场化，充分发挥行业协会等中介组织的作用。

四、切实解决突出的环境问题

（十一）以饮水安全和重点流域治理为重点，加强水污染防治。要科学划定和调整饮用水水源保护区，切实加强饮用水水源保护，建设好城市备用水源，解决好农村饮水安全问题。坚决取缔水源保护区内的直接排污口，严防养殖业污染水源，禁止有毒有害物质进入饮用水水源保护区，强化水污染事故的预防和应急处理，确保群众饮水安全。把淮河、海河、辽河、松花江、三峡水库库区及上游，黄河小浪底水库库区及上游，南水北调水源地及沿线，太湖、滇池、巢湖作为流域水污染治理的重点。把渤海等重点海域和河口地区作为海洋环保工作重点。严禁直接向江河湖海排放超标的工业污水。

（十二）以强化污染防治为重点，加强城市环境保护。要加强城市基础设施建设，到2010年，全国设市城市污水处理率不低于70%，生活垃圾无害化处理率不低于60%；着力解决颗粒物、噪声和餐饮业污染，鼓励发展节能环保型汽车。对污染企业搬迁后的原址进行土壤风险评估和修复。城市建设应注重自然和生态条件，尽可能保留天然林草、河湖水系、滩涂湿地、自然地貌及野生动物等自然遗产，努力维护城市生态平衡。

（十三）以降低二氧化硫排放总量为重点，推进大气污染防治。加快原煤洗选步伐，降低商品煤含硫量。加强燃煤电厂二氧化硫治理，新（扩）建燃煤电厂除燃用特低硫煤的坑口电厂外，必须同步建设脱硫设施或者采取其他降低二氧化硫排放量的措施。在大中城市及其近郊，严格控制新（扩）建除热电联产外的燃煤电厂，禁止新（扩）建钢铁、冶炼等高耗能企业。2004年年底前投运的二氧化硫排放超标的燃煤电厂，应在2010年底前安装脱硫设施；要根据环境状况，确定不同区域的脱硫目标，制订并实施酸雨和二氧化硫污染防治规划。对投产20年以上或装机容量10万千瓦以下的电厂，限期改造或者关停。制订燃煤电厂氮氧化物治理规划，开展试点示范。加大烟尘、粉尘治理力度。采取节能措施，提高能源利用效率；大力发展风能、太阳能、地热、生物质能等新能源，积极发展核电，有序开发水能，提高清洁能源比重，减少大气污染物排放。

（十四）以防治土壤污染为重点，加强农村环境保护。结合社会主义新农村建设，实施农村小康环保行动计划。开展全国土壤污染状况调查和超标耕地综合治理，污染严重且难以修复的耕地应依法调整；合理使用农药、化肥，防治农用薄膜对耕地的污染；积极发展节水农业与生态农业，加大规模化养殖业污染治理力度。推进农村改水、改厕工作，搞好作物秸秆等资源化利用，积极发展农村沼气，妥善处理生活垃圾和污水，解决农村环境“脏、乱、差”问题，创建环境优美乡镇、文明生态村。发展县域经济要选择适合本地区资源优势和环境容量的特色产业，防止污染向农村转移。

（十五）以促进人与自然和谐为重点，强化生态保护。坚持生态保护与治理并重，重点控制不合理的资源开发活动。优先保护天然植被，坚持因地制宜，重视自然恢复；继续实施天然林保护、天然草原植被恢复、退耕还林、退牧还草、退田还湖、防沙治沙、水土保持和防治石漠化等生态治理工程；严格控制土地退化和草原沙化。经济社会发展要与水资源条件相适应，统筹生活、生产和生态用水，建设节水型社会；发展适应抗灾要求的避灾经济；水资源开发利用活动，要充分考虑生态用水。加强生态功能保护区和自然保护区的建设与管理。

加强矿产资源和旅游开发的环境监管。做好红树林、滨海湿地、珊瑚礁、海岛等海洋、海岸带典型生态系统的保护工作。

（十六）以核设施和放射源监管为重点，确保核与辐射环境安全。全面加强核安全与辐射环境管理，国家对核设施的环境保护实行统一监管。核电发展的规划和建设要充分考虑核安全、环境安全和废物处理处置等问题；加强在建和在役核设施的安全监管，加快核设施退役和放射性废物处理处置步伐；加强电磁辐射和伴生放射性矿产资源开发的环境监督管理；健全放射源安全监管体系。

（十七）以实施国家环保工程为重点，推动解决当前突出的环境问题。国家环保重点工程是解决环境问题的重要举措，从“十一五”开始，要将国家重点环保工程纳入国民经济和社会发展规划及有关专项规划，认真组织落实。国家重点环保工程包括：危险废物处置工程、城市污水处理工程、垃圾无害化处理工程、燃煤电厂脱硫工程、重要生态功能保护区和自然保护区建设工程、农村小康环保行动工程、核与辐射环境安全工程、环境管理能力建设工程。

五、建立和完善环境保护的长效机制

（十八）健全环境法规和标准体系。要抓紧拟订有关土壤污染、化学物质污染、生态保护、遗传资源、生物安全、臭氧层保护、核安全、循环经济、环境损害赔偿和环境监测等方面的法律法规草案，配合做好《中华人民共和国环境保护法》的修改工作。通过认真评估环境立法和各地执法情况，完善环境法律法规，作出加大对违法行为处罚的规定，重点解决“违法成本低、守法成本高”的问题。完善环境技术规范和标准体系，科学确定环境基准，努力使环境标准与环保目标相衔接。

（十九）严格执行环境法律法规。要强化依法行政意识，加大环境执法力度，对不执行环境影响评价、违反建设项目环境保护设施“三同时”制度（同时设计、同时施工、同时投产使用）、不正常运转治理设施、超标排污、不遵守排污许可证规定、造成重大环境污染事故，在自然保护区内违法开发建设和开展旅游或者违规采矿造成生态破坏等违法行为，予以重点查处。加大对各类工业开发区的环境监管力度，对达不到环境质量要求的，要限期整改。加强部门协调，完善联合执法机制。规范环境执法行为，实行执法责任追究制，加强对环境执法活动的行政监察。完善对污染受害者的法律援助机制，研究建立环境民事和行政公诉制度。

（二十）完善环境管理体制。按照区域生态系统管理方式，逐步理顺部门职责分工，增强环境监管的协调性、整体性。建立健全国家监察、地方监管、单位负责的环境监管体制。国家加强对地方环保工作的指导、支持和监督，健全区域环境督查派出机构，协调跨省域环境保护，督促检查突出的环境问题。地方人民政府对本行政区域环境质量负责，监督下一级人民政府的环保工作和重点单位的环境行为，并建立相应的环保监管机制。法人和其他组织负责解决所辖范围有关的环境问题。建立企业环境监督员制度，实行职业资格管理。县级以上地方人民政府要加强环保机构建设，落实职能、编制和经费。进一步总结和探索设区城市环保派出机构监管模式，完善地方环境管理体制。各级环保部门要严格执行各项环境监管制度，责令严重污染单位限期治理和停产整治，负责召集有关部门专家和代表提出开发建设规划环境影响评价的审查意见。完善环境犯罪案件的移送程序，配合司法机关办理各类环境案件。

（二十一）加强环境监管制度。要实施污染物总量控制制度，将总量控制指标逐级分解到地方各级人民政府并落实到排污单位。推行排污许可证制度，禁止无证或超总量排污。严格执行环境影响评价和“三同时”制度，对超过污染物总量控制指标、生态破坏严重或者尚未完成生态恢复任务的地区，暂停审批新增污染物排放总量和对生态有较大影响的建设项目；建设项目未履行环评审批程序即擅自开工建设或者擅自投产的，责令其停建或者停产，补办环评手续，并追究有关人员的责任。对生态治理工程实行充分论证和后评估。要结合经济结构调整，完善强制淘汰制度，根据国家产业政策，及时制订和调整强制淘汰污染严重的企业和落后的生产能力、工艺、设备与产品目录。强化限期治理制度，对不能稳定达标或超总量的排污单位实行限期治理，治理期间应予限产、限排，并不得建设增加污染物排放总量的项目；逾期未完成治理任务的，责令其停产整治。完善环境监察制度，强化现场执法检查。严格执行突发环境事件应急预案，地方各级人民政府要按照有关规定全面负责突发环境事件应急处置工作，环保总局及国务院相关部门根据情况给予协调支援。建立跨省界河流断面水质考核制度，省级人民政府应当确保出境水质达到考核目标。国家加强跨省界环境执法及污染纠纷的协调，上游省份排污对下游省份造成污染事故的，上游省级人民政府应当承担赔付补偿责任，并依法追究相关单位和人员的责任。赔付补偿的具体办法由环保总局会同有关部门拟定。

（二十二）完善环境保护投入机制。创造良好的生态环境是各级人民政府的重要职责，各级人民政府要将环保投入列入本级财政支出的重点内容并逐年增加。要加大对污染防治、生态保护、环保试点示范和环保监管能力建设的资金投入。当前，地方政府投入重点解决污水管网和生活垃圾收运设施的配套和完善，国家继续安排投资予以支持。各级人民政府要严格执行国家定员定额标准，确保环保行政管理、监察、监测、信息、宣教等行政和事业经费支出，切实解决“收支两条线”问题。要引导社会资金参与城乡环境保护基础设施和有关工作的投入，完善政府、企业、社会多元化环保投融资机制。

（二十三）推行有利于环境保护的经济政策。建立健全有利于环境保护的价格、税收、信贷、贸易、土地和政府采购等政策体系。政府定价要充分考虑资源的稀缺性和环境成本，对市场调节的价格也要进行有利于环保的指导和监管。对可再生能源发电厂和垃圾焚烧发电厂实行有利于发展的电价政策，对可再生能源发电项目的上网电量实行全额收购政策。对不符合国家产业政策和环保标准的企业，不得审批用地，并停止信贷，不予办理工商登记或者依法取缔。对通过境内非营利社会团体、国家机关向环保事业的捐赠依法给予税收优惠。要完善生态补偿政策，尽快建立生态补偿机制。中央和地方财政转移支付应考虑生态补偿因素，国家和地方可分别开展生态补偿试点。建立遗传资源惠益共享机制。

（二十四）运用市场机制推进污染治理。全面实施城市污水、生活垃圾处理收费制度，收费标准要达到保本微利水平，凡收费不到位的地方，当地财政要对运营成本给予补助。鼓励社会资本参与污水、垃圾处理等基础设施的建设和运营。推动城市污水和垃圾处理单位加快转制改企，采用公开招标方式，择优选择投资主体和经营单位，实行特许经营，并强化监管。对污染处理设施建设运营的用地、用电、设备折旧等实行扶持政策，并给予税收优惠。生产者要依法负责或委托他人回收和处置废弃产品，并承担费用。推行污染治理工程的设计、施工和运营一体化模式，鼓励排污单位委托专业化公司承担污染治理或设施运营。有条件的

地区和单位可实行二氧化硫等排污权交易。

（二十五）推动环境科技进步。强化环保科技基础平台建设，将重大环保科研项目优先列入国家科技计划。开展环保战略、标准、环境与健康等研究，鼓励对水体、大气、土壤、噪声、固体废物、农业面源等污染防治，以及生态保护、资源循环利用、饮水安全、核安全等领域的研究，组织对污水深度处理、燃煤电厂脱硫脱硝、洁净煤、汽车尾气净化等重点难点技术的攻关，加快高新技术在环保领域的应用。积极开展技术示范和成果推广，提高自主创新能力。

（二十六）加强环保队伍和能力建设。健全环境监察、监测和应急体系。规范环保人员管理，强化培训，提高素质，建设一支思想好、作风正、懂业务、会管理的环保队伍。各级人民政府要选派政治觉悟高、业务素质强的领导干部充实环保部门。下级环保部门负责人的任免，应当事先征求上级环保部门的意见。按照政府机构改革与事业单位改革的总体思路和有关要求，研究解决环境执法人员纳入公务员序列问题。要完善环境监测网络，建设“金环工程”，实现“数字环保”，加快环境与核安全信息系统建设，实行信息资源共享机制。建立环境事故应急监控和重大环境突发事件预警体系。

（二十七）健全社会监督机制。实行环境质量公告制度，定期公布各省（区、市）有关环境保护指标，发布城市空气质量、城市噪声、饮用水水源水质、流域水质、近岸海域水质和生态状况评价等环境信息，及时发布污染事故信息，为公众参与创造条件。公布环境质量不达标的城市，并实行投资环境风险预警机制。发挥社会团体的作用，鼓励检举和揭发各种环境违法行为，推动环境公益诉讼。企业要公开环境信息。对涉及公众环境权益的发展规划和建设项目，通过听证会、论证会或社会公示等形式，听取公众意见，强化社会监督。

（二十八）扩大国际环境合作与交流。要积极引进国外资金、先进环保技术与管理经验，提高我国环保的技术、装备和管理水平。积极宣传我国环保工作的成绩和举措，参与气候变化、生物多样性保护、荒漠化防治、湿地保护、臭氧层保护、持久性有机污染物控制、核安全等国际公约和有关贸易与环境的谈判，履行相应的国际义务，维护国家环境与发展权益。努力控制温室气体排放，加快消耗臭氧层物质的淘汰进程。要完善对外贸易产品的环境标准，建立环境风险评估机制和进口货物的有害物质监控体系，既要合理引进可利用再生资源和物种资源，又要严格防范污染转入、废物非法进口、有害外来物种入侵和遗传资源流失。

六、加强对环境保护工作的领导

（二十九）落实环境保护领导责任制。地方各级人民政府要把思想统一到科学发展观上来，充分认识保护环境就是保护生产力，改善环境就是发展生产力，增强环境忧患意识和做好环保工作的责任意识，抓住制约环境保护的难点问题和影响群众健康的重点问题，一抓到底，抓出成效。地方人民政府主要领导和有关部门主要负责人是本行政区域和本系统环境保护的第一责任人，政府和部门都要有一位领导分管环保工作，确保认识到位、责任到位、措施到位、投入到位。地方人民政府要定期听取汇报，研究部署环保工作，制订并组织实施环保规划，检查落实情况，及时解决问题，确保实现环境目标。各级人民政府要向同级人大、政协报告或通报环保工作，并接受监督。

（三十）科学评价发展与环境保护成果。研究绿色国民经济核算方法，将发展过程中的资源消耗、环境损失和环境效益逐步纳入经济发展的评价体系。要把环境保护纳入领导班子和领导干部考核的重要内容，并将考核情况作为干部选拔任用和奖惩的依据之一。坚持和完善地方各级人民政府环境目标责任制，对环境保护主要任务和指标实行年度目标管理，定期进行考核，并公布考核结果。评优创先活动要实行环保一票否决。对环保工作作出突出贡献的单位和个人应给予表彰和奖励。建立问责制，切实解决地方保护主义干预环境执法的问题。对因决策失误造成重大环境事故、严重干扰正常环境执法的领导干部和公职人员，要追究责任。

（三十一）深入开展环境保护宣传教育。保护环境是全民族的事业，环境宣传教育是实现国家环境保护意志的重要方式。要加大环境保护基本国策和环境法制的宣传力度，弘扬环境文化，倡导生态文明，以环境补偿促进社会公平，以生态平衡推进社会和谐，以环境文化丰富精神文明。新闻媒体要大力宣传科学发展观对环境保护的内在要求，把环保公益宣传作为重要任务，及时报道党和国家环保政策措施，宣传环保工作中的新进展新经验，努力营造节约资源和保护环境的舆论氛围。各级干部培训机构要加强对领导干部、重点企业负责人的环保培训。加强环保人才培养，强化青少年环境教育，开展全民环保科普活动，提高全民保护环境的自觉性。

（三十二）健全环境保护协调机制。建立环境保护综合决策机制，完善环保部门统一监督管理、有关部门分工负责的环境保护协调机制，充分发挥全国环境保护部际联席会议的作用。国务院环境保护行政主管部门是环境保护的执法主体，要会同有关部门健全国家环境监测网络，规范环境信息的发布。抓紧编制全国生态功能区划并报国务院批准实施。经济综合和有关主管部门要制定有利于环境保护的财政、税收、金融、价格、贸易、科技等政策。建设、国土、水利、农业、林业、海洋等有关部门要依法做好各自领域的环境保护和资源管理工作。宣传教育部门要积极开展环保宣传教育，普及环保知识。充分发挥人民解放军在环境保护方面的重要作用。

各省、自治区、直辖市人民政府和国务院各有关部门要按照本决定的精神，制订措施，抓好落实。环保总局要会同监察部监督检查本决定的贯彻执行情况，每年向国务院作出报告。

国务院

二〇〇五年十二月三日

国家环保总局关于加强生态示范创建工作的指导意见

为贯彻落实《国务院关于落实科学发展观 加强环境保护的决定》（国发[2005]39 号）提出的加强生态省（市、县）和环境优美乡镇、文明生态村创建工作的要求，加快推进环境保护历史性转变，促进资源节约型、环境友好型社会和社会主义新农村建设，努力构建社会主义和谐社会，现就进一步深化生态示范创建工作提出如下意见：

一、充分认识加强生态示范创建工作的重要意义

1. 全国生态示范创建工作取得积极进展。自 1995 年我局在全国开展生态示范创建工作以来，已有海南、吉林、黑龙江、福建、浙江、山东、安徽、江苏、河北、广西、四川、辽宁、天津等 13 个省区市开展了生态省建设，150 多个市提出了建设生态市的目标，近 500 个县（市）在生态示范区建设的基础上开展了生态县（市）创建工作，江苏省张家港市、常熟市、昆山市、江阴市，上海市闵行区，浙江省安吉县被命名为国家生态市（区、县），425 个乡镇被命名为全国环境优美乡镇，320 个地区和单位被命名为国家级生态示范区，从生态示范区到生态村、环境优美乡镇、生态县、生态市、生态省的生态示范系列创建活动呈现出蓬勃发展态势。

2. 生态示范创建推动了区域可持续发展。开展生态示范创建的地区积极发展生态产业、生态环境、生态人居、生态文化，在发展经济的同时，加强城乡环境污染防治，提升公众环保意识，改善人民生活质量，生态文明理念日益深入人心，部分地区已初步走上了生产发展、生活富裕、生态良好的文明发展道路。实践证明，生态示范创建是从源头防治环境污染和生态破坏的有效途径，是环保部门参与综合决策的有效方式，是各级政府落实科学发展观，促进区域经济、社会与环境协调发展的有效载体，也是扎实推进社会主义新农村建设的重要抓手，对于建设环境友好型社会、推动环保工作实现历史性转变具有重要意义。

3. 深入扎实地开展生态示范创建工作。当前，生态示范创建工作也面临着一些亟待解决的问题。在创建的数量和质量上，东中西部发展还不平衡，区域分布差异较大。对生态示范创建缺乏系统宣传，存在认识上的差异。一些地区在创建中还没有真正综合协调，统筹各领域的发展，甚至忽视了解决基本的环境污染和生态破坏问题，为创建而创建，工作不扎实。

为实现国家“十一五”规划提出的环境保护目标，推进环保工作的历史性转变，促进社会主义和谐社会的构建，需要深入扎实地开展生态示范创建工作。

二、加强生态示范创建工作的指导思想、目标和主要任务

1. 指导思想。以科学发展观为指导，统筹经济、社会发展和环境保护，通过优化调整产业结构，发展生态经济和循环经济，实施生态保护、恢复和重建工程，改善生态环境状况，提高人居环境质量，弘扬生态文明，促进资源节约型、环境友好型社会建设，为构建社会主义和谐社会作出贡献。

2. 目标。通过生态示范创建活动，促进经济增长方式和传统生活方式的转变，推进生产、流通、消费等各个经济环节中的环境保护，推动经济、社会和环境的协调发展，增强环保工作参与综合决策的能力。到 2010 年，全国开展生态省建设的省份达到 15 个左右，国家生态县（市、区）达到 15 个，创建 2 000 个环境优美乡镇和 1 万个生态村。

3. 主要任务。以发展循环经济为重点，推进生态经济体系建设；以加强资源永续利用为重点，推进资源保障体系建设；以生态保护和恢复为重点，推进山川秀美的生态环境体系建设；以城乡环境综合整治为重点，推进人与自然和谐的生态人居体系建设；以环境管理能力和环境基础设施建设为重点，推进高效、稳定、配套的能力保障体系建设；以培育生态文明，倡导绿色生产和绿色消费为重点，推进生态文化体系建设。

三、扎实推进生态示范创建工作

各创建地区要根据资源禀赋和环境条件，优化区域生产力布局和产业结构调整，合理开发和利用资源，推广应用节能和降耗工艺、设备及产品，倡导环境友好的生产方式、生活方式和消费方式，加强环境基础设施建设和生态环境保育，建设生态人居，促进生态文明。

1. 生态省建设要突出宏观性、战略性和指导性。已开展生态省建设的省份，要完善推进机制，在法规、政策体系建设、制度创新、目标责任制考核等方面不断探索，大力推进生态村、环境优美乡镇、生态市（县）等系列创建工作，由点到面，形成规模和体系，为生态省建设夯实基础。准备开展生态省建设的省份，应建立领导机构、编制好规划纲要，报同级人大常委会批准，由政府颁布实施。加强对中西部省（区）的宣传和推动，鼓励中西部省（区）开展生态省（区）建设工作。未开展生态省建设的省份，可采取自下而上的创建原则，由市、县、乡镇级政府在自愿的基础上开展相应级别的生态示范创建活动，形成示范效应，推动本地区经济社会和环境的协调发展。要依据省级生态功能区划，开展规划环评，指导资源开发和配置，引导产业发展和生产力布局。在生态省建设领导小组及其办公室的组织协调下，将规划纲要中确定的任务和项目分解落实，并指导督促实施。落实的重点应放在资源的合理配置和节约利用上，大力培育区域生态经济和循环经济体系，在省域范围构建资源节约型和环境友好型经济社会发展的大格局。

2. 生态市、生态县建设要突出实践性，重在过程。生态市创建要有 80%的县达到生态县的创建标准，生态县要有 80%的乡镇达到环境优美乡镇的创建标准。在城市建成区，要通

过创建国家环境保护模范城市，努力构建资源节约型和环境友好型的宜居城市。通过垃圾、废弃物等分类、回收和综合利用，建设资源有效利用和循环体系；通过污水处理和中水回用，构建城市水资源有效利用体系；通过城市湿地恢复、河道整治、绿地建设，构建城市生态保障体系；通过城区内、企业间和企业内资源有效配置，产业和产品链接以及生态工业园区建设，构建城市生态经济和循环经济体系；通过绿色学校、绿色社区和环境友好企业等建设，构建生态文明宣传教育体系。在广大农村，科学调整农业产业结构，促进社会主义新农村建设，切实解决影响“三农”的环境问题，解决城乡饮水安全问题。通过试点示范，大力发展无公害、绿色和有机农产品，形成产业和规模，使农民群众受益。因地制宜，综合实施植树造林、天然林保护、退耕还林、退牧还草、水土保持、小流域治理等生态建设工程，加大自然保护区、风景名胜区、国家森林公园、国家地质公园和世界自然遗产、世界文化遗产、著名历史遗迹等生态敏感区域的生态保护和管理力度。加大对草原、矿产等资源开发的环境监管力度。要逐项抓好生态示范创建工程的落实，使之成为精品工程、富民工程，成为保护生态环境，实现人与自然和谐的民心工程。要积极防治城市环境污染向农村地区扩散，严格城乡结合部及周边地区的环境管理，城市政府要制定有效措施，预防城区污染向城乡结合部及所辖县、乡镇地区转移，防止发生由环境污染问题产生的群体性事件。

3. *环境优美乡镇和生态村建设是生态示范系列创建的细胞工程和基础工程，要重点解决农村的环境污染问题。*紧密结合社会主义新农村建设，组织实施农村小康环保行动计划。以开展土壤污染状况调查为基础，大力推广科学施用农药、化肥技术，积极发展生态农业和有机农业，加大规模化养殖业污染治理力度。维护农村饮用水安全，根据水质要求和水体承载能力确定水产养殖的种类、数量和网箱的数量、布局，合理控制水库、湖泊水面网箱规模。推进农村改厨、改水、改厕、改圈工作，加快推进农用废弃物等资源化利用，积极发展农村沼气，妥善处理生活垃圾和污水，下大力气解决农村环境“脏、乱、差”问题。

四、强化生态示范创建工作措施和保障机制

1. *精心组织，抓好生态示范创建规划。*坚持协调发展、因地制宜、量力而行、便于操作的原则，科学划分本地区优化开发、重点开发、限制开发和禁止开发的区域，指导当地的产业发展和人类活动。充分发挥本地资源、环境、区位优势，突出地方特色。要与当地国民经济与社会发展规划（计划）相衔接，与相关部门的行业规划相衔接。生态省、生态市、生态县、环境优美乡镇建设规划和生态村建设实施方案也应相互衔接。规划任务和目标要做到工程化、项目化、时限化，便于实施、检查和考核。

2. *分类指导，规范管理生态示范创建工作。*各地应从本地实际出发，创造性地开展工作，高标准、高起点地做好生态示范创建工作，确保建设成效。我局将适时修订和完善生态省（市、县）、生态示范区、环境优美乡镇、生态村建设指标体系，完善相关规划编制指南等技术规范，加强分类、分区指导，引导更多经济上欠发达，生态环境比较脆弱的地区，尤其是西部地区的各级政府积极参与生态示范创建活动。

3. *动态管理，不断提高生态示范建设水平。*积极鼓励各地主动开展生态示范创建工作，达到考核标准的创建单位可以申请相应类型的生态示范创建工作验收。今后，我局主要抓好

生态省（市、县）的创建工作，生态示范区、环境优美乡镇、生态村创建工作的考核以地方环保部门为主。已命名的国家生态市（区、县）、国家级生态示范区、全国环境优美乡镇、生态村，要在总结经验的基础上，不断深化创建工作，为其他地区做出表率。

4. 加强领导，为创建工作提供制度保障。建立生态示范创建工作领导小组，形成党委和政府领导、人大和政协监督、部门分工协作、全社会共同参与的创建工作机制，加强对创建工作的组织和协调。制订年度实施方案或行动计划，把规划中确定的任务进行分解，按部门、按行政区、按任务、按指标、按责任人切实抓好落实。严格目标责任考核，做好年度工作任务的分解、督促和考核工作。要提高环境综合监管能力，建立完善的生态环境信息管理体系和及时有效的区域生态环境质量评价体系，建立科学的城乡环境管理决策体系。

5. 社会发动，营造良好的创建氛围。各地要广泛宣传生态省（市、县）、生态示范区、环境优美乡镇、生态村等生态示范创建工作的意义和成效。建立专家咨询机构，完善公众参与制度，开展专题培训、公示评议等活动，努力提高创建工作的科学决策、民主决策水平。积极开展多种形式的国内外合作与交流，吸收人与自然和谐发展的先进理念、管理经验、科技成果，共同推动生态示范创建工作。

各创建地区环保部门可按照本意见的精神，制定具体措施，切实抓好落实，确保“十一五”全国生态示范创建目标的实现。

生态县、生态市、生态省建设指标（修订稿）

（2008 年 1 月 15 日）

一、生态县（含县级市）建设指标

1. 基本条件

（1）制订了《生态县建设规划》，并通过县人大审议、颁布实施。国家有关环境保护法律、法规、制度及地方颁布的各项环保规定、制度得到有效地贯彻执行。

（2）有独立的环保机构。环境保护工作纳入乡镇党委、政府领导班子实绩考核内容，并建立相应的考核机制。

（3）完成上级政府下达的节能减排任务。三年内无较大环境事件，群众反映的各类环境问题得到有效解决。外来入侵物种对生态环境未造成明显影响。

（4）生态环境质量评价指数在全省名列前茅。

（5）全县 80%的乡镇达到全国环境优美乡镇考核标准并获命名。

2. 建设指标

	序号	名称	单位	指标	说明
经济发展	1	农民年人均纯收入 经济发达地区 县级市（区） 县 经济欠发达地区 县级市（区） 县	元/人	 ≥8 000 ≥6 000 ≥6 000 ≥4 500	约束性指标
	2	单位 GDP 能耗	吨标煤/万元	≤0.9	约束性指标
	3	单位工业增加值新鲜水耗 农业灌溉水有效利用系数	立方米/万元	≥20 ≥0.55	约束性指标

	序号	名称	单位	指标	说明
经济发展	4	主要农产品中有机、绿色及无公害产品种植面积的比重	%	≥60	参考性指标
生态环境保护	5	森林覆盖率 山区 丘陵区 平原地区 高寒区或草原区林草覆盖率	%	 ≥75 ≥45 ≥18 ≥90	约束性指标
	6	受保护地区占国土面积比例 山区及丘陵区 平原地区	%	 ≥20 ≥15	约束性指标
	7	空气环境质量	—	达到功能区标准	约束性指标
	8	水环境质量 近岸海域水环境质量	—	达到功能区标准，且省控以上断面过境河流水质不降低	约束性指标
	9	噪声环境质量	—	达到功能区标准	约束性指标
	10	主要污染物排放强度 化学需氧量（COD） 二氧化硫（SO_2）	千克/万元（GDP）	 ＜3.5 ＜4.5 且不超过国家总量控制指标	约束性指标
	11	城镇污水集中处理率 工业用水重复率	%	≥80 ≥80	约束性指标
	12	城镇生活垃圾无害化处理率 工业固体废物处置利用率	%	≥90 ≥90 且无危险废物排放	约束性指标
	13	城镇人均公共绿地面积	平方米	≥12	约束性指标
	14	农村生活用能中清洁能源所占比例	%	≥50	参考性指标
	15	秸秆综合利用率	%	≥95	参考性指标
	16	规模化畜禽养殖场粪便综合利用率	%	≥95	约束性指标
	17	化肥施用强度（折纯）	千克/公顷	＜250	参考性指标
	18	集中式饮用水源水质达标率 村镇饮用水卫生合格率	%	100	约束性指标
	19	农村卫生厕所普及率	%	≥95	参考性指标
	20	环境保护投资占 GDP 的比重	%	≥3.5	约束性指标
社会进步	21	人口自然增长率	‰	符合国家或当地政策	约束性指标
	22	公众对环境的满意率	%	＞95	参考性指标

二、生态市（含地级行政区）建设指标

1. 基本条件

（1）制订了《生态市建设规划》，并通过市人大审议、颁布实施。国家有关环境保护法律、法规、制度及地方颁布的各项环保规定、制度得到有效的贯彻执行。

（2）全市县级（含县级）以上政府（包括各类经济开发区）有独立的环保机构。环境保护工作纳入县（含县级市）党委、政府领导班子实绩考核内容，并建立相应的考核机制。

（3）完成上级政府下达的节能减排任务。三年内无较大环境事件，群众反映的各类环境问题得到有效解决。外来入侵物种对生态环境未造成明显影响。

（4）生态环境质量评价指数在全省名列前茅。

（5）全市 80%的县（含县级市）达到国家生态县建设指标并获命名；中心城市通过国家环保模范城市考核并获命名。

2. 建设指标

	序号	名称	单位	指标	说明
经济发展	1	农民年人均纯收入 经济发达地区 经济欠发达地区	元/人	 ≥8 000 ≥6 000	约束性指标
	2	第三产业占 GDP 比例	%	≥40	参考性指标
	3	单位 GDP 能耗	吨标煤/万元	≤0.9	约束性指标
	4	单位工业增加值新鲜水耗 农业灌溉水有效利用系数	立方米/万元	≤20 ≥0.55	约束性指标
	5	应当实施强制性清洁生产企业通过验收的比例	%	100	约束性指标
生态环境保护	6	森林覆盖率 山区 丘陵区 平原地区 高寒区或草原区林草覆盖率	%	 ≥70 ≥40 ≥15 ≥85	约束性指标
	7	受保护地区占国土面积比例	%	≥17	约束性指标
	8	空气环境质量	—	达到功能区标准	约束性指标
	9	水环境质量 近岸海域水环境质量	—	达到功能区标准，且城市无劣V类水体	约束性指标
	10	主要污染物排放强度 化学需氧量（COD） 二氧化硫（SO_2）	千克/万元（GDP）	 <4.0 <5.0 不超过国家总量控制指标	约束性指标
	11	集中式饮用水源水质达标率	%	100	约束性指标

	序号	名称	单位	指标	说明
生态环境保护	12	城市污水集中处理率 工业用水重复率	%	≥85 ≥80	约束性指标
生态环境保护	13	噪声环境质量	—	达到功能区标准	约束性指标
	14	城镇生活垃圾无害化处理率 工业固体废物处置利用率	%	≥90 ≥90 且无危险废物排放	约束性指标
	15	城镇人均公共绿地面积	平方米/人	≥11	约束性指标
	16	环境保护投资占 GDP 的比重	%	≥3.5	约束性指标
社会进步	17	城市化水平	%	≥55	约束性指标
	18	采暖地区集中供热普及率	%	≥65	约束性指标
	19	公众对环境的满意率	%	>90	约束性指标

三、生态省建设指标

1．基本条件

（1）制订了《生态省建设规划纲要》，并通过省人大常委会审议、颁布实施。国家有关环境保护法律、法规、制度及地方颁布的各项环保规定、制度得到有效地贯彻执行。

（2）全省县级（含县级）以上政府（包括各类经济开发区）有独立的环保机构。环境保护工作纳入市（含地级行政区）党委、政府领导班子实绩考核内容，并建立相应的考核机制。

（3）完成国家下达的节能减排任务。三年内无重大环境事件，群众反映的各类环境问题得到有效解决。外来入侵物种对生态环境未造成明显影响。

（4）生态环境质量评价指数位居国内前列或不断提高。

（5）全省 80%的地市达到生态市建设指标并获命名。

2．建设指标

	序号	名称	单位	指标	说明
经济发展	1	农民年人均纯收入 东部地区 中部地区 西部地区	元/人	 ≥8 000 ≥6 000 ≥4 500	约束性指标
	2	城镇居民年人均可支配收入 东部地区 中部地区 西部地区	元/人	 ≥16 000 ≥14 000 ≥12000	约束性指标
	3	环保产业比重	%	≥10	参考性指标
生态环境保护	4	森林覆盖率 山区 丘陵区 平原地区 高寒区或草原区林草覆盖率	%	 ≥65 ≥35 ≥12 ≥80	约束性指标

	序号	名称	单位	指标	说明
生态环境保护	5	受保护地区占国土面积比例	%	≥15	约束性指标
	6	退化土地恢复率	%	≥90	参考性指标
	7	物种保护指数	—	≥0.9	参考性指标
	8	主要河流年水消耗量 省内河流 跨省河流	—	＜40% 不超过国家分配的水资源量	参考性指标
	9	地下水超采率	%	0	参考性指标
	10	主要污染物排放强度 化学需氧量（COD） 二氧化硫（SO_2）	千克/万元（GDP）	＜5.0 ＜6.0 且不超过国家总量控制指标	约束性指标
	11	降水 pH 值年均值 酸雨频率	 %	≥5.0 ＜30	约束性指标
	12	空气环境质量	—	达到功能区标准	约束性指标
	13	水环境质量 近岸海域水环境质量	—	达到功能区标准，且过境河流水质达到国家规定要求	约束性指标
	14	环境保护投资占 GDP 的比重	%	≥3.5	约束性指标
社会进步	15	城市化水平	%	≥50	参考性指标
	16	基尼系数	—	0.3～0.4	参考性指标

四、指标解释

（一）生态县

第一部分　基本条件

1．制订了《生态县建设规划》，并通过县人大审议、颁布实施。国家有关环境保护法律、法规、制度及地方颁布的各项环保规定、制度得到有效地贯彻执行。

指标解释：

按照《生态县、生态市建设规划编制大纲（试行）》（环办[2004]109 号），组织编制或修订完成生态县（市、区）建设规划。通过有关专家论证后，由当地政府提请同级人大审议通过后颁布实施。

规划文本和批准实施的文件报国家环保总局备案。规划应实施 2 年以上。

严格执行国家和地方的生态环境保护法律法规，并根据当地的生态环境状况，制订本地区生态环境保护与建设的政策措施；严格执行项目建设和资源开发的环境影响评价和“三同时”制度。主要工业污染源达标率 100%，小造纸、小化工、小制革、小印染、小酿造等不符合国家产业政策的企业全部关停。

数据来源：当地政府或各有关部门的文件、实施计划。

2．有独立的环保机构。环境保护工作纳入乡镇党委、政府领导班子实绩考核内容，并建立相应的考核机制。

指标解释：

设有独立的环保机构，将环境保护纳入党政领导干部政绩考核。成立以政府主要负责人为组长、有关部门负责人参加的创建工作领导小组，下设办公室。评优创先活动实行环保一票否决。

数据来源：当地政府或各有关部门的文件。

3．完成上级政府下达的节能减排任务。三年内无较大环境事件，群众反映的各类环境问题得到有效解决。外来入侵物种对生态环境未造成明显影响。

指标解释：

按照国务院印发的《节能减排综合性工作方案》，明确各乡镇各部门实现节能减排的目标任务和总体要求，完成年度节能减排任务。

较大环境事件，指“国家突发环境事件应急预案”规定的较大环境事件（Ⅲ级）以上（含Ⅲ级）的环境事件，具体要求详见上述预案。及时查处、反馈群众投诉的各类环境问题。

外来入侵物种指在当地生存繁殖，对当地生态或者经济构成破坏的外来物种。

数据来源：发展改革、环保等部门。

4．生态环境质量评价指数在全省名列前茅。

指标解释：

按照《生态环境状况评价技术规范（试行）》（HJ/T 192—2006）开展区域生态环境质量状况评价。

生态环境质量评价指数连续三年在全省排名前10位（不含已命名生态县的排名）。

数据来源：环保部门。

5．全县80%的乡镇达到全国环境优美乡镇考核标准并获命名。

指标解释：

全县（含县级市、区）80%的乡镇（街道）被命名为“全国环境优美乡镇（街道）”。

数据来源：环保部门。

第二部分　建设指标

1．农民年人均纯收入

指标解释：

指乡镇辖区内农村常住居民家庭总收入中，扣除从事生产和非生产经营费用支出、缴纳税款、上交承包集体任务金额以后剩余的，可直接用于进行生产性、非生产性建设投资、生活消费和积蓄的那一部分收入。

数据来源：统计部门。

2．单位GDP能耗

指标解释：

指万元国内生产总值的耗能量。计算公式为：

$$单位GDP能耗=\frac{总能耗(吨标煤)}{国内生产总值(万元)}$$

数据来源：统计、经济综合管理、能源管理等部门。

3．单位工业增加值新鲜水耗、农业灌溉水有效利用系数

（1）单位工业增加值新鲜水耗

指标解释：

工业用新鲜水量指报告期内企业厂区内用于生产和生活的新鲜水量（生活用水单独计量且生活污水不与工业废水混排的除外），它等于企业从城市自来水取用的水量和企业自备水用量之和。工业增加值指全部企业工业增加值，不限于规模以上企业工业增加值。计算公式为：

$$单位工业增加值新鲜水耗=\frac{工业用新鲜水量(m^3)}{工业增加值(万元)}$$

数据来源：统计、经贸、水利、环保等部门。

（2）农业灌溉水有效利用系数

指标解释：

指田间实际净灌溉用水总量与毛灌溉用水总量的比值。毛灌溉用水总量指在灌溉季节从水源引入的灌溉水量；净灌溉用水总量指在同一时段内进入田间的灌溉用水量。计算公式为：

$$农业灌溉水有效利用系数=\frac{净灌溉用水总量}{毛灌溉用水总量}\times 100\%$$

数据来源：水利、农业、统计部门。

4．主要农产品中有机、绿色及无公害产品种植面积的比重

指标解释：

指有机、绿色及无公害产品种植面积与农作物播种总面积的比例。有机、绿色及无公害产品种植面积不能重复统计。计算公式为：

$$有机、绿色及无公害产品种值面积的比重=\frac{有机、绿色及无公害产品种值面积}{农作物种植总面积}\times 100\%$$

数据来源：农业、林业、环保、质检、统计部门。

5．森林覆盖率

指标解释：

森林覆盖率指森林面积占土地面积的比例。高寒区或草原区林草覆盖率是指区内林地、草地面积之和与总土地面积的百分比。计算公式为：

$$林草覆盖率=\frac{林草地面积之和}{土地总面积}\times 100\%$$

数据来源：统计、林业、农业、国土资源部门。

6．受保护地区占国土面积比例

指标解释：

指辖区内各类（级）自然保护区、风景名胜区、森林公园、地质公园、生态功能保护区、水源保护区、封山育林地等面积占全部陆地（湿地）面积的百分比，上述区域面积不得重复

计算。

数据来源：统计、环保、建设、林业、国土资源、农业等部门。

7．空气环境质量

指标解释：

指辖区空气环境质量达到国家有关功能区标准要求，目前执行 GB 3095—1996《环境空气质量标准》和 HJ 14—1996《环境空气质量功能区划分原则与技术方法》。

数据来源：环保部门。

8．水环境质量、近岸海域水环境质量

指标解释：

按规划的功能区要求达到相应的国家水环境或海水环境质量标准。目前采用 GB 3838—2002《地表水环境质量标准》、GB/T 14848—93《地下水环境质量标准》和 GB 3097—1997《海水水质标准》。

省控以上断面过境河流水质不降低。

数据来源：环保部门。

9．噪声环境质量

指标解释：

指城市区域按规划的功能区要求达到相应的国家声环境质量标准。目前采用 GB 3096—93《城市区域环境噪声标准》。

数据来源：环保部门。

10．主要污染物排放强度

指标解释：

指单位 GDP 所产生的主要污染物数量。按照节能减排的总体要求，本指标计算化学需氧量（COD）和二氧化硫（SO_2）的排放强度。计算公式为：

$$\text{主要污染物排放强度}=\frac{\text{全年COD或}SO_2\text{排放总量(千克)}}{\text{全年国内生产总值(万元)}}$$

COD 和 SO_2 的排放不得超过国家总量控制指标，且近三年逐年下降。

数据来源：环保部门。

11．城镇污水集中处理率、工业用水重复率

（1）城镇污水集中处理率

指标解释：

城镇污水集中处理率指城市及乡镇建成区内经过污水处理厂二级或二级以上处理，或其他处理设施处理（相当于二级处理），且达到排放标准的生活污水量与城镇建成区生活污水排放总量的百分比。计算公式为：

$$\text{生活污水集中处理率}=\frac{\text{二级污水处理厂处理量}+\text{一级污水处理厂、排江、排海工程处理量}\times 0.7+\text{氧化塘、氧化沟、沼气池及湿地处理系统处理量}\times 0.5}{\text{城镇建成区生活污水排放总量}}\times 100\%$$

数据来源：建设、环保部门。

（2）工业用水重复率

指标解释：

指工业重复用水量占工业用水总量的比值。计算公式为：

$$工业用水重复率=\frac{工业重复用水量}{工业用水总量}\times 100\%$$

数据来源：统计、发展改革、经贸、环保部门。

12. 城镇生活垃圾无害化处理率、工业固体废物处置利用率

指标解释：

城镇生活垃圾无害化处理率指城市及建制镇生活垃圾资源化量占垃圾清运量的比值。工业固体废物处置利用率指工业固体废物处置及综合利用量占工业固体废物产生量的比值。无危险废物排放。有关标准采用 GB 18599—2001《一般工业固体废弃物储存、处置场污染控制标准》、GB 18485—2001《生活垃圾焚烧污染控制标准》、GB 16889—1997《生活垃圾填埋污染控制标准》。

数据来源：环保、建设、卫生部门。

13. 城镇人均公共绿地面积

指标解释：

指城镇公共绿地面积的人均占有量。公共绿地包括公共人工绿地、天然绿地，以及机关、企事业单位绿地。

数据来源：统计、建设部门。

14. 农村生活用能中清洁能源所占比例

指标解释：

指农村用于生活的全部能源中清洁能源所占的比例。清洁能源是指环境污染物和温室气体零排放或者低排放的一次能源，主要包括天然气、核电、水电及其他新能源和可再生能源等。

数据来源：统计、经贸、能源、农业、环保等部门。

15. 秸秆综合利用率

指标解释：

指综合利用的秸秆数量占秸秆总量的比例。秸秆综合利用包括秸秆气化、饲料、秸秆还田、编织、燃料等。计算公式为：

$$秸秆综合利用率=\frac{综合利用的秸秆数量}{农村秸秆总量}\times 100\%$$

数据来源：统计、农业、环保部门。

16. 规模化畜禽养殖场粪便综合利用率

指标解释：

指集约化、规模化畜禽养殖场通过还田、沼气、堆肥、培养料等方式利用的畜禽粪便量与畜禽粪便产生总量的比例。有关标准按照 GB 18596—2001《畜禽养殖业污染物排放标准》和《畜禽养殖污染防治管理办法》执行。

数据来源：环保、农业部门。

17．化肥施用强度（折纯）

指标解释：

指本年内单位面积耕地实际用于农业生产的化肥数量。化肥施用量要求按折纯量计算。折纯量是指将氮肥、磷肥、钾肥分别按含氮、含五氧化二磷、含氧化钾的百分之百成分进行折算后的数量。复合肥按其所含主要成分折算。计算公式为：

$$化肥施用强度=\frac{化肥施用量(千克)}{耕地面积(公顷)}$$

数据来源：农业、统计、环保部门。

18．集中式饮用水源水质达标率、村镇饮用水卫生合格率

（1）集中式饮用水源水质达标率

指标解释：

指城镇集中饮用水水源地，其地表水水源水质达到 GB 3838—2002《地表水环境质量标准》Ⅲ类标准和地下水水源水质达到 GB/T 14848—1993《地下水质量标准》Ⅲ类标准的水量占取水总量的百分比。计算公式为：

$$集中式饮用水源水质达标率=\frac{各饮用水水源地取水水质达标量之和}{各饮用水水源地取水量之和}\times 100\%$$

数据来源：建设、卫生、环保等部门。

（2）村镇饮用水卫生合格率

指标解释：

指以自来水厂或手压井形式取得饮用水的农村人口占农村总人口的百分率，雨水收集系统和其他饮水形式的合格与否需经检测确定。饮用水水质符合国家生活饮用水卫生标准的规定，且连续三年未发生饮用水污染事故。计算公式为：

$$村镇饮用水卫生合格率=\frac{取得合格饮用水农村人口数}{农村人口总数}\times 100\%$$

数据来源：环保、卫生、建设等部门。

19．农村卫生厕所普及率

指标解释：

指使用卫生厕所的农户数占农户总户数的比例。卫生厕所标准执行 GB 19379—2003《农村户厕卫生标准》。

数据来源：卫生、建设部门。

20．环境保护投资占 GDP 的比重

指标解释：

指用于环境污染防治、生态环境保护和建设投资占当年国内生产总值（GDP）的比例。要求近三年污染治理和生态环境保护与恢复投资占 GDP 比重不降低或持续提高。计算公式为：

$$环保投资占GDP的比重=\frac{污染防治投资+生态环境保护和建设投资}{国内生产总值(GDP)}\times 100\%$$

数据来源：统计、发展改革、建设、环保部门。

21．人口自然增长率

指标解释：

指在一定时期内（通常为一年）人口净增加数（出生人数减死亡人数）与该时期内平均人数（或期中人数）之比，采用千分率表示。计算公式为：

$$人口自然增长率=\frac{本年出生人数-本年死亡人数}{年平均人数}\times 1\ 000‰$$

数据来源：计划生育、统计部门。

22．公众对环境的满意率

指标解释：

指公众对环境保护工作及环境质量状况的满意程度。

数据来源：现场问卷调查。

（二）生态市

第一部分　基本条件

指标解释参照生态县的相关内容。“生态环境质量评价指数在全省名列前茅”是指生态环境质量评价指数连续三年在全省排名前3位（不含已命名生态市的排名）。

第二部分　建设指标

1．农民年人均纯收入

指标解释参照生态县的相关内容。

2．第三产业占GDP比例

指标解释：

指第三产业的产值占国内生产总值的比例。计算公式为：

$$第三产业占GDP比例=\frac{第三产业产值}{国内生产总值(GDP)}\times 100\%$$

数据来源：统计部门。

3．单位GDP能耗

指标解释参照生态县的相关内容。

4．单位工业增加值新鲜水耗、农业灌溉水有效利用系数

指标解释参照生态县的相关内容。

5．应当实施强制性清洁生产企业通过验收的比例

指标解释：

《清洁生产促进法》规定：污染物排放超过国家和地方规定的排放标准或者超过经有关地方人民政府核定的污染物排放总量控制标准的企业，应当实施清洁生产审核；使用有毒、有害原料进行生产或者在生产中排放有毒、有害物质的企业，应当定期实施清洁生产审核。

同时规定，省级环保部门在当地主要媒体上定期公布污染物超标排放或者污染物排放总量超过规定限额的污染严重企业的名单。

数据来源：经贸、环保、统计部门。

6．森林覆盖率

指标解释参照生态县的相关内容。

7．受保护地区占国土面积比例

指标解释参照生态县的相关内容。

8．空气环境质量

指标解释参照生态县的相关内容。

9．水环境质量、近岸海域水环境质量

指标解释参照生态县的相关内容。

10．主要污染物排放强度

指标解释参照生态县的相关内容。

11．集中式饮用水源水质达标率

指标解释参照生态县的相关内容。

12．城市污水集中处理率、工业用水重复率

（1）城市污水集中处理率

指标解释：

是指城市市区经过城市污水处理厂二级或二级以上处理且达到排放标准的污水量与城市污水排放总量的百分比。计算公式为：

$$\text{城市污水集中处理率}=\frac{\text{城市污水处理厂处理污水量(万吨)}}{\text{城市污水排放总量(万吨)}}\times 100\%$$

数据来源：建设、环保部门。

（2）工业用水重复率

指标解释参照生态县的相关内容。

13．噪声环境质量

指标解释参照生态县的相关内容。

14．城镇生活垃圾无害化处理率、工业固体废物处置利用率

指标解释参照生态县的相关内容。

15．城镇人均公共绿地面积

指标解释参照生态县的相关内容。

16．环境保护投资占 GDP 的比重

指标解释参照生态县的相关内容。

17．城市化水平

指标解释：

指城镇建成区内总人口占地区总人口的比重。计算公式为：

$$\text{城市化水平}=\frac{\text{城镇建成区内总人口数}}{\text{市(县)总人口数}}\times 100\%$$

数据来源：统计部门。

18．采暖地区集中供热普及率

指标解释：

指城市市区集中供热设备供热总容量占市区供热设备总容量的百分比。计算公式为：

$$市区集中供热普及率=\frac{市区集中供热设备供热总容量(兆瓦)}{市区供热设备供热总容量(兆瓦)}\times100\%$$

数据来源：建设部门。

19．公众对环境的满意率

指标解释参照生态县的相关内容。

（三）生态省

第一部分　基本条件

指标解释参照生态县的相关内容。

第二部分　建设指标

1．农民年人均纯收入

指标解释参照生态县的相关内容。

2．城镇居民年人均可支配收入

指标解释：

指城镇居民家庭在支付个人所得税、财产税及其他经常性转移支出后所余下的人均实际收入。

数据来源：统计部门。

3．环保产业比重

指标解释：

指环保产业产值占国内生产总值（GDP）的比重。环保产业是环境保护相关产业的简称，指国民经济结构中为环境污染防治、生态保护与恢复、有效利用资源、满足人民环境需求，为社会、经济可持续发展提供产品和服务支持的产业。它不仅包括污染控制与减排、污染清理及废物处理等方面提供产品与技术服务的狭义内涵，还包括涉及产品生命周期过程中对环境友好的技术与产品、节能技术、生态设计及与环境相关的服务等。

数据来源：统计、发展改革、经贸、环保部门。

4．森林覆盖率

指标解释参照生态县的相关内容。

5．受保护地区占国土面积比例

指标解释参照生态县的相关内容。

6．退化土地恢复率

指标解释：

土地退化是指由于使用土地或由于一种营力或数种营力结合致使雨浇地、水浇地或草原、牧场、森林和林地的生物或经济生产力和复杂性下降或丧失，其中主要包括：（1）风蚀和水蚀致使土壤物质流失；（2）土壤的物理、化学和生物特性或经济特性退化；（3）自然植被长期丧失。本指标计算以水土流失为例，水利部规定小流域侵蚀治理达标标准是，土壤侵蚀治理程度达 70%。其他土地退化，如沙漠化、盐渍化、矿产开发引起的土地破坏等也可类推。计算公式为：

$$\text{退化土地恢复率}=\frac{\text{已恢复的退化土地总面积}}{\text{退化土地总面积}}\times 100\%$$

数据来源：水利、林业、国土、农业部门。

7．物种保护指数

指标解释：

指考核年动植物物种现存数与生态省建设规划基准年动植物物种总数之比。计算公式为：

$$\text{物种保护指数}=\frac{\text{考核年动植物物种数}}{\text{基准年动植物物种数}}$$

数据来源：林业、农业、环保部门。

8．主要河流年水消耗量

指标解释：

对省域内主要河流，国际上通常将 40%的水资源消耗作为临界值；对跨省主要河流，水资源的消耗不得超过国家分配的水资源量。

数据来源：水利部门。

9．地下水超采率

指标解释：

指一年内区域地下水开发利用量超过可采地下水资源总量的比例。

数据来源：水利、国土资源、建设部门。

10．主要污染物排放强度

指标解释参照生态县的相关内容。

11．降水 pH 值年均值、酸雨频率

降水 pH 值年均值指一年降水酸度（pH 值）的平均值。酸雨频率指一年的降水总次数中，pH 值小于 5.6 的降水发生比例。

数据来源：环保部门。

12．空气环境质量

指标解释参照生态县的相关内容。

13．水环境质量，近岸海域水环境质量

指标解释参照生态县的相关内容。

14．环境保护投资占 GDP 的比重

指标解释参照生态县的相关内容。

15．城市化水平

指标解释参照生态市的相关内容。

16．基尼系数

指标解释：

是用来反映社会收入分配平等状况的指数。基尼系数一般介于 0～1 之间，0 表示收入绝对平均，1 表示收入绝对不平均，小于 0.2 表示收入高度平均，大于 0.6 表示收入高度不平均。0.3～0.4 之间表示较为合理。国际上一般把 0.4 作为警戒线。

基尼系数的计算方法：按人均收入由低到高进行排序，分成若干组（如果不分组，则每一户或每一人为一组），计算每组收入占总收入比重（Wi）和人口比重（Pi），计算公式为：

$$G = 1 - \sum_{i=1}^{n} Pi \cdot (2Qi - Wi)$$

其中：

$$Qi = \sum_{k=1}^{i} Wk$$

或

$$G = 1 - \sum_{i=1}^{n} Pi \cdot (2\sum_{k=1}^{i} Wk - Wi)$$

数据来源：统计部门。

生态县、生态市、生态省建设指标（试行）

（2003年5月23日）

一、生态县建设指标

1. 定义

生态县（含县级市）是社会经济和生态环境协调发展，各个领域基本符合可持续发展要求的县级行政区域。生态县是县级规模生态示范区建设发展的最终目标。

2. 基本条件

（1）制订了《生态县建设规划》，并通过县人大审议、颁布实施。

（2）全县 80%的乡镇达到环境优美乡镇考核标准；或通过考核验收，达到国家级生态示范区建设标准。

（3）有独立的环保机构，并为一级行政单位，乡镇有专职的环境保护工作人员。环境保护工作纳入乡镇党委、政府领导班子实绩考核内容，并建立相应的考核机制。

（4）国家有关环境保护法律、法规、制度及地方颁布的各项环保规定、制度得到有效地贯彻执行。

（5）污染防治与农村环境综合整治、生态保护与建设卓有成效。三年内无重大环境污染和生态破坏事件，外来物种对生态环境未造成明显影响。

（6）资源（特别是水资源）利用科学、合理，未对区域（或流域）内其他县域社会、经济的发展产生重大生态环境影响。

3. 建设指标

生态县建设指标包括经济发展、环境保护和社会进步三类，共36项。见表1。

表 1 生态县建设指标

	序号	名称	单位	指标
经济发展	1	人均国内生产总值 经济发达地区 经济欠发达地区	元/人	≥33 000 ≥25 000
	2	年人均财政收入 经济发达地区 经济欠发达地区	元/人	≥5 000 ≥3 800
	3	农民年人均纯收入 经济发达地区 经济欠发达地区	元/人	≥11 000 ≥8 000
	4	城镇居民年人均可支配收入 经济发达地区 经济欠发达地区	元/人	≥24 000 ≥18 000
	5	单位 GDP 能耗	吨标煤/万元	≤1.2
	6	单位 GDP 水耗	立方米/万元	≤150
	7	主要农产品中有机及绿色产品的比重	%	≥20
环境保护	8	森林覆盖率 山区 丘陵区 平原地区	%	≥75 ≥45 ≥18
	9	受保护地区占国土面积比例 山区及丘陵区 平原地区	%	≥20 ≥15
	10	退化土地恢复率	%	≥90
	11	空气环境质量	达到功能区标准	
	12	水环境质量 近岸海域水环境质量		
	13	噪声环境质量		
	14	化学需氧量（COD）排放强度	千克/万元（GDP）	<4.5 且不超过国家总量控制指标
	15	城镇生活污水集中处理率 工业用水重复率	%	≥60 ≥40
	16	城镇生活垃圾无害化处理率 工业固体废物处置利用率	%	100 ≥80 无危险废物排放
	17	城镇人均公共绿地面积	平方米	≥12
	18	旅游区环境达标率	%	100
	19	农村生活用能中新能源所占比例	%	≥30
	20	秸秆综合利用率	%	100
	21	规模化畜禽养殖场粪便综合利用率	%	≥90
	22	农用塑料薄膜回收率	%	≥90

	序号	名称	单位	指标
环境保护	23	农林病虫害综合防治率	%	≥80
	24	化肥施用强度（折纯）	千克/公顷	<250
	25	集中式饮用水源水质达标率 村镇饮用水卫生合格率	%	100
	26	农村卫生厕所普及率	%	100
	27	农村污灌达标率	%	100
	28	农业生产系统抗灾能力（受灾损失率）	%	<10
社会进步	29	人口自然增长率	‰	符合国家或当地政策
	30	初中教育普及率	%	≥99
	31	城市化水平	%	≥50
	32	恩格尔系数	%	<40
	33	贫困人口比例 经济发达地区 经济欠发达地区	%	 <0.2 <3
	34	基尼系数		0.3～0.4
	35	环境保护宣传教育普及率	%	>85
	36	公众对环境的满意率	%	>95

二、生态市建设指标

1．定义

生态市（含地级行政区）是社会经济和生态环境协调发展，各个领域基本符合可持续发展要求的地市级行政区域。生态市是地市规模生态示范区建设的最终目标。

生态市的主要标志是：生态环境良好并不断趋向更高水平的平衡，环境污染基本消除，自然资源得到有效保护和合理利用；稳定可靠的生态安全保障体系基本形成；环境保护法律、法规、制度得到有效地贯彻执行；以循环经济为特色的社会经济加速发展；人与自然和谐共处，生态文化有长足发展；城市、乡村环境整洁优美，人民生活水平全面提高。

2．基本条件

（1）制订了《生态市建设规划》，并通过市人大审议、颁布实施。

（2）全市 80%以上的县达到生态县建设指标，中心城市通过国家环保模范城市考核验收并获命名。

（3）全市县级（含县级）以上政府（包括各类经济开发区）有独立的环保机构，并为一级行政单位，乡镇有专职的环境保护工作人员。环境保护工作纳入县（含县级市）党委、政府领导班子实绩考核内容，并建立相应的考核机制。

（4）国家有关环境保护法律、法规、制度及地方颁布的各项环保规定、制度得到有效地贯彻执行。

（5）污染防治和生态保护与建设卓有成效，三年内无重大环境污染和生态破坏事件，外来物种对生态环境未造成明显影响。

（6）资源（特别是水资源）利用科学、合理，未对区域（或流域）内其他市域社会、经济的发展产生重大生态环境影响。

3．建设指标

生态市建设指标包括经济发展、环境保护和社会进步三类，共 28 项。见表 2。

表 2　生态市建设指标

	序号	名称	单位	指标
经济发展	1	人均国内生产总值 经济发达地区 经济欠发达地区	元/人	≥33 000 ≥25 000
	2	年人均财政收入 经济发达地区 经济欠发达地区	%	≥5 000 ≥3 800
	3	农民年人均纯收入 经济发达地区 经济欠发达地区	元/人	≥11 000 ≥8 000
	4	城镇居民年人均可支配收入 经济发达地区 经济欠发达地区	元/人	≥24 000 ≥18 000
	5	第三产业占 GDP 比例	%	≥45
	6	单位 GDP 能耗	吨标煤/万元	≤1.4
	7	单位 GDP 水耗	立方米/万元	≤150
	8	应当实施清洁生产企业的比例 规模化企业通过 ISO 14000 认证比率	%	100 ≥20
环境保护	9	森林覆盖率 山区 丘陵区 平原地区	%	≥70 ≥40 ≥15
	10	受保护地区占国土面积比例	%	≥17
	11	退化土地恢复率	%	≥90
	12	城市空气质量 南方地区 北方地区	好于或等于 2 级标准的天数/年	≥330 ≥280
	13	城市水功能区水质达标率 近岸海域水环境质量达标率	%	100，且城市无超 4 类水体
	14	主要污染物排放强度 二氧化硫 COD	千克/万元（GDP）	＜5.0 ＜5.0 不超过国家主要污染物排放总量控制指标
	15	集中式饮用水源水质达标率 城镇生活污水集中处理率 工业用水重复率	%	100 ≥70 ≥50
	16	噪声达标区覆盖率	%	≥95

	序号	名称	单位	指标
环境保护	17	城镇生活垃圾无害化处理率 工业固体废物处置利用率	%	100 ≥80 无危险废物排放
	18	城镇人均公共绿地面积	平方米/人	≥11
	19	旅游区环境达标率	%	100
社会进步	20	城市生命线系统完好率	%	≥80
	21	城市化水平	%	≥55
	22	城市燃气普及率	%	≥92
	23	采暖地区集中供热普及率	%	≥65
	24	恩格尔系数	%	<40
	25	基尼系数		0.3～0.4
	26	高等教育入学率	%	≥30
	27	环境保护宣传教育普及率	%	>85
	28	公众对环境的满意率	%	>90

三、生态省建设指标

1．定义

生态省是社会经济和生态环境协调发展，各个领域基本符合可持续发展要求的省级行政区域。生态省建设的具体内涵是运用可持续发展理论和生态学与生态经济学原理，以促进经济增长方式的转变和改善环境质量为前提，抓住产业结构调整这一重要环节，充分发挥区域生态与资源优势，统筹规划和实施环境保护、社会发展与经济建设，基本实现区域社会经济的可持续发展。

2．基本条件

（1）制订了《生态省建设规划纲要》，并通过省人大审议、颁布实施。

（2）全省80%以上的地市达到生态市（地）建设指标。

（3）全省县级（含县级）以上政府（包括各类经济开发区）有独立的环保机构，并为一级行政单位，乡镇有专职的环境保护工作人员。环境保护工作纳入市（含地级行政区）党委、政府领导班子实绩考核内容，并建立相应的考核机制。

（4）国家有关环境保护法律、法规、制度及地方颁布的各项环保规定、制度得到有效地贯彻执行。

（5）污染防治和生态保护与建设卓有成效，三年内无重大环境污染和生态破坏事件。

3．建设指标

生态省建设指标包括经济发展、环境保护和社会进步三类，共22项。见表3。

表 3　生态省建设指标

	序号	名称	单位	指标
经济发展	1	人均国内生产总值 东中部地区 西部地区	元/人	 ≥33 000 ≥25 000
	2	年人均财政收入 东中部地区 西部地区	元/人	 ≥5 000 ≥3 800
	3	农民年人均纯收入 东中部地区 西部地区	元/人	 ≥11 000 ≥8 000
	4	城镇居民年人均可支配收入 东中部地区 西部地区	元/人	 ≥24 000 ≥18 000
	5	环保产业比重	%	≥10
	6	第三产业占 GDP 比重	%	≥40
环境保护	7	森林覆盖率 山区 丘陵区 平原地区	%	 ≥65 ≥35 ≥12
	8	受保护地区占国土面积比例	%	≥15
	9	退化土地恢复率	%	≥90
	10	物种多样性指数 珍稀濒危物种保护率	%	≥0.9 100
	11	主要河流年水消耗量 省内河流 跨省河流	 <40% 不超过国家分配的水资源量	
	12	地下水超采率	%	0
	13	主要污染物排放强度 二氧化硫 COD	千克/万元（GDP）	<6.0 <5.5 不超过国家主要污染物排放总量控制指标
	14	降水 pH 值年均值 酸雨频率	pH %	≥5.0 <30
	15	空气环境质量	达到功能区标准	
	16	水环境质量 近岸海域水环境质量		
	17	旅游区环境达标率	%	100
社会进步	18	人口自然增长率	‰	符合国家或当地政策
	19	城市化水平	%	≥50
	20	恩格尔系数	%	<40
	21	基尼系数		0.3～0.4
	22	环境保护宣传教育普及率	%	≥90

四、指标解释

（一）生态县建设指标解释

1．人均国内生产总值

指标解释：指每人所创造的国内生产总值（GDP），以万元/人表示。经济发达地区与欠发达地区以 2001 年人均 GDP 为 7 000 元为界限。

数据来源：统计部门。

2．年人均财政收入

指标解释：指财政收入的人均值，以元/人表示。

数据来源：财政、统计部门。

3．农民年人均纯收入

指标解释：指乡镇辖区内农村常住居民家庭总收入中，扣除从事生产和非生产经营费用支出、缴纳税款、上交承包集体任务金额以后剩余的，可直接用于进行生产性、非生产性建设投资、生活消费和积蓄的那一部分收入。

数据来源：统计部门。

4．城镇居民年人均可支配收入

指标解释：指城镇居民家庭在支付个人所得税、财产税及其他经常性转移支出后所余下的人均实际收入。

数据来源：统计部门。

5．单位 GDP 能耗

指标解释：指万元国内生产总值的耗能量。计算公式为：

$$\text{单位GDP能耗} = \frac{\text{总能耗（吨标煤）}}{\text{国内生产总值（万元）}}$$

数据来源：统计部门。

6．单位 GDP 水耗

指标解释：指万元国内生产总值的耗水量。计算公式为：

$$\text{单位GDP水耗} = \frac{\text{水消耗量（立方米）}}{\text{国内生产总值（万元）}}$$

数据来源：统计部门。

7．主要农产品中有机及绿色产品所占比重

指标解释：指稻米、小麦、玉米、棉花、油料作物、蔬菜、水果等主要农产品中，认证为有机及绿色农产品的产值占总产值的比重。

数据来源：农业、环保部门。

8．森林覆盖率

指标解释：指森林面积占土地面积的比例。具体计算按林业部门规定进行。

数据来源：林业部门。

9．受保护地区占国土面积比例

指标解释：指辖区内各类（级）自然保护区、风景名胜区、森林公园、地质公园、生态功能保护区、水源保护区、封山育林地等面积占全部陆地（湿地）面积的百分比。

数据来源：统计、环保、建设、林业、国土资源、农业等部门。

10．退化土地（水土流失、沙化土地、矿山破坏或退化草原）恢复率

指标解释：土地退化是指由于使用土地或由于一种营力或数种营力结合致使雨浇地、水浇地或草原、牧场、森林和林地的生物或经济生产力和复杂性下降或丧失，其中主要包括：（1）风蚀和水蚀致使土壤物质流失；（2）土壤的物理、化学和生物特性或经济特性退化；（3）自然植被长期丧失。本指标计算以水土流失为例，水利部规定小流域侵蚀治理达标标准是，土壤侵蚀治理程度达 70%。其他土地退化，如沙漠化、盐渍化、矿产开发引起的土地破坏等也可类推。计算公式为：

$$\text{退化土地恢复率}=\frac{\text{已恢复的退化土地总面积}}{\text{退化土地总面积}}\times 100\%$$

数据来源：水利、林业、国土、农业部门。

11．空气环境质量

指标解释：指城镇空气环境质量达到国家有关功能区标准要求，目前执行 GB 3095—1996《环境空气质量标准》。

数据来源：环保部门。

12．水环境质量，近岸海域水环境质量

指标解释：按规划的功能区要求达到相应的国家水环境或海水环境质量标准。目前采用 GB 3838—2002《地表水环境质量标准》和 GB 3097—1997《海水水质标准》。

数据来源：环保部门。

13．噪声环境质量

指标解释：指城市及建制乡镇按规划的功能区要求达到相应的国家噪声环境质量标准。目前采用 GB 3096—93《城市区域环境噪声标准》。

数据来源：环保部门。

14．城镇生活污水集中处理率，工业用水重复率

指标解释：指城市及乡镇建成区内经过污水处理厂二级或二级以上处理，或其他处理设施处理（相当于二级处理），且达到排放标准的生活污水量与城镇建成区生活污水排放总量的百分比。

生态市建设指标的计算公式为：

$$\text{城市生活污水集中处理率}=\frac{\text{城市污水处理厂（二级或二级以上）处理生活污水量（万吨）}}{\text{城市生活污水排放总量(万吨)}}\times 100\%$$

生态县建设指标的计算公式为：

$$\begin{array}{c}\text{生活污水}\\\text{集中处理率}\end{array}=\frac{\begin{array}{c}\text{二级污水}\\\text{处理厂处理量}\end{array}+\begin{array}{c}\text{一级污水处理厂排江、}\\\text{排海工程处理量}\end{array}\times 0.7+\begin{array}{c}\text{湿地处理系统处理量氧化塘、氧化沟、}\\\text{净化沼气池及湿地处理系统处理量}\end{array}\times 0.5}{\text{城镇建成区生活污水排放总量}}\times 100\%$$

数据来源：城建、环保部门。

工业用水重复率，指工业用水重复使用的比率。

数据来源：经贸、环保部门。

15．城镇生活垃圾无害化处理率、工业固体废物处置利用率

指标解释：城镇生活垃圾无害化处理率是指城市及建制镇生活垃圾无害化处理量占垃圾产生总量的比例。工业固体废物处置利用率是指工业固体废物处置利用量占工业固体废物总量的比例。有关标准，目前采用 GB 18599—2001《一般工业固体废弃物储存、处置场污染控制标准》、GB 18485—2001《生活垃圾焚烧污染控制标准》、GB 16889—1997《生活垃圾填埋污染控制标准》。

数据来源：环保、城建部门。

16．城镇人均公共绿地面积

指标解释：《国务院关于加强城市建设的通知》中要求：到 2005 年，全国城市规划人均公共绿地面积达到 8 平方米以上；到 2010 年，人均公共绿地面积达到 10 平方米以上。

具体计算时，公共绿地包括：公共人工绿地、天然绿地，以及机关、企事业单位绿地。

数据来源：城建部门。

17．旅游区环境达标率

指标解释：由资源环境安全指数、心理环境健康指数和环境质量达标指数三项组成。资源环境安全指数指不破坏国家和地方重点保护的珍稀濒危动植物资源，不存在资源环境安全隐患的生态旅游活动，满足上两项要求时为合格。心理健康指数指游人心理可以承受的游客容量。一般以每 10 米游道容纳 2 名游客为限值，满足者为合格。环境质量达标指数指水、气、噪声、固废排放的达标情况，全部达标者为合格。

以上三项指标全部合格为达标，否则，不达标。

数据来源：环保、旅游部门。

18．农村生活用能中新能源所占比例

指标解释：指农村用于生活的全部能源中新能源所占的比例。

新能源包括生物质能、太阳能、风能、地热能、沼气和农村自建小水电。

数据来源：统计、农业、环保部门。

19．秸秆综合利用率

指标解释：指综合利用的秸秆数量占秸秆总量的比例。秸秆的综合利用包括：秸秆气化、饲料、秸秆还田、编织、燃料等。计算公式为：

$$\text{秸秆综合利用率}=\frac{\text{综合利用的秸秆数量}}{\text{农村秸秆总量}}\times 100\%$$

数据来源：统计、农业、环保部门。

20．集约化畜禽养殖场粪便综合利用率

指标解释：指集约化畜禽养殖场综合利用的畜禽粪便量与畜禽粪便产生总量的比例。有关标准，按照 GB 18596—2001《畜禽养殖业污染物排放标准》和《畜禽养殖污染防治管理办法》执行。畜禽粪便综合利用主要包括直接用作肥料、制作有机肥、培养料、生产回收能源（包括沼气）等。

数据来源：县级以上环保部门、农业部门。

21．农用塑料薄膜回收率

指标解释：指农业生产活动中所用塑料薄膜（如用于育种、育苗、覆盖土地、塑料大棚、蘑菇生产等所使用塑料薄膜及塑料膜）回收的数量占所用薄膜总量的比例。计算公式为：

$$农业塑料薄膜回收率=\frac{回收薄膜总量}{使用薄膜总量}\times 100\%$$

数据来源：农业、统计、生产资料部门。

22．农林病虫害综合防治率

指标解释：指施用化学农药以外的综合防治作物和林果病虫害面积与农林病虫害总面积的比例，主要防治措施如物理防治、生物农药、天敌昆虫、栽培措施、育种措施等。计算公式为：

$$农林病虫害综合防治率=\frac{综合防治农作物病虫害面积}{农作物病虫害面积}\times 100\%$$

数据来源：农业、林业部门。

23．化肥施用强度

指标解释：指一年内单位耕地面积的化肥施用量。化肥施用量按折纯量计算。折纯量是指将氨肥、磷肥、钾肥分别按氮、五氧化二磷、氧化钾的量进行折算后的数量。复合肥按其所含主要成分折算。计算公式为：

$$化肥施用强度=\frac{化肥施用量(千克)}{耕地面积(公顷)}\times 100\%$$

实际考核时，可采取抽样调查方式获得。

数据来源：农业、统计、环保部门。

24．集中式饮用水源水质达标率

指标解释：指城镇集中饮用水水源地，其地表水水源水质达到《地表水环境质量标准 GB 3838—2002》Ⅲ类标准和地下水水源水质达到《地下水质量标准 GB/T 14848—1993》Ⅲ类标准的水量占取水总量的百分比。计算公式为：

$$集中式饮用水源水质达标率=\frac{各饮用水水源地取水水质达标量之和}{各饮用水水源地取水量之和}\times 100\%$$

数据来源：卫生、环保部门。

25．村镇饮用水卫生合格率

指标解释：指利用自来水厂和手压井形式取得饮用水的农村人口占农村总人口的百分率，雨水收集系统和其他饮水形式的合格与否需经检测确定。计算公式为：

$$村镇饮用水卫生合格率=\frac{取得合格饮用水农村人口数}{农村人口总数}\times 100\%$$

数据来源：环保、卫生部门。

26．农村卫生厕所普及率

指标解释：卫生厕所指与猪圈分离的，或可以及时清理的厕所占总户数的百分数。

数据来源：城建、卫生部门。

27．农村污灌达标率

指标解释：指农村用于灌溉的污水（生活污水及工业污水）中，经处理达到农田灌溉用水标准的水量占总灌溉污水量的比例。计算公式为：

$$污灌达标率=\frac{达到农灌标准的农灌污水使用量}{总灌溉污水量}\times 100\%$$

数据来源：农业、环保部门。

28．农业生产系统抗灾能力

指标解释：是衡量农业生产系统稳定性、结构功能优化水平的指标。计算时以受灾损失率表示，由受灾年农业生产总值与前三年农业生产总值的平均值之比较关系给出，以百分数表示。计算公式为：

$$P=\frac{前三年农业生产总值平均值-受灾年农业生产总值}{前三年生产总值平均值}$$

数据来源：统计部门。

29．人口自然增长率

指在一定时期内（通常为一年）人口净增加数（出生人数减死亡人数）与该时期内平均人数（或期中人数）之比，采用千分率表示。计算公式为：

$$人口自然增长率=\frac{本年出生人数-本年死亡人数}{年平均人数}\times 1\,000\%$$

数据来源：计划生育、统计部门。

30．初中教育普及率

指标解释：指应届小学毕业生进入初中读书的人数占应届小学毕业生总数的比例。

数据来源：统计、教育部门。

31．城市化水平

指标解释：指城镇建成区内总人口占地区总人口的比重。计算公式为：

$$城市化水平=\frac{城镇建成区内总人口数}{市(县)总人口数}\times 100\%$$

数据来源：统计部门。

32．恩格尔系数

指标解释：指居民的食品消费支出占家庭总收入的比例。比例越高表明收入低，生活越贫困，联合国粮农组织判定，恩格尔系数 60%以上为贫困，50%～60%为温饱，40%～50%为小康，40%以下为富裕。计算公式为：

$$恩格尔系数=\frac{居民的食品消费支出}{居民家庭总收入}\times 100\%$$

数据来源：统计部门。

33．贫困人口比例

指标解释：是指生活水平等于或低于当地最低生活标准的人口数占当地总人口数的比例，以百分数表示。2000 年全国农村的贫困线为年人均收入 625 元。计算公式为：

$$贫困人口比例=\frac{贫困人口数}{人口总数}\times 100\%$$

数据来源：民政、统计部门。

34．基尼系数

指标解释：基尼系数是用指数来反映社会收入分配的平等状况。基尼系数一般介于 0～1 之间，0 表示收入绝对平均，1 表示收入绝对不平均，小于 0.2 表示收入高度平均，大于 0.6 表示收入高度不平均。0.3～0.4 之间表示较为合理。国际上一般把 0.4 作为警戒线。

基尼系数的计算方法：按人均收入由低到高进行排序，分成若干组（如果不分组，则每一户或每一人为一组），计算每组收入占总收入比重（Wi）和人口比重（Pi），计算公式为：

$$G=1-\sum_{i-1}^{n}Pi\cdot(2Qi-Wi)$$

其中：

$$Qi=\sum_{k=1}^{i}Wk$$

或

$$G=1-\sum_{i-1}^{n}Pi\cdot(2\sum_{k=1}^{i}Wk-Wi)$$

数据来源：统计部门。

35．环境保护宣传教育普及率

指标解释：指中小学开展环境保护知识讲座学校所占比例，以及其他科普宣传中，涉及有关环境保护内容的比例之和。

数据来源：宣传、教育、环保等部门。

36．公众对环境的满意率

数据来源：现场抽样调查。

（二）生态市建设指标解释

37．第三产业占 GDP 的比例

指标解释：指第三产业的产值占国内生产总值的比例。计算公式为：

$$第三产业占GDP比例=\frac{第三产业产值}{国内生产总值}\times 100\%$$

数据来源：统计部门。

38．应当实施清洁生产企业的比例

指标解释：《清洁生产促进法》规定，污染物排放超过国家和地方规定的排放标准，或者超过经有关地方人民政府核定的污染物排放总量控制标准的企业，应当实施清洁生产审核。同时规定，省级环保部门在当地主要媒体上定期公布污染物超标排放或者污染物排放总量超过规定限额的污染严重企业的名单。

数据来源：环保部门。

39．规模化企业通过 ISO 14000 认证比率

指标解释：指年产品销售收入大于 500 万元的工业企业中，通过国家 ISO 14000 环境质量管理认证的企业的比例。

数据来源：环保、质监部门。

40．城市空气质量

指标解释：是反映城市大气污染状况的指标。

数据来源：环保部门。

41．城市水功能区水质达标率

指标解释：根据水的使用情况如饮用水、生产用水、生活用水、景观用水等的不同要求，同时根据水质情况，将水资源区分为不同的水功能区，并根据不同功能区对水质要求标准，进行监测考核。

数据来源：环保部门。

42．主要污染物排放强度

指标解释：是反映随经济发展造成环境污染程度的指标。以单位 GDP 所产生的污染物的数量计算。鉴于环境污染物质较多，本指标只计算对大气和水的主要污染物，即二氧化硫（SO_2）和化学需氧量（COD）。计算公式为：

$$\text{主要污染物排放强度}=\frac{\text{全年}SO_2\text{或COD排放总量（千克）}}{\text{全年国内生产总值（万元）}}\times 100\%$$

数据来源：环保部门。

43．城市燃气普及率

指标解释：或称居民用气普及率。指城市市区使用天然气、煤气、液化气、工业可燃气及城市专供电炊的非农业人口数占城市非农业人口总数的百分比。计算公式为：

$$\text{城市燃气普及率}=\frac{\text{市区非农业用气人口数}}{\text{市区非农业人口总数}}\times 100\%$$

数据来源：统计、城建部门。

44．噪声达标区覆盖率

指标解释：指城市建成区内，已建成的环境噪声达标区面积占建成区总面积的百分比。计算公式为：

$$\text{噪声达标区覆盖率}=\frac{\text{噪声达标区面积之和}}{\text{建成区总面积}}\times 100\%$$

数据来源：环保部门。

45．城市生命线系统完好率

指标解释：是衡量一个城市社会发展、城市基础建设水平及生态安全的重要指标。城市生命线系统包括：供水线路、供电线路、供热线路、供气线路、交通线路、消防系统、医疗应急救援系统、地震等自然灾害应急救援系统。完好率最高为 1，前 4 项以事故发生率计算，每条生命线每年发生 10 次以上扣 0.1，100 次以上扣 0.3，1 000 次以上为 0；交通线路每年发生交通事故死亡 5 人以上扣 0.1，死亡 10 人扣 0.3，死亡 30 人以上扣 0.5，死亡 50 人以上则为 0。后 3 项以是否建立了应急救援系统为准，若已建立则为 1，未建立则为 0。计算公式为：

$$生命线完好率=\frac{\sum P_i}{8}\times 100\%$$

式中 P_i 为各生命线完好率。

数据来源：城建、交通、消防、卫生、地震等部门。

46．采暖地区集中供热普及率

指标解释：指城市市区集中供热设备供热总容量占市区供热设备总容量的百分比。计算公式为：

$$集中供热普及率=\frac{市区集中供热设备供热总容量(兆瓦)}{市区供热设备供热总容量(兆瓦)}\times 100\%$$

数据来源：城建部门。

47．高等教育入学率

指标解释：指进入高等学校读书的人数占同龄人总数的比例。

数据来源：统计、教育部门。

（三）生态省建设指标解释

48．酸雨频率

指标解释：指一年的降水总次数中，pH 值小于 5.6 的降水发生比例。

数据来源：环保部门。

49．降水 pH 值年均值

指标解释：指一年降水酸度（pH 值）的平均值。

计算方法：降水 pH 年均值计算是将测得的每场降水的 pH 值换算成[H⁺]浓度，然后将[H⁺]按雨量加权后求出均值 $\overline{H^+}$，再取其负对数即得到降水 pH 年均值。计算公式如下：

$$\overline{pH}=-\log[\frac{\sum_{i=1}^{n}[H^+]\cdot Q_i}{\sum_{i=1}^{n}Q_i}]=-\log[\frac{\sum_{i=1}^{n}10^{-pH_i}\cdot Q_i}{\sum_{i=1}^{n}Q_i}]$$

式中：$\overline{pH}$ ——降水pH加权平均值；

$[H^+]_i$——第 i 场降水的 H^+浓度，单位 mq/L；

pH_i——第 i 场降水的 pH 值；

Q_i——第 i 场降水量，mm；

n——年降水场数。

数据来源：环保部门。

50．环保产业比重

指标解释：指环保产业产值占第二产业产值的比重。

数据来源：经贸、环保、统计部门。

51．物种多样性指数

指标解释：物种多样性是生物多样性的重要组成部分，是衡量一个地区生态保护、生态建设与恢复水平的指标。生物多样性的计算和表示十分复杂，至今未见统一的标准，特别是基因多样性和生态系统多样性的测定和确定，一般单位也难以完成，所以这里以物种多样性为代表，而暂不考虑基因及生态系统的多样性。计算公式为：

$$\text{生物多样性指数}=\frac{\text{考核验收年动植物物种数}}{\text{基准年动植物物种数}}$$

（基准年为生态省建设规划开始实施的前一年）

数据来源：林业、农业、环保部门。

52．珍稀濒危物种保护率

指标解释：凡是列入国家珍稀濒危物种名录的珍贵、稀有和濒临绝种的动植物物种得到有效保护的比例。

数据来源：林业、环保、农业部门。

53．主要河流年水消耗量

指标解释：①对省域内主要河流，国际上通常将 40%的水资源消耗作为临界值。②对跨省主要河流，水资源的消耗不得超过国家分配的水资源量。

数据来源：水利部门。

54．地下水超采率

指标解释：指一年内区域地下水开发利用量超过可采地下水资源总量的比例。地下水资源的保护一是保持总量不变并尽可能增加，二是保证不受污染。为此，超采率定为 0。即年开采地下水总量和年可补充的地下水总量相等。

数据来源：水利部门。

生态县、生态市建设规划编制大纲（试行）

1．总则

1.1　任务的由来

1.2　规划编制的范围（行政辖区）

1.3　生态县、生态市建设的目的和意义

1.4　规划编制的依据

（1）国家和地方环境、资源相关法律、法规和规定、要求

（2）国家和地方国民经济和社会发展计划及中长期发展规划

（3）国家和地方环境保护及生态建设规划

（4）国家环境保护总局《生态县、生态市、生态省建设指标（试行）》（环发[2003]91 号）

（5）相关生态省建设规划

2．基本情况与趋势分析

2.1　自然地理状况

2.2　社会经济状况

2.3　生态环境现状

2.4　主要资源状况

2.5　社会经济发展与生态环境趋势分析

2.6　生态县、生态市建设的优势与制约因素

对比《生态县、生态市、生态省建设指标（试行）》（环发[2003]91 号），找出差距，分析原因。

3．生态县、生态市建设的指导思想与目标

3.1　指导思想和基本原则

围绕全面建设小康社会，以全面、协调、可持续的科学发展观为指导，运用生态经济和循环经济理论，统筹区域经济、社会和环境、资源的关系，以人为本，通过调整优化产业结构，大力发展生态经济和循环经济，改善生态环境，培育生态文化，重视生态人居，走生产发展、生活富裕、生态良好的文明发展道路。

（1）协调发展的原则。充分考虑区域社会、经济与资源、环境的协调发展，统筹城乡发展，促进人与自然和谐，实现经济、社会和环境效益的"共赢"。

（2）因地制宜的原则。从本地实际出发，发挥本地资源、环境、区位优势，突出地方特色。

（3）量力而行的原则。不贪大求全，不盲目攀比。通过规划编制，选择生态县、生态市建设的重点领域和重点区域作为突破，循序渐进，分步实施。

（4）便于操作的原则。规划要与当地国民经济与社会发展规划（计划）相衔接，与相关部门的行业规划相衔接。规划目标与措施应尽可能做到工程化、项目化、时限化。

3.2　规划时限

以规划的前一年为基准年，分近期、中期和远期目标，应与当地国民经济与社会发展计划或中长期经济与社会发展规划相衔接。

3.3　规划目标

3.3.1　总体目标

对生态县、生态市建设的预期目标进行定量与定性的描述，以充分展示规划远景目标。根据实际情况，可按规划的不同时限确定总体目标。

各地根据实际，生态县创建一般以5～10年为期，生态市创建一般以5～15年为期。

已开展生态省建设的地区，生态县、生态市建设规划的目标、任务，要与生态省建设规划纲要确定的目标、任务相衔接。

3.3.2　具体建设指标

具体建设指标包括经济发展、环境保护和社会进步三类，参见《生态县、生态市、生态省建设指标（试行）》（环发[2003]91号）。各地可结合当地实际对指标进行补充。指标的确定应与不同规划期的目标相一致，并便于阶段工作考核。

3.3.3　规划指标体系

列表表述生态县、生态市规划建设时段和指标值。

3.3.4　生态县、生态市建设目标的可达性分析

4．生态功能区划（依据省域生态功能区划制订）

4.1　生态功能区划方案

4.1.1　生态功能区的基本概况

4.1.2　生态功能区的生态环境特点、生态敏感性、生态功能服务重要性评价，以及主导功能定位

4.1.3　生态功能区生态保护与建设方向

4.2　区域经济发展与生态功能区划的关系

重点说明区域主导生态功能，阐明经济发展对生态环境的影响，提出明确禁止、限制和鼓励、倡导发展的产业方向及建议。

5．生态县、生态市建设的主要领域和重点任务

5.1　生态产业体系建设

5.1.1　主要目标

5.1.2　产业布局与生态功能区划的一致性分析

5.1.3 循环经济与生态产业建设（包括生态工业、生态农业、生态服务业、生态旅游业等），此部分可根据当地实际进一步细化

5.2 自然资源与生态环境体系建设（自然资源较丰富或自然资源开发强度较大的县、市，可单独设“自然资源保障体系”一节）

5.2.1 主要目标

5.2.2 重点资源开发生态环境保护监管，资源开发生态恢复与重建

5.2.3 环境污染治理

5.2.4 自然生态保护与建设

5.2.5 农村和农业生态环境保护与建设

5.3 生态人居体系建设

5.3.1 主要目标

5.3.2 优化城（镇）功能区布局与景观结构建设

5.3.3 城（镇）环境保护基础设施建设与环境综合整治

5.3.4 创建环境保护模范城市（编制生态市、区建设规划时考虑）

5.3.5 创建环境优美乡镇（编制生态县建设规划时考虑）

5.3.6 绿色社区、生态村建设

5.4 生态文化体系建设

5.4.1 主要目标

5.4.2 倡导绿色生产和绿色消费

5.4.3 生态环境保护知识普及与教育

5.4.4 创建绿色学校

5.4.5 提高公众的参与能力

5.5 能力保障体系建设

5.5.1 主要目标

5.5.2 科技支撑能力建设

5.5.3 环境安全预测、预警、预报系统建设

5.5.4 相关资源、环境保护法规、制度建设

5.5.5 完善可持续发展的科学、民主决策机制

6．生态县、生态市建设的重点项目

6.1 建设项目

6.1.1 建设项目名称

6.1.2 建设位置、实施期限

6.1.3 建设内容及投资（包括分年度建设内容）

6.2 建设目的及预期应达到的效果

6.3 责任单位

附表：重点建设项目表

7．规划实施效益分析与评价

7.1 投资经费估算

7.2 经费来源分析

7.3 效益分析

7.3.1 经济效益

7.3.2 环境效益

7.3.3 社会效益

8．规划实施的保障措施

8.1 法制保障

8.2 组织保障（含领导干部目标考核）

8.3 资金保障

8.4 技术保障

8.5 社会保障

《生态县、生态市建设规划编制大纲（试行）》实施意见

一、编制生态县、生态市建设规划，是创建生态县、生态市的基础，各地要高度重视、精心组织，认真按照《生态县、生态市建设规划编制大纲（试行）》（以下简称《大纲》）的要求，确保规划编制质量。

（一）要坚持因地制宜，从本地实际出发，发挥本地资源、环境、区位优势，充分整合各种资源，实施分类指导。

（二）要突出当地特点，扬长避短，开拓工作思路，走出具有当地特色的可持续发展的新路子。

（三）要与当地国民经济与社会发展规划（计划）相衔接，与相关部门的行业规划相衔接。创建生态省的省份所辖市、县编制规划时，还应与生态省建设规划相衔接。

（四）要提高规划的可操作性，建设目标、任务应具体化，工作措施应尽可能做到工程化、项目化、时限化，任务分解到各有关部门、县（区）、乡镇。

二、生态县、生态市规划的编制，可以由所在地人民政府委托有关科研院所承担，也可以组织自身技术力量开展编制工作。参与编制规划的单位和人员应当具有相关规划编制经验，熟悉生态县、生态市建设的要求。规划编制过程中，既要有经济、社会、环境、资源等领域的专家参与，也要有当地政府有关部门的管理人员和实际工作者参加，确保规划的科学性、前瞻性和可操作性。

三、各地要严格规划编制经费预算，规划编制业务的委托和承担，应尽可能采用招标、投标方式进行。

四、规划编制完成后，编制单位应当广泛征求当地政府各有关部门的意见，并经政府常务会审议后，由省级环境保护部门组织专家进行论证。

五、论证、修改后的规划必须经当地人大审议通过后，颁布实施。

六、县、市级全国生态示范区建设规划的编制可参照《大纲》进行；已命名的国家级生态示范区，可在原有生态示范区建设规划的基础上，按照《大纲》的要求进行修编，形成生态县、生态市建设规划。

全国环境优美乡镇考核验收规定（试行）

创建环境优美乡镇，是推动农村环境保护工作，实现经济发展与环境保护“双赢”的重大措施和重要载体，也是促进小城镇环境建设，提升其生态文明水平的重要组织形式。为规范全国环境优美乡镇考核验收工作，特制定本规定。

一、适用范围

申报全国环境优美乡镇的范围，包括县级市、县以下各类建制镇和乡。

二、申报条件

1．成立创建工作领导机构，并设专门的创建办公室。
2．编制环境规划并批准实施。
3．提交创建工作总结和技术报告。
4．达到《全国环境优美乡镇考核标准（试行）》（附录一）的各项要求。

三、申报程序、内容与时间

按照自愿原则，对照《全国环境优美乡镇考核标准》，经自查完全符合基本条件和考核指标要求的乡镇，可以提出申报。

1．申报程序。申报全国环境优美乡镇须由乡镇人民政府向县（市）人民政府提出申请并批准，由市（地）环境保护行政主管部门核准，向省级环境保护行政主管部门书面提出申请，由省级环境保护行政主管部门核查批准后，向国家环境保护总局提出书面审查意见。

2．申报内容。乡镇人民政府的申请报告必须附有创建全国环境优美乡镇的工作总结和技术报告。工作总结包括创建工作的组织领导、创建过程、主要活动和所取得的成效；技术报告包括全国环境优美乡镇申报表（具体格式见附录二）、各项指标完成情况的证明材料（包括有关的监测、检测报告）以及县（市）、市（地）和省（自治区、直辖市）核查、核准的申报表。

3．申报时间。申报截止时间为每年的 6 月 30 日。

四、考核

1．省级环境保护行政主管部门收到申报全国环境优美乡镇的有关材料后，组织有关人员对材料进行审核。经审核，符合申报条件的，由省级环境保护行政主管部门组织专家组到申报乡镇进行实地考核。实地考核包括听取汇报、查阅资料、现场检查、社会调查等。对考核中发现的问题，专家组应指导申报乡镇做好改进工作。

实地考核结束后，专家组向省级环境保护行政主管部门提交考核报告。省级环境保护行政主管部门依据专家组考核报告对被考核的乡镇提出是否命名为全国环境优美乡镇的审查意见。

2．国家环境保护总局收到申报全国环境优美乡镇的有关材料和省级环境保护行政主管部门的审查意见后，组织有关专家对材料进行复核和现场抽查；合格的乡镇，向社会公示。

在公示过程中，对有疑问的乡镇由国家环境保护总局委托省级环境保护行政主管部门组织专家组进行现场核查。

五、审批、命名

国家环境保护总局对专家组提出的复核意见和公示结果进行审议，经审查符合条件的乡镇，命名为“全国环境优美乡镇”，并颁发证书和标牌。

六、监督管理

1．国家环境保护总局对被命名为“全国环境优美乡镇”的乡镇实行动态管理，每 3 年组织一次复查，并在此期间进行抽查。复查不合格的，撤销命名。抽查不合格的，限期整改。

2．被命名为“全国环境优美乡镇”的，从被命名的第 2 年起，于每年的 3 月 31 日前向国家环境保护总局报送上年度创建工作总结。工作总结应包括环境规划实施、乡镇建设与管理、环境管理、环境质量状况、各项考核指标变化等方面的情况。

附录一：《全国环境优美乡镇考核标准（试行）》

附录二：《全国环境优美乡镇申报表》

附录一：

全国环境优美乡镇考核标准（试行）

一、基本条件

1．领导重视，组织落实，配备专门的环境保护机构或专职环境保护工作人员，建立相应的工作制度。

2．按照《小城镇环境规划编制导则》，编制或修订乡镇环境规划，并认真实施。

3．认真贯彻执行环境保护政策和法律法规，乡镇辖区内无滥垦、滥伐、滥采、滥挖现象，无捕杀、销售和食用珍稀野生动物现象，近三年内未发生重大污染事故或重大生态破坏事件。

4．城镇布局合理，管理有序，街道整洁，环境优美，城镇建设与周围环境协调。

5．镇郊及村庄环境整洁，无脏乱差现象。“白色污染”基本得到控制。

6．乡镇环境保护社会氛围浓厚，群众对环境状况满意。

二、考核指标

<table>
<tr><th rowspan="2">考核内容</th><th rowspan="2">序号</th><th rowspan="2" colspan="2">指标名称</th><th colspan="3">指标值</th></tr>
<tr><th>东部</th><th>中部</th><th>西部</th></tr>
<tr><td rowspan="6">社会经济发展</td><td>1</td><td colspan="2">农民人均纯收入（元/年）</td><td>≥4 500</td><td>≥3 000</td><td>≥2 200</td></tr>
<tr><td>2</td><td colspan="2">城镇居民人均可支配收入（元/年）</td><td>≥8 000</td><td>≥6 500</td><td>≥5 000</td></tr>
<tr><td>3</td><td colspan="2">公共设施完善程度</td><td colspan="3">完善</td></tr>
<tr><td>4</td><td colspan="2">城镇建成区自来水普及率（%）</td><td colspan="3">≥98</td></tr>
<tr><td>5</td><td colspan="2">农村生活饮用水卫生合格率（%）</td><td colspan="3">≥90</td></tr>
<tr><td>6</td><td colspan="2">城镇卫生厕所建设与管理</td><td colspan="3">达到国家卫生镇有关标准</td></tr>
<tr><td rowspan="11">城镇建成区环境</td><td>7</td><td colspan="2">地表水环境质量</td><td colspan="3">达到环境规划要求</td></tr>
<tr><td>8</td><td colspan="2">近岸海域海水水质（只考核沿海乡镇）</td><td colspan="3">达到环境规划要求</td></tr>
<tr><td>9</td><td colspan="2">空气环境质量</td><td colspan="3">达到环境规划要求</td></tr>
<tr><td>10</td><td colspan="2">声环境质量</td><td colspan="3">达到环境规划要求</td></tr>
<tr><td>11</td><td colspan="2">重点工业污染源排放达标率（%）</td><td colspan="3">100</td></tr>
<tr><td>12</td><td colspan="2">生活垃圾无害化处理率（%）</td><td colspan="3">≥90</td></tr>
<tr><td>13</td><td colspan="2">生活污水集中处理率（%）</td><td colspan="3">≥70</td></tr>
<tr><td>14</td><td colspan="2">人均公共绿地面积（平方米/人）</td><td colspan="3">≥11</td></tr>
<tr><td>15</td><td colspan="2">主要道路绿化普及率（%）</td><td colspan="3">≥95</td></tr>
<tr><td>16</td><td colspan="2">清洁能源普及率（%）</td><td colspan="3">≥60</td></tr>
<tr><td>17</td><td colspan="2">集中供热率（%，只考核北方城镇）</td><td colspan="3">≥50</td></tr>
<tr><td rowspan="3">乡镇辖区生态环境</td><td rowspan="3">18</td><td rowspan="3">森林覆盖率（%）</td><td>山区地区</td><td colspan="3">≥70</td></tr>
<tr><td>丘陵地区</td><td colspan="3">≥40</td></tr>
<tr><td>平原地区</td><td colspan="3">≥10</td></tr>
</table>

<table>
<tr><th rowspan="2">考核内容</th><th rowspan="2">序号</th><th rowspan="2" colspan="2">指标名称</th><th colspan="3">指标值</th></tr>
<tr><th>东部</th><th>中部</th><th>西部</th></tr>
<tr><td rowspan="9">乡镇辖区生态环境</td><td rowspan="2">19</td><td rowspan="2">农田林网化率（%，只考核平原地区）</td><td>南方</td><td colspan="3">≥70</td></tr>
<tr><td>北方</td><td colspan="3">≥85</td></tr>
<tr><td>20</td><td colspan="2">草原载畜量（亩/羊，只考核草原地区）</td><td colspan="3">符合国家不同类型草地相关标准</td></tr>
<tr><td>21</td><td colspan="2">水土流失治理度（%）</td><td colspan="3">≥70</td></tr>
<tr><td>22</td><td colspan="2">农用化肥施用强度（千克/公顷，折纯）</td><td colspan="3">≤280</td></tr>
<tr><td>23</td><td colspan="2">主要农产品农药残留合格率（%）</td><td colspan="3">≥85</td></tr>
<tr><td>24</td><td colspan="2">规模化畜禽养场粪便综合利用率（%）</td><td colspan="3">≥90</td></tr>
<tr><td>25</td><td colspan="2">规模化畜禽养场污水排放达标率（%）</td><td colspan="3">≥75</td></tr>
<tr><td>26</td><td colspan="2">农作物秸秆综合利用率（%）</td><td colspan="3">≥95</td></tr>
</table>

附：

全国环境优美乡镇考核标准（试行）指标解释

一、基本条件

1．领导重视，组织落实，配备专门的环境保护机构或专职环境保护工作人员，建立相应的工作制度。

指标解释：要求乡镇政府成立环境优美乡镇创建工作领导小组，由主要领导牵头，有关部门领导参加，下设创建工作办公室，创建工作有组织、有计划、有方案，措施得力，定期检查落实，以乡镇带农村，整体发展；乡镇环境保护目标责任制得到落实；乡镇党委、政府将环境保护工作纳入重要议事日程，每年研究环保工作不少于 2 次；设置专门的环境保护机构或配备专职环境保护工作人员；建立相应的工作制度和污染源档案等。

考核要求：查看近一年内当地党委、政府研究环境保护工作的会议纪要或会议记录、印发的有关文件和污染源档案等资料；查看设立环境保护机构或配备环境保护工作人员的有关文件。

2．按照《小城镇环境规划编制导则》，编制或修订乡镇环境规划，并认真实施。

指标解释：要求按照国家环境保护总局、建设部关于印发《小城镇环境规划编制导则（试行）》的通知（环发[2002]82 号），编制或修订完成乡镇环境规划，经县级以上人大或政府批准后认真实施。

考核要求：查看乡镇环境规划的文本及有关批准文件。

3．认真贯彻执行环境保护政策和法律法规，乡镇辖区内无滥垦、滥伐、滥采、滥挖现象，无捕杀、销售和食用珍稀野生动物现象，近三年内未发生重大污染事故或重大生态破坏事件。

指标解释：要求严格执行建设项目环境管理有关规定；工业污染源稳定达标排放；工业固体废物得到适当处置并无危险废物排放，执行《一般工业固体废物贮存、处置场污染控制标准》（GB 18599—2001）；镇域内无“十五小”、“新六小”等国家明令禁止的重污染企业；无大于 25 度坡地开垦、任意砍伐山林、破坏草原、开山采矿及乱挖中草药资源等现象；无随意捕杀、销售、食用国家珍稀野生动物现象；近三年内没有发生过重大污染事故或重大生态破坏事件，判断标准按照国家环境保护局 1987 年 9 月发布的《报告环境污染与破坏事故的暂行办法》执行。

考核要求：查看建设项目环境管理的有关档案资料；查看所有工业企业名单及工业企业达标验收有关材料；现场抽查企事业单位烟尘治理设施安装及运行情况；抽查企业污染物排放及污染治理设施运行情况；现场查看是否存在滥垦、滥伐、滥采、滥挖的现象。

4．城镇布局合理，管理有序，街道整洁，环境优美，城镇建设与周围环境协调。

指标解释：“城镇布局合理”，是指严格按规划要求，有合理的功能分区布局，有良好的居住小区和基本完善的工业小区。“管理有序”，是指市场管理和交通管理规范有序，交通秩序良好，车辆停放整齐；无乱搭乱建，无乱设摊点，无占道经营；施工场地设隔离护栏，文

明施工，采取必要的措施尽量减少对环境的影响；标语、广告牌设在指定地点。“街道整洁，环境优美”，是指街道路面平整，排水通畅，无污水溢流、无暴露垃圾；街道卫生状况良好，主要街道有卫生设施，垃圾箱（果壳箱）箱体整洁，周围无暴露垃圾、无蝇蛆；有专门保洁队伍，镇区建筑垃圾和生活垃圾日清日运，无垃圾乱堆乱倒现象，无直接向江河湖泊排放污水和倾倒垃圾的现象；城镇建成区内应禁止饲养家禽、家畜，确需饲养的，必须圈养，并有严格的管理办法。“城镇建设与周围环境协调”，是指城镇建设与当地自然景观、历史文化协调。

考核要求：现场检查、考核。

5．镇郊及村庄环境整洁，无脏乱差现象。“白色污染”基本得到控制。

指标解释：“镇郊及村庄环境整洁，无脏乱差现象”，是指镇郊结合部及城镇所辖村庄主要道路平整，两侧无暴露垃圾，无乱搭乱建，无露天粪坑，无污水横流现象，基本做到垃圾定点堆放；绿化、美化好；有良好的感官和视觉效果。“‘白色污染’基本得到控制”，主要是指无一次性餐盒、塑料包装袋、废弃农膜随意丢弃现象。

考核要求：现场检查、考核。

6．乡镇环境保护社会氛围浓厚，群众对环境状况满意。

指标解释：要求乡镇及其所辖街道和各村有环保宣传的标语或橱窗，主要街道每千米不少于 1 个。群众对环境状况的满意率不得低于 90%。

考核要求：现场检查是否有环保宣传标语或橱窗。居民对环境状况满意率，采取对乡镇建成区各职业人群进行抽样问卷调查的方式获取数据，随机抽样人数不低于 200 人。问卷在“满意”、“不满意”二者之间进行选择。各职业人群应包括以下四类，即机关（政府部门、人大或政协）工作人员、企业（工业、商业）职工、事业（医院、学校等）单位工作人员、一般居民。

二、考核指标

1．农民人均纯收入

指标解释：指乡镇辖区内农村常住居民家庭总收入中，扣除从事生产和非生产经营费用支出、缴纳税款、上交承包集体任务金额以后剩余的，可直接用于进行生产性、非生产性建设投资、生活消费和积蓄的那一部分收入。农村居民家庭纯收入包括从事生产性和非生产性的经营收入，取自在外人口寄回、带回和国家财政救济、各种补贴等非经营性收入；既包括货币收入，又包括自产自用的实物收入。但不包括向银行、信用社和向亲友借款等属于借贷性的收入。

数据来源：县级以上统计部门。

2．城镇居民人均可支配收入

指标解释：指城镇居民家庭在支付个人所得税、财产税及其他经常性转移支出后所余下的人均实际收入。

数据来源：县级以上统计部门。

3．公共设施完善程度

指标解释：公共设施完善是指城镇建成区主要街道设置路灯；排水管网服务人口比例不

低于 80%；人均道路面积不低于 6 平方米；住宅电话普及率不低于 50%；文化娱乐活动场所不少于 1 处；体育场（馆）不少于 1 处；中心卫生院级以上的医疗机构不少于 1 处；适龄儿童入学率不低于 98%；临江河的乡镇建成区需有完善的防洪构筑，无侵占河道的违章建筑，无直接向江河湖泊排放污水和倾倒垃圾的现象。

数据来源：县级以上城建、统计部门。

4．城镇建成区自来水普及率

指标解释：指城镇建成区使用自来水的常住人口数量占常住人口总数的比例。

数据来源：县级以上城建、统计部门。

5．农村生活饮用水卫生合格率

指标解释：指乡镇辖区范围内农村生活饮用水质符合国家《农村实施生活饮用水卫生标准准则》的程度。

数据来源：县级以上卫生、防疫部门。

6．城镇卫生厕所建设与管理

指标解释：《国家卫生镇考核标准（试行）》规定：公厕数量足够，镇区每平方千米不少于 3 座，居民区每百户设 1 座，位置适宜。北纬 35° 以北的城镇镇区水冲式公厕普及率达 30%以上，北纬 35° 以南的城镇镇区水冲式公厕普及率达 70%以上。公厕有专人管理，保洁落实，地面及四周墙壁整洁，大便池有隔断，便池内无积粪、无尿碱，基本无臭、无蝇蛆，粪便池有盖，粪便不满溢。镇区住户均享有卫生厕所，辖区内农户无害化卫生厕所覆盖率达 30%以上。

数据来源：县级以上城建、卫生部门。

7．地表水环境质量

指标解释：地表水环境质量达到环境规划要求，是指乡镇辖区内主要河流、湖泊、水库等水体，特别是饮用水水源地的水质达到乡镇环境规划以及流域和区域环境规划对相关水体水质的要求。

数据来源：县级以上环保部门。

8．近岸海域海水水质

指标解释：近岸海域海水水质达到环境规划要求，是指乡镇近岸海域海水水质达到乡镇环境规划以及流域和区域环境规划的有关要求。

数据来源：县级以上环保部门。

9．空气环境质量

指标解释：空气环境质量达到环境规划要求，是指乡镇建成区大气环境质量达到乡镇环境规划的有关要求。

数据来源：县级以上环保部门。

10．声环境质量

指标解释：声环境质量达到环境规划要求，是指乡镇建成区噪声污染控制在乡镇环境规划要求的范围内。

数据来源：县级以上环保部门。

11. 重点工业污染源排放达标率

指标解释：指乡镇辖区内实现稳定达标排放的重点工业污染源数量占所有重点工业污染源总数的比例。重点工业污染源是指占全乡镇污染负荷 80%以上的工业污染源。其他工业污染源排放达标率不得低于 90%。

数据来源：县级以上环保部门。

12. 生活垃圾无害化处理率

指标解释：指乡镇建成区内经无害化处理的生活垃圾数量占生活垃圾产生总量的百分比。生活垃圾无害化处理指卫生填埋、焚烧、制造沼气和堆肥。卫生填埋场应有防渗设施，或达到有关环境影响评价的要求（包括地点及其他要求）。执行《国家生活垃圾填埋污染控制标准》（GB 16889—1997）和《国家生活垃圾焚烧污染控制标准》（GBKB 3—2000）等垃圾无害化处理的有关标准。

数据来源：县级以上城建（环卫）部门、统计部门。

13. 生活污水集中处理率

指标解释：指乡镇建成区内经过污水处理厂或其他处理设施处理的生活污水折算量占城镇建成区生活污水排放总量的百分比。污水处理厂包括一级、二级集中污水处理厂，其他处理设施包括氧化塘、氧化沟、净化沼气池，以及湿地废水处理工程等。

计算公式：

$$\text{生活污水集中处理率}=\frac{\text{二级污水处理厂处理量}+\text{一级污水处理厂排江、排海工程处理量}\times 0.7+\text{氧化塘、氧化沟、净化沼气池及湿地处理系统处理量}\times 0.5}{\text{乡镇建成区生活污水排放总量}}\times 100\%$$

数据来源：县级以上城建部门、环保部门。

14. 人均公共绿地面积

指标解释：指乡镇建成区公共绿地面积与建成区常住人口的比值。公共绿地，是指乡镇建成区内常年对公众开放的绿地（包括园林），企事业单位内部的绿地除外。

数据来源：县级以上城建部门。

15. 主要道路绿化普及率

指标解释：指乡镇建成区主要街道两旁栽种行道树（包括灌木）的长度与主要街道总长度之比。

数据来源：县级以上城建部门、园林部门。

16. 清洁能源普及率

指标解释：清洁能源普及率指乡镇建成区清洁能源消耗量占能源消耗总量的百分比。清洁能源指消耗后不产生或很少产生污染物的可再生能源（包括水能、太阳能、生物质能、风能、地热能、海洋能）、低污染的化石能源（如天然气），以及采用清洁能源技术处理后的化石能源（如清洁煤、清洁油）。

数据来源：县级以上城建、统计、环保部门。

17. 集中供热率

指标解释：集中供热率是指乡镇建成区集中供热设备总容量占建成区供热设备总容量的百分比。集中供热率只考核北方城镇。

数据来源：县级以上城建、统计、环保部门。

18．森林覆盖率

指标解释：指乡镇辖区内森林面积占土地面积的百分比。森林，包括郁闭度 0.2 以上的乔木林地、经济林地和竹林地。国家特别规定了灌木林地、农田林网以及村旁、路旁、水旁、山旁、宅旁林木面积折算为森林面积的标准。

数据来源：县级以上统计、林业部门。

19．农田林网化率

指标解释：指达到国家农田林网化标准的农田面积与农田总面积之比。

数据来源：县级以上林业部门、农业部门。

20．草原载畜量

指标解释：指合理养殖每单位牲畜（按羊单位计算）所需草原面积。要求乡镇辖区内牲畜养殖不得超过国家草原载畜量标准。我国各类草场的分布与载畜量标准见下表：

草场类型	主要分布省区	载畜量（亩/羊）
草甸草原	东北西部、内蒙古东部	6
干草原	内蒙古	24～10
荒漠草原	内蒙古西部、宁夏	24～14
山地草原	新疆	14～8
高山草甸草原	西藏、新疆、四川西部	10～8
荒　漠	新疆、内蒙古西部	35～24

数据来源：县级以上林业部门、农业部门。

21．水土流失治理度

指标解释：指经治理合格的水土流失面积占乡镇辖区内水土流失面积的百分比。

数据来源：县级以上水利部门。

22．农用化肥施用强度

指标解释：指实际用于农业生产的化肥数量（包括氮肥、磷肥、钾肥和复合肥）与耕地总面积之比。化肥施用量要求按折纯量计算。折纯量是指把氮肥、磷肥、钾肥分别按含氮、含五氧化二磷、含氧化钾的成分进行折算后的数量。复合肥按其所含主要成分折算。

数据来源：县级以上农业、统计部门。

23．主要农产品农药残留合格率

指标解释：指当地主要粮食、蔬菜、水果中农药残留符合国家标准的样品数占抽样总数的百分比。农产品农药残留的检测和评价执行《农产品安全质量》有关标准（GB 18406.1—2001，GB 18406.2—2001，GB/T 18407.1—2001，GB/T 18407.2—2001）以及农业部无公害食品系列标准（NY/T 5001—2001～NY/T 5073—2001）。

数据来源：地、市级以上质量监督、卫生等具备相应资质的监督管理部门。

24．规模化畜禽养殖场粪便综合利用率

指标解释：指乡镇辖区内规模化畜禽养殖场综合利用的畜禽粪便量与畜禽粪便产生总量的比例。按照《畜禽养殖污染防治管理办法》（国家环境保护总局令第 9 号），规模化畜禽养

殖场，是指常年存栏量为500头以上的猪、3万羽以上的鸡和100头以上的牛的畜禽养殖场，以及达到规定规模标准的其他类型的畜禽养殖场。其他类型的畜禽养殖场的规模标准，由省级环境保护行政主管部门作出规定。畜禽粪便综合利用主要包括用作肥料、培养料、生产回收能源（包括沼气）等。

数据来源：县级以上环保部门、农业部门。

25．规模化畜禽养殖场污水排放达标率

指标解释：指乡镇辖区内规模化畜禽养殖场达到国家和地方排放标准的污水排放量占规模化畜禽养殖场污水排放总量的百分比。按照《畜禽养殖业污染物排放标准》（GB 18596—2001）和《畜禽养殖业污染防治技术规范》（HJ/T 81—2001）执行。

数据来源：县级以上环保部门。

26．农作物秸秆综合利用率

指标解释：指乡镇辖区内综合利用的农作物秸秆数量占农作物秸秆产生总量的百分比。秸秆综合利用主要包括粉碎还田、过腹还田、用作燃料、秸秆气化、建材加工、食用菌生产、编织等。乡镇辖区全部范围划定为秸秆禁烧区，并无农作物秸秆焚烧现象。

数据来源：县级以上环保部门、农业部门。

附录二：

全国环境优美乡镇申报表

申报乡镇__________________________

乡镇长____________________________

联系人____________电话____________

申报日期__________年_____月_____日

国家环境保护总局

<table>
<tr><th rowspan="2">考核内容</th><th rowspan="2">序号</th><th rowspan="2" colspan="3">指标名称</th><th colspan="3">指标值</th><th rowspan="2">指标完成情况</th></tr>
<tr><th>东部</th><th>中部</th><th>西部</th></tr>
<tr><td rowspan="6">社会经济发展</td><td>1</td><td colspan="3">农民人均纯收入（元/年）</td><td>≥4 500</td><td>≥3 000</td><td>≥2 200</td><td></td></tr>
<tr><td>2</td><td colspan="3">城镇居民人均可支配收入（元/年）</td><td>≥8 000</td><td>≥6 500</td><td>≥5 000</td><td></td></tr>
<tr><td>3</td><td colspan="3">公共设施完善程度</td><td colspan="3">完善</td><td></td></tr>
<tr><td>4</td><td colspan="3">城镇建成区自来水普及率（%）</td><td colspan="3">≥98</td><td></td></tr>
<tr><td>5</td><td colspan="3">农村生活饮用水卫生合格率（%）</td><td colspan="3">≥90</td><td></td></tr>
<tr><td>6</td><td colspan="3">城镇卫生厕所建设与管理</td><td colspan="3">达到国家卫生镇有关标准</td><td></td></tr>
<tr><td rowspan="11">城镇建成区环境</td><td>7</td><td colspan="3">地表水环境质量</td><td colspan="3">达到环境规划要求</td><td></td></tr>
<tr><td>8</td><td colspan="3">近岸海域海水水质（只考核沿海乡镇）</td><td colspan="3">达到环境规划要求</td><td></td></tr>
<tr><td>9</td><td colspan="3">空气环境质量</td><td colspan="3">达到环境规划要求</td><td></td></tr>
<tr><td>10</td><td colspan="3">声环境质量</td><td colspan="3">达到环境规划要求</td><td></td></tr>
<tr><td>11</td><td colspan="3">重点工业污染源排放达标率（%）</td><td colspan="3">100</td><td></td></tr>
<tr><td>12</td><td colspan="3">生活垃圾无害化处理率（%）</td><td colspan="3">≥90</td><td></td></tr>
<tr><td>13</td><td colspan="3">生活污水集中处理率（%）</td><td colspan="3">≥70</td><td></td></tr>
<tr><td>14</td><td colspan="3">人均公共绿地面积（平方米/人）</td><td colspan="3">≥11</td><td></td></tr>
<tr><td>15</td><td colspan="3">主要道路绿化普及率（%）</td><td colspan="3">≥95</td><td></td></tr>
<tr><td>16</td><td colspan="3">清洁能源普及率（%）</td><td colspan="3">≥60</td><td></td></tr>
<tr><td>17</td><td colspan="3">集中供热率（%，只考核北方城镇）</td><td colspan="3">≥50</td><td></td></tr>
<tr><td rowspan="14">乡镇辖区生态环境</td><td rowspan="3">18</td><td rowspan="3">森林覆盖率（%）</td><td colspan="2">山区地区</td><td colspan="3">≥70</td><td></td></tr>
<tr><td colspan="2">丘陵地区</td><td colspan="3">≥40</td><td></td></tr>
<tr><td colspan="2">平原地区</td><td colspan="3">≥10</td><td></td></tr>
<tr><td rowspan="2">19</td><td colspan="2" rowspan="2">农田林网化率（%，只考核平原地区）</td><td>南方</td><td colspan="3">≥70</td><td></td></tr>
<tr><td>北方</td><td colspan="3">≥85</td><td></td></tr>
<tr><td>20</td><td colspan="3">草原载畜量（亩/羊，只考核草原地区）</td><td colspan="3">符合国家不同类型草地相关标准</td><td></td></tr>
<tr><td>21</td><td colspan="3">水土流失治理度（%）</td><td colspan="3">≥70</td><td></td></tr>
<tr><td>22</td><td colspan="3">农用化肥施用强度（千克/公顷，折纯）</td><td colspan="3">≤280</td><td></td></tr>
<tr><td>23</td><td colspan="3">主要农产品农药残留合格率（%）</td><td colspan="3">≥85</td><td></td></tr>
<tr><td>24</td><td colspan="3">规模化畜禽养场粪便综合利用率（%）</td><td colspan="3">≥90</td><td></td></tr>
<tr><td>25</td><td colspan="3">规模化畜禽养场污水排放达标率（%）</td><td colspan="3">≥75</td><td></td></tr>
<tr><td>26</td><td colspan="3">农作物秸秆综合利用率（%）</td><td colspan="3">≥95</td><td></td></tr>
</table>

县（市）级人民政府审批意见：   年　月　日（盖章）
市（地）级环境保护行政主管部门核准意见：   年　月　日（盖章）

<table>
<tr><td>省级环境保护行政主管部门专家组意见：

专家组组长签字：＿＿＿＿＿＿

年　月　日</td></tr>
<tr><td>省级环境保护行政主管部门审查意见：

年　月　日（盖章）</td></tr>
</table>

<table>
<tr><td>国家环境保护总局专家组意见：

专家组组长签字：__________

年　月　日</td></tr>
<tr><td>国家环境保护总局审批意见：

年　月　日（盖章）</td></tr>
</table>

小城镇环境规划编制导则（试行）

编制小城镇环境规划是搞好小城镇环境保护的一项基础性工作。为指导和规范小城镇环境规划的编制工作，国家环保总局和建设部制定了《小城镇环境规划编制导则》（以下简称《导则》）。

《导则》适用于各地建制镇（含县、县级市人民政府所在地）环境规划的编制。

一、总则

1．编制依据

（1）国家和地方环境保护法律、法规和标准

（2）国家和地方“国民经济和社会发展五年计划纲要”

（3）国家和地方“环境保护五年计划”

（4）小城镇环境规划编制任务书或有关文件

2．指导思想与基本原则

编制小城镇环境规划的指导思想是：贯彻可持续发展战略，坚持环境与发展综合决策，努力解决小城镇建设与发展中的生态环境问题；坚持以人为本，以创造良好的人居环境为中心，加强城镇生态环境综合整治，努力改善城镇生态环境质量，实现经济发展与环境保护“双赢”。

编制小城镇环境规划应遵循以下原则：

（1）坚持环境建设、经济建设、城镇建设同步规划、同步实施、同步发展的方针，实现环境效益、经济效益、社会效益的统一。

（2）实事求是，因地制宜。针对小城镇所处的特殊地理位置、环境特征、功能定位，正确处理经济发展同人口、资源、环境的关系，合理确定小城镇产业结构和发展规模。

（3）坚持污染防治与生态环境保护并重、生态环境保护与生态环境建设并举。预防为主、保护优先，统一规划、同步实施，努力实现城乡环境保护一体化。

（4）突出重点，统筹兼顾。以建制镇环境综合整治和环境建设为重点，既要满足当代经

济和社会发展的需要，又要为后代预留可持续发展空间。

（5）坚持将城镇传统风貌与城镇现代化建设相结合，自然景观与历史文化名胜古迹保护相结合，科学地进行生态环境保护和生态环境建设。

（6）坚持小城镇环境保护规划服从区域、流域的环境保护规划。注意环境规划与其他专业规划的相互衔接、补充和完善，充分发挥其在环境管理方面的综合协调作用。

（7）坚持前瞻性与可操作性的有机统一。既要立足当前实际，使规划具有可操作性，又要充分考虑发展的需要，使规划具有一定的超前性。

3．规划时限

以规划编制的前一年作为规划基准年，近期、远期分别按 5 年、15～20 年考虑，原则上应与当地国民经济与社会发展计划的规划时限相衔接。

二、规划编制工作程序

小城镇环境规划的编制一般按下列程序进行：

1．确定任务

当地政府委托具有相应资质的单位编制小城镇环境规划，明确编制规划的具体要求，包括规划范围、规划时限、规划重点等。

2．调查、收集资料

规划编制单位应收集编制规划所必需的当地生态环境、社会、经济背景或现状资料，社会经济发展规划、城镇建设总体规划，以及农、林、水等行业发展规划等有关资料。必要时，应对生态敏感地区、代表地方特色的地区、需要重点保护的地区、环境污染和生态破坏严重的地区，以及其他需要特殊保护的地区进行专门调查或监测。

3．编制规划大纲

按照附录的有关要求编制规划大纲。

4．规划大纲论证

环境保护行政主管部门组织对规划大纲进行论证或征询专家意见。规划编制单位根据论证意见对规划大纲进行修改后作为编制规划的依据。

5．编制规划

按照规划大纲的要求编制规划。

6．规划审查

环境保护行政主管部门依据论证后的规划大纲组织对规划进行审查，规划编制单位根据审查意见对规划进行修改、完善后形成规划报批稿。

7．规划批准、实施

规划报批稿报送县级以上人大或政府批准后，由当地政府组织实施。

三、规划的主要内容

规划成果包括规划文本和规划附图。

1．规划文本（大纲）

规划文本内容翔实、文字简练、层次清楚。基本内容包括：

（1）总论

说明规划任务的由来、编制依据、指导思想、规划原则、规划范围、规划时限、技术路线、规划重点等。

（2）基本概况

介绍规划地区自然和生态环境现状、社会、经济、文化等背景情况，介绍规划地区社会经济发展规划和各行业建设规划要点。

（3）现状调查与评价

对规划区社会、经济和环境现状进行调查和评价，说明存在的主要生态环境问题，分析实现规划目标的有利条件和不利因素。

（4）预测与规划目标

对生态环境随社会、经济发展而变化的情况进行预测，并对预测过程和结果进行详细描述和说明。在调查和预测的基础上确定规划目标（包括总体目标和分期目标）及其指标体系，可参照全国环境优美小城镇考核指标。

（5）环境功能区划分

根据土地、水域、生态环境的基本状况与目前使用功能、可能具有的功能，考虑未来社会经济发展、产业结构调整和生态环境保护对不同区域的功能要求，结合小城镇总体规划和其他专项规划，划分不同类型的功能区（如，工业区、商贸区、文教区、居民生活区、混合区等），并提出相应的保护要求。要特别注重对规划区内饮用水源地功能区和自然保护小区、自然保护点的保护。各功能区应合理布局，对在各功能区内的开发、建设提出具体的环境保护要求。严格控制在城镇的上风向和饮用水源地等敏感区内建设有污染的项目（包括规模化畜禽养殖场）。

（6）规划方案制定

①水环境综合整治

在对影响水环境质量的工业、农业和生活污染源的分布、污染物种类、数量、排放去向、排放方式、排放强度等进行调查分析的基础上，制定相应措施，对镇区内可能造成水环境（包括地表水和地下水）污染的各种污染源进行综合整治。加强湖泊、水库和饮用水源地的水资源保护，在农田与水体之间设立湿地、植物等生态防护隔离带，科学使用农药和化肥，大力发展有机食品、绿色食品，减少农业面源污染；按照种养平衡的原则，合理确定畜禽养殖的规模，加强畜禽养殖粪便资源化综合利用，建设必要的畜禽养殖污染治理设施，防治水体富营养化。有条件的地区，应建设污水收集和集中处理设施，提倡处理后的污水回用。重点水源保护区划定后，应提出具体保护及管理措施。

地处沿海地区的小城镇，应同时制定保护海洋环境的规划和措施。

②大气环境综合整治

针对规划区环境现状调查所反映出的主要问题，积极治理老污染源，控制新污染源。结合产业结构和工业布局调整，大力推广利用天然气、煤气、液化气、沼气、太阳能等清洁能源，实行集中供热。积极进行炉灶改造，提高能源利用率。结合当地实际，采用经济适用的

农作物秸秆综合利用措施，提高秸秆综合利用率，控制焚烧秸秆造成的大气污染。

③声环境综合整治

结合道路规划和改造，加强交通管理，建设林木隔声带，控制交通噪声污染。加强对工业、商业、娱乐场所的环境管理，控制工业和社会噪声，重点保护居民区、学校、医院等。

④固体废物的综合整治

工业有害废物、医疗垃圾等应按照国家有关规定进行处置。一般工业固体废物、建筑垃圾应首先考虑采取各种措施，实现综合利用。生活垃圾可考虑通过堆肥、生产沼气等途径加以利用。建设必要的垃圾收集和处置设施，有条件的地区应建设垃圾卫生填埋场。制定残膜回收、利用和可降解农膜推广方案。

⑤生态环境保护

根据不同情况，提出保护和改善当地生态环境的具体措施。按照生态功能区划要求，提出自然保护小区、生态功能保护区划分及建设方案。制定生物多样性保护方案。加强对小城镇周边地区的生态保护，搞好天然植被的保护和恢复；加强对沼泽、滩涂等湿地的保护；对重点资源开发活动制定强制性的保护措施，划定林木禁伐区、矿产资源禁采区、禁牧区等。制定风景名胜区、森林公园、文物古迹等旅游资源的环境管理措施。

洪水、泥石流等地质灾害敏感和多发地区，应做好风险评估，并制定相应措施。

（7）可达性分析

从资源、环境、经济、社会、技术等方面对规划目标实现的可能性进行全面分析。

（8）实施方案

①经费概算

按照国家关于工程、管理经费的概算方法或参照已建同类项目经费使用情况，编制按照规划要求，实现规划目标所有工程和管理项目的经费概算。

②实施计划

提出实现规划目标的时间进度安排，包括各阶段需要完成的项目、年度项目实施计划，以及各项目的具体承担和责任单位。

③保障措施

提出实现规划目标的组织、政策、技术、管理等措施，明确经费筹措渠道。规划目标、指标、项目和投资均应纳入当地社会经济发展规划。

2．规划附图

（1）规划附图的组成

①生态环境现状图

图中应注明包括规划区地理位置、规划区范围、主要道路、主要水系、河流与湖泊、土地利用、绿化、水土流失情况等信息。同时，该图应反映规划区环境质量现状。山区或地形复杂的地区，还应反映地形特点。

②主要污染源分布与环境监测点（断面）位置图

图中应标明水、气、固废、噪声等主要污染源的位置、主要污染物排放量以及环境监测点（或断面）的位置。有规模化畜禽养殖场的，应同时标明畜禽种类和养殖规模等信息。生态监测站等有关自然与生态保护的观测站点，也应标明。

③生态环境功能分区图

图中应反映不同类型生态环境功能区分布信息，包括需要重点保护的目标、环境敏感区（点）、居民区、水源保护区、自然保护小区、生态功能保护区，绿化区（带）的分布等。

④生态环境综合整治规划图

图中应包括城镇环境基础设施建设：如污水处理厂、生活垃圾处理（填埋）场、集中供热等设施的位置，以及节水灌溉、新能源、有机食品、绿色食品生产基地、农业废弃物综合利用工程等方面的信息。

⑤环境质量规划图

图中应反映规划实施后规划区环境质量状况。

⑥人居环境与景观建设方案图（选做）

图中应包括人居环境建设、景观建设项目分布等方面的信息。

（2）规划附图编制的技术要求

①规划图的比例尺一般应为1/10 000～1/50 000。

②规划底图应能反映规划涉及的各主要因素，规划区与周围环境之间的关系。规划底图中应包括水系、道路网、居民区、行政区域界线等要素。

③规划附图应采用地图学常用方法表示。

附录：

规 划 大 纲

规划大纲应根据调查和所收集的资料，对小城镇自然生态环境、区位特点、资源开发利用的情况等进行分析，找出现有和潜在的主要生态环境问题，根据社会、经济发展规划和其他有关规划，预测规划期内社会、经济发展变化情况，以及相应的生态环境变化趋势，确定规划目标和规划重点。

规划大纲一般应包括以下内容：

1．总论

1.1　任务的由来

1.2　编制依据

1.3　指导思想与规划原则

1.4　规划范围与规划时限

1.5　技术路线

1.6　规划重点

2．基本概况

2.1　自然地理状况

2.2　经济、社会状况

2.3 生态环境现状

3. 现状调查与评价

3.1 调查范围
3.2 调查内容
3.3 调查方法
3.4 评价指标和方法

4. 预测与目标确定

4.1 社会经济与环境发展趋势预测方法
4.2 社会经济与环境指标及基准数据
4.3 环境保护目标和指标

5. 环境功能区划分

5.1 原则
5.2 方法
5.3 类型

6. 规划方案

6.1 措施
6.2 工程方案
6.3 方案比选方法
6.4 可达性分析
6.5 保障措施

7. 工作安排

7.1 组织领导
7.2 工作分工
7.3 时间进度
7.4 经费预算

国家级生态村创建标准（试行）

一、基本条件

1．制定了符合区域环境规划总体要求的生态村建设规划，规划科学，布局合理、村容整洁，宅边路旁绿化，水清气洁；

2．村民能自觉遵守环保法律法规，具有自觉保护环境的意识，近三年内没有发生环境污染事故和生态破坏事件；

3．经济发展符合国家的产业政策和环保政策；

4．有村规民约和环保宣传设施，倡导生态文明。

二、考核指标

指标名称		东部	中部	西部
经济水平	1．村民人均年纯收入（元/人/年）	≥8 000	≥6 000	≥4 000
	2．饮用水卫生合格率（%）	≥95	≥95	≥95
环境卫生	3．户用卫生厕所普及率（%）	100	≥90	≥80
污染控制	4．生活垃圾定点存放清运率（%）	100	100	100
	5 无害化处理率（%）	100	≥90	≥80
	6．生活污水处理率（%）	≥90	≥80	≥70
	7．工业污染物排放达标率（%）	100	100	100
资源保护与利用	8．清洁能源普及率（%）	≥90	≥80	≥70
	9．农膜回收率（%）	≥90	≥85	≥80
	10．农作物秸秆综合利用率（%）	≥90	≥80	≥70
	11．规模化畜禽养殖废弃物综合利用率（%）	100	≥90	≥80
可持续发展	12．绿化覆盖率（%）	高于全县平均水平		
	13．无公害、绿色、有机农产品基地比例（%）	≥50	≥50	≥50
	14．农药化肥平均施用量	低于全县平均水平		
	15．农田土壤有机质含量	逐年上升		
公众参与	16．村民对环境状况满意率（%）	≥95	≥95	≥95

附：

指标解释

本创建标准中所指“村”是指依据国家有关规定设立的行政村。

一、基本条件

1. 制定了符合区域环境规划总体要求的生态村建设规划，规划科学，布局合理、村容整洁，宅边路旁绿化，水清气洁

1）制定了符合区域环境保护总体要求的生态村建设规划，并报省、自治区、直辖市或计划单列市环保部门备案；

2）村域有合理的功能分区布局，生产区（包括工业和畜禽养殖区）与生活区分离；

3）村庄建设与当地自然景观、历史文化协调，有古树、古迹的村庄，无破坏林地、古树名木、自然景观和古迹的事件；

4）村容整洁，村域范围无乱搭乱建及随地乱扔垃圾现象，管理有序；

5）村域内地表水体满足环境功能要求，无异味、臭味（包括排灌沟、渠、河、湖、水塘等。不含非本村管辖的专门用于排污的过境河道、排污沟等）；

6）村内宅边、路旁等适宜树木生长的地方应当植树；

7）空气质量好，无违法焚烧秸秆垃圾等现象。

考核方式：查阅材料，现场察看、测试。

2. 村民能自觉遵守环保法律法规，具有自觉保护环境的意识，近三年内没有发生环境污染事故和生态破坏事件

1）村内企业认真履行国家和地方环保法律法规制度，近三年内没有受到环保部门的行政处罚；

2）村内没有大于 25 度坡地开垦，任意砍伐山林、破坏草原、开山采矿、乱挖中草药及捕杀、贩卖、食用受国家保护野生动植物现象；

3）近三年没有发生环境污染事故。

考核方式：现场走访、察看；查阅有关证明材料；问卷调查。

3. 经济发展符合国家的产业政策和环保政策

1）无不符合国家环保产业政策的企业；

2）布局合理，工业企业群相对集中，实现园区管理；

3）主要企业实行了清洁生产。

考核方式：查阅材料，现场察看、走访。

4. 有村规民约和环保宣传设施，倡导生态文明

1）制定了包括保护环境在内的村规民约，家喻户晓；

2）有固定的环保宣传设施，内容经常更新；

3）群众有良好的卫生习惯与环境意识，有正常的反映保护环境的意见和建议的渠道。

考核方式：问卷调查，查阅资料，现场走访、察看。

二、考核指标

1. 村民人均年纯收入

考核方式：查阅统计部门的统计资料。

2. 饮用水卫生合格率

生活饮用水水质符合国家《农村实施〈生活饮用水卫生标准〉准则》。计算公式：饮用水卫生合格率=村域内符合国家《农村实施〈生活饮用水卫生标准〉准则》的户数/全村总户数×100%；全村总户数包括外来居住或临时居住的户数（下同）。

考核方式：查阅全村总户数名册和饮用水达标户名册，验收时现场抽查。

3. 户用卫生厕所普及率

卫生厕所普及率指使用卫生厕所的农户数占农户总户数的比例。计算公式：户用卫生厕所普及率=使用卫生厕所的农户数/全村总户数×100%。

1）建有卫生公共厕所且卫生公厕拥有率高于 1 座/600 户，公共厕所落实保洁措施；

2）卫生厕所应保证通风、清洁、无污染，包括粪尿分集式生态卫生厕所、栅格化粪池厕所、沼气厕所等多种类型。各地可根据改水改厕要求，选择适宜类型；

3）草原牧区经其省级卫生部门或环保部门认可的其他不污染环境的各种方式也可算作卫生厕所。

考核方式：查阅卫生厕所使用户名册，验收时现场抽查。

4. 生活垃圾定点存放清运率及无害化处理率

1）有固定的收集生活垃圾的垃圾桶（箱、池）；

2）定期清运并送乡镇或区县垃圾处理厂进行了无害化处理；

3）有卫生责任制度，有专人负责全村垃圾收集与清运、道路清扫、河道清理等日常保洁工作。

生活垃圾定点存放清运率＝生活垃圾定点存放并得到及时清运的户数/全村总户数×100%；

生活垃圾无害化处理率＝全村生活垃圾无害化处理量/全村生活垃圾产生总量×100%。

考核方式：查阅垃圾处理厂的证明材料、垃圾管理的规章制度与日常保洁人员的工资发放证明材料。

5. 生活污水处理率

生活污水处理率=（一、二级污水处理厂处理量＋氧化塘、氧化沟、净化沼气池及土（湿）地处理系统处理量）/村内生活污水排放总量×100%。

考核方式：查阅资料，现场察看。

6. 工业污染物排放达标率

工业企业废水、废气及固体废弃物排放达到国家和地方规定的排放标准。工业企业污染物达标排放率=村域内工业企业废水（废气、固体废弃物）达标排放量/村域内废水（废气、固体废物）排放总量×100%，取废水、废气、固体废弃物排放达标率的平均数；有关解释参照国家环保总局的统计口径。

考核方式：查阅县级环保部门的证明材料；现场察看。

7. 清洁能源普及率

指使用清洁能源的户数占总户数的比例。计算公式：清洁能源普及率=村域内使用清洁能源的户数/全村总户数×100%。

清洁能源指消耗后不产生或污染物产生量很少的能源，包括电能、沼气、秸秆燃气、太阳能、水能、风能、地热能、海洋能、秸秆等可再生能源，以及天然气、清洁油等化石能源。

考核方式：提供清洁能源使用户名册，验收时现场抽查。

8. 农膜回收率

指回收薄膜量占使用薄膜量的百分比。

农膜回收率=回收薄膜量/使用薄膜量×100%。

考核方式：查阅农资使用的证明材料；现场察看农膜回收系统及其回收利用证明原件和原始记录单；抽样调查。

9. 农作物秸秆综合利用率

农作物秸秆综合利用包括合理还田、作为生物质能源、其他方式的综合利用，但不包括野外（田间）焚烧、废弃等。

农作物秸秆综合利用率=农作物秸秆综合利用量/秸秆产生总量×100%。

考核方式：查阅农业部门或环保部门的证明材料；现场察看综合利用设施并走访群众。

10. 规模化畜禽养殖废弃物综合利用率

指通过沼气、堆肥等方式利用的畜禽粪便的量占畜禽粪便产生量的百分比。草原牧区等非集中养殖区土地系统承载力如果适应，还田方式亦算综合利用，但污染物影响他人生产生活的则还田方式不算。

畜禽养殖废弃物综合利用率=综合利用量/产生总量×100%。

考核方式：查阅材料，现场察看。

11. 绿化覆盖率

以林业主管部门的统计口径为准，但水面面积较大的地区在计算绿地覆盖率时水面面积可不统计在总面积之内。

考核方式：查阅县级林业行政主管部门的证明材料。

12. 无公害、绿色、有机农产品基地比例

指按照国家相关标准，经有关部门或认证机构认证的无公害、绿色、有机农产品基地面积之和占行政村农业总面积的百分比。

1）有生物、物理防治农业病虫害的措施；

2）主要农产品农药检出率符合国家规定的要求；

3）有经有关部门或认证机构认证的绿色、有机农产品基地，或有经有关部门或认证机构认证的绿色或有机农产品。单纯的工业村、林业村、旅游村和其他没有无公害、绿色、有机农产品生产基地的村不考核此部分。

考核方式：查阅有关材料、有关证书，现场走访、查看。

13. 农药化肥平均施用量

考核近三年农田农药化肥施用情况。

考核方式：查阅有关证明材料和现场查看有关措施。

14. 农田土壤有机质含量

考核近三年的情况。

考核方式：查阅有关证明材料和现场查看有关措施。

15. 村民对环境状况满意率

对村民进行抽样问卷调查。随机抽样户数不低于全村居民户数的五分之一。问卷在“满意”、“不满意”二者之间进行选择。村民环境状况满意率=问卷结果为“满意”的问卷数/问卷发放总数×100%。

考核方式：现场抽查；考核期间，进行公示，接受群众举报。